〈개정판〉

SAS 데이터분석

김 충 련 著

제 2 판 머리말

데이터에 대해 아는 것이 경영의 가장 중요한 경쟁력임에도 불구하고, 요즘 대학 현장에서 학생들은 통계학이나 데이터분석과 관련된 과목들을 선택하지 않으려고 하는 것 같습니다. 때로는 숫자나 수식이 포함되지 않은 통계학을 배운다는 이야기도 가끔씩 들려옵니다. 하지만 기업 경영에 있어서 중요한 요소 중에 하나는 데이터를 보고 현재 상황에 대한 분석과 적절한 대책을 수립하는 것입니다. 만약에 기업 경영 현장에 있는 사람이 데이터가 무슨 의미인지를 평가하지 못하고, 어떠한 대책을 수립해야 하는지를 판단할 수 없다면 어떻게 되겠습니까? 그것은 근거가 없는 실패할 가능성이 높은 경영 의사결정일 가능성이 높습니다. 데이터의 의미를 파악하고, 적절한 대책을 세울 수 있다는 것은 그만큼 기업의 성공가능성을 높여줄 것입니다.

데이터에 대해 아는 것은 데이터를 분석에 대한 기초적인 지식을 파악하는 데부터 시작합니다. 저자가 2002년 처음 데이터분석 분야에 발을 내디딘 이후 여러 차례의 개정을 거쳐서 2008년에 SAS데이터분석을 출판하게 되었습니다. 제1판에 대해 여러 독자들의 호응과 반응이 있었으며, 이제 이를 개정해 제2판을 내게 되었습니다. 제2판을 집필하게 된 몇 가지 동기가 있었습니다. 가장 큰 동기는 SAS 프로그램이 9.1에서 9.2로 업그레이드가 되었다는 점일 것입니다. 항상 그렇듯이 새로운 프로시저가 추가되었지만 기존의 틀과는 SAS 프로그램 구성과 내용상의 큰 변화는 없습니다. 가장 큰 변화를 든다면, 분석 프로시저의 시각적인 측면을 강조하기 위해서 데이터분석과 함께 분석과 함께 활용되는 대표적인 그래프를 출력할 수 있는 고품위 그래픽 기능(ODS GRAPHICS)이 강화되었다는 점일 것입니다. 제1판과 제2판의 가장 큰 차이점은 그래픽 기능을 활용한 다양한 분석을 추가했다는 점일 것입니다. 이와 더불어 데이터분석 예제를 변화를 통해 더 현실적인 분석 예제를 소개하려고 새로운 데이터와 분석 상황을 제시했다는 점일 것입니다. 제2판에서 변화된 내용들을 살펴보면 다음과 같습니다.

첫째, 제1판에 비해 가장 큰 변화는 그래픽 기능을 강화했다는 점일 것입니다. 거의 대부분의 분석 프로그램에서 ODS GRAPHICS ON;과 ODS GRAPHICS OFF;라는 기능을 통해 각 분석에 맞는 그래프를 분석 내용을 추가했습니다. 각 분석에 필요한 히스토그램이나 산포도 등의 그래프들이 추가되었습니다. 도수분포표를 분석할 때 제시되는 막대그래프나 히스토그램, 평균과 표준편차 분석의 히스토그램, 상관관계분석의 산포도와 변수들간의 히스토그램과 관계에 대한 그래프, 회귀분석에서 제시되는 다양한 그래프, 분산분석, 요인분석 등에 필요한 그래프들을 그리는 방법들이 추가되었습니다.

둘째, 기존에 4장과 5장에서 설명되었던 데이터에 대한 설명과 분석 내용들을 2장과 4장에 걸쳐서 분류해 새롭게 장을 구성했습니다. 기존의 데이터정리라고 서술되었던 내용과 기초데이터분석 내용을 하나로 합쳐서 데이터탐색이라는 장을 구성했습니다. 이 장은 데이터분석을 본격적으로 시작하기 전에 분석을 하기에 적절한 데이터인가를 판단하는데 유용하게 사용할 수 있는 내용입니다.

셋째, 5장의 가설검정 등 여러 부분에서 새로운 데이터를 사용하여 분석과 검정의 적절성을 높이도록 노력했습니다. 가상적인 데이터보다는 현실성이 있는 데이터의 분석을 통해 데이터분석의 실재성을 높일 수 있도록 했습니다.

마지막으로, 이 이외의 내용들에 대해서는 이해하기 쉽도록 본문 내용의 구조화, 모호한 설명을 좀 더 쉽게 설명하도록 수정했습니다. 많은 내용들을 수정하였음에도 불구하고, 기존의 독자들이 보았던 내용의 큰 틀은 유지할 수 있도록 했습니다.

본 책은 다음과 같은 순서로 활용할 수 있습니다. 먼저 1장의 SAS 시작에서 SAS에 간단한 사용법을 파악한 후, 2장에서 데이터의 입력과 출력 방법을 살펴보기를 원합니다. 이 과정이 지난 후에 4장의 데이터를 탐색하는 방법들을 학습하시기를 원합니다. 5장의 가설검정 이후부터는 분석하고자 하는 분석방법에 따라 적절히 활용하시면 됩니다. 반면 3장의 경우에는 데이터의 입출력 및 변환과 관련된 내용으로서 상황에 따라서 필요한 기능을 찾아서 활용하시면 됩니다. 전체적으로 소개되는 분석방법은 5장 가설검정, 6장 기술통계분석, 7장 회귀분석, 8장 분산분석, 9장 요인분석, 10장 군집분석, 11장 판별분석, 12장 정준상관관계분석, 13장 비모수통계분석, 14장 선택모형분석, 15장 다차원척도법, 16장 대응분석, 17장 결합분석입니다.

본 책을 개정하면서 많은 분들께 감사를 드려야 할 것 같습니다. 먼저 여러 가지로 문의를 하셨던 독자들에게 먼저 고마움을 전합니다. 다음으로 제1판뿐만 아니라 제2판까지 책을 출판하고 판매를 할 수 있도록 도움을 주신 21세기사 이범만 사장님과 편집진에게 감사를 드립니다. 특별히 본 책을 통해 나와 함께 데이터분석에 대해 이해하기 위해 씨름하고 노력해 왔던 제자들에게도 감사들 드립니다. 마지막으로 항상 나의 등뒤에서 나에게 격려와 사랑을 아끼지 않은 아내와 딸과 아들에게 고마움을 전합니다.

2011. 8.

우석대 연구실에서 저자

제1판 머리말

지난 1992년 『SAS라는 통계상자』를 처음 출판한 이후 16여 년의 세월이 지나갔습니다. 지난 기간 동안 데이터마이닝 등 새로운 통계분석 방법이 각광을 받고 있듯이 통계 소프트웨어 SAS 또한 많은 변화를 거듭해 왔습니다. 처음 버전 6에서 시작했던 것이 이제는 버전 9로 진화되었고, 과거 DOS기반의 프로그램이 Windows 기반 프로그램으로 변화되었습니다. 또한 프로그램 중심에서 이제는 메뉴 방식의 분석 프로그램으로 진화되어 활용되고 있기도 합니다. 이제 SAS는 단순한 통계 기능에서 경영 문제에 대한 종합 솔류션을 제공하는 형태로 발전되었습니다.

본 책은 SAS가 가지고 있는 기능 중에서 데이터 분석 내용에 중심으로 하고 있습니다. 지금까지의 저자의 SAS와 관련한 데이터 분석의 경험을 살려서 마케팅 조사와 통계분석을 할 수 있는 내용들을 소개하고 있습니다. 과거에 저자가 출판한 『SAS라는 통계상자』의 내용을 수용하면서도, 통계분석의 개념과 절차, 분석과정 및 결과해석 측면에서 많은 내용을 새롭게 추가하였습니다. 이전 판에는 단편적인 분석과정 설명 위주에서 이제는 통계분석을 어떻게 해야 하는가의 관점에서 접근을 했습니다. 즉 연구 조사 방법론에서 제시된 내용의 순서에 따라 분석절차를 따르는 것을 강조했습니다. 또한 분석결과 해석의 타당성 검정 측면을 다루고자 노력하였습니다. 따라서 본 저서를 통해 독자들은 적절한 분석방법에 대한 시사점을 얻을 수 있을 것입니다.

주로 다루어지는 데이터 분석 방법들을 살펴보면, 데이터 수집 후에 기초적인 데이터를 분석하는 방법, 가설 검정, 기술통계분석, 회귀분석, 분산분석, 요인분석, 군집분석, 판별분석, 정준상관관계분석, 비모수통계분석, 선택모형분석, 다차원척도법, 대응분석, 결합분석 등입니다. 이러한 분석 방법들은 마케팅과 사회과학 조사에서 가장 많이 사용되고 있는 대표적인 분석 방법들입니다.

많은 통계 소프트웨어들이 윈도우와 메뉴 방식에 의해 데이터를 분석할 수 있는 방법들을 소개하고 있습니다. SAS에도 메뉴 방식으로 데이터를 분석할 수 있는 방법이 있지만, 아직까지는 프로그램을 작성하는 방식에 익숙한 사람들이 많고, 또 학교 등에서는 메뉴보다는 프로그램 방식의 분석을 쉽게 활용할 수 있는 것이 현실입니다. 물론 메뉴 방식의 장점도 있습니다. 그렇지만 SAS에서는 프로그램 방식이 분석의 유연성도 있고, 간단하다는 점이 좋은 점일 것입니다. 많은 사람들은 SPSS에 비해 SAS가 사용하기 불편하다는 지적을 하곤 합니다. 그러나 저자가 보기에는 오히려 통계분석의 논리 측면에서 SAS가 강점이 있다고 봅니다. 초기 단계에 SAS 사용법에 대한 시간 투자를 제외하고는 여러 가지 측면에서 이점이 많습니다.

본 책은 다음과 같은 과정을 통해 활용하기를 원합니다. 먼저 1장의 SAS 시작에서 SAS에 간단한 사용법을 파악한 후, 2장에서 데이터의 입력과 출력 방법을 살펴보기를 원합니다. 이 과정이 지난 후에 4장의 데이터를 정리하는 방법을 살펴 본 후, 5장의 수집한 데이터에 대한 기초 데이터 분석하는 방법을 살펴보기를 원합니다. 6장 이후부터는 분석하고자 하는 분석방법이 확정된 경우 해당 분석 방법을 찾아 활용하면 됩니다. 반면 3장의 경우에는 필요한 기능을 찾아서 학습하는 형태로 진행했으면 합니다.

본 책을 저술하면서 많은 감사를 드릴 분들이 있습니다. 특별히 이 분야에 발을 들여놓을 수 있도록 하셨던 분들, 그리고 데이터 분석에 대해서 관심을 가지고 문의를 하셨던 분들을 잊을 수 없을 것입니다. 또한 현재의 원고가 나올 수 있도록 많은 관심을 가져 주셨던 주위의 동료 교수님들과 독자들께 먼저 감사를 드립니다. 그리고 그 동안 책을 저술하고 있다는 이유 하나만으로 많은 시간 같이 하지 못한 아빠에 대해 이해해 준 가족에게 감사의 마음을 전합니다. 무엇보다도 본 책이 나올 수 있도록 모든 과정을 인도하신 하나님께 감사를 드립니다. 끝으로 본 저서를 출판해 주신 21세기사 출판사 이범만 사장님과 교정과 출판에 그 열심을 다해 주신 직원 여러분들에게 감사를 드립니다. 본 책이 SAS를 통해 데이터 분석하고자 하는 많은 분들에게 조금이나마 도움이 되었으면 합니다.

2008. 7.

우석대 연구실에서 **저자**

차례

SAS를 시작하기

1
PART

SAS의 시작

1

CHAPTER

1. SAS의 시작

1.1 SAS의 시작

SAS 프로그램을 시작하려면 윈도 바탕화면에서 다음 순서로 메뉴들을 차례로 클릭한다. 클릭 후에는 다음과 같은 초기 화면이 나타난다.

시작 → 프로그램 → SAS → SAS 9.2 (Korean)

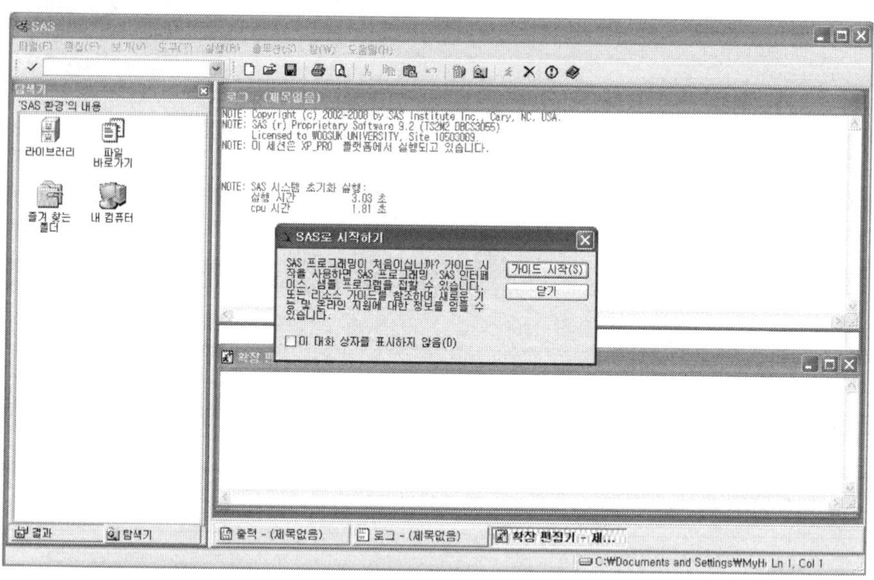

처음으로 나타나는 화면을 보면 **'SAS로 시작하기'**라는 팝업 창이 떠오른다. 화면에서 **가이드 시작**을 클릭하면 SAS 프로그램과 분석에 대한 가이드들을 살펴볼 수 있다. 반면에 처음 SAS 프로그램을 시작할 때 이 화면이 팝업되지 않고 바로 SAS 데이터분석 화면을 떠오르게 하려면 다음 화면처럼 체크박스에 표시를 하고 닫기를 선택하면 된다.

최종적으로 SAS 데이터분석에 사용되는 화면들의 구성을 보면 다음과 같은 형태의 화면과 같이 표시가 된다.

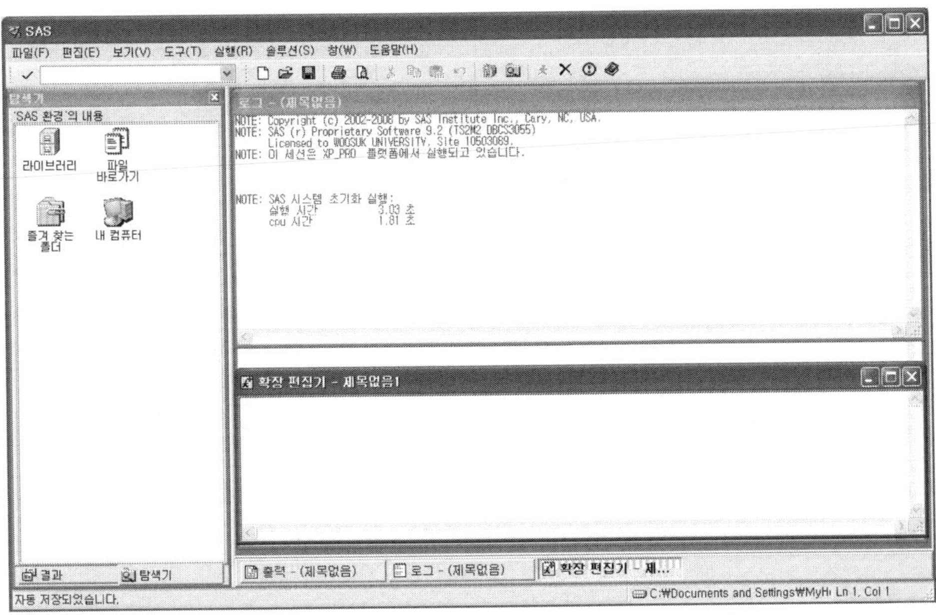

1.2 화면구성

(1) 상단

메뉴, 명령어 입력 창(버전 6이하에서 주로 사용했던 창), **자주 사용하는 단축 아이콘**들을 보여 준다. **자주 사용하는 아이콘**들은 워드나 한글 소프트웨어에서 사용하는 것들과 같다. 순서대로 살펴보면 다음과 같다. 첫 번째 아이콘은 새로운 SAS 프로그램 작성, 두 번째 아이콘은 작성했던 SAS 프로그램을 불러오기, 세 번째 아이콘은 작성한 SAS 프로그램 저장하기이다. 특별히 중요한 아이콘은 뒤 쪽에 있는 사람 모양으로 된 아이콘인데, **확장 편집기** 화면에서 작성한 SAS 프로그램을 수행하라는 명령이다.

(2) 중앙

좌측에는 SAS 라이브러리 내의 파일들을 찾아보기 위한 **탐색기** 화면 관련 주요 아이콘과 수행결과를 차례로 찾아보기 위한 **결과** 화면을 보여 준다. 우측에는 SAS 프로그램을 작성하는데 사용되는 **확장 편집기** 화면과 SAS 프로그램을 수행할 때 나타나는 에러 메시지와 여러 가지 실행 상황을 보여 주는 **로그** 화면, 두 화면 바탕에 프로그램 수행

결과를 보여 주는 **출력** 화면으로 구성되어 있다.

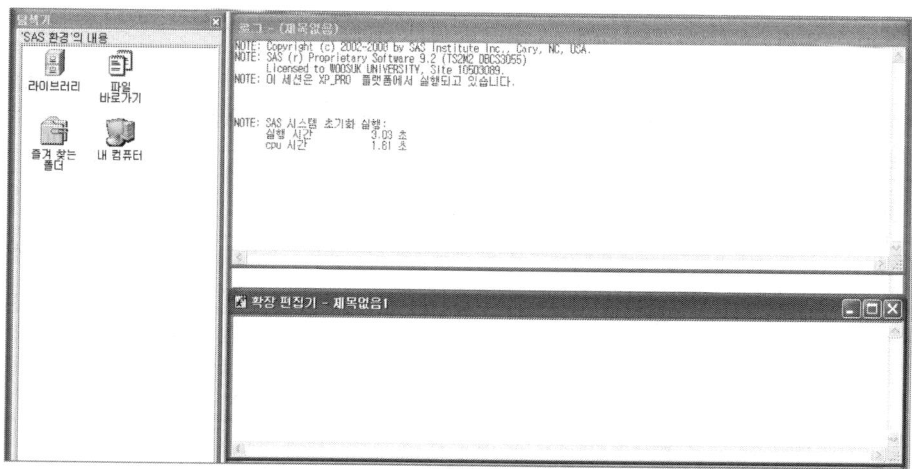

(3) 하단

각 화면을 선택할 수 있는 탭을 보여 준다. **결과** 화면 탭, **탐색기** 화면 탭, **출력** 화면 탭, **로그** 화면 탭, **확장 편집기** 화면 탭을 차례로 보여 준다. 각 화면 탭을 클릭하면 각 화면으로 이동한다. **결과** 화면 탭은 SAS 프로그램의 수행 결과 중에서 원하는 부분을 선택해서 볼 수 있는 메뉴방식의 내비게이션 화면이 제시된다. **탐색기** 화면 탭은 SAS 데이터셋 등 SAS와 관련된 파일들을 탐색해서 볼 수 있는 화면이 제시된다. **출력** 화면 탭은 출력 결과를 보여주며, **로그** 화면 탭은 프로그램 수행할 때 진행 과정을 보여준다. **확장 편집기** 화면 탭은 SAS 프로그램을 입력할 수 있는 화면을 보여준다.

1.3 화면 설정

(1) 확장편집기 화면 설정

SAS 사용시 화면마다 다양한 화면 옵션을 설정할 수 있다. 설정은 화면에 따라 달라지기 때문에 각 화면에 커서를 옮겨 놓은 후에 해당 화면과 관련된 옵션을 지정해야 한다. 먼저, **확장 편집기** 화면을 설정하기 위해서는 **확장 편집기** 화면을 선택한 후 다음 메뉴들을 차례로 클릭한다.

도구 → 옵션 → 확장편집기

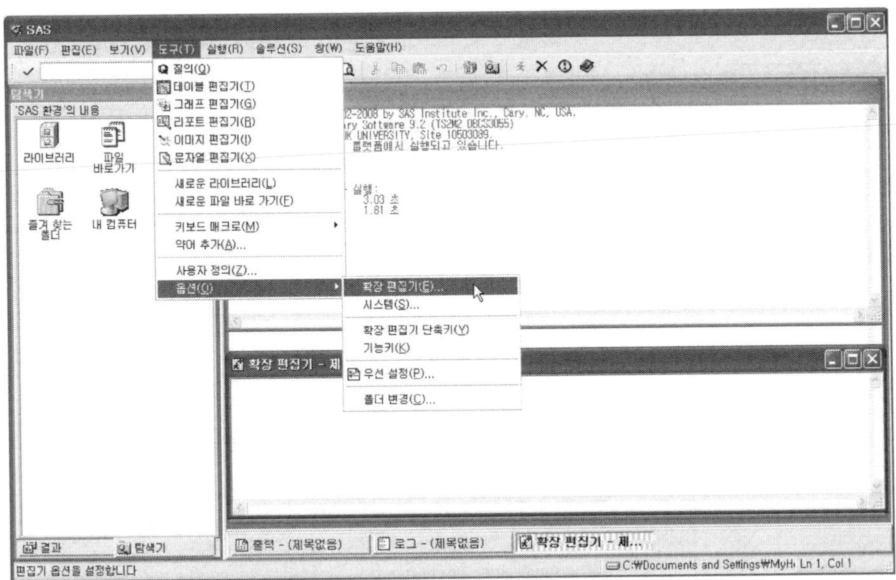

확장 편집기 화면의 옵션과 관련된 가장 일반적인 내용이 표시된다. 이 화면은 **확장 편집기** 화면에서 행 번호를 표시 여부를 결정하는 것과 같은 **일반 옵션**, 텍스트 문서, HTML 문서, SAS 프로그램 파일의 지정과 관련된 **파일 유형 옵션**, 탭 크기 조정, 들여쓰기 조정, 프로그램 실행 후 텍스트를 확장편집기에 남기지 않고 싶을 때 사용하는 '실행 후 텍스트 지우기' 옵션 등과 관련된 내용을 선택할 수 있는 기타 옵션이 제시된다.

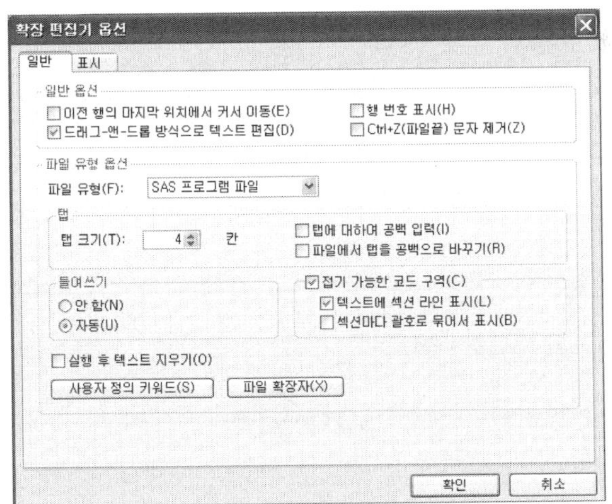

다음으로 이 화면 상단에 있는 **표시** 탭을 선택하면 글꼴, **확장 편집기**에서 프로그램 언어 종류별로 표시되는 칼라의 조정 등을 할 수 있는 옵션 화면이 나타난다. **확장 편집기**의 초기 화면은 글꼴이 '굴림'으로 맞추어져 있는데, 글꼴을 '**굴림체**'로 맞추는 것이 좋다.

굴림체는 확장편집기에서 데이터를 직접 입력할 때 글자의 폭이 일정하게 나타난다. 따라서 데이터가 줄에 맞게 잘 입력되어 있는지에 대한 여부를 바로 확인할 수 있다.

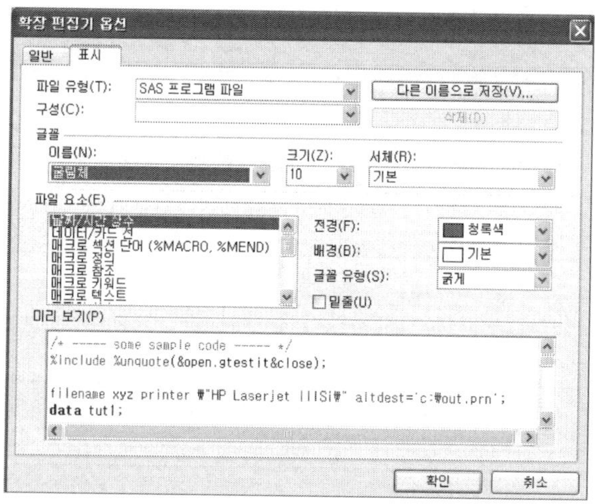

(2) 출력 화면 설정

다음으로 출력 화면에서 화면을 출력할 때 원하는 한글 폰트와 폰트 사이즈를 맞출 수가 있다. 먼저 마우스로 화면 하단의 탭 중 **출력 화면**으로 가는 탭(직접 바탕에 있는 **출력** 화면을 클릭해도 됨)을 클릭한다. 다음 메뉴들을 순서대로 클릭한다.

도구 → 옵션 → 글꼴

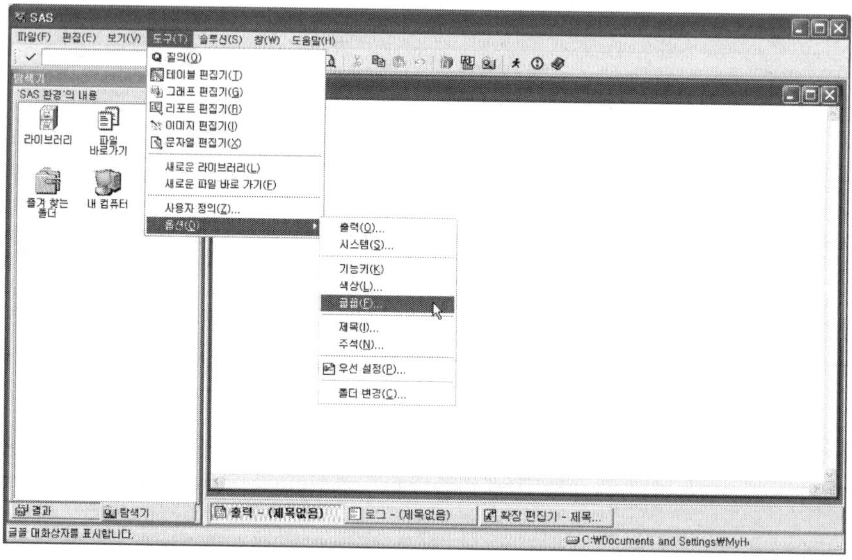

다음으로 SAS에서 사용하고 싶은 적절한 한글 글꼴을 선택한다. 기본으로 '굴림체-보통-9 포인트'가 선택되어 있다. 선택 후 **확인**을 클릭한다.

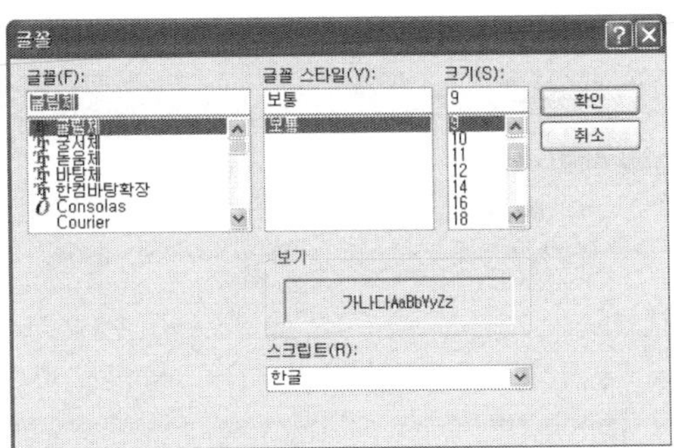

1.4 사라진 화면 다시 보기

SAS를 사용하다가 화면들 중에 일부가 화면에 보이지 않는 경우가 있다. 다음 화면처럼 **확장 편집기** 화면을 선택할 수 있는 탭도 없어지고, **확장 편집기** 화면이 보이지 않는 경우와 같은 상황이다. 이러한 상황은 **출력** 화면 또는 **로그** 화면 등에 대해서도 나타날 수 있다.

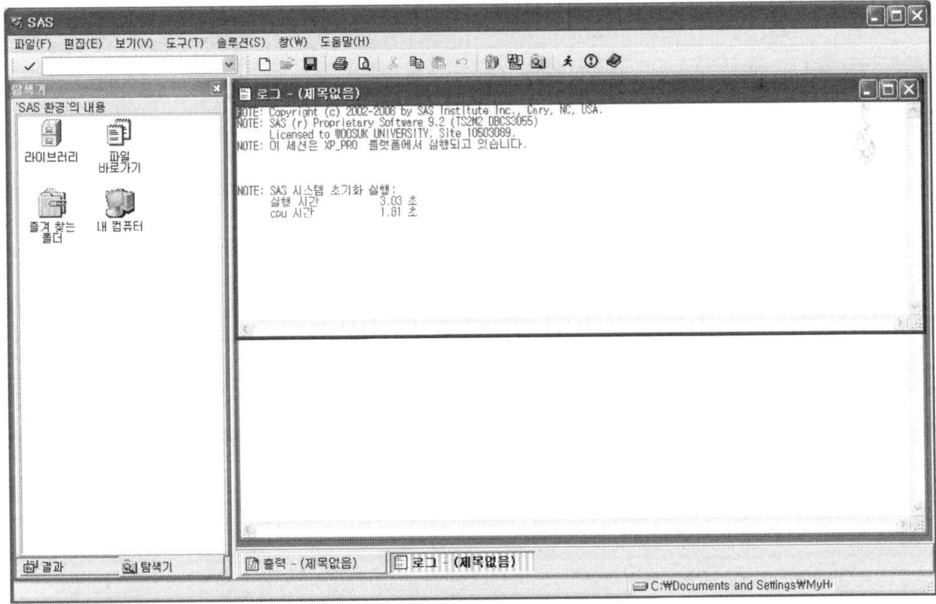

사라진 화면을 다시 화면에 나타내려면, 보기 메뉴에서 '다시 보기'를 수행할 화면을 클릭하면 된다. 현재 화면에서 **확장 편집기**를 볼 수 없으므로 다음 화면에 보이는 순서대로(**보기 → 확장 편집기**) 클릭한다.

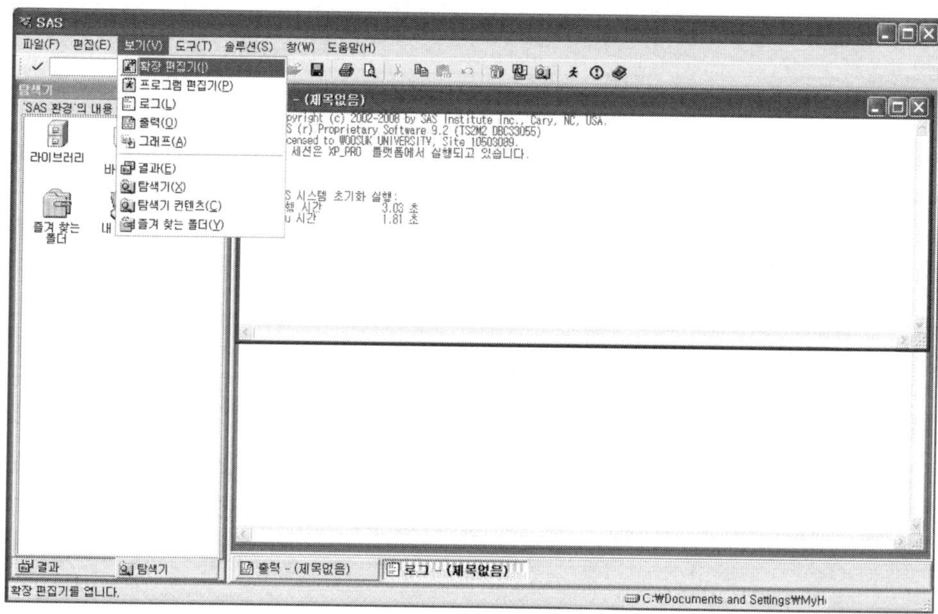

2. 프로그램의 입력, 저장, 실행

2.1 프로그램의 입력

간단한 사례로 구성된 다음과 같은 SAS 프로그램을 살펴보자. 본 프로그램은 데이터를 입력한 후에 입력된 내용을 **출력** 화면에 출력해 보기 위한 사례이다. 데이터가 잘 입력되어 있는지를 확인해 볼 수 있다.

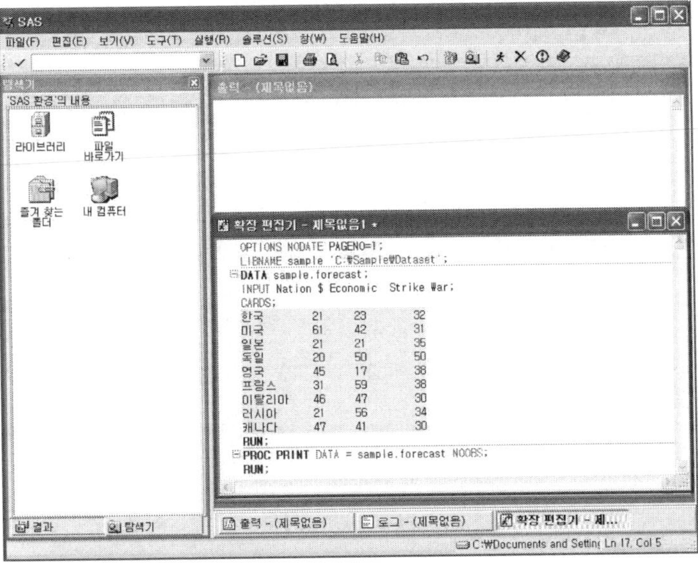

2.2 저장

입력한 프로그램을 저장하려면, 상단의 주요 아이콘 중 세 번째 아이콘인 '**저장**' 아이콘을 클릭한다.

아이콘을 클릭 한 후에 다음 화면이 나타나면, 저장할 폴더를 선택한 후(여기서는 C:₩Sample₩Sas라는 폴더를 지정했다. 폴더가 없는 경우에는 새로 만들어 주거나, 자신이 원하는 폴더 이름으로 만들어 주면 된다.), 파일이름을 '**1장–2–2–1–예제**'처럼 지정하고 **저장** 버튼을 클릭한다.

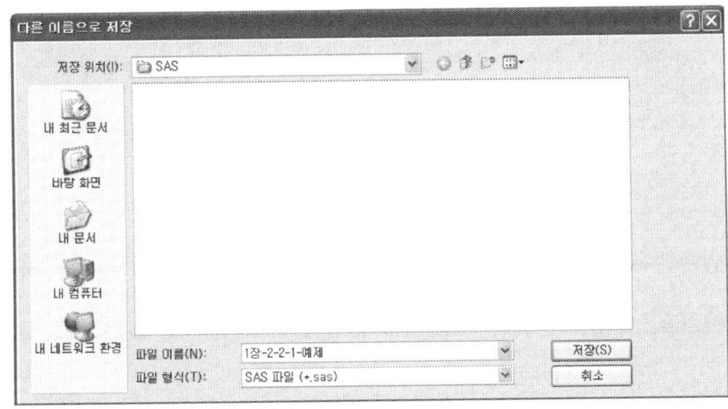

2.3 저장된 파일 불러오기

저장된 프로그램을 다시 불러오려면, 상단의 주요 아이콘 중 두 번째 아이콘인 '**열기**' 아이콘을 클릭하면 된다.

아이콘을 클릭 한 후에 다음 화면이 나타나면, 불러올 폴더를 선택한 후(여기서는 C:₩Sample₩Sas라는 폴더를 지정했다.), '**1장-2-2-1-예제**'처럼 저장될 파일이름을 지정한 후 **열기** 버튼을 클릭한다.

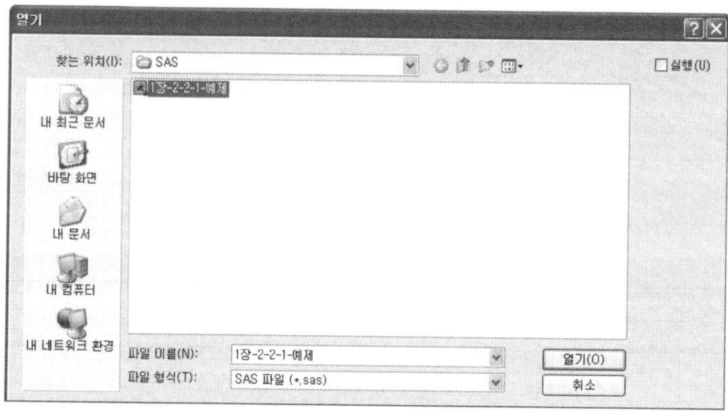

2.4 작성한 프로그램을 수행하기

작성한 프로그램을 수행하려면, 상단의 주요 아이콘 중 뒤쪽에서 네 번째 아이콘인 '**실행**' 아이콘을 클릭하면 된다.

아이콘을 클릭하면 로그 화면에 다음과 같은 내용이 나타난다. 로그 화면은 프로그램의 실행 내용, 실행 시간, 에러 메시지 등을 보여 준다. **로그** 화면에는 'NOTE:'문 이하에는 LIBNAME문의 실행에 따른 라이브러리 할당 메시지(주로 데이터셋을 저장할 폴더를 지정할 때 많이 사용한다), DATA문을 수행한 후 관찰치의 개수, 변수의 개수가 표기되며, 'DATA'문의 실행시간 등이 표시된다. 데이터셋 sample.forecast의 내용을 살펴보면, 관찰치 개수가 9개이며 변수의 개수가 4개라는 것이 설명되어 있다. 여기서 forecast 앞의 sample은 현재 읽은 데이터셋이 sample이라는 라이브러리로 지정된 폴더인 'C:₩Sample₩Dataset'에 저장되었다는 표시이다.

만약 SAS 프로그램 실행할 때 에러(ERROR)가 발생하면, 에러 위치에 '—'가 표시되며, 가능한 조치방법을 알려 준다.

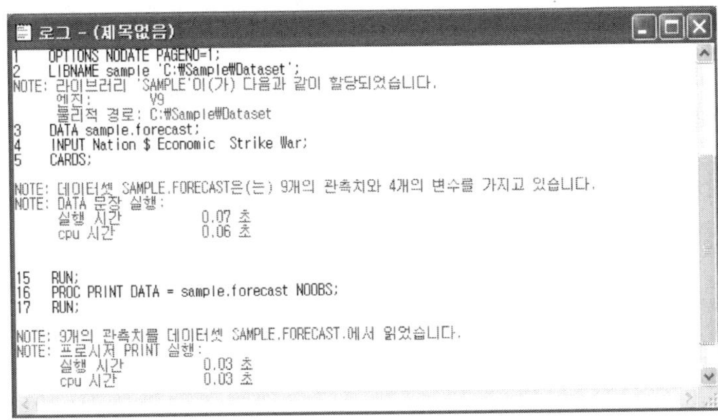

SAS 프로그램을 실행 한 후의 수행 결과가 다음과 같은 화면과 같이 제시된다.

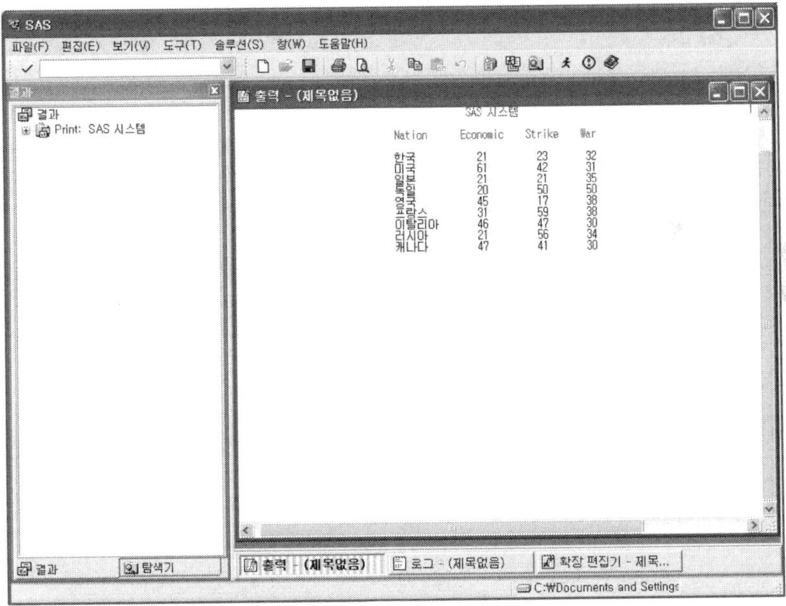

2.5 출력 결과를 저장하기

SAS 프로그램을 실행한 후 출력 결과를 저장하려면 **출력** 화면 상단의 아이콘들 중에 앞의 **확장 편집기** 화면의 프로그램 저장할 때와 마찬가지로 상단의 '**저장**' 아이콘을 클릭하면 된다. **저장하기** 화면에서 저장할 폴더와 파일이름을 지정한다.

2.6 출력 결과를 삭제하기

출력 화면의 실행 결과를 삭제하려면 다음 화면에서와 같이 왼쪽 결과 화면에서 오른쪽 마우스를 클릭하면, 떠오르는 메뉴 중에서 **삭제** 메뉴를 클릭하면 된다.

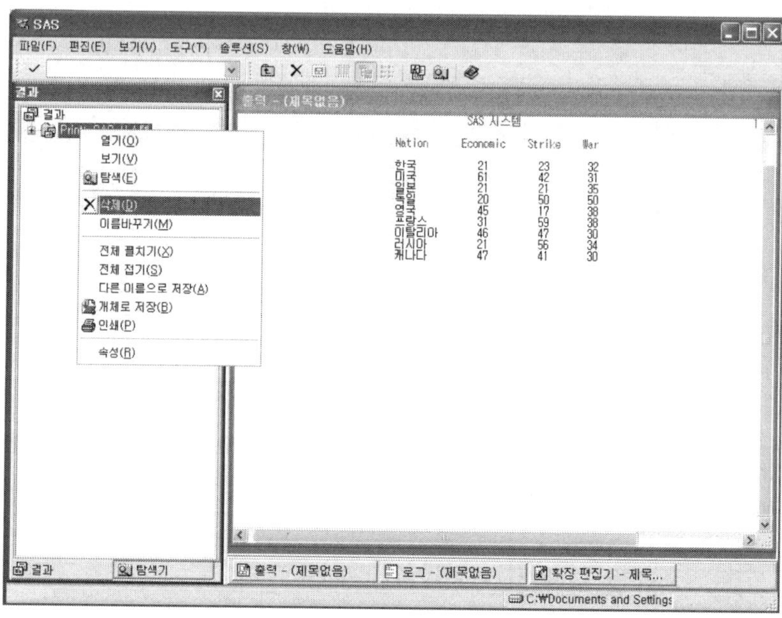

3. SAS 프로그램의 구조

3.1 프로그램의 개요

SAS의 프로그램은 크게 4가지 형태로 구성되어 있다.

❶ **데이터스텝(DATA step)에서 쓸 수 있는 문장들** : 데이터를 읽거나, 자체적으로 만들거나, 데이터의 치환, 수정, 변환을 할 때 선언한다. 이미 만들어져 있는 데이터셋이 없다면, 데이터스텝이 프로시저스텝 이전에 항상 있어야 한다.

❷ **프로시저스텝(PROC step)에서 쓸 수 있는 문장들** : 데이터스텝에서 만들어진 데이터셋을 이용해 기초적인 데이터처리 및 통계처리를 한다.

❸ **장소에 관련 없이 쓸 수 있는 문장들** : 옵션을 지정, 보고서의 제목, 주석, 사용하고자 하는 폴더, 코멘트 등을 지정해 준다.

❹ **매크로 선언문** : 자주 사용하는 데이터스텝이나 프로시저스텝을 하나의 명령어 형태로 사용한다.

3.2 데이터스텝에서 쓸 수 있는 문장들

데이터스텝(DATA step)의 구성은 다음과 같이 4개의 요소로 구성된다.

❶ DATA 데이터셋 이름;

❷ 데이터가 있는 장소를 지정하는 문장들

❸ 데이터스텝 중 각 변수의 입출력 포맷 지정, 데이터의 생성, 수정, 치환을 위한 문장들

❹ 데이터스텝 끝을 선언하는 'RUN;'문이 기본적으로 필요하다. 'RUN;'문 대신에 CARDS문으로 데이터를 읽을 때는 ';', CARDS4문(데이터가 '''와 같은 데이터를 포함하고 있을 경우 또는 이름과 같이 데이터 사이에 공란이 있을 경우)으로 데이터를 읽을 때는 ";;;;"로 끝나는 것도 가능하다.

데이터스텝에 사용되는 문장의 구조를 살펴보면 다음과 같다.

➔ 문장 구조

(1) 데이터스텝 시작 선언문 지정

```
DATA 데이터셋 이름;
```

(2) 데이터가 있는 장소 지정

① 외부에서 데이터 파일을 구성해서 읽을 때

```
INFILE '외부데이터 파일이름';
   INPUT 변수이름들;
```

② 내부에서 데이터를 직접 입력할 때

```
INPUT 변수이름들;
   CARDS; (CARDS4는 데이터 사이에 공란이 있는 문자 데이터를 읽어 들임)
      2 3 6 ......
          ..................
```

③ 내부에서 만들어진 기존 데이터셋을 이용할 때

```
SET 데이터셋들;          → 데이터셋의 변경 및 세로 병합
MERGE 데이터셋들;        → 데이터셋의 가로 병합
UPDATE 데이터셋들;       → 데이터셋의 업데이트(갱신)
```

(3) 기타 데이터 변경문 지정

① 데이터를 LOG, OUTPUT, 데이터셋, 외부 파일에 출력문

```
FILE;       → 현재 데이터스텝의 수행 내용을 저장할 파일 및 장소를 지정
PUT;        → 지정된 변수를 LOG화면 또는 FILE문에 지정된 파일로 출력
LIST;       → 읽어 들인 데이터를 LOG화면에 출력
OUTPUT;     → 현재 수정 또는 읽어 들인 데이터를 데이터셋에 출력
```

② 입출력 포맷 지정문

```
ATTRIB;    → 변수 입, 출력 포맷을 지정
FORMAT;    → 변수의 출력 포맷을 지정
INFORMAT;  → 변수의 입력 포맷을 지정
LABEL;     → 변수에 대한 설명(레이블)을 지정
LENGTH;    → 변수에 대한 길이를 지정
```

③ 관찰치, 변수의 보유 및 제거 지정문

```
DELETE;    → 데이터셋에서 관찰치를 제거함
DROP;      → 데이터셋에 남기고 싶지 않은 변수이름을 지정
KEEP;      → 데이터셋에 남기고 싶은 변수를 지정
```

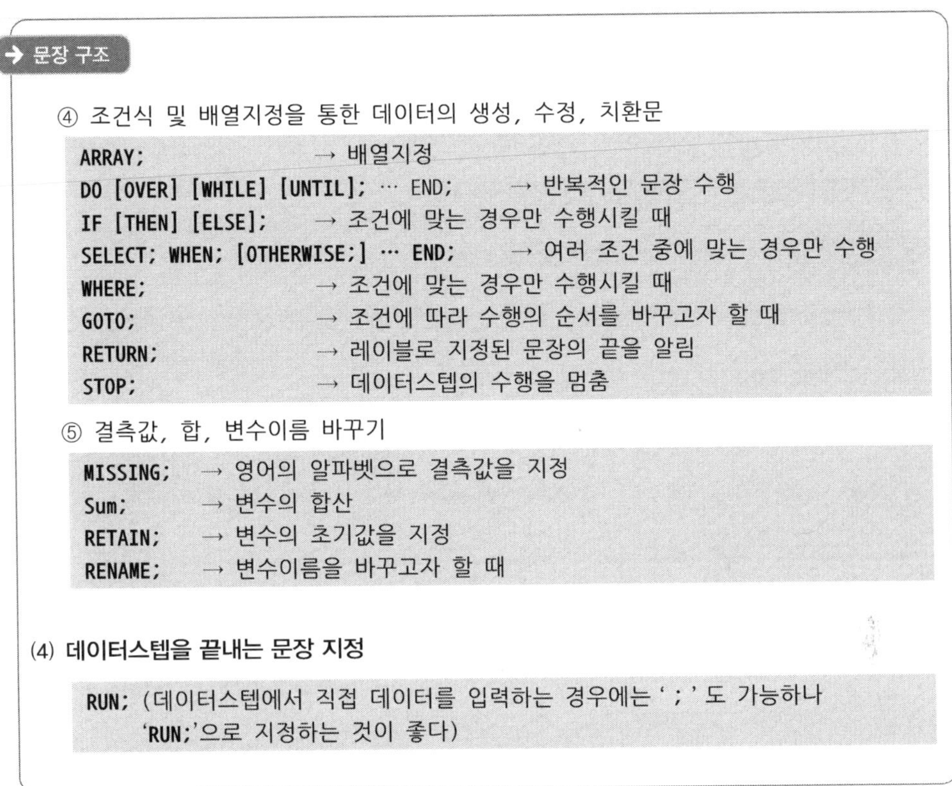

문장 구조

④ 조건식 및 배열지정을 통한 데이터의 생성, 수정, 치환문

```
ARRAY;                             → 배열지정
DO [OVER] [WHILE] [UNTIL]; … END;  → 반복적인 문장 수행
IF [THEN] [ELSE];                  → 조건에 맞는 경우만 수행시킬 때
SELECT; WHEN; [OTHERWISE;] … END;  → 여러 조건 중에 맞는 경우만 수행
WHERE;                             → 조건에 맞는 경우만 수행시킬 때
GOTO;                              → 조건에 따라 수행의 순서를 바꾸고자 할 때
RETURN;                            → 레이블로 지정된 문장의 끝을 알림
STOP;                              → 데이터스텝의 수행을 멈춤
```

⑤ 결측값, 합, 변수이름 바꾸기

```
MISSING;  → 영어의 알파벳으로 결측값을 지정
Sum;      → 변수의 합산
RETAIN;   → 변수의 초기값을 지정
RENAME;   → 변수이름을 바꾸고자 할 때
```

(4) **데이터스텝을 끝내는 문장 지정**

RUN; (데이터스텝에서 직접 데이터를 입력하는 경우에는 ' ; ' 도 가능하나 **'RUN;'**으로 지정하는 것이 좋다)

위의 문장들을 활용한 데이터스텝의 간단한 사례를 살펴보면 다음과 같다.

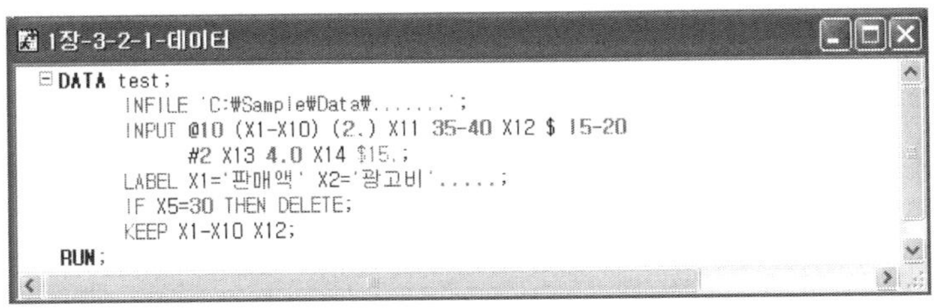


```
DATA test;
      INFILE 'C:\Sample\Data\.......';
      INPUT @10 (X1-X10) (2.) X11 35-40 X12 $ 15-20
            #2 X13 4.0 X14 $15.;
      LABEL X1='판매액' X2='광고비'.....;
      IF X5=30 THEN DELETE;
      KEEP X1-X10 X12;
RUN;
```

3.3 프로시저스텝에서 쓸 수 있는 문장들

프로시저스텝(PROC step)은 다음과 같이 세 가지 형태로 구성된다.

❶ 프로시저스텝의 선언을 알리는 문장으로 'PROC 프로시저 DATA=데이터셋 옵션들;'로 구성된다.

❷ 데이터의 기초데이터 통계처리를 위한 문장들이다.

❸ 프로시저스텝의 끝을 알리는 문장으로 'RUN;'이다.

❹ 기타 다른 문장들 : 다른 프로시저스텝 문장이나 데이터스텝 선언 문장, 대화식 프로시저의 QUIT 문장)으로 구성된다.

➔ 문장 구조

(1) PROC 스텝 지정

```
PROC 프로시저 DATA=데이터셋 옵션들;
```

SAS에서 사용 가능한 주요 프로시저를 살펴보면 다음과 같다.

① 기술통계 : CORR, FREQ, MEANS, RANK, STANDARD, SUMMARY, UNIVARIATE③
② 보고서 작성 : CHART, PLOT, PRINT, TABULATE
③ 회귀분석 : REQ, RSREG, NLIN, OTHOREG, LIFEREG, LIFETEST, TRANSREG
④ 분산분석 : ANOVA, GLM, NESTED, NPAR1WAY, PLAN, TEST, TTEST, VARCOMP
⑤ 다변량분석 : CANCORR, FACTOR, PRINCOMP, PRINQUAL, SOCRE
⑥ 범주형 데이터 : CATMOD, CORRESP, LOGISTIC, PROBIT
⑦ 군집분석 : ACECLUS, CLUSTER, FASTCLUS, TREE, VARCLUS
⑧ 판별분석 : CANDIS, STEPDISC, DISCRIM

(2) 프로시저에 무관하게 사용할 수 있는 문장들

① 입출력 포맷 및 레이블을 지정

```
ATTRIB 변수[FORMAT=포맷][INFORMAT=인포맷][LABEL='레이블'][LENGTH=[$]길이];
                                → 변수의 포맷, 인포맷, 레이블, 길이를 지정
FORMAT 변수들 [포맷] [DEFAULT=디폴트 포맷]; → 변수의 출력 포맷을 지정
ID 변수;                        → 출력시 구분을 주고자 하는 변수를 지정
LABEL 변수들='라벨'....;        → 변수에 대한 라벨을 지정
```

② 집단변수에 의한 분석 및 조건에 맞는 경우만 분석 수행

```
BY 변수들;          → 지정된 변수들의 각 수준의 조합에 의해 집단별 분석 수행
CLASS 변수들;       → 클래스 값(넌메트릭 척도)을 가지고 있는 변수 지정
WHERE 조건 표현식;  → 조건이 성립하는 경우에만 프로시저 수행
```

③ 관찰치에 대한 빈도 및 가중치 정보를 반영

```
FREQ 변수;          → 빈도 정보를 가지고 있는 변수를 지정
WEIGHT 변수 :       → 가중치 정보를 가지고 있는 변수를 지정
```

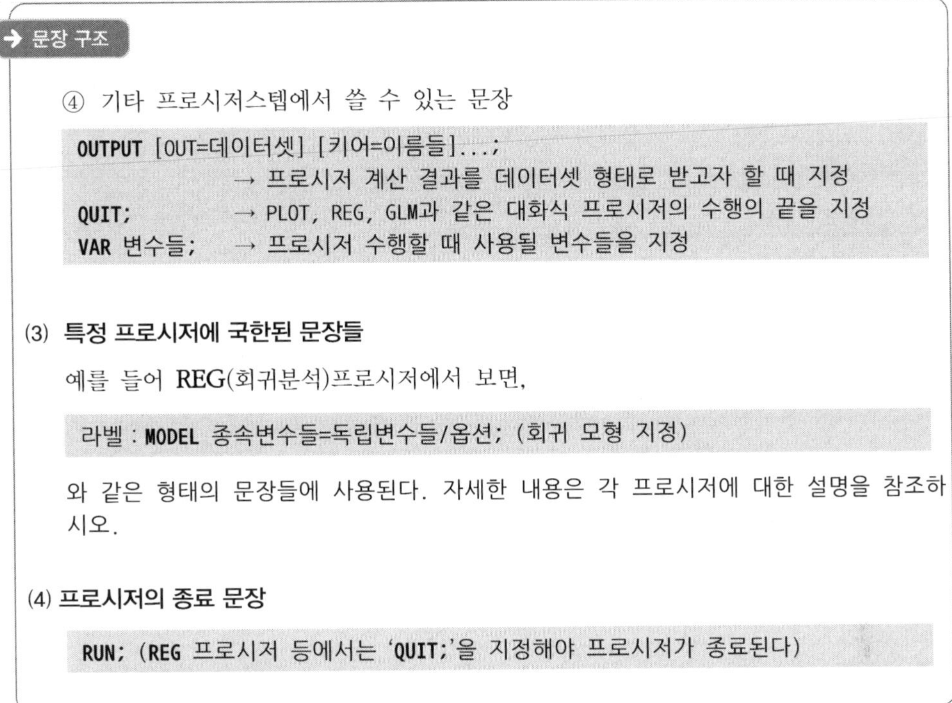

→ 문장 구조

④ 기타 프로시저스텝에서 쓸 수 있는 문장

```
OUTPUT [OUT=데이터셋] [키어=이름들]...;
                    → 프로시저 계산 결과를 데이터셋 형태로 받고자 할 때 지정
QUIT;               → PLOT, REG, GLM과 같은 대화식 프로시저의 수행의 끝을 지정
VAR 변수들;          → 프로시저 수행할 때 사용될 변수들을 지정
```

(3) **특정 프로시저에 국한된 문장들**

예를 들어 REG(회귀분석)프로시저에서 보면,

```
라벨 : MODEL 종속변수들=독립변수들/옵션; (회귀 모형 지정)
```

와 같은 형태의 문장들에 사용된다. 자세한 내용은 각 프로시저에 대한 설명을 참조하시오.

(4) **프로시저의 종료 문장**

```
RUN; (REG 프로시저 등에서는 'QUIT;'을 지정해야 프로시저가 종료된다)
```

프로시저스텝의 회귀분석의 사례를 살펴보면 다음과 같다.

1장-3-3-1-분석

```
PROC REG DATA=test;
     MODEL x13= x1-x10/SELECTION=STEPWISE;
     BY x12;
RUN;
QUIT;
```

3.4 다양한 위치에서 쓸 수 있는 문장들

다음의 문장들은 단일 문장으로서 장소에 관계없이 사용된다.

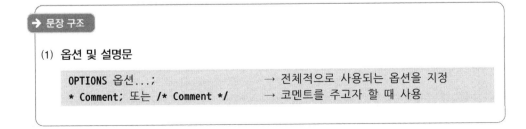

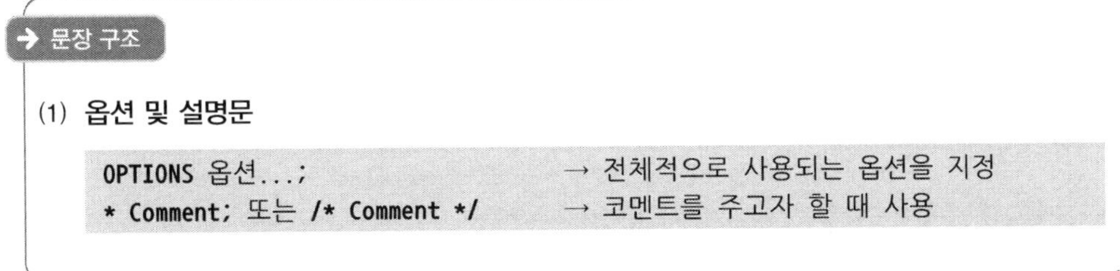

→ 문장 구조

(1) **옵션 및 설명문**

```
OPTIONS 옵션...;                      → 전체적으로 사용되는 옵션을 지정
* Comment; 또는 /* Comment */          → 코멘트를 주고자 할 때 사용
```

➔ 문장 구조

(2) **제목 및 주석**

```
TITLE[n];                                   → n번째 줄의 제목을 지정
FOOTNOTE[n];                                → n번째 줄의 주석을 지정
```

(3) **폴더 지정 및 파일 지정문**

```
LIBNAME 라이브러리기준 '패스이름';              → 폴더 참조 내용을 지정
FILENAME 파일기준 '[폴더 이름\]파일이름';       → 파일 참조 내용을 지정
```

(4) **고품위 그래픽 출력 지정문**

```
ODS GRAPHICS ON;                            → 고품위 그래픽 출력 선언
ODS GRAPHICS OFF;                           → 고품위 그래픽 종료 선언
```

(1) OPTOINS

OPTIONS문은 SAS에서 사용하고자 하는 옵션을 지정할 때 사용한다.

기본형	OPTIONS 옵션...;

[옵션]
- CENTER/NOCENTER : 결과를 가운데에 출력
- DATE/NODATE : 날짜 출력
- LINESIZE=n ¦ LS=n : 한 줄의 열의 크기 지정
- MISSING='문자' : 결측값을 표시하는 '.' 대신 출력할 문자 지정
- NOTES/NONOTES : 로그 화면에 NOTES 출력
- PAGENO=n : 시작 페이지 번호 지정
- PAGESIZE=n ¦ PS=n : 페이지 길이 지정

SAS를 사용할 때 다음과 같은 옵션을 지정하면 편리하다. 다음의 옵션은 출력결과에 날짜를 찍지 말라는 것이며, 페이지 번호를 1페이지부터 시작한다.

```
OPTIONS NODATE PAGENO=1;
```

(2) Comment

코멘트를 주고자 할 때 다음 세 가지 형태 중에 한 가지를 사용한다.

❶ **기본형 : *메시지; :**

```
*Test run;
```

❷ **기본형 : /*메시지*/ :**

```
/* County city */
```

❸ **기본형 : 박스형태의 메시지:**

```
*-------------------------------------*
|          This is a box-style        |
|               comment               |
*-------------------------------------*;
```

(3) TITLE

TITLE문은 제목을 인쇄하고자 할 때 사용한다.

```
기본형  TITLE[n] ['제목내용'];
```

다음 예는 2번째 줄의 제목으로서 "서울시 인구에 관한 데이터"를 출력한다.

```
TITLE2 '서울시 인구에 관한 데이터';
```

(4) FOOTNOTE

FOOTNOTE문은 주석을 주고자 할 때 사용한다.

```
기본형  FOOTNOTE[n] ['주석내용'];
```

다음은 10번째 줄의 주석으로서 '조선일보 12월 31일자'라는 주석을 출력하는 예제이다.

```
FOOTNOTE10 '조선일보 12월 31일자';
```

(5) LIBNAME

LIBNAME문은 SAS 수행 중 사용할 폴더를 지정하는 문장이다. LIBNAME을 사용하는 경우는 데이터셋을 영구적으로 시스템 파일화하여 저장하거나 영구적으로 저장된 파일에서 데이터를 읽어 들이고자 하는 경우에 사용된다.

기본형	LIBNAME 라이브러리기준 '패스이름';

[옵션] • 라이브러리기준 : SAS시스템 내에서 사용할 폴더 레퍼런스
• '패스이름' : 라이브러리 레퍼런스로 사용하고자 하는 폴더 이름

```
LIBNAME sample 'C:\Sample\Dataset';
```

(6) FILENAME

FILENAME문은 외부 파일을 파일 참조기준으로 만들어 사용할 수 있게 선언하는 문장이다.

기본형	**FILENAME** 파일기준 [디바이스타입] '파일명';

[옵션] • 파일기준 : SAS 시스템 내에서 사용할 파일이름을 SAS의 이름을 짓듯이 지정
• '파일이름' : 파일 레퍼런스로 만들고자 하는 외부 파일

```
FILENAME food 'C:\Sample\Data\adsales.txt;
```

다음 예제는 출력 화면의 옵션과 제목, 주석 문장을 지정하는 예이다. 옵션 문장에서 페이지 사이즈 60줄(PS=60 또는 PAGESIZE=60), 수행 날짜를 출력하지 않고, 시작 페이지를 1쪽에서 시작하도록 하는 내용이다. 또한 모든 출력 페이지의 제목을 '서울시 인구 데이터'로 하고, 주석을 '경제기획원 데이터'로 하는 내용이다.

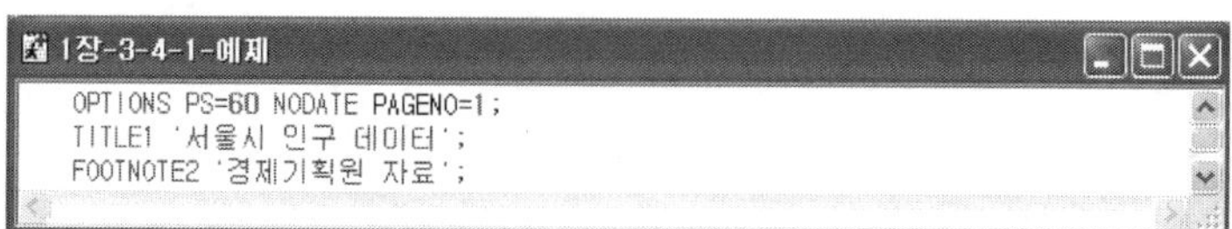

(7) ODS GRAPHICS

ODS GRAPHICS문은 프로시저에서 고품위 그래프를 출력하라는 선언문이다.

기본형	**ODS GRAPHICS ON;** 분석 프로시저들…. **ODS GRAPHICS OFF;**

다음 예제는 회귀분석에서 다양한 형태의 오차분석, 회귀식 등을 그래프로 출력하라는 내용이다.

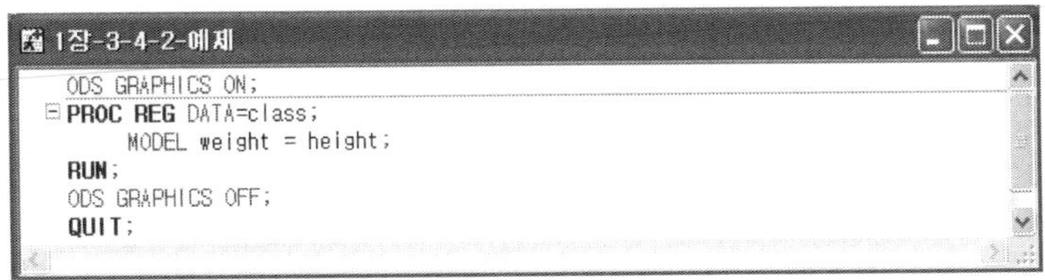

3.5 매크로 선언문

매크로 선언문은 다음과 같은 형식을 가지고 있는 문장들이다.

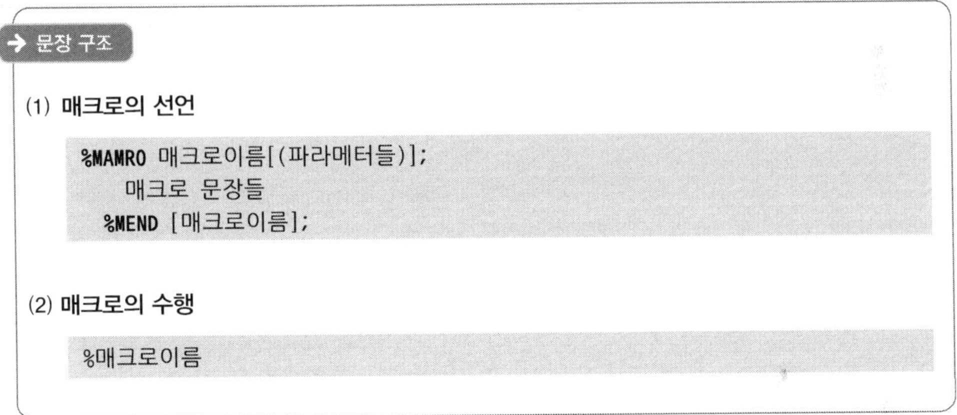

➔ 문장 구조

(1) **매크로의 선언**

```
%MAMRO 매크로이름[(파라메터들)];
    매크로 문장들
  %MEND [매크로이름];
```

(2) **매크로의 수행**

```
%매크로이름
```

데이터 입력

2

CHAPTER

1. 데이터에 대한 이해

1.1 개요

데이터란 데이터베이스의 레코드들과 같은 형태로 구성된 직사각형 행렬을 의미한다. 데이터는 첫 줄에 각 칼럼에 대한 설명(description)과 두 번째 줄 이하의 실제 데이터로 구성된다. 아래는 실험조사를 통해 TV광고 횟수와, 신문광고 횟수에 따른 판매액의 데이터의 모형이다.

관찰치	TV광고 횟수	신문광고 횟수	판매액(천만원)
1	0	20	9.73
2	5	5	8.75
3	10	10	9.31
4	20	0	11.75
5	25	5	15.75

1.2 데이터의 구조

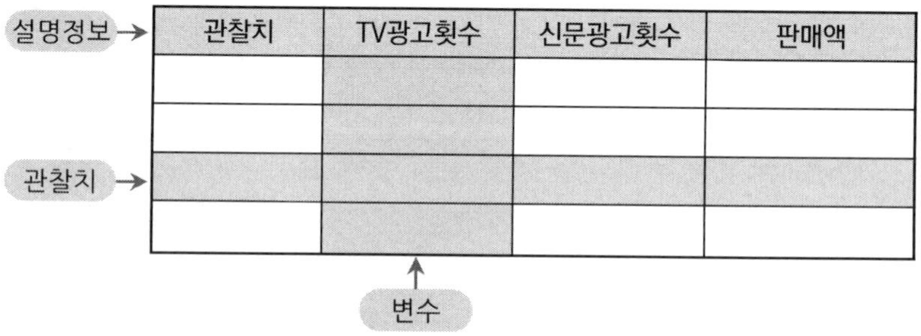

데이터는 직사각형 형태의 행렬로서 각 칼럼을 설명하는 정보(descriptor information)와 실제 데이터(data values)로 구성된다. 각 칼럼을 일반적으로 변수(variable), 각 행(row)을 관찰치 또는 관측치(observation)라고 한다.

1.3 데이터와 척도

연구자는 보여주고자 하는 주장을 증명하기 위해서 설문서 등을 포함한 다양한 형태로 수집하게 된다. 이 때 원하는 데이터를 수집하기 위해서는 연구자가 보여주고자 하는 주장을 보여줄 수 있는 개념을 측정하기 위해 조작화(operationalization)라는 과정을 거치게 된다. 예를 들어 단어의 조직화된 정도가 상황 판단에 어느 정도 영향을 미치는가를 보기 위해 '단어의 조직화'라는 개념을 측정하는 경우를 보자. 이 개념에 대한 조작화는 실험대상자로부터 관련된 단어의 파악 정도, 관련된 단어의 회상시간 등을 통해 측정할 수 있을 것이다.

이렇게 조작화되어 수집된 데이터는 다양한 형태로 측정되게 된다. 예를 들어 예/아니오 또는 0/1 같은 값들만 취할 수 있는 문항으로 측정될 수도 있으며, 크기 순서대로 나열한 문항으로 측정될 수도 있다. 또 1점에서 7점까지 변할 수 있는 문항으로 측정될 수도 있으며, 몸무게와 같이 연속적인 문항으로 측정될 수도 있다.

보통 이렇게 측정되는 형태를 척도(scale)라고 한다. 척도는 크게 두 가지로 나눌 수 있다. 먼저 예/아니오(응답), 남/여(성별), 0/1, 순서와 같이 명목 또는 순서척도로 측정된 것인데, 이를 정성적(qualitative), 범주형(categorical), 또는 넌메트릭(nonmetric) 데이터라고도 한다. 반면에 5점 또는 7점 문항, 몸무게와 같이 등간 또는 비율척도로 측정된 것인데 정량적(quantitative), 연속형(continuous), 이산형(discrete), 또는 메트릭(metric) 데이터라고도 한다. 이를 그림으로 구분해 보면 다음과 같다.

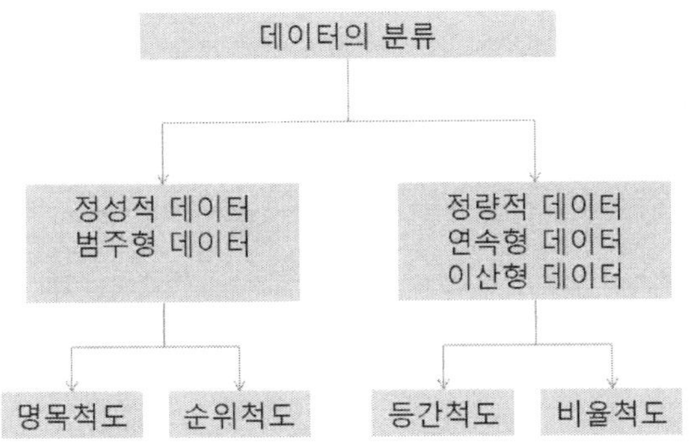

이렇게 다양한 형태로 수집된 데이터는 데이터 코딩(data coding) 과정을 거쳐야 데이터분석을 할 수 있다. 데이터코딩은 데이터분석을 위해 설문서 등을 통해 수집된 데이터를 통계 소프트웨어에서 분석을 할 수 있는 형태로 바꾸어주는 과정이다. 구체적으로 각 응답자 별로 각 문항에 대해서 응답한 값들을 숫자 또는 문자로 변환하는 과정이다. 코딩을 하기 전에 연구자는 수집된 데이터의 형태가 어떤 것인지를 잘 구분해야 한다. 각 척도와 데이터 코딩 형태를 보면 다음과 같다.

(1) 명목척도

명목척도(nominal scale)란 개체나 사람 등의 대상을 분류하기 위해 사용되는 척도이다. 분류는 보통 이름이나 이름에 대한 숫자를 부여하여 측정한다. 예를 들어 실험대상자의 성별(남, 여 또는 1인 경우 남, 2인 경우 여), 자동차회사(현대, 기아, GM대우, 르노삼성), 집단(통제, 실험) 등을 들 수 있다. 이 숫자들은 단순히 구분을 위해서 사용되는 것이기 때문에 아무런 의미가 없다. 각 수가 가지는 양적인 특성보다는 구분기준으로 부여한 경우이다. 설문지상에서는 다음과 같은 항목들로 측정된 것들은 모두 명목척도이다. 명목 척도는 빈도나 비율(%)분석, 최빈치 등과 같은 데이터분석을 수행할 수 있다.

1. 귀하의 성별은?

(1) 남　(2) 여

2. 귀하의 가정에 있는 가전제품의 브랜드들을 모두 표기해 주세요.

(1) 삼성　(2) LG　(3) 소니　(4) GE
(5) 파나소닉　(6) 도시바　(7) 대우　(8) 기타

3. 귀하가 소유하는 자동차의 회사명은?

(1) 현대　(2) 쉐보레　(3) 기아　(4) 르노삼성
(5) 기타(　)

4. 지하철 공사를 반대하는 이유는?

(　)

명목척도에 대해 코딩하는 방법을 살펴 보면 다음과 같다.

첫 번째 문항의 경우 1개의 변수에 남은 1로, 여는 2와 같은 숫자를 코딩값으로 입력하면 된다.

두 번째 문항은 중복 응답이 가능한 문항으로 가능한 답의 개수만큼의 변수가 필요하다. 여기서는 응답가능한 답이 8개이므로 8개의 변수가 필요하며, 칼 변수는 첫 번째 응답에 대한 답을 표시한다. 응답자가 첫 번째 응답에 대해 표기를 했으면 첫 번째 변수의 값을 1로, 표기하지 않았으면 0으로 표기한다. 나머지 7개의 응답에 대해서도 첫 번째 답과 같이 코딩한다.

세 번째 문항은 4번째 기타의 답이 자유응답이 가능한 형태이다. 기타라고 응답한 경우

에 첫 번째 변수는 첫 번째 문항처럼 1에서 4까지 응답자의 응답한 번호를 코딩값으로 입력한다. 두 번째 변수에서는 응답자가 1−3번까지 응답한 경우에는 일반적으로 9로 코딩값을 적고, 4로 응답한 경우에는 기타의 ( )안에 있는 내용을 적는다.

네 번째 문항의 경우에는 하나의 변수만 있으면 된다. 변수에 대한 코딩으로 응답을 하지 않은 경우에는 9를 입력하고, 응답을 한 경우에는 ( )안에 있는 내용을 적는다.

예를 들어 위와 같이 4개 항목의 설문서로 구성된 문항들을 코딩 해 보면 다음과 같다.

응답자	성별	가전브랜드	자동차	지하철공사
001	1	10110011	19	9
002	2	01111000	4렉서스	교통이 혼잡하다
003	1	10101001	29	공사비가 많이 든다
.	.	.	.	.
.	.	.	.	.
.	.	.	.	.

메모장에 이 코딩 값을 입력해보면 다음과 같다. 여기서 첫 셋 칼럼은 응답자 번호이며, 공란 다음의 숫자는 첫 번째 문항에 대한 응답, 다음에 이어진 8개의 칼럼은 두 번째 문항에 대한 응답이다. 공란 다음의 응답의 첫 번째 칼럼은 세 번째 문항에 대한 응답이며, 다음 칼럼의 숫자와 문자열은 기타로 응답한 내용을 적고 있다. 마지막으로 공란은 네 번째 문항에 대한 응답을 적고 있다.

(2) 순서척도

순서 또는 서열척도(ordinal scale)란 대상에 대한 값의 높고 낮음, 또는 순서를 나타내는 경우이다. 선생님이 학생의 학업성적에 따라 학생들을 순서대로 나열한 경우에 각 학생들의 등수는 서열척도가 된다. 또한 자동차들을 그 크기의 순서대로 나열한다든지 좋아하는 순서대로 나열한 경우에도 서열척도라고 할 수 있다. 이 척도는 등수간의 서열을 나타내주기는 하나 1등과 2등간의 성적차이가 어느 정도인가를 알 수 없듯이 간격차이에 대한 정보를 보여주지 못한다. 명목척도의 분석과 더불어 중위수(median), 순위상관(rank−order correlation), 프리드만 분산분석(Friedman ANOVA) 등과 같은 데이터분석을 할 수 있다.

1. 다음의 여행사들에 대해서 좋아하는 순서대로 등수를 매긴다면?
   (1) 하나투어 ( ) (2) 모두투어 ( ) (3) 롯데관광 ( )

위와 같은 설문서를 코딩을 한다면 세 개의 변수가 필요하다. 첫 번째 변수는 첫 번째 응답에 대한 등수, 두 번째 변수는 두 번째 응답에 대한 등수, 세 번째 변수는 세 번째 응답에 대한 등수를 적는다. 코딩 사례를 보면 다음과 같다.

응답자	하나투어	모두투어	롯데관광
001	1	3	2
002	2	1	3
003	1	2	3
.	.	.	.
.	.	.	.
.	.	.	.

메모장에 이 값들을 입력하면 다음과 같이 나타날 것이다.

(3) 등간척도

등간척도(interval scale)란 각 수준간 간격이 동일한 경우이다. 인치, 센티미터, 파운드, 반응 정도와 같은 단위로 측정된 것들이 대표적인 예이며, 기준점이 없는 것이 특징이다. 보통 어떤 대상에 대한 선호 정도를 1점에서 5점이나 1점에서 7점 정도로 측정하는 경우가 많이 사용된다. 이 경우 1점과 2점간의 간격은 3점과 4점간의 간격과 그 크기가 동일하다. 평균, 표준편차, 상관관계분석, t−검정, 분산분석, 회귀분석, 요인분석 등의 데이터분석을 수행할 수 있다.

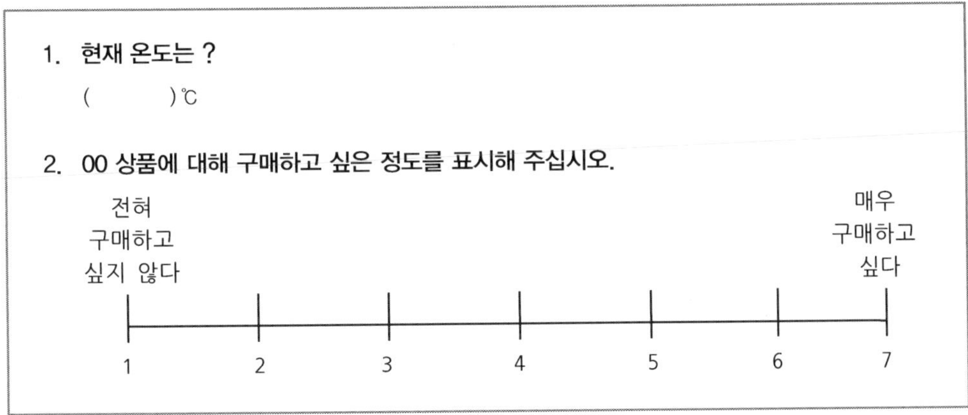

이와 같은 설문서를 코딩을 한다면 다음과 같은 형태로 진행할 수 있을 것이다. 첫 번째 문항의 온도의 경우에는 하나의 변수에 최대 변할 수 있는 온도만큼의 자리를 잡아서 입력한다. 두 번째 문항의 경우에도 하나의 변수에 응답한 숫자를 입력한다. 이를 표로 정리해 보면 다음과 같다.

응답자	현재온도	구매의도
001	- 10	3
002	22	4
003	15	6
.	.	.
.	.	.
.	.	.

메모장에서는 다음과 같이 입력이 될 것이다.

(4) 비율척도

비율척도(ratio scale)란 척도를 나타내는 숫자가 등간일 뿐만 아니라 의미가 있는 절대 0점을 가지고 있어 크기를 배수로 나타낼 수 있는 경우이다. 예를 들어 몸무게를 생각해 보면 *A*라는 사람이 40*kg*이고 *B*라는 사람이 80*kg*이라고 가정해 보자. *B*라는 사람은 *A*라는 사람에 비해 40*kg*의 차이가 있을 뿐만 아니라 A에 비해 두 배의 몸무게가 나간다고 할 수 있다. 대표적인 척도의 예로는 몸무게, 기업의 매출, 나이 등을 들 수 있으며 다음과 같은 예도 비율척도이다. 비율척도는 등간척도의 데이터분석뿐만 아니라 조화평균 등과 같은 데이터분석을 할 수 있다.

1. 귀하가 카드 100장을 가지고 있을 때 다음의 각 농구화에 대해 선호하는 정도에 따라 그 카드를 배분한다면?

(1) 프로스펙스 (　　　)장
(2) 나이키 (　　　)장
(3) 아디다스 (　　　)장
(4) 리복 (　　　)장

합 100 장

이와 같은 문항에 대한 코딩은 응답 가능한 항목의 수만큼의 변수가 필요하다. 여기서는 4개의 항목이 있으므로 4개의 변수가 필요하며, 첫 번째 변수에는 첫 번째 항목의 응답을 입력한다. 마찬가지로 다른 항목도 그 값을 적어 준다. 이를 표로 정리해 보면 다음과 같다.

응답자	프로스펙스	나이키	아디다스	리복
001	20	40	30	10
002	45	30	15	10
003	30	20	20	30
.	.	.	.	.
.	.	.	.	.
.	.	.	.	

이를 메모장에 입력해 보면 다음과 같이 나타난다.

1.4 데이터의 구조와 입력데이터 정리

만약에 위와 같은 형태로 데이터가 정리되어 있지 않다면, 다음과 같은 과정을 거쳐 데이터를 위의 형태와 같이 변형하는 것이 필요하다.

(1) 가장 일반적인 형태의 데이터

어느 한 대학교 1학년 학생 12명의 IQ와 평균평점 GPA가 다음 표와 같이 조사되었다고 하자.

IQ	116	129	123	105	131	134	126	101	138	125	132	129
GPA	2.1	3.0	2.4	1.9	3.5	3.3	2.8	1.9	3.8	3.1	3.0	3.3

이 데이터를 분석하고자 하는 경우에도 우선 가로줄에는 각 관찰치(학생)가 표시되어야 하며 세로 칼럼에는 IQ와 GPA값들로 표시되어야 한다. 따라서 이 데이터를 분석하기 위해서는 다음과 같은 형태의 표로 데이터를 정리하는 것이 필요하다.

관찰치	IQ	GPA
1	116	2.1
2	129	3.0
3	123	2.4
4	105	1.9
5	131	3.5
6	134	3.3
7	126	2.8
8	101	1.9
9	138	3.8
10	125	3.1
11	131	3.0
12	129	3.3

(2) 분산분석 형태의 데이터

다음 데이터는 세 도시(**서울, 부산, 광주**)에서 판매되는 물품가격이 동일한가에 대한 비교이다. 이러한 형태의 데이터는 분산분석을 하고자 하는 데이터에서 많이 사용된다.

서울	부산	광주
59	58	54
63	61	59
65	64	55
61	63	58

이 데이터는 다음과 같이 표의 제목인 지역(**서울=1, 부산=2, 광주=3**)을 하나의 세로 변수로 만들고 각 물품가격을 또 다른 세로 변수로 만들어야 한다. 이에 대한 데이터형태는 다음과 같다.

관찰치	지역	물품가격
1	1	59
2	2	58
3	3	54
4	1	63
5	2	61
6	3	59
7	1	65
8	2	64
9	3	55
10	1	61
11	2	63
12	3	58

위와 같은 데이터는 앞의 표처럼 바꾸지 않고 확장 편집기에서 바로 읽을 수 있는 방법이 있는데, 이를 살펴보면 다음과 같다.

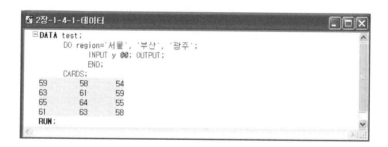

(3) 교차표(상황표) 형태의 데이터

다음 데이터는 승용차의 크기와 승용차사고의 치명 정도에 대한 관계를 분석하기 위하여 346건의 교통사고에 대하여 조사한 결과이다. 이와 같은 데이터 형태는 주로 상황표(contingency table) 또는 교차표(cross−tabulation)를 통해 데이터를 분석하거나 χ^2 검정을 하고자 하는 경우에 많이 사용된다.

사고유형 \ 자동차크기	소형	중형	대형
치명적	67	26	16
치명적이 아님	128	63	46

이와 같은 형태의 데이터는 사고유형이라는 세로 칼럼(치명적=1, 치명적이 아님=2)과 자동차 크기(소형=1, 중형=2, 대형=3) 그리고 횟수라는 세로 칼럼이 새롭게 만들어져야 한다. 이에 대한 데이터 형태는 다음과 같이 만들어진다.

관찰치	사고유형	자동차크기	횟수
1	1	1	67
2	1	2	26
3	1	3	16
4	2	1	128
5	2	2	63
6	2	3	46

위와 같은 데이터는 앞의 표처럼 바꾸지 않고 확장편집기에서 바로 읽을 수 있는 방법이 있는데, 이를 살펴보면 다음과 같다.

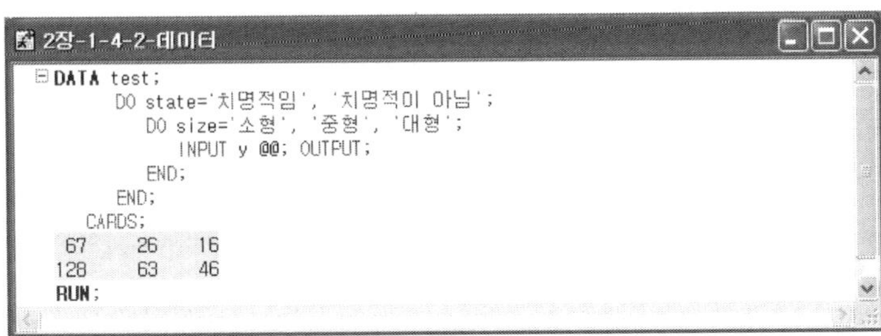

2장-1-4-2-데이터

```
DATA test;
      DO state='치명적임', '치명적이 아님';
         DO size='소형', '중형', '대형';
            INPUT y @@; OUTPUT;
         END;
      END;
   CARDS;
 67      26     16
128      63     46
RUN;
```

2. 확장 편집기에서 데이터를 직접 입력하기

2.1 개요

확장 편집기 화면에서 데이터를 입력하는 방식은 데이터스텝 프로그램에서 데이터를 직접 입력하는 방식이다. 이렇게 만들어진 데이터 입력 프로그램을 데이터스텝이라고 한다.

앞에서 표 형태로 작성한 데이터를 입력하기 위해서는 데이터를 입력하는 프로그램을 작성해야 한다. 데이터스텝에서 이를 작성하기 위해서는 네 가지 문장이 필요하다. 시작은 항상 'DATA **데이터셋**;'이며, 다음은 'INPUT **변수** …;', 'CARDS;' 또는 'DATALINES;',

'표의 데이터', 'RUN;' 순서이다. 여기서 데이터를 제외한 각 문장의 끝은 항상 ';'로 끝말이 표시되어 있다. 즉 데이터스텝의 일반적인 형태는 다음과 같다.

기본형
```
DATA 데이터셋;
      INPUT 변수1 변수2 …;
      CARDS; 또는 DATALINES;
데이터
RUN;
```

2.2 데이터스텝을 이용한 데이터 입력

앞의 광고와 판매액의 변화 데이터를 입력해 보자.

❶ **DATA 데이터셋;** : 현재 데이터를 읽어 저장하는 데이터셋의 이름을 *test*라고 지정했다.

❷ **INPUT 변수 …;** : 데이터의 각 열의 특성을 나타내기 위해 첫 열은 TV 광고 횟수이기 때문에 변수이름을 *tvadvertising*라고 지정했으며, 다음 열은 *newspaperadvertising*, 마지막 열은 *sales*라고 지정했다(이하 데이터셋 및 변수는 모두 소문자로 표시하였다).

❸ **CARDS;** : CARDS문은 다음 줄부터 데이터가 시작된다고 선언하는 의미로서 특별한 경우를 제외하고는 항상 데이터 시작 전에 선언해야 한다. CARDS문 대신에 DATALINES문을 사용해도 같은 결과를 보여준다.

❹ **데이터** : 데이터는 앞의 표를 각 줄 별로 차례대로 옮겨 놓는다. 데이터 문에는 ';'마크가 없다는 점에 유의한다.

❺ **RUN;** : RUN문은 데이터스텝이나 프로시저 스텝이 끝이 난다는 선언문이므로 항상 선언을 하는 것이 좋다. 물론 현재와 같이 데이터를 데이터스텝 안에서 직접 입력할 때는 ';'만을 이 자리에 적는 것도 가능하지만 항상 'RUN;'문을 적는 것이 실수를 줄일 수 있는 방법이다.

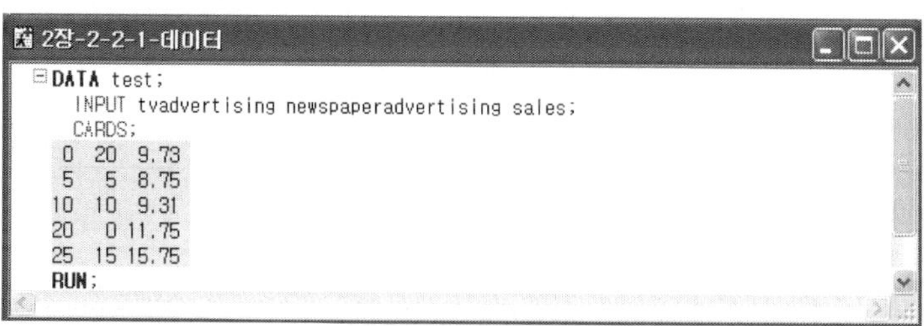

데이터스텝에서 데이터가 정상적으로 읽혀지는지를 보기 위해서는 데이터스텝을 수행시켜야 한다. 데이터스텝을 수행시키기 위해서는 상단의 자주 사용하는 다음과 같이 아이콘들 중에 원안의 실행(submit) 아이콘을 클릭한다.

앞에서 작성한 데이터스텝을 수행시키면 로그 화면에 다음과 같은 메시지가 제시된다. 즉 현재 만들어진 work.adsales 가 관찰치가 5개이고, 변수는 *tvadvertising, newspaperadvertising, sales*로 구성된 3개의 데이터셋이라는 설명이다. 또한 다음 NOTE문은 현재 데이터셋을 읽어 들이는 데 0.06초가 걸렸다는 의미이다. NOTE문은 이와 같이 프로그램 수행 중에 여러 가지 정보를 제공한다. 여기서 ADSALES 이외에 'work.'이라는 단어가 앞에 붙어 있는데, 이는 SAS 수행을 종료할 경우 삭제된다.

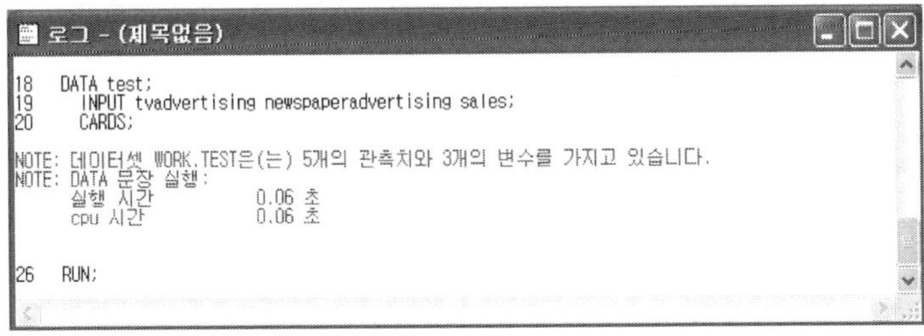

2.3 로그 화면의 메시지와 대처 방안

로그 화면에 위와 같은 두 가지 메시지가 나오지 않고 NOTE문 대신에 ERROR라는 말이 제시되는 경우가 있다. 이런 에러 메시지는 다음과 같이 몇 가지 경우로 나눌 수 있다. 에러 메시지 형태와 적절한 조치를 살펴보면 다음과 같다.

(1) 데이터스텝에서 데이터 끝에 ";"을 표시

데이터스텝의 끝을 알리기 위해서는 ';'나 'RUN;'을 사용한다고 했는데, ';'는 데이터와 분리된 줄에 적어야 한다. 아래의 26번 라인과 같이 ';'을 데이터 끝에 입력하면, 아래와 같은 에러메시지가 출력된다. 읽어 들인 데이터의 개수도 우리가 입력했던 것보다 작다. 해결 방법은 데이터 마지막에 표기된 ';'를 없앤다.

```
로그 - (제목없음)
19   DATA adsales;
20     INPUT tvadvertising newpaperadvertising sales;
21     CARDS;

NOTE: 데이터셋 'WORK.ADSALES'은(는) 4개 관측치, 3개 변수를 가지고 있습니다.
NOTE: DATA 문장 실행:
      실행 시간           0.01 초
      cpu 시간            0.01 초


NOTE: SCL 소스 행.
26   25  15 15.75;
     --
     180

ERROR 180-322: Statement is not valid or it is used out of proper order.

27   RUN;
```

(2) 데이터가 부족한 경우

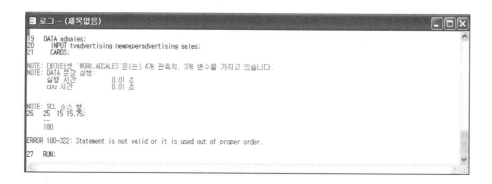

다음 화면과 같이 NOTE문에 LOST CARD라는 문장이 나오고 RULE문이 나오면, 데이터스텝에서 데이터가 필요한 개수보다 작은 경우이다.

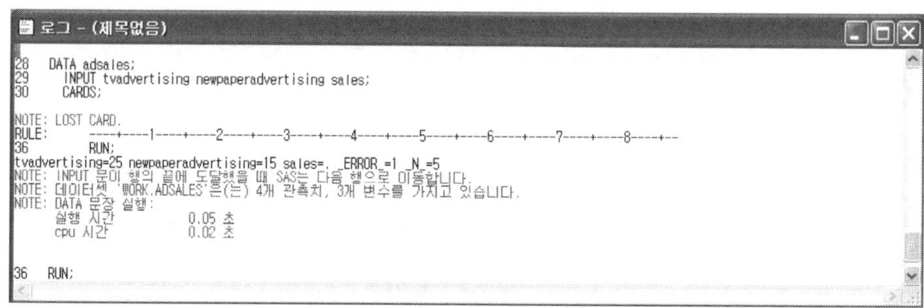

```
로그 - (제목없음)
28   DATA adsales;
29     INPUT tvadvertising newpaperadvertising sales;
30     CARDS;

NOTE: LOST CARD.
RULE:      ----+----1----+----2----+----3----+----4----+----5----+----6----+----7----+----8----+--
36         RUN;
tvadvertising=25 newpaperadvertising=15 sales=. _ERROR_=1 _N_=5
NOTE: INPUT 문이 행의 끝에 도달했을 때 SAS는 다음 행으로 이동합니다.
NOTE: 데이터셋 'WORK.ADSALES'은(는) 4개 관측치, 3개 변수를 가지고 있습니다.
NOTE: DATA 문장 실행:
      실행 시간           0.05 초
      cpu 시간            0.02 초


36   RUN;
```

각 줄마다 3개의 데이터가 있어야 하는데 부족한 경우에는 앞의 화면과 같은 LOST CARD 메시지가 나온다. 이를 해결하기 위해서는 각 줄에 필요한 데이터 개수를 조정한 후에 다시 수행시킨다. 경우에 따라서는 이와 같은 LOST CARD문이 제시가 되지는 않았지만 RULE문이 제시되는 경우가 있다. 이 경우에도 대부분은 데이터 개수가 맞지 않거나 포맷을 통해 입력을 하는 경우에 포맷에 맞지 않은 데이터(예를 들어 (1) 숫자형 변수 자리에 문자가 들어간 경우; (2) '203'으로 입력해야 하는데 '2 3'으로 입력해 데이터 사이에 공란이 있는 경우; (3) 미싱 값을 처리할 때 여러 자리에 걸쳐 있는 데이터에 대한 미싱 표기를 할 때 '.'값을 하나만 표시해야 하는데 하나 이상을 표기한 경우)가 있는 경우이다.

(3) 데이터스텝에서 INPUT문 등에 ";"이 없는 경우

다음 화면과 같이 시작 데이터가 다시 표시되고 처음 데이터 밑에 '_'가 표시된 후에 에러 메시지가 제시된다. 이 경우에는 NOTE문에 여러 가지 가능한 응답들이 제시된다. 그러나 이렇게 제시된 몇 가지의 예 중에 하나가 해결책이 되는 경우가 많은데 INPUT문을 보면 *sales*라는 변수 다음에 ';' 표시가 없다. 따라서 ';' 표시를 하고 다시 수행시킨다.

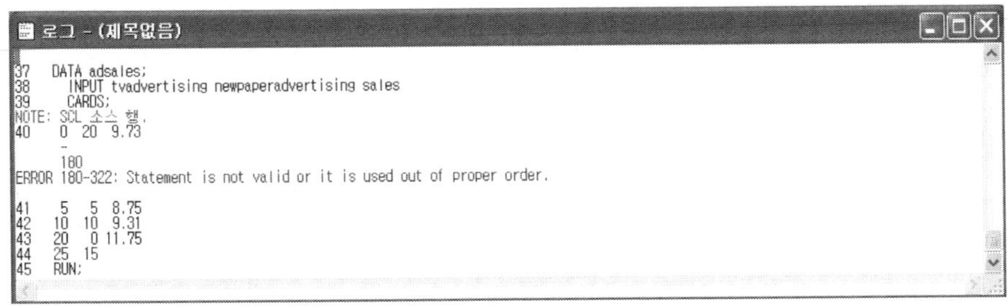

(4) 데이터스텝에서 CARDS문에 ";"가 없는 경우

다음 화면과 같이 ERROR문이 제시된다. 이 경우에는 CARDS문에 ";"표시를 하지 않았기 때문인데 이를 수정해 주고 다시 수행시킨다.

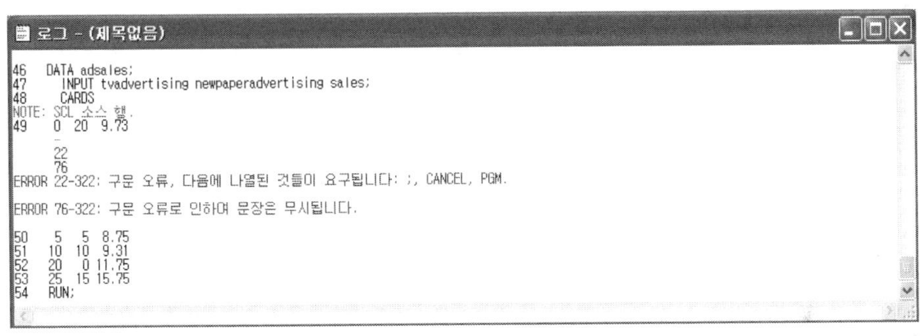

(5) 데이터스텝에서 DATA 데이터셋 문에 ";"가 없는 경우

다음 화면과 같이 변수 별로 NOTE문만 여러 개가 제시된다. 이 경우에는 DATA adsales문에 ";"이 없는 경우이다. 따라서 이를 조정해 주고 다시 수행한다.

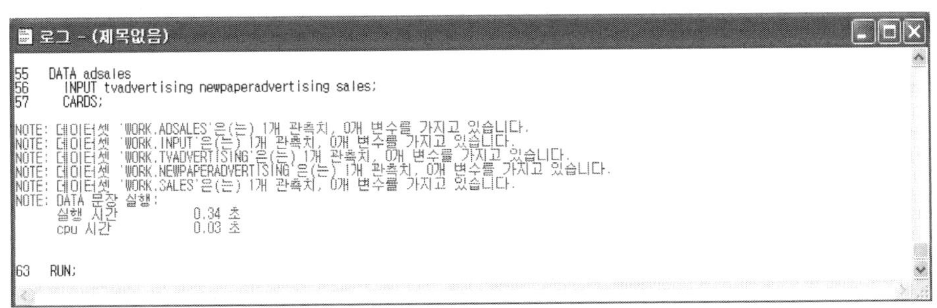

(6) 데이터스텝이나 프로시저 끝에 "RUN;"문이 없는 경우

데이터스텝을 수행시키기 위해서는 또 다른 프로시저스텝이나 데이터스텝이 등장해야 한다. 그러나 이러한 문장들이 없는 경우 'RUN;'문이 없으면 데이터스텝이 수행되었다는 메시지가 로그 화면에 나타나지 않는다. 이 때는 'RUN;'문을 데이터스텝 마지막에 적어야 한다.

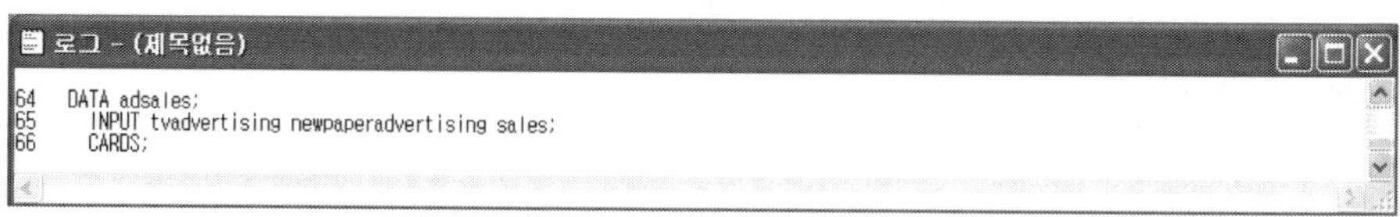
```
로그 - (제목없음)
64   DATA adsales;
65     INPUT tvadvertising newpaperadvertising sales;
66     CARDS;
```

데이터스텝뿐만 아니라 SAS문장을 입력할 때 주의할 점은 항상 한 문장의 끝은 ';'으로 끝맺고 있으며, 데이터에는 ';'이 없고 데이터가 모두 끝났을 때 다음 줄에 ';' 또는 'RUN;'이 표시되어 있다는 점이다. SAS에서는 한 문장이 한 줄이나 여러 줄에 쓰여져 있는 것과는 관계 없이 ';'이 한 문장의 끝을 의미한다. 다음과 같이 여러 줄에 적더라도 한 문장의 의미를 갖게 되며, 한 줄에 여러 문장을 적더라도 여러 개의 문장으로 파악하게 된다.

2.4 변수 만들기 및 지정

(1) 변수이름 만드는 주요 기준

이름을 만들 때는 다음과 같은 주요 기준들을 활용한다. 본 책에서는 이름은 모두 영문 소문자와 숫자로 구성되어 있다.

❶ 첫 자는 영어의 알파벳(A...Z, a...z) 또는 밑줄(_)

❷ 이후의 글자는 영어나 숫자, 밑줄이 가능

❸ 공란(blank)이나 특수문자($,#,@,%, 등)는 가능하지 않음

❹ SAS 이름에는 PROC, DATA, VAR 등의 키워드도 사용가능

```
fitness, sales, x4_5, _n_, _asis, _y372, list 등
```

(2) 변수이름(names)의 사용

SAS에서 사용자가 지은 이름을 사용할 수 있는 곳을 보면 다음과 같다.

❶ 변수이름(variable names)

❷ 데이터셋 이름

❸ 포맷(formats) 문장에서 입력형식을 지정하고자 하는 변수 및 입력형식변수('변수.'으로 끝나는 변수)

❹ 프로시저(procedures)에서 변수 지정

❺ 옵션(options) 문장에서 파일이름 지정

❻ 배열(arrays)에서 배열이름

❼ 문장 라벨(statements labels) 문장에서 라벨을 지정할 변수

❽ 라이브러리 기준 문장(libname)에서 라이브러리 기준 이름

❾ 파일 기준 문장(filerefs)에서 파일 기준 이름

(3) 변수의 지정

변수를 지정하는 주요 형태를 보면 다음과 같다. 변수의 지정은 대문자, 소문자 모두 가능하나 본 책에서는 변수임을 나타내기 위해 소문자만을 사용했다.

❶ x1−xn : x_1에서 x_n까지의 모든 변수들

❷ x−−a : INPUT문에서 나열된 순서대로 x에서 a까지

❸ x−NUMERIC−a : INPUT문에서 나열된 순서대로 x에서 a까지의 숫자 형식의 변수들

❹ x−CHARACTER−a : INPUT문에서 나열된 순서대로 x에서 a까지의 문자형 변수들

❺ _NUMERIC_ : 모든 숫자 형식의 변수들

❻ _CHARACTER_ : 모든 문자 형식의 변수들

❼ _ALL_ : 모든 변수들

```
확장 편집기 - 제목없음1 *
DATA test;
     INPUT (x1-x10) (2.) (a1-a10) $ (3.) _name x10_t;
     ARRAY temp(*) x1 -NUMERIC- x10_t;
     CARDS;
데이터가 생략됨
RUN;
PROC FREQ DATA=test;
     TABLES _ALL_;
RUN;
```

3. 외부 데이터 입력

3.1 메모장 데이터 입력

데이터의 양이 많을 때, 데이터스텝에서 직접 입력하는 방식은 매우 번거로운 일일 뿐만 아니라 필요할 때마다 데이터를 입력한다는 것은 현실적으로도 불가능하다. 이런 경우 데이터만을 따로 입력한다. 외부 데이터는 성격상 크게 두 가지로 나뉘어지는데 하나는 아스키(ASCII) 코드로 구성된 파일과 Microsoft Excel, Microsoft Access, dBASE와 같은 데서 입력된 파일들로 나눌 수 있다.

먼저 외부 데이터를 준비하기 위해서 다음과 같이 메모장에서 데이터를 정리한 후 'C:₩Sample₩Data' 폴더 내에 '광고판매량.txt'이라는 파일이름으로 저장했다.

```
 0 20  9.73
 5  5  8.75
10 10  9.31
20  0 11.75
25  5 15.75
```

위와 같이 데이터가 '광고판매량.txt'이라는 아스키 코드 파일로 구성되어 있다면, 다음과 같이 INFILE문을 사용하며, CARDS문과 데이터를 직접 입력하는 난을 적지 않는다.

```
2장-3-1-1-데이터
DATA test;
     INFILE 'C:₩Sample₩Data₩광고판매량.txt';
     INPUT tvadvertising newspaperadvertising sales;
RUN;
```

만약 각 데이터가 '&','.'등과 같이 구분이 되어 있다면, INFILE문의 DML옵션을 사용해 주면 된다. 다음의 예는 ','로 데이터를 구분한 경우이다.

```
0,20,9.73
5,5,8.75
10,10,9.31
20,0,11.75
25,5,15.75
```

위와 같이 구분된 데이터를 읽으려면 다음과 같이 INFILE문을 적으면 된다. 즉 INFILE 'C:₩Sample₩Data₩adsalesdlm.txt' DLM=',';와 같은 형태로 적어주면 된다.

```
DATA test;
    INFILE 'C:₩Sample₩Data₩광고판매량구분자.txt' DLM=',';
    INPUT tvadvertising newspaperadvertising sales;
RUN;
```

3.2 엑셀 데이터 입력

먼저 다음과 같이 엑셀 데이터를 준비한다. 엑셀 데이터는 첫 줄에 변수이름을 입력한다. 변수이름을 입력하지 않으면, 엑셀 데이터를 입력할 때 첫 줄에 변수이름이 있다는 표시를 삭제해 주어야 한다. 데이터는 'C:₩Sample₩Data' 폴더 내에 '광고판매량.xls' 파일로 저장했다. 만약 첫 줄에 각 열에 대한 제목이 영어로 되어 있지 않으면, 영어로 바꾸어야 한다. 엑셀 데이터를 불러 들일 때는 PROC IMPORT문을 사용한다. 만약 PROC IMPORT문을 사용하는데, 제목이 없고 바로 데이터가 시작되면 GETNAMES=NO라는 옵션을 더 추가하여야 한다. 즉 변수이름이 없다면 다음과 같이 지정해 주어야 한다.

```
PROC IMPORT DATAFILE= ' 엑셀 파일 이름 지정 ' GETNAMES=NO;
```

반면에 첫 줄에 제목이 있으나 한글 이름인 경우에는 다음과 같이 데이터가 2번째 줄부터 시작된다는 옵션으로서 DATAROW=2라는 옵션을 더 추가하여야 한다.

```
PROC IMPORT DATAFILE= ' 엑셀 파일 이름 지정 ' GETNAMES=NO DATAROW=2;
```

이렇게 데이터에서 변수를 읽어 들이지 못한 경우에는 변수이름이 자동적을 *var1*, *var2*, *var3*와 같은 형태로 차례로 지정된다.

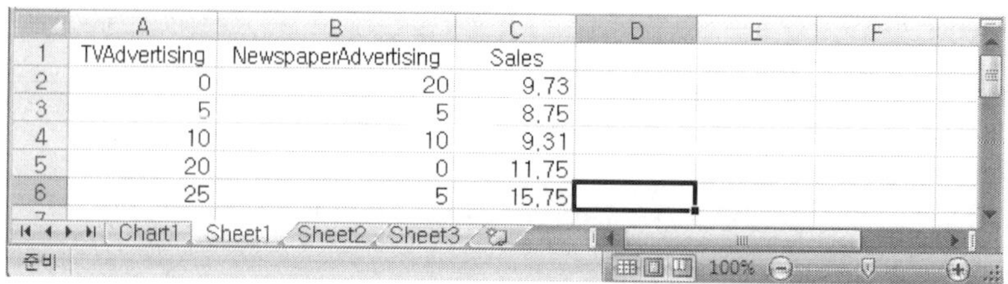

TVAdvertising	NewspaperAdvertising	Sales
0	20	9.73
5	5	8.75
10	10	9.31
20	0	11.75
25	5	15.75

엑셀 데이터를 입력하기 위해서는 다음과 같은 PROC IMPORT 프로시저를 통해 데이터를 입력하면 된다.

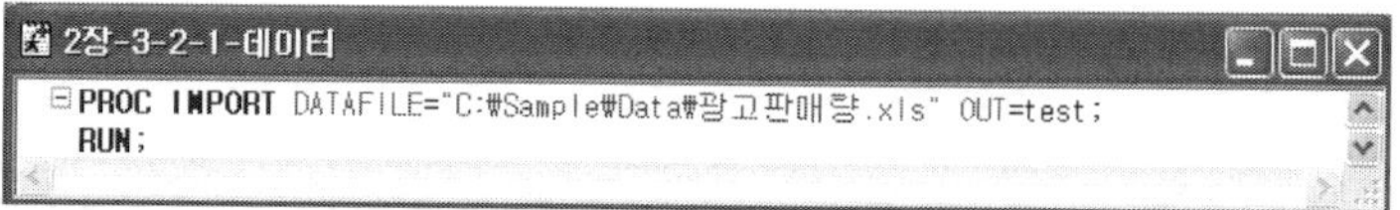

2장-3-2-1-데이터

```
PROC IMPORT DATAFILE="C:\Sample\Data\광고판매량.xls" OUT=test;
RUN;
```

4. 데이터셋 저장 및 활용

4.1 데이터셋 파일 저장

지금까지 읽어 들인 데이터는 SAS 프로그램이 종료되면 자동적으로 종료와 동시에 삭제된다. 그런데 같은 데이터를 자주 이용해야 하는 경우에는 매번 데이터를 다시 읽어 들인 다면 매우 불편할 것이다. SAS에서 사용 가능한 데이터셋은 다음과 같은 형태들이 있다. 데이터셋의 종류는 크게 세 가지로 나누어 진다.

첫째는 데이터스텝을 수행하나 데이터셋이 생성되지 않는 경우로서 데이터 선언문은 다음과 같다.

기본형	DATA _NULL_;

데이터를 수정, 변경을 한 후에 로그 화면이나 출력 화면 또는 외부파일로 출력하고자(FILE 문과 PUT문을 통해)하는 경우로서 데이터셋을 저장할 필요가 없을 때 유용하게 사용할 수 있다.

둘째는 SAS작업이 종료가 되면 끝나는 데이터셋으로서 데이터 선언문은 다음과 같다.

기본형
```
DATA 데이터셋;
DATA sales;
```

셋째는 영구적으로 파일화하여 데이터셋을 구성하는 경우로서 데이터 선언문은 다음과 같다.

기본형
```
LIBNAME 라이브러리기준 '기준이 되는 폴더';
DATA 라이브러리기준.데이터셋;
```

```
LIBNAME sample 'C:\Sample\Dataset';
DATA sample.sales;
```

현재 형성된 데이터셋은 sample라는 라이브러리로서 C:₩Sample ₩Dataset 폴더 내에 sales라는 데이터셋으로 영구히 저장된다. **LIBNAME**문은 한 프로그램 안에서 여러 개를 신언해도 된다.

따라서 SAS를 끝 낸 후 데이터셋이 지워지는 불편을 없애기 위해 한 번 읽어 들인 데이터셋을 폴더를 지정해 저장해야 한다. 이는 앞에서 보았듯이 '**LIBNAME**'문과 '데이터셋;'문장을 이용하여 작성한다. 이렇게 저장된 파일을 영구 데이터셋이라고 할 수 있다.

예를 들어 앞에서 읽어 들인 파일을 영구 데이터셋으로 만들고자 하면 다음 화면과 같이 작성한다. 여기서 **LIBNAME**과 데이터스텝의 sample이라는 말은 사용자가 원하는 이름으로 변경할 수 있는 이름이다. 그리고 'C:₩'에서 ' '안의 내용은 저장하고자 하는 드라이버(C:)와 폴더(₩Sample₩Dataset)이다. 여기서는 C:₩Sample₩Dataset라는 폴더(이 폴더는 **LIBNAME**에서 지정하기 전에 내 컴퓨터 등의 아이콘에서 폴더를 먼저 만들어야 한다)를 만들고 LIBNAME sample 'C:₩Sample ₩Dataset';으로 지정했다.

2장-4-1-1-데이터
```
LIBNAME sample 'C:₩Sample₩Dataset₩';
DATA sample.adsales;
  INPUT tvadvertising newspaperadvertising sales;
  CARDS;
 0  20  9.73
 5   5  8.75
10  10  9.31
20   0 11.75
25  15 15.75
RUN;
```

이렇게 해서 형성된 데이터셋은 C 드라이버의 ₩Sample₩Dataset이라는 폴더 내에 adsales란 데이터셋 파일로 저장된다. 이를 다른 데이터셋이나 프로시저스텝에서 사용하고자 하면 먼저 **LIBNAME** sample 'C:₩Sample₩Dataset';을 선언한 후에 'sample.adsales' 형태로 사용해야 한다. 이를 지정하지 않을 경우 데이터셋이 'work._____' 형태의 이름을 갖게 되는데 SAS를 종료할 때 사라지는 데이터셋이다. 반면에 현재와 같이 지정하면 SAS를 종료하더라도 사라지지 않고, 다시 불러들여 사용할 수 있다.

저장된 데이터셋을 보기 위해서는 SAS 화면 좌측 화면 하단의 탐색기 탭을 클릭해, 라이브러리 아이콘을 클릭한다. 라이브러리 아이콘 중 sample 이라는 폴더를 클릭해보면 Adsales라는 데이터셋을 볼 수 있다. Adsales 아이콘을 더블 클릭해 그 내용을 살펴보면 다음과 같다.

VIEWTABLE: Sample.Adsales

	tvadvertising	newspaperadvertising	sales
1	0	20	9.73
2	5	5	8.75
3	10	10	9.31
4	20	0	11.75
5	25	15	15.75

4.2 저장된 데이터셋의 활용

저장된 데이터셋을 다른 데이터스텝이나 프로시저스텝에서 활용할 수 있다. 먼저 데이터스텝에서는 SET이라는 문장으로 지정한다. 여기서는 TV 광고비와 신문 광고비를 합쳐 총 광고비를 계산하는데 기존에 저장된 데이터셋을 활용하는 사례이다.

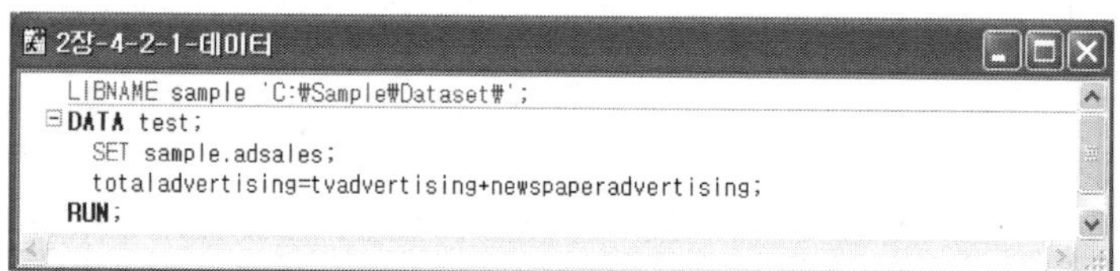

2장-4-2-1-데이터

```
LIBNAME sample 'C:₩Sample₩Dataset₩';
DATA test;
  SET sample.adsales;
  totaladvertising=tvadvertising+newspaperadvertising;
RUN;
```

프로시저스텝에서 활용하려면 **DATA=**라는 문장에서 지정해 주면 된다. 예를 들어 각 변수들의 평균값을 구하려면 다음과 같이 활용하면 된다.

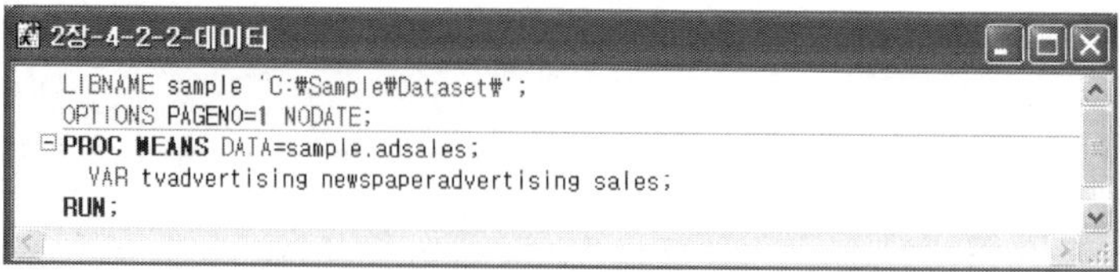

2장-4-2-2-데이터

```
LIBNAME sample 'C:₩Sample₩Dataset₩';
OPTIONS PAGENO=1 NODATE;
PROC MEANS DATA=sample.adsales;
  VAR tvadvertising newspaperadvertising sales;
RUN;
```

5. 주요 데이터 입력 문장 사용법

SAS 문장에서 '[ ]'안에 있는 내용은 필요한 경우에 사용할 수 있는 옵션이다.

5.1 DATA

DATA문은 데이터스텝의 첫 문장으로 데이터스텝의 시작을 선언하는 문장이다.

기본형	DATA [데이터셋[(데이터셋옵션)] ... ;

[옵션]
- 데이터셋 : 데이터를 읽어서 저장할 이름을 지정. 영구적인 데이터셋으로 저장하기 위해서는 앞의 데이터셋의 종류에서도 보았듯이 라이브러리기준.파일이름 형태로 (old.fitness) 이름을 구성한다. 데이터셋의 종류를 보면 실행이 되나 데이터셋이 만들어지지 않는 _NULL_ 변수, SAS에서 데이터셋을 지정하는 형식(DATA1, DATA2, ...)과 같이 데이터셋 이름을 만들 수 있는 _DATA_ 변수, 바로 앞에 사용되었던 데이터셋 이름을 사용하는 _LAST_ 변수 등이 있다. 데이터셋 이름을 지정하지 않은 경우는 SAS에서 데이터셋을 만드는 형식(DATA1, DATA2,...)으로 이름을 지정한다.
- DROP=변수들 : 데이터셋에서 빼고 싶은 변수들
- KEEP=변수들 : 데이터셋에 포함시키고 싶은 변수들
- LABEL 변수= ' 라벨 ' 변수= ' 라벨 ' ,,, : 변수에 대한 라벨 설명
- TYPE=타입 : 데이터셋의 타입을 지정함(COV, CORR, SSCP,...)

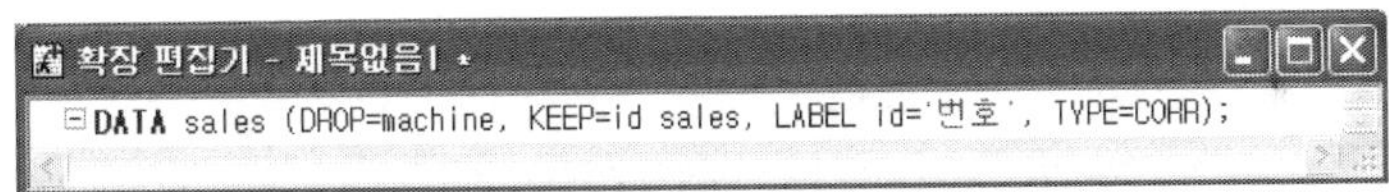

5.2 CARDS, CARDS4, DATALINES, DATALINES4

CARDS, CARDS4, DATALINES, DATALINES4문은 데이터스텝 안에서 직접 데이터를 입력하고자 할 경우 다음 라인부터 데이터가 시작된다는 것을 선언하는 문장이다. 여기서 CARDS(DATALINES)와 CARDS4(DATALINES4)문이 다른 점은 CARDS4문은 데이터가 공란, 쉼표, 인용부호 또는 세미콜론(;)이 들어 있을 때 사용한다는 점이다.

반면에 다음의 INFILE문은 외부에서 아스키(ASCII) 코드 형태로 작성된 데이터 파일에서 데이터를 읽어 들이고자 할 때 사용한다. 데이터를 적은 후 다음 줄에 CARDS (DATALINES)는 ';'으로 마무리를 한다. 이 경우에는 ';' 대신에 'RUN;'으로 마무리 해도 된다. 그러나 CARDS4(DATALINES4)는 ';;;;'로만 마무리해야 한다.

2장-5-1-데이터

```
DATA test;
   INPUT x1 x2 x3;
   CARDS;
1 10 100
2 20 200
;
```

2장-5-2-데이터

```
DATA test;
   INPUT name $ year;
   CARDS4;
김영수, 1982
김사랑, 1986
;;;;
```

5.3 INFILE

내부 또는 외부에서 아스키(ASCII) 코드로 작성된 파일에서 데이터를 읽어 들일 때 사용한다.

기본형	**INFILE** 파일이름지정 옵션;

파일이름지정 : 파일이 들어 있는 장소를 지정한다.

1. **파일이름기준** : 파일이 들어 있는 폴더가 사전 지정이 된 경우 사용법

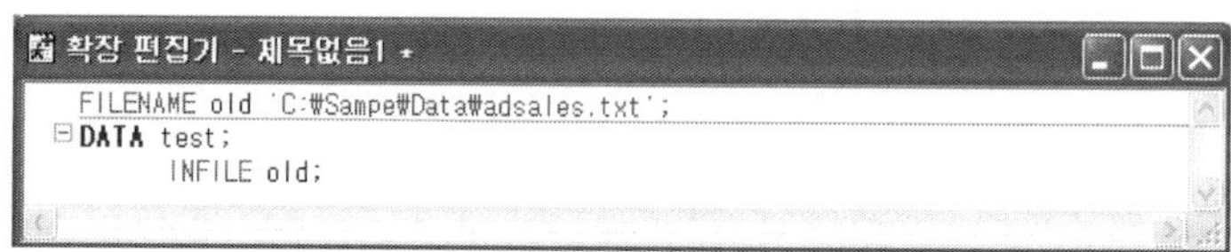

확장 편집기 - 제목없음1 *

```
FILENAME old 'C:\Sampe\Data\adsales.txt';
DATA test;
     INFILE old;
```

2. **'파일이름'** : 직접 외부의 파일이름을 지정하는 형태이다.

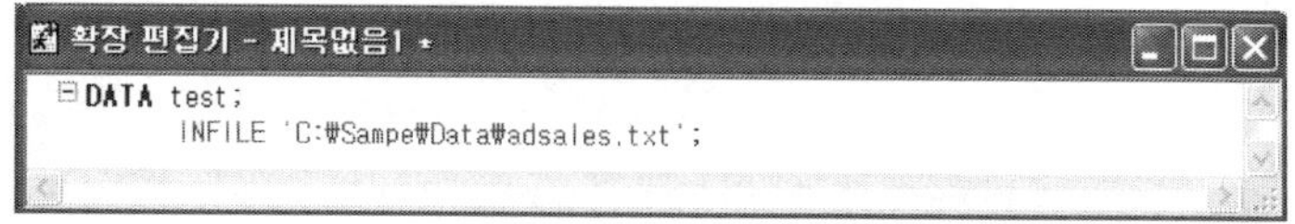

확장 편집기 - 제목없음1 *

```
DATA test;
     INFILE 'C:\Sampe\Data\adsales.txt';
```

INFILE문에서 DLM 옵션은 데이터를 구분하는 표시[콤마(,), 콜론(;), 세미콜론(:) …]가 있는 경우에 유용하게 사용할 수 있는 옵션이다. INFILE문의 CARDS라는 옵션은 데이터를 외부에서 읽어 들이는 것이 아니라 CARDS문을 통해서 입력하겠다는 의미이다. 데이터를 구분하는 콤마, 콜론, 세미콜론은 DLM옵션을 통해 지정한

다. 아래의 사례는 데이터가 ‘,’으로 구분되어 있는 경우이다.

```
DATA test;
     INFILE CARDS DLM=',';
     INPUT a b c @@;
     CARDS;
1,2,3,4,5,6
;
```

[옵션] • CARDS, CARDS4, DATALINES, DATALINS4 : 외부 파일에서 데이터를 읽어 들이지 않고 데이터를 데이터스텝에서 읽을 때 INFILE문의 옵션을 활용하고자 하는 경우이다.

- DELIMITER='단어구분자'¦문자형 변수
- DLM='단어구분자'¦문자형 변수 : INPUT 변수들의 데이터를 구분하는 표시가 공란이 아닌 콤마나 기타 다른 문자로 구분이 되는 경우로서 이를 인용문 안에 넣거나 변수를 지정해 준다.
- FIRSTOBS=라인번호 : 데이터파일에서 읽어 들일 첫 라인을 지정한다.
- FLOWOVER : 데이터 라인을 다 읽어 들였으나 아직도 읽지 못한 변수가 있을 때 다음 라인에서 계속 읽으라는 것을 의미이다.
- MISSOVER : 레코드의 데이터 값이 부족할 경우 다음 레코드로 가지 않는다.
- STOPOVER : 현재 레코드에서 변수의 값을 발견하지 못하고 끝에 도달하는 경우 데이터스텝을 종료한다.
- END=변수 : 데이터를 다 읽어 들였을 때 이 변수의 값을 1로 한다.
- EOF=라벨 : 데이터를 다 읽어 들였을 때 라벨이 붙은 문장으로 이동시킨다.
- N=숫자 : 한 레코드에서 가능한 라인의 수를 지정한다.
- LINESIZE=라인사이즈 ¦ LS=라인사이즈 : 전체의 레코드를 읽지 않을 때 읽고 싶은 레코드길이를 지정한다.
- OBS=라인번호 : 읽고 싶은 마지막 레코드를 지정한다.
- COLUMN=변수¦COL=변수 : 현재 INPUT문의 행 포인터의 위치를 변수에 저장한다.
- LINE=변수 : 데이터라인에서 라인포인터의 위치를 변수에 저장한다.
- LENGTH=변수 : 데이터라인의 길이를 변수에 저장한다.

5.4 INPUT

INPUT문은 외부 또는 내부에 제시된 데이터를 읽어 들이는 변수이름(변수이름은 영어 알파벳으로 시작하거나 ‘_’로 시작하며, 영어 알파벳과 숫자로 조합된 32자 이내의 글자이며 변수이름에 ‘_’를 제외한 ‘−, +, ₩’ 등의 특수문자를 사용하지 않는다)과 읽어 들일 변수의 순서를 지정하며, 데이터를 읽어 들이는 변수위치로 행과 열이 있는 경우 행과 열을 지정하여 읽어 들인다.

변수가 문자형일 때는 변수이름 다음에 ‘$’ 표시를 사용한다. 데이터 사이에 공란이 두 칼럼 이상 있어야만 구분될 때는 ‘&’ 표시를 같이 사용한다(공란이 포함된 변수의 데이터를 읽어 들일 때 사용하면 편리하다).

(1) 자유 포맷 지정

데이터 사이의 공란이 한 칼럼 또는 그 이상의 칼럼으로 분리되어 있을 때 사용한다. 여기서 변수이름 다음에 $는 $ 앞의 변수가 문자형 변수인 경우에만 사용한다(&는 문자형 변수이름에 대해 공란이 두 칼럼 이상인 경우에 분리되는 경우 사용하면 편리하다).

기본형	**INPUT** 변수이름 [$] [&] 변수이름 [$] [&] …;

다음 예제는 자유포맷지정 방법으로 데이터를 읽어 들이는 예이다. 여기서 *name*은 문자형 변수로서 이름을 의미한다. 이름의 각 글자마다 한 칼럼씩 공란이 있기 때문이 공란이 두 칼럼 이상인 경우에 다음 데이터가 시작된다는 의미로서 $와 & 표시를 했다. *sex*는 성별에 관한 변수이며 *job*은 직업에 관한 변수로서 문자형 변수들이기 때문에 변수이름 다음에 $ 표시를 했다. *attitude*와 x_1-x_6 변수는 숫자형 변수로서 변수이름 다음에 아무런 표시도 없다. x_1-x_6는 x_1-x_6라는 변수이름이 아니다. 변수이름이 x_1 x_2 x_3 x_4 x_5 x_6 차례로 제시될 경우 간단하게 x_1-x_6와 같이 6개의 변수이름을 표기한 것이다.

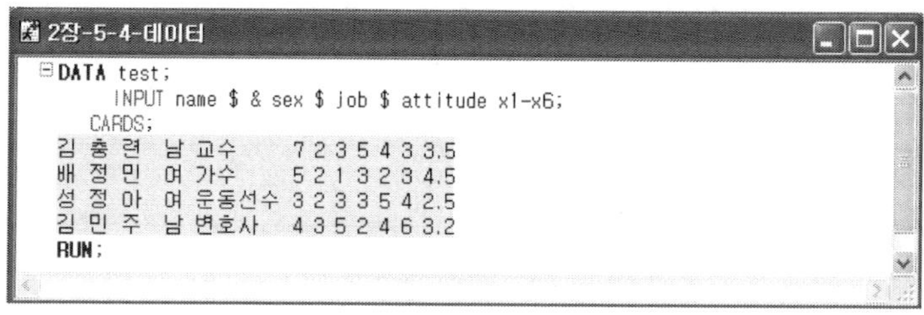


```
DATA test;
    INPUT name $ & sex $ job $ attitude x1-x6;
  CARDS;
김 충 련  남 교수     7 2 3 5 4 3 3.5
배 정 민  여 가수     5 2 1 3 2 3 4.5
성 정 아  여 운동선수 3 2 3 3 5 4 2.5
김 민 주  남 변호사   4 3 5 2 4 6 3.2
RUN;
```

(2) 칼럼 지정

데이터 사이의 공란이 있든 없든, 정해진 칼럼 또는 칼럼들에 데이터가 있을 경우에 사용한다. 데이터가 한 칼럼일 경우에는 시작 칼럼만 지정하며 여러 칼럼인 경우에는 시작 칼럼과 끝 칼럼을 지정한다. 소수점 자릿수는 데이터에 소수점이 포함되어 있지 않은 경우에 데이터 뒤쪽에서 지정된 칼럼만큼 자릿수가 소수점 이하 값으로 읽혀진다.

기본형	**INPUT** 변수이름 [$] 시작 칼럼 - 끝 칼럼[.소수점의 자릿수] …;

앞의 예제를 칼럼지정 방법으로 데이터를 읽어 들이면 다음과 같다. 앞의 예제와 같이 *name*, *sex*, *job* 변수는 문자형 변수여서 변수이름 다음에 $ 표시를 했다. *name*이 1칼럼에서 8칼럼 사이에 있으므로 *name* $ 1−8, *sex*는 11칼럼에서 12칼럼 사이에 있으므로

sex \$ 11−12으로 지정했다. 나머지 변수들도 같은 식으로 계산해서 표현했다.

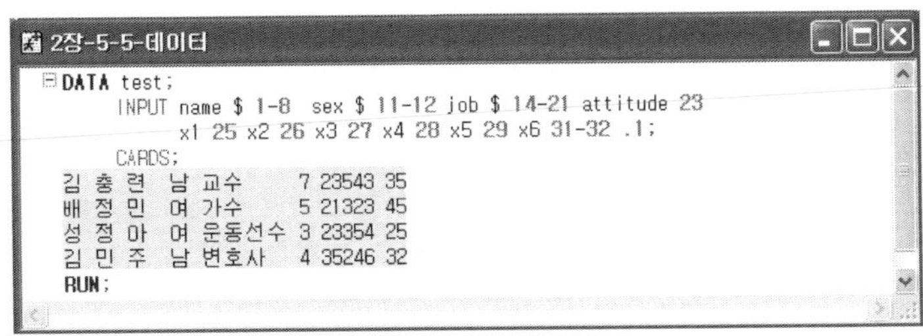

```
2장-5-5-데이터
DATA test;
     INPUT name $ 1-8  sex $ 11-12 job $ 14-21 attitude 23
           x1 25 x2 26 x3 27 x4 28 x5 29 x6 31-32 .1;
     CARDS;
김 충 련  남 교수      7 23543 35
배 정 민  여 가수      5 21323 45
성 정 아  여 운동선수  3 23354 25
김 민 주  남 변호사    4 35246 32
RUN;
```

x_1에서 x_5까지 변수는 모두 한 칼럼으로 구성되어 있는데 다음과 같이 읽어 들일 수 있다. x_1이 시작하는 칼럼이 25번째 칼럼이므로 아래와 같이 @시작 칼럼 (변수이름들) (자릿수.) 형태를 사용해서 INPUT문을 다시 사용할 수도 있다. 이 경우는 자릿수가 같은 여러 개의 변수이름이 계속될 때 사용하면 편리하다.

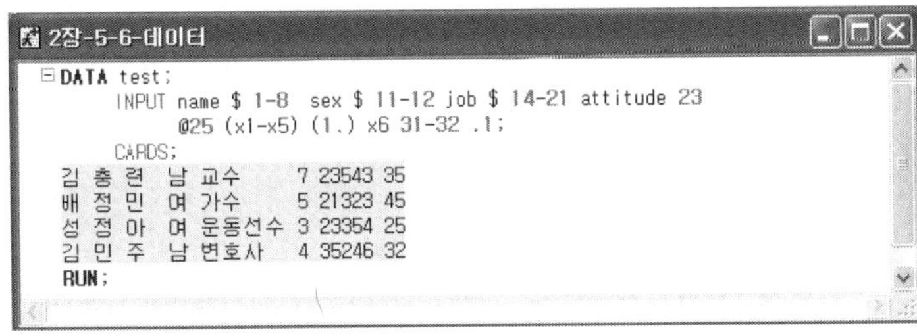

```
2장-5-6-데이터
DATA test;
     INPUT name $ 1-8  sex $ 11-12 job $ 14-21 attitude 23
           @25 (x1-x5) (1.) x6 31-32 .1;
     CARDS;
김 충 련  남 교수      7 23543 35
배 정 민  여 가수      5 21323 45
성 정 아  여 운동선수  3 23354 25
김 민 주  남 변호사    4 35246 32
RUN;
```

(3) 포맷 지정

포맷지정 방법은 (1) 문자형 데이터를 읽는 포맷인 '\$CHAR자릿수.' 형태를 사용하거나; (2) 소수점이 없는 데이터를 읽는 포맷인 '자릿수.' 형태를 사용하거나; (3) 소수점이 있는 데이터를 읽는 포맷인 '총 자릿수.소수점 이하 자릿수' 형태를 사용해서 데이터를 읽는 방법이다. 이 경우 시작하는 자릿수를 지정하기 위해 '@시작 칼럼' 명령어를 사용한다.

기본형	**INPUT** 변수이름 포맷지정 변수이름 포맷지정.....;

자주 사용되는 포맷의 형태를 보면 다음과 같다.

주요 포맷	설 명	예
w.	일반적인 숫자 자릿수 표현	5.
w.d	총 자릿수와 소수점 이하 자릿수 표현	4.2
BZw.	공란은 0이라는 표현	BZ12.
COMMAw.d	콤마가 포함된 데이터라는 표현	COMMA10.
Ew.	과학수식 형태의 지수 표현	E15.
$w.	일반적인 문자 자릿수 표현	$50.
$CHARw.	공란이 포함된 문자 자릿수 표현	$CHAR12.
YYMMDDw.	년월일 형식 데이터 표현	YYMMDD6.

앞의 예제를 포맷지정 방법으로 데이터를 읽어 들이면 다음과 같다. 여기서 *name* 변수이름은 변수이름의 시작이기 때문에 @시작 칼럼을 표기하지 않았다. *name* 변수이름은 1에서 8칼럼 사이이므로 $CHAR8.을 사용했다. 같은 식으로 *sex*는 $CHAR2.을 job은 $CHAR8.을 사용했다. attitude는 한 칼럼이므로 1.을 사용했으며 x_1에서 x_5는 앞의 예에서 대안으로 제시한 것이 포맷지정 방법으로 읽는 방법이어서 앞의 대안에서 제시한 예를 사용했다. x_6는 총 2칼럼에 소수점 이하 자릿수가 1칼럼이어서 2.1로 표기했다.

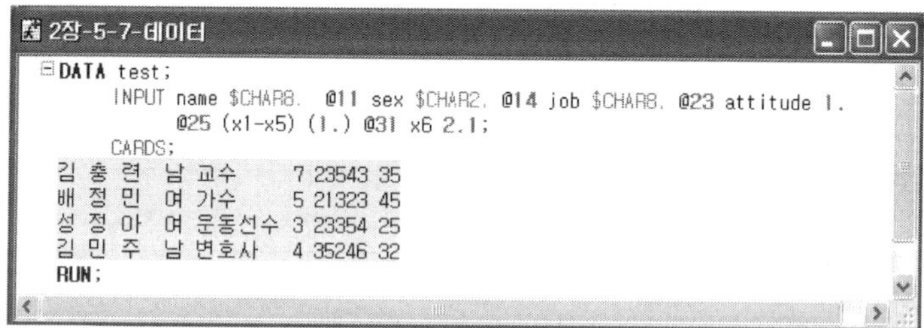

실제로는 앞의 여러 가지 입력 형식을 섞어서 사용할 수 있는데 앞의 예는 다음과 같이 여러 형식을 섞어서 사용하면 편리할 것이다.

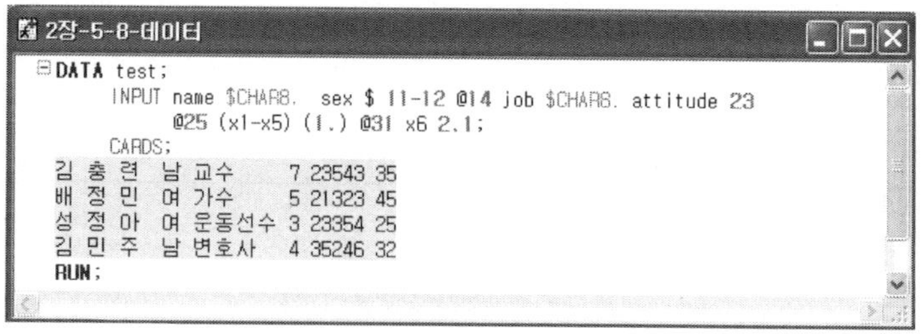

(4) 여러 줄에 걸쳐 한 관찰치의 데이터가 있는 경우

여러 줄에 걸쳐 데이터가 있을 경우 다음 줄에 있는 데이터를 읽기 위해서는 "#줄 번호"나 "/"를 사용한다. /는 바로 다음 줄 첫 칼럼을 의미한다.

앞의 예제에서 이름, 성별, 직업은 첫 줄에 나머지 변수는 두 번째 줄에 있을 때 INPUT문을 다음과 같이 사용한다. 여기서 INPUT문에서 '#2' 대신에 '/'를 적어도 된다.

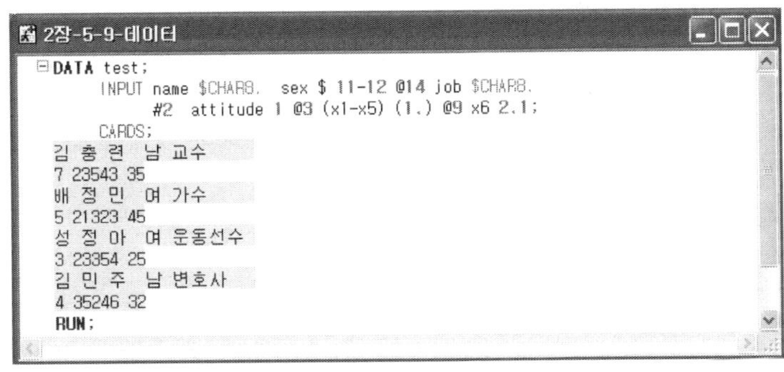


```
DATA test;
     INPUT name $CHAR8.  sex $ 11-12 @14 job $CHAR8.
           #2  attitude 1 @3 (x1-x5) (1.) @9 x6 2.1;
     CARDS;
김 충 련  남 교수
7 23543 35
배 정 민  여 가수
5 21323 45
성 정 아  여 운동선수
3 23354 25
김 민 주  남 변호사
4 35246 32
RUN;
```

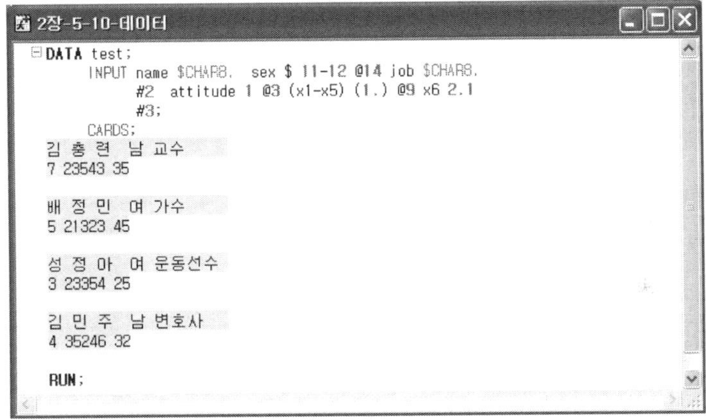


```
DATA test;
     INPUT name $CHAR8.  sex $ 11-12 @14 job $CHAR8.
           #2  attitude 1 @3 (x1-x5) (1.) @9 x6 2.1
           #3;
     CARDS;
김 충 련  남 교수
7 23543 35

배 정 민  여 가수
5 21323 45

성 정 아  여 운동선수
3 23354 25

김 민 주  남 변호사
4 35246 32

RUN;
```

'#'나 '/' 포인터를 사용하는 데 있어 잊지 말아야 할 것은, 관찰치 하나에 관한 데이터가 여러 줄로 구성되어 있는데 이들 데이터를 끝 줄까지 읽지 않고 중간 몇 줄만 읽어 들일 경우, '/'를 이용하여 줄의 수만큼을 맞추어 주거나 '#' 마크를 통해 마지막 줄을 나타내야 한다. 앞의 예제의 데이터가 세줄(데이터 마지막도 빈 줄이 추가되어 있다는 점에 유의하자)로 구성되어 있으며 마지막 줄이 아무런 데이터도 없거나 있어도 읽어 들이지 않을 때는 #3을 표기하거나 아래와 같이 INPUT문을 사용해야 한다.

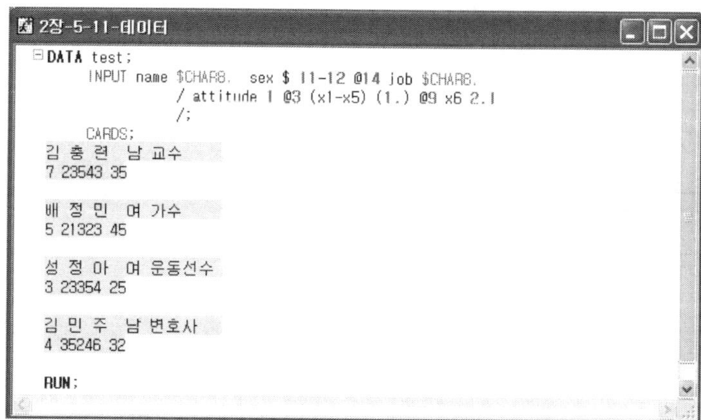
```
2장-5-11-데이터
DATA test;
     INPUT name $CHAR8.  sex $ 11-12 @14 job $CHAR8.
              / attitude 1 @3 (x1-x5) (1.) @9 x6 2.1
              /;
     CARDS;
김 충 련  남 교수
7 23543 35

배 정 민  여 가수
5 21323 45

성 정 아  여 운동선수
3 23354 25

김 민 주  남 변호사
4 35246 32

RUN;
```

(5) 한 줄에 걸쳐 여러 관찰치의 데이터가 있는 경우

한 줄에 적을 데이터의 개수가 작은 경우에 한 줄에 여러 관찰치를 적고 싶을 때가 있다. 즉 다음 예제와 같이 데이터가 이름과 나이만으로 구성되어 있을 때는 한 줄에 여러 관찰치를 나열하고 INPUT문 마지막에 "@@" 표시를 하고 읽어 들일 수 있다.

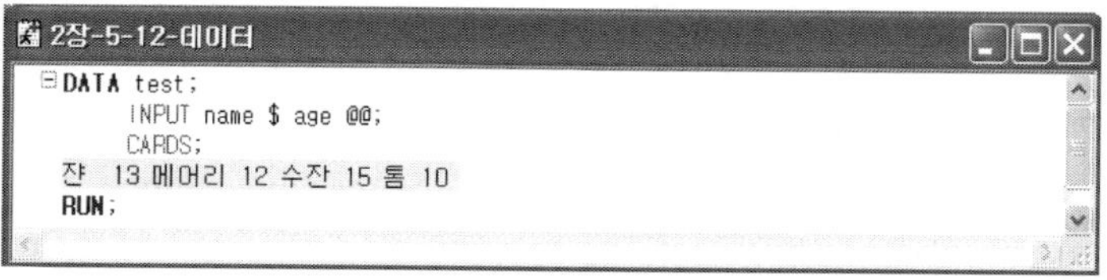
```
2장-5-12-데이터
DATA test;
     INPUT name $ age @@;
     CARDS;
쟌 13 메어리 12 수잔 15 톰 10
RUN;
```

5.5 SET

SET문은 하나 또는 그 이상의 데이터셋을 다시 읽어 들이거나, 일부분으로 나누거나, 세로로 합치거나, 값을 수정하거나 계산하는데 사용한다

기본형	SET [[데이터셋 [(데이터셋옵션 IN=이름)]...] [지정옵션]];

[옵션]
- 데이터셋 옵션 : 데이터스텝(DATA..)의 옵션(DROP, KEEP, LABEL,....)을 여기에서도 사용할 수 있다.
- IN=이름 : 현재의 데이터셋의 특정 관찰치가 SET 데이터셋의 특정 관찰치에 기여했을 때 변수값을 1로, 그렇지 않을 때는 0으로 저장한다.
- END=변수 : 현재 데이터셋의 특정 관찰치가 SET 데이터셋의 관찰치의 마지막이면 변수값을 1로 그렇지 않으면 0을 저장한다.
- NOBS=변수 : 입력 데이터셋의 총 관찰치의 수가 저장한다.

(1) 데이터셋의 일부만으로 구성된 데이터셋을 구성

다음 예제는 관찰치들 중에 *tvadvertising*의 값이 10이상인 관찰치 만으로 구성된 새로운 데이터셋을 구성하는 예제이다.

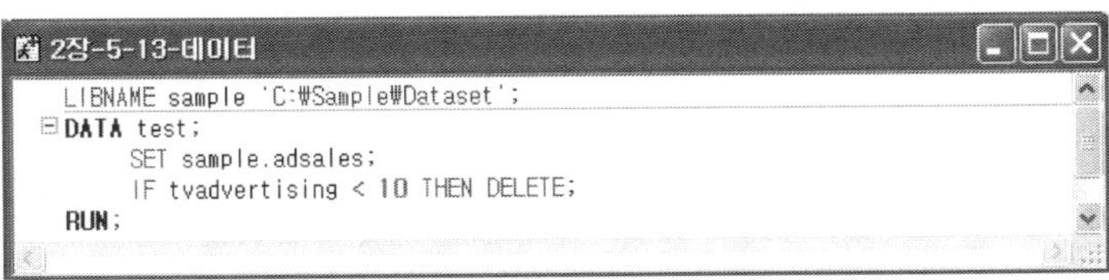

2장-5-13-데이터

```
LIBNAME sample 'C:₩Sample₩Dataset';
DATA test;
     SET sample.adsales;
     IF tvadvertising < 10 THEN DELETE;
RUN;
```

(2) 두 개 이상의 데이터셋을 세로로 병합

다음 예제는 두 개 이상의(최대 50개까지) 데이터셋을 세로 형태로 연이어서 병합하는 경우이다. 관찰치의 개수는 두 개의 데이터셋의 관찰치의 합이 된다. 예를 들어 BRAND1과 BRAND2라는 데이터셋을 세로로 병합하여 BRAND라는 이름으로 구성하고자 하면,

2장-5-14-데이터

```
DATA brand;
     SET brand1 brand2;
RUN;
```

(3) 값을 수정하거나 계산하는 경우

다음 예제는 이미 만들어진 데이터셋에서 광고비의 합계를 구하고, *tvadvertising* 값에 따라 더미변수를 만드는 예제이다.

2장-5-15-데이터

```
LIBNAME sample 'C:₩Sample₩Dataset';
DATA test;
     SET sample.adsales;
     advertising = tvadvertising + newspaperadvertising;
     IF tvadvertising < 10 THEN d1 = 1; ELSE d1 = 0;
     IF tvadvertising = 10 THEN d2 = 1; ELSE d2 = 0;
RUN;
```

데이터 변환

3

CHAPTER

1. 변수 라벨, 입출력 포맷

1.1 ATTRIB

ATTRIB문은 변수의 포맷(format)이나 인포맷(informat), 라벨, 변수의 길이 등을 지정한다.

기본형
```
ATTRIB 변수 [FORMAT=포맷] [INFORMAT=인포맷]
            [LABEL='라벨'] [LENGTH=[$]길이];
```

[옵션]
- 변수 : 변수는 SAS의 변수이름 짓는 방법에 따라 지정된 변수이름을 적을 수 있으며, _ALL_(모든 변수들), _CHARACTER_(문자형 변수들), _NUMERIC_(숫자형 변수들)도 가능하다.
- FORMAT=포맷 : 변수의 출력 포맷을 지정한다(FORMAT문란을 참조)
- INFORMAT=인포맷 : 변수의 입력 포맷을 지정한다(INFORMAT문란을 참조).
- LABEL='라벨' : 변수에 대한 설명을 한다(라벨을 지정).
- LENGTH=[$]길이 : 변수의 길이를 지정한다.

```
ATTRIB x LENGTH=$4 LABEL='검정변수';
          ← 변수 x의 길이를 4자, 설명을 '검정변수'로 지정
```

1.2 FORMAT

FORMAT문은 출력하는 변수에 대한 인쇄 포맷을 지정한다.

기본형
```
FORMAT 변수들[포맷] [DEFAULT=디폴트포맷]....;
```

[옵션]
- 변수들 : 포맷을 주고 싶은 변수이름들을 지정한다.
- 포맷 : 포맷을 적는다. 자주 사용되는 포맷의 형식은 다음과 같다.

주요 포맷	설 명	예
BESTw.	SAS에서 자동으로 포맷 형태 표현	BEST10.
w.	일반적인 숫자 자릿수 출력 표현	5.
w.d	총 자릿수와 소수점 이하 자릿수 표현	4.2
COMMAw.d	숫자에 콤마를 넣어 출력 표현	COMMA10.
Ew.	과학수식 형태의 지수 출력 표현	E15.
$w.	일반적인 문자 자릿수 출력 표현	$50.
$CHARw.	공란이 있는 문자 자릿수 출력 표현	
YYMMDDw.	년월일 형식 데이터 출력 표현	YYMMDD6.

```
DEFAULT=포맷 : 변수이름으로 지정하지 않은 변수들의 포맷을 지정
        FORMAT Y 10.3 DEFAULT=8.2;
```

변수이름 대신에 변수값을 변경시키고자 할 경우에 FORMAT문은 PROC FORMAT에서 미리 구성한 후에 사용한다. 데이터스텝에서 'FORMAT 변수이름 포맷 변수이름.' 형식으로 포맷 변수이름 다음에 "."을 찍는다.

다음 예제는 숫자로 입력한 성별 데이터를 숫자 값에 따라 남자 또는 여자로 읽어 들어 데이터셋을 구성하는 경우이다.

3장-1-1-데이터

```
PROC FORMAT;
     VALUE sexfmt 1='남자'
                  2='여자';
DATA test;
     INPUT name $ sex @@;
     FORMAT sex sexfmt.;
     CARDS;
JANE 2 BILL 1
CATHY 2 JOHN 1
RUN;
```

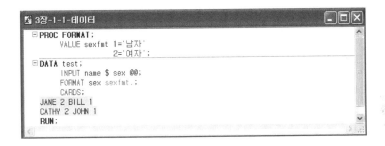

1.3 INFORMAT

INFORMAT문은 읽어 들이는 변수에 대한 입력포맷을 지정한다.

기본형	INFORMAT 변수들[인포맷] [DEFAULT=디폴트인포맷]....;

[옵션] • 변수들 : 인포맷을 주고 싶은 변수이름들을 지정한다.
• 포맷 : 인포맷을 적는다. 자주 사용되는 인포맷의 형식은 다음과 같다.

주요 포맷	설 명	예
w.	일반적인 숫자 자릿수 표현	5.
w.d	총 자릿수와 소수점 이하 자릿수 표현	4.2
BZw.	공란은 0이라는 표현	BZ12.
COMMAw.d	콤마가 포함된 데이터라는 표현	COMMA10.
Ew.	과학수식 형태의 지수 표현	E15.
$w.	일반적인 문자 자릿수 표현	$50.
$CHARw.	공란이 포함된 문자 자릿수 표현	$CHAR12.
YYMMDDw.	년월일 형식 데이터 표현	YYMMDD6.

```
DEFAULT=포맷;변수이름으로 지정하지 않은 변수들의 인포맷을 지정
 INFORMAT x1 3. x2 $4. DEFAULT=3.1;
```

1.4 LABEL

변수에 대한 라벨(설명)을 지정한다.

기본형	**LABEL** 변수들='라벨'...;

```
LABEL score1='중간고사 점수' score2='기말고사 점수';
    LABEL n='실험 회수';
```

이와 다른 라벨문으로 GOTO문이나 INFILE문의 EOF옵션에서 사용하는 라벨이 있다. 이의 일반적인 형태는 다음과 같다.

기본형	라벨:문장들;

```
재구매 : INPUT supplier sales;
```

1.5 LENGTH

LENGTH문은 변수에 대한 길이(바이트(byte) 단위 : 일반적으로 영문자 숫자는 한 문자가 1바이트이나 한글의 경우는 한 문자가 2바이트이다. 여러 예제에서 사용한 라벨문의 경우 한글은 한 문자가 2바이트이다)를 지정할 때 사용한다.

기본형	**LENGTH** 변수들 [문자형 변수인 경우는 $] 길이 [DEFALUT=n];

```
LENGTH score 10. name $20.;
```

1.6 RENAME

데이터셋에서 변수이름을 바꾸고자 할 때 사용한다.

기본형	**RENAME** 옛이름=새이름...;

다음은 col_1은 x_1이라는 변수로, col_2는 x_2라는 변수로 바꾸는 경우이다.

```
RENAME col1=x1 col2=x2;
```

1.7 LABEL문과 FORMAT문 사용 예제

다음 예제는 LABEL문과 FORMAT문을 사용한 사례이다. LABEL문을 변수를 설명하는 경우 변수의 의미를 잘 알 수 있게 된다. 인용구 안에 한글로 변수이름을 지정하면, 출력 결과에 라벨이 표시된다. 라벨은 다음과 같은 형태로 적어 준다.

여기서 FORMAT문은 다음과 같이 변수이름들 다음에 포맷형식을 하나만 적는 형태로 사용할 수 있다.

```
FORMAT TVAdvertising Newspaperadvertising sales 8.2;
```

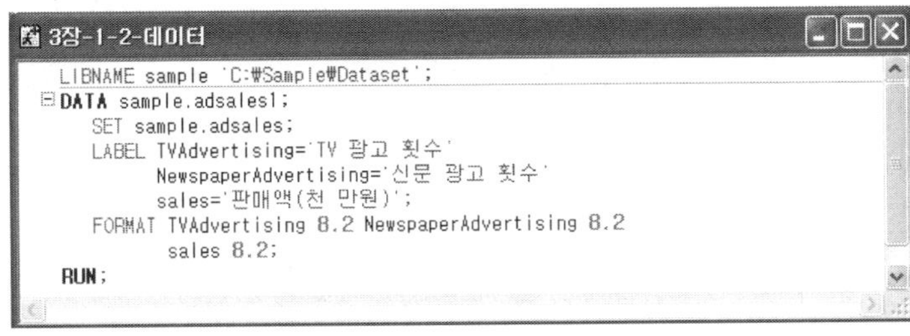

```
3장-1-2-데이터
LIBNAME sample 'C:\Sample\Dataset';
DATA sample.adsales1;
  SET sample.adsales;
  LABEL TVAdvertising='TV 광고 횟수'
        NewspaperAdvertising='신문 광고 횟수'
        sales='판매액(천 만원)';
  FORMAT TVAdvertising 8.2 NewspaperAdvertising 8.2
         sales 8.2;
RUN;
```

프로그램을 실행 후, 데이터셋에 저장된 내용을 보려면, 좌측 화면 하단의 **탐색기** → Sample → Adsales1 순서로 데이터셋을 클릭한다. 다음과 같은 화면이 나타난다. 테이블을 보면 변수의 라벨, 변수의 숫자에 대한 포맷이 변해 있음을 알 수 있다.

VIEWTABLE: Sample.Adsales1

	TV 광고 횟수	신문 광고 횟수	판매액(천 만원)
1	0.00	20.00	9.73
2	5.00	5.00	8.75
3	10.00	10.00	9.31
4	20.00	0.00	11.75
5	25.00	15.00	15.75

2. 데이터 출력

2.1 FILE

FILE문은 데이터스텝에서 현재 수행되고 있는 데이터 및 계산결과를 LOG 화면, OUTPUT 화면이나 외부파일로 저장될 곳을 지정한다.

기본형 **FILE** 파일지정 [옵션];

[옵션]
- 파일지정 : 결과를 저장할 파일을 아래 중에 한 가지로 지정한다.
- 파일기준 : 현재 파일 참조 기준으로 지정된 곳으로 결과를 저장
- '파일이름' : 지정한 파일이름으로 결과를 저장

  LOG : 결과를 LOG 화면으로
  PRINT : 결과를 OUTPUT 화면으로
  COLUMN=변수 : 현재 변수이름에 있는 값으로 행 포인터를 이동
  HEADER=라벨 : 라벨의 문장에 지정된 내용을 매 페이지 머리에 인쇄
  LINE=변수 : 현재 변수이름에 있는 값으로 라인 포인터를 이동
  LINESIZE=값 ¦ LS=값 : 한 라인당 행의 수를 지정
  LINESLEFT=변수 ¦ LL=변수 : 현재 인쇄하고 남은 라인의 수
  N=값 : 포인터에 남아있는 라인의 수를 지정
  PAGESIZE=값 ¦ PS=값 : 한 페이지당 라인의 수를 지정
  NOTITLES : SAS에서 내보내는 제목을 적지 않음. 파일로 보낼 때 사용.
  NOPRINT : SAS에서 내보내는 페이지 제어문자를 적지 않음. 파일로 보낼 때 사용.

2.2 PUT

PUT문은 데이터스텝에서 실행되는 결과를 **로그** 화면이나, 지정된 파일에 표시하는 기능을 한다. 그러나 FILE문에 의해서 지정된 곳으로도 표시할 수 있다.

(1) 행지정 PUT

기본형 **PUT** [변수][=] [변수가 문자형인 경우 $]
시작행[- 끝행][.소수점자릿수];

```
PUT name $ 1 - 8 address $ 10 - 35;
PUT first= 73 - 80 second 10 - 12;
```

(2) 자유 포맷 PUT

기본형	PUT 변수 [=] [변수가 문자형인 경우 $];

```
PUT name sex age;
PUT name= sex= age=;
```

(3) 포맷 지정 PUT

기본형	PUT 변수 [=] 포맷;

```
PUT x DOLLOR7.2;
```

포맷 지정 PUT의 포맷에 대한 자세한 설명은 FORMAT문란을 참조하면 된다.

예를 들어 FILE '파일이름'을 사용하면 데이터스텝 안에 PUT문에 의한 결과가 저장될 장소를 지정할 수도 있다. 기존의 데이터를 가지고 조건에 맞는 새로운 데이터파일을 아스키(ASCII) 코드 파일 형태로 구성할 때 편리하게 사용할 수 있다. 특별히 이 경우에 사용할 수 있는 형식은 다음과 같다.

3장-2-1-데이터

```
LIBNAME sample 'C:₩Sample₩Dataset';
DATA _NULL_;
   SET sample.adsales;
   FILE 'C:₩Sample₩Data₩광고판매량출력.txt' NOPRINT NOTITLES;
   PUT tvadvertising 1-3 newspaperadvertising 4-6 sales 10.2;
RUN;
```

'C:₩Sample₩Data' 폴더 내의 '**광고판매량출력**.txt'를 확인해 보면 다음과 같은 결과가 나타난다.

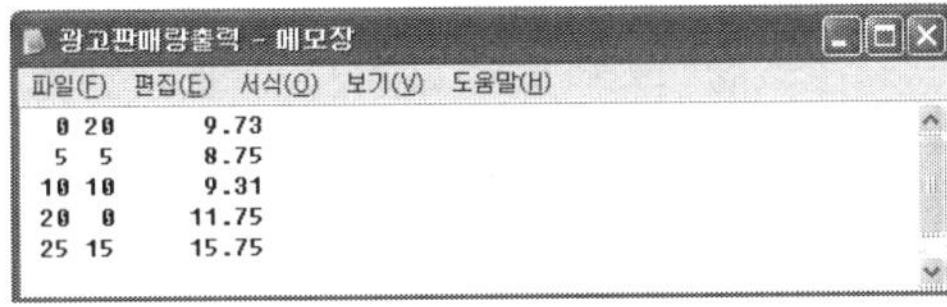

광고판매량출력 - 메모장

파일(F) 편집(E) 서식(O) 보기(V) 도움말(H)

```
 0 20      9.73
 5  5      8.75
10 10      9.31
20  0     11.75
25 15     15.75
```

2.3 OUTPUT

OUTPUT문은 이미 읽어 들였거나, 만들고 있는 데이터 레코드를 데이터셋에 저장한다. 관찰치의 수는 이 문이 실행될 때마다 하나씩 증가한다.

기본형	**OUTPUT** [데이터셋]…;

아래의 예제는 여러 개의 변수(*measure1*, *measure2*, *measure3*)를 하나의 데이터셋(sample.repeat에서 *measure*라는 단일 변수로)으로 구성한다. *measure1*이라는 관찰치의 개수가 2개이고 다른 변수들도 2개씩이기 때문에 *measure*라는 변수의 관찰치는 6개가 된다. 이 문은 예제에서 보듯이 여러 개의 변수이름으로 된 변수들을 하나의 변수로 묶어 분석하고자 하는 경우에 유용하게 사용할 수 있다.

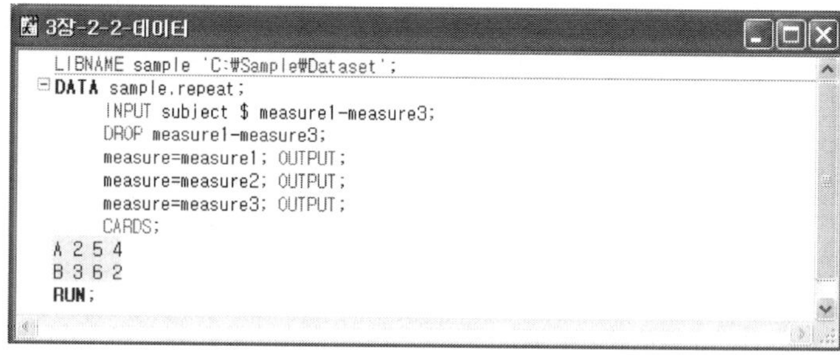

3장-2-2-데이터

```
LIBNAME sample 'C:\Sample\Dataset';
DATA sample.repeat;
    INPUT subject $ measure1-measure3;
    DROP measure1-measure3;
    measure=measure1; OUTPUT;
    measure=measure2; OUTPUT;
    measure=measure3; OUTPUT;
    CARDS;
A 2 5 4
B 3 6 2
RUN;
```

탐색기에서 sample 폴더 내의 repeat 데이터셋을 확인해 보면 다음과 같이 데이터셋이 구성되어 있음을 알 수 있다.

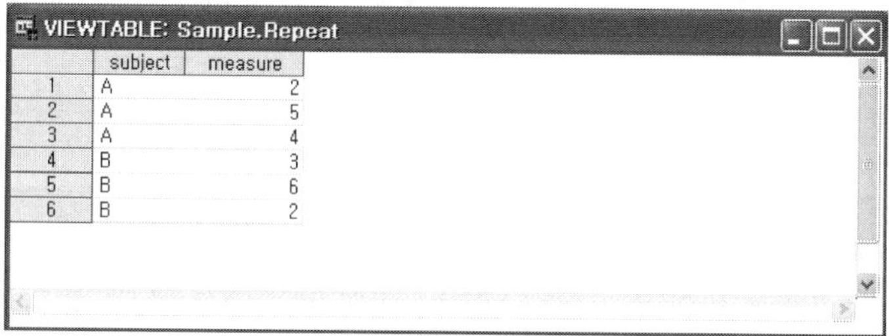

VIEWTABLE: Sample.Repeat

	subject	measure
1	A	2
2	A	5
3	A	4
4	B	3
5	B	6
6	B	2

다음 예제는 하나의 데이터 파일로부터 여러 개의 데이터셋(college와 hischool)을 구성한다.

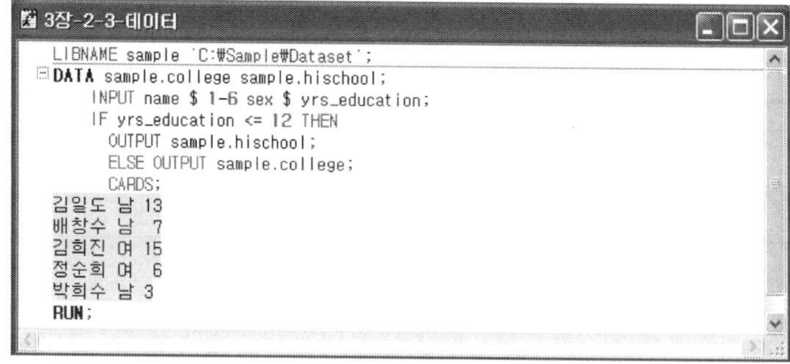

3장-2-3-데이터

```
LIBNAME sample 'C:\Sample\Dataset';
DATA sample.college sample.hischool;
    INPUT name $ 1-6 sex $ yrs_education;
    IF yrs_education <= 12 THEN
      OUTPUT sample.hischool;
      ELSE OUTPUT sample.college;
      CARDS;
김일도 남 13
배창수 남  7
김희진 여 15
정순희 여  6
박희수 남 3
RUN;
```

3. 데이터 제거 및 보유

3.1 DELETE

DELETE문은 특정 조건에 맞는 관찰치를 데이터셋에서 제거하고자 할 때 사용한다.

기본형	DELETE;

다음 예제에서는 *tvadvertising*이라는 변수 값이 10보다 작은 경우에는 그 관찰치를 데이터셋에서 제거한다.

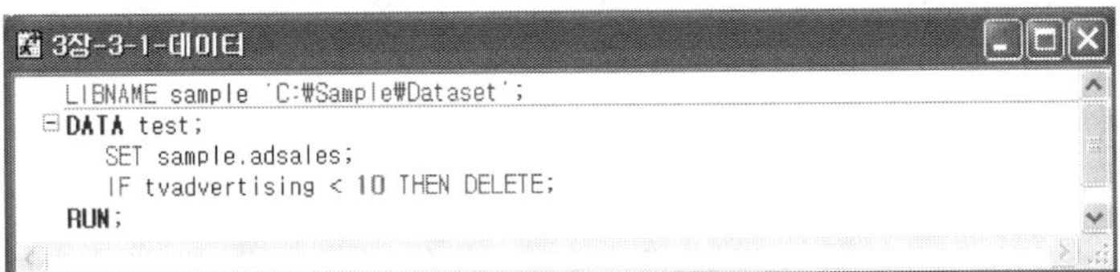

프로그램 실행 후 데이터셋에 저장된 내용을 보려면, 좌측 화면 하단의 **탐색기** → Work → test 순서로 데이터셋을 클릭한다. 결과를 살펴보면, *tvadvertising* 값이 10이상인 관찰치만 표시된다.

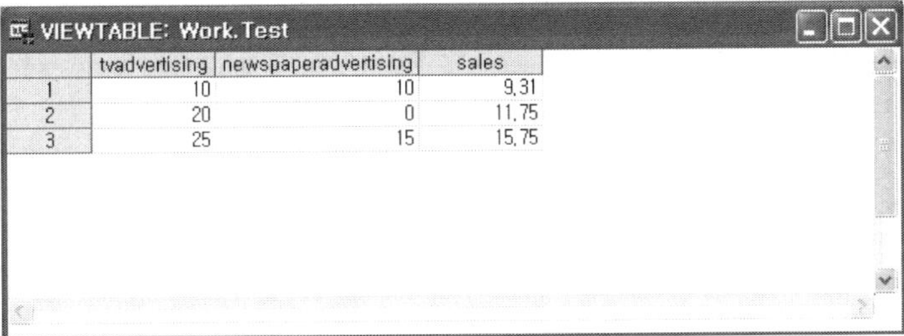

	tvadvertising	newspaperadvertising	sales
1	10	10	9.31
2	20	0	11.75
3	25	15	15.75

3.2 DROP

DROP문은 데이터셋에서 빼고 싶은 변수이름을 지정한다.

기본형	DROP 변수들;

다음 예제는 세 개의 변수들 중에서 두 변수를 제거하고, 한 변수만남아 있는 데이터셋을 만드는 경우이다.

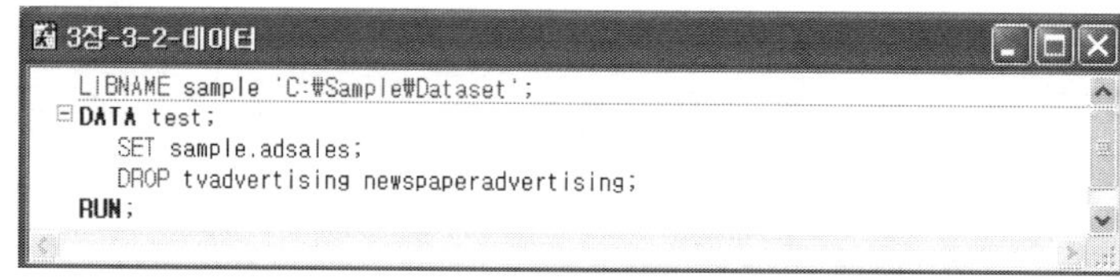
3장-3-2-데이터

```
LIBNAME sample 'C:₩Sample₩Dataset';
DATA test;
   SET sample.adsales;
   DROP tvadvertising newspaperadvertising;
RUN;
```

프로그램 실행 후 데이터셋에 저장된 내용을 보려면, 좌측 화면 하단의 **탐색기** → Work → test 순서로 데이터셋을 클릭한다. 결과를 살펴보면, *sales* 변수에 대한 관찰치만 남게 된다.

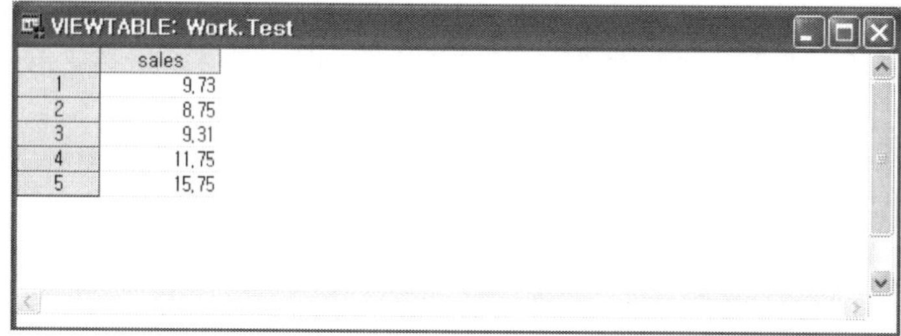
VIEWTABLE: Work.Test

	sales
1	9.73
2	8.75
3	9.31
4	11.75
5	15.75

3.3 KEEP

KEEP문은 데이터셋에 남겨두고 싶은 변수를 지정한다. 지정되지 않은 변수는 모두 DROP시킨다.

기본형	**KEEP** 변수들;

다음 예제는 여러 변수들 중에서 *sales*라는 변수만을 데이터셋에 남긴다.

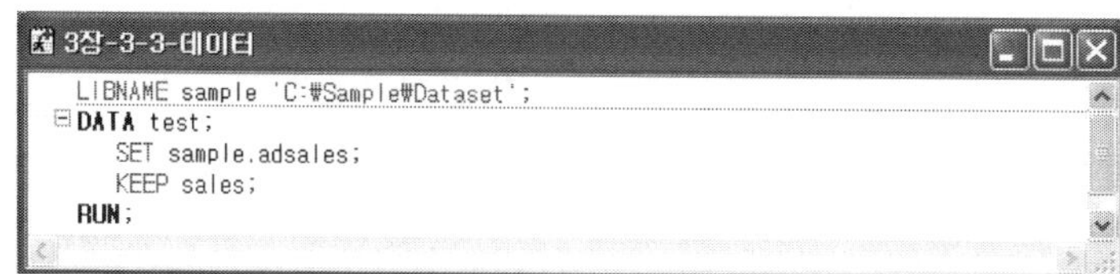
3장-3-3-데이터

```
LIBNAME sample 'C:₩Sample₩Dataset';
DATA test;
   SET sample.adsales;
   KEEP sales;
RUN;
```

실행 결과는 앞의 DROP문과 같은 결과를 보여준다.

4. 표현식과 함수

4.1 상수(Constants)

(1) 숫자(numeric)

숫자는 다음과 같이 변수에 값을 대입시키는 형태로 지정한다.

❶ 일반 상수 : x=7, x=1, x=1.23, x=01, x=−5

❷ 지수형 상수 : x=1.2E23, x=0.5E−10

❸ 변수형 상수 : x=part/all*100

(2) 인용문(' ')안의 문자(character)

인용문 안의 문자는 다음과 같이 표현한다.

❶ 일반문자 상수 : name='탐'

❷ 특수문자 포함 상수 : name='TOM''S', name="TOM'S"

(3) 날짜, 시간, 날짜시간 숫자

❶ 날짜, 시간 등은 다음과 같이 표현한다.

❷ 날짜 상수 : x='1JAN1980'D, x='1JAN80'D

❸ 시간 상수 : x='9:25'T, x='9:25:19'T

❹ 날짜 시간 상수 : x='18JAN80:9:27:05'DT

4.2 연산자(Operators)

연산자는 다음과 같은 기능을 한다.

❶ 상수나 변수 앞과 뒤에서 그 값을 변화시키는 기능

❷ 집단 1에 가까울수록 계산의 우선순위가 높음

❸ 집단 5는 연산자 비교에 사용

❹ 식의 값이 참이면 그 값은 1을 갖고 거짓이면 0을 가짐

연산자의 종류를 보면 다음과 같다.

❶ 집단 1 : ** (승수), + (접두사), − (접두사), ^(NOT), 〉〈(최소), 〈〉(최대)

❷ 집단 2 : *, /

❸ 집단 3 : +, −

❹ 집단 4 : ||(문자의 합)

❺ 집단 5 : 〈, 〈=, =, ^=, 〉=, 〉, ^〉, ^〈,

❻ 집단 6 : | (OR)

연산자 중에서도 다음은 두 개의 값을 비교하는데 사용되는 연산자들이다.

❶ = 또는 EQ : 연산자 좌우가 같다

❷ ^= 또는 NE : 연산자 좌우가 다르다

❸ 또는 GT : 연산자 좌가 우보다 크다

❹ 〈 또는 LT : 연산자 우가 좌보다 크다

❺ 〉= 또는 GE : 연산자 좌가 우보다 크거나 같다

❻ 〈= 또는 LE : 연산자 우가 좌보다 크거나 같다

❼ IN : 연산자 우측의 리스트 중 하나와 같으면 참 아니면 거짓

다음 연산자들은 논리 연산자들이다.

❶ & 또는 AND : 연산자 양쪽이 참이면 참 아니면 거짓

❷ | 또는 OR : 연산자 양쪽 중 적어도 하나가 참이면 참 아니면 거짓

❸ ^ 또는 NOT : 연산자 오른쪽이 참이면 거짓 아니면 참

연산자들의 몇 가지 사용 예를 살펴 보면 다음과 같다.

① (< <)사이에 존재하는 변수가 참인 경우를 표현

```
IF 12<age<20 THEN DO; (또는 IF 12<age & AGE<20 THEN DO;)
```

② 변수간에 크기를 표현

```
IF x<y THEN c=5; ELSE c=12;
```

③ 변수간의 크기를 이용한 수식의 계산

```
c=5*(x<y)+12*(x>y); → 괄호 안이 참이면 1이며 거짓이면 0.
```

위 식에서 x의 값이 y의 값보다 작은 경우는 5=5*(1)+12*(0)로 계산된다. x값이 y보다 작으면 12가 되며, x, y의 값이 같으면 모두 0이다.

④ 여러 가지 값들 중에 하나와 일치하는 경우를 계산

```
IF city IN ('서울', '광주', '부산') {또는 IF city='서울' OR
     city='광주' OR city='부산'} THEN region + 1;
```

*city*라는 변수가 '서울', '광주', '부산' 중에 하나이면 참의 값을 갖기 때문에 *region*이라는 변수값이 1씩 증가하며, 다른 도시에 속하면 *region*이라는 변수값은 변하지 않는다.

⑤ 값이 일치하지 않은 경우를 계산

```
NOT(name='영철')  또는  ^(name='영철')
```

⑥ 두 식 중에 적어도 하나가 참인 경우(OR)에 참인 식을 계산

```
a NE b | c LE d;
```

a가 b와 같지 않거나 c가 d보다 작은 경우에 참값을 갖는다

⑦ 문자의 합 표현

```
Device = alph || model;
```

4.3 함수(Functions)

0개 또는 여러 개의 인수(argument)로부터 함수값을 계산한다.

기본형	함수이름(인수, 인수)

*cash*라는 변수값을 정수로 만들어 *x*라는 변수에 저장하고 싶을 때, 다음과 같이 표현한다.

```
x=INT(cash)
```

인수는 다음과 같은 형태로 표현할 수 있다.

기본형

```
함수이름(인수)
함수이름(인수,인수)
함수이름(OF 인수1 - 인수n)
함수이름(OF 인수1 인수2 ....)
```

① SUM(cash, credit) ← 두 변수의 합을 표현

② MIN(SUM(OF x1−x10), y) ← 변수의 합과 *y*변수간의 최소값을 표현

③ SQRT(1500) ← 1500의 제곱근을 구함

④ SUM(OF x1−x100 y1−y100) ← 변수의 합을 표현

⑤ ARRAY y{10} y1−y10; ← 변수의 배열을 지정

x=SUM(OF y{*}); ← 배열의 합을 표현

또는 x=SUM(OF y1−y10);

자주 사용되는 함수를 살펴보면 다음과 같다.

함 수 일반형	함수의 기능	계산 예
ABS(인수)	절대값	ABS(- 10)=10
COS(인수)	라디안 코사인	COS(.5)=0.8775826
DIFn(인수)	n번째 lag의 first difference	DIF3(X)=Xt - Xt - 3
EXP(인수)	지수함수	EXP(1)=2.71818
INT(인수)	소수점에 삭제된 정수 값을 계산	INT(3.1)=3
LAG(인수)	첫번째 lag를 계산	LAG(X)=Xt - 1
LAGn(인수)	n번째 lag를 계산	LAGn(X)=Xt - n
LOG(인수)	자연대수	LOG(10)=2.30259

함 수 일반형	함수의 기능	계산 예
LOG10(인수)	상용대수	LOG10(10)=1
MOD(인수1,인수2)	인수1을 인수2로 나눈 나머지	MOD(7,4)=3
ROUND(인수,올림기준)	올림기준 또는 올림기준이 없을 경우 반올림값을 계산	ROUND(223.45,1)=223 ROUND(223.45)=223
SIN(인수)	라디안 사인값	SIN(.5)=0.4794255
SQRT(인수)	제곱근	SQRT(4)=2
TAN(인수, …)	라디안 탄젠트값	TAN(.5)=0.5463

다음의 사례는 전체 광고비 계산과 TV광고에 대해서 제곱근의 값을 구하는 예제이다.

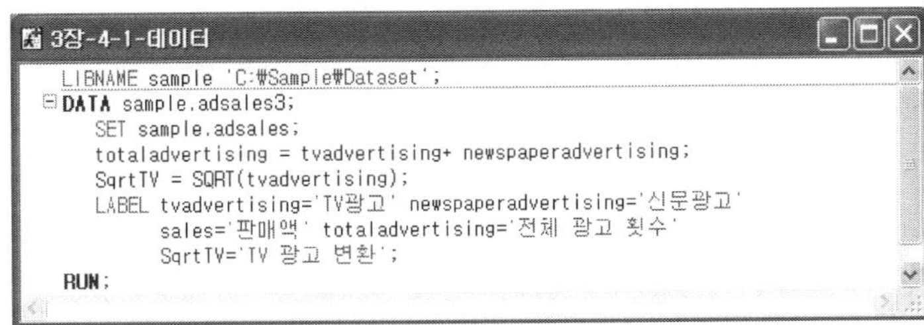
3장-4-1-데이터

```
LIBNAME sample 'C:\Sample\Dataset';
DATA sample.adsales3;
    SET sample.adsales;
    totaladvertising = tvadvertising+ newspaperadvertising;
    SqrtTV = SQRT(tvadvertising);
    LABEL tvadvertising='TV광고' newspaperadvertising='신문광고'
          sales='판매액' totaladvertising='전체 광고 횟수'
          SqrtTV='TV 광고 변환';
RUN;
```

상단의 자주 사용하는 아이콘들 중에 다음과 같이 원안의 **실행** 아이콘을 클릭한다.

좌측 화면 하단의 **탐색기** → **라이브러리** → Sample → Adsales3을 차례로 클릭한 실행 결과를 보면, 다음과 같이 계산된 데이터가 adsales3 데이터셋에 저장되어 있음을 볼 수 있다.

VIEWTABLE: Sample.Adsales3

	TV광고	신문광고	판매액	전체 광고 횟수	TV 광고 변환
1	0	20	9.73	20	0
2	5	5	8.75	10	2.2360679775
3	10	10	9.31	20	3.1622776602
4	20	0	11.75	20	4.472135955
5	25	15	15.75	40	5

5. 조건식 및 배열 지정

5.1 IF

조건식을 표현하기 위해 IF문은 다음과 같이 세 가지 형태로 사용될 수 있다.

❶ IF 다음의 표현식에 대한 조건이 성립하는 경우에만 데이터셋에 관찰치가 포함되는 IF문

기본형
```
IF 표현식;
```

❷ IF 다음의 표현식에 대한 조건이 성립하면 THEN이하의 SAS문을 실행시키는 IF / THEN문

기본형
```
IF 표현식 THEN 문장들;
```

❸ IF 다음의 표현식에 대한 조건이 성립하면 THEN이하의 SAS문을 실행시키고, 그렇지 않으면 ELSE이하의 SAS문을 실행시키는 IF / THEN / ELSE 문

기본형
```
IF 표현식 THEN 문장들;
           ELSE 문장들;
```

[옵션]
- 표현식 : SAS에서 조건에 따라 판단이 가능한 표현식을 지정한다.
- 문장들 : SAS에서 사용 가능한 SAS 문장을 적는다. 사용 가능한 문장은 ABORT, 할당문, CALL, DELETE, DISPLAY, DO, FILE, GO TO, IF/THEN, INPUT, INFILE, LINK, LIST, LOSTCARD, MERGE, OUTPUT, PUT, SUM, RETURN, SELECT, SET, STOP, UPDATE 등이다.

```
IF sex='여자';
IF year=1984 THEN color='파란색';
IF 0<age<1 THEN DELETE;
IF answer=9 THEN DO; SAS 문장들; END;
```

5.2 DO

DO문은 특정 조건에 맞는 여러 개의 문장을 동시에 수행, 반복적인 문장을 수행, 조건문에 대해 여러 개의 문장을 수행시킬 때 사용한다.

(1) 단순 DO

여러 개의 문장을 동시에 수행시킬 때 사용한다. 오른 쪽의 사례는 *x*값이 5보다 큰 경우에 한해서 *y*값을 *x*에 10을 곱한 값을 저장하는 경우이다.

기본형
```
DO;
   SAS 문장들;
      END;
```

```
IF x>5 THEN DO;
     y=x*10;
           PUT X= Y=;
END;
```

(2) 반복 DO

반복 DO문은 한 개 또는 여러 개의 SAS 문장을 원하는 횟수만큼 수행시킬 때 사용한다.

기본형
```
DO 인덱스변수= 시작 [TO 끝 [BY 증가량]
      [WHILE¦UNTIL(표현식)]]...;
   SAS 문장들;
END;
```

[옵션]
- DO i=1 TO 10;
- DO i=1 BY 1;
- DO count= 2,3,5,7,9,17;
- DO month= 'JAN', 'FEB', 'MAR';
- DO count= 2 TO 8 BY 2;
- DO i=1 TO 10 WHILE (x<y);
- DO i=1 TO 20 BY 2
  UNTIL ((x/3)>y);

(3) DO OVER

DO OVER문은 묵시적인 배열문에서 배열 인덱스 변수이름이 없이 사용한다.

기본형
```
ARRAY 배열이름
   배열원소들;
DO OVER 배열이름;
   SAS 문장들;
END;
```

```
ARRAY s s1 - s10;
DO OVER s;
   s=s*100;
END;
```

(4) DO WHILE

DO WHILE문은 WHILE ( )안의 표현식이 성립하는 동안 수행을 반복한다.

기본형
```
DO WHILE (표현식);
   SAS 문장들;
END;
```

```
DO WHILE(n LT 5);
   s=s*100;
END;
```

(5) DO UNTIL

DO UNTIL문은 UNTIL ( )안의 표현식이 성립될 때까지 수행을 반복한다.

기본형
```
DO UNTIL (표현식);
   SAS 문장들;
END;
```

```
DO UNTIL(n LT 5);
   s=s*100;
END;
```

5.3 ARRAY

(1) 배열문의 형태

배열선언문은 여러 개의 변수이름을 같은 방법으로 처리하고자 할 때 사용하는 문장이다. 이 문장은 데이터스텝 안에서만 통용되는 특성이 있다.

기본형
```
ARRAY 배열이름 [{n}] [$] [길이] [배열원소들] [(초기값들)];
```

[옵션]
- 배열이름 : SAS 변수이름과 같은 형식의 배열이름을 지정한다.
- {n} : 배열이름에서 배열원소의 수를 적는다. 변수이름, 숫자 또는 * 표시에 의해서

묵시적(implicitly)으로 지정할 수도 있다(배열원소의 수를 잘 모를 경우에 편리하다). 다차원인 경우는 {n1,n2,...} 형태로 표시한다. 배열원소의 LOWER값과 UPPER값으로 표시할 때는 {LOWER:UPPER}(cf. {1:4}) 형태이다. 배열원소가 연도데이터와 같은 데이터를 가지고 있을 때 매우 유용하다.

```
ARRAY rain{5} Jan Feb Mar Apr May;     ← 배열원소의 수를 지정
ARRAY month{*} Jan Feb Mar Apr May;    ← 묵시적으로 배열원소의 수를 지정
ARRAY x{*} _NUMERIC_;                  ← 모든 숫자 변수에 대해 묵시적 배
                                         열원소의 수를 지정
ARRAY year{75:90} y1 - y16;            ← 배열원소의 수를 하한 값에서 상한
                                         값 사이로 지정
```

- $: 배열이름이 문자형 변수임을 표시한다.
- 길이 : 배열원소의 크기를 지정한다(FORMAT과 INFORMAT문 참조).
- 배열원소들 : 각 배열원소들과 대응되는 변수이름을 적는다. 데이터셋에 변수값을 저장하지 않고 계산에만 사용할 때는 _TEMPORARY_라는 단어를 사용한다.
- (초기값들) : 각 배열원소들의 초기값을 지정한다. 변수이름이나 숫자를 적는다.

```
ARRAY test{3} t1 t2 t3 (90 80 70);
```

(2) 명시적으로 배열 원소수를 지정한 경우

① 할당문(assign statements)

다음 예제에서와 같이 배열원소의 번호를 직접 지정해서 qa_4에 있는 내용을 로그 화면에 출력할 수 있다.

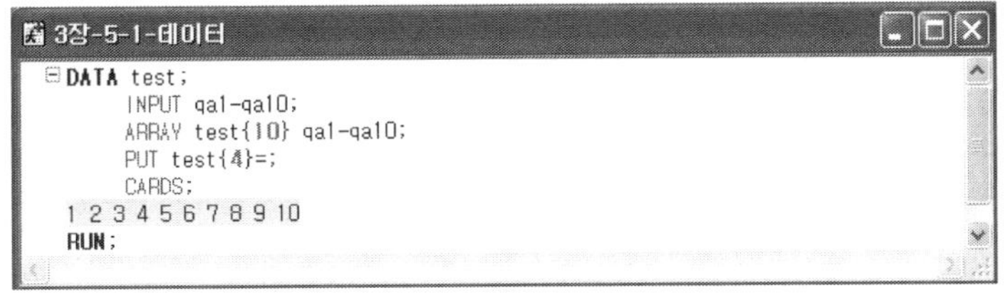

로그 화면을 보면 실행 결과로서 qa4=4가 출력되어 있음을 알 수 있다.

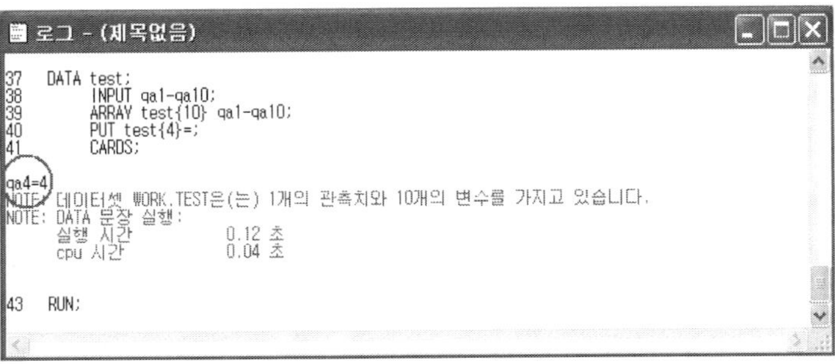

② DO WHILE / DO UNTIL과 함께 사용

DO WHILE 또는 UNTIL은 ( )안의 값이 참인 동안에는 DO WHILE (UNTIL);과 END;사이에 있는 문장들을 수행한다. 배열이름을 갖는 변수도 사용할 수 있다.

```
3장-5-2-데이터

DATA test;
     INPUT x1-x5 y;
     ARRAY t{5} x1-x5;
        i=1;
        DO WHILE (t{I} < y);
           PUT T{i}= y=;
           i = i + 1;
        END;
     CARDS;
1 2 3 4 5 3
0 2 4 6 8 6
RUN;
```

로그 화면에 나타난 실행 결과를 보면 다음과 같다.

```
로그 - (제목없음)

44   DATA test;
45        INPUT x1-x5 y;
46        ARRAY t{5} x1-x5;
47           i=1;
48           DO WHILE (t{I} < y);
49              PUT T{i}= y=;
50              i = i + 1;
51           END;
52        CARDS;

x1=1 y=3
x2=2 y=3
x1=0 y=6
x2=2 y=6
x3=4 y=6
NOTE: 데이터셋 WORK.TEST은(는) 2개의 관측치와 7개의 변수를 가지고 있습니다.
NOTE: DATA 문장 실행:
      실행 시간           0.07 초
      cpu 시간            0.07 초


55   RUN;
```

(3) 묵시적으로 배열원소 개수를 지정한 경우

묵시적인 배열이름 지정의 형태는 아래와 같다. 첫째는 인덱스 변수는 내부적 또는 외부적으로 지정할 수 있으며, 배열원소의 변수이름들을 항상 지정한다.

기본형	**ARRAY** 배열이름 [(인덱스변수)][{n}] [$] [길이] 배열원소들;

```
ARRAY item(j) $ 12 x1 - x10;          ← 인덱스변수를 지정한 경우
ARRAY s score1 - score5;              ← 인덱스변수를 지정하지 않은 경우
```

둘째는 배열선언에서 인덱스변수는 _I_ 이며 이를 DO _I_ 나 DO OVER 배열이름 형태로 처리한다. 명시적인 경우와 마찬가지로 DO WHILE이나 DO UNTIL 문장을 사용할

수도 있다. 인덱스변수를 지정하지 아니한 경우에는 _I_ 라는 인덱스변수를 사용한다. 이들을 처리한 예를 들어 보면 다음과 같다.

① 인덱스변수를 통해 특정 배열원소번호를 지정하는 경우

```
3장-5-3-데이터
DATA test;
    INPUT x1-x5 y;
    ARRAY t{5}  x1-x5;
    i = 3;
    PUT @10 t{i}=;
    CARDS;
1 2 3 4 5 3
0 2 3 6 8 4
1 5 . . 8 .
RUN;
```

실행 결과가 나타난 로그 화면을 보면 다음과 같다.

```
로그 - (제목없음)
56    DATA test;
57        INPUT x1-x5 y;
58        ARRAY t{5}  x1-x5;
59        i = 3;
60        PUT @10 t{i}=;
61        CARDS;

          x3=3
          x3=3
          x3=.
NOTE: 데이터셋 WORK.TEST은(는) 3개의 관측치와 7개의 변수를 가지고 있습니다.
NOTE: DATA 문장 실행:
      실행 시간           0.07 초
      cpu 시간            0.07 초

65    RUN;
```

② DO OVER 문장을 사용한 경우

```
3장-5-4-데이터
DATA test;
    INPUT x1-x5 y;
    ARRAY t x1-x5;
    DO OVER T;
       IF t=. THEN t=0;
       PUT @10 t= y=;
    END;
    CARDS;
1 2 3 4 5 3
0 2 3 6 8 4
1 5 . . 8 .
RUN;
```

실행 결과가 나타난 로그 화면을 보면 다음과 같다.

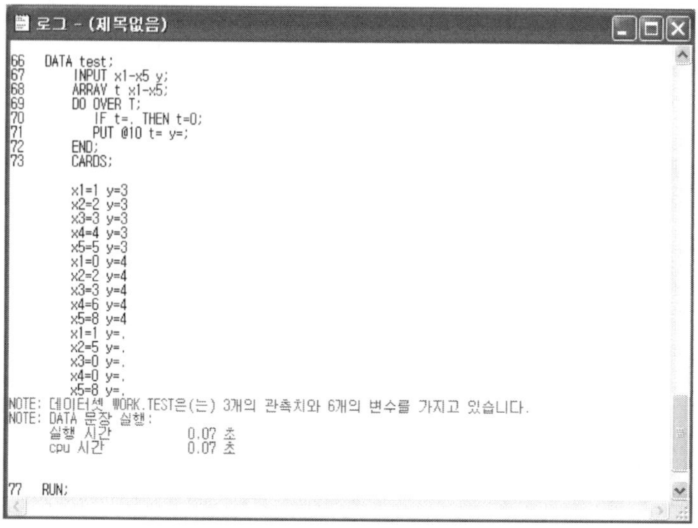

로그 - (제목없음)

```
DATA test;
    INPUT x1-x5 y;
    ARRAY t x1-x5;
    DO OVER T;
       IF t=. THEN t=0;
       PUT @10 t= y=;
    END;
    CARDS;

    x1=1 y=3
    x2=2 y=3
    x3=3 y=3
    x4=4 y=3
    x5=5 y=3
    x1=0 y=4
    x2=2 y=4
    x3=3 y=4
    x4=6 y=4
    x5=8 y=4
    x1=1 y=.
    x2=5 y=.
    x3=0 y=.
    x4=0 y=.
    x5=8 y=.
NOTE: 데이터셋 WORK.TEST은(는) 3개의 관측치와 6개의 변수를 가지고 있습니다.
NOTE: DATA 문장 실행:
      실행 시간           0.07 초
      cpu 시간            0.07 초


RUN;
```

6. 결측값과 리코드

6.1 MISSING

SAS에서 값이 없는 변수의 결측값을 처리하기 위해서는 데이터가 결측값인 경우 데이터 파일에서 데이터 위치에 "." 을 찍거나(행 지정 입력 형태인 경우에는 공란도 가능), "영어 알파벳"이나 "_"을 적는다. "."과 공란을 제외한 다른 문자를 사용한 경우에는 특정한 문자가 결측값이라는 것을 표시해야 하는데 이 때 지정한다.

기본형	**MISSING** 값들;

```
MISSING a r;
```

문자 이외의 특정값을 갖는 숫자를 결측값으로 처리하고 싶은 경우에는 ARRAY선언과 DO OVER문을 통해서도 결측값을 처리한다. ARRAY 배열이름 다음의 배열원소는 _NUMERIC_, X−NUMERIC−A, X−ALL−A와 같이 변수를 지정하는 문장을 사용할 수도 있다. 변수가 많을 때 지정하면 매우 편리한 방법이다. 다음 예제는 x_1에서 x_{10}까지 변수가 9인 경우에 결측값을 갖는다는 것을 처리한 경우이다.

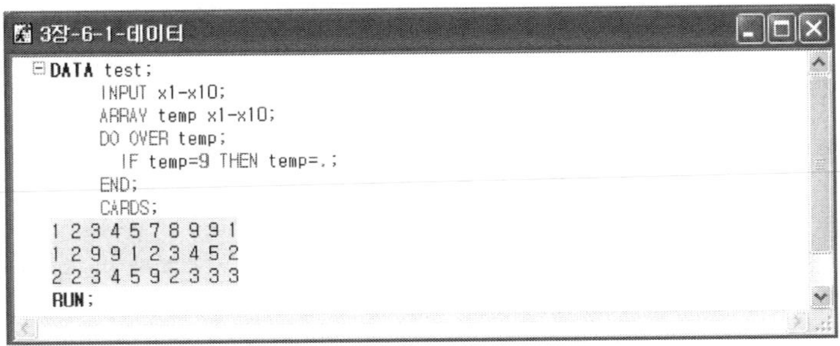

3장-6-1-데이터

```
DATA test;
      INPUT x1-x10;
      ARRAY temp x1-x10;
      DO OVER temp;
        IF temp=9 THEN temp=.;
      END;
      CARDS;
1 2 3 4 5 7 8 9 9 1
1 2 9 9 1 2 3 4 5 2
2 2 3 4 5 9 2 3 3 3
RUN;
```

결과를 살펴보기 위해, 좌측 하단의 좌측 화면 하단의 **탐색기** → **라이브러리** → Work → test를 차례로 누르면 다음과 같은 결과를 볼 수 있다. 결측값들은 '.'으로 처리되어 있음을 알 수 있다.

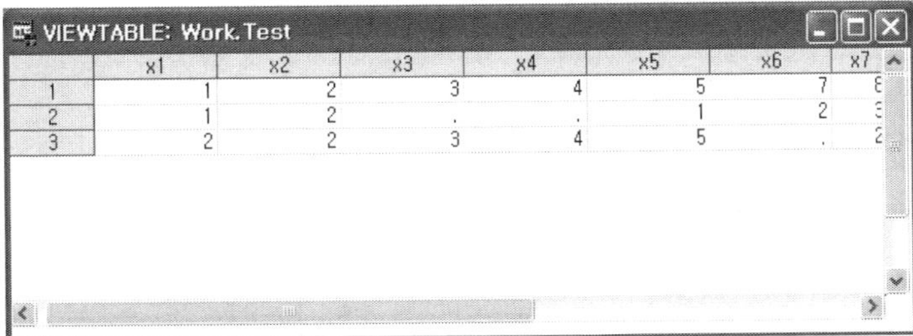

VIEWTABLE: Work.Test

	x1	x2	x3	x4	x5	x6	x7
1	1	2	3	4	5	7	8
2	1	2	.	.	1	2	3
3	2	2	3	4	5	.	2

6.2 리코드(recode)

데이터가 숫자인 경우에 문자로 리코드를 하는 경우와 숫자로 리코드하는 경우를 들 수 있다.

(1) 숫자를 숫자로 일대일 리코드

데이터가 숫자로서 등간 척도인 경우에는 계산을 통해 리코드를 하는 것이 편리하다. 예를 들어 5점 척도로 측정이 된 경우에는 'y=6−y;', 7점 척도로 측정이 된 경우는 'y=8−y;' 형태로 수식을 활용해 리코드를 한다.

3장-6-2-데이터

```
DATA test;
      INPUT x y @@;
      x=6-x;
      y=8-y;
      CARDS;
1 2 4 5 3 7 4 6 5 2 3 7
RUN;
```

만약에 앞의 예제와 같은 형태로 처리할 변수가 여러 개라면 ARRAY문을 통해 변수이름을 지정한다. 예를 들어 $x_1 - x_{20}$까지 5점 척도로서 측정이 되었고, $y_1 - y_{30}$가 7점 척도로 측정이 되었을 때, 리코드를 하고자 하면 다음과 같이 간단하게 처리할 수 있다.

```
3장-6-3-데이터
DATA test;
     INPUT x1-x20 y1-y30;
     ARRAY tp1{20} x1-x20;
     DO i=1 TO 20;
        tp1{i}=6-tp1{i};
     END;
     ARRAY tp2{30} y1-y30;
     DO j=1 TO 30;
        tp2{j}=8-tp2{j};
     END;
     CARDS;
1 2 3 4 5 5 4 3 2 1 1 1 1 2 1 2 2 2 3 2 1 2 3 4 5 6 7 7 1 1 2 3 4 5 6 7 2 2 2 2 2 2 2 3 3 3 4 4 4 4
1 2 3 4 5 5 4 3 2 1 2 4 1 2 1 2 2 4 2 2 1 2 3 3 5 6 7 3 1 3 2 3 4 3 6 7 2 2 3 2 2 2 2 3 3 3 4 4 4 4
1 2 3 4 5 5 4 3 2 1 3 1 1 1 2 2 2 3 2 2 1 2 3 4 3 6 3 7 1 1 2 3 4 3 6 7 2 2 3 2 2 2 2 3 3 3 4 4 4 4
RUN;
```

(2) 숫자를 숫자로 다대일 리코드

데이터가 숫자로서 다대일 리코드를 숫자로 하는 경우에는 IF문을 통해 리코드를 하는 것이 편리하다. 예를 들어 1, 3은 1로 4는 3으로 2, 5는 4로 하고자 한다면 **IF y IN (1,3) THEN y=1; ELSE IF y=4 THEN y=3; ELSE IF y IN (2,5) THEN y=4;** 라는 세 문장을 사용한다.

```
3장-6-4-데이터
DATA test;
     INPUT x y @@;
     IF y IN (1,3) THEN y=1;
        ELSE IF y=4 THEN y=3;
        ELSE IF y IN (2,5) THEN y=4;
     CARDS;
1 2 4 5 3 7 4 6 5 2 3 7
RUN;
```

(3) 숫자를 문자로 리코드

데이터가 숫자로서 1 대 1로 문자로 리코드하는 경우에는 PROC FORMAT에서 VALUE문을 사용한다. 다음과 같이 먼저 PROC FORMAT문을 선언한 후에 그 내용을 데이터를 읽을 때 적용시킨다. x에 대해서 리코드하기 위해서 xfmt라는 포맷을 만들었으며, y에 대해서 리코드하기 위해서 yfmt라는 포맷을 다음과 같이 만들었다.

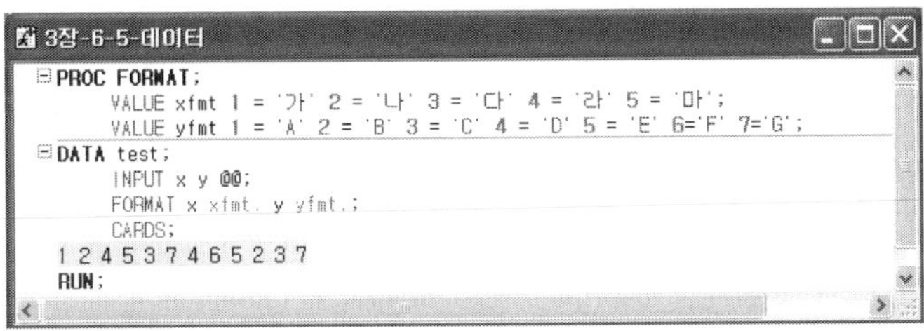

```
3장-6-5-데이터
PROC FORMAT;
     VALUE xfmt 1 = '가' 2 = '나' 3 = '다' 4 = '라' 5 = '마';
     VALUE yfmt 1 = 'A' 2 = 'B' 3 = 'C' 4 = 'D' 5 = 'E' 6='F' 7='G';
DATA test;
     INPUT x y @@;
     FORMAT x xfmt. y yfmt.;
     CARDS;
1 2 4 5 3 7 4 6 5 2 3 7
RUN;
```

실행 결과를 보기 위해서 좌측 화면 하단의 **탐색기** → **라이브러리** → Work → test를 클릭하면 다음과 같이 리코드된 데이터셋을 볼 수 있다.

VIEWTABLE: Work.Test

	x	y
1	가	B
2	라	E
3	다	G
4	라	F
5	마	B
6	다	G

(4) 숫자를 문자로 다대일 리코드

데이터가 숫자로서 다대일로 문자로 리코드하는 경우에는 PROC FORMAT에서 VALUE 문을 사용하는 방법이 있다. 집단을 구분해서 분산분석과 같은 추가적인 분석을 할 때 편리하다.

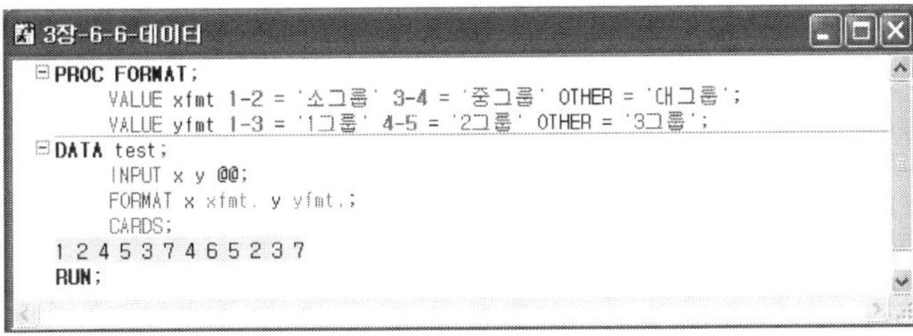

```
3장-6-6-데이터
PROC FORMAT;
     VALUE xfmt 1-2 = '소그룹' 3-4 = '중그룹' OTHER = '대그룹';
     VALUE yfmt 1-3 = '1그룹' 4-5 = '2그룹' OTHER = '3그룹';
DATA test;
     INPUT x y @@;
     FORMAT x xfmt. y yfmt.;
     CARDS;
1 2 4 5 3 7 4 6 5 2 3 7
RUN;
```

실행 결과를 보기 위해서 좌측 화면 하단의 **탐색기** → **라이브러리** → Work → test를 클릭하면 다음과 같이 리코드된 데이터셋을 볼 수 있다.

VIEWTABLE: Work.Test

	x	y
1	소그룹	1그룹
2	중그룹	2그룹
3	중그룹	3그룹
4	중그룹	3그룹
5	대그룹	1그룹
6	중그룹	3그룹

6.3 PROC FORMAT

리코드를 하는데 사용되는 PROC FORMAT 프로시저의 일반적인 형태는 다음과 같다.

기본형
```
PROC FORMAT 옵션;
   INVALUE 이름(옵션) '값'=숫자 또는 문자 ....;
   VALUE 이름(옵션) 범위='라벨' ....;
```

(1) INVALUE 이름(옵션);

INVALUE문은 문자를 숫자 또는 문자로 바꾸고자 하는 경우에 사용한다. 문자를 다시 리코드(recode)하는 경우에도 유용하게 사용할 수 있다.

기본형
```
INVALUE 이름(옵션) '값'=숫자 또는 '문자'
   '값'=숫자 또는 '문자'....;
```

```
INVALUE  abc 'A'=1 'B'=2 'C'=3;
INVALUE  agefmt '어린이'=1 '10대'=2  OTHER=3;
INVALUE sexfmt '여성'='1' '남성'='1';
```

이름은 포맷의 형식을 저장할 이름을 적는다. 사용 가능한 옵션으로서는 MAX=, MIN=, DEFAULT= 등이 있다. INVALUE문은 다음과 같은 형태로도 쓸 수 있다

```
INVALUE SURNAME 'A'  -< 'M' = 1 'M'  -  HIGH = 2 OTHER = 3;
```

(2) VALUE 이름(옵션);

VAUE문은 숫자를 문자로 바꾸고자 하는 경우에 사용한다. 숫자를 그룹으로 나눌 때 편리하게 사용할 수 있다. 즉 숫자를 그룹으로 나누어 리코드(recode)하는 경우에 편리하다.

기본형
```
VALUE 이름(옵션) 범위1= ' 라벨1 ' 범위2= ' 라벨2 ' ....;
```

```
VALUE abc 1='A' 2='B' 3='C';
VALUE agefmt 0 - 12='CHILD' 13 - 19='TEEN' 20 - HIGH='ADULT';
   VALUE sexfmt 1='FEMALE' 0,2 - 9='MALE';
```

이름은 포맷의 형식을 저장할 이름을 적는다. 가능한 옵션으로서는 MAX=, MIN=, DEFAULT= 등이 있다.

데이터스텝에서 FORMAT문을 사용할 때는 아래와 같이 'FORMAT 변수들 이름.' 형태로 사용한다.

실행 결과를 보기 위해서 좌측 화면 하단의 **탐색기** → **라이브러리** → Work → test를 클릭하면 다음과 같이 리코드된 데이터셋을 볼 수 있다. 칼럼의 값이 '*****'와 같이 표시되면 크기를 마우스로 늘려주면 된다.

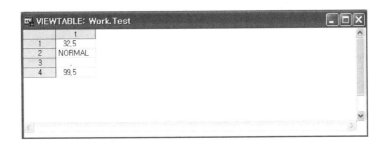

[옵션]
- MIN=값 : 포맷의 최소 길이를 지정한다. 지정하지 않으면, 그림이나 라벨 중 최대의 길이가 사용된다.
- MAX=값 : 포맷의 최대 길이를 지정한다. 디폴트는 40이다.
- DEFAULT=값 : 포맷에서 디폴트로 사용될 값을 지정한다.
- FUZZ=값 : 반올림할 값을 지정한다.

7. 데이터의 정렬, 전치, 표준화

7.1 데이터의 정렬

데이터 정렬은 PROC SORT라는 프로시저를 사용한다. 먼저 데이터 정렬에 사용될 데이터를 읽어 들이는 프로그램을 살펴 보면 다음과 같다.

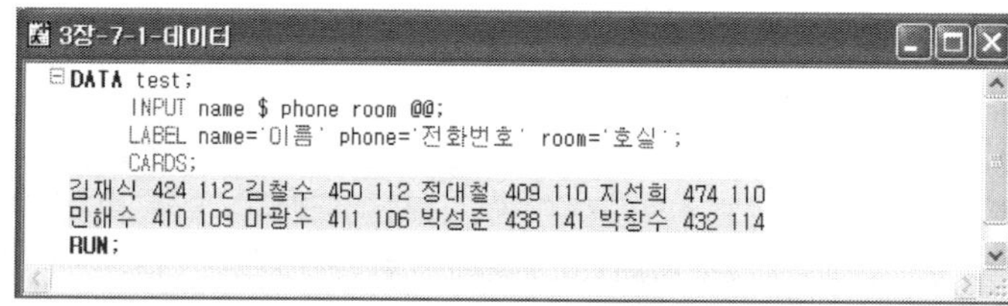
3장-7-1-데이터

```
DATA test;
      INPUT name $ phone room @@;
      LABEL name='이름' phone='전화번호' room='호실';
      CARDS;
김재식 424 112 김철수 450 112 정대철 409 110 지선희 474 110
민해수 410 109 마광수 411 106 박성준 438 141 박창수 432 114
RUN;
```

먼저 현재의 데이터를 이름순으로 정렬을 한 후에 출력하는 프로그램이다.

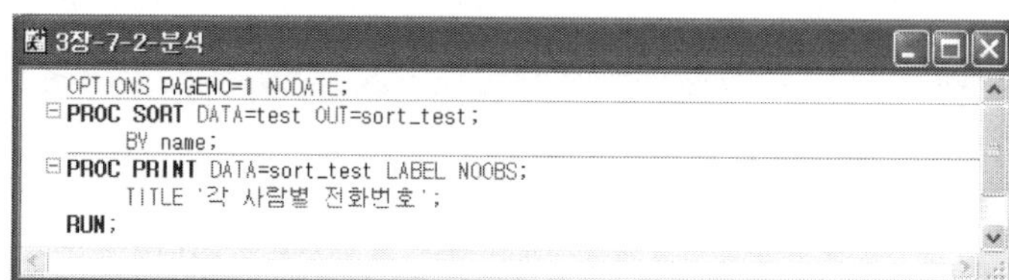
3장-7-2-분석

```
OPTIONS PAGENO=1 NODATE;
PROC SORT DATA=test OUT=sort_test;
      BY name;
PROC PRINT DATA=sort_test LABEL NOOBS;
      TITLE '각 사람별 전화번호';
RUN;
```

BY name에 의한 수행결과는 이름에 대해서 올림차순으로 데이터가 재배열되어 있다

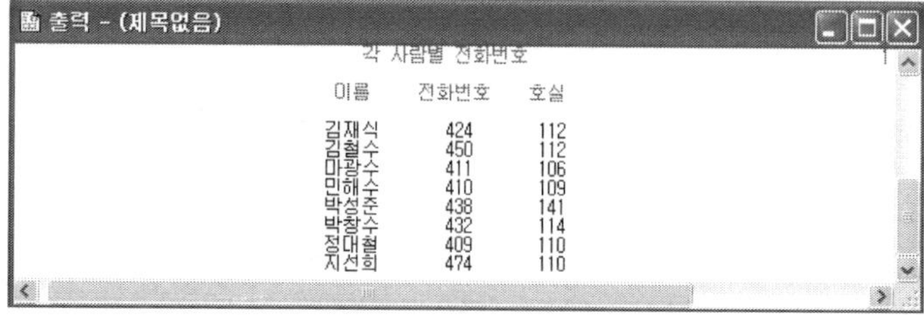
출력 - (제목없음)

각 사람별 전화번호

이름	전화번호	호실
김재식	424	112
김철수	450	112
마광수	411	106
민해수	410	109
박성준	438	141
박창수	432	114
정대철	409	110
지선희	474	110

이 번에는 각 방별 전화 번호 및 사람 순으로 정렬을 하는 경우이다. PROC SORT문의 BY문에 *room*, *name*의 변수 순으로 입력하였음을 유의하여 보자.

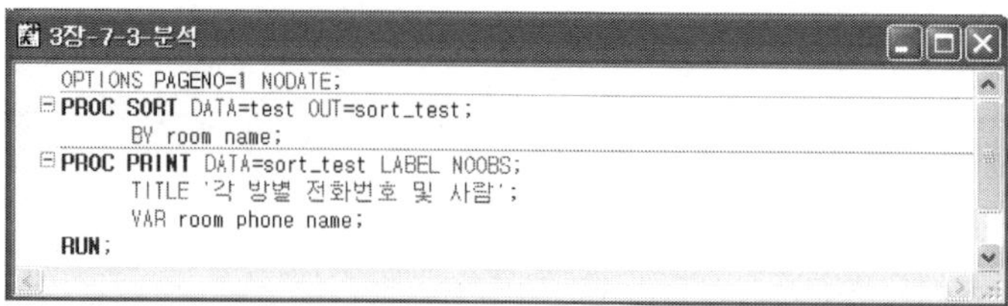
3장-7-3-분석

```
OPTIONS PAGENO=1 NODATE;
PROC SORT DATA=test OUT=sort_test;
      BY room name;
PROC PRINT DATA=sort_test LABEL NOOBS;
      TITLE '각 방별 전화번호 및 사람';
      VAR room phone name;
RUN;
```

결과는 호실에 대해 데이터가 올림차순으로 재배열된 후, 각 호실에 대해 이름에 대해 올림차순으로 데이터가 재배열되어 있음을 알 수 있다.

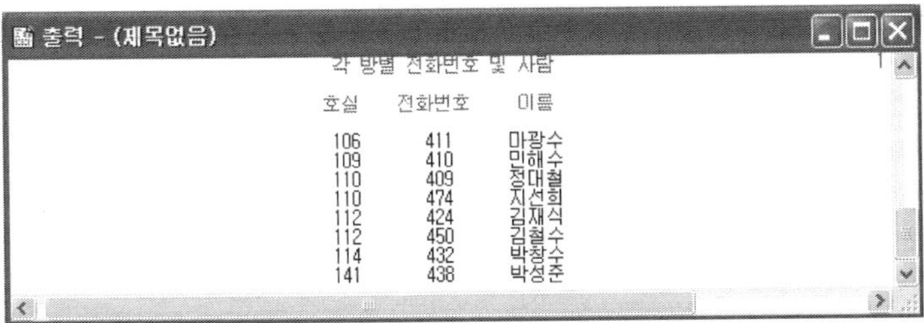

출력 - (제목없음)

각 방별 전화번호 및 사람

호실	전화번호	이름
106	411	마광수
109	410	민해수
110	409	정대철
110	474	지선희
112	424	김재식
112	450	김철수
114	432	박창수
141	438	박성준

(1) PROC SORT의 기본형

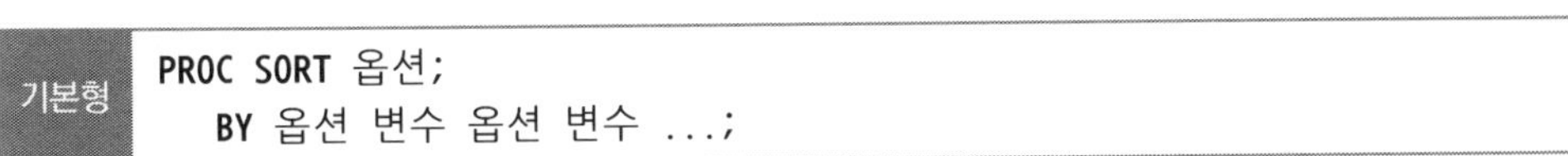

기본형

```
PROC SORT 옵션;
   BY 옵션 변수 옵션 변수 ...;
```

[옵션]
- DATA=데이터셋 : 일반적인 데이터셋의 이름을 적는다. 이 옵션이 없으면 프로시저 직전에 만들어졌던 데이터셋을 사용한다.
- OUT=데이터셋 : 정렬된 결과를 저장할 데이터셋의 이름을 적는다.
- EQUALS/NOEQUALS : 같은 관찰치가 두 개 이상일 경우 EQUALS는 상대적인 위치를 계산. NOEQUALS는 계산하지 않는다.
- NODUPLICATES ¦ NODUP : 같은 관찰치가 두 개 이상일 경우 하나만 남겨 놓고 나머지는 데이터셋에서 제거한다.

(2) BY 옵션 변수 옵션 변수 ...;

지정한 변수들로 정렬한다. *x*변수에 대해 올림차순으로 정렬하고 싶으면 BY x; 로 표기하며, *x*라는 변수에 대해 내림차순으로 정렬하고 싶으면 BY DESCENDING x;로 표기한다. 또한 *x*는 내림차순으로 y는 올림차순으로 정렬하고 싶으면 BY DESCENDING x y;로 표기하며, *x*, *y* 모두 내림차순으로 표기하고자 하면 BY DESCENDING x DESCENDING y;로 표기한다(디폴트는 오름차순이다.).

7.2 데이터의 전치

데이터를 전치(transpose)라는 것은 다음과 같이 왼쪽에 있는 형태의 데이터를 오른 쪽에 있는 형태의 데이터로 세로를 가로로, 가로를 세로로 그 위치를 바꾸어 주는 것이다.

전치되기 전 데이터	전치 프로시저	전치된 후의 데이터
1 2 3 4 5 6	PROC TRANSPOSE	1 3 5 2 4 6

데이터를 전치하기 위해서는 **PROC TRANSPOSE** 프로시저를 사용한다. 먼저 전치할 데이터를 읽어 들이는 프로그램을 보면 다음과 같다. 여기서는 변수이름을 지정하기 위해서 *varname*이라는 변수이름을 가지고 있는 데이터를 읽어 들였다.

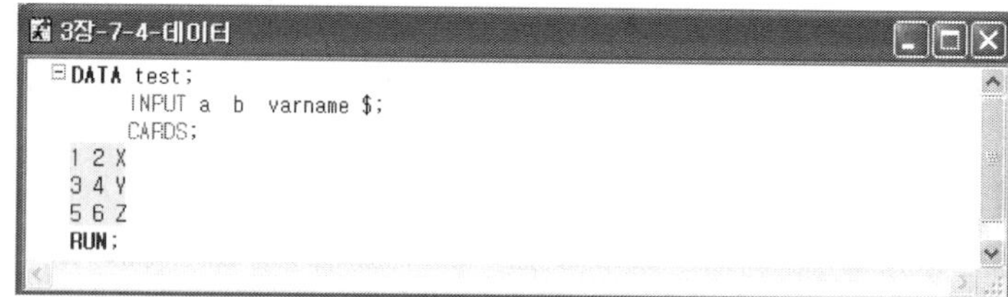

데이터를 전치하기 위해서는 **PROC TRANSPOSE** 프로시저를 사용하며, 여기서 ID varname을 통해 새로 전치된 데이터셋의 변수이름을 지정했다.

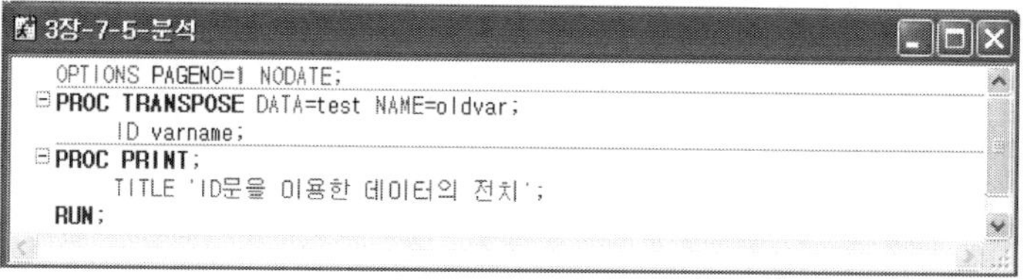

예제를 실행한 결과를 보면 변수이름은 ID문에 지정된 형태로 변화되어 있으며, 데이터가 전치되어 있음을 알 수 있다.

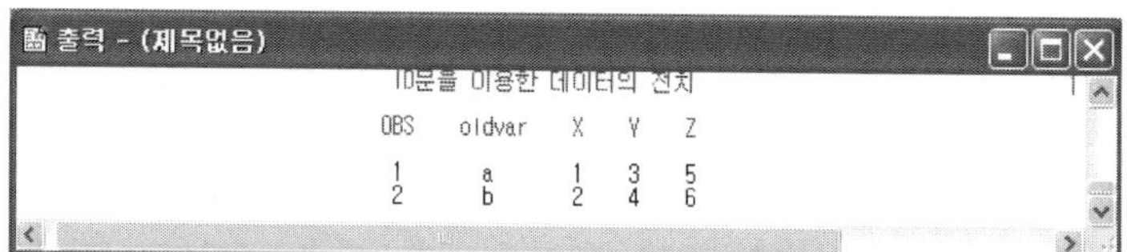

(1) PROC TRANSPOSE의 기본형

TRANSPOSE 프로시저는 데이터셋을 전치 할 때 사용하는 프로시저이다. 데이터의 전치란 관측치를 변수로 변수를 관측치로 변환시켜 주는 것이다. 따라서 이 결과로 생기는 데이터셋은 전치행렬과 같다.

기본형
```
PROC TRANSPOSE 옵션;
   VAR 변수들;
   ID 변수;
   IDLABEL 변수;
   COPY 변수들;
   BY 변수들;
```

[옵션]
- DATA=데이터셋 : 일반적인 데이터셋의 이름을 적는다. 이 옵션이 없으면 이 프로시저 전에 만들어졌던 데이터셋을 사용한다.
- OUT=데이터셋 : 전치된 결과를 저장할 데이터셋의 이름을 적는다.
- PREFIX=이름 : 전치된 데이터의 각 열에 대한 변수이름을 지정한다. 디폴트는 COLn. PREFIX=VAR로 표기하면 VARn식으로 표시된다.
- NAME=이름 : 전치 되기 전의 각 변수의 이름을 저장할 열의 변수이름을 지정한다. 디폴트는 _NAME_으로 되어 있다.
- LABEL=이름 : 전치 되기 전의 각 변수에 대한 라벨을 저장할 열의 변수이름을 지정한다. 디폴트는 _LABEL_로 되어 있다.

(2) VAR 변수들;

전치될 변수를 지정한다. 이 문장이 없으면 수치(numeric) 변수만 전치된다. 즉 문자(character) 변수를 전치하려면 꼭 지정을 해 준다. 이 문장에 지정되지 않은 변수는 새로 형성된 데이터셋에 포함되어 있지 않은데 이를 포함시키려면 COPY문이나 BY문을 이용한다.

(3) BY 변수들;

BY문에 지정된 변수들이 변하는 값에 따라서 VAR문에 지정된 변수들이 하나의 변수이름(COL1) 아래 전치된다. BY문을 사용하려면 미리 데이터가 PROC SORT문에 의해 정렬되어 있어야 한다.

(4) COPY 변수들;

VAR문 또는 BY문에 변수가 지정되어 있지 않을 때 문자 변수를 전치된 후의 새로운 데이터셋으로 저장한다. 지정된 변수는 전치되지 않은 상태로 있다.

(5) ID 변수;

전치된 후의 변수이름을 외부적으로 주고자 할 때 사용한다.

(6) IDLABEL 변수;

전치 후 변수에 대한 레이블을 가지고 있는 변수이름을 지정해 준다.

7.3 데이터의 표준화

데이터의 표준화(standardization)라는 것은 변수의 값을 평균값과 표준편차를 기준으로 바꾸어 주는 방법이다. 변수의 표준화는 PROC STANDARD라는 프로시저를 사용한다. 표준화를 하기 위한 데이터를 읽어 들이면 다음과 같다.

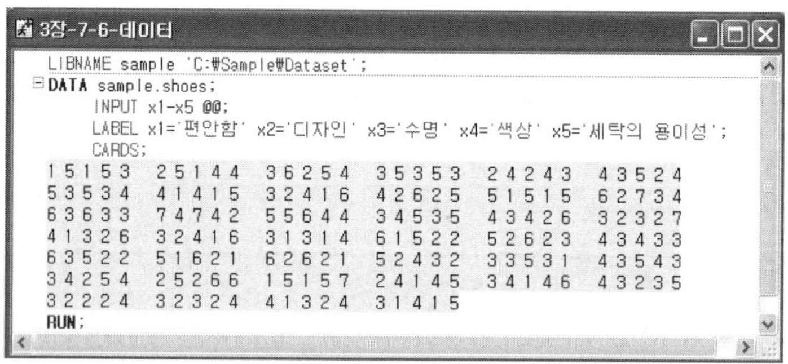

3장-7-6-데이터

```
LIBNAME sample 'C:₩Sample₩Dataset';
DATA sample.shoes;
     INPUT x1-x5 @@;
     LABEL x1='편안함' x2='디자인' x3='수명' x4='색상' x5='세탁의 용이성';
     CARDS;
1 5 1 5 3  2 5 1 4 4  3 6 2 5 4  3 5 3 5 3  2 4 2 4 3  4 3 5 2 4
5 3 5 3 4  4 1 4 1 5  3 2 4 1 6  4 2 6 2 5  5 1 5 1 5  6 2 7 3 4
6 3 6 3 3  7 4 7 4 2  5 5 6 4 4  3 4 5 3 5  4 3 4 2 6  3 2 3 2 7
4 1 3 2 6  3 2 4 1 6  3 1 3 1 4  6 1 5 2 2  5 2 6 2 3  4 3 4 3 3
6 3 5 2 2  5 1 6 2 1  6 2 6 2 1  5 2 4 3 2  3 3 5 3 1  4 3 5 4 3
3 4 2 5 4  2 5 2 6 6  1 5 1 5 7  2 4 1 4 5  3 4 1 4 6  4 3 2 3 5
3 2 2 2 4  3 2 3 2 4  4 1 3 2 4  3 1 4 1 5
RUN;
```

다음 분석 예제는 변수들을 평균을 0으로(MEAN=0 **옵션**), 표준편차를 1(STD=1 **옵션**)로, 5개의 변수를 표준화한 경우이다. 표준화된 값을 보기 위해 PROC PRINT문을 사용했으며, 표준화가 제대로 되어 있는지를 보기 위해 변수들에 대해서 PROC MEANS를 통해 평균과 표준편차를 살펴 보았다. MEAN=옵션과 STD=옵션은 항상 지정해 주어야 이 값들을 기준으로 표준화된다. 따라서 사용자에 따라서는 다른 평균값과 표준편차를 지정함으로써 표준화할 수도 있다. 예를 들어 평균을 1로 표준편차를 3으로 표준화할 수도 있는 것이다.

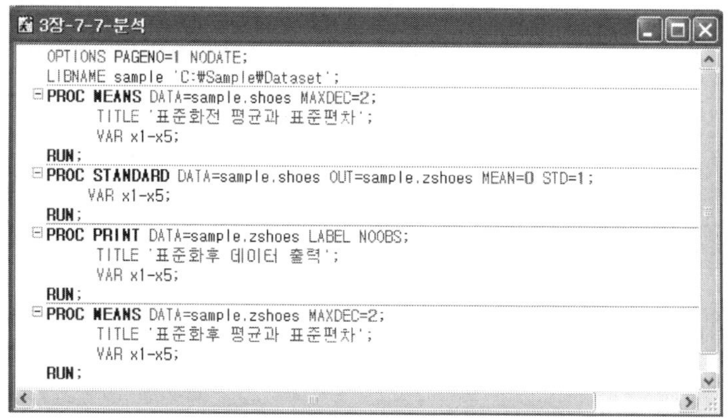

3장-7-7-분석

```
OPTIONS PAGENO=1 NODATE;
LIBNAME sample 'C:₩Sample₩Dataset';
PROC MEANS DATA=sample.shoes MAXDEC=2;
     TITLE '표준화전 평균과 표준편차';
     VAR x1-x5;
RUN;
PROC STANDARD DATA=sample.shoes OUT=sample.zshoes MEAN=0 STD=1;
    VAR x1-x5;
RUN;
PROC PRINT DATA=sample.zshoes LABEL NOOBS;
     TITLE '표준화후 데이터 출력';
     VAR x1-x5;
RUN;
PROC MEANS DATA=sample.zshoes MAXDEC=2;
     TITLE '표준화후 평균과 표준편차';
     VAR x1-x5;
RUN;
```

출력결과 1페이지는 각 변수에 대한 평균과 표준편차 및 관찰치의 수가 나와 있다. 전체적으로 평균과 표준편차가 0이 아님을 알 수 있다.

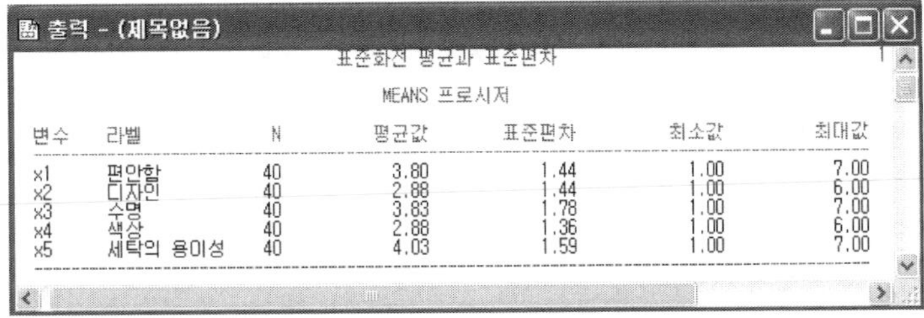

출력 - (제목없음)

표준화전 평균과 표준편차

MEANS 프로시저

변수	라벨	N	평균값	표준편차	최소값	최대값
x1	편안함	40	3.80	1.44	1.00	7.00
x2	디자인	40	2.88	1.44	1.00	6.00
x3	수명	40	3.83	1.78	1.00	7.00
x4	색상	40	2.88	1.36	1.00	6.00
x5	세탁의 용이성	40	4.03	1.59	1.00	7.00

출력결과 2페이지는 각 변수에 대해서 표준화된 값들이 제시되어 있다. 이 값들의 평균은 0이며 표준편차는 1이 된다.

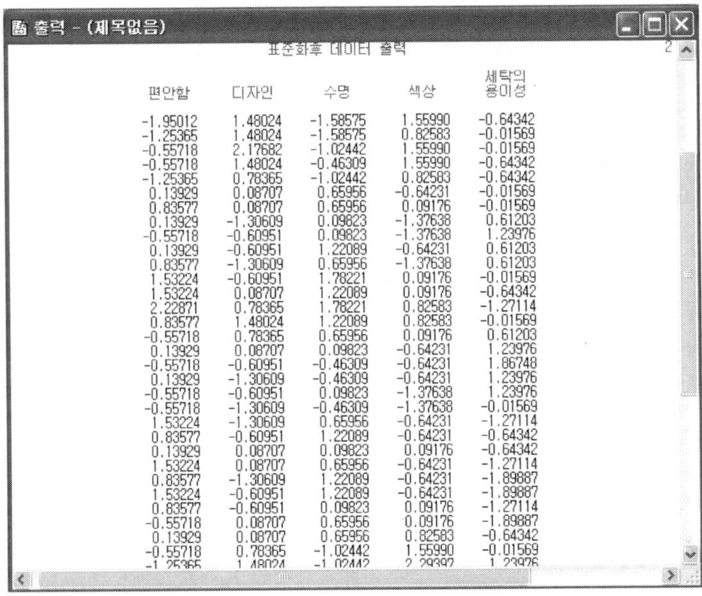

출력 - (제목없음)

표준화후 데이터 출력

편안함	디자인	수명	색상	세탁의 용이성
-1.95012	1.48024	-1.58575	1.55990	-0.64342
-1.25365	1.48024	-1.58575	0.82583	-0.01569
-0.55718	2.17682	-1.02442	1.55990	-0.01569
-0.55718	1.48024	-0.46309	1.55990	-0.64342
-1.25365	0.78365	-1.02442	0.82583	-0.64342
0.13929	0.08707	0.65956	-0.64231	-0.01569
0.83577	0.08707	0.65956	0.09176	-0.01569
0.13929	-1.30609	0.09823	-1.37638	0.61203
-0.55718	-0.60951	0.09823	-1.37638	1.23976
0.13929	-0.60951	1.22089	-0.64231	0.61203
0.83577	-1.30609	0.65956	-1.37638	0.61203
1.53224	-0.60951	1.78221	0.09176	-0.01569
1.53224	0.08707	1.22089	0.09176	-0.64342
2.22871	0.78365	1.78221	0.82583	-1.27114
0.83577	1.48024	1.22089	0.82583	-0.01569
-0.55718	0.78365	0.65956	0.09176	0.61203
0.13929	0.08707	0.09823	-0.64231	1.23976
-0.55718	-0.60951	-0.46309	-0.64231	1.86748
0.13929	-1.30609	-0.46309	-0.64231	1.23976
-0.55718	-0.60951	0.09823	-1.37638	1.23976
-0.55718	-1.30609	-0.46309	-1.37638	-0.01569
1.53224	-1.30609	0.65956	-0.64231	-1.27114
0.83577	-0.60951	1.22089	-0.64231	-0.64342
0.13929	0.08707	0.09823	0.09176	-0.64342
1.53224	0.08707	0.65956	-0.64231	-1.27114
0.83577	-1.30609	1.22089	-0.64231	-1.89887
1.53224	-0.60951	1.22089	-0.64231	-1.89887
0.83577	-0.60951	0.09823	0.09176	-1.27114
-0.55718	0.08707	0.65956	0.09176	-1.89887
0.13929	0.08707	0.65956	0.82583	-0.64342
-0.55718	0.78365	-1.02442	1.55990	-0.01569
-1.25365	1.48024	-1.02442	2.29397	1.23976

출력결과 3페이지는 변수 x_1에 대해서 최대, 최소값과 평균, 표준편차가 제시되어 있다. 이 값들을 볼 경우 앞의 평균과 표준편차와는 달리 평균이 0이고 표준편차가 1임을 알 수 있다.

출력 - (제목없음)

표준화후 평균과 표준편차

MEANS 프로시저

변수	라벨	N	평균값	표준편차	최소값	최대값
x1	편안함	40	0.00	1.00	-1.95	2.23
x2	디자인	40	0.00	1.00	-1.31	2.18
x3	수명	40	-0.00	1.00	-1.59	1.78
x4	색상	40	-0.00	1.00	-1.38	2.29
x5	세탁의 용이성	40	-0.00	1.00	-1.90	1.87

(1) PROC STANDARD의 기본형

기본형
```
PROC STANDARD 옵션;
   VAR 변수들;
   FREQ 변수;
   WEIGHT 변수;
   BY 변수들;
```

[옵션]
- DATA=데이터셋 : 일반적인 데이터셋의 이름을 적는다. 이 옵션이 없으면 이 프로시저 전에 만들어졌던 데이터셋을 사용한다.
- OUT=데이터셋 : 전치된 결과를 저장할 데이터셋의 이름을 적는다.
- VARDEF=DF : 분산 계산시 사용될 분모를 지정한다. 디폴트는 DF로 n - 1값이다. WEIGHT는 가중치의 합, N은 관찰치의 수, WDF는 가중치 - 1값이다.
- MEAN=값 : VAR문의 변수에 대한 평균값을 지정한다.
- STD=값 : VAR문의 변수에 대한 표준편차를 지정한다.
- REPLACE : 결측값의 값을 MEAN=값이나 변수의 평균으로 대체한다.

(2) VAR 변수들;

표준화할 변수를 지정한다.

(3) BY 변수들;

BY문에 지정된 변수들이 변하는 값에 따라서 VAR문에 지정된 변수들이 표준화된다. BY문을 사용하려면 미리 데이터가 PROC SORT문에 의해 정렬되어 있어야 한다.

(4) FREQ 변수;

관찰치에 대한 도수 정보를 가지고 있는 변수를 지정한다. 따라서 관찰치의 도수가 변수 값만큼 증가하게 된다.

(5) WEIGHT 변수;

관찰치에 대한 가중치 정보를 가지고 있는 변수를 지정한다. 따라서 평균이나 표준편차를 계산할 때 가중치 정보로 조정된 값들이 계산된다.

8. 데이터 결합(머지)

8.1 칼럼 병합

데이터의 결합 방법으로 칼럼 병합은 변수의 조합이 다른 두 개 또는 그 이상의 데이터셋을 병합하는 경우에 사용한다. 이미 만들어진 두 개의 데이터셋을 가로로 병합을 하고자 할 때는 MERGE문을 사용한다. SET문과는 달리 서로 다른 변수들(같은 변수들이 있어도 된다)로 구성된 두 개의 데이터셋을 합치고자 할 때 사용한다. 다음은 데이터셋 brand1과 brand2를 합쳐 데이터셋 brand를 만들게 된다.

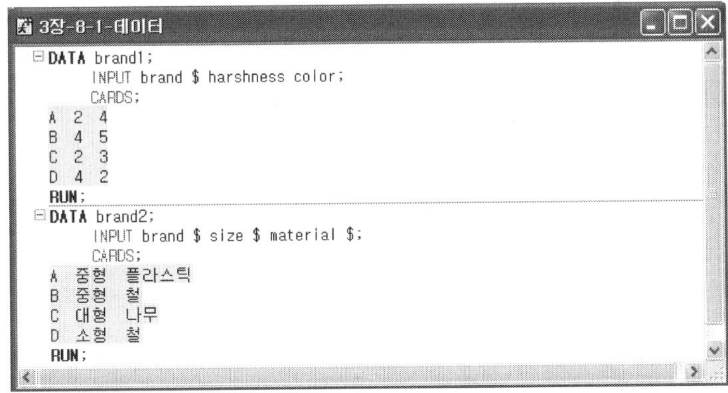
3장-8-1-데이터

```
DATA brand1;
     INPUT brand $ harshness color;
     CARDS;
A 2 4
B 4 5
C 2 3
D 4 2
RUN;
DATA brand2;
     INPUT brand $ size $ material $;
     CARDS;
A 중형 플라스틱
B 중형 철
C 대형 나무
D 소형 철
RUN;
```

MERGE문에 의한 데이터셋의 가로 병합 요령은 다음과 같다.

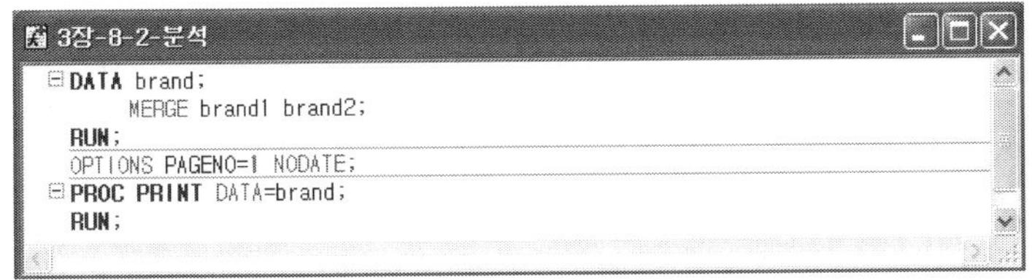
3장-8-2-분석

```
DATA brand;
     MERGE brand1 brand2;
RUN;
OPTIONS PAGENO=1 NODATE;
PROC PRINT DATA=brand;
RUN;
```

데이터를 칼럼 결합한 결과를 보면 다음과 같다.

출력 - (제목없음)

SAS 시스템 1

OBS	brand	harshness	color	size	material
1	A	2	4	중형	플라스틱
2	B	4	5	중형	철
3	C	2	3	대형	나무
4	D	4	2	소형	철

8.2 행 결합

데이터의 결합 방법으로 행 결합은 두 개 또는 그 이상의 데이터셋을 행으로 이어서 결합하는 경우에 사용한다. 이미 만들어진 두 개의 데이터셋을 세로로 병합을 하고자 할 때는 SET문을 사용한다. SET문을 통해 세로로 병합할 수 있는 데이터셋의 개수는 최대 50개이다. 만약에 같은 변수로 구성된 두 개의 데이터셋, brand1과 brand3를 합치면 데이터셋 brand의 형태를 보면 다음과 같다.

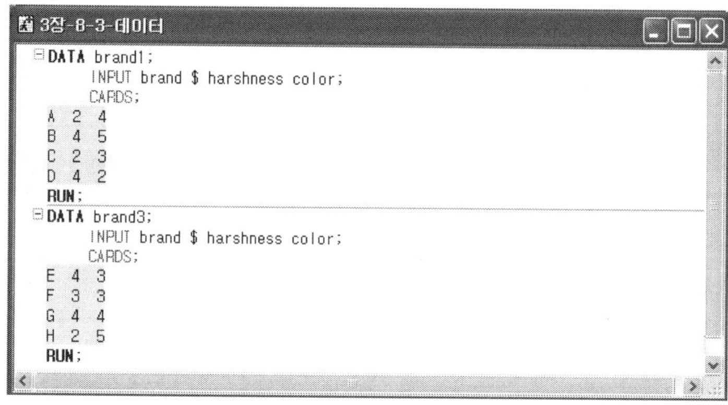
3장-8-3-데이터

```
DATA brand1;
     INPUT brand $ harshness color;
     CARDS;
A 2 4
B 4 5
C 2 3
D 4 2
RUN;
DATA brand3;
     INPUT brand $ harshness color;
     CARDS;
E 4 3
F 3 3
G 4 4
H 2 5
RUN;
```

SET문에 의한 데이터셋의 세로 병합 요령은 아래와 같다.

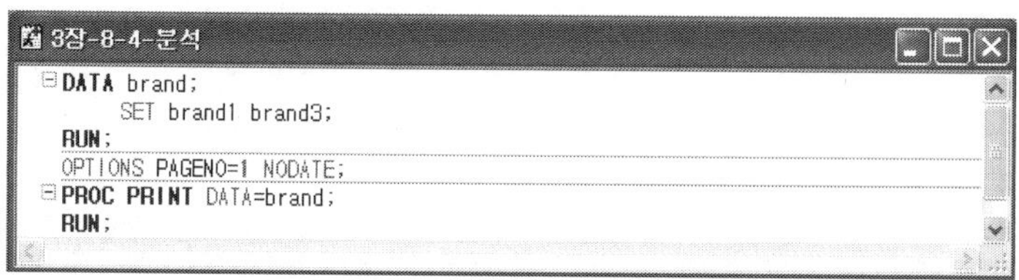
3장-8-4-분석

```
DATA brand;
     SET brand1 brand3;
RUN;
OPTIONS PAGENO=1 NODATE;
PROC PRINT DATA=brand;
RUN;
```

병합된 결과를 보면 다음과 같다.

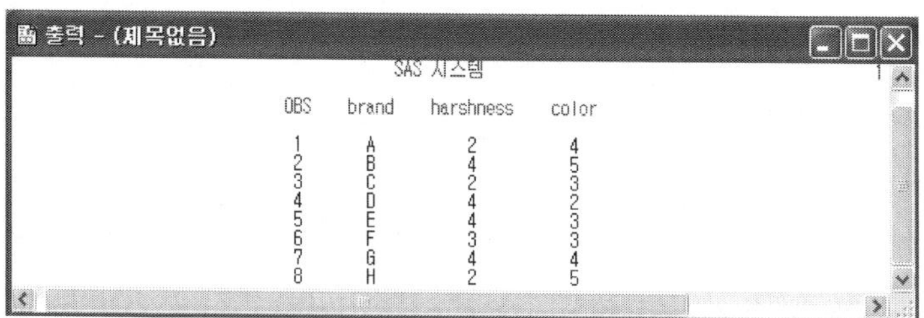
출력 - (제목없음)

SAS 시스템 1

OBS	brand	harshness	color
1	A	2	4
2	B	4	5
3	C	2	3
4	D	4	2
5	E	4	3
6	F	3	3
7	G	4	4
8	H	2	5

기초데이터분석

2
PART

데이터 탐색

4

CHAPTER

1. 데이터탐색

1.1 데이터탐색과 데이터분석의 관계

연구자들이 데이터를 수집한 후에 해야 할 일은 크게 세 단계로 나누어 볼 수 있다. 이를 단계는 다음과 그림과 같다.

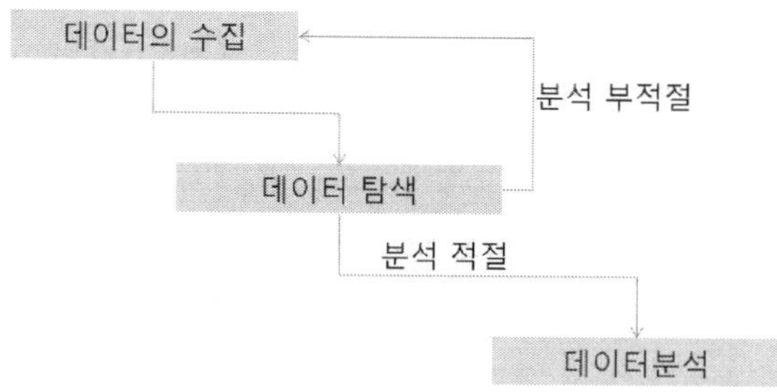

첫 번째 단계에서는 데이터를 수집해야 한다. 데이터의 수집은 2장에서 살펴보았듯이, 다양한 설문이나 데이터의 출처로부터 수집이 된다. 사람들은 데이터를 수집하는 이유는 이들 속에 숨어 있는 어떠한 유형이나 경향이 있는가를 보고 싶어하기 때문이다. 그렇다면 어떻게 하면 이러한 유형이나 경향을 파악할 수 있는가? 데이터의 경향 파악은 데이터탐색 단계를 통해 진행된다.

두 번째 단계는 데이터분석을 하기 전에 데이터에 나타난 유형이나 경향, 그리고 수집한 데이터가 분석을 하기에 적절한가를 살펴보는 것이다. 이것을 데이터탐색이라고 부른다. 데이터의 유형이나 경향을 파악하는 과정에서 데이터분석을 위한 자료로서 적절한가에 대한 평가를 해 볼 수 있다. 수집한 데이터가 데이터분석에 적절하지 않은 경우에는 데이터분석을 진행하기 보다는 가능하면 데이터를 다시 수집하는 것이 바람직하다.

세 번째 단계에서 해야 할 일은 앞 단계에서 수집된 데이터가 분석하기에 적절하다고 판단된다면, 데이터분석을 진행하는 과정이다. 주로 사용되는 데이터분석 방법들은 가설검정, 기술통계분석, 다변량데이터분석이다.

따라서 데이터탐색이라는 것은 본격적인 분석을 시작하기 전에 해야 하는 것이며, 데이터의 특성을 전체적으로 훑어보는 중요한 사전 과정이다. 많은 연구자들은 데이터를 수집한 후 데이터탐색 과정을 거치지 않고 지나간다. 데이터탐색을 하는데 많은 시간이 들기 때문이다. 하지만 데이터탐색은 데이터분석을 진행하는데 있어서 매우 필요한 단계이다. 데이터탐색은 보통 평균, 표준편차 등과 같은 데이터 특성을 살펴볼 수 있는 기초적인 통계량이나 여러 가지 형태의 그래프 등을 통해 수행하게 된다.

데이터탐색이 충실히 수행되면, 다음 단계의 데이터분석에서 복잡한 형태의 데이터분석을 원활히 수행할 수 있는 장점이 있다. 데이터에 대한 자세한 분석을 통해 더 좋은 예측 모델을 구성할 수도 있으며, 데이터에 대한 해석 차원에 대한 좀 더 정확한 추론이 가능하게 된다. 데이터에 대한 예비 분석인 데이터탐색에서 얻을 수 있는 이점을 살펴보면 다음과 같다.

첫째, 수집한 데이터들이 어떠한 유형과 경향을 가지고 있는가를 볼 수 있는 데이터를 대표하는 값들과 데이터의 분포를 통해 개략적으로 살펴볼 수 있다. 평균이나 최빈값, 표준편차 등과 같은 데이터의 특성을 나타내는 대표적인 값은 어떤 것인지, 정규분포를 하고 있는지, 우리가 원하는 형태의 방향성을 가지고 있는지 등에 대한 전체적인 감을 가질 수 있게 된다.

둘째, 각 데이터에 대한 개략적인 파악은 분석할 때 적용해야 할 정규분포 가정 등 가정상의 문제점이 없는지에 대해 살펴볼 수 있게 된다. 가정상의 문제점이 있는 경우 데이터의 적절한 변환이 필요하다.

셋째, 얻어진 데이터에 대해 어떤 문제점이 있는가를 개괄적으로 살펴본다. 데이터의 예상외의 특이 관찰치(outlier) 등을 발견할 수 있고, 이를 반영한 새로운 모델을 만들 수 있을 것이다.

데이터탐색에서 본격적인 데이터분석이 진행되기 전에 데이터에 대한 사전적인 관련성을 파악은 다음과 같은 5가지 사항에 대해서 진행된다.

❶ 변수들에 대한 데이터탐색을 통한 정규성 검정

❷ 대상변수들간의 상관관계 분석

❸ 그룹별 대상변수의 데이터탐색을 통한 정규성 검정

❹ 분석에 영향을 줄 수 있는 특이 관찰치(outlier)의 파악

❺ 결측값(missing data)이 있는 경우 이에 대한 평가 및 결측값의 처리 및 활용

어떤 데이터탐색 방법을 사용해야 하는가에 있어서 중요한 것은 척도와 분석하고자 하는 변수의 개수이다. 먼저, 척도는 주로 넌메트릭 데이터와 메트릭 데이터로 나누어서

생각할 수 있다. 다음으로 분석하고자 하는 변수의 개수가 몇 개인가 여부이다. 한 개의 변수의 특성에 대해서 분석하고자 하는가, 두 개의 변수들간의 관련성을 분석하고자 하는가, 아니면 세 개 이상의 변수들의 관련성을 분석하고자 하는가에 대한 것이다.

넌메트릭 데이터는 가장 기본적으로 한 변수에 대해서는 빈도(도수)분석, 다중응답 문항에 대한 빈도(도수)분석, 두 변수에 대해서는 교차분석을 수행한다. 또는 막대도표, 원도표 등 도표를 중심으로 분석을 수행한다.

메트릭 데이터는 평균, 표준편차 등을 주로 분석할 수 있으나, 데이터를 정리하기 위해서는 구간별로 정리해 넌메트릭 데이터로 변환한 후 넌메트릭 데이터의 분석에 사용되는 빈도(도수)분석이나 도표분석 방법을 수행한다.

이 내용들을 데이터의 척도와 변수의 개수 별로 정리해 보면 다음과 같다.

변수의 척도	변수의 개수	분석 방법
넌메트릭 데이터 (명목, 서열척도)	1	• 빈도분석 • 다중 응답 문항의 경우 다중응답에 대한 빈도분석 • 막대도표, 원도표 등을 통한 도표분석
	2	• 교차분석 • 다중 응답 문항의 경우 다중응답에 대한 교차분석 • 넌메트릭 척도의 상관관계분석(서열척도)
	3개 이상	• 넌메트릭 척도에 대한 신뢰도 검정
메트릭 데이터 (등간, 비율척도)	1	• 정규성 검정 • 평균과 표준편차 분석 • 넌메트릭 척도로 전환하여 빈도분석이나 도표분석 • 히스토그램을 포함한 정규분포 검정
	2	• 두 변수간 상관관계 분석 • 두 변수간 산점도 분석
	3개 이상	• 메트릭 데이터 신뢰도 검정

1.2 데이터분석의 구분

앞의 데이터탐색 단계에서 데이터분석이 적절한 데이터라고 판단이 될 경우 다음 단계에서 진행할 수 있는 것이 데이터분석이다. 연구자가 어떤 데이터분석기법을 적용할 것인가는 다음과 같은 기준에 의해서 결정하게 된다.

(1) 변수의 수

분석에서 고려되는 변수의 수에 따라 단일변량(univariate) 데이터분석이나 다변량(multivariate) 데이터분석으로 구분할 수 있다. 변수의 수가 한 개인 경우는 일반적으로 단일변량 데이터분석 기법을 사용한다. χ^2 검정, z-검정, t-검정과 같은 데이터분석이 주로 사용된다.

반면에 변수의 수가 두 개 이상인 경우에는 다변량 데이터분석 기법을 사용한다. 다변량 데이터분석에서 변수의 수가 두 개인 경우를 특별히 이변량(bivariate) 데이터분석이라고 구분해서 부른다. 회귀분석, 분산분석, 판별분석, 요인분석, 군집분석과 같은 데이터분석이 주로 사용된다.

(2) 분석의 성격

두 개 이상의 변수인 경우 변수들간의 종속관계인가 아니면 상호의존관계인가를 보아야 한다. 변수들간에 종속관계가 형성된다면 영향을 미치는 변수를 독립변수(independent variable)라고 부르며, 영향을 받는 변수를 종속변수(dependent variable)라고 부른다. 독립변수의 변화가 종속변수에 어떤 영향을 미치는가를 살펴보는 방법으로 회귀분석, 분산분석, 판별분석, 결합분석 등을 들 수 있다.

반면에 상호의존관계인 경우에는 변수전체를 대상으로 변수들간의 상호의존관계나 변수들을 이용해서 변수들을 동질집단이나, 대상들을 동질집단으로 분류하는 목적으로 사용된다. 주로 요인분석, 군집분석, 다차원척도법이 있다.

(3) 척도의 종류

척도가 명목이나 순위로 측정된 넌메트릭 데이터인가 등간이나 비율로 측정된 메트릭 데이터인가를 알아야 한다. 넌메트릭 데이터는 상황에 따라서 명목 척도인가 순위 척도인가에 따라서 적용할 수 있는 데이터분석 기법이 달라질 수 있다. 일반적으로 넌메트릭 데이터인 경우에는 비모수통계(nonparametric statistics)분석이 주로 사용되며, 메트릭 데이터인 경우에는 모수통계(parametric statistics)분석이 사용된다.

(4) 표본집단의 수와 관계

분석하고자 하는 데이터가 단일 표본에서 수집된 데이터인가, 아니면 두 개 또는 그 이상의 표본에서 수집된 데이터인가 여부이다. 특히 두 개 이상의 표본에서 수집된 데이터의 경우에는 표본들이 상호 독립적인가 아니면 종속적인가도 중요하다.

데이터 정리를 시작하기 전에 연구자는 수집된 데이터의 형태가 어떤 것인지를 잘 구분해야 한다. 수집된 데이터가 예를 들어 예/아니오 또는 0/1 같은 값들만 취할 수 있는 문항인지, 크기 순서대로 나열한 문항인지, 1점에서 7점까지 변할 수 있는 문항인지, 몸무게와 같이 연속적인 문항인지를 구분해야 한다.

보통 이를 척도(scale)라고 한다. 척도는 크게 예/아니오, 0/1, 순서와 같은 데이터를 의미하는 정성적(qualitative) 또는 넌메트릭(nonmetric) 척도와 5점 또는 7점 척도 문항, 몸무게와 같은 정량적(quantitative) 또는 메트릭(metric) 척도로 나뉘어 진다.

척도를 구분하는 것은 바로 어떠한 분석방법을 사용해야 하는가와 밀접한 관련이 있다. 즉 넌메트릭 척도에 적용할 수 있는 분석방법과 메트릭 척도에 적용할 수 있는 분석방법이 다르다는 점을 알고 있어야 한다.

2. 빈도분석

2.1 넌메트릭 데이터의 빈도분석

(1) 분석개요

경영활동은 많든 적든 데이터를 활용하고 있다. 영업 활동을 하는 경우에는 매일매일의 고객수와 매출액이 가장 중요한 데이터일 것이다. 회계 활동을 하는 경우라면 매일매일 발생하는 돈의 흐름이 중요한 데이터일 것이다. 이러한 데이터는 데이터 자체 만을 볼 때 어떤 정보를 쉽게 파악할 수 있는 것은 아니다. 데이터 자체는 분명히 현실 그 자체를 나타내지만 너무나 다양하게 분포되어 있는 경우가 많기 때문에 어떠한 형태로든 요약이 되지 않는다면 정보가 되지 않는다.

예를 들어 다음과 같이 어느 대학원에 재학하고 있는 사람들의 연령대를 수집했다고 하자. 연령대의 구분은 '16세－20세, 21세－25세, 26세－30세, 31세－35세, 36세 이상'이라는 다섯 단계로 구분했다. 38명에 대해 실제 수집한 데이터가 아래와 같이 제시되어 있다고 하자.

```
21 - 25세, 26 - 30세, 31 - 35세, 21 - 25세, 16 - 20세, 36세 이상, …, 21 - 25세, 26 - 30세
```

이렇게 다양하게 분포되어 있는 데이터는 정리나 요약이 되지 않으면, 어떤 특성을 가지고 있는지를 파악하기가 힘들다. 데이터를 체계적으로 정리하거나 요약을 통해서 데이터의 특성이나 구조를 파악하는데 가장 많이 사용하는 것이 빈도분석이다. 빈도분석은 도수분포표(frequency table)를 활용한다. 도수분포표는 모집단 또는 표본으로부터 수집된 데이터를 넌메트릭 데이터는 각 데이터의 값, 메트릭 데이터는 상황에 따라 적절한 범주나 구간으로 나눈 후 각 범주나 구간의 빈도를 정리한 표를 말한다. 일반적인 도수분포표의 형태는 다음과 같다.

변수의 값(범주 또는 구간)	빈도(백분율 %)
값$_1$(16 - 20세)	빈도$_1$(00.00)
….	….
값$_n$(36세 이상)	빈도$_n$(00.00)
합계	N(100.00)

데이터를 도수분포표 형태로 요약해보면, 특정한 범주 또는 구간에 데이터가 밀집해 있는 경우가 많다. 보통 이 범주 또는 구간에 빈도가 가장 많이 나타나는데, 이를 최빈값(mode)라고 한다.

(2) 분석데이터

빈도분석을 위해 미국 특정 대학에 다니는 대학 및 대학원생들에 대해서 각 응답자 별로 성별, 연령, 결혼여부, 학력, 대학 전공, 대학원 전공, 주거형태, 어린이 수, 총비용 중 자신이 벌어 쓰는 비용의 비율, 운동빈도, 1주일에 참여하는 파티횟수 등에 대해 조사를 했다(Green, Carmone, Smith 1989). 설문조사를 통해 수집한 38명의 데이터를 내용을 살펴보면 다음과 같다. 매 줄에 5명의 데이터가 표시되어 있다.

```
01 12111135652  02 22111133422  03 22111133323  04 22111122323  05 12111132621
06 22111153631  07 22111131453  08 11111122641  09 22123134425  10 12121123625
11 14223142631  12 23223120613  13 23122213634  14 22124122634  15 12121133625
16 23122140621  17 22124133521  18 23221120431  19 22111132412  20 22111133422
21 12111133612  22 12111132224  23 12111125231  24 12111132121  25 21111123431
26 11111133112  27 21111122332  28 22114133411  29 14223142654  30 21111123224
31 12111124632  32 11111124211  33 11111124211  34 24221140423  35 23224121544
36 22221113645  37 22121126514  38 23324121654
```

각 데이터의 내용은 학생번호, 성별, 연령, 결혼여부, 학력, 대학전공, 대학원 전공, 주거형태, 자녀수, 총비용 중 자신이 벌어 쓰는 비용의 비율, 운동빈도, 1주일에 참여하는 파티횟수 순으로 나열이 되어 있다. 학생번호와 자녀수를 제외하고는 모두 넌메트릭 척도로 측정된 데이터이다.

변수 명	변수 구분
성별	1=여 2=남
연령	1=16세 - 20세 2=21세 - 25세 3=26세 - 30세 4=31세 - 35세 5=36세 이상
결혼여부	1=미혼 2=결혼 3=기타
학력	1=대학생 2=대학원생
대학전공/대학원전공	1=경영 2=공학 3=문학 4=기타
주거형태	1=전세 : 가족과 삶 2=전세 : 친척과 삶 3=자가 : 혼자 삶 4=자가 : 가족과 삶 5=기타
총비용 중 자신이 벌어 쓰는 비용의 비율	1=0% 2=1 - 10% 3=11 - 25% 4=26 - 50% 5=51 - 75% 6=76%이상
운동빈도	1=거의 매일 2=일주일에 2 - 3회 3=일주일에 1회 4=한 달에 2회 5=한 달에 1회 이하
1주일에 참여 파티횟수	1=일주일에 1회 이상 2=일주일에 1회 3=한 달에 2회 4=한 달에 1회 5=한 달에 1회 미만

현재의 데이터를 **확장 편집기** 화면에서 이를 읽어 들이기 위해서는 다음과 같이 프로그램을 작성한다. 여기서는 공란으로 분리된 '학생성향.txt'라는 외부 파일을 만들어서 입력했다. 엑셀 데이터를 확장 편집기 화면에서 바로 읽어 들이는 방법도 있으나 여기서는 사용하지 않았다.

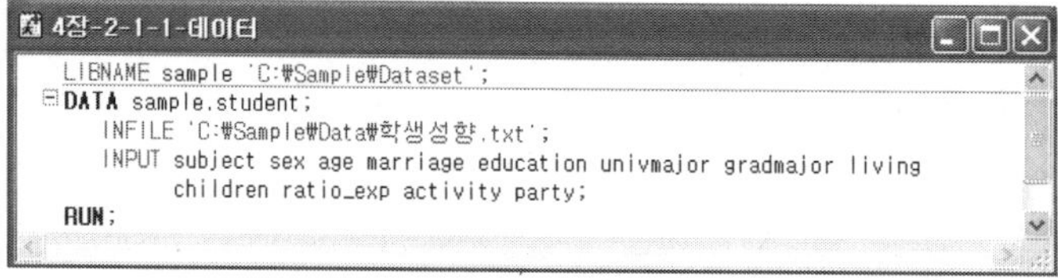

본 프로그램을 실행시키기 위해서는 상단의 아이콘 메뉴 중에 실행 아이콘(원 안의 아이콘)을 클릭한다.

다음으로 앞의 데이터를 직접 **확장 편집기** 화면에서 직접 라벨 편집을 하고자 하면 다음과 같이 데이터스텝과 관련된 프로그램을 작성해야 한다.

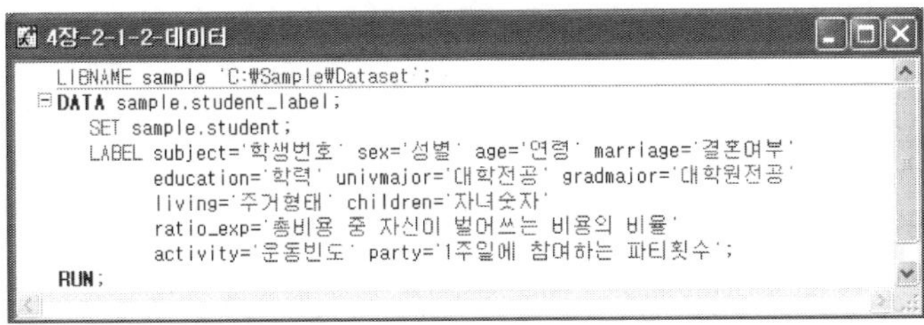

4장-2-1-2-데이터

```
LIBNAME sample 'C:\Sample\Dataset';
DATA sample.student_label;
   SET sample.student;
   LABEL subject='학생번호' sex='성별' age='연령' marriage='결혼여부'
         education='학력' univmajor='대학전공' gradmajor='대학원전공'
         living='주거형태' children='자녀숫자'
         ratio_exp='총비용 중 자신이 벌어쓰는 비용의 비율'
         activity='운동빈도' party='1주일에 참여하는 파티횟수';
RUN;
```

본 프로그램을 실행시키기 위해서는 상단의 아이콘 메뉴 중에 실행 아이콘(원 안의 아이콘)을 클릭한다.

(3) 분석과정1(속성 설명이 없는 경우)

빈도수 계산을 위해 확장 편집기 화면에서 프로그램을 작성하면 다음과 같다. PROC FREQ 프로시저의 DATA=에는 분석하고자 하는 데이터셋을 지정하며, TABLE문에 분석하고자 하는 변수이름들을 나열한다.

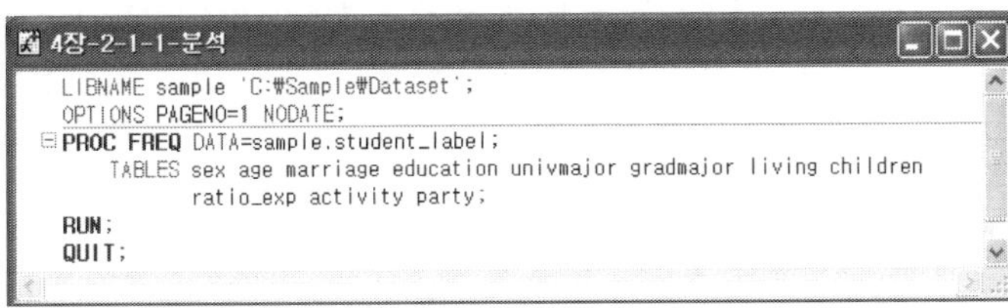

4장-2-1-1-분석

```
LIBNAME sample 'C:\Sample\Dataset';
OPTIONS PAGENO=1 NODATE;
PROC FREQ DATA=sample.student_label;
   TABLES sex age marriage education univmajor gradmajor living children
          ratio_exp activity party;
RUN;
QUIT;
```

본 프로그램을 실행시키기 위해서는 상단의 아이콘 메뉴 중에 실행 아이콘(원 안의 아이콘)을 클릭한다.

분석 결과에 대한 화면을 보면 다음과 같다. 분석결과는 각 변수 별로 도수, 도수에 대한 백분율, 누적도수, 누적 백분율이 제시가 된다. 결과를 해석해 보면, 성별에 대해서는 1(=여자)인 경우가 15명, 39.47%이고, 2(=남자)인 경우가 23명 60.53%로 남자가 상대적으로 많으며, 연령의 분포는 1(=16−20세)가 7명, 18.42%, 2(=21−25세)가 22명

57.89%로 가장 많고, 3(=26−30세)가 6명, 15.79%, 4(=31세−35세)가 3명, 7.89% 등으로 나타났다. 계속해서 다른 변수의 경우에도 같은 방식으로 분석할 수 있다.

출력 - (제목없음)

SAS 시스템 1

FREQ 프로시저

성별

sex	빈도	백분율	누적 빈도	누적 백분율
1	15	39.47	15	39.47
2	23	60.53	38	100.00

연령

age	빈도	백분율	누적 빈도	누적 백분율
1	7	18.42	7	18.42
2	22	57.89	29	76.32
3	6	15.79	35	92.11
4	3	7.89	38	100.00

결혼여부

marriage	빈도	백분율	누적 빈도	누적 백분율
1	30	78.95	30	78.95
2	7	18.42	37	97.37
3	1	2.63	38	100.00

(4) 분석과정 2(속성 설명 데이터 준비)

확장 편집기 화면에서 다음과 같이 PROC FORMAT 프로시저와 데이터 스텝안의 FORMAT문을 통해 지정하면 된다. FORMAT문에 CNTLOUT=sample.studentfmt 옵션은 추후 분석을 위해 포맷을 영구적으로 저장하라는 옵션이다.

4장-2-1-3-데이터

```
LIBNAME sample 'C:\Sample\Dataset';
PROC FORMAT CNTLOUT=sample.studentfmt;
    VALUE sexfmt 1='여자' 2='남자';
    VALUE agefmt 1='16-20' 2='21-25' 3='26-30' 4='31-35'
                 5='36이상 ';
    VALUE marfmt 1='미혼' 2='결혼' 3='기타';
    VALUE edufmt 1='대학생   ' 2='대학원생';
    VALUE unmfmt 1='경영'  2='공학' 3='문학' 4='기타';
    VALUE livfmt 1='월세: 혼자 삶  ' 2='월세: 가족과 삶' 3='전세: 가족과 삶'
                 4='전세: 친척과 삶' 5='자가: 혼자 삶  ' 6='자가: 가족과 삶'
                 7='기타           ';
    VALUE perfmt 1='    0% ' 2=' 1-10% ' 3='11-25% ' 4='26-50% ' 5='51-75% '
                 6='76%이상';
    VALUE actfmt 1='거의 매일      ' 2='일주일에 2-3번' 3='일주일에 한번 '
                 4='한달에 두번   ' 5='한달에 1번이하';
    VALUE parfmt 1='일주일에 2번이상' 2='일주일에 한번     ' 3='한달에 두번
                 4='한달에 한번      ' 5='한달에 한번미만  ';
DATA sample.student_label_attribute;
    SET sample.student_label;
    FORMAT sex sexfmt. age agefmt. marriage marfmt. education edufmt.
           univmajor gradmajor unmfmt. living livfmt. ratio_exp perfmt.
           activity actfmt. party parfmt.;
RUN;
QUIT;
```

본 프로그램을 실행시키기 위해서는 상단의 아이콘 메뉴 중에 실행 아이콘(원 안의 아이콘)을 클릭한다.

(5) 분석과정 2(속성 설명 데이터 분석)

확장 편집기 화면에서 처리하고자 하면, 아래와 같이 지정해야 한다. ODS GRAPHICS ON은 막대도표(히스토그램)를 그리기 위한 그래프 출력 기능이 시작되도록 지정했다. 여기서 PROC FORMAT 프로시저의 CNTLIN=sample.studentfmt는 포맷문이 저작되어 있는 데이터셋을 지정하였다. PROC FREQ 프로시저에서 TABLES문의 옵션으로 PLOT(ONLY)=FREQPLOT을 지정해 막대도표를 출력하도록 했다. PROC FREQ 프로시저가 끝난 후에는 ODS GRAPHICS OFF를 통해 그래프 출력 기능이 작동되지 않도록 했다.

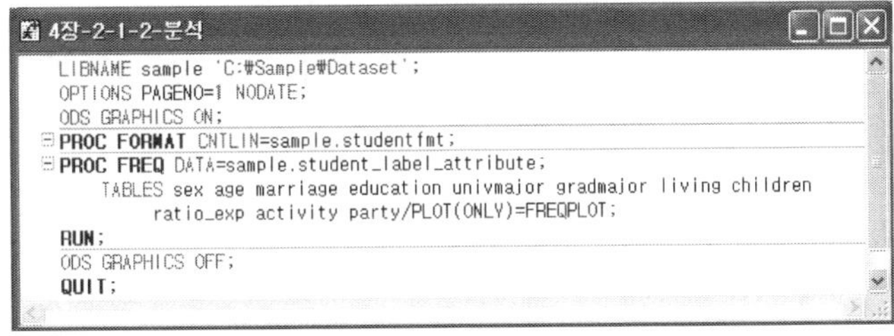

```
4장-2-1-2-분석
LIBNAME sample 'C:₩Sample₩Dataset';
OPTIONS PAGENO=1 NODATE;
ODS GRAPHICS ON;
PROC FORMAT CNTLIN=sample.studentfmt;
PROC FREQ DATA=sample.student_label_attribute;
    TABLES sex age marriage education univmajor gradmajor living children
        ratio_exp activity party/PLOT(ONLY)=FREQPLOT;
RUN;
ODS GRAPHICS OFF;
QUIT;
```

본 프로그램을 실행시키기 위해서는 상단의 아이콘 메뉴 중에 실행 아이콘(원 안의 아이콘)을 클릭한다.

분석 결과에 대한 화면을 보면 다음과 같다. 앞의 결과에 비해 각 변수에 대해 속성에 대한 라벨이 있어 매우 편리하다.

출력 - (제목없음)

SAS 시스템

FREQ 프로시저

성별

sex	빈도	백분율	누적 빈도	누적 백분율
여자	15	39.47	15	39.47
남자	23	60.53	38	100.00

연령

age	빈도	백분율	누적 빈도	누적 백분율
16-20	7	18.42	7	18.42
21-25	22	57.89	29	76.32
26-30	6	15.79	35	92.11
31-35	3	7.89	38	100.00

결혼여부

marriage	빈도	백분율	누적 빈도	누적 백분율
미혼	30	78.95	30	78.95
결혼	7	18.42	37	97.37
기타	1	2.63	38	100.00

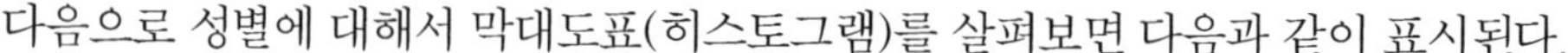

다음으로 성별에 대해서 막대도표(히스토그램)를 살펴보면 다음과 같이 표시된다.

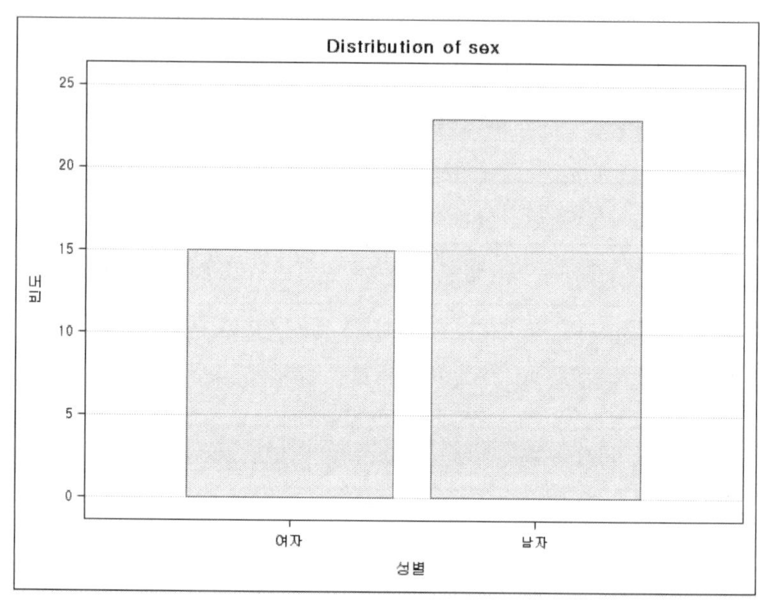

2.2 메트릭 데이터의 빈도분석

(1) 분석개요

메트릭 데이터의 경우의 빈도분석을 통해 도수분포표를 작성하고자 하면, 먼저 계급의 수를 적절히 나누어야 한다. 계급구간의 크기는 다음과 같은 순서로 구한다. 먼저 데이터 중에서 최대값과 최소값을 찾는다. 다음으로 최대값과 최소값이 포함되어 구간을 나누기 좋은 형태의 범위로 찾는다. 계급 구간의 넓이로서 적절한 계급 구간의 수는 7~10개 정도가 적당하다. 계급 구간의 넓이는 다음과 같은 공식에 의해서 구해진다.

$$\text{계급구간의 넓이} = \frac{\text{최대값} - \text{최소값}}{\text{계급의 수}}$$

다음으로 구해진 계급구간에 따른 빈도를 구하여 도수분포표를 작성한다.

(2) 분석데이터

예를 들어 다음과 같은 백화점의 우수 고객 90명에 대한 2/4분기 상품 구입 실적을 조사한 데이터가 있다고 생각하자(김재현 등, 2000).

```
131 106 116  84 118  93  65 113 140 119 129  75 105 123  64  80 124 110  86
112  96 110 135 134 146 144 113 128 142 106  98 148 106 122  70  73  78 103
112 126 119  62 116  84 101  68  95 119 122 127 109  95 103  92 103  90 136
109  99  76  93  81 100 114 125 121 137 107  69 111  98 124  84 108 128  87
102 103 131 139 108 109  97 112  75 143  72 120  95 124
```

따라서 이 문제에 대한 계급을 9개로 했을 때, 계급 구간의 넓이를 계산해 보면 10으로 계산이 된다.

$$\text{계급구간의 넓이} = \frac{148-62}{9} = 9.6 \approx 10$$

먼저 데이터를 읽어 들이는 프로그램을 보면 다음과 같다.

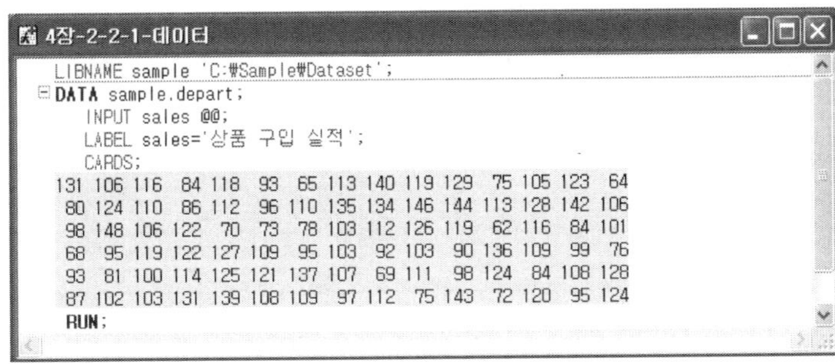

```
4장-2-2-1-데이터
LIBNAME sample 'C:₩Sample₩Dataset';
DATA sample.depart;
   INPUT sales @@;
   LABEL sales='상품 구입 실적';
   CARDS;
131 106 116  84 118  93  65 113 140 119 129  75 105 123  64
 80 124 110  86 112  96 110 135 134 146 144 113 128 142 106
 98 148 106 122  70  73  78 103 112 126 119  62 116  84 101
 68  95 119 122 127 109  95 103  92 103  90 136 109  99  76
 93  81 100 114 125 121 137 107  69 111  98 124  84 108 128
 87 102 103 131 139 108 109  97 112  75 143  72 120  95 124
RUN;
```

다음으로 계급 구간에 대한 데이터를 리코드를 하기 위해서는 다음과 같이 PROC FORMAT 프로시저를 사용해야 한다. 여기서 CNTLOUT=sample.departfmt는 포맷 데이터를 저장할 위치를 지정하는 옵션이다.

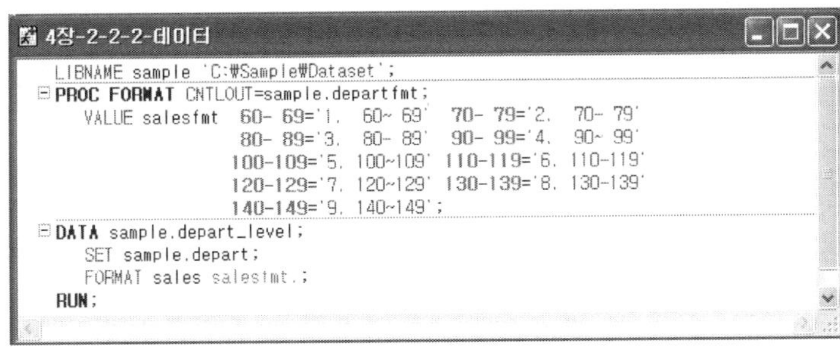

```
4장-2-2-2-데이터
LIBNAME sample 'C:₩Sample₩Dataset';
PROC FORMAT CNTLOUT=sample.departfmt;
   VALUE salesfmt  60- 69='1. 60~ 69'  70- 79='2. 70- 79'
                   80- 89='3. 80- 89'  90- 99='4. 90~ 99'
                  100-109='5. 100~109' 110-119='6. 110-119'
                  120-129='7. 120~129' 130-139='8. 130-139'
                  140-149='9. 140~149';
DATA sample.depart_level;
   SET sample.depart;
   FORMAT sales salesfmt.;
RUN;
```

(3) 분석과정

확장편집기에서 이를 수행하기 위해서는 다음과 같이 PROC FREQ 프로시저에서 변환된 변수 sales를 지정한다. 변수가 구간별로 지정하기 위해 PROC FORMAT 프로시저로 변경하고, PROC FREQ 프로시저 안에 FORMAT문을 지정하였다. ODS GRAPHICS ON과 ODS GRAPHICS OFF는 막대도표(히스토그램)을 그리기 위해 사용된 문장이다. 히스토그램은 TABLES의 옵션으로 PLOT(ONLY)=FREQPLOT을 지정해야 표시된다.

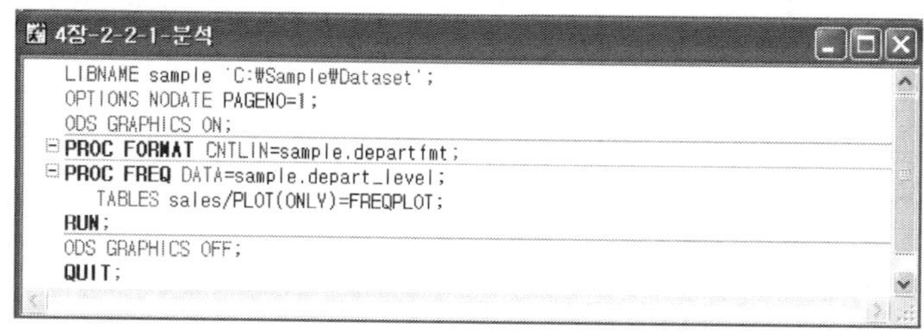


```
LIBNAME sample 'C:\Sample\Dataset';
OPTIONS NODATE PAGENO=1;
ODS GRAPHICS ON;
PROC FORMAT CNTLIN=sample.departfmt;
PROC FREQ DATA=sample.depart_level;
   TABLES sales/PLOT(ONLY)=FREQPLOT;
RUN;
ODS GRAPHICS OFF;
QUIT;
```

본 프로그램을 실행시키기 위해서는 상단의 아이콘 메뉴 중에 실행 아이콘(원 안의 아이콘)을 클릭한다..

(4) 결과해석

분석결과를 보면, 각 구간별 도수와 해당 비율이 제시되어 있다. 가장 많은 관찰치를 보인 것은 100~100만원 대로서 17명, 18.89%이다. 이를 최빈값(mode)라 한다. 반면 가장 작은 관찰치를 보인 것은 60~70만원대로 5명, 5.56%이다. 이 결과의 전반적인 형태가 막대 그래프로 제시되어 있다.

■ 통계량 설명

최빈값(mode)는 데이터 중에 빈도가 가장 많은 관찰치의 값을 의미한다. 최빈값은 넌메트릭 데이터나 메트릭 데이터 모두 계산 가능한 통계량이다. 최빈값은 한 집단의 대푯값을 간편하고, 빠르게 찾아 낼 수 있지만, 데이터의 분포가 대칭에 가깝지 않을 때에는 신뢰할 만한 값이 되지 못한다.

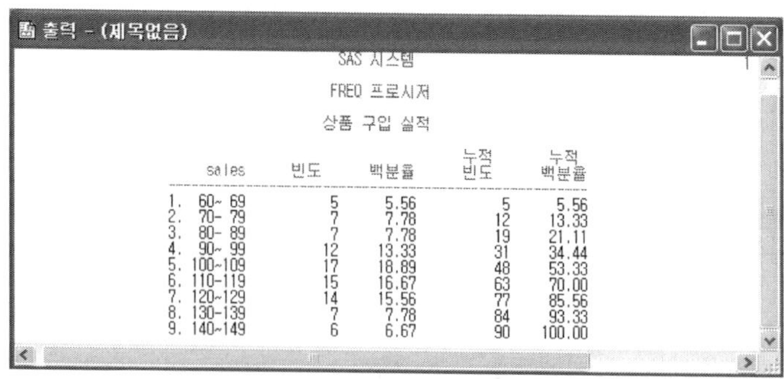

SAS 시스템

FREQ 프로시저

상품 구입 실적

sales	빈도	백분율	누적 빈도	누적 백분율
1. 60~ 69	5	5.56	5	5.56
2. 70~ 79	7	7.78	12	13.33
3. 80~ 89	7	7.78	19	21.11
4. 90~ 99	12	13.33	31	34.44
5. 100~109	17	18.89	48	53.33
6. 110~119	15	16.67	63	70.00
7. 120~129	14	15.56	77	85.56
8. 130~139	7	7.78	84	93.33
9. 140~149	6	6.67	90	100.00

이에 대한 막대도표(히스토그램)을 살펴보면 다음 그림과 같다. 빈도분석 결과를 나타내는 도수분포표와 히스토그램을 통해 나타난 결과의 특징은 다음과 같다. 첫째, 상품매입실적은 균등하게 분포되어 있지 않으며 100−109에 집중되어 있다. 둘째, 집중되어 있는 곳을 기점으로 작은 편에 속하든지 큰 편에 속하든지 어느 한 곳을 축으로 좌우 대칭성이 있게 보인다. 이런 특징들은 데이터 자체를 보았을 때는 몰랐던 정보이다. 데이터의 구간별 축약을 통해 데이터의 구체적인 수치들은 희생되었지만 이러한 희생의 대가로 데이터의 분포와 그 이면에 있는 특징들을 살펴볼 수 있게 되었다. 즉 요약된 정보를 통해서 좀 더 이해하기 쉬운 정보를 얻게 되었다.

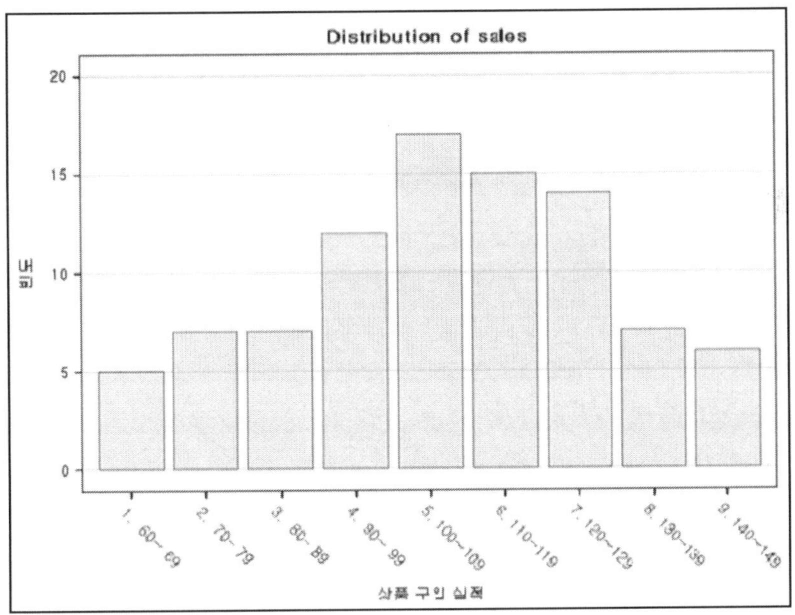

2.3 교차분석

(1) 분석개요

앞의 데이터를 이용해 성별에 따른 학력, 결혼여부에 따른 주거형태 등과 같이 두 개의 넌메트릭 데이터 변수에 대한 분포의 관계를 살펴보는 것을 다음과 같이 여러 용어로 부른다. 즉 교차표(cross−tabulation), 크로스탭(cross−tab) 또는 상황표(contingency table)라고 한다. 교차표의 모양은 다음과 같다.

구분		넌메트릭 변수$_1$		
		속성$_1$	……	속성$_n$
넌메트릭 변수$_2$	속성$_1$ ⋮ 속성$_m$	관찰치$_{11}$(%) ⋮ 관찰치$_{m1}$(%)	…… …… ……	관찰치$_{1n}$(%) ⋮ 관찰치$_{mn}$(%)

(2) 분석과정

교차표 분석을 하고자 하면 다음과 같이 입력해야 한다. PROC FORMAT 프로시저에서 CNTLIN=sample.studentfmt는 포맷 데이터가 저장된 데이터셋을 지정한다. PROC FREQ 프로시저에서 행에 대한 백분율을 출력하려면 NOCOL(열 백분율 출력 안 함), NOPERCENT(각 셀 백분율 출력 안 함)을 옵션으로 지정해야 한다.

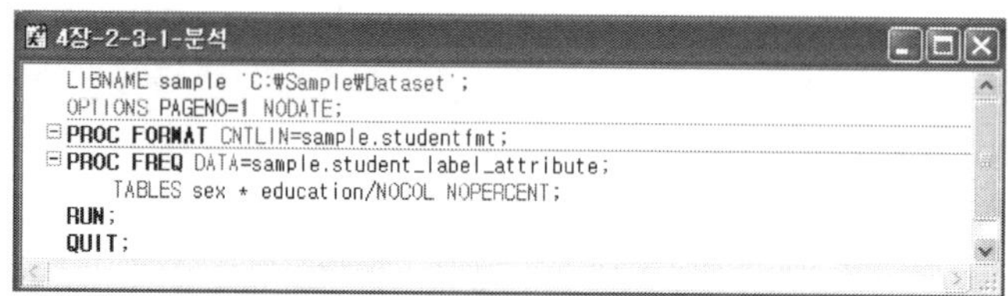

4장-2-3-1-분석

```
LIBNAME sample 'C:₩Sample₩Dataset';
OPTIONS PAGENO=1 NODATE;
PROC FORMAT CNTLIN=sample.studentfmt;
PROC FREQ DATA=sample.student_label_attribute;
    TABLES sex * education/NOCOL NOPERCENT;
RUN;
QUIT;
```

본 프로그램을 실행시키기 위해서는 상단의 아이콘 메뉴 중에 실행 아이콘(원 안의 아이콘)을 클릭한다.

(3) 결과해석

분석결과를 보면 성별에 따른 대학과 대원원생의 분포가 제시되어 있으며, 각 성별로 비율이 제시되어 있다. 학력 분포를 볼 경우 남자의 경우 여성에 비해 상대적으로 대학원생 비율이 높다. 즉 남자의 경우 12명, 52.17%가 대학원생인데 비해, 여성은 4명, 26.67%밖에 되지 않는다.

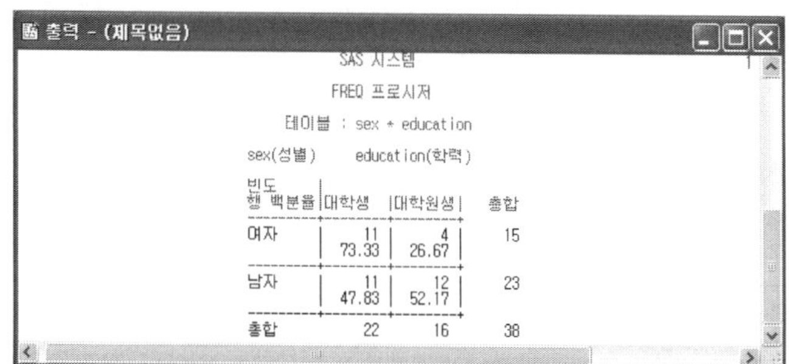

출력 - (제목없음)

SAS 시스템

FREQ 프로시저

테이블 : sex * education

sex(성별)   education(학력)

빈도 행 백분율	대학생	대학원생	총합
여자	11 73.33	4 26.67	15
남자	11 47.83	12 52.17	23
총합	22	16	38

3. 다중응답 문항의 처리

3.1 분석개요

다중응답(multiple response)은 설문서 응답할 때 하나의 항목에만 응답한 것이 아니라 여러 개의 응답 문항에 답을 한 경우이다. 다중응답 문항은 일반적으로 다음과 같이 제시된 문항들을 의미한다.

귀하가 좋아하는 스포츠 활동을 2가지 골라 표시하여 주십시오			
(1) 축구	(2) 야구	(3) 테니스	(4) 농구
(5) 탁구	(6) 볼링	(7) 수영	(8) 기타 ( )

이에 대한 코딩 처리는 각 응답 항목별로 처리하는 경우와 최대 가능한 중복 응답 문항 개수로 변수를 지정하여 처리하는 경우를 생각해 볼 수 있습니다.

3.2 빈도분석을 활용한 다중응답 처리

(1) 분석데이터

각 항목별로 처리를 하는 경우 그 항목에 응답한 경우는 1로 그렇지 않은 경우는 0으로 처리를 한다. 여기서 v_1에서 v_8까지를 좋아하는 스포츠 활동의 각 응답 항목을 지칭하는 변수라 하자. 첫 번째 응답자가 축구와 테니스를 좋아한다고 응답했다고 가정하자. 그러면 여러분의 코딩시트의 코딩형태는 다음과 같은 형태로 제시될 것이다.

변수명	v_1	v_2	v_3	v_4	v_5	v_6	v_7	v_8
응답 항목값	1	0	1	0	0	0	0	0

다음은 9명의 조사 결과를 읽어 들이는 데이터 스텝을 보여 준다.

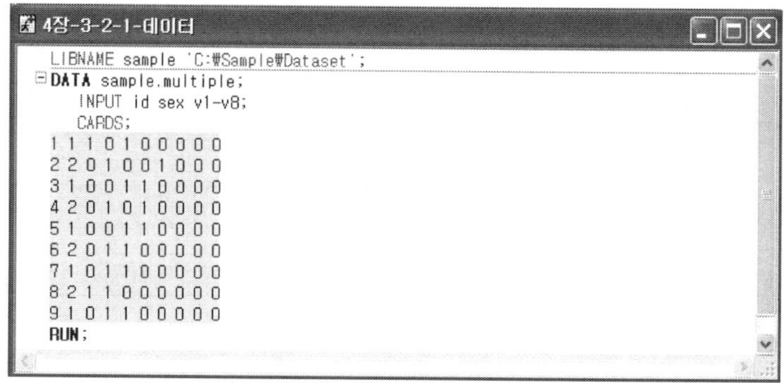

```
4장-3-2-1-데이터
LIBNAME sample 'C:\Sample\Dataset';
DATA sample.multiple;
   INPUT id sex v1-v8;
   CARDS;
1 1 1 0 1 0 0 0 0 0
2 2 0 1 0 0 1 0 0 0
3 1 0 0 1 1 0 0 0 0
4 2 0 1 0 1 0 0 0 0
5 1 0 0 1 1 0 0 0 0
6 2 0 1 1 0 0 0 0 0
7 1 0 1 1 0 0 0 0 0
8 2 1 1 0 0 0 0 0 0
9 1 0 1 1 0 0 0 0 0
RUN;
```

본 프로그램을 실행시키기 위해서는 상단의 아이콘 메뉴 중에 실행 아이콘(원 안의 아이콘)을 클릭한다.

(2) 분석과정

다중응답 결과를 보기 위해서는 먼저 PROC FREQ 프로시저를 통해 분석을 할 수 있다. TABLES 문에 분석하고자 하는 변수를 입력한다.

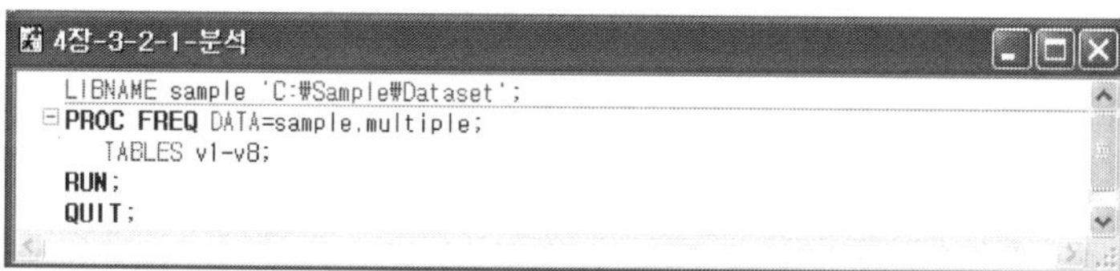

```
4장-3-2-1-분석
LIBNAME sample 'C:\Sample\Dataset';
PROC FREQ DATA=sample.multiple;
   TABLES v1-v8;
RUN;
QUIT;
```

본 프로그램을 실행시키기 위해서는 상단의 아이콘 메뉴 중에 실행 아이콘(원 안의 아이콘)을 클릭한다.

(3) 결과해석

출력 - (제목없음)

SAS 시스템

FREQ 프로시저

v1	빈도	백분율	누적 빈도	누적 백분율
0	7	77.78	7	77.78
1	2	22.22	9	100.00

v2	빈도	백분율	누적 빈도	누적 백분율
0	3	33.33	3	33.33
1	6	66.67	9	100.00

v3	빈도	백분율	누적 빈도	누적 백분율
0	3	33.33	3	33.33
1	6	66.67	9	100.00

v4	빈도	백분율	누적 빈도	누적 백분율
0	6	66.67	6	66.67
1	3	33.33	9	100.00

v5	빈도	백분율	누적 빈도	누적 백분율
0	8	88.89	8	88.89
1	1	11.11	9	100.00

분석 결과에 대한 화면을 보면 다음과 같다. 총 표본 9명 중 축구를 좋아한다고 응답한 사람들이 2명으로 22.2%였으며, 야구를 좋아한다고 응답한 사람들은 6명으로 66.7% 등으로 해석할 수 있을 것이다.

3.3 다중응답 분석

(1) 분석데이터

PROC TABULATE 프로시저를 이용하는 경우 빈도분석을 통해 개별적으로 보았던 통계량을 모아서 볼 수 있다. PROC TABULATE 프로시저를 이용하려면 먼저 데이터를 변환시켜야 한다. 각 응답항목에 대해서 1이라고 응답한 경우는 문제가 없으나 그렇지 않은 경우에는 미싱 값 처리를 해야 한다.

다음 프로그램에서 여기서 PROC FORMAT 프로시저의 CNTLOUT=데이터셋은 성별에 대한 포맷을 영구적으로 저장할 데이터셋을 지정했다. 또한 다중응답 처리를 위해 ARRAY문과 DO문으로 '0'으로 입력된 값들을 미싱 값으로 변수 값을 변환했다. 또한 각 변수이름에 대한 라벨은 LABEL문으로 지정해 주었다.

4장-3-3-1-데이터

```
LIBNAME sample 'C:₩Sample₩Dataset';
PROC FORMAT CNTLOUT=sample.multiplefmt;
  VALUE sexfmt 1='남' 2='여';
DATA sample.multiple_label_attribute;
   INPUT id sex v1-v8;
   FORMAT sex sexfmt.;
   v='합계';
   ARRAY temp v1-v8;
   DO OVER temp;
      IF temp=0 THEN temp=.;
      END;
   LABEL id='합계' v='선호도' v1='축구' v2='야구'
         v3='테니스' v4='농구' v5='탁구' v6='볼링'
         v7='수영' v8='기타';
   CARDS;
1 1 1 0 1 0 0 0 0 0
2 2 0 1 0 0 1 0 0 0
3 1 0 0 1 1 0 0 0 0
4 2 0 1 0 1 0 0 0 0
5 1 0 0 1 1 0 0 0 0
6 2 0 1 1 0 0 0 0 0
7 1 0 1 1 0 0 0 0 0
8 2 1 1 0 0 0 0 0 0
9 1 0 1 1 0 0 0 0 0
RUN;
```

본 프로그램을 실행시키기 위해서는 상단의 아이콘 메뉴 중에 실행 아이콘(원 안의 아이콘)을 클릭한다.

(2) 분석과정

확장편집기에서 다중응답 처리를 하고자 하면 PROC TABULATE 프로시저를 작성해야 한다. LIBNAME sample "C:₩Sample₩Dataset";은 데이터셋 multiple_label_attribute 파일이 있는 폴더를 지정한다. PROC TABULATE 프로시저에서 F=7.2는 자릿수를 7자리로 소수점 이하 자리는 2자리로 출력하라는 옵션이다. RTS=30은 BOX=문에 입력된 내용을 표시할 공간을 30칼럼으로 한다는 의미이다. N='응답자수'와 같은 문장들은 표에서 N대신에 출력될 내용들을 의미한다.

TABLE문에서 (v1에서 F=7. 까지는 각 줄에 표시될 내용을 차례로 나열하고 있다. 여기서 (v1 … v8) 와 같이 각 항목 변수이름을 나열해야 한다. 그리고 (N='응답자수' … '퍼센트') … ID*N='도수'*F=까지는 그대로 적어야 한다.

여기서 변경할 수 있는 내용은 (v1 … v8) 사이의 응답항목들에 대한 내용과, F=7.에서 7대신에 다른 자릿수 값을 입력하는 것이다. 여기서 전체 통계량 계산에 활용하기 위해 ID 변수가 지정되어 있다. 칼럼 지정변수로서 "," 다음에 v 변수가 지정되어 있다.

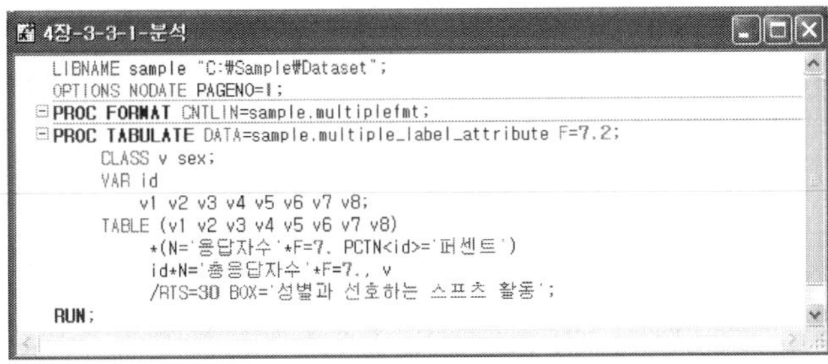

```
4장-3-3-1-분석
LIBNAME sample "C:₩Sample₩Dataset";
OPTIONS NODATE PAGENO=1;
PROC FORMAT CNTLIN=sample.multiplefmt;
PROC TABULATE DATA=sample.multiple_label_attribute F=7.2;
     CLASS v sex;
     VAR id
         v1 v2 v3 v4 v5 v6 v7 v8;
     TABLE (v1 v2 v3 v4 v5 v6 v7 v8)
           *(N='응답자수'*F=7. PCTN<id>='퍼센트')
           id*N='총응답자수'*F=7., v
           /RTS=30 BOX='성별과 선호하는 스포츠 활동';
RUN;
```

본 프로그램을 실행시키기 위해서는 상단의 아이콘 메뉴 중에 실행 아이콘(원 안의 아이콘)을 클릭한다.

(3) **결과해석**

다음 화면을 보면 다중응답 처리 결과가 표로 제시되어 있다.

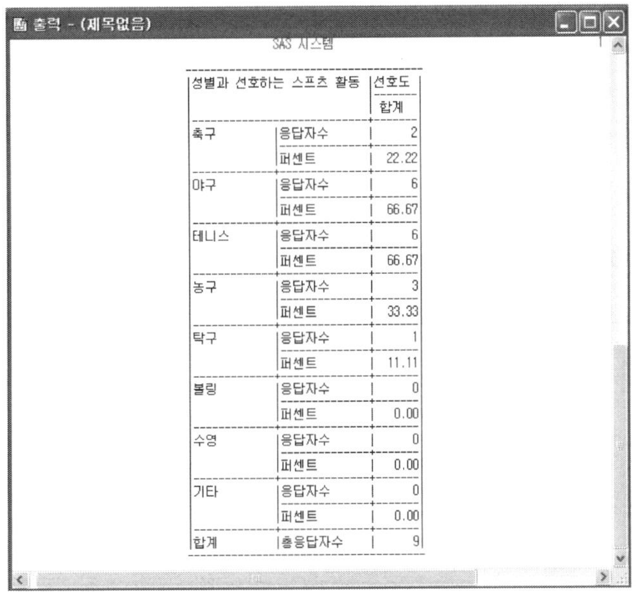

출력 - (제목없음)

SAS 시스템

성별과 선호하는 스포츠 활동		선호도
		합계
축구	응답자수	2
	퍼센트	22.22
야구	응답자수	6
	퍼센트	66.67
테니스	응답자수	6
	퍼센트	66.67
농구	응답자수	3
	퍼센트	33.33
탁구	응답자수	1
	퍼센트	11.11
볼링	응답자수	0
	퍼센트	0.00
수영	응답자수	0
	퍼센트	0.00
기타	응답자수	0
	퍼센트	0.00
합계	총응답자수	9

3.4 다중응답의 교차분석

(1) **분석과정**

앞에서 TABLE문에서 (v1 에서 F=7.까지는 각 줄에 표시될 내용을 차례로 나열하고 있다. 여기서 (v1 … v8)와 같이 각 항목 변수이름을 나열해야 한다. 그리고 (N='응답자

수' … '퍼센트') … ID*N='도수'*F=까지는 그대로 적어야 한다.

앞의 프로그램에서 칼럼 지정변수를 추가할 수 있는데, "," 다음에 *sex* 변수를 추가로 지정하여, *v* 변수와 함께 표시할 수 있도록 하였다.

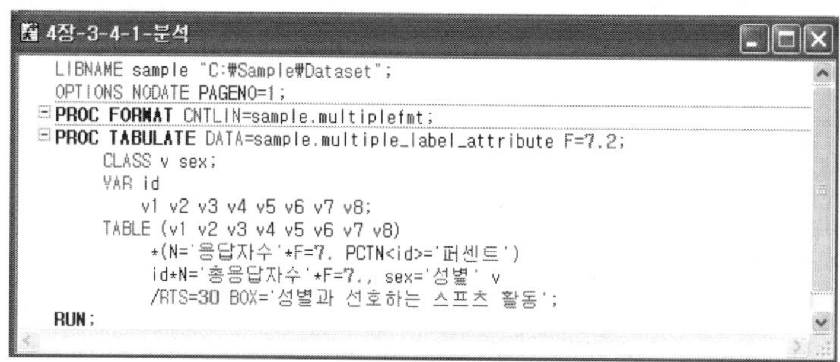

4장-3-4-1-분석

```
LIBNAME sample "C:₩Sample₩Dataset";
OPTIONS NODATE PAGENO=1;
PROC FORMAT CNTLIN=sample.multiplefmt;
PROC TABULATE DATA=sample.multiple_label_attribute F=7.2;
     CLASS v sex;
     VAR id
         v1 v2 v3 v4 v5 v6 v7 v8;
     TABLE (v1 v2 v3 v4 v5 v6 v7 v8)
          *(N='응답자수'*F=7. PCTN<id>='퍼센트')
          id*N='총응답자수'*F=7., sex='성별' v
          /RTS=30 BOX='성별과 선호하는 스포츠 활동';
RUN;
```

본 프로그램을 실행시키기 위해서는 상단의 아이콘 메뉴 중에 실행 아이콘(원 안의 아이콘)을 클릭한다.

(2) 결과해석

다음 화면을 보면 다중응답 처리 결과가 성별로 나뉘어져 표로 제시되어 있다.

출력 - (제목없음)

SAS 시스템

성별과 선호하는 스포츠 활동		성별		선호도
		남	여	합계
축구	응답자수	1	1	2
	퍼센트	20.00	25.00	22.22
야구	응답자수	2	4	6
	퍼센트	40.00	100.00	66.67
테니스	응답자수	5	1	6
	퍼센트	100.00	25.00	66.67
농구	응답자수	2	1	3
	퍼센트	40.00	25.00	33.33
탁구	응답자수	0	1	1
	퍼센트	0.00	25.00	11.11
볼링	응답자수	0	0	0
	퍼센트	0.00	0.00	0.00
수영	응답자수	0	0	0
	퍼센트	0.00	0.00	0.00
기타	응답자수	0	0	0
	퍼센트	0.00	0.00	0.00
합계	총응답자수	5	4	9

4. 평균, 표준편차 분석

4.1 데이터의 개요

(1) 데이터의 구조

기초 데이터 분석 및 주요 통계분석에 활용할 데이터에 대해 설명하면 다음과 같다. 본 데이터는 Hair, Anderson, Tatham, Black(1998)에 제시된 데이터로서 Hatco라는 회사 구매자에 대한 조사이다. 총 100개의 구매자에 대해 14개 변수에 대한 조사가 이루어졌다.

측정개념	변수	설명	척도
Hatco 회사에 대한 인식	x_1(오더 처리속도)	10점 그래픽 척도	메트릭
	x_2(가격수준)	10점 그래픽 척도	메트릭
	x_3(가격유연성)	10점 그래픽 척도	메트릭
	x_4(제조자 이미지)	10점 그래픽 척도	메트릭
	x_5(전체 서비스 수준)	10점 그래픽 척도	메트릭
	x_6(판매사원 이미지)	10점 그래픽 척도	메트릭
	x_7(제품 품질)	10점 그래픽 척도	메트릭
구매결과	x_9(자사제품 구매비율)	100점 그래픽 척도	메트릭
	x_{10}(구매 만족도)	10점 그래픽 척도	메트릭
바이어 특성	x_8(회사규모)	1=대규모, 0=소규모	넌메트릭
	x_{11}(구매평가특성)	1=전체적인 구매 가치 평가 0=스펙 구매에 대한 평가	넌메트릭
	x_{12}(지불구조)	1=중앙집중식, 0=분산식	넌메트릭
	x_{13}(산업분야)	1=산업A, 0=기타	넌메트릭
	x_{14}(구매상황)	1=신규, 2=수정 재구매 3=반복 재구매	넌메트릭

(2) 수집데이터

다음 데이터는 실제 각 변수 별로 구매자 번호, x_1 $-x_{14}$개까지의 데이터의 형태이다.

```
  1,4.1,0.6,6.9,4.7,2.4,2.3,5.2,0,32.0,4.2,1,0,1,1
  2,1.8,3.0,6.3,6.6,2.5,4.0,8.4,1,43.0,4.3,0,1,0,1
  3,3.4,5.2,5.7,6.0,4.3,2.7,8.2,1,48.0,5.2,0,1,1,2
  4,2.7,1.0,7.1,5.9,1.8,2.3,7.8,1,32.0,3.9,0,1,1,1
  5,6.0,0.9,9.6,7.8,3.4,4.6,4.5,0,58.0,6.8,1,0,1,3
  6,1.9,3.3,7.9,4.8,2.6,1.9,9.7,1,45.0,4.4,0,1,1,2
                   중략
 94,1.9,2.7,5.0,4.9,2.2,2.5,8.2,1,36.0,3.6,0,1,0,1
 95,4.0,0.5,6.7,4.5,2.2,2.1,5.0,0,31.0,4.0,1,0,1,1
 96,0.6,1.6,6.4,5.0,0.7,2.1,8.4,1,25.0,3.4,0,1,1,1
 97,6.1,0.5,9.2,4.8,3.3,2.8,7.1,0,60.0,5.2,1,0,1,3
 98,2.0,2.8,5.2,5.0,2.4,2.7,8.4,1,38.0,3.7,0,1,0,1
 99,3.1,2.2,6.7,6.8,2.6,2.9,8.4,1,42.0,4.3,0,1,0,1
100,2.5,1.8,9.0,5.0,2.2,3.0,6.0,0,33.0,4.4,1,0,0,1
```

(3) 분석데이터

먼저 다음과 같은 엑셀 데이터를 준비하였다.

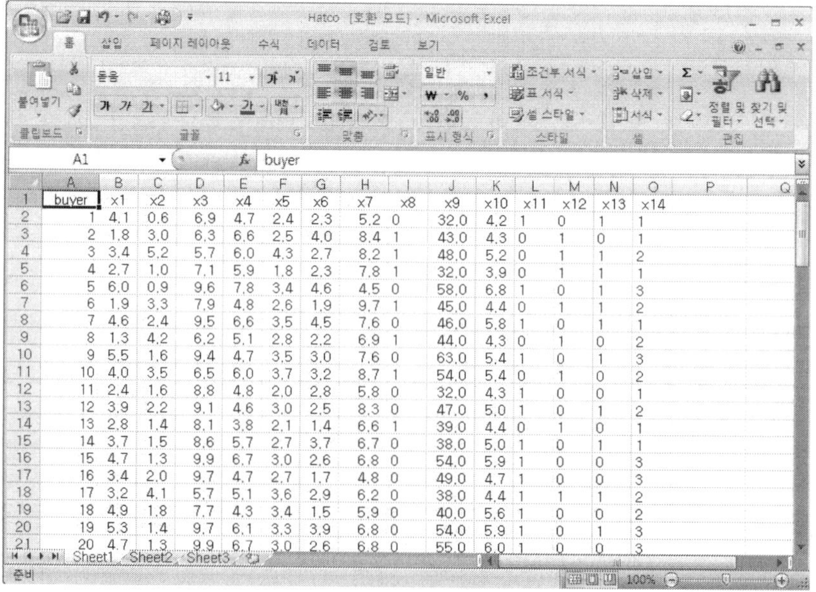

buyer	x1	x2	x3	x4	x5	x6	x7	x8	x9	x10	x11	x12	x13	x14
1	4.1	0.6	6.9	4.7	2.4	2.3	5.2	0	32.0	4.2	1	0	1	1
2	1.8	3.0	6.3	6.6	2.5	4.0	8.4	1	43.0	4.3	0	1	0	1
3	3.4	5.2	5.7	6.0	4.3	2.7	8.2	1	48.0	5.2	0	1	1	2
4	2.7	1.0	7.1	5.9	1.8	2.3	7.8	1	32.0	3.9	0	1	1	1
5	6.0	0.9	9.6	7.8	3.4	4.6	4.5	0	58.0	6.8	1	0	1	3
6	1.9	3.3	7.9	4.8	2.6	1.9	9.7	1	45.0	4.4	0	1	1	2
7	4.6	2.4	9.5	6.6	3.5	4.5	7.6	0	46.0	5.8	1	0	1	1
8	1.3	4.2	6.2	5.1	2.8	2.2	6.9	1	44.0	4.3	0	1	0	2
9	5.5	1.6	9.4	4.7	3.5	3.0	7.6	0	63.0	5.4	1	0	1	3
10	4.0	3.5	6.5	6.0	3.7	3.2	8.7	1	54.0	5.4	0	1	0	2
11	2.4	1.6	8.8	4.8	2.0	2.8	5.8	0	32.0	4.3	1	0	0	1
12	3.9	2.2	9.1	4.6	3.0	2.5	8.3	0	47.0	5.0	1	0	1	2
13	2.8	1.4	8.1	3.8	2.1	1.4	6.6	1	39.0	4.4	0	1	0	1
14	3.7	1.5	8.6	5.7	2.7	3.7	6.7	0	38.0	5.0	1	0	1	1
15	4.7	1.3	9.9	6.7	3.0	2.6	6.8	0	54.0	5.9	1	0	0	3
16	3.4	2.0	9.7	4.7	2.7	1.7	4.8	0	49.0	4.7	1	0	0	3
17	3.2	4.1	5.7	5.1	3.6	2.9	6.2	0	38.0	4.4	1	1	1	2
18	4.9	1.8	7.7	4.3	3.4	1.5	5.9	0	40.0	5.6	1	0	0	2
19	5.3	1.4	9.7	6.1	3.3	3.9	6.8	0	54.0	5.9	1	0	1	3
20	4.7	1.3	9.9	6.7	3.0	2.6	6.8	0	55.0	6.0	1	0	0	3

엑셀 데이터로 작성된 데이터를 불러들이기 위해 PROC IMPORT 프로시저를 통해 데이터를 불러들였다. REPLACE 옵션은 기존의 데이터셋이 있다면 새로운 데이터셋으로 대체하라는 옵션이다.

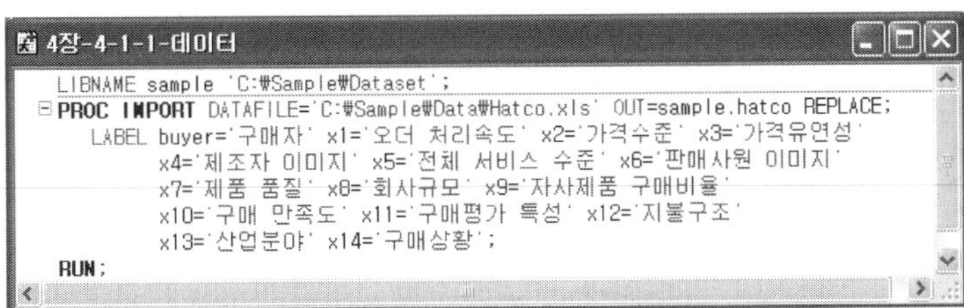

```
4장-4-1-1-데이터
LIBNAME sample 'C:\Sample\Dataset';
PROC IMPORT DATAFILE='C:\Sample\Data\Hatco.xls' OUT=sample.hatco REPLACE;
   LABEL buyer='구매자' x1='오더 처리속도' x2='가격수준' x3='가격유연성'
         x4='제조자 이미지' x5='전체 서비스 수준' x6='판매사원 이미지'
         x7='제품 품질' x8='회사규모' x9='자사제품 구매비율'
         x10='구매 만족도' x11='구매평가 특성' x12='지불구조'
         x13='산업분야' x14='구매상황';
RUN;
```

본 프로그램을 실행시키기 위해서는 상단의 아이콘 메뉴 중에 실행 아이콘(원 안의 아이콘)을 클릭한다.

읽어 들인 후 데이터셋을 살펴보면 다음과 같다.

VIEWTABLE: Sample.Hatco

	구매자	오더 처리속도	가격수준	가격유연성	제조자 이미지	전체 서비스 수준	판매사원 이미지
1	1	4.1	0.6	6.9	4.7	2.4	2.3
2	2	1.8	3	6.3	6.6	2.5	4
3	3	3.4	5.2	5.7	6	4.3	2.7
4	4	2.7	1	7.1	5.9	1.8	2.3
5	5	6	0.9	9.6	7.8	3.4	4.6
6	6	1.9	3.3	7.9	4.8	2.6	1.9
7	7	4.6	2.4	9.5	6.6	3.5	4.5
8	8	1.3	4.2	6.2	5.1	2.8	2.2
9	9	5.5	1.6	9.4	4.7	3.5	3
10	10	4	3.5	6.5	6	3.7	3.2

4.2 메트릭 변수에 대한 분석

(1) 분석과정

확장편집기에서 다음과 같이 PROC MEANS 프로시저를 활용한다. 여기서 옵션을 살펴보면, MIN은 최소값, MAX는 최대값, MEAN은 평균, STD는 표준편차, MEDIAN은 중앙값, N은 관찰치수, NMISS는 미싱 데이터가 없는 관찰치수, CV는 변동계수, MAXDEC=2는 소수점 2자리까지의 값을 출력하라는 옵션이다. VAR문의 $x_1 - x_8$은 x_1에서 x_8까지의 8개의 변수를 분석하라는 문장이다.

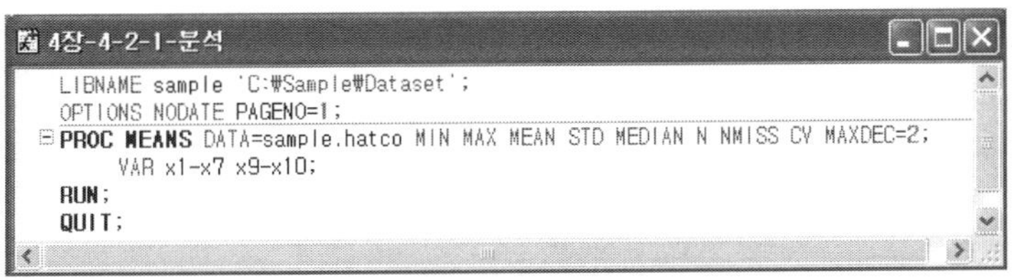

```
4장-4-2-1-분석
LIBNAME sample 'C:\Sample\Dataset';
OPTIONS NODATE PAGENO=1;
PROC MEANS DATA=sample.hatco MIN MAX MEAN STD MEDIAN N NMISS CV MAXDEC=2;
     VAR x1-x7 x9-x10;
RUN;
QUIT;
```

본 프로그램을 실행시키기 위해서는 상단의 아이콘 메뉴 중에 실행 아이콘(원 안의 아이콘)을 클릭한다.

(2) 주요 통계량 설명

메트릭 데이터는 데이터 집합의 일반적인 특징을 요약통계량으로 나타낸다. 요약통계량은 어떤 측정값이든 두 가지의 중요한 특징인 중앙값 또는 대푯값과 그 값을 중심으로 흩어져 있는 정도를 나타내는 분산 또는 그림으로 나타낸 산포도가 있다. 산포도는 히스토그램이나 잎-줄기 그림 등으로 표시한다. 분석 결과에 대한 해석을 하기 전에 다음과 같은 몇 가지 통계량에 대해 살펴 보자.

가. 데이터의 대푯값

모집단에서 추출한 데이터 x_1, $\cdots$, x_n 에서 이들의 중심값을 나타낼 수 있는 통계량으로서는 평균(mean), 중앙값(median)과 앞에서 살펴본 최빈값(mode) 등이 있다. 이들 각각의 통계량들을 살펴보면 아래와 같다.

1) 평균

여기서 사용하는 평균(mean)은 산술평균(arithmetic mean)을 의미한다. 데이터의 대푯값을 측정하는 척도로서 많이 사용되고 있다. 평균은 데이터의 산술적인 중앙값으로 모집단의 데이터의 수를 N, 표본의 수를 n이라 하면 모평균 μ와 표본평균 $\overline{X}$ 아래와 같이 계산된다.

$$\mu = \frac{1}{N}(x_1 + x_2 + \cdots + x_N) = \frac{1}{N}\sum_{i=1}^{N} x_i$$

$$\overline{X} = \frac{1}{n}(x_1 + x_2 + \cdots + x_n) = \frac{1}{n}\sum_{i=1}^{n} x_i$$

■ 모평균의 계산

(문) 어느 회사의 전체 직원이 5명이며, 이들의 월 급여가 아래와 같을 때, 직원의 평균 월 급여 수준은 얼마인가? (단위 : 만원)

120, 150, 135, 145, 180

(답) 위에 주어진 데이터는 전체 직원으로서 모집단이기 때문에 모평균이 아래와 같이 계산된다.

$$\mu = \frac{120+150+135+145+180}{5} = 146$$

■ 표본 평균의 계산

(문) 어느 학과의 졸업생 중 10명을 대상으로 월 급여를 조사했을 때, 졸업생들의 직원의 평균 월 급여 수준은 얼마인가? (단위 : 만원)

130, 135, 145, 155, 160, 135, 175, 180, 170, 200

(답) 위에 주어진 데이터는 표본집단이기 때문에 표본평균이 아래와 같이 계산된다.

$$\overline{X} = \frac{130+135+145+155+160+135+175+180+170+200}{10} = 158.5$$

2) 중앙값

중앙값(median)은 데이터를 크기순서에 따라 늘어놓을 때 가운데에 위치하는 값이다. 데이터의 개수가 홀수일 때는 중앙에 있는 데이터를 의미하며, 짝수일 때는 중앙부근에 있는 2개의 평균값을 뜻한다.

(문) 어떤 물건의 표본 추출한 무게(kg)에 관한 데이터 5개가 다음과 같이 제시되어 있다.

9.2, 6.4, 10.5, 8.1, 7.8

(답) 먼저 표본 평균을 계산해 보면 다음과 같다.

$$\overline{X} = \frac{9.2+6.4+10.5+8.1+7.8}{5} = 8.4$$

반면에 중앙값을 계산하기 위해 값의 크기 순으로 나열하면, 6.4, 7.8, 8.1, 9.2, 10.5에서 가운데 값은 8.1kg이다

대푯값을 나타낼 수 있는 통계량들이 여러 개인데, 각 대푯값마다 장점을 가지고 있다.

중앙값은 데이터들 중 다른 것과 차이가 큰 극단적인 값에 민감하지 않다. 반면에 평균은 극단적인 값에 영향을 많이 받는다. 최빈값은 가장 많은 빈도수를 보이는 값으로 극단적인 값의 영향을 덜 받으나 중앙값이나 평균값과 차이가 있을 수 있다.

이러한 차이가 많이 발생하는 경우의 대표적인 예로서는 프로 운동 선수들의 연봉 등과 같은 경우이다. 예를 들어 프로 야구, 프로 축구, 프로 골퍼 등의 경우에는 상위에 있는 3~4명의 선수들의 연봉은 다른 선수들의 연봉에 비해 적개는 5배~100배 정도로 더 많이 받는 경우가 대부분이다. 이 경우 평균값은 상위 연봉 선수들에 의해 매우 높게 나타난다. 반면에 중앙값은 전 선수들 중에서 중앙에 있는 연봉을 받는 경우를 나타내며, 최빈값은 일반적으로 낮은 연봉을 받는 사람들이 많기 때문에 중앙값이나 평균값에 비해서 상당히 낮을 가능성이 많다.

평균값은 극단적인 값이 많지 않을 경우에 대푯값으로서 가장 좋은 통계량이다. 반면에 중앙값은 평균이 대푯값의 역할을 하지 못하도록 만드는 '너무 큰 값'이나 '너무 작은 값'과 같은 특이값을 가지고 있을 때 대푯값으로 좋은 통계량이다. 마지막으로 최빈값은 주로 옷이나 신발의 표준치수와 같이 기업에서 생산제품의 표준을 정할 때 사용한다. 즉 옷이나 신발을 만들 때 가장 많이 팔리는 치수를 그 옷이나 신발의 대푯값으로 사용할 수 있기 때문이다.

나. 데이터의 분산 정도

대푯값이라고 해서 다 같은 특성을 보여주는 데이터 집합이라고 볼 수 없다. 어떤 경우는 대푯값은 각 데이터 집합별로 같은 값을 갖지만, 데이터 집합의 데이터 구성이 다를 수 있기 때문이다. 예를 들어 같은 몸무게의 평균으로 60*kg*을 갖는 3개의 데이터 집합이 있다고 하자. 한 집단은 모든 사람들의 60*kg*이며, 다른 집단은 20－100*kg*까지 분포되어 있으며, 마지막 집단은 50~70*kg*이라면, 평균은 같지만 데이터의 분포는 다르다고 볼 수 있다. 이렇게 데이터들이 중앙에 있는 값들을 중심으로 퍼져 있는 정도를 측정하는 개념으로, 산포도라고도 한다. 통계학적으로는 분산(variance)과 표준편차(standard deviation)이라는 개념이 주로 사용된다. 그 이외에도 데이터의 분산 정도를 측정하는 개념으로 범위(range)와 변동계수(coefficient of variation)을 들 수 있다.

1) 분산과 표준편차

모집단의 분산을 모분산(population variance) σ^2이라고 하며, 모집단에서 표본 추출한 데이터 x_1, …, x_n에서 구한 분산을 표본분산(sample varience) s^2이라고 한다. 모집단의 데이터 수를 N, 표본의 수를 n이라 하면 표본분산은 표본의 크기 n대신, $n-1$로 나누어 주는데, 그 이유는 $n-1$로 나누어 줌으로써 모집단 표준편차 σ를 추정하는데 적합한 표준편차를 구하기 위해서다.

$$\sigma^2 = \frac{1}{N}\sum_{i=1}^{N}(x_i - \mu)^2$$

$$s^2 = \frac{1}{n-1}\sum_{i=1}^{n}\left(x_i - \overline{X}\right)^2$$

표준편차는 분산의 제곱근으로 모 표준편차와 표본 표준편차는 아래와 같이 계산된다.

$$\sigma = \sqrt{\frac{1}{N}\sum_{i=1}^{N}(x_i - \mu)^2}$$

$$s = \sqrt{\frac{1}{n-1}\sum_{i=1}^{n}\left(x_i - \overline{X}\right)^2}$$

표준편차는 데이터의 관찰치 및 평균과 똑 같은 단위로 되어 있기 때문에 데이터분산(산포도) 척도로서 많이 사용된다.

2) 범위

범위(range)는 산포도를 측정하는 단순한 통계량으로서 데이터를 크기 순으로 늘어 놓았을 때 가장 큰 값과 가장 작은 값의 차이를 말한다. 예를 들어 데이터를 크기 순으로 늘어 놓았을 때 4분위수(quantiles)와 백분위수(percentiles)가 있는데 이들의 개념을 보면 다음과 같다.

- 제 1사분위수 Q1 = 제 25분위수(25%가 되는 관찰치)
- 제 2사분위수 Q2 = 제 50분위수(50%가 되는 관찰치)
- 제 3사분위수 Q3 = 제 75분위수(75%가 되는 관찰치)
- 제 p백분위수 제 p분위수(p%가 되는 관찰치)

• 범위(range) = 최대값−최소값
• 사분위 범위(interquantile range) = Q3 − Q1

3) 변동계수

변동계수(coefficient of variation)는 데이터의 상대적 변이성을 측정하기 위한 수단으로 사용된다. 보통 v로 표시하며 다음과 같이 계산된다.

$$v = \frac{s}{\overline{X}}100$$

변동계수는 평균대비 변동의 크기를 나타내며, 변동계수가 크다는 것은 그 만큼 데이터의 분포가 퍼져 있다는 의미이다. 따라서 값이 상황에 따라 달라지는 안정적인 데이터가 아니라는 것을 시사한다. SAS에서는 이를 %데이터로 제공한다.

(4) 결과해석

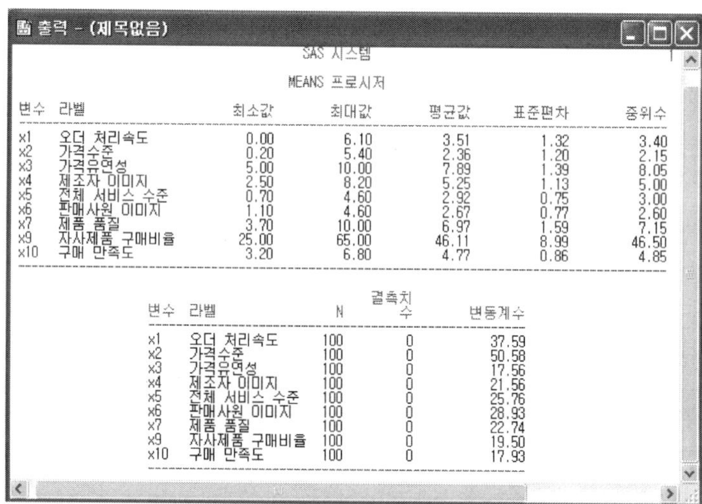

출력 - (제목없음)

SAS 시스템

MEANS 프로시저

변수	라벨	최소값	최대값	평균값	표준편차	중위수
x1	오더 처리속도	0.00	6.10	3.51	1.32	3.40
x2	가격수준	0.20	5.40	2.36	1.20	2.15
x3	가격유연성	5.00	10.00	7.89	1.39	8.05
x4	제조자 이미지	2.50	8.20	5.25	1.13	5.00
x5	전체 서비스 수준	0.70	4.60	2.92	0.75	3.00
x6	판매사원 이미지	1.10	4.60	2.67	0.77	2.60
x7	제품 품질	3.70	10.00	6.97	1.59	7.15
x9	자사제품 구매비율	25.00	65.00	46.11	8.99	46.50
x10	구매 만족도	3.20	6.80	4.77	0.86	4.85

변수	라벨	N	결측치 수	변동계수
x1	오더 처리속도	100	0	37.59
x2	가격수준	100	0	50.58
x3	가격유연성	100	0	17.56
x4	제조자 이미지	100	0	21.56
x5	전체 서비스 수준	100	0	25.76
x6	판매사원 이미지	100	0	28.93
x7	제품 품질	100	0	22.74
x9	자사제품 구매비율	100	0	19.50
x10	구매 만족도	100	0	17.93

분석결과를 살펴보면 다음과 같다. 각 변수에 대해 표본의 수는 모두 100개이며, 먼저 최소값과 최대값을 볼 경우 자사구매비율의 경우에는 0에서 100사이의 값에 분포를 하고 있고, 나머지 변수들은 어 데이터의 범위인 0에서 10사이의 값을 가지고 있어 데이터가 잘 입력이 되어 있다는 것을 알 수 있다.

다음으로 데이터의 평균과 중간 값이 비슷한 값을 가지고 있어 분포가 대칭일 가능성이 높아 제시된 통계량이 정규분포에 가까운 안정적인 값일 가능성이 높다. 평균을 볼 경우 가격수준, 전체 서비스 수준, 판매사원 이미지에 대해서 Hatco 회사에 대한 평가가 좋지 않음을 알 수 있다. 반면에 가격유연성, 제조자 이미지, 제품 품질 등은 상대적으로 높은 평가를 받고 있다는 것을 알 수 있다.

또한 표준편차가 평균에 비해 그리 높지 않으며, 이러한 결과는 변동계수 값이 17%~50%내로서 매우 안정적이라는 것을 보여 준다.

4.3 넌메트릭 변수에 대한 분석

(1) 분석과정

확장편집기에서 변수를 분석하려면 다음과 같이 PROC FREQ 프로시저를 활용해 변수를 분석한다.

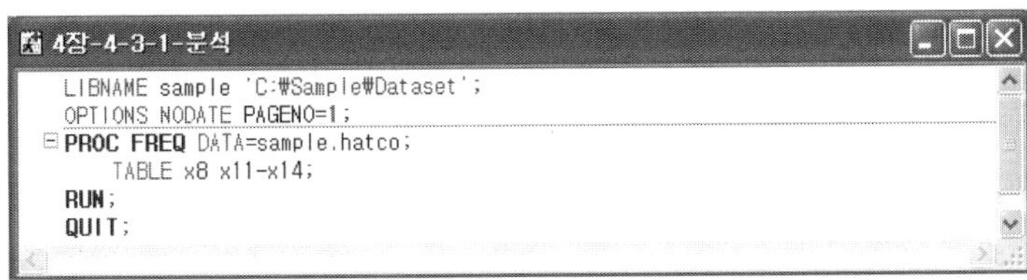

본 프로그램을 실행시키기 위해서는 상단의 아이콘 메뉴 중에 실행 아이콘(원 안의 아이콘)을 클릭한다.

(2) 결과해석

분석결과를 살펴보면, 각 변수에 대해 표본의 수는 모두 100개이며, 값에 분포가 0과 1로 각 변수가 변할 수 있는 범위의 데이터가 입력된 것으로 보아 우선 데이터가 잘 입력이 되어 있다는 것을 알 수 있다. 또한 각 변수들의 도수를 보면 골고루 분포가 되어 있음을 알 수 있다. 특히 넌메트릭 변수들이 집단 별 세분화된 분석을 수행하는 주요 변수라는 것을 착안할 경우 현재의 데이터는 분석에 있어 매우 적절하다고 볼 수 있다.

출력 - (제목없음)

SAS 시스템

FREQ 프로시저

회사규모

x8	빈도	백분율	누적 빈도	누적 백분율
0	60	60.00	60	60.00
1	40	40.00	100	100.00

구매평가 특성

x11	빈도	백분율	누적 빈도	누적 백분율
0	40	40.00	40	40.00
1	60	60.00	100	100.00

지불구조

x12	빈도	백분율	누적 빈도	누적 백분율
0	50	50.00	50	50.00
1	50	50.00	100	100.00

산업분야

x13	빈도	백분율	누적 빈도	누적 백분율
0	49	49.00	49	49.00
1	51	51.00	100	100.00

구매상황

x14	빈도	백분율	누적 빈도	누적 백분율
1	34	34.00	34	34.00
2	32	32.00	66	66.00
3	34	34.00	100	100.00

5. 정규성 검정

5.1 정규성 검정 통계량

데이터들이 중앙에 있는 값들을 중심으로 퍼져 있는 정도를 측정하는 개념으로 정규성 검정(normality test)이란, 분포가 정규분포인가 그렇지 않은가를 보는 검정 방법으로서 왜도(skewness), 첨도(kurtosis), 샤피로-윌크 정규성 검정(Shapiro-Wilk test) 등을 살펴보는 방법이다.

(1) 왜도

왜도(skewness)란 분포의 대칭 정도를 측정한다. 정규분포의 왜도값은 0이며 왜도의 추정량은 다음과 같이 계산된다.

$$\text{왜도} = \frac{\sum_{i=1}^{n}\left(x_i - \overline{X}\right)^3}{\left[\sum_{i=1}^{n}\left(x_i - \overline{X}\right)^2\right]^{\frac{3}{2}}}$$

왜도에 따른 분포의 형태를 보면 다음과 같다.

- 왜도=0 : 좌우 대칭인 정규분포
- 왜도〉0 : 관찰치가 왼쪽으로 치우친 분포
- 왜도〈0 : 관찰치가 오른쪽으로 치우친 분포

(2) 첨도

첨도(kurtosis)는 분포의 평평한 정도 또는 뾰족한 정도를 의미한다. 첨도 값이 양수인 경우에는 꼬리부분이 두텁고 또한 관찰치들이 중심에 많이 모여 있다. 따라서 분포의 중심이 정규분포보다 높다. 첨도가 음수인 경우에는 분포의 중심이 정규분포보다 상대적으로 낮고 분포가 비교적 좁게 퍼져 있으며 분포의 꼬리 부분이 짧은 경향을 나타낸다. 정규분포는 0이다. 이의 추정량은 다음과 같다.

$$\text{첨도} = \frac{\sum_{i=1}^{n}\left(x_i - \overline{X}\right)^4}{\left[\sum_{i=1}^{n}\left(x_i - \overline{X}\right)^2\right]^{\frac{4}{2}}} - 3$$

첨도에 따른 분포의 형태를 보면 다음과 같다.

- 첨도=0 : 정규분포
- 첨도〉0 : 중앙이 정규분포보다 뾰족하다(관찰치 들이 중앙에 많이 모여 있다).
- 첨도〈0 : 중앙이 정규분포보다 낮다(관찰치 들이 중앙에 많이 모여 있지 않고 넓게 분포되어 있다).

(3) 정규성 검정

여러 가지 정규성 검정 통계량이 있는데, 그 중에 대표적인 통계량이 샤피로-윌크 검정이다. 샤피로-윌크 검정은 정규분포에 대한 귀무가설을 검정한다. 검정통계량은 다음과 같이 계산된다.

$$W = \frac{\sum_{i=1}^{n}\left(x_{(i)} - \overline{X}\right)\left(z_i - \overline{z}\right)}{\sqrt{\sum_{i=1}^{n}\left(x_{(i)} - \overline{X}\right)^2}\sqrt{\sum_{i=1}^{n}\left(z_i - \overline{z}\right)^2}}$$

여기서 $X_{(t)}$는 i번째 순서통계량이며, z_j는 j번째 표준정규점수(normal score)이다. 이 값은 0에서 1까지 이며, P값은 W통계량이 제시된 값보다 작을 확률을 의미한다. 1에 가까울수록 정규분포에 가깝다는 것을 의미한다. n이 2,000보다 크면 콜모고로프 D 통계량이 산출된다.

또한 왜도와 첨도에 대해서 표준화된 z값을 다음과 같이 계산할 수 있다. z값에 대한 유의도가 0.01 기준인 경우는 ±2.58을 기준으로, 0.05인 경우는 ±1.96을 기준으로 이 값을 초과하면 정규분포를 하지 않는다고 평가한다. 여기서 n은 관찰치의 수를 의미한다.

$$z_{\text{왜도}} = \frac{\text{왜도}}{\sqrt{6/n}} \qquad z_{\text{첨도}} = \frac{\text{첨도}}{\sqrt{6/n}}$$

5.2 그래프 검정

대푯값, 분산정도, 정규성 검정 등을 살펴볼 수 있는 그래프로서는 히스토그램, 줄기-잎 그림, 박스 & 위스커도, 정규확률분포도 등이다.

(1) 히스토그램

히스토그램(histogram)은 주어진 데이터를 도수분포표 형식의 계급별 구간으로 나누어 정규분포 형식의 그림으로 나타낸다. 그림이 정규분포에 가까울수록 정규성에 가깝다고 할 수 있다. 그림 모양에 따라 왜도나 첨도의 여부를 알아 볼 수 있다.

(2) 줄기-잎 그림

줄기-잎(stem-leaf plot)은 각 데이터의 값들을 그대로 유지하면서 요약하는 방법이다. 줄기는 데이터 값의 10의 자리 이상의 값을 낮은 값에서 높은 값의 순서로 적고, 잎의 값은 일의 자리에 해당하는 값을 적는 방법을 사용한다.

(3) 상자 도표 & 위스커도

상자도표 & 위스커도(box & whisker diagram)은 주어진 데이터가 정규분포인지 아닌지를 볼 수 있는 통계량으로서 상자도표가 있다. +는 평균을 표시한다. 박스그림은 제일 아래 선이 데이터 중 25%(제1사분위수)를, 가운데 선이 데이터 중 50%(제2사분위수)를, 제일 위의 선이 데이터 중 75%(제3사분위수)를 의미한다. +마크가 상자도표의 가운데 선에 위치하고 *(정규분포를 한다고 가정할 경우 z 값이 2이상에 위치)나 o(정규분포를 한다고 가정할 경우 z 값이 1.5에서 2사이에 위치) 마크가 없을 때 정규분포를 한다고 할 수 있다.

(4) 정규확률분포도

정규확률분포도(normal probability plot)은 정규분포의 가정에 따른 정규분포선과 실제 데이터선 간에 일치하는 정도를 보여 준다. 이 선의 일치도에 따라 데이터가 정규분포를 하고 있는지를 판단한다. 두 선이 일치할수록 정규분포에 가깝다고 할 수 있다.

(5) 사분위수 분포도

사분위수 분포도(quantile−quantile plot)은 정규분포의 가정에 따른 정규선과 사분위수 범위 안의 실제데이터를 표준화한 선간에 일치하는 정도에 따라 데이터가 정규분포를 하고 있는지를 판단한다. 사분위수 분포도 또한 정규확률분포도처럼 두 선이 일치할수록 정규분포를 한다고 할 수 있다.

5.3 분포와 그래프 검정간의 관계

데이터의 분포와 정규확률분포도 및 분포의 모양의 관계를 살펴보면 일치 여부에 따라 다음 그림과 같은 형태로 나타난다.

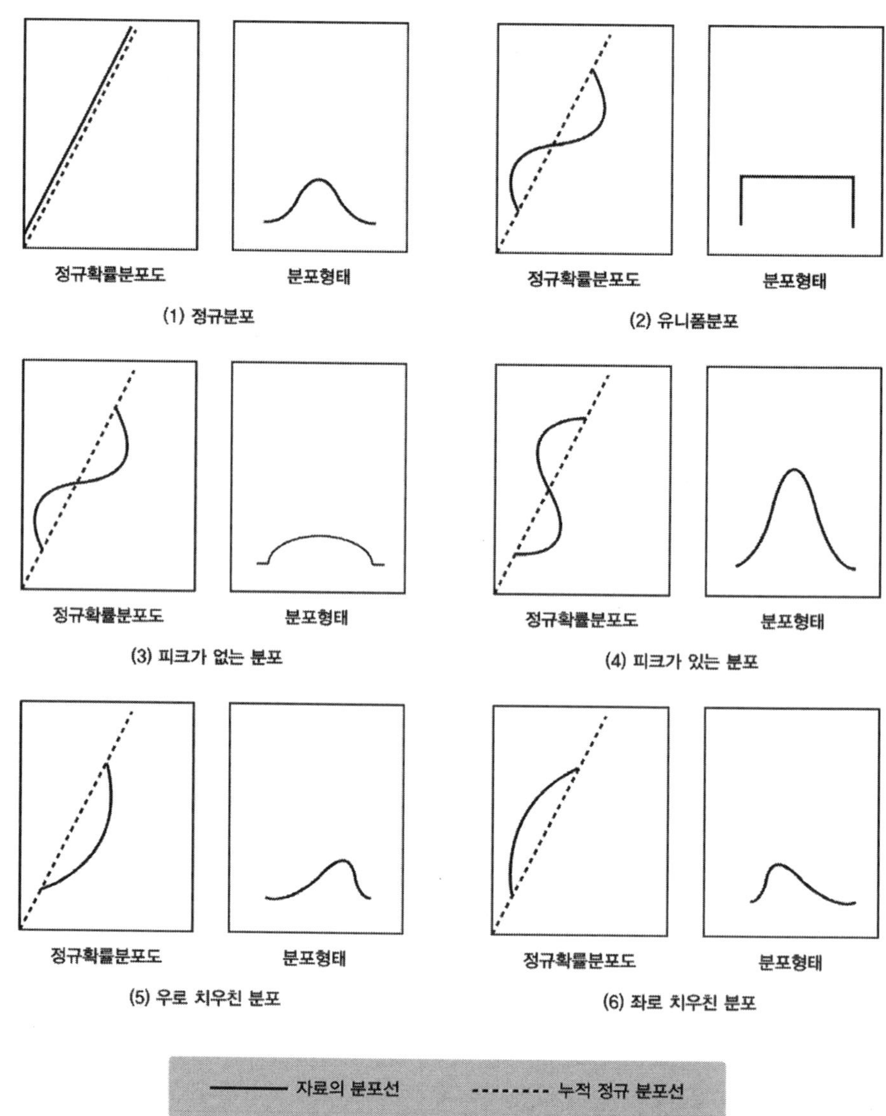

5.4 정규성 검정 사례

(1) 분석과정

정규성 검정을 하기 위해 4장의 데이터인 Hatco 회사의 데이터를 불러들였다. 정규성 검정을 하기 위해서는 PROC UNIVARIATE 프로시저를 사용한다. 정규분포 테스트를 위해 NORMAL 옵션과, 분포 그림 검정을 위해 PLOT 옵션을 지정했다. 그리고 4분위수 값을 출력할 때 관찰치 구분 이름을 ID에 지정해 *buyer* 변수로 출력하도록 했다.

HISTOGRAM문장은 히스토그램을 표시하도록 하기 위해서 지정했으며, PPPLOT은 확률도표를 보여준다.

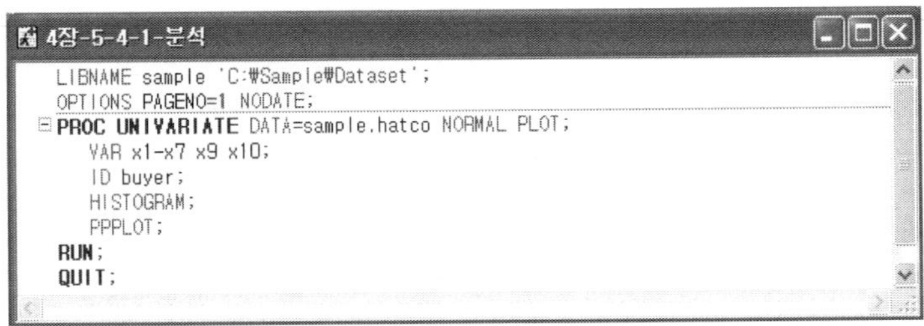

본 프로그램을 실행시키기 위해서는 상단의 아이콘 메뉴 중에 다음과 같이 원안의 실행 아이콘을 클릭한다.

(2) 결과해석

실행 결과는 다음과 같은 화면처럼 나타난다. 화면 좌측의 결과 화면을 보면, 'Univariate : SAS 시스템'을 클릭 하면 변수 $x_1 - x_7$, $x_9 - x_{10}$까지 분석된 결과들을 변수들로 볼 수 있다. 각 변수를 클릭하면 변수별로 분석한 결과들을 볼 수 있는 화면이 등장한다.

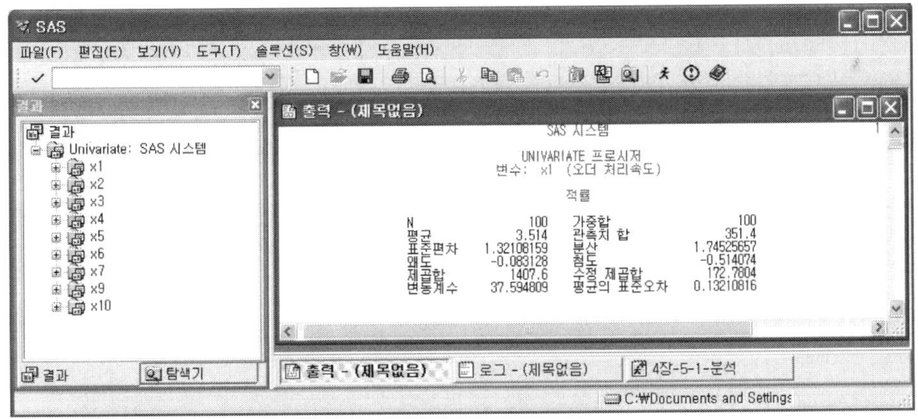

[결과1]의 x_1에 대한 요약 통계량을 보면 다양한 형태의 통계량이 제시되어 있다. 전체적으로 보아 x_1의 경우 정규분포를 하고 있을 가능성이 높다는 것을 알 수 있다. 먼저 기본 통계량의 측정에서 최빈값(2.40)은 약간 벗어나 있으나, 평균(3.51)과 중앙값(3.40)이 비슷하며, 변동계수도 37.6%로 높지 않다. 또한 변동성에서 범위와 사분위수 범위의 비가 3배 이내로 높지 않다.

[결과1]

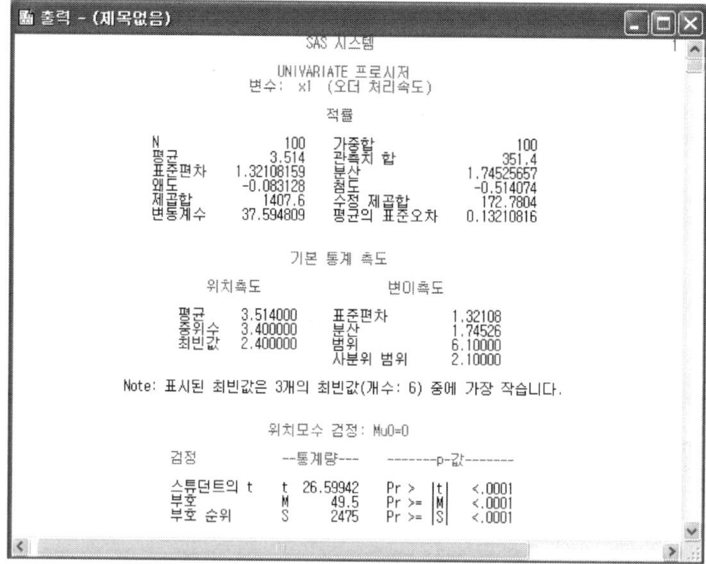

출력 - (제목없음)

SAS 시스템

UNIVARIATE 프로시저
변수: x1 (오더 처리속도)

적률

N	100	가중합	100
평균	3.514	관측치 합	351.4
표준편차	1.32108159	분산	1.74525657
왜도	-0.083128	첨도	-0.514074
제곱합	1407.6	수정 제곱합	172.7804
변동계수	37.594809	평균의 표준오차	0.13210816

기본 통계 측도

위치측도		변이측도	
평균	3.514000	표준편차	1.32108
중위수	3.400000	분산	1.74526
최빈값	2.400000	범위	6.10000
		사분위 범위	2.10000

Note: 표시된 최빈값은 3개의 최빈값(개수: 6) 중에 가장 작습니다.

위치모수 검정: Mu0=0

검정	--통계량---		-------p-값-------	
스튜던트의 t	t	26.59942	Pr > |t|	<.0001
부호	M	49.5	Pr >= |M|	<.0001
부호 순위	S	2475	Pr >= |S|	<.0001

[결과2]

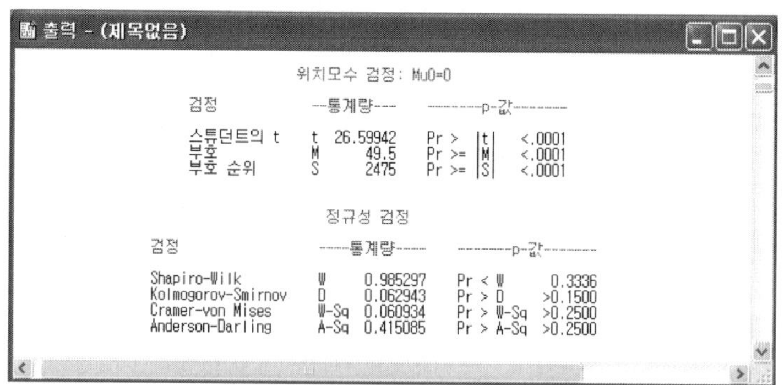

출력 - (제목없음)

위치모수 검정: Mu0=0

검정	--통계량---		-------p-값-------	
스튜던트의 t	t	26.59942	Pr > |t|	<.0001
부호	M	49.5	Pr >= |M|	<.0001
부호 순위	S	2475	Pr >= |S|	<.0001

정규성 검정

검정	----통계량----		--------p-값--------	
Shapiro-Wilk	W	0.985297	Pr < W	0.3336
Kolmogorov-Smirnov	D	0.062943	Pr > D	>0.1500
Cramer-von Mises	W-Sq	0.060934	Pr > W-Sq	>0.2500
Anderson-Darling	A-Sq	0.415085	Pr > A-Sq	>0.2500

[결과2]에서 평균이 0이라는 위치모수 검정에서 t-검정 및, 부호 검정, 부호 순위 검정 모두 귀무가설을 기각하기 때문에($p < 0.05$), x_1의 경우 0이 아니라고 볼 수 있다. 또한 정규분포 통계량의 결과는 앞의 출력결과 중에 왜도(−0.08)와 첨도(−0.51)로서 0에 가까운 값을 가지고 있으며, 이에 대한 통계적 유의도를 보여 준다. 다음 데이터를 보면, Kolmogorov−Smirnov D가 0.063으로 데이터가 정규분포를 하고 있는지에 대한 귀무가설에 대한 통계량을 나타내는 결과에서도 $p > 0.05$로서 모두 정규분포를 하고 있는 것으로 나타났다. 그 이외의 정규분포 여부에 대한 통계량으로 제시된 Cramer−von Mises, Anderson−Darling 통계량도 비슷한 결과를 보여 주고 있다.

[결과3]

출력 - (제목없음)

분위수(정의 5)

분위수	추정값
100% 최대값	6.10
99%	6.05
95%	5.55
90%	5.30
75% Q3	4.60
50% 중위수	3.40
25% Q1	2.50
10%	1.90
5%	1.45
1%	0.30
0% 최소값	0.00

[결과4]

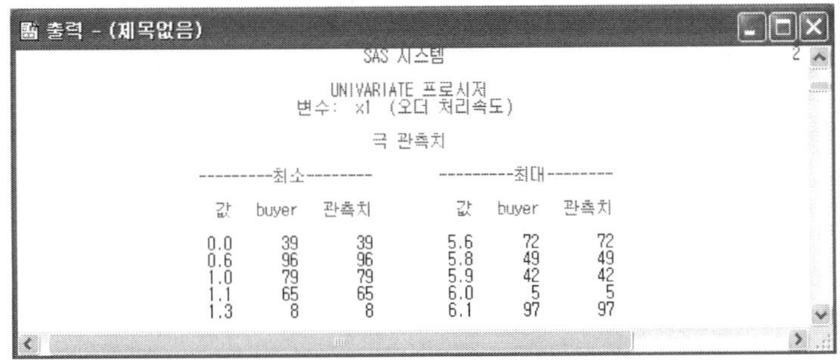

출력 - (제목없음)

SAS 시스템 2

UNIVARIATE 프로시저
변수: x1 (오더 처리속도)

극 관측치

최소 값	최소 buyer	최소 관측치	최대 값	최대 buyer	최대 관측치
0.0	39	39	5.6	72	72
0.6	96	96	5.8	49	49
1.0	79	79	5.9	42	42
1.1	65	65	6.0	5	5
1.3	8	8	6.1	97	97

[결과3], [결과4]는 여러 가지 4분위수 계수, 극단적으로 낮은 값과 높은 값 5개씩을 보여 주고 있다. 어떤 관찰치가 x_1변수에 대해 낮은 값 혹은 높은 값을 가지고 있는지를 보여준다.

[결과5]

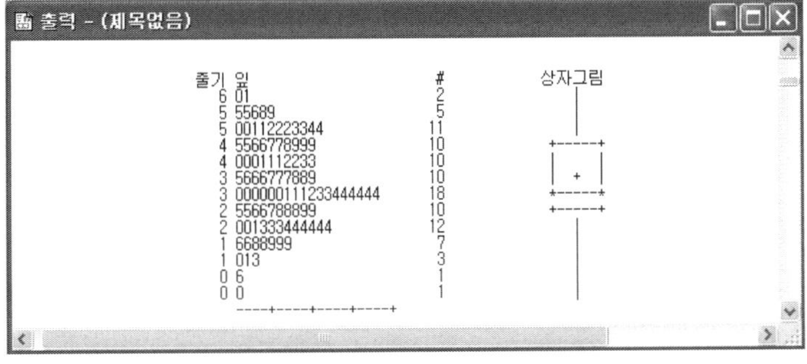

출력 - (제목없음)

```
줄기 잎                     #     상자그림
   6 01                     2        |
   5 55689                  5        |
   5 00112223344           11        |
   4 5566778999            10     +-----+
   4 0001112233            10     |     |
   3 5666777889            10     |  +  |
   3 000000111233444444    18     *-----*
   2 5566788899            10     +-----+
   2 001333444444          12        |
   1 6688999                7        |
   1 013                    3        |
   0 6                      1        |
   0 0                      1        |
     ----+----+----+----+
```

[결과5]에서 정규분포 여부에 대한 그래프 분석한 결과를 보면 먼저 상자도표-위스커 그림에서는 박스 범위내의 Q1(1사분위수)-Q3(3사분위수)가 적절한 위치에 있으며, 평균값도 가운데쯤 위치하고 있다. 특이 관찰치도 없다고 볼 수 있다. 이러한 내용은 줄기 잎 그림도 보여 주고 있다.

[결과6]

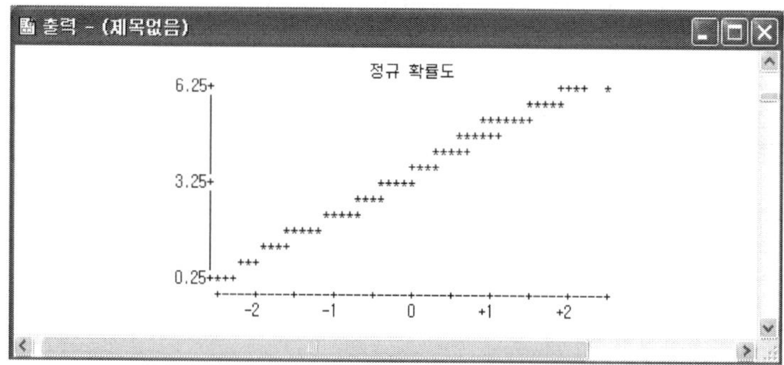

[결과6]의 정규분포에 대한 곡선을 나타내는 정규 확률도에서도 약간 상한에서 벗어나는 경향만을 보이고 있을 뿐 정규분포 직선에 가까운 값을 보여 주고 있다. [결과7]에서는 히스토그램을 보여준다.

[결과7]

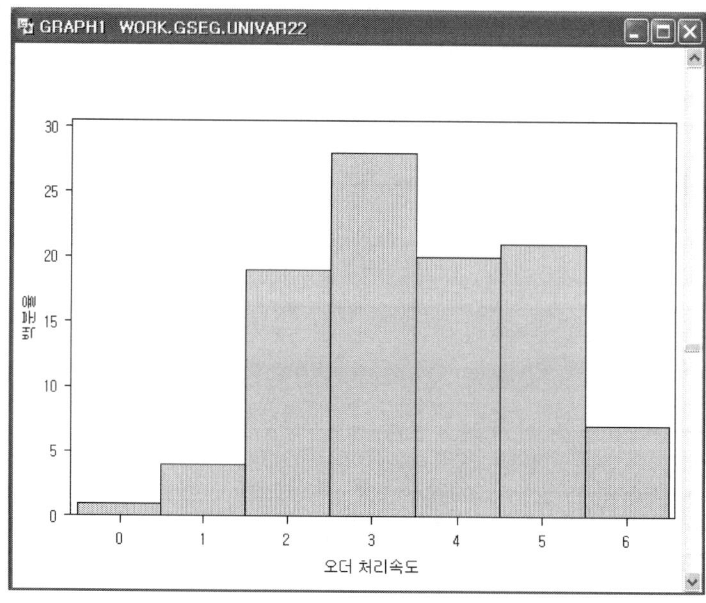

[결과8]

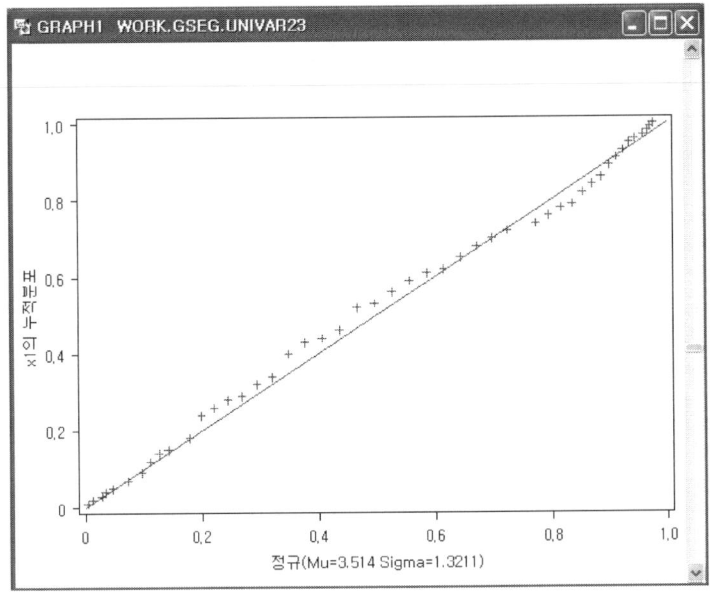

[결과8]은 정규확률분포도의 누적분포의 모양을 보여주고 있다. 종합적으로 보아 x_1은 먼저 최빈값이 중앙값이나 평균에 비해 낮은 값을 가지고 있고, 박스그림, 줄기-잎그림의 히스토그램, 정규 확률도표에서 평균보다 낮은 쪽에 관찰치가 약간 많이 몰려 있으나, 정규분포라는 가정을 기각할 수 없다. 따라서 x_1의 경우 정규분포로 볼 수 있다.

전체적으로 통계분석 결과에 대한 통계분석 결과를 정리해 보면 다음의 표와 다음 쪽의 그림과 같이 정리 된다. x_1, x_5, x_9, x_{10}을 제외한 나머지 변수들을 정규분포를 하고 있지 않다는 결과를 보이고 있다. 따라서 이들 변수들에 대해서는 변수의 변환을 통해 정규분포로 만드는 추가적인 변수 변환 과정을 거쳐야 할 것이다. 특히, z 값과 Kolmogorov-Smirnov D 통계량이 큰 x_2, x_3, x_4, x_6 변수들은 이들을 심각하게 고려해야 할 것이다.

변수 이름	왜도		첨도		*Kolmogorov D*		평가
	통계량	z 값	통계량	z 값	통계량	유의도	
x_1	-.085	-.35	-.511	-1.07	.063	> .150	정규분포
x_2	.469	1.95	-.509	1.16	.095	.028	좌로 치우침
x_3	-.289	1.19	-1.073	2.24	.095	.027	유니폼 분포
x_4	.218	.91	.085	.18	.107	.007	약간 좌로 치우침

변수 이름	왜도		첨도		*Kolmogorov D*		평가
	통계량	z 값	통계량	z 값	통계량	유의도	
x_5	−.373	1.55	.141	.29	.085	.069	정규분포
x_6	.493	2.04	.107	.22	.122	.001	좌로 치우침
x_7	−.229	.95	−.850	−1.77	.091	.041	약간 피크가 낮음
x_9	−.069	.26	−.725	−1.52	.079	.131	정규분포
x_{10}	.089	.37	−.763	−1.60	.078	.142	정규분포

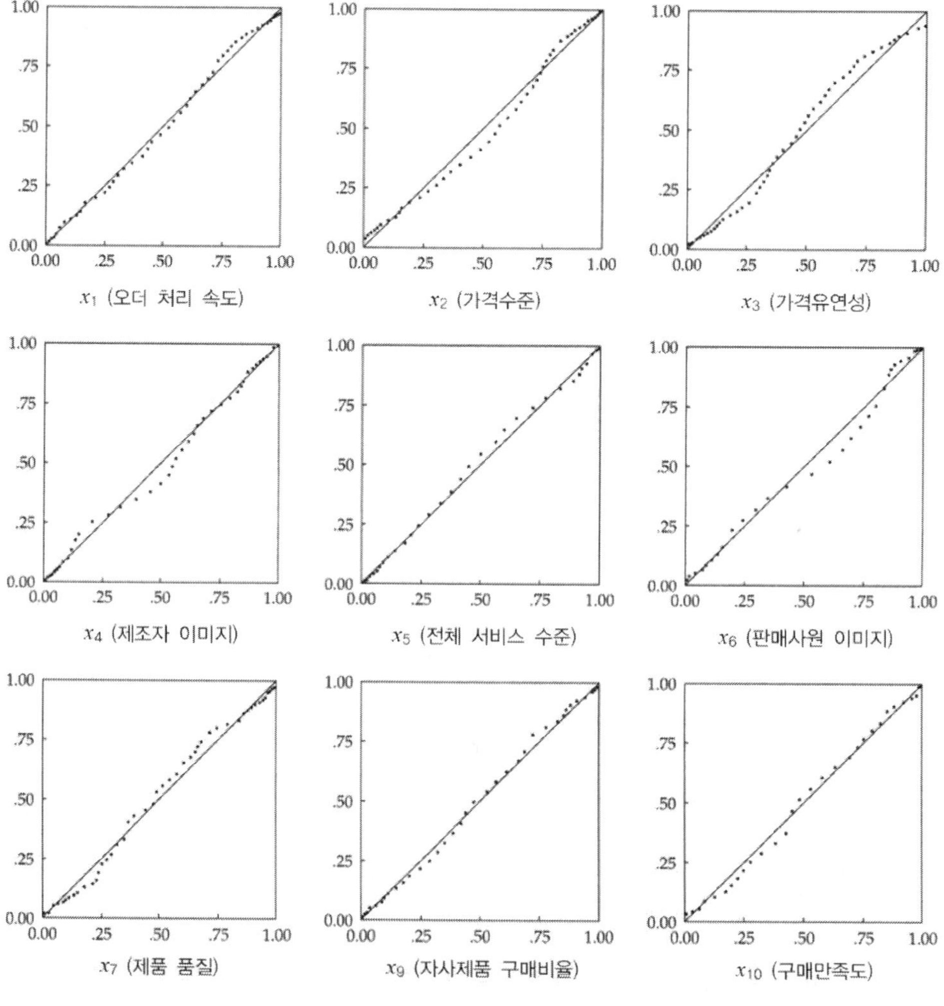

[각 변수별 정규확률분포도]

5.5 정규성을 만족하지 못하는 변수 문제해결

(1) 해결 방안

정규성 검정의 결과 변수 x_2, x_3, x_4, x_6 등의 변수 등은 정규분포의 가정에서 벗어나는 결과를 보이고 있다. 이러한 경우 문제를 해결하는 방법은 다음과 같은 것들을 들 수 있다.

- *log*(*y*) : 변수에 대해 Log를 취해 변환을 시도한 후 정규성 재검정
- *Sqrt*(*y*) : 변수에 대해 $\sqrt{\ }$ 를 취해 변환을 시도한 후 정규성 재검정
- 1/*y* : 변수에 대해 1/*y*로 변환을 시도한 후 정규성 재검정
- *y*y* : 변수에 대해 y^2을 취해 변환을 시도한 후 정규성 재검정
- *exp*(*y*) : 변수에 대해 Exponential 지수 변환을 시도한 후 정규성 재검정

변환과 관련해 생각할 수 있는 가이드라인을 들면 다음과 같다(Hair, et. al. 2000).

- 평균/분산의 비율이 4이하이어야 효과가 있다.
- 두 변수간의 관계에 대해 변환을 할 때, 1의 기준에서 작은 값을 갖는 것을 변환변수를 선택한다.
- 종속변수의 이분산성이 있는 경우를 제외하고는 독립변수를 변환변수로 선택한다.
- 이분산성은 종속변수의 변환으로 해결될 수 있다. 만약 이분산성이 있는 종속변수가 독립변수와 비선형관계에 있다면 독립변수도 변환이 되어야 한다.
- 변환에 의해 생성된 새로운 변수에 대한 해석도 변화되어야 한다. 보통 로그함수로 변화시키면 해석에 대한 기준이 탄력성(elasticity)으로 바뀐다.

(2) 분석과정

x_2 변수는 다음과 같이 제곱근 변환을 하는 것이 적절하다. 이를 기 위해서는 변수에 대한 변환식을 데이터 스텝에서 입력해야 한다.

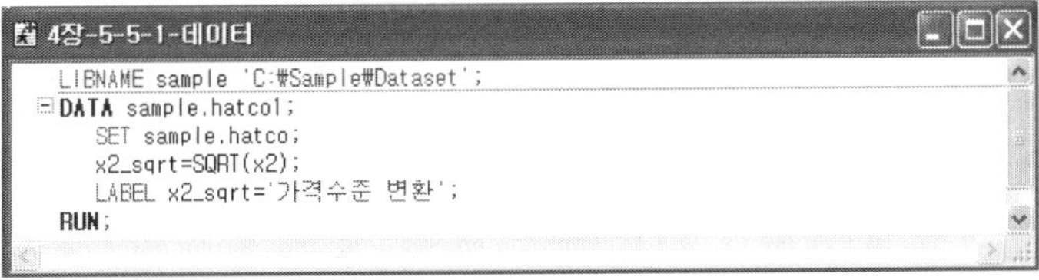
4장-5-5-1-데이터

```
LIBNAME sample 'C:₩Sample₩Dataset';
DATA sample.hatco1;
    SET sample.hatco;
    x2_sqrt=SQRT(x2);
    LABEL x2_sqrt='가격수준 변환';
RUN;
```

데이터를 만든 후에 확장편집기에서 다음과 같이 정규성 검정을 위한 해당 변수를 PROC UNIVARIATE 프로시저에서 지정하고 실행한다.

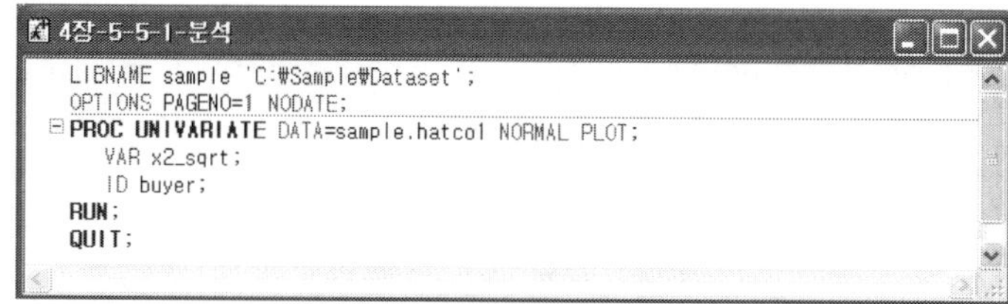

```
LIBNAME sample 'C:\Sample\Dataset';
OPTIONS PAGENO=1 NODATE;
PROC UNIVARIATE DATA=sample.hatcol NORMAL PLOT;
    VAR x2_sqrt;
    ID buyer;
RUN;
QUIT;
```

(3) 결과해석

[결과1]

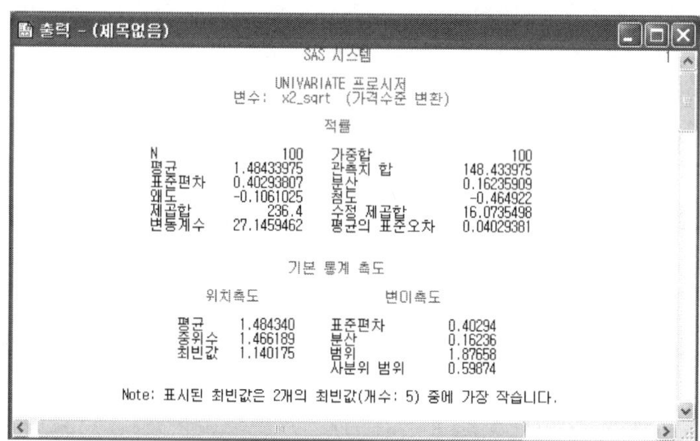

SAS 시스템

UNIVARIATE 프로시저
변수: x2_sqrt (가격수준 변환)

적률

N	100	가중합	100
평균	1.48433975	관측치 합	148.433975
표준편차	0.40293807	분산	0.16235909
왜도	-0.1061025	첨도	-0.464922
제곱합	236.4	수정 제곱합	16.0735498
변동계수	27.1459462	평균의 표준오차	0.04029381

기본 통계 측도

위치측도		변이측도	
평균	1.484340	표준편차	0.40294
중위수	1.466189	분산	0.16236
최빈값	1.140175	범위	1.87658
		사분위 범위	0.59874

Note: 표시된 최빈값은 2개의 최빈값(개수: 5) 중에 가장 작습니다.

[결과1]에서 먼저 *x₂_sqrt*에 대한 요약 통계량을 보면 다양한 형태의 통계량이 제시되어 있다. 전체적으로 보아 *x₂_sqrt*의 경우 정규분포를 하고 있을 가능성이 높다는 것을 알 수 있다. 정규분포 통계량의 결과는 앞의 출력결과 중에 왜도 (−0.11) 와 첨도 (−0.47) 로서 0에 가까운 값을 가지고 있으며, 이에 대한 통계적 유의도를 보여 준다.

[결과2]의 데이터를 보면, Kolmogorov−Smirnov D가 0.062으로 데이터가 정규분포를 하고 있는지에 대한 귀무가설에 대한 통계량을 나타내는 결과에서도 p 〉 0.05로서 모두 정규분포를 하고 있는 것으로 나타났다. 그 이외의 정규분포 여부에 대한 통계량으로 제시된 Cramer−von Mises, Anderson−Darling 통계량도 비슷한 결과를 보여 주고 있다.

[결과2]

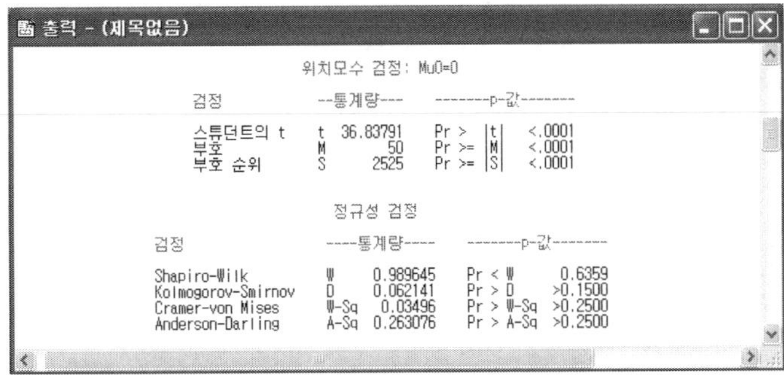

출력 - (제목없음)

위치모수 검정: Mu0=0

검정	--통계량---		-------p-값-------	
스튜던트의 t	t	36.83791	Pr > |t|	<.0001
부호	M	50	Pr >= |M|	<.0001
부호 순위	S	2525	Pr >= |S|	<.0001

정규성 검정

검정	----통계량----		-------p-값-------	
Shapiro-Wilk	W	0.989645	Pr < W	0.6359
Kolmogorov-Smirnov	D	0.062141	Pr > D	>0.1500
Cramer-von Mises	W-Sq	0.03496	Pr > W-Sq	>0.2500
Anderson-Darling	A-Sq	0.263076	Pr > A-Sq	>0.2500

[결과3]

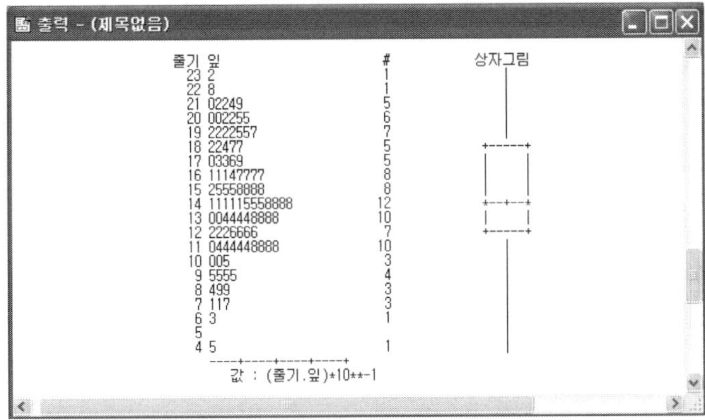

```
출력 - (제목없음)

줄기 잎                    #    상자그림
 23 2                      1
 22 8                      1
 21 02249                  5
 20 002255                 6
 19 2222557                7
 18 22477                  5
 17 03369                  5
 16 11147777               8
 15 25558888               8
 14 111115558888          12
 13 0044448888            10
 12 2226666                7
 11 0444448888            10
 10 005                    3
  9 5555                   4
  8 499                    3
  7 117                    3
  6 3                      1
  5
  4 5                      1
   ----+----+----+----+
   값 : (줄기.잎)*10**-1
```

[결과3]의 줄기-잎 그림과 상자 그림을 보면 정규분포 모양과 비슷하다는 것을 알 수 있다. [결과4]의 정규분포에 대한 곡선을 나타내는 정규 확률도에서도 약간 상한에서 벗어나는 경향만을 보이고 있을 뿐 정규분포 직선에 가까운 값을 보여 주고 있다.

[결과4]

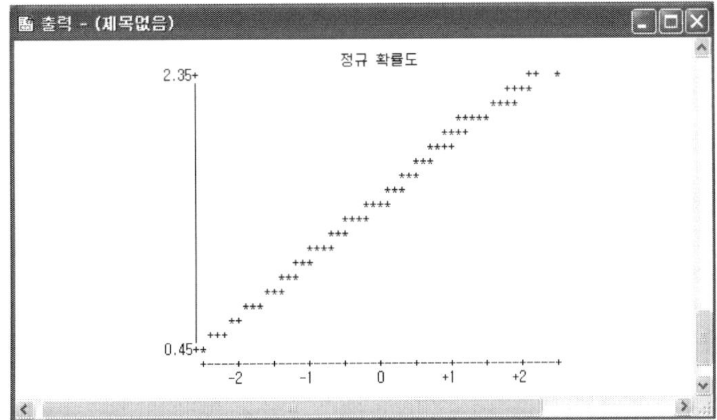

변환 전후의 결과를 표로 정리해 보면 다음과 같다.

변수구분	왜도		첨도		*Kolmogorov* −*D*	
	통계량	z값	통계량	z값	통계량	유의도
x_2	.469	1.95	−.509	1.16	.095	.028
$\sqrt{x_2}$	−.106	.44	−.465	.97	.062	>.150

마찬가지 방식으로 다른 변수를 변환시킬 때, x6의 경우에도 제곱근(square root) 변환이 가능하나 다른 변수는 불가능한 것으로 보인다. 그러나 추후 분석에서 정규성 가정이 크게 문제가 있는 경우를 제외하고는 의미를 해석하는 문제와 관련하여 생각해 볼 때, 현재와 같은 경우라도 원래의 데이터로 분석하는 것이 여러 가지로 좋다.

6. 두 변수간 상관관계 분석

6.1 메트릭 변수간 상관관계 분석

(1) 분석개요

메트릭 변수들간에 상관관계를 보는 것은 많은 경우 연구자들이 2~3개의 변수들간의 선형 관계를 조사하는 것에 관심이 많기 때문이다. 변수들간의 상관관계는 두 변수간의 산점도(scatterplot)를 보는 것이다. 보통 한 변수는 관찰치로 X축에 표시되고 다른 변수는 관찰치나, 기대값 또는 오차에 대해서 산점도가 그려진다. 산점도는 두 변수간의 관련성이 높을수록 점들의 분포가 일직선에 가까운 형태를 띄게 된다.

또 다른 관련성을 보는 방법은 변수들간의 상관관계 계수를 보는 것이다. 상관계수에 대한 것은 다음의 기술통계분석 난에 자세히 설명이 되니 다음 장을 참조하기 바란다. 일반적으로 상관계수는 −1에서 1값을 가지고 있으며, 산점도의 분포결과를 계수로 표현해 준다. 보통 −1이란 두 변수가 정확히 음의 관계를 가지고 있는 것이며, +1이란 두 변수간 정확히 양의 관계를 가지고 있어 산점도 상에 일직선으로 나타난다. 반면에 −1에서 1사이의 값을 가질 경우에는 1에 가까울수록 산점도가 일직선에 가깝게 나타나며, 0에 가까울수록 퍼져 있는 형태로 나타난다.

(2) 분석과정

상관관계 분석을 하기 위해서는 PROC CORR 프로시저를 활용한다. 여기서 NOSIMPLE 옵션은 단순 기초 통계량을 출력하지 말라는 옵션이다. ODS GRAPHICS ON과 ODS GRAPHICS OFF는 산점도와 변수별 히스토그램을 그리기 위한 문장이다. PROC CORR 프로시저의 PLOTS=MATRIX(HISTOGRAM) 옵션을 통해 산점도와 히스토그램을 그리도록 한다.

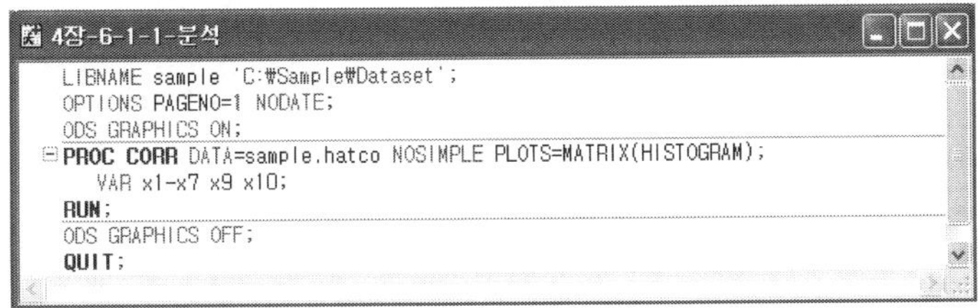
4장-6-1-1-분석

```
LIBNAME sample 'C:\Sample\Dataset';
OPTIONS PAGENO=1 NODATE;
ODS GRAPHICS ON;
PROC CORR DATA=sample.hatco NOSIMPLE PLOTS=MATRIX(HISTOGRAM);
   VAR x1-x7 x9 x10;
RUN;
ODS GRAPHICS OFF;
QUIT;
```

(3) 결과해석

[결과1]을 보면 각 변수들간의 상관관계계수와 상관계수가 0인가에 대한 귀무가설을 검정하는 유의도가 제시되어 있다. 전체적으로 보아 상관관계 계수가 0.9이상으로 높은 값이 없으며, x_2를 제외하고 종속변수인 x_9, x_{10}와 어느 정도 상관관계를 보이고 있다.

[결과1]

출력 - (제목없음)

SAS 시스템 1

CORR 프로시저

9 Variables: x1 x2 x3 x4 x5 x6 x7 x9 x10

피어슨 상관 계수, N = 100
H0: Rho=0 가정하에서 Prob > |r|

	x1	x2	x3	x4	x5
x1 오더 처리속도	1.00000	-0.34883 0.0004	0.50800 <.0001	0.05091 0.6150	0.61206 <.0001
x2 가격수준	-0.34883 0.0004	1.00000	-0.48721 <.0001	0.27219 0.0062	0.51298 <.0001
x3 가격유연성	0.50800 <.0001	-0.48721 <.0001	1.00000	-0.11610 0.2500	0.06662 0.5102
x4 제조자 이미지	0.05091 0.6150	0.27219 0.0062	-0.11610 0.2500	1.00000	0.29868 0.0025
x5 전체 서비스 수준	0.61206 <.0001	0.51298 <.0001	0.06662 0.5102	0.29868 0.0025	1.00000
x6 판매사원 이미지	0.07656 0.4490	0.18624 0.0636	-0.03432 0.7347	0.78822 <.0001	0.24081 0.0158
x7 제품 품질	-0.48097 <.0001	0.46975 <.0001	-0.44811 <.0001	0.19998 0.0461	-0.05516 0.5857
x9 자사제품 구매비율	0.67542 <.0001	0.08292 0.4121	0.55805 <.0001	0.22518 0.0243	0.70139 <.0001

산점도는 다음과 같은 데이터 형태를 봄으로써 독립변수에 따른 종속변수의 동분산성(homoscedasticity) 또는 이분산성(heteroscedasticity)을 볼 수 있다. 특히 $x_1 - x_7$은 x_9(자사제품 구매비율), x_{10} (구매 만족도)에 영향을 미치는 독립변수로 볼 수 있기 때문에 산점도를 통해 동분산성 여부를 보는 것이 중요하다. 동분산성과 이분산성의 형태는 다음과 같이 제시된다.

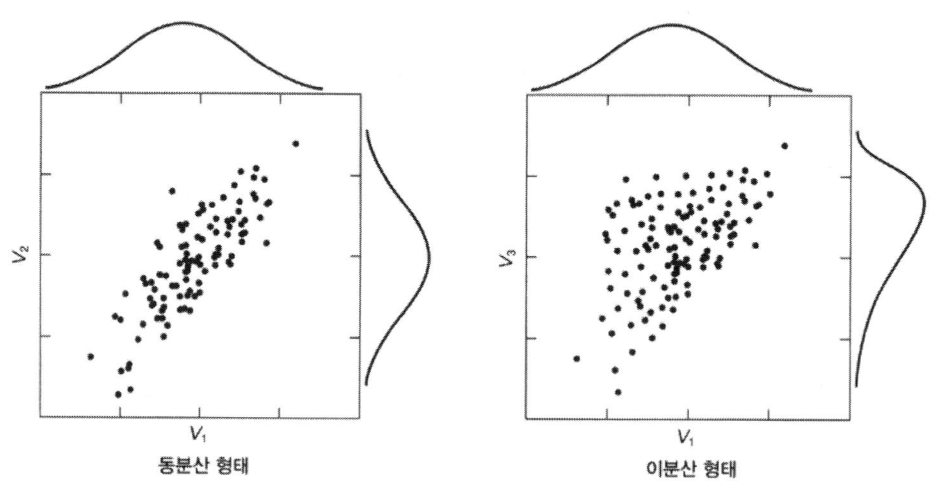

[결과2]

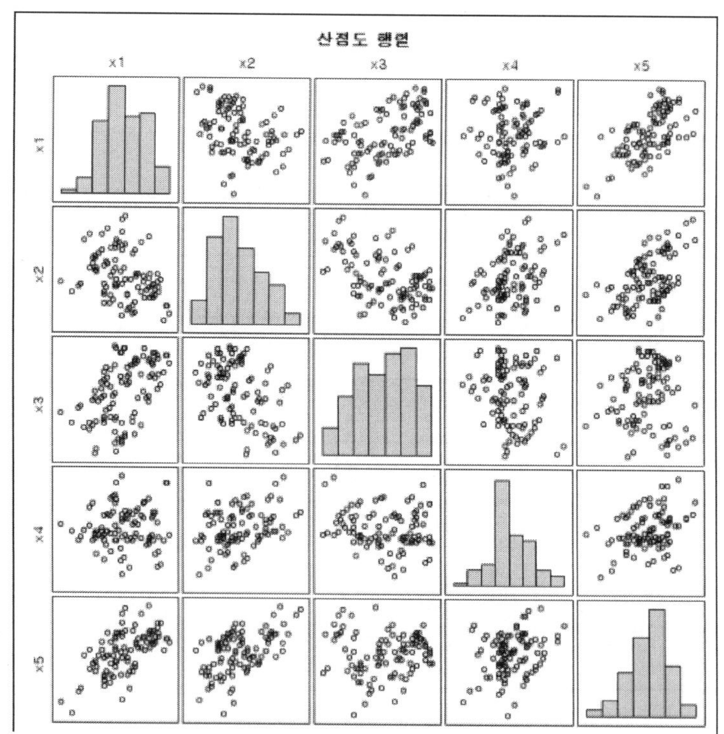

[결과2]와 같은 산점도와 히스토그램을 살펴볼 수 있다. 한 번에 그려지는 그래프는 5개 변수에 대해서만 가능하기 때문에, PROC CORR 프로시저를 여러 번 나누어서 실행해야 전체적인 변수별 산점도와 히스토그램을 파악해 볼 수 있다. 이들 결과를 통해 x_1－x_7과 x_9간의 산점도만을 살펴본다면 다음 그림과 같이 정리된다.

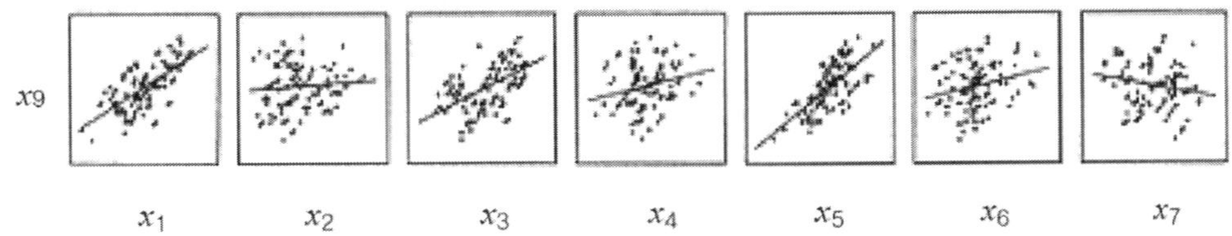

여기서 보면 x_2, x_5 등에 대해 이분산성이 있는지의 여부를 조사할 필요성이 있을 것이다. 자세한 분석은 회귀분석 등에서 실시할 수 있다. 만약 이분산성이 있다면 정규성 검정에서처럼 변수의 변환을 고려해야 한다.

전체를 정리한 그림을 보면, 전체적으로 각 변수별 산점도, 상관계수, 히스토그램을 정리해보면 다음과 같다. 결과를 보면 각 변수별로 상관관계가 높지 않으나, 종속변수인 x_9 변수와의 관계에서 보면, x_1, x_3, x_5는 상관계수도 높으며, 산점도로 보아도 선형성이 있는 것으로 보인다.

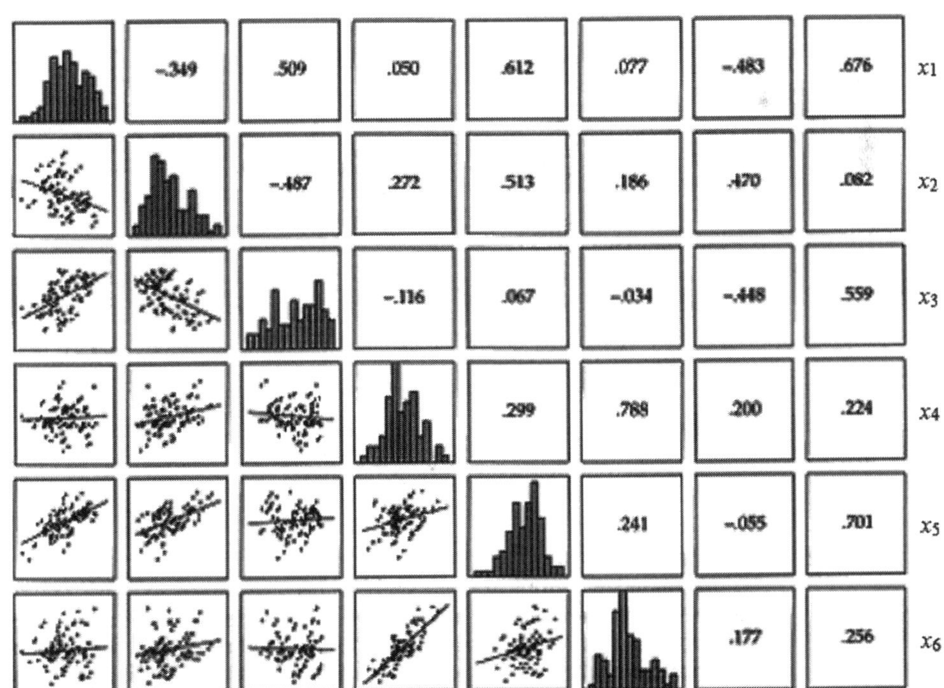

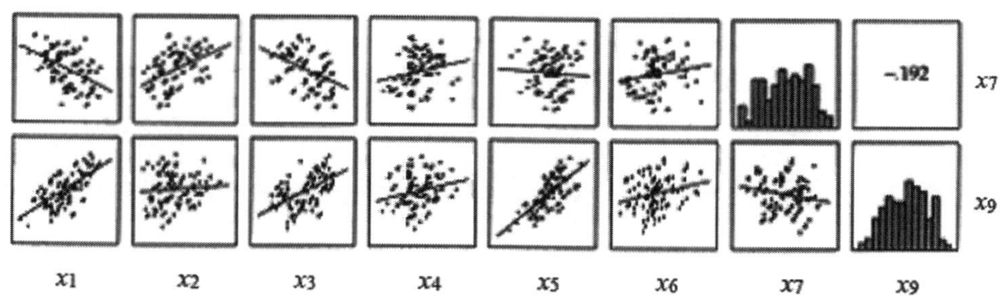

6.2 넌메트릭 변수와 메트릭 변수간 관계 분석

(1) 분석개요

넌메트릭 변수들과 메트릭 변수간의 관계는 집단별 차이점에 대한 윤곽을 보는데 있어 매우 중요하다. 이는 집단별로 평균 및 표준편차와 같인 차이, 집단별 정규분포 여부, 왜도 첨도 등 기타 통계량의 차이를 전반적으로 파악하기 위해 사용한다.

(2) 분석과정

확장편집기에서 분석하기 위해서는 먼저 PROC SORT 프로시저로 넌메트릭 변수를 정렬해야 한다. 그리고 나서 변수에 대한 상관관계 분석을 한다.

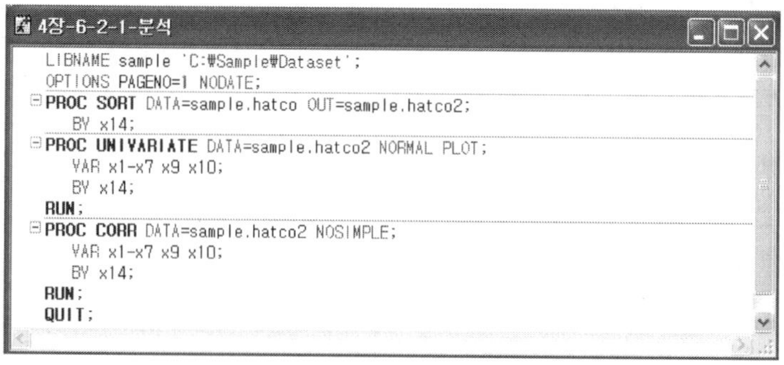

4장-6-2-1-분석

```
LIBNAME sample 'C:₩Sample₩Dataset';
OPTIONS PAGENO=1 NODATE;
PROC SORT DATA=sample.hatco OUT=sample.hatco2;
    BY x14;
PROC UNIVARIATE DATA=sample.hatco2 NORMAL PLOT;
    VAR x1-x7 x9 x10;
    BY x14;
RUN;
PROC CORR DATA=sample.hatco2 NOSIMPLE;
    VAR x1-x7 x9 x10;
    BY x14;
RUN;
QUIT;
```

(3) 결과해석

다음 결과는 여러 변수들 중에서 x_{10}인 구매 만족도에 대한 결과를 보여 주고 있다. 다른 변수들도 x_{10}과 비슷한 과정으로 분석을 할 수 있다.

[결과1]

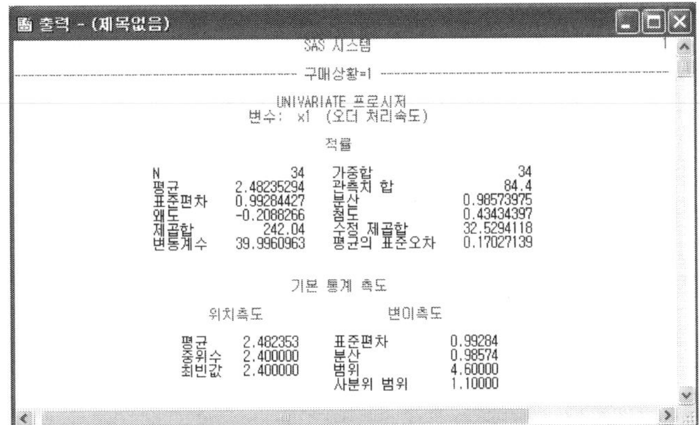

출력 - (제목없음)

SAS 시스템

구매상황=1

UNIVARIATE 프로시저
변수: x1 (오더 처리속도)

적률

N	34	가중합	34
평균	2.48235294	관측치 합	84.4
표준편차	0.99284427	분산	0.98573975
왜도	-0.2088266	첨도	0.43434397
제곱합	242.04	수정 제곱합	32.5294118
변동계수	39.9960963	평균의 표준오차	0.17027139

기본 통계 측도

위치측도		변이측도	
평균	2.482353	표준편차	0.99284
중위수	2.400000	분산	0.98574
최빈값	2.400000	범위	4.60000
		사분위 범위	1.10000

[결과1], [결과2], [결과3]은 신규 구매(x_{14}=1)에 대한 결과를 보여 준다. [결과1]에서 x_{10}의 경우 첨도가 높아서 정규분포를 하지 않을 가능성이 있다는 것을 알 수 있다. 먼저 기본 통계량의 측정에서 최빈값(3.70), 평균(3.93)과 중앙값(3.85)이 비슷하며, 변동계수도 13.52로 높다. 그러나, [결과2]의 Kolmogorov−Smirnov 등 정규분포에 대한 통계량을 나타내는 결과에서도 p 〉 0.05로서 모두 정규분포를 하고 있는 것으로 나타났다. 이는 [결과3]의 상자도표−위스커 그림에서도 비슷한 결과를 보여주고 있다.

[결과2]

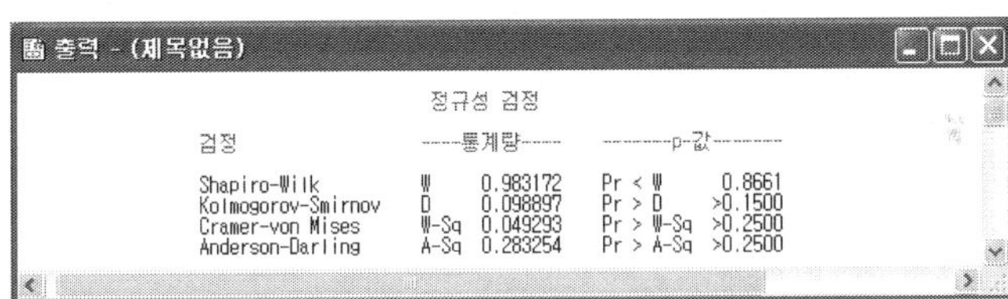

출력 - (제목없음)

정규성 검정

검정	통계량		p-값	
Shapiro-Wilk	W	0.983172	Pr < W	0.8661
Kolmogorov-Smirnov	D	0.098897	Pr > D	>0.1500
Cramer-von Mises	W-Sq	0.049293	Pr > W-Sq	>0.2500
Anderson-Darling	A-Sq	0.283254	Pr > A-Sq	>0.2500

[결과3]

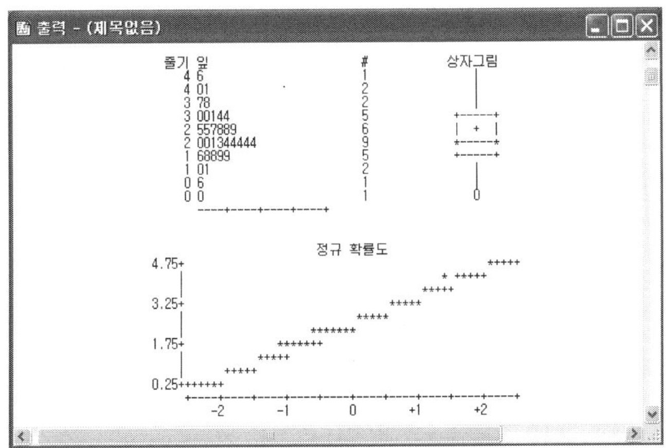

[결과4]

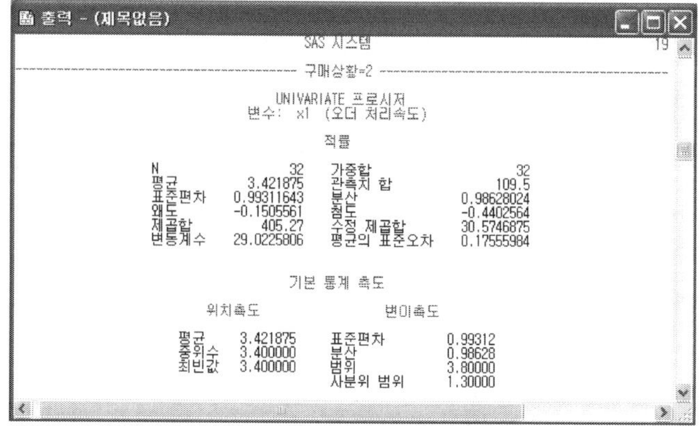

SAS 시스템 19

구매상황=2

UNIVARIATE 프로시저
변수: x1 (오더 처리속도)

적률

N	32	가중합	32
평균	3.421875	관측치 합	109.5
표준편차	0.99311643	분산	0.98628024
왜도	-0.1505561	첨도	-0.4402564
제곱합	405.27	수정 제곱합	30.5746875
변동계수	29.0225806	평균의 표준오차	0.17555984

기본 통계 측도

위치측도		변이측도	
평균	3.421875	표준편차	0.99312
중위수	3.400000	분산	0.98628
최빈값	3.400000	범위	3.80000
		사분위 범위	1.30000

[결과5]

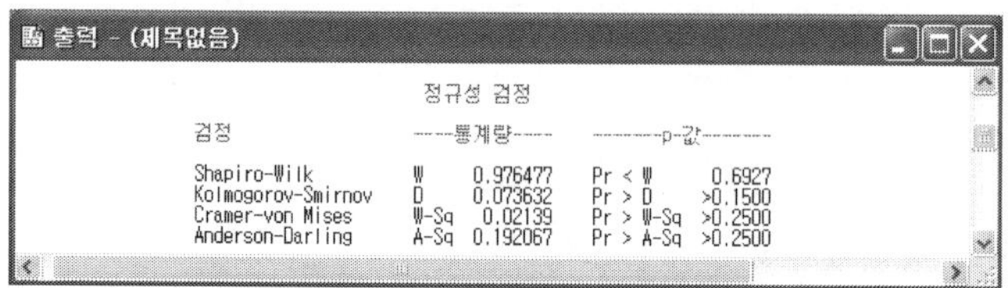

정규성 검정

검정	통계량		p-값	
Shapiro-Wilk	W	0.976477	Pr < W	0.6927
Kolmogorov-Smirnov	D	0.073632	Pr > D	>0.1500
Cramer-von Mises	W-Sq	0.02139	Pr > W-Sq	>0.2500
Anderson-Darling	A-Sq	0.192067	Pr > A-Sq	>0.2500

[결과4], [결과5], [결과6]은 수정 재구매(x_{14}=2)에 대한 결과를 보여 준다. [결과4]에서 x_{10}의 경우 외도, 첨도 등이 정상이어서 정규분포일 가능성이 높다는 것을 알 수 있다. 먼저 기본 통계량의 측정에서 최빈값(5.20), 평균(5.00)과 중앙값(5.00)이 비슷하며, 변동계수도 9.73으로 나타났다. 결과를 보면 신규 구매 상황보다도 높은 값을 가지고 있음을 알 수 있다. [결과5]의 Kolmogorov−Smirnov 등 정규분포에 대한 통계량을 나타내는 결과에서도 p 〉 0.05로서 모두 정규분포를 하고 있는 것으로 나타났다. 이는 [결과6]의 상자도표−위스커 그림에서도 비슷한 결과를 보여주고 있다.

[결과6]

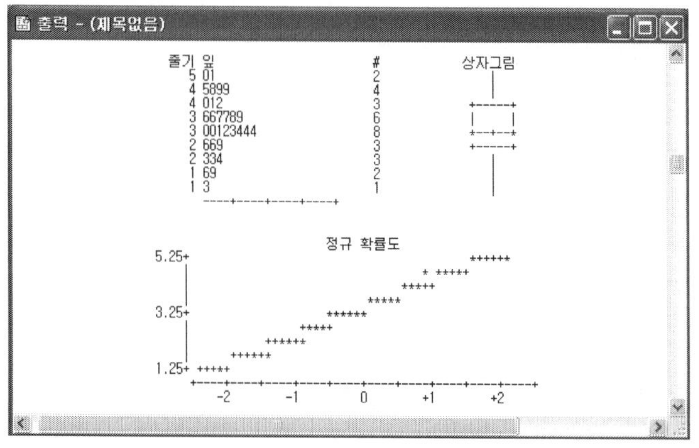

[결과7]

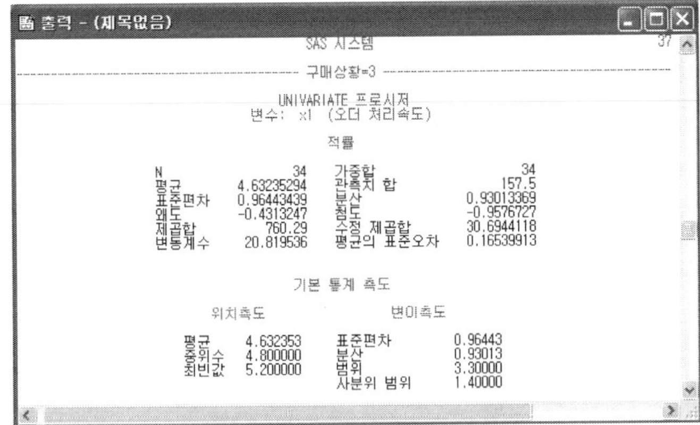

출력 - (제목없음)

SAS 시스템 37

구매상황=3

UNIVARIATE 프로시저
변수: x1 (오더 처리속도)

적률

N	34	가중합	34
평균	4.63235294	관측치 합	157.5
표준편차	0.96443439	분산	0.93013369
왜도	-0.4313247	첨도	-0.9576727
제곱합	760.29	수정 제곱합	30.6944118
변동계수	20.819536	평균의 표준오차	0.16539913

기본 통계 측도

위치측도		변이측도	
평균	4.632353	표준편차	0.96443
중위수	4.800000	분산	0.93013
최빈값	5.200000	범위	3.30000
		사분위 범위	1.40000

[결과8]

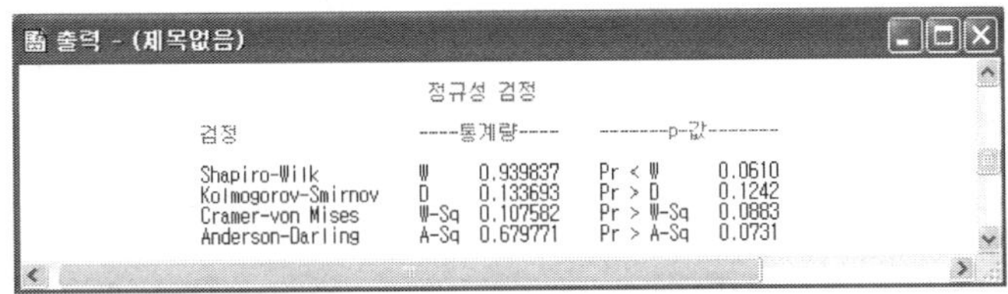

출력 - (제목없음)

정규성 검정

검정	통계량		p-값	
Shapiro-Wilk	W	0.939837	Pr < W	0.0610
Kolmogorov-Smirnov	D	0.133693	Pr > D	0.1242
Cramer-von Mises	W-Sq	0.107582	Pr > W-Sq	0.0883
Anderson-Darling	A-Sq	0.679771	Pr > A-Sq	0.0731

[결과9]

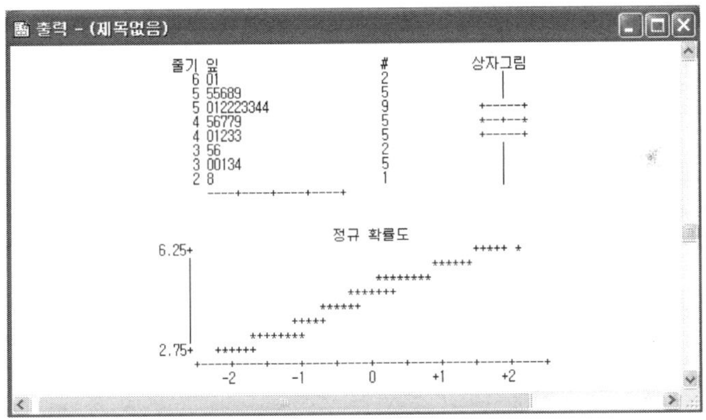

```
출력 - (제목없음)

   줄기 잎                          #         상자그림
      6 01                          2            |
      5 55689                       5            |
      5 012223344                   9         +-----+
      4 56779                       5         +--+--+
      4 01233                       5         +-----+
      3 56                          2            |
      3 00134                       5            |
      2 8                           1            |
        ----+----+----+----+

                       정규 확률도
   6.25+                                      +++++ +
       |                                 ++++++
       |                            ++++++++
       |                        +++++++
       |                    ++++++
       |                ++++
       |          ++++++++
   2.75+    ++++++
        +----+----+----+----+----+----+----+----+----+----+
             -2        -1         0        +1        +2
```

[결과7], [결과8], [결과9]는 반복 재구매(x_{14}=3)에 대한 결과를 보여 준다. [결과7]에서 x_{10}의 경우 외도, 첨도 등이 정상이어서 정규분포일 가능성이 높다는 것을 알 수 있다. 먼저 기본 통계량의 측정에서 최빈값(5.10), 평균(5.39)과 중앙값(5.35)이 비슷하며, 변동계수도 13.23으로 나타났다. 결과를 보면 신규 구매 상황보다도 높은 값을 가지고 있음을 알 수 있다. [결과8]의 Kolmogorov−Smirnov 등 정규분포에 대한 통계량을 나타내는 결과에서도 p 〉 0.05로서 모두 정규분포를 하고 있는 것으로 나타났다. 이는 [결과9]의 상자도표−위스커 그림에서도 비슷한 결과를 보여주고 있다.

[결과10]

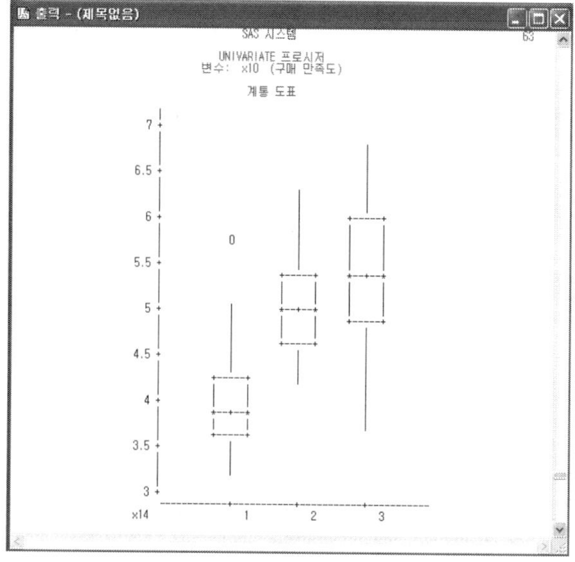

[결과10]에서 각 구매상황에 대한 전체 박스도표나 히스토그램을 볼 경우 각 구매상황별로 히스토그램과 정규분포의 위치나 모양이 다르다. 구매상황 2와 3은 거의 비슷한 값을 가지나, 구매상황 1과는 차이가 있음을 알 수 있다.

지금까지 진행한 과정은 전체적인 결론을 내기 보기 위해서는 x_{10}을 분석하는 형태로 x_1-x_7, x_9 변수에 대해서 같은 형태로 분석을 해야 한다.

[결과11]

출력 - (제목없음)

SAS 시스템 64

구매상황=1

CORR 프로시저

9 Variables: x1 x2 x3 x4 x5 x6 x7 x9 x10

피어슨 상관 계수, N = 34
H0: Rho=0 가정하에서 Prob > |r|

	x1	x2	x3	x4	x5
x1 오더 처리속도	1.00000	-0.31617 0.0685	0.37226 0.0302	0.00880 0.9606	0.49458 0.0029
x2 가격수준	-0.31617 0.0685	1.00000	-0.30704 0.0773	0.32277 0.0626	0.62674 <.0001
x3 가격유연성	0.37226 0.0302	-0.30704 0.0773	1.00000	-0.21379 0.2247	0.00591 0.9735
x4 제조자 이미지	0.00880 0.9606	0.32277 0.0626	-0.21379 0.2247	1.00000	0.40027 0.0190
x5 전체 서비스 수준	0.49458 0.0029	0.62674 <.0001	0.00591 0.9735	0.40027 0.0190	1.00000
x6 판매사원 이미지	0.06906 0.6979	0.37336 0.0296	0.04883 0.7839	0.73693 <.0001	0.44838 0.0078
x7 제품 품질	-0.58212 0.0003	0.55166 0.0007	-0.49728 0.0028	0.38385 0.0250	0.05688 0.7493

[결과11], [결과12], [결과13]에서는 각 구매상황에 대한 변수들간의 상관관계 계수들을 보여주고 있다. 먼저 x_1-x_2의 상관관계 계수를 볼 경우, 구매상황 1(신규 구매)은 −0.32, 구매상황 2(수정 재구매)는 −0.41, 구매상황 3은 −0.61(반복 재구매)로 나타나 각 구매상황별로 변수들간의 관계가 달라짐을 알 수 있다.

다른 변수들의 상관관계를 볼 경우에도 서로 차이가 있음을 보여준다. 따라서 구매상황별로 영향을 미치는 요인이 다를 가능성이 높음을 본 데이터는 보여 주고 있다. 즉 구매상황별로 다른 영향 요인을 찾는 것이 가능할 것이다.

[결과12]

출력 - (제목없음)

SAS 시스템 66

구매상황=2

CORR 프로시저

9 Variables: x1 x2 x3 x4 x5 x6 x7 x9 x10

피어슨 상관 계수, N = 32
H0: Rho=0 가정하에서 Prob > |r|

	x1	x2	x3	x4	x5
x1 오더 처리속도	1.00000	-0.40871 0.0202	0.14437 0.4305	-0.07904 0.6672	0.33079 0.0644
x2 가격수준	-0.40871 0.0202	1.00000	-0.69115 <.0001	0.37726 0.0333	0.72259 <.0001
x3 가격유연성	0.14437 0.4305	-0.69115 <.0001	1.00000	-0.44249 0.0112	-0.60982 0.0002
x4 제조자 이미지	-0.07904 0.6672	0.37726 0.0333	-0.44249 0.0112	1.00000	0.33421 0.0615
x5 전체 서비스 수준	0.33079 0.0644	0.72259 <.0001	-0.60982 0.0002	0.33421 0.0615	1.00000
x6 판매사원 이미지	0.05976 0.7453	0.38029 0.0318	-0.36045 0.0427	0.89022 <.0001	0.44164 0.0114
x7 제품 품질	-0.28212 0.1177	0.59468 0.0003	-0.16248 0.3743	0.11529 0.5298	0.39018 0.0273

[결과13]

출력 - (제목없음)

SAS 시스템 68

구매상황=3

CORR 프로시저

9 Variables: x1 x2 x3 x4 x5 x6 x7 x9 x10

피어슨 상관 계수, N = 34
H0: Rho=0 가정하에서 Prob > |r|

	x1	x2	x3	x4	x5
x1 오더 처리속도	1.00000	-0.60582 0.0001	-0.24144 0.1689	0.02187 0.9023	0.57573 0.0004
x2 가격수준	-0.60582 0.0001	1.00000	-0.05100 0.7745	-0.03977 0.8233	0.29183 0.0940
x3 가격유연성	-0.24144 0.1689	-0.05100 0.7745	1.00000	0.25712 0.1421	-0.36807 0.0322
x4 제조자 이미지	0.02187 0.9023	-0.03977 0.8233	0.25712 0.1421	1.00000	-0.03648 0.8377
x5 전체 서비스 수준	0.57573 0.0004	0.29183 0.0940	-0.36807 0.0322	-0.03648 0.8377	1.00000
x6 판매사원 이미지	0.10404 0.5582	-0.17231 0.3298	0.25542 0.1449	0.78182 <.0001	-0.06651 0.7086
x7 제품 품질	-0.00427 0.9809	0.13574 0.4440	0.06749 0.7045	0.26575 0.1287	0.06677 0.7075

7. 신뢰도 검정

7.1 메트릭 변수간 신뢰도 검정 분석

(1) 분석개요

신뢰도 검정(reliability test)이란, 변수의 일관성(consistency)과 관련된 개념으로 비교 가능한 독립된 여러 측정 항목에 의해 대상을 측정하는 경우에 결과가 서로 비슷하게 나타나는지를 검정하는 것이다. 신뢰도 검정은 일반적으로 등간 척도나 비율척도로 측정된 넌메트릭 척도에 대해서 수행한다. 명목척도로 측정된 넌메트릭 척도도 신뢰도 검정을 할 수 있다.

신뢰도 검정은 크게 세 가지 목적에 의해 수행된다. (1) 동일한 대상에 대해서 같거나 비교 가능한 측정 항목을 사용하여 반복 측정할 경우 동일하거나 비슷한 결과를 얻을 수 있는가? (2) 측정 항목이 측정하려고 하는 속성을 얼마나 잘 측정했는가? (3) 측정에 있어 측정 오차가 얼마나 존재하는가?

측정항목의 신뢰도가 낮을 경우 여러 개의 변수들 중에서 하나의 개념을 측정할 수 있는 변수들의 선정에 이 검정의 목적이 있다면 α값을 만족할 만한 정도의 수준까지 높여줄 수 있는 변수들의 조합을 찾아야 한다. 이를 위해서는 계속해서 변수들을 제거시켜가면서 다시 분석을 수행하는 과정을 거쳐 변수를 선택하는 방법을 사용해야 할 것이다. 근본적인 신뢰도 개선방안은 다음과 같다.

❶ 측정도구의 모호성을 줄인다.

❷ 측정항목을 늘린다.

❸ 측정자의 태도에 일관성을 부여한다.

❹ 조사대상자가 모르는 분야는 측정을 하지 않는다.

❺ 동일한 질문이나 유사한 질문을 반복한다.

❻ 이전 조사에서 이미 신뢰성이 있다고 인정된 측정도구를 사용한다.

■ 크론바흐 알파(α) 계수 계산

일반적으로 많이 사용되는 신뢰도 검정은 크론바흐의 알파 계수(Cronbach's alpha)를 이용하는 것인데 내적 일관성 신뢰도(internal consistency reliability)를 검정하는 방법이다. 이 계수는

$$\alpha = \frac{k}{k-1}\left(1-\frac{\sum\sigma_i^2}{\sigma_y^2}\right)$$

k=측정항목수

σ_j^2=개별측정항목의 분산

σ_y^2=전체측정항목의 분산

와 같이 계산이 된다.

이 이외의 신뢰도를 측정하는 방법을 보면 (1) 동일도구 2회 측정 신뢰도(test−retest reliability)로서 동일한 측정대상에 대하여 동일한 상황하에서 동일한 측정도구를 사용하여 2회 이상 측정하여 그 측정값 사이에 신뢰도를 측정하는 방법이다. (2) 동등한 2가지 측정도구 측정치의 신뢰도(alternative form reliability)로서 동일한 대상에 대하여 거의 동등한 2개 이상의 측정도구를 이용하여 동시에 측정한 후에 이들간의 상관관계를 분석하는 방법이다. 그러나 이 방법은 측정도구의 개발에 많은 시간과 비용이 들며 두 측정도구가 동등하다는 것을 측정하기가 곤란하다. (3) 항목분할 측정치의 신뢰도(split−half reliability)는 다수의 측정항목을 서로 대등한 2개의 그룹으로 나누고 두 그룹의 항목별 측정치의 상관관계를 조사하는 방법이다.

(2) 분석데이터

분석 데이터는 Alpha 회사에서 타이어에 관한 정보를 얻기 위해 베타, 감마, 델타, 알파라는 4가지 타이어에 대한 구매의도, 신뢰도, 관심도에 대한 것이다. 60명의 소비자에 대해 다음과 같은 데이터를 얻었다. 데이터는 C:₩Sample₩Data 폴더 내에 Alpha.xls 파일로 저장되어 있어 이를 PROC IMPORT 프로시저로 다시 읽어 들였다.

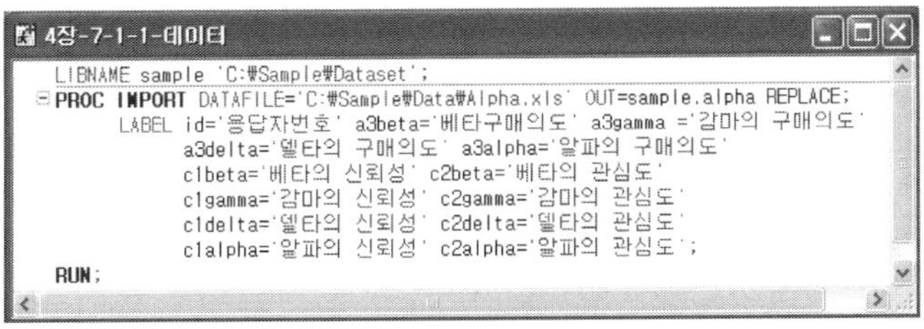

4장-7-1-1-데이터

```
LIBNAME sample 'C:₩Sample₩Dataset';
PROC IMPORT DATAFILE='C:₩Sample₩Data₩Alpha.xls' OUT=sample.alpha REPLACE;
     LABEL id='응답자번호' a3beta='베타구매의도' a3gamma ='감마의 구매의도'
           a3delta='델타의 구매의도' a3alpha='알파의 구매의도'
           c1beta='베타의 신뢰성' c2beta='베타의 관심도'
           c1gamma='감마의 신뢰성' c2gamma='감마의 관심도'
           c1delta='델타의 신뢰성' c2delta='델타의 관심도'
           c1alpha='알파의 신뢰성' c2alpha='알파의 관심도';
RUN;
```

(3) 분석과정

본 예제는 각 타이어의 구매의도간의 상관관계를 통해 각 타이어간 구매의도 관련성에 대해 살펴보고자 한다. 이를 분석을 하기 위해서는 다음과 같이 PROC CORR 프로시저에서 ALPHA라는 옵션을 지정한다.

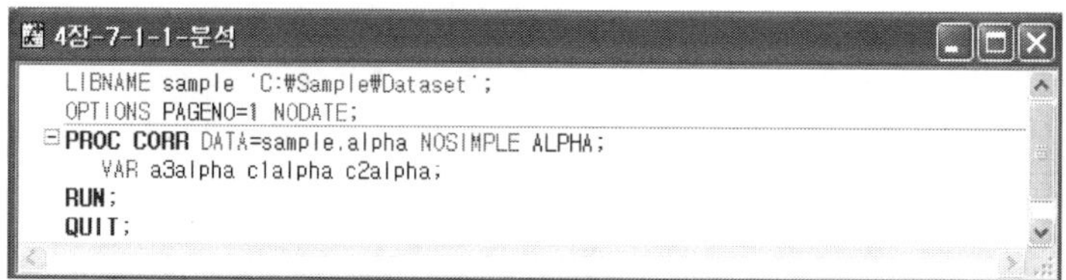

4장-7-1-1-분석

```
LIBNAME sample 'C:₩Sample₩Dataset';
OPTIONS PAGENO=1 NODATE;
PROC CORR DATA=sample.alpha NOSIMPLE ALPHA;
   VAR a3alpha c1alpha c2alpha;
RUN;
QUIT;
```

(4) 결과해석

결과를 보면, 알파 타이어의 구매가능성에 대한 구매의도(a_3alpha), 신뢰도(c_1alpha), 관심도(c_2alpha)간에 신뢰도가 0.8046(사회과학 데이터의 경우는 보통 0.7이상이면 신뢰성이 있다고 할 수 있다)으로서 높다고 할 수 있다. 따라서 이들을 하나의 변수로 보아 합산을 하든지, 평균을 낸 값으로 어떤 분석을 하더라도 큰 문제가 없다. 그리고 구매의도라는 하나의 개념을 측정하는 변수로서 이 세 가지 변수가 적절하다고도 할 수 있다.

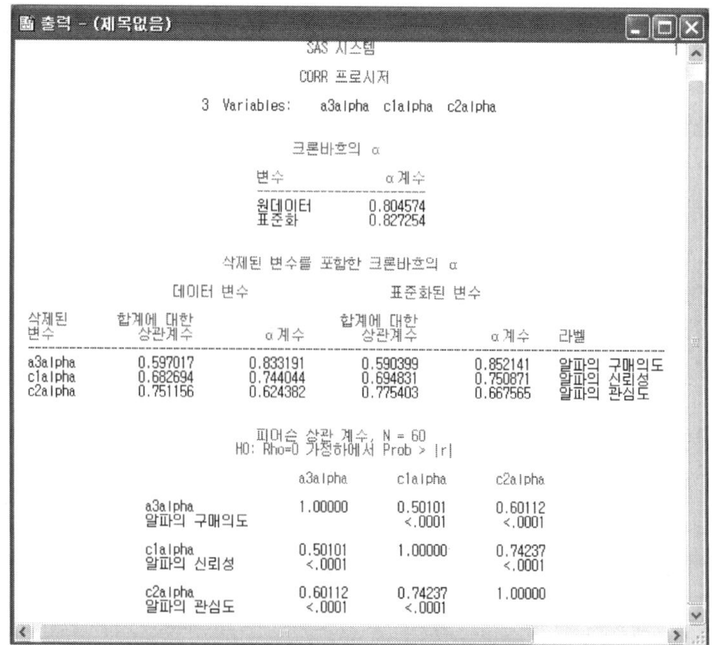

출력 - (제목없음)

SAS 시스템

CORR 프로시저

3 Variables: a3alpha c1alpha c2alpha

크론바흐의 α

변수	α 계수
원데이터	0.804574
표준화	0.827254

삭제된 변수를 포함한 크론바흐의 α

	데이터 변수		표준화된 변수		
삭제된 변수	합계에 대한 상관계수	α 계수	합계에 대한 상관계수	α 계수	라벨
a3alpha	0.597017	0.833191	0.590399	0.852141	알파의 구매의도
c1alpha	0.682694	0.744044	0.694831	0.750871	알파의 신뢰성
c2alpha	0.751156	0.624382	0.775403	0.667565	알파의 관심도

피어슨 상관 계수, N = 60
H0: Rho=0 가정하에서 Prob > |r|

	a3alpha	c1alpha	c2alpha
a3alpha 알파의 구매의도	1.00000	0.50101 <.0001	0.60112 <.0001
c1alpha 알파의 신뢰성	0.50101 <.0001	1.00000	0.74237 <.0001
c2alpha 알파의 관심도	0.60112 <.0001	0.74237 <.0001	1.00000

삭제된 변수는 특정변수를 세 가지 변수 중에 삭제하고 난 후에 Cronbach 계수는 Alpha난의 값과 같이 된다는 의미이다. 예를 들어 알파의 구매의도(a_3*alpha*)라는 변수를 삭제한 경우에는 Cronbach 계수가 0.8332로 증가한다. 여기에서는 세 가지 변수를 하나로 보았을 때의 Cronbach Alpha 계수 값보다 그리 크지 않으므로 변수를 제거시키지 않고 보는 것이 더 의미 있다. 마지막으로 각 변수들간의 상관관계표도 제시된다.

7.2 넌메트릭 변수간 신뢰도 검정 분석

(1) 분석개요

넌메트릭 변수간 신뢰도 검정 분석에는 동일도구 2회 측정신뢰도와 내적일관성 신뢰도로 나눌 수 있다.

가. 동일도구 2회 측정 신뢰도

신뢰도를 측정하는 개념 중에는 동일도구 2회 측정 신뢰도(test−retest reliability)는 동일도구 2회 측정신뢰도는 같은 형태의 질문에 대해서 두 번의 측정을 하는 경우로서 난괴법에 있어 실험전−실험후 사전실험 설계와 비슷하게 두 메저 간에 신뢰도를 측정하는 개념이다.

예를 들어 다음과 같은 질문을 생각해 보자. "나는 사물에 대해 좋은 측면만을 보는 경향이 있다." 라는 질문에 대한 답을 100점 리커트 형태로 측정해 보자. 이 경우에 이 응답자가 일관성 있게 답하는가를 알아보기 위해 동일도구 측정신뢰도방법을 통해 1주일 간격으로 다음과 같이 두 번에 걸쳐 실험을 했다(Shavelson 1988; Winer 1971).

응답자	제 1 주	제 2 주
1	65	64
2	61	65
3	58	55
4	50	45

나. 내적일관성 신뢰도

내적일관성 신뢰도(internal consistency reliability)는 동등한 2가지 측정도구에 의한 측정치의 신뢰도(alternative form reliability)를 측정하는 개념이다. 데이터를 측정하는 항목들이 `있다', `없다' 와 같이 명목데이터로 측정이 된 경우에는 동등한 2가지 도구에 의한 측정치의 신뢰도를 측정한다. 다음 예제는 특정개념에 대해서 개념이 특정한 특성이 있느냐 없느냐에 대해 5개 항목으로 측정한 결과이다.

응답자	항목1	항목2	항목3	항목4	항목5
1	1	1	1	1	1
2	1	1	1	1	0
3	1	1	1	1	0
4	1	1	1	0	0
5	1	1	1	0	0
6	1	1	1	0	0
7	1	1	0	0	0
8	1	1	0	0	0
9	1	1	0	0	0
10	1	0	0	0	0

다. 신뢰도 통계량 계산

스피어만－브라운(Spearman－Brown)식에 의해 데이터에 대한 신뢰도 검정을 할 수 있다. 이 식은 다음과 같다.

$$\theta = \frac{\sigma_\pi^2}{\sigma_\eta^2} = \frac{MS_B - MS_W}{k \quad MS_W}$$

$$\rho_1 = \frac{\theta}{(1+\theta)}$$

$$\rho_k = \frac{k\theta}{(1+k\theta)}$$

여기서 ρ_1는 인자의 2수준간의 상관관계(intraclass correlation)를 나타내며, ρ_k는 전체 수준의 상관관계를 나타낸다. 이는 명목데이터의 신뢰도에 대한 검정 통계량으로도 사용할 수 있다.

또 다른 형태의 신뢰도 추정방법은 분산을 통해 신뢰도를 구하는 경우이다. 이 식은 분산분해를 분산을 인자별로 나눈 후에 사용할 수 있다. 이 식은 다음과 같다.

$$\gamma_{xx} = \frac{\sigma_S^2}{(\sigma_S^2 + \sigma_e^2 / k)}$$

여기서 σ_S^2는 항목에 대한 공분산이며, σ_e^2는 오차에 대한 공분산이다.

(2) 동일도구 2회 측정 신뢰도

먼저 데이터를 입력하기 위해서는 다음과 같이 데이터 스텝의 프로그램을 작성한다.

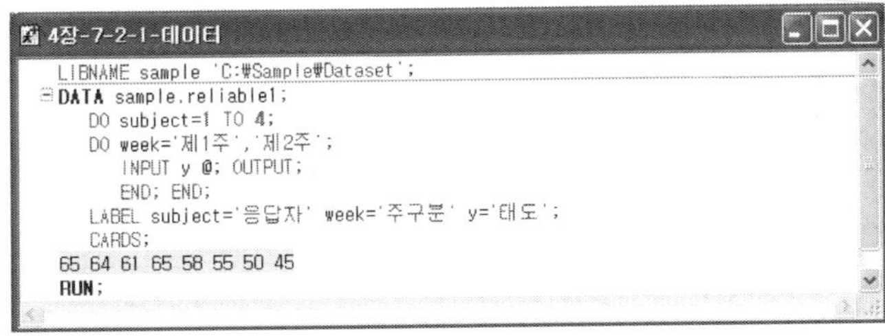

4장-7-2-1-데이터

```
LIBNAME sample 'C:₩Sample₩Dataset';
DATA sample.reliable1;
   DO subject=1 TO 4;
   DO week='제1주','제2주';
      INPUT y @; OUTPUT;
      END; END;
   LABEL subject='응답자' week='주구분' y='태도';
   CARDS;
65 64 61 65 58 55 50 45
RUN;
```

다음으로 PROC ANOVA 프로시저를 통해 프로그램을 작성하고 실행시킨다.

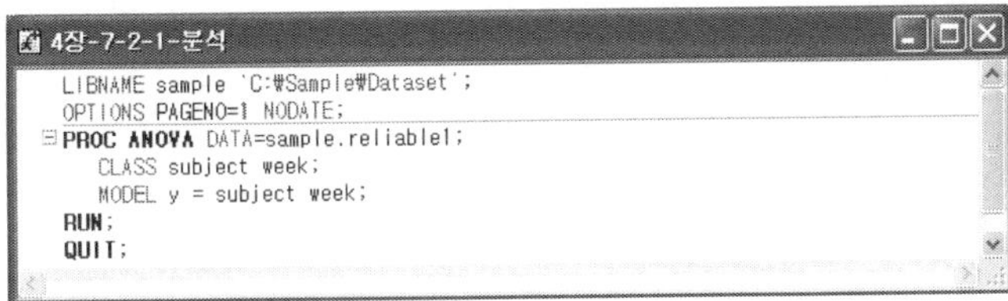

4장-7-2-1-분석

```
LIBNAME sample 'C:₩Sample₩Dataset';
OPTIONS PAGENO=1 NODATE;
PROC ANOVA DATA=sample.reliable1;
   CLASS subject week;
   MODEL y = subject week;
RUN;
QUIT;
```

분석결과는 다음과 같이 제시된다. 여기서 신뢰도 검정 통계량 스피어만-브라운식에 의해 신뢰도를 구해보면, 다음과 같이 계산된다.

$$\theta = \frac{\sigma_\pi^2}{\sigma_\eta^2} = \frac{MS_B - MS_W}{k \quad MS_W} = \frac{119.792 - 7.458}{(2)(7.458)} = 7.351$$

$$\rho_1 = \frac{\theta}{(1+\theta)} = \frac{7.351}{(1+7.351)} = 0.88$$

$$\rho_k = \frac{k\theta}{(1+k\theta)} = \frac{(2)(7.351)}{1+(2)(7.351)} = 0.94$$

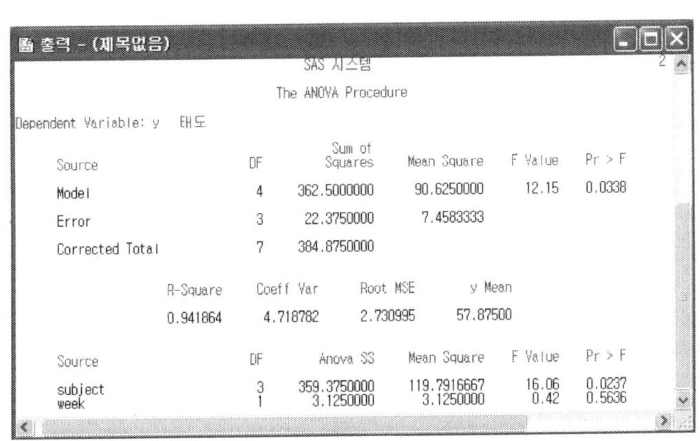

출력 - (제목없음)

SAS 시스템 2

The ANOVA Procedure

Dependent Variable: y 태도

Source	DF	Sum of Squares	Mean Square	F Value	Pr > F
Model	4	362.5000000	90.6250000	12.15	0.0338
Error	3	22.3750000	7.4583333		
Corrected Total	7	384.8750000			

R-Square	Coeff Var	Root MSE	y Mean
0.941864	4.718782	2.730995	57.87500

Source	DF	Anova SS	Mean Square	F Value	Pr > F
subject	3	359.3750000	119.7916667	16.06	0.0237
week	1	3.1250000	3.1250000	0.42	0.5636

(3) 내적 일관성 신뢰도

먼저 데이터를 입력하기 위해서는 다음과 같이 데이터스텝의 프로그램을 작성한다.

```
4장-7-2-2-데이터
LIBNAME sample 'C:\Sample\Dataset';
DATA sample.reliable2;
   DO subject=1 TO 10;
   DO item='항목1','항목2','항목3','항목4','항목5';
      INPUT y @; OUTPUT;
      END; END;
   LABEL subject='응답자' item='항목' y='반응여부';
   CARDS;
1 1 1 1 1  1 1 1 1 0
1 1 1 1 0  1 1 1 0 0
1 1 1 0 0  1 1 1 0 0
1 1 0 0 0  1 1 0 0 0
1 1 0 0 0  1 0 0 0 0
RUN;
```

다음으로 PROC ANOVA 프로시저를 통해 프로그램을 작성하고 실행시킨다.

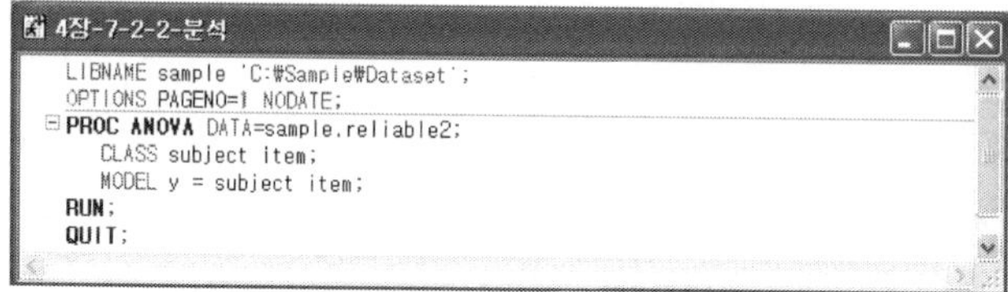

```
4장-7-2-2-분석
LIBNAME sample 'C:\Sample\Dataset';
OPTIONS PAGENO=1 NODATE;
PROC ANOVA DATA=sample.reliable2;
   CLASS subject item;
   MODEL y = subject item;
RUN;
QUIT;
```

분석결과는 다음과 같이 제시된다. 명목데이터간의 신뢰도를 구해보면,

$$\theta = \frac{\sigma_\pi^2}{\sigma_\eta^2} = \frac{MS_B - MS_W}{k \quad MS_W} = \frac{0.2687 - 0.1033}{(5)(0.1033)} = 0.1036$$

$$\rho_1 = \frac{\theta}{(1+\theta)} = \frac{0.1036}{(1+0.1036)} = 0.0936$$

$$\rho_k = \frac{k\theta}{(1+k\theta)} = \frac{(5)(0.1033)}{1+(5)(0.1036)} = 0.6397$$

로서 신뢰도가 0.64정도로 예측된다.

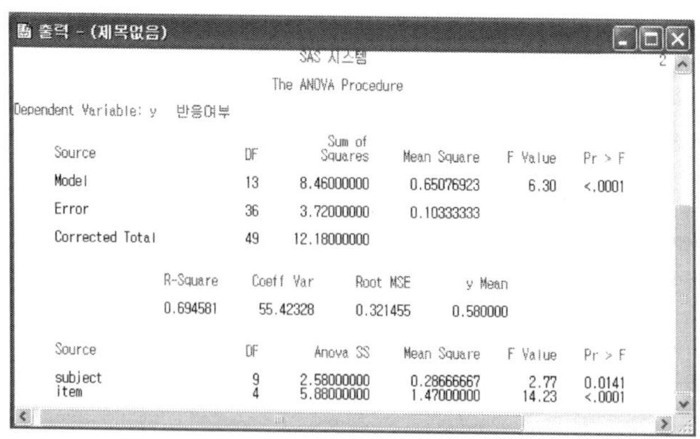

출력 - (제목없음)

SAS 시스템 2

The ANOVA Procedure

Dependent Variable: y 반응여부

Source	DF	Sum of Squares	Mean Square	F Value	Pr > F
Model	13	8.46000000	0.65076923	6.30	<.0001
Error	36	3.72000000	0.10333333		
Corrected Total	49	12.18000000			

R-Square	Coeff Var	Root MSE	y Mean
0.694581	55.42328	0.321455	0.580000

Source	DF	Anova SS	Mean Square	F Value	Pr > F
subject	9	2.58000000	0.28666667	2.77	0.0141
item	4	5.88000000	1.47000000	14.23	<.0001

8. 프로시저 설명

8.1 PROC MEANS

(1) PROC MEANS의 일반형

기본형

```
PROC MEANS 옵션;
  VAR 변수들;
  WEIGHT 변수;
  FREQ 변수;
  ID 변수들;
  BY 변수들;
  OUTPUT OUT=데이터셋  키어=이름...;
```

[옵션]
- DATA=데이터셋 : 일반적인 데이터셋의 이름을 적는다. 이 옵션이 없을 경우 이 프로시저 직전에 만들어졌던 데이터셋을 사용한다.
- NOPRINT : 서술통계량을 OUTPUT화면에 출력하지 않는다. 이 때는 출력 데이터셋이 명시되어야 한다.
- MAXDEC=n : 소수점 자릿수를 지정한다.
- N : 계산에 사용된 관찰치의 개수를 출력한다.
- NMISS : 결측값의 개수를 출력한다.
- MEAN : 산술평균을 출력한다.
- STD : 표준편차를 출력한다.
- MIN : 최소값을 출력한다.
- MAX : 최대값을 출력한다.
- RANGE : 최대값 - 최소값의 차이(범위)를 출력한다.
- SUM : 합계를 출력한다.
- VAR : 분산을 출력한다.
- USS : 변수의 제곱합을 출력한다.
- CSS : 변수에서 평균을 뺀 후의 제곱합을 출력한다.
- STDERR : 평균의 표준편차.
- CV : 변화량 계수(퍼센트)를 출력한다.
- T : t 값(Student t)을 계산한다.
- PROBT : t 값의 확률값을 계산한다.

(2) VAR 변수들;

분석을 하고 싶은 변수들을 적는다. 이 변수는 BY문이나 ID문에서 정의되어 있지 않은 변수이어야 한다.

(3) OUTPUT OUT=데이터셋 키어=이름…;

- **OUT=데이터셋** : 분석결과가 저장될 데이터셋을 지정한다(영구적으로 데이터셋을 저장하고 싶을 경우는 데이타스텝란을 참조).
- **키어=이름** : 키어는 PROC MEANS 옵션에서 서술통계량에 대한 옵션들(N에서 PROBT까지)이며, 이름은 키어를 받아들일 변수이름을 적는다.

```
OUTPUT OUT=stats MEAN=meana meanb STD=stda;
```

(4) 기타 문장들

가. BY 변수들;

지정한 변수들의 값을 기준으로 분석을 한다. 사전에 PROC SORT 프로시저로 정렬되어 있어야 한다. BY문을 사용하는 것보다 일반적으로 CLASS문을 사용하는 것이 PROC SORT 문을 사용하지 않아도 되고 편리하다.

나. FREQ 변수;

지정한 변수의 값만큼 관찰치의 도수를 증가시킨다.

다. ID 변수;

출력할 때 관찰치를 구분해서 표시할 구분변수를 지정한다.

8.2 PROC UNIVARIATE

(1) PROC UNIVARIATE의 기본형

기본형

```
PROC UNIVARIATE 옵션;
  VAR 변수들;
  FREQ 변수;
  ID 변수;
  WEIGHT 변수;
  BY 변수들;
            OUTPUT OUT=데이터셋  키어=이름...;
```

[옵션]
- DATA=데이터셋 : 일반적인 데이터셋의 이름을 적는다. 이 옵션이 없을 경우 프로시저 직전에 만들어졌던 데이터셋을 사용한다.
- FREQ : 빈도, 퍼센트, 누적 퍼센트로 구성된 도수분포표를 제공한다.
- NOPRINT : OUTPUT 화면에 결과의 출력을 하지 않는다. OUTPUT OUT= 데이터셋 키어= 이름이 정의되어야 한다.
- NORMAL : 관찰치들이 정규분포를 하고 있는지를 검정한다.
- PLOT : 줄기 - 나뭇잎 그림, 박스 그림, 정규분포 그림을 제공한다.

(2) VAR 변수들;

분석을 하고 싶은 변수들을 적는다. 이 변수는 BY문이나 ID문에서 정의되어 있지 않은 변수이어야 한다.

(3) OUTPUT OUT=데이터셋 키어=이름;

[옵션]
- OUT=데이터셋 : 분석결과가 저장될 데이터셋을 지정한다.
- 키어=이름 : 키어는 PROC MEANS 옵션에서 기술통계량에 대한 옵션들(N에서 PRT까지)이며, 이름은 이들 키어를 받아들일 변수 이름을 적는다(자세한 사용법은 PROC MEANS 프로시저를 참조). 이외에 가능한 키어는 다음과 같다.
- Q3 : 제3사분위수 또는 제75분위수.
- MEDIAN : 제2사분위수 또는 제50분위수.
- Q1 : 제1사분위수 또는 제25분위수.
- QRANGE : 제3사분위수에서 제1사분위수 간의 범위.
- MODE : 가장 도수가 많은 변수값.

(4) 기타 문장들

가. BY 변수들;

지정한 변수의 값이 변할 때마다 서로 다른 단일변수 기술통계 및 정규성 검정을 하고자 할 때 사용한다. 사전에 PROC SORT 프로시저로 정렬되어 있어야 한다.

나. FREQ 변수;

지정한 변수의 값만큼 관찰치의 도수를 증가시킨다.

다. ID 변수;

출력할 때 관찰치를 구분해서 표시할 구분변수를 지정한다.

라. WEIGHT 변수;

가중치의 정보를 가지고 있는 변수를 WEIGHT문에 사용한다. WEIGHT문은 FREQ문과는 다르게 도수를 변화시키지는 않으며, 가중평균, 가중표준편차계산에 사용된다.

가설검정

CHAPTER 5

1. 가설검정

1.1 가설이란

가설(hypothesis)이란 표본으로부터 주어지는 정보를 이용하여, 모수에 대한 예상, 주장 또는 단순한 추측 등을 기술하는 것이다. 가설은 둘 또는 그 이상의 변수들간의 관계에 대한 시험적인 주장이다. 가설이 시험적이라는 것은 기대되는 정확성을 실증적으로 검정할 수 있으며, 검정을 통해서만 사실여부가 확인되기 때문이다. 또한 가설은 매우 정형화된 논리이다. 가설은 다음과 같은 3가지 형태에 따라 설정된 논리로부터 만들어진다.

❶ 잘 정립된 사실의 집합에 근거하여 설정된 논리

❷ 여러 연구 또는 시험적인 이론들로부터 나온 예측

❸ 정확한 정보가 없을 때는 가장 적절한 추측(guess)에서 나온 예측

가설은 보통 두 변수간에 관련성을 표현하게 되는데 관련성이 양인 경우, 음인 경우, 없는 경우, 관련 정도가 더 큰 경우, 관련 정도가 더 작은 경우 등으로 나뉘어질 수 있다.

가설의 종류는 두 가지 형태가 있다. 먼저 대립가설(alternative hypothesis : H_1)은 데이터로부터 얻은 강력한 증거에 의해 연구자가 입증하고자 하는 가설을 이야기한다. 반면 귀무가설 또는 영가설(null hypothesis : H_0)은 대립가설에 상반되는 가설로서 분석 이전에 자연현상에 가까운 사실을 의미한다. 예를 들어 어떤 사람이 범죄혐의를 의심 받고 있다고 하자. 보통은 이 사람이 범죄를 저질렀다는 강력한 증거가 없다면 이 사람은 범인이라고 볼 수 없을 것이다. 즉 일반적으로 증거가 없이는 범인이 아니라는 사실이 더 자연적이다. 따라서 이 경우 귀무가설은 "이 사람은 범죄자가 아니다"일 것이며, 형사들은 여러 가지 증거를 포착하여 이 사람이 범죄자라는 것을 보이고자 하기 때문에 대립가설은 "이 사람은 범인이다"라고 설정될 것이다.

일반적으로 가설은 사회과학에서는 대립가설만을 적는 경우가 많다. 즉 "사람의 머리속에 단어리스트의 조직화된 정도가 높을수록 기억한 단어수가 많을 것이다"와 같이 대립가설만 서술된다. 단어리스트 조직화된 정도가 기억한 단어 수와 특별한 이론적인

관련성이 없다면 오히려 서로 관련 없는 것이 자연적인 현상이기 때문에 귀무가설은 "사람의 머릿속에 단어리스트의 조직화된 정도와 기억한 단어수가 관련이 없을 것이다"가 일반적이라고 볼 수 있다. 물론 "기억한 단어수가 적을 것이다"도 생각할 수 있으나, 이 또한 이러한 관련성이 이론적으로 증명되기 전에는 이론적인 관련성이 없기 때문에 귀무가설로 생각하기는 어렵다.

1.2 가설검정

설정된 가설 중에 어느 것이 맞는지를 검정하는 것이 가설검정(hypothesis test)이다. 이 때 사용하는 통계량은 검정통계량(test statistic)이다. 주요 검정통계량은 정규분포, t−분포, χ^2−분포, F−분포에 근거한 것이다. 가설검정은 검정통계량의 값에 따라 대립가설이 채택될 수 있는지를 검정한다. 대립가설이 채택될 수 있을 때는 귀무가설을 기각한다고 하며, 반대의 경우에는 귀무가설을 기각할 수 없다고 하는 것이 상례이다. 귀무가설을 기각하게 되는 검정통계량의 관측값 영역을 기각역(rejection region, critical region)이라고 한다.

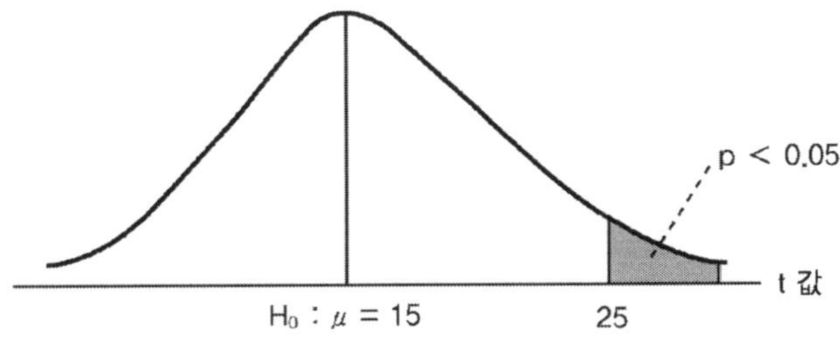

그림에서 보듯이 기각역을 정하는데 있어 가장 중요한 것은 유의수준(significance level)의 결정이다. 정규분포의 경우 유의수준은 '귀무가설이 맞다'고 보았을 때 평균을 기준으로 관측된 값의 평균값이 위치한 지점이 나타날 가능성을 말한다. 일반적으로 0.01(1%), 0.05(5%), 0.10(10%)인 경우가 가장 많이 사용된다. 예를 들어 귀무가설에 의한 평균값이 15점이었고 관측된 값이 25점이었다고 하자. 귀무가설에 의해 평균값 15점이 분포에서 25점보다 큰 값이 나올 가능성이 그림에서와 같이 0.05보다 낮다면, 이는 이 값이 이 분포에서 나올 가능성이 거의 희박하다는 것을 의미한다. 즉 이 분포를 따르는 모집단에서 100번의 표본을 추출하는 경우 각 표본의 평균값을 살펴보면, 100번 중에 이 값보다 크게 나올 가능성이 5번 보다 작다는 것이다. 따라서 이는 현재 추출된 데이터가 귀무가설을 따르는 분포에서 그 값이 나왔다는 사실에 강력하게 반대되는 증거임을 나타내는 것이다.

유의수준에 따른 기각역은 크게 두 가지 형태로 나누어 진다. 단측검정은 특정한 값보다 큰가 또는 작은가 중 하나만을 기각역으로 보는 경우이다. 앞의 그림의 예는 단측검정의 대표적인 예라고 볼 수 있다. 양측검정은 두 값이 모두 기각역에 속하는 경우이다. 따라서 정규분포나 t—분포에서 단측검정에 비해 양측검정은 기각역이 두 군데로 분산이 된다. 즉, 유의수준이 0.05라면 평균보다 작은 값에서 0.025만큼 기각역이 형성되고, 평균보다 큰 값에서 0.025만큼 기각역이 형성된다.

보통 통계분석에서 이 값은 특별한 몇몇 분석 방법을 제외하고는 p값(Prob, Prob 〈W, Prob 〉 |T|, Prob 〉 F 등)이라고 나온 칼럼에 제시된다. 여기서 Prob 〉 |T|와 같이 절대값을 기준으로 값이 제시되어 있는 경우는 양측검정에 대한 통계량이며, 나머지는 단측검정에 대한 통계량이다. 일반적으로 상관관계 통계량이나 t 분포에 의한 통계량 등은 양측검정 통계량으로 제시되며, 나머지 χ^2—분포, F—분포 등에 의한 통계량은 대립가설이 특정한 값(χ^2은 0, F—분포는 1)보다 크다는 단측검정 통계량이다.

따라서 데이터분석을 할 때 앞에서와 같은 그림을 그릴 필요가 없이 유의수준이 0.05인 경우 그 값이 0.05보다 작은 값이면 귀무가설을 기각하고 대립가설을 채택하고, 반대이면 대립가설을 기각한다.

유의수준을 통한 기각역을 통해 검정할 경우 검정결과에 따라 다음과 같은 오류를 생각할 수 있다. 즉 귀무가설이 옳음에도 우리는 유의수준만큼의 오류를 일으킬 가능성이 있다. 이것을 우리는 제1종의 오류라고 하며, 이 오류를 보통 유의수준의 값을 α로 표기한다. 반면에 대립가설이 맞고, 귀무가설이 틀림에도 불구하고 귀무가설이 맞다라고 검정하는 오류를 제2종의 오류라고 하며, 이것을 β로 표기한다. 이것을 power analysis라고도 한다. 따라서 좋은 검정은 이미 지정된 유의수준인 α에 β가 낮을수록 좋은 검정이라고 할 수 있다. 이 내용을 표로 정리해 보면 다음과 같다.

실제현상 / 검정결과	귀무가설이 사실	대립가설이 사실
귀무가설을 채택	옳은 결정	β
귀무가설을 기각	α	옳은 결정

1.3 가설검정의 종류

표본의 개수	검정 대상	모분산 파악여부	분석 구분
1개	평균	알고 있음	한 표본에서 평균에 대한 Z- 검정
		모름	한 표본에서 평균에 대한 t －검정
	비율	관계없음	한 표본에서 비율에 대한 비율검정
	분산	관계없음	한 표본에서 분산에 대한 모분산검정
2개	평균	관계없음 독립된 표본	두 표본에서 평균에 대한 t －검정
		관계없음 쌍체 표본	두 표본에서 평균에 대한 쌍체 t - 검정
	비율	관계없음	두 표본에서 비율에 대한 비율검정
	분산	관계없음	두 표본에서 분산에 대한 모분산검정

가설검정은 다음과 같은 두 가지 기준에 의해 나뉘어 진다. 먼저 가설검정을 하고자 하는 표본의 개수, 검정 대상, 모분산의 파악여부이다. 표본의 개수가 1개인가 아니면 2개 또는 그 이상인가이다. 다음으로 가설 검정을 하고자 하는 대상이 평균에 대한 것인가, 비율에 관한 것인가, 아니면 분산에 관한 것인가 이다. 마지막으로 모집단에 대한 분산 또는 표준편차를 알고 있는가에 대한 여부이다.

2개 표본에 대해 평균을 검사할 때 표본의 독립성이 중요하다. 즉 독립된 표본으로서 서로 밀접한 관계가 없을 때는 독립된 표본에 대해 t－검정을 수행하게 되나, 실험의 특성상 같은 특성을 같은 대상자에 대해 반복적인 실험을 하였다고 볼 수 있는 상황에는 쌍체 t－검정을 수행한다.

2. 한 표본에 대한 가설검정

2.1 Z−검정

(1) 분석개요

한 표본에 대한 Z−검정은 모집단에 대한 분산을 알고 있는 경우에 가설을 검정하는 방법이다. 예를 들어 다음과 같은 마케팅 조사 담당자의 문제를 생각해보자.

어떤 회사의 시중에 나와 있는 음료수의 병에 함량이 350*ml*라고 표시되어 있다. 공정거래위원회에서는 이 음료수의 함량이 정확하게 표시되어 있는가를 알아보기 위하여 시중의 슈퍼마켓에서 '무작위로(random)' 10개의 병을 추출하여 함량을 조사한 결과 다음과 같은 데이터를 얻었다. 과거의 경험으로 음료수병에 대한 분산이 1*ml*인 것으로 나타났다. 이 음료수 병에 들어 있는 음료수의 양이 350*ml*라고 주장할 수 있는 가를 검정하여라.

```
351.8, 353.2, 348.5, 351.3, 347.6, 347.3, 351.0, 352.5, 352.5, 351.1
```

이 경우 다른 조건이 없는 한 분산 σ^2=1로 알려져 있으며, 정규분포를 따르는 것으로 볼 수 있다. 이 문제에 대한 귀무가설과 대립가설을 보면 다음과 같다

- H_0 : 음료수병 함량은 350*ml*이다($\mu_1 = \mu_0$).
- H_1 : 음료수병 함량은 350*ml*이 아니다($\mu_1 \neq \mu_0$).

(2) 분석데이터

분석데이터는 다음과 같이 10개의 데이터에 대해 직접 확장편집기 화면에서 입력을 했다. 그리고 변수이름을 *bottle*로 했으며, 한글 라벨을 음료수병 함량으로 지정했다.

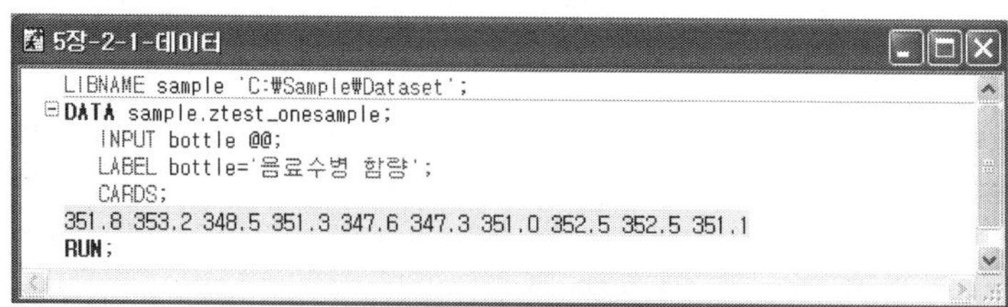

5장-2-1-데이터
LIBNAME sample 'C:₩Sample₩Dataset';
DATA sample.ztest_onesample;
INPUT bottle @@;
LABEL bottle='음료수병 함량';
CARDS;
351.8 353.2 348.5 351.3 347.6 347.3 351.0 352.5 352.5 351.1
RUN;

본 프로그램을 실행시키기 위해서는 상단의 아이콘 메뉴 중에 다음과 같이 원안의 실행 아이콘을 클릭한다.

(3) 분석과정

한 표본에 대한 Z−검정을 검정하기 위해서는 다음과 같이 프로그램을 작성해야 한다. 먼저 **PROC MEANS** 프로시저에서는 평균을 계산했다. 여기서 **NOPRINT** 옵션을 통해 분석 결과를 출력하지 않고, 분석 결과를 **OUTPUT OUT=**에 지정된 sample.ztest_onesample_out1 데이터셋에 저장하도록 했다. 여기서 **MEAN=m N=n**을 통해 계산된 평균 값을 m이라는 변수로, 표본 수를 n이라는 변수로 저장하도록 했다.

다음으로 데이터스텝에서 Z−검정을 위한 통계량들을 계산했다. 여기서 *nullm*=은 귀무가설에서 검정하고자 하는 평균에 대한 값을 지정한다. 여기서는 350을 지정했다. 다음으로 z 값은 다음과 같은 공식으로 계산되기 때문에 이 공식을 적었다.

$$z = \frac{\overline{X} - \mu_0}{\sigma/\sqrt{n}}$$

이 값에 대한 확률은 각각의 상황에 따라 다음 중에 하나로 계산이 될 수 있다. 상황에 따라 적절한 형태로 바꾸어서 입력해야 한다.

- 양측검정 : prob=(1−PROBNORM(z))*2;
- 우측 단측검정 : prob=(1−PROBNORM(z));
- 좌측 단측검정 : prob=PROBNORM(z);

5장-2-1-분석

```
LIBNAME sample "C:\Sample\Dataset";
OPTIONS NODATE PAGENO=1;
PROC MEANS DATA=sample.ztest_onesample NOPRINT;
  VAR bottle;
  OUTPUT OUT=sample.ztest_onesample_out1 MEAN=m N=n;
RUN;
DATA sample.ztest_onesample_out2;
  SET sample.ztest_onesample_out1;
  LABEL n='표본수' m='실제측정 평균' nullm='귀무가설 평균'
        z='z 값' prob='Prob > |z|';
  nullm=350;
  z=(m-nullm)/(1/SQRT(n));
  prob=(1-PROBNORM(z))*2;
RUN;
PROC PRINT DATA=sample.ztest_onesample_out2 NOOBS LABEL;
   VAR n m nullm z prob;
RUN;
```

본 프로그램을 실행시키기 위해서는 상단의 아이콘 메뉴 중에 다음과 같이 원안의 실행 아이콘을 클릭한다.

(4) 결과해석

가설 검정결과를 살펴보면 다음과 같다. 먼저 가설검정 통계량은

$$z = \frac{\overline{X} - \mu_0}{\sigma / \sqrt{n}} = \frac{350.68 - 350}{1/\sqrt{10}} = 2.150$$

이며, Prob 〉 z가 0.032으로 현재의 귀무가설을 기각할 수 있다. 따라서 0.05의 유의수준에서 과거의 음료수병의 함량 350*ml*라는 귀무가설을 기각하게 된다. 현재의 표본에서 음료수병의 함량이 350*ml*로 계속 유지되고 있다고 볼 수 없다.

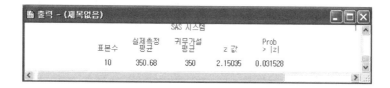

출력 - (제목없음)

SAS 시스템

표본수	실제측정 평균	귀무가설 평균	z 값	Prob > |z|
10	350.68	350	2.15035	0.031528

(5) 파워분석

다음으로 현재 분석한 결과의 power 계수인 beta값을 알아보기 위해 다음과 같이 **PROC POWER** 프로시저를 통해 분석할 수 있다. 여기서 **MEAN**과 **STDDEV**는 앞의 **PROC TTEST**에서 분석된 평균과 표준편차인 350.68과 1을 적는다. 다음으로 **NULLMEAN**에는 귀무가설에서 생각하는 평균인 350을 적고, **NTOTAL**은 표본 수 10을 적는다. **ALPHA**는 일반적으로 검정통계 유의수준으로 알려진 0.05를 지정한다. **POWER=.**은 power 계수인 beta값을 계산하라는 옵션이다.

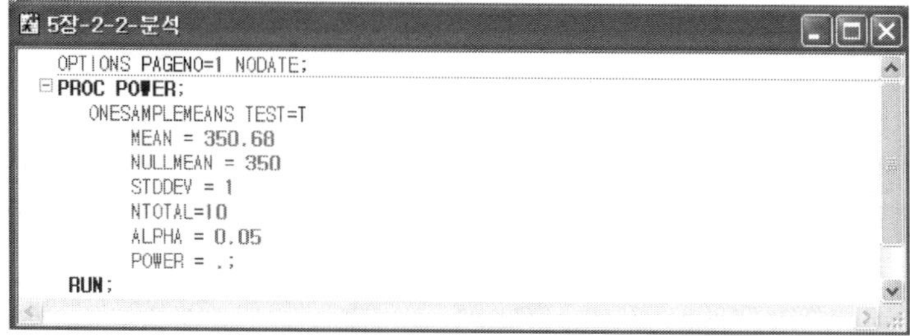

5장-2-2-분석

```
OPTIONS PAGENO=1 NODATE;
PROC POWER;
   ONESAMPLEMEANS TEST=T
      MEAN = 350.68
      NULLMEAN = 350
      STDDEV = 1
      NTOTAL=10
      ALPHA = 0.05
      POWER = .;
RUN;
```

본 프로그램을 실행시키기 위해서는 상단의 아이콘 메뉴 중에 다음과 같이 원안의 실행 아이콘을 클릭한다.

power 분석의 결과를 보면 0.484로 계산이 된다. 대립가설이 맞음에도 불구하고 귀무가설로 평가할 가능성(1−beta로서 0.516임)도 매우 높음을 볼 수 있다. 따라서 현재 데이터의 검정력이 높은 편은 아니라고 할 수 있다.

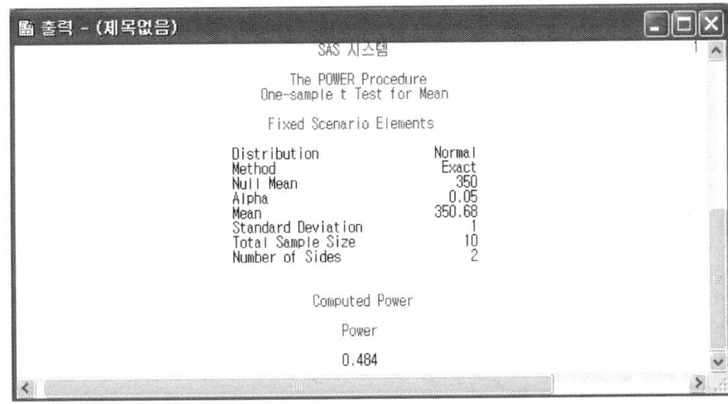

2.2 t−검정

(1) 분석개요

한 표본에 대한 t−검정은 모집단에 대한 분산을 모르고 있는 경우에 가설을 검정하는 방법이다. 예를 들어 다음과 같은 마케팅 조사 담당자의 문제를 생각해보자.

한 자동차 회사에서는 자기네 회사 자동차의 연비가 리터당 20*km* 이상이라고 주장하였다. 회사의 주당이 타당한가를 검정하기 위하여 이 회사의 자동차 20대를 임으로 추출하여 연비를 조사한 결과 다음과 같은 데이터를 구하였다.

```
21.0  22.7  25.8  20.6  18.5  21.4  19.3  17.6  22.7  20.6
17.9  18.3  24.7  23.3  24.3  21.5  20.0  19.8  22.9  19.9
```

이 회사의 주장이 타당한 가에 대하여 5% 유의수준에서 검정해보자. 이 문제에 대한 귀무가설과 대립가설을 보면 다음과 같다

- H_0 : 자동차의 연비는 20*km/l* 미만이다 ($\mu_1 < \mu_0$).
- H_1 : 자동차의 연비는 20*km/l* 이상이다($\mu_1 \geq \mu_0$).

(2) 분석데이터

확장편집기에서 데이터를 입력하기 위해서는 다음과 같이 프로그램을 작성한다.

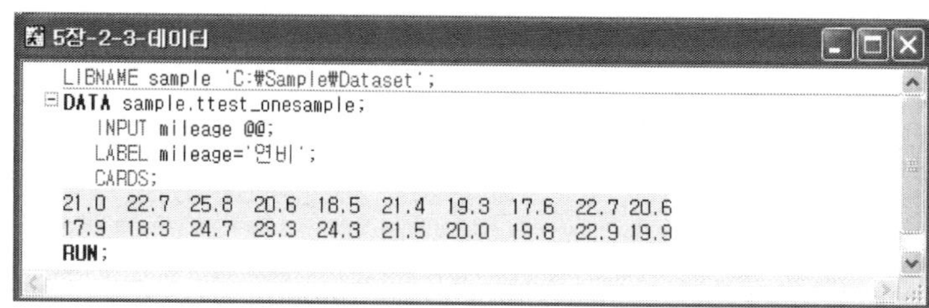
```
LIBNAME sample 'C:\Sample\Dataset';
DATA sample.ttest_onesample;
   INPUT mileage @@;
   LABEL mileage='연비';
   CARDS;
21.0 22.7 25.8 20.6 18.5 21.4 19.3 17.6 22.7 20.6
17.9 18.3 24.7 23.3 24.3 21.5 20.0 19.8 22.9 19.9
RUN;
```

본 프로그램을 실행시키기 위해서 상단의 아이콘 메뉴 중에 다음과 같이 원안의 실행 아이콘을 클릭한다.

(3) 분석과정

확장편집기에서 분석을 하기 위해서는 PROC TTEST 프로시저를 활용한다. 옵션으로 H0는 테스트 검정 기준 값을 20으로 지정하는데 사용한다. VAR문에 분석변수인 *mileage* 변수를 지정한다.

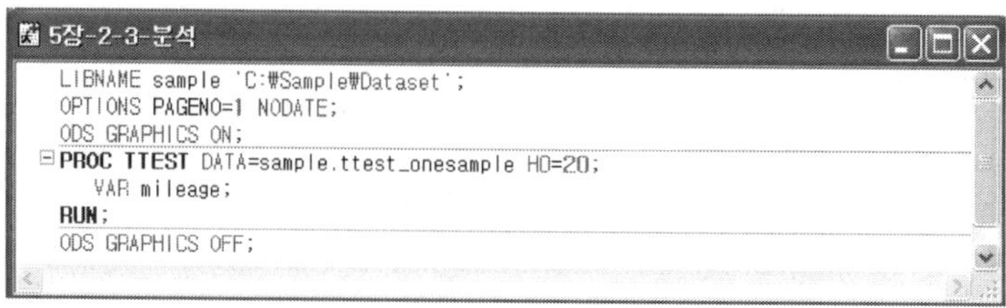
```
LIBNAME sample 'C:\Sample\Dataset';
OPTIONS PAGENO=1 NODATE;
ODS GRAPHICS ON;
PROC TTEST DATA=sample.ttest_onesample H0=20;
   VAR mileage;
RUN;
ODS GRAPHICS OFF;
```

본 프로그램을 실행시키기 위해서는 상단의 아이콘 메뉴 중에 다음과 같이 원안의 실행 아이콘을 클릭한다.

(4) 결과해석

가설 검정결과를 살펴보면 다음과 같다. 먼저 가설검정 통계량은.

$$t = \frac{\overline{X} - \mu_0}{s/\sqrt{n}} = \frac{21.14 - 20}{2.34/\sqrt{20}} = 2.180$$

이다.

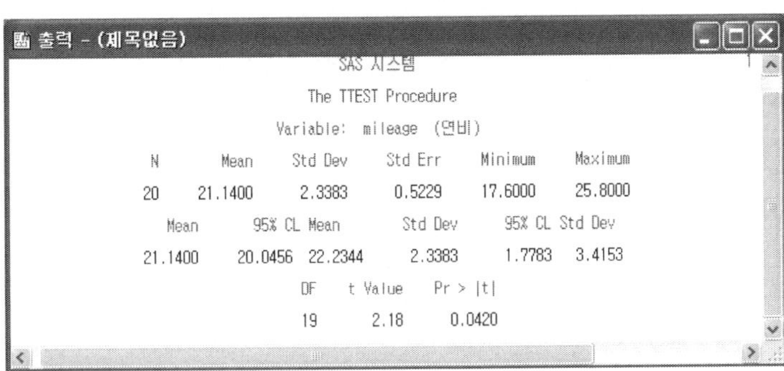

출력 - (제목없음)

SAS 시스템

The TTEST Procedure

Variable: mileage (연비)

N	Mean	Std Dev	Std Err	Minimum	Maximum
20	21.1400	2.3383	0.5229	17.6000	25.8000

Mean	95% CL Mean		Std Dev	95% CL Std Dev	
21.1400	20.0456	22.2344	2.3383	1.7783	3.4153

DF	t Value	Pr > |t|
19	2.18	0.0420

여기서, 양측검정인 경우에는 현재의 Pr 〉 |t| 값을 보면 된다. 만약에 단측검정을 본다면, 먼저 좌측 단측검정은 *t* value가 음수 값을 가져야 하며, Pr 〉 |t|의 1/2 값이 검정통계량의 확률값이 된다. 마찬가지로 우측 단측검정은 t Value가 양수 값을 가져야 하며, Pr 〉 |t|의 1/2 값이 검정통계량의 확률값이 된다.

따라서 Prob 〉 t가 0.021로서 5%의 유의수준에서 연비가 20*km/l*라는 귀무가설을 기각이 된다. 따라서 현재의 회사가 주장하듯이 연비는 20*km/l* 이상이라고 볼 수 있다. 계속해서 이 데이터의 신뢰구간을 보면 20.05~22.23으로 나타나 하한이 20보다 높아 귀무가설을 기각할 수 있음을 보여 주고 있다.

계속해서 정규분포표의 형태를 살펴보면 다음과 같이 제시된다. 그래프를 보면 현재 데이터가 정규분포보다는 Kernel 분포에 가까우며, Q－Q 도표를 볼 경우에도 정규분포에서 약간 벗어난 값이 있음을 알 수 있다. 전체적으로 보아 정규분포 형태가 아니라고 보기는 어려우나, 데이터가 약간 비정상 모양임을 그래프를 통해 확인할 수 있다.

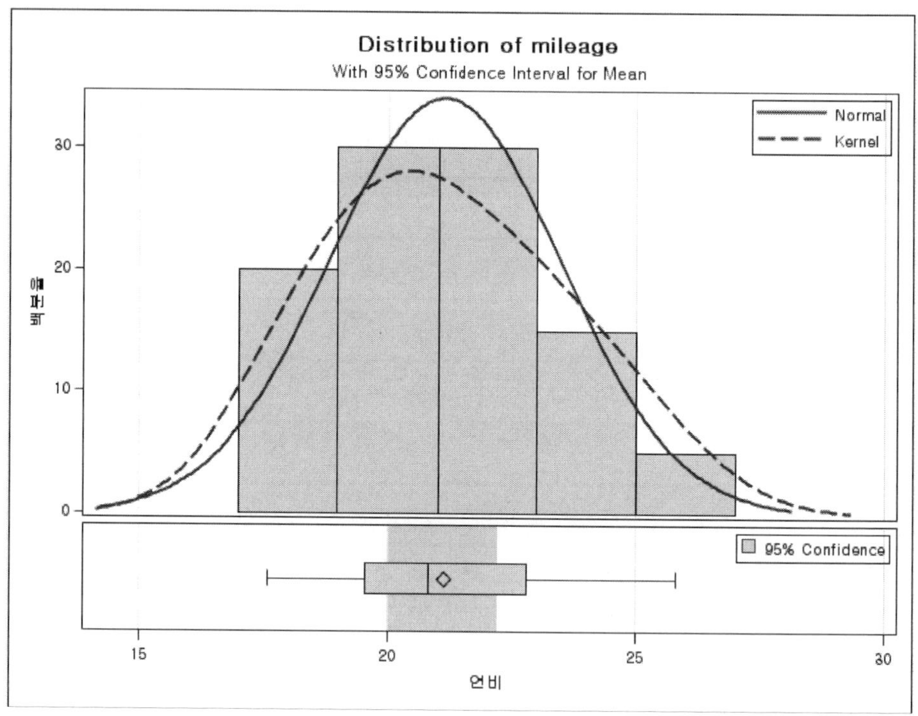
Distribution of mileage
With 95% Confidence Interval for Mean
Normal
Kernel
95% Confidence
백분율
연비
0
10
20
30
15
20
25
30

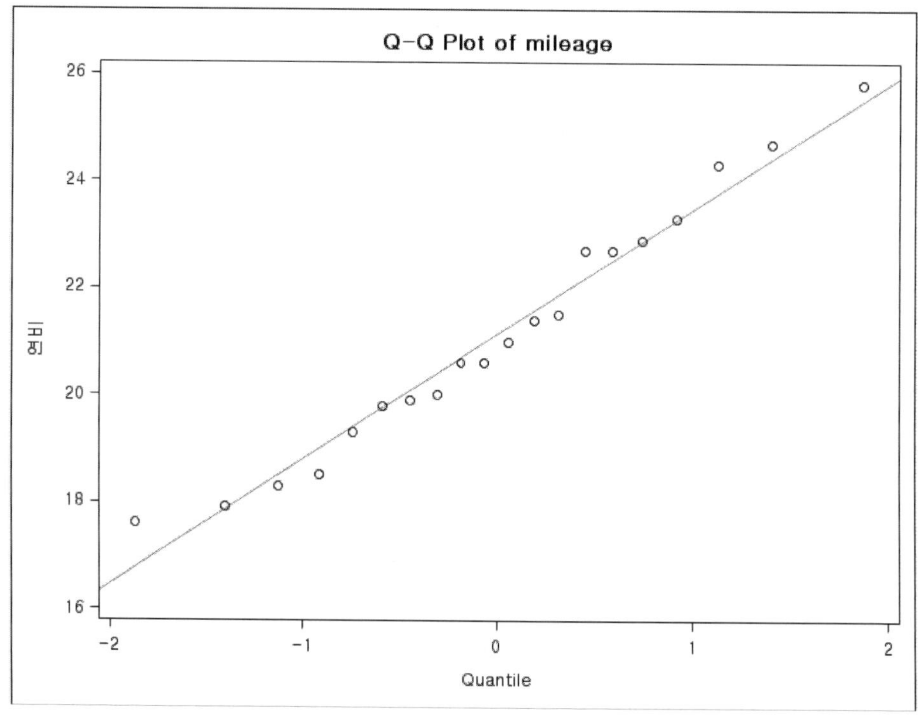
Q-Q Plot of mileage
연비
Quantile
16
18
20
22
24
26
-2
-1
0
1
2

(5) 파워분석

다음으로 현재 분석한 결과의 power 계수인 beta값을 알아보기 위해 다음과 같이 PROC POWER 프로시저를 통해 분석할 수 있다. 여기서 MEAN과 STDDEV는 앞의 PROC TTEST에서 분석된 평균과 표준편차인 21.14와 2.8833을 적는다. 다음으로 NULLMEAN에는 귀무가설에서 생각하는 평균인 20을 적고, NTOTAL은 표본 수를 적는다. ALPHA는 일반적으로 검정통계 유의수준으로 알려진 0.05를 지정한다. POWER=. 은 power 계수인 beta값을 계산하라는 옵션이다.

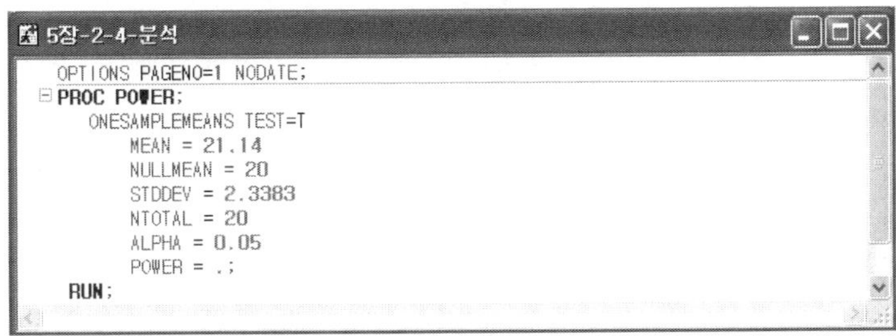
5장-2-4-분석

```
OPTIONS PAGENO=1 NODATE;
PROC POWER;
   ONESAMPLEMEANS TEST=T
       MEAN = 21.14
       NULLMEAN = 20
       STDDEV = 2.3383
       NTOTAL = 20
       ALPHA = 0.05
       POWER = .;
RUN;
```

본 프로그램을 실행시키기 위해서는 상단의 아이콘 메뉴 중에 다음과 같이 원안의 실행 아이콘을 클릭한다.

분석 결과를 보면, 0.544로 나타나 대립가설이 맞음에도 불구하고 귀무가설로 평가할 가능성(1−beta로서 0.456임)도 매우 높음을 볼 수 있다. 따라서 현재 데이터의 검정력이 높은 편은 아니라고 할 수 있다.

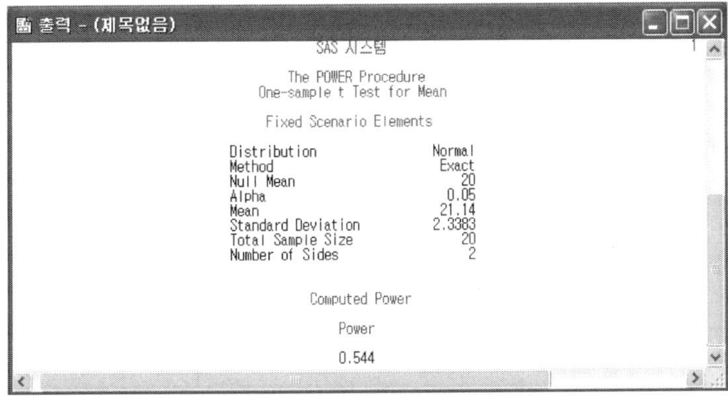
출력 - (제목없음)

SAS 시스템

The POWER Procedure
One-sample t Test for Mean

Fixed Scenario Elements

Distribution	Normal
Method	Exact
Null Mean	20
Alpha	0.05
Mean	21.14
Standard Deviation	2.3383
Total Sample Size	20
Number of Sides	2

Computed Power

Power

0.544

2.3 비율검정

(1) 분석개요

한 표본에 대한 비율검정은 성공, 실패 또는 불량률과 같이 비율에 대한 검정을 하는 것이다. 예를 들어 다음과 같은 조사기관의 문제를 생각해 보자

최근의 한 조사기관에서는 대학 졸업자 중에서 약 20%가 자신의 전공을 살릴 수 있는 직장에 입사한다고 발표하였다. 이 발표가 사실인가를 알아보기 위해 30명의 대학졸업자를 임의로 선발하여 조사한 결과를 살펴보면 다음과 같다. 전공을 살리는 수 있는 경우를 1로 그렇지 않은 경우를 0으로 표시했다. 조사기간의 발표가 타당한가를 5% 유의수준에서 검정해 보자.

```
1 0 1 0 0 0 0 1 0 0   0 1 1 1 0 0 1 1 0 0  1 1 0 0 1 0 1 0 1 0
```

이 조사기관의 주장이 타당한 가에 대하여 5% 유의수준에서 검정해보자. 이 문제에 대한 귀무가설과 대립가설을 보면 다음과 같다

- H_0 : 대학졸업자 중 자신의 전공을 살릴 수 있는 직장에 입사하는 비율이 20%이다 $(p_1 = p_0)$.
- H_1 : 대학졸업자 중 자신의 전공을 살릴 수 있는 직장에 입사하는 비율이 20%가 아니다$(p_1 \neq p_0)$.

(2) 분석데이터

분석데이터는 다음과 같이 30개의 데이터에 대해 직접 데이터스텝에서 입력을 한다. 변수이름을 *choice*로 했으며, 한글 라벨을 직장선택으로 지정했다.

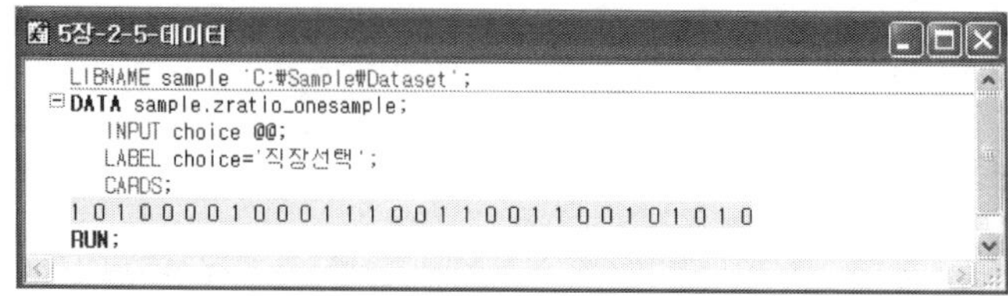
5장-2-5-데이터

```
LIBNAME sample 'C:₩Sample₩Dataset';
DATA sample.zratio_onesample;
   INPUT choice @@;
   LABEL choice='직장선택';
   CARDS;
1 0 1 0 0 0 0 1 0 0 0 1 1 1 0 0 1 1 0 0 1 1 0 0 1 0 1 0 1 0
RUN;
```

본 프로그램을 실행시키기 위해서는 상단의 아이콘 메뉴 중에 다음과 같이 원안의 실행 아이콘을 클릭한다.

(3) 분석과정

한 표본에 대한 Z-검정을 검정하기 위해서는 다음과 같이 프로그램을 작성해야 한다. 먼저 **PROC MEANS** 프로시저에서 비율을 계산했다. 여기서 **NOPRINT** 옵션을 통해 분석 결과를 출력하지 않고, 분석 결과를 **OUTPUT OUT=**에 지정된 sample.zratio_onesample_out1 데이터셋에 저장하도록 했다. 여기서 **MEAN=p N=n**을 통해 계산된 비율 값을 *p*이라는 변수로, 표본 수를 *n*이라는 변수로 저장하도록 했다.

다음으로 데이터스텝에서 Z-검정을 위한 통계량들을 계산했다. 여기서 *nullp*은 귀무가설에서 검정하고자 하는 평균에 대한 값을 지정한다. 여기서는 0.20을 지정했다. 다음으로 z 값은 다음과 같은 공식으로 계산되기 때문에 이 공식을 적었다.

$$z = \frac{\hat{p} - p_0}{\sqrt{\frac{p_0(1-p_0)}{n}}}$$

이 값에 대한 확률은 각각의 상황에 따라 다음 중에 하나로 계산이 될 수 있다. 상황에 따라 적절한 형태로 바꾸어서 입력해야 한다.

- 양측검정 : prob=(1−PROBNORM(z))*2;
- 우측 단측검정 : prob=(1−PROBNORM(z));
- 좌측 단측검정 : prob=PROBNORM(z);

5장-2-6-분석

```
LIBNAME sample "C:₩Sample₩Dataset";
OPTIONS NODATE PAGENO=1;
PROC MEANS DATA=sample.zratio_onesample NOPRINT;
  VAR choice;
  OUTPUT OUT=sample.zratio_onesample_out1 MEAN=p N=n STD=s;
RUN;
DATA sample.zratio_onesample_out2;
  SET sample.zratio_onesample_out1;
  LABEL p='실제측정 비율' nullp='귀무가설 비율'  n='표본수'
        z='z 값' prob='Prob > |z|';
  nullp=0.20;
  z=(p-nullp)/SQRT(nullp*(1-nullp))/n);
  prob=(1-PROBNORM(z))*2;
RUN;
PROC PRINT DATA=sample.zratio_onesample_out2 NOOBS LABEL;
   VAR n p nullp z prob;
RUN;
```

본 프로그램을 실행시키기 위해서는 상단의 아이콘 메뉴 중에 원안의 실행 아이콘을 클릭한다.

(4) 결과해석

가설 검정결과를 살펴보면 다음과 같다. 먼저 가설검정 통계량은

$$z = \frac{\hat{p} - p_0}{\sqrt{\frac{p_0(1-p_0)}{n}}} = \frac{0.4333 - 0.20}{\sqrt{\frac{0.20(1-0.20)}{30}}} = 3.20$$

이며, Prob 〉 z가 0.0014서 5%의 유의수준에서 비율이 20%라는 귀무가설을 기각이 된다. 따라서 현재의 조사기관에서 주장하듯이 비율은 20%는 맞지 않다고 볼 수 있다.

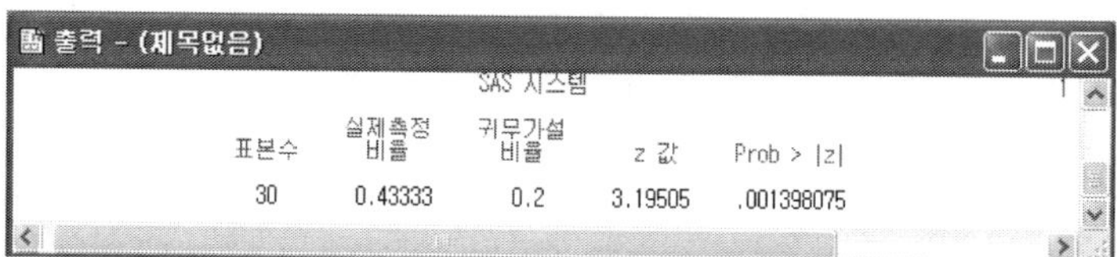
출력 - (제목없음)

SAS 시스템

표본수	실제측정 비율	귀무가설 비율	z 값	Prob > |z|
30	0.43333	0.2	3.19505	.001398075

2.4 모분산 검정

(1) 분석개요

한 표본에 대한 모분산검정은 표본추출을 통해 나온 표본분산에 대해 기대하고 있는 모분산과 같은지를 검정 하는 것이다. 예를 들어 앞의 평균에 대한 데이터를 통해 가정으로 생각하고 있는 분산 1과 일치하고 있는지를 조사해 보자

모 분산이 1에 일치하는가를 5% 유의수준에서 검정해보면, 먼저 귀무가설과 대립가설을 보면 다음과 같다

- H_0 : 모분산은 1이다($\sigma_1^2 = \sigma_0^2$).
- H_1 : 모분산은 1이 아니다 ($\sigma_1^2 \neq \sigma_0^2$).

(2) 분석과정

분석데이터는 앞의 한 표본에서 평균에 대한 Z－검정의 10개의 데이터를 사용해서 모분산에 대해 검정하고자 한다. 한 표본에 대한 모분산 검정을 검정하기 위해서는 다음과 같이 프로그램을 작성해야 한다. 먼저 PROC MEANS 프로시저에서 평균과 표준편차를 계산했다. 여기서 NOPRINT 옵션을 통해 분석 결과를 출력하지 않고, 분석 결과를 OUTPUT OUT=에 지정된 sample.zratio_onesample_out3 데이터셋에 저장하도록 했다. 여기서 MEAN=m N=n STD=s를 통해 계산된 평균 값을 *m*이라는 변수로, 표본 수를 *n*이라는 변수로, 표준편차를 *s*라는 변수로 저장하도록 했다.

다음으로 데이터스텝에서 카이제곱 검정을 위한 통계량들을 계산했다. 여기서 *sigma*는 귀무가설에서 검정하고자 하는 모집단의 편차에 대한 값을 지정한다. 여기서는 1로 지정했다. 다음으로 카이제곱 값은 다음과 같은 공식으로 계산되기 때문에 이 공식을 적었다.

$$\chi^2 = \frac{(n-1)S^2}{\sigma^2}$$

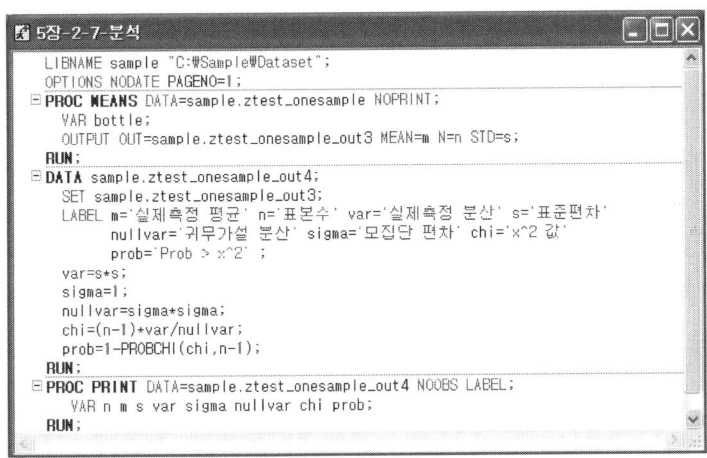

```
5장-2-7-분석
LIBNAME sample "C:\Sample\Dataset";
OPTIONS NODATE PAGENO=1;
PROC MEANS DATA=sample.ztest_onesample NOPRINT;
  VAR bottle;
  OUTPUT OUT=sample.ztest_onesample_out3 MEAN=m N=n STD=s;
RUN;
DATA sample.ztest_onesample_out4;
  SET sample.ztest_onesample_out3;
  LABEL m='실제측정 평균' n='표본수' var='실제측정 분산' s='표준편차'
        nullvar='귀무가설 분산' sigma='모집단 편차' chi='x^2 값'
        prob='Prob > x^2' ;
  var=s*s;
  sigma=1;
  nullvar=sigma*sigma;
  chi=(n-1)*var/nullvar;
  prob=1-PROBCHI(chi,n-1);
RUN;
PROC PRINT DATA=sample.ztest_onesample_out4 NOOBS LABEL;
   VAR n m s var sigma nullvar chi prob;
RUN;
```

본 프로그램을 실행시키기 위해서는 상단의 아이콘 메뉴 중에 다음과 같이 원안의 실행 아이콘을 클릭한다.

(3) 결과해석

가설 검정결과를 살펴보면 다음과 같다. 먼저 가설검정 통계량은

$$\chi^2 = \frac{(n-1)S^2}{\sigma^2} = \frac{(10-1)(2.12279)^2}{1^2} = 40.556$$

으로서, Prob 〉 x^2 가 0.0000로서 0.05의 유의수준에서 과거의 음료수병의 함량의 분산이 1라는 귀무가설을 기각된다. 따라서 현재의 표본에서도 음료수병의 함량의 분산이 1로 계속 유지되고 있다고 볼 수 없다.

출력 - (제목없음)

SAS 시스템 1

표본수	실제측정 평균	표준편차	실제측정 분산	모집단 편차	귀무가설 분산	x^2 값	Prob > x^2
10	350.68	2.12279	4.50622	1	1	40.556	.000006024

3. 두 표본에 대한 가설검정

3.1 t−검정

(1) 분석개요

두 표본에 대한 t−검정은 두 표본에 대해 평균의 차이를 검정하는 방법이다. 예를 들어 다음과 같은 마케팅 조사 담당자의 문제를 생각해보자.

커피자동판매기 업자는 커피자동판매기의 설치 장소에 따라서 판매량의 차이가 있다고 생각한다. 특정한 두 지역에 설치된 두 대의 자동판매기에서 8일 동안 관측한 평균 판매량이 다음과 같다고 할 때, 두 지역에 설치된 자동판매기의 판매량이 서로 다르다고 할 수 있는지에 대하여 유의수준 5%에서 검정을 해 보자.

- **지역1** : 12.9 12.4 14.7 13.8 14.2 15.4 11.8 13.3
- **지역2** : 13.0 15.1 13.7 16.6 15.2 12.3 14.8 15.8

이 업자의 주장이 타당한 가에 대하여 귀무가설과 대립가설을 보면 다음과 같다.

- H_0 : 지역1과 지역2의 판매량은 동일하다 ($\mu_1 = \mu_2$).
- H_1 : 지역1과 지역2의 판매량은 동일하지 않다. ($\mu_1 \neq \mu_2$).

(2) 분석데이터

분석데이터는 다음과 같이 직접 입력을 했다. 그리고 변수이름을 *region, sales*로 했으며, 한글 라벨을 지역과 판매량으로 지정했다. 데이터를 읽어 들이기 위해 다음과 같이 데이터스텝을 작성했다.

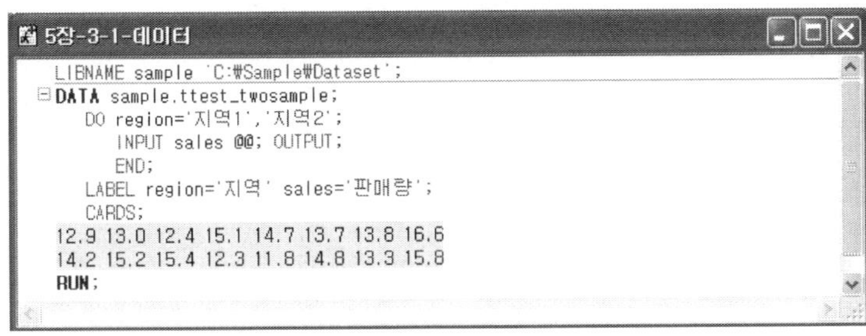
```
5장-3-1-데이터
LIBNAME sample 'C:\Sample\Dataset';
DATA sample.ttest_twosample;
   DO region='지역1','지역2';
      INPUT sales @@; OUTPUT;
      END;
   LABEL region='지역' sales='판매량';
   CARDS;
12.9 13.0 12.4 15.1 14.7 13.7 13.8 16.6
14.2 15.2 15.4 12.3 11.8 14.8 13.3 15.8
RUN;
```

본 프로그램을 실행시키기 위해서는 상단의 아이콘 메뉴 중에 다음과 같이 원안의 아이콘을 클릭한다.

(3) 분석과정

두 표본에 대한 t −검정을 검정하기 위해서는 확장편집기에서 분석을 하기 위해서는 PROC TTEST 프로시저를 활용한다. CLASS문에 집단 구분 변수인 *region*을 지정하고, VAR문에 분석변수인 *sales* 변수를 지정한다.

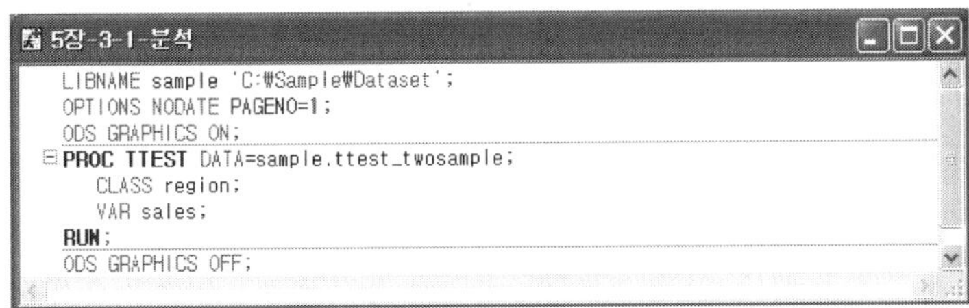
```
5장-3-1-분석
LIBNAME sample 'C:\Sample\Dataset';
OPTIONS NODATE PAGENO=1;
ODS GRAPHICS ON;
PROC TTEST DATA=sample.ttest_twosample;
   CLASS region;
   VAR sales;
RUN;
ODS GRAPHICS OFF;
```

본 프로그램을 실행시키기 위해서는 상단의 아이콘 메뉴 중에 다음과 같이 원안의 아이콘을 클릭한다.

(4) 결과해석

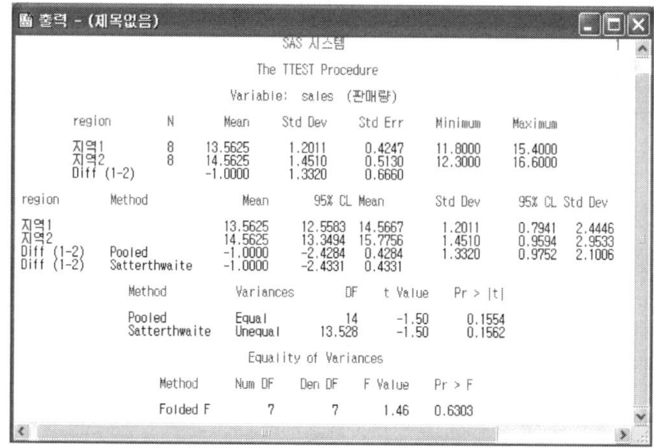

출력 - (제목없음)

SAS 시스템

The TTEST Procedure

Variable: sales (판매량)

region	N	Mean	Std Dev	Std Err	Minimum	Maximum
지역1	8	13.5625	1.2011	0.4247	11.8000	15.4000
지역2	8	14.5625	1.4510	0.5130	12.3000	16.6000
Diff (1-2)		-1.0000	1.3320	0.6660		

region	Method	Mean	95% CL Mean		Std Dev	95% CL Std Dev	
지역1		13.5625	12.5583	14.5667	1.2011	0.7941	2.4446
지역2		14.5625	13.3494	15.7756	1.4510	0.9594	2.9533
Diff (1-2)	Pooled	-1.0000	-2.4284	0.4284	1.3320	0.9752	2.1006
Diff (1-2)	Satterthwaite	-1.0000	-2.4331	0.4331			

Method	Variances	DF	t Value	Pr > |t|
Pooled	Equal	14	-1.50	0.1554
Satterthwaite	Unequal	13.528	-1.50	0.1562

Equality of Variances

Method	Num DF	Den DF	F Value	Pr > F
Folded F	7	7	1.46	0.6303

가설 검정결과를 살펴보면 다음과 같다. 먼저 가설검정 통계량은

$$t = \frac{\overline{X_1} - \overline{X_2}}{s_p \big/ \sqrt{n_1 + n_2}} = -1.50$$

이고, Prob 〉 t가 0.1554로서 5%의 유의수준에서 지역별로 판매량이 차이가 없다는 귀무가설을 기각할 수 없다. 이러한 관계는 평균값이 차이가 없게 그려진 다음 그래프에서 확인이 된다. 또한 두 집단에 대한 Q-Q 도표를 볼 경우 데이터가 정규분포를 한다는 가정에서 약간 벗어나 있어 정규분포를 하지 않을 수도 있다는 것을 보여준다.

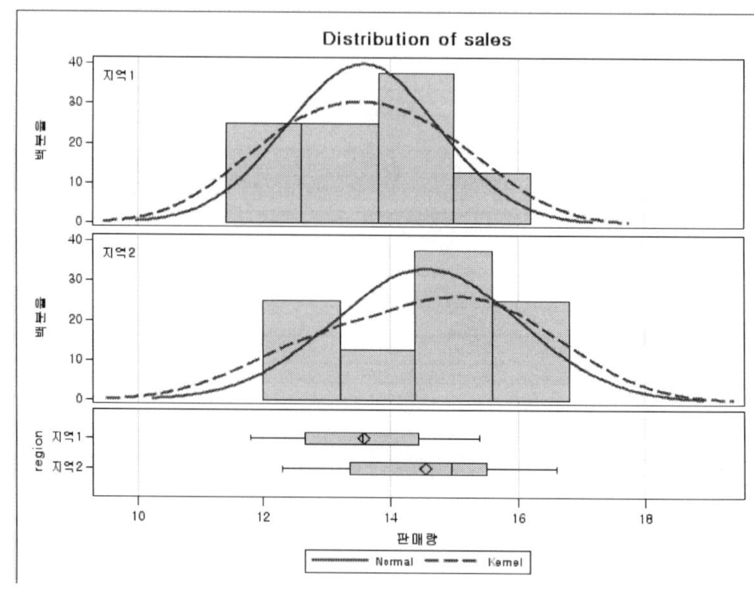

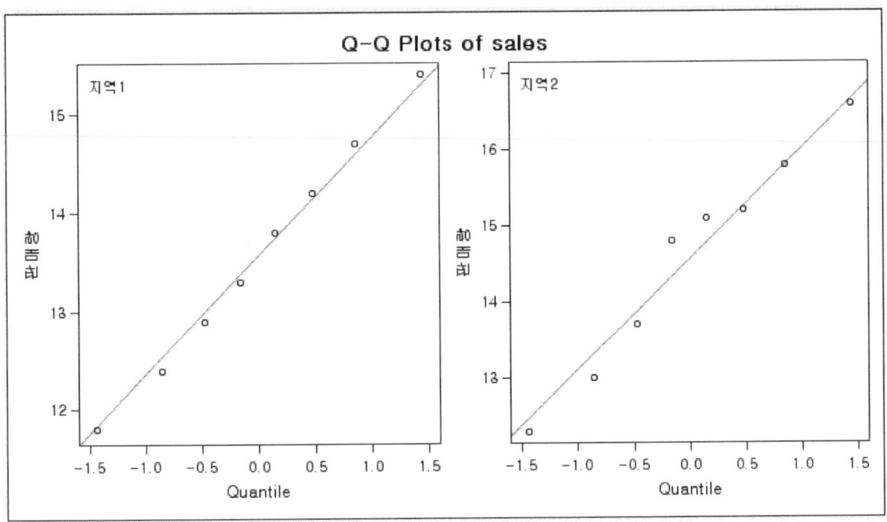

3.2 쌍체 t-검정

(1) 분석개요

두 표본에 대한 쌍체 t-검정은 짝이 지어진 표본에 대해 평균의 차이를 검정하는 방법이다. 예를 들어 성장 환경이 어린이의 지능발달에 영향을 미치는가를 조사하고자 할 때 우선 생각할 수 있는 검정방법은 성장환경이 좋은 지역의 어린이 n_1명과 성장환경이 좋지 않은 지역의 어린이 n_2명을 임으로 선발하여 동일한 지능검사를 실시한 뒤에 두 집단간의 지능검사가 차이가 있는지를 분석하여 검정할 수 있다. 그러나 이 경우의 문제점으로 지적될 수 있는 것은 지능검사의 결과에 대한 요인이 단순히 성장환경의 차이인가에 대한 의문이다. 따라서 이 경우보다는 다른 환경에서 자라난 일란성 쌍둥이 n명을 선택한 표본에 대해 실험을 한다면 원하는 결과를 얻을 수 있을 것이다. 쌍체 t-검정을 살펴보기 위 다음과 같은 마케팅 문제를 생각해보자.

두 종류의 타이어의 성능을 비교하기 위해 5대의 자동차를 임으로 선발하여 각 자동차의 뒷바퀴 중에서 한 쪽에는 A타이어를 그리고 다른 한 쪽에는 B타이어를 끼우고 500km를 주행 한 뒤에 타이어의 마모상태를 조사한 결과가 아래와 같다고 하자. 두 타이어의 마모율에 차이가 있는가를 유의수준 5%에서 검정을 해 보자.

자동차	A타이어	B타이어
1	10.6	10.2
2	9.4	9.8
3	12.3	11.8
4	9.7	9.1
5	8.3	8.8

이 주장이 타당한 가에 대하여 귀무가설과 대립가설을 보면 다음과 같다.

- H_0 : 두 타이어의 마모율은 동일하다 ($\mu_1 - \mu_2 = 0$).
- H_1 : 두 타이어의 마모율은 동일하지 않다.($\mu_1 - \mu_2 \neq 0$).

(2) 분석데이터

분석데이터는 다음과 같이 직접 입력을 했다. 그리고 변수이름을 *car, tire_a, tire_b* 로 했으며, 한글 라벨을 '자동차', '타이어 A', '타이어 B'로 지정했다. 확장편집기에서 데이터를 읽어 들이기 위해 다음과 같이 작성했다.

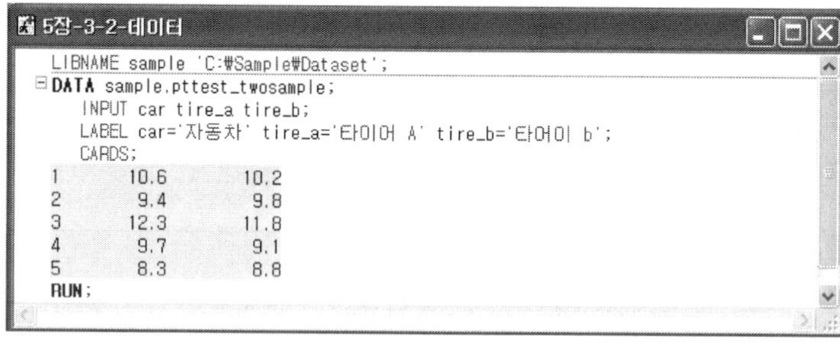

본 프로그램을 실행시키기 위해서는 상단의 아이콘 메뉴 중에 다음과 같이 원안의 아이콘을 클릭한다.

(3) 분석과정

쌍체 $t-$검정을 검정하기 위해서는 PROC TTEST 프로시저를 활용한다. PAIRED문에 검정 대상이 대는 변수를 지정한다.

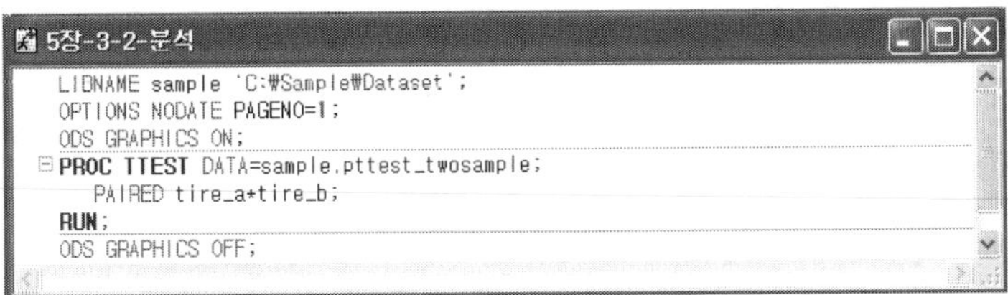

5장-3-2-분석

```
LIBNAME sample 'C:₩Sample₩Dataset';
OPTIONS NODATE PAGENO=1;
ODS GRAPHICS ON;
PROC TTEST DATA=sample.pttest_twosample;
   PAIRED tire_a*tire_b;
RUN;
ODS GRAPHICS OFF;
```

본 프로그램을 실행시키기 위해서는 상단의 아이콘 메뉴 중에 다음과 같이 원안의 아이콘을 클릭한다.

(4) 결과해석

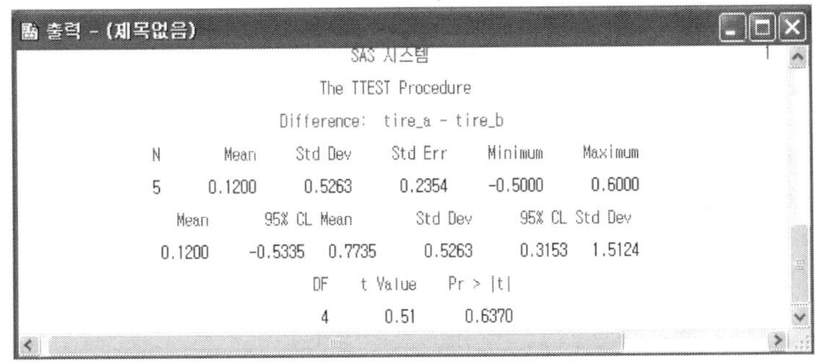

출력 - (제목없음)

SAS 시스템

The TTEST Procedure

Difference: tire_a - tire_b

N	Mean	Std Dev	Std Err	Minimum	Maximum
5	0.1200	0.5263	0.2354	-0.5000	0.6000

Mean	95% CL Mean		Std Dev	95% CL Std Dev	
0.1200	-0.5335	0.7735	0.5263	0.3153	1.5124

DF	t Value	Pr > |t|
4	0.51	0.6370

가설검정 결과를 살펴보면 다음과 같다. 먼저 가설검정 통계량은

$$t = \frac{\left(\overline{X_d} - 0\right)}{s_d / \sqrt{n}} = 0.51$$

이며, Prob 〉 t가 0.6370으로 현재의 귀무가설을 기각할 수 없다. 따라서 5%의 유의수준에서 타이어 별로 마모율이 차이가 없다는 귀무가설을 기각할 수 없다.

계속해서 그래프를 살펴보면 평균의 차이에 대한 정규분포 그래프, 평균 차이에 대한 그래프, 각 상황별 값의 차이에 대한 산포도, Q−Q 도표 등을 보여준다. 현재는 데이터 값이 작아 정규분포 여부를 정확히 파악하기 힘들며, 평균 값이 차이가 없다는 것을 그래프 등을 통해 확인할 수 있다.

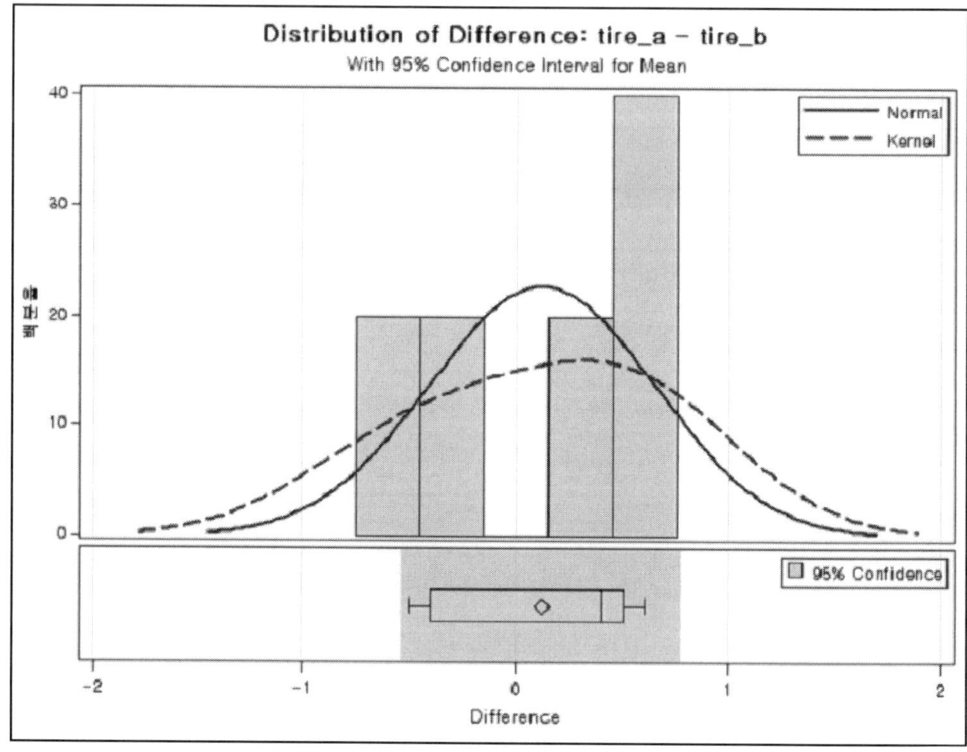
Distribution of Difference: tire_a - tire_b
With 95% Confidence Interval for Mean
Normal
Kernel
95% Confidence
40
30
20
10
0
-2
-1
0
1
2
Difference

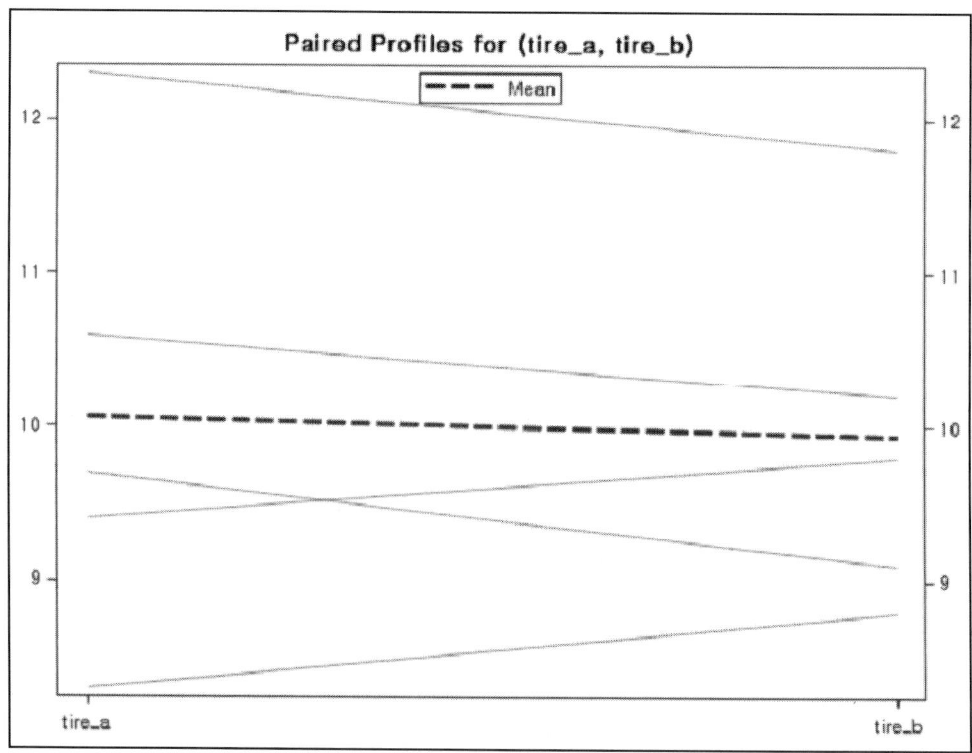
Paired Profiles for (tire_a, tire_b)
Mean
12
11
10
9
tire_a
tire_b

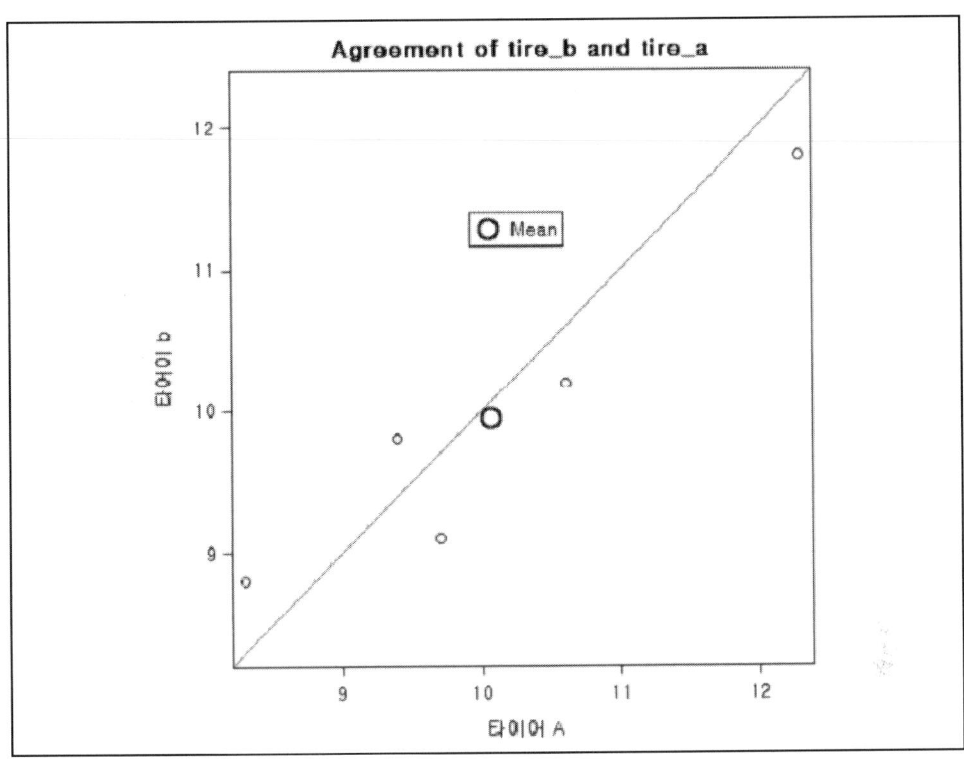
Agreement of tire_b and tire_a
Mean
타이어 b
타이어 A
12
11
10
9
9
10
11
12

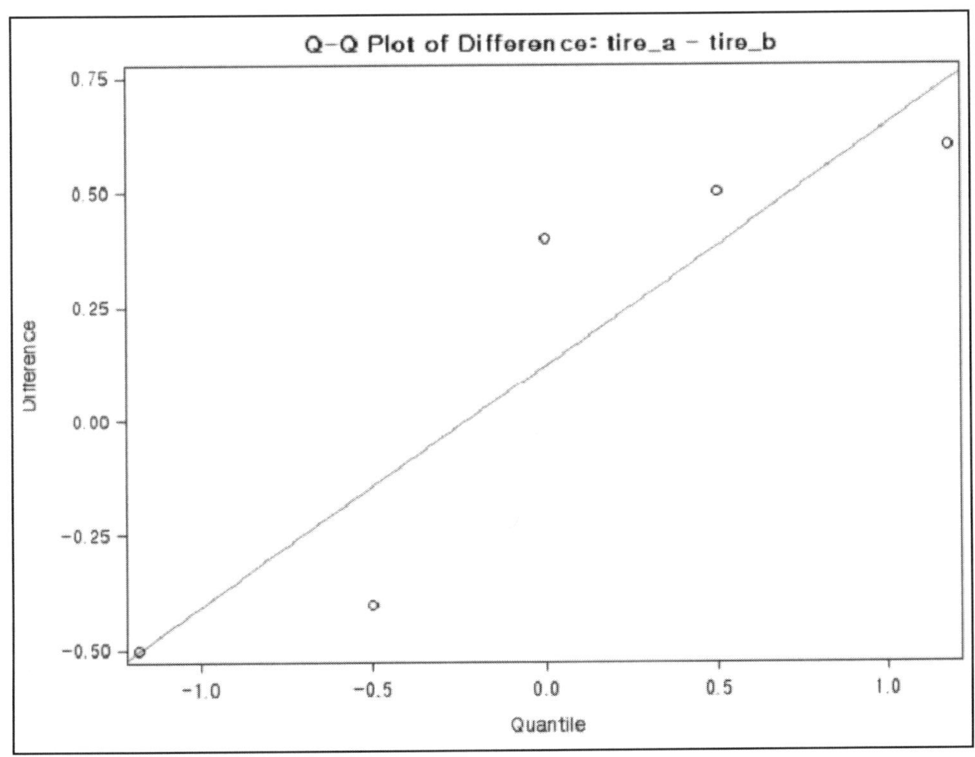
Q-Q Plot of Difference: tire_a - tire_b
Difference
Quantile
0.75
0.50
0.25
0.00
-0.25
-0.50
-1.0
-0.5
0.0
0.5
1.0

3.3 비율검정

(1) 분석개요

두 표본에 대한 비율검정은 성공, 실패 또는 불량률과 같이 비율에 대해 두 집단간에 비교를 가설검정을 하는 것이다. 예를 들어 다음과 같은 조사기관의 문제를 생각해 보자

한 공장에서 두 대의 기계 A, B가 동일한 제품을 생산한다. 두 기계에 의한 생산품의 불량률이 동일한 가를 알아보기 위해 각각의 기계로부터 생산된 제품 중에서 임의로 30개씩 표본을 추출하여 조사한 결과 A기계의 생산품 중에는 9개의 불량품이 관측되었고 B기계의 생산품에는 5개의 불량품이 다음과 같이 관측되었다. 두 기계의 불량률에 대한 검정을 유의수준 5%하에서 실시해 보자.

- **기계A** : 1 0 0 0 0 1 0 1 0 0 0 1 0 0 0 0 1 1 0 0 1 1 0 0 0 0 0 0 1 0
- **기계B** : 0 0 0 0 0 0 1 0 0 0 0 0 1 0 0 0 1 0 0 0 1 1 0 0 0 0 0 0 0 0

이 문제에 대한 귀무가설과 대립가설을 보면 다음과 같다

- H_0 : 두 기계의 불량률은 동일하다($p_1 = p_2$).
- H_1 : 두 기계의 불량률은 동일하지 않다($p_1 \neq p_2$).

(2) 분석데이터

분석데이터는 다음과 같이 직접 입력을 했다. 그리고 변수이름을 *machine_a, machine_b*로 했으며, 한글 라벨을 '기계 A', '기계 B'로 지정했다.

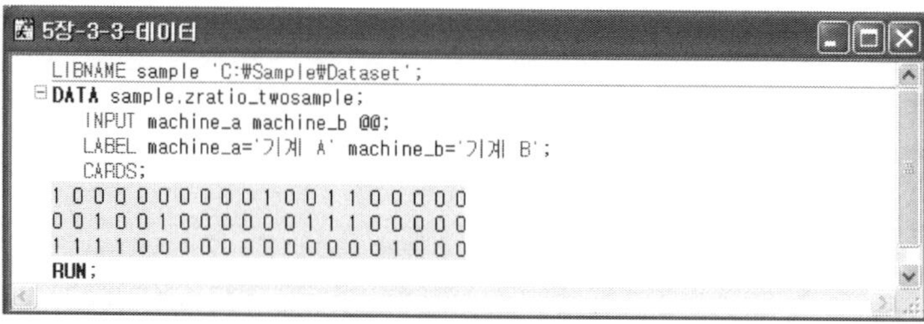

```
5장-3-3-데이터
LIBNAME sample 'C:₩Sample₩Dataset';
DATA sample.zratio_twosample;
   INPUT machine_a machine_b @@;
   LABEL machine_a='기계 A' machine_b='기계 B';
   CARDS;
1 0 0 0 0 0 0 0 0 0 1 0 0 1 1 0 0 0 0 0
0 0 1 0 0 1 0 0 0 0 0 0 1 1 1 0 0 0 0 0
1 1 1 1 0 0 0 0 0 0 0 0 0 0 0 0 1 0 0 0
RUN;
```

이 프로그램을 실행시키기 위해서는 상단의 아이콘 메뉴 중에 다음과 같이 원안의 아이콘을 클릭한다.

(3) 분석과정

두 표본에 대한 비율 검정을 위해 Z–검정을 검정하기 위해서는 다음과 같이 프로그램을 작성해야 한다. 먼저 **PROC MEANS** 프로시저에서 비율을 계산했다. 여기서 **NOPRINT** 옵션을 통해 분석 결과를 출력하지 않고, 분석 결과를 **OUTPUT OUT=**에 지정된 sample.zratio_twosample_out1 데이터셋에 저장하도록 했다. 여기서 **MEAN=p1 p2 N=n1 n2**을 통해 계산된 각 집단의 비율 값을 p_1, p_2라는 변수로, 표본 수를 n_1, n_2라는 변수로 저장하도록 했다.

다음으로 데이터스텝에서 Z 검정을 위한 통계량들을 계산했다. z 값은 다음과 같은 공식으로 계산되기 때문에 이 공식을 적었다.

$$z = \frac{\hat{p}_1 - \hat{p}_2}{\sqrt{\hat{p}\left(1-\hat{p}\right)\left(\frac{1}{n_1}+\frac{1}{n_2}\right)}}$$

이 값에 대한 확률은 각각의 상황에 따라 다음 중에 하나로 계산이 될 수 있다. 상황에 따라 적절한 형태로 바꾸어서 입력해야 한다.

- 양측검정 : prob=(1−PROBNORM(z))*2;
- 우측 단측검정 : prob=(1−PROBNORM(z));
- 좌측 단측검정 : prob=PROBNORM(z);

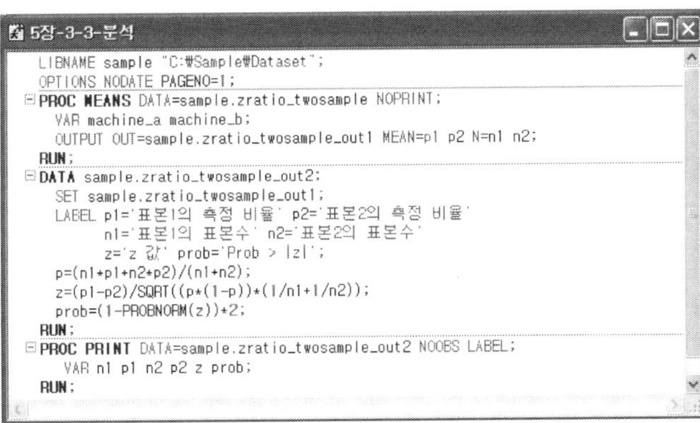

5장-3-3-분석

```
LIBNAME sample "C:₩Sample₩Dataset";
OPTIONS NODATE PAGENO=1;
PROC MEANS DATA=sample.zratio_twosample NOPRINT;
  VAR machine_a machine_b;
  OUTPUT OUT=sample.zratio_twosample_out1 MEAN=p1 p2 N=n1 n2;
RUN;
DATA sample.zratio_twosample_out2;
  SET sample.zratio_twosample_out1;
  LABEL p1='표본1의 측정 비율' p2='표본2의 측정 비율'
        n1='표본1의 표본수' n2='표본2의 표본수'
        z='z 값' prob='Prob > |z|';
  p=(n1*p1+n2*p2)/(n1+n2);
  z=(p1-p2)/SQRT((p*(1-p))*(1/n1+1/n2));
  prob=(1-PROBNORM(z))*2;
RUN;
PROC PRINT DATA=sample.zratio_twosample_out2 NOOBS LABEL;
   VAR n1 p1 n2 p2 z prob;
RUN;
```

본 프로그램을 실행시키기 위해서는 상단의 아이콘 메뉴 중에 다음과 같이 원안의 아이콘을 클릭한다.

(4) 결과해석

출력 - (제목없음)

SAS 시스템 1

<table>
<tr><th>표본1의 표본수</th><th>표본1의 측정 비율</th><th>표본2의 표본수</th><th>표본2의 측정 비율</th><th>z 값</th><th>Prob > |z|</th></tr>
<tr><td>30</td><td>0.3</td><td>30</td><td>0.16667</td><td>1.22094</td><td>0.22211</td></tr>
</table>

가설 검정결과를 살펴보면 다음과 같다. 먼저 가설검정 통계량은

$$z = \frac{\hat{p}_1 - \hat{p}_2}{\sqrt{\hat{p}\left(1-\hat{p}\right)\left(\frac{1}{n_1}+\frac{1}{n_2}\right)}} = 1.22094$$

이며, Prob 〉 z가 0.2211로 현재의 귀무가설을 기각할 수 없다. 따라서 5%의 유의수준에서 불량률이 다르다는 귀무가설이 기각되지 않으므로 두 기계간의 불량률은 같다고 볼 수 있다.

3.4 모분산 검정

(1) 분석개요

두 표본에 대한 모분산검정은 표본추출을 통해 나온 표본분산이 같은지를 검정하는 것이다. 예를 들어 앞의 두 표본의 평균에 대한 t-검정 데이터를 통해 가정으로 생각하고 있는 집단 1과 집단 2의 분산이 일치하고 있는지를 5% 유의수준에서 검정해보자.

먼저 귀무가설과 대립가설을 보면 다음과 같다.

- H_0 : 두 지역의 모분산은 같다($\sigma_1^2 = \sigma_2^2$).
- H_1 : 두 지역의 모분산은 같지 않다 ($\sigma_1^2 \neq \sigma_2^2$).

(2) 분석과정

분석데이터는 앞의 두 표본에서 평균에 대한 $t-$검정 데이터를 사용해서 모분산을 검정하고자 한다. 모분산 검정을 검정하기 위해서는 다음과 같이 프로그램을 작성해야 한다. 앞의 PROC TTEST 프로시저를 통해 계산된 각 집단의 표본 수를 n_1, n_2라는 변수

로, 표준편차를 s_1, s_2라는 변수로 저장하도록 했다.

다음으로 데이터스텝에서 *F* 검정을 위한 통계량들을 계산했다. 여기서 $sigma_1$, $sigma_2$는 귀무가설에서 검정하고자 하는 모집단의 편차에 대한 값을 지정한다. 여기서는 1로 지정했다. 다음으로 *F* 값은 다음과 같은 공식으로 계산되기 때문에 이 공식을 적었다.

$$F = \frac{S_1^2 / \sigma_1^2}{S_2^2 / \sigma_2^2}$$

마지막으로 계산 결과를 저장하라는 명령으로 OUTPUT문을 지정했다.

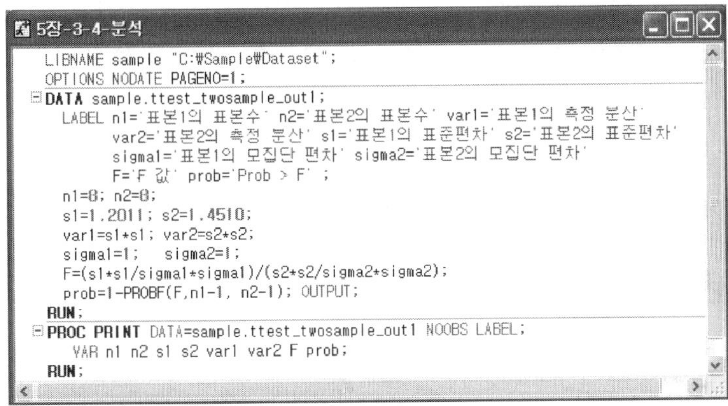

```
5장-3-4-분석
LIBNAME sample "C:\Sample\Dataset";
OPTIONS NODATE PAGENO=1;
DATA sample.ttest_twosample_out1;
  LABEL n1='표본1의 표본수' n2='표본2의 표본수' var1='표본1의 측정 분산'
        var2='표본2의 측정 분산' s1='표본1의 표준편차' s2='표본2의 표준편차'
        sigma1='표본1의 모집단 편차' sigma2='표본2의 모집단 편차'
        F='F 값' prob='Prob > F' ;
  n1=8; n2=8;
  s1=1.2011; s2=1.4510;
  var1=s1*s1; var2=s2*s2;
  sigma1=1;   sigma2=1;
  F=(s1*s1/sigma1*sigma1)/(s2*s2/sigma2*sigma2);
  prob=1-PROBF(F,n1-1, n2-1); OUTPUT;
RUN;
PROC PRINT DATA=sample.ttest_twosample_out1 NOOBS LABEL;
   VAR n1 n2 s1 s2 var1 var2 F prob;
RUN;
```

본 프로그램을 실행시키기 위해서는 상단의 아이콘 메뉴 중에 다음과 같이 원안의 아이콘을 클릭한다.

(3) 결과해석

가설 검정결과를 살펴보면 다음과 같다. 먼저 가설검정 통계량은

$$F = \frac{S_1^2 / \sigma_1^2}{S_2^2 / \sigma_2^2} = 0.68521$$

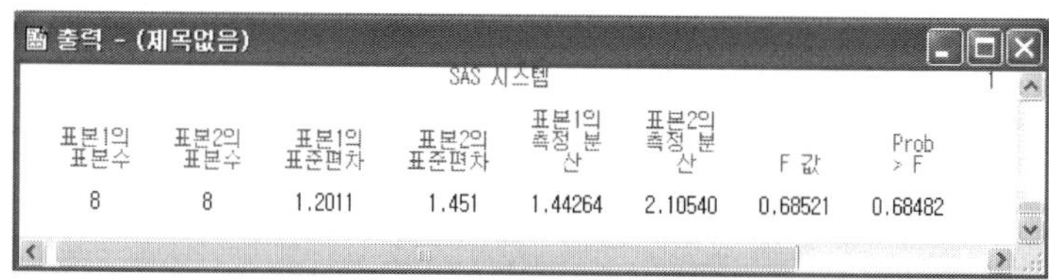
출력 - (제목없음)

SAS 시스템 1

표본1의 표본수	표본2의 표본수	표본1의 표준편차	표본2의 표준편차	표본1의 측정 분산	표본2의 측정 분산	F 값	Prob > F
8	8	1.2011	1.451	1.44264	2.10540	0.68521	0.68482

이며, Prob 〉 F가 0.69로 현재의 귀무가설을 기각할 수 없다. 따라서 0.05의 유의수준에서 두 집단의 모분산은 같다는 귀무가설을 기각하지 못한다. 따라서 분산이 동일하다고 볼 수 있다.

4. 프로시저 설명

4.1 PROC TTEST

(1) PROC TTEST 기본형

기본형
```
PROC TTEST 옵션;
   CLASS 변수;
   PAIRED 변수들
   BY 변수들;
   VAR 변수들;
```

(2) PROC TTEST 옵션;의 옵션

[옵션]
- ALPHA=p : t - 검정할 때 사용할 유의수준을 지정한다. 디폴트는 0.05이며, 보통 0.10 또는 0.01을 적을 수 있다.
- CI=EQUAL; 신뢰구간을 출력한다.
- COCHRAN : 집단간의 분산이 동일하지 않은 경우 Cochran과 Cox 검정값을 출력한다.
- DATA=데이터셋 : 일반적인 데이터셋의 이름을 지정한다. 이 옵션이 없을 경우 이 프로시저 직전에 만들어졌던 데이터셋을 사용한다.
- H0=m : 검정을 할 때 한 집단의 특정 값 또는 두 집단의 차이 비교에 사용할 값을 지정한다. 디폴트는 0이다.

(3) CLASS 변수;

그룹을 지정하는 변수를 하나만 지정한다.

(4) PAIRED 변수들;

쌍체 t—검정을 할 때 사용할 변수들을 *를 기준으로 지정한다. 지정하는 형태를 보면 다음과 같은 형태들이 있다.

PAIRED a*b	a - b 쌍체 t - 검정
PAIRED a*b c*d	a - b 쌍체 t - 검정과 c - d 쌍체 t - 검정
PAIRED (a b)*(c - d)	a - c, a - d, b - c, b - d의 쌍체 t - 검정
PAIRED a*b	a - b비교

(5) VAR 변수들;

분석하고자 하는 변수들을 지정한다.

(6) BY 변수들;

지정한 변수들의 값이 변할 때마다 서로 다른 분석을 하고자 할 때 사용한다. 사전에 PROC SORT 프로시저로 정렬되어 있어야 한다.

기술통계분석

6
CHAPTER

1. 기술통계분석

기술통계분석에서는 두 변수간의 관련성을 분석하는데 사용하는 주요 분석 방법들을 설명하고 있다. 주요 데이터분석 방법은 카이제곱 검정과 상관관계분석이다.

기술통계분석은 3가지 형태로 나뉠 수가 있다.

- 넌메트릭 데이터인 경우에 두 변수간 관련성을 분석하기 위해 사용하는 카이제곱 검정
- 넌메트릭 데이터 중 서열척도 데이터인 경우에 사용할 수 있는 카이제곱 검정 및 서열척도 상관관계분석
- 메트릭 데이터에 대한 상관관계분석

서열척도에 대한 상관관계분석은 Spearman 또는 Kendall의 상관관계 계수라 하며, 메트릭 데이터에 대한 상관관계 분석은 Pearson의 상관관계 계수라고 한다.

2. 카이제곱 검정

2.1 카이제곱 검정의 개요

교차표 형태로 같이 제시된 넌메트릭 데이터로 측정된 변수들이 서로 영향을 주는가를 검정하는 독립성 검정(test of independence)을 하거나 두 명목 변수간에 분포가 동질적인가를 검정하는 동질성 검정(test of homogeniety)을 수행하는 것이 카이제곱 검정(Chi−square test)이다.

보통 두 변수는 모두 넌메트릭 데이터로 측정이 되어야 한다. 만약 메트릭 데이터에 대해 카이제곱 분석을 하고자 하면 적절히 변수를 묶어서 넌메트릭 데이터로 나누면 된다.

카이제곱 검정은 아래의 표에서 보는 것처럼 교차표(cross−tabulation) 형태로 구성된다. 카이제곱 분석은 이들 각 셀의 관측치의 차이에 대해 분석이 진행된다.

<table>
<tr><th colspan="2" rowspan="2">구분</th><th colspan="3">넌메트릭 변수$_2$</th></tr>
<tr><th>속성$_1$</th><th>……</th><th>속성$_n$</th></tr>
<tr><td rowspan="3">넌메트릭 변수$_2$</td><td>속성$_1$</td><td>관측치$_{11}$(%)</td><td>……</td><td>관측치$_{1n}$(%)</td></tr>
<tr><td>……</td><td>……</td><td>……</td><td>……</td></tr>
<tr><td>속성$_m$</td><td>관측치$_{m1}$(%)</td><td>……</td><td>관측치$_{mn}$(%)</td></tr>
</table>

2.2 분석 사례

(1) 분석개요

다음 데이터는 가구 제조업체에서 생산된 309개의 불량품을 생산방법에 따라 불량품 형태에 따라 불량품 수를 분류한 데이터다. 실험을 수행했던 생산방법은 3가지였으며 이에 따른 불량품의 형태는 아래와 같이 4가지 형태로 나타났다.

제조방법 \ 불량품의 형태	1	2	3	4	합계
1	15	21	45	13	94
2	26	31	34	5	96
3	33	17	49	20	119
합 계	74	69	128	38	309

이 경우 생산방법에 따라 불량품의 형태가 독립적인가 아니면 관련성을 가지고 있는가를 보는 것이 독립성 검정이다. 이에 따른 귀무가설(H_0)과 대립가설 (H_1)은 다음과 같이 설정되며, 이 때 카이제곱 검정은 독립성 검정의 예로서 사용이 된다.

- H_0 : 생산방법과 불량품의 형태는 상호독립적이다.
- H_1 : 생산방법과 불량품의 형태는 상호독립적이 아니다.

반면에 생산방법에 따라 불량품의 형태의 비율이 같은가 아니면 비율이 다른가를 보는 것이 동질성 검정이다. 이에 따른 귀무가설(H_0)과 대립가설(H_1)은 다음과 같이 설정되며, 이 때 카이제곱 검정은 동질성 검정의 예로서 사용이 된다.

- H_0 : 생산방법에 따른 불량품의 형태의 비율들은 서로 같다.
- H_1 : 생산방법에 따른 불량품의 형태의 비율들 중 적어도 하나는 서로 다르다.

(2) 분석데이터

위의 표의 데이터를 다음과 같이 확장편집기 화면에서 직접 입력해 데이터셋을 구성했다. 변수이름은 각각 *manufacture, deficit, number*로 지정했으며, 한글 라벨을 제조방법, 불량품의 형태, 불량품의 개수로 지정했다.

6장-2-1-데이터

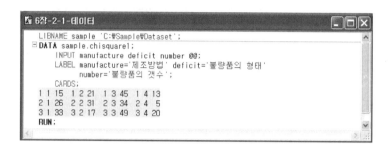

```
LIBNAME sample 'C:₩Sample₩Dataset';
DATA sample.chisquare1;
    INPUT manufacture deficit number @@;
    LABEL manufacture='제조방법' deficit='불량품의 형태'
          number='불량품의 갯수';
    CARDS;
1 1 15  1 2 21  1 3 45  1 4 13
2 1 26  2 2 31  2 3 34  2 4  5
3 1 33  3 2 17  3 3 49  3 4 20
RUN;
```

(3) 분석과정

확장편집기에서 분석을 하기 위해서는 다음과 같이 프로그램을 작성한 후 실행시킨다. 여기서 카이제곱 통계량을 보기 위해 CHISQ 옵션을 지정했다.

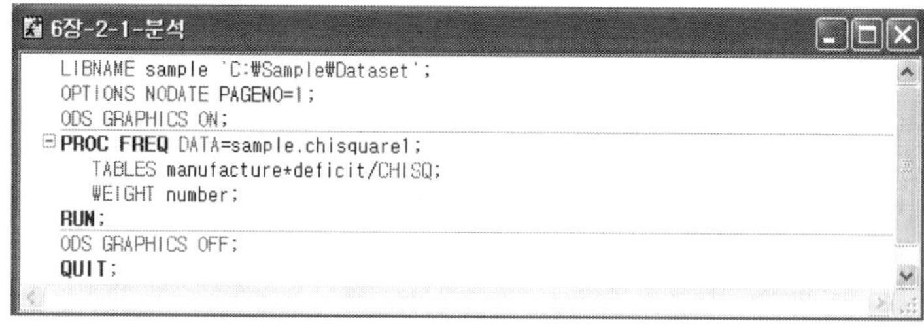

6장-2-1-분석

```
LIBNAME sample 'C:₩Sample₩Dataset';
OPTIONS NODATE PAGENO=1;
ODS GRAPHICS ON;
PROC FREQ DATA=sample.chisquare1;
   TABLES manufacture*deficit/CHISQ;
   WEIGHT number;
RUN;
ODS GRAPHICS OFF;
QUIT;
```

(4) 주요 분석 통계량

■ Pearson χ^2 통계량

chi-square 통계량에 있어 가장 대표적인 통계량이다. 보통 카이제곱 값이라고 불려지는 통계량이다.

$$\chi^2 = \sum_{i=1}^{r}\sum_{j=1}^{c}\frac{(O_{ij}-E_{ij})^2}{E_{ij}}$$

여기서 r은 행의 개수이며, c는 열의 개수, O_{ij}는 ij 셀의 관찰도수 E_{ij}는 ij 셀의 기대도수이다. 근사적으로 $(r-1)(c-1)$의 자유도를 갖는 χ^2 분포를 따른다.

■ 우도비 χ^2통계량

우도비 카이제곱(likelihood ratio chi-square) 통계량은 G^2로,

$$G^2 = 2\sum_{i=1}^{r}\sum_{j=1}^{c} O_{ij}\log\left(\frac{O_{ij}}{E_{ij}}\right)$$

역시 근사적으로 $(r-1)(c-1)$의 자유도를 갖는 χ^2 분포를 따른다.

■ 파이계수

파이계수(Phi Coefficient)는 χ^2통계량을 표본크기 n으로 나눈 값의 제곱근으로 2×2 교차표에서는 달리 계산된다. 적절한 범위는 [−1,1]이다.

$$\phi = \sqrt{\chi^2 / n}$$

■ 우발성계수

우발성계수(contingency coefficient)는 χ^2통계량을 χ^2통계량에 표본크기 n을 더한 값으로 나눈 값의 제곱근으로 [0,1]사이의 값을 갖는다.

$$\xi = \sqrt{\chi^2 / (\chi^2 + n)}$$

■ 크래머의 V

크래머의 V (Cramer's V)는 χ^2통계량을 표본크기 n과 행의 수 $(r-1)$와 열의 수 $(c-1)$ 중 작은 값으로 나눈 값의 제곱근으로 [−1,1]사이의 값을 갖는다.

$$v = \sqrt{\frac{\chi^2 / n}{\min(R-1, C-1)}}$$

(5) 결과해석

결과 중 통계량이 나와 있는 곳을 보면 카이제곱이라고 쓰여진 부분에서 자유도(DF : Degree of Freedom)가 6인 경우 카이제곱 통계량 값이 19.178이고 확률(p−value)가 0.0039($p<0.01$)이어서 귀무가설을 기각한다는 것을 알 수 있다. 따라서 독립성 검정에 따른 가설검정 결과를 보면 생산방법에 따라 불량품 형태가 차이가 있다는 것을 알 수 있다.

출력 - (제목없음)

```
                              SAS 시스템                          1

                            FREQ 프로시저

                    테이블 : manufacture * deficit

        manufacture(제조방법)     deficit(불량품의 형태)

        빈도
        백분율
        행 백분율
        칼럼 백분율 |      1|       2|       3|       4|  총합
        ------------+-------+--------+--------+--------+
                  1 |     15|      21|      45|      13|     94
                    |   4.85|    6.80|   14.56|    4.21|  30.42
                    |  15.96|   22.34|   47.87|   13.83|
                    |  20.27|   30.43|   35.16|   34.21|
        ------------+-------+--------+--------+--------+
                  2 |     26|      31|      34|       5|     96
                    |   8.41|   10.03|   11.00|    1.62|  31.07
                    |  27.08|   32.29|   35.42|    5.21|
                    |  35.14|   44.93|   26.56|   13.16|
        ------------+-------+--------+--------+--------+
                  3 |     33|      17|      49|      20|    119
                    |  10.68|    5.50|   15.86|    6.47|  38.51
                    |  27.73|   14.29|   41.18|   16.81|
                    |  44.59|   24.64|   38.28|   52.63|
        ------------+-------+--------+--------+--------+
        총합              74       69      128       38     309
                       23.95    22.33    41.42    12.30  100.00

              manufacture * deficit 테이블에 대한 통계량

      통계량                          자유도        값       확률
      ------------------------------------------------------------
      카이제곱                             6    19.1780    0.0039
      우도비 카이제곱                      6    20.3359    0.0024
      Mantel-Haenszel 카이제곱             1     0.5396    0.4626
      파이 계수                                  0.2491
      우발성 계수                                0.2417
      크래머의 V                                 0.1762

                           표본 크기 = 309
```

구체적인 불량품 형태의 분포를 보기 위해 생산방법에 따른 불량품의 형태에 대한 행 백분율을 나타내는 난을 보면 생산방법 1이나 3은 생산방법 2에 비해 불량품 형태 3이 많으며 (47.87%, 41.18% 대 35.42%), 생산방법 2는 1과 3에 비해 불량품 형태 2가 많다(32.29%대 22.34%, 14.29%). 같은 식으로 비율을 계속 비교해 볼 경우 생산방법 1은 생산방법 2과 3에 비해 불량품 형태 1이 작으며, 생산방법 2는 생산방법 1과 3에 비해 불량품 형태 4가 상대적으로 작음을 알 수 있다. 이러한 관계는 각 제조방법에 따라 불량품의 형태에 대한 도표에서도 살펴볼 수 있다.

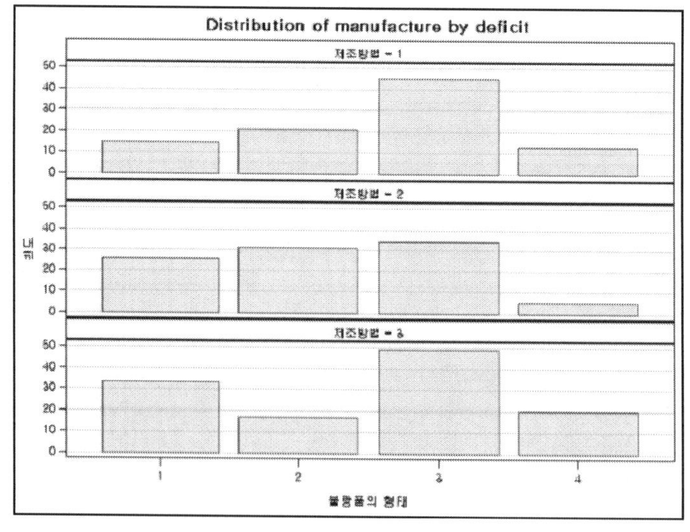

2.3 추가 분석 사례

(1) 분석개요

다음 데이터는 어느 제약회사에서 새로 개발한 약품에 대한 효과를 살펴보기 위해 투약여부에 따른 신체지수가 호전된 경우와 그렇지 않은 경우를 살펴본 데이터다.

투약여부	호전됨	변화 없음
투약 안함	10	14
투약함	20	7

이 경우 투약여부에 따라 신체지수 호전 여부가 독립적인가 아니면 관련성을 가지고 있는가를 보면 독립성 검정이 된다. 이에 따른 귀무가설 (H_0) 과 대립가설 (H_1)은 다음과 같이 설정되며, 이 때 카이제곱 검정은 독립성 검정의 예로서 사용이 된다.

- H_0 : 투약여부와 신체지수 호전 형태는 상호독립적이다.
- H_1 : 투약여부와 신체지수 호전 형태는 상호독립적이 아니다.

(2) 분석데이터

앞의 표의 데이터를 다음과 같이 직접 입력해 데이터셋을 구성했다. 변수이름은 각각 *treat, results, number*로 지정했으며, 한글 라벨을 투약여부, 상태, 반응자수로 지정했다. 확장편집기에서 데이터를 읽기 위해서는 다음과 같이 작성을 한다.

```
6장-2-2-데이터
LIBNAME sample 'C:\Sample\Dataset';
DATA sample.chisquare2;
    INPUT treat $ results $ number;
    LABEL treat='투약여부' results='상태'
          number='반응자수';
    CARDS;
투약안함  호전됨    10
투약안함  변화없음  14
투약함    호전됨    20
투약함    변화없음   7
RUN;
```

(3) 분석과정

확장편집기에서 다음과 같이 PROC FREQ 프로시저에서 옵션으로 CHISQ, MEASURES 옵션을 지정한다.

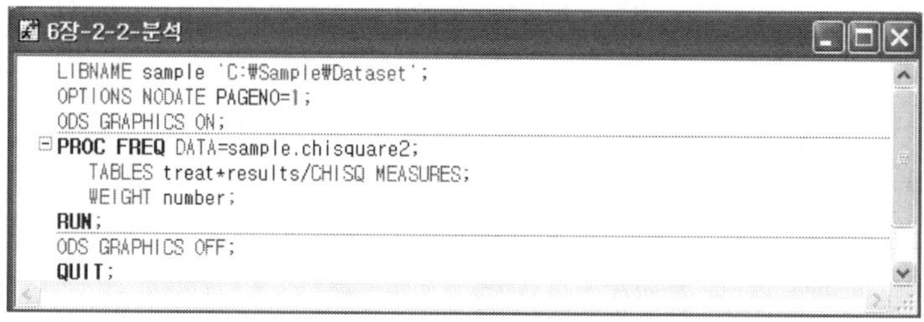

6장-2-2-분석
LIBNAME sample 'C:₩Sample₩Dataset';
OPTIONS NODATE PAGENO=1;
ODS GRAPHICS ON;
PROC FREQ DATA=sample.chisquare2;
TABLES treat*results/CHISQ MEASURES;
WEIGHT number;
RUN;
ODS GRAPHICS OFF;
QUIT;

(4) 주요 분석 통계량

■ 감마

감마(**gamma**) 또는 **Yule's Q**라고도 일컬어 지며, 관찰치 쌍들의 일치(concordance) 또는 불일치(**discordance**)의 수에 근거하여 계산이 된다. Kendall의 타우 b나 c와는 달리 행과 열의 개수의 영향을 받지 않는다. [0,1]사이에 있으면 양의 상관관계이고, [−1,0] 사이에 있으면 음의 상관관계를 갖는다.

■ Kendall의 타우−b

Kendall의 타우−b(**Kendall's tau−b**)는 관찰치 쌍들의 일치/불일치에 의해 데이터들 간의 상관관계를 구한다. [0,1]사이에 있으면 양의 상관관계이고, [−1,0]사이에 있으면 음의 상관관계를 갖는다.

■ Stuart 타우−c

Stuart 타우−c(**Stuart's tau−c**)는 분할표의 크기와 같은 값(tie)에 대한 조정을 통해 계산된다. 의미는 Kendall의 타우−b와 같다.

■ Sommer's D

Sommer's D는 앞의 Kendall의 타우−b나 Stuart 타우−c값을 행을 독립변수로 하고 열을 독립변수로 할 경우 C|R 통계량과 행을 종속변수로 하고 열을 독립변수로 할 경우 R|C로 나누어서 결과를 보여주는 통계량이다. 독립변수상에서 같은 값(tie)이 없는 쌍들의 수만을 계산한다.

■ Pearson 상관계수와 Spearman 상관계수

스피어만 상관계수는 데이터가 서열 척도일 경우에 서열 상관관계를 보여주며, 피어슨 상관계수는 데이터가 등간 척도 이상일 때의 상관관계를 보여준다. 자세한 계산은 상관관계분석을 참조하기 바란다.

■ 람다(Lambda)

람다(lambda)는 행 또는 열의 변수(독립변수)로부터 열 또는 행의 변수(종속변수)를 예측한다고 했을 때, 예측값이 어느 정도 개선을 가져 올 수 있는가를 보여준다. 행을 독립변수로 열을 종속변수로 한 것이 람다 비대칭 C|R(lambda asymmetric C|R)이며, 열을 독립변수로 행을 종속변수로 한 것이 람다 비대칭 R|C(lambda asymmetric R|C)이다. 어떤 변수가 종속변수인지 독립변수인지를 파악할 수 없을 때는 람다 대칭(lambda symmetric) 값을 사용한다. 구체적인 값은 특정 독립변수로 종속변수를 예측했을 때 오류의 감소를 가져올 수 있는 확률을 의미한다. 값의 범위는 [0,1]사이이다.

■ 불확실 계수(uncertainty coefficient)

불확실 계수(uncertainty coefficient)는 위의 람다값과 비슷한 의미로서 독립변수의 주어진 정보로서 종속변수의 불확실성 (엔트로피)을 어느 정도 감소시킬 수 있는지를 의미한다. 해석은 위의 람다와 같다.

■ 사례대조연구

사례대조연구(case－control)는 두 변수간에 상대적인 위험의 정도를 보여 주는 것이다. 상대적인 위험의 정도라는 것은 두 개의 값(yes, no)을 갖게 되는 두 개의 변수(따라서 2 × 2 분할표만 계산할 수 있다)로서 질병(D), 노출(E)이라는 변수가 있을 때, 질병에 대한 상대적인 위험의 정도는 아래와 같이 계산된다.

$$RR = \frac{\Pr(D = yes \mid E = yes)}{\Pr(D = yes \mid E = no)}$$

$E = yes$, $D = yes$ 셀이 주 대각선에 위치하고 있는 경우로서 사례대조연구는 $n_{11} \times n_{22} / (n_{12} \times n_{21})$로 계산되며, 0에서 ∞까지의 값을 갖는다. 1이면 두 변수가 독립적이라는 것을 의미하고 1에서 멀어질수록 두 변수가 관련성이 있다는 것을 의미한다.

■ 코호트값

코호트값(Cohort)는 $E = yes$가 첫 번째 행이고 $D = yes$가 첫 번째 열에 위치하는 경우에는 칼럼1 리스트이며, 이와 다른 경우에는 칼럼2 리스크를 보아야 한다. 의미는 사례대조연구와 같다.

(5) 결과해석

[결과1]은 각 상황별로 교차표를 보여 주고 있다. [결과2]에서는 이에 대한 막대 그래프의 분포를 보여주고 있다. 투약을 하지 않는 경우 '변화없음' 상태가 약간 많으며, 투약을 하는 경우에는 '호전됨'이 많음을 보여준다.

[결과1]

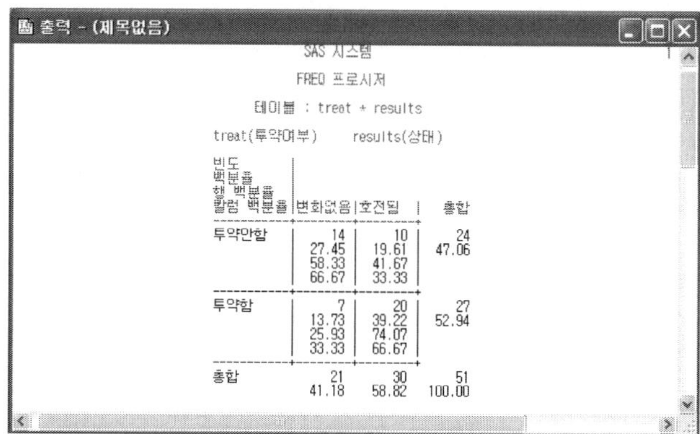

출력 - (제목없음)

SAS 시스템

FREQ 프로시저

테이블 : treat * results

treat(투약여부) results(상태)

빈도 백분율 행 백분율 칼럼 백분율	변화없음	호전됨	총합
투약안함	14 27.45 58.33 66.67	10 19.61 41.67 33.33	24 47.06
투약함	7 13.73 25.93 33.33	20 39.22 74.07 66.67	27 52.94
총합	21 41.18	30 58.82	51 100.00

[결과2]

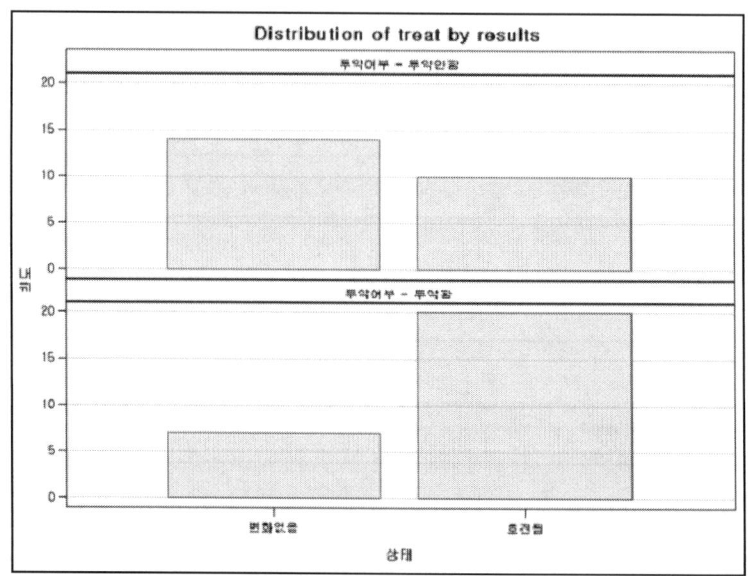

[결과3]

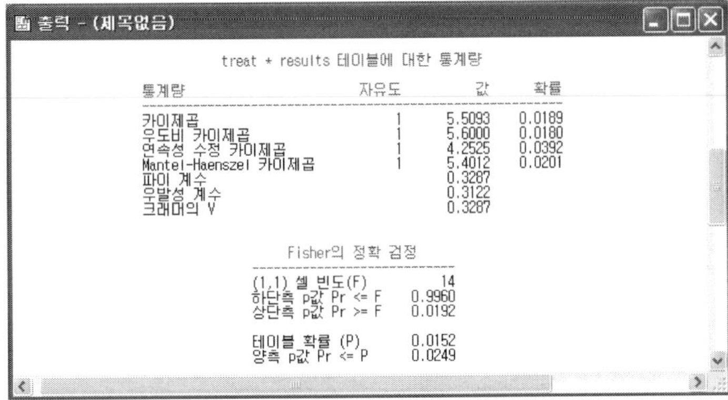

출력 - (제목없음)

treat * results 테이블에 대한 통계량

통계량	자유도	값	확률
카이제곱	1	5.5093	0.0189
우도비 카이제곱	1	5.6000	0.0180
연속성 수정 카이제곱	1	4.2525	0.0392
Mantel-Haenszel 카이제곱	1	5.4012	0.0201
파이 계수		0.3287	
우발성 계수		0.3122	
크래머의 V		0.3287	

Fisher의 정확 검정

(1,1) 셀 빈도(F)	14
하단측 p값 Pr <= F	0.9960
상단측 p값 Pr >= F	0.0192
테이블 확률 (P)	0.0152
양측 p값 Pr <= P	0.0249

[결과3]의 카이제곱과 관련된 통계량들을 살펴보자. 결과를 보면 χ^2값이 5.51로서 매우 의미가 있으며 (p 〈 0.019), Fisher의 정확검정 결과를 볼 경우에도 의미가 있는 것으로 나타났다. 또한 파이 계수, 크래머 V값이 양수인 것으로 보아 투약 전에는 '변화 없음'의 가능성 높으며, 투약 후에는 '호전됨'의 가능성이 있음을 볼 수가 있다.

[결과4]

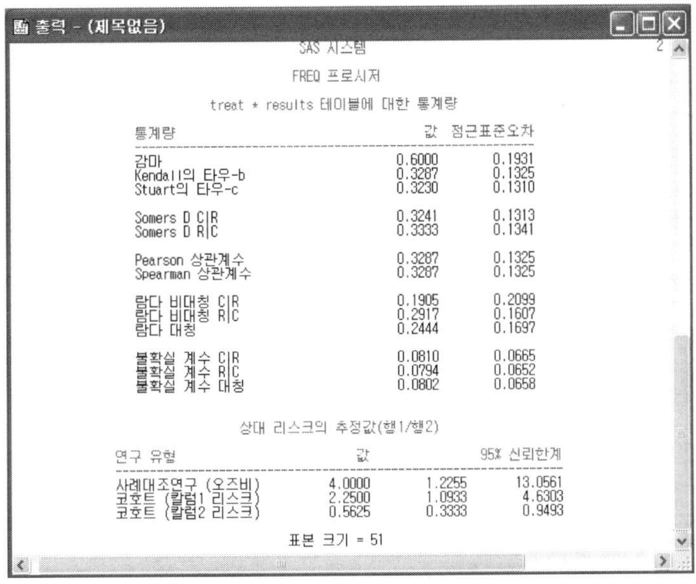

출력 - (제목없음)

SAS 시스템

FREQ 프로시저

treat * results 테이블에 대한 통계량

통계량	값	점근표준오차
감마	0.6000	0.1931
Kendall의 타우-b	0.3287	0.1325
Stuart의 타우-c	0.3230	0.1310
Somers D C|R	0.3241	0.1313
Somers D R|C	0.3333	0.1341
Pearson 상관계수	0.3287	0.1325
Spearman 상관계수	0.3287	0.1325
람다 비대칭 C|R	0.1905	0.2099
람다 비대칭 R|C	0.2917	0.1607
람다 대칭	0.2444	0.1697
불확실 계수 C|R	0.0810	0.0665
불확실 계수 R|C	0.0794	0.0652
불확실 계수 대칭	0.0802	0.0658

상대 리스크의 추정값(행1/행2)

연구 유형	값	95% 신뢰한계	
사례대조연구 (오즈비)	4.0000	1.2255	13.0561
코호트 (칼럼1 리스크)	2.2500	1.0933	4.6303
코호트 (칼럼2 리스크)	0.5625	0.3333	0.9493

표본 크기 = 51

[결과4]에는 Measures of association에 의해 구해지는 통계량들이 제시되고 있다. 이들 통계량들을 보면 1에서 가까워 질수록 변수가 서로 종속적이거나 연관성을 가지고 있다고 할 수 있다. 여기서는 이 값이 양의 값으로 앞에서 보았던 관련성을 보여 준다. 다음은 코호트 값인데 이는 *Yule's Q*라는 용어로도 사용된다. 0에서 멀어질수록 서로

관련성이 있다고 할 수 있다. 여기서는 변수가 양의 상관관계형태를 가지고 있다는 것을 나타낸다.

데이터가 서열이라고 가정할 경우에는 Kendall의 타우-b, Stuart의 타우-c 값 등을 보아야 하는 데, 값(Value)/점근표준오차(ASE) 형태로 나누어 볼 경우 각각 2.48(=0.3287/0.1325), 2.47(=0.3230/0.1310) 이다. t 값이 모두 2보다 크기 때문에(p 〈 0.05) 투약 전에는 '변화없음'이 많고 투약 후에는 '호전됨'이 많다고 할 수 있다.

3. 상관관계 분석

3.1 메트릭 데이터의 상관관계 분석

(1) 분석개요

상관관계분석(correlation analysis)은 두 변수간의 상호 선형관계를 갖는 정도를 분석한다. 하나의 변수가 다른 변수와 어느 정도 밀접한 관련성을 갖고 변화하는가를 알아보기 위해 사용된다. 예를 들어 소득에 따른 레저 소비(여행, 스포츠 등에 소비한 액수)가 관련성이 있는지 여부와 관련성의 크기를 분석하는데 사용된다. 데이터가 서열 척도(ordinal scale 또는 rank scale)인 경우는 스피어만 서열 상관계수, 일치도 검정(concordance or discordance test)으로서 Kendall의 $tau-b$를 계산하며, 데이터가 등간척도(interval scale) 이상인 경우는 피어슨 상관계수를 계산한다.

일반적으로 알려진 상관계수는 데이터가 등간 척도 이상인 경우에 계산하는 Pearson 상관계수이다. 이는 확률변수 X와 Y의 분산을 각각 $Var(X)$, $Vara(Y)$라 하고, X와 Y의 공분산(covariance)을 $Cov(X, Y)$라 하는 경우 위의 상관관계계수는 다음과 같이 정의된다.

$$\rho_{xy} = \frac{Cov(X, \ Y)}{\sqrt{Var(X) \ \ Var(Y)}}$$

그러나 실제 모평균과 모분산을 계산할 수 없기 때문에 표본평균과 표본분산을 통해 다음과 같은 표본상관계수를 계산한다.

$$\gamma_{xy} = \frac{\sum(x_i - \overline{X})(y_i - \overline{Y})}{\sqrt{\sum(x_i - \overline{X})^2 \sum(y_i - \overline{Y})^2}}$$

위의 식의 특징을 살펴보면 다음과 같다. (1) $-1 \leq \gamma_{xy} \leq 1$이고, (2) X와 Y가 독립이라면 $\gamma_{xy}=0$이며, (3) γ_{xy}가 1에 가까우면 X와 Y는 양의 상관관계를 갖게 되며, -1에 가까우면 X와 Y는 음의 상관관계를 갖게 된다. (4) 또한 γ_{xy}는 측정단위와 무관하게 계산된다. 상관계수가 0인지 아닌지를 검정하는 방법은 아래와 같은 검정 통계량을 통해 검정을 한다.

$$t = \frac{\gamma_{xy}\sqrt{(n-2)}}{\sqrt{(1-\gamma_{xy}^2)}}$$

위 식의 t 통계량의 절대값이 큰 경우 상관관계계수가 0이 아니라는 것을 의미한다.

상관관계 계수와 그래프의 형태를 보면 위와 같이 제시된다. 상관관계 계수가 0에서 1인 경우는 값의 변화 방향이 같으며, -1에서 0인 경우는 반대로 나타난다. 또한 -1 또는 1인 경우는 일직선으로 나타난다.

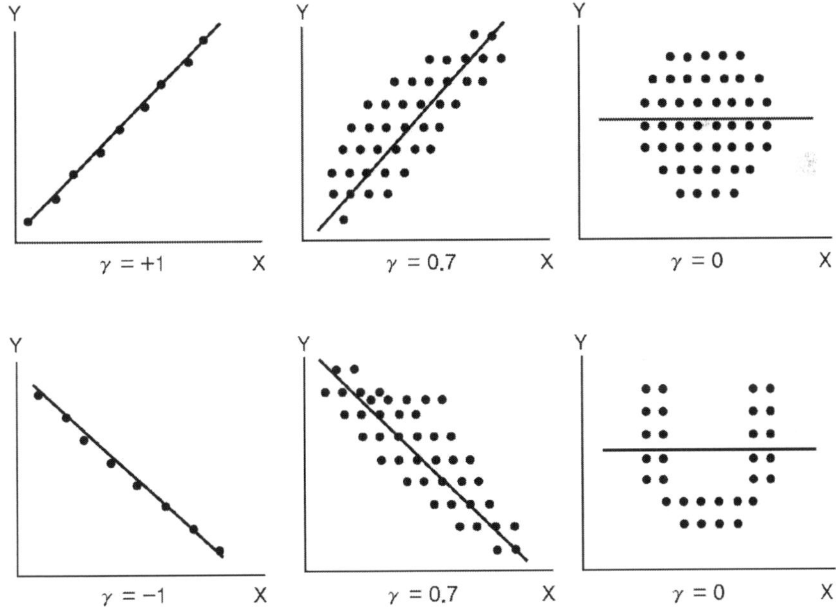

(2) 분석과정

상관관계 분석을 위해 5장의 알파 회사의 데이터를 이용했다. 앞에서 제시된 데이터를 통해 타이어의 구매의도간에 서로 관련성이 있는지 없는지에 대한 가설 검정을 해보고자 한다. 예를 들어 알파타이어와 베타타이어간에 관련성이 있는지를 보기 위해 귀무가설(H_0)과 대립가설(H_1)은 다음과 같이 설정할 수 있다.

- H_0 : 알파타이어와 베타타이어의 구매의도간에 관련성이 없다.
- H_1 : 알파타이어와 베타타이어의 구매의도간에 관련성이 있다.

확장편집기에서는 PROC CORR 프로시저로 분석을 수행한다. 분석을 하기 위해서는 다음과 같이 프로그램을 작성한 후 수행을 시킨다.

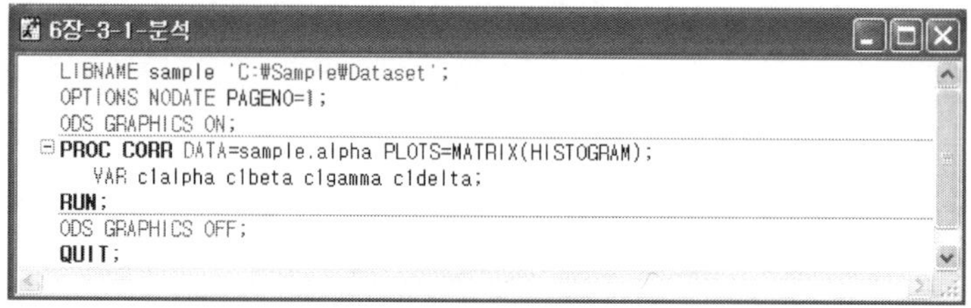

6장-3-1-분석

```
LIBNAME sample 'C:\Sample\Dataset';
OPTIONS NODATE PAGENO=1;
ODS GRAPHICS ON;
PROC CORR DATA=sample.alpha PLOTS=MATRIX(HISTOGRAM);
   VAR clalpha clbeta clgamma cldelta;
RUN;
ODS GRAPHICS OFF;
QUIT;
```

(3) 결과해석

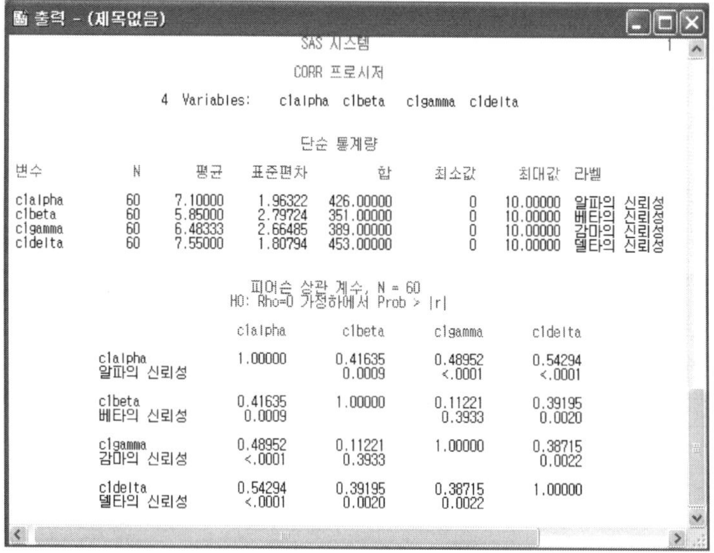

출력 - (제목없음)

SAS 시스템

CORR 프로시저

4 Variables: clalpha clbeta clgamma cldelta

단순 통계량

변수	N	평균	표준편차	합	최소값	최대값	라벨
clalpha	60	7.10000	1.96322	426.00000	0	10.00000	알파의 신뢰성
clbeta	60	5.85000	2.79724	351.00000	0	10.00000	베타의 신뢰성
clgamma	60	6.48333	2.66485	389.00000	0	10.00000	감마의 신뢰성
cldelta	60	7.55000	1.80794	453.00000	0	10.00000	델타의 신뢰성

피어슨 상관 계수, N = 60
H0: Rho=0 가정하에서 Prob > |r|

	clalpha	clbeta	clgamma	cldelta
clalpha 알파의 신뢰성	1.00000	0.41635 0.0009	0.48952 <.0001	0.54294 <.0001
clbeta 베타의 신뢰성	0.41635 0.0009	1.00000	0.11221 0.3933	0.39195 0.0020
clgamma 감마의 신뢰성	0.48952 <.0001	0.11221 0.3933	1.00000	0.38715 0.0022
cldelta 델타의 신뢰성	0.54294 <.0001	0.39195 0.0020	0.38715 0.0022	1.00000

출력 결과를 보면 각 변수에 대한 관찰치의 수(N), 평균, 표준편차, 합, 최소값, 최대값이 제시되어 있다. 출력결과 1페이지에서는 각 변수의 조합간에 상관계수를 볼 수 있는데 델타의 신뢰도(c_1*delta*) 와 알파의 신뢰도(c_1*alpha*) 가 0.54294로 가장 높음을 알 수 있다. 가장 낮은 상관계수값은 베타의 신뢰도(*c1beta*)와 감마의 신뢰도간의 상관계수로 값이 0.11221이다. 상관계수 아래 줄은 상관계수가 0인지에 대한 검정으로서 전체적으로 보아 베타의 신뢰도와 감마의 신뢰도간의 상관계수가 0이라고 볼 수 있을 뿐 나머지 값들은 유의수준 0.01에서 의미가 있는 상관계수라고 할 수 있다. 따라서 베타의 신뢰도와 감마의 신뢰도를 제외한 나머지 변수들간의 상관관계는 0이라는 귀무가설이 기각된다. 각 변수별 히스토그램과 산포도를 보면 다음 그림과 같이 제시된다. 각 변수가 정규분포와 잘 맞지 않는다는 점과 변수들간의 관련성이 낮게 나타난다는 것을 산포도를 통해 확인해 볼 수 있다.

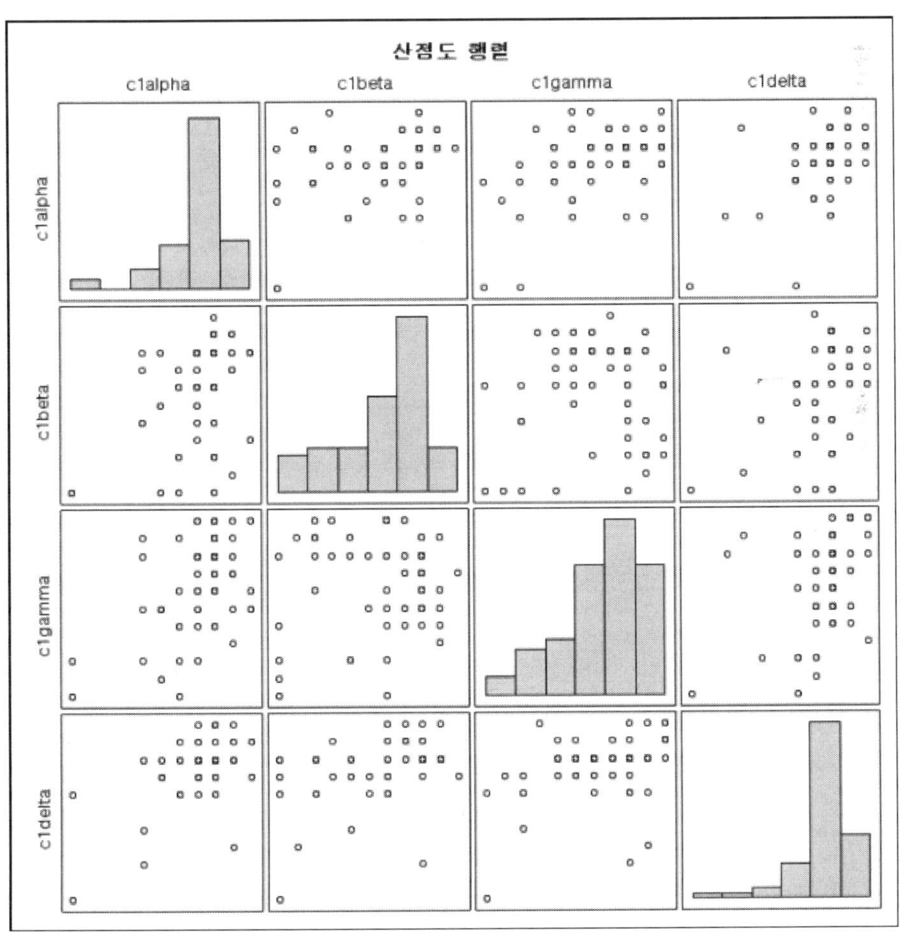

3.2 넌메트릭 데이터의 상관관계분석

(1) 분석개요

순위척도로 측정된 넌메트릭 데이터에 대한 상관관계분석은 Spearman 상관계수 또는 Kendall의 타우$-b$를 통해 진행한다.

Spearman 상관계수는 계산은 다음과 같다.

$$\delta_{xy} = \frac{\sum(R_i - \overline{R})(S_i - \overline{S})}{\sqrt{\sum(R_i - \overline{R})^2 \quad \sum(R_i - \overline{R})^2}}$$

여기서 R_i나 S_i는 각각 X_i와 Y_i의 등수이며, $\overline{R}$과 $\overline{S}$ 는 각각의 평균 등수를 의미한다. 두 데이터가 동등한 값(tie)을 가질 때는 평균 등수가 사용된다.

Kendall의 타우$-b$는 일치도 검정이라고도 하며, 변수들간에 그 크기의 순서가 일치하는가 그렇지 아니한가의 개수에 따라 서로의 상관관계계수를 구하는 방법이다. 예를 들어 $(X_i > X_j)$이고 $(Y_i > Y_j)$이면(또는 부등호가 둘 다 <인 경우) 두 데이터가 서로 일치하고 그렇지 않으면 일치하지 않는다고 본다. 상관계수는 일치하는 경우의 수와 그렇지 않는 경우의 수로 구한다. 상관관계 계수 정의는 다음과 같다.

$$\tau_{xy} = \frac{\sum_{i<j} \mathrm{sgn}(x_i - x_j)\mathrm{sgn}(y_i - y_j)}{\sqrt{\left(\frac{n(n-1)}{2} - \sum t_i(t_i - 1)\right)\left(\frac{n(n-1)}{2} - \sum u_i(u_i - 1)\right)}}$$

여기서 t_i와 u_i는 각각 X와 Y의 i번째 쌍에 대해 동등한 값(tie)을 갖는 경우의 수이며, n은 관찰치의 수, $\mathrm{sgn}(z)$는 z가 0보다 큰 경우는 1을, 0보다 작은 경우는 -1을, 0인 경우는 0을 갖는다.

(2) 분석데이터

서열척도로 측정된 넌메트릭 데이터의 상관관계 분석을 위해 권위주의에 대한 태도와 신분에 적절한 제품을 구매하는 여부를 신분추구 행위에 대한 12명의 순위 데이터를 수집하였다(Siegel and Castellan, 1988). 이를 통해 권위주의에 대한 의식과 신분추구 행위가 서로 관련성이 있는지 없는지에 대한 가설검정을 해보고자 한다. 이에 관련성이 있는지를 보기 위해 귀무가설(H_0)과 대립가설(H_1)은 다음과 같이 설정할 수 있다.

- H_0 : 권위주의에 대한 태도와 신분추구 행위간에 관련성이 없다.
- H_1 : 권위주의에 대한 태도와 신분추구 행위간에 관련성이 있다.

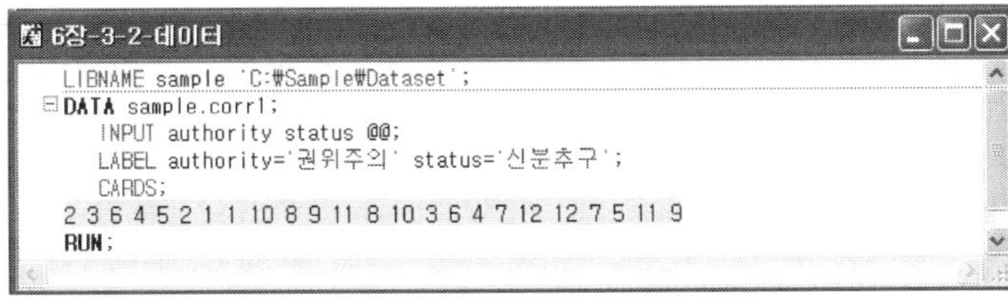

6장-3-2-데이터

```
LIBNAME sample 'C:\Sample\Dataset';
DATA sample.corrl;
   INPUT authority status @@;
   LABEL authority='권위주의' status='신분추구';
   CARDS;
2 3 6 4 5 2 1 1 10 8 9 11 8 10 3 6 4 7 12 12 7 5 11 9
RUN;
```

(3) 분석과정

확장편집기에서는 PROC CORR 프로시저로 분석을 수행한다. 다음과 같이 옵션으로 SPEARMAN KENDALL을 지정한다. 분석을 하기 위해서는 프로그램을 작성한 후 수행을 시킨다.

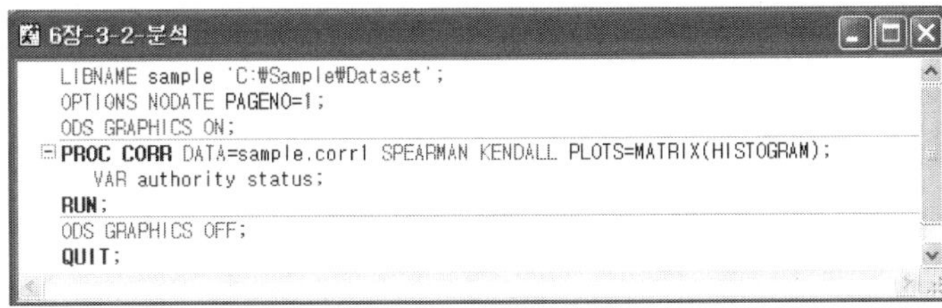

6장-3-2-분석

```
LIBNAME sample 'C:\Sample\Dataset';
OPTIONS NODATE PAGENO=1;
ODS GRAPHICS ON;
PROC CORR DATA=sample.corrl SPEARMAN KENDALL PLOTS=MATRIX(HISTOGRAM);
   VAR authority status;
RUN;
ODS GRAPHICS OFF;
QUIT;
```

(3) 결과해석

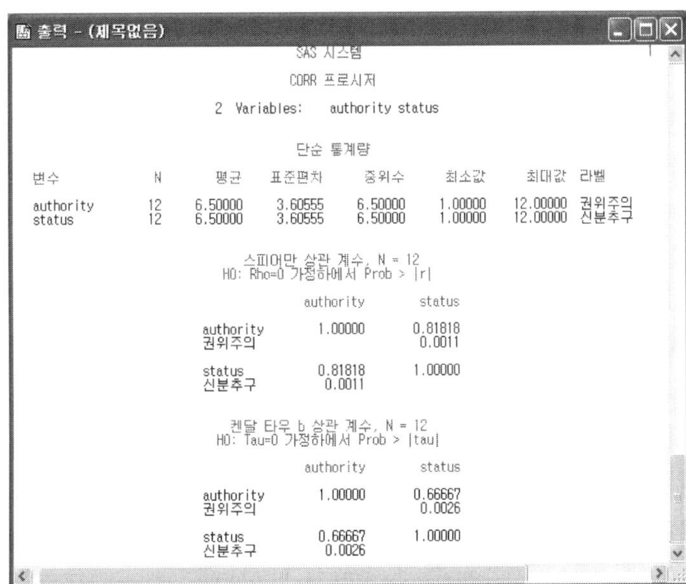

출력 - (제목없음)

SAS 시스템

CORR 프로시저

2 Variables: authority status

단순 통계량

변수	N	평균	표준편차	중위수	최소값	최대값	라벨
authority	12	6.50000	3.60555	6.50000	1.00000	12.00000	권위주의
status	12	6.50000	3.60555	6.50000	1.00000	12.00000	신분추구

스피어만 상관 계수, N = 12
H0: Rho=0 가정하에서 Prob > |r|

	authority	status
authority 권위주의	1.00000	0.81818 0.0011
status 신분추구	0.81818 0.0011	1.00000

켄달 타우 b 상관 계수, N = 12
H0: Tau=0 가정하에서 Prob > |tau|

	authority	status
authority 권위주의	1.00000	0.66667 0.0026
status 신분추구	0.66667 0.0026	1.00000

Spearman 상관계수는 .818로 계산이 되었으며, 켄달의 일치도 검정으로서 0.667로 계산되었다. 두 변수간에 상관계수에 대한 유의확률(양측)을 보면, 모두 0.01 수준에서 의미가 있다. 따라서 귀무가설이 기각되고, 대립가설이 채택 가능하기 때문에 권위주의에 대한 태도와 신분추구 행위는 상당히 관련성이 있다고 볼 수 있을 것이다. 각 변수의 히스토그램과 변수들간의 산점도는 다음 그래프와 같이 나타난다. 각 변수가 정규분포를 하는지 여부는 확인하기가 어려우나 두 변수간의 산점도는 일정한 상관관계가 있음을 보여준다.

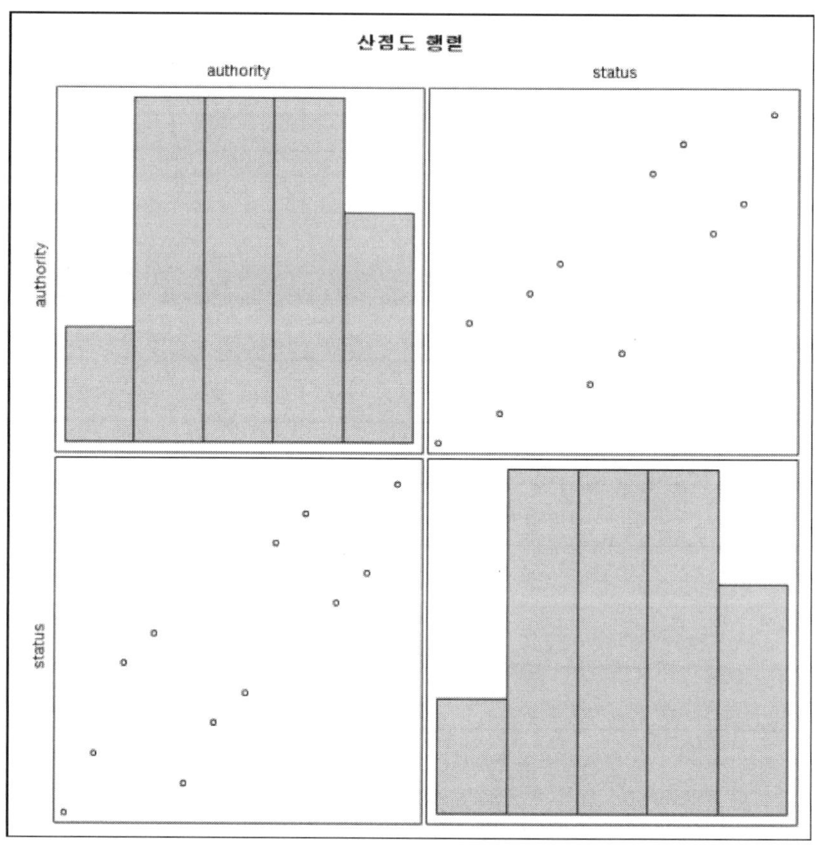

3.3 편상관관계 분석

(1) 분석개요

편상관분석(partial correlation analysis)란 두 변수들 간의 관련성을 조사할 때, 제 3의 변수의 영향을 제외하고 순수한 두 변수간의 관련성을 살펴보는 방법이다. 예를 들어 광고비와 판매액의 관계를 규명할 때, 광고비 외에도 판매액에 영향을 줄 수 있는 판매 촉진 활동, 가격, 서비스 정도, 제품 품질 등을 통제하고 살펴보는 것이다. 여기서 x_1을 광고비 지출액, x_2를 매출액, x_3를 가격 수준이라 할 경우, 가격을 통제한 x_1과 x_2의 상관관계는 다음과 같이 계산된다.

$$\gamma_{x1x2,x3} = \frac{\gamma_{x1x2} - \gamma_{x1x3}\gamma_{x2x3}}{\sqrt{1-\gamma_{x1x2}^2}\sqrt{1-\gamma_{x2x3}^2}}$$

(2) 분석데이터

최근 우리 사회는 이혼율이 급증하고 있다. 이에 따라 자녀의 수, 월 평균 가처분소득(단위 : 만원/월), 이혼건수에 대한 데이터를 수집하였다. 자녀의 수가 이혼과 관련성이 있을 것으로 보여, 자녀의 수를 통제하고 가처분소득과 이혼건수의 관계를 보기 원한다.

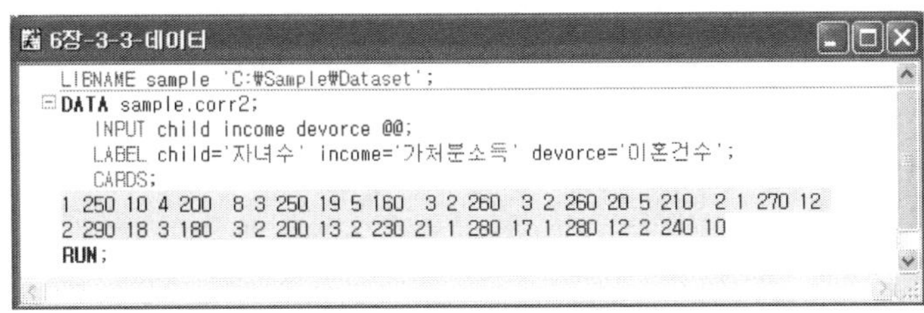
6장-3-3-데이터

```
LIBNAME sample 'C:₩Sample₩Dataset';
DATA sample.corr2;
   INPUT child income devorce @@;
   LABEL child='자녀수' income='가처분소득' devorce='이혼건수';
   CARDS;
1 250 10 4 200 8 3 250 19 5 160 3 2 260 3 2 260 20 5 210 2 1 270 12
2 290 18 3 180 3 2 200 13 2 230 21 1 280 17 1 280 12 2 240 10
RUN;
```

이를 통해 자녀의 수를 통제한 상태에서 가처분소득과 이혼건수가 서로 관련성이 있는지 없는지에 대한 가설검정을 해보고자 한다. 이에 관련성이 있는지를 보기 위해 귀무가설(H_0)과 대립가설(H_1)은 다음과 같이 설정할 수 있다.

- H_0 : 자녀의 수를 통제한 상태에서 가처분소득과 이혼건수간에는 관련성이 없다.
- H_1 : 자녀의 수를 통제한 상태에서 가처분소득과 이혼건수간에는 관련성이 있다.

(3) 상관관계분석 과정 및 결과

상관관계분석은 확장편집기에서는 PROC CORR 프로시저로 분석을 수행한다. 분석을 하기 위해서는 다음과 같이 프로그램을 작성한 후 수행을 시킨다.

6장-3-3-분석

```
LIBNAME sample 'C:₩Sample₩Dataset';
OPTIONS NODATE PAGENO=1;
ODS GRAPHICS ON;
PROC CORR DATA=sample.corr2 PLOTS=MATRIX(HISTOGRAM);
   VAR child income devorce;
RUN;
ODS GRAPHICS OFF;
QUIT;
```

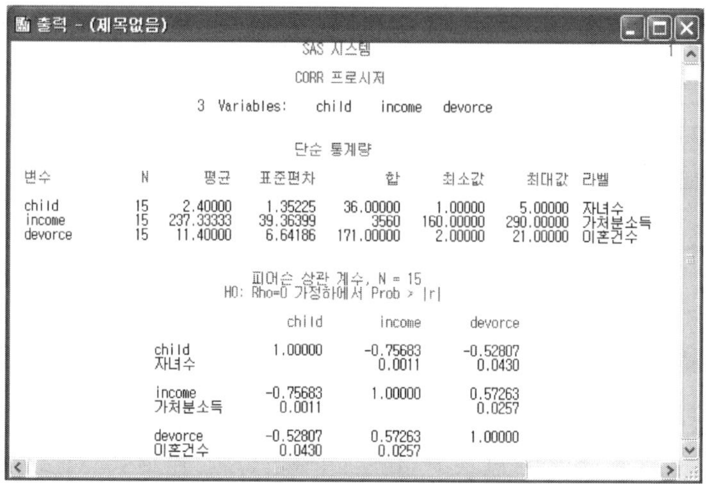

출력 - (제목없음)

SAS 시스템

CORR 프로시저

3 Variables: child income devorce

단순 통계량

변수	N	평균	표준편차	합	최소값	최대값	라벨
child	15	2.40000	1.35225	36.00000	1.00000	5.00000	자녀수
income	15	237.33333	39.36399	3560	160.00000	290.00000	가처분소득
devorce	15	11.40000	6.64186	171.00000	2.00000	21.00000	이혼건수

피어슨 상관 계수, N = 15
H0: Rho=0 가정하에서 Prob > |r|

	child	income	devorce
child 자녀수	1.00000	-0.75683 0.0011	-0.52807 0.0430
income 가처분소득	-0.75683 0.0011	1.00000	0.57263 0.0257
devorce 이혼건수	-0.52807 0.0430	0.57263 0.0257	1.00000

결과를 살펴보면, 상관관계계수는 자녀의 수와 이혼 건수가 −.528, 가처분소득과 이혼 건수가 .573, 자녀의 수와 가처분 소득이 −.757으로 계산되었다. 두 변수간에 상관관계 계수에 대한 유의확률(양측)을 보면, 모두 0.05 수준에서 의미가 있다. 따라서 모든 상관관계계수가 서로 관련성이 있음을 알 수 있다. 현재의 결과만으로 볼 때는 이혼 건수에 영향을 주는 것은 자녀의 수, 가처분소득 모두 영향을 준다고 볼 수 있을 것이다. 다음 그래프는 각 변수별 히스토그램과 산포도를 보여주고 있다. 전체적으로 보아 정규분포를 하는지 여부와 변수들간의 어떤 상관관계를 확인하기가 힘들다는 것을 알 수 있다.

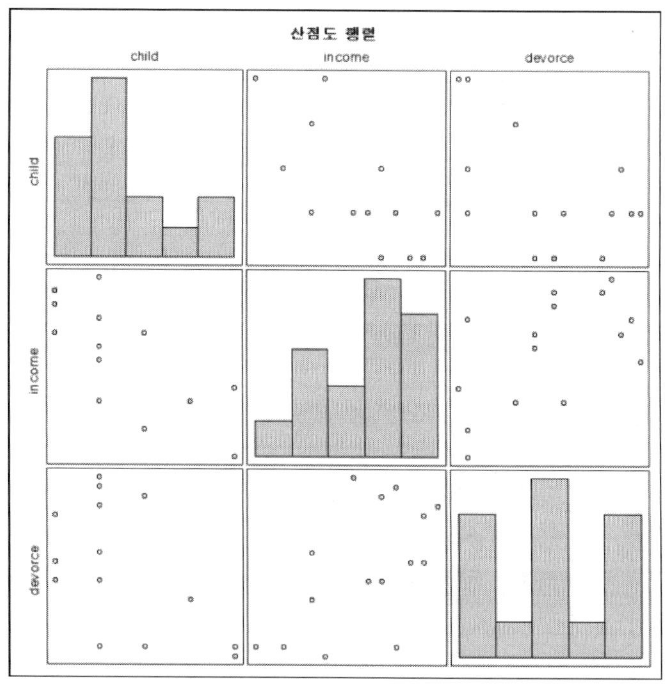

(4) 편상관관계분석 과정 및 결과

편상관관계분석은 확장편집기에서는 PROC CORR 프로시저로 분석을 수행한다. PARTIAL이라는 문장을 통해 편상관관계분석을 진행한다. 분석을 하기 위해서는 다음과 같이 프로그램을 작성한 후 수행을 시킨다.

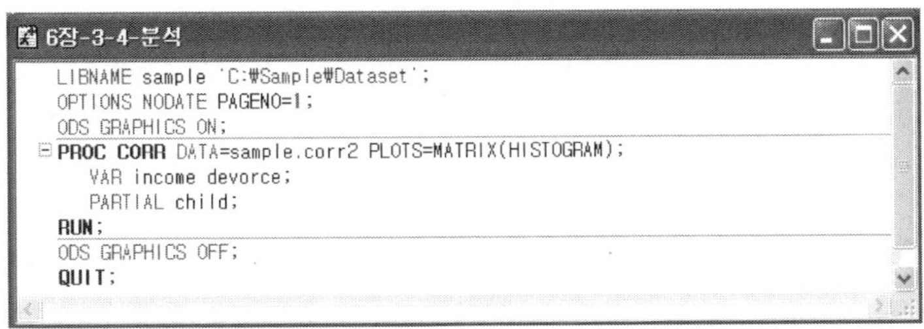

6장-3-4-분석

```
LIBNAME sample 'C:₩Sample₩Dataset';
OPTIONS NODATE PAGENO=1;
ODS GRAPHICS ON;
PROC CORR DATA=sample.corr2 PLOTS=MATRIX(HISTOGRAM);
   VAR income devorce;
   PARTIAL child;
RUN;
ODS GRAPHICS OFF;
QUIT;
```

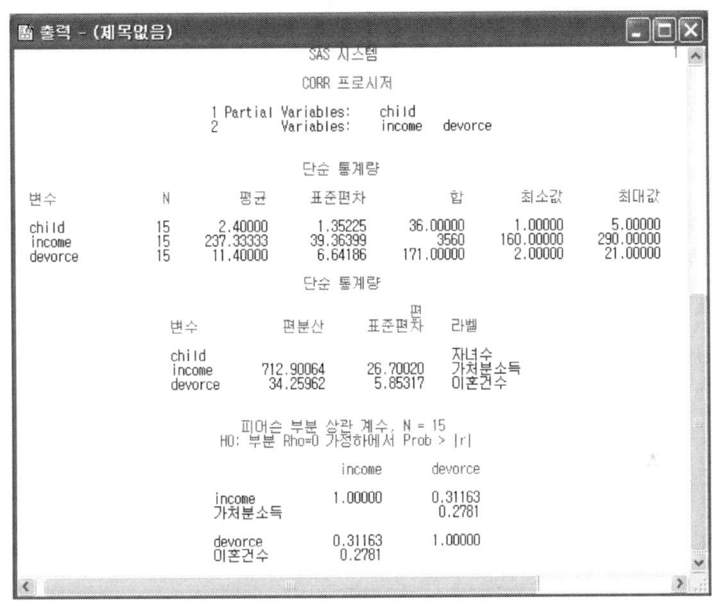

출력 - (제목없음)

SAS 시스템 1

CORR 프로시저

1 Partial Variables: child
2 Variables: income devorce

단순 통계량

변수	N	평균	표준편차	합	최소값	최대값
child	15	2.40000	1.35225	36.00000	1.00000	5.00000
income	15	237.33333	39.36399	3560	160.00000	290.00000
devorce	15	11.40000	6.64186	171.00000	2.00000	21.00000

단순 통계량

변수	편분산	편 표준편차	라벨
child			자녀수
income	712.90064	26.70020	가처분소득
devorce	34.25962	5.85317	이혼건수

피어슨 부분 상관 계수, N = 15
H0: 부분 Rho=0 가정하에서 Prob > |r|

	income	devorce
income 가처분소득	1.00000	0.31163 0.2781
devorce 이혼건수	0.31163 0.2781	1.00000

결과를 보면 가처분소득과 이혼 건수의 편상관관계계수는 0.312로 계산되었다. 두 변수간에 상관관계계수에 대한 유의확률(양측)을 보면, 0.05 수준에서 의미가 없다. 따라서 귀무 가설을 기각할 수 없기 때문에, 자녀의 수를 통제한 상태에서 월 평균 가처분소득과 이혼건수는 관련성이 없다고 볼 수 있을 것이다. 이런 결과는 단순하게 이변량 상관관계만 보았을 때와는 다른 결과임을 알 수 있다. 이들 두 변수의 히스토그램과 산포도는 다음 그래프와 같이 나타난다.

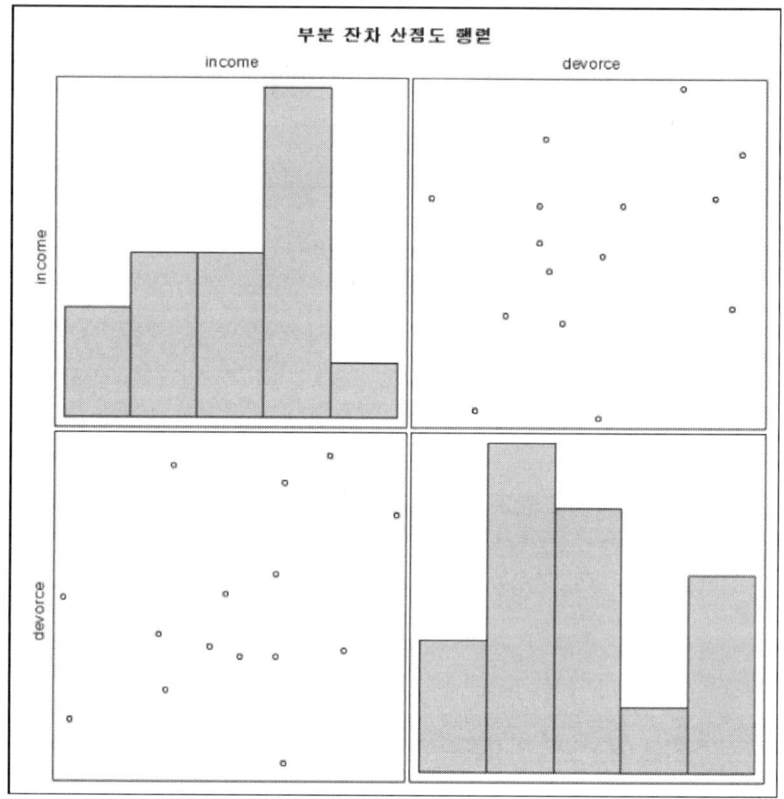

4. 프로시저 설명

4.1 PROC FREQ

(1) PROC FREQ의 기본형

기본형

```
PROC FREQ 옵션;
TABLES 표형태/옵션;
WEIGHT 변수;
BY 변수들;
```

[옵션] • DATA=데이터셋 : 일반적인 데이터셋의 이름을 적는다. 이 옵션이 없을 경우 이 프로시저 직전에 만들어졌던 데이터셋을 사용한다.

- ORDER=순서 : 표에 레벨이 보고되는 순서를 지정한다. FREQ는 레벨이 큰 값에서 작은 값으로, DATA는 데이터셋에 제시된 순서대로, INTERNAL은 SAS 내부적으로 작은 값에서 큰 값으로, FORMATTED는 외부에서 정한 포맷으로 레벨을 출력한다. 디폴트는 INTERNAL이다.
- PAGE : 한 페이지에 한 테이블씩 인쇄한다.

(2) TABLES 표형태/옵션;

표형태 : 변수 나열 형태에 따라 표형태를 지정한다. 도수분포표는 그 변수를 표형태란에 나열한다. 분할표 또는 그 이상의 표는 변수들간에 *를 표시한다. 즉 A B C와 같이 표기하는 것은 각각의 도수분포표가 출력되며, A*B와 같이 표기하는 경우에는 분할표가 출력이 된다. 표 형태를 나타내는 방법을 다음의 예를 통해 살펴 보자.

표기 예	실제 의미
(1) TABLES A*(B C);	TABLES A*B A*C;
(2) TABLES (A B)*(C D);	TABLES A*C A*D B*C B*D;
(3) TABLES (A B C)*D;	TABLES A*D B*D C*D;
(4) TABLES A - - C;	TABLES A B C;
(5) TABLES (A - - C)*D;	TABLES A*D B*D C*D;
(6) TABLES _ALL_;	모든 변수에 대해 도수 분석
(7) TABLES A - NUMERIC - X	INPUT문에서 A에서 X사이의 수자변수

[옵션]

- LIST : 분할표를 도수표 형태로 출력한다.
- MISSING : 결측값을 포함해서 퍼센트 통계량을 계산한다.
- OUT=데이터셋 : 계산된 데이터를 데이터셋으로 저장한다.
- ALL : CHISQ, MEASURES, CMH 옵션의 결과를 모두 출력한다.
- CHISQ : 행열변수간의 동일성 또는 독립성에 대한 통계량을 제공한다.
- MEASURES : CHISQ, CMH에서 제공되지 않은 통계량을 제공한다.
- CMH : 행열변수간의 상관관계의 정도를 알아볼 수 있는 통계량을 제공한다. cf. CMH1, CMH2
- FISHER : 2X2분할표 이상에서 Fisher's Exact Test값이 제공된다.
- ALPHA=p : 신뢰구간을 구할 때의 100(1 - p)를 지정한다.
- CELLCHI2 : 각 cell의 Chi - square에 대한 기여도의 정도를 $(\text{frequency} - \text{expected})^2$ /expected식에 의해 계산한다.
- DEVIATION : 각 cell의 도수와 기대도수의 차이를 제공한다.
- EXPECTED : 각 cell의 기대도수를 제공한다.
- NOROW : 행 퍼센트 정보를 제공하지 않는다.
- NOCOL : 열 퍼센트 정보를 제공하지 않는다.
- NOPERCENT : cell 퍼센트 정보를 제공하지 않는다.

(3) WEIGHT 변수;

가중치의 정보를 가지고 있는 변수로서 관찰치의 도수가 변수 값에 따라 달라진다.

4.2 PROC CORR

(1) PROC CORR의 기본형

기본형
```
PROC CORR 옵션;
VAR 변수들;
WEIGHT 변수;
FREQ 변수;
WITH 변수들;
PARTIAL 변수들;
BY 변수들;
```

[옵션]
- DATA=데이터셋 : 일반적인 데이터셋의 이름을 적는다. 이 옵션이 없을 경우 이 프로시저 직전에 만들어졌던 데이터셋을 사용한다.
- OUTP=데이터셋(TYPE=) : Pearson 상관계수를 포함한 새로운 데이터셋을 구성한다. 새로운 데이터셋은 TYPE=CORR 형태로서 상관관계계수와 평균, 표준편차, 서술통계량을 포함하고 있다. 상관계수대신에 공분산(covariance)을 저장하고 싶으면 TYPE=COV의 옵션을 사용하고 자승 및 상호자승합(sum of squares and cross - products)을 저장하고 싶으면 TYPE=SSCP를 사용해야 한다.
- OUTS=데이터셋 : Spearman 상관계수를 포함한 새로운 데이터셋을 구성한다. 다른 측면은 OUTP옵션과 내용이 같다.
- OUTK=데이터셋 : Kendall 상관계수를 포함한 새로운 데이터셋을 구성한다. 다른 측면은 OUTP옵션과 내용이 같다.
- OUTD=데이터셋 : Hoeffding의 D통계량을 포함한 새로운 데이터셋을 구성한다. 다른 측면은 OUTP옵션과 내용이 같다.
- PEARSON : 변수들이 등간(interval) 척도 이상의 데이터로 구성이 되어 있을 경우 Pearson 상관계수를 구한다(디폴트 옵션).
- SPEARMAN : 변수들이 서열(rank) 척도 이상의 데이터인 경우에 Spearman 서열상관계수를 구한다. WEIGHT문과는 같이 사용할 수 없다.
- KENDALL : 각 변수마다 구성된 쌍에 대하여 각 쌍간의 크기 순서가 일치하는가(concordance) 그렇지 않은가(discordance)에 따라서 두 변수간의 상관관계의 정도를 보여주는 Kendall's tau - b 상관계수를 제공한다.
- RANK : 각 변수들을 절대값이 가장 큰 값에서 작은 값으로 순서대로 배열한 후에 서열상관계수를 구한다.
- HOEFFDING : Hoeffding의 D 통계량을 제공한다.
- ALPHA : 변수들이 등간 척도 이상인 경우 둘 또는 그 이상의 변수간에 반응(response)의 일치 정도를 보는 Cronbach's Alpha 계수를 제공한다.
- BEST=n : 상관계수가 가장 큰 값에서 작은 값의 순으로 n개의 상관계수를 출력한다.
- NOSIMPLE : 각 변수에 대한 기술통계량을 출력하지 않는다.
- NOPRINT : 상관계수를 출력하지 않는다.

(2) VAR 변수들;

상관관계분석을 하고 싶은 변수를 적는다.

(3) WITH 변수들;

변수들의 집합간에 상관관계를 보고자 하는 경우에 사용한다. 단순히 VAR문만 있는 경우에는 VAR문에 있는 변수들의 상관계수를 제공하나, WITH문이 있는 경우에는 VAR문이나 WITH문에 있는 변수들간의 상관계수는 제공하지 않고 VAR문 변수들과 WITH문 변수들간의 상관계수만을 제공한다.

(4) PARTIAL 변수들;

편상관계수를 구할 때 제어 변수들을 지정한다.

(5) 기타 문장들

가. BY 변수들;

지정한 변수의 값이 변할 때마다 서로 다른 단일변수 기술통계 및 정규성 검정을 하고자 할 때 사용한다. 사전에 PROC SORT 프로시저로 정렬되어 있어야 한다.

나. FREQ 변수;

지정한 변수의 값만큼 관찰치의 도수를 증가시킨다.

다. ID 변수;

출력할 때 관찰치를 구분해서 표시할 구분변수를 지정한다.

다변량데이터분석

3 PART

회귀분석

7

CHAPTER

1. 회귀분석의 개요

1.1 회귀분석이란

회귀분석(regression analysis)은 1개 또는 그 이상의 독립(또는 설명) 변수들과 1개의 종속변수들의 선형관계를 파악하기 위한 기법이다. 회귀분석을 하는 주요 목적을 보면 다음과 같다.

- 독립변수와 종속변수간의 선형 상관관련성 여부
- 상관관계가 있다면 관계의 크기 및 유의도
- 변수들간의 종속관계의 성격(+ 또는 −)
- 회귀분석은 독립변수들과 종속변수와의 "선형결합관계"를 유도

선형 관계란 다음 그림에서 보듯이 독립변수(들)과 종속변수가 일직선의 관계를 가지고 있는 것을 의미한다. 따라서 선형관계의 형태는 종속변수와 각 독립변수의 계수가 선형관계를 의미하기 때문에 다음과 같은 회귀식에 있어서 선형관계가 유지된다.

$$y_i = \beta_0 + \beta_1 x_{1i} + \beta_2 x_{2i} + \cdots + \beta_k x_{ki} + \varepsilon_i$$

또한 다음과 같은 제곱 항이 있을지라도 x_i^2을 하나의 다른 변수(x_i')로 치환해서 볼 경우 선형관계가 유지되기 때문에 선형관계가 형성된다.

$$y_i = \beta_0 + \beta_1 x_i + \beta_2 x_i^2 + \varepsilon_i$$

두 변수의 곱에 대한 항이 있을지라도 위에서와 같이 이를 하나의 다른 변수로 치환해서 볼 경우 선형관계가 유지되기 때문에 선형관계가 형성된다.

$$y_i = \beta_0 + \beta_1 x_{1i} + \beta_2 x_{1i} x_{2i} + \varepsilon_i$$

또한 다음과 같이 로그 변환된 변수에 대한 항이 있을지라도 위에서와 같이 이를 하나의 다른 변수로 치환해서 볼 경우 선형관계가 유지되기 때문에 선형관계가 형성된다.

$$y_i = \beta_0 + \beta_1 \ln x_{1i} + \beta_2 \ln x_{2i} + \varepsilon_i$$

종속변수가 로그 변환된 변수이고 독립변수가 분수관계인 형태일지라도 위에서와 같이 각 변수를 하나의 다른 변수로 볼 경우 선형관계가 유지되기 때문에 선형관계가 형성된다.

$$\ln y_i = \beta_0 + \beta_1 \left(\frac{1}{x_{1i}} \right) + \beta_2 \left(\frac{1}{x_{2i}} \right) + \varepsilon_i$$

반면에 다음과 같은 형태들은 선형관계로 치환해 만들 수 없기 때문에 비선형관계이며, 이를 해결하고자 하면 비선형회귀분석(nonlinear regression analysis)을 해야 하는 경우이다.

$$y_i = \beta_0 + \beta_1 x_{1i}^{\gamma_1} + \beta_2 x_{2i}^{\gamma_2} + \varepsilon_i$$

$$y_i = \frac{\beta_0}{1 + e^{-(\beta_1 x_1 + \beta_2 x_2)}} + \varepsilon_i$$

회귀분석을 하기 위해서는 종속변수와 독립변수라는 두 종류의 변수로서 등간 척도나 비율 척도로 측정된 변수이어야 한다. 독립변수가 명목척도인 경우에는 더미 변수(dummy variable)를 이용한 회귀분석을 수행한다. 또한 종속변수와 독립변수들간의 관계가 선형관계(linearity)여야 한다. 기업에서 회귀분석을 활용할 수 있는 주요 사례를 보면 다음과 같다.

- 기업들은 어떠한 특성을 갖는 소비자들이 자사제품을 구매하는가를 파악하기 위하여 소비자들의 여러 인구통계적, 사회경제적 특성을 조사하여 이들과 구매성향간의 관계를 파악하려 한다.
- 기업의 광고담당자는 광고액에 따른 매출액의 변화와 어떤 광고매체가 매출액에 더 많은 영향을 미치는가를 정확히 파악하여야만 체계적인 광고전략을 수립할 수 있다.
- 기업의 매출액은 제품가격과 광고의 양 또는 제품취급 점포의 수 등의 영향을 받게 된다. 이러한 각각의 변수들이 매출액에 어떠한 영향을 미치는지, 또 얼마나 강한 영향을 미치는지를 파악하는 것이 기업전략 수립의 기본이 된다.
- 판매원 관리에 있어 근무기간, 상여금, 교육 등과 같은 업적향상에 영향을 미치는 변수들 중 어떠한 변수가 판매원의 사기와 업적에 가장 큰 영향을 미치는가를 파악할 수 있다면 보다 효율적은 판매원 관리를 꾀할 수 있을 것이다.

1.2 회귀분석의 종류

회귀분석은 종속변수의 척도, 독립변수의 개수, 종속변수와 독립변수의 선형성에 따라 다음과 같은 형태로 나뉘어 진다.

- **단순 회귀분석** : 독립변수가 1개로서 척도가 메트릭이며, 종속변수의 척도가 메트릭인 경우로서 독립변수와 종속변수가 선형이라고 가정한다. 다음과 같은 회귀식의 모양을 갖는다.

$$y_i = \beta_0 + \beta_1 x_i + \varepsilon_i$$

- **다중 회귀분석** : 독립변수가 2개 이상이며, 종속변수의 척도가 메트릭인 경우로서 독립변수들과 종속변수가 선형이라고 가정한다. 다음과 같은 회귀식의 모양을 갖는다.

$$y_i = \beta_0 + \beta_1 x_{1i} + \beta_2 x_{2i} + \ldots + \beta_k x_{ki} + \varepsilon_i$$

- **더미 회귀분석** : 기본적으로 단순 또는 다중회귀분석과 같은 형태이나 독립변수 중에 넌메트릭 척도를 가지고 있는 경우이다. 다음과 같은 회귀식을 갖는다. 여기서 x 로 표시된 변수는 메트릭 척도를 갖는 변수이며, d 로 표현된 변수들은 1과 0 중에 하나의 값을 갖는 더미 변수이다. 다음과 같은 회귀식의 모양을 갖는다.

$$y_i = \beta_0 + \beta_1 x_{1i} + \ldots + \beta_k x_{ki} + \beta_{d1} d_{d1i} + \ldots + \beta_{dl} d_{dli} + \varepsilon_i$$

- **로지스틱 회귀분석** : 독립변수는 메트릭 또는 넌메트릭 척도가 모두 가능하나 종속변수가 넌메트릭 척도인 경우이다. 다음과 같은 회귀식의 모양을 갖는다. 로지스틱 회귀분석 모형에 대한 사례는 12장의 판별분석에서 다루고 있다.

$$P_z = \frac{1}{1+e^{c-z}}$$

$$Z = \beta_0 + \beta_1 x_{1i} + \beta_2 x_{2i} + \ldots + \beta_p x_p$$

$$\ln\left(\frac{P_z}{1-P_z}\right) = \beta_0 + \beta_1 x_{1i} + \beta_2 x_{2i} + \ldots + \beta_p x_p + \varepsilon_i$$

- **다항 회귀분석** : 종속변수에 대해 다항 형태(polynomial)를 갖는 경우이다. 다음과 같은 회귀식의 모양을 갖는다.

$$y_i = \beta_0 + \beta_1 x_i + \beta_2 x_i^2 + \cdots + \beta_p x_i^p + \varepsilon_i$$

- **비선형 회귀분석** : 단순 또는 다중회귀분석으로서 종속변수와 독립변수가 선형관계가 아닌 경우이다. 다음과 같은 회귀식의 모양을 갖는다.

$$y_i = \beta_0\left(1 - e^{-\beta_1 x_i}\right)$$

2. 단순 회귀분석

2.1 모형의 개요

단순회귀분석은 가장 간단한 형태의 회귀분석으로서 한 개의 종속변수와 한 개의 독립변수와의 선형관계를 파악하는 방법이다. 근본적으로 이 방법은 두 변수간의 상관관계 분석과 동일하다. 단순회귀의 기본 모형을 살펴보면 다음과 같다.

$$y_i = \beta_0 + \beta_1 x_i + \varepsilon_i$$

여기서 y_i는 i번째 관찰치의 종속변수이며, x_i는 i번째 관찰치의 독립변수이고, ϵ_i는 i번째 관찰치의 오차를 의미한다. 여기서 β_0, β_1의 계수를 구하는 방법으로 다음 그림과 같이 실제 관찰치 y_i와 모형에 의한 예측치 $\widehat{y_1}$의 거리인 오차를 최소로 하는 모형으로서 일반적으로 오차 제곱$\left(y_i - \widehat{y_i}\right)^2$의 합을 최소화하는 최소 자승법(OLS : Ordinary Least Squares)이 많이 사용된다. 즉,

$$\min \sum \left(y_i - \hat{y}_i\right)^2 = \min \sum \left(y_i - (\beta_0 + \beta_1 x_i)\right)^2$$

로서 보통 β_0, β_1 의 계수의 추정치 $\widehat{\beta_0}$, $\widehat{\beta_1}$의 값은

$$\hat{\beta}_0 = \bar{y} - \hat{\beta}_1 \bar{x}$$

$$\hat{\beta}_1 = \frac{\sum(x_i - \bar{x})(y_i - \bar{y})}{\sum(x_i - \bar{x})^2}$$

로 추정된다.

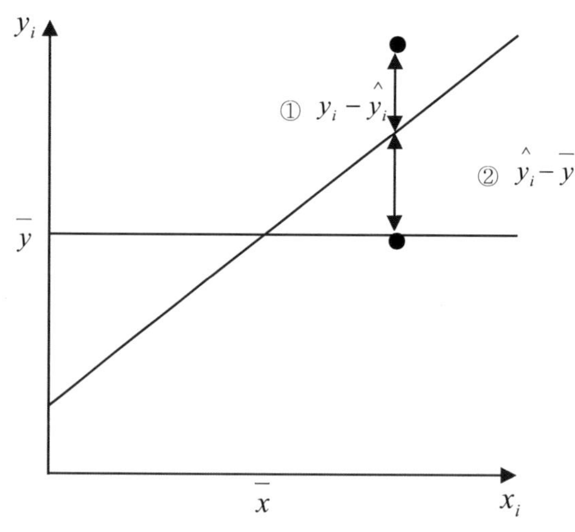

2.2 단순 회귀분석 사례

(1) 분석개요

다음 예제는 한 대학교에서 교양수학을 수강하는 학생들 중에서 임으로 10명의 학생을 표본으로 추출하여 수학적성시험을 치른 후에 그 학생들의 교양수학 과목의 학기말 시험성적을 구하여 만든 데이터다(이용구, 1993, pp. 319−320). 수학적성 시험결과와 교양수학시험 성적이 어떤 관계가 있는가를 분석하고자 한다.

학생	수학적성성적	교양수학성적
1	39	65
2	43	78
3	20	51
4	64	81
5	57	90
6	47	85
7	28	75
8	75	98
9	34	56
10	52	76

(2) 분석데이터

데이터를 입력하려면 다음과 같이 프로그램을 작성해야 한다. INPUT문의 @@사인은 본 예제에서와 같이 한 줄에 여러 관찰치의 데이터가 있을 경우 적어준다.

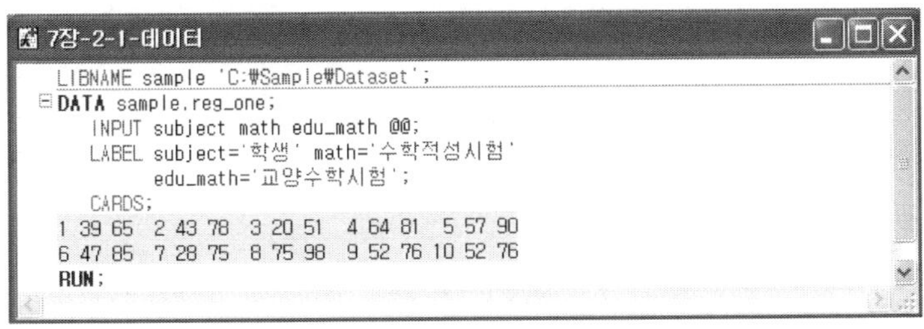


```
LIBNAME sample 'C:\Sample\Dataset';
DATA sample.reg_one;
    INPUT subject math edu_math @@;
    LABEL subject='학생' math='수학적성시험'
          edu_math='교양수학시험';
    CARDS;
1 39 65  2 43 78  3 20 51  4 64 81  5 57 90
6 47 85  7 28 75  8 75 98  9 52 76 10 52 76
RUN;
```

(3) 분석과정

회귀분석을 하려면 PROC REG 프로시저를 사용한다. MODEL문의 옵션 중 STB는 표준화된 베타계수, CLB는 베타 예측값에 대한 95% 신뢰구간 추정, CLI는 각 관찰치의 예측 대한 95% 신뢰구간 출력, CLM은 각 관찰치의 종속변수 값에 대한 95% 신뢰구간을 출력한다. ODS GRAPHICS ON;과 ODS GRAPHICS OFF;문은 고품위 그래프를 그리는 문장 선언의 시작과 종료를 의미한다.

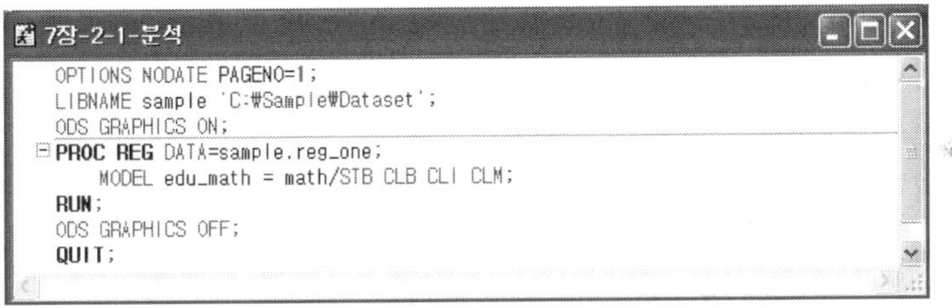


```
OPTIONS NODATE PAGENO=1;
LIBNAME sample 'C:\Sample\Dataset';
ODS GRAPHICS ON;
PROC REG DATA=sample.reg_one;
    MODEL edu_math = math/STB CLB CLI CLM;
RUN;
ODS GRAPHICS OFF;
QUIT;
```

(4) 결과해석

회귀분석에 대한 결과는 먼저 모형에 대한 전체적인 적합도 판정과 다음으로 분산분석표 상의 적합도 판정이 먼저 진행된다. 그리고 개별 변수에 대한 계수의 적합도 판정을 수행한다.

가. 결정계수에 의한 전체적인 적합도 판정

추정된 회귀식의 적합성은 일반적으로 결정계수(coefficient of determination)를 보고 결정한다. 결정계수란, 추정된 회귀식이 주어진 데이터를 얼마나 잘 설명할 수 있는가를 판단해 주는 기준으로서 추정된 회귀식이 회귀식으로 설명되는 분산과 설명이 되지 않는 분산 중, 회귀식으로 설명되는 분산 정도를 의미한다. 일반적으로 회귀식으로 설명되는 분산을 총분산으로 나누어 산출한다.

$$R^2 = \frac{\sum\left(\hat{y}_i - \bar{y}\right)^2}{\sum\left(y_i - \bar{y}\right)^2} = 1 - \frac{\sum\left(y_i - \hat{y}_i\right)^2}{\sum\left(y_i - \bar{y}\right)^2}$$

나. 분산분석표를 이용한 적합도 판정

회귀식에서 설명이 안 되는 분산을 자승합(SSE)이라 하며, 회귀식에 의해 설명이 되는 분산을 회귀자승합(SSR)이라고 한다. 분산분석표는 추정된 회귀식 모형에 대한 유용성을 평가하기 위해 결정계수와 같이 자승합에 대한 회귀자승합의 크기를 검정통계량 F 값을 이용한다. 보통 검정통계량 F 값을 구하는 데는 자승합과 회귀자승합을 자유도 (df)로 조정한 값을 이용한다. F 값이 크게 되면 회귀식이 설명할 수 있는 부분이 상대적으로 많다는 의미가 된다. F 값은 아래와 같은 가설을 검정하기 위한 것이다.

- $H_0 : \beta_1 = 0$
- $H_1 : \beta_1 \neq 0$

단순 회귀분석에서는 분산분석의 적합도 검정과 회귀계수 β_1의 계수에 대한 검정이 일치한다.

[결과1]을 보면 다음과 같다. 먼저 회귀모형에 대한 적합도를 보면 R^2(R−square) 값이 0.71로서 총분산에 대해 71% 정도 설명력이 있다. 또한 분산분석표를 볼 경우에 F 값(F Value) 이 19.76으로 유의 수준 0.01에서 유의 하다고 볼 수 있다. 따라서 귀무가설이 기각된다. 즉 $\beta_1 = 0$이라는 귀무가설이 기각되므로 0이 아니라고 볼 수 있다. 이 점에서 보아 추정된 회귀모형은 적절한 것으로 볼 수 있다.

[결과1]

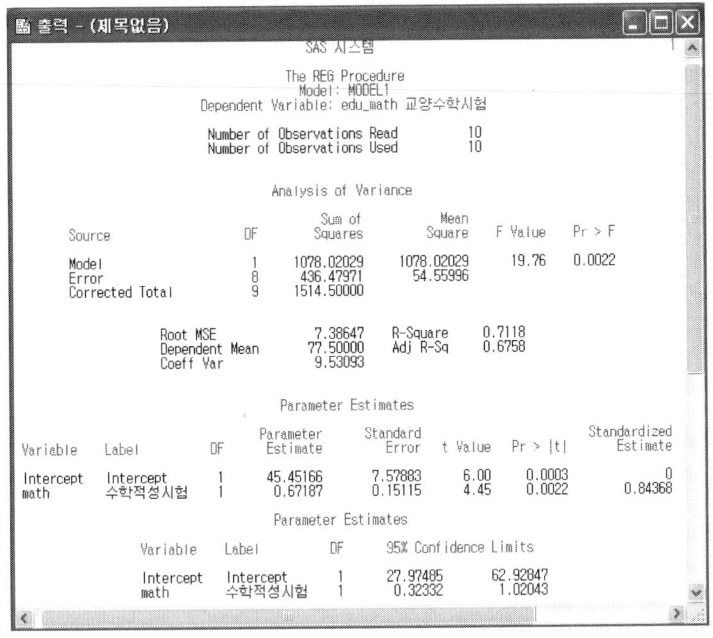

출력 - (제목없음)

SAS 시스템 1

The REG Procedure
Model: MODEL1
Dependent Variable: edu_math 교양수학시험

Number of Observations Read	10
Number of Observations Used	10

Analysis of Variance

Source	DF	Sum of Squares	Mean Square	F Value	Pr > F
Model	1	1078.02029	1078.02029	19.76	0.0022
Error	8	436.47971	54.55996		
Corrected Total	9	1514.50000			

Root MSE	7.38647	R-Square	0.7118
Dependent Mean	77.50000	Adj R-Sq	0.6758
Coeff Var	9.53093		

Parameter Estimates

Variable	Label	DF	Parameter Estimate	Standard Error	t Value	Pr > |t|	Standardized Estimate
Intercept	Intercept	1	45.45166	7.57883	6.00	0.0003	0
math	수학적성시험	1	0.67187	0.15115	4.45	0.0022	0.84368

Parameter Estimates

Variable	Label	DF	95% Confidence Limits	
Intercept	Intercept	1	27.97485	62.92847
math	수학적성시험	1	0.32332	1.02043

다음으로 $\beta_1 = 0$이라는 가설을 검정하기 위해 먼저 데이터에서 σ^2의 추정량 $\hat{\sigma}^2$는

$$\hat{\sigma}^2 = \frac{1}{n-2} SSE = \frac{1}{n-2}\sum\left(y_i - \hat{y}\right)^2$$

$$= \frac{1}{10-2} 436.48 = 54.56$$

으로 나타났다. Root MSE가 $\hat{\sigma}$로서 7.39이며, Dependent Mean은 종속변수의 평균으로서 77.50, 즉 학생 10명 표본의 교양수학성적 평균이 77.50이라는 의미이다. 각 추정치에 대한 표준오차(standard error)는 모수 추정치(**parameter estimate**) 난에 제시되어 있다. β_0, β_1에 대한 표준오차는 각각,

$$\sqrt{\hat{Var}\left(\hat{\beta}_0\right)} = \sqrt{\hat{\sigma}^2\left(\frac{1}{n} + \frac{\bar{x}^2}{\sum\left(x_i - \bar{x}\right)^2}\right)} = 7.58$$

$$\sqrt{\hat{Var}\left(\hat{\beta}_1\right)} = \sqrt{\frac{\hat{\sigma}^2}{\sum\left(x_i - \bar{x}\right)^2}} = 0.15$$

이다. 또한 각 모수 추정치에 대한 가설의 검정통계량은

$$t\left(\hat{\beta}_0\right) = \frac{\hat{\beta}_0 - 0}{\sqrt{\hat{Var}\left(\hat{\beta}_0\right)}} = 5.997$$

$$t\left(\hat{\beta}_1\right) = \frac{\hat{\beta}_1 - 0}{\sqrt{\hat{Var}\left(\hat{\beta}_1\right)}} = 4.445$$

로서 모두 유의수준 0.01에서 통계적으로 유의하다. 따라서 각각의 귀무가설이 기각이 되기 때문에 각 추정치의 값들이 0이 아니라고 할 수 있다. 특히 β_1 의 추정치는 t 값=root F 값으로 통계적인 유의도가 0.0022로 같다는 것을 볼 수 있다. 본 회귀모형에서 추정된 회귀모형을 살펴보면 다음과 같다. 각 모수 추정치 아래의 ( )안의 값은 표준오차를 의미한다.

$$y_i = 45.45 + 0.67x_i \quad \left(R^2 = 0.71\right)$$

(7.58) (0.15)

또한 95% Confidence Limits 난에 각 회귀계수의 신뢰구간이 나와 있다. 이러한 결과들은 회귀식의 계수에 대한 가설이 매우 의미 있는 결과라는 것을 보여 준다.

[결과2]

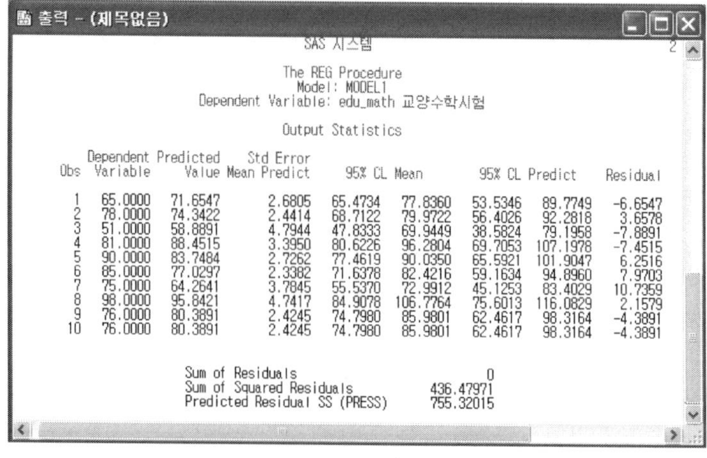

출력 - (제목없음)

SAS 시스템 2

The REG Procedure
Model: MODEL1
Dependent Variable: edu_math 교양수학시험

Output Statistics

Obs	Dependent Variable	Predicted Value	Std Error Mean Predict	95% CL Mean		95% CL Predict		Residual
1	65.0000	71.6547	2.6805	65.4734	77.8360	53.5346	89.7749	-6.6547
2	78.0000	74.3422	2.4414	68.7122	79.9722	56.4026	92.2818	3.6578
3	51.0000	58.8891	4.7944	47.8333	69.9449	38.5824	79.1958	-7.8891
4	81.0000	88.4515	3.3950	80.6226	96.2804	69.7053	107.1978	-7.4515
5	90.0000	83.7484	2.7262	77.4619	90.0350	65.5921	101.9047	6.2516
6	85.0000	77.0297	2.3382	71.6378	82.4216	59.1634	94.8960	7.9703
7	75.0000	64.2641	3.7845	55.5370	72.9912	45.1253	83.4029	10.7359
8	98.0000	95.8421	4.7417	84.9078	106.7764	75.6013	116.0829	2.1579
9	76.0000	80.3891	2.4245	74.7980	85.9801	62.4617	98.3164	-4.3891
10	76.0000	80.3891	2.4245	74.7980	85.9801	62.4617	98.3164	-4.3891

Sum of Residuals	0
Sum of Squared Residuals	436.47971
Predicted Residual SS (PRESS)	755.32015

[결과2]는 관찰치의 종속변수의 값(Dependent Variable), 종속변수 대한 예측치(Predicted Value), 종속변수 평균에 대한 표준오차(Std Error Mean Predict), 종속변수 평균과 예측치에 대한 신뢰구간이 제시되어 있다. 특히 마지막에 관찰치와 예측치의 차이가 제시되어 있는데 이 값이 크면 특이 관찰치(outlier)일 가능성이 높다는 것을 보여 준다. 관찰치를 하나씩 제외하고 예측한 회귀모형들의 오차 제곱의 총합(PRESS)도 나와 있다.

[결과3]

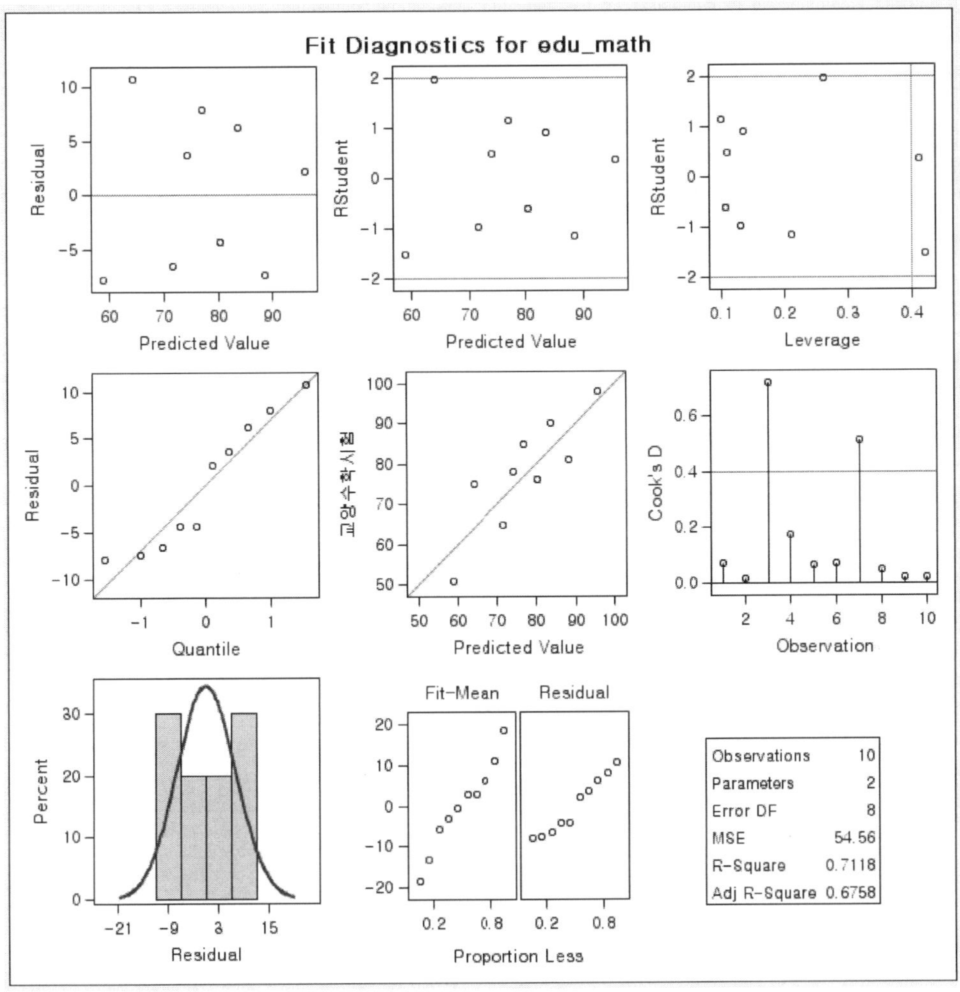

[결과3]은 앞에서 살펴보았던 예측값과 오차 및 기타 다양한 통계량에 대한 그래프들을 종합적으로 보여주고 있다. 관찰치의 수가 12개로서 많지 않기 때문에 현재 데이터는 오차에서 어떤 패턴이 있다던가 정규분포를 한다는 뚜렷한 패턴을 보기 힘들다. 데이터의 관찰치의 수가 많아지면 이러한 패턴은 더욱 명확하게 나타날 것이다.

[결과4]

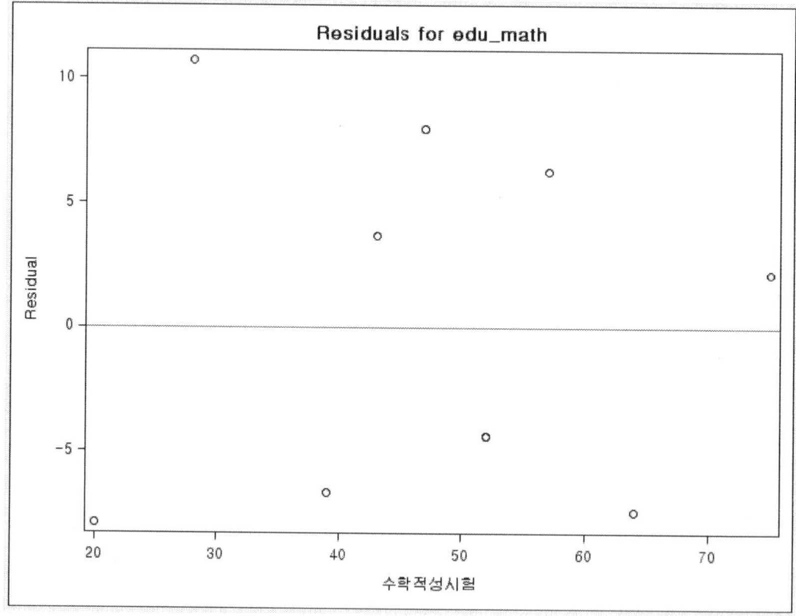

[결과4]는 회귀분석의 오차에 대한 도표를 보여 준다. 현재는 데이터가 많지 않아 특별한 패턴을 보기는 힘들다. 이 오차 도표를 보고 이분산성 등과 같은 통계량을 살펴 볼 수 있다.

[결과5]

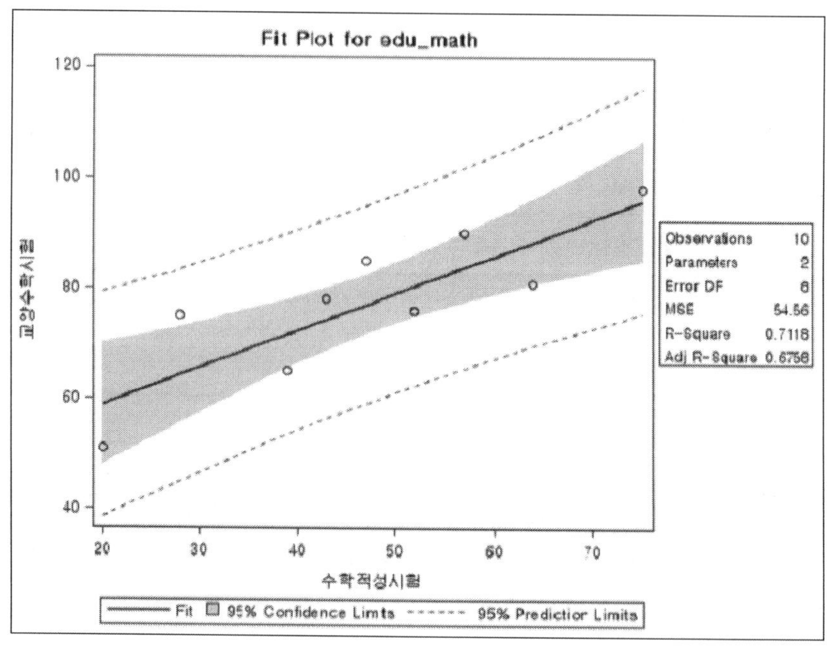

[결과5]는 선형예측과 관련된 다양한 그래프 결과를 보여주고 있다. 교양수학성적과 예측치의 도표와 수학적성성적간의 도표를 보면 선형관계를 이루고 있다.

3. 다중 회귀분석

3.1 모형의 개요

다중회귀분석은 한 개의 종속변수와 두 개 이상의 독립변수와의 선형관계를 파악하는 방법이다. 다중회귀분석 모형을 살펴보면,

$$y_i \ = \ \beta_0 + \beta_1 x_{1i} + \beta_2 x_{2i} + \ldots + \beta_k x_{ki} + \varepsilon_i$$

이다. 여기서 y_i는 i번째 관찰치의 종속변수 값이며, x_{1i}는 i번째 관찰치의 첫 번째 독립변수 값이고, x_{2i}는 i번째 관찰치의 두 번째 독립변수 값이고, x_{ki}는 i번째 관찰치의 k번째 독립변수 값이고, ϵ_i는 i번째 관찰치의 오차를 의미한다. 가장 간단한 다중회귀분석은 독립변수가 두 개 있는 모형인데, 이를 살펴보면,

$$y_i \ = \ \beta_0 + \beta_1 x_{1i} + \beta_2 x_{2i} + \varepsilon_i$$

이때 β_0, β_1, β_2의 계수를 구하는 방법도 앞에서 제시된 단순회귀 모형의 추정방법에서처럼 최소자승법(OLS : Ordinary Least Squares)이 많이 사용된다.

3.2 다중 회귀분석 사례

(1) 분석개요

다음과 같이 어느 광고회사에서 라디오 광고와 TV 광고의 효과를 알아보기 위해서 라디오 광고의 횟수와 TV 광고의 횟수에 대한 광고내용의 기억 정도를 측정했다. 광고횟수와 광고 기억 정도에 대한 영향을 파악하고자 한다.

라디오광고	TV 광고	광고 기억 정도
1	2	54
3	2	61
1	4	60
3	4	66
1	6	62
3	6	70
1	8	65
3	8	67
2	2	59
4	2	58
2	4	64
4	4	67
2	6	65
4	6	66
2	8	67
4	8	65

(2) 분석데이터

데이터를 입력하려면 다음과 같이 프로그램을 작성해야 한다. INPUT문의 @@사인은 본 예제에서와 같이 한 줄에 여러 관찰치의 데이터가 있을 경우 적어준다.

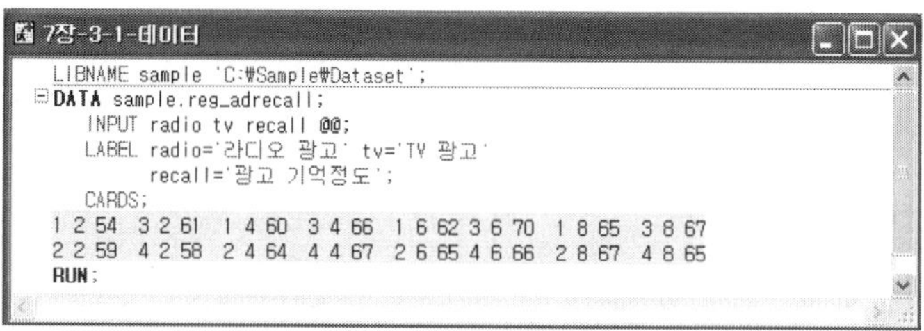

```
LIBNAME sample 'C:\Sample\Dataset';
DATA sample.reg_adrecall;
   INPUT radio tv recall @@;
   LABEL radio='라디오 광고' tv='TV 광고'
         recall='광고 기억정도';
   CARDS;
1 2 54  3 2 61  1 4 60  3 4 66  1 6 62 3 6 70  1 8 65  3 8 67
2 2 59  4 2 58  2 4 64  4 4 67  2 6 65 4 6 66  2 8 67  4 8 65
RUN;
```

(3) 분석과정

회귀분석을 하려면 PROC REG 프로시저를 사용한다. MODEL문에 다중회귀분석 모형을 종속변수 = 독립변수1 독립변수 2 … 형태로 적는다. *recall*을 Dependent(종속) 변수로, *radio, tv*를 Explanatory(설명, 독립) 변수로 지정한다.

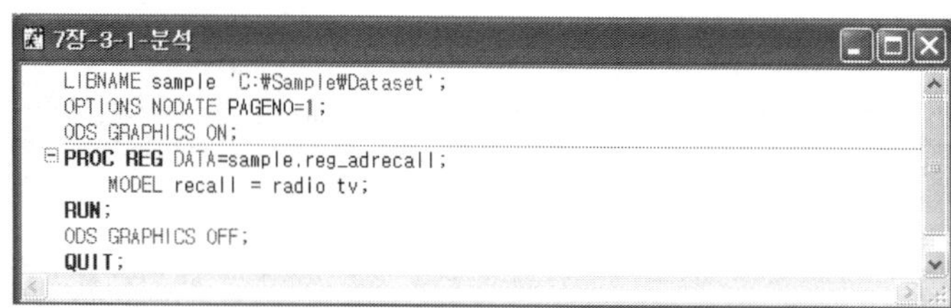

```
LIBNAME sample 'C:\Sample\Dataset';
OPTIONS NODATE PAGENO=1;
ODS GRAPHICS ON;
PROC REG DATA=sample.reg_adrecall;
   MODEL recall = radio tv;
RUN;
ODS GRAPHICS OFF;
QUIT;
```

(4) 결과해석

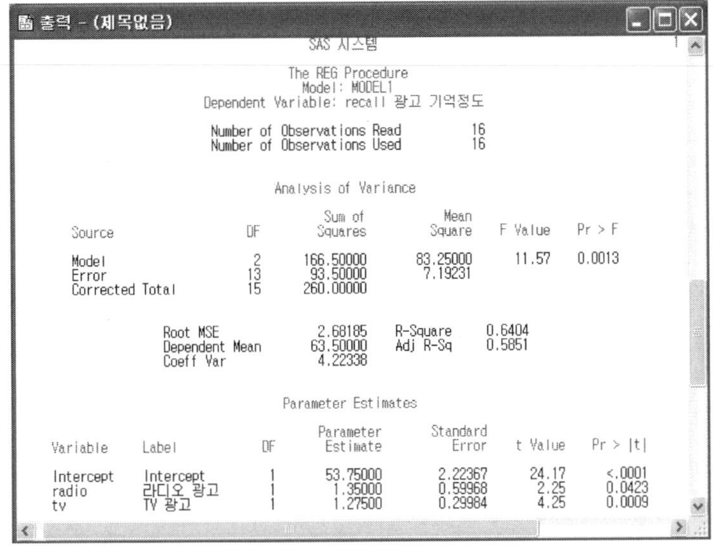

출력 - (제목없음)

SAS 시스템

The REG Procedure
Model: MODEL1
Dependent Variable: recall 광고 기억정도

Number of Observations Read 16
Number of Observations Used 16

Analysis of Variance

Source	DF	Sum of Squares	Mean Square	F Value	Pr > F
Model	2	166.50000	83.25000	11.57	0.0013
Error	13	93.50000	7.19231		
Corrected Total	15	260.00000			

Root MSE	2.68185	R-Square	0.6404
Dependent Mean	63.50000	Adj R-Sq	0.5851
Coeff Var	4.22338		

Parameter Estimates

Variable	Label	DF	Parameter Estimate	Standard Error	t Value	Pr > |t|
Intercept	Intercept	1	53.75000	2.22367	24.17	<.0001
radio	라디오 광고	1	1.35000	0.59968	2.25	0.0423
tv	TV 광고	1	1.27500	0.29984	4.25	0.0009

먼저 모형의 적절성에 대한 검정을 해 보자.

가. 모형의 분산분석 결과

모형의 모수 추정치들에 대한 귀무가설과 대립가설은,

- $H_0 : \beta_i = 0, \quad i = 1, \cdots, p$
- H_1 : 적어도 하나의 i에 대해서 $\beta_i \neq 0, \ i = 1, \cdots, \ p$

이에 대한 검정결과를 보기 위해 분산분석표를 보면 F 값이 11.57(p 〈 0.0013)이다. 따라서 현재의 귀무가설을 기각할 수 있다. 즉 이에 대한 대립가설 "H_1 : 적어도 하나 이상의 β_i는 0이 아니다"라고 볼 수 있다.

나. R^2 또는 조정 R^2

R^2가 0.6404이고 또는 조정 R^2가 0.5851이어서 매우 높다고 할 수 있다. R^2의 계산식은

$$R^2 = \frac{SSR}{SST} = \frac{(SST - SSRE)}{SST} = 1 - \frac{SSR}{SST}$$

$$= 1 - \frac{93.50}{260.00} = 0.6404$$

로 계산이 되며, 조정 R^2의 계산 식은

$$\text{조정 } R^2 = \frac{(n-1)R^2 - p}{n-k-1}$$

$$= \frac{15 \times 0.6404 - 2}{13} = 0.5851$$

로 계산이 된다. 그러나 조정 R^2는 독립변수의 개수가 다른 모델간 비교를 할 때 의미 있는 통계량으로서 현재의 모델에서는 의미가 없다.

다. 각 모수 추정치의 유의도

각 추정치에 대한 유의도를 알아보고자 각 추정치에 대한 t 값의 유의도를 살펴보았다. 각 모수에 대한 t 값이 모두 $p < 0.05$ 수준에서 의미가 있다.

라. 전반적인 모형의 적절성

이러한 결과들로 보아 우리가 세운 모형은 어느 정도 적절하다고 할 수 있다. 그러나 모형이 정말 적합한지를 보고자 하면, 오차에 대한 검정을 실시해야 한다.

회귀분석을 통한 추정모형은 다음과 같이 정리할 수 있다. 아래의 괄호 안에 있는 숫자는 추정치에 대한 표준오차이다.

$$\text{광고기억정도} = \underset{(2.224)}{53.750} + \underset{(0.600)}{1.350}\text{라디오 광고} + \underset{(0.300)}{1.270}TV\text{광고}$$

계속해서 다음의 결과들을 살펴보면 예측값, 오차에 대한 다양한 분석들을 보여 준다. 전체적으로 데이터의 관찰치 수가 많지 않기 때문에 오차에 대한 분석결과에서 어떤 특정한 패턴을 발견하기는 어렵다.

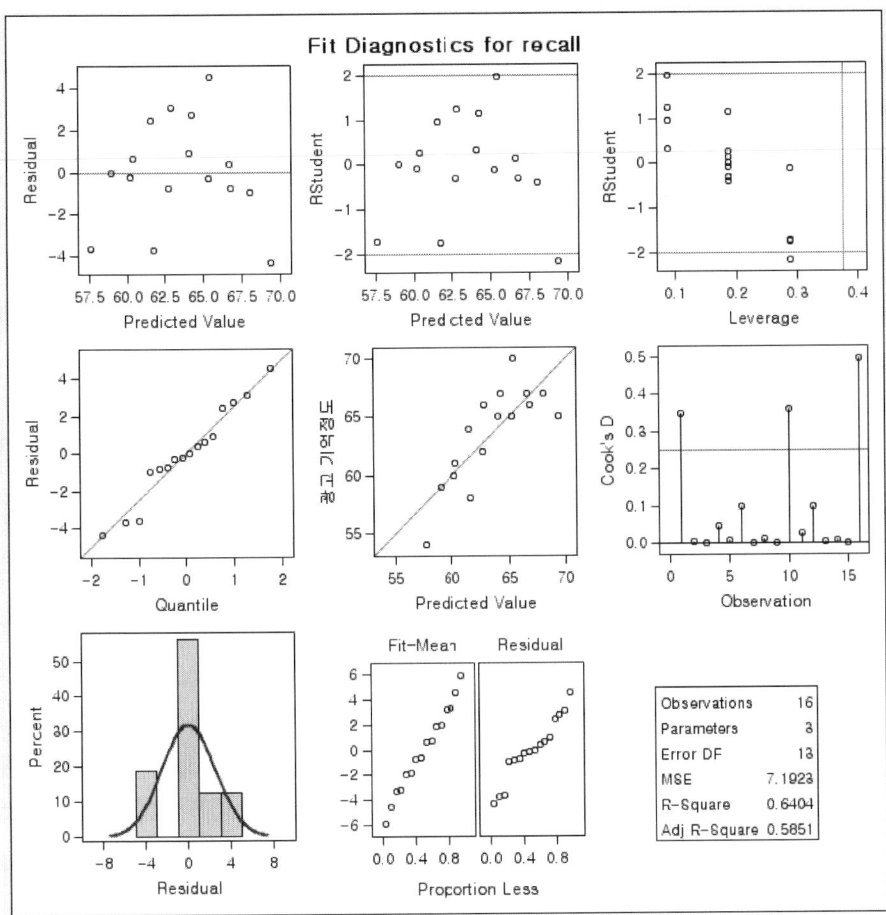
Fit Diagnostics for recall
Residual
Predicted Value
RStudent
Predicted Value
RStudent
Leverage
Residual
Quantile
광고 기억정도
Predicted Value
Cook's D
Observation
Percent
Residual
Fit-Mean
Residual
Proportion Less
Observations 16
Parameters 3
Error DF 13
MSE 7.1923
R-Square 0.6404
Adj R-Square 0.5851

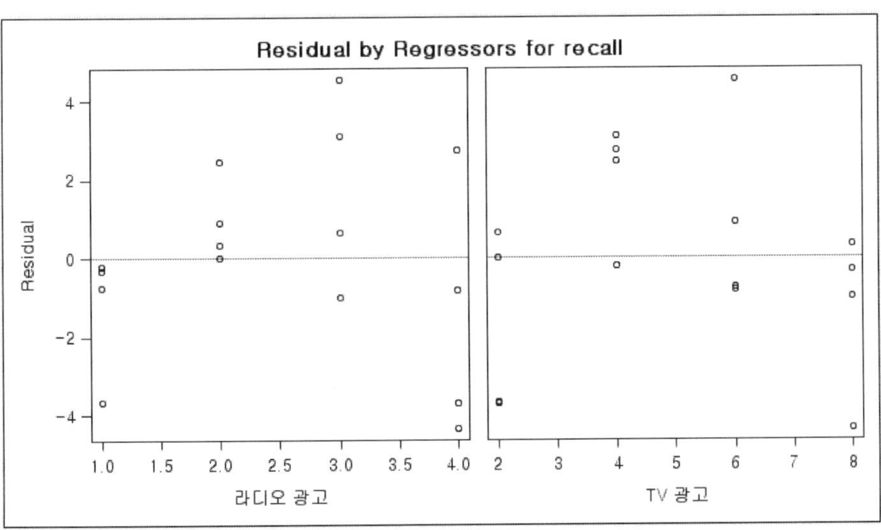
Residual by Regressors for recall
Residual
라디오 광고
TV 광고

3.3 이분산성 분석

(1) 분석개요

회귀분석에서는 확률분포 오차항 ϵ_i의 분산은 모든 독립변수 x_i 값에 관계없이 동일하다는 가정을 하고 있다($Var(\epsilon_i) = Var(\epsilon_j)$, 여기서 $i \neq j$). 이를 등분산성(homoscedasticity) 가정이라고 하며, 다음 그림에서와 같이 오차 항들의 분포가 (가)와 같으면 등분산성 가정을 만족하고 있다고 볼 수 있으나, (나)와 (다)의 경우와 같이 분산이 점차로 커지거나 작아지면 등분산성이 아닌 이분산성(heteroscedasticity)이 존재하는 경우라고 할 수 있다. (나)와 같이 이분산성이 있는 경우는 독립변수들을 각 변수의 제곱 항으로 나누어주면 이분산성을 해결할 수 있다.

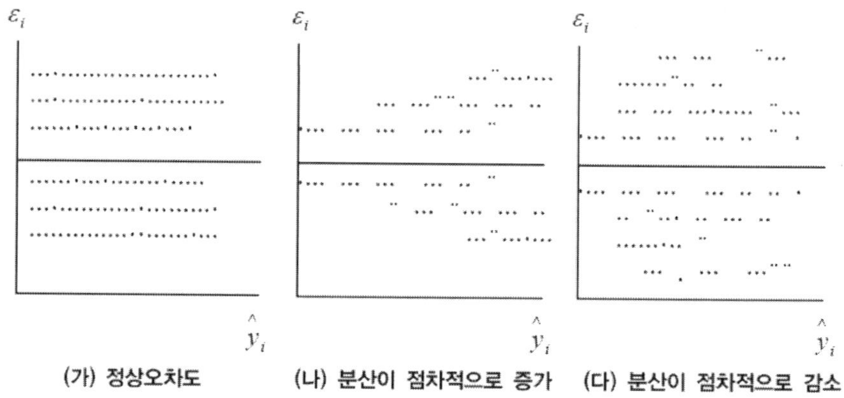

(가) 정상오차도 (나) 분산이 점차적으로 증가 (다) 분산이 점차적으로 감소

(2) 분석과정

MODEL문에 옵션에 ACOV(공분산행렬), SPEC(이분산성 검정)을 지정한다. PLOT문에서 residual.(오차)*predicted.(예측치)에 대한 그림을 그렸다. 작성 후 확장편집기의 프로그램을 수행하기 위해서는 상단의 아이콘 메뉴 중에 실행 아이콘을 클릭한다.

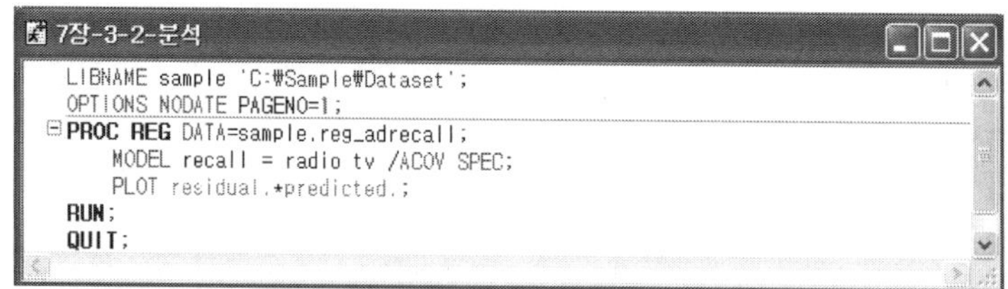


```
LIBNAME sample 'C:\Sample\Dataset';
OPTIONS NODATE PAGENO=1;
PROC REG DATA=sample.reg_adrecall;
    MODEL recall = radio tv /ACOV SPEC;
    PLOT residual.*predicted.;
RUN;
QUIT;
```

(3) 결과해석

[결과1]을 보면 이분산성이 없는 경우의 모수 추정치와 이분산성이 있는 경우의 모수 추정치가 제시되어 있다. [결과2]를 보면, 각 변수에 대한 분산–공분산 행렬이 제시되어 있고, 이 행렬에 대한 카이제곱 검정값이 4.89(p 〈 0.4301)로서 분산이 동일하다는 가설을 기각할 수 없게 된다. 따라서 이분산성이 없다고 볼 수 있다.

[결과1]

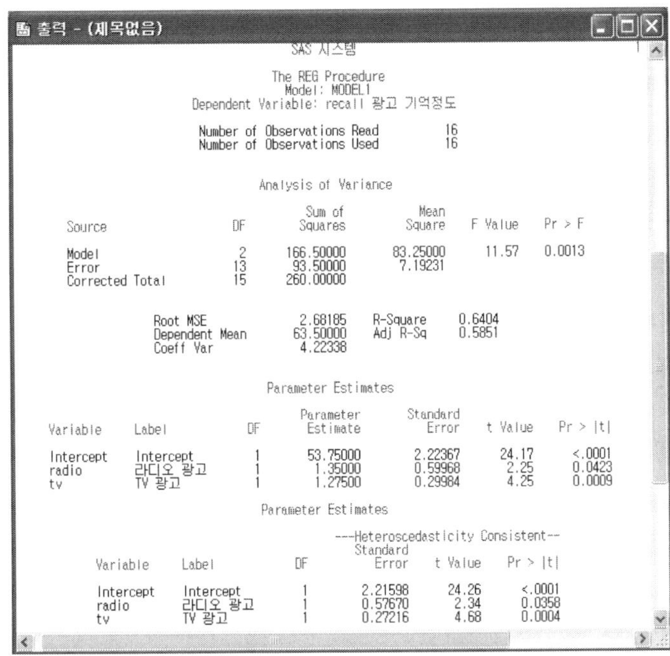

출력 - (제목없음)

SAS 시스템

The REG Procedure
Model: MODEL1
Dependent Variable: recall 광고 기억정도

Number of Observations Read 16
Number of Observations Used 16

Analysis of Variance

Source	DF	Sum of Squares	Mean Square	F Value	Pr > F
Model	2	166.50000	83.25000	11.57	0.0013
Error	13	93.50000	7.19231		
Corrected Total	15	260.00000			

Root MSE	2.68185	R-Square	0.6404
Dependent Mean	63.50000	Adj R-Sq	0.5851
Coeff Var	4.22338		

Parameter Estimates

Variable	Label	DF	Parameter Estimate	Standard Error	t Value	Pr > |t|
Intercept	Intercept	1	53.75000	2.22367	24.17	<.0001
radio	라디오 광고	1	1.35000	0.59968	2.25	0.0423
tv	TV 광고	1	1.27500	0.29984	4.25	0.0009

Parameter Estimates

Variable	Label	DF	---Heteroscedasticity Consistent-- Standard Error	t Value	Pr > |t|
Intercept	Intercept	1	2.21598	24.26	<.0001
radio	라디오 광고	1	0.57670	2.34	0.0358
tv	TV 광고	1	0.27216	4.68	0.0004

[결과2]

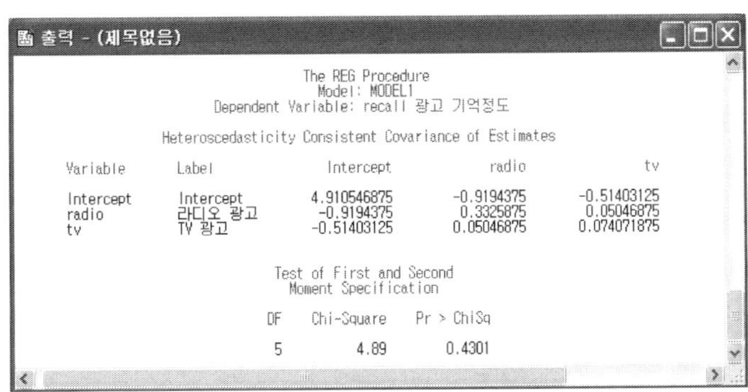

출력 - (제목없음)

The REG Procedure
Model: MODEL1
Dependent Variable: recall 광고 기억정도

Heteroscedasticity Consistent Covariance of Estimates

Variable	Label	Intercept	radio	tv
Intercept	Intercept	4.910546875	-0.9194375	-0.51403125
radio	라디오 광고	-0.9194375	0.3325875	0.05046875
tv	TV 광고	-0.51403125	0.05046875	0.074071875

Test of First and Second
Moment Specification

DF	Chi-Square	Pr > ChiSq
5	4.89	0.4301

[결과3]의 그림에서도 데이터의 관찰치가 많지 않아 정확히 판단하기는 어려우나, 그림이 동분산에 가까운 결과를 보이고 있다.

[결과3]

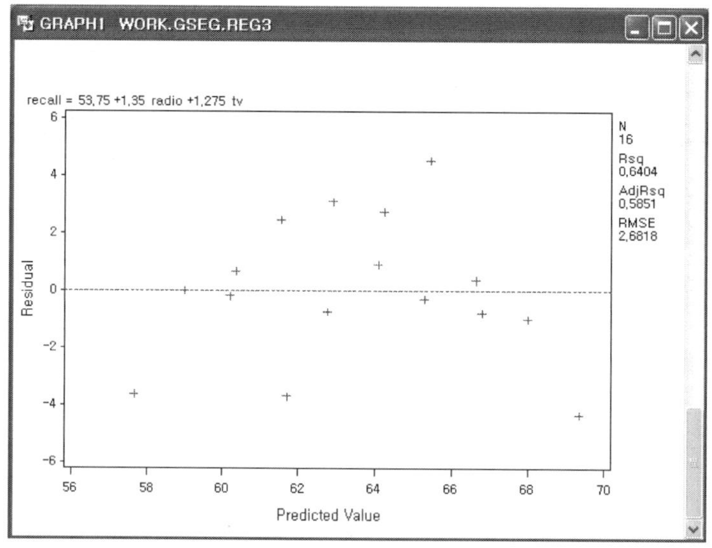

3.4 오차항의 독립성, 정규성 분석

(1) 분석개요

회귀분석에서는 오차항 ϵ_i 들은 서로 독립이며 정규분포를 한다는 가정을 하고 있다. 먼저 오차항이 서로 독립이라는 의미는 오차항간에는 상관관계가 없어야 한다는 의미이다($Corr(\epsilon_i,\ \epsilon_j)=0$, 여기서 $i \neq j$). 오차항들간에 서로 상관관계가 존재하는지 여부에 따라 여러 가지 오차도가 나타난다.

다음 그림에서처럼 자기 상관관계가 없으면 오차항이 (가)와 같은 형태로 나타나며, 양의 상관관계가 있으면 (나)와 같은 형태로 나타나며, 음의 상관관계가 있으면 (다)와 같은 형태로 나타난다.

오차항들이 독립적이지 못하면 오차항들 간에 상관관계를 갖는 자기상관(autocorrelation)이 존재한다. 즉 오차항들을 나타내는 산포도가 그림에서 (나), (다) 형태와 같이 일정한 경향을 나타내면 자기상관이 높다고 할 수 있다. 오차항들 간에 자기상관정도는 더빈-왓슨(Durbin-Watson) 검정통계량으로 파악할 수 있다. 자기상관관계 검정통계량인 더빈-왓슨 검정통계량은 다음과 같이 계산이 된다.

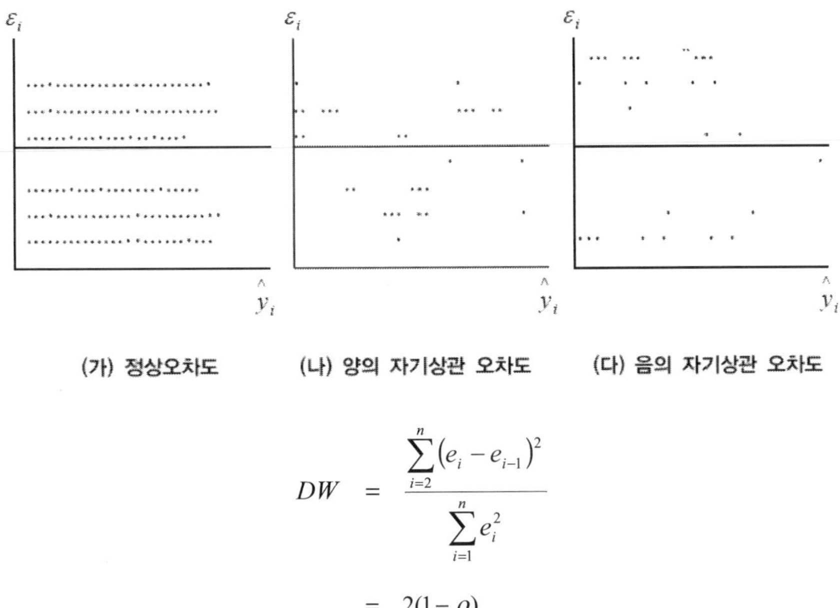

$$DW = \frac{\sum_{i=2}^{n}(e_i - e_{i-1})^2}{\sum_{i=1}^{n} e_i^2}$$

$$= 2(1-\rho)$$

여기서 e_i 는 i번째 관찰치의 오차$(= y_t - \hat{y_i})$이며, ρ는 오차항의 상관관계 계수이다. 이 값은 ρ 값에 따라서 변화되는데 ρ가 -1에서 1사이의 값을 갖기 때문에 0에서 4까지 변하는 구간을 갖게 된다. 그리고 0에 가까울수록 양의 자기상관이 있다는 것을 의미하며, 4에 가까울수록 음의 자기 상관이 있다는 것을 의미한다. 그리고 ρ=0이면 DW=2이므로 더빈–왓슨 검정통계량이 2인 경우 오차항간에 상관관계가 없는 정상 오차도일 가능성이 높다는 것을 의미한다. 자기상관이 있는지 없는지에 대한 판단은 아래와 같이 DW 값의 변화를 보고 판단한다. d_L, d_U 값은 통계학 책들의 뒤쪽에 나와 있는 더빈–왓슨 통계표에서 독립변수의 수(k의 수)와 관찰치의 개수에 제시된 값을 구한다.

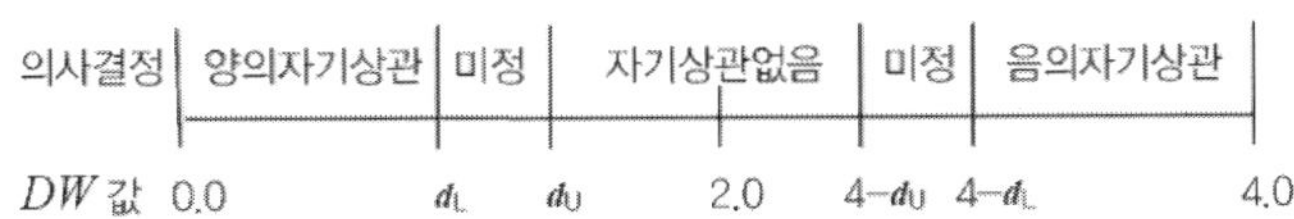

(2) 분석과정

오차항의 독립성을 보기 위해 MODEL문 옵션에 DW를 지정한 후 실행을 시킨다.

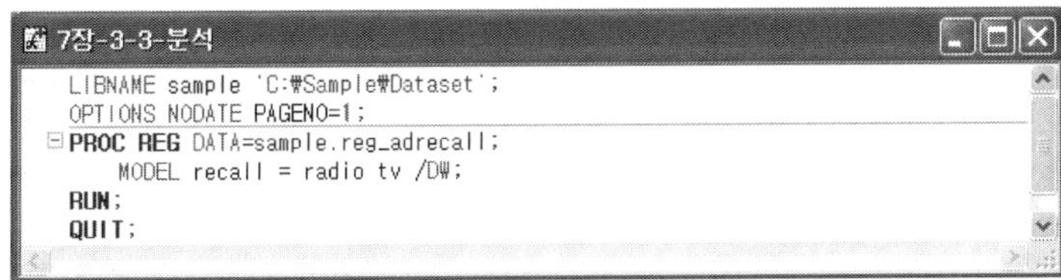


```
LIBNAME sample 'C:\Sample\Dataset';
OPTIONS NODATE PAGENO=1;
PROC REG DATA=sample.reg_adrecall;
    MODEL recall = radio tv /DW;
RUN;
QUIT;
```

(3) 결과해석

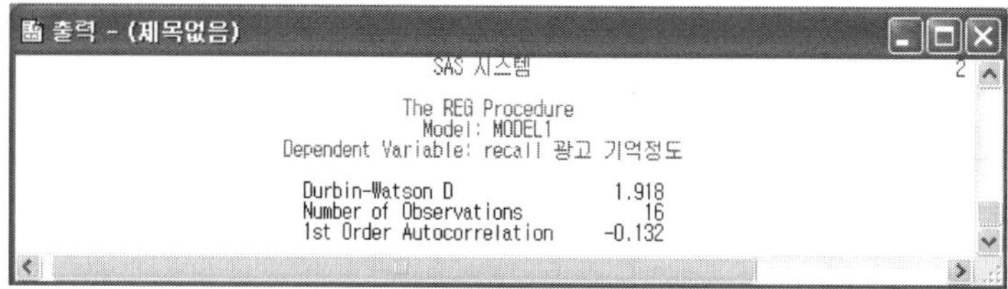

```
SAS 시스템                                              2

                    The REG Procedure
                     Model: MODEL1
        Dependent Variable: recall 광고 기억정도

          Durbin-Watson D                1.918
          Number of Observations            16
          1st Order Autocorrelation     -0.132
```

출력 결과를 보면 오차에 대한 더빈－왓슨값은 1.918로서 기준값이 2이므로 매우 적절하다고 할 수 있다. 즉 오차항들이 관련성이 없다고 볼 수 있다. 또한 오차항에 대한 1차 자기상관계수 값도 －0.132로서 낮은 값이다. 더빈－와슨값은 $DW=2(1-\rho)$로서 2인 경우에 오차항에 대한 상관관계가 없음을 알 수 있으며, 0에 가까울수록 양의 상관관계를 나타내며 4에 가까울수록 음의 상관관계를 나타낸다. DW 값이 0에 가깝거나 4에 가까우면 오차항들간에 상관관계가 있어 모형이 적합하다고 할 수 없다. 따라서 본 모형은 이러한 기준에서 볼 때 적절하다고 볼 수 있다.

(4) 추가분석 및 정규성 분석

오차항에 대한 정규성 검정은 오차항에 대한 정규성 검정을 해 봄으로 알 수 있다. 오차에 대한 정규성 검정은 PROC UNIVARIATE의 샤피로－윌크(Shapiro－Wilk) 검정 등의 통계량들을 통해 살펴볼 수 있다. 또한 오차항에 대한 상관관계 분석에 대한 테스트를 부호 순위(run test)를 통해 살펴 볼 수 있다.

이를 위해서는 회귀분석 결과에서 각 관찰치의 오차값들을 데이터셋으로 저장을 한다. 오차값들을 저장하기 위해서는 **PROC REG** 프로시저의 **OUTPUT**문을 활용한다. 다음 예제에서처럼 **OUTPUT OUT=**데이터셋 **R=residual**(오차값 가지고 있는 변수 이름을 residual로 지정했다)라는 문장을 추가한다. 여기서 저장된 오차값들에 대한 데이터셋을 **PROC UNIVARIATE** 프로시저에서 분석했다.

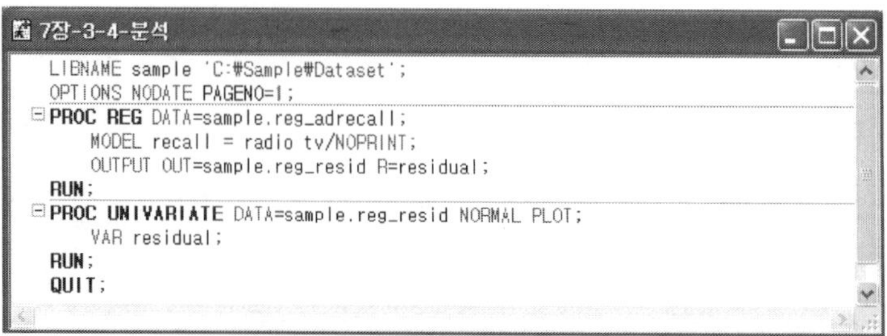

```
LIBNAME sample 'C:\Sample\Dataset';
OPTIONS NODATE PAGENO=1;
PROC REG DATA=sample.reg_adrecall;
    MODEL recall = radio tv/NOPRINT;
    OUTPUT OUT=sample.reg_resid R=residual;
RUN;
PROC UNIVARIATE DATA=sample.reg_resid NORMAL PLOT;
    VAR residual;
RUN;
QUIT;
```

(5) 결과해석

[결과1]을 보면 왜도와 첨도가 0에 가까운 값을 가지고 있다. 즉 정규 분포를 하는 결과를 보여 주고 있다. 또한 부호와 부호 순위 검정의 유의도(p값)가 0.05보다 큰 값을 가지고 있다. 따라서 오차항이 더빈왓슨의 결과에서처럼 오차항간에 관련성이 낮음을 알 수 있다.

[결과1]

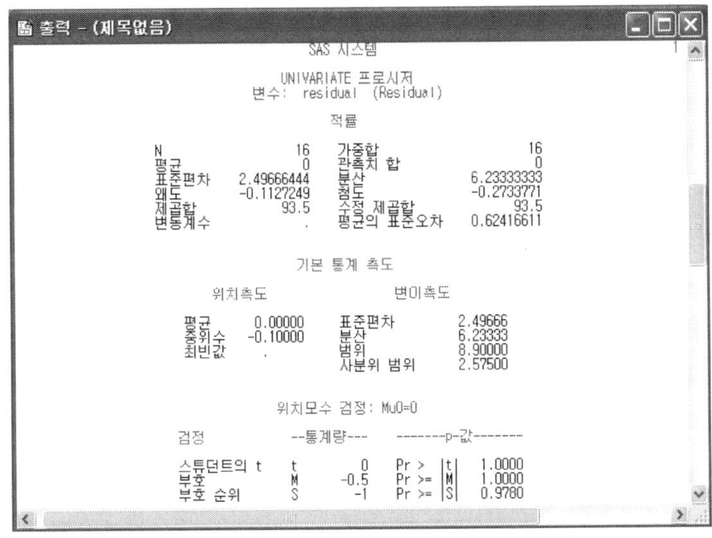

출력 - (제목없음)

SAS 시스템

UNIVARIATE 프로시저
변수: residual (Residual)

적률

N	16	가중합	16
평균	0	관측치 합	0
표준편차	2.49666444	분산	6.23333333
왜도	-0.1127249	첨도	-0.2733771
제곱합	93.5	수정 제곱합	93.5
변동계수	.	평균의 표준오차	0.62416611

기본 통계 측도

위치측도		변이측도	
평균	0.00000	표준편차	2.49666
중위수	-0.10000	분산	6.23333
최빈값	.	범위	8.90000
		사분위 범위	2.57500

위치모수 검정: Mu0=0

검정	--통계량---		-------p-값-------	
스튜던트의 t	t	0	Pr > |t|	1.0000
부호	M	-0.5	Pr >= |M|	1.0000
부호 순위	S	-1	Pr >= |S|	0.9780

[결과2]를 보면 모든 정규성 검정 통계량의 유의도가 0.05보다 크게 나타났다. 앞의 왜도와 첨도에서 보듯이 오차항이 정규분포를 하고 있음을 보여준다. 즉 "오차항이 독립적이며 정규분포를 한다"는 가정이 적절하다고 볼 수 있다. [결과3]의 정규분포에 대한 그림에서도 마찬가지의 결과를 보여주고 있다.

[결과2]

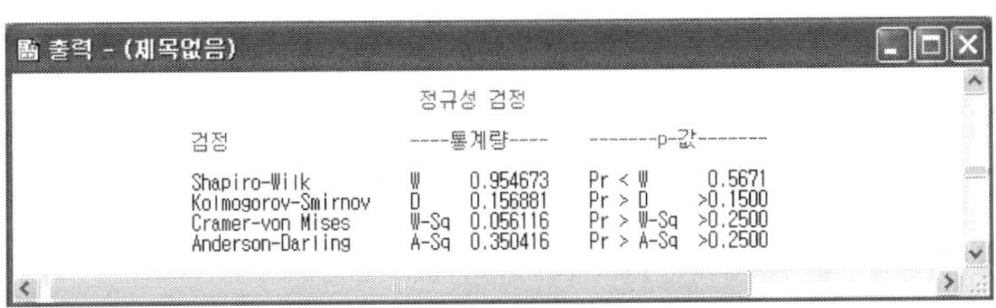

출력 - (제목없음)

정규성 검정

검정	----통계량----		-------p-값-------	
Shapiro-Wilk	W	0.954673	Pr < W	0.5671
Kolmogorov-Smirnov	D	0.156881	Pr > D	>0.1500
Cramer-von Mises	W-Sq	0.056116	Pr > W-Sq	>0.2500
Anderson-Darling	A-Sq	0.350416	Pr > A-Sq	>0.2500

[결과3]

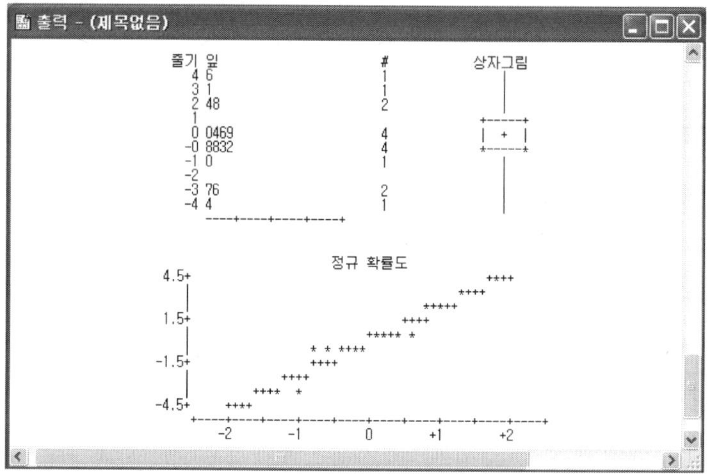

3.5 관찰치의 오차 분석

(1) 분석개요

각 관찰치의 오차 분석은 특정 관찰치가 전체 회귀분석 모형에서 추정된 값과 얼마나 차이기 있는가를 분석해 보는 방법이다. 추정된 값에서 멀어질수록 오차값이 크게 나타난다. 따라서 이 관찰치가 전체 회귀모형 추정에 영향을 미쳤을 가능성이 높다. 이것을 정규분포에 근거해 표준화한 값을 살펴 본다.

(2) 분석과정

각 관찰치에 대하여 오차 내용을 분석하기 위해서는 MODEL문에서 R 옵션을 사용하면 된다. 이에 대한 프로그램은 다음과 같다.

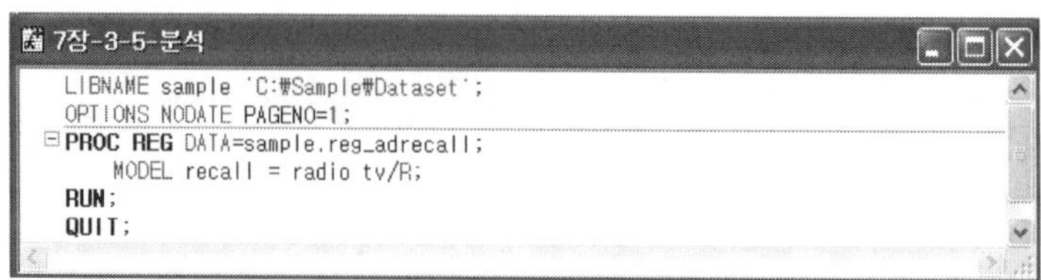

(2) 결과해석

각 관찰치에 대한 분석의 결과 중에 관심을 가지고 보아야 할 것은 Student Residual이라는 통계량과 *Cook's D* 통계량이다. Student Residual는 Residual(=Dep Var－Predicted Value) 값을 표준화한 *t*값이다. 따라서 이 값은 자유도 $n-p-1$인 t 분포를 이루며, 일반적으로 2이상이면 이상적인 관찰치로서 모수 추정에 영향을 준다고 볼 수 있다. 결과를 보면 2이상을 넘는 회귀분석 모형의 추정값에서 크게 벗어난 특이한 관찰치가 없음을 볼 수 있다.

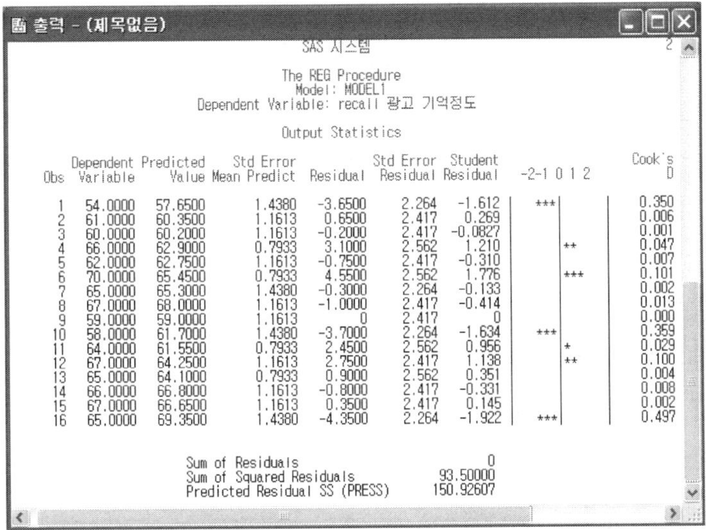

출력 - (제목없음)

SAS 시스템 2

The REG Procedure
Model: MODEL1
Dependent Variable: recall 광고 기억정도

Output Statistics

Obs	Dependent Variable	Predicted Value	Std Error Mean Predict	Residual	Std Error Residual	Student Residual	-2-1 0 1 2		Cook's D
1	54.0000	57.6500	1.4380	-3.6500	2.264	-1.612	***		0.350
2	61.0000	60.3500	1.1613	0.6500	2.417	0.269			0.006
3	60.0000	60.2000	1.1613	-0.2000	2.417	-0.0827			0.001
4	66.0000	62.9000	0.7933	3.1000	2.562	1.210		**	0.047
5	62.0000	62.7500	1.1613	-0.7500	2.417	-0.310			0.007
6	70.0000	65.4500	0.7933	4.5500	2.562	1.776		***	0.101
7	65.0000	65.3000	1.4380	-0.3000	2.264	-0.133			0.002
8	67.0000	68.0000	1.1613	-1.0000	2.417	-0.414			0.013
9	59.0000	59.0000	1.1613	0	2.417	0			0.000
10	58.0000	61.7000	1.4380	-3.7000	2.264	-1.634	***		0.359
11	64.0000	61.5500	0.7933	2.4500	2.562	0.956		*	0.029
12	67.0000	64.2500	1.1613	2.7500	2.417	1.138		**	0.100
13	65.0000	64.1000	0.7933	0.9000	2.562	0.351			0.004
14	66.0000	66.8000	1.1613	-0.8000	2.417	-0.331			0.008
15	67.0000	66.6500	1.1613	0.3500	2.417	0.145			0.002
16	65.0000	69.3500	1.4380	-4.3500	2.264	-1.922	***		0.497

Sum of Residuals	0
Sum of Squared Residuals	93.50000
Predicted Residual SS (PRESS)	150.92607

Cook's D 통계량은 특정 관찰치가 회귀계수 전반에 영향을 주는 정도에 관한 통계량으로서 이 값은

$$D_i = \left(\frac{e_i}{\sqrt{MSE(1-\rho_{ij})}} \right)^2 = \frac{\rho_{ij}}{1-\rho_{ij}} \frac{1}{p}$$

로 계산되며, 현재의 [결과2]를 볼 경우 1보다 큰 값이 없기 때문에 영향력 있는 관찰치는 없다고 볼 수 있다.

Press값은 각 관찰치마다 이 관찰치를 뺀 후, 나머지 관찰치를 가지고 회귀식을 적합 시킨 후에 예측값을 계산하고 실제관측치와의 차이를 합한 결과이다. 이 값이 작을수록 모형이 잘 추정됐다고 볼 수 있다. 이 통계량은 여러 개의 모형 중에 하나 또는 그 이상의 모형을 선택할 때의 기준으로 R^2나 조정 R^2 기준과 같이 사용한다. 현재 모형은

150.9정도로서 PRESS값이 크게 높지 않음을 알 수 있다. 이 값이 클수록 모형 예측에 영향을 주는 관찰치(즉 실제값과 예측값이 차이가 많은 관찰치)가 많다는 것을 의미한다.

3.6 특이 영향 관찰치 분석

(1) 분석개요

관찰치에 대한 오차 분석에서, 특정 관찰치가 영향력이 큰 경우, 특이 관찰치(Outlier)가 있는지를 보기 위해 각 관찰치에 대한 분석을 할 수 있다. 특정 관찰치가 모수 추정치에 영향을 주는지 주지 않는지를 보고자 하는 것이 특이 영향 관찰치 분석이다. 특정 관찰치가 모수 추정치에 영향을 줄수록 이 변수를 포함시킨 모형과 그렇지 않은 모형 간에 모수추정값에 심각한 차이가 발생할 것이다. 영향관측값은 그림과 같이 °가 있느냐 없느냐에 따라 모수 추정치가 달라지기 때문에 그 값을 표시한 것이다.

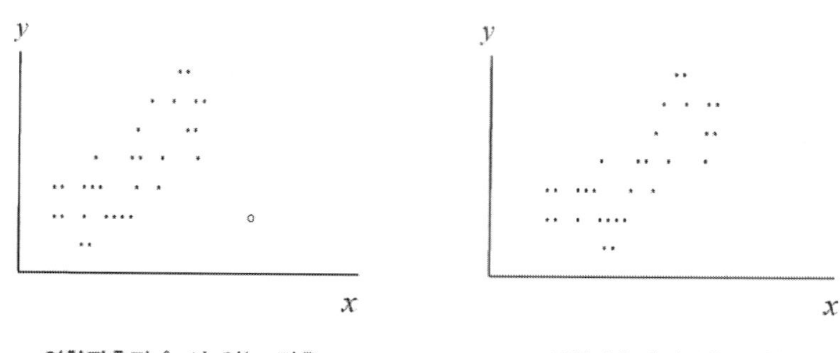

영향관측값 ° 이 있는 경우　　　영향관측값이 없는 경우

(2) 분석과정

MODEL문 옵션에 **INFLUENCE**를 지정한다. **PLOT**문에서는 cookd.(*Cook's D* 특이 관찰치), covratio(공분산 비율 특이 관찰치), dffits.(표준화된 특이 관찰치), h.(레버리지)와 predicted.(예측치)간의 그래프를 그린다.

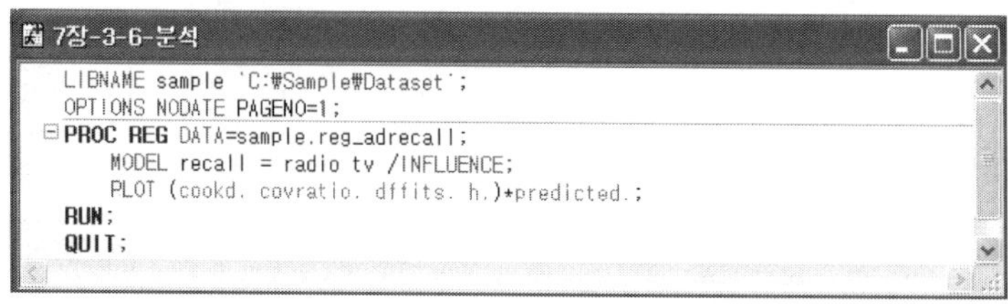

7장-3-6-분석

```
LIBNAME sample 'C:\Sample\Dataset';
OPTIONS NODATE PAGENO=1;
PROC REG DATA=sample.reg_adrecall;
    MODEL recall = radio tv /INFLUENCE;
    PLOT (cookd. covratio. dffits. h.)*predicted.;
RUN;
QUIT;
```

(3) 결과해석

[결과1]

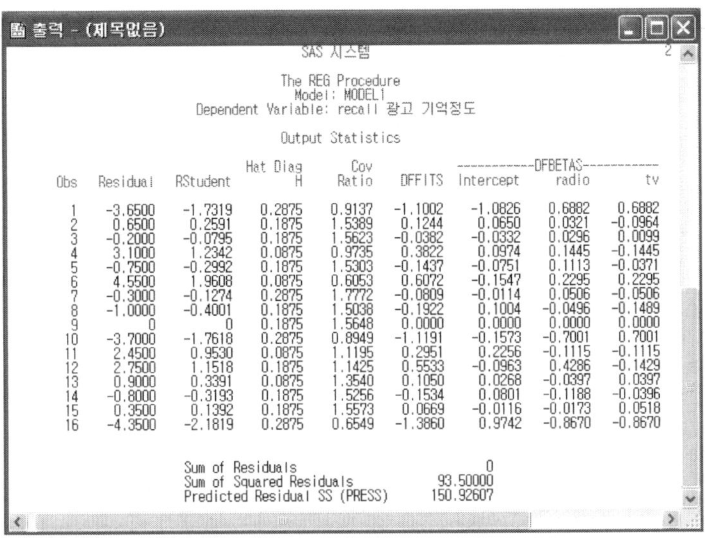

출력 - (제목없음)

SAS 시스템 2

The REG Procedure
Model: MODEL1
Dependent Variable: recall 광고 기억정도

Output Statistics

Obs	Residual	RStudent	Hat Diag H	Cov Ratio	DFFITS	DFBETAS Intercept	DFBETAS radio	DFBETAS tv
1	-3.6500	-1.7319	0.2875	0.9137	-1.1002	-1.0826	0.6882	0.6882
2	0.6500	0.2591	0.1875	1.5389	0.1244	0.0650	0.0321	-0.0964
3	-0.2000	-0.0795	0.1875	1.5623	-0.0382	-0.0332	0.0296	0.0099
4	3.1000	1.2342	0.0875	0.9735	0.3822	0.0974	0.1445	-0.1445
5	-0.7500	-0.2992	0.1875	1.5303	-0.1437	-0.0751	0.1113	-0.0371
6	4.5500	1.9608	0.0875	0.6053	0.6072	-0.1547	0.2295	0.2295
7	-0.3000	-0.1274	0.2875	1.7772	-0.0809	-0.0114	0.0506	-0.0506
8	-1.0000	-0.4001	0.1875	1.5038	-0.1922	0.1004	-0.0496	-0.1489
9	0	0	0.1875	1.5648	0.0000	0.0000	0.0000	0.0000
10	-3.7000	-1.7618	0.2875	0.8949	-1.1191	-0.1573	-0.7001	0.7001
11	2.4500	0.9530	0.0875	1.1195	0.2951	0.2256	-0.1115	-0.1115
12	2.7500	1.1518	0.1875	1.1425	0.5533	-0.0963	0.4286	-0.1429
13	0.9000	0.3391	0.0875	1.3540	0.1050	0.0268	-0.0397	0.0397
14	-0.8000	-0.3193	0.1875	1.5256	-0.1534	0.0801	-0.1188	-0.0396
15	0.3500	0.1392	0.1875	1.5573	0.0669	-0.0116	-0.0173	0.0518
16	-4.3500	-2.1819	0.2875	0.6549	-1.3860	0.9742	-0.8670	-0.8670

Sum of Residuals	0
Sum of Squared Residuals	93.50000
Predicted Residual SS (PRESS)	150.92607

[결과1]은 확장편집기의 수행 결과이다. 오차에 대한 표준화된 z 값이 16번 관찰치가 특이한 경향을 보이고 있으나, 특이 관찰치를 파악하기 위해서 먼저 DFFITS에 대한 통계량을 보면, 모든 관찰치의 값이 2 미만이다. 따라서 오차에 있어 특이한 영향을 주는 관찰치는 없다고 볼 수 있을 것이다. 이러한 결과는 모자대각(Hat Diag H)에 대한 값에서도 모두 1이하의 값들을 보여 주고 있어 마찬가지 결과를 보이고 있다. 마찬가지로 Covratio에서도 비슷한 결과를 보여 주고 있다. 계속해서 각각의 독립변수에 대해서도 마찬가지의 분석을 수행한 결과를 보면(DFBETAS) 특이한 관찰치는 없는 것으로 볼 수 있다.

[결과 2, 3, 4, 5]에서는 앞의 [결과1]을 데이터분석 화면의 그래프로 보여 주고 있다. 그래프에서 볼 경우에도 데이터가 많지 않지만 특이 관찰치가 없다고 볼 수 있는 상황이다.

[결과2]

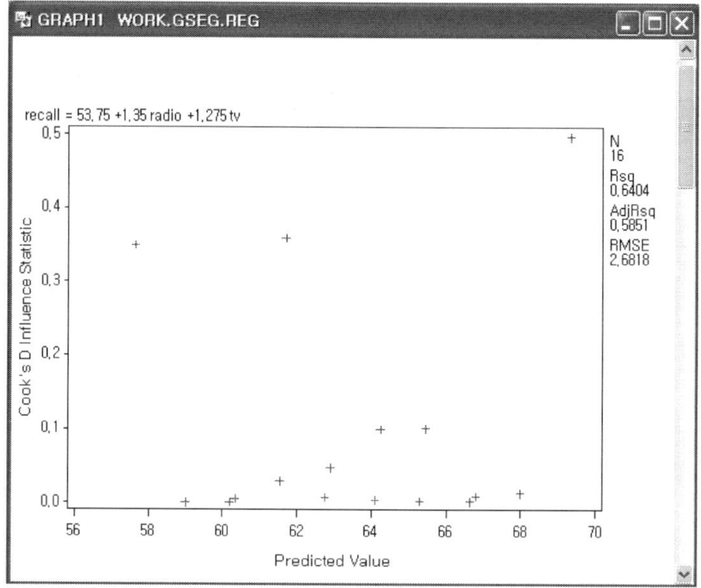
GRAPH1 WORK.GSEG.REG
recall = 53.75 +1.35 radio +1.275 tv
Cook's D Influence Statistic
Predicted Value
N
16
Rsq
0.6404
AdjRsq
0.5851
RMSE
2.6818

[결과3]

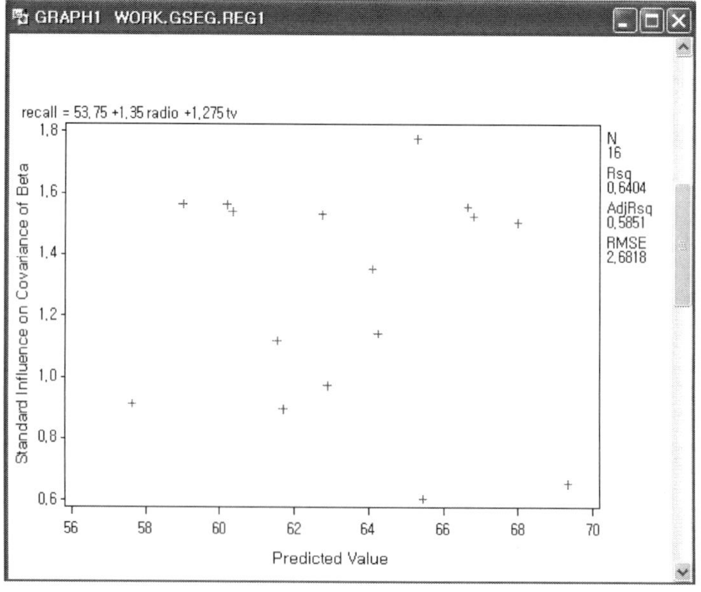
GRAPH1 WORK.GSEG.REG1
recall = 53.75 +1.35 radio +1.275 tv
Standard Influence on Covariance of Beta
Predicted Value
N
16
Rsq
0.6404
AdjRsq
0.5851
RMSE
2.6818

[결과4]

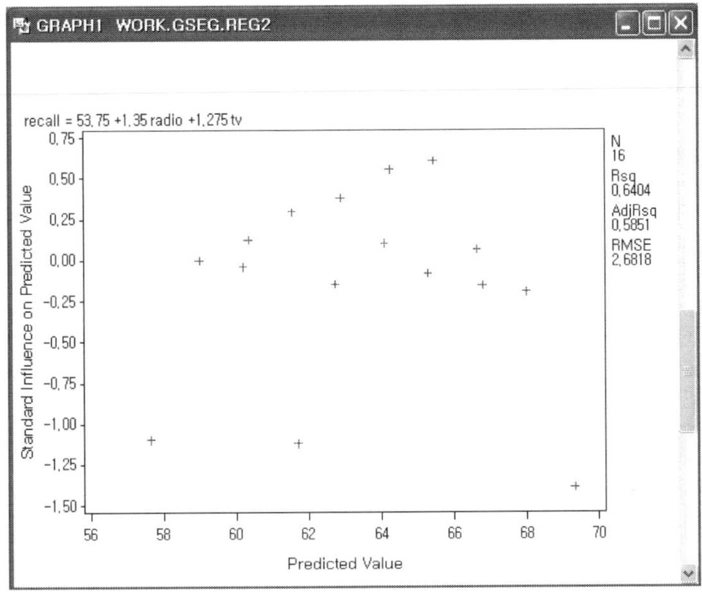
GRAPH1 WORK.GSEG.REG2
recall = 53.75 +1.35 radio +1.275 tv
Standard Influence on Predicted Value
0.75
0.50
0.25
0.00
-0.25
-0.50
-0.75
-1.00
-1.25
-1.50
56
58
60
62
64
66
68
70
Predicted Value
N
16
Rsq
0.6404
AdjRsq
0.5851
RMSE
2.6818

[결과5]

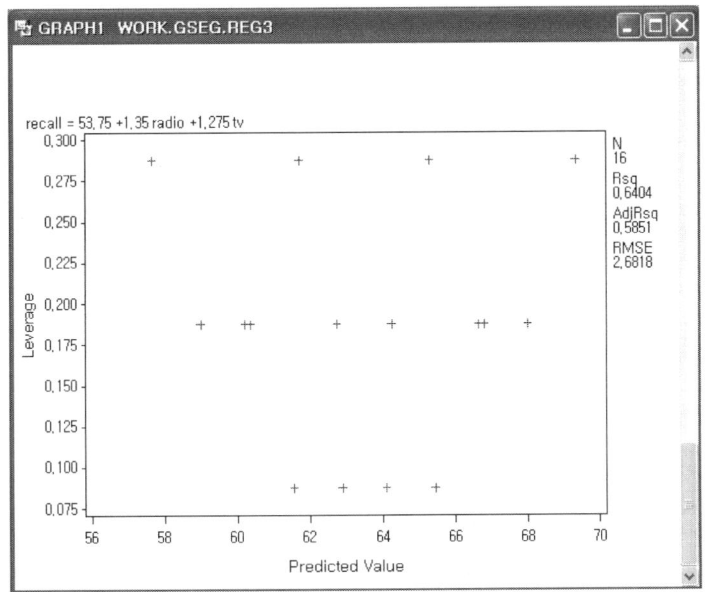
GRAPH1 WORK.GSEG.REG3
recall = 53.75 +1.35 radio +1.275 tv
Leverage
0.300
0.275
0.250
0.225
0.200
0.175
0.150
0.125
0.100
0.075
56
58
60
62
64
66
68
70
Predicted Value
N
16
Rsq
0.6404
AdjRsq
0.5851
RMSE
2.6818

3.7 각 변수의 선형성(편회귀 지리도)의 검정

(1) 분석개요

단순회귀모형에서는 하나의 종속변수와 독립변수간의 산포도를 그려봄으로써 각 독립변수가 종속변수에 대해서 선형성에 대한 가정을 만족하는지를 알아볼 수 있다.

(2) 분석과정

다중회귀모형에서 이를 알아보기 위해서는 여러 개의 산포도를 그려야 하나, SAS에서는 이를 알아보기 위해서 MODEL문에 PARTIAL이라는 옵션을 통해 간단히 알아 볼 수 있다. OPTIONS문에서 PAGESIZE=30은 그래프의 크기를 조절하기 위해서 적었으며, LABEL문은 한글이 출력되지 않기 때문에 라벨을 출력하지 않도록 했다.

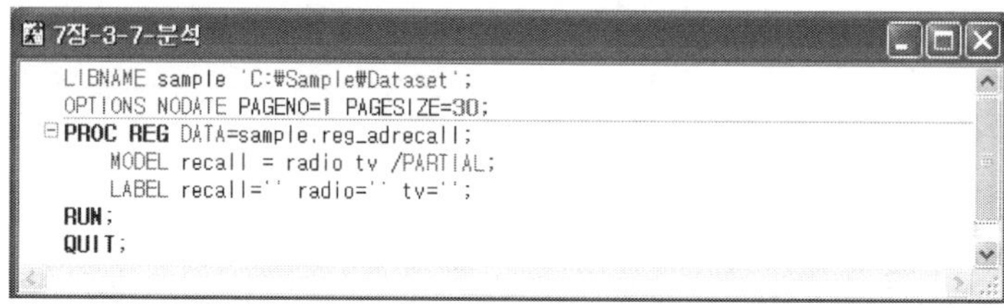


```
LIBNAME sample 'C:\Sample\Dataset';
OPTIONS NODATE PAGENO=1 PAGESIZE=30;
PROC REG DATA=sample.reg_adrecall;
    MODEL recall = radio tv /PARTIAL;
    LABEL recall='' radio='' tv='';
RUN;
QUIT;
```

(3) 결과해석

[결과1]

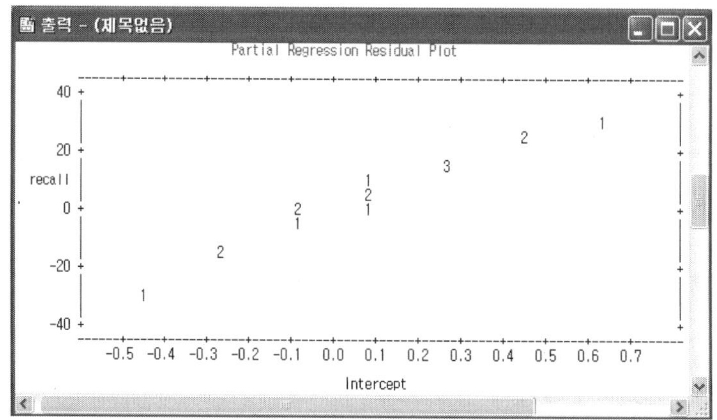

[결과2]

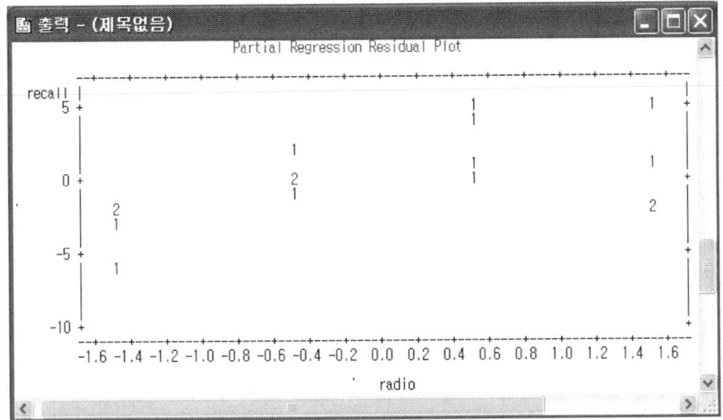

[결과3]

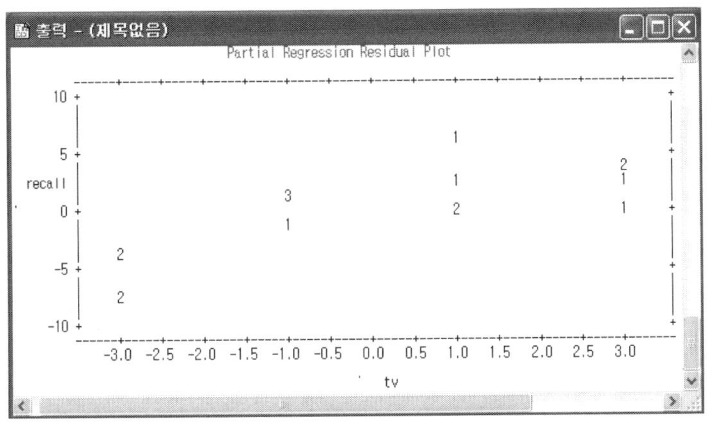

[결과1], [결과2], [결과3]은 차례로 절편항, 라디오, TV 변수에 대한 그래프를 보여준다. 전반적으로 선형적인 관계임을 보여준다.

3.8 각 모수 추정치의 중요도 계산

(1) 분석개요

회귀분석을 하는 과정에서 각 독립변수의 단위나 표준편차가 다른 경우 각 독립변수가 차지하는 중요도는 추정된 회귀계수로 볼 수 있는 것이 아니다. 따라서 독립변수간의 중요성을 파악할 수 있는 표준화된 모수 추정치가 필요하다. 표준화된 모수 추정치에 대한 중요도는 각 독립변수가 회귀식에 어느 정도 영향을 미치는지를 평가해 볼 수 있다.

(2) 분석과정

모수 추정치의 중요도를 계산하려면 MODEL문에 옵션에 STB를 지정한다.

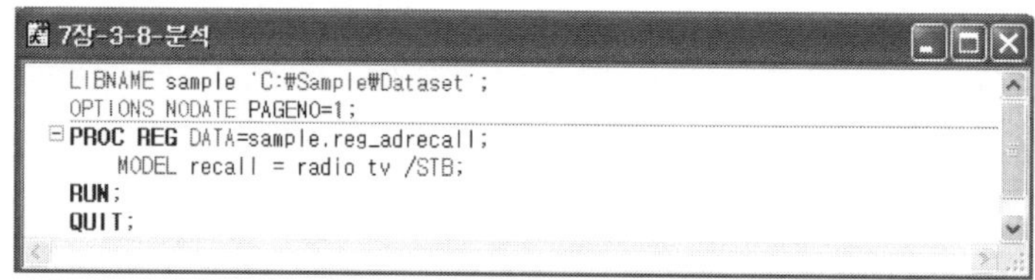

```
LIBNAME sample 'C:\Sample\Dataset';
OPTIONS NODATE PAGENO=1;
PROC REG DATA=sample.reg_adrecall;
    MODEL recall = radio tv /STB;
RUN;
QUIT;
```

(3) 결과해석

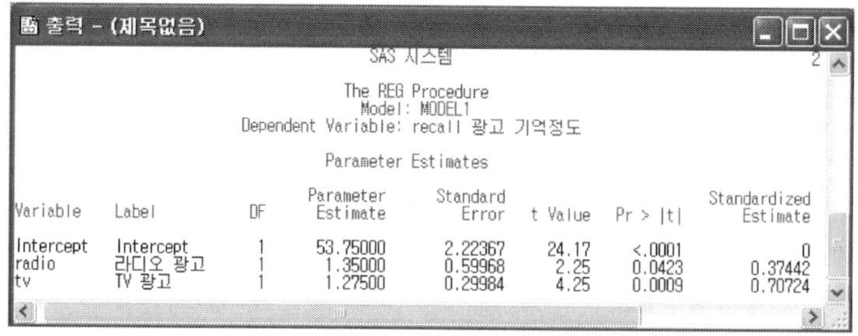

SAS 시스템

The REG Procedure
Model: MODEL1
Dependent Variable: recall 광고 기억정도

Parameter Estimates

Variable	Label	DF	Parameter Estimate	Standard Error	t Value	Pr > |t|	Standardized Estimate
Intercept	Intercept	1	53.75000	2.22367	24.17	<.0001	0
radio	라디오 광고	1	1.35000	0.59968	2.25	0.0423	0.37442
tv	TV 광고	1	1.27500	0.29984	4.25	0.0009	0.70724

Standardized Estimate 결과를 보면 라디오광고 변수의 중요도가 0.374정도이며 TV광고 변수의 중요도가 0.707로서 TV광고가 광고기억정도에 더 영향을 미치는 것으로 볼 수 있으며, 그 영향을 미치는 정도가 약 2배 정도라고 할 수 있다. 표준화된 모수에 의한 추정식은 다음과 같다. 회귀식은 절편이 없는 식이며 각 변수들은 각 변수의 평균을 빼 주고 각 변수의 표준편차로 나누어 준 표준화된 값(이런 의미에서 각 변수에 "′"를 표시)이다.

$$\text{광고기억정도}' = 0.374\text{라디오광고}' + 0.707TV\text{광고}'$$

3.9 예측 값 및 신뢰구간 계산

(1) 분석개요

현재 추정된 모형으로서 라디오광고와 TV광고의 효과를 예측하기 위해서는 우선 각 변수의 구간이 예측한 모형과 비슷해야 한다. 라디오광고 횟수는 4번 이내이며 TV광고는 2번에서 8번 이내의 값을 가지고 있는 것이 바람직할 것이다. 예를 들어 라디오 광고의 횟수가 3번이고 TV광고의 횟수가 5번이라면 광고기억정도에 대한 예측치는,

$$\begin{aligned}\hat{y} &= 53.750 + 1.350x_1 + 1.270x_2 \\ &= 53.750 + 1.350(3) + 1.270(5) = 64.150\end{aligned}$$

로 예측이 된다. 또한 이 값에 대한 신뢰구간을 구할 수 있다.

예측값에 대한 신뢰구간은 다음과 같이 추정된다.

$$x_0^1 b \pm t_{(n-p,\alpha/2)} \sqrt{MSE \quad x_0^1 (X'X)^{-1} x_0}$$

반면에 현재의 데이터가 아닌 미래에 발생한 데이터에 대한 예측값의 신뢰구간은 아래와 같이 추정된다. 이 예측값의 추정구간은 예측값의 추정구간보다 폭(Width)이 넓게 나타난다.

$$x_0^1 b \pm t_{(n-p,\alpha/2)} \sqrt{MSE \quad \left(1 + x_0^1 (X'X)^{-1} x_0\right)}$$

(2) 분석과정

MODEL문 옵션에 CLM(예측값의 신뢰구간), CLI(예측값의 추정구간)을 지정한다.

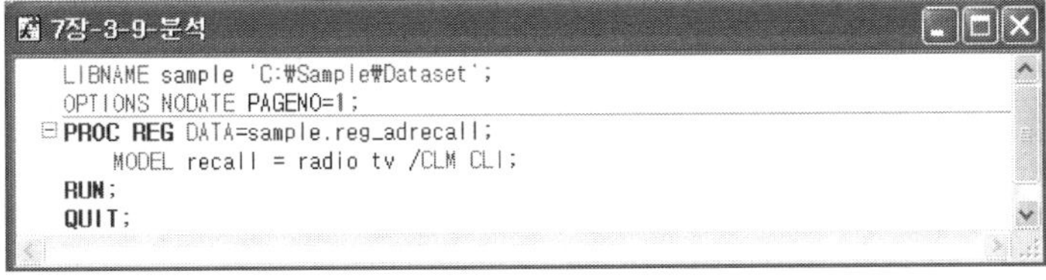
7장-3-9-분석

```
LIBNAME sample 'C:\Sample\Dataset';
OPTIONS NODATE PAGENO=1;
PROC REG DATA=sample.reg_adrecall;
    MODEL recall = radio tv /CLM CLI;
RUN;
QUIT;
```

(3) 결과해석

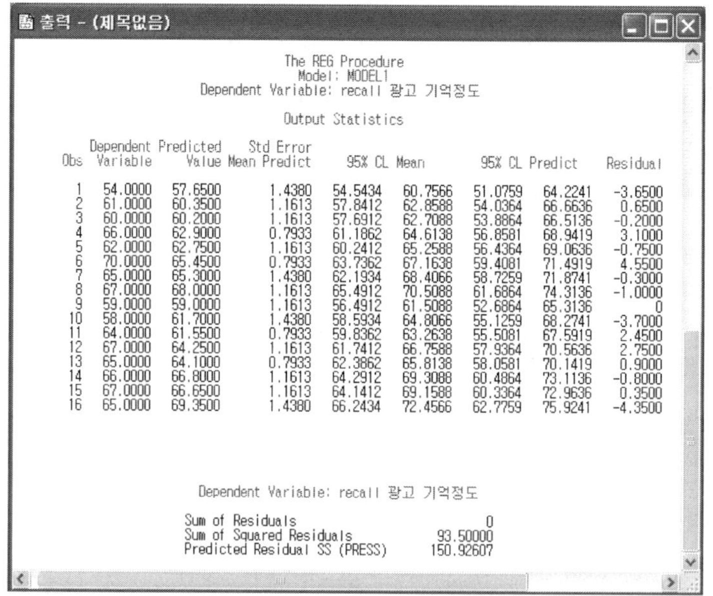

출력 - (제목없음)

The REG Procedure
Model: MODEL1
Dependent Variable: recall 광고 기억정도

Output Statistics

Obs	Dependent Variable	Predicted Value	Std Error Mean Predict	95% CL Mean		95% CL Predict		Residual
1	54.0000	57.6500	1.4380	54.5434	60.7566	51.0759	64.2241	-3.6500
2	61.0000	60.3500	1.1613	57.8412	62.8588	54.0364	66.6636	0.6500
3	60.0000	60.2000	1.1613	57.6912	62.7088	53.8864	66.5136	-0.2000
4	66.0000	62.9000	0.7933	61.1862	64.6138	56.8581	68.9419	3.1000
5	62.0000	62.7500	1.1613	60.2412	65.2588	56.4364	69.0636	-0.7500
6	70.0000	65.4500	0.7933	63.7362	67.1638	59.4081	71.4919	4.5500
7	65.0000	65.3000	1.4380	62.1934	68.4066	58.7259	71.8741	-0.3000
8	67.0000	68.0000	1.1613	65.4912	70.5088	61.6864	74.3136	-1.0000
9	59.0000	59.0000	1.1613	56.4912	61.5088	52.6864	65.3136	0
10	58.0000	61.7000	1.4380	58.5934	64.8066	55.1259	68.2741	-3.7000
11	64.0000	61.5500	0.7933	59.8362	63.2638	55.5081	67.5919	2.4500
12	67.0000	64.2500	1.1613	61.7412	66.7588	57.9364	70.5636	2.7500
13	65.0000	64.1000	0.7933	62.3862	65.8138	58.0581	70.1419	0.9000
14	66.0000	66.8000	1.1613	64.2912	69.3088	60.4864	73.1136	-0.8000
15	67.0000	66.6500	1.1613	64.1412	69.1588	60.3364	72.9636	0.3500
16	65.0000	69.3500	1.4380	66.2434	72.4566	62.7759	75.9241	-4.3500

Dependent Variable: recall 광고 기억정도

Sum of Residuals	0
Sum of Squared Residuals	93.50000
Predicted Residual SS (PRESS)	150.92607

결과에서 보면 각 관찰치에 대한 예측치(Predicted Value)와 예측치에 대한 95% 상한/하한 신뢰구간, 예측치(Predicted Recall)에 대한 95% 상한/하한 신뢰구간 등이 출력되어 있다. 또한 오차의 합(Sum of Residuals), 오차 제곱의 합(Sum of Squared Residuals), PRESS(관찰치를 하나씩 제외하고 추정한 회귀분석 모형들의 오차 제곱의 총합계) 등을 제공하고 있다. 이들 값이 작을수록 의미가 있는 회귀 추정식이라고 볼 수 있다.

3.10 다중공선성 분석

(1) 분석개요

다중공선성(multicollinearity)이란 다중회귀분석에서 독립변수들간에 상관관계가 있는 경우이다. 독립변수들간에 상관관계가 있게 되면 독립변수들간에 선형관계가 존재하게 되는데, 이 경우 독립변수들 각각이 미치는 영향을 구분하기 어려운 상황이 된다. 극단적으로 독립변수들 중, 상관관계가 −1이나 1인 경우와 같이 완전상관관계가 존재하면 모수들이 추정되지 않는다. 독립변수들 중에 |0.95| 이상의 높은 상관관계가 있을 경우에는 R^2는 높으나 추정된 베타 값들이 유의하지 않은 형태로 나타난다. 따라서 독

립변수들 중 상관관계가 높은 변수가 있을 경우에는 R^2와 β 값을 보아 다중공선성에 대한 의사결정을 할 수 있다. 반면에 독립변수들간에 상관관계가 0인 경우에는 다중공선성의 문제는 없지만 다중회귀분석의 결과는 단순회귀분석 결과의 합으로 표시될 수 있다.

다중공선성은 진단 통계량(collinearity diagnositics)을 통해 분석할 수 있다. 다중공선성을 진단할 수 있는 주요 통계량들은 고유값(eigen value)이나 조건지표값(condition number)이 제시된다. 일반적으로 고유값이 0.01이하이거나 조건지표 값이 100이상인 독립변수가 있으면 다중공선성이 있다고 판단한다. 분산팽창요인(Variance Inflation Factor)을 VIF라고 하며, 일반적으로 10이상인 독립변수가 있으면 다중공선성이 있다고 판단한다. TOL옵션은 허용도(tolerance)를 의미하며, 1/VIF로서 0.1값보다 작은 독립변수가 있으면 다중공선성이 있다고 판단한다.

다중공선성을 해결하기 위해서는 (1) 근본적으로 데이터 수집과정을 살펴보아 데이터를 다시 수집하거나, (2) 상관관계가 높은 독립변수 중 타당하거나 설명력이 높을 것으로 생각하는 변수를 제외하고 나머지 변수들을 모형에서 빼 버리거나, (3) 주성분 요인분석(principal component factor analysis)과 같은 방법을 이용하여 상관관계가 높은 변수들을 하나의 요인으로 처리하거나, (4) 단계별 회귀분석(stepwise regression)과 같은 변수 제거 방법을 통해 다중공선성이 있는 변수들 중에서 가장 설명력이 높은 변수를 모형에 포함시킨다.

(2) 분석데이터

데이터를 입력하려면 다음과 같이 프로그램을 작성해야 한다. INPUT문의 @@사인은 본 예제에서와 같이 한 줄에 여러 관찰치의 데이터가 있을 경우 적어준다.

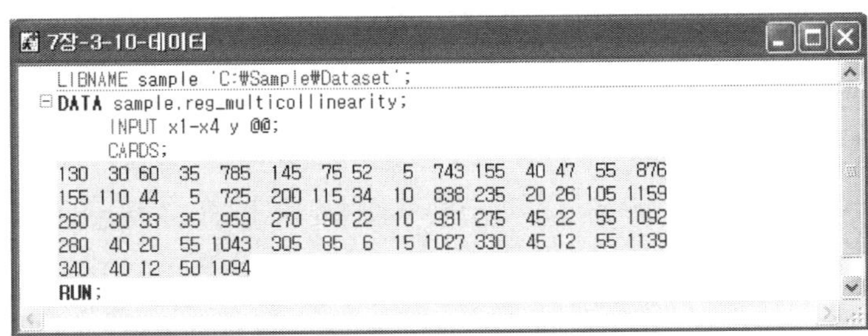

```
7장-3-10-데이터
LIBNAME sample 'C:\Sample\Dataset';
DATA sample.reg_multicollinearity;
     INPUT x1-x4 y @@;
     CARDS;
130  30 60  35  785  145  75 52   5  743 155  40 47  55  876
155 110 44   5  725  200 115 34  10  838 235  20 26 105 1159
260  30 33  35  959  270  90 22  10  931 275  45 22  55 1092
280  40 20  55 1043  305  85  6  15 1027 330  45 12  55 1139
340  40 12  50 1094
RUN;
```

(3) 분석과정

PROC REG 프로시저에서 변수들간의 상관관계계수를 보기 위해 CORR 옵션을 지정한다. 또 MODEL문에서 y를 Dependent (종속) 변수로, x_1-x_4 를 Explanatory (설명, 독립) 변수로 지정한다. MODEL문에 옵션에 COLLIN, VIF, TOL 옵션을 지정한다.

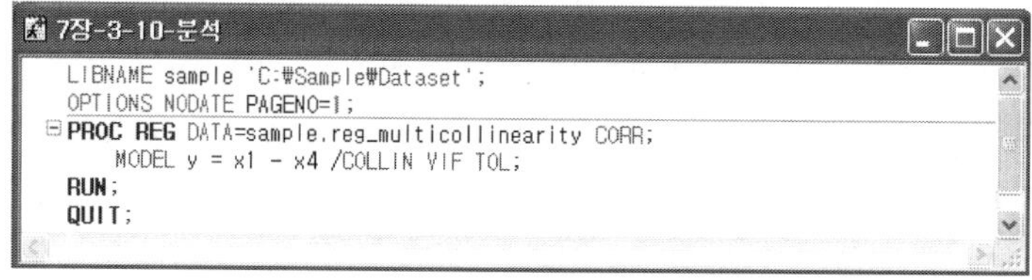

7장-3-10-분석

```
LIBNAME sample 'C:₩Sample₩Dataset';
OPTIONS NODATE PAGENO=1;
PROC REG DATA=sample.reg_multicollinearity CORR;
    MODEL y = x1 - x4 /COLLIN VIF TOL;
RUN;
QUIT;
```

(4) 결과해석

[결과1]의 상관관계계수를 보면 x_1과 x_3의 상관계수가 −0.96으로 나타나 독립변수들을 회귀식에 모두 포함시키면 회귀식이 다중공선성이 있다는 것을 의심할 수 있다. 또한 x_2와 x_4 변수간에도 다중공선성이 있을 가능성이 있어 보인다(Green 1978).

[결과1]

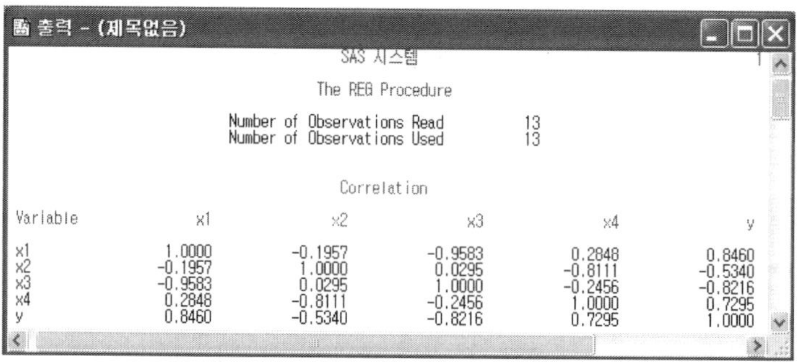

출력 - (제목없음)

SAS 시스템 1

The REG Procedure

Number of Observations Read 13
Number of Observations Used 13

Correlation

Variable	x1	x2	x3	x4	y
x1	1.0000	-0.1957	-0.9583	0.2848	0.8460
x2	-0.1957	1.0000	0.0295	-0.8111	-0.5340
x3	-0.9583	0.0295	1.0000	-0.2456	-0.8216
x4	0.2848	-0.8111	-0.2456	1.0000	0.7295
y	0.8460	-0.5340	-0.8216	0.7295	1.0000

[결과2]를 보면 분산분석표에서 모형의 적합성을 나타내는 F 값이 124.45 ($p < 0.001$)이고 R^2 값이 0.9842로서 매우 높다는 것을 알 수 있다. [결과3]의 각 독립변수에 대한 모수 추정치의 결과를 보면 유의한 변수가 별로 없음을 알 수 있다. 특히 다음 쪽의 결과에서 독립변수 x_1과 x_3는 종속변수 y와 상관계수가 높게 나타났음에도 불구하고 유의하지 않게 나타났다. 이러한 경우에는 다중공선성을 의심하지 않을 수 없다. 모수 추정치에 대한 허용도(tolerance) 값이 0.1이하이면 다중공선성이 있다고 할 수 있는데 변수 x_1과 x_3가 다중공선성이 있는 것으로 나타났다. 또한 분산팽창요인(Variance Influence)의 값도 변수 x_1과 x_3가 10보다 높게 나타나 다중공선성이 있는 것으로 나타났다.

[결과2]

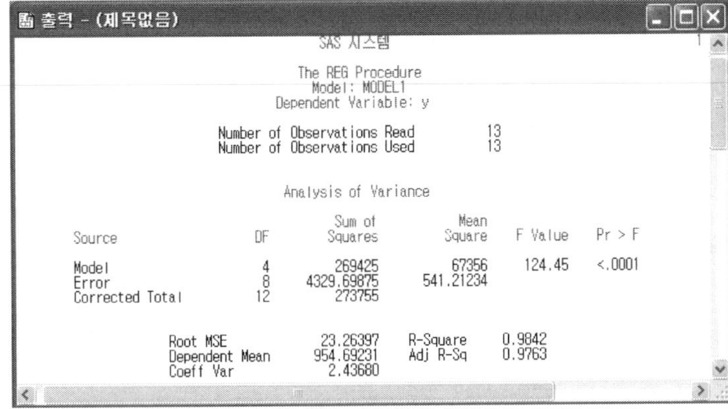

출력 - (제목없음)

SAS 시스템

The REG Procedure
Model: MODEL1
Dependent Variable: y

Number of Observations Read	13
Number of Observations Used	13

Analysis of Variance

Source	DF	Sum of Squares	Mean Square	F Value	Pr > F
Model	4	269425	67356	124.45	<.0001
Error	8	4329.69875	541.21234		
Corrected Total	12	273755			

Root MSE	23.26397	R-Square	0.9842
Dependent Mean	954.69231	Adj R-Sq	0.9763
Coeff Var	2.43680		

[결과3]

출력 - (제목없음)

The REG Procedure
Model: MODEL1
Dependent Variable: y

Parameter Estimates

Variable	DF	Parameter Estimate	Standard Error	t Value	Pr > |t|	Tolerance	Variance Inflation
Intercept	1	878.19856	248.96417	3.53	0.0078	.	0
x1	1	0.54081	0.54372	0.99	0.3490	0.02882	34.70065
x2	1	-0.38957	0.62229	-0.63	0.5487	0.11355	8.80635
x3	1	-4.08124	2.44461	-1.67	0.1336	0.02694	37.12363
x4	1	2.48662	0.58392	4.26	0.0028	0.15746	6.35078

[결과4]의 고유값(eigen value)이 0.01보다 작거나 조건지표(Condition Number)가 100 이상인 경우에는 다중공선성이 있다고 볼 수 있는데 여기에서도 비슷한 결과가 나타났다. [결과5]의 분산의 분할(Var Prop 변수)에 관한 정보에서도 변수 x_1과 x_3가 관련성이 높은 것으로 나타났다.

[결과4]

출력 - (제목없음)

Collinearity Diagnostics

Number	Eigenvalue	Condition Index
1	4.14179	1.00000
2	0.54225	2.76373
3	0.27655	3.86999
4	0.03894	10.31307
5	0.00047257	93.61826

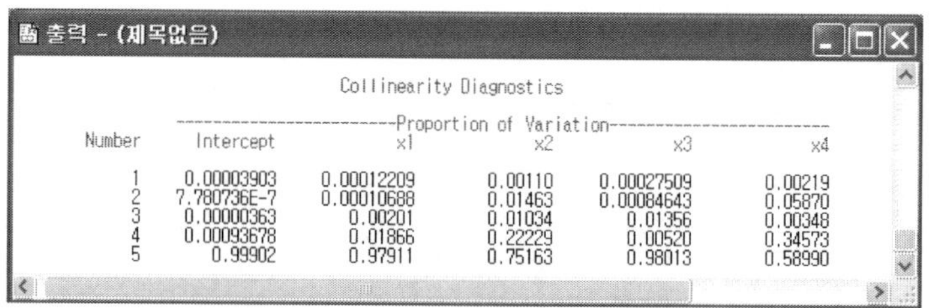
출력 - (제목없음)

Collinearity Diagnostics

Number	Intercept	x1	x2	x3	x4
	Proportion of Variation				
1	0.00003903	0.00012209	0.00110	0.00027509	0.00219
2	7.780736E-7	0.00010688	0.01463	0.00084643	0.05870
3	0.00000363	0.00201	0.01034	0.01356	0.00348
4	0.00093678	0.01866	0.22229	0.00520	0.34573
5	0.99902	0.97911	0.75163	0.98013	0.58990

다중공선성이 나타난 경우에는 x_1이나 x_2 중에 하나의 변수를 제거시키고 변수를 추정하든지(여러 가지 값이 x_3가 나쁜 것으로 나타나 x_3를 먼저 제거시키는 것이 바람직할 것 같다), 변수선정방법에 의해 변수를 제거시키는 방법을 사용할 수 있다.

어쩔 수 없이 변수간에 상관관계가 높을 수밖에 없는 상황(예 소득과 소비가 모두 독립변수로 취급될 때)에는 RIDGE 회귀분석이나 주성분 요인분석(principal component factor analysis)을 통해 다중공선성을 줄일 수 있는 방법으로 회귀분석을 수행해야 할 것이다.

3.11 최적 회귀 모형의 선정

(1) 분석개요

다중회귀모형의 경우 독립변수의 수가 작으면서도 모형 적합도가 높은 모형이 좋다. 최적 모형선택방법은 9가지가 있으며 이를 간단히 살펴 보면 다음과 같다.

- BACKWARD(**후방소거법**) : 모든 변수가 포함된 완전(full) 모형에서 출발하여 독립변수들 중에 모형이 삭제되었을 경우, 회귀모형 적합에 가장 작게 기여를 하는(R^2 등을 최소로 감소시키는) 변수를 단계적으로 삭제시켜나가는 방법이다.
- FORWARD(**전방선택법**) : 남아 있는 독립변수들 모형이 추가되었을 경우에 회귀모형 적합에 가장 큰 기여를 할 수 있는(R^2 등을 최대로 증가시키는) 변수를 단계적으로 추가시켜나가는 방법이다.
- STEPWISE(**단계별회귀법**) : 앞의 두 가지 방법의 개념을 합한 것으로 회귀모형의 R^2를 증가시킬 수 있는 변수를 추가시키기도 하고, 일단 모형에 추가되었어도 모형의 적합하지 않은 변수는 삭제하는 방법이다.
- ADJRSQ(**조정 R^2 선택법**) : 모든 가능한 회귀모형에 대해 조정 R^2 값을 계산한다.

- RSQUARE(R^2**선택법**) : 모든 가능한 회귀모형에 대해 R^2 값을 계산한다.
- CP(**맬로우스의 CP 선택법**) : 모든 가능한 회귀모형에 대해 CP값을 계산한다.
- MAXR(**최대** R^2**증가법**) : 전방선택법의 일종으로 각 단계마다 R^2를 최대로 증가시키는 변수를 추가한다. 모수 추정치의 개수 별로 가장 좋은 모형 1개만을 출력한다.
- MINR(**최소** R^2**증가법**) : 전방선택법의 일종으로 각 단계마다 R^2를 최소로 증가시키는 변수를 추가한다. 모수 추정치의 개수 별로 가장 좋은 모형 1개만을 출력한다.
- NONE : 디폴트로 모형선택 방법을 사용하지 않고 모든 변수가 포함된 완전(full) 모형을 추정한다.

SELECTION 옵션의 사용 예를 보면 다음과 같다.

```
MODEL y = x1 - x4 / SELECTION=BACKWARD;
MODEL y = x1 - x4 / SELECTION=FORWARD;
MODEL y = x1 - x4 / SELECTION=STEPWISE;
MODEL y = x1 - x4 / SELECTION=ADJRSQ;
MODEL y = x1 - x4 / SELECTION=RSQUARE;
MODEL y = x1 - x4 / SELECTION=CP;
MODEL y = x1 - x4 / SELECTION=MAXR;
MODEL y = x1 - x4 / SELECTION=MINR;
MODEL y = x1 - x4 / SELECTION=NONE;
```

(2) 분석과정

후방소거를 하기 위해서는 MODEL문에 옵션에 SELECTION= BACKWARD를 지정한다. 변수 선택 조건으로 SLAYSTAY=0.05를 지정한 것은 변수의 유의도가 0.05보다 작은 변수들만 유지하기 위해서이다.

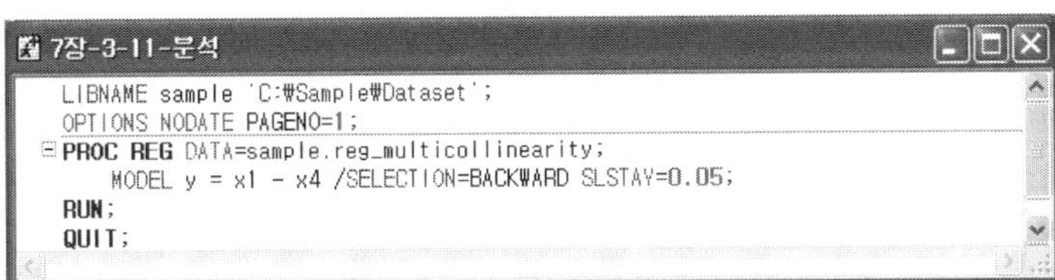

7장-3-11-분석

```
LIBNAME sample 'C:\Sample\Dataset';
OPTIONS NODATE PAGENO=1;
PROC REG DATA=sample.reg_multicollinearity;
    MODEL y = x1 - x4 /SELECTION=BACKWARD SLSTAY=0.05;
RUN;
QUIT;
```

(3) 결과해석

[결과1]에는 변수선택법을 수행하기 전에 전체적인 분석 결과를 제시하고 있다. [결과2]에는 첫 번째 단계에서 변수선택법을 수행한 결과이다. 통계분석 결과 x_2 변수를 먼저 소거하고 분석한 분석 결과가 하단에 제시되었다. [결과3]는 Backward 선택법에 의해 추정된 모형은 아래와 같이 제시된다.

$$y = 508.65 + 1.44x_1 + 2.77x_4$$
$$(25.57) \quad (0.11) \quad (0.27)$$

이며, 이때 CP는 5.40로서 모수 추정치 개수 보다 2.4가 많으나, R^2도 0.98로서 매우 높다. 모형적합성에 대한 분산분석 결과도 F 값이 198.66(p 〈 0.0001)으로서 매우 의미가 있다고 볼 수 있다. 하단에는 모형에 포함되지 못한 변수들에 대한 통계량들을 보여주고 있다.

[결과1]

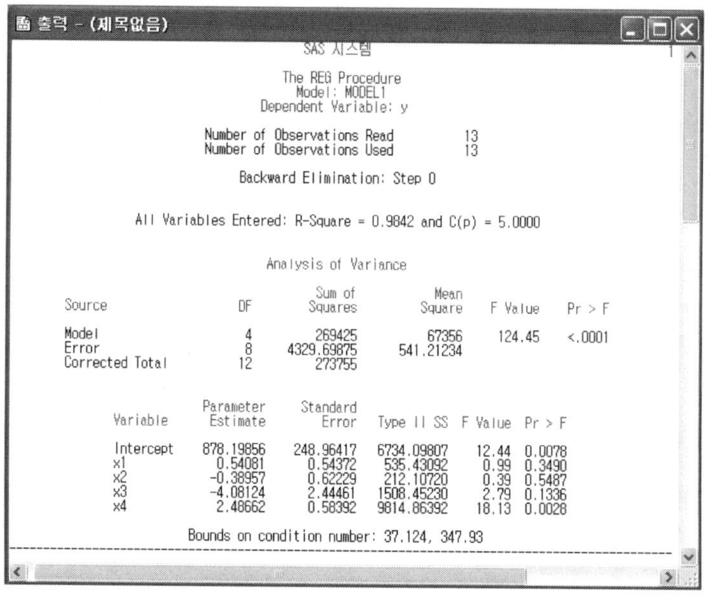

출력 - (제목없음)

SAS 시스템 1

The REG Procedure
Model: MODEL1
Dependent Variable: y

Number of Observations Read 13
Number of Observations Used 13

Backward Elimination: Step 0

All Variables Entered: R-Square = 0.9842 and C(p) = 5.0000

Analysis of Variance

Source	DF	Sum of Squares	Mean Square	F Value	Pr > F
Model	4	269425	67356	124.45	<.0001
Error	8	4329.69875	541.21234		
Corrected Total	12	273755			

Variable	Parameter Estimate	Standard Error	Type II SS	F Value	Pr > F
Intercept	878.19856	248.96417	6734.09807	12.44	0.0078
x1	0.54081	0.54372	535.43092	0.99	0.3490
x2	-0.38957	0.62229	212.10720	0.39	0.5487
x3	-4.08124	2.44461	1508.45230	2.79	0.1336
x4	2.48662	0.58392	9814.86392	18.13	0.0028

Bounds on condition number: 37.124, 347.93

[결과2]

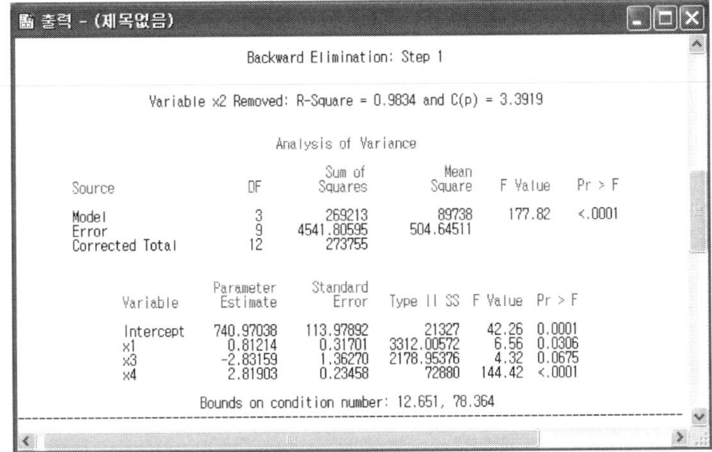

출력 - (제목없음)

Backward Elimination: Step 1

Variable x2 Removed: R-Square = 0.9834 and C(p) = 3.3919

Analysis of Variance

Source	DF	Sum of Squares	Mean Square	F Value	Pr > F
Model	3	269213	89738	177.82	<.0001
Error	9	4541.80595	504.64511		
Corrected Total	12	273755			

Variable	Parameter Estimate	Standard Error	Type II SS	F Value	Pr > F
Intercept	740.97038	113.97892	21327	42.26	0.0001
x1	0.81214	0.31701	3312.00572	6.56	0.0306
x3	-2.83159	1.36270	2178.95376	4.32	0.0675
x4	2.81903	0.23458	72880	144.42	<.0001

Bounds on condition number: 12.651, 78.364

[결과3]

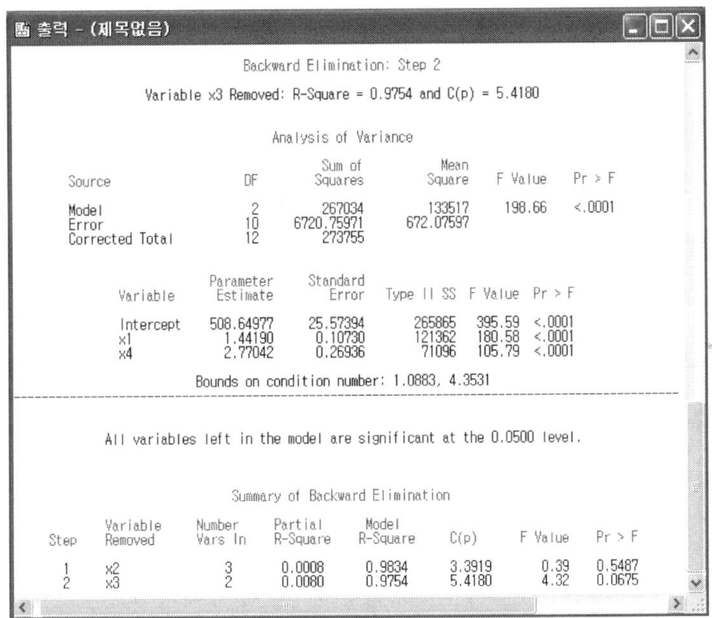

출력 - (제목없음)

Backward Elimination: Step 2

Variable x3 Removed: R-Square = 0.9754 and C(p) = 5.4180

Analysis of Variance

Source	DF	Sum of Squares	Mean Square	F Value	Pr > F
Model	2	267034	133517	198.66	<.0001
Error	10	6720.75971	672.07597		
Corrected Total	12	273755			

Variable	Parameter Estimate	Standard Error	Type II SS	F Value	Pr > F
Intercept	508.64977	25.57394	265865	395.59	<.0001
x1	1.44190	0.10730	121362	180.58	<.0001
x4	2.77042	0.26936	71096	105.79	<.0001

Bounds on condition number: 1.0883, 4.3531

All variables left in the model are significant at the 0.0500 level.

Summary of Backward Elimination

Step	Variable Removed	Number Vars In	Partial R-Square	Model R-Square	C(p)	F Value	Pr > F
1	x2	3	0.0008	0.9834	3.3919	0.39	0.5487
2	x3	2	0.0080	0.9754	5.4180	4.32	0.0675

변수 x_1과 x_4만이 포함된 회귀식의 다중공선성 여부를 보기 위해서 다음과 같이 x_1, x_4로 구성된 회귀식을 다시 분석을 해 보았다.

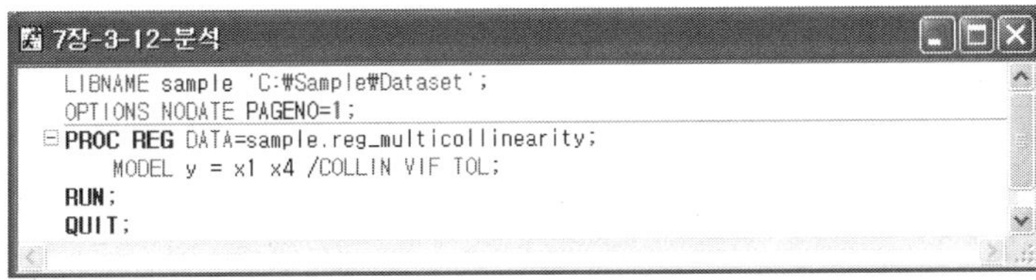

7장-3-12-분석

```
LIBNAME sample 'C:\Sample\Dataset';
OPTIONS NODATE PAGENO=1;
PROC REG DATA=sample.reg_multicollinearity;
    MODEL y = x1 x4 /COLLIN VIF TOL;
RUN;
QUIT;
```

[결과4]는 변수선택 후 최종 회귀분석 결과를 보여 주고 있다. 결과를 보면 VIF, Tolerance, Collinearity Dianotics 등 전체적인 통계량이 다중공선성이 없음을 보여 주고 있다.

[결과4]

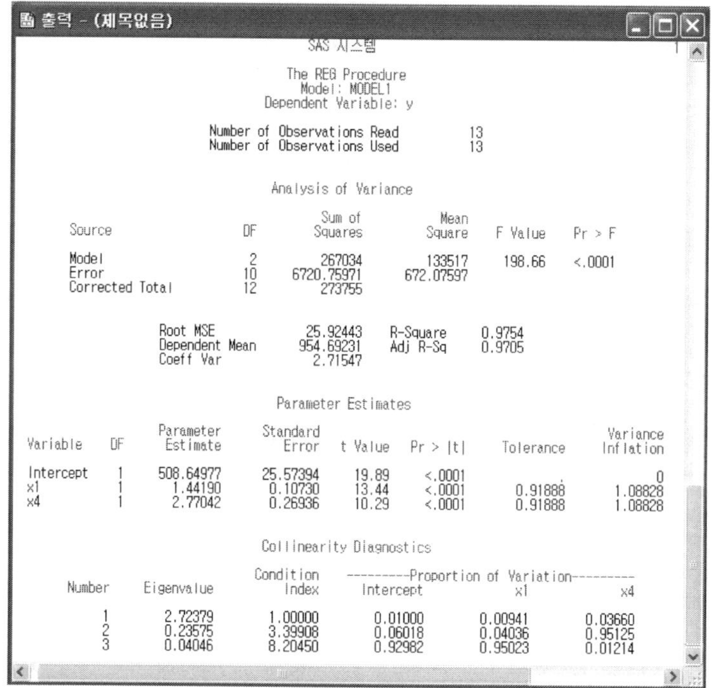

출력 - (제목없음)

SAS 시스템 1

The REG Procedure
Model: MODEL1
Dependent Variable: y

Number of Observations Read 13
Number of Observations Used 13

Analysis of Variance

Source	DF	Sum of Squares	Mean Square	F Value	Pr > F
Model	2	267034	133517	198.66	<.0001
Error	10	6720.75971	672.07597		
Corrected Total	12	273755			

Root MSE	25.92443	R-Square	0.9754
Dependent Mean	954.69231	Adj R-Sq	0.9705
Coeff Var	2.71547		

Parameter Estimates

Variable	DF	Parameter Estimate	Standard Error	t Value	Pr > |t|	Tolerance	Variance Inflation
Intercept	1	508.64977	25.57394	19.89	<.0001	.	0
x1	1	1.44190	0.10730	13.44	<.0001	0.91888	1.08828
x4	1	2.77042	0.26936	10.29	<.0001	0.91888	1.08828

Collinearity Diagnostics

Number	Eigenvalue	Condition Index	---Proportion of Variation--- Intercept	x1	x4
1	2.72379	1.00000	0.01000	0.00941	0.03660
2	0.23575	3.39908	0.06018	0.04036	0.95125
3	0.04046	8.20450	0.92982	0.95023	0.01214

3.12 2차 항이 있는 회귀모형

(1) 분석개요

일반적인 회귀분석이라면 독립변수에 대한 종속변수의 산포도가 선형적인 경우를 의미한다. 독립변수와 종속변수간의 관계가 2차 함수 형태의 모양을 보일 때는 이를 반영하는 모형을 분석한다. 2차 항이 포함된 모형을 일반적으로 2차 항이 있는(quadratic) 회귀분석이라 한다. 이는

$$y_i = \beta_0 + \beta_1 x_1 + \beta_2 x_1^2 + \varepsilon_i$$

로 정의할 수 있다. 만약에 2차 항이 있는 변수가 여러 개이면 이에 맞게 이 식을 확장할 수 있을 것이다. 2차 항이 있는 회귀분석에 대한 가정도 일반적인 선형회귀분석의 가정과 일치한다고 볼 수 있다.

2차 항이 있는 회귀분석의 분석방법은 4가지 형태가 있다. 첫째는 데이터 스텝에서 2차 항을 계산하는 새로운 변수를 만들어 준 후에 이를 PROC REG를 통해 분석하는 방법이고, 둘째는 데이터 스텝에서 2차 항을 계산해 주는 것이 아니라 PROC GLM 프로기저를 통해 MODEL문에 2차 항을 지정하는 것이다. 셋째는 PROC RSREG 프로시저에서 이를 분석하는 방법이고, 넷째는 PROC NLIN 프로시저를 통해 분석하는 방법이다. 여기서는 데이터 스텝에서 2차 항을 계산한 후 PROC REG 프로시저에서 분석하는 방법을 사용하였다.

(2) 분석데이터

2차 항이 있는 회귀분석을 PROC REG 프로시저로 하기 위해서는 데이터스텝에서 예제와 같이 2차 항에 관한 변수를 만든다. 예제에서는 *xx=x*x*; 형태로 2차 항 변수 *xx*를 만들었다.

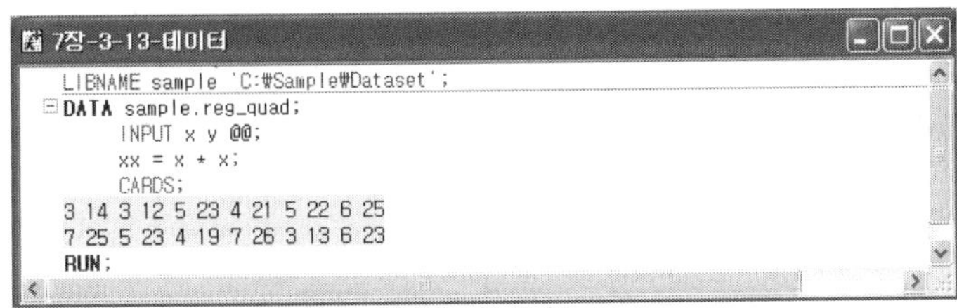

7장-3-13-데이터

```
LIBNAME sample 'C:₩Sample₩Dataset';
DATA sample.reg_quad;
     INPUT x y @@;
     xx = x * x;
     CARDS;
3 14 3 12 5 23 4 21 5 22 6 25
7 25 5 23 4 19 7 26 3 13 6 23
RUN;
```

(3) 분석과정

2차 항이 있는 회귀분석을 PROC REG 프로시저로 하기 위해서는 다음과 같이 회귀분석 프로그램을 작성한 후 실행하면 된다.

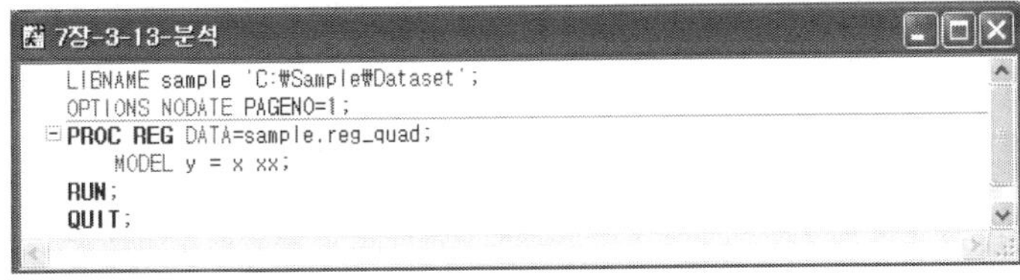

7장-3-13-분석

```
LIBNAME sample 'C:₩Sample₩Dataset';
OPTIONS NODATE PAGENO=1;
PROC REG DATA=sample.reg_quad;
     MODEL y = x xx;
RUN;
QUIT;
```

(4) 결과해석

[결과1]을 보면 전반적으로 모형이 타당성이 있다는 것을 알 수 있으며 x의 2차 항 변수도 모형 예측에 매우 의미가 있음을 알 수 있다.

[결과1]

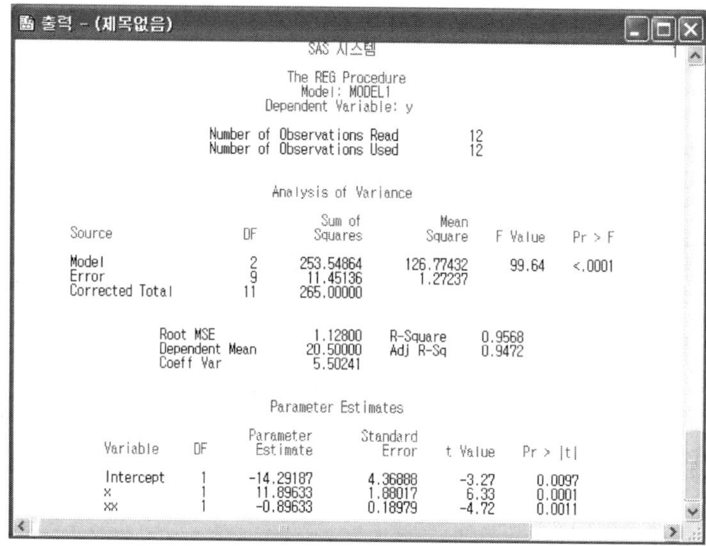

출력 - (제목없음)

SAS 시스템

The REG Procedure
Model: MODEL1
Dependent Variable: y

Number of Observations Read 12
Number of Observations Used 12

Analysis of Variance

Source	DF	Sum of Squares	Mean Square	F Value	Pr > F
Model	2	253.54864	126.77432	99.64	<.0001
Error	9	11.45136	1.27237		
Corrected Total	11	265.00000			

Root MSE	1.12800	R-Square	0.9568
Dependent Mean	20.50000	Adj R-Sq	0.9472
Coeff Var	5.50241		

Parameter Estimates

Variable	DF	Parameter Estimate	Standard Error	t Value	Pr > |t|
Intercept	1	-14.29187	4.36888	-3.27	0.0097
x	1	11.89633	1.88017	6.33	0.0001
xx	1	-0.89633	0.18979	-4.72	0.0011

실제로 1차 항만 포함한 모형과 비교해 보기 바란다. 1차 항이 포함된 모형의 F 값이나 R^2 값이 모두 현재의 모형보다 더 좋지 않음을 알 수 있다. 일차항만의 모형이 포함된 경우는 다중회귀모형의 오차 분석에서 예측치와 오차간의 관계에서 오차의 모양이 2차 항을 보일 것이다. 이를 확인하기 위해서는 다음과 같이 프로그램을 작성한다.

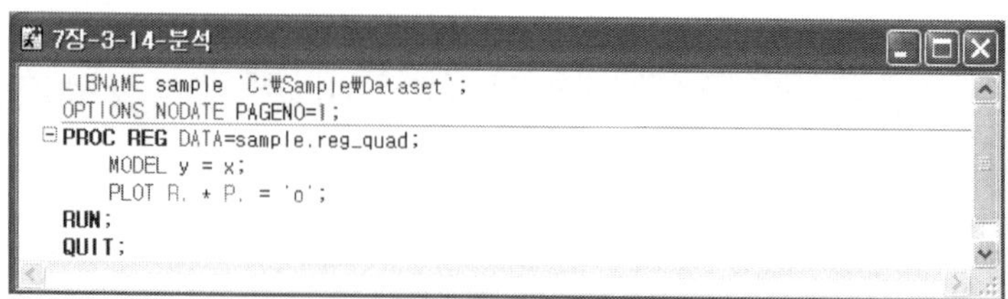

7장-3-14-분석

```
LIBNAME sample 'C:\Sample\Dataset';
OPTIONS NODATE PAGENO=1;
PROC REG DATA=sample.reg_quad;
    MODEL y = x;
    PLOT R. * P. = 'o';
RUN;
QUIT;
```

먼저 [결과2]을 보면 모형의 적합도를 나타내는 R^2가 0.96에서 0.85로 떨어져 더 낮아졌음을 알 수 있다.

[결과2]

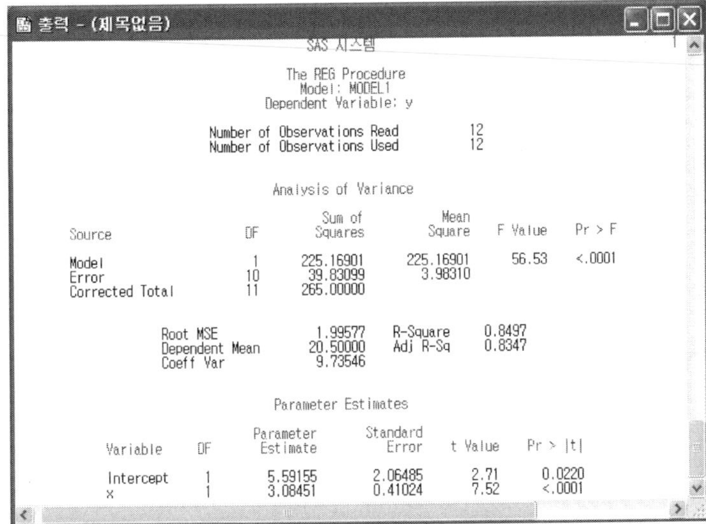

출력 - (제목없음)

SAS 시스템

The REG Procedure
Model: MODEL1
Dependent Variable: y

Number of Observations Read 12
Number of Observations Used 12

Analysis of Variance

Source	DF	Sum of Squares	Mean Square	F Value	Pr > F
Model	1	225.16901	225.16901	56.53	<.0001
Error	10	39.83099	3.98310		
Corrected Total	11	265.00000			

Root MSE	1.99577	R-Square	0.8497
Dependent Mean	20.50000	Adj R-Sq	0.8347
Coeff Var	9.73546		

Parameter Estimates

Variable	DF	Parameter Estimate	Standard Error	t Value	Pr > |t|
Intercept	1	5.59155	2.06485	2.71	0.0220
x	1	3.08451	0.41024	7.52	<.0001

[결과3]의 오차에 대한 그림을 보면 2차 항 형태로 나타남을 알 수 있다.

[결과3]

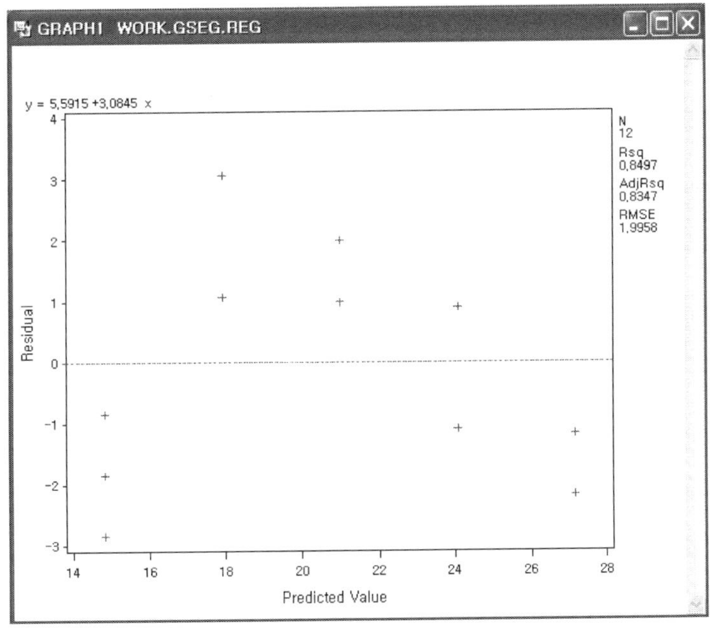

3.13 더미변수 회귀모형

(1) 분석개요

독립변수의 척도가 명목(nominal)이거나 서열(ordinal)인 것과 같이 정성적인 척도는 이를 단순히 하나의 변수로 처리하는 것이 아니라 각 값이 하나의 변수를 나타내는 형태로 몇 개의 더미 변수로 표현한다. 예를 들어 화재가 심한 정도가 약간, 중간, 심함 등과 같은 서열척도는 2개의 더미변수로 표현하며, 봄, 여름, 가을, 겨울과 같은 변수는 3개의 더미변수로 표현할 수 있다. 한 변수에 대한 더미변수의 개수는 변수간의 선형종속 때문에(변수의 수준 수 − 1개)의 더미변수가 필요하다.

가. 하나의 수준이 다른 수준들과 비교기준으로 사용된 경우

비교기준이 되는 독립변수의 수준과 차이를 보고자 할 때는 다음과 같이 표현한다. 예를 들어 봄, 여름, 가을, 겨울을 표현하는 데 있어 겨울이 다른 수준들과 비교하는 기준으로 사용된다면,

계절변수(Season)	더미변수 : d_1	더미변수 : d_2	더미변수 : d_3
봄	1	0	0
여름	0	1	0
가을	0	0	1
겨울	0	0	0

이렇게 해서 구성된 회귀식은

$$y_i \quad = \quad \beta_0 + \beta_1 x_1 + \cdots + \beta_k x_k + \beta_{p+1} d_1 + \beta_{p+2} d_2 + \beta_{p+3} d_3 + \varepsilon_i$$

이며, 이로부터 각 수준에 따른 절편의 변화는 다음과 같다.

- 겨울 : $y_i = (\beta_0) + \beta_1 x_1 + \ \cdots + \ \beta_k x_k + \epsilon_i$
- 봄 : $y_i = (\beta_0 + \beta_{p+1}) + \beta_1 x_1 + \ \cdots + \beta_k x_k + \epsilon_i$
- 여름 : $y_i = (\beta_0 + \beta_{p+2}) + \beta_1 x_1 + \ \cdots + \beta a_k x_k + \epsilon_i$
- 가을 : $y_i = (\beta a_0 + \beta_{p+3}) + \beta A_1 x_1 + \cdots + \beta_k x_k + \epsilon_i$

각 더미 변수에 대한 회귀식의 모수 추정치가 양수이고, 각 더미 변수에 대한 모수 추정치의 값이 d_1보다는 d_2가 크고, d_2보다는 d_3가 크다면, 그림과 같은 형태로 관계가 나타날 것이다.

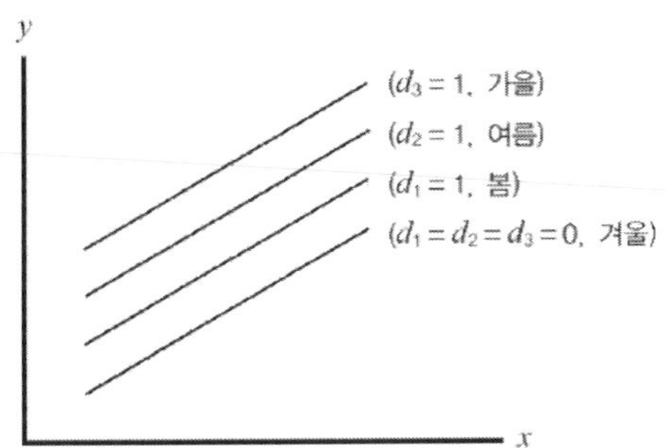

변수를 변환하는 데이터 스텝과 PROC REG의 형태를 보면 다음과 같다.

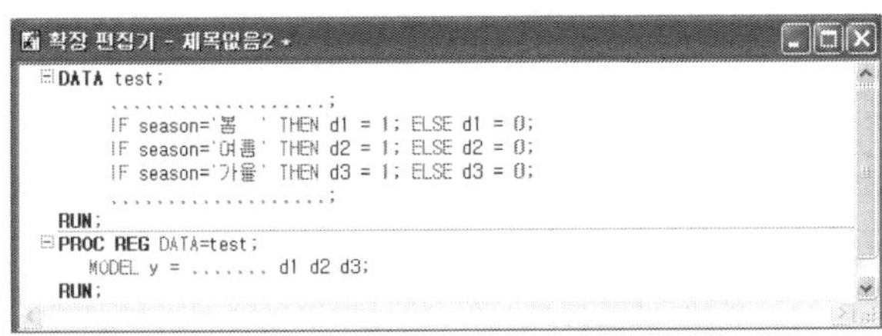

확장 편집기 - 제목없음2 *

```
DATA test;
     .....................;
     IF season='봄  ' THEN d1 = 1; ELSE d1 = 0;
     IF season='여름' THEN d2 = 1; ELSE d2 = 0;
     IF season='가을' THEN d3 = 1; ELSE d3 = 0;
     .....................;
RUN;
PROC REG DATA=test;
   MODEL y = ....... d1 d2 d3;
RUN;
```

그러나 기준이 되는 수준이 어떠한 수준이라도 가능하거나 데이터가 봄은 1, 여름은 2, 가을은 3, 겨울은 4와 같이 순서적으로 표현된 경우, 또는 외부적으로 순서를 부여할 경우에는 PROC GLM 프로시저의 CLASS문의 선언에 의해서도 똑 같은 계산을 할 수 있다. 예제와 같이 겨울이 비교기준이 되는 경우 PROC FORMAT 프로시저를 통해 비교기준이 되는 변수를 최대 수준 값(예제에서는 4)으로 부여한 후에 분석한다. 또한 PROC GLM 프로시저에서 ORDER=FORMATTED라는 옵션을 추가하고 각 수준의 값들을 알아보기 위해 MODEL문에서 SOLUTION이라는 옵션을 추가하면 된다.

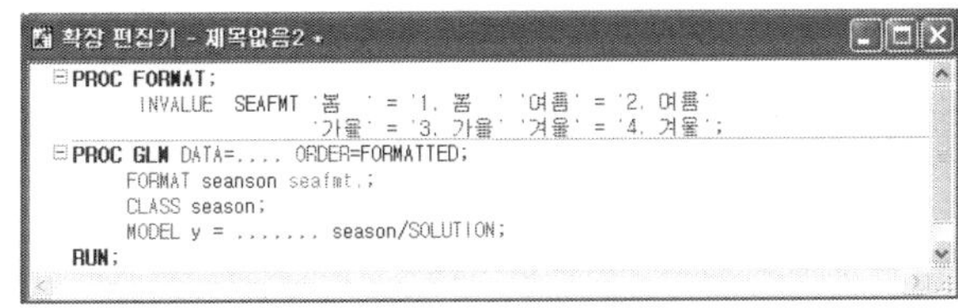

확장 편집기 - 제목없음2 *

```
PROC FORMAT;
      INVALUE  SEAFMT '봄  ' = '1. 봄  ' '여름' = '2. 여름'
                      '가을' = '3. 가을' '겨울' = '4. 겨울';
PROC GLM DATA=.... ORDER=FORMATTED;
     FORMAT seanson seafmt.;
     CLASS season;
     MODEL y = ....... season/SOLUTION;
RUN;
```

앞의 두 가지 형태에 의한 식은 기준이 되는 비교수준과 그렇지 않은 수준간에 영향 정도의 차이를 나타낸다(즉 겨울과 봄의 차이, 겨울과 여름의 차이, 겨울과 가을의 차이). 특히 회귀분석에서 모형선택방법에 의해 변수가 선택되었을 때, 모형에 포함된 변수들 중에 특정 더미변수가 제거되었을 때는 나머지 변수들을 가지고 해석한다. 예를 들어 위의 세 가지 변수들 중에 d_3가 모형에서 제거되었다고 하자. 그러면 이 때 기준이 되는 변수는 가을과 겨울을 합한 값이 기준이 되기 때문에 이들을 기준으로 평가해야 한다.

나. 비교기준뿐만 아니라 특정 두 수준간의 차이를 보고자 하는 경우

기준이 되는 비교수준은 겨울이고 겨울에서 봄의 차이, 봄에서 여름의 차이, 여름에서 가을의 차이를 보는 식으로 그 차이의 정도를 보고자 하면 더미변수는 아래와 같이 만들어야 한다. 이는 모형의 곡선형태를 검정하고자 할 때 사용할 수 있다. 모형이 그림과 같은 경우 봄에서 여름의 반응량이 유의하게 증가하고, 여름에서 가을의 반응량이 거의 없고, 가을에서 겨울로 반응량이 유의하게 감소하는지를 검정하는데 사용할 수 있다.

계절변수(Season)	더미변수 : d_1	더미변수 : d_2	더미변수 : d_3
봄 여름 가을 겨울	1 0 0 0	1 1 0 0	1 1 1 0

이와 같이 더미변수를 주는 경우에 회귀식과 각 수준에 따른 절편의 변화는 다음과 같다.

$$y_i = \beta_0 + \beta_1 x_1 + \cdots + \beta_k x_k + \beta_{p+1} d_1 + \beta_{p+2} d_2 + \beta_{p+3} d_3 + \varepsilon_i$$

이며, 이로부터 각 수준에 따른 절편의 변화는 다음과 같다.

- 겨울 : $y_i = (\beta_0) + \beta_1 x_1 + \cdots + \beta_k x_k + \epsilon_i$
- 봄 : $y_i = (\beta_0 + \beta_{p+1}) + \beta_1 x_1 + \cdots + \beta_k x_k + \epsilon_i$
- 여름 : $y_i = (\beta_0 + \beta_{p+1} + \beta_{p+2}) + \beta_1 x_1 + \cdots + \beta_k x_k + \epsilon_i$
- 가을 : $y_i = (\beta_0 + \beta_{p+1} + \beta_{p+2} + \beta_{p+3}) + \beta_1 x_1 + \cdots + \beta_k x_k + \epsilon_i$

따라서 각 회귀식간의 차이를 볼 경우 각 수준간의 차이에 대한 검정을 한다고 볼 수 있다.

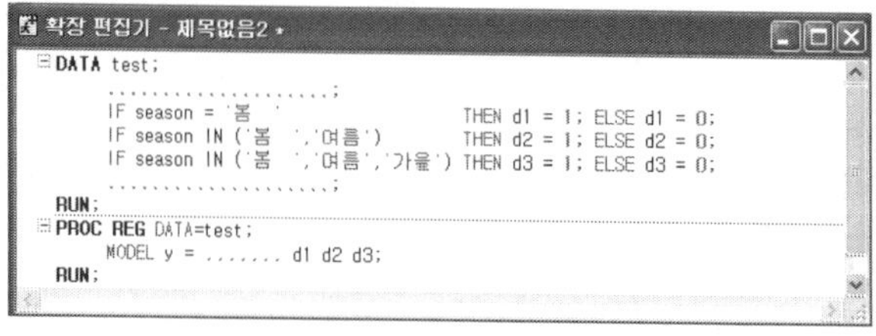

```
DATA test;
     ....................;
     IF season = '봄  '                    THEN d1 = 1; ELSE d1 = 0;
     IF season IN ('봄  ','여름')           THEN d2 = 1; ELSE d2 = 0;
     IF season IN ('봄  ','여름','가을')    THEN d3 = 1; ELSE d3 = 0;
     ....................;
RUN;
PROC REG DATA=test;
     MODEL y = ....... d1 d2 d3;
RUN;
```

위와 같은 예제에서 더미변수 d_1과 d_3가 유의하고 d_2의 결과가 유의하지 않고 d_1의 계수가 양수, d_3의 계수가 음수를 갖는다면 우리의 모형이 적절하다는 것을 입증하는 결과가 된다.

다. 기준이 되는 수준이 없는 경우

기준이 되는 비교수준이 없는 경우에는 특정 수준을 선택하지 않고 각 수준의 평균과 비교하는 경우이다. 이 경우는 겨울 또는 다른 수준에 모두 −1값을 부여한다.

계절변수(Season)	더미변수 : d_1	더미변수 : d_2	더미변수 : d_3
봄	1	0	0
여름	0	1	0
가을	0	0	1
겨울	-1	-1	-1

이 경우에는 회귀식은

$$y_i \quad = \quad \beta_0 + \beta_1 x_1 + \cdots + \beta_k x_k + \beta_{p+1} d_1 + \beta_{p+2} d_2 + \beta_{p+3} d_3 + \varepsilon_i$$

로 정리되며, 각 더미변수의 계수들이 의미가 있을 경우에는 그 더미변수의 수준이 전체수준의 평균값과 차이가 있음을 나타낸다.

이에 대한 프로그램은 다음 데이터 스텝과 프로시저 스텝에서 작성할 수 있다.

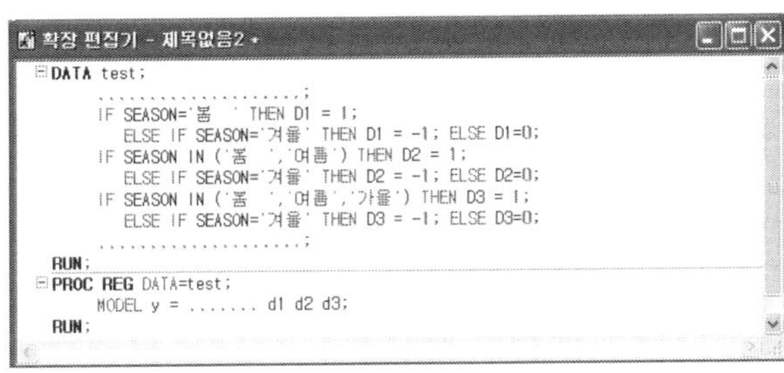

```
확장 편집기 - 제목없음2 *
DATA test;
     ......................;
     IF SEASON='봄  ' THEN D1 = 1;
        ELSE IF SEASON='겨울' THEN D1 = -1; ELSE D1=0;
     IF SEASON IN ('봄  ','여름') THEN D2 = 1;
        ELSE IF SEASON='겨울' THEN D2 = -1; ELSE D2=0;
     IF SEASON IN ('봄  ','여름','가을') THEN D3 = 1;
        ELSE IF SEASON='겨울' THEN D3 = -1; ELSE D3=0;
     ......................;
RUN;
PROC REG DATA=test;
     MODEL y = ....... d1 d2 d3;
RUN;
```

라. 더미변수와 상호작용(interaction)이 있는 모형

더미변수와 상호작용(interaction)이 있는 모형은 더미변수와 상호작용이 있는 변수간에 상호작용효과를 표현하는 변수를 새로 만들어야 한다. 예를 들어 모형의 더미변수가 D이고 이와 상호작용효과가 있는 변수가 *x*라면 *x* 변수를 만들면 된다.

이 경우 모형은 다음과 같이 정리되며 더미변수 *d*가 1인 경우가 남자, 0인 경우가 여자라면 이식은 다음과 같이 표현된다.

$$y \quad = \quad \beta_0 + \beta_1 x + \beta_2 d + \beta_3 xd + \varepsilon$$

• 여자 : $y \;=\; \beta_0 + \beta_1 x + \varepsilon$

• 남자 : $y \;=\; (\beta_0 + \beta_2) + (\beta_1 + \beta_3)x + \varepsilon$

이에 대한 프로그램은 다음과 같이 데이터 스텝과 프로시저 스텝에서 작성할 수 있다.

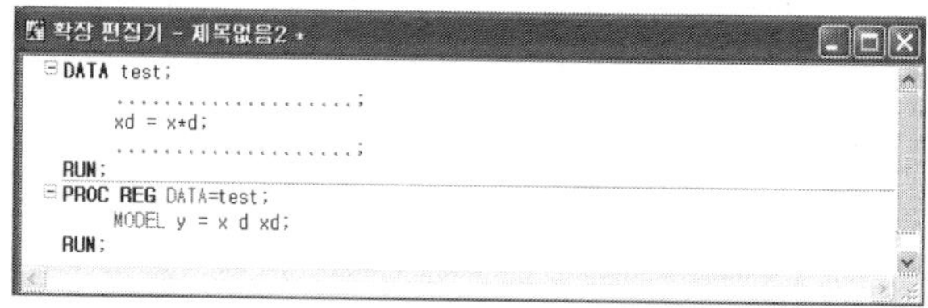

```
확장 편집기 - 제목없음2 *
DATA test;
     ....................;
     xd = x*d;
     ....................;
RUN;
PROC REG DATA=test;
     MODEL y = x d xd;
RUN;
```

마. 회귀식의 기울기(Slope)가 변하는 회귀모형의 더미변수

회귀모형 가운데는 특정값에서 회귀식의 기울기가 변하는 경우가 있다. 이 경우에도 더미변수를 통해 표현할 수 있는데 더미변수를 독립변수값을 기준으로 표현함으로써 해결할 수 있다.

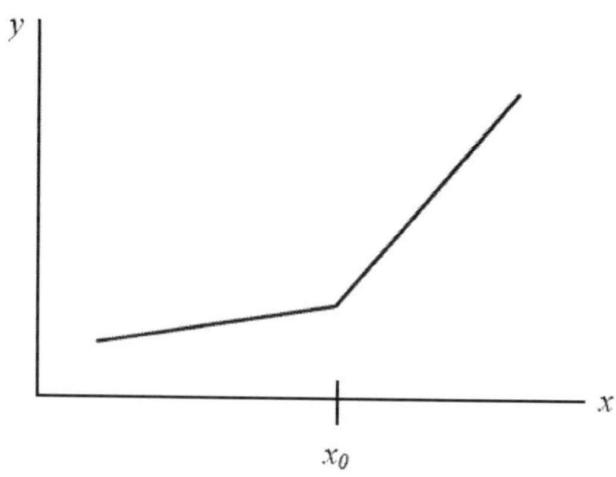

더미변수 d는

$$d = \begin{cases} 0, & x \le x_0 \\ 1, & x > x_0 \end{cases}$$

따라서 추정된 회귀식은

$$y_i \;=\; \beta_0 + \beta_1 x + \beta_2 d + \beta_3 xd + \varepsilon_i$$

이며, 더미 값에 따라 각 식의 x에 대한 기울기는 다음과 같이 변한다.

$$x \le 10, \quad y = \beta_0 + \beta_1 x + \varepsilon$$
$$x > 10, \quad y = (\beta_0 + \beta_2) + (\beta_1 + \beta_3)x + \varepsilon$$

프로그램은 데이터 스텝에서 IF문으로 새로운 더미변수를 만들어야 한다.

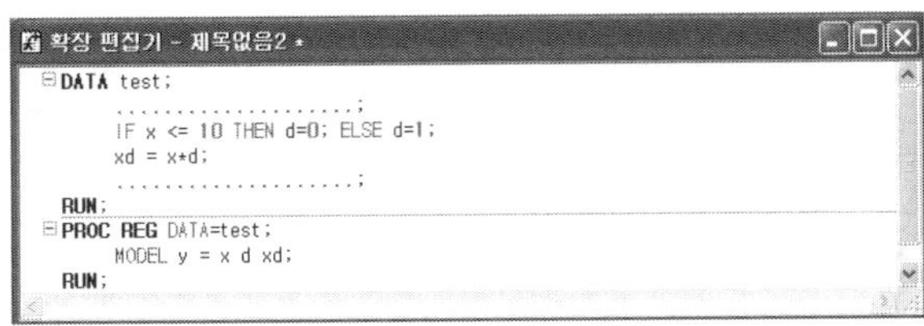


```
DATA test;
     ......................;
     IF x <= 10 THEN d=0; ELSE d=1;
     xd = x*d;
     ......................;
RUN;
PROC REG DATA=test;
     MODEL y = x d xd;
RUN;
```

바. PROC GLM 프로시저를 활용한 특정 수준간의 차이 검정

변수의 수준이 명목 또는 서열척도인 경우에는 때로 특정 수준간에 종속변수의 차이를 검정할 필요성이 있을 때가 있다. 이 때 PROC GLM의 CONTRAST문을 사용하면 매우 편리하다. 예를 들어 *season*이라는 변수에서 봄과 가을이라는 수준이 종속변수에 영향을 미치는 정도가 같은지를 알아보기 위해서는 다음과 같이 프로그램을 작성하면 된다.

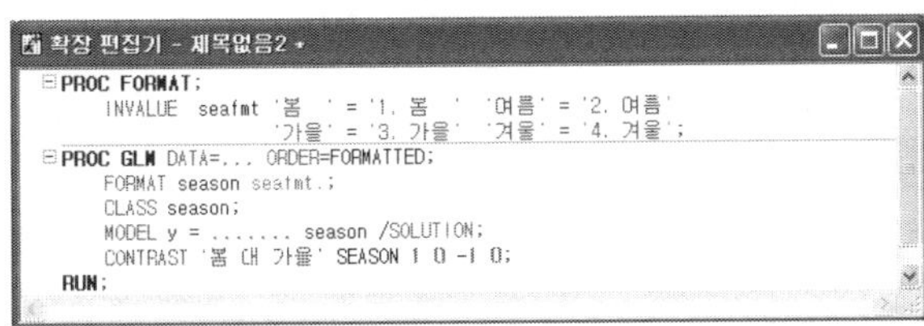


```
PROC FORMAT;
     INVALUE  seafmt '봄  ' = '1. 봄  '  '여름' = '2. 여름'
                     '가을' = '3. 가을'  '겨울' = '4. 겨울';
PROC GLM DATA=... ORDER=FORMATTED;
     FORMAT season seafmt.;
     CLASS season;
     MODEL y = ....... season /SOLUTION;
     CONTRAST '봄 대 가을' SEASON 1 0 -1 0;
RUN;
```

여기서 봄과 가을, 겨울의 평균과 차이가 있는지를 알아보기 위해서는 아래와 같이 지정한다.

```
CONTRAST '봄 대 가을, 겨울' season 2 0 -1 -1;
```

각 수준은 PROC FORMAT 프로시저에서 지정된 순서이며, 이 수준을 기준으로 CONTRAST문에 식을 나열하면 된다.

기타 PROC GLM 프로시저의 모형을 통해 분석할 수 있는 모형에는 클래스변수(*d*)값에 따라 서로 다른 기울기의 모형과 기울기가 동등한지를 검정하는 모형을 표현하기 위해서 다음과 같다.

```
PROC GLM;
CLASS D;
MODEL y = d x(d);
```

또는

```
PROC GLM;
CLASS D;
MODEL y = d x x*d;
```

(2) 분석데이터

다음 데이터는 18명의 남 여 단골 고객들이 장소가 다른 3군데의 대규모 음식점 체인에 대한 서비스를 평가한 데이터다. 장소에 대한 표시는 1, 2, 3으로 되어 있으며, 성은 0인 경우 남자, 1인 경우 여자이다(Johnson and Wichern, 1992, p. 303). 이 경우 지역과 성에 따라서 서비스 평가가 어떻게 달라지는가를 보고자 한다. "성" 변수는 0 또는 1이기 때문에 변수 자체가 더미변수로 처리되어 있어 문제가 되지 않는다. 그러나 "지역" 변수는 명목 변수이기 때문에 더미 변수 처리해야 한다. 여기서는 지역이 3인 경우가 기준이다. IF문을 통해 d_1과 d_2 변수를 만들어 주어야 한다. INPUT문의 @@는 한 줄에 여러 관찰치의 데이터가 있다는 의미이다.

7장-3-15-데이터

```
LIBNAME sample 'C:\Sample\Dataset';
DATA sample.reg_dummy;
   INPUT location gender y @@;
   IF location=1 THEN d1=1; ELSE d1=0;
   IF location=2 THEN d2=1; ELSE d2=0;
   LABEL location='지역' gender='성별' y='서비스 평가';
   CARDS;
1 0 15.2  1 0 21.2  1 0 27.3  1 0 21.2
1 0 21.2  1 1 36.4  1 1 92.4  2 0 27.3
2 0 15.2  2 0  9.1  2 0 18.2  2 0 50.0
2 1 44.0  2 1 63.6  3 0 15.2  3 0 30.3
3 1 36.4  3 1 40.9
RUN;
```

(3) 분석과정

y를 종속 변수로, d_1, d_2, *gender*를 설명/독립 변수로 지정한다. PROC REG 프로시저를 사용한다.

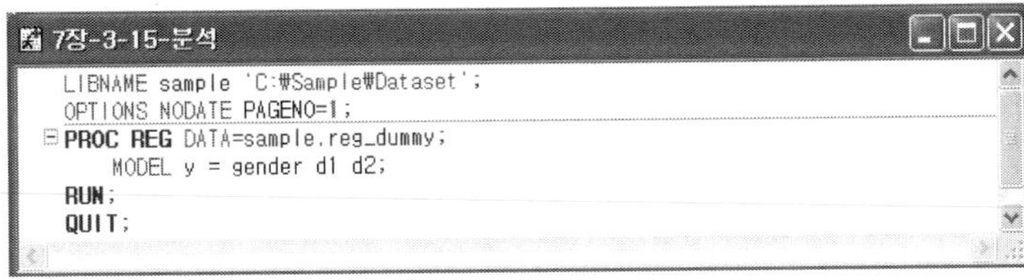

7장-3-15-분석

```
LIBNAME sample 'C:\Sample\Dataset';
OPTIONS NODATE PAGENO=1;
PROC REG DATA=sample.reg_dummy;
    MODEL y = gender d1 d2;
RUN;
QUIT;
```

(4) 결과해석

결과를 보면 전체 모형은 적합하다고 볼 수 있다. 성별에 의한 차이가 보이며 여성인 경우, 서비스 점수를 더 높게 평가하는 경향이 보인다. 반면에 지역별 차이는 없는 것으로 보인다. 즉, 지역 3에 비해 지역 1이나 지역 2는 서비스 평가 정도 차이가 없는 것으로 나타났다.

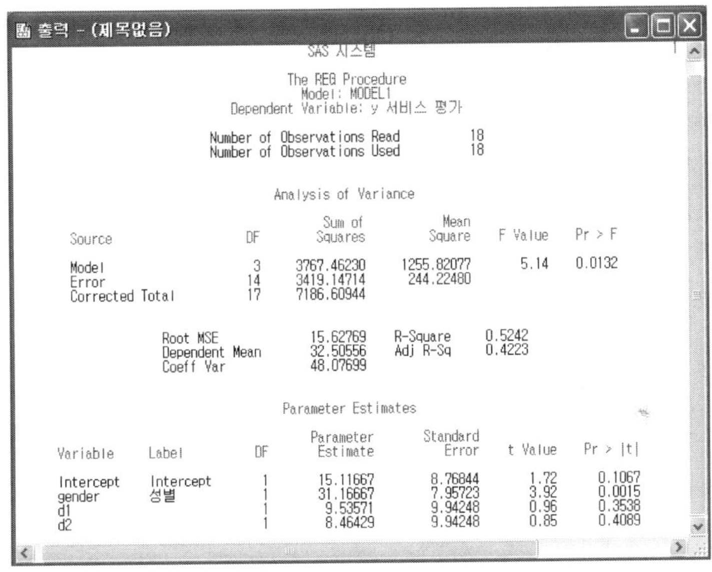

출력 - (제목없음)

SAS 시스템

The REG Procedure
Model: MODEL1
Dependent Variable: y 서비스 평가

Number of Observations Read 18
Number of Observations Used 18

Analysis of Variance

Source	DF	Sum of Squares	Mean Square	F Value	Pr > F
Model	3	3767.46230	1255.82077	5.14	0.0132
Error	14	3419.14714	244.22480		
Corrected Total	17	7186.60944			

Root MSE	15.62769	R-Square	0.5242
Dependent Mean	32.50556	Adj R-Sq	0.4223
Coeff Var	48.07699		

Parameter Estimates

Variable	Label	DF	Parameter Estimate	Standard Error	t Value	Pr > |t|
Intercept	Intercept	1	15.11667	8.76844	1.72	0.1067
gender	성별	1	31.16667	7.95723	3.92	0.0015
d1		1	9.53571	9.94248	0.96	0.3538
d2		1	8.46429	9.94248	0.85	0.4089

3.14 완전 모형과 제한 모형의 *F* 검정

(1) 분석개요

완전모형(full model)과 제한모형(restricted model)간의 차이 검정은 TEST문을 통해 할 수가 있다. 완전모형과 제한모형간의 차이를 알아보는 통계량은 다음과 같이 계산된다. 여기서 *SSR*은 회귀모형의 설명 정도에 대한 제곱합이며 *MSE*는 오차에 대한 평균제곱합이다. 첨자 *F*, *R*은 각각 완전모형과 제한 모형에 대한 첨자이며, 각 모형 회귀식의 *df*는 자유도를 의미한다.

$$F = \frac{\dfrac{(SSR_F - SSR_R)}{(df_F - df_R)}}{MSE_F}$$

이 값은 자유도가 $df_F - df_R$, $n-p$인 F-분포를 따른다.

(2) 분석데이터

다음 예제를 통해 F-검정을 해보자.

```
7장-3-16-데이터
LIBNAME sample 'C:₩Sample₩Dataset';
DATA sample.ftest;
     INPUT x1-x3 y1 y2 @@;
     CARDS;
130  30  35  785  60  145  75   5  743  52 155  40  55  876  47
155 110   5  725  44  200 115  10  838  34 235  20 105 1159  26
260  30  35  959  33  270  90  10  931  22 275  45  55 1092  22
280  40  55 1043  20  305  85  15 1027   6 330  45  55 1139  12
340  40  50 1094  12
RUN;
```

(3) 분석과정

다음 프로그램은 변수 x_2와 x_3의 계수가 0인가를 검정해 보는 프로그램이다.

```
7장-3-16-분석
LIBNAME sample 'C:₩Sample₩Dataset';
OPTIONS NODATE PAGENO=1;
PROC REG DATA=sample.ftest;
     MODEL y1 = x1 - x3;
     TEST x2=0, x3=0;
RUN;
QUIT;
```

(4) 결과해석

완전 모형과 제한 모형은 다음과 같이 표현이 된다.

- 완전모형 : $y = \beta_0 + \beta_1 x_1 + \beta_2 x_2 + \beta_3 x_3 + \varepsilon$
- 제한모형 : $y = \beta_0 + \beta_1 x_1 + \varepsilon$

[결과1]

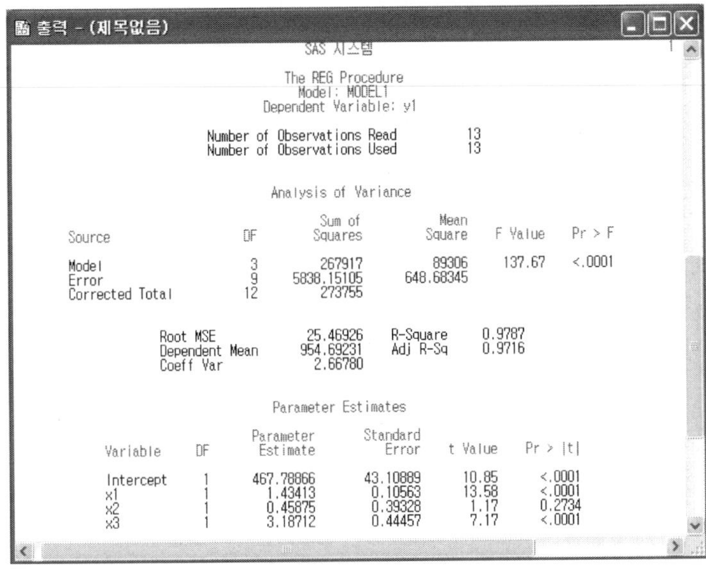

출력 - (제목없음)

SAS 시스템

The REG Procedure
Model: MODEL1
Dependent Variable: y1

Number of Observations Read 13
Number of Observations Used 13

Analysis of Variance

Source	DF	Sum of Squares	Mean Square	F Value	Pr > F
Model	3	267917	89306	137.67	<.0001
Error	9	5838.15105	648.68345		
Corrected Total	12	273755			

Root MSE	25.46926	R-Square	0.9787
Dependent Mean	954.69231	Adj R-Sq	0.9716
Coeff Var	2.66780		

Parameter Estimates

Variable	DF	Parameter Estimate	Standard Error	t Value	Pr > |t|
Intercept	1	467.78866	43.10889	10.85	<.0001
x1	1	1.43413	0.10563	13.58	<.0001
x2	1	0.45875	0.39328	1.17	0.2734
x3	1	3.18712	0.44457	7.17	<.0001

[결과1]을 보면 모형은 적합하나, x_2의 경우는 0일 가능성이 높다. 또한 [결과2]를 볼 경우 모형에 대한 F－검정 결과 가설 "x_2와 x_3의 계수가 모두 0이다"라는 가설은 기각이 됨을 알 수 있다.

[결과2]

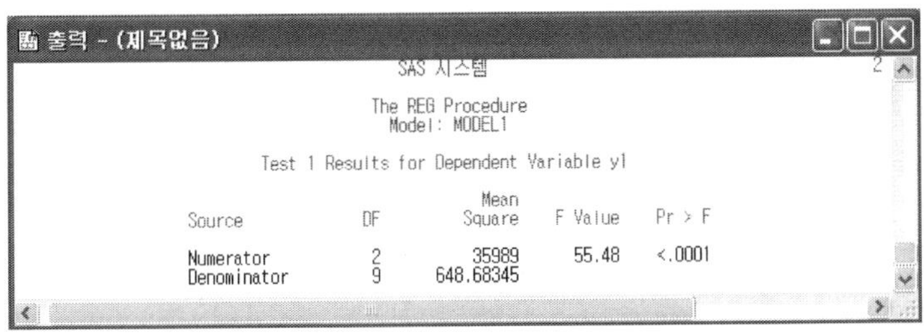

출력 - (제목없음)

SAS 시스템

The REG Procedure
Model: MODEL1

Test 1 Results for Dependent Variable y1

Source	DF	Mean Square	F Value	Pr > F
Numerator	2	35989	55.48	<.0001
Denominator	9	648.68345		

3.15 두 모형간 동일 계수 검정

(1) 분석개요

동일한 독립변수의 집합을 갖는 두 개의 종속변수의 집합에 대해서 각 독립변수들의 계수가 같은지를 검정할 수가 있다. SAS에서는 **MTEST**라는 문장에 의해 이를 검정할 수 있다. 예를 들어 다음의 식1과 식2에서,

- 식1 : $y_1 = \beta_0 + \beta_1 x_1 + \beta_2 x_2 + \beta_3 x_3 + \varepsilon$
- 식2 : $y_2 = \beta_0 + \beta_1 x_1 + \beta_2 x_2 + \beta_3 x_3 + \varepsilon$

절편을 제외한 독립변수에 대해서 모수 추정치의 계수들이 같은지를 보기 위해서는,

```
MODEL y1 y2 = x1 - x3;
MTEST y1 - y2;
```

형태로 사용하며, 특정 독립변수의 모수 추정치의 계수가 같은지를 보기 위해서는,

```
MODEL y1 y2 = x1 - x3;
MTEST y1 - y2, x1;
```

형태로 사용한다.

(2) 분석개요

다음 예제는 x_1의 모수 추정치가 같은 계수를 가지고 있는가를 테스트하는 프로그램이다.

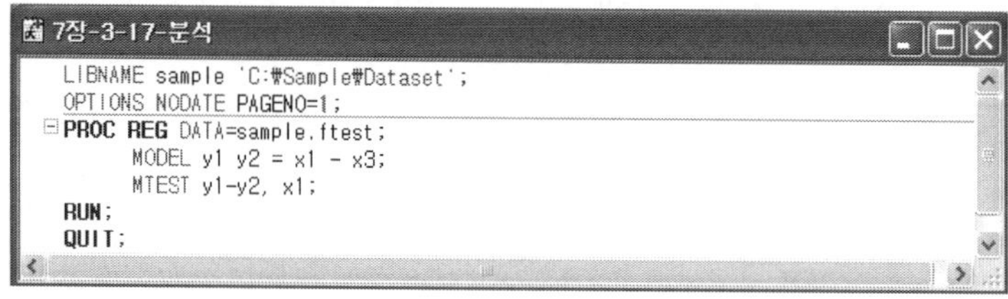

(3) 결과해석

[결과1]

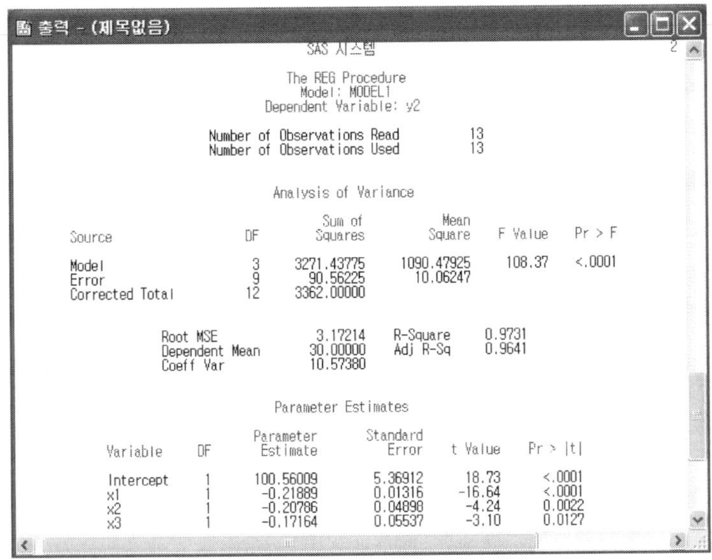

출력 - (제목없음)

SAS 시스템

The REG Procedure
Model: MODEL1
Dependent Variable: y2

Number of Observations Read 13
Number of Observations Used 13

Analysis of Variance

Source	DF	Sum of Squares	Mean Square	F Value	Pr > F
Model	3	3271.43775	1090.47925	108.37	<.0001
Error	9	90.56225	10.06247		
Corrected Total	12	3362.00000			

Root MSE	3.17214	R-Square	0.9731
Dependent Mean	30.00000	Adj R-Sq	0.9641
Coeff Var	10.57380		

Parameter Estimates

Variable	DF	Parameter Estimate	Standard Error	t Value	Pr > |t|
Intercept	1	100.56009	5.36912	18.73	<.0001
x1	1	-0.21889	0.01316	-16.64	<.0001
x2	1	-0.20786	0.04898	-4.24	0.0022
x3	1	-0.17164	0.05537	-3.10	0.0127

[결과1]은 y_2 종속변수에 대한 결과를 보여 준다. y_1 종속변수에 대한 결과는 앞의 난에 제시되어 있다.

[결과2]

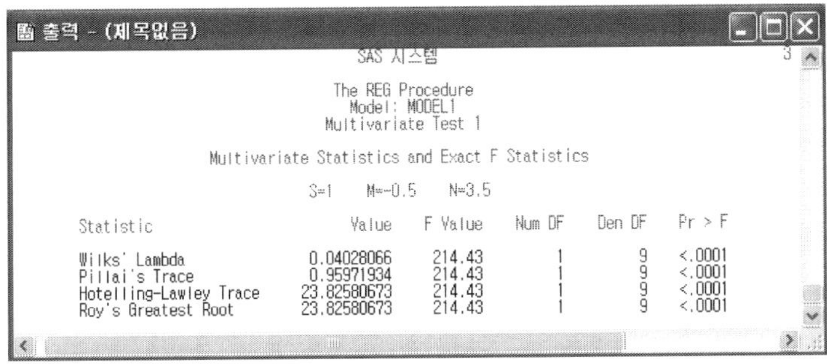

출력 - (제목없음)

SAS 시스템

The REG Procedure
Model: MODEL1
Multivariate Test 1

Multivariate Statistics and Exact F Statistics

S=1 M=-0.5 N=3.5

Statistic	Value	F Value	Num DF	Den DF	Pr > F
Wilks' Lambda	0.04028066	214.43	1	9	<.0001
Pillai's Trace	0.95971934	214.43	1	9	<.0001
Hotelling-Lawley Trace	23.82580673	214.43	1	9	<.0001
Roy's Greatest Root	23.82580673	214.43	1	9	<.0001

[결과2]를 보면 두 모형간의 동일계수 검정결과는 다변량 검정에 관한 여러 가지 검정결과(Wilks' Lambda에서 Roy's Greatest Root까지)에서 보듯이 서로 다른 계수를 가지고 할 수 있다.

4. 비선형 회귀분석

4.1 비선형 회귀분석의 개요

선형회귀분석과는 달리 비선형회귀분석은 종속변수와 독립변수간에 선형관계가 유지되지 않은 경우에 사용된다. 다음과 같은 비선형회귀분석의 예제를 살펴보자. 다음 예제는 음지수 성장곡선(negative exponential curve) 에 대한 모수 추정치를 구하기 위한 예제이다. 음지수 성장곡선이 다음과 같은 경우를 분석해 보자

$$y \;=\; \beta_0\left(1-e^{-\beta_1 x}\right)$$

비선형회귀분석을 통해 모수를 추정하기 위해서는 다음과 같은 세 가지 사항에 대해 지정을 해야 한다. (1) 모수추정방법의 선정, (2) 단계크기의 결정, (3) 도함수의 지정 등이다.

(1) 모수추정방법의 선정

보통 비선형회귀분석은 모수추정방법에 따라 회귀식의 추정값이 달라질 수 있다. 주요 모수추정방법은 다음과 같다. 비선형회귀분석은 메뉴방식이 아닌 확장편집기에서 프로그램에서 직접 입력을 해야 한다. METHOD=이하는 옵션 지정 방법이다.

- 최대하강 또는 그레디언트 방법(steepest−descent or gradient method) : METHOD=GRADIENT
- 뉴튼방법(Newton method) : METHOD=NEWTON
- 수정 가우스−뉴튼방법(modified Gauss−Newton method) : METHOD= GAUSS
- 비도함수방법(DUD method) : METHOD=DUD;

(2) 단계크기의 결정

모수추정시 단계크기의 결정방법은 최적해를 구할 때 해의 값들이 일반적으로 정해진 단계크기만큼 변화하게 된다. 이 때 단계크기가 너무 커서 최적해를 찾지 못하게 되는 경우가 있는데 이를 방지하기 위해서 단계크기를 분할할 옵션을 지정해 준다. 주요 방

법은 다음과 같다.

- 반분할법(step−halving method) : METHOD=HALVE(디폴트)
- 황금분할법(golden section method) : METHOD=GOLDEN
- 아미조−골든쉬타인 분할법(Armijo−Goldstein method) : METHOD= ARMGOLD
- 큐빅보간방법(cubic interpolation method) : METHOD=CUBIC

(3) 도함수의 지정

도함수 지정은 DUD 모수추정방법에서는 하지 않으며, NEWTON방법은 2차 도함수까지 지정한다. 나머지 모수추정방법은 1차 도함수 만을 지정한다. 각 모수 추정치에 대한 1차 도함수는

$$\frac{\partial y}{\partial \beta_0} = \left(1 - e^{-\beta_1 x}\right)$$

$$\frac{\partial y}{\partial \beta_1} = -x\beta_0\left(1 - e^{-\beta_1 x}\right)$$

각 모수 추정치에 대한 2차 도함수는

$$\frac{\partial^2 y}{\partial \beta_0^2} = 0$$

$$\frac{\partial^2 y}{\partial \beta_1^2} = x^2\beta_0\left(1 - e^{-\beta_1 x}\right)$$

$$\frac{\partial^2 y}{\partial \beta_0 \beta_1} = -x\left(1 - e^{-\beta_1 x}\right)$$

형태로 지정된다.

따라서 GAUSS, MARQUARDT, GRADIENT 추정방법에서는 다음과 같이 도함수를 지정한다(지수함수는 SAS에서 EXP형태로 표현한다).

```
DER.b0 = 1 - EXP( - b1*x);
DER.b1 = - x*b0*(1 - EXP( - b1*x));
```

이는 다시 1−EXP(−b1x)가 공통이기 때문에

```
expdat = 1 - EXP( - b1*x);
DER.b0 = 1 - expdat;
DER.b1 = - x*b0*expdat;
```

로도 쓸 수 있다.

NEWTON방법에서는 다음과 같이 2차 도함수까지 지정한다.

```
Expdat = 1 - EXP( - b1*x);
DER.b0 = 1 - expdat;
DER.b1 = - x*b0*expdat;
DER.b0.b0 = 0;
DER.b1.b1 = x*x*b0*expdat;
DER.b0.b1 = - x*expdat;
```

4.2 비선형 회귀분석의 사례

(1) 분석데이터

음지수 성장곡선의 계수를 예측하기 위해 다음과 같은 데이터를 수집해 입력을 했다. INPUT문의 @@는 한 줄에 여러 관찰치의 데이터가 있다는 의미이다.

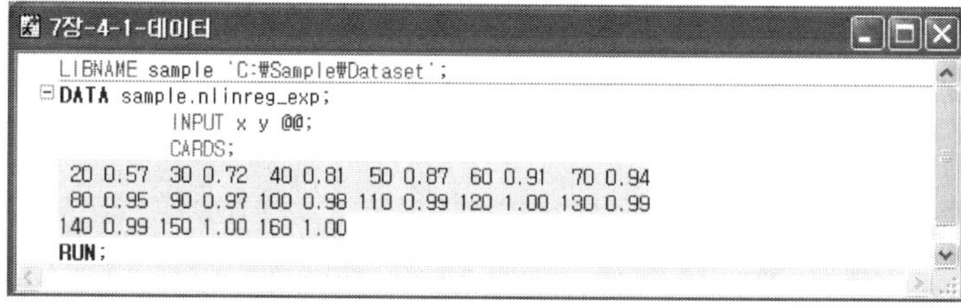

7장-4-1-데이터

```
LIBNAME sample 'C:\Sample\Dataset';
DATA sample.nlinreg_exp;
        INPUT x y @@;
        CARDS;
 20 0.57  30 0.72  40 0.81  50 0.87  60 0.91  70 0.94
 80 0.95  90 0.97 100 0.98 110 0.99 120 1.00 130 0.99
140 0.99 150 1.00 160 1.00
RUN;
```

(2) 분석과정

확장 편집기에서 PROC NLIN 프로시저를 통해 분석을 한다. 여기서 PARMS문에 여러 개 값이 지정된 경우에 각각의 경우에 대해서 오차를 보여주게 된다. 이들 중에서 가장 작은 오차를 가지고 있는 5개만을 보기 위해서 BEST=5라는 옵션을 사용했다.

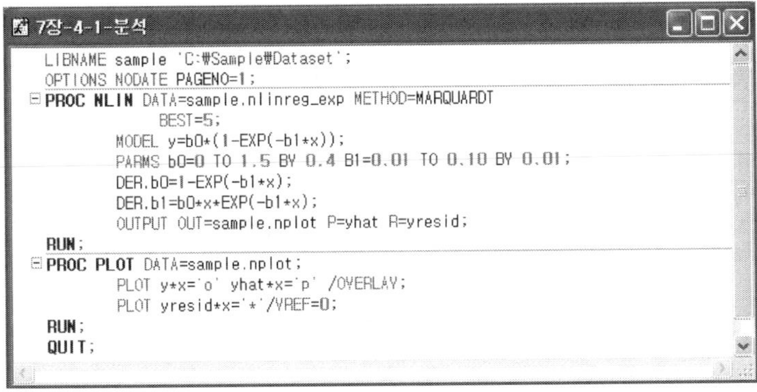

7장-4-1-분석

```
LIBNAME sample 'C:\Sample\Dataset';
OPTIONS NODATE PAGENO=1;
PROC NLIN DATA=sample.nlinreg_exp METHOD=MARQUARDT
          BEST=5;
     MODEL y=b0*(1-EXP(-b1*x));
     PARMS b0=0 TO 1.5 BY 0.4 B1=0.01 TO 0.10 BY 0.01;
     DER.b0=1-EXP(-b1*x);
     DER.b1=b0*x*EXP(-b1*x);
     OUTPUT OUT=sample.nplot P=yhat R=yresid;
RUN;
PROC PLOT DATA=sample.nplot;
     PLOT y*x='o' yhat*x='p' /OVERLAY;
     PLOT yresid*x='*'/VREF=0;
RUN;
QUIT;
```

OUTPUT문에서는 추정된 값(YHAT)과 추정된 오차(YRESID) 값을 OUT=지정된 데이터셋으로 출력했다. 또한 추정치의 신뢰구간과 추정값을 그래프로 나타내기 위해 PROC PLOT이라는 프로시저를 사용했다.

(3) 결과해석

[결과1]

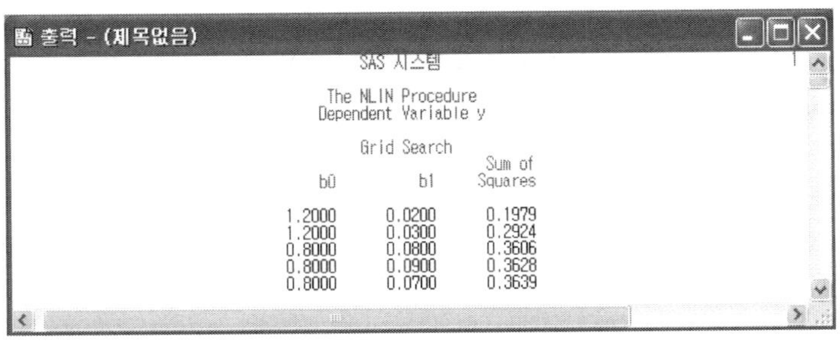

출력 - (제목없음)

SAS 시스템

The NLIN Procedure
Dependent Variable y

Grid Search

b0	b1	Sum of Squares
1.2000	0.0200	0.1979
1.2000	0.0300	0.2924
0.8000	0.0800	0.3606
0.8000	0.0900	0.3628
0.8000	0.0700	0.3639

[결과1] 을 보면 PARMS문에 의해 가능한 초기모수 추정치의 조합 중에서 오차합이 가장 작은 5개와 이 들 중에서 가장 작은 오차합을 가지고 추정을 한 결과가 나와 있다.

[결과2] 를 보면 6번의 반복수행만에 최적해를 찾았음을 알 수 있다. 또한 추정에 대한 요약(Estimation Summary)가 제시되어 있다.

[결과3]은 오차에 대한 추정치의 합과 모수 추정치, 모수 추정치의 근사적인 표준오차, 모수 추정치의 95% 신뢰구간이 제시되어 있다. 마지막 하단에는 각 모수 추정치간에 상관계수가 제시되어 있다. 모형의 오차값을 볼 경우, 매우 정확하게 예측되었음을 알 수 있다. 즉 오차가 0.00045이며, 모형에 대한 오차자승합이 0.21768로서 추정치가 의미 있을 가능성이 높다. 추정된 식은

$$y = 0.9967\left(1 - e^{-0.0420x}\right)$$

이다. 그러나 PROC REG 프로시저에서 보는 것과 같은 모형타당성에 대한 통계량들이 제시되지 않는다.

[결과2]

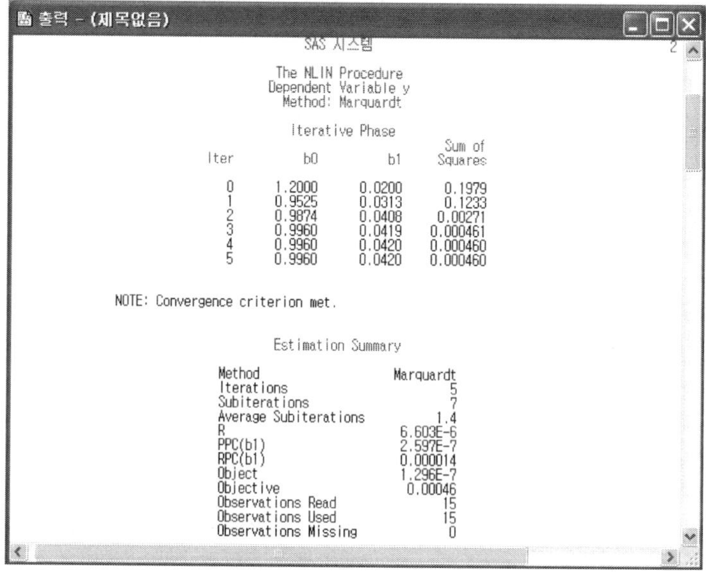

출력 - (제목없음)

SAS 시스템 2

The NLIN Procedure
Dependent Variable y
Method: Marquardt

Iterative Phase

Iter	b0	b1	Sum of Squares
0	1.2000	0.0200	0.1979
1	0.9525	0.0313	0.1233
2	0.9874	0.0408	0.00271
3	0.9960	0.0419	0.000461
4	0.9960	0.0420	0.000460
5	0.9960	0.0420	0.000460

NOTE: Convergence criterion met.

Estimation Summary

Method	Marquardt
Iterations	5
Subiterations	7
Average Subiterations	1.4
R	6.603E-6
PPC(b1)	2.597E-7
RPC(b1)	0.000014
Object	1.296E-7
Objective	0.00046
Observations Read	15
Observations Used	15
Observations Missing	0

[결과4]는 실제값을 'o'로 표시하고, 예측값을 'p'로 표시한 그래프가 제시되어 있다. 그래프를 볼 경우 실제값과 예측값이 매우 잘 맞음을 알 수 있다. 4쪽에 오차에 대한 도시가 나와 있다. 오차의 패턴을 볼 경우 특별한 패턴이 있는 것 같으나 그 값들이 매우 작기 때문에 우려할 정도는 아닌 것 같다.

[결과3]

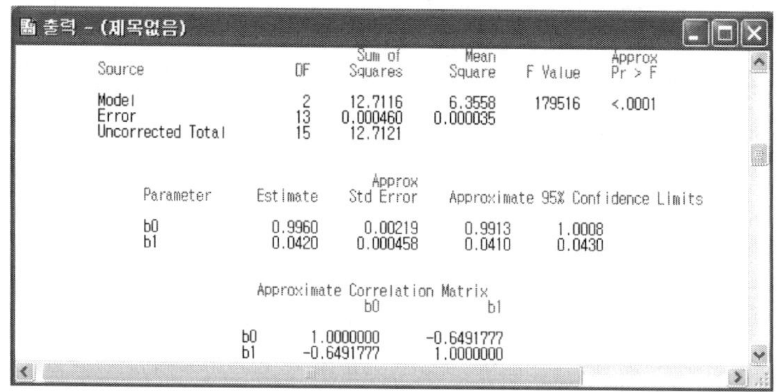

출력 - (제목없음)

Source	DF	Sum of Squares	Mean Square	F Value	Approx Pr > F
Model	2	12.7116	6.3558	179516	<.0001
Error	13	0.000460	0.000035		
Uncorrected Total	15	12.7121			

Parameter	Estimate	Approx Std Error	Approximate 95% Confidence Limits	
b0	0.9960	0.00219	0.9913	1.0008
b1	0.0420	0.000458	0.0410	0.0430

Approximate Correlation Matrix

	b0	b1
b0	1.0000000	-0.6491777
b1	-0.6491777	1.0000000

[결과4]

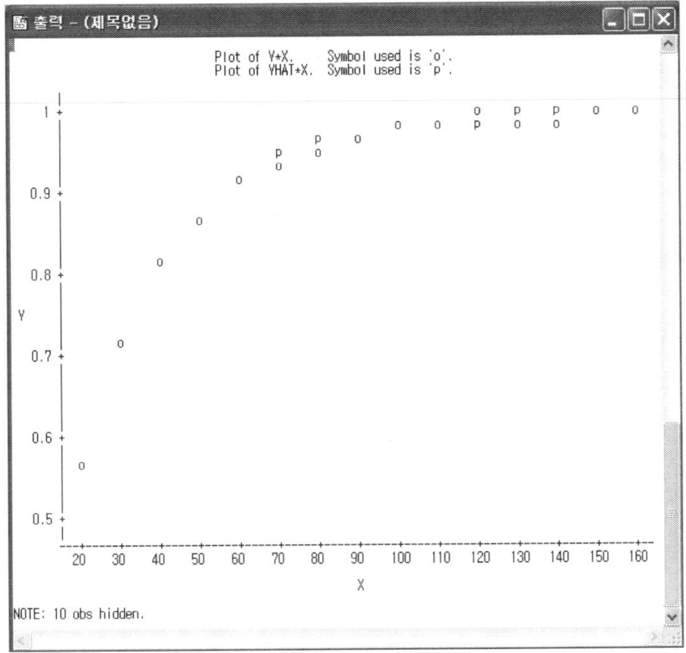

5. 프로시저 설명

5.1 PROC REG

(1) PROC REG 기본형

기본형

```
PROC REG 옵션;
   라벨:MODEL 종속변수들=독립변수들/옵션;
   BY 변수들;
   FREQ 변수;
   ID 변수;
   VAR 변수들;
   WEIGHT 변수;

   라벨:MTEST [식1,식2,...,식k / 옵션];
   OUTPUT OUT=데이터셋  키어=이름들...;
```

기본형
```
PLOT [수직변수1*수평변수1] [=심벌1]...
     [수직변수k*수평변수k] [=심벌k] [/옵션];
PRINT [옵션 ANOVA MODELDATA];
라벨:TEST 식1,식2,...식k /옵션;
```

(2) PROC REG 옵션;

[옵션]
- DATA=데이터셋 : 일반적인 데이터셋의 이름을 적는다. 이 옵션이 없을 경우 이 프로시저 직전에 만들어졌던 데이터셋을 사용한다. 데이터셋에 있어서 그 저장되는 형태를 지정해 줄 수 있는데 이들은 TYPE= CORR, TYPE=COV, TYPE=SSCP 등이다. TYPE=문에 지정된 데이터셋의 경우에는 OUTPUT, PAINT, PLOT 등과 MODEL과 PRINT문에서 결과가 산출되지 않는 옵션이 있다.
- OUTTEST=데이터셋 : 파라메터 추정치와 옵션으로 제시한 통계량이 저장될 데이터셋이다.
- OUTSSCP=데이터셋 : 수정되지 않은(평균을 빼 주지 않은) 제곱합과 상호제곱합(SSCP : sum of the squares and the crossproduct) 행렬이 저장될 데이터셋이다.
- SIMPLE : 합, 평균, 분산, 표준편차, 각 변수의 제곱합을 출력한다.
- COVOUT : 파라메터 추정에 사용된 공분산(covariance)행렬을 OUTTEST= 데이터셋이 지정이 된 경우 이 데이터셋에 출력한다.
- CORR : MODEL이나 VAR문에 있는 변수들의 상관계수를 출력한다.
- USSCP : 각 변수의 제곱합과 상호제곱합을 출력한다.
- NOPRINT : 결과를 OUTPUT화면에 출력하지 않는다.
- ALL : SIMPLE, USSCP, CORR의 옵션에 해당되는 내용을 출력한다.

(3) 라벨:MODEL 종속변수들=독립변수들/옵션;

라벨은 모형에 대한 이름을 지정한다. 변수에 x1*x1 또는 x1*x2와 같은 형식은 쓸 수 없다. 이러한 형태의 변수를 사용하려면 이 변수 값들을 계산하는 새로운 변수를 포함한 데이터셋을 다시 만들어 주거나, PROC GLM 또는 PROC RSREG 프로시저를 이용한다.

모형의 지정방법은 종속변수를 한 개만 지정하는 모형과 같은 변수로 분석할 종속변수의 수가 많은 경우 여러 개의 종속변수를 지정하는 방법이 가능하다. 하나의 프로시저 안에 여러 개의 MODEL문을 지정할 수도 있다.

❶ 종속변수를 한 개만 지정

```
MODEL y = x1 x2 x3;
```

❷ 한 프로시저 안에 여러 개의 MODEL문 지정

```
MODEL y1 y2 y3 = x1 x2 x3; 또는 MODEL y1 - y3 = x1 - x3;
```

❸ 종속변수를 여러 개 지정

```
MODEL y1 = x1 x2 x3;
MODEL y2 = x1 x2 x3;
MODEL y3 = x1 x2 x3;
```

[변수 선택 기준에 관한 옵션]

- NOINT : 절편(Intercept)이 모형에 포함되지 않는다.
- SELECTION=이름 : 적절한 모형선택 방법을 지정한다. FORWARD 또는 F, BACKWARD 또는 B, STEPWISE, MAXR, MINR, RSQUARE, ADJSQ, CP, NONE을 지정한다. MAXR는 가장 많이 R^2를 늘릴 수 있는 변수선택 기준, MINR은 가장 적게 R^2를 늘릴 수 있는 변수선택기준, CP는 특정 모형범위에서 맬로우스 Cp값이 가장 낮은 모형선택기준이다.
- BEST=n : ADJRSQ, CP모형선정에서는 가장 좋은 n개, RSQUARE 모형선정에서는 모형의 모수 추정치 수에 따라 가장 좋은 n개의 모형을 선정한다.
- DETAILS : BACKWARD, FORWARD, STEPWISE에서 진입 및 제거되는 변수에 대한 통계량을 표로 제시한다. 통계량은 진입되는 변수의 tolerance, R^2, F 값과 제거되는 변수의 partial 및 전체 R^{2^2}를 제공한다.
- INCLUDE=n : MODEL문의 첫 n개의 독립변수들을 모든 모형에 포함시킨다.
- SLENTRY=값 ¦ SLEY=값 : FORWARD와 STEPWISE에서 진입되는 변수의 유의도(significance level)를 지정한다. 디폴트는 FORWARD는 0.50, STEPWISE는 0.15이다.
- SLSTAY=값 ¦ SLS=값 : BACKARD와 STEPWISE에서 제거되는 변수의 유의도(significance level)를 지정한다. 디폴트는 BACKWARD는 0.10, STEPWISE는 0.15이다.
- START=n : MAXR, MINR, STEPWISE에서 MODEL문에 제시되는 첫 n개의 독립변수로부터 모형선택을 시작한다. 디폴트는 0이다. ADJSQ, CP에서는 적어도 n개 이상의 독립 변수가 모형에 포함이 되어야 한다는 것을 의미한다(디폴트는 1).
- STOP=n : RSQUARE, ADJSQ, CP에서는 최대 n개의 독립변수가 포함된 모형까지 계산될 수 있다. MAXR, MINR에서는 최대 n개까지 독립변수가 모형에 포함될 수 있다.

[RSQUARE, ADJRSQ, CP 모형선택방법에서 사용 가능한 옵션들]

- ADJRSQ : 를 자유도로 조정한 값으로 클수록 좋다.
- AIC : 아카이케 정보기준(Akaike's information criterion)으로 작을수록 좋다.
- BIC : 베이지안 정보기준(Sawa's Baysian information criterion)으로 작을수록 좋다.
- CP : Mallow's Cp값인데 모수 추정 갯수와 거의 같을수록 좋다.
- GMSEP : 일반화된 추정 평균제곱오차로 독립변수와 종속변수가 다변량 정규분포를 한다는 가정하에 모수 추정치의 평균제곱오차를 구한다. 작을수록 좋다.
- JP : 최종추측오차로 독립변수의 값들이 고정되어 있고, 모형이 정확하다는 가정하에 모수 추정치에 대한 평균제곱오차를 구한다. Stein의 Jp를 Akaike의 Final Prediction Error (FPE)라고도 하며, 작을수록 좋다.
- PC : 아메미야 추측기준(Amemiya's prediction criterion)으로 작을수록 좋다.
- RMSE : 모형의 평균제곱오차의 제곱근의 값으로 작을수록 좋다.
- SBC : 슈와르츠 베이지안 기준으로 작을수록 좋다.

- SIGMA : CP와 BIC를 계산할 때 사용되는 오차항의 표준편차를 정의한다. 디폴트는 Full모형의 모수 추정치를 사용한다.
- SP : Hocking의 Sp값을 구한다. 작을수록 좋다.
- SSE : 모형의 오차자승합을 계산한다. 작을수록 좋다.
- B : 모형에서 회수계수를 추정한다.

[모수 추정치에 관한 옵션들]

다음 옵션들은 BACKWARD, FORWARD, MAXR, MINR, STEPWISE, CP, ADJRSQ 모형선택방법에서는 최종모형만, RSQUARE, NONE 모형선택방법에서는 변수가 모두 포함된 완전(full) 모형에서만 계산결과를 출력한다.

- COLLIN : 독립변수간의 다중공선성을 분석. 고유값(eigenvalue)이 0.01이하 이거나, 조건지표(condition number)값이 100이상인 경우 공선성의 영향이 있다. 고유값의 입장에서 각 추정치에 대한 분산의 분할에 관한 정보(Var Prop 변수)를 출력한다.
- COLLINOINT : 절편(intercept)이 없는 모형의 다중공선성을 분석한다.
- TOL : 모수 추정치에 대한 허용도(tolerance)를 출력. 0.1이하면 공선성이 있다. 계산은 특정변수가 회귀모형에서 제외되었을 때의 R^2를 1에서 빼준 값이다(1 - R^2).
- VIF : 모수 추정치에 대한 분산팽창요인(variance inflation factors)을 출력한다. 10이상이면 다중공선성이 있다. 1/TOL로 계산한다.
- ACOV : 이분산성(heteroscedasticity) 가정하에 모수추정들의 근사 공분산(asymptotic covariance) 행렬을 출력한다.
- SPEC : 모수추정들의 근사 공분산 행렬의 동분산 가정에 대한 통계량을 제공한다.
- CORRB : 모수 추정치의 상관계수행렬을 출력한다.
- COVB : 모수 추정치의 공분산행렬을 출력한다.
- SEQB : 각 변수의 모수 추정치의 추정 순서를 행렬 형태로 출력한다.
- STB : 표준화된 회귀계수를 출력한다.

[기타 예측치 및 오차에 관한 옵션들]

다음 옵션들은 BACKWARD, FORWARD, MAXR, MINR, STEPWISE, ADJRSQ, CP 모형선택방법에서는 최종모형만, RSQUARE, NONE 모형선택방법에서는 변수가 모두 포함된 완전(full) 모형에서만 계산결과가 출력된다.

- CLI : 각 관찰치의 예측치에 대한 95% 상한 및 하한 신뢰구간을 출력한다.
- CLM : 각 관찰치의 기대값에 대한 95% 상한 및 하한 신뢰구간을 출력한다.
- P : 입력데이터에 대한 예측치. CLI, CLM, R이 있으면 필요가 없다.
- R : 오차를 분석한다. 예측치와 오차간 표준오차(standard error)를 출력한다. 각 관찰치가 모수추정에 대한 영향의 정도를 나타내는 Cook's D 통계량으로서 1이상이면 영향이 크다고 본다. Press값은 모든 관찰치에 관한 회귀식과 특정관찰치를 제외한 회귀식과의 차이의 합으로서 작을수록 좋다.
- INFLUENCE : 각 관찰치의 모수추정 및 예측치에 대한 영향 정도를 계산한다. 모자 대각(Hat Diag H) 값이 1에 가까우면 그 관찰치가 모수 추정치에 영향력이 있는 관찰치라고 보며, 하나의 관찰치의 값이 의 예측치에 영향을 미치는 정도의 측정치로서 Dffits값이 2보다 큰 경우 영향력을 미치고 있다고 할 수 있으며, 변수 Dfbetas 값은 특정 모수 추정치에 대한 영향 정도를 나타내는 척도로서 이 값이 2보다 큰 경우 영향력을 미친다고 볼 수 있다.
- Cov Ratio는 특정 관찰치가 회귀 추정에 도움을 주는지에 대한 정보로서 1보다 큰 경우 도움을 준다고 본다. Rstudent는 특정관찰치의 오차에 대한 Z값으로 2보다 크면 영향력이 있다.
- DW : Durbin - Watson의 제1차 자기상관계수(autocorrelation)를 계산한다.

- PARTIAL : 각 독립변수의 종속변수에 대한 편회귀 지뢰도(partial regression leverage plots)를 출력하는데, 이 모양이 직선형태이면 별 문제 없으나 곡선이나 2차 함수형이면 이 변수에 대한 변환이 필요하다.
- ALL : 위의 모든 통계량을 계산한다.
- NOPRINT : 위의 통계량을 OUTPUT화면에 출력하지 않는다.

(4) BY 변수들;

지정한 변수들의 값이 변할 때마다 서로 다른 회귀분석을 하고자 할 때 사용한다. 사전에 PROC SORT 프로시저로 정렬되어 있어야 한다.

예를 들어 이 문장을 사용할 수 있는 경우는 회귀분석을 수행할 데이터가 각 학급 별로 있는 경우이다. 각 학급에 해당되는 데이터셋을 구성해서 각 학급 별로 회귀분석을 할 수도 있으나 해당되는 학급을 표시하는 정보가 있는 변수가 있는 경우 이 변수를 기준으로 각 변수값에 해당하는 데이터에 대해서 회귀식을 분석하면 데이터셋을 다시 만들 필요가 없이 여러 개의 회귀분석을 동시에 수행할 수 있다.

다음 예제는 학급 표시를 나타내는 변수가 classno인 경우 이를 분석하기 위해 먼저 PROC SORT 프로시저로 데이터를 재배열한 후 다음으로 재배열한 데이터를 가지고 회귀분석을 학급 별로 수행하는 예제이다.

```
      PROC SORT DATA=regress OUT=regress; BY classno;
      PROC REG DATA=regress;
MODEL y= x1  -  x10;
         BY classno;
RUN;
```

(5) 라벨:MTEST 식1, 식2, …, 식k/옵션;

같은 독립변수로 구성된 종속변수들이 여러 개 있을 때 종속변수간에 다변량회귀모형에 대한 가설을 검정한다. 라벨:MTEST; 형태로 쓰여져 있으면 절편(intercept)을 제외하고 나머지 모수 추정치는 0이라는 가설을 검정한다. MTEST에서 가설을 검정하기 위해서 사용하는 형식은,

$$(L\beta - c_i)M = 0$$

여기서 L은 독립변수의 선형함수이고, β는 모수 추정치고, c는 상수로 구성된 행벡터이고, M는 단위 열벡터이다.

❶ y_1과 y_2 종속변수에 대해서 x_1과 x_2x2의 파라메터가 0인가를 검정

```
MODEL y1 y2=x1 x2 x3;
MTEST x1, x2;
```

❷ y_1과 y_2 종속변수에 대해서 x_1의 모수 추정치 동일성 검정

```
MTEST y1 - y2, X1;
```

❸ 절편(intercept)을 제외한 나머지 모수 추정치에 대해서 같은지 검정

```
MTEST y1 - y2;
MTEST;
```

[옵션]
- CANPRINT : 가설검정을 위한 조합식 및 종속변수의 조합식에 대한 정준 상관분석(canonical correlation)을 수행한다. MTEST/CANPRINT;로 정의하면 종속변수들과 독립변수들간의 정준상관 분석을 수행한다.
- DETAILS : 다변량 가설검정(M) 행렬과 다양한 중간계산을 출력한다.
- PRINT : 가설(H)과 오차(E) 행렬을 출력한다.

(6) OUTPUT OUT=데이터셋 키어=이름들;

회귀분석 결과를 데이터셋으로 출력하고 싶을 때 사용한다.

[키어=이름들에 관한 옵션]

- PREDICT ¦ P=이름들 : 예측치.
- RESIDUAL ¦ R=이름들 : 오차. ACTUAL - PREDICTED.
- L95M=이름들 : 종속변수의 기대값에 대한 하한 95% 신뢰구간값.
- U95M=이름들 : 종속변수의 기대값에 대한 상한 95% 신뢰구간값.
- L95=이름들 : 종속변수의 예측치에 대한 하한 95% 신뢰구간값.
- U95=이름들 : 종속변수의 예측치에 대한 상한 95% 신뢰구간값.
- STDP=이름들 : 평균 예측치에 대한 표준오차(standard error).
- STDR=이름들 : 오차에 대한 표준오차(standard error).
- STDI=이름들 : 각 예측치에 대한 표준오차(standard error).
- STUDENT=이름들 : 표준화된 오차.
- COOKD=이름들 : Cook's D 영향관측치(influence statistic).
- H=이름들 : Leverage로서 모자대각의 값(Hat Diag h).
- PRESS=이름들 : i번째 오차에 대해 1/(1 - H)를 곱한 값과 i번째 관찰치가 없을 때의 회귀모형의 추정결과.
- RSTUDENT=이름들 : i번째 관찰치가 없을 때 표준화된 오차.
- DFFITS=이름들 : 예측치에 대한 관찰치의 표준화된 영향 정도(influence).
- COVRATIO=이름들 : 파라메터의 공분산에 대한 관찰치의 표준화된 영향 정도.

```
PROC REG DATA=a;
    MODEL y z = x1 x2;
    OUTPUT OUT=b P=yaht zhat R=yr zr;
```

(7) PLOT [수직변수*수평변수][=심볼]…[/옵션];

수직변수와 수평변수를 적는다. 심벌은 인용구안에 문자를 추가한다. 단순히 PLOT; 문만을 적으면 최근의 PLOT문을 다시 표시한다.

```
PLOT residual.*predicted.;
PLOT (residual. student.)*(age predicted.);
```

[옵션]
- CLEAR : 전에 있는 산포도를 지운다. COLLECT옵션의 효력은 지속한다.
- COLLECT : 산포도의 효력이 PLOT문이 계속될 때마다 누적된다. NOCOLLECT문에 의해서 효력이 상실된다.
- HPLOTS=n : 나란히 수평으로 들어갈 그래프 수를 지정한다.
- NOCOLLECT : COLLECT옵션의 효력이 상실된다.
- OVERLAY : 한 그래프에 여러 개의 그래프를 겹쳐 그린다.
- SYMBOL='문자' : 그래프의 데이터를 표시할 심벌을 지정한다.
- VPLOTS=n : 수직으로 들어갈 그래프의 수를 지정한다.

(8) 라벨:TEST 식1, 식2, …, 식K/옵션;

종속변수가 하나인 경우 선형가정을 검정한다. 식은 앞의 RESTRICT문에서와 같이 쓸 수 있으며, 각 콤마는 줄로 구성된 식을 구분한다. 변수이름은 독립변수이름이며, 각 변수이름은 그 변수의 회귀계수를 의미한다. 모형의 절편은 INTERCEPT로 나타낸다. 검정은 다음의 식에서 Q식을,

$$L\beta = c$$

$$Q = (Lb-c)'\left(L(X'X)-L'\right)-1(Lb-c)$$

자유도로 나누어 준 것으로 F 검정이 행해진다. 여기서 b는 β의 추정값이다.

```
MODEL y=a1 a2 b1 b2;
aplus : TEST a1+a2=1;
b1 : TEST b1=0, b2=0; 또는 TEST b1, b2;
```

옵션으로 PRINT를 지정하면 중간계산결과를 출력한다.

(9) WEIGHT 변수;

가중회귀모형(weighted least-square fit)을 추정할 때, 가중치의 정보를 가지고 있는 변수를 지정한다. 가중치를 갖는 변수의 값은 0이상이어야 하며, 이들 값들의 역수가 분산의 계산에 사용된다.

각 관측값에 가중치를 붙여 분석하는 기법은 주로 반응 변수의 퍼짐이 회귀 변수 값의 증가에 비례하는 경우 등분산성이 어긋나게 되는데 이 때 변수변환(variable transformation)이나 WEIGHT문을 사용한다. 변수변환은 데이터스텝, PROC TRANSREG, PROC PRINQUAL 등에 의해 해결할 수 있다.

```
DATA weighted;
   INPUT y x @@;
   wt  = 1 / (x*x); → 분산이 x값에 따라 증가할 때 또는
                wt = LOG(x); → x에 log를 취한 값일 때
   CARDS;
데이터
RUN;
PROC REG DATA=weighted;
   MODEL y = x /R;
   WEIGHT wt;
RUN;
```

(10) 기타 문장들

가. FREQ 변수;

지정한 변수의 값에 따라 관찰치의 도수를 변경시키고자 할 때 사용한다.

나. ID 변수;

MODEL에서 CLI, CLM, P, R, INFLUENCE 등의 옵션이 있을 때 각 관찰치를 구분하는 구분변수의 ID로서 사용될 변수들을 지정한다. 만약 이 변수가 없으면 관찰치 번호가 관찰치를 구분하는 변수로서 사용이 되나, 있으면 이 변수를 기준으로 각 관찰치가 구분이 된다.

5.2 PROC NLIN

(1) PROC NLIN 기본형

기본형

```
PROC NLIN 옵션;
          MODEL 종속변수들=표현식;
          PARAMETERS ¦ PARMS 파라메터 = 값;

          기타 프로그램문;
          BOUNDS 표현식;
          BY 변수;
          DER.파라메터[.파라메터]=표현식;
          ID 변수;
          OUTPUT OUT=데이터셋 키어=이름들...;
```

(2) PROC NLIN 옵션;

[옵션]
- DATA=데이터셋 : 일반적인 데이터셋의 이름을 적는다. 이 옵션이 없을 경우 이 프로시저 직전에 만들어졌던 데이터셋을 사용한다.
- OUTEST=데이터셋 : 매번 반복 추정되는 파라메터 추정치가 저장될 데이터셋을 적는다.
- METHOD= : 추정방법을 지정한다. 추정방법은 GUASS, MARQUARDT, NEWTON, GRADIENT, DUD 방법 등이다.
- BEST=n : PARMS에서 지정된 여러 가지 추정치 조합 중에 오차가 가장 작은 n개 만을 출력한다.
- NOHALVE : 추정시 단계분할크기에 따른 추정을 하지 않는다.
- SMETHOD= : 단계분할 크기 방법을 지정한다. 주요 방법은 HALVE, CUBIC, GOLDEN, ARMGOLD 등이 있으며, 디폴트는 HALVE.
- STEP=i : 단계분할 최대 횟수를 지정한다. 디폴트는 20.
- RHO=값 : 단계분할 크기를 지정한다. MARQUARDT방법은 디폴트가 10이며, 나머지 추정방법은 0.1.
- TAU=값 : 단계분할 크기를 지정한다. MARQUARDT방법은 디폴트가 0.01이며, 나머지 추정방법은 1.
- G4 : 모수추정에 있어 g4 또는 무어 - 펜로즈 (Moore - Penrose) 역수 방법으로 추정한다.
- G4SINGULAR : 재코비안(Jacobian) 행렬값이 0 (singular) 일 경우에 g4 또는 무어 - 펜로즈 (Moore - Penrose) 역수 방법으로 추정한다.
- CONVERGE=값 : 수렴값을 지정한다. 디폴트는 10^{-8}.
- MAXITER=i : 최대 반복추정횟수를 지정한다. 디폴트는 50.

(3) BOUNDS 표현식;

모수 추정치에 대한 제한을 준다. 제한을 줄 수 있는 형태는,

```
BOUNDS a<=20;
BOUNDS c>30;
BOUNDS 0<=b<=10;
BOUNDS 10<x1<=30;
```

a + b 〈 1과 같은 형태이면 식을 다시 수정한 후에 제한식을 사용한다.

(4) DER.파라메터=표현식;

```
DER.파라메터.파라메터=표현식; (NEWTON 추정방법에서만 지정)
```

NEWTON 추정방법에서는 2차 도함수까지 적어야 하며, DUD 추정방법에서는 적지 않는다. 기타 다른 방법에는 1차 도함수를 표현식으로 지정한다.

(5) MODEL 종속변수=표현식;

종속변수와 표현식을 적는다. 표현식은 단순한 식의 나열이 아니고 SAS의 함수문과 연산자가 포함된 식으로 표현이 되어야 한다.

① MODEL Y = b1 + (1−b1) * EXP(−b2*x);

② IF x 〈 x0 THEN MODEL Y = a + b*x + c*x*x;

　　ELSE MODEL y = a + b*x0 + c*x0*x0;

③ MODEL LOG(q) = b0 + a*LOG(p);

(6) OUTPUT OUT=데이터셋 키어=이름들;

분석 결과를 데이터셋으로 출력하고 싶을 때 사용한다.

```
키어=이름들

PREDICT ¦ P=이름들 : 예측치.
RESIDUAL ¦ R=이름들 : 오차. ACTUAL - PREDICTED.
L95M=이름 : 종속변수의 기대값에 대한 하한 95%신뢰구간값.
U95M=이름 : 종속변수의 기대값에 대한 상한 95%신뢰구간값.
L95=이름 : 종속변수의 예측치에 대한 하한 95%신뢰구간값.
U95=이름 : 종속변수의 예측치에 대한 상한 95%신뢰구간값.
STDP=이름 : 평균 예측치에 대한 표준오차(standard error).
```

```
STDR=이름 : 오차에 대한 표준오차(standard error).
STDI=이름 : 각 예측치에 대한 표준오차(standard error).
STUDENT=이름 : 표준화된 오차.
PARMS=이름 : 모수 추정치.
SSE¦ESS=이름 : 제곱오차합.
PRESS=이름 : 파라메터 값.
WEIGHT=이름 : 가중치.
```

사용방법의 예는 다음과 같다.

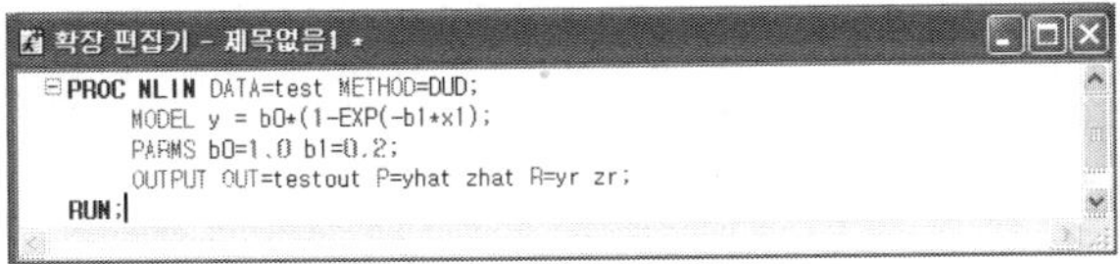

```
PROC NLIN DATA=test METHOD=DUD;
     MODEL y = b0*(1-EXP(-b1*x1));
     PARMS b0=1.0 b1=0.2;
     OUTPUT OUT=testout P=yhat zhat R=yr zr;
RUN;
```

(7) PARAMETERS|PARMS 파라메터=값..;

각 파라메터의 초기 추정치를 지정한다. 지정은

- 값 : 하나의 값만을 지정(PARMS B0=0.5;)
- 값, 값,... : 여러 개의 값을 지정(PARMS B0=0.5, 1.0;)
- 값1 TO 값2 : 구간을 지정(PARMS B0=0.5 TO 15;). 구간 안에서 값의 증가는 1씩.
- 값1 TO 값2 BY i : 구간과 증가량을 지정(PARMS B0=0.5 TO 1.5 BY 0.1;). 구간 안에서 값의 증가는 0.1씩.
- 값1, 값2 TO 값3 : 구간을 지정(PARMS B0=0.5, 1.0 TO 15;). 값1과 구간의 값, 구간 안에서 값의 증가는 1씩.

분산분석

8
CHAPTER

1. 분산분석의 개요

1.1 분산분석이란

분산분석(analysis of variance)은 실험데이터(experimental data)를 분석하는 기법이다. 이 분석기법은 연속데이터변수인 종속변수가 분류변수라 일컬어지는 독립변수에 의해 만들어진 다양한 실험조건에서 측정이 된 경우이다. 실험디자인의 셀은 각 독립변수 수준의 조합을 나타낸다.

실험의 예로서 지역에 따라 세 가지의 서로 다른 체중조절 프로그램에 참가했을 때 체중의 변화를 보는 경우를 들 수 있다. 여기서는 지역(강남, 강북)과 프로그램(a_1, a_2, a_3)에 의해서 6개의 cell이 형성된다. 이 경우에 강남과 강북간에 체중 변화의 차이, 프로그램 별로 체중변화의 차이, 지역과 프로그램간의 변화에 따른{지역과 프로그램의 상호작용(interaction)} 체중변화의 집단간 평균차이를 보는 것이 분산분석이다.

분산분석은 2개 이상의 집단간 평균차이를 검정할 때 사용된다. 분산분석이라는 말은 집단간의 평균차이를 검정하기 위해서 집단간(between-group)/집단내(within-group)의 평균분산의 비율을 사용하는데서 유래했다.

(1) 다중 t-검정과 분산분석

집단간 분석이기 때문에 집단간 평균차이를 검정할 수 있는 t-검정을 각 집단의 조합에 대해서 하더라도 마찬가지 결과가 나올 것으로 예상할 수도 있다. 그러나 실제로는 각 집단간에 독립성(independence)이 유지되지 않는 경우가 대부분이다. 통제집단(c)과 실험집단(a, b)을 비교하는 경우에 a가 c보다 차이가 큰 평균값을 가지고 있고, b가 a보다 차이가 큰 평균값을 가지고 있다면 당연히 b는 a에 비해 c보다 훨씬 큰 차이를 보이리라고 예상할 수 있다. 단순히 다중 t-검정을 하게 되면 이러한 차이가 잘 나타나지 않는다.

또한 다중 t-검정은 제 1 종 오류(Type I error)를 크게 한다. 예를 들어 각 집단간 차이를 보고자 유의수준을 α=0.05에서 정했다면, 전체집단에 대한 유의수준은 0.05로서 유지가 되는 것이 아니다. 즉,

$$p(\text{제1종오류}) = 1-(1-\alpha)^C$$

로서, 앞의 예와 같이 집단이 3개의 수준인 경우

$$\begin{aligned} p(\text{제1종오류}) &= 1-(1-\alpha)^C \\ &= 1-(1-0.05)^3 = 1-0.86 = 0.14 \end{aligned}$$

로서 제 1 종 오류를 범할 가능성이 더 높아진다. 따라서 집단이 3개 이상인 경우에는 분산분석을 사용한다. 집단의 수가 2개인 경우에는 t −검정과 같은 결과를 나타낸다.

$$F_{(1,df)} = t^2_{(df)}$$

(2) 분산분석에 있어 데이터의 조건

분산분석을 하려면 독립변수(실험 조건 또는 인자라고 칭함)들의 척도는 명목 또는 서열척도이어야 하며 종속변수는 등간 또는 비율척도이어야 한다. 코베리엣(covariate)은 등간 또는 비율척도의 데이터만 사용할 수 있다.

① 연구자가 관심 있는 인자의 모든 수준(level)을 포함해야 한다.

② 각 표본은 한 집단에만 포함되어 있어야 한다.

③ 인자의 수준은 정성적인 것과 정량적인 것 두 종류가 있다.

(3) 분산분석의 가설

분산분석의 기본적인 가설은 두 집단 이상의 평균의 차이를 검증하기 위한 것이다. 귀무가설과 대립가설은

- 귀무가설(H_0) : 각 집단의 평균들이 동일하다.

$$H_0 : \mu_0 = \mu_1 = \cdots = \mu_k$$

- 대립가설(H_1) : 각 집단의 평균들이 차이가 있다.

$$H_1 : \mu_i \neq \mu_j, \text{ 적어도 하나의 서로 다른 } i\text{와 } j\text{에 대해}$$

이다. 또한 분산분석에서 가정은 다음과 같다.

① 독립성(Independence) : 특정 표본의 측정치가 다른 표본의 측정치와 서로 독립적이어야 한다.

② 정규성(Normality) : 측정치의 분포가 정규분포에서 나온 것이어야 한다.

③ 분산의 동일성(Homogeneity of Variance) : 집단간 분산이 동일하다.

1.2 분산분석에서 분산의 개념

집단간 분산과 집단내 분산을 통해 집단간 평균차이를 검정하는 데, 주로 사용되는 분산의 형태는 다음과 같다.

(1) 집단내 분산(within-group variance)

집단내 분산이란 각 집단의 평균치를 중심으로 그 집단에 속하는 표본들의 측정치가 얼마나 퍼져 있는가를 측정하는 개념이다. 이를 SSW 라고 하는데 다음과 같은 식으로 표현한다.

$$SSW = \sum_i \sum_j (y_{ij} - y_{.j})^2$$

여기서,

- y_{ij} : j 집단의 i 표본의 측정치
- $y_{.j}$: j 집단의 평균

(2) 집단간 분산(between-group variance)

집단간 분산이란 각 집단의 평균들이 전체평균으로부터 얼마나 떨어져 있는가를 측정하는 개념이다. 이를 SSB 라고 하는데 다음 식으로 계산된다.

$$SSB = \sum_j n_j (y_{.j} - y_{..})^2$$

여기서,

- $y_{.j}$: j 집단의 평균
- $y_{..}$: 전체 평균

(3) 전체분산(total variance)

전체 분산이란 각 표본의 측정치가 전체 평균으로부터 얼마나 퍼져 있는가를 측정하는 개념이다. 이를 SST 라고 하는데 다음과 같은 식으로 표현한다.

$$SST = \sum_i \sum_j (y_{ij} - y_{..})^2$$

여기서,

- y_{ij} : j 집단의 i표본의 측정치
- $y_{..}$: 전체 평균

(4) 각 분산의 합

다음과 같이 집단내 분산과 집단간 분산을 합하면 전체분산이 된다.

$$SST = SSW + SSB$$

1.3 모형의 인자표현

(1) 인자(effects)

실험의 데이터를 여러 개의 실험집단으로 나누는 변수를 말한다. 각각의 실험집단은 인자의 수준이라고 한다. 앞의 설명에서 "지역"의 경우 "강남, 강북"은 "지역"이라는 인자의 각 수준을 나타내며, "프로그램"의 경우 "b_1, b_2, b_3"는 "프로그램"이라는 인자의 각 수준을 나타낸다.

(2) 분지(nested)

a라는 인자와 b라는 인자가 있을 때, a인자의 각 수준에 대해서 b인자의 수준들이 구성된 경우이다. 예를 들어 a가 지역을 나타내는 변수로서 강남(a_1)과 강북(a_2)의 두 수준을 나타내고, b가 프로그램을 나타내는 수준인데 b_1, b_2, b_3라는 수준으로 정해져 있는 앞의 예제에서 실험계획이 그림과 같이 계획된다면 분지 실험이 된다.

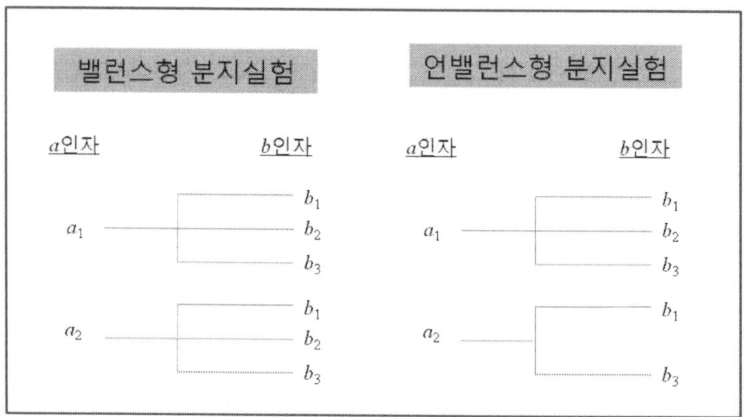

(3) 크로스(crossed)

*a*라는 인자와 *b*라는 인자가 있을 때, 각 인자가 다른 인자에 분지 되어 있지 않은 경우이다. 즉 각각의 인자가 1 대 1 대응하는 경우이다.

(4) 상호작용인자(interaction effects)

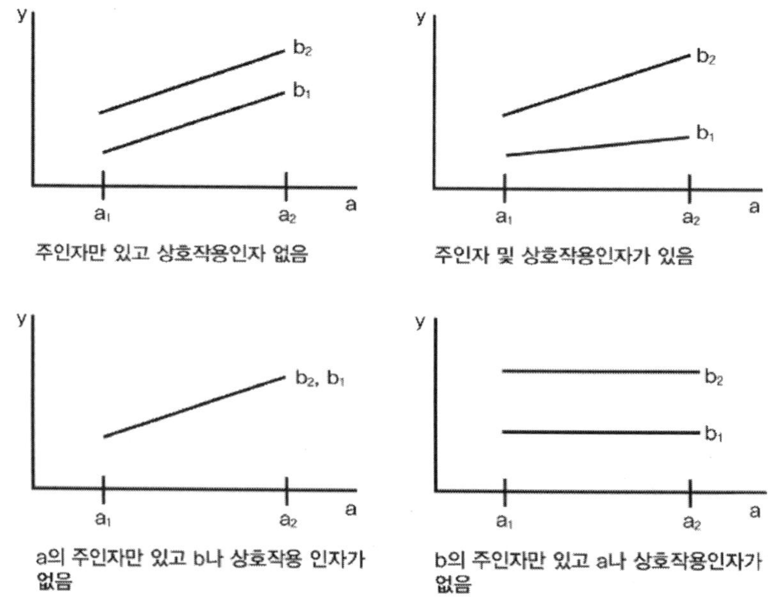

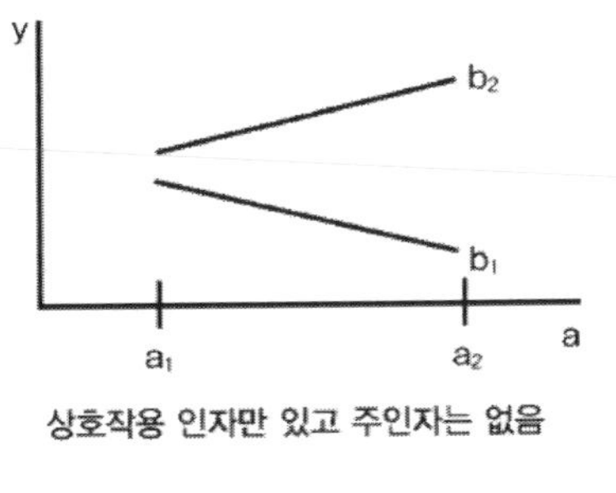

상호작용 인자만 있고 주인자는 없음

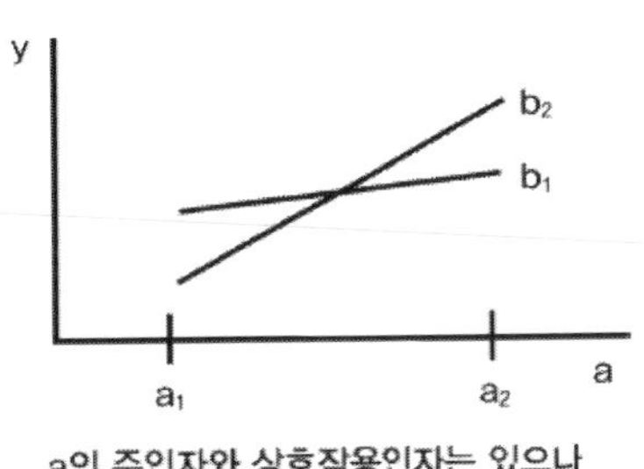

a의 주인자와 상호작용인자는 있으나
b의 인자는 없음

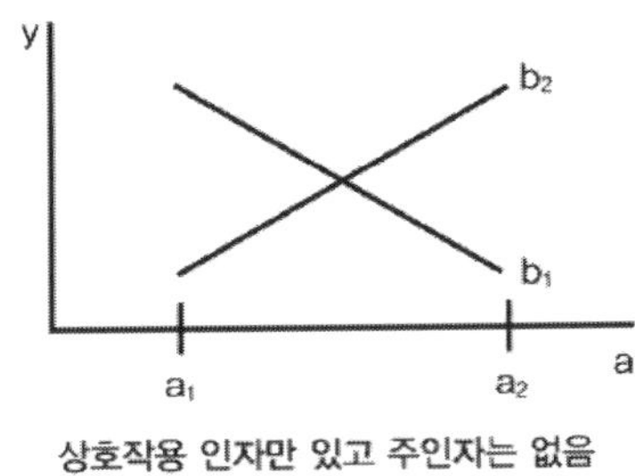

상호작용 인자만 있고 주인자는 없음

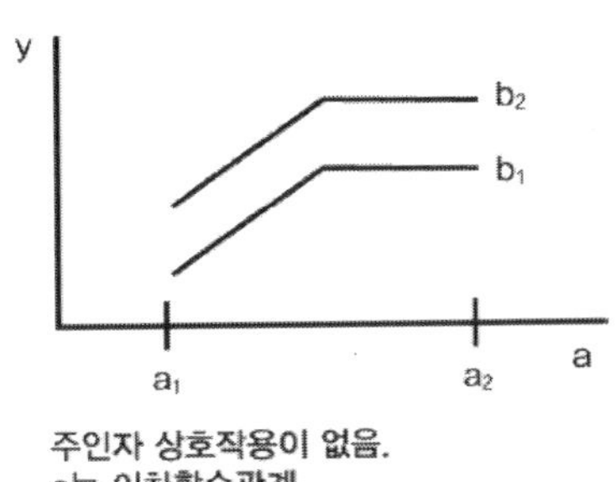

주인자 상호작용이 없음.
a는 이차함수관계

인자에 대한 상호작용(interaction) 효과는 한 cell에 대해서 반복측정을 한 경우에 하나의 인자보다는 두 인자의 결합에 의해 종속변수에 더 영향을 미치는 경우이다.

예를 들어 슈퍼마켓에서 음악(음악이 있을 때/없을 때) 과 진열장의 배치(*A*형태와 *B*형태)간에 인자를 생각해 볼 수 있다. 순수하게 음악이 있느냐 없느냐 만의 인자의 차이를 알아보는 것과 진열장이 *A*형태냐 *B*형태냐 만의 차이를 알아보는 것을 일반적으로 주인자(main effects)라고 부른다. 반면에 음악의 여부 및 진열장의 형태가 동시에 미치는 영향을 보는 경우를 상호작용이라고 한다. 상호작용인자는 그림과 같이 여러 가지가 있다.

각 인자의 표현은 다음과 같이 한다.

① 주인자(main effects) : *a b c*

② 상호작용인자(interactions effects) : *a*b b*c a*b*c*

③ 분지인자(nested effects) : *b(a) c(b a) d*e(c b a)*

분산분석 변수의 유의도를 보기 위해서는 상호작용효과를 고려하지 않은 모형은 Type III형태의 제곱합을 보며, 상호작용효과를 고려한 모형은 Type II형태의 제곱합을 본다(김영민 1991).

1.4 주요 분산분석의 형태

(1) 분산분석 모형의 구분 요소

실험계획을 하는데 있어 고려해야 할 점은 인자의 성격을 나타내는 변수로서, 인자가 집단간 변수(between−group) 인가, 집단 내 변수(within−group)인가를 구분하는 것이다(Shavelson 1988; Winer 1971).

집단간 변수라는 것은 한 표본이 각 인자 수준에 해당되는 cell에 하나씩만 배분이 된 경우이다. 예를 들어 광고효과를 조사하는데 있어 광고타입이 4가지가 있는 경우에 각 타입마다 서로 다른 사람들을 대상으로 실험을 하는 경우이다. 실험대상에 해당되는 사람들이 각 광고타입마다 동등하다고 생각되기 때문에 가능하다. 각 표본은 특정 cell에서 단 한번의 측정과정을 거치게 된다. 다시 말해서 특정 광고타입을 보고 이에 대한 반응을 한번만 측정하는 경우이다.

그러나 현실적으로 사람들마다 생활 환경, 성격, 교육, 학력 등의 차이가 있기 때문에 일반인을 대상으로 하는 실험에서는 문제가 있을 것이다. 오히려 이러한 집단간 실험이 가능한 경우는 고등학생을 대상으로 하는 실험이라든지, 대학생과 같은 비슷한 환경 및 특성을 가지고 있는 경우에 적절하다고 할 수 있다. 이러한 측면의 문제점을 해결하기 위해서는 집단내 변수를 사용해서 실험을 해야 한다.

집단내 실험은 실험전/후 측정을 하는 디자인에서와 같이 한 사람에 대해서 반복측정을 하는 형태에서 출발했다. 이러한 형태가 발달이 되어서 비슷한 환경과 특성을 조합한 표본 집단들을 무작위로 각 인자의 수준에 배치한 형태로 발전되었다(난괴법).

집단내 실험은 크게 세 가지 형태로 나뉘어진다.

① 반복실험의 형태로서 모든 실험조건에 대해서 측정

② 실험 전과 실험 후로 두 번 반복측정 : 실험전−실험 후 사전실험설계(pretest−posttest pre−experimental design)

③ 각 개인의 특성이 비슷한 사람들을 대응(match)시켜 각 실험조건에 무작위로 배치.

이러한 형태는 난괴법(randomized block design)이나, 스플릿−플랏 실험 계획법(split−plot design)에서 사용되곤 한다. 스플릿−플랏 실험계획법은 집단내 변수와 집단간 변수가 서로 조합이 되어 실험이 된 경우로서 이에 대한 설명을 참조하기 바란다.

(2) 집단간(between-group) 실험계획법

집단간 실험계획방법들은 각 셀 또는 처리수준의 조합에 해당되는 표본들간에 동질성을 가정하고 실험한 경우이다. 즉 표본들간의 차이는 고려하지 않는다.

① 일원 분산분석(one-way ANOVA)
② 반복측정치가 없는 이원 분산분석(two-way ANOVA without interaction)
③ 반복측정치가 있는 이원 분산분석(two-way ANOVA with interaction)/팩토리알(factorial) 분산분석
④ 반복측정치가 없는 다원배치 분산분석(three or more-way ANOVA without interaction)
⑤ 반복측정치가 있는 다원배치 분산분석(three or more-way ANOVA with interaction)

(3) 집단내 및 집단간(within-group and between-group) 실험계획법

다음 실험계획들은 집단내 및 집단간 변수들이 혼합된 형태의 실험계획법들이다. 예를 들어 난괴법의 경우에 한 표본이 각 인자의 수준에 대해서 모두 응답한 경우에는 순수한 의미에서 반복측정을 한 실험계획법으로서 집단내 변수만을 포함하고 있지만, 앞의 집단내 실험형태의 종류에서 보았듯이, 대응(match) 표본을 기준으로 실험한 경우에는 집단내 실험형태이면서, 각 표본들이 각 셀에 대해서 무작위로 배분되기 때문에 집단간 실험조건도 포함되어 있다.

① 난괴법(randomized block design) 분산분석
② 스플릿-플랏 설계(split-plot design) 분산분석
③ 반복측정 분산분석(repeated measures Analysis of Variance)

(4) 기타 실험계획법

① 라틴 설계(Latin Square design) 분산분석
② 그레코-라틴 설계(Greco-Latin Square design) 분산분석
③ 공분산분석(ANCOVA : Analysis of Covariance)
④ 다변량 분산분석(MANOVA : Multivariate Analysis of Variance)

2. 집단간 분산분석

2.1 일원 분산분석

(1) 분석개요

일원 분산분석(one-way ANOVA)은 실험을 하나의 인자에 의해 배치한 경우이다. 예를 들어 동질적인 세 집단에 각각 광고형태 a_1, a_2, a_3를 보여 주고, 각 집단(광고형태를 나타냄)에 따라 광고에 대한 반응이 차이가 있는지를 보고자 하는 경우이다. 일원배치 분산분석에서 추구하는 것은 광고반응이 광고형태에 따라 차이가 있는가를 실험한 경우이다.

일원배치 분산분석에서는 실험에 대한 배치를 다음과 같이 한다. 인자 a의 수준이 a_1에서 a_i까지 있고 각각의 집단(인자의 수준)에 대해서 j명씩 측정을 했다면, 다음과 같은 형태로 표시된다.

반복 \ 인자	인자의 수준			
	a_1	a_2	…	a_3
1 2 ⋮ j	y_{11} y_{12} ⋮ y_{1j}	y_{21} y_{22} ⋮ y_{2j}	…	y_{i1} y_{i2} ⋮ y_{ij}

(2) 분석데이터

다음 예제는 상품포장 색깔(빨강, 파랑, 노랑)의 판매량에 대한 영향을 알아보기 위해서 12곳의 가게를 대상으로 실험을 했다.

가게 \ 상품포장색깔	빨 강	파 랑	노 랑
1 2 3 4	16 12 13 11	8 14 3 7	8 6 5 1
평균	13	8	5

집단(빨강, 파랑, 노랑)에 4곳의 가게가 무작위로 배분되었다. 이에 따라 나타난 판매량 데이터는 다음과 같다. 평균값을 그래프로 그려 보면 아래와 같이 나타나는데 눈으로 보아서도 상품포장 색깔간에 차이가 있는 것처럼 보인다.

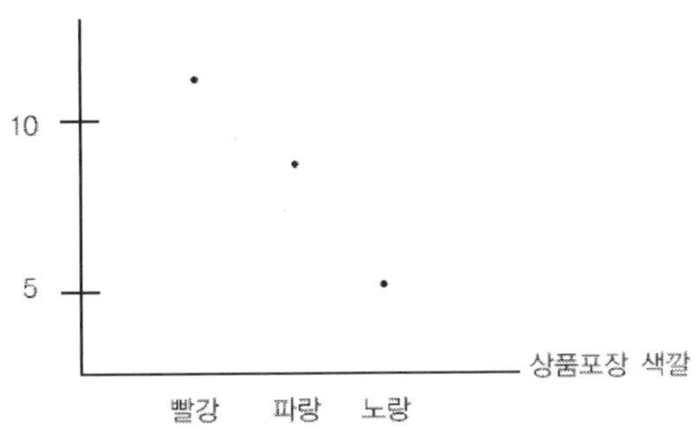

앞의 표의 데이터를 다음과 같이 직접 입력해 데이터셋을 구성했다. 변수이름은 각각 *package*, *sales*로 지정했으며, 한글 라벨을 상품포장색깔, 판매량으로 지정했다. 위의 데이터를 입력하려면 다음과 같이 프로그램을 작성해야 한다. INPUT문의 **@@**사인은 본 예제에서와 같이 한 줄에 여러 관찰치의 데이터가 있을 경우 적어준다.

8장-2-1-1-데이터

```
LIBNAME sample 'C:₩Sample₩Dataset';
DATA sample.anova1;
     DO package = '빨강', '파랑','노랑';
        INPUT sales @@; OUTPUT;
     END;
     LABEL package='상품포장색깔' sales='판매량';
     CARDS;
16  8  8
12 14  6
13  3  5
11  7  1
RUN;
```

(3) 분석과정

확장편집기에서 위의 회귀분석을 하려면 PROC ANOVA 프로시저를 사용한다. CLASS 문은 실험변수를 지정하며, MEANS 문에 변수이름과 사후분석을 위한 다중비교 방법을 지정한다. 여기서는 가장 일반적으로 사용하는 DUNCAN테스트 방법을 지정했다. 또한 각 집단별 분산의 동일성 테스트를 하기 위해서 HOVTEST=BARTLETT HOVTEST=BF HOVTEST=LEVENE HOVTEST =OBRIEN을 지정했다. ODS GRAPHICS 문장은 고품위 그래프를 출력하는 문장의 시작과 종료를 나타낸다.

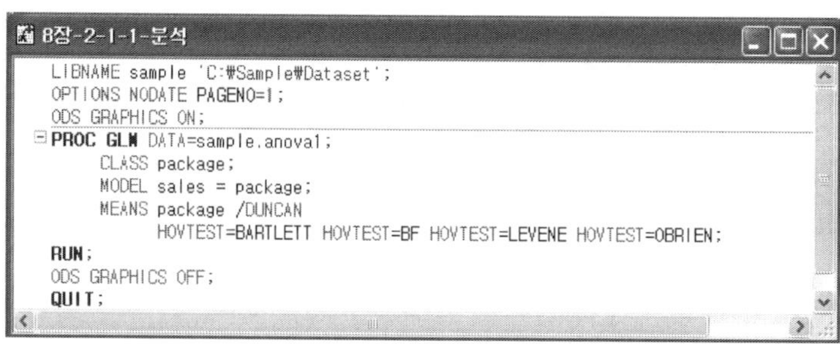

```
8장-2-1-1-분석
LIBNAME sample 'C:₩Sample₩Dataset';
OPTIONS NODATE PAGENO=1;
ODS GRAPHICS ON;
PROC GLM DATA=sample.anova1;
    CLASS package;
    MODEL sales = package;
    MEANS package /DUNCAN
        HOVTEST=BARTLETT HOVTEST=BF HOVTEST=LEVENE HOVTEST=OBRIEN;
RUN;
ODS GRAPHICS OFF;
QUIT;
```

다양한 사후분석을 위한 다중비교 방법 중에서 Scheffe 방법, Turkey 방법, Bonferroni 방법을 사용하는 것이 좋다. 세 가지의 결과는 비슷하지만, 각 집단의 크기가 모두 같으면 Turkey 방법이 좋다. 표본의 크기가 다를 경우에는 Scheffe 방법이 좋다. 주요 다중비교 방법을 살펴보면 다음과 같다(정영해 외, 2008).

- **LSD 방법** : 상당히 보수적인 방법으로 유의한 결과를 얻기 힘든 방법으로 알려져 있다. 피셔(R. A. Fisher)가 제안한 방법으로 가능한 모든 짝 비교의 개수를 감안하여 새 유의 수준 α를 정한 후 매번 짝을 비교할 때마다 α에 해당하는 계수를 이용한다. k개의 평균을 비교하는 경우 짝 비교의 개수는 $k(k-1)/1$이다. 최근에는 짝을 비교하는 방법을 설명하는 목적으로 주로 쓰인다.
- **Scheffe 방법** : 가장 보수적인 방법 중에 하나이다. 이 방법은 매우 일반적인 문제까지도 적용할 수 있다. 예를 들어 평균들의 선형결합식간을 비교할 수도 있다. 약간의 대가를 치러야 하지만 이것저것 시험해보고자 할 경우 적절한 방법이다.
- **Turkey 방법** : 대체적으로 보수적인 방법으로 분류된다. 원래는 모든 집단의 크기가 동일한 경우를 중심으로 개발되었으나, 이제는 서로 다른 경우에도 적용이 가능하게 발전되었다. 계수는 집단의 개수와 표본의 크기에 따라 개발되어 있다. 평균간의 비교를 할 때 널리 쓰이는 방법 중에 하나이다.
- **Bonferroni 방법** : 일반적으로 쓰이는 방법 중에 하나이다. 짝을 비교하는 횟수로 유의수준을 조절해 준다. 특히 여러 개의 관련된 변수들에 대해 반복적으로 $t-$검정을 할 때도 활용할 수 있다. Scheffe 방법이나 Turkey 방법과 같이 많이 쓰이는 방법이지만 상당히 보수적인 방법 중에 하나이다.
- **Duncan 방법** : 너무 보수적이어서 검정력이 낮은 문제를 해결하기 위해 개발된 방법이다. 유의한 결과를 비교적 쉽게 얻을 수 있는 장점이 있다. 많은 연구분야에서 환영을 받고 있지만 통계학자들은 이 방법을 별로 권하지 않는다.

(4) 결과해석

[결과1]

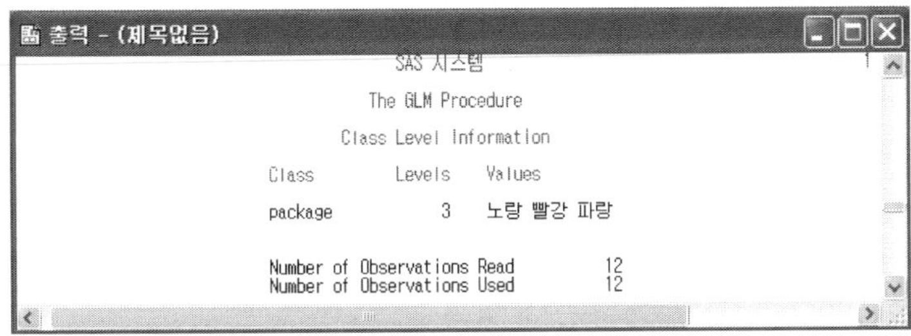
출력 - (제목없음)

SAS 시스템

The GLM Procedure

Class Level Information

Class	Levels	Values
package	3	노랑 빨강 파랑

Number of Observations Read 12
Number of Observations Used 12

[결과1]에는 첫 부분에는 분산분석을 하고자 하는 인자에 대한 각 인자수준의 정보가 제시되어 있다. 전체 표본수도 제시되어 있다.

[결과2]

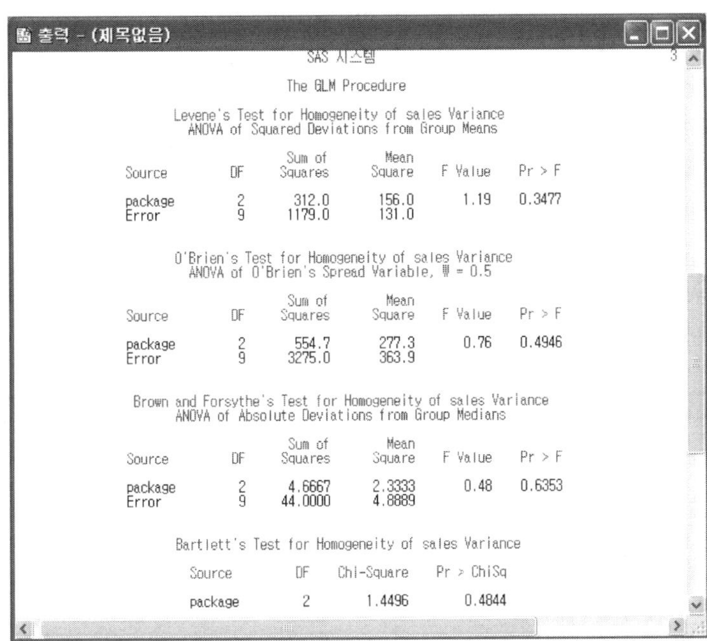
출력 - (제목없음)

SAS 시스템

The GLM Procedure

Levene's Test for Homogeneity of sales Variance
ANOVA of Squared Deviations from Group Means

Source	DF	Sum of Squares	Mean Square	F Value	Pr > F
package	2	312.0	156.0	1.19	0.3477
Error	9	1179.0	131.0		

O'Brien's Test for Homogeneity of sales Variance
ANOVA of O'Brien's Spread Variable, W = 0.5

Source	DF	Sum of Squares	Mean Square	F Value	Pr > F
package	2	554.7	277.3	0.76	0.4946
Error	9	3275.0	363.9		

Brown and Forsythe's Test for Homogeneity of sales Variance
ANOVA of Absolute Deviations from Group Medians

Source	DF	Sum of Squares	Mean Square	F Value	Pr > F
package	2	4.6667	2.3333	0.48	0.6353
Error	9	44.0000	4.8889		

Bartlett's Test for Homogeneity of sales Variance

Source	DF	Chi-Square	Pr > ChiSq
package	2	1.4496	0.4844

[결과2]에는 각 집단 별로 분산이 동일한지에 대한 테스트 결과가 나와 있다. Bartlett's test, Brown－Forsythe test, Levene's test 모두 분산이 동일하다는 가설을 기각할 수 없음으로($p > 0.05$), 동일 분산이라고 볼 수 있으며, Welch's variance－weighted ANOVA의 결과를 보지 않아도 된다.

[결과3]

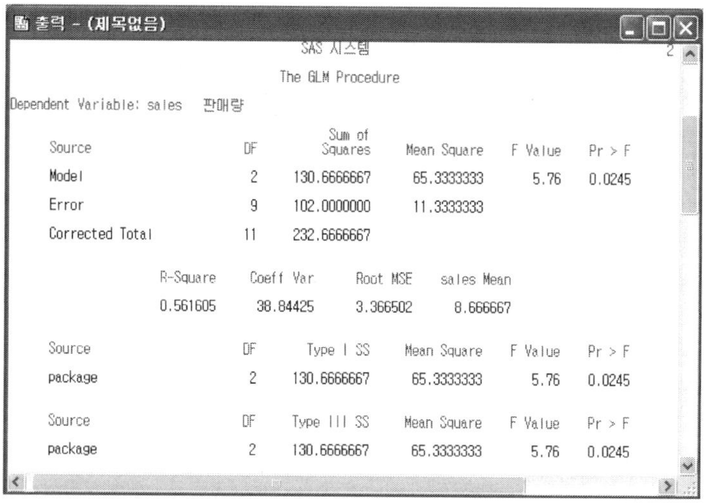

```
출력 - (제목없음)
                                SAS 시스템                                  2
                            The GLM Procedure
Dependent Variable: sales   판매량

                                        Sum of
    Source                      DF     Squares      Mean Square   F Value   Pr > F
    Model                        2   130.6666667    65.3333333      5.76    0.0245
    Error                        9   102.0000000    11.3333333
    Corrected Total             11   232.6666667

              R-Square     Coeff Var     Root MSE     sales Mean
              0.561605     38.84425      3.366502     8.666667

    Source                      DF     Type I SS    Mean Square   F Value   Pr > F
    package                      2   130.6666667    65.3333333      5.76    0.0245

    Source                      DF   Type III SS    Mean Square   F Value   Pr > F
    package                      2   130.6666667    65.3333333      5.76    0.0245
```

[결과3]에서 분산분석의 귀무가설은 "집단간 평균의 차이가 없다"인데 현재 결과를 볼 경우 5%유의 수준에서 F 값이 의미 있다. 따라서 집단간 평균차이가 없다는 귀무가설이 기각된다. 따라서 적어도 한 집단 이상의 평균이 차이가 있다고 볼 수 있다.

위의 결과를 보고 분산분석표를 작성해 보면,

분산의 원천	분산	자유도	평균분산	F 값	p 값
상품포장 잔 차	130.67 102.00	2 9	65.33 11.33	5.76	0.0245
전 체	232.67	11			

와 같이 정리된다. 여기서 F−검정은 단순히 상품포장에 따른 차이가 우연한 차이인가 아닌가를 나타내는 개념이다. 따라서 상품포장에 따른 처리의 차이 정도를 보고자 하면 인자처리의 강도(strength of association)를 보아야 한다(Shavelson 1988). F−검정과 인자 처리의 강도간의 차이는 마치 공분산과 상관관계와의 차이와 비슷하다. 공분산은 측정 measure에 영향을 받지만 상관관계는 측정 measure와 관련 없이 항상 일정하게 해석될 수 있다(상관계수는 −1에서 1사이이며, 값에 따른 상관관계 정도는 항상 일정하게 해석될 수 있지만 공분산 자체로는 어느 정도 관련성이 있는지를 알 수 없다).

인자처리의 강도는 오메가제곱값(omega−square : ω^2)으로 측정이 된다. 이 값은 회귀분석에서 R^2 값과 비슷한 의미이다. 이는

$$\omega^2 = \frac{SSB-(k-1)MSW}{SST+MSW}$$

$$= \frac{130.67-(2)(11.33)}{232.67+11.33} = 0.4430$$

로 계산된다. 따라서 전체 변화의 44%정도를 상품포장이 설명하고 있다고 볼 수 있다.

[결과4]

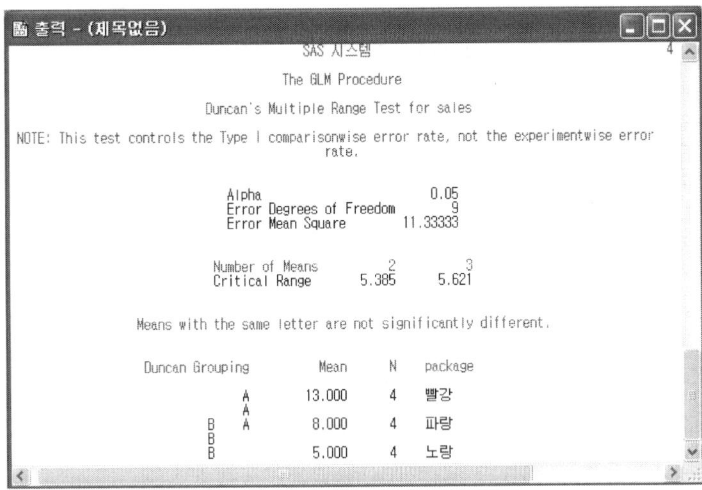

```
출력 - (제목없음)
SAS 시스템                                                    4
The GLM Procedure
Duncan's Multiple Range Test for sales
NOTE: This test controls the Type I comparisonwise error rate, not the experimentwise error
rate.

Alpha                          0.05
Error Degrees of Freedom          9
Error Mean Square          11.33333

Number of Means        2        3
Critical Range     5.385    5.621

Means with the same letter are not significantly different.

Duncan Grouping      Mean     N    package
          A        13.000     4    빨강
          A
    B     A         8.000     4    파랑
    B
    B               5.000     4    노랑
```

[결과4]에는 집단간 평균과 표준편차 값이 나와 있는데, 집단간의 평균값의 차이를 보기 위해 Duncan의 평균 차이검정을 실시했다. 던칸 검정을 볼 때 각 집단의 평균값은 앞의 표의 평균값과 같다. 결과를 보면 A문자로 연결된 "빨강" 상품포장과 "파랑" 상품포장간에는 평균차이가 없다고 볼 수 있으며, 마찬가지로 B문자로 연결된 "파랑" 상품포장과 "노랑" 상품포장간에도 차이가 없다는 것을 알 수 있다. 그러나 "빨강" 상품포장과 "노랑" 상품포장간에는 같은 문자로 표기가 되어 있지 않기 때문에 두 집단간에 평균 차이가 있다고 할 수 있다. 던칸 검정 결과는 표는 다음과 같이 정리하는 것이 눈에 보기 좋다. 같은 문자로 표기된 집단간에는 차이가 없다는 것을 표기하기 위해 "–" 표시를 하며, 다른 문자로 표기된 집단간에는 차이가 있다는 것을 표기하기 위해 "*"표시를 한다. 이러한 차이에 대해서 [결과5]에서 그래프로 보여주고 있다.

	빨강	파랑	노랑
빨 강	–		
파 랑	–	–	
노 랑	*	–	–

[결과5]

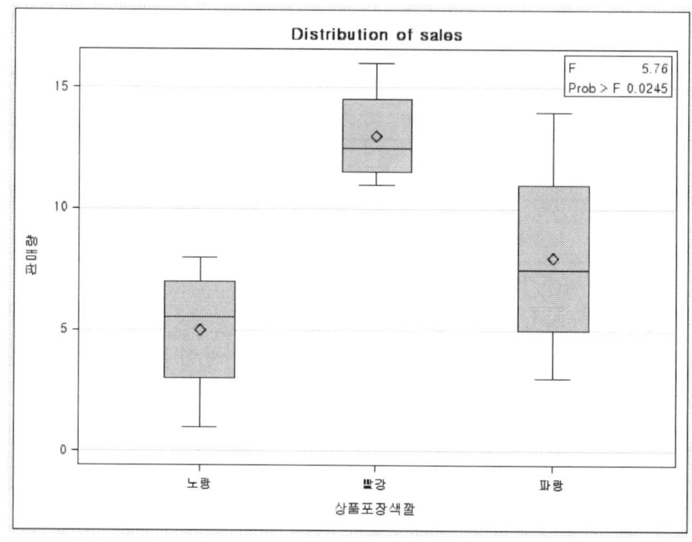

2.2 반복측정치가 없는 이원 분산분석

(1) 분석개요

반복측정치가 없는 이원 분산분석은 실험을 두 개의 인자에 의해 배치한 경우로서 각 cell 당 한 표본씩을 측정한 경우이다.

예를 들어 광고형태 a_1, a_2, a_3와 성별(남, 여)에 따라 보여 주고, 광고형태 및 성별에 따라 광고에 대한 반응이 차이가 있는지를 보고자 하는 경우이다. 반복이 없는 이원 분산분석에서 추구하는 것은 광고반응이 광고형태 및 성별에 따라 차이가 있는가를 실험한 경우이다. 이 배치법은 광고와 성별의 조합이 광고반응에 영향을 어떻게 주는지에 대한 상호작용인자는 검정하지 않는다. 반복측정치가 없는 이원 분산분석에서는 실험에 대한 배치를 앞의 표와 같이 한다. 인자 a의 수준이 a_1에서 ai까지 있고, 인자 b가 b_1에서 b_j까지 있고, 각각의 집단(인자의 수준)에 대해서 1명씩 측정을 했다면, 다음 표와 같이 배치가 된다.

인자 a 인자 b		인 자 a의 수 준			
		a_1	a_2	…	a_i
인자 b의 수준	b_1 b_2 ⋮ b_j	y_{11} y_{12} ⋮ y_{1j}	y_{21} y_{22} ⋮ y_{2j}	… … … …	y_{i1} y_{i2} y_{ij}

(2) 분석데이터

다음 예제는 지역에 따라 디스플레이 전략을 달리 했을 때 나타나는 판매액의 변화이다. 지역과 디스플레이 전략이라는 두 가지 인자가 개재된 반복이 없는 실험이다.

지 역	디스플레이 전략	
	가	나
서 울	140.1	32.1
부 산	110.9	40.8
광 주	80.8	24.4

앞의 표의 데이터를 다음과 같이 직접 입력해 데이터셋을 구성했다. 변수이름은 각각 *area, display, sales*로 지정했으며, 한글 라벨을 지역, 디스플레이, 판매량으로 지정했다. 데이터를 입력하려면 다음과 같이 프로그램을 작성해야 한다. INPUT문의 @@사인은 본 예제에서와 같이 한 줄에 여러 관찰치의 데이터가 있을 경우 적어준다.

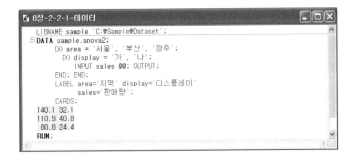

```
8장-2-2-1-데이터
LIBNAME sample 'C:₩Sample₩Dataset';
DATA sample.anova2;
     DO area = '서울', '부산', '광주';
       DO display = '가', '나';
          INPUT sales @@; OUTPUT;
     END; END;
     LABEL area='지역' display='디스플레이'
          sales='판매량';
     CARDS;
140.1 32.1
110.9 40.8
 80.8 24.4
RUN;
```

(3) 분석과정

확장편집기에서 위의 회귀분석을 하려면 PROC ANOVA 프로시저를 사용한다. CLASS문은 실험변수를 지정하며, MEANS문에 변수이름과 테스트 방법을 지정한다. 여기서는 본페로니(Bonferroni)의 검정 방법을 선택했다. ODS GRAPHICS 문장들은 고품위 그래프를 출력하는 문장의 시작과 종료를 나타낸다.

```
8장-2-2-1-분석
LIBNAME sample 'C:₩Sample₩Dataset';
OPTIONS NODATE PAGENO=1;
ODS GRAPHICS ON;
PROC GLM DATA=sample.anova2;
       CLASS area display;
       MODEL sales = area display;
       MEANS area display / BON;
RUN;
ODS GRAPHICS OFF;
QUIT;
```

(4) 결과해석

[결과1]

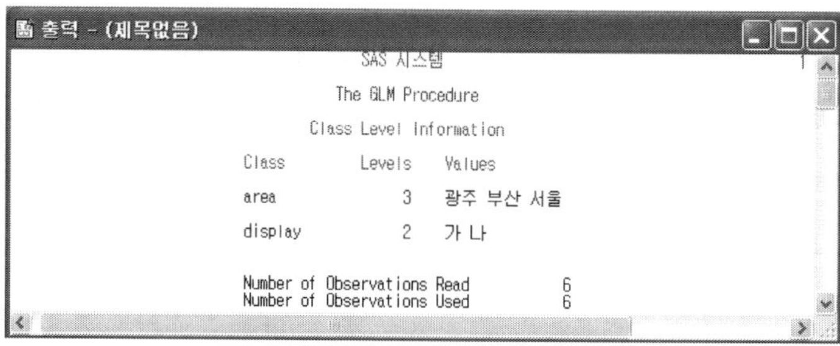

SAS 시스템 1

The GLM Procedure

Class Level Information

Class	Levels	Values
area	3	광주 부산 서울
display	2	가 나

Number of Observations Read 6
Number of Observations Used 6

[결과1]에는 분산분석과 관련된 표본의 통계량이 제시되어 있다. 각 인자의 레벨 수와 전체 관찰치의 수가 제시되어 있다.

[결과2]

SAS 시스템 2

The GLM Procedure

Dependent Variable: sales 판매량

Source	DF	Sum of Squares	Mean Square	F Value	Pr > F
Model	3	10343.62500	3447.87500	9.65	0.0953
Error	2	714.44333	357.22167		
Corrected Total	5	11058.06833			

R-Square	Coeff Var	Root MSE	sales Mean
0.935392	26.42784	18.90031	71.51667

Source	DF	Type I SS	Mean Square	F Value	Pr > F
area	2	1178.583333	589.291667	1.65	0.3774
display	1	9165.041667	9165.041667	25.66	0.0368

Source	DF	Type III SS	Mean Square	F Value	Pr > F
area	2	1178.583333	589.291667	1.65	0.3774
display	1	9165.041667	9165.041667	25.66	0.0368

[결과2]에는 분산분석결과가 제시되어 있다. 모형에 대한 타당성을 보면 10%유의수준에서 의미가 있다고 할 수 있다. 지역의 영향은 없으나 디스플레이 타입에 따라 판매량에 영향을 준다고 볼 수 있다. 결과로부터 분산분석표를 작성해보면 다음과 같다.

분산의 원천	분산	자유도	평균분산	F값	p값
모형	10343.63	3	3447.88	9.65	0.0953
지역	1178.58	2	589.29	1.65	0.3774
디스플레이	9165.04	1	9165.04	25.66	0.0368
잔차	714.44	2	357.22		
전체	11058.07	5			

현재와 같이 인자들이 모두 유의하지 않은 경우 인자처리의 강도를 구하는 것은 별 의미가 없다. 인자처리는 의미 있는 인자들에 대해서만 구해줄 수 있기 때문에 '지역' 인자를 제외한 "디스플레이" 만의 인자모형을 구한 후에 일원분산분석에서와 같이 구해줄 수 있다. 각각 인자에 대한 오메가제곱값(omega－square: ω^2; Shavelson 1988)은 다음과 같다.

$$\omega^2_{\text{지역}} = \frac{SSB_{\text{지역}} - df_{\text{지역}}MSW}{SST + MSW}$$

$$= \frac{1149.75 - (2)(372.31)}{11137.74 + 372.31} = 0.0352$$

$$\omega^2_{\text{디스플레이}} = \frac{SSB_{\text{디스플레이}} - df_{\text{디스플레이}}MSW}{SST + MSW}$$

$$= \frac{9243.38 - (1)(372.31)}{11137.74 + 372.31} = 0.7707$$

디스플레이의 경우는 전체설명력의 77%를 설명하고 있으나, 지역의 경우는 거의 의미가 없다는 것을 알 수 있다.

[결과3]

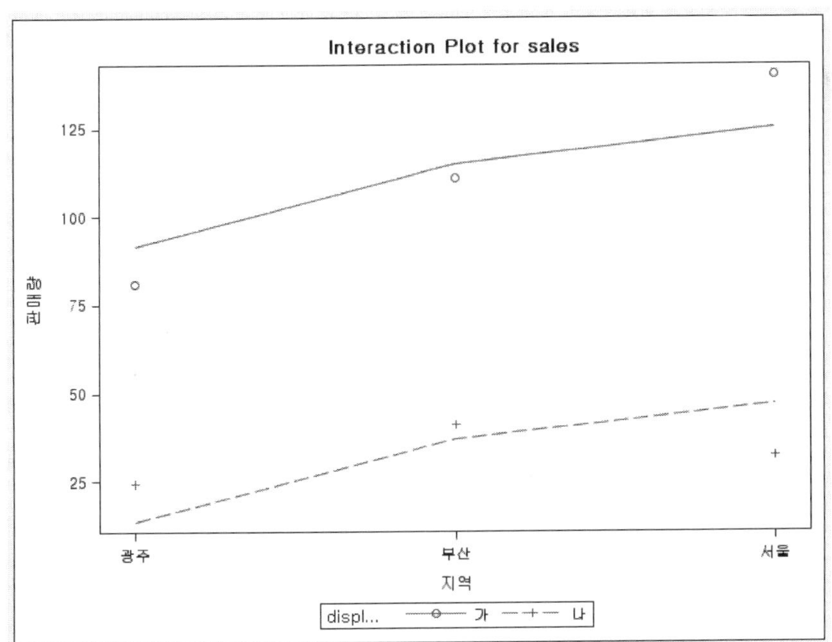

[결과3]은 각 인자별로 평균값의 변화와 관련된 그래프를 보여주고 있다. 결과를 보면 디스플레이 변수가 차이가 있는 것이 보인다.

[결과4]

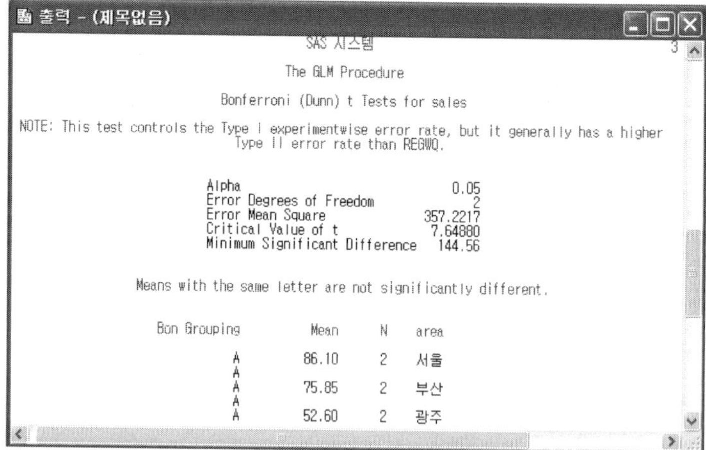

출력 - (제목없음)

SAS 시스템 3

The GLM Procedure

Bonferroni (Dunn) t Tests for sales

NOTE: This test controls the Type I experimentwise error rate, but it generally has a higher Type II error rate than REGWQ.

Alpha	0.05
Error Degrees of Freedom	2
Error Mean Square	357.2217
Critical Value of t	7.64880
Minimum Significant Difference	144.56

Means with the same letter are not significantly different.

Bon Grouping	Mean	N	area
A	86.10	2	서울
A			
A	75.85	2	부산
A			
A	52.60	2	광주

[결과5]

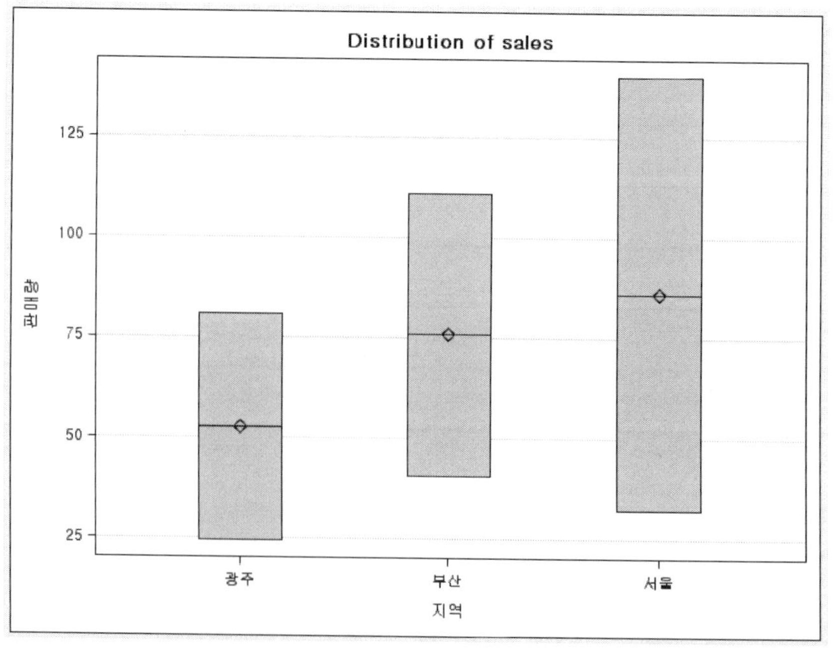

[결과6]

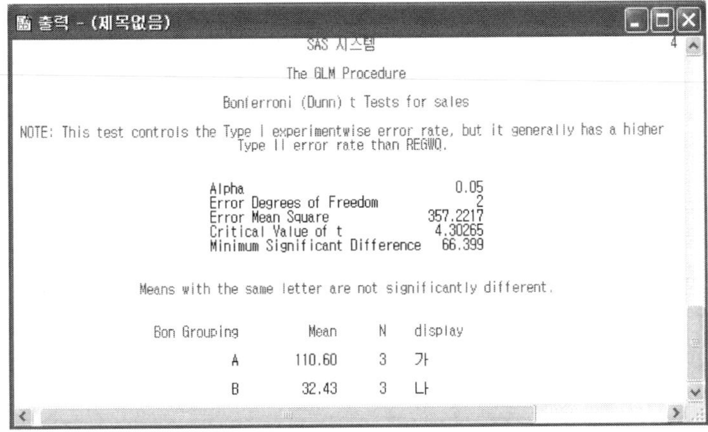

출력 - (제목없음)

SAS 시스템 4

The GLM Procedure

Bonferroni (Dunn) t Tests for sales

NOTE: This test controls the Type I experimentwise error rate, but it generally has a higher Type II error rate than REGWQ.

Alpha	0.05
Error Degrees of Freedom	2
Error Mean Square	357.2217
Critical Value of t	4.30265
Minimum Significant Difference	66.399

Means with the same letter are not significantly different.

Bon Grouping	Mean	N	display
A	110.60	3	가
B	32.43	3	나

[결과7]

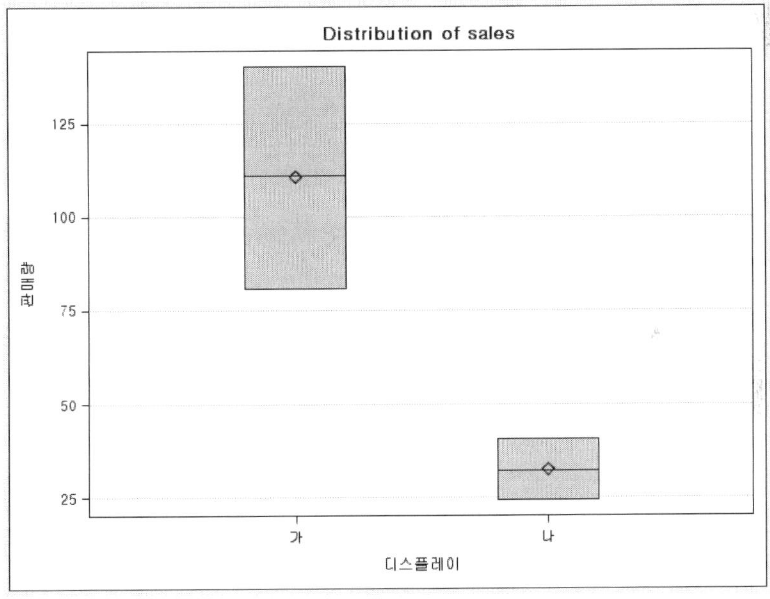

[결과4~7]에는 집단간 평균에 대한 본페로니(Bonferroni) t −검정결과와 Box Plot 그래프 결과가 제시되어 있다. 지역에 대한 분류결과를 보면 지역간에는 차이가 없는 것으로 볼 수 있다. 반면에 디스플레이에 대한 결과는 디스플레이 타입에 따라 차이가 있는 것으로 볼 수 있다. 디스플레이 타입이 “가”인 경우가 디스플레이 타입이 “나”인 경우보다 판매량이 많은 것으로 볼 수 있다.

반복측정을 하지 않았기 때문에 두 변수간에 상호작용을 반영하지 못하는 측면이 있다. 지역이 "광주" 인 경우는 타 지역에 비해 디스플레이 타입이 "가"인 경우에는 판매량이 다른 지역보다 작을 가능성이 있고, 디스플레이 타입이 "나"인 경우에는 타 지역보다 판매량이 많을 가능성이 있음에도 불구하고 이를 잘 반영해 주지 못하고 있는 것이다. 따라서 이러한 효과까지도 파악하기 위해서는 반복이 있는 이원배치 분산분석을 해야 하는 것이다.

2.3 반복측정치가 있는 이원 분산분석

(1) 분석개요

반복이 있는 이원배치 분산분석은 각 셀 당 여러 표본을 측정한 것을 제외하고는 반복이 없는 이원배치 분산분석과 같다. 실험을 두 개의 인자에 의해 배치한 경우로서 각 cell 당 여러 표본씩을 측정한 경우이다. 예를 들어 광고형태 a_1, a_2, a_3와 성별(남, 여)에 따라 보고, 광고형태 및 성별에 따라 광고에 대한 반응이 차이가 있는지를 보고자 하는 경우로서 한 셀 당 여러 명이 측정된다. 반복이 있는 이원 분산분석에서 추구하는 것은 광고반응이 광고형태 및 성별에 따라 차이가 있는가를 실험한 경우이다. 반복측정이 있기 때문에 광고와 성별의 조합이 광고반응에 영향을 어떻게 주는지에 대한 상호작용인자도 검정한다. 일반적으로 상호작용인자를 측정할 수 있게 디자인한 모형을 팩토리얼(factorial) 분산분석이라고 한다.

반복이 있는 이원배치 분산분석에서는 실험에 대한 배치를 다음과 같이 한다. 인자 a의 수준이 a_1에서 ai까지 있고, 인자 b가 b_1에서 b_j까지 있고, 각각의 집단(인자의 수준) 에 대해서 k명씩 측정을 했다면, 다음 표와 같이 구성된다.

인자 b \ 인자 a		인자 a 의 수 준			
		$a1$	a_2	…	a_i
인자 b의 수준	$b1$ b_2 ⋮ b_j	$y_{111} \cdots y_{11k}$ $y_{121} \cdots y_{12k}$ ⋮ $y_{1j1} \cdots y_{1jk}$	$y_{21k} \cdots y_{21k}$ $y_{22k} \cdots y_{21k}$ ⋮ $y_{2k} \cdots y_{2jk}$	… … … … …	$y_{i11} \cdots y_{i1k}$ $y_{i21} \cdots y_{i2k}$ ⋮ $y_{ij1} \cdots y_{ijk}$

(2) 분석데이터

다음 예제는 앞의 반복이 있는 이원배치 분산분석에서 지역과 디스플레이 전략의 상호작용 효과를 보기 위해 각 집단마다 세 가게씩을 대상으로 실험을 했을 때 나타나는 판매액의 변화이다. 지역과 디스플레이 전략이라는 두 가지 인자 및 상호작용까지 파악할 수 있는 반복이 있는 실험이다.

지 역	디스플레이 전략	
	가	나
서 울	140, 100, 160	70, 100, 80
부 산	110, 90, 105	40, 80, 40
광 주	40, 50, 75	60, 80, 70

앞의 표의 데이터를 다음과 같이 직접 입력해 데이터셋을 구성했다. 변수이름은 각각 *area, display, sales*로 지정했으며, 한글 라벨을 지역, 디스플레이, 판매량으로 지정했다. 위의 데이터를 입력하려면 다음과 같이 작성해야 한다. INPUT문의 @@사인은 본 예제에서와 같이 한 줄에 여러 관찰치의 데이터가 있을 경우 적어준다.

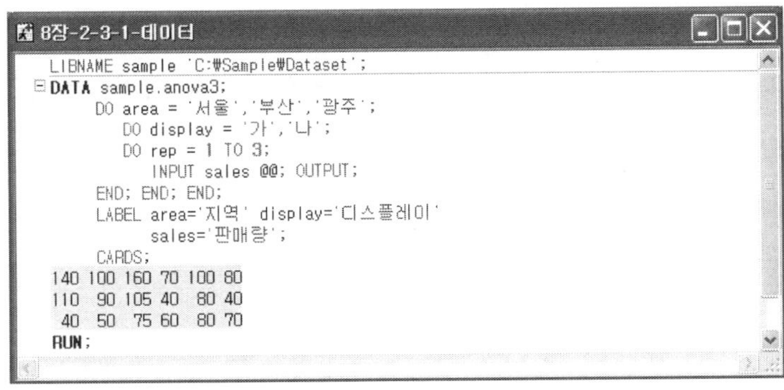

8장-2-3-1-데이터

```
LIBNAME sample 'C:₩Sample₩Dataset';
DATA sample.anova3;
    DO area = '서울','부산','광주';
      DO display = '가','나';
      DO rep = 1 TO 3;
        INPUT sales @@; OUTPUT;
    END; END; END;
    LABEL area='지역' display='디스플레이'
        sales='판매량';
    CARDS;
140 100 160 70 100 80
110  90 105 40  80 40
 40  50  75 60  80 70
RUN;
```

(3) 분석과정

확장편집기에서 위의 회귀분석을 하려면 PROC ANOVA 프로시저를 사용한다. CLASS문은 실험변수를 지정하며, MEANS문에 변수이름과 테스트 방법을 지정한다.

8장-2-3-1-분석

```
LIBNAME sample 'C:₩Sample₩Dataset';
OPTIONS NODATE PAGENO=1;
ODS GRAPHICS ON;
PROC GLM DATA=sample.anova3;
      CLASS area display;
      MODEL sales = area display area * display;
      MEANS area display /DUNCAN;
RUN;
ODS GRAPHICS OFF;
QUIT;
```

(4) 결과해석

[결과1]

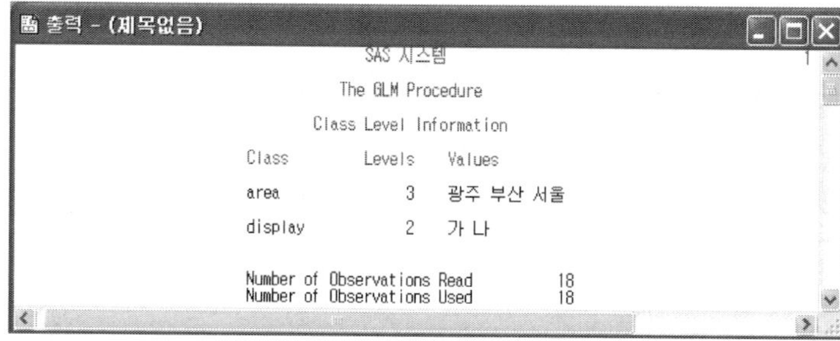

출력 - (제목없음)

SAS 시스템 1

The GLM Procedure

Class Level Information

Class	Levels	Values
area	3	광주 부산 서울
display	2	가 나

Number of Observations Read 18
Number of Observations Used 18

[결과1]에는 데이터를 통해 디스플레이 전략과 지역이 서로 판매액 (단위 : 천원)에 어떻게 영향을 미치는지를 보고자 하는 반복측정치가 있는 이원 분산분석의 각 인자의 수준과 전체 표본의 수가 출력되어 있다. 현재 area의 인자의 수준은 각각 "서울", "부산", "광주"라는 의미이며, display는 "가", "나"라는 의미이다.

[결과2]

출력 - (제목없음)

SAS 시스템 2

The GLM Procedure

Dependent Variable: sales 판매량

Source	DF	Sum of Squares	Mean Square	F Value	Pr > F
Model	5	14144.44444	2828.88889	7.60	0.0020
Error	12	4466.66667	372.22222		
Corrected Total	17	18611.11111			

R-Square	Coeff Var	Root MSE	sales Mean
0.760000	23.30705	19.29306	82.77778

Source	DF	Type I SS	Mean Square	F Value	Pr > F
area	2	6552.777778	3276.388889	8.80	0.0044
display	1	3472.222222	3472.222222	9.33	0.0100
area*display	2	4119.444444	2059.722222	5.53	0.0198

Source	DF	Type III SS	Mean Square	F Value	Pr > F
area	2	6552.777778	3276.388889	8.80	0.0044
display	1	3472.222222	3472.222222	9.33	0.0100
area*display	2	4119.444444	2059.722222	5.53	0.0198

[결과2]를 보면 전체모형에 대한 $F-$검정이 의미가 있다. 또한 각 인자에 대한 결과 또한 의미가 있다. 분산분석표를 작성해 보면 다음과 같다.

분산의 원천	분산	자유도	평균분산	F값	p값
모 형	14144.44	5	2828.89	7.60	0.0020
지 역	6552.78	2	3276.22	1.65	0.0044
디 스 플 레 이	3472.22	1	3472.22	25.66	0.0100
지역*디스플레이	4119.44	2	2059.72	25.66	0.0198
잔 차	4466.67	12	372.22		
전 체	18611.11	17			

지역, 디스플레이에 따라서 판매량이 달라지며, 지역과 디스플레이간에 상호작용 효과가 있다는 것을 알 수 있다. 현재 결과와는 다르게 상호작용이 없을 경우에는 상호작용 효과를 제외한 나머지 모형에 대해서 분산분석을 한다. 인자처리의 강도에 대한 오메가제곱값(omega−square: ω^2)은 아래와 같다.

$$\omega^2_{\text{지역}} = \frac{SSB_{\text{지역}} - df_{\text{지역}}MSW}{SST + MSW}$$

$$= \frac{6552.78-(2)(372.22)}{18611.11+372.22} = 0.3060$$

$$\omega^2_{\text{디스플레이}} = \frac{SSB_{\text{디스플레이}} - df_{\text{디스플레이}}MSW}{SST + MSW}$$

$$= \frac{3472.22-(1)(372.22)}{18611.11+372.22} = 0.1633$$

$$\omega^2_{\text{상호작용}} = \frac{SSB_{\text{상호작용}} - df_{\text{상호작용}}MSW}{SST + MSW}$$

$$= \frac{4119.44-(1)(372.22)}{18611.11+372.22} = 0.1778$$

전체분산에 대해 “지역”이라는 인자의 설명 정도가 약 31% 정도로 가장 높다고 할 수 있으며, 다음으로 상호작용 인자, “디스플레이” 인자 순으로 설명 정도가 높다고 할 수 있다. 이러한 관계가 [결과3]의 그래프에 제시되어 있다.

[결과3]

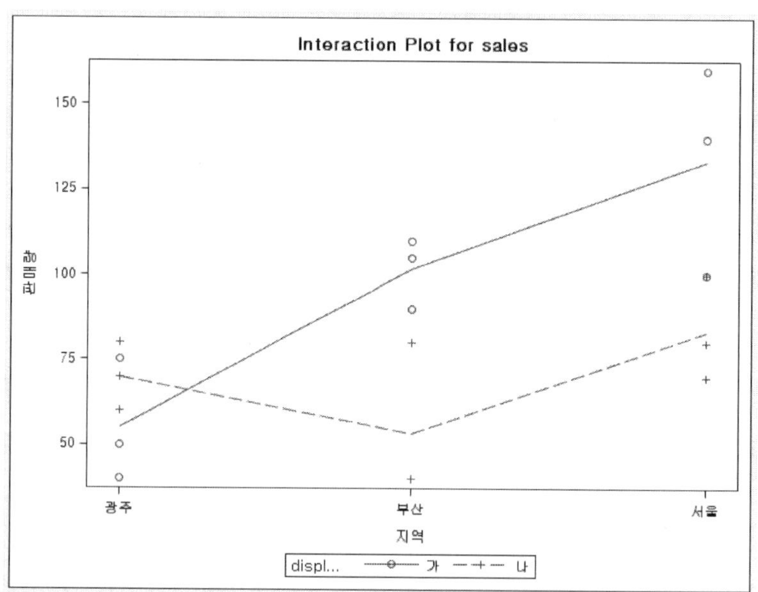

[결과4]

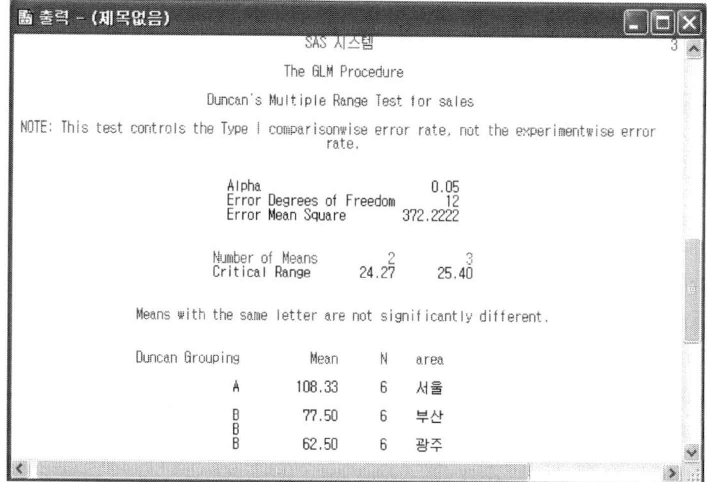

Duncan Grouping	Mean	N	area
A	108.33	6	서울
B	77.50	6	부산
B			
B	62.50	6	광주

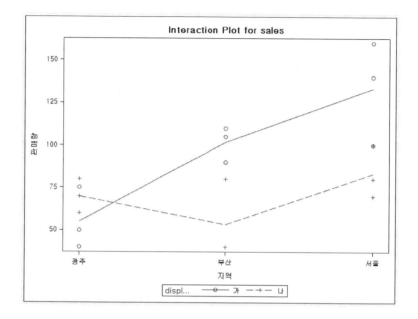

[결과5]

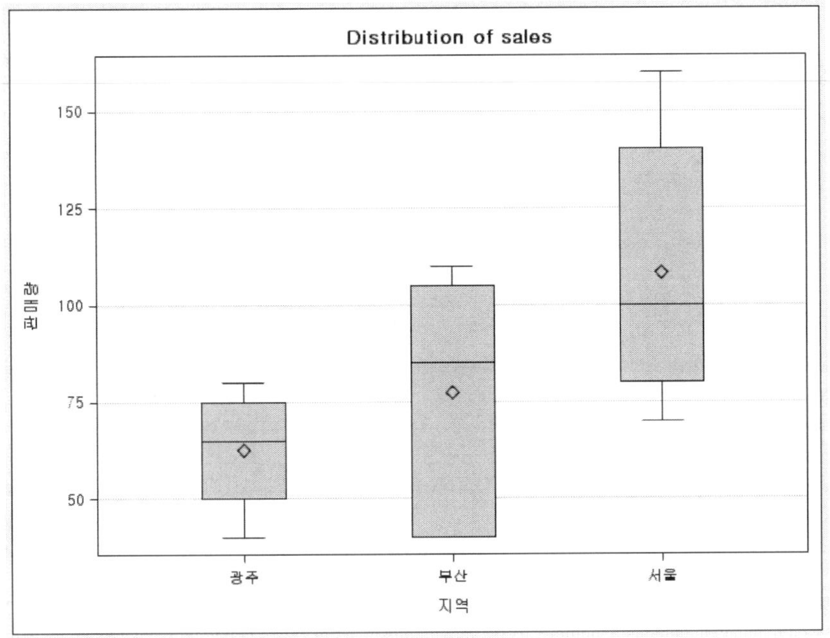

[결과4]와 [결과5]에서는 지역 변수에 따라서 평균의 차이가 있는지에 대한 던칸 검정과 Box Plot이 제시되어 있다. 결과를 보면, 서울과 부산, 서울과 광주 사이는 평균 판매량이 차이가 있으나, 부산과 광주 사이에는 평균판매량이 서로 차이가 없는 것으로 나타났다.

[결과6]

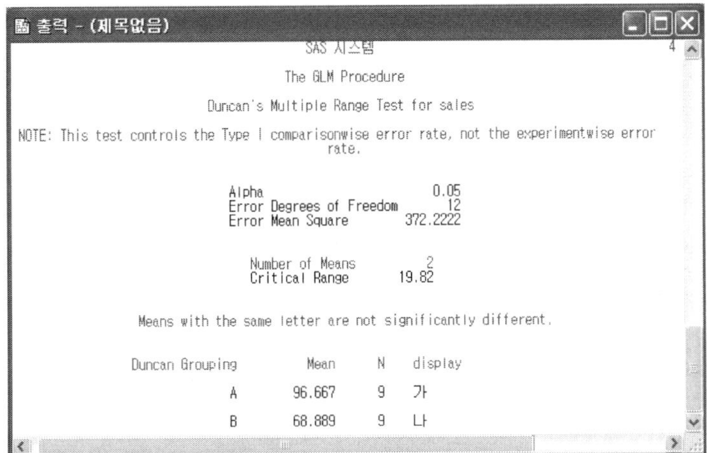

출력 - (제목없음)

SAS 시스템 4

The GLM Procedure

Duncan's Multiple Range Test for sales

NOTE: This test controls the Type I comparisonwise error rate, not the experimentwise error rate.

Alpha	0.05
Error Degrees of Freedom	12
Error Mean Square	372.2222

Number of Means	2
Critical Range	19.82

Means with the same letter are not significantly different.

Duncan Grouping	Mean	N	display
A	96.667	9	가
B	68.889	9	나

[결과7]

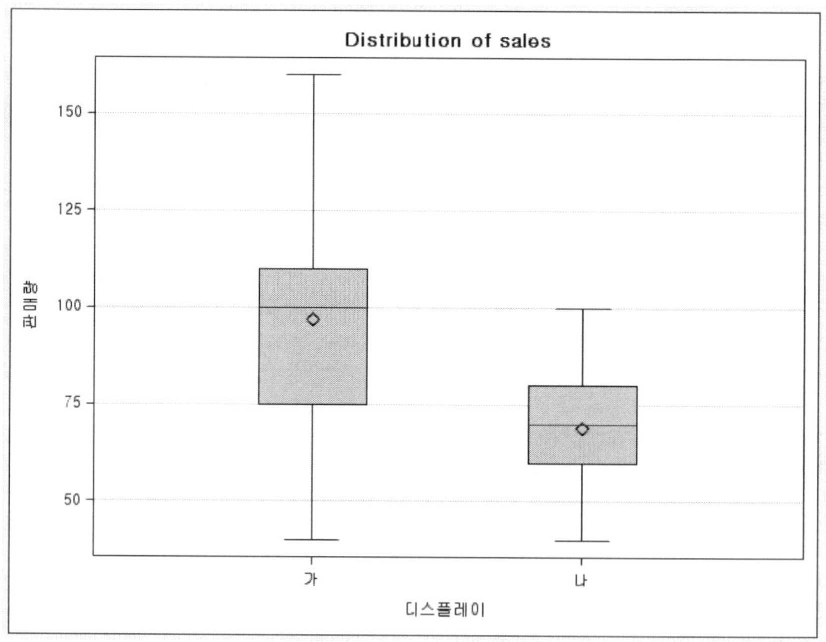

[결과6]과 [결과7]은 디스플레이 변수에 대한 평균차이의 던칸 검정과 지역과 디스플레이가 변했을 때 평균이 어떻게 변해 가는지를 보여주고 있다. 디스플레이 형태에 따른 판매량의 변화가 없다는 것을 보여준다.

3. 집단내 집단간 분산분석

3.1 난괴법 분산분석

(1) 분석개요

난괴법(randomized block design) 분산분석은 사회과학 분야의 실험에 많이 사용할 수 있다. 사회과학 분야의 실험은 일반적으로 사람을 대상으로 하는 경우가 많다. 이 경우에는 각 사람들의 사회적 배경, 경험 등의 차이로 인한 분산이 존재하게 된다. 분산은 실험 이전에 사전적으로 존재한다고 할 수 있다. 이 경우 이러한 분산은 오차로서 인식이 되기 때문에 오차를 크게 한다.

따라서 비슷한 개인환경 및 경험을 가지고 있는 사람들을 인자 수준의 수만큼 대응시켜 각 표본에 대해서 각 인자 수준에 무작위로 배분을 하는 과정을 거치게 된다. 이러한 의미에서 randomized block이라는 말이 사용된다. 한 사람이 각 인자의 수준에 대해서 모두 반복 측정될 수도 있지만, 그러한 경우보다는 전자가 많다고 할 수 있다.

개인차에 의한 분산은 따로 분리되기 때문에 실험에 따른 효과는 개인차가 포함되지 않은 형태가 된다. 만약에 실험 전−실험 후 사전실험 설계(pretest−posttest pre−experimental design)와 같이 한 표본에 대해서 두 번의 측정을 할 수도 있는데 반복측정이 있는 인자실험(factor experiments with repeated design)이라고도 한다.

난괴법은 실험을 하기 위해서는 각 표본들을 동질적인가 그렇지 않은가의 여부를 파악할 수 있는 여러 가지 특성들(학력, 경제력, 언어구사력 …)을 기준으로 동질적인 표본들을 먼저 구성해야 한다. 다음으로 각 인자 수준에 배분될 표본으로 구성된 여러 개의 블록(block : 일반적으로 블록의 수는 반복횟수만큼이며 각 블록의 표본 수는 인자 수준 수)으로 나누게 되는데, 각각의 블록에는 유사한 성질을 가지고 있거나 같다고 보는 표본을 배분한다. 다음으로 각 블록 안의 표본들을 무작위로 각 인자 수준에 배분한다. 난괴법의 배치를 보면, 인자 a에 대해서 k번씩 반복을 한다면, 다음과 같다.

인자 / 반복	a 인자의 수준			
	a_1	a_2	…	a_i
1	y_{11}	y_{21}	…	y_{i1}
2	y_{12}	y_{22}	…	y_{i2}
⋮	⋮	⋮	…	⋮
k	y_{1k}	y_{2k}	…	y_{ik}

(2) 분석데이터

다음 예제는 4가지 광고타입에 대한 판매량을 알아본 것이다. 광고에 대한 효과를 보기 위해서 각 광고타입마다 특성이 다르다고 생각하는 6명에 대해서 광고에 대한 기억 정도를 측정한 결과이다. 광고에 대한 평균차이의 효과를 보기 위해 쉐페(Scheffe) 방법에 의한 평균차이 검정을 실시하였다.

실험 대상자	광고 형태			
	가	나	다	라
1	122	139	113	105
2	126	130	115	100
3	122	133	116	104
4	124	130	117	100
5	126	131	115	102
6	129	135	115	102

표의 데이터를 직접 입력해 데이터셋을 구성했다. 변수이름은 각각 *ads, subject, sales*로 지정했으며, 한글 라벨을 광고형태, 실험대상자, 판매량으로 지정했다. 위의 데이터를 입력하려면 다음과 같이 프로그램을 작성해야 한다. INPUT문의 @@사인은 본 예제에서와 같이 한 줄에 여러 관찰치의 데이터가 있을 경우 적어준다.

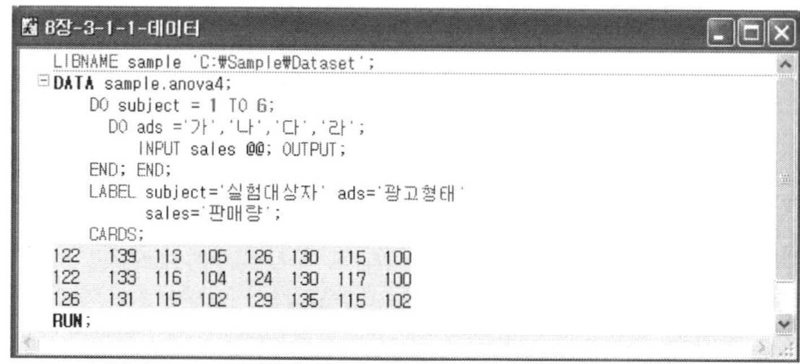
8장-3-1-1-데이터
```
LIBNAME sample 'C:\Sample\Dataset';
DATA sample.anova4;
    DO subject = 1 TO 6;
      DO ads ='가','나','다','라';
        INPUT sales @@; OUTPUT;
    END; END;
    LABEL subject='실험대상자' ads='광고형태'
        sales='판매량';
    CARDS;
122  139  113  105  126  130  115  100
122  133  116  104  124  130  117  100
126  131  115  102  129  135  115  102
RUN;
```

(3) 분석과정

확장편집기에서 위의 회귀분석을 하려면 PROC ANOVA 프로시저를 사용한다. CLASS문은 실험변수를 지정하며, MEANS문에 변수이름과 테스트 방법을 지정한다.

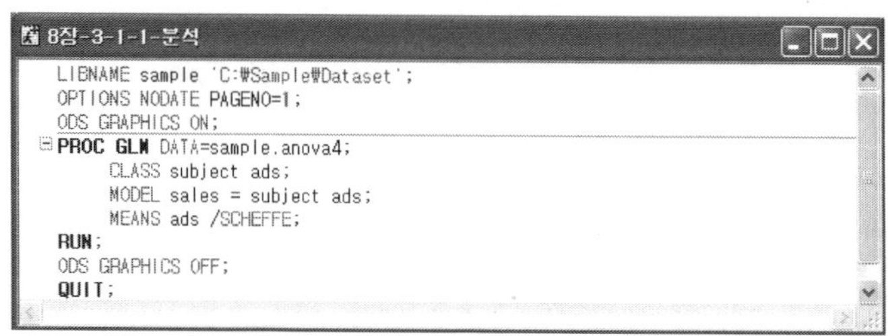
8장-3-1-1-분석
```
LIBNAME sample 'C:\Sample\Dataset';
OPTIONS NODATE PAGENO=1;
ODS GRAPHICS ON;
PROC GLM DATA=sample.anova4;
    CLASS subject ads;
    MODEL sales = subject ads;
    MEANS ads /SCHEFFE;
RUN;
ODS GRAPHICS OFF;
QUIT;
```

(4) 결과해석

[결과1]

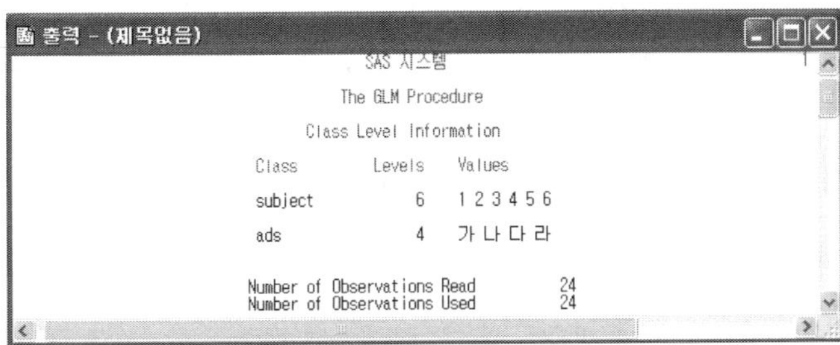

출력 - (제목없음)

SAS 시스템

The GLM Procedure

Class Level Information

Class	Levels	Values
subject	6	1 2 3 4 5 6
ads	4	가 나 다 라

Number of Observations Read 24
Number of Observations Used 24

[결과1]은 각 인자에 대한 수준과 전체 표본수에 관한 정보가 제시되어 있다. 현재의 모형은 난괴법에 의한 모형으로서 광고에 대해서 6번씩 측정을 반복한 경우이다.

[결과2]

출력 - (제목없음)

SAS 시스템

The GLM Procedure

Dependent Variable: sales 판매량

Source	DF	Sum of Squares	Mean Square	F Value	Pr > F
Model	8	3188.666667	398.583333	55.72	<.0001
Error	15	107.291667	7.152778		
Corrected Total	23	3295.958333			

R-Square	Coeff Var	Root MSE	sales Mean
0.967448	2.251393	2.674468	118.7917

Source	DF	Type I SS	Mean Square	F Value	Pr > F
subject	5	21.208333	4.241667	0.59	0.7058
ads	3	3167.458333	1055.819444	147.61	<.0001

Source	DF	Type III SS	Mean Square	F Value	Pr > F
subject	5	21.208333	4.241667	0.59	0.7058
ads	3	3167.458333	1055.819444	147.61	<.0001

[결과2]를 보면 모형이 타당하다는 것을 알 수 있다. 그러나 반복에 의한 효과는 존재하지 않는다. 결국은 우리가 대상으로 한 표본들간에는 차이가 없다고 할 수 있다. 본 데이터와 같이 반복해서 측정을 했으나 의미가 없는 경우는 일원분산분석을 해도 거의 비슷한 결과가 나타날 것이다. 반복에 대한 효과가 있는 경우는 개인차가 반복인자에 나타나게 된다. 따라서 오차는 순수한 광고에 의한 오차만을 나타내게 된다. 집단내(사람들내)의 오차합은 107.29 + 3167.46 = 3274.75로 계산되며 이 때 자유도는 15+3=18이 된다.

분산의 원천	분 산	자유도 평균자승합	자유도 평균자승합	F값	p값
집단간(응답자간) 집단내(응답자내) 광고타입 오차	21.21 3274.75 3167.46 107.29	5 18 3 15	4.24 181.93 1055.82 7.15	147.61	0.0001
전 체	3295.96	23			

[결과3]

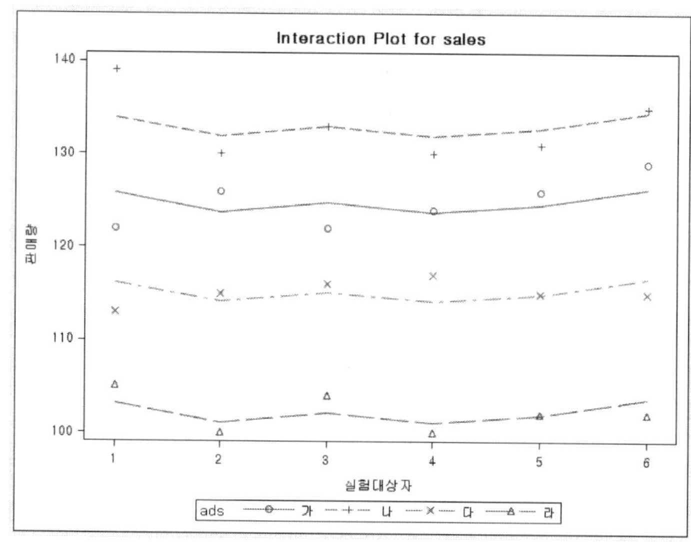

[결과3]은 앞에서 광고타입에 따른 변화가 있다는 것을 선명하게 그래프로 보여준다.

[결과4]

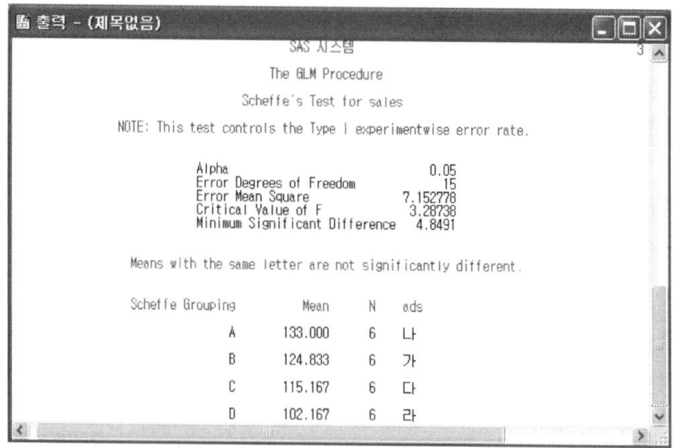
출력 - (제목없음)

SAS 시스템 3

The GLM Procedure

Scheffe's Test for sales

NOTE: This test controls the Type I experimentwise error rate.

Alpha	0.05
Error Degrees of Freedom	15
Error Mean Square	7.152778
Critical Value of F	3.28738
Minimum Significant Difference	4.8491

Means with the same letter are not significantly different.

Scheffe Grouping	Mean	N	ads
A	133.000	6	나
B	124.833	6	가
C	115.167	6	다
D	102.167	6	라

[결과5]

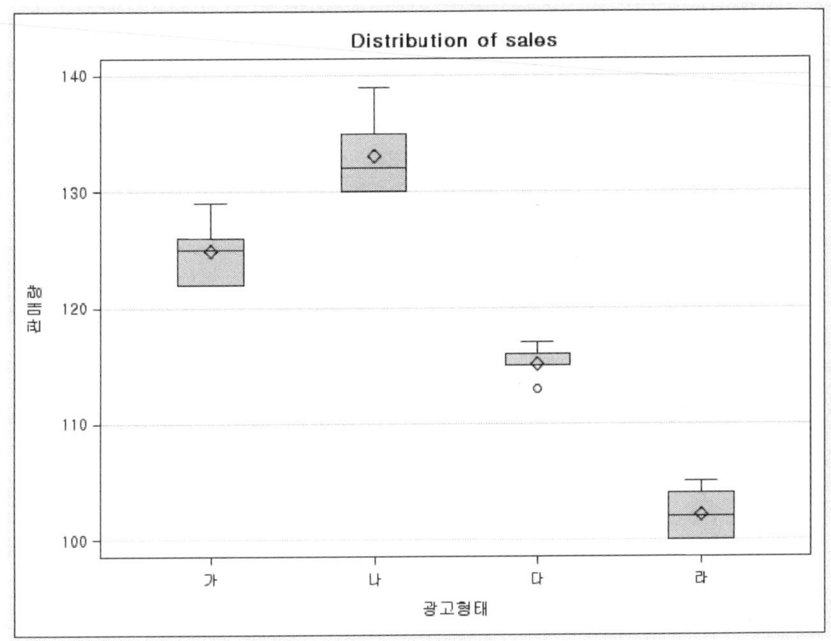

[결과4]와 [결과5]에서 광고에 대한 차이를 보기 위해 쉐페방법에 의한 검정결과와 Box Plot이 제시되어 있는데 광고량의 형태는 "가"에서 "나"는 증가하며 그 차이가 의미가 있다. "나"에서 "다"는 감소하며 유의한 차이가 있다. "다"에서 "라"의 결과도 감소하며 유의한 차이를 보이고 있다. 따라서 모든 인자 수준 간에 서로 차이가 있다고 할 수 있다. 이를 표로 정리해 보면 다음과 같다.

	가	나	다	라
가	–			
나	*	–		
다	*	*	–	
라	*	*	*	–

3.2 스플릿-플랏(split-plot design) 분산분석

(1) 분석개요

스플릿-플랏 실험계획법은 난괴법에서 조금 더 발전된 형태이다. 원래 농경지를 여러 개로 나누어 놓고, 각 농경지에 대해서 비료의 종류에 따른 수확량의 영향을 보기 위한 실험계획법이다. 그림으로 나타내면 다음과 같다. 농경지는 외부적으로 구분된 변수이고 비료는 각 농경지에서 라틴 설계형태로 분배가 된 경우이다. 일반적으로는 농경지와 비료타입은 집단간 변수가 되며, 그 안에 있는 농작물(표본)들은 각 비료에 대해서 반복 측정된 집단 내 실험 형태이다.

농경지1	농경지2	농경지3
비료타입1	비료타입3	비료타입2
비료타입2	비료타입1	비료타입3
비료타입3	비료타입2	비료타입1

인자 b	인자 a				
	반복수	a_1	a_2	…	a_i
b_1	1 2 ⋮ k	y_{111} y_{112} ⋮ y_{11k}	y_{211} y_{212} ⋮ y_{21k}	… … ⋮ …	y_{i11} y_{i12} ⋮ y_{i1k}
b_2	$k+1$ $k+2$ ⋮ $2k$	y_{111} y_{112} ⋮ y_{11k}	y_{211} y_{212} ⋮ y_{21k}	… … ⋮ …	y_{i11} y_{i12} ⋮ y_{i1k}
…	…	…	…	…	…
b_j	$(j-1)k+1$ $(j-1)k+2$ ⋮ jk	y_{111} y_{112} ⋮ y_{11k}	y_{211} y_{212} ⋮ y_{21k}	… … ⋮ …	y_{i11} y_{i12} ⋮ y_{i1k}

(2) 분석데이터

5개 그룹의 백화점 별(여기서 플랏이 된다)로 판매원의 태도(좋다/나쁘다)와 소비자의 구매시에 기분(좋다/나쁘다)으로 구성된 4개의 실험조건에 대한 스플릿-플랏 디자인을 통해 순수한 판매원의 태도와 소비자의 구매시 기분에 따른 영향 요인이 제품에 대한 태도에 어떠한 영향을 주는지를 보고자 했다. 판매원의 태도와 소비자의 구매시 기분이라는 두 개의 실험조건의 조합을 하나의 실험인자로서 처리했다. 변수는 *department, state, subject, attitude*로 했으며, 각각에 대한 라벨을 백화점, 기분상태, 소비자, 태도평가로 지정했다. 기분상태에서 '둘다좋음'은 종업원, 소비자 모두 좋은 기분 상태이며, '종좋소나'는 종업원은 좋고, 소비자는 나쁜 기분상태이며, '종나소좋'종업원은 나쁘고 소비자는 좋은 기분 상태이며, '둘다나쁨'은 종업원, 소비자 모두 나쁜 기분 상태를 의미한다. 확장편집기에서 위의 데이터를 입력하려면 다음과 같이 프로그램을 작성해야 한다. INPUT문의 @@사인은 본 예제에서와 같이 한 줄에 여러 관찰치의 데이터가 있을 경우 적어준다.

```
8장-3-2-1-데이터
LIBNAME sample "C:\Sample\Dataset";
DATA sample.anova5;
      DO department = 1 TO 5;
        j+1;
        DO r = 1 TO 5;
          DO state = '둘다좋음','종좋소나', '종나소좋', '둘다나쁨';
                  subject = (j-1) * 5 + r;
                  INPUT attitude @; OUTPUT;
          END; END; END;
      LABEL department='백화점' subject='소비자' state='기분상태';
      CARDS;
2  1 -2 -3 2 -1 -3 -3 3 -1  1 -2 3  1 -1 -4 4  2 -2 -1
2 -2  2 -3 3 -2 -1 -4 3 -3 -2 -4 4 -4  1 -2 4  1  3 -5
3 -2  4 -5 3 -3  3 -3 4  1 -1 -4 2 -3  1 -3 4 -4  3 -3
3 -3  2 -3 4 -2  3 -4 4 -4  1 -2 3 -1  4 -3 4 -5  3 -5
3 -5  2 -3 4 -2  4 -3 2 -2  3 -4 3 -2  3 -2 4 -3  3 -3
RUN;
```

(3) 분석과정

스플릿-플랏 분산분석을 하기 다음과 같이 확장편집기에서 입력한다. 백화점을 분지변수로 선택했기 때문에 ( ) 안에 입력했다.

```
8장-3-2-1-분석
LIBNAME sample "C:\Sample\Dataset";
OPTIONS NODATE PAGENO=1;
ODS GRAPHICS ON;
PROC ANOVA DATA=sample.anova5;
        CLASS department subject state;
        MODEL attitude = department subject(department)
                  state department*state
                  state*subject(department);
        TEST H=department E=subject(department);
            MEANS state department department*state;
RUN;
ODS GRAPHICS OFF;
QUIT;
```

(4) 결과해석

[결과1]

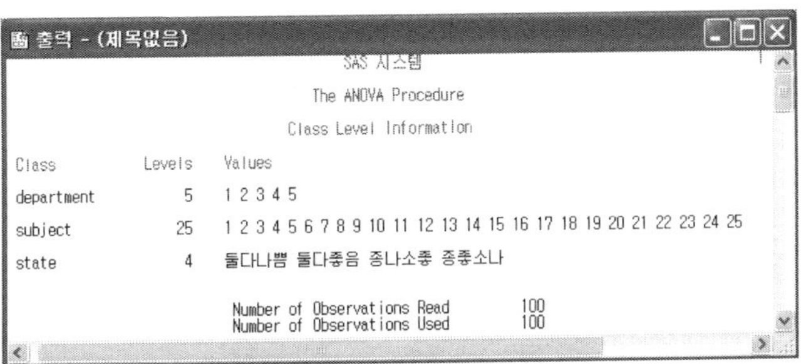

출력 - (제목없음)

SAS 시스템

The ANOVA Procedure

Class Level Information

Class	Levels	Values
department	5	1 2 3 4 5
subject	25	1 2 3 4 5 6 7 8 9 10 11 12 13 14 15 16 17 18 19 20 21 22 23 24 25
state	4	둘다나쁨 둘다좋음 종나소좋 종좋소나

Number of Observations Read 100
Number of Observations Used 100

[결과1]은 전체 인자에 대한 설명이 나와 있다. 인자의 수준을 보면, 백화점(department)이 5개 형태이며, 응답자(subject)가 25명이며, 기분상태(state)가 4개의 수준으로 구성되어 있다.

[결과2]

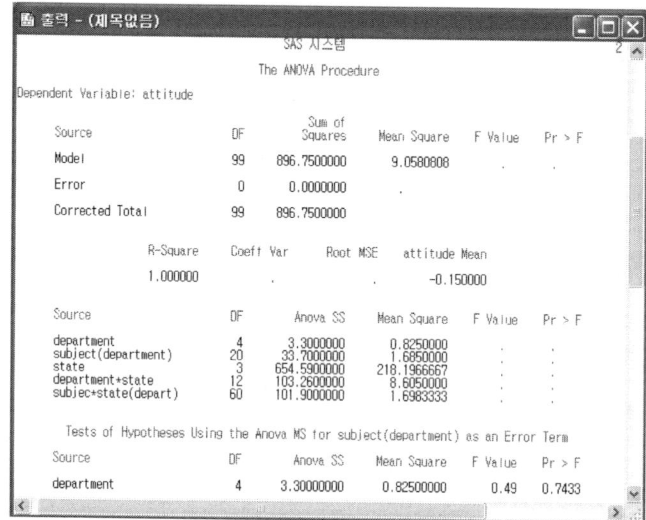

```
출력 - (제목없음)
                              SAS 시스템                                   2
                         The ANOVA Procedure
Dependent Variable: attitude

                                    Sum of
   Source                 DF       Squares     Mean Square   F Value   Pr > F
   Model                  99   896.7500000      9.0580808        .        .
   Error                   0     0.0000000          .
   Corrected Total        99   896.7500000

              R-Square    Coeff Var    Root MSE    attitude Mean
              1.000000        .            .         -0.150000

   Source                 DF      Anova SS     Mean Square   F Value   Pr > F
   department              4     3.3000000       0.8250000        .        .
   subject(department)    20    33.7000000       1.6850000        .        .
   state                   3   654.5900000     218.1966667        .        .
   department*state       12   103.2600000       8.6050000        .        .
   subjec*state(depart)   60   101.9000000       1.6983333        .        .

   Tests of Hypotheses Using the Anova MS for subject(department) as an Error Term
   Source                 DF      Anova SS     Mean Square   F Value   Pr > F
   department              4    3.30000000      0.82500000      0.49   0.7433
```

[결과2]에는 분산분석 결과가 제시되어 있는데, 이 결과를 통해서 다음과 같은 분산분석표를 작성할 수 있다.

분산의 원천	분 산	자유도	평균자승합	F 값	p 값
집단간	37.00	24			
백화점	3.30	4	0.83	0.49	
응답자간	33.70	20	1.69		
집단내	859.75	75			
기분상태	654.59	3	218.20	128.35	
기분상태*백화점	103.26	12	8.61	5.06	0.01
오차	101.90	60	1.70		0.05
전 체	896.75	99			

[결과3]

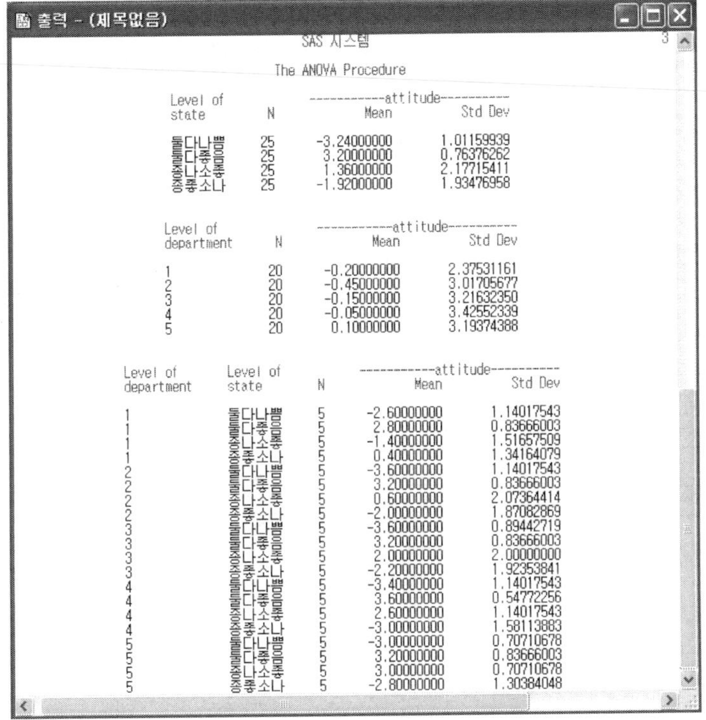

출력 - (제목없음)

SAS 시스템

The ANOVA Procedure

Level of state	N	attitude Mean	attitude Std Dev
둘다나쁨	25	-3.24000000	1.01159939
둘다좋음	25	3.20000000	0.76376262
중나소좋	25	1.36000000	2.17715411
중좋소나	25	-1.92000000	1.93476958

Level of department	N	attitude Mean	attitude Std Dev
1	20	-0.20000000	2.37531161
2	20	-0.45000000	3.01705677
3	20	-0.15000000	3.21632350
4	20	-0.05000000	3.42552339
5	20	0.10000000	3.19374388

Level of department	Level of state	N	attitude Mean	attitude Std Dev
1	둘다나쁨	5	-2.60000000	1.14017543
1	둘다좋음	5	2.80000000	0.83666003
1	중나소좋	5	-1.40000000	1.51657509
1	중좋소나	5	0.40000000	1.34164079
2	둘다나쁨	5	-3.60000000	1.14017543
2	둘다좋음	5	3.20000000	0.83666003
2	중나소좋	5	0.60000000	2.07364414
2	중좋소나	5	-2.00000000	1.87082869
3	둘다나쁨	5	-3.60000000	0.89442719
3	둘다좋음	5	3.20000000	0.83666003
3	중나소좋	5	2.00000000	2.00000000
3	중좋소나	5	-2.20000000	1.92353841
4	둘다나쁨	5	-3.40000000	1.14017543
4	둘다좋음	5	3.60000000	0.54772256
4	중나소좋	5	2.60000000	1.14017543
4	중좋소나	5	-3.00000000	1.58113883
5	둘다나쁨	5	-3.00000000	0.70710678
5	둘다좋음	5	3.20000000	0.83666003
5	중나소좋	5	3.00000000	0.70710678
5	중좋소나	5	-2.80000000	1.30384048

[결과4]

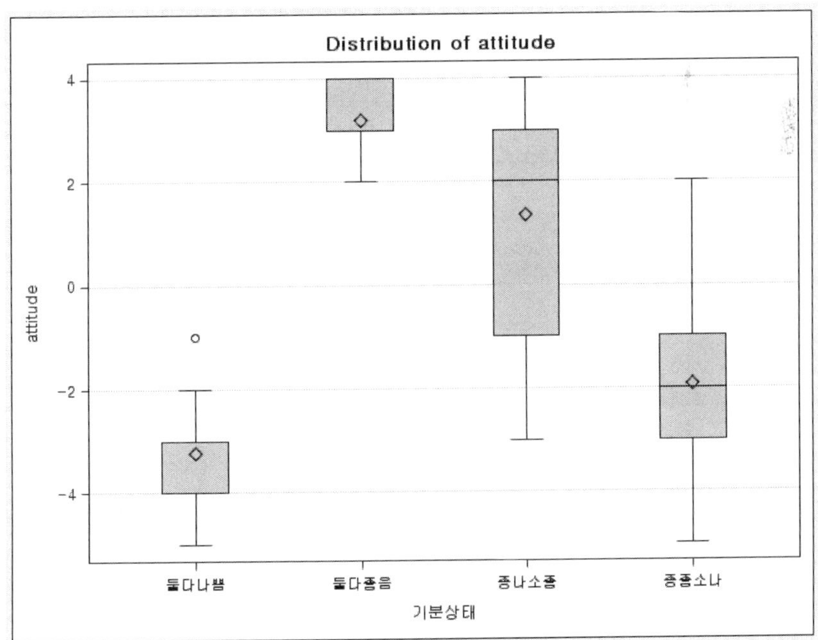

[결과5]

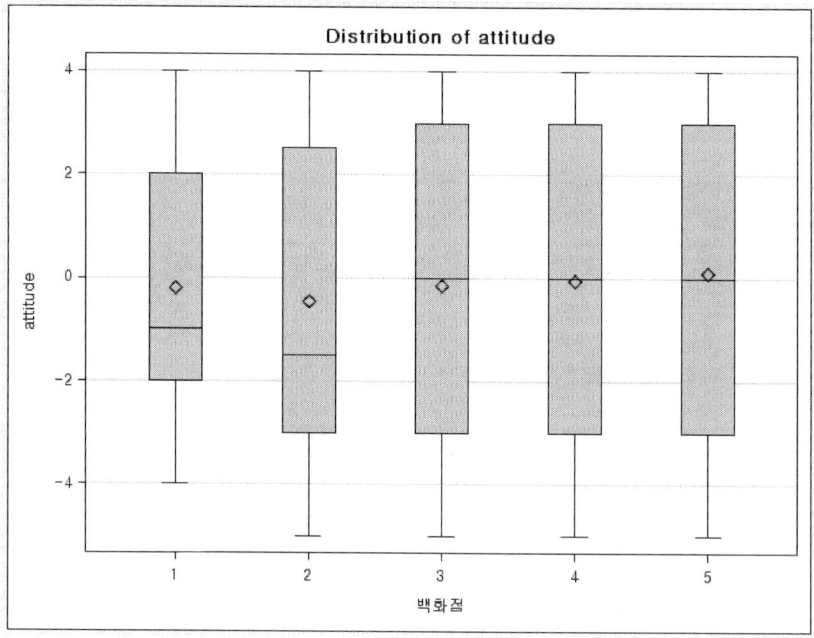
Distribution of attitude
attitude
4
2
0
-2
-4
1
2
3
4
5
백화점

[결과6]

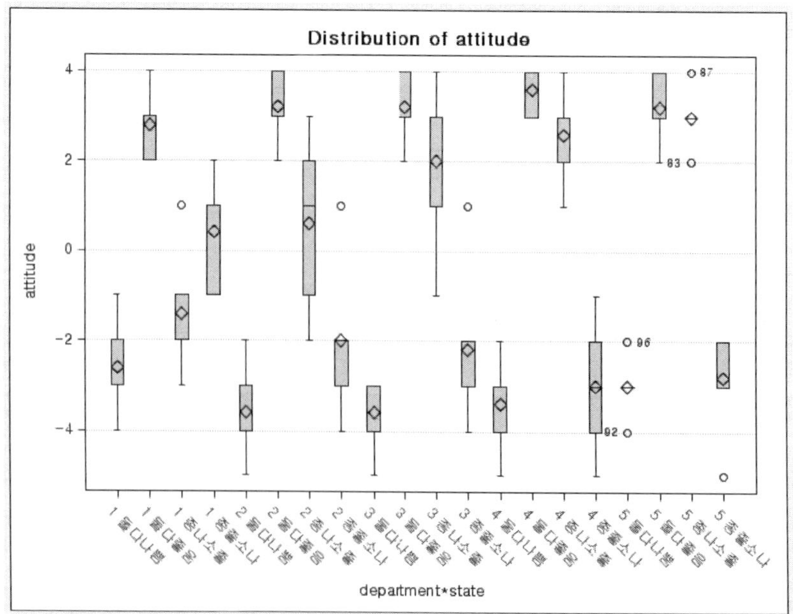
Distribution of attitude
attitude
4
2
0
-2
-4
87
83
96
92
department*state

[결과3~6]은 각 인자 수준에 대한 평균과 표준편차들이 제시되어 있다. 결과를 볼 경우 종업원과 소비자가 구매할 때 기분이 좋은 때 제품에 대한 좋은 평가를 가져 온다는 것을 알 수 있다. 특별히 소비자가 구매할 때 기분이 좋은 때에 기분이 나쁜 때보다 더 좋은 평가를 내리고 있다.

4. 기타 분산분석

4.1 공분산분석

(1) 분석개요

공분산분석(ANCOVA; Analysis of Covariance)은 분산분석이 특정 인자 수준의 효과만을 보는 것에 비해 특정 인자의 효과 이외에도 메트릭 변수의 효과까지 보고자 하는 경우이다. 앞의 분산분석 예제들은 표본들간의 특성이 유사하거나 동등하다고 인정되는 경우의 분석 방법들이지만 공분산분석은 표본들간에 특성이 유사하지 않은 점이 있을 때 분석한다.

표본들간의 특성이 비슷하지 않은 것을 코베리엣(covariate) 이라고 하는데 실험계획에서 잘 통제가 된다면 문제시되지는 않는다. 그러나 나이, 소득 등과 같은 인구통계학변수 및 기타 변수들 중에는 때로는 통제를 하기가 어려운 경우가 많다. 이 경우 각 표본마다 영향변수들 때문에 분산분석 자체가 영향을 받게 되는데, 이를 반영해 주는 것이 공분산분석이다.

(2) 분석데이터

다음 예제는 약품(가, 나, 다)에 신체지수의 변화를 알아보고자 하는 것이다. 추가적으로 약품을 투여하기 전의 환자의 신체지수를 측정했는데, 코베리엣으로 영향을 미치는지를 파악하고자 한다. 변수는 *drug, x, y*로 했으며, 라벨을 약품, 투약전 신체지수, 투약후 신체지수로 했다. INPUT문의 @@사인은 본 예제에서와 같이 한 줄에 여러 관찰치의 데이터가 있을 경우 적어준다.

```
8장-4-1-1-데이터
LIBNAME sample 'C:\Sample\Dataset';
DATA sample.anova6;
    INPUT drug $ x y @@;
    LABEL drug='약품' x='투약전 신체지수'
          y='투약후 신체지수';
    CARDS;
가 11  6 가  8  0 가  5  2 가 14 8 가 19 11
가  6  4 가 10 13 가  6  1 가 11 8 가  3  0
나  6  0 나  6  2 나  7  3 나  8 1 나 18 18
나  8  4 나 19 14 나  8  9 나  5 1 나 15  9
다 16 13 다 13 10 다 11 18 다  9 5 다 21 23
다 16 12 다 12  5 다 12 16 다  7 1 다 12 20
RUN;
```

(3) 분석과정

CLASS문에 실험분석변수인 *drug*을 지정하고, MODEL문에서 종속변수에 *y*를, 독립변수에 실험변수 *drug*과 코베리엣인 *x*를 입력한다. MODEL문에 SOLUTION이라는 옵션을 지정하고, 각 실험변수 수준간 차이를 보기 위해 LSMEANS문에 STDERR PDIFF 옵션을 지정한다.

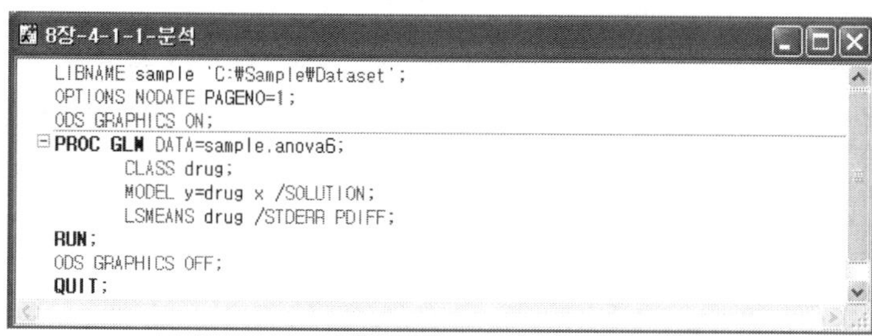

```
8장-4-1-1-분석
LIBNAME sample 'C:\Sample\Dataset';
OPTIONS NODATE PAGENO=1;
ODS GRAPHICS ON;
PROC GLM DATA=sample.anova6;
     CLASS drug;
     MODEL y=drug x /SOLUTION;
     LSMEANS drug /STDERR PDIFF;
RUN;
ODS GRAPHICS OFF;
QUIT;
```

(4) 결과해석

[결과1]

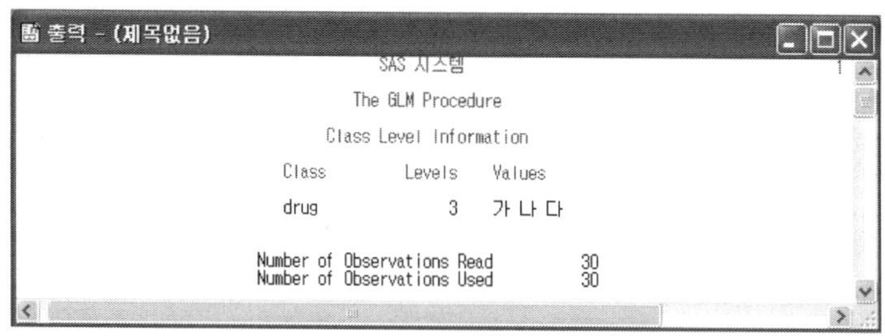

```
출력 - (제목없음)
                          SAS 시스템                          1
                       The GLM Procedure
                    Class Level Information
               Class          Levels    Values
               drug                3    가 나 다

            Number of Observations Read          30
            Number of Observations Used          30
```

[결과1]은 약품(drug)이라는 인자 수준에 관한 정보와 표본 수가 출력되어 있다.

[결과2]

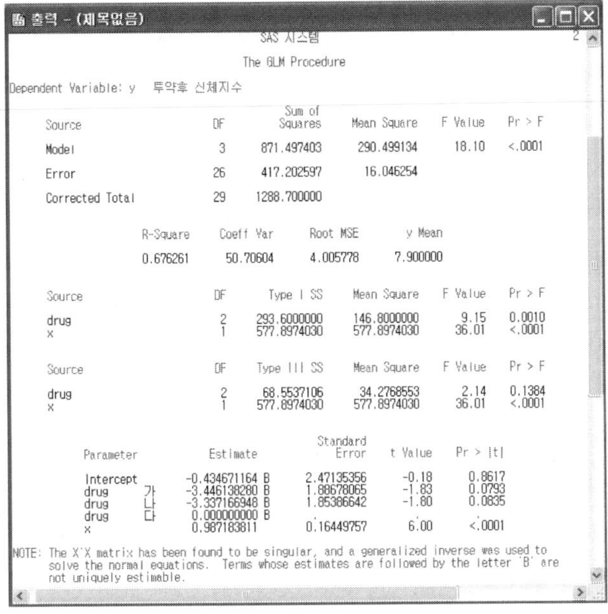

출력 - (제목없음)

SAS 시스템 2

The GLM Procedure

Dependent Variable: y 투약후 신체지수

Source	DF	Sum of Squares	Mean Square	F Value	Pr > F
Model	3	871.497403	290.499134	18.10	<.0001
Error	26	417.202597	16.046254		
Corrected Total	29	1288.700000			

R-Square	Coeff Var	Root MSE	y Mean
0.676261	50.70604	4.005778	7.900000

Source	DF	Type I SS	Mean Square	F Value	Pr > F
drug	2	293.6000000	146.8000000	9.15	0.0010
x	1	577.8974030	577.8974030	36.01	<.0001

Source	DF	Type III SS	Mean Square	F Value	Pr > F
drug	2	68.5537106	34.2768553	2.14	0.1384
x	1	577.8974030	577.8974030	36.01	<.0001

Parameter		Estimate		Standard Error	t Value	Pr > |t|
Intercept		-0.434671164	B	2.47135356	-0.18	0.8617
drug	가	-3.446138280	B	1.88678065	-1.83	0.0793
drug	나	-3.337166948	B	1.85386642	-1.80	0.0835
drug	다	0.000000000	B	.	.	.
x		0.987183811		0.16449757	6.00	<.0001

NOTE: The X'X matrix has been found to be singular, and a generalized inverse was used to solve the normal equations. Terms whose estimates are followed by the letter 'B' are not uniquely estimable.

[결과2]는 전체분산분석결과이다. 여기서는 Type Ⅲ의 경우를 보아야 한다(김영민 1991). 코베리엣으로 조정한 경우 약품에 대한 차이가 없게 나타났다. 따라서 현재 모형은 코베리엣의 영향으로 볼 수 있다. 또 하단의 내용을 보면 약품이 가인 경우와 비교해 차이점을 보여 주고 있는데, 나와는 차이가 거의 없으며, 다의 경우에도 유의수준 10%에서 차이가 있다는 가설을 기각할 수 없음을 알 수 있다. 이러한 결과를 [결과3]의 그래프에서도 볼 수 있다.

[결과3]

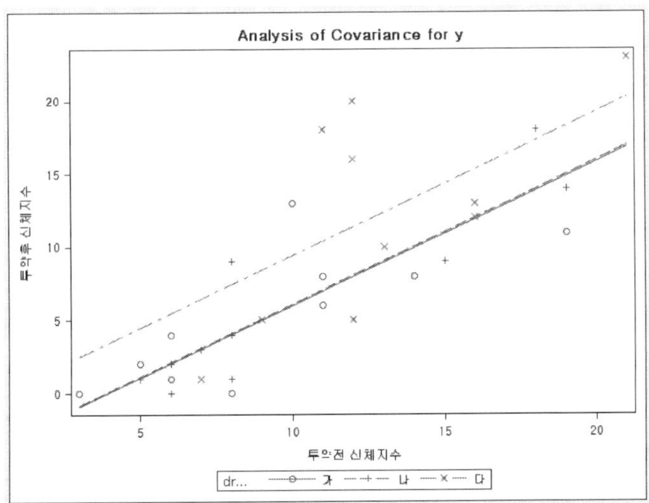

[결과4]

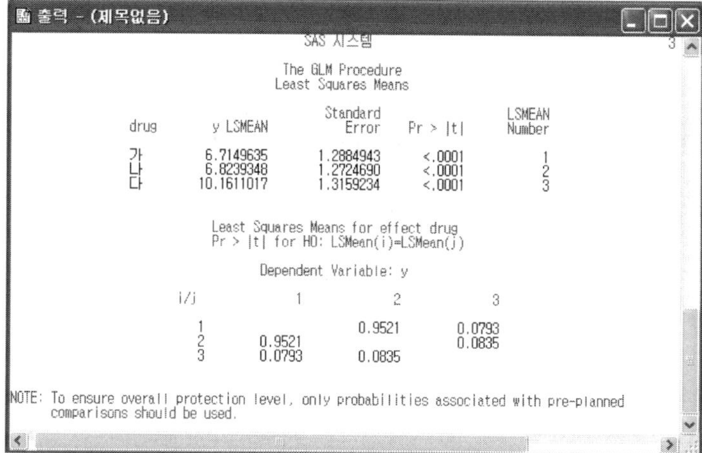

출력 - (제목없음)

SAS 시스템 3

The GLM Procedure
Least Squares Means

drug	y LSMEAN	Standard Error	Pr > |t|	LSMEAN Number
가	6.7149635	1.2884943	<.0001	1
나	6.8239348	1.2724690	<.0001	2
다	10.1611017	1.3159234	<.0001	3

Least Squares Means for effect drug
Pr > |t| for H0: LSMean(i)=LSMean(j)

Dependent Variable: y

i/j	1	2	3
1		0.9521	0.0793
2	0.9521		0.0835
3	0.0793	0.0835	

NOTE: To ensure overall protection level, only probabilities associated with pre-planned comparisons should be used.

[결과5]

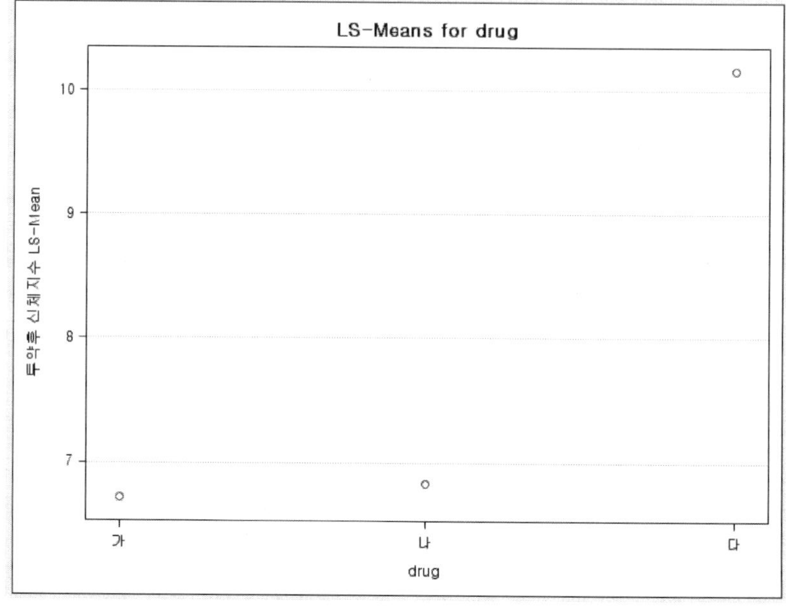

[결과6]

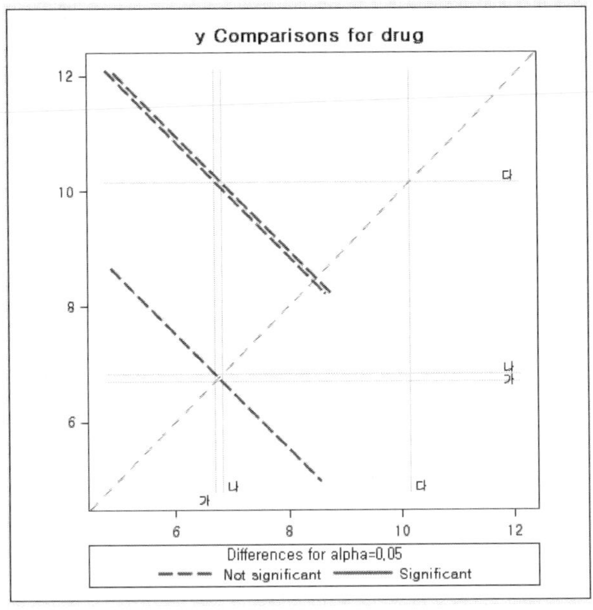

[결과4~6]은 코베리엣에 의해 조정된 각 집단의 평균들을 출력하고 있다. 평균이 0이라는 귀무가설(H_0 : LSMEAN=0)이 기각된다. 집단간의 차이는 앞의 [결과2]의 SOULUTION 옵션의 결과와 일치한다.

결론적으로 공분산분석 결과는 약품에 의한 차이라기 보다는 투약 전 신체지수가 중요한 요인임을 보여 주고 있다.

4.2 다변량 분산분석

(1) 분석개요

다변량 분산분석(MANOVA : Multivariate Analysis of variance)은 특정 인자를 두 개 이상의 반응(종속) 변수에 의해서 측정을 했을 때 사용하는 방법이다. 예를 들어 광고 형태에 따른 광고반응을 알아보기 위해서 광고에 대한 기억 정도와 광고에 대한 호감도 라는 두 가지 변수로 측정했다면, 정준상관분석(canonical correlation analysis)에서와 마찬가지로 광고에 대한 기억 정도와 광고에 대한 호감도는 서로 상관관계가 있다고 할 수 있다. 이에 해당되는 데이터를 분석하는 방법이 다변량 분산분석이다.

(2) 분석데이터

다음 데이터는 6개의 광고에 대한 효과를 알아보기 위해서 광고효과를 측정할 수 있는 4가지 기준을 가지고 측정한 결과이다. 4가지 측정 *measure*간의 관련성을 알아보기 위해 다변량 분산분석을 수행했다. 변수는 *ads*, $effect_1 - effect_4$까지로 했으며, 한글 라벨을 광고형태, 측정메저 1, 측정메저 2, 측정메저 3, 측정메저 4로 했다. INPUT문의 **@@** 사인은 본 예제에서와 같이 한 줄에 여러 관찰치의 데이터가 있을 경우 적어준다.

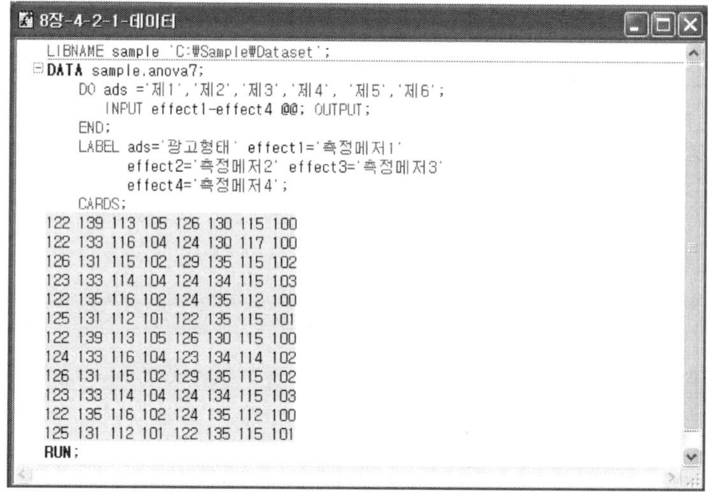

```
8장-4-2-1-데이터
LIBNAME sample 'C:\Sample\Dataset';
DATA sample.anova7;
    DO ads ='제1','제2','제3','제4', '제5','제6';
       INPUT effect1-effect4 @@; OUTPUT;
    END;
    LABEL ads='광고형태' effect1='측정메저1'
          effect2='측정메저2' effect3='측정메저3'
          effect4='측정메저4';
    CARDS;
122 139 113 105 126 130 115 100
122 133 116 104 124 130 117 100
126 131 115 102 129 135 115 102
123 133 114 104 124 134 115 103
122 135 116 102 124 135 112 100
125 131 112 101 122 135 115 101
122 139 113 105 126 130 115 100
124 133 116 104 123 134 114 102
126 131 115 102 129 135 115 102
123 133 114 104 124 134 115 103
122 135 116 102 124 135 112 100
125 131 112 101 122 135 115 101
RUN;
```

(3) 분석과정

CLASS문에 실험분석변수인 *ads* 변수를, MODEL문에 종속변수인 $effect_1 - effect_4$를, 실험분석변수인 *ads*를 독립변수로 지정한다. MODEL문에 NOUNI를 지정 개별 종속변수별 분산분석은 하지 않는다.

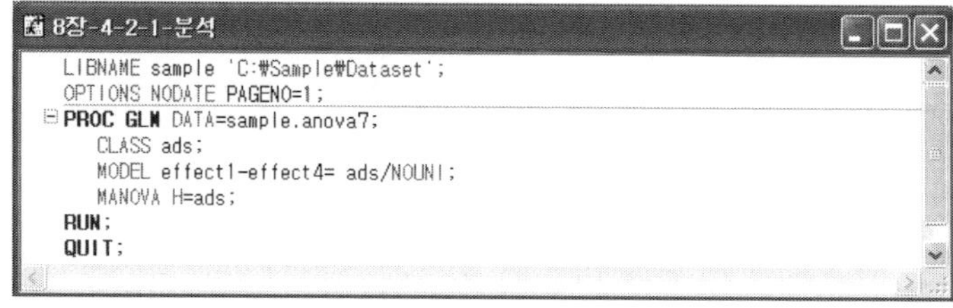

```
8장-4-2-1-분석
LIBNAME sample 'C:\Sample\Dataset';
OPTIONS NODATE PAGENO=1;
PROC GLM DATA=sample.anova7;
   CLASS ads;
   MODEL effect1-effect4= ads/NOUNI;
   MANOVA H=ads;
RUN;
QUIT;
```

(4) 결과해석

[결과1]

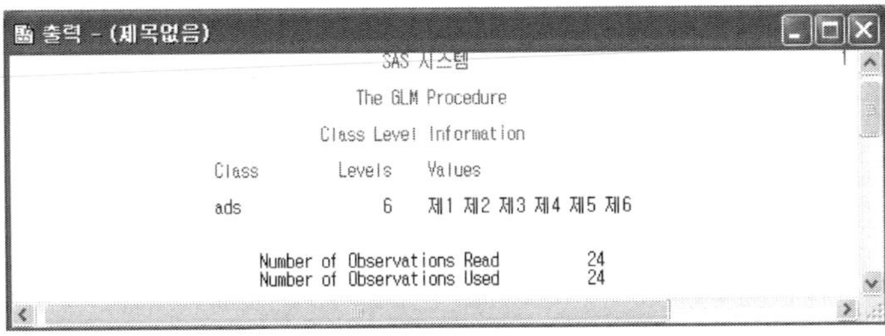

출력 - (제목없음)

SAS 시스템

The GLM Procedure

Class Level Information

Class	Levels	Values
ads	6	제1 제2 제3 제4 제5 제6

Number of Observations Read	24
Number of Observations Used	24

[결과1]에는 분석대상 데이터셋의 인자의 수, 표본의 수에 관한 정보가 출력되어 있다.

[결과2]

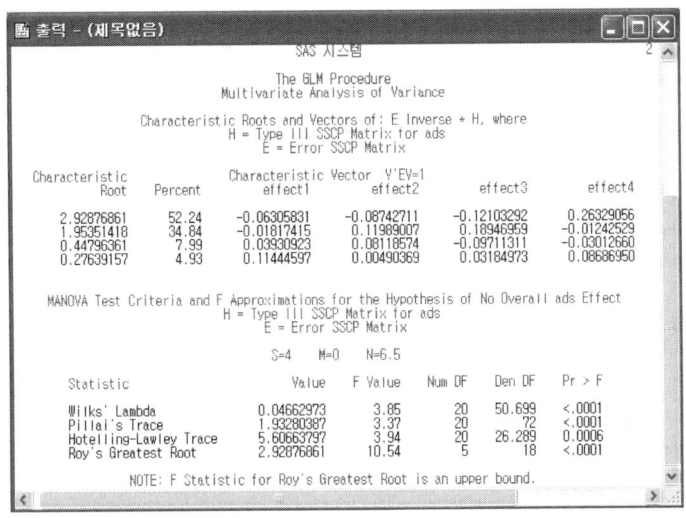

출력 - (제목없음)

SAS 시스템

The GLM Procedure
Multivariate Analysis of Variance

Characteristic Roots and Vectors of: E Inverse * H, where
H = Type III SSCP Matrix for ads
E = Error SSCP Matrix

Characteristic Root	Percent	Characteristic Vector V'EV=1 effect1	effect2	effect3	effect4
2.92876861	52.24	-0.06305831	-0.08742711	-0.12103292	0.26329056
1.95351418	34.84	-0.01817415	0.11989007	0.18946959	-0.01242529
0.44796361	7.99	0.03930923	0.08118574	-0.09711311	-0.03012660
0.27639157	4.93	0.11444597	0.00490369	0.03184973	0.08686950

MANOVA Test Criteria and F Approximations for the Hypothesis of No Overall ads Effect
H = Type III SSCP Matrix for ads
E = Error SSCP Matrix

S=4 M=0 N=6.5

Statistic	Value	F Value	Num DF	Den DF	Pr > F
Wilks' Lambda	0.04662973	3.85	20	50.699	<.0001
Pillai's Trace	1.93280387	3.37	20	72	<.0001
Hotelling-Lawley Trace	5.60663797	3.94	20	26.289	0.0006
Roy's Greatest Root	2.92876861	10.54	5	18	<.0001

NOTE: F Statistic for Roy's Greatest Root is an upper bound.

[결과2]는 정준상관관계분석의 고유값에 해당하는 값으로서 특성근(Characteristic Root) 값이 제시되어 있다. 이 값을 볼 경우 두 개 정도 식이 설명력이 높은 것으로 나타났다. 두 개의 식이 종속변수들과 설명변수간에 관계를 잘 설명해 줄 수 있다. 계속해서 다변량 통계량이 제시되어 있다. 전체적으로 보아 다변량식이 의미가 있다. 광고에 따라 광고효과를 측정하는 측정치간에 관련성이 높으며, 집단간에도 차이가 있음을 알 수 있다.

5. 프로시저 설명

5.1 분산분석 프로시저

분산분석을 할 수 있는 SAS의 프로시저에는 다음과 같은 것들이 제공되고 있다. 이 중에서도 가장 일반적인 프로시저가 GLM이며 다양한 형태의 분산분석을 수행할 수 있다.

- **ANOVA** : 분산분석(ANOVA), 다변량분산분석(MANOVA), 표본의 수가 동등한 경우의 반복측정 분산분석(repeated measures ANOVA), 여러 가지의 다중비교검정을 수행한다. ANOVA 프로시저는 각 실험집단의 표본의 갯수가 동일한 경우(balanced designs)에 대한 분산분석을 수행한다. 각 실험집단의 표본의 수가 동일하지 않거나 코베리엣(covariate)의 영향을 파악하고 싶은 경우에는 GLM 프로시저를 수행한다.

일원분산분석(one - way ANOVA)	MODEL y=a;
주인자분산분석	MODEL y=a b c;
Factorial 모형(상호작용포함)	MODEL y=a b a*b;
분지모형	MODEL y=a b(a) c(b a);
마노바(MANOVA)	MODEL y1 y2= a b;
안코바(ANCOVA)	MODEL y=a x1;
단순회귀모형	MODEL y=x1;
다중회귀모형	MODEL y=x1 x2;
다항회귀(polinominal) 모형	MODEL y=x1 x1*x1;
다변량회귀모형	MODEL y1 y2=x1 x2;
기울(slope)가 다른 모형	MODEL y=a x1(a);
동일 기울기(slope) 검정 모형	MODEL y=a x1 x1*a;

- **GLM** : 일반선형모형으로 ANOVA, 회귀분석, ANCOVA, 반복측정 분산분석, MANOVA 등을 수행한다. GLM에서는 다양한 진단측정(diagnostic measures), 무작위 인자(random effects)의 검정, 사용자가 원하는 형태의 가설검정에 대한 추정, 다양한 다중비교검정, 코베리엣(covariate)을 포함한 모형에 대한 평균의 차이를 검정한다. PROC GLM에서는 앞에서 제시한 표에서 보듯이 여러 가지 모형을 추정할 수 있다.

5.2 PROC ANOVA/PROC GLM의 기본형

(1) PROC ANOVA/PROC GLM의 기본형

```
PROC ANOVA/PROC GLM 옵션;
   CLASS 변수들; (* MODEL문 이전에 선언)
   MODEL 종속변수들=인자들/옵션;
   BY 변수들;
   FREQ 변수;
   MANOVA H=인자들 E=인자들 M=식들...MNAMES=이름들
                  PREFIX=이름/옵션;
   MEANS 인자들/옵션;
   REPEATED 요인이름 레벨들(레벨값) 변환[,...]/옵션;
   TEST H=인자들 E=인자들;

<PROC GLM에서만 가능한 문장들>
   ID 변수;
   WEIGHT 변수;
   CONTRAST '라벨' 인자 값들 ..... / 옵션;
   ESTIMATE '라벨' 인자 값들 ..... / 옵션;
   LSMEANS 효과들/옵션;
   OUTPUT OUT 키어=이름들...;
   RANDOM 효과들/옵션;
```

(2) PROC ANOVA/PROC GLM의 옵션

[옵션]
- DATA=데이터셋 : 일반적인 데이터셋의 이름을 지정한다. 이 옵션이 없을 경우 이 프로시저 직전에 만들어졌던 데이터셋을 사용한다.
- OUTSTAT=데이터셋 : 파라메터 추정치와 옵션으로 제시한 통계량이 출력될 데이터셋을 지정한다.
- MANOVA : 종속변수가 여러 개일 경우 이들 종속변수들 중에 하나라도 결측(missing) 값이 있으면 이 관찰치를 분석에서 제외한다.
- NOPRINT : 수행결과를 OUTPUT화면에 출력하지 않는다.
- ORDER= : CLASS문이 지정된 경우 인자의 수준이 분류되는 순서를 지정한다. FREQ는 인자의 수준이 큰 값에서 작은 값으로, DATA는 데이터셋에 나오는 순서대로, INTERNAL은 올림차순으로, FORMATTED는 외부에서 정한 포맷 순서대로 인자의 수준이 출력된다. FOMATTED 옵션을 사용해서 분류를 하는 경우는 PROC FORMAT문을 사용하게 되는데, 이때,

```
PROC FORMAT;
   VALUE 포맷변수이름 구간='1. 라벨'
                     구간='2. 라벨' ...;
```

  형태로 번호를 추가하는 것이 좋다. 디폴트는 INTERNAL.

(3) CLASS 변수이름들;

분산하고자 하는 집단 인자들을 지정한다. 이변수에 지정되지 않은 변수가 MODEL문에 사용되면 그 변수는 코베리엣(covariate)으로 인식하고 공분산분석(ANCOVA)을 수행한다.

(4) CONTRAST '라벨' 인자 값들 …/옵션;

이용자가 자유롭게 가설을 검정할 수 있도록 하는 기능. L벡터나 단일변량 가설(Lβ=0) 검정을 위한 행렬이나 다변량 가설(LβM=0) 검정을 구체적으로 서술함으로써 구성된다. CONTRAST문은 MODEL문 뒤에 나와야 하며 RANDOM, MANOVA, REPEATED문 앞에 나와야 한다.

- **라벨** : CONTRAST문을 설명할 20여자 이내의 라벨을 인용구안에 지정한다. 라벨은 항상 적어야 한다.
- **인자** : MODEL문의 인자(독립변수)를 적는다. 절편을 지정하고자 하면 INTERCEPT란 키어를 사용한다.
- **값들** : MODEL문 인자(독립변수)와 관련있는 L벡터의 각 요소들을 지정한다.

[옵션]
- E : 전체 L벡터를 출력.
- E=인자 : 모형에서 오차항으로서 사용될 인자를 정의한다. 정의가 되었을 때는 단일변수 분석에서는 F 검정의 분모로서 사용되며, MANOVA, REPEAT문에서는 E행렬로 사용된다. 디폴트는 평균제곱합의 오차(MSE).
- ETYPE=n : E=인자에서의 오차의 TYPE에 대해 지정을 한다. 1, 2, 3, 4 등이며, E=인자가 지정되고, ETYPE=가 지정되어 있지 않으면 ETYPE=는 4가 된다.

다음 모형에서 a의 수준이 5이고 b의 수준이 2라면, 파라메터의 행렬은,

$$(\mu, a1, a2, a3, a4, a5, b1, b2)$$

가 되며, a가 선형(linear)이라는 인자와 2차 함수(quadratic)라는 인자가 0이라는 가설을 검정하기 위한 L벡터는(Winer 1971 부록 B 참조) ,

$$L = \begin{vmatrix} 0 & -2 & -1 & 0 & +1 & 2 & 0 & 0 \\ 0 & 2 & -1 & -2 & -1 & 2 & 0 & 0 \end{vmatrix}$$

이 되며, 이를 CONTRAST문으로 나타내면,

```
CONTRAST '선형 및 이차항'  a   -2 -1   0  1  2,
                           a    2 -1  -2 -1  2;
```

가 된다. 또한 A의 통제수준과 다른 수준과 비교하기 위해서는,

```
CONTRAST '통제 vs. 기타'   a -1  .25  .25  .25  .25;
```

로 표현한다.

또한 *educatn*이라 변수의 수준이 4인 경우, 수준 1과 수준 2가 같은가를 보고자 하면,

```
1* (수준1) - 1 * (수준 2) + 0 * (수준3) + 0 * (수준4) = 0
```

을 비교한다. 즉,

```
CONTRAST '1수준=2수준' educatn 1  -1 0 0;
```

또한 수준 1이 수준 2와 3의 평균과 같은지를 보고자 하면,

```
2* (수준1) - 1 * (수준 2) - 1 * (수준3) + 0 * (수준4) = 0
```

을 비교한다. 즉,

```
CONTRAST '1수준=(2수준+3수준)/2' educatn 2 -1 -1 0;
```

(5) ESTIMATE '라벨' 인자 값들 …/옵션;

추정하려고 하는 파라메터의 선형함수 정보를 가지고 있는 L벡터와 파라메터 벡터 b를 곱하여 조합된 파라메터를 추정한다.

- **라벨** : ESTIMATE문을 설명할 20여자 이내의 라벨을 인용구 안에 적는다. 라벨은 항상 적어야 한다.
- **인자** : MODEL문의 인자(독립변수) 변수를 지정한다. 절편은 INTERCEPT란 키워드를 사용한다.
- **값들** : MODEL문의 인자(독립변수)와 관련 있는 L벡터의 각 요소들을 적는다.

[옵션] • DIVISOR=숫자 : 추정하려는 값들을 공통적으로 나누려는 숫자를 지정한다. 따라서 다음의 문장들은 같은 의미를 갖는다.

```
ESTIMATE '1/3(a1+a2) - 2/3a3' a 1 1  - 2 / DIVISOR=3;
ESTIMATE '1/3(a1+a2) - 2/3a3' a .33333 .33333 - .66667;
```

• E : 전체 L벡터를 출력.
• E=인자 : 모형에서 오차항으로서 사용될 인자를 정의한다. 디폴트는 평균제곱합의 오차(MSE).
• ETYPE=n : E=인자에서의 오차의 TYPE에 대해 지정한다. 가능한 값은 1, 2, 3, 4 등이며, E=인자가 지정되고, ETYPE=가 지정되어 있지 않으면 ETYPE=는 4가 된다.

예를 들어 A인자의 두 수준간 파라미터의 차이를 보려면(지정은 앞의 CONTRAST문과 같은 형태로 한다) 다음과 같다.

```
ESTIMATE 'a1 vs. a2' a 1  - 1;
```

(6) LSMEANS 인자들/옵션;

LSMEANS은 지정된 인자 수준들에 대한 최소제곱평균(least square means)을 계산하며, 각 인자수준간의 차이에 대한 검정을 한다. 집단(class)형태의 변수에 사용된다.

```
LSMEANS a b a*b;
```

[옵션] • COV : 공분산 행렬을 OUT= 데이터셋에 저장한다.
• E : LSMEANS에 사용된 추정함수(estimable function)를 출력한다.
• NOPRINT : 수행결과를 OUTPUT화면에 출력하지 않는다.
• OUT=데이터셋 : 수행결과가 저장될 데이터셋 이름을 지정한다.
• PDIFF : H0 : LSM(i) = LSM(j)에 대한 확률을 출력한다.
• STDERR : H0 : LSM = 0에 대한 확률과 LSM에 대한 표준편차를 출력한다.
• TDIFF : H0 : LSM(i) = LSM(j)에 대한 t 값과 확률을 출력한다.

(7) MANOVA H=인자들 E=인자들 M=식들 ... NAMES=

```
이름들 PREFIX=이름/옵션;
```

종속변수가 여러 개일 때 다변량 통계분석(Multivariate analysis)을 한다.

• **H=인자들** : 가설 행렬로서 사용될 인자를 지정한다. 절편을 표현하기 위해서는 INTERCEPT를 인자로 사용할 수 있으며, 모형의 전체 변수를 지정하고자 할 때는

_ALL_을 사용한다. 다양한 형태의 다변량 통계량이 제공된다.

• **E=인자들** : 오차에 대한 인자를 정의한다. 디폴트는 SSCP(sum of squares and cross-product) 행렬이 사용된다.

```
M=식1,식2,...,식k
M=(숫자의 나열)
```

종속변수에 대한 변환 행렬을 아래의 두 가지 형태 중의 하나로 서술한다.

```
MANOVA H=a E=b(a) M=y1 - y2, y2 - y3, y3 - y4, y4 - y5
                      PREFIX=DIFF;
   MANOVA H=a E=b(a) M=
                         (1  -1  0  0  0,
                          0  1  -1  0  0,
                          0  0  1  -1  0,
                          0  0  0  1  -1) PREFIX=DIFF;
```

• **MNAMES=이름들** : M식에서 각 식의 이름들을 적는다.

```
MNAMES=linear quadratic  cubic…
```

• **PREFIX=이름** : M식에서 각 식의 이름에 대한 접두사로서 사용될 이름을 적는다.

[옵션]
- CANONICAL : 정준상관관계분석을 한다.
- ETYPE=n : E=인자에서의 오차의 TYPE를 지정한다. 가능한 값은 1, 2, 3, 4이며, E=인자가 지정되고, ETYPE=가 지정되어 있지 않으면, ETYPE=는 4가 된다.
- HTYPE=n : H=인자에서의 오차의 TYPE를 지정한다. 가능한 값은 1, 2, 3, 4이며, H=인자가 지정되고, ETYPE=가 지정되지 않으면 ETYPE=는 4가 된다.
- ORTH : M행렬을 분석하기 전에 라인단위로 직교표준화(orthonormalize) 한다.
- PRINTE : E 행렬을 출력한다. E행렬이 SSCP일 경우는 주어진 독립변수 하에서 종속변수들의 부분상관계수를 출력한다.
- PRINTH : H 행렬 및 이와 관련된 인자들을 출력한다.
- SUMMARY : 각 종속변수에 대한 ANOVA표를 출력한다. M이 정의되어 있을 때는 M에 의해 변환된 결과가 표로 출력이 된다.

(8) MEANS 인자들/옵션;

모형에 정의된 인자에 대해서 평균간의 차이를 검정한다. 집단변수만 가능하다. 사용할 수 있는 옵션은 다음과 같다.

[옵션]
- BON : 본페로니(Bonferroni) t 검정을 한다.
- DUNCAN : 던칸(Duncan)의 다중범위 검정(multiple - range test)을 한다.
- DUNNETT{(formattedcontrolvalues)} : 던넷(Dunnett)의 양측 t 검정을 한다. 특정 인자의 수준에 대한 포맷값을 적어 그 수준과 타수준을 비교한다. 포맷은 PROC FORMAT에 의해 지정한다.

```
MEANS a /DUNNETT('CONTORL');
MEANS a b c /DUNNETT('통제a', '통제b');
```

- DUNNETTL : 던넷(Dunnett)의 통제그룹보다 작은지에 대한 단측 t 검정을 한다. 특정 인자 수준의 포맷값을 적어 그 수준과 타수준을 비교한다.
- DUNNETTU : 던넷(Dunnett)의 통제그룹보다 큰지에 대한 단측 t 검정을 한다. 특정 인자수준의 포맷값을 적어 그 수준과 타수준을 비교한다.
- GABRIEL : 가브리엘(Gabriel)의 다중비교(multiple - comparison) 절차를 수행한다.
- REGWF : 라이언 - 아이놋 - 가브리엘 - 웰치(Ryan - Einot - Gabriel - Welch)의 다중 F 검정(multiple F test)을 수행한다.
- REGWQ : 라이언 - 아이놋 - 가브리엘 - 웰치(Ryan - Einot - Gabriel - Welch)의 검정을 수행한다.
- SCHEFFE : 쉐페(Scheffe)의 다중비교(multiple - comparison) 절차를 수행한다.
- SIDAK : 사이닥 부등식(Sidak's inequality)에 의해 조정된 인자의 수준에 대한 쌍체비교 t 검정(pairwise t test)을 수행한다.
- SMM ¦ GT2 : 표준화된 최대 모듈(modulus)과 사이닥(Sidak)의 비 연관 t 부등식(uncorrelated t inequality)을 이용해서 쌍체비교 t 검정(pairwise t test)을 한다. 표본의 크기가 서로 다를 때의 호크버그 $GT2$(Hochberg's $GT2$) 방법과 같은 결과를 얻는다.
- SNK : 표준화된 뉴만 - 쿨스(Student - Newman - Keuls)의 다중범위(multiple range)검정을 수행한다.
- T ¦ LSD : 표본의 크기가 같은 경우에 피셔의 최소유의차이(Fisher's least - significance difference) 검정과 동등한 쌍체비교(pairwise) t 검정을 수행한다.
- TUKEY : 튜키의 표준화 범위 검정(Tukey's studentized range test (HSD))을 수행한다.
- WALLER : 왈러 - 던칸(Waller - Duncan)의 k 비율(k - ratio) 검정을 수행한다(KRATIO=와 HTYPE=를 참조).

[다중비교절차에 있어서 구체적인 추가 옵션]

- ALPHA=확률 : 평균간 비교를 하는데 있어 유의수준을 지정한다. 디폴트는 0.05.
- CLDIFF : BON, GABRIEL, SCHEFFE, SIDAK, SMM, GT2, T, LSD와 TUKEY에서 모든 평균간의 쌍체차이(pairwise difference)에 대한 신뢰 구간을 제공한다. 표본수가 다를 때는 디폴트 옵션이다.
- CLM : BON, GABRIEL, SCHEFFE, SIDAK, SMM, GT2, T, LSD와 TUKEY에서 모든 변수의 인자의 각 수준에 대한 신뢰 구간을 제공한다.
- E=인자 : 다중비교에서 사용될 평균제곱오차를 지정한다. 디폴트는 평균제곱오차(MSE)이다.
- ETYPE=숫자 : 오차인자를 계산하기 위한 평균제곱의 형태를 지정한다. 가능한 숫자는 1, 2, 3, 4중의 하나이며, 디폴트는 4.
- KRATIO=값 : 왈러 - 던칸(Waller - Duncan) 검정에서 사용될 type1/type2의 심각비율(serious ratio)을 지정한다. 적절한 값은 50, 100, 500 중의 하나이다. 인자가 무순인 경우에 있어서 ALPHA값이 0.1, 0.05, 0.01인 것과 같다. 디폴트는 100.

- LINES : 평균을 내림차순으로 정리한다. 또한 유의한 차이가 없는 평균간의 차이도 라인으로 구분되어 출력된다. 이 옵션은 표본수가 동일한 경우에 있어서 디폴트로 사용된다. DUNNETT, DUNNETTL, DENNETTU과는 같이 사용 못한다.

(9) 라벨:MODEL 종속변수들=인자 및 독립변수들/옵션;

MODEL문에 사용 가능한 옵션은 다음과 같다. 라벨은 모형의 이름에 대한 설명이다. 변수에 x1*x1 또는 x1*x2와 같은 형식을 쓸 수 있다.

[옵션]
- INTERCEPT ¦ INT : GLM 프로시저에서 절편항을 모형에 포함해서 가설 검정을 하라는 표시한다. 디폴트는 절편항을 모형에 포함해서 연산하나, 가설 검정은 수행이 되지 않는다.
- NOINT : 절편항을 모형의 연산 및 가설검정에 포함시키지 않는다.
- NOUNI : 단일변량통계량을 계산하지 않는다.
- SOLUTION : CLASS문에 지정된 변수만 사용된 경우 파라메터 추정한다.
- E : 모든 예측가능함수를 출력한다.
- E1, E2, E3, E4 : 모형의 각 인자에 대한 TYPE 1, 2, 3, 4 예측가능함수를 출력한다.
- SS1, SS2, SS3, SS4 : 모형의 각 인자에 대한 TYPE 1, 2, 3, 4 자승합을 출력한다. 각 인자 수준 별로 표본수가 다를 때 사용해야 하는데 SS3은 상호작용효과를 고려하지 않은 경우에 SS2는 상호작용 효과를 고려할 때 지정해야만 한다.
- P : 관측치, 예측치, 오차 및 더빈 - 왓슨(Durbin - Watson) 통계량을 출력한다.
- CLM : 각 관측치의 평균 예측치에 대한 신뢰구간을 출력한다. P옵션이 같이 지정되어야 한다.
- CLI : 각 관측치의 예측치에 대한 신뢰구간을 출력한다. P옵션이 같이 지정되어야 한다.
- ALPHA=확률 : 신뢰구간에 대한 알파수준을 지정한다. 가능한 확률 지정값은 .01, .05, .10 등이다.

(10) REPEATED 요인이름 수준들(수준값) 변환[, …]/옵션;

모형의 종속변수들이 같은 실험집단에서 반복관찰치를 나타낼 때 사용한다. 즉 그룹내 개인간(within-subject)의 인자를 지정해 주는 것이다.

- **요인이름** : 종속변수와 관련된 요인이름을 지정한다. 이 변수의 이름은 분석대상이 되는 데이터셋의 변수이름과 달라야 한다.
- **수준들** : 요인과 관련된 인자 수준의 갯수를 적는다. 그룹내 개인간 요인이 하나일 때는 종속변수의 개수이다. 따라서 수준을 지정할 필요는 없다.
- **수준값** : 반복관찰인자의 인자수준을 지정한다. 지정된 수준들이 직교다항 비교(orthogonal polinomial contrast)를 하는데 사용된다. 인자의 수준의 수는 REPEAT문에서 요인의 인자 수준의 수와 상응되어야 한다. 인자 수준은 항상 괄호 안에 쓰여져야 한다.

- **변환** : 변환옵션이 생략되어 있을 때는 다음의 CONTRAST변환이 된다. 변환의 종류는 다음과 같다.

[변환]
- CONTRAST{(서열기준수준)} : 인자의 수준간에 비교식을 구성한다. 기준값이 서열기준수준에 나타나야 한다. 기준값은 수준값이 아니라 인자 수준의 순서와 관련이 있다. 이 값이 제시되어 있지 않으면, 마지막 수준이 기준값으로 사용이 된다. 즉 요인의 첫번째 수준과 다른 수준간에 비교를 하려면, CONTRAST(1) 으로 지정한다.
- POLINOMIAL : 직교다항비교식을 구성한다. 인자 수준이 제시되어 있으면 이 값을 수준간의 간격으로 이용하나, 제시되어 있지 않으면, 동등한 간격으로 간주한다.
- HELMERT : 인자의 각 수준과 이어지는 다음 수준들의 평균과 비교하는 식을 구성한다.
- MEAN{(서수기준수준)} : 인자의 각 수준과 전체 요인의 각 수준의 평균과 비교하는 식을 구성한다. 특정한 기준값을 괄호안에 제시함으로써 그 수준의 평균과 비교하지 않는 식을 구성할 수 있다. 괄호 안에 아무 값도 제시되어 있지 않으면 마지막 수준이 기준값으로 사용된다.
- PROFILE : 인자의 연속된 수준과 비교식을 구성한다.

[옵션]
- CANONICAL : REPEAT문을 기준으로 H와 E행렬에 대한 정준상관관계분석.
- HTYPE=n : H행렬에서 사용될 자승합의 형태를 지정한다(자세한 내용은 MANOVA문을 참조).
- NOM : 단일변량통계량만을 출력한다.
- NOU : 다변량통계량만을 출력한다.
- SUMMARY : REPEAT문에 사용된 각 비교식에 대한 분산분석표를 제공한다.

REPEAT문에 대한 예를 보면, 총 12번의 측정 및 3번의 처리(treatment)를 수행했다면 각 처리(treatment)에서 4번의 측정을 했으므로 다음과 같이 표현한다.

```
REPEAT treat 3, time 4;
```

이 경우에 있어서는 다음과 같은 구조로 연산이 수행된다.

- 종속변수 : y1 y2 y3 y4 y5 y6 y7 y8 y9 y10 y11 y12
- treat의 값 : 1 1 1 1 2 2 2 2 3 3 3 3
- time의 값 : 1 2 3 4 1 2 3 4 1 2 3 4

(11) TEST H=인자들 E=인자들 /옵션;

각 오차항에 대한 오차 평균제곱을 통해서 모든 자승합에 대한 F 검정을 한다. 스플릿—플랏(Split—plot) 디자인과 같이 비 표준화된 오차 구조를 가지고 있을 때 지정해 주어야 한다.

- H=인자들 : 가설(분자) 인자로서 사용될 인자를 지정한다.
- E=인자들 : 오차(분모)로서 사용될 인자를 한 가지만 지정한다.

[옵션]
- ETYPE=숫자 : 오차인자를 계산하기 위한 평균제곱의 형태를 지정한다. 가능한 숫자는 1, 2, 3, 4 중의 하나이며, 디폴트는 4.
- HTYPE=숫자 : 가설인자를 계산하기 위한 평균제곱의 형태를 지정한다. 가능한 숫자는 1, 2, 3, 4중의 하나이며, 디폴트는 4.

(12) 기타 문장들

가. BY 변수들;

지정한 변수들의 값이 변할 때마다 서로 다른 분산분석을 하고자 할 때 사용한다. 사전에 PROC SORT 프로시저로 정렬되어 있어야 한다.

나. FREQ 변수;

지정한 변수의 값으로 관찰치의 도수를 변화시키고자 할 때 사용한다.

다. ID 변수;

MODEL문에서 CLI, CLM, P, R 등의 예측 옵션 및 오차에 대한 옵션이 지정되었을 때 각 관찰치에 대한 ID로서 사용될 변수들을 지정한다.

라. OUTPUT OUT=데이터셋 키어=이름들;

분석결과를 데이터셋으로 저장하고 싶을 때 사용한다. 키어=이름들에 관한 옵션은 PROC REG의 OUTPUT OUT=란을 참조하시오.

마. RANDOM 인자들/옵션;

모형에서 인자가 무작위 추출(random) 변수일 때 사용[Shavelson (1988) 참조]한다. 이 옵션이 지정되면, GLM에서는 분석에 사용된 Type 3, Type 4, 또는 CONTRAST문에서 기대값을 계산한다.

- Q : 평균제곱의 기대값에 나타난 고정효과(fixed effect)에서 모든 가능한 2차 함수(quadratic) 형태를 출력한다.

• TEST : 기대제곱평균(expected means square)에 의해 결정된 적절한 오차항을 이용해서 모형의 각 인자에 대한 가설 검정을 한다.

바. WEIGHT 변수;

가중치를 갖는 변수를 지정해 주면 가중오차자승합이 $\Sigma_i w_i (y_i - \overline{y_i})^2$을 계산한다. 평균이나 평균에 대한 다중 비교할 때 이용이 된다. 도수는 변화가 없다.

요인분석

9 CHAPTER

1. 요인분석의 개요

1.1 요인분석이란

요인분석(factor analysis)은 다변량데이터분석(multivariate data analysis) 방법의 하나로서 고려해야 할 변수의 수가 증가하면서 변수들의 구조와 상호관계에 관하여 더 많은 지식이 필요하면서 등장한 기법이다. 흔히 연구자는 복잡한 다차원적인 관계를 단순하게 개념적으로 규정하고, 설명하기를 원한다. 이 경우 요인분석은 변수들간에 종속변수 또는 독립변수로 구분을 하지 않고 단순히 변수들간의 관계를 찾아 낼 때 사용한다.

요인분석이란 하나의 데이터 행렬에서 그 배후구조를 규정하는데 주 목적이 있는 통계분석 방법으로 규정된 배후구조가 요인(factor)이라고 하는 상호관계 구조를 설명하는 새로운 개념변수가 만들어 진다.

1.2 요인분석의 개념

요인분석은 n개의 관찰 가능한 양적 변수들 사이의 공분산 관계 내지는 상관관계를 설명할 수 있는 $q(< n)$개의 요인(factor)이라고 불리는, 관측되지 않는 가설적인 변수를 찾는 다변량데이터분석 기법이다. 변수가 여러 개 있는 경우에 비슷한 특성을 가진(상관관계가 높은) 변수들끼리 모아 몇 개의 집단으로 나눈 후 각 집단을 대표할 수 있는 새로운 요인들을 찾는다. 따라서 원래의 변수 n개보다 요인의 수는 q개로 작아지는 변수축소법의 한 가지라고 할 수 있다. 이를 정리하면 다음과 같다.

- 여러 개의 변수로 측정된 데이터를 변수들간에 공분산관계 및 상관관계를 이용하여 이해하기 쉬운 형태로 축소/요약하는데 사용한다.
- 타당성(Validity) 검정의 일부로서 많은 항목들이 어떠한 개념이나 현상을 측정하였을 때 과연 각 변수들이 모두 동일한 개념을 측정하였는가를 확인하는데 사용한다.
- 측정한 개념의 타당성을 저해하는 변수들을 추출하는데 사용한다.

1.3 요인분석 과정

(1) 제1단계 : 요인분석의 목적

조사 문제가 무엇인가를 규정하는 것으로 요인분석은 상관관계가 높은 변수들을 동질적인 몇 개의 집단으로 묶어주며 주로 다음과 같은 목적으로 사용된다(채서일, 김범종, 이성근, 1992, pp. 191－192 참조).

가. 데이터 요약

대상을 설명하는 변수가 여러 개인 경우, 변수들을 몇 개의 동질적인 요인으로 묶어 줌으로써 데이터에 대한 복잡성을 줄이고 정보를 쉽게 요약할 수 있다.

나. 변수간 구조 파악

변수간 구조파악 측면에서 요인분석에는 크게 두 가지 형태로 분류될 수 있다. 현재 제시된 요인분석 방법은 여러 변수들에 의해 이들 변수들을 설명할 수 있는 요인들을 통해 변수들 내에 존재하는 상호독립적인 특성(차원)을 파악하는 데 이용된다.

다른 요인분석 방법으로 사전요인분석(confirmatory factor analysis) 방법이 있다. 이 방법은 사전적으로 변수들간의 구조를 가정하고 이 구조에 대한 가정이 적절한 지를 검정하는 방법이다. SAS에서는 **PROC CALIS**를 통해 검정할 수 있다.

다. 불필요한 변수의 제거

대상을 설명하는 변수들 중에 대상 설명과 관련된 변수들은 변수군(요인)으로 묶이게 되는데 이 과정에서 묶이지 않은 변수들을 제거함으로써 중요하지 않은 변수(신뢰도가 낮은 변수)들을 선별할 수 있다.

라. 측정도구의 타당성(validity) 검정

한 가지 또는 여러 가지 개념을 측정하기 위한 변수들 가운데 동일한 개념을 측정하기 위한 변수들 간에는 상관관계가 높게 나타나야 한다. 동일한 개념을 측정하는 변수들이 동일한 요인으로 묶이는지 여부를 확인하는 과정에서 타당성을 검정할 수 있다.

마. 추가적인 분석방법에 요인점수(factor score)의 이용

다수의 변수들을 이용하거나 상관관계가 높은 변수들을 이용한 회귀분석이나 판별분석을 하는 경우, 여러 가지 문제가 발생할 수 있다. 변수의 수가 많으면 시간, 비용 분석의 복잡성이 증가된다. 또한 상관관계가 높은 변수들을 이용할 경우, 다중공선성(multicollinearity)이 발생하기 쉽다(7장 회귀분석 참조). 요인분석을 통해 얻어진 요인들을 변수로 이용하면 포함되는 변수의 수를 줄이거나, 다중공선성 문제를 어느 정도 해결할 수 있다. 반면에 요인분석을 통해 회귀분석이나 판별분석을 하게 되면 정보의 손실이 발생할 가능성이 높다.

요인은 변수들을 선형결합하여 보다 적은 수의 요인으로 표현하게 되는데 이 과정에서 정보의 손실이 발생한다. 특히 산출된 요인들을 통해 변수들의 설명 정도를 나타내는 공통성(communality)이 낮을 경우 이러한 경향은 더 커진다.

(2) 제2단계 : 데이터의 수집 및 입력

데이터에 포함되어야 할 변수들은 연구대상과 관련된 가능한 모든 변수를 포함하는 것이 원칙이다. 또한 컴퓨터의 처리능력, 데이터 수집 비용 및 처리 비용 등도 고려되어야 한다. 보통 표본 수는 변수의 수에 4, 5배 정도가 필요하다. 예를 들어 40개의 변수를 요인분석을 하고자 하면, 약 160에서 200개 정도의 관찰치가 필요하다고 볼 수 있다(채서일, 김범종, 이성근, 1992, p. 194).

변수는 기본적으로 등간이나 비율로 측정된 메트릭 데이터이어야 한다. 비메트릭 데이터는 이용 가능하기는 하지만 기본적으로 PROC FACTOR보다는 PROC PRINQUAL과 같은 프로시저를 이용하는 것이 좋다. 경우에 따라서는 데이터가 5점 척도나 7점 척도와 같이 서로 다르게 수집될 수도 있으나 원 데이터는 그대로 입력하면 된다. 데이터는 요인분석 시 표준화되어 분석된다.

(3) 제3단계 : 요인추출모델의 결정

$x' = (x_1, \cdots, x_n)$가 평균 μ, 공분산행렬 Σ를 갖는 다변량 정규분포를 갖는다고 할 때, 각 변수는 공통요인(common factor)으로서 $F_1,\ F_2, \cdots,\ F_q$와 특정요인(specific factor)으로서 $\epsilon_1, \epsilon_2, \cdots, \epsilon_n$으로 나눌 수 있다. 이를 일반적인 식으로 나타내면 다음과 같다.

$$x - \mu_i \ = \ b_{i1}F_1 + b_{i2}F_2 + \cdots + b_{iq}F_q + \varepsilon_i, \quad i \ = \ 1,2,\cdots n$$

이는 다시 다음과 같이 정리할 수 있다.

$$x - \mu \quad = \quad BF + \varepsilon$$

가정 ① F_j 들은 서로 독립이며 평균이 0, 분산이 1인 관찰 불가능한 확률변수이다.

② ϵ_i 들은 서로 독립이며 분산이 ϕ_i인 관찰 불가능한 확률변수이다.

③ F와 ϵ 는 서로 독립이다.

위와 같은 가정하에서 x_i의 분산은

$$\mathrm{var}(x_i) \quad = \quad b_{i1}^2 + b_{i2}^2 + \cdots + b_{iq}^2 + \phi_i$$

가 되며, $h_i^2 = b_{i1}^2 + b_{i2}^2 + \cdots + b_{iq}^2 + \phi_i$을 공통요인분산(common factor variance) 또는 공통성(communality)이라고 하고 ϕ_i를 특정분산(specific variance)이라고 한다.

x_i 와 F_j의 상관관계 $\mathrm{cov}(x_{i,} F_j) = b_{ij}$가 된다. 이 상관관계를 요인적재량(factor loading)이라고 한다. 공통성은 특정변수의 모든 요인적재량을 제곱하여 합한 값이라는 것을 알 수 있다. 반면에 특정요인의 설명 정도를 나타내는 고유값(Eigen value)은 특정 요인에 대해 모든 변수의 요인적재량을 제곱하여 합한 값이다.

요인추출모델은 다음과 같이 크게 3가지가 가능하다. 이 중에서 주로 주성분분석방법을 많이 사용하나 되도록이면 최우법으로 추정하는 것이 좋다.

가. 주성분분석(principal component analysis)

q개의 주성분을 이용하여 공분산행렬을 근사시키는 방법이다.

$$\sum \quad = \quad BB' + \phi$$

나. 주요인분석(principal factor analysis)

주성분분석과 같은 원리를 사용하되, 표본상관행렬 R의 대각선 행렬 h_i^2로 대치한 후에 식을 근사시키는 방법이다.

$$RR' \quad \cong \quad BB'$$

다. 최우법 요인분석(maximum – likelihood factor analysis)

통계적으로 여러 가지 좋은 성질들을 갖는 최우법 추정에 의해 b_{ij}를 추정한다. 이 방법은 요인추출을 하는데 많은 시간이 걸린다는 점이 단점이다.

(4) 제4단계 : 요인 추출 및 요인수의 결정

요인 수를 결정하는 방법은 크게 4가지가 있다.

가. 고유값(Eigen value)을 기준으로 결정하는 방법

고유값을 기준으로 하는 경우는 고유 값이 1이상인 경우의 요인들의 수만큼을 추출하는 방식이다. 고유값이란 각 요인이 설명해 주는 분산의 양을 의미하며 1이상이라는 의미는 하나의 요인이 변수 1개 이상 설명 가능하다는 의미이다. 변수의 수가 20개에서 50개 사이에 있을 때에는 요인의 수를 결정하기 위한 기준으로 고유값을 이용하는 것이 가장 적절하다. 변수의 수가 20개 이하일 때는 요인들의 수를 지나치게 적게 추출하는 경향이 있는 반면에 50개 이상일 경우에는 추출되는 요인들의 수가 지나치게 많아지는 경우가 있다. 일반적으로 고유값을 기준으로 하는 방식이 많이 사용되며, 다음 난의 스크리 테스트와 비교하여 적절한 요인 수를 결정한다.

나. 스크리 테스트(scree test)를 통해 결정하는 방법

Cattell(1966)의 스크리 테스트는 요인들의 고유 값들을 크기에 따라 *XY* 좌표축 그림으로 나타냈을 경우 굴절이 되는 점을 기준으로 굴절이 되는 점보다 높은 고유 값을 갖는 요인들의 수만큼을 추출하는 방식이다. 다음 그림에서와 같이 고유 값이 1.0인 값을 기준으로 요인 값의 패턴에 따라 두 개의 선을 그은 후 굴절이 되는 점을 보면 적절한 요인 수가 3개임을 알 수 있다.

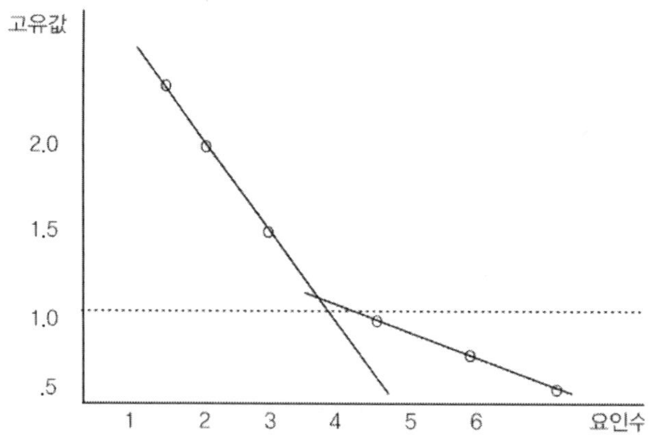

다. 총분산에서 요인이 설명해 주는 정도를 기준으로 하는 방법

분산을 기준으로 하는 경우에는 사회과학에서는 60%정도 설명을 해 주는 요인들의 수만큼을 선택하며, 자연과학에서는 95%정도 설명해 주는 요인들의 수만큼을 선택한다. 즉 총 분산 중에 현재 선택된 요인들의 설명 정도를 60% 내지 95%로 정해 설명되지 않은 분산의 수를 최소화하기 위한 방법이다.

라. 연구자가 사전에 요인 수를 결정하는 방법

마지막으로 연구자가 사전에 요인 수를 정하는 경우는 연구자의 연구이론이나 가설에 따라서 요인수가 사전에 정해져 있는 경우에 요인수가 적절한지를 보기 위해서 많이 사용한다. 보통 조사자가 요인분석을 시도하기 전에 추출할 요인들의 수를 이미 알고 있으며, 조사자가 원하는 만큼의 요인 수를 추출하였을 때, 가설과 적합한지를 살펴보게 된다.

(5) 제5단계 : 요인 적재량 산출 및 요인회전

요인 분석에서 x_i와 F_j의 상관관계 $\text{cov}(x_i, F_j) = b_{ij}$가 된다. 이 상관관계를 요인적재량(factor loading)이라고 한다. Gorsuch(1983)은 요인적재량이 0.3이상인 경우에 의미가 있다. 그러나 의미 있는 요인적재량이 0.3이상이고 요인적재량간에 크기가 거의 차이가 없으면서 두 개 이상의 요인에 적재되어 있는 경우에는 보통 이 변수를 요인분석에서 제거한다.

- 0.3이하면 유의성이 낮다고 보며,
- 0.4이하면 중간 정도의 유의성이 있다고 보며,
- 0.5이상이면 유의성이 높다고 본다.

상관관계를 의미하는 요인적재량의 제곱값은 각 요인에 대한 설명 정도로서 결정계수를 의미하며 따라서 요인적재량이 높은 변수가 해당 요인에서 중요한 변수라고 할 수 있다. 특정변수의 요인적재량의 제곱값의 합은 앞에서 제시한 공통성(communality)과 같다.

초기의 요인적재량을 볼 경우, 요인적재량이 어느 특정한 요인에 집중되어 나타나거나 분산되어 나타나는 경우가 많은데 이 경우 어느 변수가 어느 요인을 설명하는 변수인가를 잘 파악할 수 없다. 이러한 경우 요인에 대한 설명력을 높이기 위해 하나의 요인에 높은 적재량 값을 갖도록 하고 나머지 요인들에는 낮은 적재량 값을 갖도록 하는 방법이 요인회전(factor rotation)이다. 요인회전은 직교회전방법으로 Quartimax, Varimax, Equimax 방법이 있으며, 빗각회전방법으로 OBLIMIN 등이 있다. 이 중에서 대표적인 두 가지 방법인 Quartimax와 Varimax에 대해서 설명한다.

가. Quartimax

Quartimax 회전은 요인행렬의 행들을 단순화 시키는데 있다. 최초의 요인을 회전시켜 한 요인에 대한 특정한 변수의 요인 적재량을 가능한 한 크게 만들고, 여타의 모든 요인들에 대해서는 가능한 한 적게 만드는데 초점을 둔다. 이렇게 하면 동일한 요인들에 대하여 다수 변수들의 요인 적재량이 커지게 된다. 하지만 이 방법은 첫 번째 요인에 대해 대부분의 변수들이 높은 적재량을 갖게 된다는 단점이 있다.

나. Varimax

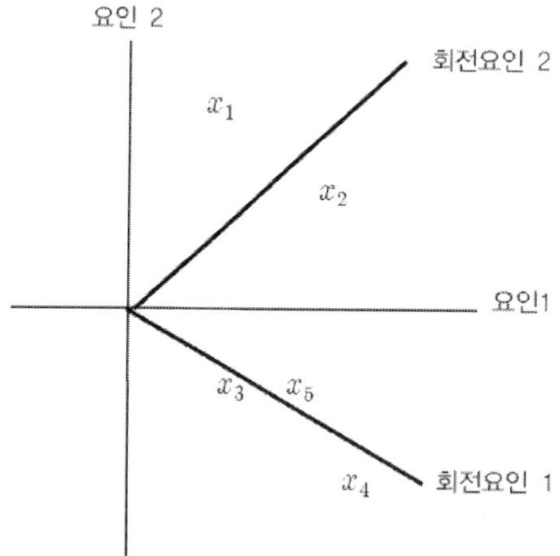

Varimax는 Quartimax와 달리 요인행렬의 열을 단순화 시키는 데 목적이 있다. 이 방법을 이용하면 하나의 열에 1과 0의 값들만 있다면 최대로 단순화 시킬 수 있는 장점이 있다. 즉, 요인행렬에서 요구되는 요인 적재량의 분산합계를 극대화시킴으로 요인 회전의 최적 해를 제시하게 된다. 이 방법도 Quartimax 회전 방법처럼, 각 행에서 다수 변수의 요인 적재량이 높게 나타나거나 일부 요인 적재량은 0에 가까운 것으로 나타나는 경향이 있다.

요인회전방법은 여러 가지가 있으나 일반적으로 많이 사용되는 방법은 Varimax 방법이다. 다음 그림은 요인회전전과 회전후의 요인간에 비교이다. 요인 회전 전에는 x_1,

x_2나 x_3, x_4, x_5 모두 어느 요인에도 높게 적재되어 있지 못하다. 그러나 회전 요인을 기준으로 볼 경우 x_1, x_2는 회전요인 2에 높이 적재되어 있으며, x_3, x_4, x_5는 회전요인 1에 높이 적재되어 있다는 것을 알 수 있다.

(6) 제6단계 : 요인해석, 요인점수를 이용한 추가 분석

요인이 추출되면 같은 요인으로 묶여진 변수들의 특성을 조사하여 연구자가 주관적으로 요인에 대한 이름을 지정하거나, 요인점수를 종속변수로 하고 각 변수의 값을 독립변수들로 하여 회귀분석을 실시함으로써 이를 통해 얻어진 회귀계수를 가지고 요인에 대한 이름을 지정할 수 있다.

요인의 해석은 연구자마다 상이할 가능성이 높고 주관적인 판단에 많이 의존하는 경향이 높다. 또한 요인점수를 이용하여 각 요인을 새로운 독립변수로 취하고 다른 종속변수에 대해 분석을 하는 형태로 회귀분석이나 판별분석 등에 이용할 수 있다.

2. 요인분석의 예제

2.1 요인분석

(1) 분석개요

다음은 서울에 있는 한 남자 고등학교에서 40명의 남자 고등학교학생을 임의로 추출하여 운동화 구매할 때 중요하게 생각하는 5개의 속성들(편안함, 디자인, 수명, 색상, 세탁의 용이성)을 설문 조사하였다. 각 속성들은 아주 중요하게 생각하는 경우를 7점, 전혀 중요하게 생각하지 않는 경우를 1점으로 하는 7점 리커트 척도(Likert Scale)로 측정하였다. 데이터를 이용하여 속성이 다시 몇 개의 차원으로 구분되는가를 분석한다.

40명의 설문조사 데이터(순서 : 번호, x_1, x_2, x_3, x_4, x_5)			
01 1 5 1 5 3 05 2 4 2 4 3 09 3 2 4 1 6 13 6 3 6 3 3	02 2 5 1 4 4 06 4 3 5 2 4 10 4 2 6 2 5 14 7 4 7 4 2	03 3 6 2 5 4 07 5 3 5 3 4 11 5 1 5 1 5 15 5 5 6 4 4	04 3 5 3 5 3 08 4 1 4 1 5 12 6 2 7 3 4 16 3 4 5 3 5

40명의 설문조사 데이터(순서 : 번호, x_1, x_2, x_3, x_4, x_5)			
17 4 3 4 2 6	18 3 2 3 2 7	19 4 1 3 2 6	20 3 2 4 1 6
21 3 1 3 1 4	22 6 1 5 2 2	23 5 2 6 2 3	24 4 3 4 3 3
25 6 3 5 2 2	26 5 1 6 2 1	27 6 2 6 2 1	28 5 2 4 3 2
29 3 3 5 3 1	30 4 3 5 4 3	31 3 4 2 5 4	32 2 5 2 6 6
33 1 5 1 5 7	34 2 4 1 4 5	35 3 4 1 4 6	36 4 3 2 3 5
37 3 2 2 2 4	38 3 2 3 2 4	39 4 1 3 2 4	40 3 1 4 1 5

(2) 분석데이터

앞의 표의 데이터를 다음과 같이 직접 입력해 데이터셋을 구성했다. 변수이름은 각각 x_1, x_2, x_3, x_4, x_5로 지정했으며, 한글 라벨을 편안함, 디자인, 수명, 색상, 세탁의 용이성으로 지정했다. INPUT문의 **@@**사인은 본 예제에서와 같이 한 줄에 여러 관찰치의 데이터가 있을 경우 적어준다.

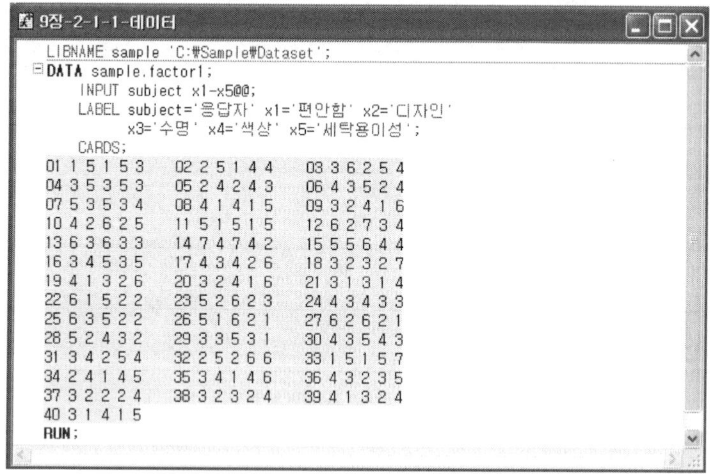

9장-2-1-1-데이터

```
LIBNAME sample 'C:\Sample\Dataset';
DATA sample.factor1;
    INPUT subject x1-x5@@;
    LABEL subject='응답자' x1='편안함' x2='디자인'
          x3='수명' x4='색상' x5='세탁용이성';
    CARDS;
01 1 5 1 5 3   02 2 5 1 4 4   03 3 6 2 5 4
04 3 5 3 5 3   05 2 4 2 4 3   06 4 3 5 2 4
07 5 3 5 3 4   08 4 1 4 1 5   09 3 2 4 1 6
10 4 2 6 2 5   11 5 1 5 1 5   12 6 2 7 3 4
13 6 3 6 3 3   14 7 4 7 4 2   15 5 5 6 4 4
16 3 4 5 3 5   17 4 3 4 2 6   18 3 2 3 2 7
19 4 1 3 2 6   20 3 2 4 1 6   21 3 1 3 1 4
22 6 1 5 2 2   23 5 2 6 2 3   24 4 3 4 3 3
25 6 3 5 2 2   26 5 1 6 2 1   27 6 2 6 2 1
28 5 2 4 3 2   29 3 3 5 3 1   30 4 3 5 4 3
31 3 4 2 5 4   32 2 5 2 6 6   33 1 5 1 5 7
34 2 4 1 4 5   35 3 4 1 4 6   36 4 3 2 3 5
37 3 2 2 2 4   38 3 2 3 2 4   39 4 1 3 2 4
40 3 1 4 1 5
RUN;
```

(3) 분석과정

다음 분석과정은 앞의 학생들의 운동화 평가에 대한 데이터를 주성분분석에 의한 요인분석을 하는 경우이다. 프로그램의 LIBNAME문은 현재 데이터가 있는 폴더를 지정해 주었다. 요인분석에 대한 여러 가지 통계량을 sample.statout이라는 데이터셋에 받아서 PROC PRINT 프로시저에서 그 내용을 출력하고 있다. 옵션들 중에 SIMPLE은 변수들에 대한 기술통계량을 계산하고, CORR은 이들에 대한 상관관계를 출력한다. 요인에 따른 고유값의 변화를 알아보기 위해서 SCREE라는 옵션으로 요인수에 따른 고유값의 변화를 살펴보고 있다.

요인회전방법은 일반적으로 많이 사용되는 VARIMAX 방법을 사용하고 있다. 요인과 변수간의 요인적재량이 큰 것을 가장 먼저 출력하게 하기 위해서 REORDER라는 옵션을 사용했으며, 요인과 변수간의 지각도를 그리기 위해 PLOT이라는 옵션을 사용했다. 마지막으로 요인계수를 계산하기 위해서 SCORE라는 옵션을 사용했다. ODS GRAPHICS는 고품위 그래프를 시작과 종료를 선언하는 문장이다.

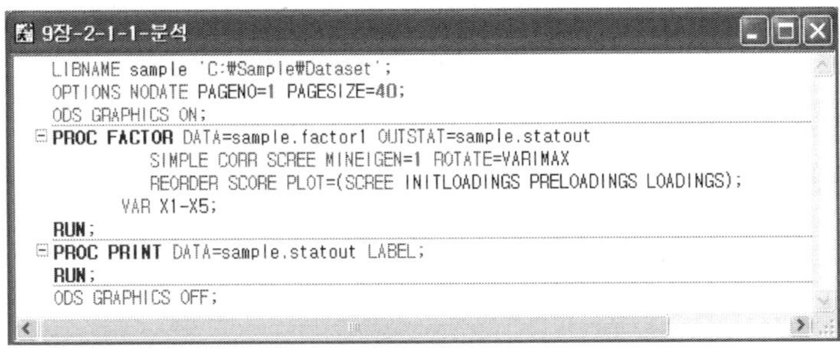
9장-2-1-1-분석

```
LIBNAME sample 'C:\Sample\Dataset';
OPTIONS NODATE PAGENO=1 PAGESIZE=40;
ODS GRAPHICS ON;
PROC FACTOR DATA=sample.factor1 OUTSTAT=sample.statout
        SIMPLE CORR SCREE MINEIGEN=1 ROTATE=VARIMAX
        REORDER SCORE PLOT=(SCREE INITLOADINGS PRELOADINGS LOADINGS);
    VAR X1-X5;
RUN;
PROC PRINT DATA=sample.statout LABEL;
RUN;
ODS GRAPHICS OFF;
```

(4) 결과해석

[결과1]

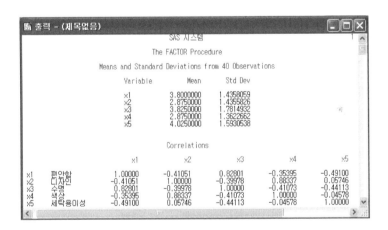

출력 - (제목없음)

SAS 시스템

The FACTOR Procedure

Means and Standard Deviations from 40 Observations

Variable	Mean	Std Dev
x1	3.8000000	1.4358059
x2	2.8750000	1.4355826
x3	3.8250000	1.7814932
x4	2.8750000	1.3622662
x5	4.0250000	1.5930538

Correlations

		x1	x2	x3	x4	x5
x1	편안함	1.00000	-0.41051	0.82801	-0.35395	-0.49100
x2	디자인	-0.41051	1.00000	-0.39978	0.88337	0.05746
x3	수명	0.82801	-0.39978	1.00000	-0.41073	-0.44113
x4	색상	-0.35395	0.88337	-0.41073	1.00000	-0.04578
x5	세탁용이성	-0.49100	0.05746	-0.44113	-0.04578	1.00000

[결과1]에서는 각 변수에 대한 기술통계량이 제시되어 있다. 제시된 통계량은 평균, 표준편차 및 상관계수이다. 요인분석은 변수간에 어느 정도 상관관계가 존재하지 않으면 분석결과가 무의미하다. 어느 정도의 상관관계가 있어야만 요인분석을 할 수 있다.

[결과2]

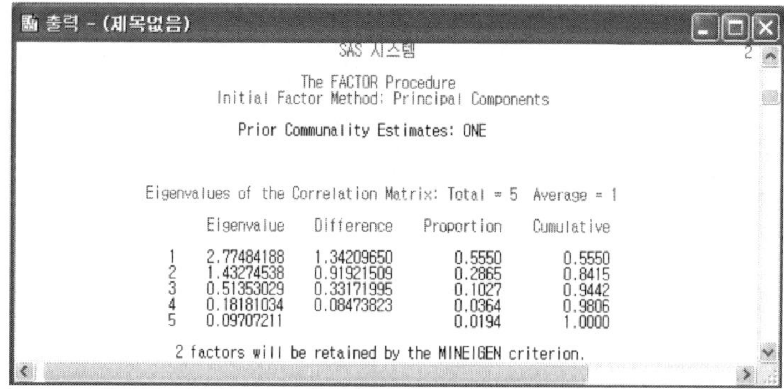

출력 - (제목없음)

SAS 시스템 2

The FACTOR Procedure
Initial Factor Method: Principal Components

Prior Communality Estimates: ONE

Eigenvalues of the Correlation Matrix: Total = 5 Average = 1

	Eigenvalue	Difference	Proportion	Cumulative
1	2.77484188	1.34209650	0.5550	0.5550
2	1.43274538	0.91921509	0.2865	0.8415
3	0.51353029	0.33171995	0.1027	0.9442
4	0.18181034	0.08473823	0.0364	0.9806
5	0.09707211		0.0194	1.0000

2 factors will be retained by the MINEIGEN criterion.

[결과2]에서는 각 요인에 대한 고유값(Eigen value)과 요인간 고유값의 차이, 각 요인의 분산에 대한 설명 정도를 비율로 표시하고 있다. MINEIGEN 옵션에 의해 요인이 2개 추출되었다는 것을 나타내고 있다. 고유값을 기준으로 선택한 요인들은 일반적으로 누적된 설명 정도가 적어도 다음과 같아야 한다.

- 사회과학의 경우는 0.60이상.
- 자연과학의 경우는 0.95이상.

[결과3]

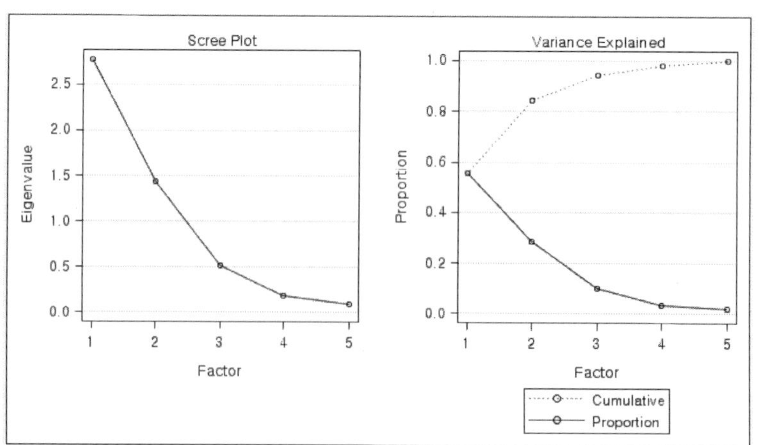

[결과3]에서는 요인수에 따른 고유값의 변화와 설명 정도를 그래프화한 것이다. 좌측에 있는 것을 스크리 그래프라고 한다. 우측은 각 요인별 설명 정도를 나타내고 있다. 실선은 각 요인에 대한 설명 정도이며, 점선은 누적 설명 정도이다. 그래프를 통해 검증하는 방법을 스크리 테스트(scree test)이라고 한다. 그래프를 보는 법은 그래프에서 제시

된 것과 같이 1과 2점을 연결하는 선과 3, 4, 5를 연결선이 만나는 점이 2와 3사이에 있고, 누적 설명 정도도 80%를 상회하고 있으므로 적절한 요인의 수를 2개로 볼 수 있다. MINEIGEN의 1.0기준과 서로 일치하기 때문에 요인추출이 안정적이라고 할 수 있다.

[결과4]

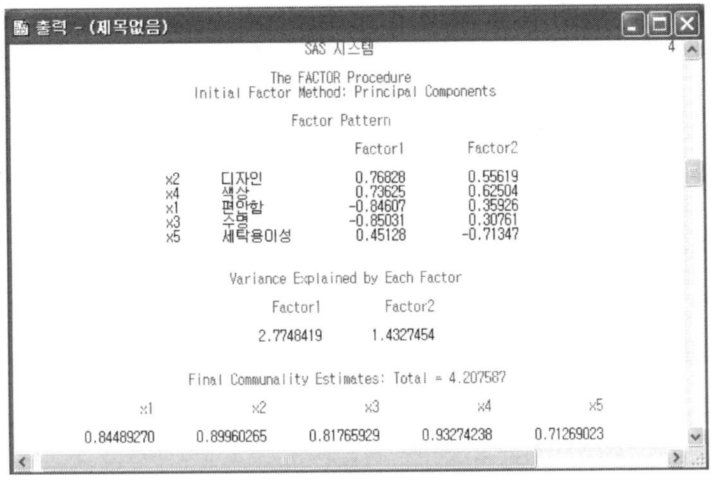

출력 - (제목없음)

SAS 시스템 4

The FACTOR Procedure
Initial Factor Method: Principal Components

Factor Pattern

		Factor1	Factor2
x2	디자인	0.76828	0.55619
x4	색상	0.73625	0.62504
x1	편안함	-0.84607	0.35926
x3	수명	-0.85031	0.30761
x5	세탁용이성	0.45128	-0.71347

Variance Explained by Each Factor

Factor1	Factor2
2.7748419	1.4327454

Final Communality Estimates: Total = 4.207587

x1	x2	x3	x4	x5
0.84489270	0.89960265	0.81765929	0.93274238	0.71269023

[결과5]

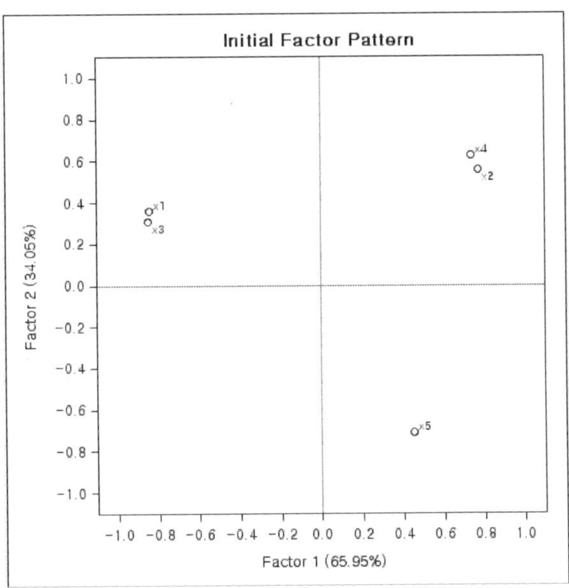

[결과4, 5]에서는 추출한 요인을 회전(rotation)시키지 않고 본 요인행렬로서 요인적재량(factor loading)을 나타내는 행렬인 요인패턴행렬(Factor Pattern Matrix)과 그래프이

다. 행렬을 볼 경우 모든 변수가 요인 1에는 매우 높게 관련되어 있으며(요인적재량이 모두 0.40이상이다), 요인 2에는 디자인, 색상, 세탁의 용이성이 관련성 있게 나타났다. 요인과 변수간에 구분이 잘 되지 않기 때문에(예를 들어 디자인이나 색상 등은 요인 1과 2에 모두 요인적재량이 높다. 이러한 관계는 그래프를 볼 경우 더욱 명확해 진다) 더 잘 설명할 수 있는 구조로서 회전(Rotation)하는 것이 필요하다.

회전방법으로 많이 사용되는 것은 Varimax방법으로 직교회전(Orthogonal Rotation) 방법 중에 하나이다. 이 방법은 요인들과 요인에 높게 적재되는 변수의 수를 줄여서 요인의 해석을 쉽게 하는데 중점을 두고 있다. 기타 직교회전 방법으로는 Quartmax Equimax 등이 있다. 이외에도 비직교 회전(Oblique Rotation)도 사용할 수 있다. 자세한 것은 'PROC FACTOR'의 프로시저 설명을 참조하기 바란다.

계속해서 [결과4]에서는 요인추출 후에 각 요인에 대한 고유값과 추출한 요인들에 의해 각 변수의 설명 정도(공통성 : Communality)를 제시하고 있다. 전반적으로 두 요인에 의한 설명 정도가 70%이상으로 매우 높게 나타났다. 따라서 현재 요인분석에 의한 분석은 전체적인 설명 정도가 출력결과 1페이지에서 84%이며, 각 변수에 대한 설명 정도도 70%이상으로 매우 높은 수치이다.

[결과6]

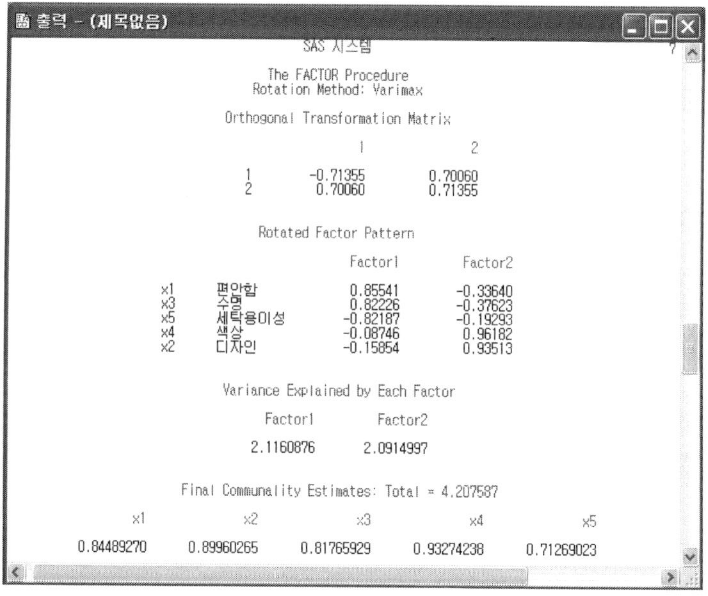

출력 - (제목없음)

SAS 시스템

The FACTOR Procedure
Rotation Method: Varimax

Orthogonal Transformation Matrix

	1	2
1	-0.71355	0.70060
2	0.70060	0.71355

Rotated Factor Pattern

		Factor1	Factor2
x1	편안함	0.85541	-0.33640
x3	수명	0.82226	-0.37623
x5	세탁용이성	-0.82187	-0.19293
x4	색상	-0.08746	0.96182
x2	디자인	-0.15854	0.93513

Variance Explained by Each Factor

Factor1	Factor2
2.1160876	2.0914997

Final Communality Estimates: Total = 4.207587

x1	x2	x3	x4	x5
0.84489270	0.89960265	0.81765929	0.93274238	0.71269023

[결과6] 에서는 요인과 변수간의 해석을 쉽게 하기 위해서 Varimax방법에 의해 회전을 한 결과를 보여준다. 직교변환행렬이 제시되고 있으며, 회전 후 요인패턴과 각 요인의 고유값 및 합, 각 변수의 공통성들이 제시되어 있다. 결과를 보면 각 요인에 대한 고유값은 변했을지라도, 요인 고유값의 합과 공통성은 변화되지 않았다는 것을 주의 깊게 보기 바란다.

Varimax방법은 전체설명 정도와 각 변수의 공통성을 그대로 유지하면서 요인을 회전하는 방법이라는 것을 알 수 있다. 그리고 각 요인의 중요도를 보면 요인 1의 고유값이 2.12이고 요인 2의 고유값이 2.09으로 나타나 서로 비슷하게 중요하다는 것을 알 수 있다.

요인 1과 관련된 변수는 편안함, 수명, 세탁의 용이성 등으로 "신발의 실용성"이라는 요인 이름을 정해 보았으며, 요인 2와 관련된 변수는 색상과 디자인으로서 "신발의 미적인 가치"라는 요인이름으로 정해 보았다. 이름은 구성되는 변수를 보고 연구자가 적절하게 정해야 하는 임의성이 있다.

[결과6]

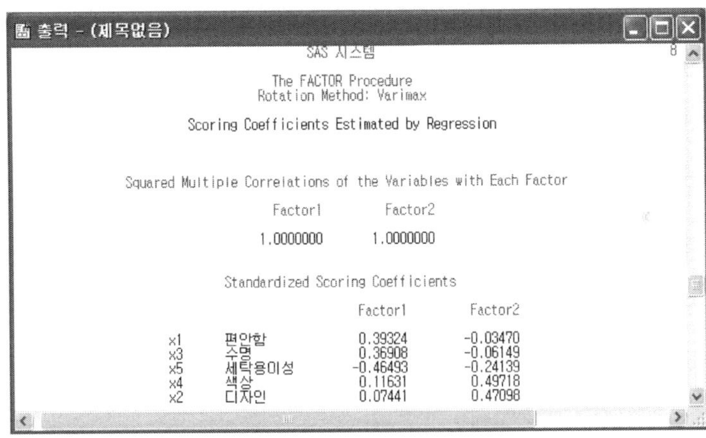

출력 - (제목없음)

SAS 시스템

The FACTOR Procedure
Rotation Method: Varimax

Scoring Coefficients Estimated by Regression

Squared Multiple Correlations of the Variables with Each Factor

Factor1	Factor2
1.0000000	1.0000000

Standardized Scoring Coefficients

		Factor1	Factor2
x1	편안함	0.39324	-0.03470
x3	수명	0.36908	-0.06149
x5	세탁용이성	-0.46493	-0.24139
x4	색상	0.11631	0.49718
x2	디자인	0.07441	0.47098

[결과6]에서는 표준화된 요인계수를 나타낸다. 요인들을 기준으로 요인값을 구하는 식은

$$factor1 = .39x_1' + .07x_2' + .38x_3' + .12x_4' - .46x_5'$$

$$factor2 = -.03x_1' + .47x_2' + .06x_3' + .50x_4' - .24x_5'$$

로 정리할 수 있다. 물론 여기서 각 변수에 "'" 표시를 한 이유는 각 변수가 표준화된 값이라는 의미이다.

[결과7]

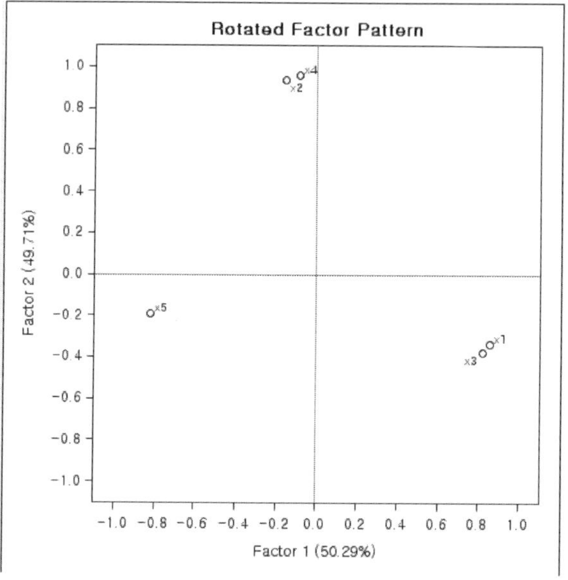

[결과7]에서는 각 요인에 대한 각 변수들의 요인적재량을 가지고 변수와 요인의 이미지 지도를 그린 것이다. 그림을 볼 경우 편안함이라는 변수와 수명이라는 변수에 대해서 서로 비슷하게 인식하고 있으며, 색상이라는 변수와 디자인이라는 변수가 서로 비슷하게 인식되고 있다. 반면에 세탁의 용이성은 다른 형태의 그룹으로 나뉘어 지는 것으로 나타났다. 요인 1차원은 이 요인의 값이 커질수록 편안함과 수명이 중요하다고 보는 것과 세탁이 용이하지 않은 것으로 인식하며, 요인 2는 이 값이 커질수록 색상과 디자인이 중요한 것으로 인식한다.

[결과8]

출력 - (제목없음)

SAS 시스템 11

OBS	Type of Observation	Row Variable Name	편안함	디자인	수명	색상	세탁용이성
1	MEAN		3.8000	2.8750	3.8250	2.8750	4.0250
2	STD		1.4358	1.4356	1.7815	1.3623	1.5931
3	N		40.0000	40.0000	40.0000	40.0000	40.0000
4	CORR	x1	1.0000	-0.4105	0.8280	-0.3539	-0.4910
5	CORR	x2	-0.4105	1.0000	-0.3998	0.8834	0.0575
6	CORR	x3	0.8280	-0.3998	1.0000	-0.4107	-0.4411
7	CORR	x4	-0.3539	0.8834	-0.4107	1.0000	-0.0458
8	CORR	x5	-0.4910	0.0575	-0.4411	-0.0458	1.0000
9	COMMUNAL		0.8449	0.8996	0.8177	0.9327	0.7127
10	PRIORS		1.0000	1.0000	1.0000	1.0000	1.0000
11	EIGENVAL		2.7748	1.4327	0.5135	0.1818	0.0971
12	UNROTATE	Factor1	-0.8461	0.7683	-0.8503	0.7363	0.4513
13	UNROTATE	Factor2	0.3593	0.5562	0.3076	0.6250	-0.7135
14	TRANSFOR	Factor1	-0.7136	0.7006	.	.	.
15	TRANSFOR	Factor2	0.7006	0.7136	.	.	.
16	PATTERN	Factor1	0.8554	-0.1585	0.8223	-0.0875	-0.8219
17	PATTERN	Factor2	-0.3364	0.9351	-0.3762	0.9618	-0.1929
18	SCORE	Factor1	0.3932	0.0744	0.3691	0.1163	-0.4649
19	SCORE	Factor2	-0.0347	0.4710	-0.0615	0.4972	-0.2414

[결과8]에서는 PROC FACTOR 프로시저에서 계산된 여러 가지 통계량을 계산한 결과를 데이터셋으로 받은 내용을 출력한 것이다. 각 변수에 대한 평균, 표준편차, 표본수, 상관관계, 고유값, 공통성, 설명비율, 회전 전후의 요인 패턴, 표준화된 계수들이 출력되어 있다.

3. 요인분석을 활용한 다변량분석

3.1 분석데이터

PROC FACTOR 프로시저를 통해 구해진 표준화된 요인계수를 통해 여러 가지 다양한 통계량을 구할 수 있다. 추가적인 다른 분석을 하기 위해서 중요한 것은 데이터셋을 만드는 일이다. 데이터셋은 OUT=이하에 데이터셋을 지정해야 한다. 여기서 지정한 형태는 OUT=sample.statout1인데, C:₩Sample₩Dataset 폴더 내에 statout1이라는 이름으로 저장하라는 표시이다. 데이터셋을 만들기 위해서 PROC FACTOR의 옵션 중에 NFACTORS라는 옵션을 지정해서 저장될 요인 개수를 지정하고, SCORE라는 옵션도 추가한다. 프로그램을 실행시킨다.

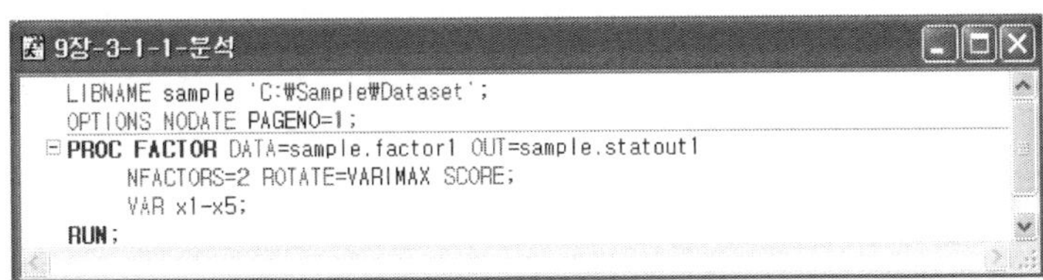


```
LIBNAME sample 'C:₩Sample₩Dataset';
OPTIONS NODATE PAGENO=1;
PROC FACTOR DATA=sample.factor1 OUT=sample.statout1
      NFACTORS=2 ROTATE=VARIMAX SCORE;
      VAR x1-x5;
RUN;
```

3.2 각 요인의 기술통계량

(1) 분석개요

요인의 기술통계량은 요인값의 최대, 최소, 평균, 표준편차와 같은 통계량뿐만 아니라, 요인들에 대한 정규성 검정을 할 수도 있다. 여기서는 최대, 최소, 평균, 표준편차 값을 구하는 예이다.

(2) 분석과정

확장편집기에서 위의 기술통계량을 계산하려면 PROC MEANS 프로시저를 사용한다. VAR문에 factor1 factor2 변수이름과 같이 요인의 수에 맞는 변수를 지정한다.

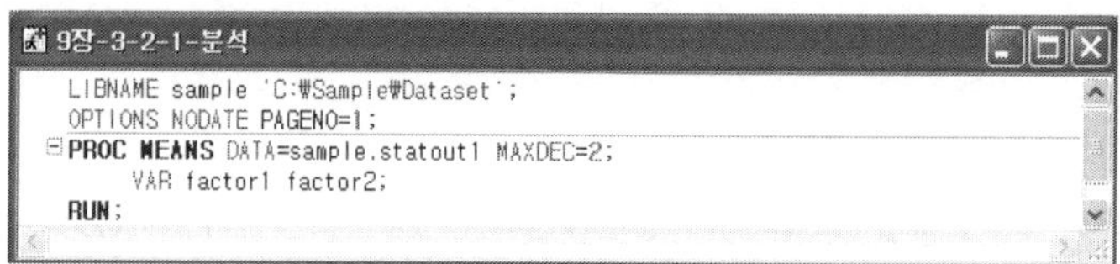

```
9장-3-2-1-분석
LIBNAME sample 'C:\Sample\Dataset';
OPTIONS NODATE PAGENO=1;
PROC MEANS DATA=sample.statout1 MAXDEC=2;
    VAR factor1 factor2;
RUN;
```

(3) 결과해석

다음 결과를 보면, 요인 1과 2에 대해서 최소, 최대값이 나와 있다. 각 요인의 평균은 0이고 표준편차는 1로 나와 있다. 표준화되어 있다는 것을 알 수 있다.

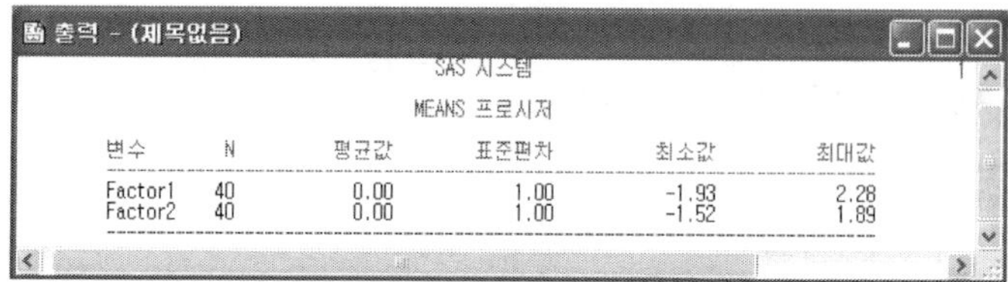

출력 - (제목없음)

SAS 시스템

MEANS 프로시저

변수	N	평균값	표준편차	최소값	최대값
Factor1	40	0.00	1.00	-1.93	2.28
Factor2	40	0.00	1.00	-1.52	1.89

3.3 요인변수를 이용한 군집분석

(1) 분석개요

요인분석을 통해 만들어진 요인을 가지고 각 관찰치를 군집분석을 하는 경우가 있다. 군집분석에 대한 내용은 군집분석을 참조하기 바란다.

(2) 분석과정

군집분석을 하기 위해서는 데이터분석 화면을 끝낸 후에 확장편집기에서 프로그램을 직접 입력해야 한다. 군집분석은 확장편집기에서 다음과 같은 프로그램을 입력한 후 수행시킨다.

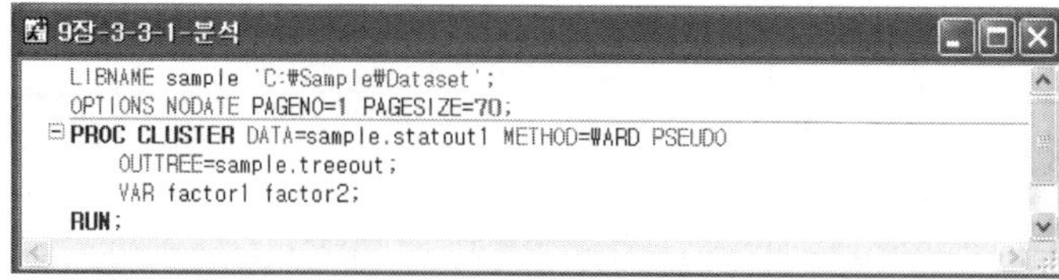

```
9장-3-3-1-분석
LIBNAME sample 'C:\Sample\Dataset';
OPTIONS NODATE PAGENO=1 PAGESIZE=70;
PROC CLUSTER DATA=sample.statout1 METHOD=WARD PSEUDO
    OUTTREE=sample.treeout;
    VAR factor1 factor2;
RUN;
```

(3) 결과해석

결과를 보면 군집을 세 개 정도로 나누어도 RSQ값이 높기 때문에 적절한 것으로 보인다. 자세한 내용은 군집분석 내용을 참조하기 바란다.

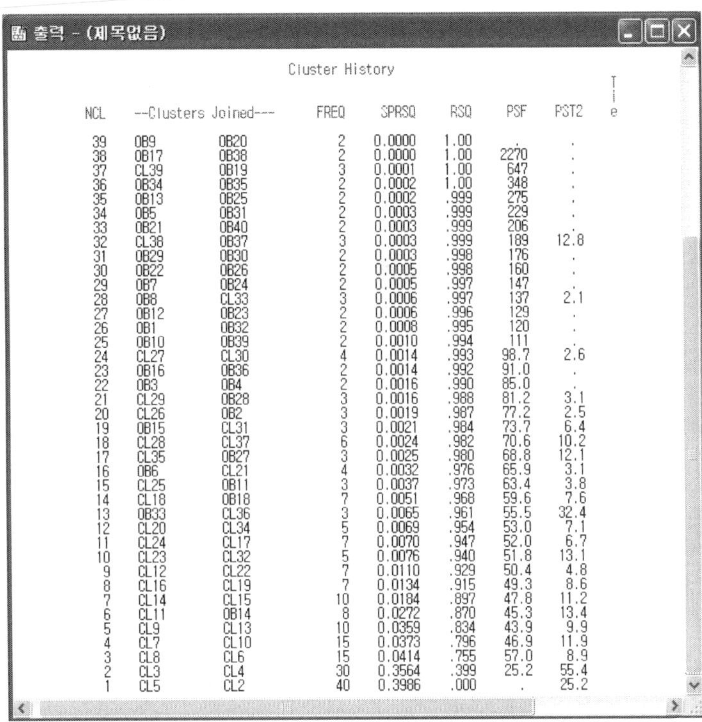

출력 - (제목없음)

Cluster History

NCL	--Clusters	Joined---	FREQ	SPRSQ	RSQ	PSF	PST2	Tie
39	OB9	OB20	2	0.0000	1.00	.	.	
38	OB17	OB38	2	0.0000	1.00	2270	.	
37	CL39	OB19	3	0.0001	1.00	647	.	
36	OB34	OB35	2	0.0002	1.00	348	.	
35	OB13	OB25	2	0.0002	.999	275	.	
34	OB5	OB31	2	0.0003	.999	229	.	
33	OB21	OB40	2	0.0003	.999	206	.	
32	CL38	OB37	3	0.0003	.999	189	12.8	
31	OB29	OB30	2	0.0003	.998	176	.	
30	OB22	OB26	2	0.0005	.998	160	.	
29	OB7	OB24	2	0.0005	.997	147	.	
28	OB8	CL33	3	0.0006	.997	137	2.1	
27	OB12	OB23	2	0.0006	.996	129	.	
26	OB1	OB32	2	0.0008	.995	120	.	
25	OB10	OB39	2	0.0010	.994	111	.	
24	CL27	CL30	4	0.0014	.993	98.7	2.6	
23	OB16	OB36	2	0.0014	.992	91.0	.	
22	OB3	OB4	2	0.0016	.990	85.0	.	
21	CL29	OB28	3	0.0016	.988	81.2	3.1	
20	CL26	OB2	3	0.0019	.987	77.2	2.5	
19	OB15	CL31	3	0.0021	.984	73.7	6.4	
18	CL28	CL37	6	0.0024	.982	70.6	10.2	
17	CL35	OB27	3	0.0025	.980	68.8	12.1	
16	OB6	CL21	4	0.0032	.976	65.9	3.1	
15	CL25	OB11	3	0.0037	.973	63.4	3.8	
14	CL18	OB18	7	0.0051	.968	59.6	7.6	
13	OB33	CL36	3	0.0065	.961	55.5	32.4	
12	CL20	CL34	5	0.0069	.954	53.0	7.1	
11	CL24	CL17	7	0.0070	.947	52.0	6.7	
10	CL23	CL32	5	0.0076	.940	51.8	13.1	
9	CL12	CL22	7	0.0110	.929	50.4	4.8	
8	CL16	CL19	7	0.0134	.915	49.3	8.6	
7	CL14	CL15	10	0.0184	.897	47.8	11.2	
6	CL11	OB14	8	0.0272	.870	45.3	13.4	
5	CL9	CL13	10	0.0359	.834	43.9	9.9	
4	CL7	CL10	15	0.0373	.796	46.9	11.9	
3	CL8	CL6	15	0.0414	.755	57.0	8.9	
2	CL3	CL4	30	0.3564	.399	25.2	55.4	
1	CL5	CL2	40	0.3986	.000	.	25.2	

3.4 요인변수를 이용한 회귀분석

(1) 분석개요

요인분석을 통해 만들어진 요인을 가지고 각 관찰치의 특성을 측정하는 다른 변수에 대해 회귀분석을 하는 경우가 있다. 다음 예제는 7장에 설명된 회귀분석의 다중공선성 검정을 할 때 사용하던 예제로서, 독립변수간에 다중공선성을 요인분석을 통해 해결하고자 한 경우이다.

(2) 분석데이터

본 예제에서는 PROC FACTOR 프로시저에서 OUT=데이터셋을 통해 만들어진 데이터셋을 구하기 위해 확장편집기에서 다음과 같은 프로그램을 입력해 수행했다.

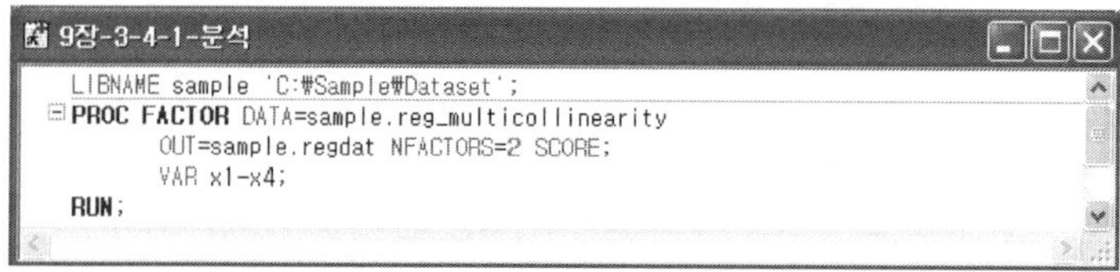

```
LIBNAME sample 'C:₩Sample₩Dataset';
PROC FACTOR DATA=sample.reg_multicollinearity
      OUT=sample.regdat NFACTORS=2 SCORE;
      VAR x1-x4;
RUN;
```

(3) 분석과정

*y*를 Dependent(종속) 변수로, *factor*1, *factor*2를 Explanatory(설명, 독립) 변수로 지정한다. 기타 지정하고 싶은 통계량들은 회귀분석을 참조하기 바란다.

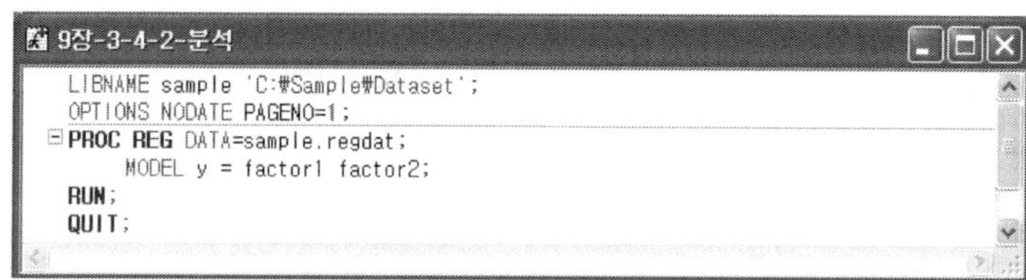

```
LIBNAME sample 'C:₩Sample₩Dataset';
OPTIONS NODATE PAGENO=1;
PROC REG DATA=sample.regdat;
    MODEL y = factor1 factor2;
RUN;
QUIT;
```

(4) 결과해석

회귀분석에 대한 분석결과가 다음 페이지에 제시되어 있다. 결과를 볼 경우 상당히 의미가 있으며 유의도도 매우 높음을 알 수 있다. 회귀분석에서 다중공선성(multicollinearity)이 있는 경우 요인분석을 통해 다중공선성을 줄일 수 있다.

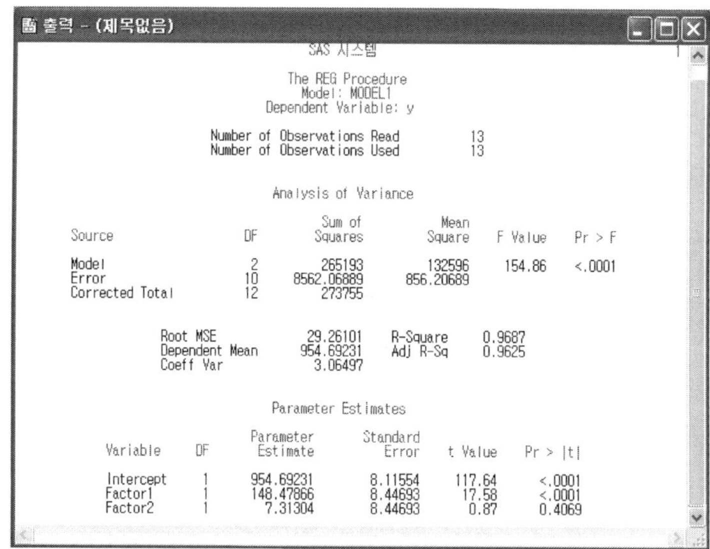

SAS 시스템

The REG Procedure
Model: MODEL1
Dependent Variable: y

Number of Observations Read 13
Number of Observations Used 13

Analysis of Variance

Source	DF	Sum of Squares	Mean Square	F Value	Pr > F
Model	2	265193	132596	154.86	<.0001
Error	10	8562.06889	856.20689		
Corrected Total	12	273755			

Root MSE	29.26101	R-Square	0.9687
Dependent Mean	954.69231	Adj R-Sq	0.9625
Coeff Var	3.06497		

Parameter Estimates

Variable	DF	Parameter Estimate	Standard Error	t Value	Pr > |t|
Intercept	1	954.69231	8.11554	117.64	<.0001
Factor1	1	148.47866	8.44693	17.58	<.0001
Factor2	1	7.31304	8.44693	0.87	0.4069

4. 프로시저 설명

4.1 PROC FACTOR

(1) 기본형

```
PROC FACTOR 옵션;
      VAR 변수들;
      PRIORS 공통성들;
      PARTIAL 변수들;
      FREQ 변수;
      WEIGHT 변수;
      BY 변수들;
```

(2) PROC FACTOR 옵션;

- **DATA=데이터셋** : 일반적인 데이터셋의 이름을 지정한다. 이 옵션이 없을 경우 이 프로시저 직전에 만들어졌던 데이터셋을 사용한다.
- **OUT=데이터셋** : 원래의 데이터셋의 모든 데이터와 요인점수를 저장한 값이 기억될 장소를 지정한다.
- **OUTSTAT=데이터셋** : 평균, 표준편차, 표본수, 상관계수, 공통요인분석, 사전공통성, 고유값, 요인점수 등의 통계량이 기억될 장소를 지정한다.
- **TARGET=데이터셋** : Procrustes 회전에 대한 목적(target)패턴을 저장할 데이터셋을 지정한다.

[요인추출방법]

- METHOD=방법 ¦ M=방법 : 요인추출방법을 지정한다. 디폴트는 DATA= 옵션에서 TYPE=FACTOR로 지정하는 경우에는 METHOD=PATTERN이고 다른 경우에는 METHOD=PRINCIPAL. 사용 가능한 방법은 아래와 같다.
- ALPHA ¦ A : alpha 요인분석을 수행한다.
- HARRIS ¦ H : Harris의 성분분석을 수행한다. 정준성분분석으로 METHOD=IMAGE와 같은 분석방법이다. 상관관계행렬이 nonsingular이어야 한다.
- IMAGE ¦ I : Kaiser나 Kaiser와 Rice의 이미지분석이 아닌 이미지 공분산 행렬에 대한 주성분분석을 수행한다. 상관관계행렬이 nonsingular이어야 한다.
- PATTERN : TYPE=FACTOR, CORR 또는 COV로 구성된 입력데이터로부터 요인패턴을 읽어 들인다.
- PRINCIPAL ¦ PRIN ¦ P : PRIOR 옵션이 없거나 PRIOR=ONE은 주성분분석을 수행하고, PRIOR=ONE이외의 값으로 지정된 경우는 주요인분석을 수행한다.
- PRINIT : 반복적인 주요인분석을 수행한다.

- SCORE : TYPE=FACTOR, CORR 또는 COV로부터 _TYPE_='SCORE'를 읽어 들인다. 입력 데이터셋에는 상관관계행렬 또는 공분산 행렬이 포함되어 있어야 한다.
- ULS ¦ U : 가중치가 없는 최소자승요인분석을 수행한다.

[사전공통성(Prior Communality) 지정방법]

- PRIORS=값 : 사전 공통성추정에 사용될 값을 지정한다. 다음과 같은 값들을 지정한다(PRIORS=ASMC 형태로 옵션에 지정).
- ASMC ¦ A : 각 변수 별로 다른 변수들과 제곱 다중상관계수의 합의 최대 상관계수와 같게 수정해서 사용한다.
- INPUT ¦ I : 데이터셋이 TYPE=FACTOR인 경우 _TYPE_='PRIORS' 또는 _TYPE_='COMMUNAL'의 첫 번째 값을 사용한다.
- MAX ¦ M : 각 변수 별로 다른 변수들과 절대값이 최대인 상관계수를 사용한다.
- SMC ¦ S : 각 변수 별로 다른 변수들과 제곱 다중상관계수를 사용한다.

[수렴 및 반복추정횟수 등에 관한 옵션]

- CONVERGE=값 ¦ C=값 : METHOD=PRINIT, ULS, ALPHA 또는 ML에서 사용될 수렴기준값을 지정한다. 디폴트는 0.0001.
- COVARIANCE ¦ COV : METHOD=PRINCIPAL, PRINIT, ULS 또는 IMAGE에서 상관관계행렬 대신에 공분산 행렬을 사용한다.
- WEIGHT : METHOD=PRINCIPAL, PRINIT, ULS 또는 IMAGE에서 가중치로 계산된 상관관계행렬을 사용한다. 입력 데이터셋이 TYPE=FACTOR, CORR, COV인경우로서, _TYPE_='WEIGHT'를 사용한다.

[추출될 요인개수를 지정하는 옵션]

- MINEIGEN=n ¦ MIN=n : 요인이 최종으로 추출될 최소 고유값을 지정한다. METHOD=PATTERN, SCORE에서는 옵션을 사용할 수 없다. 일반적으로 디폴트 값은 1이나 NFACTORS=나 PROPORTION= 옵션 중에 특정 조건이 성립하지 않으면 디폴트는 0이다.
- NFACTORS=n ¦ NFACT=n ¦ N=n : 최종으로 추출될 요인의 개수를 지정한다. 이 값이 0이면 요인은 추출되지 않고 고유값만 계산한다. 그러나 -1이면 둘 다 계산이 되지 않는다. METHOD=PATTERN, SCORE에서는 데이터셋에 있는 최소의 요인을 지정할 때 사용한다.
- PROPOSTION=n ¦ PERCENT=n ¦ P=n : 사전 공통성 추정치에 의해서 사용된 요인들에 의해서 설명되어야 하는 공통분산에 대한 비율 또는 퍼센트를 지정한다. METHOD=PATTERN, SCORE에서는 옵션을 사용할 수 없다.

[공통성이 1을 초과하는 경우에 이를 조정하는 옵션]

- 다음 옵션들은 METHOD=PRINIT, ULS, ALPHA, ML에서 공통성이 1보다 큰 경우 분석을 중지하게 되는 데 이때 분석을 계속할 수 있게 하는 옵션이다.
- HEYWOOD ¦ H : 계산을 계속 수행시키기 위해 공통성이 1보다 큰 경우 1로 조정한다.
- ULTRAHEYWOOD ¦ ULTRA : 공통성이 1보다 큰 경우에도 계산을 할 수 있게 이를 허용한다.

[회전 방법]

- ROTATE=방법 ¦ R=방법 : 요인 회전방법을 지정한다. 디폴트는 NONE. 다음은 회전방법이다.
- EQUAMAX ¦ E : equamax 회전을 수행한다.
- HK : Harris-Kaiser case II orthoblique 회전을 수행한다.
- NONE ¦ N : 요인회전을 하지 않는다.
- ORTHOMAX : GAMMA= 옵션에 지정된 가중치로 orthomax 회전을 수행한다.
- PROCRUSTES : TARGET= 에 의해 지정된 목적(target) 패턴에 의해 oblique Proscrustes 회전을 수행한다.

- PROMAX ¦ P : promax 회전을 수행한다. PREROTATE= 또는 POWER= 옵션이 같이 사용될 수 있다.
- QUARTIMAX ¦ Q : quartimax 회전을 수행한다.
- VARIMAX ¦ V : varimax 회전을 수행한다.

[기타 요인 회전방법에 대한 추가 옵션]

- GAMMA=n : orthomax에서 사용될 가중치를 지정한다. 이 옵션은 ROTATE= ORTHOMAX 또는 PREROTATE= ORTHOMAX에서 사용한다.
- HKPOWER=n : Harris - Kaiser 회전에서 사용될 고유값의 제곱근 power를 지정한다. 디폴트는 0.0이며, 1.0은 varimax 회전을 의미한다. ROTATE= QUARTIMAX, VARIMAX, EQUAMAX 또는 ORTHOMAX에서도 사용한다.
- NORM=이름 : 회전할 때 요인패턴행렬의 열에 대한 표준화 방법을 지정한다. NORM= KAISER는 Kaiser 표준화 방법이며, COV는 요인패턴행렬을 공분산으로 재조정하며, NONE 또는 RAW는 표준화를 하지 않는다. 디폴트는 NORM= KAISER.
- POWER=n : PROMAX회전에서 사용될 파워값을 지정한다. 디폴트는 3.
- PREROTATE=방법 ¦ PRE=방법 : PROMAX회전에서 사용될 사전 회전 방법을 지정한다. PROMAX와 PROSCRUSTES를 제외한 모든 방법을 사용한다. 디폴트는 VARIMAX이며, METHOD=PATTERN에서와 같이 사전에 회전이 된 패턴행렬을 읽어 들일 경우는 PREROTATE= NONE을 사용한다.

[기타 출력 옵션]

- CORR ¦ C : 상관계수행렬을 출력한다.
- EIGENVECTORS ¦ EV : 고유값에 대한 벡터를 출력한다.
- NOCORR : METHOD=PATTERN 또는 SCORE에서 상관계수행렬이 OUTSTAT=으로 저장되는 것을 막는다.
- NOINT : 절편을 포함시키지 않는다. 상관관계나 공분산을 평균에 의해 조정하지 않고자 할 때 사용한다.
- MSA : 다른 변수들을 통제한 상태에서 쌍으로 구성된 두 변수에 대한 부분상관계수를 출력한다.
- SIMPLE ¦ S : 평균과 표준편차를 출력한다.
- SCORE : 요인점수를 계산하기 위한 계수를 출력한다. 요인회전을 한 경우에는 각 변수에 대해서 각 요인과의 제곱다중상관관계를 출력한다.
- FLAG=n : 지정된 값보다 절대값이 큰 값에 *표시를 한다.
- FUZZ=n : 상관관계행렬과 요인적재량에서 지정된 값보다 작은 값들을 결측값으로 표시를 한다. 부분상관계수에서는 이 값을 2로 나눈 값, 오차 상관계수에서는 이 값을 4로 나눈 값을 의미한다.
- REORDER ¦ RE : 요인행렬에서 요인적재량이 각 요인에 대해서 가장 큰 값에서 작은 값으로 정렬한다.
- ROUND : 상관계수행렬 및 요인적재량행렬 수치계산시 소수점 셋째 자리에서 반올림한다.
- NPLOT=n : 요인패턴그림을 그릴 요인수를 지정한다. 최소값은 2이다.
- PLOT : 요인회전 이후의 요인패턴을 그림을 출력한다.
- PREPLOT : 요인회전 이전의 요인패턴을 그림을 출력한다.
- SCREE : 각 요인에 대한 고유값에 대한 스크리 그림을 출력한다.
- PRINT : METHOD=PATTERN 또는 SCORE에서 요인패턴이나 점수를 계산하기 위한 계수들과 이와 관련된 통계량을 출력한다. OBLIQUE에서는 출력한다.
- RESIDUALS ¦ RES : 오차에 대한 상관계수행렬 및 이와 관련된 부분상관계수행렬을 출력한다.
- ALL : PLOT을 제외한 다른 모든 옵션을 수행한다.

(3) PRIORS 공통성들;

각 변수에 대한 사전공통성 예측치를 주고자 할 때 사용한다. 0.0에서 1.0사이의 값으로 지정한다. VAR문의 순서에 따라 공통성을 나열해야 한다.

```
PROC FACTOR;
          VAR      x   y    z;
          PRIORS  0.7  0.8  0.9;
```

(4) VAR 변수들;

요인분석을 하고 싶은 변수를 지정한다.

(5) PARTIAL 변수들;

부분 상관관계행렬이나 공분산행렬에 의해 계산하고 싶은 변수를 지정한다.

4.2 기타 문장들

(1) BY 변수들;

지정한 변수들의 값이 변할 때마다 서로 다른 요인분석을 하고자 할 때 사용한다. 사전에 PROC SORT 프로시저로 정렬되어 있어야 한다.

(2) FREQ 변수들;

지정한 변수의 값으로 관찰치의 도수를 변화시키고자 할 때 사용한다.

(3) WEIGHT 변수들;

가중치의 정보를 가지고 있는 변수를 WEIGHT문에 사용한다. 이 때 각 관찰치의 도수는 변하지 않으나 가중치 평균, 표준편차 계산에 사용된다.

군집분석 10 CHAPTER

1. 군집분석의 개요

1.1 군집분석이란

군집분석(cluster analysis)은 대상들이 지니고 있는 다양한 특성의 유사성을 바탕으로 동질적인 군집(cluster)으로 묶거나 다수의 대상들을 몇 개의 동질적인 군집으로 구분함으로써 동일 군집 내에 속해 있는 공통된 특성들을 조사하는 경우에 사용한다.

데이터셋에 있는 관찰치만을 묶는 것이 아니라 변수들을 묶어서 새로운 형태의 암묵적인 군집을 파악하는데 사용할 수 있다. 군집분석에서 만들어진 군집은 계층적(hierarchical) 또는 비연결(disjoint) 형태의 군집이다. 군집분석에서는 대상들을 군집화하기 위해서 각 대상들이 얼마나 비슷한가를 나타내는 유사성 척도 내지는 설명변수들이 있어야만 한다. 군집분석에 사용되는 변수들은 메트릭 변수이어야 하며. 군집분석은 군집들에 대한 사전적인 정보를 가지고 분석하지는 않는다. 이러한 측면에서 판별분석(discriminant analysis)과 비교해 볼 때, 판별분석에서는 대상들의 집단구분이 이루어져 있는 상황에서 집단구분의 유의한 변수를 선정한다는 점이 다르다.

1.2 군집분석 가능한 데이터의 형태

행과 열이 모두 군집분석에 사용될 변수로 구성된 경우로 제곱거리(square distance) 행렬 또는 유사성(similarity) 행렬 형태의 데이터다. 유사성 행렬의 대표적인 예로서는 상관관계행렬을 들 수 있다.

데이터셋에서처럼 행은 관찰치, 열은 변수들로 표현된 *XY*축 행렬(coordinate matrix), 관찰치, 변수 또는 두 가지 모두가 군집분석의 대상으로 사용될 수 있다.

1.3 군집분석 과정

군집분석 과정은 크게 3가지 과정으로 나뉘어 질 수 있다(채서일, 김범종, 이성근, 1992, pp. 236−239).

① 변수의 선정
② 유사성 측정
③ 군집화를 통한 군집 추출

변수의 선정은 중요한 변수가 빠지거나 불필요한 변수가 추가되지 않게 해야 한다. 만약 중요한 변수가 빠지면 적절한 군집을 나타낼 수 없다. 반면에 불필요한 변수가 추가되면 변수들이 동일한 비중으로 영향을 주며, 회귀분석이나 판별분석 등에서와 같이 중요한 변수를 찾아낼 수 있는 변수선택법이 없기 때문에 적절한 군집을 계산할 수 없다. 또한 다른 분석방법에서와 같이 통계적인 유의성을 검증할 수 있는 일반적인 통계량이 없기 때문에 더욱 문제가 된다.

유사성 측정은 각 대상이 지니고 있는 특성에 대한 측정치들을 거리로 환산하는 방법이다. 거리 측정 방법은 유클리디안 거리(Euclidean distance), 유클리디안 제곱거리(Squared Euclidean distance), 도시—블록 거리(City—block distance), 민코브스키 거리(Minkowski distance) 등이 있다. 이들 중에 일반적으로 많이 사용되는 방법은 유클리디안 거리이다. 이는 다음과 같이 계산된다.

$$d(A,B) = \sqrt{\sum_{i=1}^{n}(X_{Ai} - X_{Bi})^2}$$

$d(A,B)$ =대상 A와 B사이의 거리
X_{ji} =대상 j의 변수 i의 좌표
n =측정 변수의 갯수

거리는 계산시 변수값을 표준화해야 한다. 그렇지 않으면 변수의 단위에 따라 상이한 결과를 초래할 수 있다. 즉, 거리를 *km*로 계산을 했는가 *m*로 측정했는가에 따라 거리에 반영된 크기는 달라진다. SAS의 **PROC CLUSTER** 프로시저에서 변수값을 표준화하려면 **STD** 옵션을 추가한다.

```
PROC CLUSTER DATA=데이터셋 STD;
```

군집화를 통한 군집 추출은 여러 가지 가능한 군집분석 형태가 있다. 가능한 형태의 군집분석은 아래와 같다.

- 하나의 관찰치나 변수 또는 개체(object)를 하나의 군집에 배분하는 비연결 군집분석(disjoint cluster analysis).
- 하나의 군집이 다른 군집에 모두 포함이 되지만, 다른 형태의 군집과는 겹쳐지지 않는(not overlapping) 계층적 군집분석(hierarchical cluster analysis).
- 두 개 정도의 군집에 동시에 속할 수 있게 개체(objects)의 개수에 제한을 두거나, 다른 군집구성원들과 겹칠 수 있는 정도에 제한을 두지 않은 겹침 군집분석(overlapping cluster analysis).
- 각 군집안에서 개체의 구성원으로서의 자격 정도나 확률을 통해 군집분석을 하는 퍼지군집분석(fuzzy cluster analysis). 퍼지군집에는 비연결, 계층, 겹침 군집이 모두 가능하다.

본 책에서 다루어지는 내용은 주로 계층 군집방법과 비연결 군집방법이다. **PROC CLUSTER** 프로시저는 계층 군집을 찾아낸다. 데이터는 *XY*축(**coordinate**)이나 거리를 나타내는 경우 모두 사용할 수 있다. 유클리디안 거리(**Euclidean distance**)를 통해 계산을 수행할 수도 있다. 반면에 **PROC FASTCLUS** 프로시저에서는 비연결 군집을 찾아낸다. 비연결 군집을 찾아내는 방법으로서 **PROC VARCLUS**도 있다.

1.4 계층 군집분석과 비연결 군집분석

(1) 계층 군집분석

계층 군집의 추출 방법으로 사용 가능한 형태는 다음과 같이 11개가 있다. 이들 군집 추출 방법 중에 주로 사용되는 추출 방법들은 완전연결, 센트로이드, 단순연결, 평균 연결, 워드의 최소분산 방법이 비교적 많이 사용된다.

군집계산방법으로 주로 사용 가능한 형태는 다음과 같다.

- 평균연결(average linkage) 방법
- 센트로이드(centroid) 방법
- 완전연결(complete linkage) 방법
- 확률밀도연결(density) 방법(이 방법에는 Wong's hybrid와 kth－ nearest－ neighbor 방법도 포함이 된다)
- 구형태(spherical) 다변량 정규분포(분산이 동등해야 하나 동등하지 않은 경우도 가

능)를 이용한 최우법(maximum−likelihood method)

- 베타(flexible−beta) 방법
- 맥퀴티 유사성 분석(McQuitty's similarity analysis) 방법
- 메디안(median) 방법
- 단순 연결(single linkage) 방법
- 2단계 확률밀도 연결(two−stage density linkage) 방법
- 워드의 최소 분산(Ward's minimum−variance) 방법

각 군집분석 방법 중에 대표적인 3가지 군집분석 방법을 보면 다음과 같다 (채서일, 김범종, 이성근, 1992).

- **단일연결(single linkage, nearest neighbor) 방법** : 기존의 군집에 속해 있는 대상 중에서 어느 하나와 가장 가까운 대상부터 군집에 편입시키는 방법이다. 그림에서 *A*와 *C*가 가장 가까우므로 제 1단계에서 군집화가 되며, 다음 단계에서는 *A* 또는 *C* 중 어느 하나에 가장 가까운 *B*가 군집에 편입되도록 하는 방법이다.

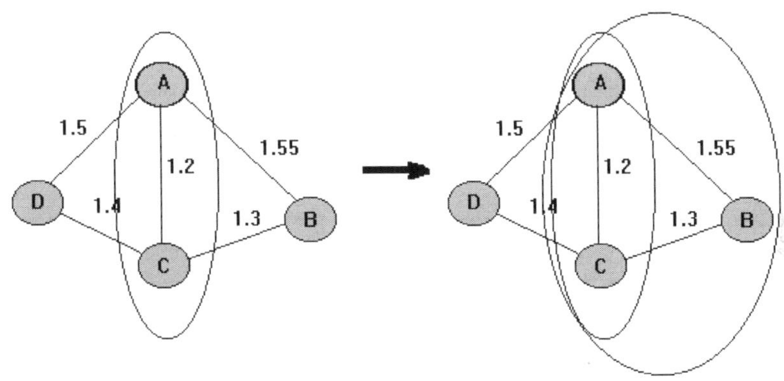

- **완전연결(complete linkage, furthest neighbor) 방법** : 기존의 군집에 포함되어 있는 모든 대상에 대해서 일정거리 이내에 들어와야만 동일한 군집에 편입되는 방식이다. 또한 군집간의 거리는 각 군집에 속해 있는 대상간에 가장 먼 거리로 산정된다. 따라서 새로운 대상을 편입시킬 때도 가장 먼 거리에 있는 대상과 비교하여 그 거리가 가장 가까운 군집으로 편입된다. 그림에서 전체 거리 중, *A*와 *C*간에 거리가 가장 가깝기 때문에 먼저 묶이며, 다음으로 이들 *A, C* 군집에 *B*는 *A*와의 거리 1.55가 가장 거리가 멀다고 볼 수 있으며, *D*는 *A*와의 거리 1.5가 가장 거리가 멀다고 볼 수 있다. 따라서 *D*가 같은 군집으로 먼저 묶인다.

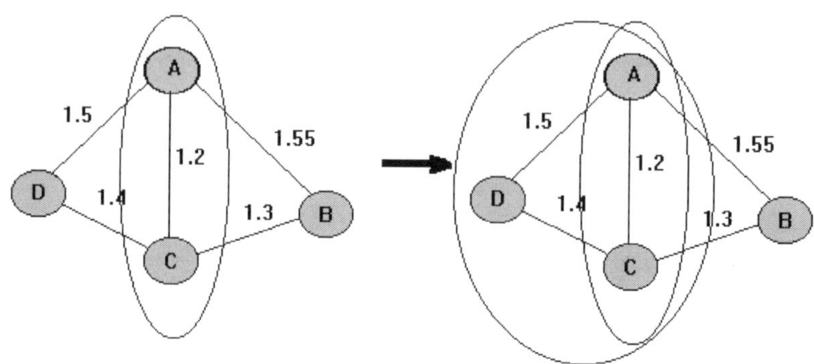

- **평균연결(average linkage) 방법** : 새로운 대상이 기존의 군집에 편입될 때 기존의 군집 내에 있는 모든 대상과의 평균거리가 가장 가까운 군집에 편입되는 방법이다. 즉 *A*와 C가 군집으로 묶여 있는 상황에서 *B*의 평균 거리는 1.425[=(1.55+1.3)/2]이고 *D*의 평균 거리는 1.45 [=(1.5+1.4)/2]이므로 *B*가 먼저 같은 군집에 포함된다.

이들 군집 분석 방법들 중 군집형태는 군집분석 방법들 간에 서로 상이한 결과를 가져오기 때문에 여러 가지 군집분석 방법을 수행해보고 일치된 결과를 찾도록 한다. 적절한 수의 군집은 *R−Squared*값, *Pseudo F*, *Pseudo T*값 등이 높아졌다 낮아지는 곳에서 정한다.

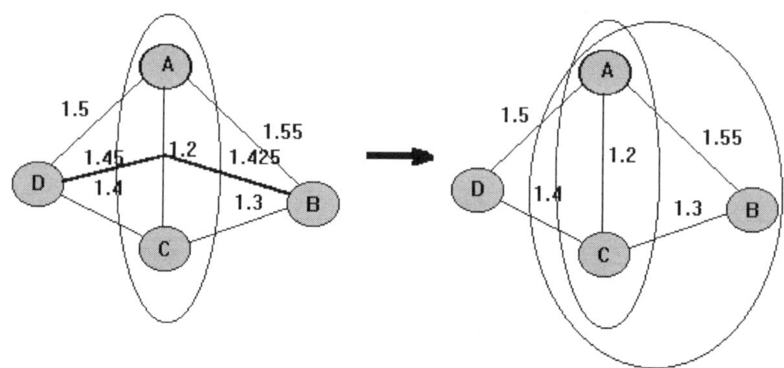

(2) 비연결 군집분석

비연결 군집은 PROC FASTCLUS와 PROC VARCLUS 프로시저들에서 행해지는데 PROC FASTCLUS 프로시저는 많은 양의 관찰치(100개에서 100,000까지)를 갖는 데이터셋에 대한 비연결 군집(disjoint clusters)을 찾아낸다. 이 프로시저의 특징은 데이터에 대한 두세 번의 처리를 통해 해석이 쉬운 군집을 찾을 수 있다는 점이다.

유클리디안 거리(Euclidean distance)에 근거하여 비연결 군집분석(disjoint cluster analysis)을 하며, PROC FASTCLUS 프로시저에서는 군집에 대한 간단한 요약만을 출력하기 때문에 더 자세한 정보가 필요하면, 군집구성원 변수가 포함된 데이터셋을 구할 수도 있다.

비연결 군집 추출 방법은 여러 가지가 있으나 이들 중에 가장 많이 사용되는 방법이 k-means algorithm이며, 이 프로시저에서 사용되는 방법은 Hartigan's leader algorithm과 MacQueen's k-means algorithm의 영향을 받은 방법으로서 Anderson에 의해서 nearest centroid sorting이라고 불리는 방법이다. 이 방법은 군집평균으로부터 제곱거리 합을 최소화시키는 표준 반복 추정 알고리즘(standard iterative algorithm)을 사용한다.

2. 군집분석 예제

2.1 소수표본의 군집분석

(1) 분석개요

갑자동차에서 내년에 신형승용차를 소비자에게 출시하려고 계획하고 있다. 이에 마케팅 담당자는 기존시장에 있는 15가지 차종들의 특성을 파악하는 것이 가장 기본적인 단계로 파악되어 조사를 마케팅 조사부에 의뢰하였다. 마케팅 조사부의 사전조사에 의하면 우리나라 자동차 구매자는 자동차의 외형적인 크기와 자동차 엔진의 배기량에 의해 승용차를 구분한다는 것을 밝혀냈다. 따라서 조사부에서는 15가지 차종들의 외형적 크기와 엔진의 배기량을 측정하여 두 변수를 이용한 군집분석을 위해 다음과 같은 표준화한 값을 얻었다.

자동차 측정데이터(자동차 형태, 크기, 배기량 순)											
가	250	250	나	225	200	다	300	200	라	250	175
마	025	100	바	050	050	사	025	025	아	- 025	050
자	- 025	- 025	차	025	- 050	카	- 200	- 150	타	- 150	- 175
파	- 250	- 200	하	- 200	- 225	구	- 250	- 250			

(2) 분석데이터

앞의 표의 데이터를 다음과 같이 직접 입력해 데이터셋을 구성했다. 변수이름은 각각 *car, size, cc*로 지정했으며, 한글 라벨을 자동차형태, 크기, 배기량으로 지정했다. INPUT문의 **@@**사인은 본 예제에서와 같이 한 줄에 여러 관찰치의 데이터가 있을 경우 적어준다.

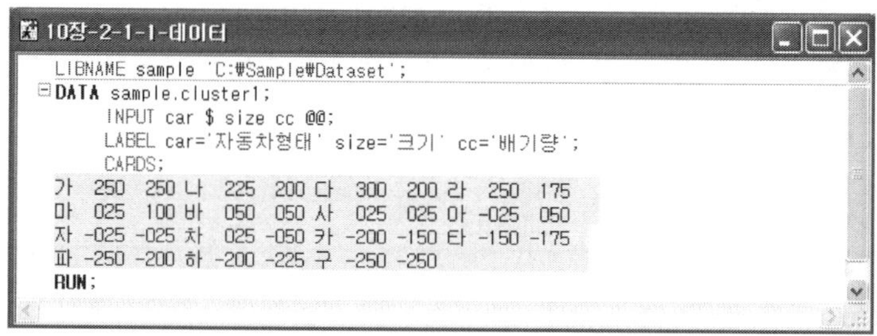

10장-2-1-1-데이터

```
LIBNAME sample 'C:₩Sample₩Dataset';
DATA sample.cluster1;
    INPUT car $ size cc @@;
    LABEL car='자동차형태' size='크기' cc='배기량';
    CARDS;
가 250  250 나  225  200 다  300  200 라  250  175
마 025  100 바  050  050 사  025  025 아 -025  050
자 -025 -025 차  025 -050 카 -200 -150 타 -150 -175
파 -250 -200 하 -200 -225 구 -250 -250
RUN;
```

(3) 분석과정

변수가 표준화되어 있지 않을 때는 PROC CLUSTER 옵션으로 STD를 추가한다. 프로그램은 PROC CLUSTER 프로시저를 통해 첫째는 단순연결방법(SINGLE 옵션)으로 군집분석을 하고, 이 결과를 PROC TREE 프로시저를 통해 수평 덴드로그램을 그리며, 둘째는 워드최소분산방법(WARD옵션)으로 군집분석을 하고 이 결과를 수평 덴드로그램으로 그린다. 특히 둘째 예제는 군집의 수를 3개로 제한해서 그 결과를 데이터셋으로 받은 후 이를 PROC SORT문으로 정렬해서 출력하도록 했다.

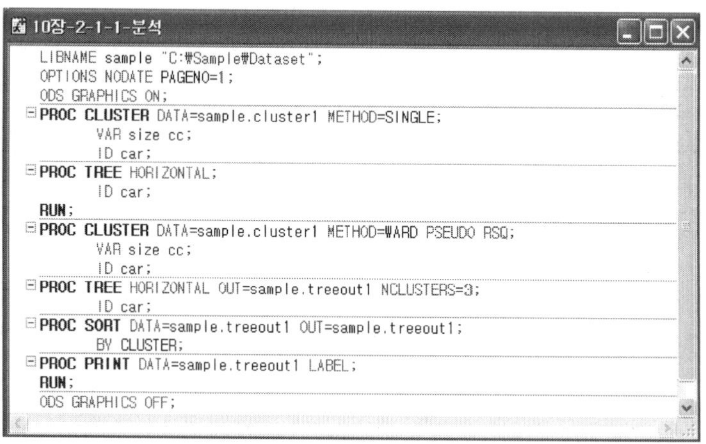

10장-2-1-1-분석

```
LIBNAME sample "C:₩Sample₩Dataset";
OPTIONS NODATE PAGENO=1;
ODS GRAPHICS ON;
PROC CLUSTER DATA=sample.cluster1 METHOD=SINGLE;
        VAR size cc;
        ID car;
PROC TREE HORIZONTAL;
        ID car;
RUN;
PROC CLUSTER DATA=sample.cluster1 METHOD=WARD PSEUDO RSQ;
        VAR size cc;
        ID car;
PROC TREE HORIZONTAL OUT=sample.treeout1 NCLUSTERS=3;
        ID car;
PROC SORT DATA=sample.treeout1 OUT=sample.treeout1;
        BY CLUSTER;
PROC PRINT DATA=sample.treeout1 LABEL;
RUN;
ODS GRAPHICS OFF;
```

(4) 결과해석

[결과1]

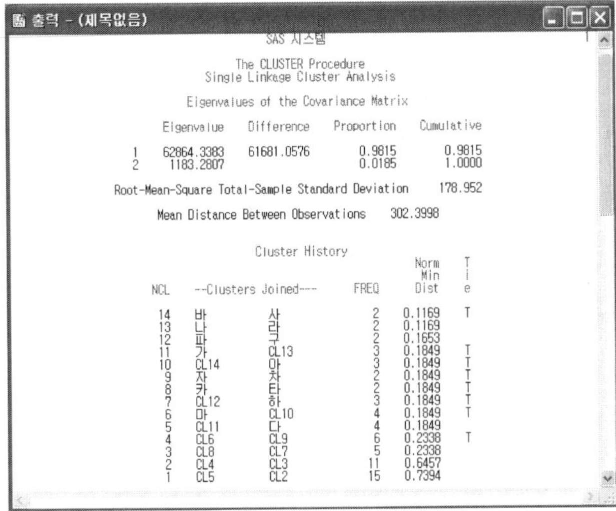

출력 - (제목없음)

SAS 시스템

The CLUSTER Procedure
Single Linkage Cluster Analysis

Eigenvalues of the Covariance Matrix

	Eigenvalue	Difference	Proportion	Cumulative
1	62864.3383	61681.0576	0.9815	0.9815
2	1183.2807		0.0185	1.0000

Root-Mean-Square Total-Sample Standard Deviation 178.952

Mean Distance Between Observations 302.3998

Cluster History

NCL	--Clusters	Joined---	FREQ	Norm Min Dist	Tie
14	바	사	2	0.1169	T
13	나	라	2	0.1169	
12	파	구	2	0.1653	
11	가	CL13	3	0.1849	T
10	CL14	아	3	0.1849	T
9	자	차	2	0.1849	T
8	카	타	2	0.1849	T
7	CL12	하	3	0.1849	T
6	마	CL10	4	0.1849	T
5	CL11	다	4	0.1849	
4	CL6	CL9	6	0.2338	T
3	CL8	CL7	5	0.2338	
2	CL4	CL3	11	0.6457	
1	CL5	CL2	15	0.7394	

[결과1]을 보면, 단순연결방법에 의한 추정결과라는 것을 보여 준다. 상단에는 설명변수가 2개이기 때문에 고유값이 2개가 제시되어 있다. 계속해서 군집이 묶이는 순서를 나타낸다. 현재 자동차 바와 사, 나와 라의 거리가 0.116916으로 가장 작기 때문에 먼저 묶였고, 같은 거리를 나타내는 값이 두 개가 있어 우측의 *Tie*란에 *T*가 표시된다.

[결과2]

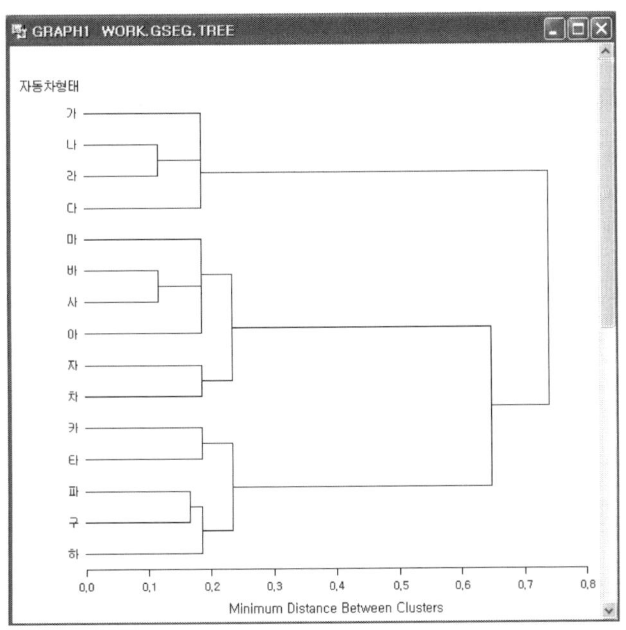

[결과2]는 앞의 데이터를 가지고 덴드로그램을 그린 것이다. 결과를 볼 경우 자동차형태가 가, 나, 다, 라가 하나의 군집으로 묶여 있으며, 마, 바, 사, 아, 자, 차가 또 다른 군집으로, 카, 타, 파, 하, 구가 마지막 군집으로 묶이는 것이 바람직한 것 같다. 이 경우는 군집간 거리가 0.65이하에서 구분되는 것이며, 만약 군집간 거리가 0.70정도로 나눈다면, 크게 두 집단으로 구분될 수 있다. 그러나 현재의 데이터상 군집을 크게 3개로 구분하는 것이 나을 것 같다.

[결과3]

출력 - (제목없음)

SAS 시스템 2

The CLUSTER Procedure
Ward's Minimum Variance Cluster Analysis

Eigenvalues of the Covariance Matrix

	Eigenvalue	Difference	Proportion	Cumulative
1	62864.3383	61681.0576	0.9815	0.9815
2	1183.2807		0.0185	1.0000

Root-Mean-Square Total-Sample Standard Deviation 178.952

Root-Mean-Square Distance Between Observations 357.904

Cluster History

NCL	--Clusters Joined---		FREQ	SPRSQ	RSQ	PSF	PST2	Tie
14	바	사	2	0.0007	.999	110	.	T
13	나	라	2	0.0007	.999	119	.	
12	파	구	2	0.0014	.997	97.5	.	
11	자	차	2	0.0017	.995	87.9	.	T
10	카	타	2	0.0017	.994	88.0	.	
9	CL12	하	3	0.0019	.992	91.5	1.3	
8	마	아	2	0.0028	.989	90.6	.	T
7	가	다	2	0.0028	.986	95.9	.	
6	CL8	CL14	4	0.0031	.983	105	1.8	T
5	CL7	CL13	4	0.0031	.980	123	1.8	
4	CL10	CL9	5	0.0098	.970	120	5.9	
3	CL6	CL11	6	0.0136	.957	132	6.5	
2	CL5	CL3	10	0.2470	.710	31.8	69.1	
1	CL2	CL4	15	0.7097	.000	.	31.8	

[결과3]은 워드의 최소거리방법에 의한 결과이다. 여러 가지 통계량을 보면, SPRSQ는 두 개의 군집이 하나의 집단으로 묶였을 때 전체 설명 정도에서 묶어진 집단이 차지하는 반부분(semi−partial) R^2 값이며, RSQ는 현재와 같이 묶였을 때 전체적인 설명 정도를 나타내는 R^2 값이며, 수도(pseudo) F값(PSF) 이나 t^2 값(PST2) 등이 제시되어 있다. 현재의 결과를 볼 경우, 군집이 3개일 때 RSQ값이 급격히 증가하고, 수도 F값이 높았다가 떨어지는 점이고, 수도 t^2값이 떨어지기 때문에 적절한 수의 군집의 수는 3개 정도라고 보는 것이 바람직하다. 물론 수도 F값이 13개의 군집에서도 높아졌다 떨어지는 점이나, 데이터의 성격상 3개 정도가 바람직하다고 보아야 할 것이다. 이러한 결과는 [결과4]의 그래프에서도 보여주고 있다.

[결과4]

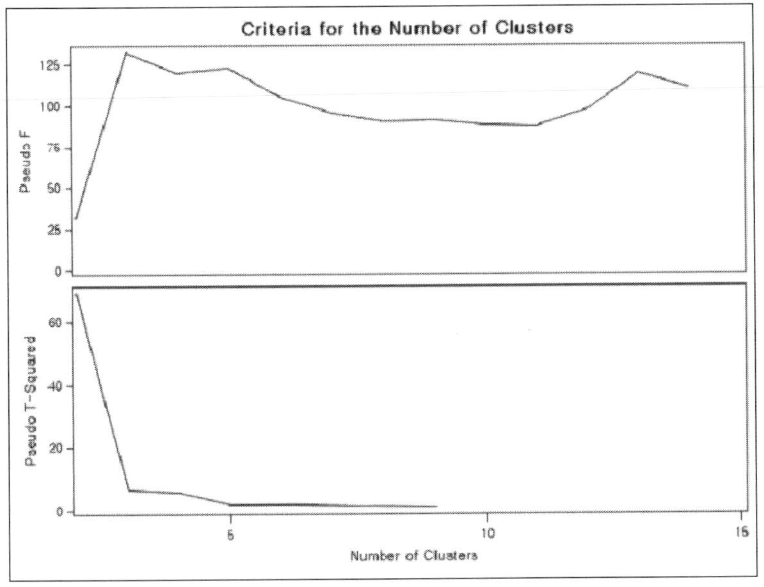

[결과5]

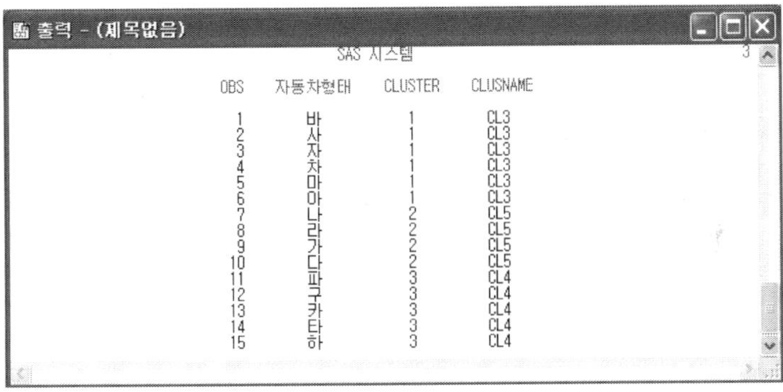

출력 - (제목없음)

SAS 시스템

OBS	자동차형태	CLUSTER	CLUSNAME
1	바	1	CL3
2	사	1	CL3
3	자	1	CL3
4	차	1	CL3
5	마	1	CL3
6	아	1	CL3
7	나	2	CL5
8	라	2	CL5
9	가	2	CL5
10	다	2	CL5
11	파	3	CL4
12	구	3	CL4
13	카	3	CL4
14	타	3	CL4
15	하	3	CL4

[결과5]를 보면 자동차형태에 따라 군집의 형태가 나와 있다. 앞의 [결과5]에서 군집의 수가 3개 정도가 적절하기 때문에 PROC TREE문에서 NCLUSTERS=3으로 옵션을 주고 이를 출력한 결과가 [결과5]에 제시되어 있다. 현재 군집분석 결과를 보면 앞의 덴드로그램을 보고 군집을 나눈 결과와 일치한다. 즉 군집 1은 마, 바, 사, 아, 자, 차이고, 군집 2는 가, 나, 다, 라이고, 군집 3은 카, 타, 파, 하, 구로 나타났다.

[결과6]

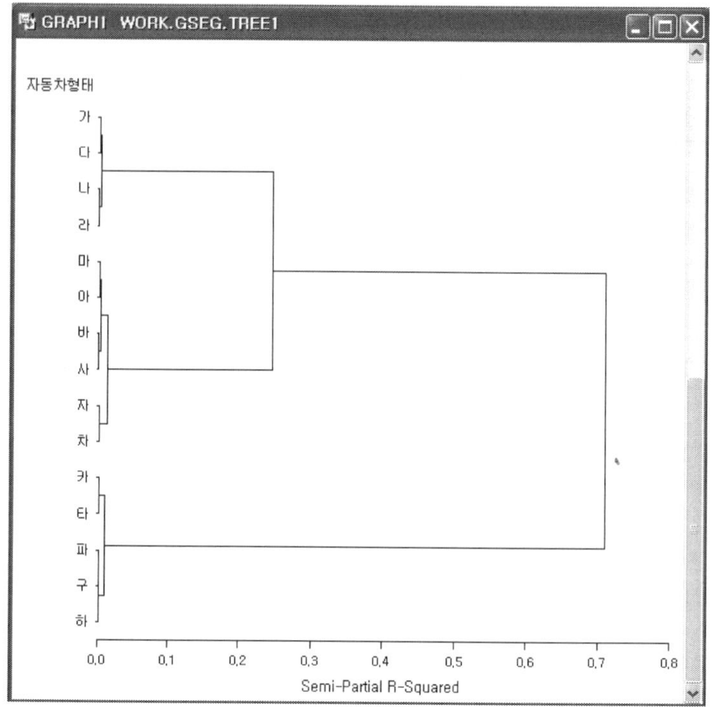

[결과6]는 워드의 최소거리방법에 의한 덴드로그램이다. 그림을 보면, 자동차형태 가, 나, 다, 라가 하나의 군집으로 묶이며, 마, 아, 바, 사, 자, 차가 다른 군집으로 묶인다. 마지막으로 카, 타, 파, 하, 구가 다른 군집으로 묶인다. 여기서 보면 첫째 군집과 둘째 군집은 세 번째 군집보다 더 가깝다는 것을 알 수 있다.

2.2 유사성 거리 데이터 형태의 군집분석

(1) 분석개요

분석에 사용된 데이터는 미국의 10대 도시간의 거리에 관한 데이터다. 이 데이터와 같이 거리의 형태 또는 유사성의 형태의 정보가 제시된 경우에도 데이터를 분석할 수 있다.

(2) 분석데이터의 준비

DATA문은 데이터를 직접 확장편집기에서 입력하겠다는 명령이다. sample.cluster2는 C:₩Sample₩Dataset 폴더 내에 데이터셋을 저장하라는 의미이다. (TYPE=DISTANCE)는 현재 입력한 데이터가 거리 데이터라는 것을 의미한다. 다음으로 INPUT은 변수이름을 입력한다. 현재 ( )안에 변수이름 리스트가 있으며, 이들 변수들이 5자리로 구성된 데이터라는 것을 의미한다. **@56**은 56번째 칼럼에서 *city*라는 변수가 시작되며, $15.은 문자형 변수 15자리로 구성된 것이라는 의미이다. 다음으로 CARDS 문 아래에 데이터를 입력했으며, RUN; 이라는 문장으로 데이터의 끝을 표시했다.

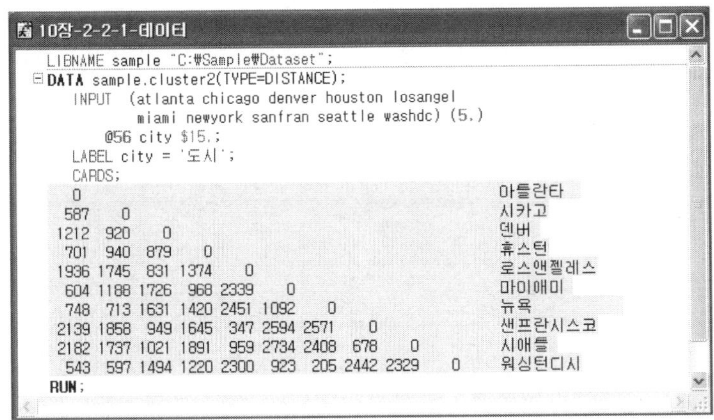

10장-2-2-1-데이터

```
LIBNAME sample "C:₩Sample₩Dataset";
DATA sample.cluster2(TYPE=DISTANCE);
   INPUT  (atlanta chicago denver houston losangel
          miami newyork sanfran seattle washdc) (5.)
       @56 city $15.;
   LABEL city = '도시';
   CARDS;
   0                                                  아틀란타
 587    0                                             시카고
1212  920    0                                        덴버
 701  940  879    0                                   휴스턴
1936 1745  831 1374    0                              로스앤젤레스
 604 1188 1726  968 2339    0                         마이애미
 748  713 1631 1420 2451 1092    0                    뉴욕
2139 1858  949 1645  347 2594 2571    0               샌프란시스코
2182 1737 1021 1891  959 2734 2408  678    0          시애틀
 543  597 1494 1220 2300  923  205 2442 2329    0     워싱턴디시
RUN;
```

(3) 분석과정

프로그램은 PROC CLUSTER 프로시저를 통해 분석이 가능하며 첫째는 평균연결방법 (AVERAGE 옵션)으로 군집분석을 하고, 이 결과를 PROC TREE 프로시저를 통해 수평 덴드로그램을 그려 보았다.

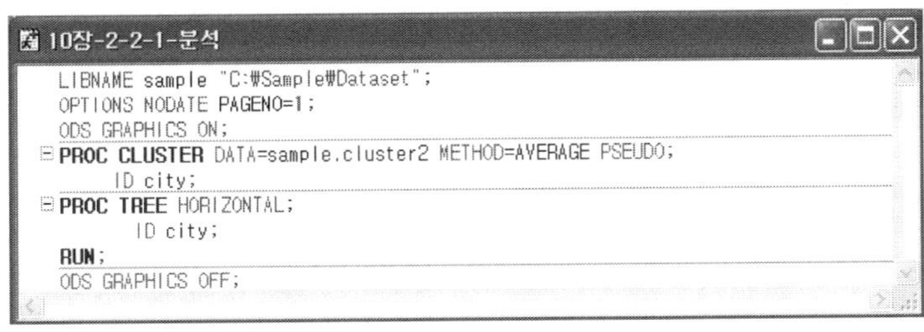

10장-2-2-1-분석

```
LIBNAME sample "C:₩Sample₩Dataset";
OPTIONS NODATE PAGENO=1;
ODS GRAPHICS ON;
PROC CLUSTER DATA=sample.cluster2 METHOD=AVERAGE PSEUDO;
      ID city;
PROC TREE HORIZONTAL;
        ID city;
RUN;
ODS GRAPHICS OFF;
```

(4) 결과해석

[결과1]

출력 - (제목없음)

SAS 시스템

The CLUSTER Procedure
Average Linkage Cluster Analysis

Root-Mean-Square Distance Between Observations 1580.242

Cluster History

NCL	Clusters Joined		FREQ	PSF	PST2	Norm RMS Dist	Tie
9	뉴욕	워싱턴디시	2	66.7	.	0.1297	
8	로스앤젤레스	샌프란시스코	2	39.2	.	0.2196	
7	아틀란타	시카고	2	21.7	.	0.3715	
6	CL7	CL9	4	14.5	3.4	0.4149	
5	CL8	시애틀	3	12.4	7.3	0.5255	
4	덴버	휴스턴	2	13.9	.	0.5562	
3	CL6	마이애미	5	15.5	3.8	0.6185	
2	CL3	CL4	7	16.0	5.3	0.8005	
1	CL2	CL5	10	.	16.0	1.2967	

[결과1]을 보면 뉴욕과 워싱턴디시가 가장 가까운 도시이기 때문에 같은 도시로 묶여 있으며, 다음으로 로스앤젤레스와 샌프란시스코가 같은 도시로 묶여 있다. [결과2]의 그래프의 통계량 수도 F값이나 수도 t^2 값을 볼 경우, 군집의 수가 2개나 5개, 6개가 적절할 것으로 보인다. 거리 측면에서 보았을 때는 3개도 적절할 것으로 생각된다. 몇 개의 집단을 선택할 것인가는 이러한 측면에서 매우 임의적이라 할 수 있다.

[결과2]

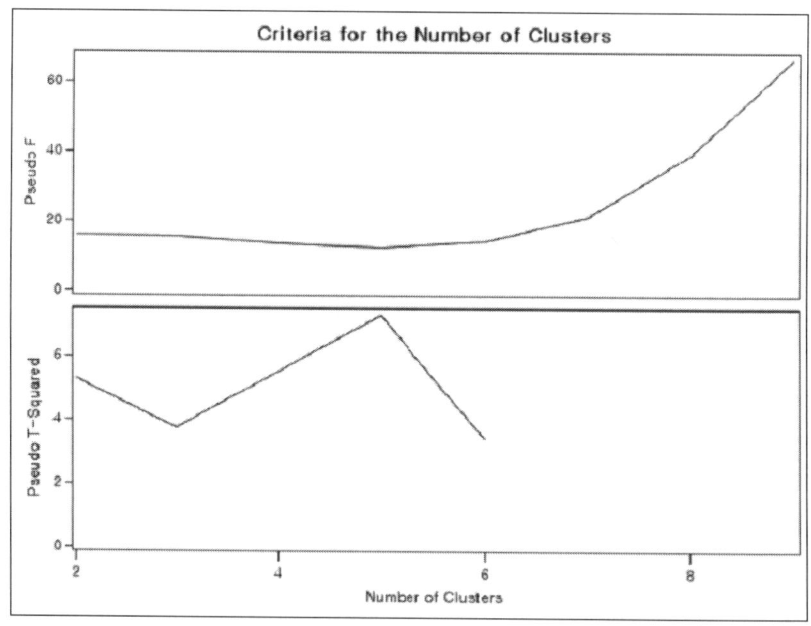

[결과3]

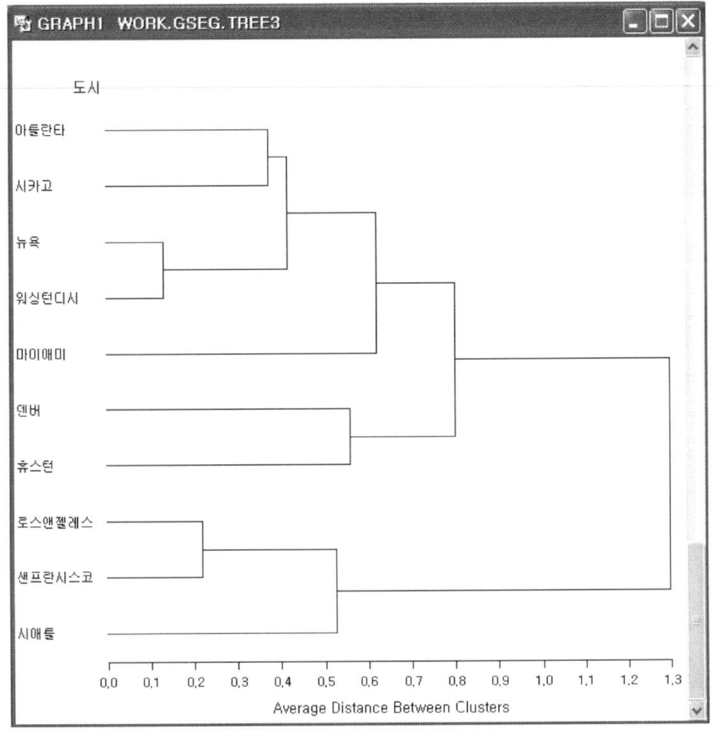

[결과3]에서 두 군집으로 나누면 아틀란타, 시카고, 뉴욕, 워싱턴디시, 마이애미, 덴버, 휴스턴이 하나의 군집으로 묶이며, 로스앤젤레스, 샌프란시스코, 시애틀이 같은 군집으로 묶인다.

2.3 상관관계(공분산) 행렬의 군집분석

(1) 분석개요

상관관계나 공분산행렬을 통해 군집분석을 하는 경우에는 비연결(disjoint) 또는 계층(hierarchical) 군집분석을 수행한다. 각 군집은 첫번째 주성분(principal component)이나 센트로이드(centroid) 성분에 의해서 설명되는 변화량을 최대로 할 수 있는 것이 선택된다.

다음 예제는 여자들의 신체치수에 관한 120명의 상관계수 데이터다. 주요데이터는 키, 팔길이, 팔뚝길이, 종아리길이, 몸무게, 비트로켄터 직경, 가슴둘레, 가슴넓이에 관한 데이터로서 "어떠한 값들이 서로 비슷한 군집으로 생각될 수 있는가"를 알고자 한다.

변수이름	HEIGHT	ARM	FORE	LOW	WEIGHT	BIT	GIRTH	WIDTH
HEIGHT	1.0	.846	.805	.859	.473	.398	.301	.382
ARM_SPAN	.846	1.0	.881	.826	.376	.326	.277	.415
FOREARM	.805	.881	1.0	.801	.380	.319	.237	.345
LOW_LEG	.859	.826	.801	1.0	.436	.329	.327	.365
WEIGHT	.473	.376	.380	.436	1.0	.762	.730	.629
BIT_DIAM	.398	.326	.319	.329	.762	1.0	.583	.577
GIRTH	.301	.277	.237	.327	.730	.583	1.0	.539
WIDTH	.382	.415	.345	.365	.629	.577	.539	1.0

(2) 분석데이터

확장 편집기에서 직접 데이터를 입력하는 방법을 사용한다. 데이터 입력문을 설명하면 다음과 같다. DATA문은 데이터를 직접 확장편집기에서 입력하겠다는 명령이다. sample.cluster3는 C:₩Sample₩Dataset 폴더 내에 데이터셋을 저장하라는 의미이다. (TYPE=CORR)는 현재 입력한 데이터가 상관관계계수 데이터라는 것을 의미한다. 공분산 계수 데이터인 경우에는(TYPE=COV) 형태로 표시한다.

다음으로 LABEL문은 각 변수별 라벨을 설명하는 문장이다. 한글 라벨을 각 변수별로 예제와 같이 지정했다.

다음으로 INPUT은 변수이름을 입력한다. _NAME_ 은 데이터에서 변수이름을 지정할 때 사용하며, $1−8은 1칼럼에서 8칼럼까지 데이터가 있다는 표시이다. 현재 ( )안에 변수이름 리스트가 있으며, 이들 변수들이 8자리로 구성된 데이터라는 것을 의미한다. _TYPE_ = 'CORR';은 분석할 때 각 줄의 데이터가 현재 데이터가 상관관계 계수라는 것을 표시해 준다. 만약 공분산 계수라면 _TYPE_ = 'COV'; 형태로 표시해야 한다. 다음으로 CARDS 문 아래에 데이터를 입력했으며, RUN; 이라는 문장으로 데이터의 끝을 표시했다.

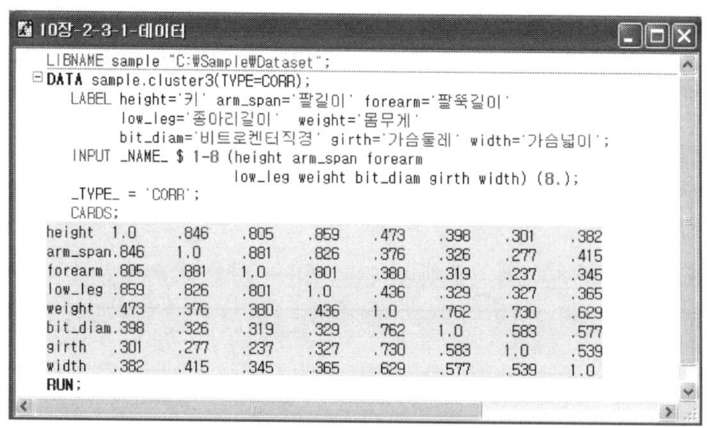
10장-2-3-1-데이터

```
LIBNAME sample "C:₩Sample₩Dataset";
DATA sample.cluster3(TYPE=CORR);
   LABEL height='키' arm_span='팔길이' forearm='팔뚝길이'
         low_leg='종아리길이'  weight='몸무게'
         bit_diam='비트로켄터직경' girth='가슴둘레' width='가슴넓이';
   INPUT _NAME_ $ 1-8 (height arm_span forearm
                   low_leg weight bit_diam girth width) (8.);
   _TYPE_ = 'CORR';
   CARDS;
height  1.0     .846    .805    .859    .473    .398    .301    .382
arm_span.846    1.0     .881    .826    .376    .326    .277    .415
forearm .805    .881    1.0     .801    .380    .319    .237    .345
low_leg .859    .826    .801    1.0     .436    .329    .327    .365
weight  .473    .376    .380    .436    1.0     .762    .730    .629
bit_diam.398    .326    .319    .329    .762    1.0     .583    .577
girth   .301    .277    .237    .327    .730    .583    1.0     .539
width   .382    .415    .345    .365    .629    .577    .539    1.0
RUN;
```

(3) 분석과정

다음 예제는 군집분석을 하고, 계층군집 덴드로그램을 그리기 위해 군집의 수를 변수의 수만큼 지정하고 분석한 경우이다. PROC TREE 프로시저의 *height _PROPOR_*는 설명률(Proportion Explained)을 기준으로 덴드로그램을 그리라는 옵션이다.

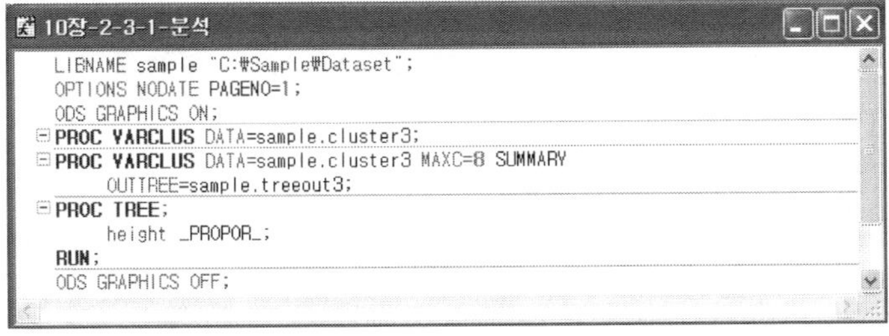

10장-2-3-1-분석

```
LIBNAME sample "C:\Sample\Dataset";
OPTIONS NODATE PAGENO=1;
ODS GRAPHICS ON;
PROC VARCLUS DATA=sample.cluster3;
PROC VARCLUS DATA=sample.cluster3 MAXC=8 SUMMARY
     OUTTREE=sample.treeout3;
PROC TREE;
     height _PROPOR_;
RUN;
ODS GRAPHICS OFF;
```

(4) 결과해석

[결과1]

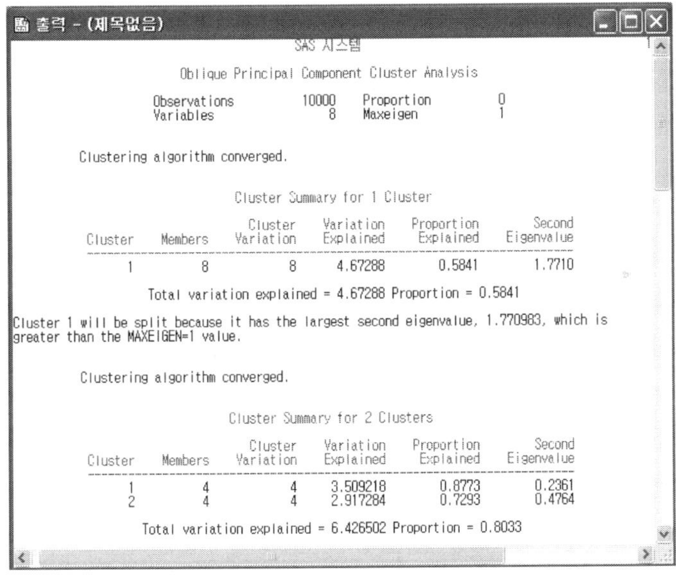

출력 - (제목없음)

SAS 시스템

Oblique Principal Component Cluster Analysis

Observations	10000	Proportion	0
Variables	8	Maxeigen	1

Clustering algorithm converged.

Cluster Summary for 1 Cluster

Cluster	Members	Cluster Variation	Variation Explained	Proportion Explained	Second Eigenvalue
1	8	8	4.67288	0.5841	1.7710

Total variation explained = 4.67288 Proportion = 0.5841

Cluster 1 will be split because it has the largest second eigenvalue, 1.770983, which is greater than the MAXEIGEN=1 value.

Clustering algorithm converged.

Cluster Summary for 2 Clusters

Cluster	Members	Cluster Variation	Variation Explained	Proportion Explained	Second Eigenvalue
1	4	4	3.509218	0.8773	0.2361
2	4	4	2.917284	0.7293	0.4764

Total variation explained = 6.426502 Proportion = 0.8033

[결과1]은 VARCLUS에 의한 분석결과이다. 현재 분석방법은 Oblique 주성분분석을 통해 군집분석을 실시했다는 것을 의미한다. 전체 변수를 하나의 군집으로 묶은 결과 설명 정도가 58.41%(고유값/변수의 수= 4.67288/8) 정도밖에 되지 않아 최소 75%기준에 미달하기 때문에 군집을 다시 나누고 있다. 현재의 데이터의 군집을 2개로 나누었을 때 결과를 보여주고 있다. 군집을 2개로 나눈 결과 설명 정도가 80.33%정도여서 군집이 두 개 정도가 적절하다고 보고 군집분석을 여기서 멈추었다.

[결과2]

출력 - (제목없음)

2 Clusters

Cluster	Variable	R-squared with Own Cluster	R-squared with Next Closest	1-R**2 Ratio	Variable Label
Cluster 1	height	0.8777	0.2088	0.1545	키
	arm_span	0.9002	0.1658	0.1196	팔길이
	forearm	0.8661	0.1413	0.1560	팔뚝길이
	low_leg	0.8652	0.1829	0.1650	종아리길이
Cluster 2	weight	0.8477	0.1974	0.1898	몸무게
	bit_diam	0.7386	0.1341	0.3019	비트로켄터직경
	girth	0.6981	0.0929	0.3328	가슴둘레
	width	0.6329	0.1619	0.4380	가슴넓이

Standardized Scoring Coefficients

Cluster		1	2
height	키	0.266977	0.000000
arm_span	팔길이	0.270377	0.000000
forearm	팔뚝길이	0.265194	0.000000
low_leg	종아리길이	0.265057	0.000000
weight	몸무게	0.000000	0.315597
bit_diam	비트로켄터직경	0.000000	0.294591
girth	가슴둘레	0.000000	0.286407
width	가슴넓이	0.000000	0.272710

[결과2]에서 각 군집에 해당되는 구성원의 수는 각 4개이며, 각각의 군집에 대한 설명 정도는 87.73%와 72.93%로 나타났다. 군집분석에서 두 번째 축에 의한 두 번째 고유값이 높지 않다는 것을 알 수 있다. R−squared with난에서는 각각의 군집에 속하는 변수의 설명 정도와 가장 가까운 다른 군집의 입장에서 설명 정도를 제시하고 있다. 전반적으로 매우 높은 값이다.

계속해서 군집분석 점수를 계산하기 위한 표준화된 계수식도 제시되고 있다. 즉 군집 1과 2에 속하는 점수를 구하기 위해서는,

- 군집 1의 점수 = 0.266977 *height'* + 0.270377 *arm_span'* + 0.265194 *forearm'* + 0.265057 *low_leg'*
- 군집 2의 점수 = 0.31597 *weight'* + 0.294591 *bit_ diam'*+ 0.286407 *girth'* + 0.272710 *width'*

로 계산이 된다. 군집분석 점수를 계산하기 위한 계수들이 각 군집에 해당되는 변수들을 제외하고 나머지 변수들의 계수가 0인 것은 Oblique 주성분 군집분석방법에 의해 직교가 되는 두 개의 축을 찾았기 때문이다.

[결과3]

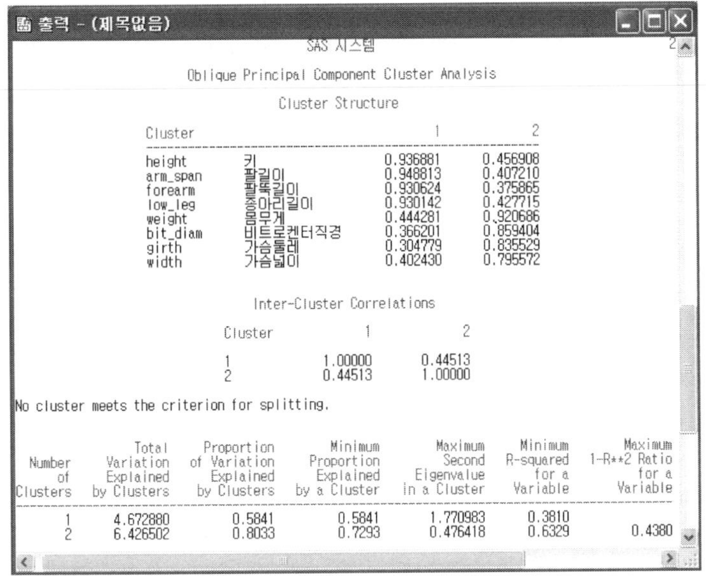

출력 - (제목없음)

SAS 시스템 2

Oblique Principal Component Cluster Analysis

Cluster Structure

Cluster		1	2
height	키	0.936881	0.456908
arm_span	팔길이	0.948813	0.407210
forearm	팔뚝길이	0.930624	0.375865
low_leg	종아리길이	0.930142	0.427715
weight	몸무게	0.444281	0.920686
bit_diam	비트로켄터직경	0.366201	0.859404
girth	가슴둘레	0.304779	0.835529
width	가슴넓이	0.402430	0.795572

Inter-Cluster Correlations

Cluster	1	2
1	1.00000	0.44513
2	0.44513	1.00000

No cluster meets the criterion for splitting.

Number of Clusters	Total Variation Explained by Clusters	Proportion of Variation Explained by Clusters	Minimum Proportion Explained by a Cluster	Maximum Second Eigenvalue in a Cluster	Minimum R-squared for a Variable	Maximum 1-R**2 Ratio for a Variable
1	4.672880	0.5841	0.5841	1.770983	0.3810	
2	6.426502	0.8033	0.7293	0.476418	0.6329	0.4380

[결과3, 4]는 군집을 8개로 했을 때 각 변수에 대한 설명 정도에 관한 통계량들이 제시되어 있다. 단순히 군집분석결과를 통해 덴드로그램을 그리기 위한 것으로 통계량 자체는 별 의미가 없다. 본 결과에서는 설명률(Proportion Explained)을 기준으로 군집분석의 덴드로그램을 유도했다.

[결과4]

출력 - (제목없음)

SAS 시스템 3

Oblique Principal Component Cluster Analysis

Observations	10000	Proportion	1
Variables	8	Maxeigen	0

Clustering algorithm converged.

Number of Clusters	Total Variation Explained by Clusters	Proportion of Variation Explained by Clusters	Minimum Proportion Explained by a Cluster	Maximum Second Eigenvalue in a Cluster	Minimum R-squared for a Variable	Maximum 1-R**2 Ratio for a Variable
1	4.672880	0.5841	0.5841	1.770983	0.3810	
2	6.426502	0.8033	0.7293	0.476418	0.6329	0.4380
3	6.895347	0.8619	0.7954	0.418369	0.7421	0.3634
4	7.271218	0.9089	0.8773	0.238000	0.8652	0.2548
5	7.509218	0.9387	0.8773	0.236135	0.8652	0.1665
6	7.740000	0.9675	0.9295	0.141000	0.9295	0.2560
7	7.881000	0.9851	0.9405	0.119000	0.9405	0.2093
8	8.000000	1.0000	1.0000	0.000000	1.0000	0.0000

[결과5]

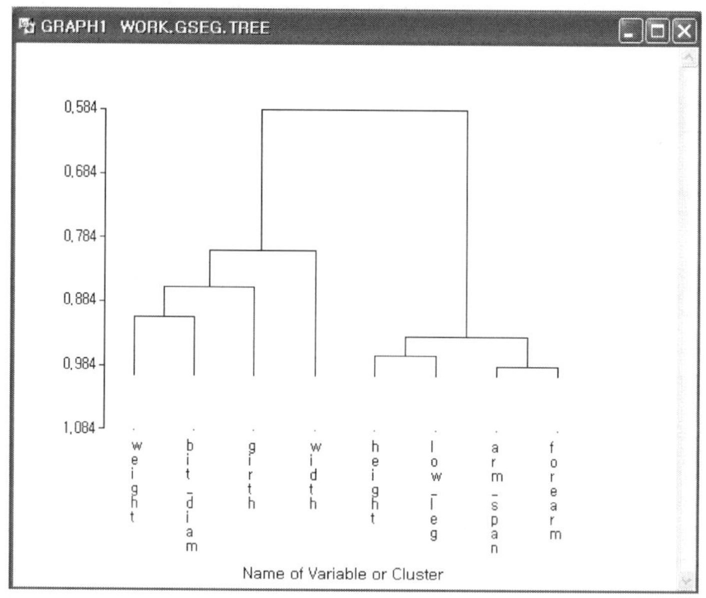

[결과5]에 덴드로그램이 제시되어 있다. 결과를 보면 앞의 군집분석의 결과와 비슷하게 군집을 나눌 수 있다. 즉 키, 팔길이, 팔뚝길이, 종아리길이는 "사람의 크기"를 나타내는 군집 1로 나눌 수 있으며, 몸무게, 비트로켄터직경, 가슴둘레, 가슴넓이는 "몸의 퍼진 정도"라는 군집 2로 나눌 수 있을 것이다.

2.4 다수표본의 군집분석

(1) 분석개요

다수표본에 대한 군집분석은 관찰치가 100개 이상인 경우에 수행한다. 다음 데이터는 피셔(Fisher)의 인종구분에 관한 데이터다(SAS/ STAT 1989, p. 835−836). 아래와 같이 확장편집기에서 직접 데이터를 입력하는 방법을 사용한다. 종을 구분할 수 있는 4개 변수와 실제 종 구분간의 어떤 차이점이 있는지를 보고자 한다. 종을 구분하기 위해 조사된 변수들은 꽃받침의 길이와 넓이, 꽃잎의 길이와 넓이이다.

(2) 분석데이터

데이터는 다음과 같이 직접 입력했다. 여기서 IF 문은 *spec_no*의 값에 따라 종의 값을 설명하는 문장이다.

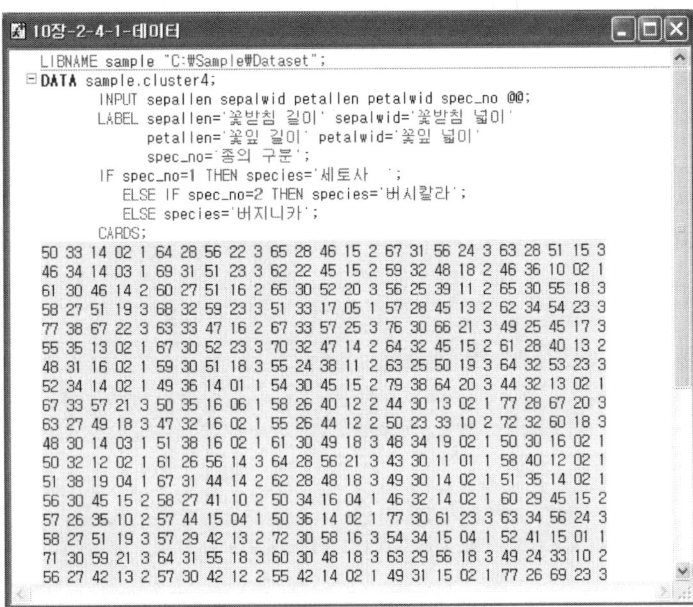

```
10장-2-4-1-데이터
LIBNAME sample "C:₩Sample₩Dataset";
DATA sample.cluster4;
      INPUT sepallen sepalwid petallen petalwid spec_no @@;
      LABEL sepallen='꽃받침 길이' sepalwid='꽃받침 넓이'
            petallen='꽃잎 길이' petalwid='꽃잎 넓이'
            spec_no='종의 구분';
      IF spec_no=1 THEN species='세토사   ';
         ELSE IF spec_no=2 THEN species='버시칼라';
         ELSE species='버지니카';
      CARDS;
50 33 14 02 1 64 28 56 22 3 65 28 46 15 2 67 31 56 24 3 63 28 51 15 3
46 34 14 03 1 69 31 51 23 3 62 22 45 15 2 59 32 48 18 2 46 36 10 02 1
61 30 46 14 2 60 27 51 16 2 65 30 52 20 3 56 25 39 11 2 65 30 55 18 3
58 27 51 19 3 68 32 59 23 3 51 33 17 05 1 57 28 45 13 2 62 34 54 23 3
77 38 67 22 3 63 33 47 16 2 67 33 57 25 3 76 30 66 21 3 49 25 45 17 3
55 35 13 02 1 67 30 52 23 3 70 32 47 14 2 64 32 45 15 2 61 28 40 13 2
48 31 16 02 1 59 30 51 18 3 55 24 38 11 2 63 25 50 19 3 64 32 53 23 3
52 34 14 02 1 49 36 14 01 1 54 30 45 15 2 79 38 64 20 3 44 32 13 02 1
67 33 57 21 3 50 35 16 06 1 58 26 40 12 2 44 30 13 02 1 77 28 67 20 3
63 27 49 18 3 47 32 16 02 1 55 26 44 12 2 50 23 33 10 2 72 32 60 18 3
48 30 14 03 1 51 38 16 02 1 61 30 49 18 3 48 34 19 02 1 50 30 16 02 1
50 32 12 02 1 61 26 56 14 3 64 28 56 21 3 43 30 11 01 1 58 40 12 02 1
51 38 19 04 1 67 31 44 14 2 62 28 48 18 3 49 30 14 02 1 51 35 14 02 1
56 30 45 15 2 58 27 41 10 2 50 34 16 04 1 46 32 14 02 1 60 29 45 15 2
57 26 35 10 2 57 44 15 04 1 50 36 14 02 1 77 30 61 23 3 63 34 56 24 3
58 27 51 19 3 57 29 42 13 2 72 30 58 16 3 54 34 15 04 1 52 41 15 01 1
71 30 59 21 3 64 31 55 18 3 60 30 48 18 3 63 29 56 18 3 49 24 33 10 2
56 27 42 13 2 57 30 42 12 2 55 42 14 02 1 49 31 15 02 1 77 26 69 23 3
```

(3) 분석과정

최대 군집의 수를 2개로 정하여 분석하고, 최대 추정반복회수를 10번 이내로 한 경우이다. 여기서 데이터를 OUT=으로 받았으며, 이를 PROC FREQ 프로시저를 통해 분류결과에 대한 교차표를 제시했다.

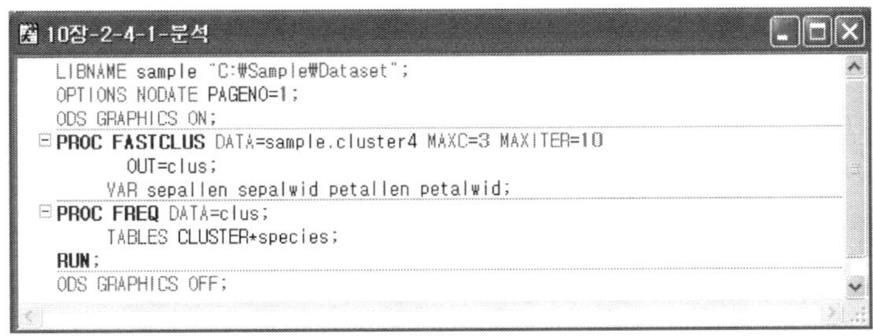

```
10장-2-4-1-분석
LIBNAME sample "C:₩Sample₩Dataset";
OPTIONS NODATE PAGENO=1;
ODS GRAPHICS ON;
PROC FASTCLUS DATA=sample.cluster4 MAXC=3 MAXITER=10
      OUT=clus;
    VAR sepallen sepalwid petallen petalwid;
PROC FREQ DATA=clus;
    TABLES CLUSTER*species;
RUN;
ODS GRAPHICS OFF;
```

(4) 결과해석

[결과1]

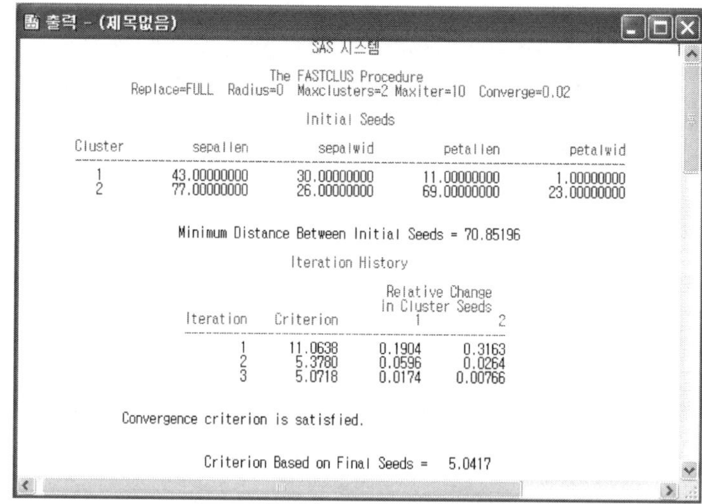

출력 - (제목없음)

SAS 시스템

The FASTCLUS Procedure
Replace=FULL Radius=0 Maxclusters=2 Maxiter=10 Converge=0.02

Initial Seeds

Cluster	sepallen	sepalwid	petallen	petalwid
1	43.00000000	30.00000000	11.00000000	1.00000000
2	77.00000000	26.00000000	69.00000000	23.00000000

Minimum Distance Between Initial Seeds = 70.85196

Iteration History

Iteration	Criterion	Relative Change in Cluster Seeds 1	2
1	11.0638	0.1904	0.3163
2	5.3780	0.0596	0.0264
3	5.0718	0.0174	0.00766

Convergence criterion is satisfied.

Criterion Based on Final Seeds = 5.0417

[결과1]은 PROC FASTCLUS의 각 변수에 대해 두 군집에 대한 초기 시작값과 두 집단간의 거리를 보여 주고 있다. *sepallen*이라는 변수에서 군집 1은 43.00, 군집 2는 77.00에서 값이 출발하고 있는 것이다. SAS에서는 이 값에서 출발하여 군집을 잘 구분할 수 있을 때까지 값을 변화시켜 간다. **PROC FASTCLUS** 프로시저에서 반복추정(Iteration) 3회 만에 최적 해를 찾았다는 것을 보여 주고 있다.

[결과2]

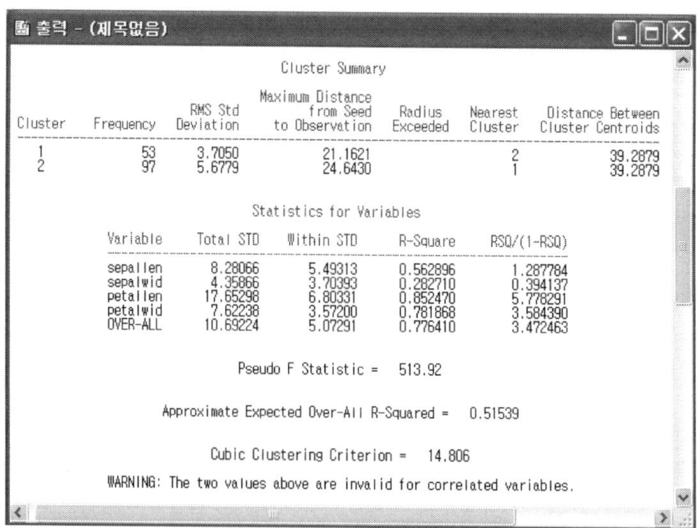

출력 - (제목없음)

Cluster Summary

Cluster	Frequency	RMS Std Deviation	Maximum Distance from Seed to Observation	Radius Exceeded	Nearest Cluster	Distance Between Cluster Centroids
1	53	3.7050	21.1621		2	39.2879
2	97	5.6779	24.6430		1	39.2879

Statistics for Variables

Variable	Total STD	Within STD	R-Square	RSQ/(1-RSQ)
sepallen	8.28066	5.49313	0.562896	1.287784
sepalwid	4.35866	3.70393	0.282710	0.394137
petallen	17.65298	6.80331	0.852470	5.778291
petalwid	7.62238	3.57200	0.781868	3.584390
OVER-ALL	10.69224	5.07291	0.776410	3.472463

Pseudo F Statistic = 513.92

Approximate Expected Over-All R-Squared = 0.51539

Cubic Clustering Criterion = 14.806

WARNING: The two values above are invalid for correlated variables.

[결과2]는 각 군집의 도수와 군집 안의 표준편차의 제곱근, 군집의 시드와 관찰치간의 최대거리, 가까운 군집의 번호 및 거리, 각 변수의 설명 정도를 나타내고 있다. R^2 값을 볼 경우 petallen이라는 변수가 설명력이 가장 높다는 것을 알 수 있으며, 다음으로 petawid, sepallen, sepalwid 순으로 설명 정도가 나타나고 있다. 수도(pseudo) F 통계량과 전체 R^2 값이 나와 있다. 그러나 경고에서 보듯이 변수간에 상관관계가 높기 때문에 상관관계가 높은 변수를 제외하고 다시 분석하는 것이 필요하다.

[결과3]

출력 - (제목없음)

SAS 시스템

The FASTCLUS Procedure
Replace=FULL Radius=0 Maxclusters=2 Maxiter=10 Converge=0.02

Cluster Means

Cluster	sepallen	sepalwid	petallen	petalwid
1	50.05660377	33.69811321	15.60377358	2.90566038
2	63.01030928	28.86597938	49.58762887	16.95876289

Cluster Standard Deviations

Cluster	sepallen	sepalwid	petallen	petalwid
1	3.427350930	4.396611045	4.404279486	2.105525249
2	6.336887455	3.267991438	7.800577673	4.155612484

[결과3]은 군집별로 각 변수에 대한 군집평균과 표준편차가 나와 있다. 전체적으로 보아 군집 1은 sepalwid가 높은 값을 갖는 군집이며, 군집 2는 다른 변수가 높은 값을 갖는 군집이다.

[결과4]

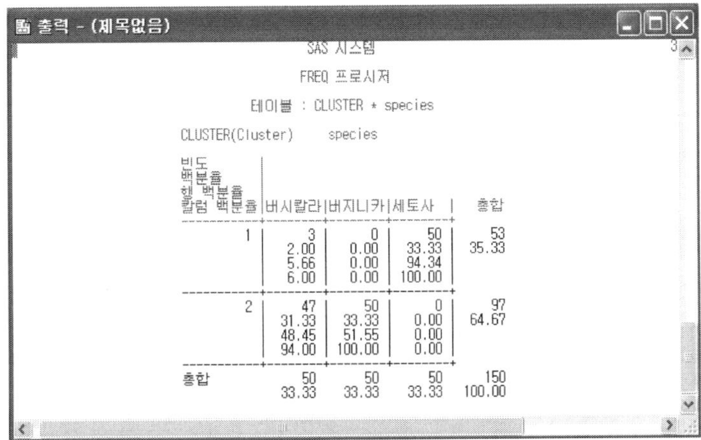

출력 - (제목없음)

SAS 시스템

FREQ 프로시저

테이블 : CLUSTER * species

CLUSTER(Cluster)　species

빈도 백분율 행 백분율 칼럼 백분율	버시칼라	버지니카	세토사	총합
1	3 2.00 5.66 6.00	0 0.00 0.00 0.00	50 33.33 94.34 100.00	53 35.33
2	47 31.33 48.45 94.00	50 33.33 51.55 100.00	0 0.00 0.00 0.00	97 64.67
총합	50 33.33	50 33.33	50 33.33	150 100.00

[결과4]는 각 군집과 종족을 분류한 분할표를 보여 주고 있다. 전체적으로 분류가 잘 되었으나 버시칼라 종족과 버지니카 종족의 구분은 불명확하다. 이에 대한 결과를 [결과5]에서 그래프로 보여주고 있다.

[결과5]

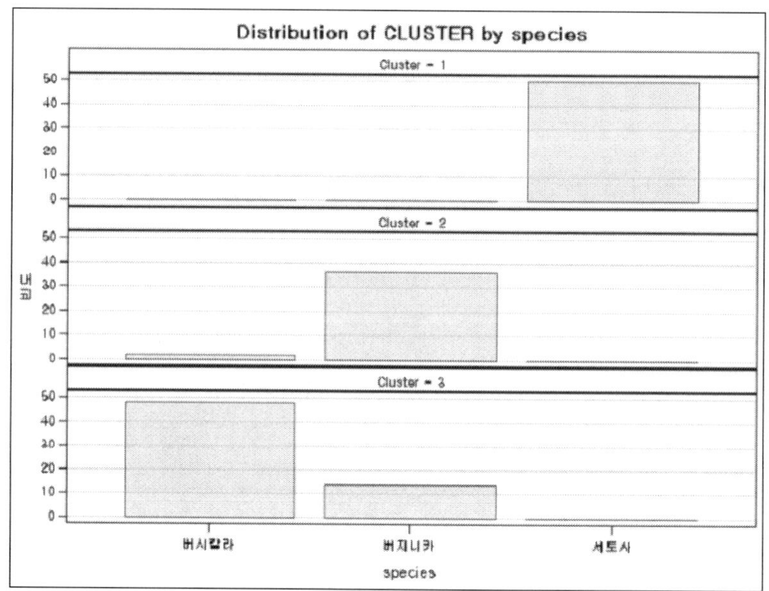

3. 프로시저 설명

3.1 PROC CLUSTER

(1) PROC CLUSTER 기본형

```
PROC CLUSTER 옵션;
VAR 변수들;
    ID 변수;
    COPY 변수들;
    FREQ 변수;
    RMSSD 변수;
    BY 변수들;
```

일반적으로 VAR문만 있으면 되나, 필요한 경우에는 ID문, COPY(DATA=에 지정된 데이터셋의 일부 변수값을 OUTTREE=데이터셋으로 복사하고 싶은 변수를 지정)문도 필요한 경우에는 지정할 수 있다.

(2) PROC CLUSTER 옵션;

[옵션]

- DATA=데이터셋 : 일반적인 데이터셋의 이름을 지정한다. 이 옵션이 없을 경우 이 프로시저 직전에 만들어졌던 데이터셋을 사용한다. TYPE=DISTANCE라는 옵션이 추가되면, 데이터를 거리로 생각하며, 변수의 수와 관찰치의 수가 같아야 한다. 거리는 유클리디안 거리로 인식되나, 다른 형태의 거리 또는 비유사성 데이터를 지정할 수 있다. METHOD=TWOSTAGE나 METHOD= DENSITY인 경우에 거리를 표현하기 위해서 DIM= 옵션을 사용하거나, TRIM= 옵션이 사용하기도 한다. METHOD=AVERAGE, CENTROID, MEDIAN 또는 WARD방법의 경우에는 제곱 유클리디안거리(squared Euclidean distance)가 사용이 된다(제곱거리를 사용하지 않으려면, NOSQUARE 옵션을 지정).
- OUTTREE=데이터셋 : 나무그림(덴드로그램이나 현상 그램)을 그리기 위한 TREE 프로시저에 사용될 출력 데이터셋을 지정한다. 이 옵션이 없을 경우 SAS는 DATAn형태의 이름을 지정한다. 출력 데이터셋을 만들지 않으려면 OUTTREE= _NULL_이라는 옵션을 사용한다.
- NOPRINT : 계산결과를 출력하지 않는다.
- SIMPLE : XY축 데이터인 경우 평균, 표준편차, 왜도, 첨도, bimodality의 계수를 출력한다.

[군집추출방법]

- METHOD=방법 ¦ M=방법 : 군집을 추출하는 방법을 지정한다. 군집분석을 하기 위해서는 항상 이 옵션을 지정한다. 아래는 사용 가능한 방법이다.
- AVERAGE ¦ AVE : 평균연결(average linkage : 각 집단 평균으로서, 산술평균을 사용해 가중치가 없는 집단쌍을 계산) 방법을 수행한다. NOSQUARE 옵션이 지정되지 않으면, 거리는 제곱이 된다.
- CENTROID ¦ CEN : 센트로이드 방법[센트로이드를 통한 가중치가 없(있)는 집단 쌍을 계산, 센트로이드 소팅]을 수행한다. NOSQUARE 옵션이 지정되지 않으면, 거리는 제곱이 된다.
- COMPLETE ¦ COM : 완전연결[이웃(neighbor), 최대(maximum), 반지름법(diameter method), 서열 순위 형태 분석(rank order type analysis)] 방법을 수행한다. 특이관찰치에 의해서 군집이 왜곡되는 것을 줄이기 위해서 사용한다.
- DENSITY ¦ DEN : 비모수 확률밀도 추정방법을 이용한 군집분석방법의 하나로 확률밀도 연결(density linkage) 방법을 수행한다. 확률밀도 추정에 사용될 형태를 지정하는 K=, R=, 또는 HYBRID 옵션을 지정할 수 있다. MODE=와 DIM= 옵션도 참조하기 바란다. 이 방법에서 NONORM을 지정하는 것은 의미가 없다.
- EML : 동등한 분산을 가지고 있으나 동등하지 않은 형태로 섞인 경우도 분석 가능한 구형태의 다변량 정규분포의 혼합에 대한 최우법을 통한 계층군집분석을 수행한다. 이 분석방법은 XY축 데이터에만 사용할 수 있다. PENALTY= 옵션도 참조하기 바란다. 이 방법에서 NONORM을 지정 하는 것은 의미가 없다.
- FLEXIBLE ¦ FLE : Lance - Williams의 flexible - beta 방법을 수행한다. BETA= 옵션도 참조하기 바란다.
- MCQUITTY ¦ MCQ : McQuitty의 유사성분석(가중평균연결, 산술평균을 이용한 가중 집단쌍 계산)을 수행한다.
- MEDIAN ¦ MED : Gower의 메디안 방법(센트로이드를 이용한 가중 집단 쌍 방법)을 수행한다. NOSQUARE 옵션이 지정되지 않으면, 거리는 제곱이 된다.

- SINGLE ¦ SIN : 단순연결(가까운 이웃, 최소방법, 연결방법, 초보적인 연결방법, 확률밀도 방법)을 수행한다. 연결수(chaining)를 줄이기 위해서는 TRIM= 옵션을 사용한다.
- TWOSTAGE ¦ TWO : 2단계 확률밀도연결을 수행한다. 확률밀도 추정에 사용될 형태를 지정하는 K=, R=, 또는 HYBRID 옵션을 지정할 수 있다. MODE= 와 DIM= 옵션을 참조하기 바란다. NONORM을 지정하는 것은 의미가 없다.
- WARD ¦ WAR : Ward의 최소 분산방법(오차제곱항, W의 트레이스)을 수행한다. 특이관찰치에 의해서 군집이 왜곡되는 것을 줄이기 위해서 TRIM= 옵션을 사용한다. NONORM을 지정하는 것은 의미가 없다.

[군집분석방법의 세부적인 옵션]

- BETA=n : METHOD=FLEXIBLE에서 베타 파라 미터에 대한 값을 지정한다. 이 값은 1보다 작아야 하며, 일반적으로 0과 -1사이이다. 디폴트는 -0.25. Milligan은 특이 관찰치가 많은 데이터의 경우에는 -0.5를 사용하는 것을 권한다.
- MODE=n : 두 개 이상의 군집이 합쳐졌을 때 각 군집이 modal cluster로 디자인되기 위해서는 적어도 n개 이상의 구성원을 가지고 있어야 한다는 것을 의미한다. MODE=1인 경우에는 각 군집이 modal cluster로 디자인되기 위해서는 fusion 확률밀도 보다는 큰 최대 확률밀도를 가져야 한다. METHOD=DENSITY, TWOSTAGE에서 사용한다.
- PENALTY=n : METHOD=EML에서 페널티계수를 지정한다. 디폴트는 2.

[군집분석방법을 수행하기 전에 데이터를 통제하기 위한 옵션]

- NOEIGEN : 군집기준의 고유값을 계산하지 않는다. 이 옵션은 데이터가 많은 경우 시간을 절약할 수 있으나 데이터들이 상관관계를 갖지 않거나, 군집 기준에 관심이 없는 경우에 사용할 수 있다. 또한 이 옵션은 XY축 데이터에만 사용될 수 있다.
- NONORM : 대부분의 방법에서 단위 평균이나 단위 평균제곱근으로 평준화를 하지 않는다. METHOD=WARD에서는 제곱반부분상관계수(semi-partial correlation)를 얻기 위해서 군집간 제곱합이 총제곱합으로 평준화되는 것을 막는다. 이 옵션은 DENSITY, EML 또는 TWOSTAGE에서는 효과가 없다.
- NOSQUARE : AVERAGE, CENTROID, MEDIAN 또는 WARD 분석방법에서 거리가 제곱으로 계산되는 것을 막는다.
- STANDARD ¦ STD : XY축 데이터에서 평균을 0으로 표준편차를 1로 한다.

[확률밀도 추정을 통제하기 위한 옵션]

- DIM=n : TRIM= 옵션이나 METHOD=DENSITY 또는 TWOSTAGE가 사용되었을 때, 확률밀도 추정에 사용될 차원을 지정한다. 디폴트는 XY축 데이터인 경우에는 변수의 개수이며, 거리데이터인 경우는 1. TRIM= 옵션이나 METHOD=DENSITY 또는 TWOSTAGE 가 사용되었을 때, 다음의 옵션들을 지정한다.
- HYBRID : 확률밀도가 $k-means$ 방법에 의해 사전적으로 군집 분석된 경우로부터 계산이 되는 Wong의 하이브리드 군집분석을 수행한다. DATA= 집합에 평균, 빈도, 사전군집의 평균제곱 표준편차근(root-mean-square standard deviation)이 포함되어 있어야 한다(FREQ나 RMSSTD 문도 참조). FASTCLUS 프로시저에 의해 만든 MEAN=데이터셋도 사용할 수 있다. 이 옵션은 METHOD= DENSITY나 TWOSTAGE인 경우에 사용할 수 있으나 TRIM= 옵션에서는 사용할 수 없다.
- K=n : kth -nearest-neighbor 확률밀도 추정에 사용될 이웃의 수를 지정한다. 적어도 둘 이상의 값을 가져야 하며, 전체 관찰치의 수보다는 작아야 한다.
- R=n : uniform-kernel density 확률밀도 추정에서 사용될 구(sphere)의 반지름 값을 지정한다.

[군집내력의 출력을 통제하기 위한 옵션]

- CCC : uniform 분포의 귀무가설에 따른 구군집 기준과 근사기대 R2를 출력한다. RSQUARE 옵션에서처럼 R2와 부분 R2값도 출력한다. XY축의 데이터에만 사용할 수 있다.
- NOID : 군집내력의 연결된 군집들의 ID값을 출력하는 것을 억제한다.
- NOTIE : 군집내력의 각 세대에서 군집간 거리의 최소값에 대한 동일 관찰치 검사를 하지 않는다. 동일 관찰치가 없는 데이터일 때 사용한다.
- PRINT=n ¦ P=n : 군집내력에 출력할 세대의 수를 지정한다. 디폴트는 모든 세대를 출력하는 것이며, 0으로 지정하는 경우 군집내력이 출력되는 것을 막는다.
- PSEDO : 수도 F와 t^{22} 통계량을 출력한다. XY축 데이터나, METHOD= AVERAGE, CENTROID 또는 WARD에서 유효하다.
- RMSSTD : 평균제곱 표준편차근(root - mean - square standard deviation)이 출력된다. XY축 데이터나, METHOD=AVERAGE, CENTROID 또는 WARD에서 유효하다.
- RSQUARE ¦ RSQ : R^2와 부분 R^2값을 출력한다. XY축 데이터나, METHOD= AVERAGE, CENTROID에서 유효하다. WARD방법에서는 이 값들이 항상 출력이 된다.

(3) COPY 변수들;

DATA=데이터셋에서 OUTTREE=데이터셋에 데이터값들을 복사할 변수들을 지정한다. 이는 군집분석결과데이터를 가지고 군집분석 기준변수 이외의 변수로 추가적인 회귀분석이나 판별분석 등을 할 때 사용한다.

(4) FREQ 변수;

지정한 변수의 값으로 관찰치의 도수를 변화시키고자 할 때 사용한다. DATA= 옵션의 데이터셋에 _FREQ_변수가 포함이 되었을 때는 이 변수로부터 빈도가 구해진다. HYBRID 옵션에서는 FREQ문이나 _FREQ_변수가 항상 필요하다. PROC FASTCLUS에서 OUT= 데이터셋 형태로 만든 데이터셋을 사용할 때는 이 문을 지정할 필요가 없다.

(5) RMSSD 변수;

FASTCLUS 프로시저와 같이 DATA= 옵션에서 XY축이 평균을 나타내는 경우 각 군집이 원래의 관찰치 수에 대한 정보를 포함하고 있는 변수를 가지고 있거나(FREQ문 참조), 각 군집에 대한 평균제곱 표준편차근(root−mean−square standard deviation)의 값을 지닌 변수를 가지고 있을 때, METHOD=AVERAGE, CENTROID, WARD에서 이 변수를 지정하면 정확한 통계량을 구해 줄 수 있다.

이 문이 없어도 DATA= 옵션의 데이터셋에 _RMSSTD_ 변수가 포함이 되었을 때는 이 변수가 사용된다.

HYBRID옵션에서는 RMSSTD문이나 _RMSSTD_ 변수가 항상 필요하다. PROC FASTCLUS에서 OUT=데이터셋 형태로 만들어진 데이터셋을 사용할 때는 이 문을 지정할 필요가 없다.

3.2 PROC VARCLUS

(1) PROC VARCLUS 기본형

```
PROC VARCLUS 옵션;
   VAR 변수들;
   SEED ¦ SEEDS 변수들;
   PARTIAL 변수들;
   WEIGHT 변수;
   FREQ 변수;
   BY 변수들;
```

(2) PROC VARCLUS 옵션;

[옵션]

- DATA=데이터셋 : 일반적인 데이터셋의 이름을 지정한다. TYPE= CORR, COV 또는 FACTOR 형태의 데이터셋도 사용할 수 있다. 이 옵션이 없을 경우 이 프로시저 직전에 만들어졌던 데이터셋을 사용한다.
- OUTSTAT=데이터셋 : 평균, 표준편차, 상관관계, 군집점수계수, 군집구조를 포함한 통계량이 저장될 데이터셋을 지정한다.
- OUTTREE=데이터셋 : 나무구조의 그림을 그릴 TREE 프로시저에서 사용될 나무구조의 정보가 저장될 데이터셋을 지정한다. 이 옵션을 지정하면, HIERARCHY 옵션을 지정한 것과 같다.

[군집수에 관한 옵션]

- MAXCLUSTERS=n ¦ MAXC=n : 추출할 최대 군집수를 지정한다. 디폴트는 변수의 수이다.
- MINCLUSTERS=n ¦ MINC=n : 추출할 최소 군집수를 지정한다. INTIAL= RANDOM이나 SEED가 지정되면 디폴트는 2. INTIAL 옵션이 지정되지 않으면, 한 개의 군집으로부터 PROPOTION= 이나 MAXEIGEN= 에 의해서 군집을 분류한다.
- MAXEIGEN=n : 각 군집에서 두 번째 고유값으로서 허용 가능한 최대값을 지정한다. PROPORTION = 이나 MAXCLUSTERS= 옵션이 없는 경우, 상관관계행렬이 분석된다면 디폴트는 1이고, 공분산행렬이 분석된다면, 디폴트는 변수의 평균분산이 된다. 기타 디폴트는 0. CENTROID옵션과 같이 사용 못한다.
- PROPORTION=n ¦ PERCENT=n : 군집성분에 의해 설명되어야 하는 변화양의 비율 또는 퍼센트를 지정한다. 1보다 큰 값은 퍼센트로 인식한다. CENTROID 옵션이 지정되면 디폴트는 0.75. 기타 디폴트는 0.

[군집추출에 관한 옵션]

- CENTROID : 주성분보다는 센트로이드성분 군집분석을 수행한다. 디폴트는 주성분이나 표준화된 변수들 또는 COV옵션이 지정된 경우나 비표준화된 변수들의 가중치가 없는 평균을 원할

때 사용한다. 제곱상관계수가 높은 값을 갖는 경우 이 옵션을 사용하면 좋은 형태의 군집을 얻을 수 있다.

- COVARIANCE ¦ COV : 상관관계행렬보다는 공분산행 렬을 사용한다.
- HIERARCHY ¦ H : 계층구조형태의 군집을 얻기 위해서 서로 다른 수준을 갖는 군집을 분석한다.
- MAXITER=n : 최소제곱면(least square phase)을 번갈아 움직이는 동안 최대 반복추정횟수를 지정한다. 디폴트는 CENTROID 옵션이 있는 경우는 0이며 그렇지 않으면 10이다.
- MAXSEARCH=n : 탐색면의 최소제곱면에 있는 동안 최대 반복수를 지정한다. 디폴트는 CENTROID 옵션이 있는 경우는 10이며 그렇지 않으면 0.
- MULTIPLEGROUP ¦ MG : 다중 집단성분분석(multiple group component analysis)을 수행한다. 입력 데이터셋은 반드시 TYPE=CORR, COV 또는 FACTOR이어야 하며 변수 집단들을 지정하는 _TYPE_='GROUP' 관찰치가 포함되어 있어야 한다. 이 옵션은 다음과 같은 옵션을 지정한 것과 같다.

```
MINC=1 MAXITER=0 MAXSEARCH=0 INITIAL=GROUP
PROPORTION=0 MAXEIGEN=0
```

[출력 및 기타옵션]

- CORR ¦ C : 상관관계행렬을 출력한다.
- NOPRINT : 수행결과를 출력하지 않는다.
- SHORT : 군집구조, 점수계수, 군집간 상관계수행렬을 출력한다.
- SIMPLE ¦ S : 평균과 표준편차를 출력한다.
- SUMMARY : 최종 요약표를 제외한 모든 출력을 하지 않는다.
- TRACE : 반복 추정하는 동안 할당된 군집을 출력한다.
- NOINT : 절편을 계산하지 않는다. 따라서 공분산이나 상관계수가 평균에 의해 조정되지 않는다.
- VARDEF=분모 : 분산이나 공분산의 계산에 사용될 분모를 지정한다. 분모로서 N은 관찰치의 수, DF는 오차의 자유도(n - c : c는 군집의 수), WEIGHT 또는 WGT는 가중치의 합, WDF는 가중치의 합에서 군집의 수를 뺀 값을 사용한다. 디폴트는 DF.
- RANDOM=n : REPLACE=RANDOM 옵션과 같이 사용되어 초기값을 양수로 지정한다. 이 옵션이 없으면 수도(pseudo) 난수발생 순서를 초기화하기 위해서 그날의 시간을 사용한다.
- INITIAL=방법 : 군집을 초기화할 방법을 지정한다. 가능한 옵션은 RANDOM, SEED, INPUT, GROUP 등이며, 옵션이 생략되어 있고, MINCLUSTERS= 가 1보다 크면, 필요한 만큼의 주성분 개수를 추출, orthoblique 회전을 한 값을 초기 군집성분으로 사용한다. 방법을 보면, SEED는 SEED문에 지정된 변수들을 따라서 군집이 초기화된다. SEED문에 나열된 각 변수들은 각각 하나의 군집으로 시작하며, 나열되지 않은 변수들은 군집에 할당되지 않는다. SEED문이 지정되지 않으면, VAR문의 MINCLUSTERS= 변수가 시드로 사용된다.
- INPUT은 데이터셋이 TYPE=CORR, COV 또는 FACTOR 데이터셋인 경우에 _TYPE_='SCORE'라는 관찰치로부터 점수계수가 읽혀진다. FACTOR 프로시저나 이전의 VARCLUS 프로시저로부터 점수계수를 계산하거나 데이터스텝에서 점수계수를 입력할 수 있다.
- GROUP은 데이터셋이 TYPE=CORR, COV 또는 FACTOR SAS데이터셋이면 _TYPE_='GROUP'라는 관찰치로부터 1에서 군집 갯수 사이의 자연수가 각 변수에 대한 군집구성원 자격으로 읽혀진다. VARCLUS 프로시저나 데이터스텝에서 점수계수를 입력할 수 있다.
- RANDOM은 군집에 변수를 무작위로 배분한다. CENTROID 옵션이 없이 이 옵션을 지정하려면 MAXSEARCH=5로 지정한다.

(3) SEED | SEEDS 변수들;

군집을 초기화할 시드로 사용될 변수들을 지정한다. SEED문이 지정된 경우에는 INITIAL=SEED 옵션을 지정할 필요는 없다. 그러나 이 이외의 다른 옵션이 사용되면, 이 문장은 무시된다.

(4) VAR 변수들;

군집분석을 하고 싶은 변수를 지정한다. 이 변수가 지정되지 않으면 데이터셋의 모든 숫자 형 변수를 분석에 사용한다.

3.3 PROC FASTCLUS

(1) PROC FASTC.LUS 기본형

```
PROC FASTCLUS 옵션;
   VAR 변수들;
   ID 변수;
   FREQ 변수;
   WEIGHT 변수;
   BY 변수들;
```

(2) PROC FASTCLUS 옵션;

[옵션]

- DATA=데이터셋 : 일반적인 데이터셋의 이름을 지정한다. 이 옵션이 없을 경우 이 프로시저 직전에 만들어졌던 데이터셋을 사용한다.
- SEED=데이터셋 : 최초 군집 seed가 선택될 데이터셋을 지정한다. 이 옵션이 생략되어 있으면 DATA=에서 선택된다.
- MEAN=데이터셋 : 군집 평균과 각 군집의 여러 가지 통계량이 저장될 데이터셋을 지정한다.
- OUT=데이터셋 : 원 데이터와 CLUSTER라는 변수와 DISTANCE라는 새로운 변수가 저장될 데이터셋을 지정한다.
- CLUSTER=이름 : MEAN= 과 OUT= 에서 군집구성원을 구분할 변수 이름을 지정한다. 디폴트는 CLUSTER이다.

[최초 군집 시드(SEED) 선택에 관한 옵션]

- RADIUS= 또는 MAXCLUSTERS= 옵션을 지정한다.
- MAXCLUSTERS=n ¦ MAXC=n : 추출할 최대 군집수를 지정한다. 디폴트는 100.
- RADIUS=t : 새로운 시드를 선택할 최소거리기준을 지정한다. 이 옵션에서 지정된 값보다 최소거리가 크면 어떤 관찰치도 새로운 시드로 사용되지 않는다. 디폴트는 100. REPLACE=RANDOM으로 지정되면, 이 옵션은 무시된다.

- RANDOM=n : REPLACE=RANDOM 옵션이 지정되어 있을 경우 수도(pseudo) 난수 발생기에서 사용할 초기 시작값을 지정한다. 이 옵션이 생략되어 있으면, 그날의 시간을 사용한다.
- REPLACE=FULL ¦ PART ¦ NONE ¦ RANDOM : 시드가 대체되는 기준을 지정한다. FULL은 앞에 제시된 값을 그대로 사용, PART는 관찰치와 가장 가까운 시드와의 거리가 시드간 최소거리보다 클 때만 시드를 대체, NONE은 시드를 대체를 하지 않고, RANDOM은 최초 군집 시드로서 모든 관찰치들의 수도(pseudo) 표본을 선택한다.
- 최후 군집 시드(SEED) 선택에 관한 옵션
- CONVERGE=c ¦ CONV=c : 수렴기준을 제시한다. 특정 시드값의 변화의 최대값이 최초시드와 CONVERGE=에서 정한 값의 최소거리보다 같거나 작은 경우 계산을 종료한다. 디폴트는 0.02.
- DELETE=n : 특정 군집이 n개 이하의 관찰치를 갖게 되는 군집 시드를 제거한다. DRIFT옵션이 종료되고 MAXITER= 옵션의 반복횟수가 끝난 경우 제거가 일어난다. 군집 시드는 최후로 관찰치들을 군집으로 배분할 때는 일어나지 않는다. 따라서 최후군집에서 n구성원보다 작은 군집은 매우 보기가 힘들다. MAXITER=0인 경우 이 옵션은 무의미하며, DRIFT옵션도 지정하지 않아야 한다. 디폴트는 군집 시드를 제거하지 않는 것이다.
- DRIFT : 군집분석을 수행하는 도중에 각 관찰치를 가장 가까운 시드에 배분함으로써 임시군집을 형성한다.
- MAXITER=n : 군집 시드를 재 계산하기 위한 최대 반복수를 지정한다. 디폴트는 1.
- STRICT ¦ STRICT=s : 관찰치가 가장 가까운 군집 시드와의 거리가 이 옵션에 의해 지정된 값을 초과할 때 군집에 배정되는 것을 막는다. 숫자를 지정하지 않고 단순히 STRICT 옵션만을 지정한 경우에는 RADIUS= 옵션을 지정한다. OUT=SAS데이터셋에서 이 옵션에 의해 배정되지 못한 관찰치들은 군집변수에 음수값을 갖게 된다.

[기타 옵션]

- DISTANCE : 군집평균간의 거리를 출력한다.
- IMPUTE : OUT=데이터셋에 결측값을 채워 넣는다. 관찰치가 군집분석에서 사용된 변수에 대해 결측값을 가지고 있을 때, 결측값은 관찰치가 속한 군집시드의 값으로 대체된다. 그러나 관찰치가 군집으로 배분되지 않았을 경우에는 결측값은 그대로 남아있게 된다.
- LIST : 모든 관찰치에 ID변수가 있다면 ID변수를 포함해서 배분된 군집번호와 관찰치와 최후 군집 시드 사이의 거리를 출력한다.
- NOMISS : 분석에서 결측값을 갖는 관찰치를 제거한다. 그러나 IMPUTE 옵션이 지정되면, 결측값을 갖는 관찰치가 군집배분에 포함된다.
- NOPRINT : 모든 출력결과를 출력하지 않는다.
- SHORT : 최초 군집 시드와 군집평균, 표준편차를 출력하지 않는다.
- SUMMARY : 최초 군집 시드, 변수에 대한 통계량, 군집평균, 표준편차를 출력하지 않는다.
- VARDEF=분모 : 분산이나 공분산 계산에 사용될 분모를 지정한다. 분모로서 N은 관찰치의 수, DF는 오차의 자유도(n - c : c는 군집의 수), WEIGHT 또는 WGT는 가중치의 합이 사용되며, WDF는 가중치의 합에서 군집의 수를 뺀 값을 사용한다. 디폴트는 DF이다.

(3) FREQ 변수;

지정한 변수의 값으로 관찰치의 도수를 변화시키고자 할 때 사용한다.

(4) VAR 변수들;

군집분석을 하고 싶은 변수를 지정한다. 이 변수가 지정되지 않으면 데이터셋내의 모든 숫자 형 변수가 분석에 사용된다.

(5) 기타 문장들

가. BY 변수들;

지정한 변수들의 값들이 변할 때마다 서로 다른 군집분석을 하고자 할 때 사용한다. 사전에 PROC SORT 프로시저로 정렬되어 있어야 한다.

나. ID 변수;

군집내력이나 LIST 옵션에서 관찰치들의 구분에 사용될 ID변수를 지정한다.

다. PARTIAL 변수들;

부분상관계수로 군집분석을 원할 때, 부분상관관계를 계산할 변수들을 지정한다.

라. WEIGHT 변수;

가중치를 갖는 군집평균 계산에 사용될 변수를 지정한다. WEIGHT나 FREQ문이 비슷하나, WEIGHT문은 자유도를 변화시키지 않는다.

판별분석 11 CHAPTER

1. 판별분석의 개요

1.1 판별분석이란

(1) 판별분석의 기본 개념

판별분석(discriminant analysis)는 피셔(Fisher)가 개발 했다. 집단을 구분할 수 있는 설명변수를 통하여 집단 구분 함수식(판별식)을 도출하고, 소속된 집단을 예측하는 목적으로 사용된다. 따라서 등간척도나 비율 척도(메트릭)로 측정된 독립변수를 이용해 명목척도 또는 서열척도(메트릭)로 측정된 종속변수를 분류하는데 사용할 수 있다.

예를 들어 종속변수가 남자 또는 여자, 높음 또는 낮음과 같은 2개인 집단이거나 낮음, 중간, 높음과 같은 3개 집단 이상의 구분을 하는데 사용한다. 이를 식으로 표현하면 다음과 같다.

$$y = x_1 + x_2 + x_3 + ... + x_n$$

(넌메트릭)　　(메트릭)

판별분석의 목적을 정리해 보면 다음과 같다.

- 설명변수들의 정보에 근거하여 관찰치가 속하는 집단을 분류할 수 있는 판별함수(discriminant function)를 이끌어 낸다.
- 집단간에 차이를 잘 나타낼 수 있는 설명함수로 구성된 선형결합의 집합을 이끌어 낸다.
- 집단간의 차이를 잘 나타낼 수 있는 설명변수의 부분집합을 이끌어 낸다.

(2) 판별식의 도출

판별식은 다음과 같은 조건에 맞는 선형조합식을 찾아 내는 것이다. 즉, 사전에 정의된 집단을 구분할 수 있는 두 개 이상의 독립변수의 선형 조합식(linear combination)을 찾아내는 것이다. 이 식은 집단간 분산(between−group variance) / 집단내 분산(within−group variance)을 최대화시키는 방법에 의해 선형조합식(선형판별식 또는 판별함수; discriminant function이라 함)을 구하는 것이다. 선형판별식(linear discriminant function)은 아래와 같이 표현된다.

$$z = a + w_1x_1 + w_2x_2 + w_3x_3 + ... + w_nx_n$$

여기서

$z =$ = 판별점수(discriminant score)

$a =$ 절편(intercept)

$w_j = j$번째 독립변수의 가중치(discriminant weights)

$x_j - j$번째 독립변수(independent variables)

(3) 판별분석의 종류

판별분석은 다음과 같이 두 종류로 나뉘어 진다.

- **종속변수의 집단수가 2개인 경우** : 판별분석(discriminant analysis)
- **종속변수의 집단수가 3개 이상인 경우** : 다중판별분석(multiple discriminant analysis : MDA)

이러한 형태를 갖는 판별분석의 주요 사례를 보면 다음과 같다.

- 카드소지자와 비소지자를 각 사람의 개인적인 특성 및 인구통계학 변수에 의해 구분하고자 하는 경우.
- 특정클럽에 가입한 사람과 그렇지 않은 사람들을 인구통계학변수 및 기타 개인의 사회지향성 변수로 구분하고자 하는 경우.
- 은행에서 대부를 주고자 할 때, 가족수입과 가족구성원수 등과 같은 개인특성변수를 통해 고객에 대한 신용도가 좋은 사람과 그렇지 않은 사람으로 구분하고자 할 경우.

(4) 판별분석의 가설 및 가정

판별분석에서 사용하는 가설을 살펴보면 다음과 같다.

- **귀무가설** : 두 개 또는 그 이상의 집단의 평균이 동일하다.
- **대립가설** : 두 개 또는 그 이상의 집단의 평균이 동일하지 않다.

판별분석의 주요 가정을 살펴보면 다음과 같다.

- 각각의 모집단이 다변량 정규분포를 이룬다.
- 각각의 모집단의 공분산행렬이 같아야 한다.

가정에 따른 판별분석의 주요 고려 사항을 보면 다음과 같다.

- **독립변수들간의 다중공선성** : 단계별 판별분석(PROC STEPDISC)
- **유효표본의 크기** : 한 독립변수당 20개 이상

1.2 판별분석의 기본 원리

(1) 변수에 의해 집단을 구분하는 예

먼저 구분하는 변수가 소득과 같이 하나인 경우에 다음과 같은 수식에 의해 집단을 구분할 수 있을 것이다.

$$c = \frac{\bar{x}_I + \bar{x}_{II}}{2}$$

실제속하는 집단	소득에 의한 분류결과		분류정확도(%)
	외향적인 집단	내향적인 집단	
외향적인 집단	123	121	50.4
내향적인 집단	19	31	62.0
전　　체	142	152	52.4

반면에 소득, 연령과 같이 두 개의 변수 이상인 경우 집단 구분식은 다음 그림과 같은 판별함수 도표를 통해 구분할 수 있을 것이다.

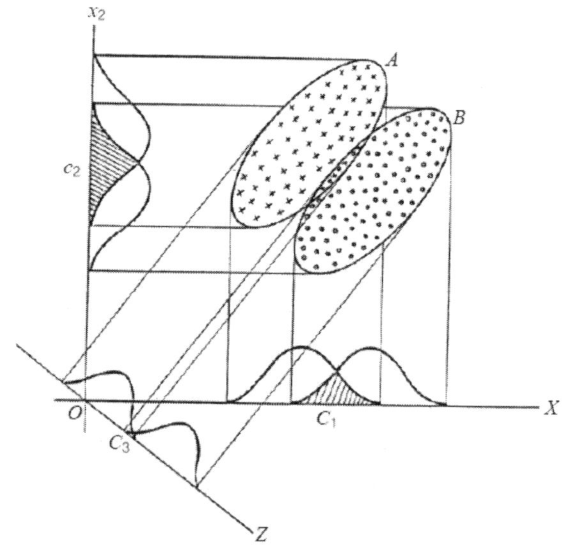

이를 피셔의 판별식(Fisher's Discriminant Function)이라 할 수 있으며, 피셔의 판별식은 다음과 같이 만들어 진다.

$$z = w_1x_1 + w_2x_2$$

$$z = w_1x_1 + w_2x_2 + ... + w_px_p$$

$$z_c = \frac{\bar{z}_I + \bar{z}_{II}}{2}$$

(2) 판별분석, 로지스틱 회귀분석, 맥파든의 로짓분석과의 구분

가. 판별분석

- 독립변수에 대한 가정이 정규분포 → 등간 또는 비율과 같은 메트릭 척도를 가정한다.
- 독립변수가 넌메트릭을 포함하고 있는 경우는 로지스틱 회귀분석이 적절한 것으로 볼 수 있다.

나. 로지스틱 회귀분석

- 회귀분석과 비슷한 성질을 갖고 있으며, 계수 또한 회귀분석과 같은 형태로 해석이 가능하다.
- 판별분석의 기본적인 가정이 유지되면 두 분석방법의 결과는 같다.
- 독립변수의 정규성 가정이 어긋나는 경우(더미변수와 같은 넌메트릭 데이터 변수를 포함한 경우)에 회귀분석에서와 같이 더 나은 결과를 갖게 된다.
- 일반적으로 두 집단인 경우에 많이 사용된다.

다. 맥파든 로짓분석

- 일반적으로 한 응답자의 특성에 의해 집단을 구분할 때에는 판별분석이나 로지스틱 회귀분석을 사용한다.
- 일반적으로 응답자의 특성보다는 여러 제품을 비교해 제품을 선택하는 상황에 사용(각 제품에 대한 평가 데이터와 그 제품 중 선택 데이터가 있는 경우, 여기에 응답자 특성을 포함시키기도 함) 한다.
- 선택모형(choice model) 분석이라고도 한다.

1.3 판별분석의 절차

(1) 단계 1 : 변수의 선정

먼저 종속변수는 다음과 같은 형태로 선정된다.

- 전체 대상을 몇 개의 집단으로 나누어 분석할 것인가를 결정
  - ▸ 낮음/높음 또는 낮음/중간/높음
  - ▸ 좋음/나쁨 또는 변호사/물리학자/교수
- 종속변수가 메트릭인 경우에도 집단 구분을 통해 사용가능
  - ▸ 콜라 소비량을 기준으로 2집단 구분

    하루 5캔 미만/그 이상

    3집단 구분

    하루 1−2캔 light users

    하루 3−5캔 medium users

    하루 6캔 이상 heavy users

종속변수는 일반적으로 4집단 이내의 구분을 많이 사용한다. 이들 집단들은 사전에 집단들에 대한 조사를 하거나 다른 연구결과들을 참조한다. 각 집단들은 상호 배타적이어야 하고 어느 대상이던 한 집단에만 소속되어야 한다(mutually exclusive and exhaustive).

다음으로 독립변수는 다음과 같은 형태로 선정된다. 독립변수는 사전연구나 문헌들을 통하여 종속변수에 의미 있는 영향을 미치는 변수들을 선정되며, 연구자의 직관이 작용되는 단점이 있다.

(2) 단계 2 : 표본의 선정

표본의 추출이나 선정과정은 일반적인 표본추출기법을 준수해야 한다. 일반적으로 분석표본(analysis sample)과 유보표본(holdout sample)로 구분하여 사용한다. 분석표본과 유보표본은 따로 수집할 수도 있으나 일반적으로 한 표본을 수집 이중 일부(약 40에서 25%정도)를 유보표본으로 사용(split−sample or cross−validation approach)한다. 이들 표본을 구분해 보면, 다음과 같다.

- **분석표본** : 판별식을 유도하는 표본
- **유보표본** : 판별식의 타당성을 검토하는 표본

(3) 단계 3 : 판별식의 추정

판별식의 추정에 있어 가장 이상적인 형태는 전체 집단을 정확히 구분하는 하나의 판별식이다. 그러나 집단이나 독립변수의 수가 증가하면 판별식의 수는 증가한다. 여러 개의 판별식이 도출되는 경우 첫 번째 판별식으로 집단을 가장 잘 구분할 수 있다.

$$n(\text{판별식}) = Min(g-1, p)\, n$$

$$g:\ n(\text{집단})$$

$$p:\ n(\text{독립변수})$$

먼저 판별식의 몇 가지 추정방법을 보면 다음과 같다.

- **전체 독립변수 이용법**
- **단계별 독립변수 선택법** : 일반적으로 단계별 독립변수 선택법이 전체 독립변수 이용법보다 좋거나 더 나은 것으로 나타난다. 이는 변수들 간에 다중공성선이 존재하기 때문이라고 볼 수 있다. 단계별 독립변수 선택을 할 때 일반적인 변수 유의도(**significance level**)의 기준은 0.05이나 상황에 따라 0.2나 0.3도 사용할 수 있다.

다음으로 추정된 판별식의 타당성 검정은 분석표본과 유보표본간 다음과 같은 통계량들을 통해 비교할 수 있다.

- **판별식의 유의도** : 카이제곱(chi−square) 통계량이나 Mahalanobis D^2 통계량을 보고 판단한다. 그러나 이 통계량은 표본수가 증가하면 유의하게 나타나기 때문에 분류표를 이용한 분석이 적절하다. 여기서 분류표의 hit ratio는 회귀분석의 R^2의 의미가 동일하다.
- cutting score (critical Z value)

  1) 두 집단의 표본크기가 같은 경우

$$z_C = \frac{\bar{z}_I + \bar{z}_{II}}{2}$$

2) 두 집단의 표본크기가 다른 경우

$$z_C = \frac{n_I \bar{z}_I + n_{II} \bar{z}_{II}}{n_I + n_{II}}$$

3) 분류방법

$z_n \leq z_c$이면 집단 I로 구분

$z_n \rangle z_c$이면 집단 II로 구분

• 분류표(분류행렬)의 유의도를 이용한 분석표본과 유의표본간 비교를 한다.

1) 여러 가지 비교 통계량

$$\text{적중률(Hit Ratio)} = \frac{\text{정확히분류된표본수}}{\text{전체표본의표본수}}$$

$$C_{\max} = \frac{\text{표본수가가장많은집단표본수}}{\text{전체집단의표본수}}$$

$$C_{pro} = \alpha^2 + (1-\alpha)^2,$$

$$\alpha = \frac{\text{한 집단의 표본수}}{\text{전체집단의 표본수}}$$

2) t — 검정

$$t = \frac{p - 0.5}{\sqrt{\frac{0.5(1-0.5)}{n}}}$$

p= 정확히 분류된 비율(적중률 : Hit ratio)

n= 표본수

(4) 단계 4 : 판별식의 해석

판별계수(discriminant coefficient/discriminant weight/standardized canonical coefficient)의 해석은 다음과 같이 한다.

• 절대값이 클수록 집단판별에 더 기여하는 변수로 판단한다.
• 회귀분석의 회귀계수의 의미와 비슷하다.

판별적재량(discriminant loadings/canonical loadings)은 다음과 같이 해석한다.

• 판별식과 독립변수의 상관관계 의미이다.

• 요인분석의 요인적재량(factor loadings)과 같은 의미이다.

Partial *F* 값에 대한 해석은 다음과 같이 한다.

• Stepwise 방법에서 변수의 중요도를 평가한다.
• *F* 값이 클수록 판별력이 크다는 것을 의미한다.

2. 가설검정을 위한 판별분석

2.1 분석개요

가설검정을 위한 판별분석은 판별분석을 위해 설명변수로 선택된 변수들이 판별집단에 해당되는 종속변수에 대해 영향을 미치는 정도를 보기 위한 것이다.

분석결과는 각 변수들의 유의도, 전체 모형의 유의도, Fisher의 판별식, 판별식에 따른 분류 결과를 볼 수 있다.

2.2 분석데이터

다음 데이터는 A회사에서 외국상표를 선호하는 소비자와 국내상표를 선호하는 소비자의 특성을 파악하기 위하여 10명의 외국상표 선호자와 10명의 국산상표 선호자의 구매를 조사하여 구매할 때 디자인과 가격의 중요성을 10점 척도로 측정한 데이터다.

분석데이터는 확장편집기에서 직접 입력했다. 데이터의 변수 이름들은 *subject, brand, design, price*로 지정했으며, 한글 라벨 이름들을 차례로 응답자, 브랜드, 디자인, 가격으로 지정했다.

PROC FORMAT 프로시저는 브랜드의 경우 국산, 외산으로 리코드하기 위해 사용했다. INPUT문의 @@사인은 본 예제에서와 같이 한 줄에 여러 관찰치의 데이터가 있을 경우 적어준다.

11장-2-2-1-데이터

```
LIBNAME sample 'C:₩Sample₩Dataset';
PROC FORMAT CNTLOUT=sample.brandfmt;
   VALUE BRANDFMT 1 = '외산' 2= '국산';
DATA sample.discrim1;
   INPUT subject brand design price test @@;
   FORMAT brand test BRANDFMT.;
   CARDS;
 1 1 8 9 1  2 1 6 7 1  3 1 10 6 1  4 1 9 4 1
 5 1 7 8 1  6 2 5 4 1  7 2 3 7 1  8 2 4 5 1
 9 2 2 4 1 10 2 2 2 1 11 1 6 8 2 12 1 6 9 2
13 1 2 3 2 14 1 6 7 2 15 1 9 10 2 16 2 4 4 2
17 2 5 6 2 18 2 2 1 2 19 2 7 8 2 20 2 1 4 2
RUN;
```

2.3 분석과정

먼저 분석표본에 대한 분석을 하기 위해서 아래와 같이 확장편집기에서 프로그램을 입력한다. 분석을 위해서는 PROC DISCRIM 프로시저를 사용한다.

PROC DISCRIM의 옵션을 살펴보면, SIMPLE은 기술통계량, DISTANCE는 마할라노비스 거리(Mahalanobis distance)를 계산하며, POOL=TEST는 SLPOOL에 지정된 유의수준에서 각 집단의 공분산 행렬에 대한 검정을 실시한다. ANOVA는 각 변수별 유의도, MANOVA는 전체 판별식의 유의도를 계산하라는 의미이다. CANONICAL은 정준상관식을 산출하며, LISTERR는 분석된 판별식으로 예측을 할 경우 집단구분이 잘못된 분류 관찰치에 대해서만 출력하라는 표시이다. POSTERR은 잭나이프(Jack Knife) 표본추출 방법에 의해 예측한 결과를 사용했을 때 발생되는 오차율(error rate)를 보여주며, CROSSVALIDATE는 현재의 표본을 기준으로 판별식에 대한 적합도를 검정한다.

CLASS문에는 집단구분 변수를 지정하며, VAR문에는 판별식을 설명하는 변수, PRIORS PROPORTIONAL은 분류를 할 때 기준 통계량을 각 관찰치의 집단 분류를 기준으로 하라는 의미이다. 마지막으로 ID문은 잘못된 분류 산출을 할 때 지정된 변수 *subject*(응답자)를 기준으로 출력을 하라는 것이다.

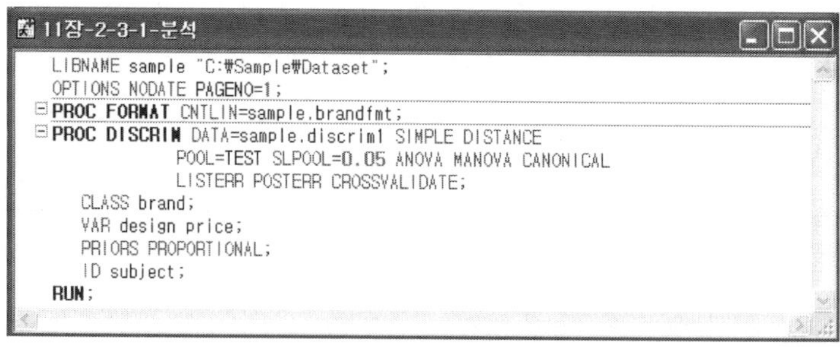
11장-2-3-1-분석

```
LIBNAME sample "C:₩Sample₩Dataset";
OPTIONS NODATE PAGENO=1;
PROC FORMAT CNTLIN=sample.brandfmt;
PROC DISCRIM DATA=sample.discrim1 SIMPLE DISTANCE
             POOL=TEST SLPOOL=0.05 ANOVA MANOVA CANONICAL
             LISTERR POSTERR CROSSVALIDATE;
   CLASS brand;
   VAR design price;
   PRIORS PROPORTIONAL;
   ID subject;
RUN;
```

2.4 결과해석

[결과1]

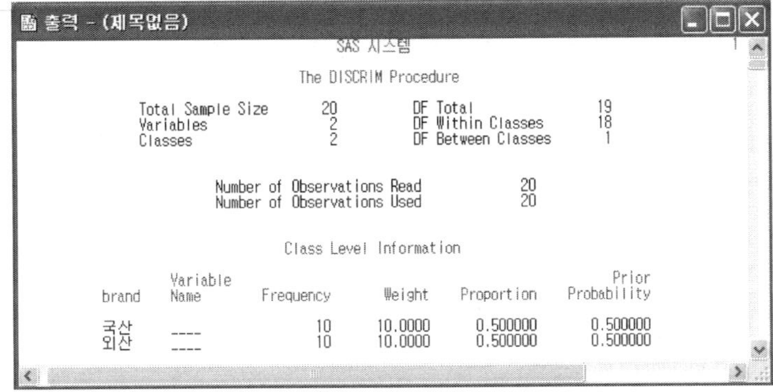

출력 - (제목없음)

SAS 시스템 1

The DISCRIM Procedure

Total Sample Size	20	DF Total	19
Variables	2	DF Within Classes	18
Classes	2	DF Between Classes	1

Number of Observations Read	20
Number of Observations Used	20

Class Level Information

brand	Variable Name	Frequency	Weight	Proportion	Prior Probability
국산	----	10	10.0000	0.500000	0.500000
외산	----	10	10.0000	0.500000	0.500000

[결과1]을 보면, 분석대상 표본에 대한 설명이 나와 있다. 주요 출력 결과는 관찰치의 수, 설명변수의 수, 도수와 가중치, 비율, 사전확률 등이다.

[결과2]

출력 - (제목없음)

SAS 시스템 2

The DISCRIM Procedure
Simple Statistics

Total-Sample

Variable	N	Sum	Mean	Variance	Standard Deviation
design	20	104.00000	5.20000	7.11579	2.6675
price	20	116.00000	5.80000	6.27368	2.5047

brand = 국산

Variable	N	Sum	Mean	Variance	Standard Deviation
design	10	35.00000	3.50000	3.38889	1.8409
price	10	45.00000	4.50000	4.50000	2.1213

brand = 외산

Variable	N	Sum	Mean	Variance	Standard Deviation
design	10	69.00000	6.90000	5.21111	2.2828
price	10	71.00000	7.10000	4.98889	2.2336

Within Covariance Matrix Information

brand	Covariance Matrix Rank	Natural Log of the Determinant of the Covariance Matrix
국산	2	2.13205
외산	2	3.12665
Pooled	2	2.74477

[결과2]는 각 변수에 대해서 전체 표본과 각 집단별로 기술 통계량을 보여주고 있다. 출력결과를 정리해 보면,

설명변수	국산	외산	차이
디자인	3.50(1.84)	6.90(2.28)	-3.40
가 격	4.50(2.12)	7.10(2.23)	-2.60

로서 디자인과 가격에 따라 집단별로 차이가 있을 것으로 생각된다. 특히 디자인이 더 영향력 있는 변수인 것으로 보인다. 계속해서 각 집단별 분산행렬의 결정값(Determinant)의 자연로그 값이 제시되어 있다. 국산 집단의 자연로그 값은 2.13, 외산 집단에 대한 자연로그 값은 3.13, 집단을 합쳐서 평가한 경우(Pooled)는 2.74로 계산되어 있다. 이에 대한 테스트 결과는 다음에 제시된다.

[결과3]

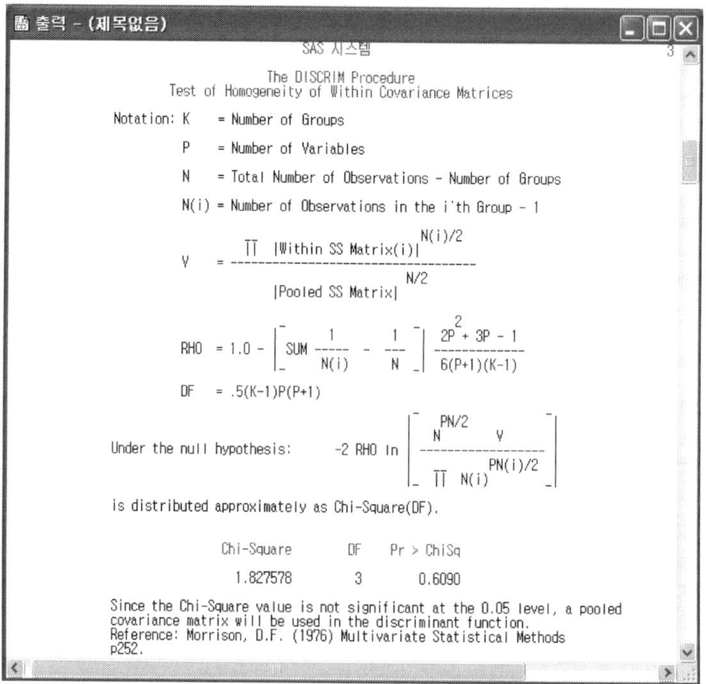

```
출력 - (제목없음)
                              SAS 시스템                                      3

                       The DISCRIM Procedure
         Test of Homogeneity of Within Covariance Matrices

Notation: K    = Number of Groups

          P    = Number of Variables

          N    = Total Number of Observations - Number of Groups

          N(i) = Number of Observations in the i'th Group - 1

                                          N(i)/2
                  ∏   |Within SS Matrix(i)|
          V    = ------------------------------------
                                         N/2
                      |Pooled SS Matrix|

                        _                   _     2
                       |        1       1    |  2P  + 3P - 1
          RHO  = 1.0 - | SUM -----  -  ---   |  -------------
                       |_     N(i)      N   _|  6(P+1)(K-1)

          DF   = .5(K-1)P(P+1)
                                      _                    _
                                     |     PN/2             |
                                     |    N        V        |
Under the null hypothesis:  -2 RHO ln | ------------------ |
                                     |            PN(i)/2   |
                                     |_    ∏  N(i)          _|

is distributed approximately as Chi-Square(DF).

              Chi-Square        DF    Pr > ChiSq

                1.827578         3        0.6090

Since the Chi-Square value is not significant at the 0.05 level, a pooled
covariance matrix will be used in the discriminant function.
Reference: Morrison, D.F. (1976) Multivariate Statistical Methods
p252.
```

[결과3]은 각 집단의 공분산행렬의 차이에 대한 검정이다. 결과를 볼 경우 $\chi^2 = 1.83$ (p 〉 0.61)으로서 유의 수준 0.05에서 각 집단의 공분산 행렬이 서로 같다는 가설을 기각할 수 없다. 따라서 판별분석의 계산은 합동공분산 행렬을 사용하게 된다. 만약 현재의 귀무가설이 기각되면, 각 집단의 공분산 행렬이 판별분석 계산에 사용될 것이다.

상단에 있는 수식은 공분산 행렬에 대한 동질성 검사를 위해 사용한 공식이다. 공분산 행렬에 대한 공식은 Morrison (1976)에 의해 제시된 카이제곱 검정 값이 사용되었다.

공분산 행렬에서 분산이 같지 않다고 평가될 경우 판별분석에서 각 집단별 분산을 고려한 분석이 진행된다. 이때 공분산 정규분포 가정을 하고 있는 피셔의 판별식이 산출되지 않고, 비모수 분석에 의한 결과가 산출된다.

[결과4]

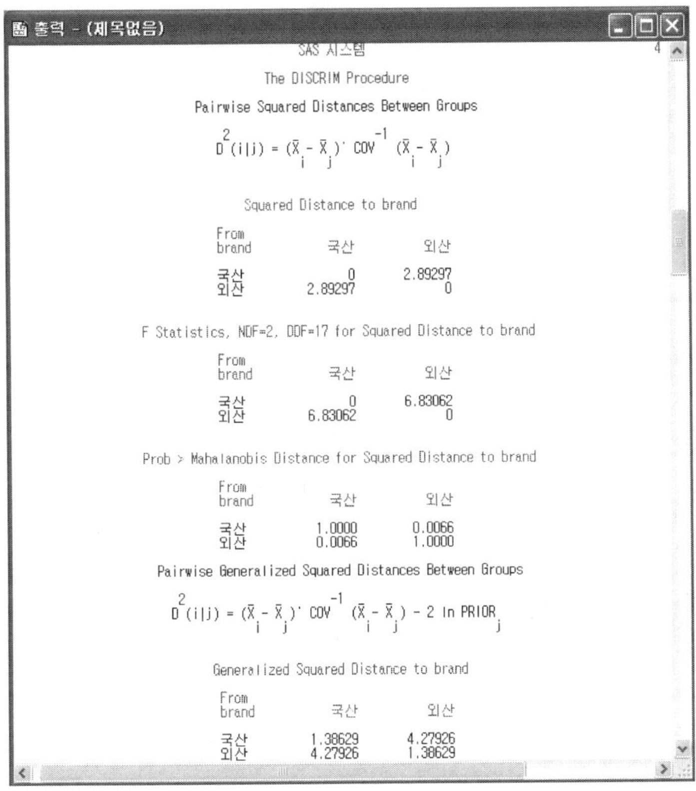

출력 - (제목없음)

SAS 시스템 4

The DISCRIM Procedure

Pairwise Squared Distances Between Groups

$D^2(i|j) = (\bar{X}_i - \bar{X}_j)' \, COV^{-1} \, (\bar{X}_i - \bar{X}_j)$

Squared Distance to brand

From brand	국산	외산
국산	0	2.89297
외산	2.89297	0

F Statistics, NDF=2, DDF=17 for Squared Distance to brand

From brand	국산	외산
국산	0	6.83062
외산	6.83062	0

Prob > Mahalanobis Distance for Squared Distance to brand

From brand	국산	외산
국산	1.0000	0.0066
외산	0.0066	1.0000

Pairwise Generalized Squared Distances Between Groups

$D^2(i|j) = (\bar{X}_i - \bar{X}_j)' \, COV^{-1} \, (\bar{X}_i - \bar{X}_j) - 2 \ln PRIOR_j$

Generalized Squared Distance to brand

From brand	국산	외산
국산	1.38629	4.27926
외산	4.27926	1.38629

[결과4]는 마할라노비스 거리(**Mahalanobis distance**)를 나타내며, 이 거리는 피셔의 판별식에서 각 집단별 z 값과 합동공분산에 의해 계산이 된다. 즉,

$$D^2 = \frac{\left(\overline{z_I} - \overline{z_{II}}\right)^2}{s_Z^2}$$

이다. 마할라노비스 거리는 2.89이며, 유의도는 아래 F값으로 나타나는데, 6.83이며, 이에 대한 유의도는 0.0066으로 0.01 유의수준에서 의미가 있는 결과를 보여 주고 있다. 따라서 두 집단간에 평균이 차이 있다고 볼 수 있다.

F 값은 아래와 같이,

$$F = \frac{N_I + N_{II} - p - 1}{p(N_I + N_{II} - 2)} \times \frac{N_I N_{II}}{N_I + N_{II}} \times D^2$$

로 계산되며, p와 $N_I + N_{II} - p - 1$인 자유도를 갖는 F 분포를 따른다. 앞에서 계산된 마할라노비스 거리는 분류를 잘못 해서(misclassification) 나타난 결과를 반영하지 못하고 있다. 분류를 잘 못해서 나타난 결과를 2ln(사전확률)을 통해 반영해 주었을 경우의 마할라노비스 거리를 나타내고 있다. 즉 마할라노비스 거리의 무편의 추정치(unbiased estimator of the population Mahalanobis Distance)를 의미한다. 분류 잘못으로 인한 비용이 발생하는 경우에는 사전확률을 반영하는 모형을 사용해야 할 것이다.

[결과5]

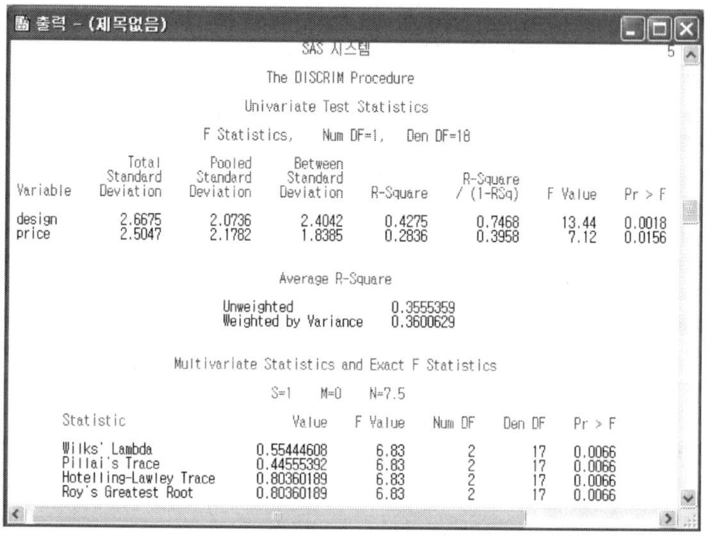

출력 - (제목없음)

SAS 시스템 5

The DISCRIM Procedure

Univariate Test Statistics

F Statistics, Num DF=1, Den DF=18

Variable	Total Standard Deviation	Pooled Standard Deviation	Between Standard Deviation	R-Square	R-Square / (1-RSq)	F Value	Pr > F
design	2.6675	2.0736	2.4042	0.4275	0.7468	13.44	0.0018
price	2.5047	2.1782	1.8385	0.2836	0.3958	7.12	0.0156

Average R-Square

Unweighted	0.3555359
Weighted by Variance	0.3600629

Multivariate Statistics and Exact F Statistics

S=1 M=0 N=7.5

Statistic	Value	F Value	Num DF	Den DF	Pr > F
Wilks' Lambda	0.55444608	6.83	2	17	0.0066
Pillai's Trace	0.44555392	6.83	2	17	0.0066
Hotelling-Lawley Trace	0.80360189	6.83	2	17	0.0066
Roy's Greatest Root	0.80360189	6.83	2	17	0.0066

[결과5]는 각 변수에 대한 단일변수 통계량과 모든 변수를 합한 다변량 통계량이다. 먼저 단일변수에 대한 통계량을 볼 경우, 두 변수 모두 F 값이 의미가 있다. 집단내 분산을 SSE_W이라하고 집단간 분산 SSE_B이라 하고, 각 변수에 대한 Wilks' Lambda(λ)를 구하면,

$$\lambda = \frac{SSE_W}{SSE_W + SSE_B}$$

$$= \frac{SSE_W + SSE_B - SSE_B}{SSE_W + SSE_B}$$

$$= 1 - \frac{SSE_B}{SSE_W + SSE_B}$$

$$= 1 - R^2$$

로서, 디자인은 1 − 0.427515 = 0.572495이며, 가격은 1 − 0.283557 = 0.716443이 된다. 따라서 디자인 변수의 설명 정도가 판별식에서 차지하는 비중이 높으리라는 것을 예상할 수 있다. 평균 설명 정도(Average R−Squared)에 대한 통계량을 볼 경우에도 설명 정도가 낮다고 할 수 없다. 전체적으로 두 변수에 대한 다변량 통계량을 본 결과 Wilks' Lambda값이 의미 있다.

[결과6]

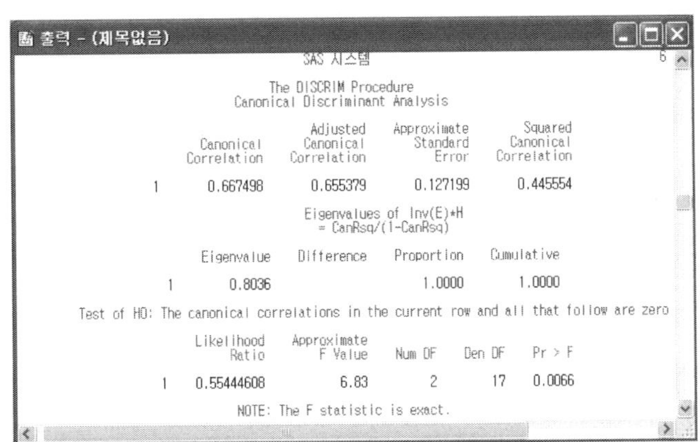

출력 - (제목없음)

SAS 시스템

The DISCRIM Procedure
Canonical Discriminant Analysis

	Canonical Correlation	Adjusted Canonical Correlation	Approximate Standard Error	Squared Canonical Correlation
1	0.667498	0.655379	0.127199	0.445554

Eigenvalues of Inv(E)*H
= CanRsq/(1-CanRsq)

	Eigenvalue	Difference	Proportion	Cumulative
1	0.8036		1.0000	1.0000

Test of H0: The canonical correlations in the current row and all that follow are zero

	Likelihood Ratio	Approximate F Value	Num DF	Den DF	Pr > F
1	0.55444608	6.83	2	17	0.0066

NOTE: The F statistic is exact.

[결과6]을 보면, 현재의 판별식에 대한 정준분석(canonical correlation) 결과가 나와 있다. 정준분석결과 정준상관관계가 0.667498이며, 이에 대한 검정결과도 앞의 다변량 통계량 분석의 결과와 일치한다. 따라서 현재 판별식이 적절하게 추정되었다.

[결과7]

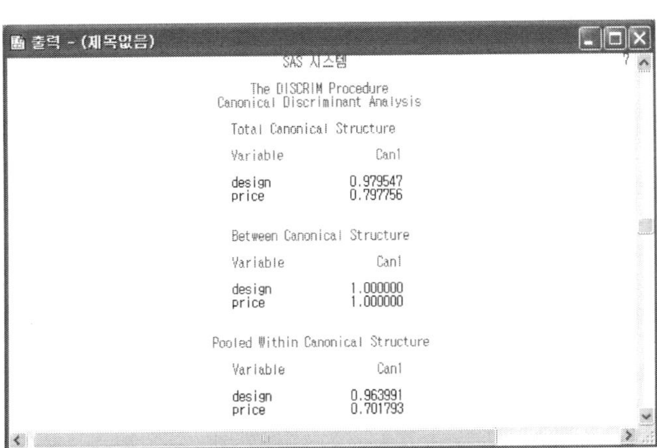

출력 - (제목없음)

SAS 시스템

The DISCRIM Procedure
Canonical Discriminant Analysis

Total Canonical Structure

Variable	Can1
design	0.979547
price	0.797756

Between Canonical Structure

Variable	Can1
design	1.000000
price	1.000000

Pooled Within Canonical Structure

Variable	Can1
design	0.963991
price	0.701793

[결과7]을 보면 디자인 변수의 상관관계가 0.9795이고 가격 변수가 0.7978인 것으로 보아 디자인 변수가 가격 변수보다 집단을 구분하는데 더 유용하다고 볼 수 있다. 이러한 결과는 다음 결과의 전체 표본에 표준화된 정준계수를 볼 경우에도 디자인 변수가 중요하다.

[결과8]

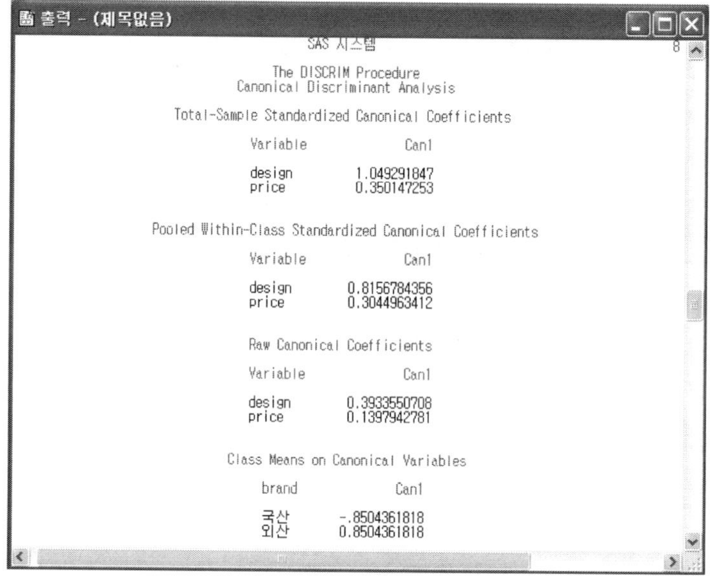
출력 - (제목없음)

SAS 시스템 8

The DISCRIM Procedure
Canonical Discriminant Analysis

Total-Sample Standardized Canonical Coefficients

Variable	Can1
design	1.049291847
price	0.350147253

Pooled Within-Class Standardized Canonical Coefficients

Variable	Can1
design	0.8156784356
price	0.3044963412

Raw Canonical Coefficients

Variable	Can1
design	0.3933550708
price	0.1397942781

Class Means on Canonical Variables

brand	Can1
국산	-.8504361818
외산	0.8504361818

[결과8]을 보면 정준판별식이 나와 있는데 이 경우에 정준판별식은

$$판별점수 = 0.3934(디자인) + 0.1398(가격)$$

로 계산된다. 정준판별식을 통한 각 집단의 중심값(centroid)은

- **국내제품을 선택한 경우** : −0.8504
- **외국제품을 선택한 경우** : 0.8504

로서 서로 대칭으로 나타났다. 집단내 표준화된 합동 정준계수를 보면 디자인이 0.8157, 가격이 0.3045로서 디자인이 두 배 이상의 유의성이 있다.

[결과9]

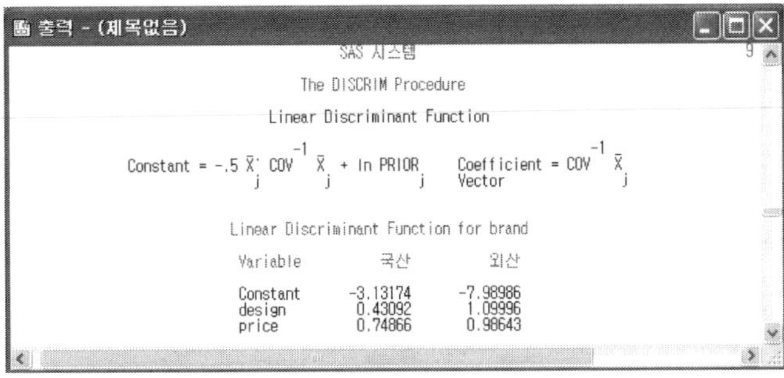

출력 - (제목없음)

SAS 시스템 9

The DISCRIM Procedure

Linear Discriminant Function

$$\text{Constant} = -.5\ \bar{X}_j'\ \text{COV}^{-1}\ \bar{X}_j + \ln \text{PRIOR}_j \qquad \text{Coefficient Vector} = \text{COV}^{-1}\ \bar{X}_j$$

Linear Discriminant Function for brand

Variable	국산	외산
Constant	-3.13174	-7.98986
design	0.43092	1.09996
price	0.74866	0.98643

[결과9]는 선형판별식을 나타낸 것으로 이를 통해 피셔 판별식을 구할 수 있다. 선형 판별식 z는

$$\begin{aligned} z &= (0.43092-1.09996)\ (\text{디자인}) + (0.74866 - 0.98643)\ (\text{가격}) \\ &= -0.66904\ (\text{디자인}) - 0.20777\ (\text{가격}) \end{aligned}$$

판별점수(cutting score) C는 이와는 달리 역으로 계산되며, $-7.98986-(-3.13174)=-4.85812$로서 위 식으로 계산된 결과가 이 값보다 작으면 외제를 사는 집단으로 분류가 되며, 이 값보다 크면 국내제품을 사는 집단으로 구분된다. 즉

- $z \leq -4.85812$ → 외산 제품을 사는 집단으로 분류됨
- $z > -4.85812$ → 국내 제품을 사는 집단으로 분류됨

피셔의 판별식은 위와 같이 판별식을 구하지 않고도 국산과 외산에 관련된 두 식에 대해서 값을 구하고 그 중에 큰 값이 있는 쪽으로 분류를 해도 마찬가지의 결과를 가져 온다.

[결과10]

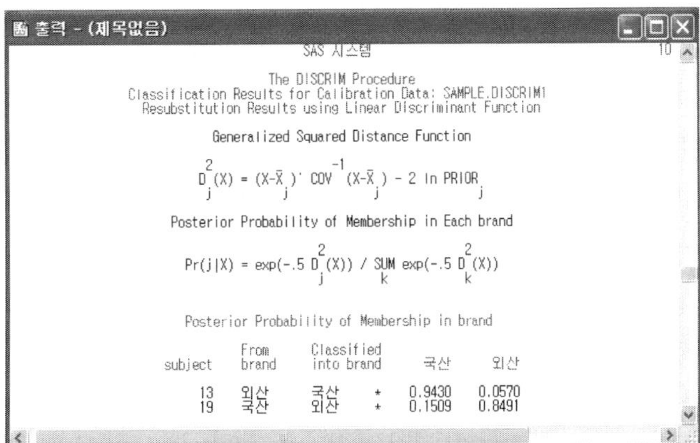

출력 - (제목없음)

SAS 시스템 10

The DISCRIM Procedure
Classification Results for Calibration Data: SAMPLE.DISCRIM1
Resubstitution Results using Linear Discriminant Function

Generalized Squared Distance Function

$$D_j^2(X) = (X-\bar{X}_j)'\ \text{COV}^{-1}\ (X-\bar{X}_j) - 2 \ln \text{PRIOR}_j$$

Posterior Probability of Membership in Each brand

$$\Pr(j|X) = \exp(-.5\ D_j^2(X)) \ /\ \text{SUM}_k \exp(-.5\ D_k^2(X))$$

Posterior Probability of Membership in brand

subject	From brand	Classified into brand		국산	외산
13	외산	국산	*	0.9430	0.0570
19	국산	외산	*	0.1509	0.8491

[결과10]은 각 관찰치에 대한 판별식 분류결과이다. 베이지안 추정에 의해 분류한 결과로서 셋째 열의 13번 관찰치와 19번 관찰치가 현재의 판별식으로 분류했을 때 다른 집단으로 분류되었다는 것을 의미한다. 넷째 열과 다섯째 열은 각 집단으로 분류될 사후확률(posterior probability)이다.

[결과11]

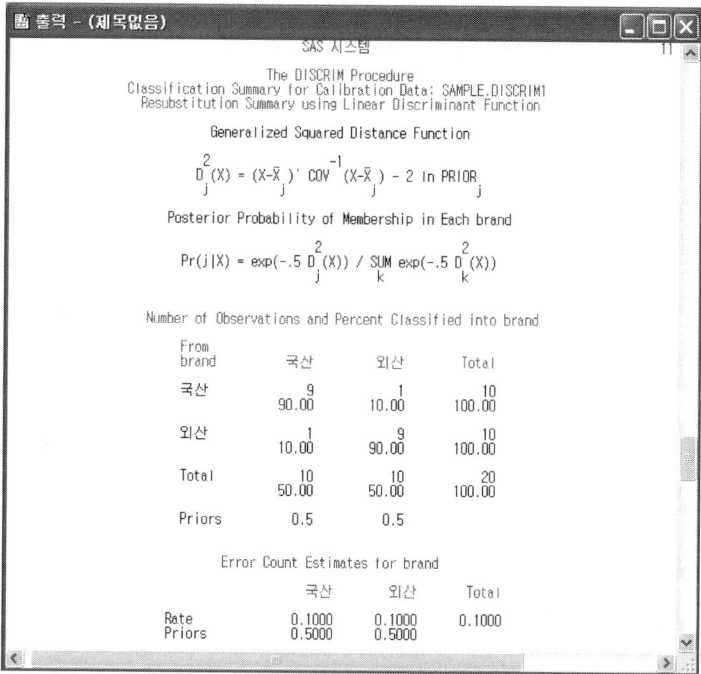

출력 - (제목없음)

SAS 시스템 11

The DISCRIM Procedure
Classification Summary for Calibration Data: SAMPLE.DISCRIM1
Resubstitution Summary using Linear Discriminant Function

Generalized Squared Distance Function

$$D_j^2(X) = (X-\bar{X}_j)' \, COV^{-1} (X-\bar{X}_j) - 2 \ln PRIOR_j$$

Posterior Probability of Membership in Each brand

$$Pr(j|X) = \exp(-.5 \, D_j^2(X)) \, / \, SUM_k \exp(-.5 \, D_k^2(X))$$

Number of Observations and Percent Classified into brand

From brand	국산	외산	Total
국산	9 90.00	1 10.00	10 100.00
외산	1 10.00	9 90.00	10 100.00
Total	10 50.00	10 50.00	20 100.00
Priors	0.5	0.5	

Error Count Estimates for brand

	국산	외산	Total
Rate	0.1000	0.1000	0.1000
Priors	0.5000	0.5000	

[결과11]은 피셔의 판별식에 의해 분류된 최종결과이다. 결과를 볼 경우 90%가 정확히 분류되었다는 것을 알 수 있다. 여러 가지 통계량을 더 구할 수 있는데, 회귀분석의 적합도 검정(R^2)과 같은 개념인 적중률(Hit Ratio), C_{max}, C_{pro}가 있다. 각 통계량은 다음과 같이 계산된다. 적중률 0.90은 C_{max}나 C_{pro} = 0.50에 비해 상당히 높다.

$$\text{적중률(HitRatio)} = \frac{\text{정확히분류된표본수}}{\text{전체표본의표본수}} = \frac{18}{20} = .90$$

$$C_{\max} = \frac{\text{표본수가 가장 많은 집단 표본수}}{\text{전체집단의표본수}} = \frac{10}{20} = .50$$

$$C_{pro} = \alpha^2 + (1-\alpha)^2 = .50^2 + (1-.50)^2 = .50$$

[결과12]

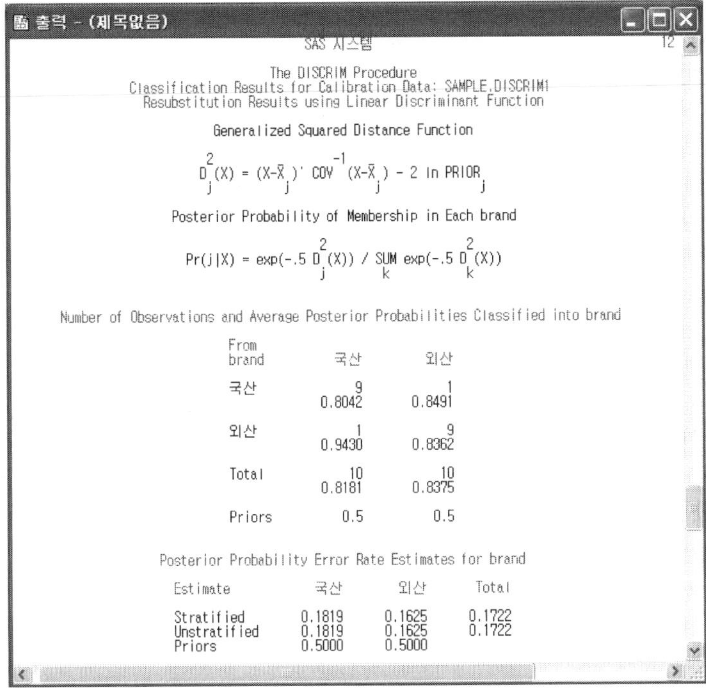

출력 - (제목없음)

SAS 시스템 12

The DISCRIM Procedure
Classification Results for Calibration Data: SAMPLE.DISCRIM1
Resubstitution Results using Linear Discriminant Function

Generalized Squared Distance Function

$$D_j^2(X) = (X-\bar{X}_j)' \, COV^{-1} (X-\bar{X}_j) - 2 \ln PRIOR_j$$

Posterior Probability of Membership in Each brand

$$Pr(j|X) = \exp(-.5 D_j^2(X)) / SUM_k \exp(-.5 D_k^2(X))$$

Number of Observations and Average Posterior Probabilities Classified into brand

From brand	국산	외산
국산	9 0.8042	1 0.8491
외산	1 0.9430	9 0.8362
Total	10 0.8181	10 0.8375
Priors	0.5	0.5

Posterior Probability Error Rate Estimates for brand

Estimate	국산	외산	Total
Stratified	0.1819	0.1625	0.1722
Unstratified	0.1819	0.1625	0.1722
Priors	0.5000	0.5000	

[결과12]는 잭나이프(jack knife) 방법에 의해 검정표본을 늘려 현재의 판별식이 어느 정도 유의 한가를 검정했다. 이 경우 오차율추정치(Error Count Estimate) 분산이 커지는데, 이 분산을 줄이기 위해 오차율추정치 스무딩(smoothing) 방법을 사용했다. 반면에 상호타당성(Crossvalidation) 방법은 오차율 추정치를 스무딩하지 않는다. 현재 결과는 층화 표본이 아니기 때문에 Unstratified란을 볼 경우 국내인 경우는 약 18%가 현재 판별식에 의해 분류를 할 경우 잘못 분류될 가능성이 있으며, 외제는 약 16%가 잘못 분류될 가능성이 있다. 전반적으로 보아 약 17%가 현재의 판별식으로 분류된 결과가 맞지 않을 가능성이 있다. 따라서 약 83%정도가 현재 판별식에 의해 분류를 했을 때, 분류결과가 맞을 것이라고 예측할 수 있다.

[결과13]

```
출력 - (제목없음)
SAS 시스템                                                    13

The DISCRIM Procedure
Classification Summary for Calibration Data: SAMPLE.DISCRIM1
Cross-validation Summary using Linear Discriminant Function

Generalized Squared Distance Function

 2                   -1
D (X) = (X-X̄    )' COV   (X-X̄    ) - 2 ln PRIOR
 j          (X)j      (X)     (X)j               j

Posterior Probability of Membership in Each brand

                    2                  2
Pr(j|X) = exp(-.5 D (X)) / SUM exp(-.5 D (X))
                    j       k          k

Number of Observations and Percent Classified into brand

From
brand        국산        외산        Total

국산            9           1           10
            90.00       10.00       100.00

외산            1           9           10
            10.00       90.00       100.00

Total          10          10           20
            50.00       50.00       100.00

Priors        0.5         0.5

Error Count Estimates for brand

               국산        외산        Total

Rate         0.1000      0.1000      0.1000
Priors       0.5000      0.5000
```

[결과13]은 [결과12]와 같이 오차율추정치(Error Count Estimate)의 분산을 줄이기 위해 스무딩(smoothing) 방법을 사용하지 않고 추정을 한 결과이다. 분류결과 자체는 앞의 [결과11]과 별 차이 없이 보인다. 그러나 [결과14]를 보면 앞의 결과와는 다르게 출력결과의 오차율이 높다.

[결과14]

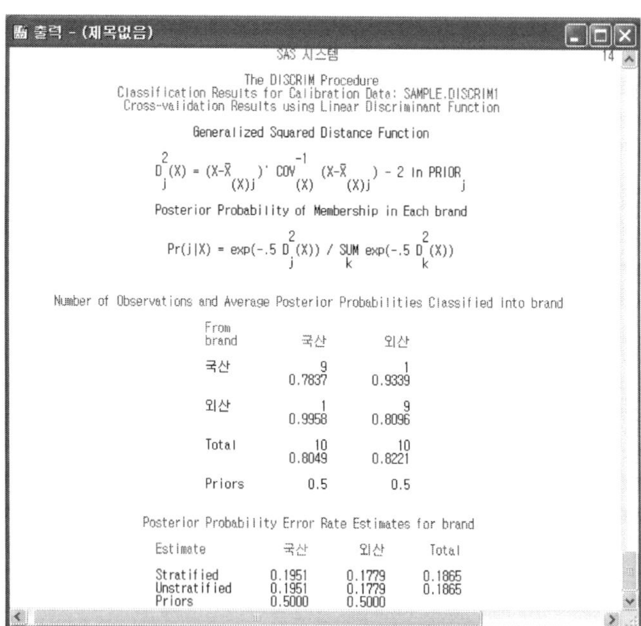

```
출력 - (제목없음)
SAS 시스템                                                    14

The DISCRIM Procedure
Classification Results for Calibration Data: SAMPLE.DISCRIM1
Cross-validation Results using Linear Discriminant Function

Generalized Squared Distance Function

 2                   -1
D (X) = (X-X̄    )' COV   (X-X̄    ) - 2 ln PRIOR
 j          (X)j      (X)     (X)j               j

Posterior Probability of Membership in Each brand

                    2                  2
Pr(j|X) = exp(-.5 D (X)) / SUM exp(-.5 D (X))
                    j       k          k

Number of Observations and Average Posterior Probabilities Classified into brand

From
brand         국산        외산

국산             9           1
            0.7837      0.9339

외산             1           9
            0.9958      0.8096

Total           10          10
            0.8049      0.8221

Priors         0.5         0.5

Posterior Probability Error Rate Estimates for brand

Estimate          국산        외산        Total

Stratified      0.1951      0.1779      0.1865
Unstratified    0.1951      0.1779      0.1865
Priors          0.5000      0.5000
```

3. 모형선택을 위한 판별분석

3.1 분석개요

모형선택을 위한 판별분석은 추후에 모형 예측을 목적으로 분석하고자 하는 적절한 판별식을 구하는 것이다. 따라서 최소의 설명변수로 가장 적절하게 판별 결과를 산출해 낼 수 있는 수식을 구하는 것이 중요하다. 따라서 판별분석식을 구하기 위한 변수선택 과정과 유보 표본에 대해서 분석한 결과가 잘 맞는지를 평가하는 것이 매우 중요하다.

변수		설명	척도
Hatco 회사에 대한 인식	x_1(오더 처리속도)	10점 그래픽 척도	메트릭
	x_2(가격수준)	10점 그래픽 척도	메트릭
	x_3(가격유연성)	10점 그래픽 척도	메트릭
	x_4(제조자 이미지)	10점 그래픽 척도	메트릭
	x_5(전체 서비스 수준)	10점 그래픽 척도	메트릭
	x_6(판매사원 이미지)	10점 그래픽 척도	메트릭
	x_7(제품 품질)	10점 그래픽 척도	메트릭
바이어 특성	x_{11}(구매평가특성)	1=전체적인 구매 가치 평가 0=스펙 구매 평가	넌메트릭

본 사례에서는 3장에 제시된 Hatco 데이터에서 구매평가특성을 예측하기 위해서 7개의 선택된 설명변수 중에 어떠한 변수들이 스펙 구매 평가 집단인지, 전체 구매 가치 평가 집단인지를 평가하는데 활용하고 있다.

판별분석에 활용할 데이터는 Hair, Anderson, Tatham, Black(2000)에 제시된 데이터로서 Hatco라는 회사 구매자에 대한 조사이다. 총 100개의 구매자에 대해 앞의 14개 변수에 대한 조사가 이루어 졌다.

3.2 1단계 : 표본 구분

먼저 분석을 하기 위해서는 유보표본과 분석표본을 구분해야 한다. 분석표본과 유보표본을 별도로 수집하는 것이 좋은데, 많은 경비와 시간이 들어 가는 경우가 많다. 따라서 수집한 데이터를 기준으로 유보표본과 분석표본을 구분하는 것이 일반적이다.

일반적으로 난수(random number)를 발생시켜 표본을 구분할 수 있다. 난수 발생은 분포에 따라 다양하게 발생시킬 수 있다. 그러나 여기서는 난수는 특정 관측치가 뽑힐 가능성이 똑 같기 때문에 균등분포(Uniform Distribution) 처리를 한다.

다음으로 유보 표본과 분석 표본을 구분해야 한다. 편의상 분석 표본은 전체 표본의 65%로 하고, 유보 표본은 나머지 35%로 했다. 이를 위해서는 현재 발생된 난수값에 대해 0.65까지는 분석 표본으로 나머지는 유보 표본으로 변수를 리코드해 주어야 한다. 리코드 한 값을 저장할 변수명을 sample로 했다.

마지막 두 개의 데이터 스텝에서는 분석표본에 대한 데이터셋 hatco_disrim_analysis과 유보표본에 대한 데이터셋 hatco_discrim_holdout으로 구분하는 문장이다.

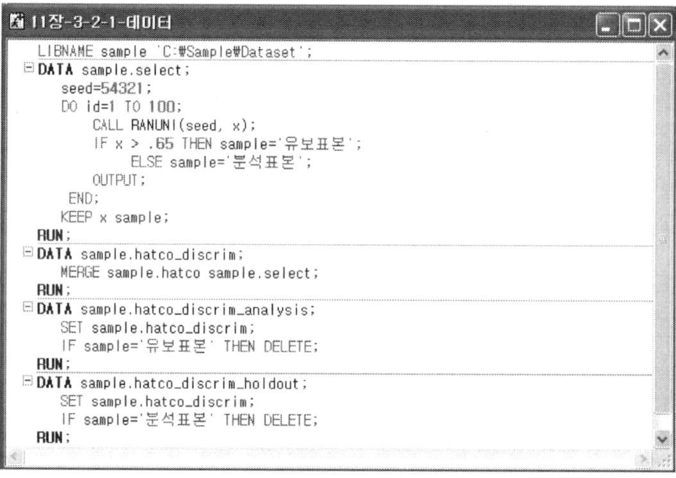

11장-3-2-1-데이터

```
LIBNAME sample 'C:₩Sample₩Dataset';
DATA sample.select;
   seed=54321;
   DO id=1 TO 100;
       CALL RANUNI(seed, x);
       IF x > .65 THEN sample='유보표본';
            ELSE sample='분석표본';
       OUTPUT;
    END;
   KEEP x sample;
RUN;
DATA sample.hatco_discrim;
   MERGE sample.hatco sample.select;
RUN;
DATA sample.hatco_discrim_analysis;
   SET sample.hatco_discrim;
   IF sample='유보표본' THEN DELETE;
RUN;
DATA sample.hatco_discrim_holdout;
   SET sample.hatco_discrim;
   IF sample='분석표본' THEN DELETE;
RUN;
```

3.3 2단계 : 분석표본의 기초 분석

(1) 분석과정

먼저 분석표본에 대한 1차적인 분석을 하기 위해서 아래와 같이 확장편집기에서 프로그램을 입력한다. 1차적인 분석을 위해서는 PROC DISCRIM 프로시저를 사용하는데, PROC DISCRIM의 옵션을 살펴보면, SIMPLE은 기술통계량, ANOVA는 각 변수별 유의도, DISTANCE는 각 집단간의 마할로노비스 거리에 대한 분석, POOL=TEST는 SLPOOL= 0.05에 지정된 0.05 유의수준에서 각 집단의 공분산 행렬에 대한 동분산성 테스트 결과를 보여 주며, MANOVA는 전체 판별식의 유의도를 계산하라는 의미이다. PRIORS PROPORTIONAL은 분류를 할 때 기준 통계량을 각 관찰치의 집단 분류를 기준으로 하라는 의미이다.

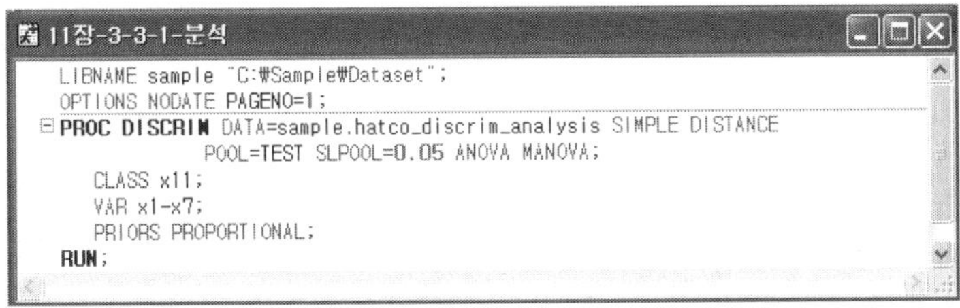

11장-3-3-1-분석

```
LIBNAME sample "C:\Sample\Dataset";
OPTIONS NODATE PAGENO=1;
PROC DISCRIM DATA=sample.hatco_discrim_analysis SIMPLE DISTANCE
        POOL=TEST SLPOOL=0.05 ANOVA MANOVA;
   CLASS x11;
   VAR x1-x7;
   PRIORS PROPORTIONAL;
RUN;
```

(2) 결과해석

[결과1]

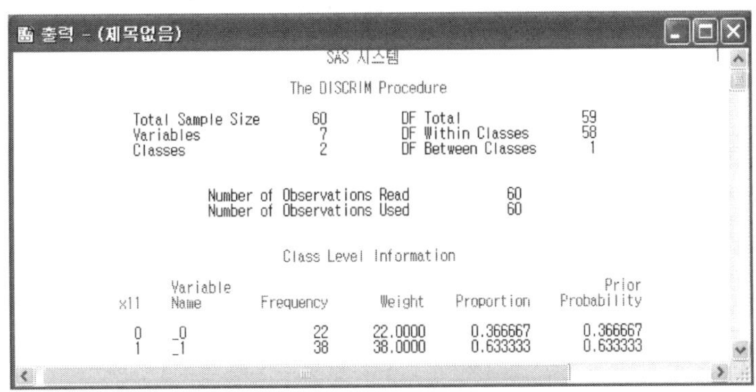

출력 - (제목없음)

SAS 시스템

The DISCRIM Procedure

Total Sample Size	60	DF Total	59
Variables	7	DF Within Classes	58
Classes	2	DF Between Classes	1

Number of Observations Read	60
Number of Observations Used	60

Class Level Information

x11	Variable Name	Frequency	Weight	Proportion	Prior Probability
0	_0	22	22.0000	0.366667	0.366667
1	_1	38	38.0000	0.633333	0.633333

[결과1]을 보면, 분석대상 표본에 대한 설명이 나와 있다. 주요 출력 결과는 관찰치의 수, 설명변수의 수, 도수와 가중치, 비율, 사전확률 등이다.

[결과2]

출력 - (제목없음)

SAS 시스템 2

The DISCRIM Procedure
Simple Statistics

Total-Sample

Variable	Label	N	Sum	Mean	Variance	Standard Deviation
x1	오더 처리속도	60	210.70000	3.51167	2.12817	1.4588
x2	가격수준	60	144.50000	2.40833	1.47434	1.2142
x3	가격유연성	60	476.80000	7.94667	1.91440	1.3836
x4	제조자 이미지	60	320.00000	5.33333	1.34599	1.1602
x5	전체 서비스 수준	60	177.50000	2.95833	0.55434	0.7445
x6	판매사원 이미지	60	163.80000	2.73000	0.66722	0.8168
x7	제품 품질	60	414.70000	6.91167	2.83190	1.6828

x11 = 0

Variable	Label	N	Sum	Mean	Variance	Standard Deviation
x1	오더 처리속도	22	49.00000	2.22727	1.10970	1.0534
x2	가격수준	22	65.40000	2.97273	1.40970	1.1873
x3	가격유연성	22	151.20000	6.87273	0.58208	0.7629
x4	제조자 이미지	22	113.40000	5.15455	0.66355	0.8146
x5	전체 서비스 수준	22	56.70000	2.57727	0.87517	0.9355
x6	판매사원 이미지	22	56.20000	2.55455	0.33688	0.5804
x7	제품 품질	22	186.20000	8.46364	0.89290	0.9449

x11 = 1

Variable	Label	N	Sum	Mean	Variance	Standard Deviation
x1	오더 처리속도	38	161.70000	4.25526	1.21497	1.1023
x2	가격수준	38	79.10000	2.08158	1.25181	1.1188
x3	가격유연성	38	325.60000	8.56842	1.63952	1.2804
x4	제조자 이미지	38	206.60000	5.43684	1.73969	1.3190
x5	전체 서비스 수준	38	120.80000	3.17895	0.25090	0.5009
x6	판매사원 이미지	38	107.60000	2.83158	0.84384	0.9186
x7	제품 품질	38	228.50000	6.01316	1.74766	1.3220

[결과2]는 각 변수에 대해서 전체 표본과 각 집단별로 기술 통계량을 보여주고 있다. 결과를 정리해 보면 다음 표와 같이 제시된다. 전체 변수 중에 오더처리속도, 가격수준, 가격유연성, 제품품질 등이 판별식 결정에 직접적인 영향을 줄 가능성이 높다. 이에 대한 자세한 결과는 다음에 개별 변수별 분산분석 결과에 자세히 제시된다.

설명변수	스펙 구매 평가	전체 구매 가치	차이
오더처리속도	2.45(0.96)	4.26(1.00)	- 1.81
가격수준	3.10(1.19)	1.98(1.12)	1.02
가격유연성	6.70(0.92)	8.61(1.17)	1.89
제조자이미지	5.28(0.85)	5.25(1.40)	- 0.03
전체 서비스수준	2.76(0.85)	3.08(0.65)	0.34
판매사원이미지	2.55(0.51)	2.73(0.93)	- 0.18
제품품질	8.36(0.76)	6.33(1.28)	2.03

* 평균과 ( ) 안에는 표준편차가 제시되어 있다.

[결과3]

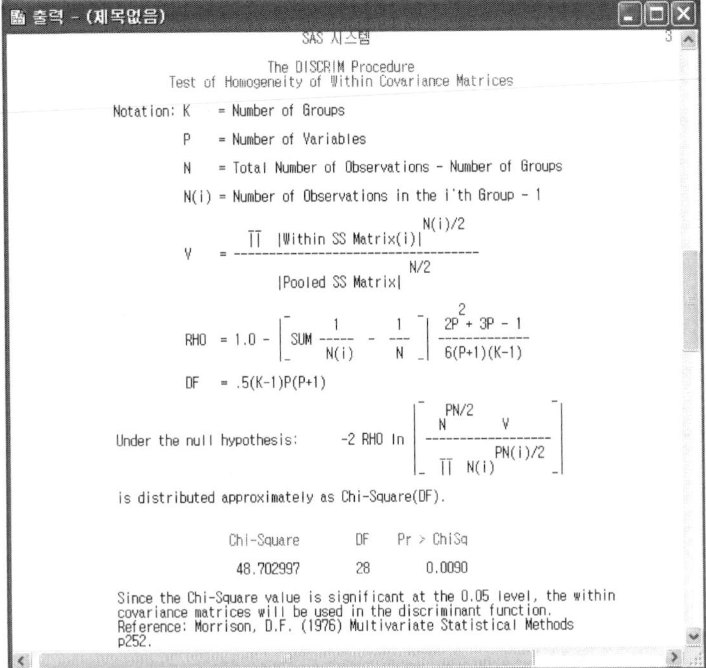

```
출력 - (제목없음)
                              SAS 시스템                                  3

                        The DISCRIM Procedure
            Test of Homogeneity of Within Covariance Matrices

Notation: K    = Number of Groups

          P    = Number of Variables

          N    = Total Number of Observations - Number of Groups

          N(i) = Number of Observations in the i'th Group - 1

                                        N(i)/2
                  TT  |Within SS Matrix(i)|
          V    = ------------------------------------
                                       N/2
                     |Pooled SS Matrix|

                   _                _     2
                  |        1     1   |  2P + 3P - 1
          RHO  = 1.0 - | SUM -----  -  --- |  -------------
                  |_      N(i)    N _|  6(P+1)(K-1)

          DF   = .5(K-1)P(P+1)

                                        _                  _
                                       |      PN/2          |
                                       |     N      V       |
Under the null hypothesis:    -2 RHO ln | ------------------ |
                                       |          PN(i)/2   |
                                       |_   TT  N(i)       _|

is distributed approximately as Chi-Square(DF).

                  Chi-Square        DF    Pr > ChiSq

                   48.702997        28        0.0090

Since the Chi-Square value is significant at the 0.05 level, the within
covariance matrices will be used in the discriminant function.
Reference: Morrison, D.F. (1976) Multivariate Statistical Methods
p252.
```

[결과3]은 각 집단의 공분산 행렬의 차이에 대한 검정이다. 결과를 볼 경우 χ^2 = 70.80 ($p < 0.0001$)으로서 유의 수준 0.05에서 각 집단의 공분산 행렬이 서로 같다는 가설을 기각할 수 있다. 따라서 판별분석의 계산은 각 집단의 공분산 행렬이 판별분석 계산에 사용될 것이다.

[결과4]

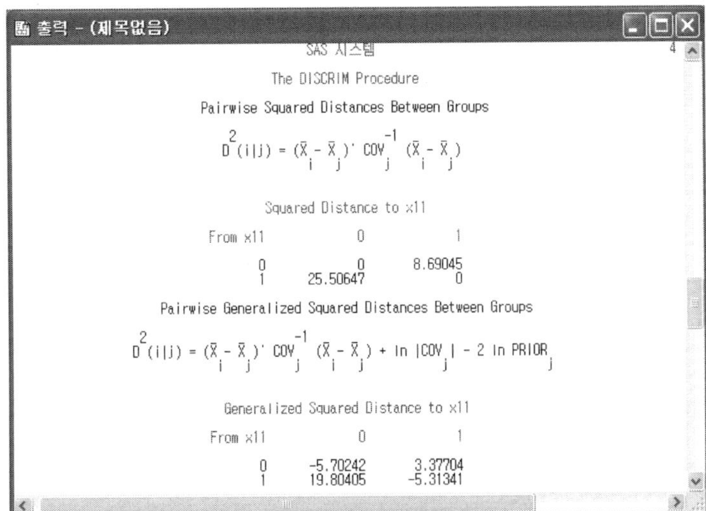

```
출력 - (제목없음)
                              SAS 시스템                                  4

                        The DISCRIM Procedure

               Pairwise Squared Distances Between Groups

                    2                        -1
                   D (i|j) = (X - X )' COV   (X - X )
                               i   j      j    i   j

                      Squared Distance to x11

               From x11              0              1

                      0              0        8.69045
                      1       25.50647              0

          Pairwise Generalized Squared Distances Between Groups

         2                       -1
        D (i|j) = (X - X )' COV   (X - X ) + ln |COV | - 2 ln PRIOR
                    i   j      j    i   j          j               j

                 Generalized Squared Distance to x11

               From x11              0              1

                      0       -5.70242        3.37704
                      1       19.80405       -5.31341
```

[결과4]는 마할라노비스 거리(Mahalanobis distance)를 나타내며, 이 거리는 10.27과 24.01로 각각 계산이 되어 있다. 각 집단의 분산이 달라 F 값 등이 계산되어 있지 않다. 계속해서 마할라노비스 거리는 분류를 잘못 해서(misclassification) 나타난 결과를 반영하지 못하고 있다. 분류를 잘 못해서 나타난 결과를 2ln(사전확률)을 통해 반영해 주었을 경우의 마할라노비스 거리를 나타내고 있다. 즉 마할라노비스 거리의 무편의 추정치(unbiased estimator of the population Mahalanobis Distance)를 의미한다. 분류 잘못으로 인한 비용이 발생하는 경우에는 사전확률을 반영하는 모형을 사용한다.

[결과5]

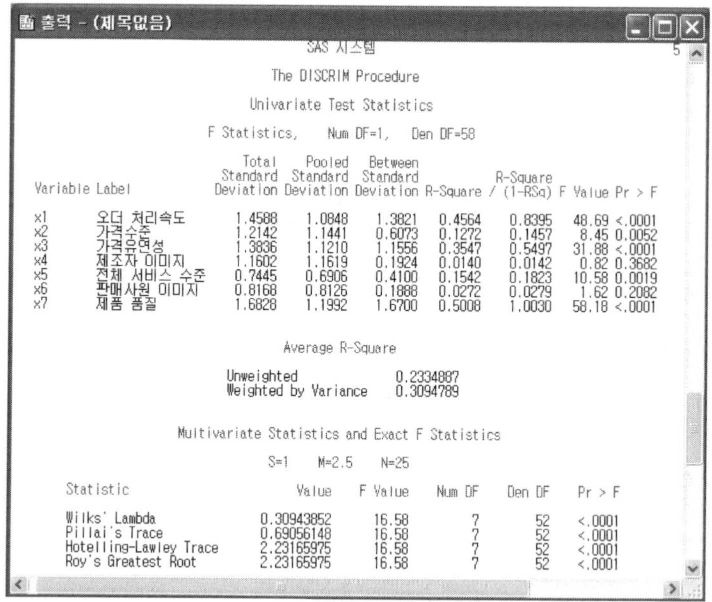

출력 - (제목없음)

SAS 시스템 5

The DISCRIM Procedure

Univariate Test Statistics

F Statistics, Num DF=1, Den DF=58

Variable	Label	Total Standard Deviation	Pooled Standard Deviation	Between Standard Deviation	R-Square	R-Square / (1-RSq)	F Value	Pr > F
x1	오더 처리속도	1.4588	1.0848	1.3821	0.4564	0.8395	48.69	<.0001
x2	가격수준	1.2142	1.1441	0.6073	0.1272	0.1457	8.45	0.0052
x3	가격유연성	1.3836	1.1210	1.1556	0.3547	0.5497	31.88	<.0001
x4	제조자 이미지	1.1602	1.1619	0.1924	0.0140	0.0142	0.82	0.3682
x5	전체 서비스 수준	0.7445	0.6906	0.4100	0.1542	0.1823	10.58	0.0019
x6	판매사원 이미지	0.8168	0.8126	0.1888	0.0272	0.0279	1.62	0.2082
x7	제품 품질	1.6828	1.1992	1.6700	0.5008	1.0030	58.18	<.0001

Average R-Square

Unweighted	0.2334887
Weighted by Variance	0.3094789

Multivariate Statistics and Exact F Statistics

S=1 M=2.5 N=25

Statistic	Value	F Value	Num DF	Den DF	Pr > F
Wilks' Lambda	0.30943852	16.58	7	52	<.0001
Pillai's Trace	0.69056148	16.58	7	52	<.0001
Hotelling-Lawley Trace	2.23165975	16.58	7	52	<.0001
Roy's Greatest Root	2.23165975	16.58	7	52	<.0001

[결과5]는 각 변수에 대한 단일변수 통계량과 모든 변수를 합한 다변량 통계량이다. 먼저 단일변수에 대한 통계량을 볼 경우, 오더처리속도, 가격수준, 가격유연성과 제품품질의 F 값이 의미가 있다. 또한 전체 판별식 모형에 대한 Wilkes' Lambda 값 등이 유의하게 나타나 판별분석을 하는 것이 적절함을 알 수 있다. 그런데 일부 변수들이 유의하지 않기 때문에 이들 변수들 중에 유의한 변수들을 선택해야 할 것이다.

3.4 3단계 : 분석표본의 유의한 변수 선택

(1) 분석과정

분석 표본에 대한 유의한 변수의 선택은 PROC STEPDISC 프로시저로 진행한다. 변수 선택방법(METHOD)의 옵션으로 전체 변수 중에서 의미 없는 변수들을 모델에서 소거해 가는 백워드(BACKWARD), 의미 있는 변수들을 차례대로 모델에 포함시키는 포워드(FORWARD), 분석 단계마다 의미 있는 변수는 추가하고, 추가된 변수일지라도 의미 없는 변수는 삭제해 가는 단계별(STEPWISE) 등이 있다. 이 중에서 단계별 방법을 많이 사용한다. 변수 선택의 안정성을 검증하기 위해서는 세 가지 변수선택방법에 대한 분석을 통해 결과를 해석하는 것이 좋다.

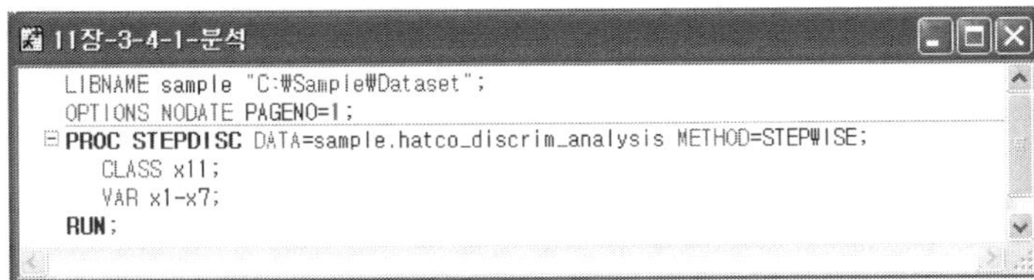

11장-3-4-1-분석

```
LIBNAME sample "C:\Sample\Dataset";
OPTIONS NODATE PAGENO=1;
PROC STEPDISC DATA=sample.hatco_discrim_analysis METHOD=STEPWISE;
   CLASS x11;
   VAR x1-x7;
RUN;
```

(2) 결과해석

[결과1]

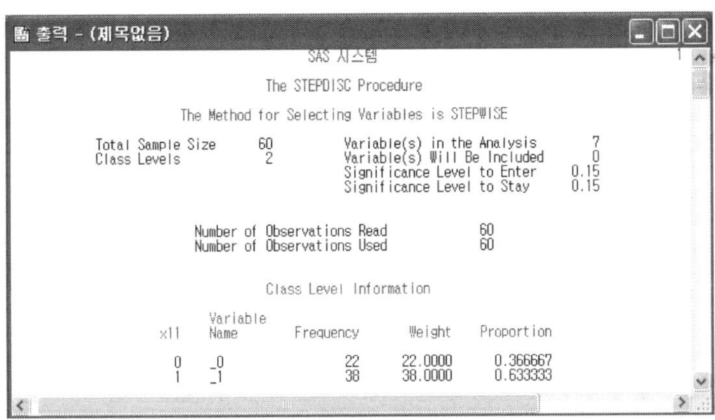

출력 - (제목없음)

```
                              SAS 시스템                                1

                        The STEPDISC Procedure

              The Method for Selecting Variables is STEPWISE

Total Sample Size      60        Variable(s) in the Analysis        7
Class Levels            2        Variable(s) Will Be Included       0
                                 Significance Level to Enter     0.15
                                 Significance Level to Stay      0.15

              Number of Observations Read          60
              Number of Observations Used          60

                        Class Level Information

          Variable
    x11   Name        Frequency       Weight     Proportion

      0   _0                 22      22.0000       0.366667
      1   _1                 38      38.0000       0.633333
```

[결과1]은 앞의 3.3란과 비슷한 결과를 보여 주고 있으나 여기서 유의 깊게 보아야 할 내용이 진입변수의 유의수준(Significance Level to Enter)과 모델에 잔류하는 변수의 유의수준(Significance Level to Stay)이다. 두 유의수준 모드 0.15를 기준으로 계산이 되었다는 것을 의미한다.

[결과2]

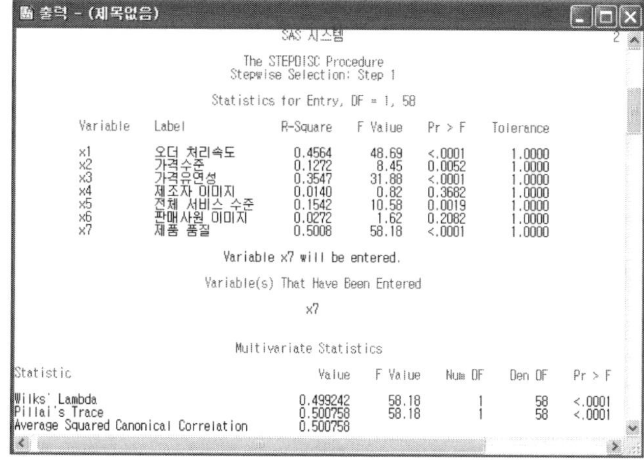

출력 - (제목없음)

SAS 시스템 2

The STEPDISC Procedure
Stepwise Selection: Step 1

Statistics for Entry, DF = 1, 58

Variable	Label	R-Square	F Value	Pr > F	Tolerance
x1	오더 처리속도	0.4564	48.69	<.0001	1.0000
x2	가격수준	0.1272	8.45	0.0052	1.0000
x3	가격유연성	0.3547	31.88	<.0001	1.0000
x4	제조자 이미지	0.0140	0.82	0.3682	1.0000
x5	전체 서비스 수준	0.1542	10.58	0.0019	1.0000
x6	판매사원 이미지	0.0272	1.62	0.2082	1.0000
x7	제품 품질	0.5008	58.18	<.0001	1.0000

Variable x7 will be entered.

Variable(s) That Have Been Entered

x7

Multivariate Statistics

Statistic	Value	F Value	Num DF	Den DF	Pr > F
Wilks' Lambda	0.499242	58.18	1	58	<.0001
Pillai's Trace	0.500758	58.18	1	58	<.0001
Average Squared Canonical Correlation	0.500758				

[결과2]는 첫 번째 단계에서 진입할 변수와 관련된 결과이다. 먼저 x_7 변수가 진입이 되며, 이 변수 진입에 따른 여러 가지 결과를 보여 주고 있다. 각 변수들간의 설명 정도(R−Square)와, 유의도 및 다중공선성 통계량인 Tolerance(일반적으로 0.1이하인 경우 다중공선성이 있는 것으로 보고 있음) 등을 보여 주고 있으며, 변수 x_7 진입시 모형의 다변량 통계량인 Wilks' Lambda 등의 값과 유의도가 제시되어 있다. 마지막의 Average Squared Canonical Correlation은 회귀분석의 R^2 처럼 판별식의 설명 정도를 의미하는 수치로 해석할 수 있다.

[결과3]

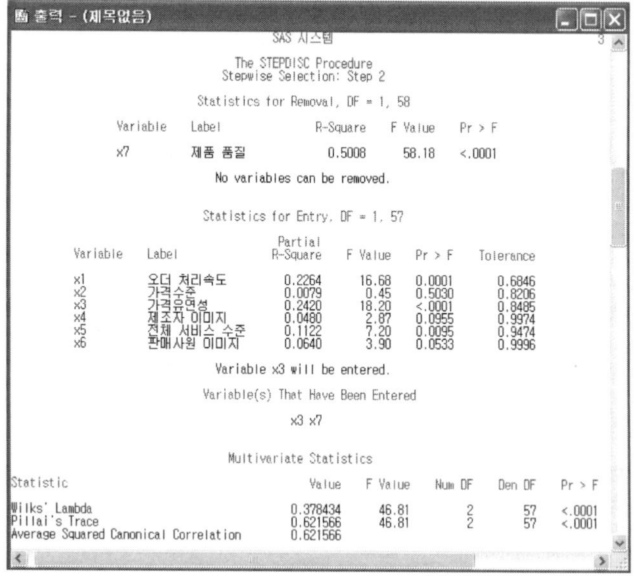

출력 - (제목없음)

SAS 시스템 3

The STEPDISC Procedure
Stepwise Selection: Step 2

Statistics for Removal, DF = 1, 58

Variable	Label	R-Square	F Value	Pr > F
x7	제품 품질	0.5008	58.18	<.0001

No variables can be removed.

Statistics for Entry, DF = 1, 57

Variable	Label	Partial R-Square	F Value	Pr > F	Tolerance
x1	오더 처리속도	0.2264	16.68	0.0001	0.6846
x2	가격수준	0.0079	0.45	0.5030	0.8206
x3	가격유연성	0.2420	18.20	<.0001	0.8485
x4	제조자 이미지	0.0480	2.87	0.0955	0.9974
x5	전체 서비스 수준	0.1122	7.20	0.0095	0.9474
x6	판매사원 이미지	0.0640	3.90	0.0533	0.9996

Variable x3 will be entered.

Variable(s) That Have Been Entered

x3 x7

Multivariate Statistics

Statistic	Value	F Value	Num DF	Den DF	Pr > F
Wilks' Lambda	0.378434	46.81	2	57	<.0001
Pillai's Trace	0.621566	46.81	2	57	<.0001
Average Squared Canonical Correlation	0.621566				

[결과3]은 두 번째 단계의 결과로서 x_3 이 추가되어 있다. 계속해서 나타나는 결과를 살펴보면 3단계에서는 x_1 변수, 4단계에서는 x_6 변수가 추가되어 있다.

[결과4]

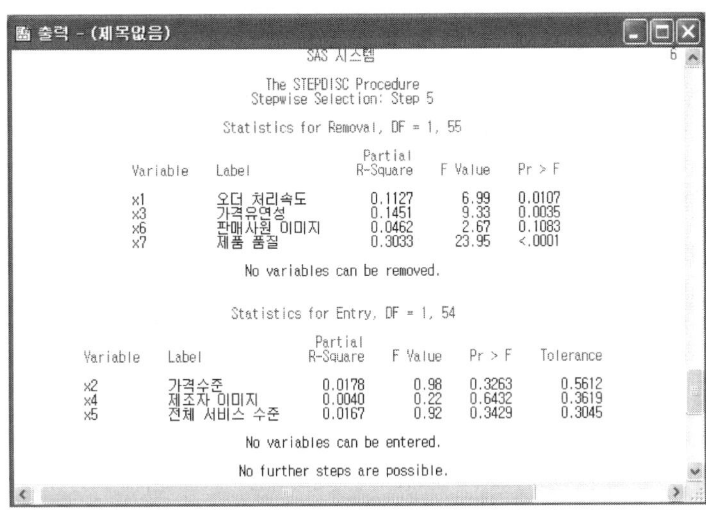

출력 - (제목없음)

SAS 시스템

The STEPDISC Procedure
Stepwise Selection: Step 5

Statistics for Removal, DF = 1, 55

Variable	Label	Partial R-Square	F Value	Pr > F
x1	오더 처리속도	0.1127	6.99	0.0107
x3	가격유연성	0.1451	9.33	0.0035
x6	판매사원 이미지	0.0462	2.67	0.1083
x7	제품 품질	0.3033	23.95	<.0001

No variables can be removed.

Statistics for Entry, DF = 1, 54

Variable	Label	Partial R-Square	F Value	Pr > F	Tolerance
x2	가격수준	0.0178	0.98	0.3263	0.5612
x4	제조자 이미지	0.0040	0.22	0.6432	0.3619
x5	전체 서비스 수준	0.0167	0.92	0.3429	0.3045

No variables can be entered.

No further steps are possible.

[결과4]에서는 5단계의 결과를 보여 주고 있는데, 추가되는 변수나, 퇴출되는 변수가 없이 변수선택과정이 끝났음을 보여 주고 있다.

[결과5]

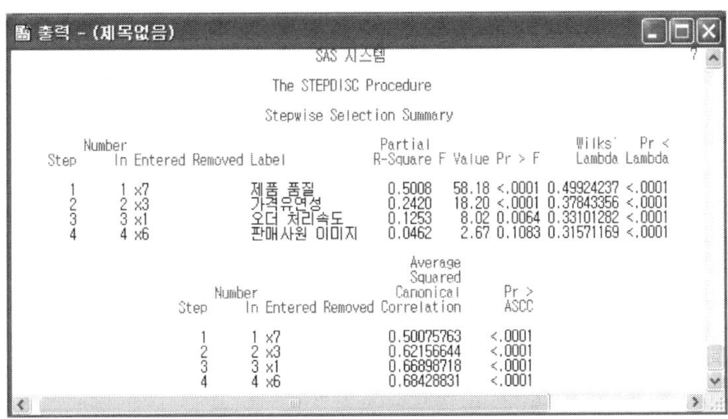

출력 - (제목없음)

SAS 시스템

The STEPDISC Procedure

Stepwise Selection Summary

Step	Number In	Entered	Removed	Label	Partial R-Square	F Value	Pr > F	Wilks' Lambda	Pr < Lambda
1	1	x7		제품 품질	0.5008	58.18	<.0001	0.49924237	<.0001
2	2	x3		가격유연성	0.2420	18.20	<.0001	0.37843356	<.0001
3	3	x1		오더 처리속도	0.1253	8.02	0.0064	0.33101282	<.0001
4	4	x6		판매사원 이미지	0.0462	2.67	0.1083	0.31571169	<.0001

Step	Number In	Entered	Removed	Average Squared Canonical Correlation	Pr > ASCC
1	1	x7		0.50075763	<.0001
2	2	x3		0.62156644	<.0001
3	3	x1		0.66898718	<.0001
4	4	x6		0.68428831	<.0001

[결과5]에서는 최종적인 변수선택과정에 대한 요약이다. 앞에서 제시된 전 과정에 대한 결과가 요약으로 제시되어 있다. 본 변수선택의 결과 모형에 설명에 적절한 변수들은 x_1, x_3, x_6, x_7 등 4 변수이며, 이들이 구매 특성 집단 설명에 중요한 변수들임을 알 수 있다.

3.5 4단계 : 선정된 변수를 활용한 판별식 검정

(1) 분석과정

앞의 변수선정결과로 x_1, x_3, x_6, x_7의 4개의 변수가 중요한 설명변수로 선정되었다. 그러나 전체적인 결과를 볼 경우 x_6는 단계별 판별식에서는 추천되는 변수이나 집단간 차이가 없어 여기서는 분석에서 제외를 시켰다. 실제 분석을 해 볼 경우에도 x_6는 큰 의미가 없으며, 이는 앞에서 초기 분석에서 살펴보았듯이 −0.18로 집단간 차이가 나타나 의미가 없을 가능성이 매우 높다.

판별식 검정을 위한 PROC DISCRIM의 옵션을 살펴보면, ANOVA는 각 변수별 유의도, DISTANCE는 각 집단간의 마할로노비스 거리에 대한 분석, POOL=TEST는 SLPOOL=0.05에 지정된 0.05 유의수준에서 각 집단의 공분산 행렬에 대한 동분산성 테스트 결과를 보여 주며, MANOVA는 전체 판별식의 유의도를 계산하라는 의미이다. PRIORS PROPORTIONAL은 분류시 기준 통계량을 각 관찰치의 집단 분류를 기준으로 하라는 의미이다.

또한 테스트 데이터셋을 TESTDATA= 에 표기했으며, 데이터셋의 잘못된 분류 결과를 보기 위해 TESTLISTERR 판별집단은 마찬가지로 x_{11} 변수이기 때문에 TESTCLASS라는 문장에 선언했다. TEST문의 ID가 일반판별식 문의 *buyer*와 같기 때문에 같은 방식으로 선언했다.

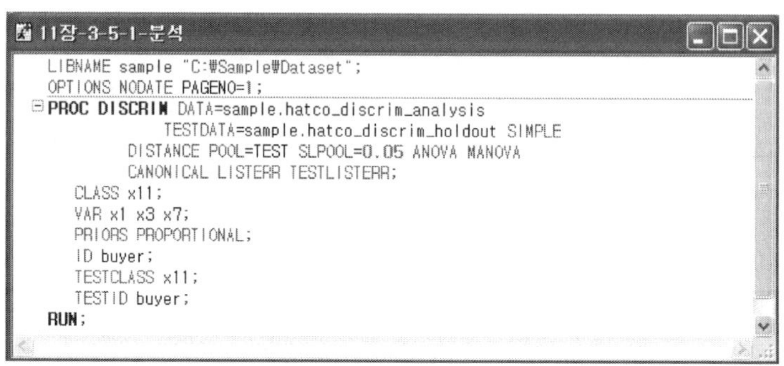


```
LIBNAME sample "C:\Sample\Dataset";
OPTIONS NODATE PAGENO=1;
PROC DISCRIM DATA=sample.hatco_discrim_analysis
        TESTDATA=sample.hatco_discrim_holdout SIMPLE
        DISTANCE POOL=TEST SLPOOL=0.05 ANOVA MANOVA
        CANONICAL LISTERR TESTLISTERR;
  CLASS x11;
  VAR x1 x3 x7;
  PRIORS PROPORTIONAL;
  ID buyer;
  TESTCLASS x11;
  TESTID buyer;
RUN;
```

(2) 결과해석

[결과1]

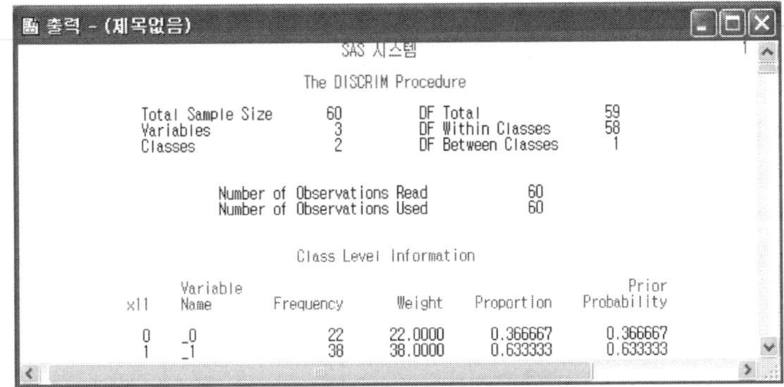

출력 - (제목없음)

SAS 시스템

The DISCRIM Procedure

Total Sample Size	60	DF Total	59
Variables	3	DF Within Classes	58
Classes	2	DF Between Classes	1

Number of Observations Read	60
Number of Observations Used	60

Class Level Information

x11	Variable Name	Frequency	Weight	Proportion	Prior Probability
0	_0	22	22.0000	0.366667	0.366667
1	_1	38	38.0000	0.633333	0.633333

[결과1]을 보면, 분석대상 표본에 대한 설명이 나와 있다. 출력 결과는 관찰치의 수, 설명변수의 수, 도수와 가중치, 비율, 사전확률 등이다.

[결과2]

출력 - (제목없음)

SAS 시스템

The DISCRIM Procedure
Simple Statistics

Total-Sample

Variable	Label	N	Sum	Mean	Variance	Standard Deviation
x1	오더 처리속도	60	210.70000	3.51167	2.12817	1.4588
x3	가격유연성	60	476.80000	7.94667	1.91440	1.3836
x7	제품 품질	60	414.70000	6.91167	2.83190	1.6828

x11 = 0

Variable	Label	N	Sum	Mean	Variance	Standard Deviation
x1	오더 처리속도	22	49.00000	2.22727	1.10970	1.0534
x3	가격유연성	22	151.20000	6.87273	0.58208	0.7629
x7	제품 품질	22	186.20000	8.46364	0.89290	0.9449

x11 = 1

Variable	Label	N	Sum	Mean	Variance	Standard Deviation
x1	오더 처리속도	38	161.70000	4.25526	1.21497	1.1023
x3	가격유연성	38	325.60000	8.56842	1.63952	1.2804
x7	제품 품질	38	228.50000	6.01316	1.74766	1.3220

Within Covariance Matrix Information

x11	Covariance Matrix Rank	Natural Log of the Determinant of the Covariance Matrix
0	3	-0.60109
1	3	1.09718
Pooled	3	0.68280

[결과2]는 각 변수에 대해서 전체 표본과 각 집단별로 기술 통계량을 보여주고 있다. 출력결과를 정리해 보면,

설명변수	스펙 구매 평가	전체 구매가치	차이
오더처리속도 가격유연성 제품품질	2.25(1.05) 6.87(0.76) 8.46(0.94)	4.26(1.10) 8.57(1.28) 6.01(1.32)	-2.01 -1.70 2.45

로서 각 집단별로 차이가 있다. 특히 디자인이 더 영향력 있는 변수인 것으로 보인다. 계속해서 각 집단별 분산행렬의 결정값(Determinant)의 자연로그 값이 제시되어 있다. 스펙 구매 평가 집단의 자연로그 값은 −0.60, 전체 구매가치 평가 집단에 대한 자연로그 값은 1.08, 집단을 합쳐서 평가한 경우(Pooled)는 0.68으로 계산되어 있다. 이에 대한 테스트 결과는 다음에 제시된다.

[결과3]

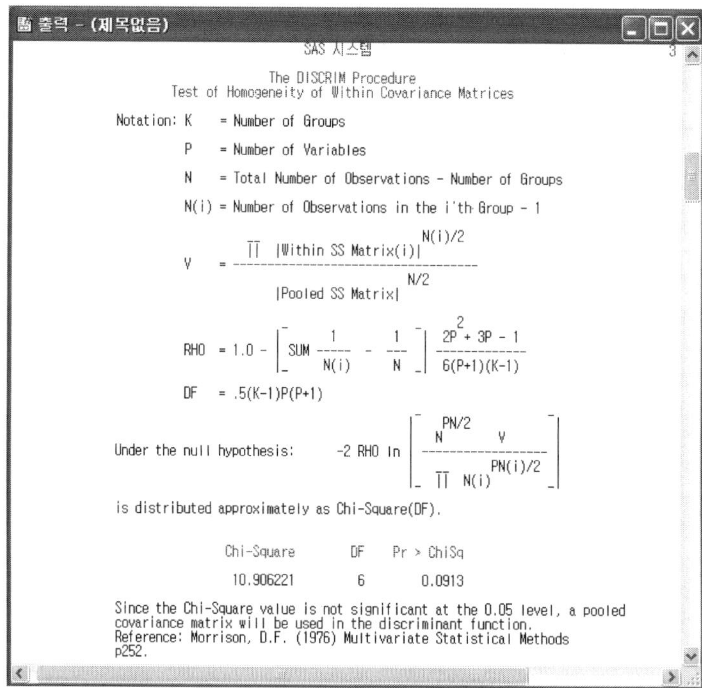

```
출력 - (제목없음)
SAS 시스템                                                    3

The DISCRIM Procedure
Test of Homogeneity of Within Covariance Matrices

Notation: K    = Number of Groups

          P    = Number of Variables

          N    = Total Number of Observations - Number of Groups

          N(i) = Number of Observations in the i'th Group - 1

                                        N(i)/2
                 __
                 ||  |Within SS Matrix(i)|
          V    = ------------------------------------
                                       N/2
                    |Pooled SS Matrix|

                      _                 _     2
                     |       1       1   |  2P  + 3P - 1
          RHO  = 1.0 - | SUM -----  -  --- |  -------------
                     |_     N(i)      N  _|  6(P+1)(K-1)

          DF   = .5(K-1)P(P+1)

                                        _                   _
                                       |    PN/2             |
                                       |   N        V        |
Under the null hypothesis:    -2 RHO ln |  ------------------ |
                                       |          PN(i)/2    |
                                       |_  ||  N(i)         _|

is distributed approximately as Chi-Square(DF).

          Chi-Square        DF    Pr > ChiSq

           10.906221         6        0.0913

Since the Chi-Square value is not significant at the 0.05 level, a pooled
covariance matrix will be used in the discriminant function.
Reference: Morrison, D.F. (1976) Multivariate Statistical Methods
p252.
```

[결과3]은 각 집단의 공분산행렬의 차이에 대한 검정이다. 결과를 볼 경우 $\chi^2 = 10.91$ ($p > 0.05$)으로서 유의 수준 0.05에서 각 집단의 공분산 행렬이 서로 같다는 가설을 기각할

수 없다. 따라서 판별분석의 계산은 합동공분산 행렬을 사용하게 된다. 만약 현재의 귀무가설이 기각되면, 각 집단의 공분산 행렬이 판별분석 계산에 사용될 것이다.

[결과4]

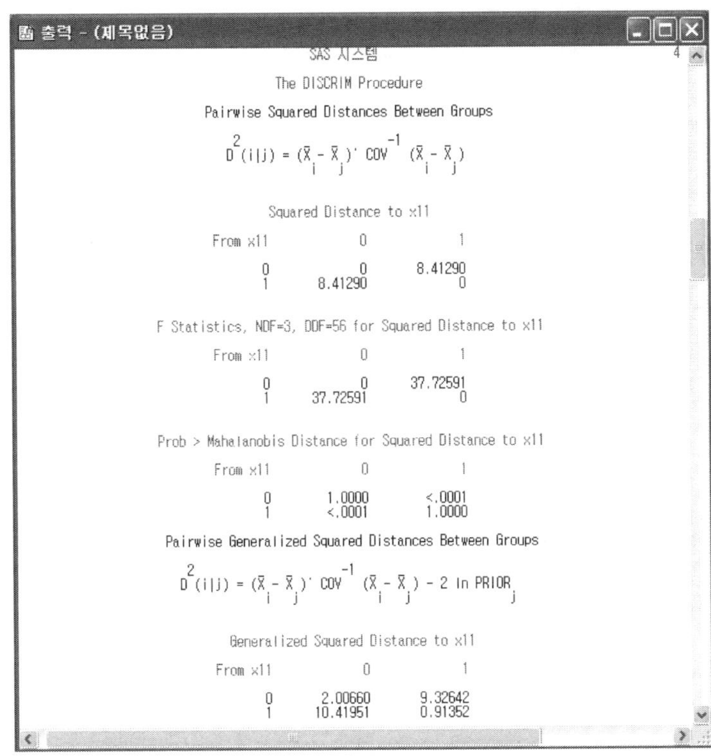

출력 - (제목없음)

SAS 시스템 4

The DISCRIM Procedure

Pairwise Squared Distances Between Groups

$$D^2(i|j) = (\bar{X}_i - \bar{X}_j)' \, COV^{-1} \, (\bar{X}_i - \bar{X}_j)$$

Squared Distance to x11

From x11	0	1
0	0	8.41290
1	8.41290	0

F Statistics, NDF=3, DDF=56 for Squared Distance to x11

From x11	0	1
0	0	37.72591
1	37.72591	0

Prob > Mahalanobis Distance for Squared Distance to x11

From x11	0	1
0	1.0000	<.0001
1	<.0001	1.0000

Pairwise Generalized Squared Distances Between Groups

$$D^2(i|j) = (\bar{X}_i - \bar{X}_j)' \, COV^{-1} \, (\bar{X}_i - \bar{X}_j) - 2 \ln PRIOR_j$$

Generalized Squared Distance to x11

From x11	0	1
0	2.00660	9.32642
1	10.41951	0.91352

[결과4]는 마할라노비스 거리(Mahalanobis distance)를 나타내며 거리는 8.41이며, 유의도는 아래 F 값으로 나타나는데, 37.73이며, 이에 대한 유의도는 0.0001 이하로 0.01 유의수준에서 의미가 있는 결과를 보여 주고 있다. 따라서 두 집단간에 평균이 차이 있다고 볼 수 있다.

앞에서 계산된 마할라노비스 거리는 분류를 잘못 해서(misclassification) 나타난 결과를 반영하지 못하고 있다. 분류를 잘 못해서 나타난 결과를 2ln(사전확률)을 통해 반영해 주었을 경우의 마할라노비스 거리를 나타내고 있다. 즉 마할라노비스 거리의 무편의 추정치(unbiased estimator of the population Mahalanobis Distance)를 의미한다. 분류 잘못으로 인한 비용이 발생하는 경우에는 사전확률을 반영하는 모형을 사용해야 할 것이다.

[결과5]

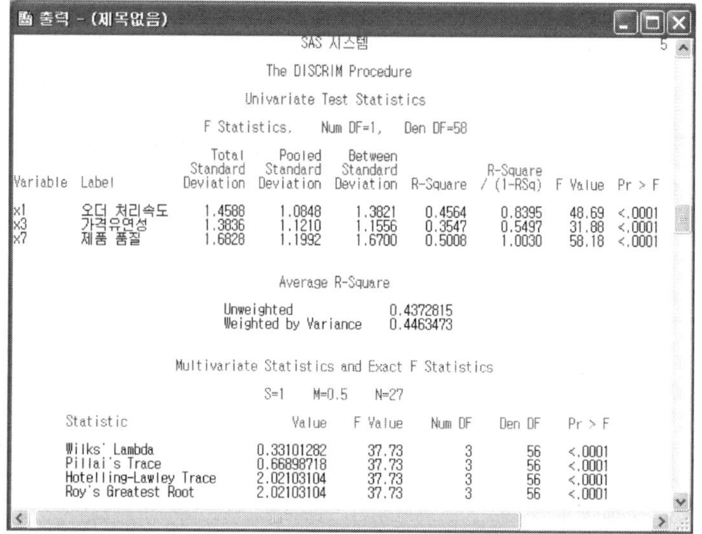

출력 - (제목없음)

SAS 시스템 5

The DISCRIM Procedure

Univariate Test Statistics

F Statistics, Num DF=1, Den DF=58

Variable	Label	Total Standard Deviation	Pooled Standard Deviation	Between Standard Deviation	R-Square	R-Square / (1-RSq)	F Value	Pr > F
x1	오더 처리속도	1.4588	1.0848	1.3821	0.4564	0.8395	48.69	<.0001
x3	가격유연성	1.3836	1.1210	1.1556	0.3547	0.5497	31.88	<.0001
x7	제품 품질	1.6828	1.1992	1.6700	0.5008	1.0030	58.18	<.0001

Average R-Square

Unweighted	0.4372815
Weighted by Variance	0.4463473

Multivariate Statistics and Exact F Statistics

S=1 M=0.5 N=27

Statistic	Value	F Value	Num DF	Den DF	Pr > F
Wilks' Lambda	0.33101282	37.73	3	56	<.0001
Pillai's Trace	0.66898718	37.73	3	56	<.0001
Hotelling-Lawley Trace	2.02103104	37.73	3	56	<.0001
Roy's Greatest Root	2.02103104	37.73	3	56	<.0001

[결과5]는 각 변수에 대한 단일변수 통계량과 모든 변수를 합한 다변량 통계량이다. 먼저 단일변수에 대한 통계량을 볼 경우, 세 변수 모두 *F* 값이 의미가 있다. 또한 **R−Square**를 볼 경우 비슷한 설명력을 갖고 있음을 알 수 있다. 평균 설명 정도(**Average R−Squared**)에 대한 통계량을 볼 경우에도 설명 정도가 낮다고 할 수 없다. 전체적으로 두 변수에 대한 다변량 통계량을 본 결과 **Wilks' Lambda**값이 의미가 있다.

[결과6]

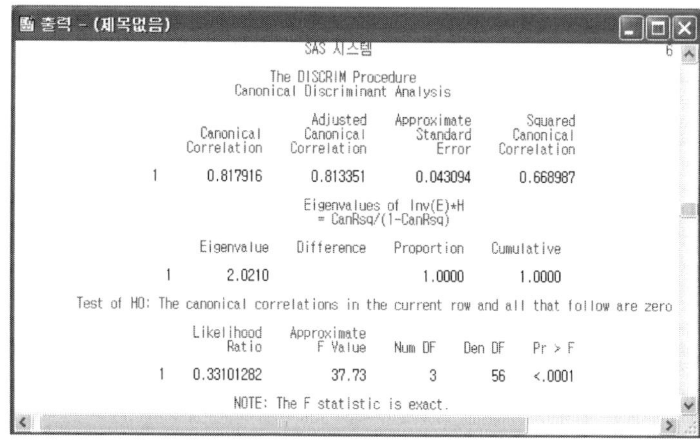

출력 - (제목없음)

SAS 시스템 6

The DISCRIM Procedure
Canonical Discriminant Analysis

	Canonical Correlation	Adjusted Canonical Correlation	Approximate Standard Error	Squared Canonical Correlation
1	0.817916	0.813351	0.043094	0.668987

Eigenvalues of Inv(E)*H
= CanRsq/(1-CanRsq)

	Eigenvalue	Difference	Proportion	Cumulative
1	2.0210		1.0000	1.0000

Test of H0: The canonical correlations in the current row and all that follow are zero

	Likelihood Ratio	Approximate F Value	Num DF	Den DF	Pr > F
1	0.33101282	37.73	3	56	<.0001

NOTE: The F statistic is exact.

[결과6]을 보면, 현재의 판별식에 대한 정준상관분석(canonical correlation) 결과가 나와 있다. 정준상관분석 결과 정준상관관계가 0.82이며, 이에 대한 검정결과도 앞의 다변량 통계량 분석의 결과와 일치한다. 따라서 현재 판별식이 적절하게 추정되었다.

[결과7]

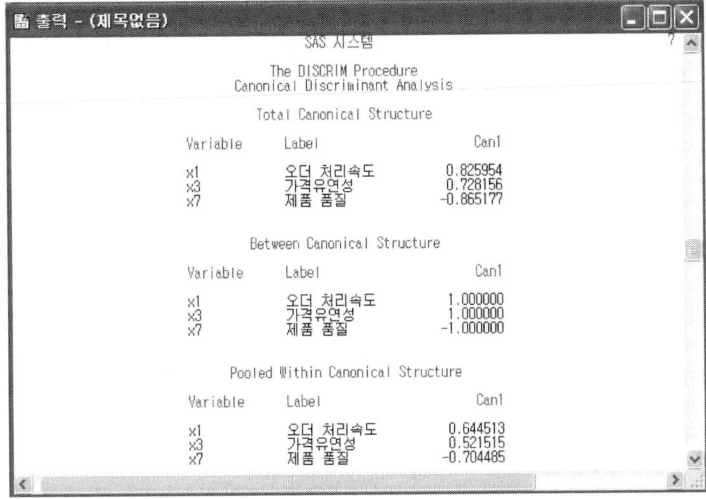

SAS 시스템 7

The DISCRIM Procedure
Canonical Discriminant Analysis

Total Canonical Structure

Variable	Label	Can1
x1	오더 처리속도	0.825954
x3	가격유연성	0.728156
x7	제품 품질	-0.865177

Between Canonical Structure

Variable	Label	Can1
x1	오더 처리속도	1.000000
x3	가격유연성	1.000000
x7	제품 품질	-1.000000

Pooled Within Canonical Structure

Variable	Label	Can1
x1	오더 처리속도	0.644513
x3	가격유연성	0.521515
x7	제품 품질	-0.704485

[결과7]을 보면 오더처리속도 변수의 상관관계가 0.83이고 가격유연성 변수가 0.73, 제품품질 변수가 −0.87으로 나타나 3 변수 모두 동일한 설명력을 갖고 있다고 볼 수 있다.

[결과8]

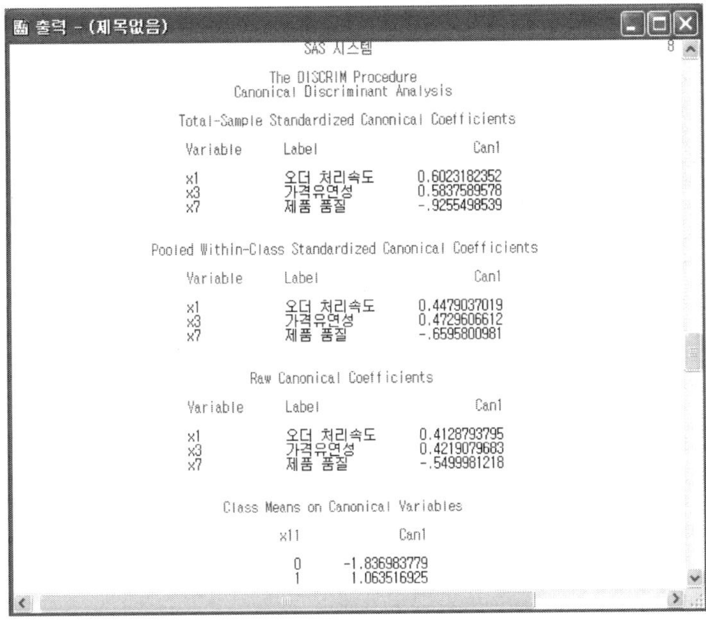

SAS 시스템 8

The DISCRIM Procedure
Canonical Discriminant Analysis

Total-Sample Standardized Canonical Coefficients

Variable	Label	Can1
x1	오더 처리속도	0.6023182352
x3	가격유연성	0.5837589578
x7	제품 품질	-.9255498539

Pooled Within-Class Standardized Canonical Coefficients

Variable	Label	Can1
x1	오더 처리속도	0.4479037019
x3	가격유연성	0.4729606612
x7	제품 품질	-.6595800981

Raw Canonical Coefficients

Variable	Label	Can1
x1	오더 처리속도	0.4128793795
x3	가격유연성	0.4219079683
x7	제품 품질	-.5499981218

Class Means on Canonical Variables

x11	Can1
0	-1.836983779
1	1.063516925

[결과8]을 보면 정준판별식이 나와 있는데 이 경우에 정준판별식은

판별점수 = 0. 41 (오더처리속도) + 0.42 (가격유연성) − 0.55 (제품품질)

로 계산된다. 정준판별식을 통한 각 집단의 중심값(centroid)은

- **스펙 구매 평가를 선택한 경우** : −1.84
- **전체 구매가치 평가를 선택한 경우** : 1.06

로서 약간 비대칭인 것으로 나타났다. 집단내 표준화된 합동 정준계수를 보면 가격유연성과 제품품질에 비해 오더처리속도의 중요도가 약간 낮다는 것을 알 수 있다.

[결과9]

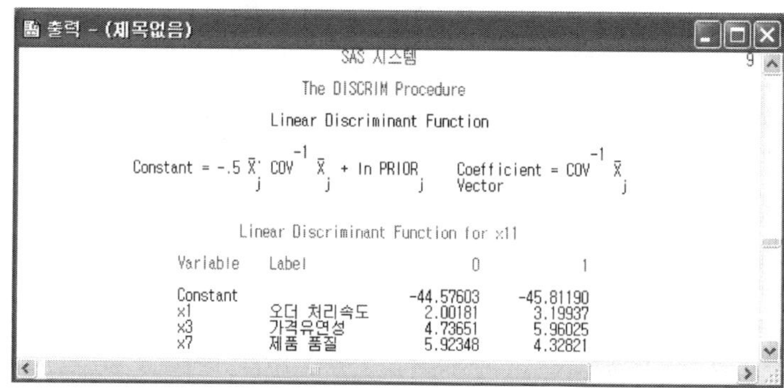
출력 - (제목없음)

SAS 시스템 9

The DISCRIM Procedure

Linear Discriminant Function

$$\text{Constant} = -.5\,\bar{X}_j'\,COV^{-1}\,\bar{X}_j + \ln PRIOR_j \qquad \text{Coefficient Vector} = COV^{-1}\,\bar{X}_j$$

Linear Discriminant Function for x11

Variable	Label	0	1
Constant		-44.57603	-45.81190
x1	오더 처리속도	2.00181	3.19937
x3	가격유연성	4.73651	5.96025
x7	제품 품질	5.92348	4.32821

[결과9]는 선형판별식을 나타낸 것으로 이를 통해 피셔 판별식을 구할 수 있다. 선형 판별식 z는

$$z = (2.00 - 3.20)\text{ 오더처리속도} + (4.74 - 5.96)\text{ 가격유연성} + (5.92 - 4.33)\text{ 제품품질}$$
$$= -1.20\text{ 오더처리속도} - 1.22\text{ 가격유연성} + 1.59\text{ 제품품질}$$

판별점수(cutting score) C는 이와는 달리 역으로 계산되며, −45.81 − (−44.58) = −1.23으로서 위 식으로 계산된 결과가 이 값보다 작으면 스펙 구매 평가 집단으로 분류가 되며, 이 값보다 크면 전체 구매가치 평가 집단으로 구분된다. 즉

- $z \leq -1.23$ → 스펙 구매 평가 집단으로 분류됨
- $z > -1.23$ → 전체 구매가치 평가 집단으로 분류됨

피셔의 판별식은 위와 같이 판별식을 구하지 않고도 스펙 구매 평가와 전체 구매가치 평가에 관련된 두 식에 대해서 값을 구하고 그 중에 큰 값이 있는 쪽으로 분류를 해도 마찬가지의 결과를 가져 온다.

[결과10]

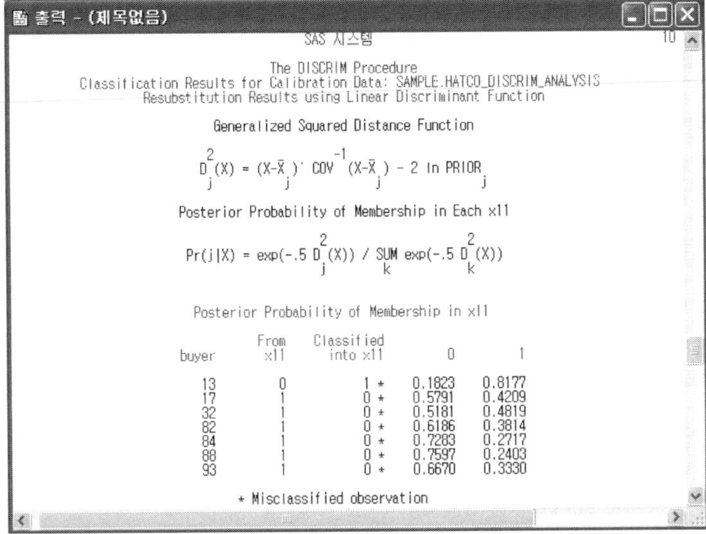

출력 - (제목없음)

SAS 시스템 10

The DISCRIM Procedure
Classification Results for Calibration Data: SAMPLE.HATCO_DISCRIM_ANALYSIS
Resubstitution Results using Linear Discriminant Function

Generalized Squared Distance Function

$$D_j^2(X) = (X-\bar{X}_j)' \ COV^{-1} (X-\bar{X}_j) - 2 \ln PRIOR_j$$

Posterior Probability of Membership in Each x11

$$Pr(j|X) = \exp(-.5 \ D_j^2(X)) \ / \ \underset{k}{SUM} \exp(-.5 \ D_k^2(X))$$

Posterior Probability of Membership in x11

buyer	From x11	Classified into x11	0	1
13	0	1 *	0.1823	0.8177
17	1	0 *	0.5791	0.4209
32	1	0 *	0.5181	0.4819
82	1	0 *	0.6186	0.3814
84	1	0 *	0.7283	0.2717
88	1	0 *	0.7597	0.2403
93	1	0 *	0.6670	0.3330

* Misclassified observation

[결과10]은 각 관찰치에 대한 판별식 분류결과이다. 베이지안 추정에 의해 분류한 결과로서 6개의 관찰치가 현재의 판별식으로 분류했을 때 다른 집단으로 분류되었다는 것을 의미한다. 넷째 열과 다섯째 열은 각 집단으로 분류될 사후확률(posterior probability)이다.

[결과11]

출력 - (제목없음)

SAS 시스템 11

The DISCRIM Procedure
Classification Summary for Calibration Data: SAMPLE.HATCO_DISCRIM_ANALYSIS
Resubstitution Summary using Linear Discriminant Function

Generalized Squared Distance Function

$$D_j^2(X) = (X-\bar{X}_j)' \ COV^{-1} (X-\bar{X}_j) - 2 \ln PRIOR_j$$

Posterior Probability of Membership in Each x11

$$Pr(j|X) = \exp(-.5 \ D_j^2(X)) \ / \ \underset{k}{SUM} \exp(-.5 \ D_k^2(X))$$

Number of Observations and Percent Classified into x11

From x11	0	1	Total
0	21 95.45	1 4.55	22 100.00
1	6 15.79	32 84.21	38 100.00
Total	27 45.00	33 55.00	60 100.00
Priors	0.36667	0.63333	

Error Count Estimates for x11

	0	1	Total
Rate	0.0455	0.1579	0.1167
Priors	0.3667	0.6333	

[결과11]은 피셔의 판별식에 의해 분류된 최종결과이다. 결과를 볼 경우 90%가 정확히 분류되었다는 것을 알 수 있다. 여러 가지 통계량을 더 구할 수 있는데, 회귀분석의 적합도 검정(R^2)과 같은 개념인 적중률(Hit Ratio), $C_{\max}$, C_{pro}가 있다. 각 통계량은 다음과 같이 계산된다.

$$\text{적중률(Hit Ratio)} = \frac{54}{60} = .90$$

$$C_{\max} = \frac{36}{60} = .60$$

$$C_{pro} = .60^2 + (1-.60)^2 = .52$$

적중률 0.90은 C_{max}=0.60나 C_{pro} = 0.52에 비해 상당히 높다.

[결과12]

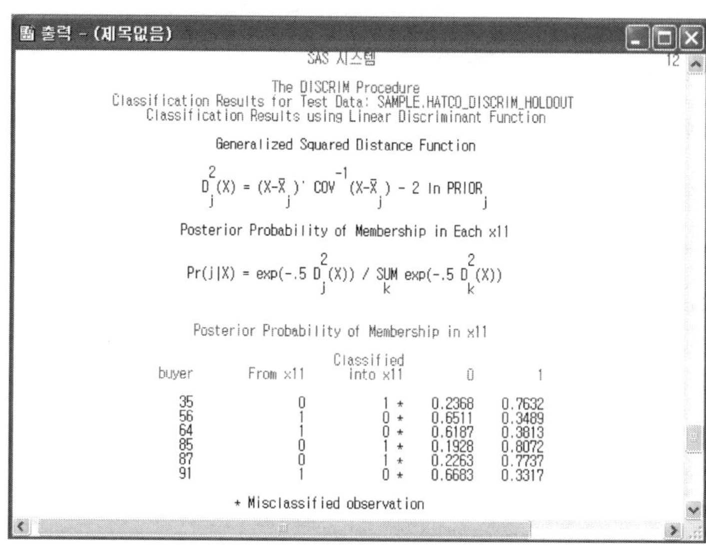

출력 - (제목없음)

SAS 시스템 12

The DISCRIM Procedure
Classification Results for Test Data: SAMPLE.HATCO_DISCRIM_HOLDOUT
Classification Results using Linear Discriminant Function

Generalized Squared Distance Function

$$D_j^2(X) = (X-\bar{X}_j)' \ COV^{-1} (X-\bar{X}_j) - 2 \ln PRIOR_j$$

Posterior Probability of Membership in Each x11

$$Pr(j|X) = \exp(-.5 D_j^2(X)) / \sum_k \exp(-.5 D_k^2(X))$$

Posterior Probability of Membership in x11

buyer	From x11	Classified into x11	0	1
35	0	1 *	0.2368	0.7632
56	1	0 *	0.6511	0.3489
64	1	0 *	0.6187	0.3813
85	0	1 *	0.1928	0.8072
87	0	1 *	0.2263	0.7737
91	1	0 *	0.6683	0.3317

* Misclassified observation

[결과12]는 분석표본에서 구해진 판별식으로 집단구분을 한 결과 중 구분이 잘못된 결과를 보여 주고 있다. 6개의 관찰치가 잘 못 분류되어 있으며, 결과를 볼 경우 약간 높은 수치를 보이고 있다.

[결과13]

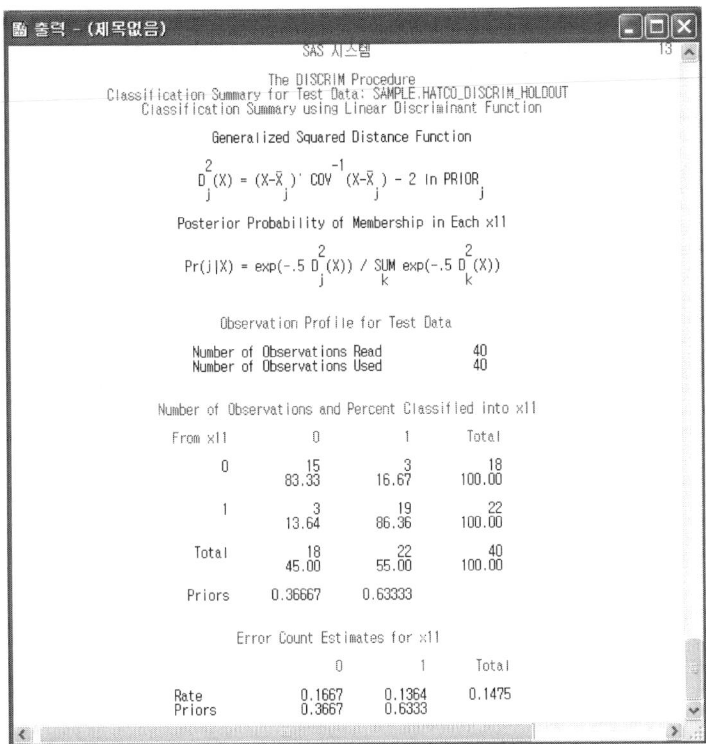

```
출력 - (제목없음)
                              SAS 시스템                                   13

                         The DISCRIM Procedure
     Classification Summary for Test Data: SAMPLE.HATCO_DISCRIM_HOLDOUT
        Classification Summary using Linear Discriminant Function

                  Generalized Squared Distance Function

                  2                  -1
                 D (X) = (X-X̄ )' COV  (X-X̄ ) - 2 ln PRIOR
                  j          j           j               j

             Posterior Probability of Membership in Each x11

                                   2                    2
             Pr(j|X) = exp(-.5 D (X)) / SUM exp(-.5 D (X))
                                   j         k          k

                   Observation Profile for Test Data

             Number of Observations Read              40
             Number of Observations Used              40

         Number of Observations and Percent Classified into x11

           From x11            0             1         Total

                  0           15             3            18
                           83.33         16.67        100.00

                  1            3            19            22
                           13.64         86.36        100.00

              Total           18            22            40
                           45.00         55.00        100.00

             Priors      0.36667       0.63333

                   Error Count Estimates for x11

                                  0             1         Total

          Rate               0.1667        0.1364        0.1475
          Priors             0.3667        0.6333
```

[결과13]에서 자세한 분류표를 보여주고 있다. 0.05% 정도 잘 못 분류된 비율이 높아 졌으나, 이 수치는 크게 높은 수치가 아니다. 따라서 본 판별분석에서 구해진 판별식이 매우 의미가 있다.

4. 로지스틱 회귀분석

4.1 로지스틱 회귀분석이란

로지스틱 회귀분석(logistic regression)은 회귀분석의 특수한 형태로서 종속변수가 넌메트릭 척도로 측정된 경우이다. 이 점에서 보면 판별분석(discriminant analysis)과 비슷한 모형이다.

일반적으로 독립변수들이 등간척도 이상이고 변수들이 다변량 정규분포(multivariate normal distribution)를 하는 경우에는 판별분석을 사용한다. 반면에 로지스틱 회귀분석은 판별분석에 비해 독립변수가 명목척도 또는 서열척도와 같은 정성적인 척도와 등간척도가 섞여 있으면서 변수들이 다변량 정규분포를 한다는 가정이 불명확할 때 사용할 수 있다. 변수들이 다변량 정규분포를 한다면 판별분석 모형이 더 좋은 예측치와 시간절약을 가져다 줄 것이다. 물론 판별분석에서도 다변량 정규분포가 아닌 경우에 비모수추정(nonparametric estimation)에 의해 분석을 할 수 있다(Afifi and Clark 1990).

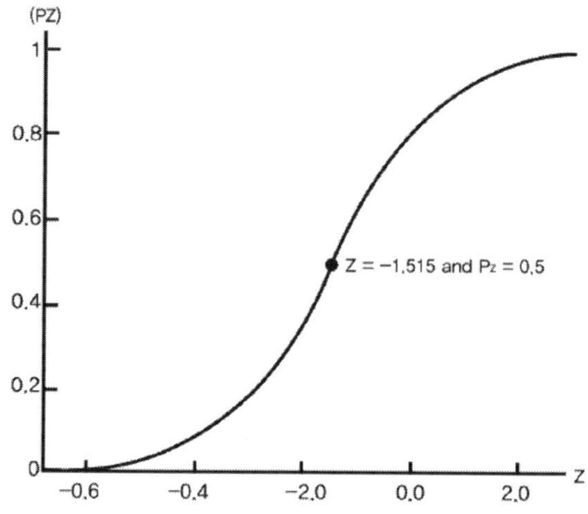

로지스틱 회귀분석에서 두 번째 가정은 그림에서 보듯이 선택확률이 로지스틱 함수(logistic function) 형태를 한다는 것이다.

로지스틱 회귀분석의 사용은 판별분석을 사용하는 것과 마찬가지로 (1) 두 집단 이상의 표본에 대해 각 표본이 속하는 집단을 구분하거나, (2) 집단을 구분하는 식에서 어느 변수가 중요한지를 찾아내는데 사용한다.

로지스틱 회귀분석은 분석형태를 보면 회귀분석과 비슷하다. 종속변수를 로그(log)로 변형하면 일반적인 선형회귀식 형태로 표현되기 때문이다. 로지스틱 회귀분석에서 가정하고 있는 모형은,

$$P_z = \frac{1}{1+e^{c-z}}$$

$$Z = \beta_0 + \beta_1 X_{1i} + \beta_2 X_{2i} + \ldots + \beta_p X_p$$

로 표현되며, 식을 조정하면,

$$\ln\left(\frac{P_Z}{1-P_Z}\right) = \beta_0 + \beta_1 X_{1i} + \beta_2 X_{2i} + \ldots + \beta_p X_p$$

로 정리된다. 로지스틱 회귀분석에서 추구하는 내용은 이 식의 모수들을 회귀분석과 비슷하게 추정하는 것이다.

모수추정방법은 최우법(maximum likelihood method) 중 피셔점수법(Fisher's scoring method)을 사용한다. 따라서 일반적인 선형회귀식의 추정에 비해 특이한 관찰치가 모수추정에 미치는 영향력이 적다(robust)고 할 수 있다. 독립변수들에 범주형 데이터가 포함된 경우에는 판별분석에 의한 추정결과를 보면 로지스틱 회귀분석보다 모수추정치를 더 작게 추정하고(underestimation), 종속변수의 선택확률이 더 작은 것으로 나타났다(O'hara, T. F., Hosmer, D. W., Lemeshow, S. and Hartz, S. C. 1982).

4.2 로지스틱 회귀분석 사례

(1) 분석데이터

다음 예제는 지난 1주 동안 자가용을 이용한 시간과 대중교통수단을 이용한 시간을 통해 특정인이 자가용을 이용할 것인가 대중교통수단을 이용할 것인가를 예측하는 모형이다. 데이터를 입력하면 다음과 같다. INPUT문의 @@는 한 줄에 여러 관찰치의 데이터가 있다는 의미이다.

11장-4-2-1-데이터

```
LIBNAME sample 'C:\Sample\Dataset';
DATA sample.logistic;
     INPUT autotime trantime choice $ @@;
     LABEL autotime='자가용이용시간'
           trantime='대중교통이용시간' choice='선택';
     CARDS;
52.9  4.4 대중교통  4.1 28.5 대중교통  4.1 86.9 자가용
56.2 31.6 대중교통 51.8 20.2 대중교통  0.2 91.2 자가용
27.6 79.7 자가용   89.9  2.2 대중교통 41.5 24.5 대중교통
95.0 43.5 대중교통 99.1  8.4 대중교통 18.5 84.0 자가용
82.0 38.0 자가용    8.6  1.6 대중교통 22.5 74.1 자가용
51.4 83.8 자가용   81.0 19.2 대중교통 51.0 85.0 자가용
62.2 90.1 자가용   95.1 22.2 대중교통 41.6 91.5 자가용
RUN;
```

(2) 분석과정

로지스틱 회귀분석을 하려면 PROC LOGISTIC 프로시저를 사용한다. CT옵션은 모형을 통해 예측한 결과에 대한 상황표(판별분석의 분류표와 비슷)를 보여 달라는 것이며, INFLUENCE는 각 관찰치에 대한 영향관측값을 출력하라는 것이다. NOINT는 현재 모형의 절편이 의미가 없기 때문에 절편을 계산하지 말라는 옵션이다.

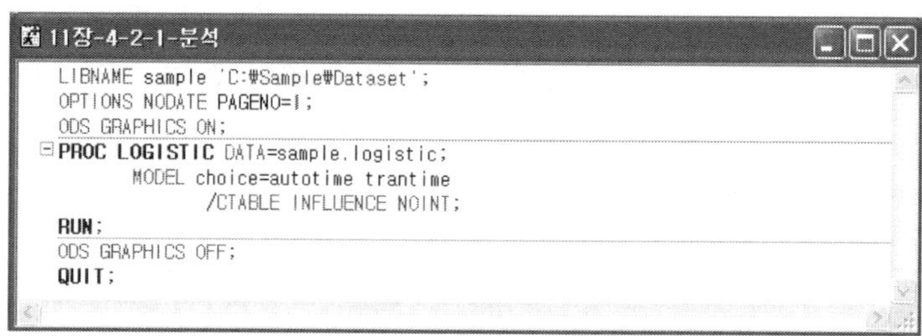

```
LIBNAME sample 'C:\Sample\Dataset';
OPTIONS NODATE PAGENO=1;
ODS GRAPHICS ON;
PROC LOGISTIC DATA=sample.logistic;
      MODEL choice=autotime trantime
            /CTABLE INFLUENCE NOINT;
RUN;
ODS GRAPHICS OFF;
QUIT;
```

(3) 결과해석

[결과1]

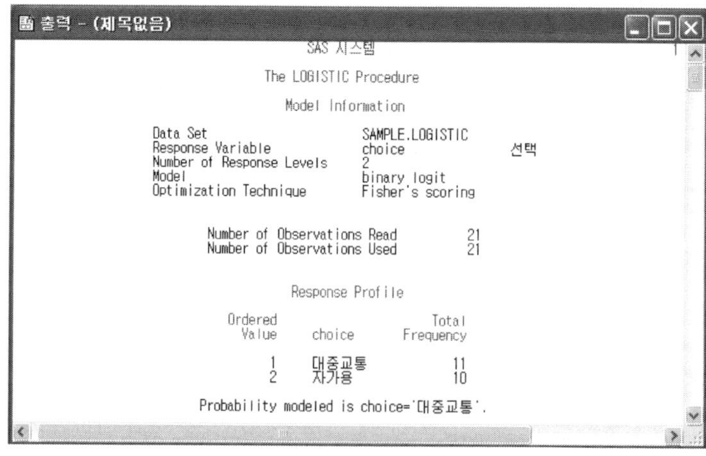

```
                              SAS 시스템
                        The LOGISTIC Procedure
                          Model Information

        Data Set                        SAMPLE.LOGISTIC
        Response Variable               choice              선택
        Number of Response Levels       2
        Model                           binary logit
        Optimization Technique          Fisher's scoring

              Number of Observations Read        21
              Number of Observations Used        21

                          Response Profile

                 Ordered                       Total
                   Value     choice        Frequency

                       1     대중교통             11
                       2     자가용               10

              Probability modeled is choice='대중교통'.
```

[결과1]은 데이터셋에 대한 설명이다. 반응 수준이 2(자동차, 대중교통) 이며, 전체 관찰치 수는 21개 모델은 binary logit이며, Fisher's scoring 방법에 의해 '자가용' 기준으로 의해 최적화 한다는 것을 보여 준다.

[결과2]

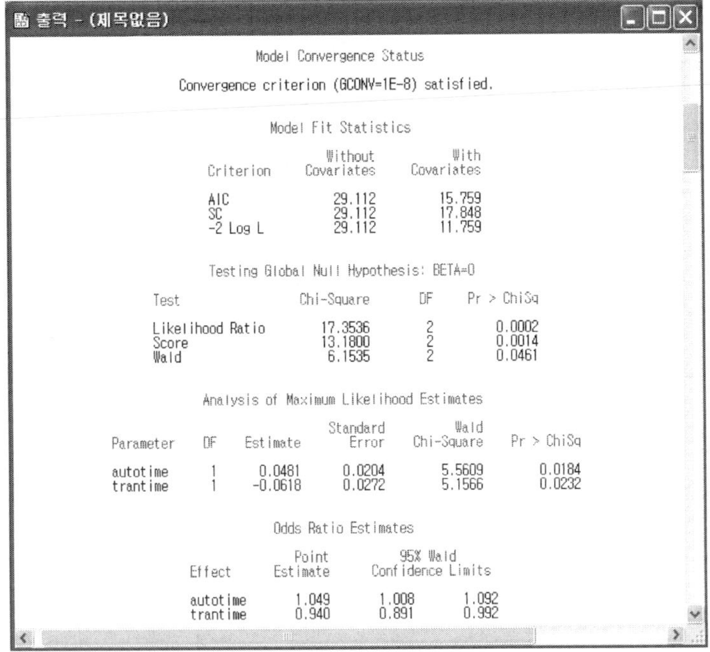

출력 - (제목없음)

Model Convergence Status

Convergence criterion (GCONV=1E-8) satisfied.

Model Fit Statistics

Criterion	Without Covariates	With Covariates
AIC	29.112	15.759
SC	29.112	17.848
-2 Log L	29.112	11.759

Testing Global Null Hypothesis: BETA=0

Test	Chi-Square	DF	Pr > ChiSq
Likelihood Ratio	17.3536	2	0.0002
Score	13.1800	2	0.0014
Wald	6.1535	2	0.0461

Analysis of Maximum Likelihood Estimates

Parameter	DF	Estimate	Standard Error	Wald Chi-Square	Pr > ChiSq
autotime	1	0.0481	0.0204	5.5609	0.0184
trantime	1	-0.0618	0.0272	5.1566	0.0232

Odds Ratio Estimates

Effect	Point Estimate	95% Wald Confidence Limits	
autotime	1.049	1.008	1.092
trantime	0.940	0.891	0.992

[결과2]를 보면 모형의 유의정도, 모수추정치, 모수추정치에 의한 예측결과에 대한 통계량이 나와 있다. 결과를 보면, 현재의 모형의 유의도를 나타내는 아카이케정보기준(Akaike Information Criterion : AIC)값 및 쉬바르쯔 기준(Schwartz Criterion : SC)값을 보면 설명변수가 없는 모형(Without Covariate)보다 설명변수가 있는 모형(With Covariate)의 값이 작아졌다. −2 Log L값도 같은 방향성을 보이고 있다. 값의 변화에 대한 χ^2=17.354로서 매우 의미가 있다. 이들 기준들은 다음과 같이 예측이 된다.

$$
\begin{aligned}
2\log L &= -2l\left(\frac{L(\omega)}{L(0)}\right) \\
AIC &= -2\log L - 2(k+s) \\
SC &= -2\log L + (k+s)\log(N)
\end{aligned}
$$

여기서 k = 반응수, s = 설명(독립)변수의 수, N = 관찰치의 개수를 의미한다. 스코어값은 아래와 같이 계산되는데 각 설명(독립)변수의 종속변수에 대한 설명 정도를 나타낸다. 이 값도 의미가 있다.

$$
Score = (\beta_\omega - \beta_0)'[Var(\omega) - Var(0)]^{-1}(\beta_\omega - \beta_0)
$$

예측 모형은 아래와 같으며,

$$E(\text{the}\quad \text{logit}) = -0.0481 Autotime + 0.0618 Trantime$$

[결과3]

출력 - (제목없음)

SAS 시스템 2

The LOGISTIC Procedure

Association of Predicted Probabilities and Observed Responses

Percent Concordant	95.5	Somers' D	0.909
Percent Discordant	4.5	Gamma	0.909
Percent Tied	0.0	Tau-a	0.476
Pairs	110	c	0.955

Classification Table

	Correct		Incorrect		Percentages				
Prob Level	Event	Non-Event	Event	Non-Event	Correct	Sensi-tivity	Speci-ficity	False POS	False NEG
0.000	11	0	10	0	52.4	100.0	0.0	47.6	.
0.020	11	3	7	0	66.7	100.0	30.0	38.9	0.0
0.040	11	6	4	0	81.0	100.0	60.0	26.7	0.0
0.060	11	6	4	0	81.0	100.0	60.0	26.7	0.0
0.080	11	8	2	0	90.5	100.0	80.0	15.4	0.0
0.100	11	9	1	0	95.2	100.0	90.0	8.3	0.0
0.120	10	9	1	1	90.5	90.9	90.0	9.1	10.0
0.140	10	9	1	1	90.5	90.9	90.0	9.1	10.0
0.160	10	9	1	1	90.5	90.9	90.0	9.1	10.0
0.180	10	9	1	1	90.5	90.9	90.0	9.1	10.0
0.200	10	9	1	1	90.5	90.9	90.0	9.1	10.0
0.220	10	9	1	1	90.5	90.9	90.0	9.1	10.0
0.240	10	9	1	1	90.5	90.9	90.0	9.1	10.0
0.260	10	9	1	1	90.5	90.9	90.0	9.1	10.0
0.280	10	9	1	1	90.5	90.9	90.0	9.1	10.0
0.300	10	9	1	1	90.5	90.9	90.0	9.1	10.0
0.320	10	9	1	1	90.5	90.9	90.0	9.1	10.0
0.340	10	9	1	1	90.5	90.9	90.0	9.1	10.0
0.360	10	9	1	1	90.5	90.9	90.0	9.1	10.0
0.380	10	9	1	1	90.5	90.9	90.0	9.1	10.0
0.400	10	9	1	1	90.5	90.9	90.0	9.1	10.0
0.420	10	9	1	1	90.5	90.9	90.0	9.1	10.0
0.440	10	9	1	1	90.5	90.9	90.0	9.1	10.0
0.460	10	9	1	1	90.5	90.9	90.0	9.1	10.0
0.480	10	9	1	1	90.5	90.9	90.0	9.1	10.0
0.500	10	9	1	1	90.5	90.9	90.0	9.1	10.0
0.520	10	9	1	1	90.5	90.9	90.0	9.1	10.0
0.540	10	9	1	1	90.5	90.9	90.0	9.1	10.0
0.560	10	9	1	1	90.5	90.9	90.0	9.1	10.0
0.580	9	9	1	2	85.7	81.8	90.0	10.0	18.2
0.600	8	9	1	3	81.0	72.7	90.0	11.1	25.0
0.620	8	9	1	3	81.0	72.7	90.0	11.1	25.0
0.640	7	9	1	4	76.2	63.6	90.0	12.5	30.8

[결과3]을 보면 예측치와 관찰치간의 통계량이 나와 있다. 예측결과를 보면 현재 모형으로 관찰치를 정확히 예측한 비율이 95.5%로서 전체 21개 중에 19개이며 4.5%(2개)는 관찰치와는 다른 결과가 나왔다. Sommers' D나 Gamma Tau−a, c 등은 서열통계량에 대한 상관관계를 나타내는 것이다. 결과를 볼 경우 모두 높은 값이고 또한 양수이기 때문에 예측이 잘 되었다고 할 수 있다. 이어서 분류 확률 별 분류표를 보여주고 있다. EVENT가 의미하는 변수의 수준은 자가용이다. 전체적으로 0.90확률 수준에서 레벨에서 커팅을 할 경우 예측의 정확성이 95.2%여서 매우 높다고 할 수 있다. 민감도(Sensitivity)는 관찰치가 자가용일 때 자가용으로 인식되는 비율을 나타내는데 이 값이 90%로 나타났다. 반면에 대중교통이 자가용으로 예측될 가능성이 False POS(Positive Rate)인데 0%가 잘못 예측된 것으로 나타났다.

대중교통이 대중교통으로 예측될 비율을 나타낸 것이 Specificity인데 이 값은 100%로 나타났다. 대중교통이 자가용으로 예측될 가능성이 False NEG(Negative Rate)인데 8.3%가 잘못 예측된 것으로 나타났다.

[결과4]

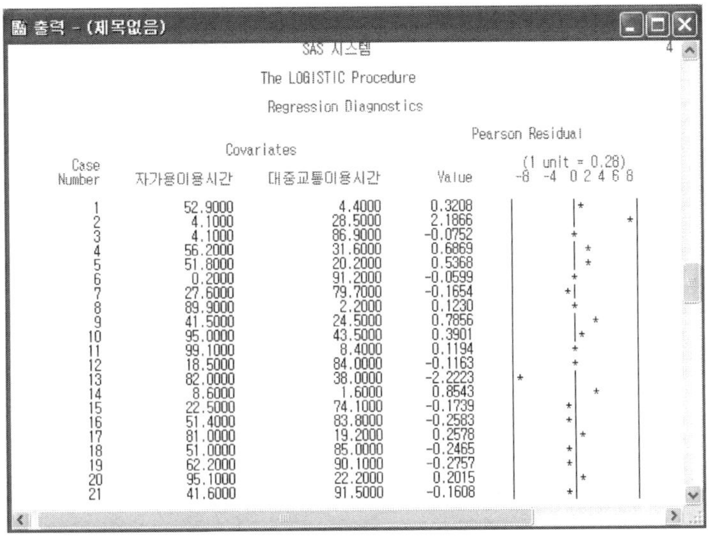

출력 - (제목없음)

SAS 시스템 4

The LOGISTIC Procedure

Regression Diagnostics

Case Number	Covariates 자가용이용시간	대중교통이용시간	Pearson Residual Value
1	52.9000	4.4000	0.3208
2	4.1000	28.5000	2.1866
3	4.1000	86.9000	-0.0752
4	56.2000	31.6000	0.6869
5	51.8000	20.2000	0.5368
6	0.2000	91.2000	-0.0599
7	27.6000	79.7000	-0.1654
8	89.9000	2.2000	0.1230
9	41.5000	24.5000	0.7856
10	95.0000	43.5000	0.3901
11	99.1000	8.4000	0.1194
12	18.5000	84.0000	-0.1163
13	82.0000	38.0000	-2.2223
14	8.6000	1.6000	0.8543
15	22.5000	74.1000	-0.1739
16	51.4000	83.8000	-0.2583
17	81.0000	19.2000	0.2578
18	51.0000	85.0000	-0.2465
19	62.2000	90.1000	-0.2757
20	95.1000	22.2000	0.2015
21	41.6000	91.5000	-0.1608

(Pearson Residual plot: 1 unit = 0.28; -8 -4 0 2 4 6 8)

[결과5]

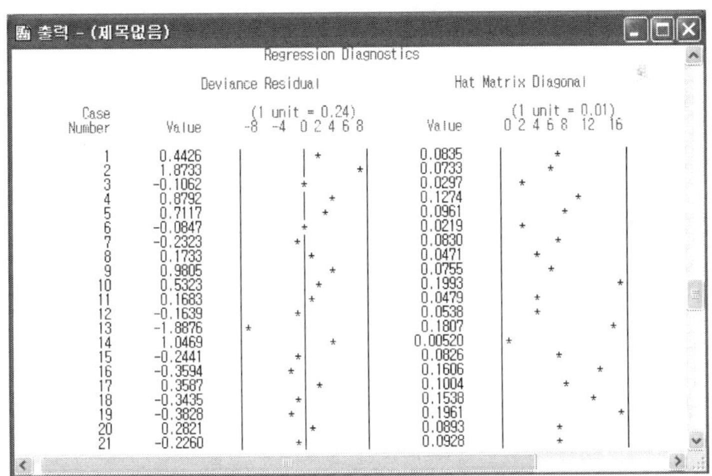

출력 - (제목없음)

Regression Diagnostics

Case Number	Deviance Residual Value	Hat Matrix Diagonal Value
1	0.4426	0.0835
2	1.8733	0.0733
3	-0.1062	0.0297
4	0.8792	0.1274
5	0.7117	0.0961
6	-0.0847	0.0219
7	-0.2323	0.0830
8	0.1733	0.0471
9	0.9805	0.0755
10	0.5323	0.1993
11	0.1683	0.0479
12	-0.1639	0.0538
13	-1.8876	0.1807
14	1.0469	0.00520
15	-0.2441	0.0826
16	-0.3594	0.1606
17	0.3587	0.1004
18	-0.3435	0.1538
19	-0.3828	0.1961
20	0.2821	0.0893
21	-0.2260	0.0928

(Deviance Residual plot: 1 unit = 0.24; -8 -4 0 2 4 6 8 / Hat Matrix Diagonal plot: 1 unit = 0.01; 0 2 4 6 8 12 16)

[결과4−8]은 자가용으로 각 관찰치가 예측될 확률, 각 관찰치에 대한 오차 분석의 결과이다. 결과를 보면 2번과 13번의 관찰치의 오차에 대한 값(Pearson Residual)이 큰 값으로 나타나 이 값들이 잘못 예측된 값이라는 것을 알 수 있다. 일반적으로 관찰치 2는 자가용으로 예측이 되었으며, 13은 대중교통으로 예측이 되었다. 이러한 형태는 오차

에 대한 여러 가치 예측 통계량의 모양에서도 나타나고 있다. 오차 이탈 정도(Deviance Residual)나 각 변수에 대한 디프베다즈(Dfbetas) 등의 여러 가지 통계량에서도 서로 비슷한 결과가 나타나고 있다. [결과9−11]은 이들 결과를 그래프로 제시하고 있다.

[결과6]

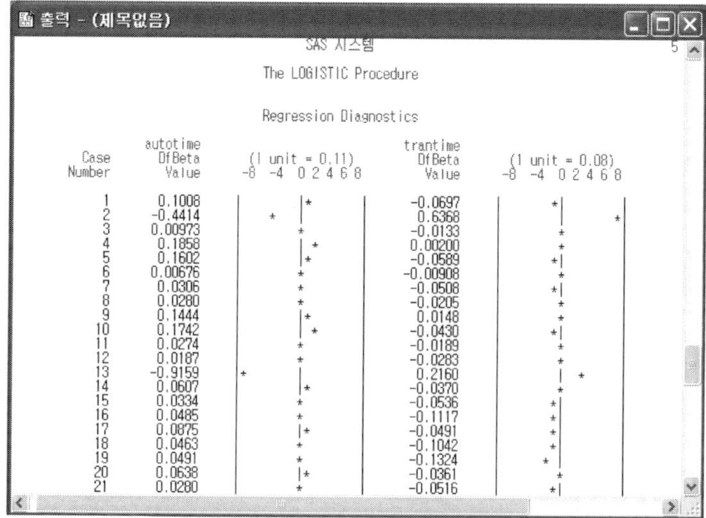

출력 - (제목없음)

SAS 시스템 5

The LOGISTIC Procedure

Regression Diagnostics

Case Number	autotime DfBeta Value	trantime DfBeta Value
1	0.1008	-0.0697
2	-0.4414	0.6368
3	0.00973	-0.0133
4	0.1858	0.00200
5	0.1602	-0.0589
6	0.00676	-0.00908
7	0.0306	-0.0508
8	0.0280	-0.0205
9	0.1444	0.0148
10	0.1742	-0.0430
11	0.0274	-0.0189
12	0.0187	-0.0283
13	-0.9159	0.2160
14	0.0607	-0.0370
15	0.0334	-0.0536
16	0.0485	-0.1117
17	0.0875	-0.0491
18	0.0463	-0.1042
19	0.0491	-0.1324
20	0.0638	-0.0361
21	0.0280	-0.0516

(1 unit = 0.11) / (1 unit = 0.08)

[결과7]

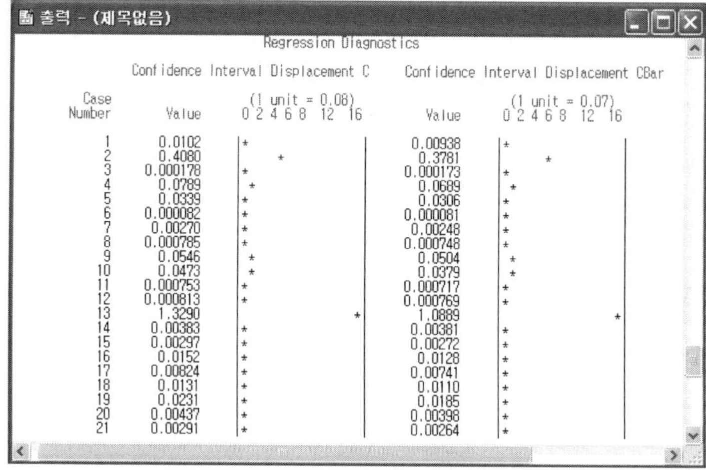

출력 - (제목없음)

Regression Diagnostics

Case Number	Confidence Interval Displacement C Value	Confidence Interval Displacement CBar Value
1	0.0102	0.00938
2	0.4080	0.3781
3	0.000178	0.000173
4	0.0789	0.0689
5	0.0339	0.0306
6	0.000082	0.000081
7	0.00270	0.00248
8	0.000785	0.000748
9	0.0546	0.0504
10	0.0473	0.0379
11	0.000753	0.000717
12	0.000813	0.000769
13	1.3290	1.0889
14	0.00383	0.00381
15	0.00297	0.00272
16	0.0152	0.0128
17	0.00824	0.00741
18	0.0131	0.0110
19	0.0231	0.0185
20	0.00437	0.00398
21	0.00291	0.00264

(1 unit = 0.08) / (1 unit = 0.07)

[결과8]

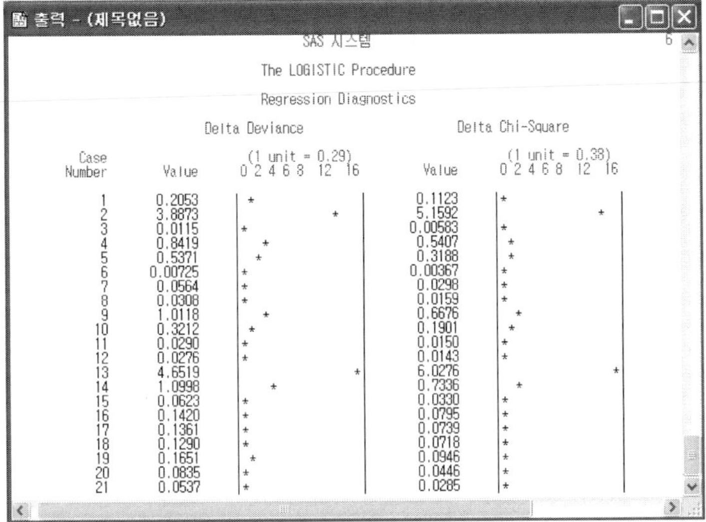

출력 - (제목없음)

SAS 시스템 6

The LOGISTIC Procedure

Regression Diagnostics

Case Number	Delta Deviance Value	Delta Chi-Square Value
1	0.2053	0.1123
2	3.8873	5.1592
3	0.0115	0.00583
4	0.8419	0.5407
5	0.5371	0.3188
6	0.00725	0.00367
7	0.0564	0.0298
8	0.0308	0.0159
9	1.0118	0.6676
10	0.3212	0.1901
11	0.0290	0.0150
12	0.0276	0.0143
13	4.6519	6.0276
14	1.0998	0.7336
15	0.0623	0.0330
16	0.1420	0.0795
17	0.1361	0.0739
18	0.1290	0.0718
19	0.1651	0.0946
20	0.0835	0.0446
21	0.0537	0.0285

Delta Deviance plot: (1 unit = 0.29), scale 0 2 4 6 8 12 16. Delta Chi-Square plot: (1 unit = 0.38), scale 0 2 4 6 8 12 16.

[결과9]

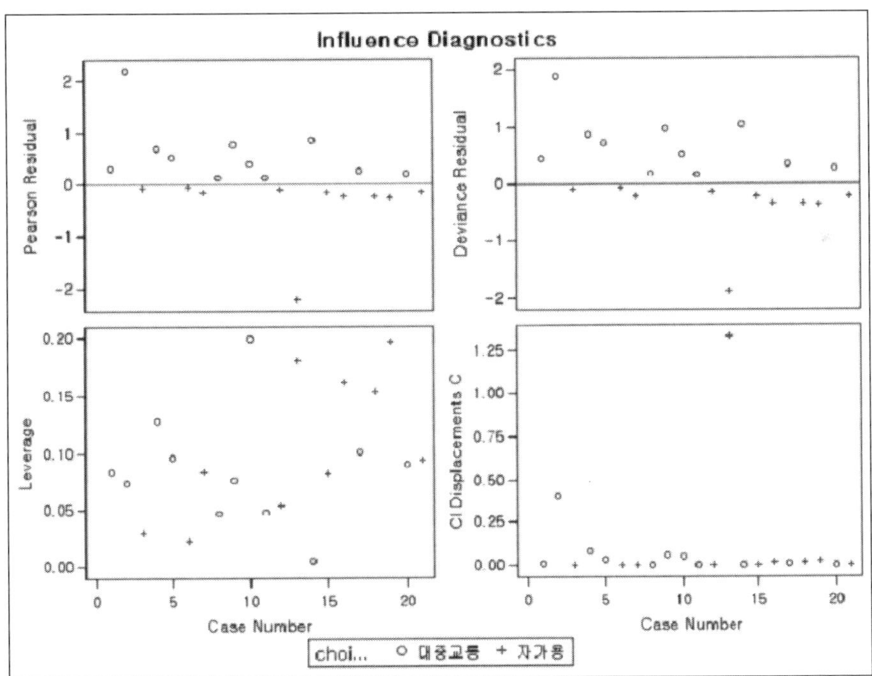

[결과10]

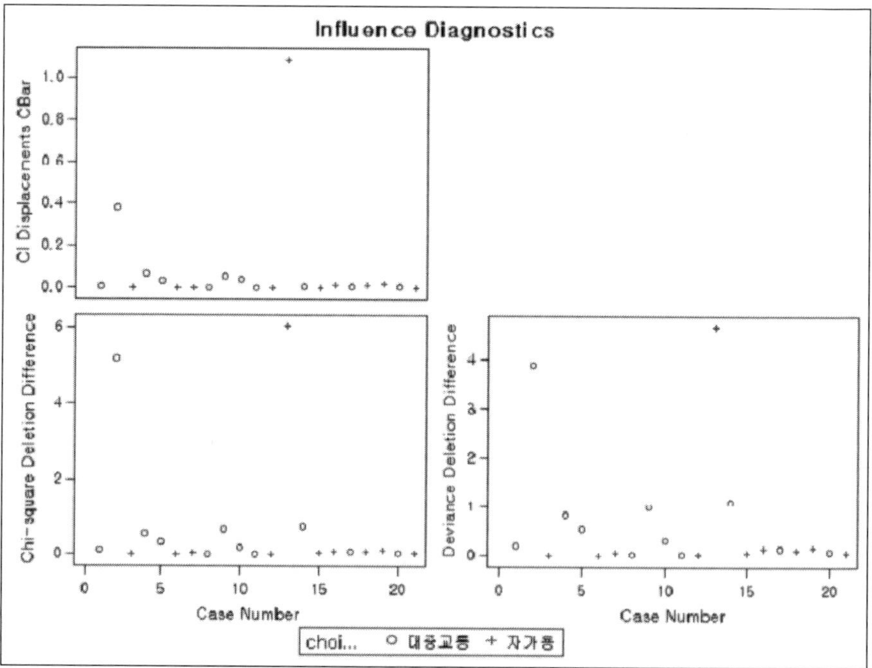
Influence Diagnostics
CI Displacements CBar
Chi-square Deletion Difference
Deviance Deletion Difference
Case Number
choi... ○ 대중교통 + 자가용

[결과11]

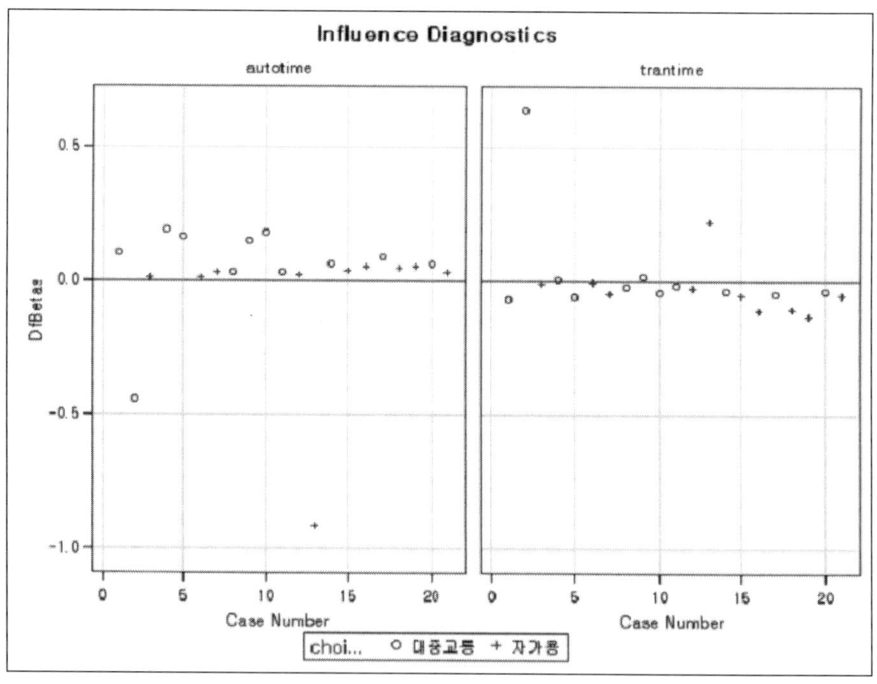
Influence Diagnostics
autotime
trantime
DfBetas
Case Number
choi... ○ 대중교통 + 자가용

5. 프로시저 설명

5.1 PROC DISCRIM

(1) PROC DISCRIM 기본형

```
PROC DISCRIM 옵션;
   CLASS 변수;
   VAR 변수들;
   PRIORS 확률들;
   FREQ 변수;
   WEIGHT 변수;
   ID 변수;
   TESTCLASS 변수;
   TESTFREQ 변수;
   BY 변수들;
```

(2) PROC DISCRIM 옵션;

[옵션]
- DATA=데이터셋 : 일반적인 데이터셋 이름을 지정한다. 이 옵션이 없을 경우 이 프로시저 직전에 만들어졌던 데이터셋을 사용한다. 가능한 데이터형태는 TYPE=CORR, COV, CSSCP, LINEAR, QUARD, MIXED 등도 사용할 수 있다. METHOD=NPAR이면 일반적인 SAS 데이터셋만을 사용할 수 있다.
- TESTDATA=데이터셋 : 분류하고자 하는 관찰치들이 포함된 일반적인 데이터셋을 지정한다. 분석하고 있는 설명변수들의 이름이 DATA=에 지정된 데이터셋의 변수들의 이름과 동일해야 한다.
- OUTSTAT=데이터셋 : 평균, 표준편차, 표본수, 상관계수뿐만 아니라, CANONICAL옵션이 지정된 경우 정준상관관계, 정준구조, 정준계수, 각 집단에 대한 정준변수들의 평균을 저장할 장소를 지정한다. METHOD=NORMAL옵션이 지정된 경우, 판별식에 대한 계수가 저장되며, 저장되는 데이터셋은 괄호안에 지정된 옵션에 따라 TYPE=LINEAR (POOL=YES), TYPE=QUAD(POOL=NO) 또는 TYPE=MIXED(POOL=TEST)가 된다. METHOD=NPAR인 경우에는 데이터셋은 TYPE= CORR이 된다.
- OUT=데이터셋 : 원래의 데이터셋의 모든 데이터와 사후확률 및 각 관찰치가 재대체(resubstitution)되어 분류된 결과를 저장된다. CANONICAL옵션을 지정하면, 정준분석 변수 점수값이 데이터셋에 저장된다.
- OUTCROSS=데이터셋 : 원래의 데이터셋의 모든 데이터와 사후확률 및 각 관찰치의 상호타당성검정(crossvalidation)에 의해 분류의 결과를 저장된다. CANONICAL옵션이 사용되면, 정준분석 변수 점수값이 데이터셋에 포함된다.
- OUTD=데이터셋 : 원래의 데이터셋의 모든 데이터와 각 관찰치에 대한 집단 특성적인 확률밀도(group - specific) 추정치를 저장한다.
- TESTOUT=데이터셋 : TESTDATA=에 지정된 데이터셋의 모든 데이터와 사후확률 및 각 관찰치의 분류결과를 저장한다. CANONICAL옵션이 사용되면, 정준분석 변수 점수값

이 데이터셋에 포함된다.

- TESTOUTD=데이터셋 : TESTDATA=에 지정된 데이터셋의 모든 데이터와 각 관찰치에 대한 집단 특성적인 확률밀도 추정치를 저장한다.

[판별분석 형태에 관한 옵션]

- METHOD=NORMAL ¦ METHOD=NPAR : 판별분류기준을 지정한다. METHOD= NORMAL이 지정되면, 다변량정규분포에 의한 모수통계방법이 적용된다. 옵션에 의해 선형 또는 2차항으로 구성된 판별함수가 구성된다. METHOD= NPAR이 지정되면, 비모수통계방법이 적용된다. 디폴트는 METHOD= NORMAL.
- POOL=YES ¦ POOL=NO ¦ POOL=TEST : 합동 또는 그룹내 공분산 행렬이 제곱거리 측정치에 의해 계산되어야 하는지를 지정한다. POOL=YES이면(일반화된) 제곱거리를 계산하는데 합동공분산 행렬을 사용한다. POOL=NO이면 거리를 계산하는데 그룹내 공분산행렬이 사용된다. 디폴트는 POOL= YES이다. METHOD=NORMAL에서 POOL=TEST이면, 그룹내 공분산행렬이 동등한지를 검정할 수 있는 Bartlett의 수정 최우법 검정을 실시한다.
- SPOOL=p : POOL=TEST가 지정된 경우 동일성(homogeneity) 검정 유의수준을 지정한다. 디폴트는 0.10이다.

[비모수추정방법(METHOD=NPAR)인 경우의 옵션]

- K= 또는 R= 옵션 중 한 가지만 지정한다.
- K=k : k - nearest - neighbor 규칙에 따른 k값을 지정한다.
- R=r : kernel density 추정 방법의 radius r값을 지정한다.
- KERNEL=UNI ¦ UNIFORM, NOR ¦ NORMAL, EPA ¦ EPANECHNIKOV, BIW ¦ BIWEIGHT, TRI ¦ TRIWEIGHT : R= 옵션이 지정된 경우 각 집단지정의 확률밀도를 추정할 커늘확률밀도함수를 지정한다. 디폴트는 KERNEL=UNIFORM이다.
- METRIC=FULL ¦ DIAGONAL ¦ IDENTITY : 제곱거리계산에 사용될 미터법을 지정한다. POOL=YES를 지정한 경우 METRIC=FULL에서는 합동 공분산 행렬이, METRIC=DIAGONAL에서는 합동공분산 행렬의 대각선이, METRIC= IDENTITY에서는 유클리디안 거리가 사용되며, POOL=NO인 경우에는 개개의 집단내 공분산행렬, 개개의 집단내 공분산행렬의 대각선, 유클리디안 거리를 각각 사용한다. 디폴트는 METRIC= FULL이며, METHOD=NORMAL이 지정된 경우 METRIC=FULL.

[분류규칙에 관한 옵션]

- THRESHOLD=p : 분류를 할 사후확률의 최소값을 지정한다. 0에서 1사이이며, 가장 큰 사후확률값이 지정된 값보다 작으면 OTHER란 그룹으로 분류된다. 디폴트는 0.

[에러률 추정에 관한 옵션]

- POSTERR : 분류결과에 근거하여 잭나이프(jack knife) 표본추출방식에 의거 분류기준의 사후확률 에러율 추정치를 출력한다.
- CANONICAL ¦ CAN : 정준판별분석을 수행한다.
- CANPREFIX=이름 : 정준변수에 대한 이름을 지정한다. 디폴트는 CAN1, CAN2,..., CANn 순으로 붙여진다.
- NCAN=n : 계산될 최대 정준변수의 수를 지정한다. n은 변수의 수 또는 집단수 - 1보다 작아야 한다. NCAN=0인 경우 정준 상관계수만을 계산한다.

[분류에 관한 옵션]

아래의 옵션들은 입력 데이터셋이 데이터셋인 경우에 사용한다.

- GLIST : 각 관찰치에 대한 재대체 분류결과를 출력한다.
- GLISTERR : 잘못 분류된 관찰치에 대해서만 재대체 분류결과를 출력한다.
- GNOCLASSIFY : 입력데이터셋을 재대체분류되는 것을 막는다.

아래의 옵션들은 CROSSVALIDATE 옵션이 있을 때 사용한다.

- GCROSSLIST : 각 관찰치에 대한 상호타당성분류결과를 출력한다.
- GCROSSLISTERR : 잘못 분류된 관찰치에 대한 상호타당성분류결과를 출력한다.
- GCROSSVALIDATE : 입력 데이터셋에 대한 상호타당성분류를 수행한다.

아래의 옵션들은 TESTCLASS문을 지정할 때 사용한다.

- GTESTLIST : TESTDATA=데이터셋의 관찰치에 대한 분류결과를 출력한다.
- GTESTLISTERR : 잘못 분류된 TESTDATA=데이터셋의 각 관찰치에 대한 분류결과를 출력한다.

[출력 통제를 위한 옵션]

- BCORR : 집단간 상관관계행렬을 출력한다.
- PCORR : 집단내 합동상관관계행렬을 출력한다.
- TCORR : 전체 표본에 대한 상관관계행렬을 출력한다.
- WCORR : 각 집단 수준의 집단내 상관관계행렬을 출력한다.
- BCOV : 집단간 공분산행렬을 출력한다.
- PCOV : 집단내 합동공분산행렬을 출력한다.
- TCOV : 전체 표본에 대한 공분산행렬을 출력한다.
- WCOV : 각 집단 수준의 집단내 공분산행렬을 출력한다.
- BSSCP : 집단간 SSCP행렬을 출력한다.
- PSSCP : 집단내 합동 수정 SSCP행렬을 출력한다.
- TSSCP : 전체 표본의 수정 SSCP행렬을 출력한다.
- WSSCP : 각 집단 수준에 대한 집단내 수정 SSCP행렬을 출력한다.
- SIMPLE : 각 집단간 및 전체 표본에 대한 단순 통계량을 출력한다.
- ANOVA : 각 변수들을 집단간의 집단평균이 같다는 가설하에 분산분석을 수행하고 Wilks' Lambda를 계산할 수 있는 R - Squared값을 계산한다.
- MANOVA : 집단간의 집단평균이 같다는 가설 하에 MANOVA를 수행한다.
- STDMEAN : 전체 표본과 합동 집단내 표준화된 평균을 출력한다.
- ALL : 위의 모든 옵션을 수행한다.
- DISTANCE : 각 집단간 평균에 대한 제곱거리를 계산한다.
- NOPRINT : 모든 결과를 출력하지 않는다.
- SHORT : 특정 옵션의 디폴트출력을 통제한다. METHOD=NORMAL에서는 행렬의 행렬값, 각 집단간 평균에 대한 일반화 제곱거리, 판별식의 계수를 추정하지 않는다. CANONICAL에서는 정준구조, 정준계수, 각 변수에 대한 집단평균 등을 출력하지 않는다.

5.2 PROC STEPDISC

(1) PROC STEPDISC 기본형

```
PROC STEPDISC 옵션;
   CLASS 변수;
   VAR 변수들;
   FREQ 변수;
   WEIGHT 변수;
   BY 변수들;
```

(2) PROC STEPDISC 옵션;

[옵션]

- DATA=데이터셋 : 일반적인 데이터셋의 이름을 지정한다. 이 옵션이 없는 경우 이 프로시저 직전에 만들어졌던 데이터셋을 사용한다. 이 이외에도 TYPE=CORR, COV, CSSCP, LINEAR, QUARD, MIXED 형태의 데이터를 사용할 수 있다.

[모형선정에 관한 옵션]

- METHOD=FW ¦ FORWARD, BW ¦ BACKWARD, SW ¦ STEPWISE : 판별분석에 있어 변수 선정방법을 지정한다. FORWARD는 전방선택법이며, BACKWARD는 후방소거법, METHOD=STEPWISE는 단계별선택법을 의미한다. 디폴트는 STEPWISE.
- SLENTRY=값 ¦ SLEY=값 : FORWARD와 STEPWISE에서 진입되는 변수의 유의도를 지정한다. 디폴트는 FORWARD에서는 0.50, STEPWISE는 0.15.
- SLSTAY=값 ¦ SLS=값 : BACKWARD와 STEPWISE에서 제거되는 변수의 유의도를 지정한다. 디폴트는 BACKWARD에서는 0.10, STEPWISE는 0.15.
- INCLUDE=n : MODEL문의 첫 n개의 독립변수들을 강제적으로 모든 모형에 포함시킨다.
- MAXSTEP=n : 최대 단계의 수를 지정한다. 디폴트는 변수 개수의 2배.

[출력 옵션]

- BCORR : 집단간 상관관계행렬을 출력한다.
- PCORR : 집단내 합동상관관계행렬을 출력한다.
- TCORR : 전체 표본에 대한 상관관계행렬을 출력한다.
- WCORR : 각 집단 수준의 집단내 상관관계행렬을 출력한다.
- BCOV : 집단간 공분산행렬을 출력한다.
- PCOV : 집단내 합동공분산행렬을 출력한다.
- TCOV : 전체 표본에 대한 공분산행렬을 출력한다.
- WCOV : 각 집단 수준의 집단내 공분산행렬을 출력한다.
- BSSCP : 집단간 SSCP행렬을 출력한다.
- PSSCP : 집단내 합동 수정 SSCP행렬을 출력한다.
- TSSCP : 전체 표본의 수정 SSCP행렬을 출력한다.
- WSSCP : 각 집단 수준에 대한 집단내 수정 SSCP행렬을 출력한다.
- SIMPLE : 변수들에 대한 기술통계량을 제공한다.
- ALL : 앞의 옵션을 수행한다.
- SHORT : 각 단계에서 출력을 하지 않는다.

5.3 기타 문장들

(1) CLASS 변수;

분석에 사용될 집단을 지정하는 분류변수를 지정한다.

(2) PRIORS 확률들;

사전확률이 같으면 EQUAL을, 표본수에 비례하면 PROPORTIONAL을, 또는 각 집단을 지정하는 수준 별로 지정한다.

(3) TESTCLASS 변수;

TESTDATA=데이터셋에서 각 관찰치가 잘못 분류되었는지 또는 유보표본에 대한 검정을 하고자 하는 경우에 TESTDATA=데이터셋의 집단을 구분 짓는 변수를 지정한다. CLASS문에 지정된 변수와 같은 형식이어야 한다.

(4) VAR 변수;

판별분석을 하고 싶은 변수를 지정한다. 지정하지 않으면 DATA=에 지정된 데이터셋의 모든 숫자 형 변수를 분석에 사용한다.

(5) BY 변수들;

지정한 변수들로 서로 다른 판별분석을 하고자 할 때 사용한다. 사전에 PROC SORT 프로시저로 정렬되어 있어야 한다.

(6) FREQ 변수;

관찰치의 도수에 관한 정보를 가지고 있는 변수를 지정한다.

(7) FREQ 변수들;

LIST나 LISTERR옵션이 지정된 경우에 각 관찰치를 구분할 변수를 지정한다.

(8) TESTFREQ 변수;

TESTDATA=데이터셋에서 각 관찰치의 도수에 관한 정보를 가지고 있는 변수를 지정한다.

(9) TESTID 변수;

TESTLIST나 TESTLISTERR옵션이 지정된 경우에 각 관찰치를 구분할 변수를 지정한다.

(10) WEIGHT 변수;

관찰치 간에 가중치가 다를 때, 이 정보를 가지고 있는 변수를 WEIGHT문에 지정한다.

5.4 PROC LOGISTIC

(1) PROC LOGISTIC 기본형

```
PROC LOGISTIC 옵션;
   MODEL 종속변수=독립변수들/옵션;
         성공횟수/시도횟수=독립변수들/옵션;
   BY 변수들;
   OUTPUT OUT=데이터셋 키어/이름들;
   WEIGHT 변수;
```

(2) PROC LOGISTIC 옵션;

[옵션]

- DATA=데이터셋 : 일반적인 데이터셋의 이름을 적는다. 이 옵션이 없을 경우 이 프로시저 직전에 만들어졌던 데이터셋을 사용한다.
- OUT=데이터셋 : 데이터와 계산될 통계량을 저장할 데이터셋을 적는다.
- OUTTEST=데이터셋 : 파라메터 추정치와 옵션으로 제시한 통계량이 저장될 데이터셋을 적는다.
- NOSIMPLE : 합, 평균, 분산, 표준편차, 각 변수의 제곱합을 출력하지 않는다.
- COVOUT : 파라메터 추정에 사용된 공분산 행렬을 OUTTEST=데이터셋이 지정이 된 경우 데이터셋에 출력한다.
- NOFIT : 모형을 추정하지 않고 기술통계량의 값만을 제시한다.
- NOPRINT : 결과를 OUTPUT화면에 출력하지 않는다.
- ORDER= : DATA는 계산에 사용할 종속변수의 순서를 데이터에 등장하는 순서대로 한다. 기타 FORMATTED는 포맷된 값의 순서에 따라서, INTERNAL은 올림차순으로, 디폴트는 INTERNAL이다.

(3) ID 변수;

MODEL에서 INFLUENCE 등의 옵션이 있을 때 각 관찰치에 구분하는 구분변수의 ID로서 사용될 변수들을 지정한다.

이 변수가 없으면 관찰치 번호가 관찰치를 구분하는 변수로서 사용이 되나, 있으면 이 변수를 기준으로 각 관찰치를 표시한다.

(4) 라벨:MODEL 종속변수들=독립변수들/옵션;

```
성공횟수/시도횟수=독립변수들/옵션;
```

[변수 선택 기준에 관한 옵션]

- SELECTION=이름 : 적절한 모형선택 방법의 이름 지정한다. 가능한 모형선택 방법은 FORWARD, BACKWARD, STEPWISE.
- DETAILS : BACKWARD, FORWARD, STEPWISE에서 진입 및 제거되는 변수에 대한 통계량을 표로 제시한다.
- INCLUDE=n : MODEL문의 첫 n개의 독립변수들을 모든 모형에 포함시킨다.
- SLENTRY=값 ¦ SLEY=값 : FORWARD와 STEPWISE에서 진입되는 변수의 유의도(significance level)를 지정한다. 디폴트는 FORWARD에서는 0.50, STEPWISE는 0.15.
- SLSTAY=값 ¦ SLS=값 : BACKARD와 STEPWISE에서 제거되는 변수의 유의도(significance level)를 지정한다. 디폴트는 BACKWARD에서는 0.10, STEPWISE는 0.15.
- START=n : STEPWISE에서 MODEL문에 제시되어 있는 첫 n개의 독립변수로부터 모형선택을 시작한다. 디폴트는 0.
- STOP=n : FORWARD, STEPWISE에서 최대 n개의 독립변수가 포함된 모형까지 계산될 수 있다.

[기타 예측치 및 오차에 관한 옵션]

- CORRB : 모수추정치의 상관계수행렬을 출력한다.
- COVB : 모수추정치의 공분산행렬을 출력한다.
- CT : 분류표 및 관련된 통계량을 출력한다.
- PPROB : 분류표에서 속하는 집단을 구분할 확률을 지정한다. 디폴트는 0.5.
- INFLUENCE : 각 관찰치의 모수추정 및 예측치에 대한 영향 정도와 관련된 여러 가지 통계량을 출력한다.
- IPLOTS : 각 관찰치의 모수추정 및 예측치에 대한 영향 정도와 관련된 여러 가지 통계량을 그림으로 출력한다.
- MAXITER= : 최대 반복추정횟수를 지정한다. 디폴트는 25.
- LINK= : 추정할 모형의 형태를 지정한다. CLOGLOG는 종속변수가 서열척도인 경우 누적 로짓함수를 사용하며, LOGIT은 종속변수가 명목척도인 경우로서 디폴트값이다. NOMIT은 정규분포를 가정한다.
- NOINT : 절편을 계산하지 않는다.

(5) OUTPUT OUT=데이터셋 키어=이름;

[옵션]

- OUT=데이터셋 : 분석결과가 저장될 데이터셋을 지정한다(영구적으로 데이터셋을 저장하고 싶을 경우는 데이터스텝란을 참조).
- 키어=이름 : 키어는 C, CBAR, DFBETAS, DIFCHISQ, DIFDEV, RESCHI, RESDEV와 같은 특정관찰치의 영향 정도에 관한 통계량과 LOWER, PRED, STXBETA, UPPER, XBETA와 같은 모수추정치 및 신뢰구간에 관한 것들이다.

```
OUTPUT OUT=stats C=ca LOWER=la;
```

(6) 기타 문장들

① BY 변수들;

지정한 변수들의 값이 변할 때마다 서로 다른 로지스틱 회귀분석을 하고자 할 때 사용한다. 사전에 PROC SORT 프로시저로 정렬되어 있어야 한다.

② WEIGHT 변수;

도수에 관한 정보를 가지고 있는 변수를 지정한다.

정준상관관계분석

12

CHAPTER

1. 정준상관관계분석의 개요

1.1 정준상관관계분석이란

최근까지도 정준상관관계분석(canonical correlation analysis)은 잘 알려져 있지 않은 데이터분석 기법이었으나, 통계 소프트웨어에서 분석 할 수 있는 프로시저가 포함된 이후 점차적인 관심을 갖게 된 기법이다. 정준상관관계분석은 회귀분석과 상관관계분석(correlation analysis)의 확장된 개념으로 볼 수 있다. 다중회귀분석은 하나의 종속변수와 독립변수집합간에 가장 적절한 선형식을 찾는 과정이다. 상관관계분석에서 상관계수(correlation coefficient : γ)가 두 변수간의 관련성을 나타낸다면, 다중회귀분석에서 다중상관계수(multiple correlation coefficient : R^2)는 종속변수 Y와 예측 변수들간의 단순상관관계를 의미한다. 즉, 종속변수 Y와 독립변수들의 관련성만을 파악하고자 하는 데 있다고 할 수 있다.

반면에 정준상관관계분석은 다중회귀분석에서처럼 독립변수들과 종속변수간의 관련성이 높은 식을 찾아낸다는 측면에서는 같은 의미이나 여기서 종속변수 하나가 아닌 종속변수의 집합이라는 점이 다르다. 예를 들어 만족도, 구매 또는 판매량과 같은 복합적인 종속변수들이 있고, 이를 설명하기 위해 독립변수들로 광고, 경쟁관계, 가격수준 등을 측정했을 때 이들간의 관련성을 살펴보는데 유용하게 사용할 수 있다.

결론적으로 다중회귀분석에서는 다중상관계수가 독립변수의 집합과 하나의 종속변수의 집합간의 관련성을 찾아내는 데 사용되나, 정준상관관계분석에서는 독립변수의 집합과 종속변수의 집합간에 관련성을 지칭하는 상관계수(다중회귀분석의 다중상관계수; R^2와 같은 의미)를 찾는 데 사용되며, 이를 정준상관계수(canonical correlation)라고 부르고 있다.

정준상관관계분석은 이런 의미에서 주로 같은 의미를 갖는 둘 또는 그 이상의 종속변수가 예측치로 타당하게 여겨질 때 사용된다. 특히 종속변수들 간에 상관계수가 어느 정도 있고, 서로 상호관련(interdependent)되어 있어 이들을 별개의 변수로 분리하기 힘들 때 사용된다.

1.2 정준상관관계분석의 과정

(1) 정준상관과정 분석 과정 개요

정준상관관계분석은 다음과 같은 6가지 과정을 거쳐 분석이 진행된다. 먼저 조사문제에 대한 정의, 조사설계, 가정, 정준함수의 추정과 선정, 정준변량의 해석, 결과의 타당성 검증이라는 과정을 거쳐 진행된다(Hair et. al. 2000).

(2) 조사문제에 대한 정의

정준상관관계분석을 위한 데이터는 독립변수집합과 종속변수의 집합으로 구성된 두 개의 변수들의 집단이다. 각 변수집단은 이론적으로 보아 어느 정도 의미를 가지고 있어야 한다. 조사문제는 다음 중 어느 하나에 해당되거나 모두 포함되는 경우 정준상관관계분석을 사용할 수 있다.

- 동일한 대상물에 대하여 측정한 두 변수집단이 서로 독립적인가의 여부를 결정하거나 두 변수집단 간의 관련성의 크기를 결정하는데 목적이 있다.
- 종속변수 집단과 독립변수 집단에 대한 일련의 가중치를 도출하여 각 집단의 선형결합이 최대의 상관관계를 갖도록 하는 정준함수를 찾아내는 데 목적이 있다. 특성상 나머지 정준함수들은 1차로 도출된 선형결합 형태의 정준함수들과 독립적으로 산출된다.
- 종속변수 집단과 독립변수집단 간에 어떠한 관계가 존재하던지 추출된 정준함수에 대한 각 변수의 상대적 기여도를 측정하는데 목적이 있다.

(3) 조사설계

정준상관관계분석에서 조사설계에서 중요한 점은 표본규모이다. 많은 조사자들은 표본규모가 미치는 영향을 잘 모르고, 가능한 모든 변수를 포함시키려는 경향이 있다. 일반적으로 표본규모가 작으면 상관관계가 의미가 있을지라도 유의하게 나타나지 않은 경우가 많고, 표본규모가 너무 크면, 상관관계가 낮은 경우에도 유의하게 나타나는 경향이 강하다. 일반적으로 데이터의 관찰치 수는 변수당 10개의 정도를 유지하는 것이 좋다.

정준상관관계분석에서 정준함수 추정을 위해 어떤 변수들이 종속변수 집합이고 또 어떤 변수들이 독립변수 집합인지를 구분을 꼭 해야 하는 것은 아니다. 정준상관관계분석에서는 단순히 상관관계를 극대화하기 위해 두 변수집합에 대한 정준함수간의 상관관계를 극대화 하는 데만 목적이 있기 때문이다.

(4) 주요 가정

정준상관관계분석의 주요 가정을 보면 다음과 같다. 먼저 생각할 수 있는 것이 변수들간의 선형성(linearity) 가정이다. 기본적으로 상관계수는 선형성 가정에 기초하고 있기 때문에 변수들간의 선형성이 만족되어야 한다. 이러한 선형성은 정준함수 들간의 관계에도 만족이 되어야 한다.

다음으로 정규성 가정이다. 정준상관관계분석에서는 정규성에 대한 엄밀한 가정이 있는 것은 아니다. 이는 넌메트릭 변수들에 대한 분석을 할 수 있다는 의미이기도 하다. 그러나 변수들이 정규성이 확보되는 경우 상관관계가 높게 나타나기 때문에 정규분포를 따르는 변수들이면 더 좋다고 볼 수 있다. 만약 변수들이 정규분포를 하지 않고 있다면 변환을 통해 정규분포로 만든 후 분석을 하는 것이 바람직하다.

오차항의 동분산성(homoscedasticity)이 유지 되지 않은 경우 변수들 간의 상관관계를 감소시키기 때문에 가능한 경우 동분산성을 유지할 수 있도록 하는 것이 좋다. 동분산성이 유지 되지 않은 경우 변수에 대한 변환을 고려해 보아야 할 것이다.

마지막으로 독립변수 집단 또는 종속변수 집단 중 어느 집단이든지 다중공선성이 있으면 신뢰도가 떨어진다는 점이다. 다중공선성이 있는 경우 주성분 요인분석과 같은 방법을 통해 다중공선성을 줄인 후 사용하는 것이 바람직할 것이다.

(5) 정준함수의 추정과 선정

가. 정준함수(canonical function)의 추정

독립변수의 집합 $x_1,\ x_2, \cdots,\ x_p$와 종속변수의 집합 $y_1, y_2,\ \cdots, y_q$ 간의 관련성을 알아보고자 하는 경우를 가정해 보자. 정준상관관계분석에서는 각각의 변수의 집합을 표현할 수 있는 두 개의 식을 다음과 같이 가정한다.

종속변수의 집합 Y에 대한 선형결합식(linear combination)으로 1차 정준함수(canonical function)는

$$U_1 \ = \ \alpha_{u1}y_1 + \alpha_{u2}y_2 + \cdots + \alpha_{uq}y_q$$

(넌메트릭 또는 메트릭 척도 모두 가능)

로 표현이 되며, 독립변수의 집합 X 의 선형결합식으로 1차 정준함수는

$$V_1 = \alpha_{v1}x_1 + \alpha_{v2}x_2 + \cdots + \alpha_{vq}x_q$$

(넌메트릭 또는 메트릭 척도 모두 가능)

로 표현된다. 정준상관관계분석은 U_1과 V_1간의 상관관계를 최대로 하는 정준함수를 찾는 것이다. 정준함수는 여러 가지 형태가 있을 수 있는데 이 들 중에서도 이들의 상관관계계수가 최대인 것을 첫째 정준상관계수(First Canonical Correlation Coefficients)라고 한다. 이렇게 추정된 상관계수의 제곱의 합이 첫 번째 고유값(Eigenvalue) 또는 정준근(canonical root)을 라고 한다.

정준상관관계분석에서는 정준상관계수를 최대로 하는 정준함수들(x와 y의 선형결합식)을 찾는 과정에서 각 식의 계수와 표준화된 계수를 출력한다. 그리고 이들 계수들이 어느 정도 중요한지를 나타내는 표준화된 계수(standardized coefficient)도 출력을 한다.

1차 정준상관계수가 계산된 후에 계산된 정준식을 바탕으로 2차의 정준함수가 계산된다. 2차 정준식은 다음과 같은 조건을 만족해야 한다. 이러한 의미에서 각 정준함수는 서로 직교(orthogonal)하다고 볼 수 있다.

- V_2는 V_1과 U_1에 독립적이어야 한다.
- U_2는 V_1과 U_1에 독립적이어야 한다.
- 조건 ①과 ②를 만족하면서 U_2와 V_2는 최대의 상관계수를 가져야 한다.

위와 같은 조건에 따라 제 2의 정준함수를 만든 후에 또 제 3, 제 4의 정준함수를 계속해서 유도하게 되는데 이 또한 위의 조건을 만족해야 된다. 최대 가능한 정준함수 수는 독립변수의 수, 종속변수의 수 중 최소값이다.

나. 정준함수의 선정

정준함수의 선정에 있어 기준은 주로 3가지를 사용한다. 먼저 유의수준, 다음으로 정준상관계수의 크기, 마지막으로 리던던시 분석(Redundancy Analysis)에서 나타난 공유분산(Shared Variance)의 크기이다.

유의수준은 통계학에서 일반적으로 사용하는 유의수준인 5% 또는 1%를 기준으로 상관계수가 유의한지를 평가한다. 유의수준은 모든 통계량에 대해 Rao의 유사추정(Rao's approximation) F 통계량이 제시된다. 이 통계량은 각 정준함수를 별도로 검정하는 것과 정준근의 유의성 검정, 판별함수의 유의성 추정량인 Wilks' Lambda, Hotelling's Trace, Pillai's Trace, Roy's Greatest Root에 대해서 통계량이 계산된다.

정준상관계수의 크기는 정준함수의 유의성을 나타내는 측정치이다. 정준상관계수의 유의성에 대한 일반적인 기준은 없다. 그러나 상관계수로서 유의성과 관련성이 의미 있을 만큼 이상(총분산양의 60% 이상 설명)이어야 할 것이다.

마지막으로 공유분산의 측정치를 들 수 있다. 정준상관계수는 제곱하면 변수집단들로부터 추정된 분산을 의미하는 것이 아니라 종속변수 집단과 독립변수 집단의 선형결합에 의해 공유되는 분산을 의미한다.

따라서 리던던시 분석 결과를 통해 편향성과 불확실성이 줄어든 형태의 공유분산을 보아야 한다. 리던던시 분석은 전체 독립변수 집단과 종속변수 집단에 들어있는 각 변수 간의 다중상관계수를 제곱한 다음에, 제곱한 계수들을 평균하여 평균 R^2을 도출한 것이다. 이 지수는 종속변수들의 분산을 한꺼번에 설명할 수 있는 독립변수 집단의 능력을 하나의 추정치로 요약한 결과를 나타낸다.

(6) 정준변량 해석

다음 단계로 여러 가지 정준 변량을 해석해야 한다. 주요 정준변량에는 정준 가중치(canonical weights; standardized coefficients), 정준적재량(canonical loadings; structure correlations), 정준교차적재량(canonical cross−loadings) 등이다.

정준가중치는 전통적인 해석방법으로 정준가중치의 부호와 크기를 검토하는 것이다. 가중치가 큰 변수들은 변량에 대한 기여도가 크고, 가중치가 작은 변수들은 변량에 대한 기여도가 작다고 볼 수 있다. 또한 가중치가 반대의 부호를 가지고 있는 변수들은 역의 관계를 가지고 있다고 할 수 있다. 가중치의 문제는 회귀분석의 베타 계수와 마찬가지로 다중공선성 등의 문제로 인해 가중치가 작게 나타나거나 과대하게 나타나는 경우가 있다.

다음으로 정준적재량은 종속변수 집단과 독립변수 집단에서 원래 관찰된 변수와 정준변량 간의 단순선형관계를 측정한 것이다. 정준적재량은 관찰된 변수가 정준변량과 공유하고 있는 분산을 나타내며, 각 정준함수에 대한 개별 변수의 상대적 기여도를 평가한다는 의미에서 요인적재량과 같은 의미로 해석할 수 있다. 계수가 클수록 정준변량을 도출하는데 있어 그러한 계수의 중요도도 더 크다고 볼 수 있다. 정준가중치보다는 정준적재량을 해석하는 것이 더 바람직할 것이다.

마지막으로 정준교차적재량은 원래 관찰된 각 종속변수들을 독립변수들로 구성된 정준변량과 직접 상호 관련을 짓거나 또는 그 반대로 상호관련성을 나타낸다. 따라서 단일의 각 독립변수가 하나의 종속변수를 측정하는 것보다 직접적인 관계를 측정한다.

(7) 결과의 타당성 검증

결과의 타당성을 검증하기 위해 가장 바람직한 방법은 별도의 데이터를 수집해 추정된 모형을 재 검정해 보는 방법이다. 이러한 방법이 여의치 않다면 다음 단계로 분석집단과 유보집단이라는 두 개의 집단으로 나누어 분석집단에서 추정한 결과를 유보집단의 추정 결과와 여러 가지 통계량 측면에서 유사한가를 검증하는 방법이다.

또 다른 방법으로 표본 구분이 여의치 않은 경우 정준상관관계분석에서 사용된 독립변수 또는 종속변수 중 하나를 제거하거나 또는 두 변수 모두를 제거한 후 민감도를 검증하는 방법이다. 만약 분석이 안정성이 있다면 변수의 제거로 나타난 결과가 크게 변하지 않을 것이라는 것을 알 수 있다.

2. 정준상관관계분석 예제

2.1 분석 데이터

정준상관관계분석 데이터는 Hatco의 데이터셋을 사용했다. 각 기업의 구매특성에 대한 7개의 속성 x_1에서 x_7을 독립변수의 집단으로 제품에 대한 구매 비율 (x_9)과 고객의 만족도 (x_{10})을 종속변수의 집단으로 구분해 활용하였다. 본 분석은 Hatco 구매자의 구매 특성에 대한 인식이 구매비율과 만족도와의 잠재적 관계(개별 변수 자체보다는 변수들로 구성된 선형결합 간의 관계)를 발견하고자 한다.

현재 각 변수들은 앞의 기초통계분석에 대부분 정규분포를 하고 있음을 보았으며, 총 변수 대 관찰치의 비율이 1:13으로서 10개의 관찰치가 필요하다는 조건도 만족하고 있다. 또한 관찰치가 100개로서 관찰치가 많아 통계적 유의성을 높이지는 않을 것으로 생각된다.

2.2 전체모형 분석

(1) 분석과정

정준상관관계분석을 하려면 **PROC CANCORR** 프로시저를 사용한다. 종속변수의 집합을 VAR문에 독립변수의 집합을 WITH문에 지정한다.

12장-2-2-1-분석

```
LIBNAME sample 'C:₩Sample₩Dataset';
OPTIONS NODATE PAGENO=1;
PROC CANCORR DATA=sample.hatco ALL VPREFIX=U WPREFIX=V
     VNAME='구매특성' WNAME='구매자의 특성';
     VAR x9 x10;
     WITH x1-x7;
RUN;
```

(2) 분석결과

[결과1]

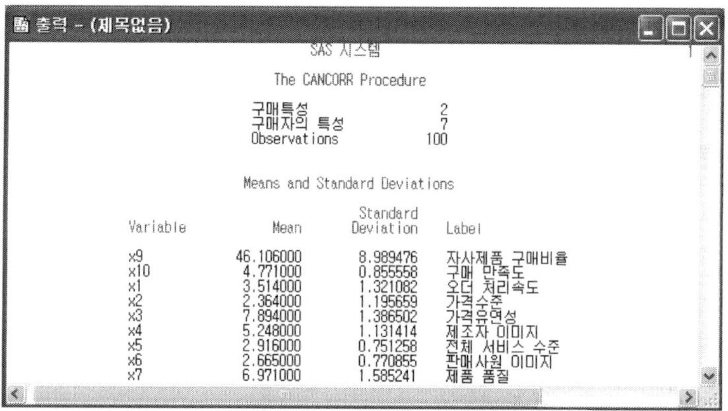

출력 - (제목없음)

SAS 시스템 1

The CANCORR Procedure

구매특성	2
구매자의 특성	7
Observations	100

Means and Standard Deviations

Variable	Mean	Standard Deviation	Label
x9	46.106000	8.989476	자사제품 구매비율
x10	4.771000	0.855558	구매 만족도
x1	3.514000	1.321082	오더 처리속도
x2	2.364000	1.195659	가격수준
x3	7.894000	1.386502	가격유연성
x4	5.248000	1.131414	제조자 이미지
x5	2.916000	0.751258	전체 서비스 수준
x6	2.665000	0.770855	판매사원 이미지
x7	6.971000	1.585241	제품 품질

[결과1]은 구매특성이 2개의 변수이며, 구매자의 특성이 7개의 변수이며, 관찰치가 100개임을 보여준다. 또한 각 변수들에 대한 평균과 표준편차로 구성된 기술통계량을 보여주고 있다.

[결과2]

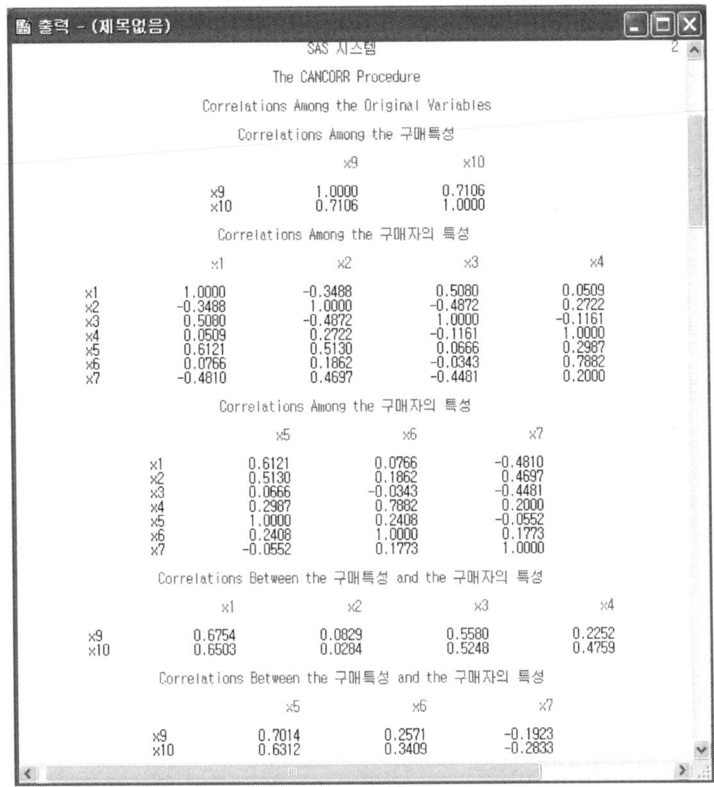

출력 - (제목없음)

SAS 시스템 2

The CANCORR Procedure

Correlations Among the Original Variables

Correlations Among the 구매특성

	x9	x10
x9	1.0000	0.7106
x10	0.7106	1.0000

Correlations Among the 구매자의 특성

	x1	x2	x3	x4
x1	1.0000	-0.3488	0.5080	0.0509
x2	-0.3488	1.0000	-0.4872	0.2722
x3	0.5080	-0.4872	1.0000	-0.1161
x4	0.0509	0.2722	-0.1161	1.0000
x5	0.6121	0.5130	0.0666	0.2987
x6	0.0766	0.1862	-0.0343	0.7882
x7	-0.4810	0.4697	-0.4481	0.2000

Correlations Among the 구매자의 특성

	x5	x6	x7
x1	0.6121	0.0766	-0.4810
x2	0.5130	0.1862	0.4697
x3	0.0666	-0.0343	-0.4481
x4	0.2987	0.7882	0.2000
x5	1.0000	0.2408	-0.0552
x6	0.2408	1.0000	0.1773
x7	-0.0552	0.1773	1.0000

Correlations Between the 구매특성 and the 구매자의 특성

	x1	x2	x3	x4
x9	0.6754	0.0829	0.5580	0.2252
x10	0.6503	0.0284	0.5248	0.4759

Correlations Between the 구매특성 and the 구매자의 특성

	x5	x6	x7
x9	0.7014	0.2571	-0.1923
x10	0.6312	0.3409	-0.2833

[결과2]는 구매특성 2개 변수에 대한 상관관계 계수와 구매자 특성 7개 변수, 두 변수들의 집합인 구매특성과 구매자 특성 변수들간의 상관관계를 보여준다. 전체적으로 보아 각 변수들간의 상관관계가 어느 정도 있게 보인다. 따라서 이들 각 변수들의 집합내에서 변수들에 대해서 정준상관관계 분석을 할 수 있을 것이다.

[결과3]

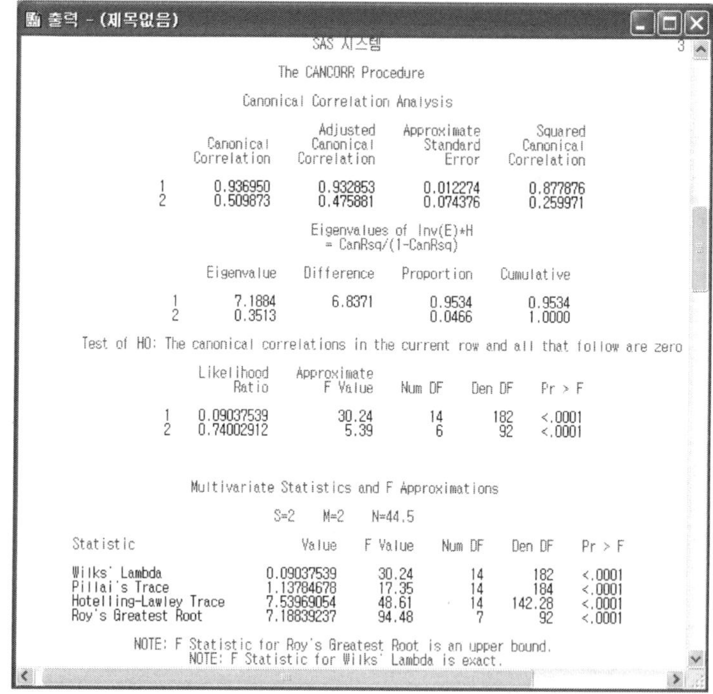

```
출력 - (제목없음)
                                   SAS 시스템                                  3
                            The CANCORR Procedure
                        Canonical Correlation Analysis

                           Adjusted    Approximate       Squared
              Canonical   Canonical       Standard     Canonical
            Correlation Correlation          Error   Correlation

       1       0.936950    0.932853       0.012274      0.877876
       2       0.509873    0.475881       0.074376      0.259971

                          Eigenvalues of Inv(E)*H
                            = CanRsq/(1-CanRsq)

              Eigenvalue  Difference  Proportion  Cumulative

       1          7.1884      6.8371      0.9534      0.9534
       2          0.3513                  0.0466      1.0000

   Test of H0: The canonical correlations in the current row and all that follow are zero

             Likelihood  Approximate
                  Ratio      F Value   Num DF   Den DF   Pr > F

       1     0.09037539        30.24       14      182   <.0001
       2     0.74002912         5.39        6       92   <.0001


                Multivariate Statistics and F Approximations

                          S=2    M=2    N=44.5

 Statistic                      Value   F Value   Num DF   Den DF   Pr > F

 Wilks' Lambda             0.09037539     30.24       14      182   <.0001
 Pillai's Trace            1.13784678     17.35       14      184   <.0001
 Hotelling-Lawley Trace    7.53969054     48.61       14   142.28   <.0001
 Roy's Greatest Root       7.18839237     94.48        7       92   <.0001

         NOTE: F Statistic for Roy's Greatest Root is an upper bound.
                 NOTE: F Statistic for Wilks' Lambda is exact.
```

[결과3]은 2개의 정준함수들간의 상관계수(canonical correlation)와 각 정준함수의 고유값(Eigen value)을 볼 수 있다. 수정된 정준상관계수(adjusted canonical correlation)는 여러 가지 요인에서 생길 수 있는 바이어스를 제거한 상관계수를 보여 준다. 제곱정준상관계수(squared canonical correlation)와 고유 값의 설명 정도를 볼 경우 2가지 정준함수가 모두 유의하며, 그 중에 첫 번째 정준함수가 매우 의미가 있을 가능성이 높음을 알 수 있다. 또한 각 정준함수의 상관관계가 의미가 있는가를 검정하는 다양한 다변량 통계량 결과에서도 이를 보여 주고 있다. 이를 표로 정리해 보면 다음과 같다.

정준상관관계분석을 위한 모델의 전반적 적합도 측정치

정준함수	정준상관계수	정준 R^2	F 통계량	p 값
1 2	.937 .510	.877 .260	30.235 5.391	.0001 .0001

[결과4]

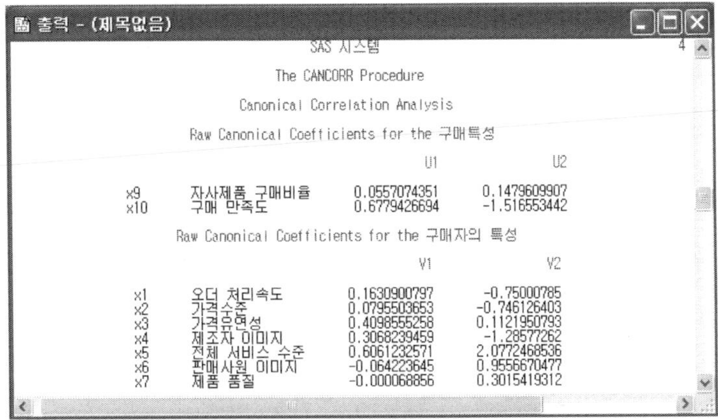

SAS 시스템 4

The CANCORR Procedure

Canonical Correlation Analysis

Raw Canonical Coefficients for the 구매특성

		U1	U2
x9	자사제품 구매비율	0.0557074351	0.1479609907
x10	구매 만족도	0.6779426694	-1.516553442

Raw Canonical Coefficients for the 구매자의 특성

		V1	V2
x1	오더 처리속도	0.1630900797	-0.75000785
x2	가격수준	0.0795503653	-0.746126403
x3	가격유연성	0.4098555258	0.1121950793
x4	제조자 이미지	0.3068239459	-1.28577262
x5	전체 서비스 수준	0.6061232571	2.0772468536
x6	판매사원 이미지	-0.064223645	0.9556670477
x7	제품 품질	-0.000068856	0.3015419312

[결과4]는 각 정준함수에 대한 원데이터에 대한 정준가중치(계수)이다.

[결과5]

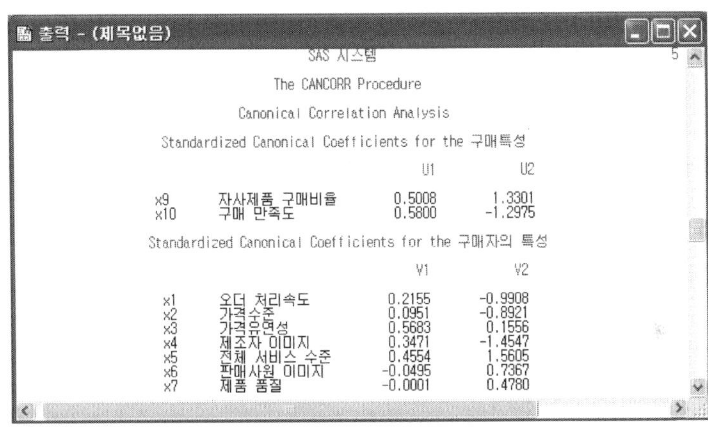

SAS 시스템 5

The CANCORR Procedure

Canonical Correlation Analysis

Standardized Canonical Coefficients for the 구매특성

		U1	U2
x9	자사제품 구매비율	0.5008	1.3301
x10	구매 만족도	0.5800	-1.2975

Standardized Canonical Coefficients for the 구매자의 특성

		V1	V2
x1	오더 처리속도	0.2155	-0.9908
x2	가격수준	0.0951	-0.8921
x3	가격유연성	0.5683	0.1556
x4	제조자 이미지	0.3471	-1.4547
x5	전체 서비스 수준	0.4554	1.5605
x6	판매사원 이미지	-0.0495	0.7367
x7	제품 품질	-0.0001	0.4780

[결과5]은 표준화된 정준가중치(계수)들을 보여 준다. 표준화된 정준가중치는 정준함수에 대한 상대적 기여도를 나타낸다. 앞에서 정준함수 1이 의미가 있는 것으로 판단되었는데, 종속변수에 대해서는 구매만족도, 자사구매 비율이 중요함을 알 수 있다.

반면 독립변수들의 집단을 볼 경우 가격유연성, 전체서비스 수준, 제조자 이미지, 오더 처리속도 등이 중요한 변수 순서임을 알 수 있다. 반면 가격수준, 판매사원 이미지, 제품 품질 등은 벼로 중요하지 않음을 알 수 있다. 정준가중치의 경우 앞에서 살펴본 제곱 다중 상관계수의 결과와 다르게 나타나는데 이는 정준가중치가 정준상관관계를 최적화하기 위하여 계산한 결과이기 때문에 불안정한 결과를 보여준다는 것을 시사한다. 주로 이렇게 다른 결과가 나타나는 이유는 다중공선성이 존재하기 때문이라고 볼 수 있다.

[결과6]

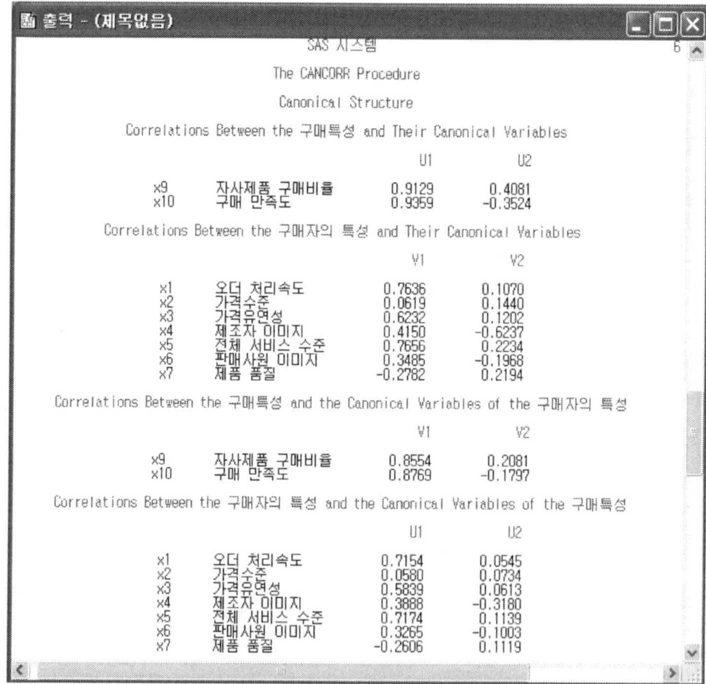

출력 - (제목없음)

SAS 시스템 6

The CANCORR Procedure

Canonical Structure

Correlations Between the 구매특성 and Their Canonical Variables

		U1	U2
x9	자사제품 구매비율	0.9129	0.4081
x10	구매 만족도	0.9359	-0.3524

Correlations Between the 구매자의 특성 and Their Canonical Variables

		V1	V2
x1	오더 처리속도	0.7636	0.1070
x2	가격수준	0.0619	0.1440
x3	가격유연성	0.6232	0.1202
x4	제조자 이미지	0.4150	-0.6237
x5	전체 서비스 수준	0.7656	0.2234
x6	판매사원 이미지	0.3485	-0.1968
x7	제품 품질	-0.2782	0.2194

Correlations Between the 구매특성 and the Canonical Variables of the 구매자의 특성

		V1	V2
x9	자사제품 구매비율	0.8554	0.2081
x10	구매 만족도	0.8769	-0.1797

Correlations Between the 구매자의 특성 and the Canonical Variables of the 구매특성

		U1	U2
x1	오더 처리속도	0.7154	0.0545
x2	가격수준	0.0580	0.0734
x3	가격유연성	0.5839	0.0613
x4	제조자 이미지	0.3888	-0.3180
x5	전체 서비스 수준	0.7174	0.1139
x6	판매사원 이미지	0.3265	-0.1003
x7	제품 품질	-0.2606	0.1119

[결과6]은 각 정준식에 대한 각 변수의 정준적재량값을 보여 준다. 여기서도 정준함수 1이 의미가 있기 때문에, U_1 (독립변수 집단의 정준함수1) 에서 정준적재량이 높은 것은 전체 서비스 수준, 오더처리 속도, 가격유연성, 제조자 이미지, 판매사원 이미지, 제품 품질 순이며, 가격수준은 별 의미가 없는 것으로 나타난다. V_1에 대해서는 구매만족도, 자사 구매비율 순으로 높게 나타났다. 하단에는 변수가 속하지 않은 정준함수와 정준적재량을 나타내는 정준교차적재량을 볼 수 있다. U_1에 대해서는 전체 서비스 수준, 오더처리 속도, 가격유연성, 제조자 이미지, 판매사원 이미지, 제품품질, 가격수준으로 나타났다. 또한 V_1에 대해서는 구매만족도와 자사 구매 비율 순으로 나타나 서로의 결과가 안정적인 것을 보여 주고 있다.

[결과7]

출력 - (제목없음)

SAS 시스템 7

The CANCORR Procedure

Canonical Redundancy Analysis

Raw Variance of the 구매특성 Explained by

Canonical Variable Number	Their Own Canonical Variables Proportion	Their Own Canonical Variables Cumulative Proportion	Canonical R-Square	The Opposite Canonical Variables Proportion	The Opposite Canonical Variables Cumulative Proportion
1	0.8338	0.8338	0.8779	0.7320	0.7320
2	0.1662	1.0000	0.2600	0.0432	0.7752

Raw Variance of the 구매자의 특성 Explained by

Canonical Variable Number	Their Own Canonical Variables Proportion	Their Own Canonical Variables Cumulative Proportion	Canonical R-Square	The Opposite Canonical Variables Proportion	The Opposite Canonical Variables Cumulative Proportion
1	0.2575	0.2575	0.8779	0.2260	0.2260
2	0.0744	0.3319	0.2600	0.0193	0.2454

[결과7]는 리던던시 분석 결과를 나타낸다. 이 결과는 원 데이터에 대한 결과를 보여 준다. 여기서 해석을 위해 [결과8]의 표준화된 결과를 살펴보기로 한다.

[결과8]

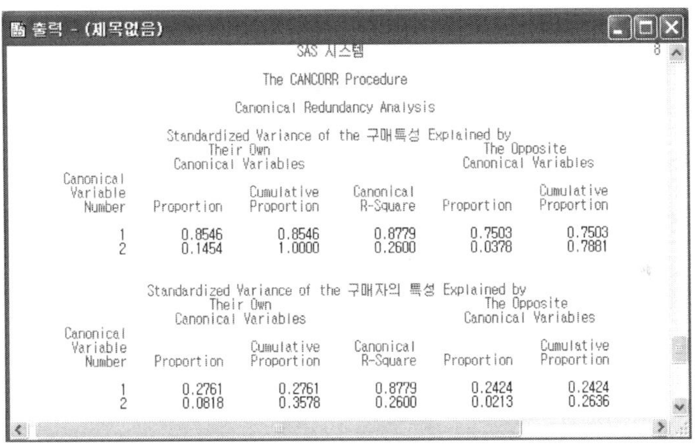

출력 - (제목없음)

SAS 시스템 8

The CANCORR Procedure

Canonical Redundancy Analysis

Standardized Variance of the 구매특성 Explained by

Canonical Variable Number	Their Own Canonical Variables Proportion	Their Own Canonical Variables Cumulative Proportion	Canonical R-Square	The Opposite Canonical Variables Proportion	The Opposite Canonical Variables Cumulative Proportion
1	0.8546	0.8546	0.8779	0.7503	0.7503
2	0.1454	1.0000	0.2600	0.0378	0.7881

Standardized Variance of the 구매자의 특성 Explained by

Canonical Variable Number	Their Own Canonical Variables Proportion	Their Own Canonical Variables Cumulative Proportion	Canonical R-Square	The Opposite Canonical Variables Proportion	The Opposite Canonical Variables Cumulative Proportion
1	0.2761	0.2761	0.8779	0.2424	0.2424
2	0.0818	0.3578	0.2600	0.0213	0.2636

[결과8]의 리던던시 분석결과를 보면 다음과 같다. 먼저 종속변수들로 구성된 변량에 대해서 살펴보기 위해 [결과8]의 상단인 구매특성을 보면, 정준함수 1의 각 정준함수의 설명력을 나타내는 Canonical R−square가 0.878, 공유분산에 대한 공유분산의 리던던시 지수를 나타내는 The Opposite Canonical Variables 란을 보면 리던던시 측정치가 0.750이며, 정준함수 2는 0.260에 0.038로 종속변수의 경우에도 정준함수 1이 의미가 있으며 적절한 함수임을 보여 주고 있다.

또한 하단의 독립변수 집단에 대한 Canonical R−square 값이 정준함수 1은 0.878, 리던던시 측정치는 0.242이며, 정준함수 2는 0.260, 0.021로 각각 나타났다. 전반적으로 독립변수 집단에 대한 설명력이 낮으나 정준함수 2보다는 정준함수 1이 의미가 있고 타당하다는 것을 알 수 있다. 이를 표로 정리해 보면 다음과 같다.

종속변수들의 표준화된 분산

정준 함수	자체 정준변량 (공유분산)			반대의 정준변량 (리던던시)	
	비율	누적비율	정준 R^2	비율	누적비율
1	.855	.855	.878	.751	.751
2	.145	1.000	.260	.038	.789

독립변수들의 표준화된 분산

정준 함수	자체 정준변량 (공유분산)			반대의 정준변량 (리던던시)	
	비율	누적비율	정준 R^2	비율	누적비율
1	.276	.276	.878	.242	.242
2	.082	.358	.260	.021	.263

[결과9]

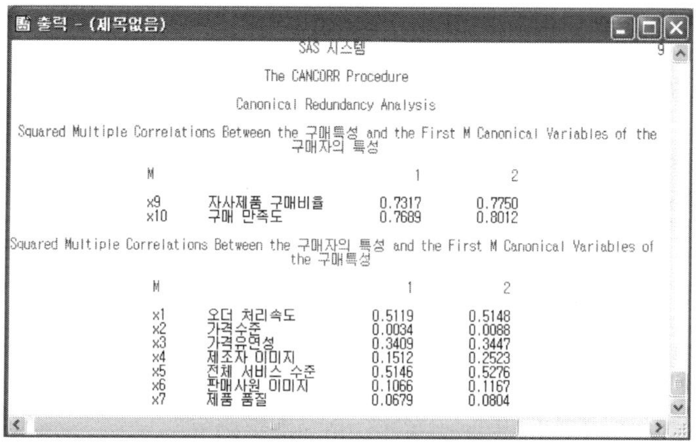

출력 - (제목없음)

```
SAS 시스템                                                  9
The CANCORR Procedure
Canonical Redundancy Analysis
Squared Multiple Correlations Between the 구매특성 and the First M Canonical Variables of the
구매자의 특성

M                                 1          2

x9     자사제품 구매비율          0.7317     0.7750
x10    구매 만족도                0.7689     0.8012

Squared Multiple Correlations Between the 구매자의 특성 and the First M Canonical Variables of
the 구매특성

M                                 1          2

x1     오더 처리속도              0.5119     0.5148
x2     가격수준                   0.0034     0.0088
x3     가격유연성                 0.3409     0.3447
x4     제조자 이미지              0.1512     0.2523
x5     전체 서비스 수준           0.5146     0.5276
x6     판매사원 이미지            0.1066     0.1167
x7     제품 품질                  0.0679     0.0804
```

[결과9]는 독립변수 집단에 대한 각 정준함수는 두 종속변수 모두 설명 변수로서 제곱 다중 상관계수가 높은 것으로 나타났다. 반면 종속변수 집단에 대한 각 정준함수와 각 독립변수들의 제곱 다중 상관계수(squared multiple correlation)와 독립변수 집단에 대한 각 정준함수와 각 종속변수들의 제곱 다중 상관계수를 보여 주고 있다. 현재 종속변수와의 관련성을 볼 경우 정준함수 1에 대해서는 오더처리속도, 가격유연성, 전체서비스 수준 등이 설명변수로서 의미가 있으나, 가격수준, 제조자 이미지, 판매사원 이미지, 제품품질 등의 변수는 설명변수로서 의미가 높지 않음을 알 수 있다. 같은 형태의 결과

가 정준함수 2에 대해서도 나타났다.

이러한 결과로 보아 종속변수의 정준함수에 대한 설명 변수를 찾는다고 볼 경우 오더 처리속도, 가격유연성, 전체서비스 수준 등이 중요한 변수임을 알 수 있다.

2.3 타당성 검정

(1) 분석개요

결과의 타당성을 검증하기 위해 가장 바람직한 방법은 크게 세 가지 방법이 있다고 앞에서 제시했다. 이들을 다시 살펴보면 다음과 같다.

- 별도의 데이터를 수집해 추정된 모형을 재 검정해 보는 방법.
- 분석집단과 유보집단이라는 두 개의 집단으로 나누어 분석집단에서 추정한 결과를 유보집단의 추정 결과와 여러 가지 통계량 측면에서 유사한가를 검증하는 방법.
- 표본 구분이 여의치 않은 경우 정준상관관계분석에서 사용된 독립변수 또는 종속변수 중 하나를 제거하거나 또는 두 변수 모두를 제거한 후 민감도를 검증하는 방법.

여기서는 독립변수 집단의 변수의 수가 많기 때문에 x_1, x_2, x_7를 각각 하나씩 제거했을 때 결과를 살펴보았다. 만약 분석이 안정성이 있다면 변수의 제거로 나타난 결과가 크게 변하지 않을 것이라는 것을 알 수 있다.

(2) 분석과정

정준상관관계분석을 하려면 PROC CANCORR 프로시저를 사용한다. 아래와 같이 각 변수들을 제거하면서 세 번에 걸쳐서 분석을 한다.

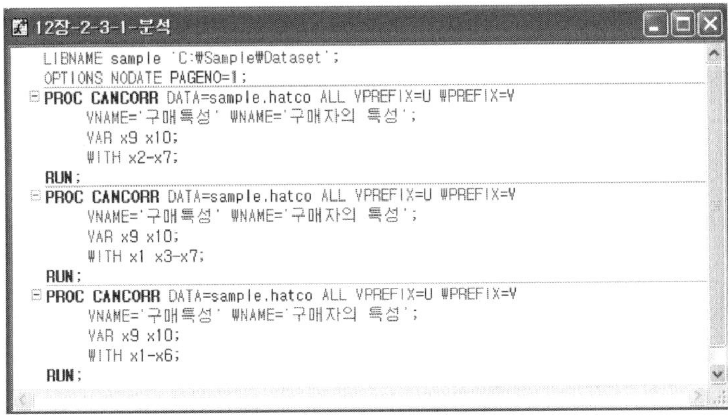
12장-2-3-1-분석

```
LIBNAME sample 'C:\Sample\Dataset';
OPTIONS NODATE PAGENO=1;
PROC CANCORR DATA=sample.hatco ALL VPREFIX=U WPREFIX=V
     VNAME='구매특성' WNAME='구매자의 특성';
     VAR x9 x10;
     WITH x2-x7;
RUN;
PROC CANCORR DATA=sample.hatco ALL VPREFIX=U WPREFIX=V
     VNAME='구매특성' WNAME='구매자의 특성';
     VAR x9 x10;
     WITH x1 x3-x7;
RUN;
PROC CANCORR DATA=sample.hatco ALL VPREFIX=U WPREFIX=V
     VNAME='구매특성' WNAME='구매자의 특성';
     VAR x9 x10;
     WITH x1-x6;
RUN;
```

(3) 결과해석

정준상관관계분석에 대한 타당성 검증결과를 다음의 표와 같이 정리하였다. 표에서 알 수 있듯이 x_1, x_2, x_7 변수를 제거했을 때 정준적재량이 매우 안정적이고 일관성이 있음을 알 수 있다. 전반적인 정준상관관계계수도 안정적으로 유지되고 있다. 일반적으로 정준 가중치는 어떤 변수를 제거하는가에 따라 안정적이지 않다. 따라서 여기서는 분석 대상에서 제외를 시켰다.

가. 정준상관관계 계수 비교

[결과1]

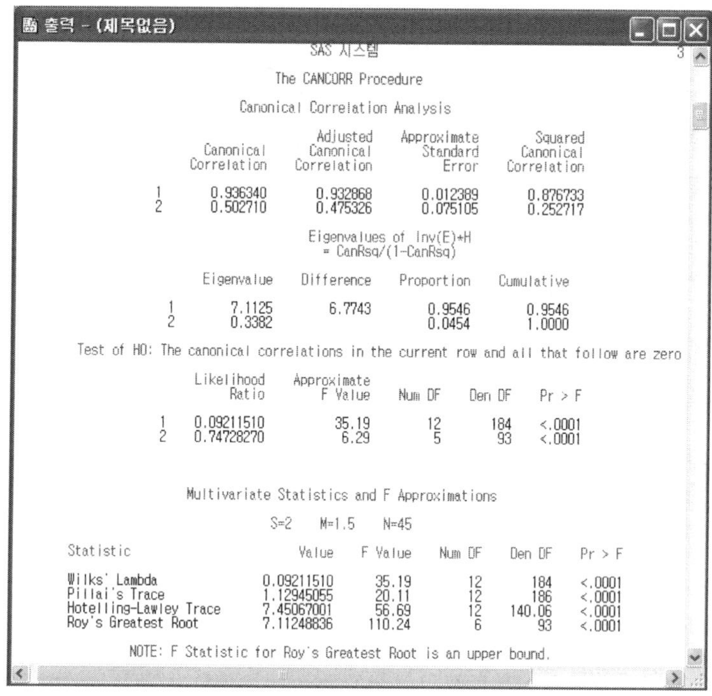

출력 - (제목없음)

SAS 시스템 3

The CANCORR Procedure

Canonical Correlation Analysis

	Canonical Correlation	Adjusted Canonical Correlation	Approximate Standard Error	Squared Canonical Correlation
1	0.936340	0.932868	0.012389	0.876733
2	0.502710	0.475326	0.075105	0.252717

Eigenvalues of Inv(E)*H = CanRsq/(1-CanRsq)

	Eigenvalue	Difference	Proportion	Cumulative
1	7.1125	6.7743	0.9546	0.9546
2	0.3382		0.0454	1.0000

Test of H0: The canonical correlations in the current row and all that follow are zero

	Likelihood Ratio	Approximate F Value	Num DF	Den DF	Pr > F
1	0.09211510	35.19	12	184	<.0001
2	0.74728270	6.29	5	93	<.0001

Multivariate Statistics and F Approximations

S=2 M=1.5 N=45

Statistic	Value	F Value	Num DF	Den DF	Pr > F
Wilks' Lambda	0.09211510	35.19	12	184	<.0001
Pillai's Trace	1.12945055	20.11	12	186	<.0001
Hotelling-Lawley Trace	7.45067001	56.69	12	140.06	<.0001
Roy's Greatest Root	7.11248836	110.24	6	93	<.0001

NOTE: F Statistic for Roy's Greatest Root is an upper bound.

정준상관관계 계수에 대한 결과를 보면 [결과1]은 x_1을 제외한 결과이며, [결과2]는 x_2를 제외한 결과, [결과3]은 x_7을 제외한 결과이다.

정준상관관계 계수를 보면 대부분이 0.937 근처로서 매우 안정적이며, 정준근인 Squared Cannonical Correlation도 대부분 0.878로서 매우 안정적이다. 정준상관관계 계수에 대한 분석모델과 비교한 결과를 정리하면 다음과 같다. 이 결과에서도 보면 분석모델과 매우 비슷한 값을 가지고 있어 현재의 분석모형이 타당성이 높다고 평가할 수 있다.

[정준상관관계 계수 및 정준근에 대한 비교]

통계량	분석모델	타당성 검증 모델		
		x_1 제거	x_2 제거	x_7 제거
정준상관관계계수 (R)	.937	.936	.937	.937
정준근 (R^2)	.878	.876	.878	.878

[결과2]

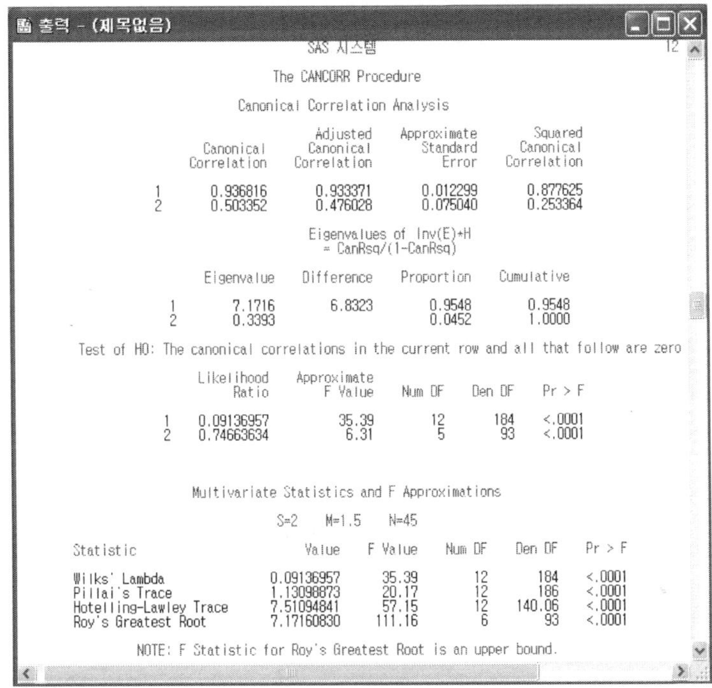

출력 - (제목없음)

SAS 시스템 12

The CANCORR Procedure

Canonical Correlation Analysis

	Canonical Correlation	Adjusted Canonical Correlation	Approximate Standard Error	Squared Canonical Correlation
1	0.936816	0.933371	0.012299	0.877625
2	0.503352	0.476028	0.075040	0.253364

Eigenvalues of Inv(E)*H
= CanRsq/(1-CanRsq)

	Eigenvalue	Difference	Proportion	Cumulative
1	7.1716	6.8323	0.9548	0.9548
2	0.3393		0.0452	1.0000

Test of H0: The canonical correlations in the current row and all that follow are zero

	Likelihood Ratio	Approximate F Value	Num DF	Den DF	Pr > F
1	0.09136957	35.39	12	184	<.0001
2	0.74663634	6.31	5	93	<.0001

Multivariate Statistics and F Approximations

S=2 M=1.5 N=45

Statistic	Value	F Value	Num DF	Den DF	Pr > F
Wilks' Lambda	0.09136957	35.39	12	184	<.0001
Pillai's Trace	1.13098873	20.17	12	186	<.0001
Hotelling-Lawley Trace	7.51094841	57.15	12	140.06	<.0001
Roy's Greatest Root	7.17160830	111.16	6	93	<.0001

NOTE: F Statistic for Roy's Greatest Root is an upper bound.

[결과3]

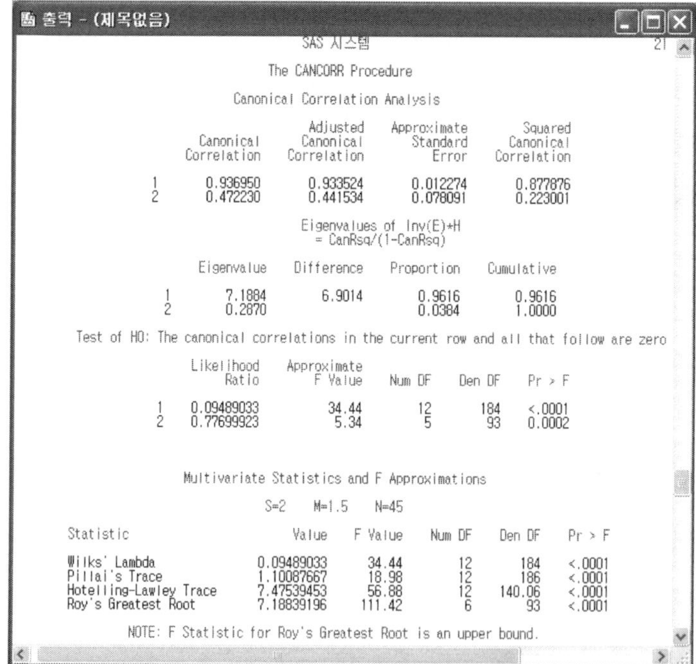

출력 - (제목없음)

SAS 시스템 21

The CANCORR Procedure

Canonical Correlation Analysis

	Canonical Correlation	Adjusted Canonical Correlation	Approximate Standard Error	Squared Canonical Correlation
1	0.936950	0.933524	0.012274	0.877876
2	0.472230	0.441534	0.078091	0.223001

Eigenvalues of Inv(E)*H = CanRsq/(1-CanRsq)

	Eigenvalue	Difference	Proportion	Cumulative
1	7.1884	6.9014	0.9616	0.9616
2	0.2870		0.0384	1.0000

Test of H0: The canonical correlations in the current row and all that follow are zero

	Likelihood Ratio	Approximate F Value	Num DF	Den DF	Pr > F
1	0.09489033	34.44	12	184	<.0001
2	0.77699923	5.34	5	93	0.0002

Multivariate Statistics and F Approximations

S=2 M=1.5 N=45

Statistic	Value	F Value	Num DF	Den DF	Pr > F
Wilks' Lambda	0.09489033	34.44	12	184	<.0001
Pillai's Trace	1.10087667	18.98	12	186	<.0001
Hotelling-Lawley Trace	7.47539453	56.88	12	140.06	<.0001
Roy's Greatest Root	7.18839196	111.42	6	93	<.0001

NOTE: F Statistic for Roy's Greatest Root is an upper bound.

나. 공유분산 및 리던던시 측정치 비교

[결과4]

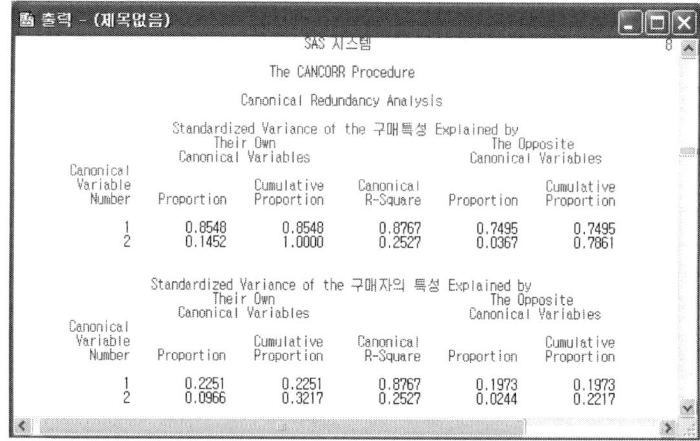

출력 - (제목없음)

SAS 시스템 8

The CANCORR Procedure

Canonical Redundancy Analysis

Standardized Variance of the 구매특성 Explained by

	Their Own Canonical Variables			The Opposite Canonical Variables	
Canonical Variable Number	Proportion	Cumulative Proportion	Canonical R-Square	Proportion	Cumulative Proportion
1	0.8548	0.8548	0.8767	0.7495	0.7495
2	0.1452	1.0000	0.2527	0.0367	0.7861

Standardized Variance of the 구매자의 특성 Explained by

	Their Own Canonical Variables			The Opposite Canonical Variables	
Canonical Variable Number	Proportion	Cumulative Proportion	Canonical R-Square	Proportion	Cumulative Proportion
1	0.2251	0.2251	0.8767	0.1973	0.1973
2	0.0966	0.3217	0.2527	0.0244	0.2217

다음으로 공유분산 및 리던던시 측정치를 비교했다. [결과4]는 x_1을 제거한 경우, [결과5]는 x_2를 제거한 경우, [결과6]은 x_7을 제거한 경우의 결과이다.

종속변수에 대한 모든 결과를 볼 경우 첫 번째 정준식에 대한 공유분산에 대한 값은 0.855 근처이며, 리던던시 측정치는 0.750 근처로 나타났다. 다음으로 독립변수에 대한 공유분산과 리던던시 측정치는 모델별로 차이가 있지 만 심각한 차이는 아니라고 볼 수 있다. 분석모델과 비교한 공유분산 및 리던던시 측정치를 표로 정리하면 다음과 같다. 결과를 보면 공유분산 및 리던던시 측정치에서도 매우 안정적임을 알 수 있다.

[공유분산 및 리던던시 측정치에 대한 비교]

통계량	분석모델	타당성 검증 모델		
		x_1 제거	x_2 제거	x_7 제거
종속변수 집합				
공유분산	.855	.855	.855	.855
리던던시 측정치	.750	.749	.750	.750
독립변수 집합				
공유분산	.276	.225	.322	.309
리던던시 측정치	.242	.197	.282	.271

[결과5]

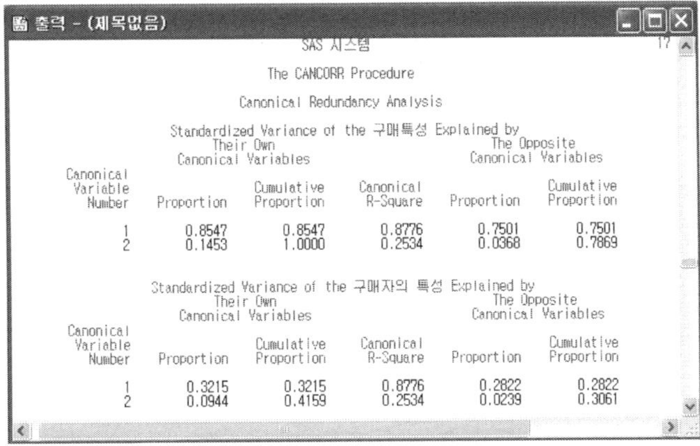

출력 - (제목없음)

SAS 시스템 17

The CANCORR Procedure

Canonical Redundancy Analysis

Standardized Variance of the 구매특성 Explained by

Canonical Variable Number	Their Own Canonical Variables: Proportion	Cumulative Proportion	Canonical R-Square	The Opposite Canonical Variables: Proportion	Cumulative Proportion
1	0.8547	0.8547	0.8776	0.7501	0.7501
2	0.1453	1.0000	0.2534	0.0368	0.7869

Standardized Variance of the 구매자의 특성 Explained by

Canonical Variable Number	Their Own Canonical Variables: Proportion	Cumulative Proportion	Canonical R-Square	The Opposite Canonical Variables: Proportion	Cumulative Proportion
1	0.3215	0.3215	0.8776	0.2822	0.2822
2	0.0944	0.4159	0.2534	0.0239	0.3061

[결과6]

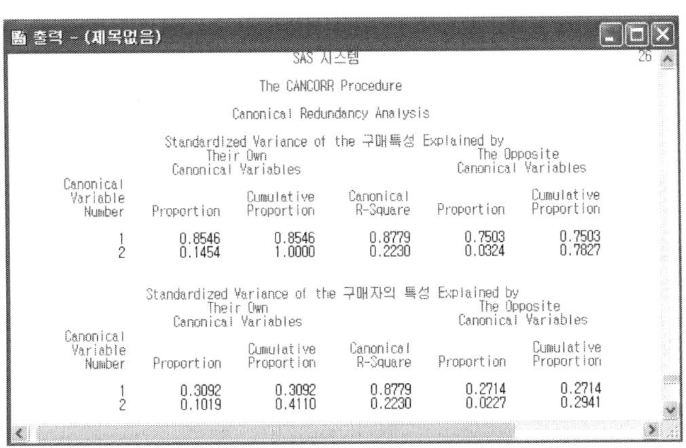

출력 - (제목없음)

SAS 시스템 26

The CANCORR Procedure

Canonical Redundancy Analysis

Standardized Variance of the 구매특성 Explained by

Canonical Variable Number	Their Own Canonical Variables: Proportion	Cumulative Proportion	Canonical R-Square	The Opposite Canonical Variables: Proportion	Cumulative Proportion
1	0.8546	0.8546	0.8779	0.7503	0.7503
2	0.1454	1.0000	0.2230	0.0324	0.7827

Standardized Variance of the 구매자의 특성 Explained by

Canonical Variable Number	Their Own Canonical Variables: Proportion	Cumulative Proportion	Canonical R-Square	The Opposite Canonical Variables: Proportion	Cumulative Proportion
1	0.3092	0.3092	0.8779	0.2714	0.2714
2	0.1019	0.4110	0.2230	0.0227	0.2941

다. 독립변수 및 종속변수의 정준 적재량 비교

[결과7]

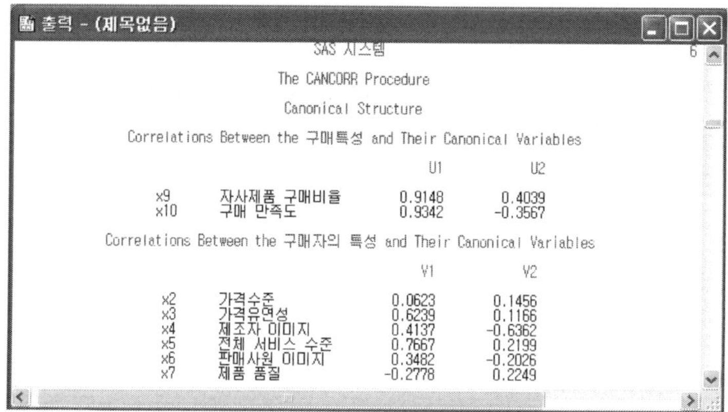

```
출력 - (제목없음)
                                SAS 시스템                                    6
                          The CANCORR Procedure
                           Canonical Structure
         Correlations Between the 구매특성 and Their Canonical Variables
                                           U1          U2
        x9      자사제품 구매비율          0.9148      0.4039
        x10     구매 만족도                0.9342     -0.3567
      Correlations Between the 구매자의 특성 and Their Canonical Variables
                                           V1          V2
        x2      가격수준                   0.0623      0.1456
        x3      가격유연성                 0.6239      0.1166
        x4      제조자 이미지              0.4137     -0.6362
        x5      전체 서비스 수준           0.7667      0.2199
        x6      판매사원 이미지            0.3482     -0.2026
        x7      제품 품질                 -0.2778      0.2249
```

다음으로 독립변수와 종속변수의 정준적재량을 비교하였다. [결과7]는 x_1을 제거한 경우, [결과8]는 x_2를 제거한 경우, [결과9]은 x_7을 제거한 경우의 결과이다. 분석결과를 보면 종속변수에 대한 정준적재량은 상당히 안정적이며, 독립변수의 경우에도 매우 안정적인 정준적재량을 보이고 있다. 이를 표로 정리해 보면 다음과 같다.

[정준적재량에 대한 비교]

통계량	분석모델	타당성 검증 모델		
		x_1 제거	x_2 제거	x_7 제거
종속변수 집합				.913
x_9 자사구매비율	.913	.915	.914	.936
x_{10} 고객만족도	.936	.934	.935	
독립변수 집합				
x_1 오더처리속도	.764	-	.765	.764
x_2 가격수준	.061	.062	-	.061
x_3 가격유연성	.624	.624	.624	.624
x_4 제조자 이미지	.414	.413	.414	.415
x_5 전체 서비스 수준	.765	.766	.766	.765
x_6 판매사원 이미지	.348	.348	.348	.348
x_7 제품품질	-.278	.278	-.278	-

[결과8]

```
출력 - (제목없음)
                          SAS 시스템                                   15
                     The CANCORR Procedure
                      Canonical Structure
     Correlations Between the 구매특성 and Their Canonical Variables
                                           U1          U2
    x9      자사제품 구매비율             0.9138      0.4062
    x10     구매 만족도                   0.9351     -0.3543
  Correlations Between the 구매자의 특성 and Their Canonical Variables
                                           V1          V2
    x1      오더 처리속도                 0.7638      0.1054
    x3      가격유연성                    0.6234      0.1194
    x4      제조자 이미지                 0.4143     -0.6334
    x5      전체 서비스 수준              0.7660      0.2233
    x6      판매사원 이미지               0.3483     -0.2007
    x7      제품 품질                    -0.2780      0.2233
```

[결과9]

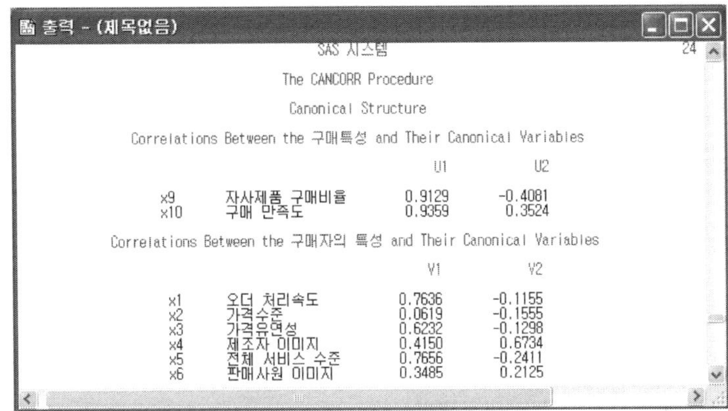

```
출력 - (제목없음)
                          SAS 시스템                                   24
                     The CANCORR Procedure
                      Canonical Structure
     Correlations Between the 구매특성 and Their Canonical Variables
                                           U1          U2
    x9      자사제품 구매비율             0.9129     -0.4081
    x10     구매 만족도                   0.9359      0.3524
  Correlations Between the 구매자의 특성 and Their Canonical Variables
                                           V1          V2
    x1      오더 처리속도                 0.7636     -0.1155
    x2      가격수준                      0.0619     -0.1555
    x3      가격유연성                    0.6232     -0.1298
    x4      제조자 이미지                 0.4150      0.6734
    x5      전체 서비스 수준              0.7656     -0.2411
    x6      판매사원 이미지               0.3485      0.2125
```

타당성 검증을 위해 살펴본 정준상관관계 계수, 공유분산과 리던던시 측정치, 정준적재량 등 전체 통계량을 볼 경우 현재의 분석모델이 매우 적절하다고 평가할 수 있을 것이다.

(4) 전체 평가

자사구매 비율과 고객만족도라는 두 개의 종속변수가 밀접한 관련성을 가지고 있다고 평가할 수 있을 것이다. 이는 Hatco 회사의 노력에 따른 결과를 잘 나타내는 평가 측정치라고 볼 수 있다. 또한 0.750의 리던던시 측정치는 다중 회귀분석과 비교해 볼 때 상당히 높은 수준의 R^2를 보여 주고 있음을 알 수 있다.

독립변수 중에서 보면 전체 서비스 수준, 오더처리속도, 가격 유연성 등이 중요한 변수들이며, 자사구매 비율과 고객만족도를 예측하는 중요한 변수들임을 알 수 있다. 이러한 관련성은 Hatco 회사가 어떠한 노력을 해야 하는지를 통계적으로 시사하고 있다.

3. 프로시저 설명

3.1 PROC CANCORR

(1) PROC CANCORR의 기본형

```
PROC CANCORR 옵션;
   VAR 변수들;
   WITH 변수들;
   PARTIAL 변수들;
   FREQ 변수;
   WEIGHT 변수;
   BY 변수들;
```

(2) PROC CANCORR 옵션;

[옵션]

- DATA=데이터셋 : 원데이터가 들어 있는 데이터셋의 이름을 지정한다. 이 옵션이 없을 경우 이 프로시저 직전에 만들어진 데이터셋을 사용한다.
- OUT=데이터셋 : DATA=데이터셋과 PROC CANCORR에서 계산된 통계량들을 저장할 장소를 지정한다. TYPE=CORR나 COV형태의 데이터를 읽어 들인 경우는 사용할 수 없다.
- OUTSTAT=데이터셋 : 여러 가지 통계량과 정준상관계수 및 정준식의 계수와 회귀분석 계수가 저장될 데이터셋을 지정한다.

[출력에 관한 옵션]

- ALL : 모든 옵션을 수행한다.
- CORR ¦ C : 데이터에 대한 상관관계분석을 수행한다.
- NCAN=n : 정준식의 수를 지정한다.
- REDUNDANCY ¦ RED : 리던던시 분석을 수행한다.
- VNAME='레이블' : VAR문 변수의 전체 레이블을 지정한다.
- VPREFIX=이름 : VAR문 변수의 정준식 이름의 앞 말을 지정한다.
- WNAME='레이블' : WITH문 변수의 전체 레이블을 지정한다.
- WPREFIX=이름 : WITH문 변수의 정준식 이름의 앞 말을 지정한다.
- NOPRINT : 분석결과를 출력하지 않는다.
- SHORT : 정준상관계수와 다변량통계량만을 출력한다.
- SIMPLE ¦ S : 평균과 표준편차를 출력한다.

[회귀분석에 관한 옵션]

- B : 회귀계수를 계산한다.
- CORRB : 회귀계수간의 상관관계를 계산한다.
- INT : 절편에 대한 통계량을 계산한다.
- NOINT : 절편을 모형에 추가하지 않는다.

- PCORR : 독립변수와 종속변수간의 부분상관계수를 계산한다.
- PROBT : t 통계량에 대한 확률을 계산한다.
- SEB : 회귀계수에 대한 표준오차를 계산한다.
- SMC : 다중제곱상관계수와 F 검정을 한다.
- SPCORR : 독립변수와 종속변수간에 반부분 상관계수(squared semi-partial correlation)를 계산한다.
- SQSPCORR : 독립변수와 종속변수간에 제곱 반부분상관계수(squared semi- partial correlation)를 계산한다.
- STB : 표준화된 회귀계수를 계산한다.
- T : 회귀계수에 대한 t 통계량을 계산한다.
- VDEP WREG : VAR문에 있는 변수가 종속변수이고 WITH문에 있는 변수가 독립변수라는 것을 의미이다.
- VREG WDEV : VAR문에 있는 변수가 독립변수이고 WITH문에 있는 변수가 종속변수라는 것을 의미이다.

(3) VAR 변수들;

분석을 하고 싶은 첫 번째 변수의 집합을 지정한다.

(4) WITH 변수들;

분석을 하고 싶은 두 번째 변수의 집합을 지정한다.

(5) 기타 문장들

가. BY 변수들;

지정한 변수들의 값이 변할 때마다 서로 다른 정준상관관계분석을 하고자 할 때 사용한다. 이 변수들은 먼저 PROC SORT 프로시저로 정렬되어 있어야 한다.

나. FREQ 변수;

지정한 변수의 값으로 관찰치의 도수를 변화시키고자 할 때 사용한다.

다. PARTIAL 변수들;

부분 상관계수행렬이나 공분산 행렬에 의해 계산하고 싶은 변수를 지정한다.

라. WEIGHT 변수;

가중치의 정보를 가지고 있는 변수를 WEIGHT문에 사용한다. 이 때 각 관찰치의 도수는 이 변수의 값에 의존한다.

비모수통계분석

13

CHAPTER

1. 비모수통계분석의 개요

1.1 비모수통계분석이란

모수통계분석(parametric statistics)은 모집단(population)이 정규분포를 한다는 가정 하에 모집단의 확률분포가 갖는 특성인 평균이나 분산과 같은 모수를 추론(inference)하는 것이다. 데이터의 척도 또한 등간이나 비율척도를 측정된 경우를 대상으로 한다. 검정은 주로 t-분포나 F-분포를 근거로 모수 검정하는 방법을 사용한다. 반면에 비모수통계분석(nonparametric statistics)은 기존의 모수통계분석에서와 같이 분포에 근거하여 분석을 하는 기법이 아니다. 일반적으로 표본수가 작고 분포에 대한 가정이 없으며, 데이터가 명목데이터나 서열데이터인 경우에 사용하는 통계분석 기법이다.

비모수통계분석은 모집단의 분포에 대한 가정을 잘 모르는 경우에 많이 사용한다. 따라서 이 분석에서는 모집단에 대한 가정이 불필요하다. 모수통계분석의 경우는 모집단의 분포가 정규분포를 이루어야 하며, 독립된 집단간의 비교분석을 위해서는 두 집단 간의 분산이 동일해야 한다는 가정이 필요하나 비모수통계분석의 경우에는 이러한 가정이 필요 없다. 또한 데이터가 일반적으로 넌메트릭으로 측정이 된 경우에 많이 사용한다. 메트릭으로 측정된 경우일지라도 넌메트릭으로 변환하여 많이 사용한다.

1.2 비모수통계분석의 분류

비모수 통계량에 대한 분류를 해 보면 다음과 같다(김충련 1992). 비모수통계분석은 가정분포에 일치정도, 독립표본간 분석, 표본간 분포 동일성, 표본간 관련성 정도에 따라 아래와 같이 여러 가지 분석방법으로 나뉘어 진다.

비모수통계학의 분류	주요통계분석방법
(1) 가정분포에 일치정도	단일표본 카이제곱(적합도) 검정, 윌콕슨부호서열 검정, 이항분포 검정, 런 검정(run test)
(2) 독립표본간 분석	윌콕슨 서열합 검정, 맨-휘트니 U 검정, 크루스칼-왈리스 검정, 메디안 검정
(3) 표본간 분포 동일성	콜모고로프-스미르노프 검정, 크레이머-폰 마이즈 검정, 쿠이퍼 검정, 맥네마르 검정
(4) 표본간 관련성	스피어만 상관계수, 켄달의 일치도 검정

SAS에서 비모수통계분석은 서열데이터(rank data)에 대한 ANOVA, 실제 분포함수(EDF : Empirical Distribution Function)를 근거로 한 다양한 통계량 및 1원 분류를 통한 반응변수의 서열점수를 계산한다. 또한 변수의 분포가 여러 그룹간에 서로 같은 위치의 파라메터를 갖는지 또는 EDF 검정과 같이 여러 그룹간에 분포가 동일한지를 검정한다.

또한 데이터의 척도에 따라 다음과 같이 분류해 볼 수도 있다.

표본 형태	독립변수 (집단구분변수)	종속변수	
		명목척도	서열척도
단일표본	없음	단일표본 카이제곱 검정 이항분포 검정 런 검정(무작위성 검정)	콜모고로프 - 스미르노프 검정
2개의 대응표본	없음	맥네마르 검정	부호 검정 윌콕슨 부호순위 검정 스피어맨 서열상관분석
3개 이상 대응표본	없음	코크란 큐 검정	프리드만 검정 켄달의 일치도 검정
2개의 독립표본	명목척도	카이제곱 검정	맨 - 휘트니 검정 콜로고로프 - 스미르노프 검정 모세의 극단반동 검정 왈드 - 월포비츠검정
3개 이상 독립표본	명목척도	카이제곱 검정	메디안 검정 크루스칼 - 왈리스 검정

다양한 비모수통계분석 방법은 사용목적별로 분류해 볼 수도 있다.

사용목적		비모수통계분석	목적이 유사한 모수통계분석
적합도 검정		단일표본 카이제곱 검정 콜모고로프 - 스미르노프 검정 이항분포 검정	없음
무작위성 검정		런 검정	없음
중심 경향 비교 (분포의 동일성 검정)	2변수	부호 검정 윌콕슨 부호순위 검정 맥네마르 검정	대응표본 t - 검정
	3변수 이상	프리드만 검정 켄달의 일치도 검정 코크란 큐 검정	MANOVA

사용목적		비모수통계분석	목적이 유사한 모수통계분석
중심 경향 비교 (분포의 동일성 검정)	2집단	맨 - 휘트니 검정 콜모고로프 - 스미르노프 검정 모세의 극단반동 검정 왈드 - 월포비츠 검정	독립표본 t - 검정
	3집단 이상	메디안 검정 크루스칼 - 왈리스 검정	분산분석
변수간 상관관계분석 (변수간 독립성 검정)		스피어만 순위상관분석 교차분석(카이제곱 검정)	상관분석

2. 단일표본 검정

단일표본 검정에서 사용할 수 있는 방법들 중에서 명목 척도에 대해서 분석하는 단일표본 카이제곱, 검정, 이항분포 검정, 런 검정과 서열 척도 데이터에 대해서 분석하는 콜모고로프－스미르노프 검정에 대해서 살펴보았다.

2.1 카이제곱 검정(적합도 검정)

(1) 분석개요

카이제곱 검정(chi－square test)은 연구자가 피험자의 수, 대상의 수, 또는 응답의 수가 몇 개의 범주에 나누어져 분포하는 경우, 범주별로 예상한 분포를 갖는가 또는 어느 범주에 몰려있지 않은가에 관심을 갖는 경우에 사용한다. 구체적으로 카이제곱 검정은 독립적 검정, 적합도(goodness－of－fit) 검정을 하는데 사용할 수 있는 검정 기법이다. 관측빈도와 기대빈도간의 차이에 대한 독립성이나 적합도를 검정하는 카이제곱 통계량을 계산하게 된다. 단일표본에 대한 검정은 수준이 n인 경우에

$$\chi^2 = \sum_{i=1}^{n} \frac{(O_i - E_i)^2}{E_i}$$

로 계산되며, $n-1$의 자유도를 갖는 χ^2 분포를 따른다. 예를 들어 기대되는 빈도가 각

각의 도시 크기 별로 대도시인 경우 6, 중도시인 경우 12, 소도시인 경우 12개일 때, 실제로 나타난 데이터 값이 10, 10, 10으로 나타났다면, 아래와 같이 데이터스텝에서 단일표본 카이제곱 검정을 할 수 있다.

$$\chi^2 = (10-6)^2/6 + (10-12)^2/12 + (10-12)^2/12 = 3.33$$

어느 경마장에서 말의 트랙 위치에 따라 다음과 같이 우승을 한 횟수가 발표되었다고 하자. 이 경우 말의 위치에 따라 우승 횟수가 독립적인가 아니면 독립적이지 않는가를 검정해 볼 수 있다(Siegel and Castellan, 1988).

트랙위치	1	2	3	4	5	6	7	8	합계
우승횟수	29	19	18	25	17	10	15	11	144
기대횟수	18	18	18	18	18	18	18	18	144

(2) 분석과정

예제에서 INPUT과 LABEL문의 *track*은 분석하고자 하는 변수가 트랙의 위치이기 때문에 이를 지칭하는 변수이다. 따라서 필요에 따라 다른 변수 이름을 적어도 된다. INPUT문 끝의 **@@**는 한 줄에 데이터가 여러 개가 있다는 표시이다. INPUT문의 observed이하 ELSE signif =.;까지는 예제에 나와 있는 그대로 적어야 한다.

데이터가 있는 문장은 먼저 *track*과 같이 집단을 지칭하는 값이 첫 번째로 서술되어야 하며, 두 번째는 실제 관찰치, 세 번째는 기대 관찰치 순으로 적어야 하며 순서가 달라지면 안 된다.

13장-2-1-1-분석

```
LIBNAME sample "C:₩Sample₩Dataset";
DATA sample.chisq;
        INPUT track observed expected @@;
        LABEL track='트랙' observed='관측치' expected='기대빈도' resid='잔차'
              chisq='카이제곱' df='자유도' signif='근사 유의확률';

        resid = observed - expected;
        ichisq = resid**2 / expected;
        chisq + ichisq;
        df= _n_ - 1;
        IF df > 0 THEN SIGNIF = 1 - PROBCHI(chisq, df);
        ELSE SIGNIF = .;

        CARDS;
1 29 18  2 19 18  3 18 18  4 25 18
5 17 18  6 10 18  7 15 18  8 11 18
RUN;
OPTIONS NODATE PAGENO=1;
PROC PRINT DATA=sample.chisq NOOBS LABEL;
    VAR track observed expected resid chisq df signif;
    SUM observed;
RUN;
```

결과를 출력하기 위한 PROC PRINT 프로시저는 예제에 서술된 형태대로 VAR문에서 *track*과 같은 변수 이름을 필요한 변수 이름으로 바꾸는 것 이외에는 변경해서는 안 된다.

(3) 결과해석

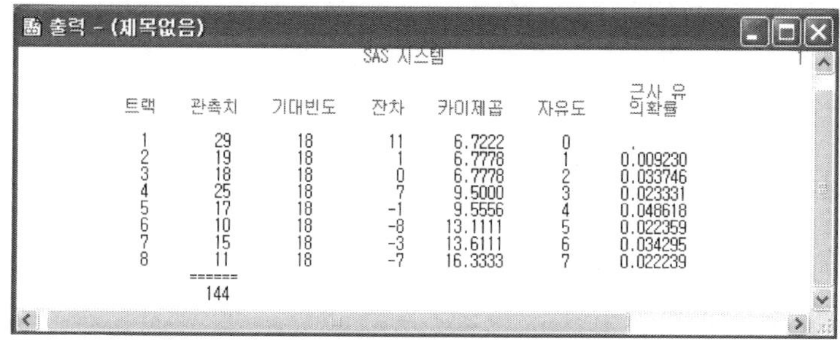
출력 - (제목없음)

SAS 시스템

트랙	관측치	기대빈도	잔차	카이제곱	자유도	근사 유의확률
1	29	18	11	6.7222	0	.
2	19	18	1	6.7778	1	0.009230
3	18	18	0	6.7778	2	0.033746
4	25	18	7	9.5000	3	0.023331
5	17	18	-1	9.5556	4	0.048618
6	10	18	-8	13.1111	5	0.022359
7	15	18	-3	13.6111	6	0.034295
8	11	18	-7	16.3333	7	0.022239
	======					
	144					

결과를 보면 단일표본 카이제곱 검정값이 나와 있다. 단일표본 카이제곱 검정에서 우리가 유의해서 보아야 할 데이터는 집단의 마지막 줄에 나와 있는 카이제곱, 자유도, 근사 유의확률 값이다. 마지막의 카이제곱 값이 16.3333이며, 이 때 자유도는 7, 유의도는 0.022239라는 의미이다. 따라서 현재 데이터는 관찰치와 기대도수간에 차이가 있다고 볼 수 있다. 즉 각 트랙별로 우승횟수가 독립적이라는 귀무가설을 기각한다. 따라서 트랙별로 우승횟수가 차이가 있으며, 관측수가 높게 나타난 1번이나 4번 트랙은 기대하는 것보다 우승횟수가 높으며, 6번이나 8번 트랙은 우승횟수가 낮음을 알 수 있다.

2.2 이항분포 검정

(1) 분석개요

이항분포 검정(binomial test)이란 연구자가 모집단의 비율에 관한 가설을 검정하기 위해 사용되는 검정이다. 특별히 동전의 앞면과 뒷면, 남자나 여자, 회원이나 비회원과 같이 두 수준의 값(이항분포)을 가지고 있는 이항변수에 대해서 현재 관찰한 구성비율이 기대빈도와 일치하는지를 검정한다. 연구자는 이항분포 검정을 통해 표본에서 관찰하는 비율(빈도)들이 특정한 비율(빈도)를 가지고 있는 모집단으로부터 추출되었을 수 있는지를 검정해 볼 수 있다. 이항분포의 검정 통계량은 다음과 같이 계산이 된다.

총 표본수 n개에 대해 한 범주에서 x개, 다른 범주에서 $n-x$ 나타날 확률은 다음과 같이 계산된다.

$$P(x) = \binom{n}{k} p^k (1-p)^{n-k}$$

여기서, p = 한 범주에서 기대되는 경우의 비율

검정 통계량은 한 범주에서 x개 이하로 발생될 확률의 합을 계산한다. 예를 들면 현재 특정지역에 남자가 15명, 여자가 5명이 있을 때 남자와 여자의 비율이 0.5라고 할 수 있는가를 검정하는 것이다.

(2) 분석과정

INPUT문에서 *sex*는 사용자가 지정하는 변수 이름으로서 남녀비율에 관한 이항분포 검정을 하겠다는 것이다. INPUT문에서 분석하고자 하는 변수 이름 **observed;** 형태로 서술하며, expprob=0.50는 여자의 비율이 0.50인 경우에 대해서 검정해 달라는 이야기다. N + 이하 문장에서 CARDS; 문까지는 항상 적어야 한다. 다음으로 비교하고자 하는 데이터를 집단변수, 관찰도수 순으로 서술한다.

PROC PRINT 프로시저는 예제에 서술된 형태대로 VAR문에서 *sex*와 같은 변수 이름을 필요한 변수 이름으로 바꾸는 것 이외에는 변경해서는 안 된다.

```
13장-2-2-1-분석
DATA sample.bin;
        INPUT sex $ observed;
        LABEL sex='성별' observed='관측치' obsprob='관측비율'
              expprob='검정비율' n='누적 관측치'
              signif='정확한 유의확률(양측)';

        expprob=0.50;
        n + observed;
        obsprob = (n - observed) / n;
        signif= PROBBNML(expprob, n, observed)*2;

        CARDS;
남 15
여  5
RUN;
OPTIONS NODATE PAGENO=1;
PROC PRINT DATA=sample.bin NOOBS LABEL;
       VAR sex observed obsprob expprob n signif;
       SUM observed;
RUN;
```

(3) 결과해석

```
출력 - (제목없음)
                              SAS 시스템                              1

                                                        정확한
                                               누적     유의확률
   성별   관측치   관측비율   검정비율   관측치     (양측)

   남       15       0.00       0.5       15      2.00000
   여        5       0.75       0.5       20      0.04139
          ======
            20
```

이에 대한 분석결과가 다음과 같이 제시되어 있다. 검정비율 0.5를 기준으로 여자의 비율이 5명 이하로 나올 확률을 의미한다. 두 번째 줄을 보면 관측치에 대한 남자의 비율이 0.75이며, 여자에 대한 기대확률이 0.50인 경우에 단측 검정에서 여자의 비율이 5명 이하로 나올 가능성이 0.04139의 1/2인 0.02069로서 여자가 5명 이하인 사실을 당연하지 않다고 생각할 수 있을 것이다. 이는 유의수준 5%에서 남자와 여자의 비율이 50%라고 볼 수 없다.

2.3 런 검정

(1) 분석개요

런 또는 무작위 검정(run test)은 두 가지의 값을 갖는 한 변수에 대하 케이스의 발생 순서가 무작위(random)로 선택되었는지의 여부를 검정하는 방법이다. 즉, 두 종류의 부호가 나열되어 있을 때, 이들 부호들의 순서가 무작위로 나열되었는가 그렇지 않는가를 검정한다. 연속된 부호의 나열을 런(run)이라고 한다. 다음과 같이 11/000/1/00/111과 같은 데이터가 있다면 5번의 연속적인 런을 갖게 된다. 런 검정에 대한 귀무가설은 "현재 데이터가 독립적이다"라는 것인데 정규분포화하여 검정한다(홍종선 1991).

런 검정의 검정통계량과 표준오차는 다음과 같이 계산된다.

$$\mu_r = \frac{2n_1 n_2}{n_1 + n_2} + 1$$

$$\sigma_r = \sqrt{\frac{2n_1 n_2 (2n_1 n_2 - n_1 - n_2)}{(n_1 + n_2)^2 (n_1 + n_2 - 1)}}$$

여기서, n_1 =유형1의 발생 수

n_2 =유형2의 발생 수

r =런의 수

런 검정에 대한 귀무가설은 "현재 데이터가 독립적이다"라는 것인데 정규분포화하여 검정한다(홍종선 1991). 모집단으로부터 성별에 관련없이 특정 프로그램에 참가하는 응모자 20명을 다음같이 추출하였을 때, 성별과 관련 없이 무작위로 추출되었는가 여부를 검정해 볼 수 있다. 아래의 밑줄이 쳐진 것들은 각각의 연속된 런들로 볼 수 있다.

남, 여, 남, 남, 남, 남, 남, 여, 남, 여, 남, 남, 여, 여, 여, 여, 남, 남, 여, 여

(2) 분석과정

다음 예제는 런 검정을 위한 프로그램이다. 분석하고자 하는 데이터가 20개이기 때문에 n=20으로 표기했으며, 런 검정의 부호를 자르는 값(cutpoint)을 2로 했다. 만약에 부호를 자르는 점을 평균으로 하고 싶으면 cutpoint= EAN(OF x{*})로 표기한다. ARRAY 문에서는 x{*} x1－ x20; 표현함으로써 관찰치의 수가 20개라는 것을 표기했다. PROC PRINT 프로시저는 예제에 서술된 형태대로 VAR문에서 적어진 형태로 변수 이름을 입력하고 변경해서는 안 된다.

13장-2-3-1-분석

```
DATA sample.runtest;
    LABEL cutpoint='검정값' n='전체 케이스'  n1='케이스 >= 검정값'
          n2='케이스 < 검정값' u1='런의 수' signif='근사 유의확률 (양측)';
    n=20;
    cutpoint=2;
    ARRAY x{*} x1 - x20;
    INPUT x{*};

     DO I = 1 TO n;
         x{I} = x{I} - cutpoint;
         IF x{I} >= 0 THEN n1 + 1;
         ELSE IF x{I} < 0 THEN n2 + 1; END;
       DO I=2 TO n;
          IF x{I} >= 0  AND x{I-1} < 0 THEN u2 + 1;
          ELSE IF x{I} < 0 AND x{I-1} >= 0 THEN u2 +1;
       END;
       u = 2*n1*n2/(n1+n2);
       s = SQRT(2*n1*n2*(2*n1*n2-n1-n2)/
           (((n1+n2)**2)*(n1+n2-1)));
       u1 = u2 + 1;
       z = (u1 - u)/s;
       z1 = ABS(z);
       signif = (1 - PROBNORM(z1))*2;
    CARDS;
1 2 1 1 1 1 1 2 1 2 1 1 1 1 1 1 1 1 2 2
RUN;
OPTIONS NODATE PAGENO=1;
PROC PRINT DATA=sample.runtest NOOBS LABEL;
    VAR n cutpoint n1 n2 u1 z signif;
RUN;
```

(3) 결과해석

결과를 보면, 런의 수는 검정값보다 큰 값이 5개, 작은 값이 15개, 런의 수는 8개로서, z값 0.31에서 유의확률이 0.75인 양측검정 값으로 나타난다. 따라서 결과를 볼 경우에 현재 데이터는 무작위로 움직인다고 할 수 있다.

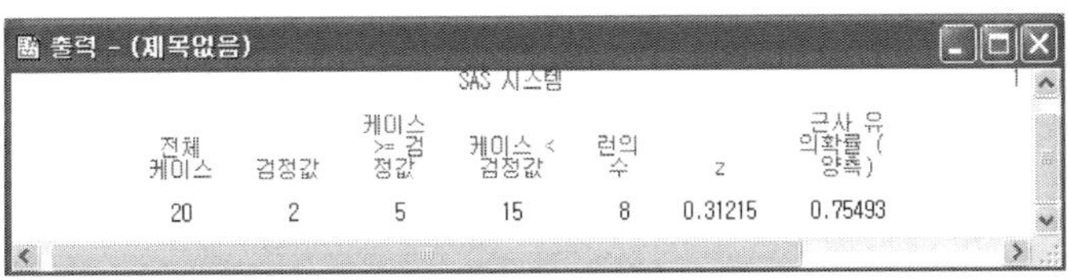
출력 - (제목없음)

SAS 시스템

전체 케이스	검정값	케이스 >= 검정값	케이스 < 검정값	런의 수	z	근사 유의확률 (양측)
20	2	5	15	8	0.31215	0.75493

2.4 윌콕슨 부호순위 검정

(1) 분석데이터

윌콕슨 부호순위 검정(Wilcoxon Sign Test)은 하나의 표본에서 특정값을 기준으로 한 "+" 부호의 개수가 "−" 부호의 개수보다 많은가 적은가 또는 두 개의 관련된 표본간에 값의 차이에 대한 부호가 같은지 작은지를 본다. 앞의 런 검정 예제를 가지고 윌콕슨 부호서열 검정을 해 보면 다음과 같다. 1.5를 기준으로 부호에 대한 검정을 했다.

두 표본간에 분포로서 x_1, x_2에 대한 비교를 하고자 하면, **INPUT x1 x2 @@; x = x1−x2;**로 바꾸어 주고 분석하면 된다. INPUT 문의 **@@**표시는 한 줄에 여러 개의 관찰치 데이터가 있다는 것을 의미한다.

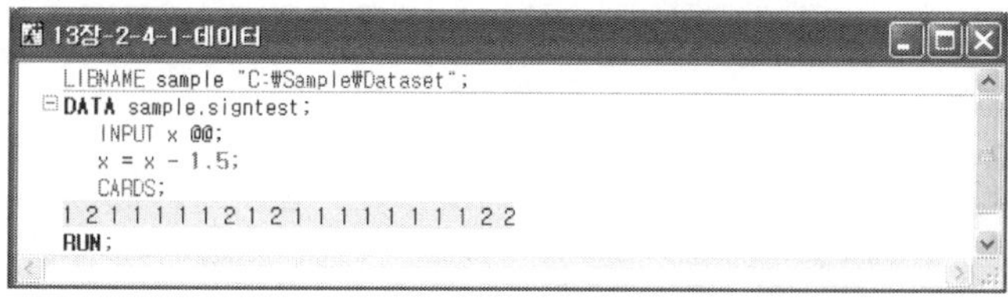

13장-2-4-1-데이터

```
LIBNAME sample "C:₩Sample₩Dataset";
DATA sample.signtest;
   INPUT x @@;
   x = x - 1.5;
   CARDS;
1 2 1 1 1 1 1 2 1 2 1 1 1 1 1 1 1 1 2 2
RUN;
```

(2) 분석과정

PROC UNIVARIATE 프로시저를 통해 예제에 서술된 형태대로 VAR문에서 적어진 형태로 변수 이름을 입력하고 변경해서는 안 된다.

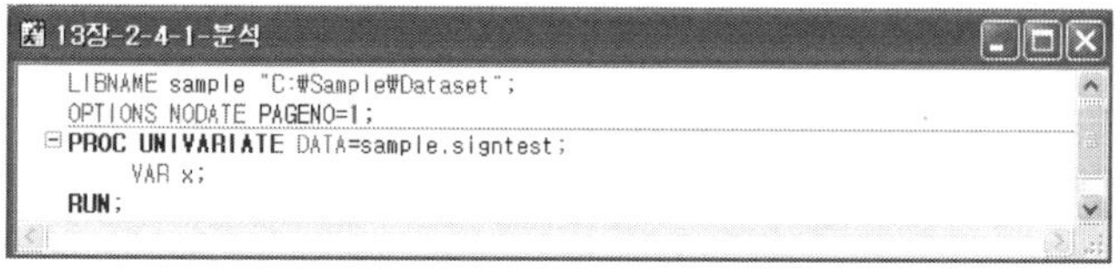

13장-2-4-1-분석

```
LIBNAME sample "C:₩Sample₩Dataset";
OPTIONS NODATE PAGENO=1;
PROC UNIVARIATE DATA=sample.signtest;
    VAR x;
RUN;
```

(3) 결과해석

다음 결과에 윌콕슨부호순위 검정 결과가 나와 있다. 여러 가지 통계량 중에 중간쯤에 있는"부호순위"라는 곳을 보면 된다. 현재 결과는 부호순위값이 −52.5로서 유의수준 5%에서 이 값이 유의함을 알 수 있다. 따라서 현재 값은 "+" 값이 많다고 할 수 있다.

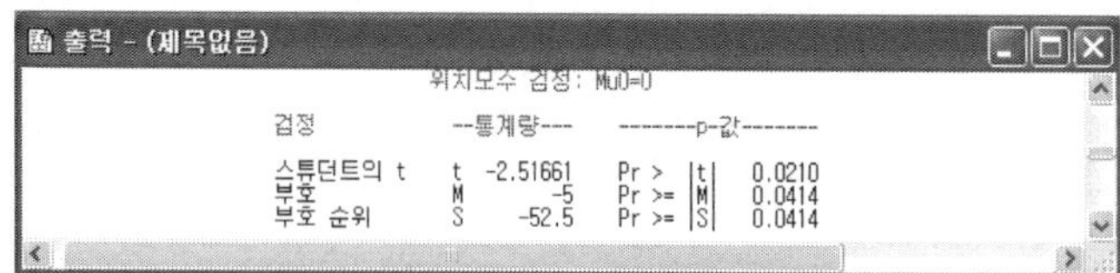

출력 - (제목없음)

```
                 위치모수 검정: Mu0=0

검정            --통계량---    -------p-값-------

스튜던트의 t    t  -2.51661    Pr >  |t|    0.0210
부호            M        -5    Pr >= |M|    0.0414
부호 순위       S     -52.5    Pr >= |S|    0.0414
```

3. 복수표본 분석

3.1 윌콕슨 순위합 검정(Rank Sum Test)

(1) 분석데이터

다음 예제는 두 집단간의 순위(order)가 동일한가를 보기 위해서 데이터에 대한 윌콕슨 순위합 검정(rank sum test)을 하기 위한 예제이다. *group*이 집단을 나타내는 변수이며, *y*가 측정값이다.

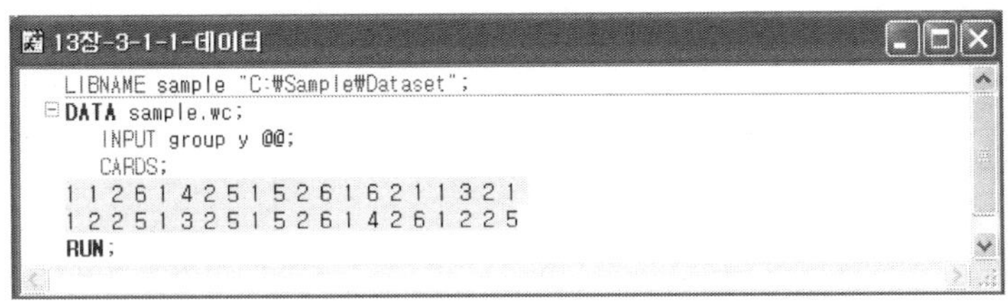


```
LIBNAME sample "C:\Sample\Dataset";
DATA sample.wc;
   INPUT group y @@;
   CARDS;
1 1 2 6 1 4 2 5 1 5 2 6 1 6 2 1 1 3 2 1
1 2 2 5 1 3 2 5 1 5 2 6 1 4 2 6 1 2 2 5
RUN;
```

(2) 분석과정

윌콕슨 순위합 분석을 하기 위해 PROC NPARY1WAY의 WILCOXON옵션을 지정한다.

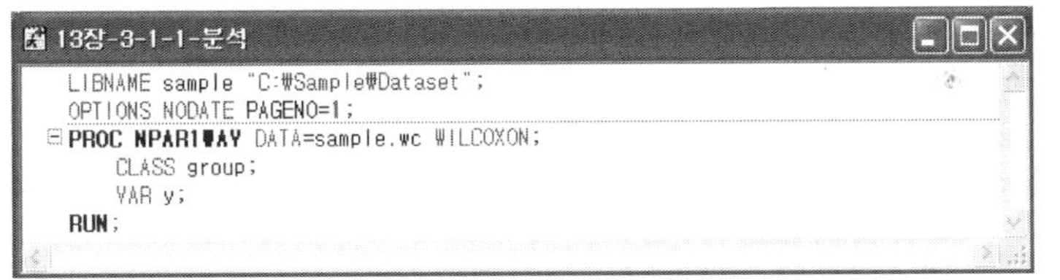


```
LIBNAME sample "C:\Sample\Dataset";
OPTIONS NODATE PAGENO=1;
PROC NPAR1WAY DATA=sample.wc WILCOXON;
    CLASS group;
    VAR y;
RUN;
```

(3) 결과해석

결과를 보면, 윌콕슨 서열합 검정결과 유의수준 10%에서 서열차이가 없다는 귀무가설을 기각할 수 없다. 따라서 두 집단간에 서열에 대한 분포가 서로 차이가 없다고 할 수 있다. 결과 중에 Kruskcal-Wallis 검정은 집단이 3개 이상인 경우에 관련된 통계량이다.

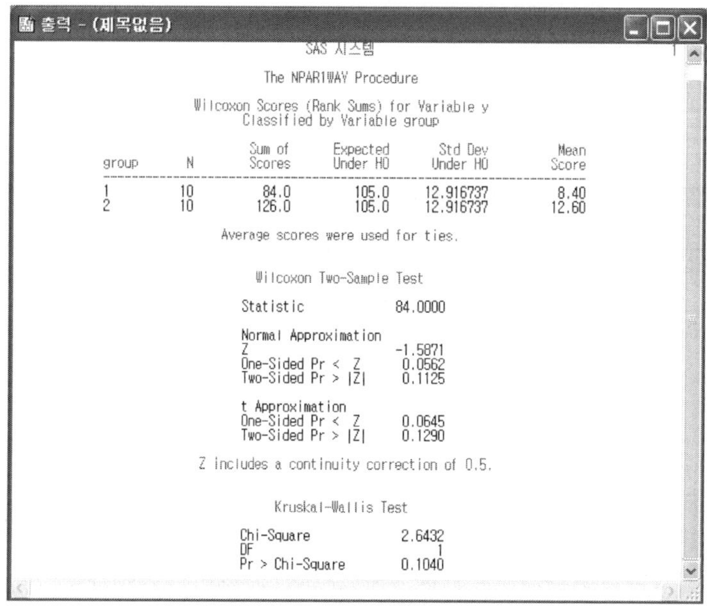

출력 - (제목없음)

SAS 시스템

The NPAR1WAY Procedure

Wilcoxon Scores (Rank Sums) for Variable y
Classified by Variable group

group	N	Sum of Scores	Expected Under H0	Std Dev Under H0	Mean Score
1	10	84.0	105.0	12.916737	8.40
2	10	126.0	105.0	12.916737	12.60

Average scores were used for ties.

Wilcoxon Two-Sample Test

Statistic	84.0000
Normal Approximation	
Z	-1.5871
One-Sided Pr < Z	0.0562
Two-Sided Pr > |Z|	0.1125
t Approximation	
One-Sided Pr < Z	0.0645
Two-Sided Pr > |Z|	0.1290

Z includes a continuity correction of 0.5.

Kruskal-Wallis Test

Chi-Square	2.6432
DF	1
Pr > Chi-Square	0.1040

3.2 콜모고로프-스미르노프 두 표본 동일분포 검정

(1) 분석 개요 및 데이터

콜모고로프-스미르노프 두 표본 동일분포 검정(Kolmogorov-Smirnov Test)은 두 표본이 동일한 확률분포를 갖는 모집단으로부터 추출이 되었는가를 검정하기 위한 검정 방법이다. *group*이 집단을 나타내는 변수이며, *Y*가 측정치이다.

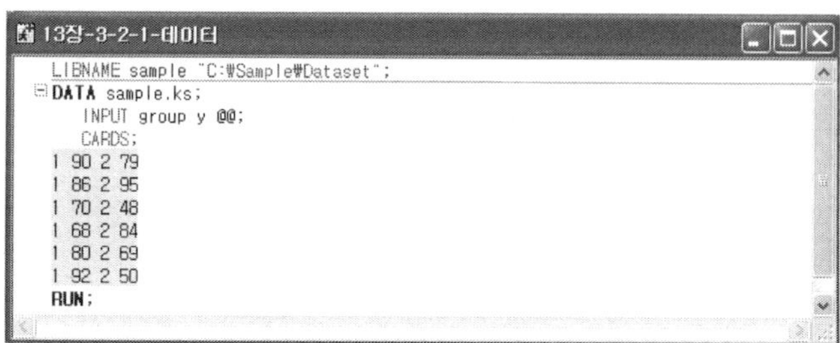

13장-3-2-1-데이터

```
LIBNAME sample "C:\Sample\Dataset";
DATA sample.ks;
   INPUT group y @@;
   CARDS;
1 90 2 79
1 86 2 95
1 70 2 48
1 68 2 84
1 80 2 69
1 92 2 50
RUN;
```

(2) 분석과정

확장편집기를 통해 PROC NPAR1WAY 프로시저를 통해 분석을 해야 하는데, 다음 프로시저 문장에서 콜모고로프-스미르노프 검정을 하기 위해 EDF라는 옵션을 사용했다.

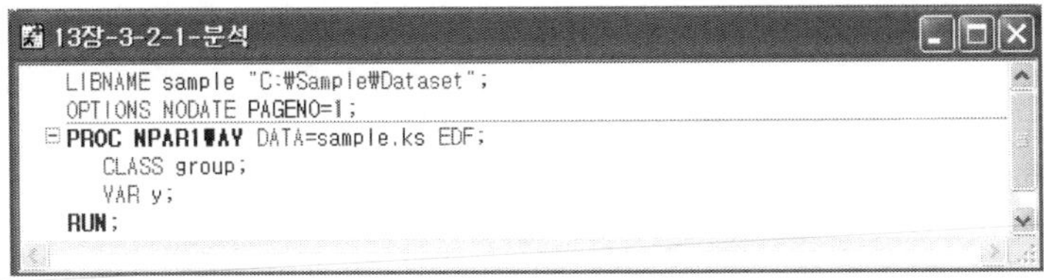

13장-3-2-1-분석

```
LIBNAME sample "C:\Sample\Dataset";
OPTIONS NODATE PAGENO=1;
PROC NPAR1WAY DATA=sample.ks EDF;
   CLASS group;
   VAR y;
RUN;
```

(3) 결과해석

결과를 보면, 콜모고로프-스미르노프 통계량의 유의도가 0.9711로서 의미가 없다. 따라서 귀무가설인 두 집단간에 분포가 동일하다는 가설을 기각할 수 없게 된다. EDF 옵션을 이용하면 Cramer-von Mises 통계량, Kuiper 통계량이 출력되나 이 결과는 생략한다.

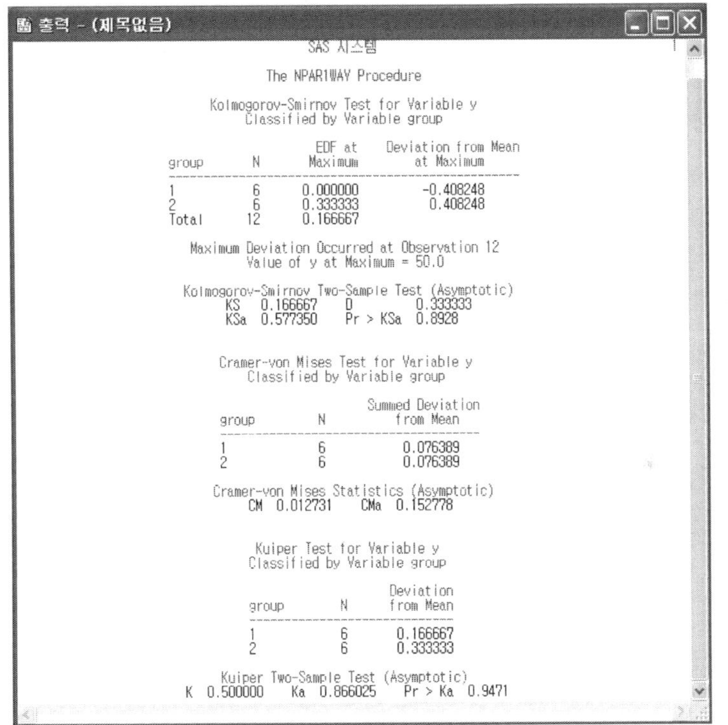

출력 - (제목없음)

```
                         SAS 시스템                                 1
                    The NPAR1WAY Procedure

           Kolmogorov-Smirnov Test for Variable y
                 Classified by Variable group

                              EDF at      Deviation from Mean
      group         N        Maximum          at Maximum
      -------------------------------------------------------
      1             6       0.000000          -0.408248
      2             6       0.333333           0.408248
      Total        12       0.166667

       Maximum Deviation Occurred at Observation 12
              Value of y at Maximum = 50.0

      Kolmogorov-Smirnov Two-Sample Test (Asymptotic)
            KS    0.166667    D            0.333333
            KSa   0.577350    Pr > KSa     0.8928


           Cramer-von Mises Test for Variable y
                 Classified by Variable group

                                   Summed Deviation
            group          N          from Mean
            ------------------------------------
            1              6          0.076389
            2              6          0.076389

          Cramer-von Mises Statistics (Asymptotic)
                CM  0.012731     CMa  0.152778


               Kuiper Test for Variable y
                Classified by Variable group

                                   Deviation
                group         N    from Mean
                ----------------------------
                1             6    0.166667
                2             6    0.333333

             Kuiper Two-Sample Test (Asymptotic)
      K  0.500000     Ka  0.866025     Pr > Ka  0.9471
```

3.3 메디안 검정

(1) 분석데이터

메디안 검정(median test)은 두 개 이상의 표본이 추출된 모집단의 분포가 동일한가의 여부를 검정하기 위해서 사용하는 방법이다. 이 방법은 중앙값(median)을 이용해서 검정하는 방법이다. 근본원리는 두 표본의 데이터를 크기 순으로 하나의 분포를 만들고 중앙값을 산출한 다음 중앙값 이상이면 1로 하고 그 이하이면 0으로 하여 빈도수를 비교하여 분포의 동질성을 검정한다.

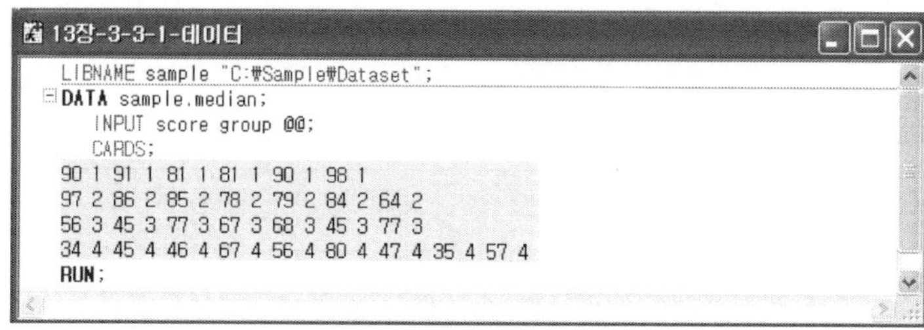
13장-3-3-1-데이터

```
LIBNAME sample "C:\Sample\Dataset";
DATA sample.median;
   INPUT score group @@;
   CARDS;
90 1 91 1 81 1 81 1 90 1 98 1
97 2 86 2 85 2 78 2 79 2 84 2 64 2
56 3 45 3 77 3 67 3 68 3 45 3 77 3
34 4 45 4 46 4 67 4 56 4 80 4 47 4 35 4 57 4
RUN;
```

(2) 분석과정

메디안 검정을 하기 위해 PROC NPAR1WAY에서 MEDIAN 옵션을 지정한다.

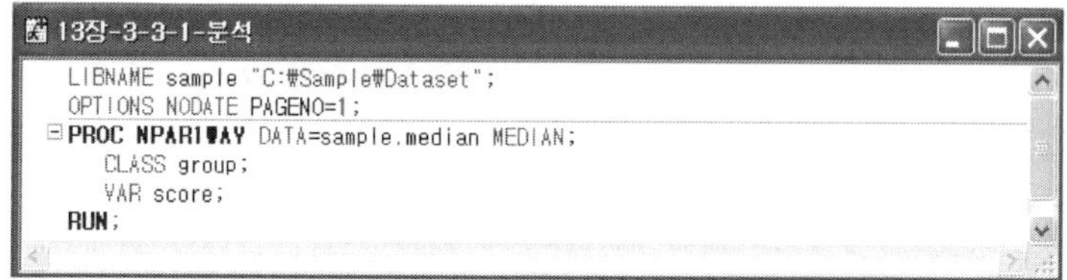
13장-3-3-1-분석

```
LIBNAME sample "C:\Sample\Dataset";
OPTIONS NODATE PAGENO=1;
PROC NPAR1WAY DATA=sample.median MEDIAN;
   CLASS group;
   VAR score;
RUN;
```

(3) 결과해석

결과를 보면 메디안 검정에 의해 현재의 각 집단들은 같은 모집단에서 추출되었다고 볼 수 없다. 현재 카이제곱 근사값이 의미가 있기 때문에 "동일한 모집단에서 추출되었다"는 귀무가설을 기각할 수 있다.

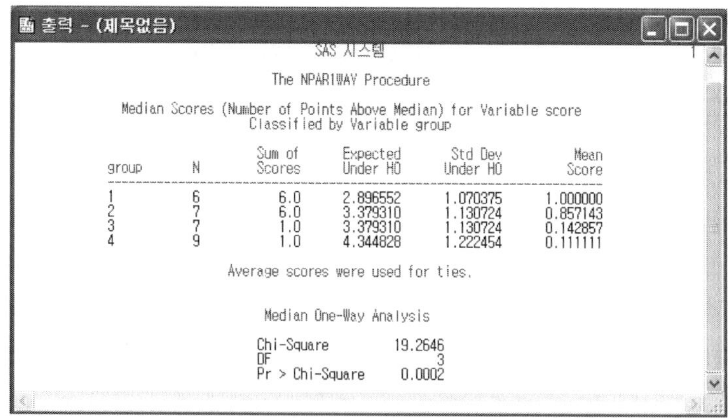
출력 - (제목없음)

SAS 시스템

The NPAR1WAY Procedure

Median Scores (Number of Points Above Median) for Variable score
Classified by Variable group

group	N	Sum of Scores	Expected Under H0	Std Dev Under H0	Mean Score
1	6	6.0	2.896552	1.070375	1.000000
2	7	6.0	3.379310	1.130724	0.857143
3	7	1.0	3.379310	1.130724	0.142857
4	9	1.0	4.344828	1.222454	0.111111

Average scores were used for ties.

Median One-Way Analysis

Chi-Square	19.2646
DF	3
Pr > Chi-Square	0.0002

3.4 크루스칼-왈리스 세집단 이상 동일분포 검정

(1) 분석데이터

윌콕슨의 검정이나 맨-휘트니 검정(Mann-Whitney U test)은 두 집단간의 서열이 동일한지를 검정을 하는데 크루스칼 왈리스 검정(Kruskal-Wallis Test)은 세 집단 이상의 데이터에 대해서 서열이 동일한지를 검정한다.

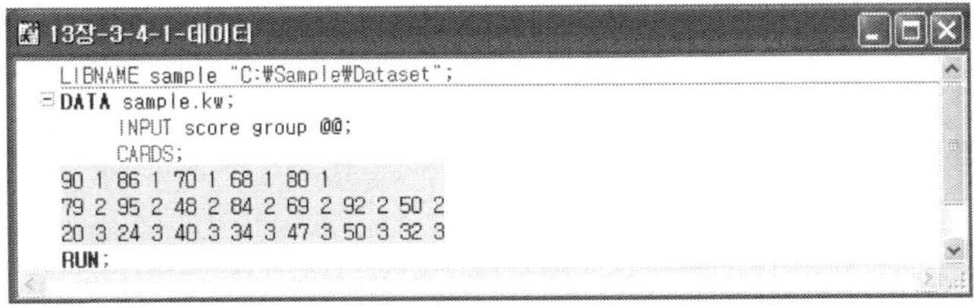

13장-3-4-1-데이터

```
LIBNAME sample "C:\Sample\Dataset";
DATA sample.kw;
     INPUT score group @@;
     CARDS;
90 1 86 1 70 1 68 1 80 1
79 2 95 2 48 2 84 2 69 2 92 2 50 2
20 3 24 3 40 3 34 3 47 3 50 3 32 3
RUN;
```

(2) 분석과정

크루스칼-왈리스 검정을 하기 위해 PROC NPAR1WAY의 WINCOXON 옵션을 지정한다.

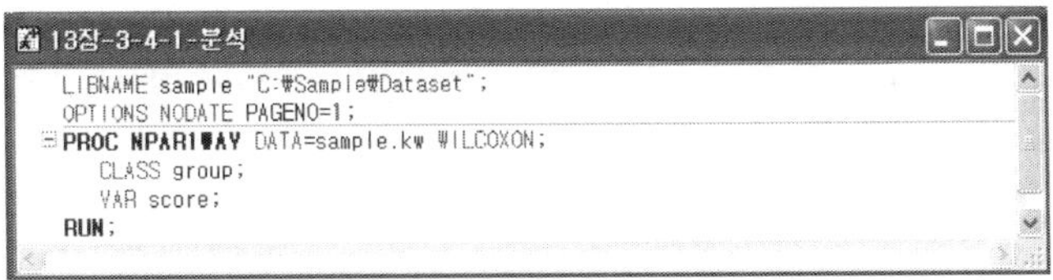

13장-3-4-1-분석

```
LIBNAME sample "C:\Sample\Dataset";
OPTIONS NODATE PAGENO=1;
PROC NPAR1WAY DATA=sample.kw WILCOXON;
     CLASS group;
     VAR score;
RUN;
```

(3) 결과해석

결과를 보면, 각 집단에 대한 데이터들은 서열이 동일하다고 볼 수 없다. 각 집단마다 서열이 다르며 서열이 가장 낮은 집단은 3이며, 다음이 1, 마지막으로 서열이 가장 높은 집단은 2이다.

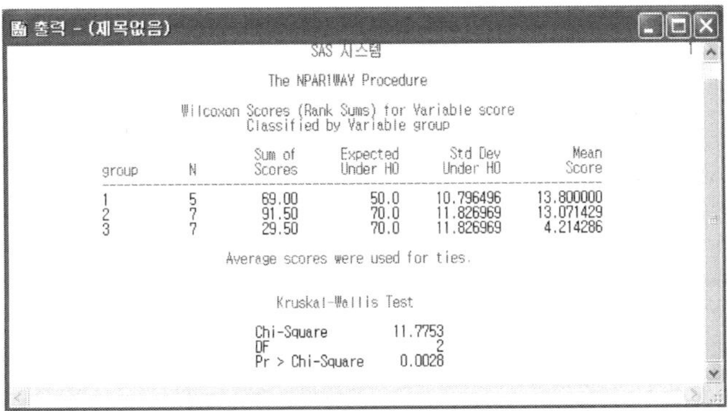

출력 - (제목없음)

SAS 시스템

The NPAR1WAY Procedure

Wilcoxon Scores (Rank Sums) for Variable score
Classified by Variable group

group	N	Sum of Scores	Expected Under H0	Std Dev Under H0	Mean Score
1	5	69.00	50.0	10.796496	13.800000
2	7	91.50	70.0	11.826969	13.071429
3	7	29.50	70.0	11.826969	4.214286

Average scores were used for ties.

Kruskal-Wallis Test

Chi-Square	11.7753
DF	2
Pr > Chi-Square	0.0028

3.5 스피어만/켄달 상관분석

(1) 분석데이터

스피어만/켄달 상관관계(Spearman/Kendall Tau−b Correlation)는 분석하고자 하는 두 변수가 서열 데이터인 것인 경우이다. 다음과 같은 서열 데이터가 있을 경우 데이터를 먼저 SAS 데이터 확장편집기에서 아래와 같이 입력한다.

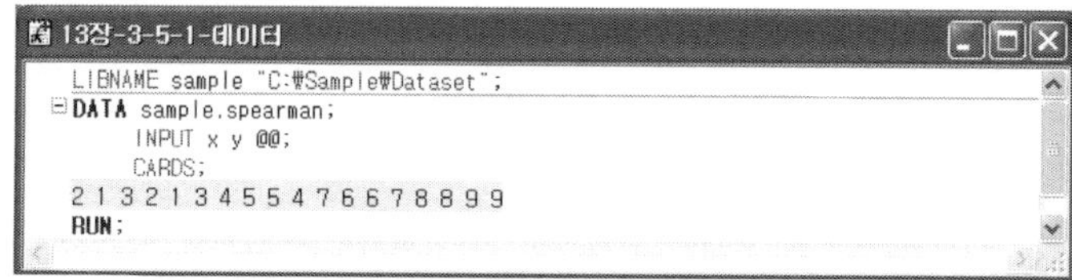

```
13장-3-5-1-데이터
LIBNAME sample "C:\Sample\Dataset";
DATA sample.spearman;
    INPUT x y @@;
    CARDS;
2 1 3 2 1 3 4 5 5 4 7 6 6 7 8 8 9 9
RUN;
```

(2) 분석과정

스피어만/켄달 서열 상관관계는 변수들간의 산점도와 상관관계 계수를 살펴보는 것이다. PROC CORR 프로시저에서 SPEARMAN KENDALL 옵션을 지정한다.

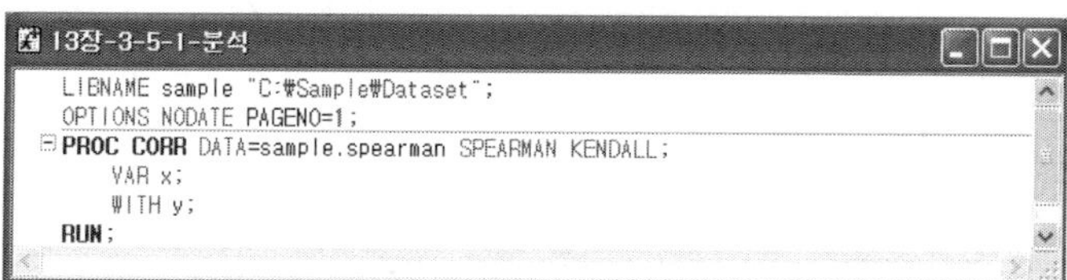

```
13장-3-5-1-분석
LIBNAME sample "C:\Sample\Dataset";
OPTIONS NODATE PAGENO=1;
PROC CORR DATA=sample.spearman SPEARMAN KENDALL;
    VAR x;
    WITH y;
RUN;
```

(3) 결과해석

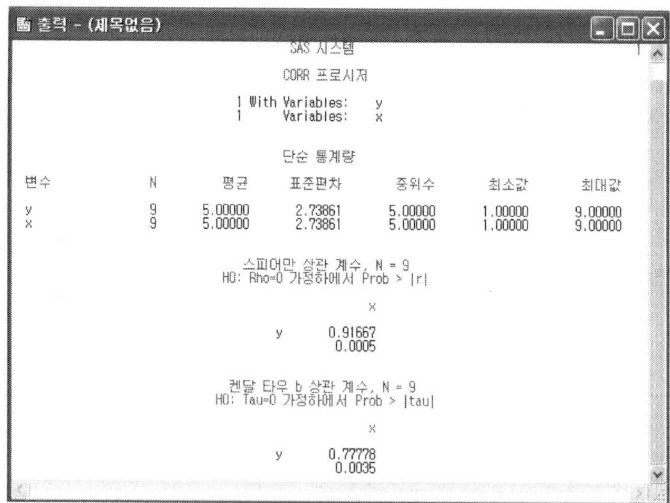

```
출력 - (제목없음)
                         SAS 시스템                                1
                        CORR 프로시저

                   1 With Variables:    y
                   1      Variables:    x

                        단순 통계량

변수        N       평균      표준편차      중위수      최소값      최대값
y           9    5.00000     2.73861     5.00000     1.00000     9.00000
x           9    5.00000     2.73861     5.00000     1.00000     9.00000

                 스피어만 상관 계수, N = 9
               H0: Rho=0 가정하에서 Prob > |r|

                              x

                   y     0.91667
                          0.0005

                 켄달 타우 b 상관 계수, N = 9
              H0: Tau=0 가정하에서 Prob > |tau|

                              x

                   y     0.77778
                          0.0035
```

결과를 보면 스피어만 상관계수가 나와 있다. 현재데이터의 상관계수는 0.91667이고, 유의한 것으로 보아 상관관계가 있다. 계속해서 켄달의 상관관계가 나와 있다. 현재데이터의 상관계수는 0.77778이고, 유의하기 때문에 상관관계가 있다고 할 수 있다.

4. 프로시저 설명

4.1 PROC NPAR1WAY

(1) PROC NPAR1WAY 기본형

```
PROC NPAR1WAY DATA=데이터셋 옵션;
   CLASS 변수;
   VAR 변수들;
```

(2) PROC NPAR1WAY 옵션;

PROC NPAR1WAY에서 쓸 수 있는 주요 옵션들을 보면 다음과 같다.

[옵션]
- DATA=데이터셋 : 일반적인 데이터셋의 이름을 지정한다. 이 옵션이 없을 경우 이 프로시저 직전에 만들어졌던 데이터셋을 사용한다.
- EDF : 실제 분포 함수에 근거하여 Kolmogorov-Smirinov 통계량, Cramer-von Mises 통계량, 분류변수의 수준이 둘인 경우에는 이 통계량에 Kuiper 통계량이 추가된다.
- MEDIAN : median 점수를 계산한다. median 점수는 메디안 이상인 경우에는 1로 메디안 이하인 경우에는 0으로 계산을 한다. 두 그룹인 경우에는 median 점수를 제공하고, 세 그룹 이상인 경우에는 Brown-Mood 검정을 한다.
- SAVAGE : Savage 점수를 계산한다. Savage 점수는 지수분포를 갖는 데이터 그룹간의 비교를 할 때 적절한 검정방법이다.
- VW : Van der Warden 점수를 계산. 서열을 n+1로 나누어 준 값의 정규분포값을 역수로 취해줌으로써 계산이 된다.
  $\Phi^{-1}((R_i/(n+1))$
- WILCOXON : 데이터의 서열 분석 또는 Wilcoxon 점수를 계산한다. 수준이 2인 경우에는 윌콕슨 서열합 검정이고, 수준이 3이상인 경우에는 크루스칼-왈리스 검정이 된다.

선택모형분석

14

CHAPTER

1. 선택모형분석의 개요

1.1 선택모형분석이란

선택모형(choice models), 즉 멀티노미알 로짓 모형(multinomial logit modeling)이란 소비자 선택 행동에 대한 분석을 위해 개발된 기법이다(Manski and McFadden 1981; Louviere and Woodworth 1983). 선택모형분석은 결합분석이 마케팅 조사 분야에 널리 사용되면서 이에 대한 대안으로 새롭게 등장한 모델이다(Louviere 1991; Carson et al. 1994). 결합분석이 여러 가지 프로파일(대안)에 대한 선호도나 선호도 등수를 평가해 각 속성별 속성수준의 부분가치를 산출해 내는 방법인데 비해, 선택모형분석은 여러 가지 프로파일(대안)에 대한 선택을 평가해 각 속성의 중요도나 속성수준의 부분가치(part−worth)를 산출해 내는 방법이다. 선택모형분석은 이러한 의미에서 결합분석에 비해 소비자 행동 예측에 더욱 가까운 모형이라고 볼 수 있다.

선택모형분석은 독립변수와 종속변수간의 인과관계를 추정한다는 점에서 회귀분석과 유사하다. 선택모형분석과 회귀분석의 차이점은 회귀분석은 종속변수에 메트릭 척도가 사용되는 반면에 선택모형분석은 종속변수가 명목척도로 측정이 된다. 각 상표의 매출액이나 시장점유율같이 종속변수가 등간척도나 비율척도로 측정된 연속변수일 경우는 회귀분석이 사용된다. 선택모형분석은 선택대안의 속성을 독립변수로 활용하여 응답자가 어떤 대안(상표 또는 점포)을 선택하는지를 설명하는 모형으로 이산적 선택모형(discrete choice modeling)이라고도 한다.

1.2 선택모형분석의 원리

선택모형분석에서 가정으로 사용하고 있는 멀티노미알 로짓 모형(Multinomial Logit Model)은 다음과 같은 형태를 가지고 있다. 일반적으로 선택대안 집합 C에서 선택된 m개의 대안들 중에 하나의 대안(c_i)를 선택하는 개인의 선택 확률을 다음과 같이 가정한다.

$$p(c_i \mid C) = \frac{\exp(U(c_i))}{\sum_{j=1}^{m} \exp(U(c_j))} = \frac{\exp(x_i\beta)}{\sum_{j=1}^{m} \exp(x_j\beta)}$$

여기서 x_i는 대안 속성들의 벡터이며, β는 알려지지 않은 모수이다. $U(c_u)=x_i\beta$는 대안 c_i의 효용이며, 이는 속성들의 선형함수로 표현된다. 소비자 i가 선택대안 집합 C에서 m개의 대안들 중에 하나의 대안(c_i)를 선택할 때 얻을 수 있는 효용을 다시 표현하면 다음과 같다.

$$U(c_i)=v(c_i)+\varepsilon_i$$

로서 $v(c_i)$는 c_i 대안의 효용중 결정적(deterministic) 부분이며, ϵ_i는 무작위적(random) 부분이다. 이식에서 $v(c_i)$ 만을 다시 표현하면,

$$\begin{aligned} v(c_i) &= \sum b_k x_{ik} \\ &= b_1 x_{i1} + b_2 x_{i2} + \ldots + b_n x_{in} \end{aligned}$$

로서, k는 선택대안의 k번째 속성을 의미하며($k=1, 2, \cdots, n$), x_{ik}는 i번째 대안의 k번째 속성값을 의미한다. 또한 b_k는 k번째 속성에 대한 모수값(parameter)를 의미한다.

따라서 개인 선택확률식을 다시 해석해 보면 선택대안 집합 C에서 선택된 m개의 대안들 중에 하나의 대안(c_i)를 선택하는 개인의 선택 확률은 개별 대안의 효용에 대한 지수함수값을 전체 효용의 지수함수값의 합으로 나누어진 값이라는 의미이다.

예를 들어 $m=8$인 8개의 대안과 3개의 속성(각 속성별 2개의 속성수준)을 갖는 경우를 생각해보자. 'x=(색, 부드러움, 선호도)'라는 3개의 속성값은 색 속성의 경우 1인 경우는 어두운 색, 0인 경우는 우우 빛, 부드러움 속성은 1은 부드럽다, 0은 까칠까칠하다, 마지막으로 호도 속성의 경우는 1은 있다, 0은 없다면 총 8개의 대안이 다음과 같은 형태로 구성될 수 있다.

$$\begin{array}{llll} x_1=(0\quad 0\quad 0) & x_2=(0\quad 0\quad 1) & x_3=(0\quad 1\quad 0) & x_4=(0\quad 1\quad 1) \\ x_5=(1\quad 0\quad 0) & x_6=(1\quad 0\quad 1) & x_7=(1\quad 1\quad 0) & x_8=(1\quad 1\quad 1) \end{array}$$

여기서 가상적으로 $\beta'=(4\quad -2\quad 1)$이라고 가정해 보자. 이 계수의 의미는 색이 어두운 경우는 부분가치가 4라는 의미이며, 부드러운 경우는 -2, 호도가 있으면 1이라는 의미이다. 따라서 각 대안은 효용은 아래와 같이 계산이 될 것이다.

$$\begin{aligned} U(x_1) &= 0\times4+0\times(-2)+0\times1 = 0 \\ U(x_2) &= 0\times4+0\times(-2)+1\times1 = 1 \end{aligned}$$

$$
\begin{aligned}
U(x_3) &= 0\times4+1\times(-2)+0\times1 = -2 \\
U(x_4) &= 0\times4+1\times(-2)+1\times1 = -1 \\
U(x_5) &= 1\times4+0\times(-2)+0\times1 = 4 \\
U(x_6) &= 1\times4+0\times(-2)+1\times1 = 5 \\
U(x_7) &= 1\times4+1\times(-2)+0\times1 = 2 \\
U(x_8) &= 1\times4+1\times(-2)+1\times1 = 3
\end{aligned}
$$

다음으로 각 대안의 효용에 대한 지수함수값 전체 합은 다음과 같이 계산이 된다.

$$\sum_{j=1}^{m} \exp(x_j\beta) = \exp(0) + \exp(1) + \cdots + \exp(3) = 234.707$$

따라서 각 대안에 대한 선택 확률은 다음과 같이 계산이 된다.

$$
\begin{aligned}
p(x_1 \mid C) &= \exp(0)/234.707 = 0.004 \\
p(x_2 \mid C) &= \exp(1)/234.707 = 0.012 \\
p(x_3 \mid C) &= \exp(-2)/234.707 = 0.001 \\
p(x_4 \mid C) &= \exp(-1)/234.707 = 0.002 \\
p(x_5 \mid C) &= \exp(4)/234.707 = 0.233 \\
p(x_6 \mid C) &= \exp(5)/234.707 = 0.632 \\
p(x_7 \mid C) &= \exp(2)/234.707 = 0.031 \\
p(x_8 \mid C) &= \exp(3)/234.707 = 0.086
\end{aligned}
$$

여기서 대안 6의 선택 확률이 가장 높음을 알 수 있다.

선택모형분석은 이와 같은 경우에 각 대안별 선택 확률과 속성의 계수를 산출할 때 유용하게 사용이 될 수 있다. 예를 들어 8개의 대안 중에 소비자 10명의 선택이 x_5, x_6, x_7, x_5, x_2, x_6, x_2x_6, x_6, x_6 순으로 나타났다고 하자. 그러면 전체 소비자의 선택을 보고 각 대안별 선택 가능성과 각 대안을 평가하는 속성에 대한 평가는 어떻게 나타날 것인가를 평가해 볼 수 있을 것이다.

앞에서 본 예제의 경우에는 가상의 예이지만 실제 선택모형분석을 분석하게 되면 β에 대한 추정값과 각 대안별 선택확률을 추정할 수 있게 된다.

2. 선택모형분석의 예

2.1 실험디자인 사례

(1) 분석데이터

다음은 앞에서 가상의 예로 살펴보았던 캔디바의 예제이다. 소비자 10명의 대안 선택이 앞에서와 같이 5 6 7 5 2 6 2 6 6 6 형태로 나타났다. 소비자가 평가대상에 있었던 대안은 앞에서 살펴보았던 속성 색, 부드러움, 호도 등 3개의 속성에 대한 8개의 대안이었다.

다음과 같이 확장편집기에서 먼저 소비자의 선택 대안에 대한 속성값을 설명하는 데이터셋을 만든다.

14장-2-1-1-데이터

```
LIBNAME sample 'C:\Sample\Dataset';
DATA sample.mnl1_combos;
  INPUT dark soft nuts;
  CARDS;
0 0 0
0 0 1
0 1 0
0 1 1
1 0 0
1 0 1
1 1 0
1 1 1
RUN;
```

다음으로 소비자 선택에 대한 데이터셋을 구성한다. 여기서 중요한 것은 먼저 앞에서 구성된 데이터셋과 합쳐야 한다는 점이다(SET sample. combos point=i). 또한 데이터 스텝에서 subj=_n_; 문장을 통해 각 소비자 번호를 자동으로 산출하고, set=1을 지정해 현재 8개로 구성된 한 개의 대한 집합에서 선택이 있어 났다는 것을 표시해야 한다. 그리고 DO문을 통해 총 대안 중 각 소비자가 어떤 대안을 선택했는지 여부에 따라 선택을 했으면 1, 선택하지 않았으면 2의 값을 갖도록(c=2−(i eq choice)) 아래와 같이 프

14장-2-1-2-데이터

```
LIBNAME sample 'C:\Sample\Dataset';
DATA sample.mnl1;
  INPUT choice @@;
  DROP CHOICE;
  subj=_n_;
  SET=1;
  DO i=1 TO 8;
    c=2-(i eq choice);
    SET sample.mnl1_combos point=i;
    OUTPUT;
    END;
   CARDS;
5 6 7 5 2 6 2 6 6 6
RUN;
```

로그램을 해주어야 한다.

위와 같이 두 개의 데이터셋을 구성하면 각 소비자당 8개 대안에 대한 관찰치로서 총 80개의 관찰치가 구성이 된다. 이 과정을 다음과 같이 각 개인별로 구성된 관찰치값을 중심으로 80개의 관찰치를 직접 입력해도 된다. 데이터셋을 보면 *subj*는 소비자, *set*은 1(소비자별 선택대안 집합이 1인 경우, 여러 개이면 선택대안집합이 2번째, 3번째, … 등으로 표시된다), *c*(선택은 1, 비선택은 2를 갖고 있음), 다음으로 각 속성의 속성값이 표시되어 있다.

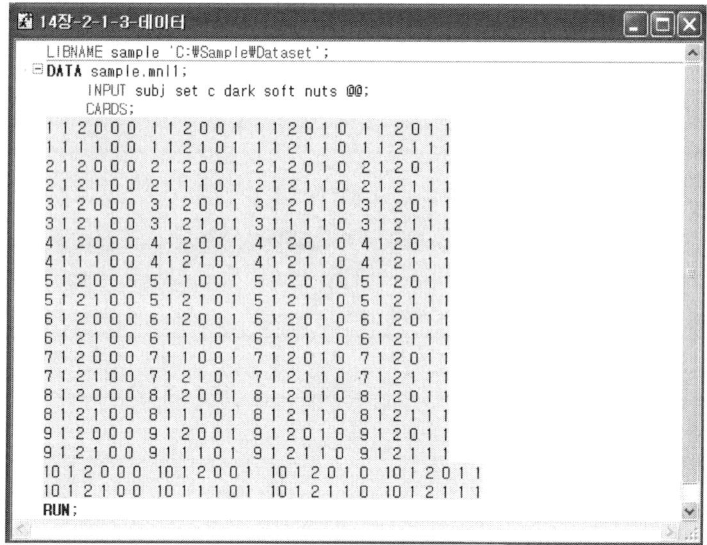

14장-2-1-3-데이터

```
LIBNAME sample 'C:\Sample\Dataset';
DATA sample.mnl1;
     INPUT subj set c dark soft nuts @@;
     CARDS;
1 1 2 0 0 0  1 1 2 0 0 1  1 1 2 0 1 0  1 1 2 0 1 1
1 1 1 1 0 0  1 1 2 1 0 1  1 1 2 1 1 0  1 1 2 1 1 1
2 1 2 0 0 0  2 1 2 0 0 1  2 1 2 0 1 0  2 1 2 0 1 1
2 1 2 1 0 0  2 1 1 1 0 1  2 1 2 1 1 0  2 1 2 1 1 1
3 1 2 0 0 0  3 1 2 0 0 1  3 1 2 0 1 0  3 1 2 0 1 1
3 1 2 1 0 0  3 1 2 1 0 1  3 1 1 1 1 0  3 1 2 1 1 1
4 1 2 0 0 0  4 1 2 0 0 1  4 1 2 0 1 0  4 1 2 0 1 1
4 1 1 1 0 0  4 1 2 1 0 1  4 1 2 1 1 0  4 1 2 1 1 1
5 1 2 0 0 0  5 1 1 0 0 1  5 1 2 0 1 0  5 1 2 0 1 1
5 1 2 1 0 0  5 1 2 1 0 1  5 1 2 1 1 0  5 1 2 1 1 1
6 1 2 0 0 0  6 1 2 0 0 1  6 1 2 0 1 0  6 1 2 0 1 1
6 1 2 1 0 0  6 1 1 1 0 1  6 1 2 1 1 0  6 1 2 1 1 1
7 1 2 0 0 0  7 1 1 0 0 1  7 1 2 0 1 0  7 1 2 0 1 1
7 1 2 1 0 0  7 1 2 1 0 1  7 1 2 1 1 0  7 1 2 1 1 1
8 1 2 0 0 0  8 1 2 0 0 1  8 1 2 0 1 0  8 1 2 0 1 1
8 1 2 1 0 0  8 1 1 1 0 1  8 1 2 1 1 0  8 1 2 1 1 1
9 1 2 0 0 0  9 1 2 0 0 1  9 1 2 0 1 0  9 1 2 0 1 1
9 1 2 1 0 0  9 1 1 1 0 1  9 1 2 1 1 0  9 1 2 1 1 1
10 1 2 0 0 0  10 1 2 0 0 1  10 1 2 0 1 0  10 1 2 0 1 1
10 1 2 1 0 0  10 1 1 1 0 1  10 1 2 1 1 0  10 1 2 1 1 1
RUN;
```

(2) **분석과정**

[확장 편집기 화면]

선택모형분석은 PROC PHREG 프로시저를 통해 분석할 수 있다. 여기서 옵션으로 OUTEST=데이터셋을 지정해 주어야 하는데 이는 다음 프로그램에서 각 대안별 선택확률을 계산하기 위한 것이다. 다음으로 STRATA 문에서 소비자와 선택대안집합의 정보를 갖는 *subj, set* 변수를 지정해 주어야 하며, MODEL문에서 c*c(2)로 표시하는 것은 처음 *c*는 1인 경우 그 대안을 선택했다는 의미이며, c(2)는 대안이 선택되지 않은 경우는 2로 표시되어 있다는 의미이다. 또한 옵션으로서 TIES=BRESLOW를 항상 표시해 주어야 한다.

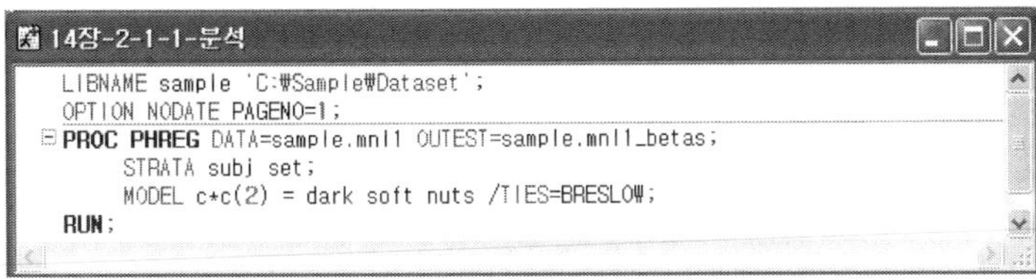

14장-2-1-1-분석
LIBNAME sample 'C:₩Sample₩Dataset';
OPTION NODATE PAGENO=1;
PROC PHREG DATA=sample.mnl1 OUTEST=sample.mnl1_betas;
STRATA subj set;
MODEL c*c(2) = dark soft nuts /TIES=BRESLOW;
RUN;

[시장 조사 화면]

시장 조사화면에서 분석을 하려면, 데이터분석 화면을 종료한 후 다음과 같이 시장 조사 분석화면을 시작한다. 시장 조사 화면을 시작하기 위해서는 **솔루션 → 분석 → 시장 조사**를 차례로 클릭한다.

다음과 같은 화면이 나오면, "예"를 선택하여 예제 분석 데이터셋을 만들 수 있다.

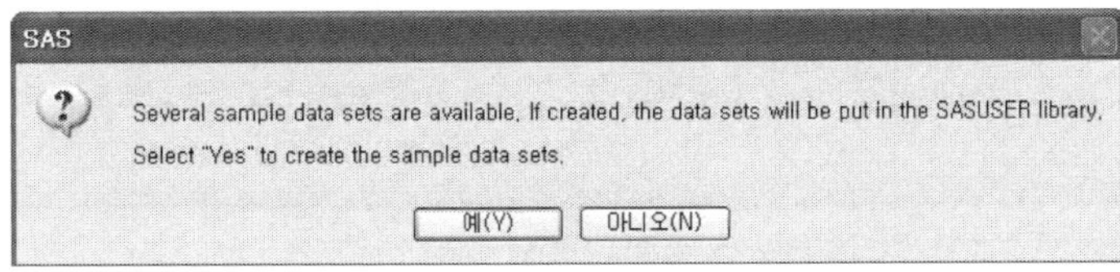

다음으로 시장 조사 분석 화면에서 데이터셋을 지정한다. 데이터셋은 Library에서 DATASET (C:₩Sample₩Dataset 폴더를 의미, 지정하는 방법은 2장 참조)을 지정하며, Dataset and

Last Analysis에서 데이터셋 mnl1선택한다. 다음으로 Analysis 화면에서 분석기법은 Discrete choice analysis를 지정해 선택모형분석 분석을 할 수 있도록 지정한다.

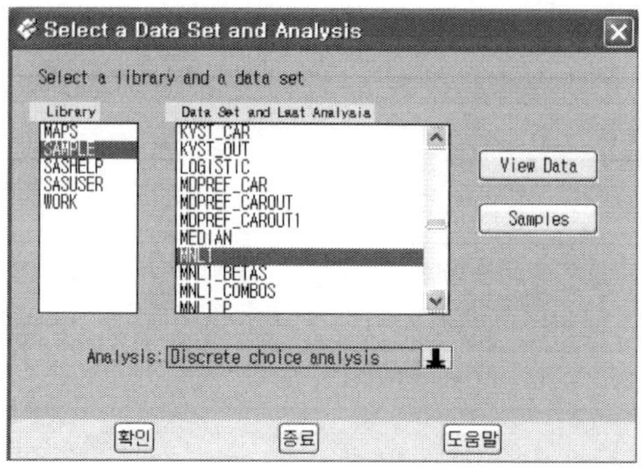

다음으로 데이터셋에 포함된 내용이 소비자별로 선택대안 집합이 1개인가 2개인가와 데이터셋이 빈도수 데이터셋을 포함하고 있는가를 묻는 창이 뜨는데, 여기서 확인을 클릭한다.

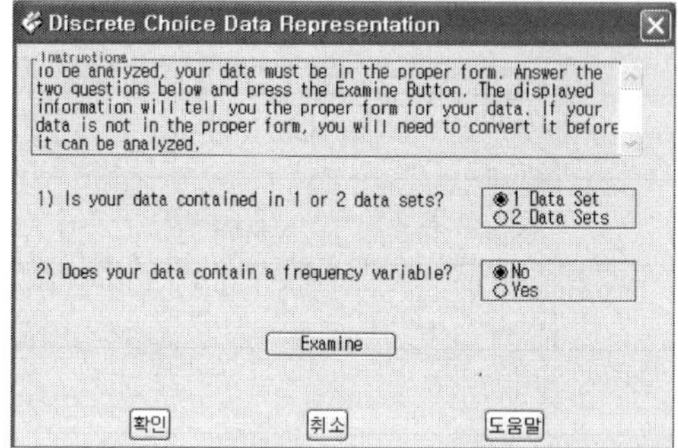

다음 화면에서 c 변수를 선택하고 Variable roles난에서 Response를 클릭해 Response 변수로 지정하고 Choice Event를 1로 한다. 다음으로 Choice Attribute란에 *dark, soft, nuts* 변수를, Choice set에 *set* 변수를 지정한다. 모든 과정이 끝나면 확인을 클릭한다.

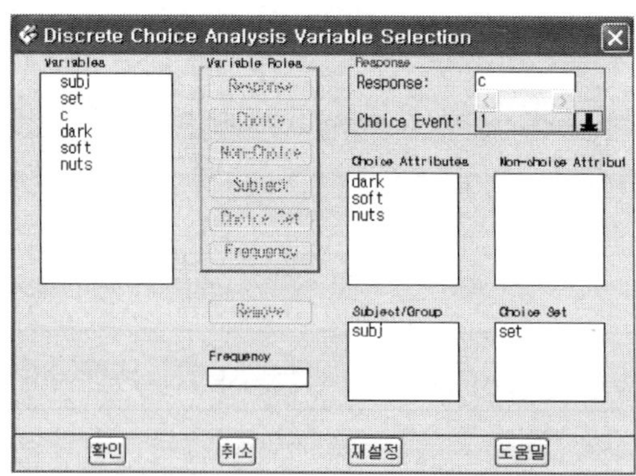

(3) 결과해석

[결과1]

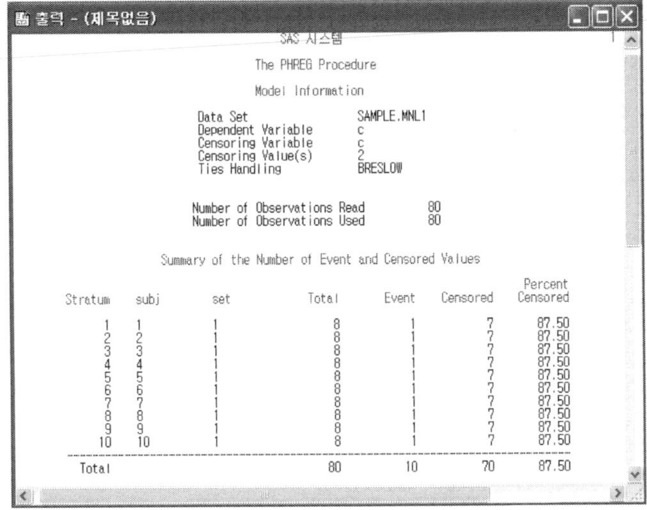

출력 - (제목없음)

SAS 시스템

The PHREG Procedure

Model Information

Data Set	SAMPLE.MNL1
Dependent Variable	c
Censoring Variable	c
Censoring Value(s)	2
Ties Handling	BRESLOW

Number of Observations Read	80
Number of Observations Used	80

Summary of the Number of Event and Censored Values

Stratum	subj	set	Total	Event	Censored	Percent Censored
1	1	1	8	1	7	87.50
2	2	1	8	1	7	87.50
3	3	1	8	1	7	87.50
4	4	1	8	1	7	87.50
5	5	1	8	1	7	87.50
6	6	1	8	1	7	87.50
7	7	1	8	1	7	87.50
8	8	1	8	1	7	87.50
9	9	1	8	1	7	87.50
10	10	1	8	1	7	87.50
Total			80	10	70	87.50

[결과1]을 보면 입력 데이터셋의 형태가 나와 있다. 여기서 중요하게 보아야 할 내용은 Censored난이다 현재 8개의 대안이 제시되어 있어 1개를 제외한 7개가 나와 있고, 이에 따른 %가 맞게 제시되어 있으면 된다.

[결과2]

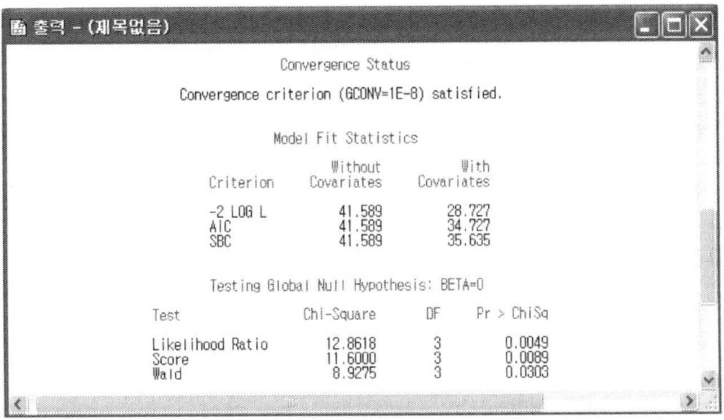

출력 - (제목없음)

Convergence Status

Convergence criterion (GCONV=1E-8) satisfied.

Model Fit Statistics

Criterion	Without Covariates	With Covariates
-2 LOG L	41.589	28.727
AIC	41.589	34.727
SBC	41.589	35.635

Testing Global Null Hypothesis: BETA=0

Test	Chi-Square	DF	Pr > ChiSq
Likelihood Ratio	12.8618	3	0.0049
Score	11.6000	3	0.0089
Wald	8.9275	3	0.0303

다음으로 [결과2]에서는 전체 모형 적합도를 나타내는 Likelihood ratio test 결과와 기타 통계량이 제시되어 있다. 현재 −2 LOG L을 보면 Likelihood ratio는 설명변수가 없는 경우(Without Covariates)는 41.589이고, 설명변수가 있는 경우(With Covariates)는 28.727로서 이들 차이에 대한 카이제곱 검정값이 12.86으로서 0.01 유의수준에서 의미가 있다. 따라서 적어도 하나의 설명변수의 계수에 대해서는 0이 아니라고 볼 수 있다.

각 값들에 대한 자세한 결과를 보기 위해서 추정치의 값들을 보면 색(dark)과 부드러움(soft)는 계수에 대한 카이제곱 통계량의 유의도를 보면 매우 의미가 있다는 것을 알 수 있다. 반면 호도(nuts)는 별 의미 없는 변수로 볼 수 있다.

[결과3]

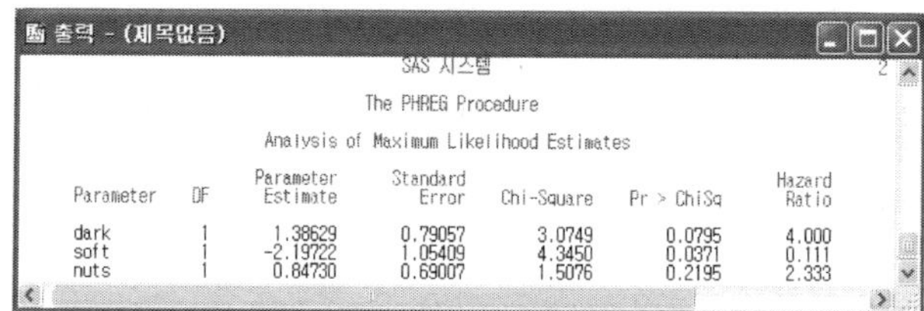

출력 - (제목없음)

SAS 시스템

The PHREG Procedure

Analysis of Maximum Likelihood Estimates

Parameter	DF	Parameter Estimate	Standard Error	Chi-Square	Pr > ChiSq	Hazard Ratio
dark	1	1.38629	0.79057	3.0749	0.0795	4.000
soft	1	-2.19722	1.05409	4.3450	0.0371	0.111
nuts	1	0.84730	0.69007	1.5076	0.2195	2.333

[결과3]에서 각 계수를 통해 예측되는 효용식 및 선택확율식은 다음과 같다.

$$U(c_i) = 1.39dark - 2.20soft + 0.85nuts$$

$$p(c_i \mid C) = \frac{\exp(x_i\beta)}{\sum_{j=1}^{m}\exp(x_j\beta)}$$

[시장 조사 화면]

시장 조사 화면의 결과에서는 선택 확률에 대한 결과를 살펴볼 수 있다. 다음 화면에서 **결과 → 선택 확률**을 클릭한다.

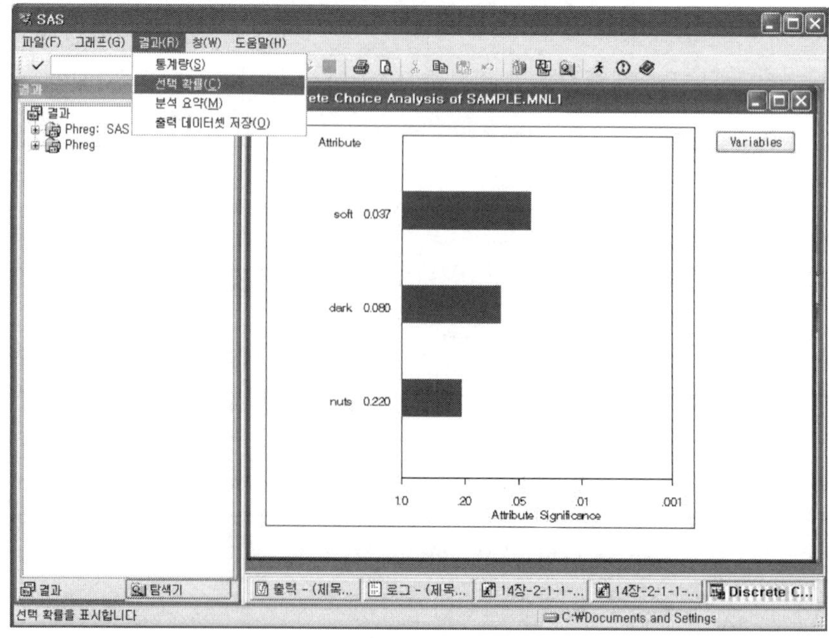

[결과4]

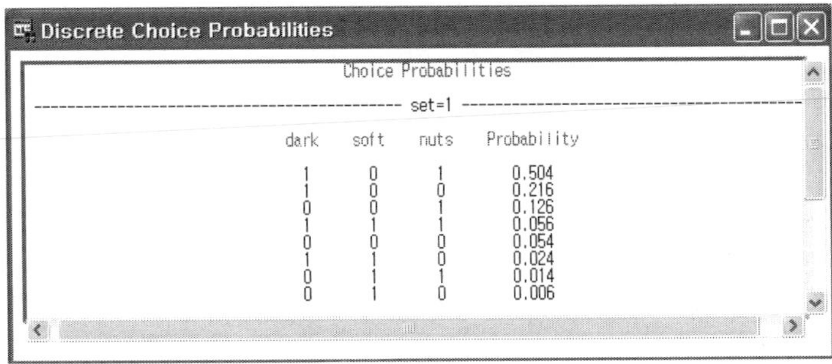

Discrete Choice Probabilities

Choice Probabilities

set=1

dark	soft	nuts	Probability
1	0	1	0.504
1	0	0	0.216
0	0	1	0.126
1	1	1	0.056
0	0	0	0.054
1	1	0	0.024
0	1	1	0.014
0	1	0	0.006

선택 확률에 대한 결과는 [결과4]처럼 제시된다. 결과를 보면 색이 어둡고, 호도가 있는 경우가 가장 선택 확률이 높은 0.504로 나와 있으며 색이 우유 빛, 호도가 없고, 부드러운 경우가 선택확률이 낮은 0.006으로 나와 있다.

[결과5]

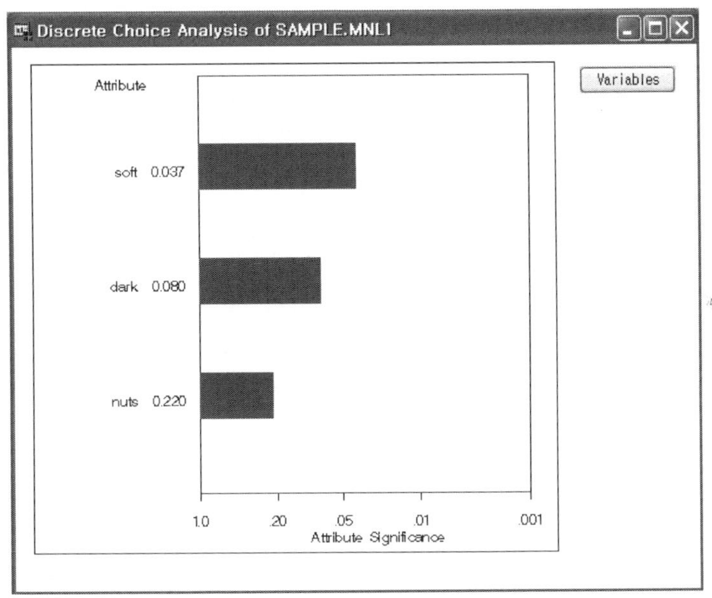

[결과5]는 각 속성에 대한 중요도가 제시되어 있다. 각 속성에 대한 중요도를 막대 그래프로 표기하였다.

[확장 편집기 화면]

[결과4]의 선택확률을 알아보기 위해 확장편집기에서 보고자 하면 다음과 같이 프로그램을 작성해야 한다. 이 경우 sample.combos와 같은 대안 프로파일 데이터셋이 있어야 한다. 없는 경우는 프로파일 데이터셋을 작성한 후에 다음과 같은 프로그램을 입력해야 한다. 여기서 속성의 수에 따라 ARRAY문의 []안의 수와 DO문의 최대 수까지를 변화시켜야 한다. 다음 데이터 스텝에서는 확률을 계산했으며, PROC PRINT 프로시저로 결과를 출력했다.

14장-2-1-2-분석

```
LIBNAME sample 'C:\Sample\Dataset';
DATA sample.mnl1_p;
      RETAIN sum 0;
      SET sample.mnl1_combos END=EOF;
      IF _n_=1 THEN
         SET sample.mnl1_betas(RENAME=(dark=b1 soft=b2
             nuts=b3));
      KEEP dark soft nuts p;
      ARRAY x[3] dark soft nuts;
      ARRAY b[3] b1-b3;
      p=0;
      DO j=1 TO 3;
         p=p+x[j]*b[j];
         END;
      p=exp(p);
      sum=sum+p;
      IF EOF THEN CALL SYMPUT('sum',PUT(sum,best12.));
RUN;
PROC PRINT;
DATA sample.mnl1_p;
      SET sample.mnl1_p;
      p=p/(&sum);
RUN;
PROC PRINT data=sample.mnl1_p;
RUN;
```

2.2 브랜드 가격 경쟁 사례

(1) 분석데이터

분석데이터는 100명의 고객이 가격 구성이 달라지는 브랜드 선택집합 8개에 대한 선택결과를 합산한 결과이다. 이에 대한 합산 표가 다음 표와 같이 제시되어 있다. 총 5개 브랜드, 100명, 8개 선택집합의 결합인 4000여 개의 관찰치가 형성된다. 이 데이터는 다음 메모장의 데이터처럼 각 선택집합별로 100명에 대해서 선택에 대한 결과가 구성이 된다.

표에서 보여 주는 선택 결과는 브랜드 선택집합별로 다른 가격을 정했을 때 소비자 선택이 달라지는 과정을 보여준다.

선택 집합	브랜드1	브랜드2	브랜드3	브랜드4	기타
1	$3.99(4)	$5.99(29)	$3.99(16)	$5.99(42)	$4.99(9)
2	$5.99(12)	$5.99(19)	$5.99(22)	$5.99(33)	$4.99(14)
3	$5.99(34)	$5.99(26)	$3.99(8)	$3.99(27)	$4.99(5)
4	$5.99(13)	$3.99(37)	$5.99(15)	$3.99(27)	$4.99(8)
5	$3.99(49)	$3.99(1)	$3.99(9)	$5.99(37)	$4.99(4)
6	$3.99(31)	$5.99(12)	$5.99(6)	$3.99(18)	$4.99(33)
7	$3.99(37)	$3.99(10)	$5.99(5)	$5.99(35)	$4.99(13)
8	$3.99(16)	$3.99(14)	$3.99(5)	$3.99(51)	$4.99(14)

[확장 편집기 화면]

다음과 같이 확장편집기에서 먼저 소비자의 선택과 속성대안의 평가 정보가 있는 mnl2.txt 외부파일을 직접 읽어 들였다. 여기서 선택대안의 집합은 *set*, *subj*는 응답자 번호이며, *choice*는 선택여부로서 1인 경우는 선택 2인 경우는 선택을 하지 않은 경우이다. *price*는 가격변수이며, $brand_1 - brand_4$ *other*는 각각 브랜드를 의미한다.

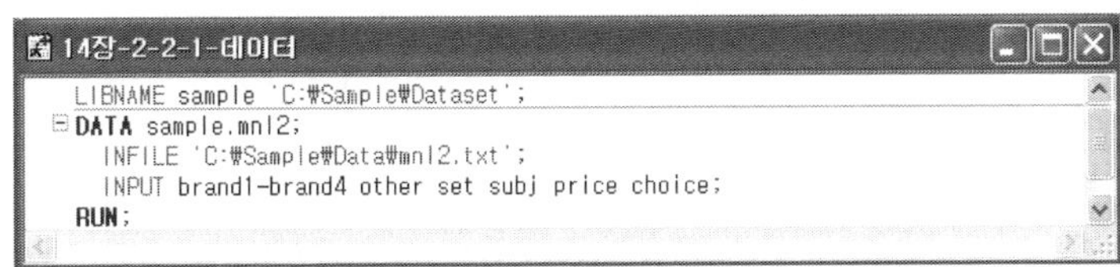

(2) 분석과정

[확장 편집기 화면]

선택모형분석은 PROC PHREG 프로시저를 통해 분석할 수 있다. 여기서 옵션으로 OUTEST=데이터셋을 지정해서 선택집합의 각 대안별 선택 확률을 계산하기 위한 것이다. NOSUMMARY 옵션은 대안 프로파일 데이터를 출력하지 말라는 옵션이다. 다음으로 STRATA 문에서 소비자와 선택대안집합의 정보를 갖는 *subj*, *set* 변수를 지정해 주어야 하며, **MODEL**문에서 choice*choice(2)로 표시하는 것은 처음 *choice*가 1인 경우 그 대안을 선택했다는 의미이며, choice(2)는 대안이 선택되지 않은 경우는 2로 표시되어 있다는 의미이다. 또한 옵션으로서 **TIES=BRESLOW**를 항상 표시해 주어야 한다.

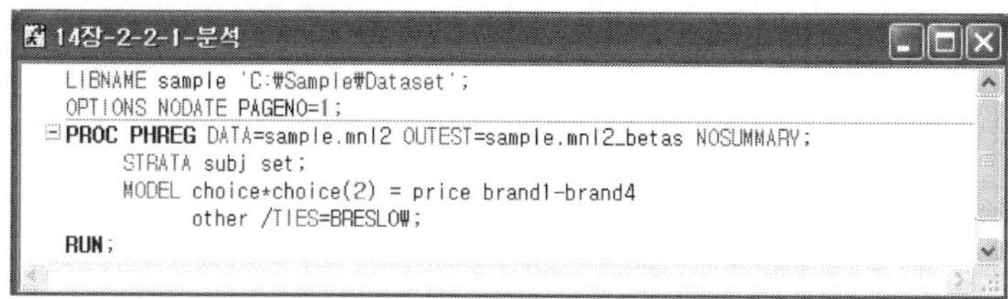

[시장 조사 화면]

시장 조사화면에서 분석을 하려면, 데이터분석 화면을 종료한 후 다음과 같이 시장 조사 분석화면을 시작한다. 시장 조사 화면을 시작하기 위해서는 **솔루션 → 분석 → 시장 조사**를 차례로 클릭한다.

다음으로 시장 조사 분석 화면에서 데이터셋을 지정한다. 데이터셋은 Library에서 DATASET (C:₩Sample₩Dataset 폴더를 의미, 지정하는 방법은 2장 참조)을 지정하며, Dataset and Last Analysis에서 데이터셋 mnl2 선택한다. 다음으로 Analysis 화면에서 분석기법은 Discrete choice analysis를 지정해 선택모형분석 분석을 할 수 있도록 지정한다.

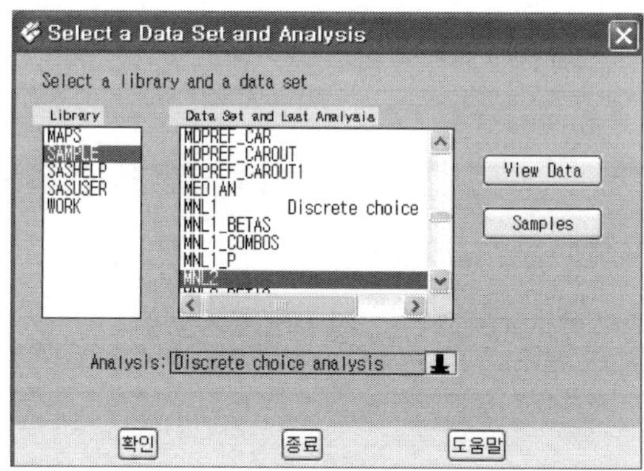

다음 화면에서는 데이터셋을 1개(1 Data Set)로, 빈도 변수를 가지고 있지 않기 때문에 'No'로 지정한다.

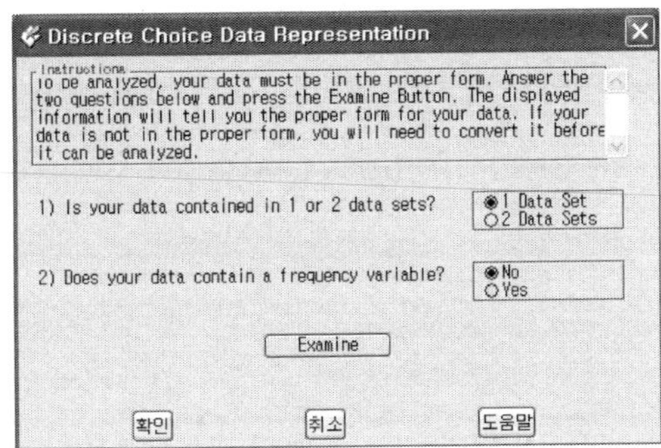

다음 화면에서 *choice* 변수를 선택하고 Variable roles난에서 Response를 클릭해 *Response* 변수로 지정하고 Choice Event를 1로 한다. 다음으로 Choice Attribute란에 *price*와 *brand* 변수를, Choice set에 *set* 변수를 지정한다. 모든 과정이 끝나면 확인을 클릭한다.

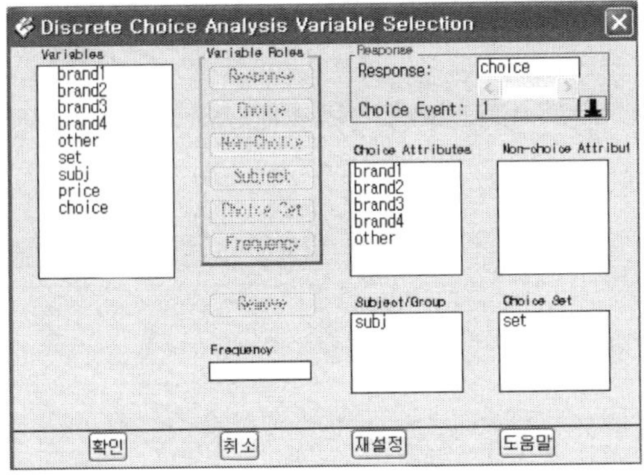

(3) 결과해석

[결과1]

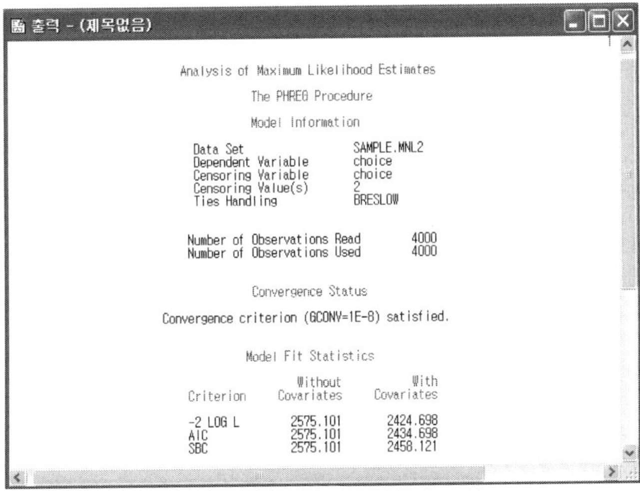

출력 - (제목없음)

Analysis of Maximum Likelihood Estimates

The PHREG Procedure

Model Information

Data Set	SAMPLE.MNL2
Dependent Variable	choice
Censoring Variable	choice
Censoring Value(s)	2
Ties Handling	BRESLOW

Number of Observations Read	4000
Number of Observations Used	4000

Convergence Status

Convergence criterion (GCONV=1E-8) satisfied.

Model Fit Statistics

Criterion	Without Covariates	With Covariates
-2 LOG L	2575.101	2424.698
AIC	2575.101	2434.698
SBC	2575.101	2458.121

[결과1], [결과2]에서는 전체 모형 적합도를 나타내는 Likelihood ratio test 결과와 기타 통계량이 제시되어 있다. 현재 −2 LOG L을 보면, Likelihood ratio는 설명변수가 없는 경우(Without Covariates)는 2575.101이고, 설명변수가 있는 경우(With Covariates)는 2424.698로서 이들 차이에 대한 카이제곱 검정값이 150.40으로서 0.01 유의수준에서 의미가 있다. 따라서 적어도 하나의 설명변수의 계수에 대해서는 0이 아니라고 볼 수 있다. 각 값들에 대한 자세한 결과를 보기 위해서 추정치의 값들을 보면 가격(*price*)이 중요한 선택 변수임을 알 수 있다. 브랜드를 분석해 보면, 제시된 브랜드 이외의 다른 브랜드(other)를 기준으로 볼 경우 브랜드1, 2, 4는 브랜드 이름 자체가 선택에 중요한 영향을 주고 있음을 알 수 있다. 반면에 브랜드 3은 다른 브랜드에 비해 별 차이가 없음을 알 수 있다.

[결과2]

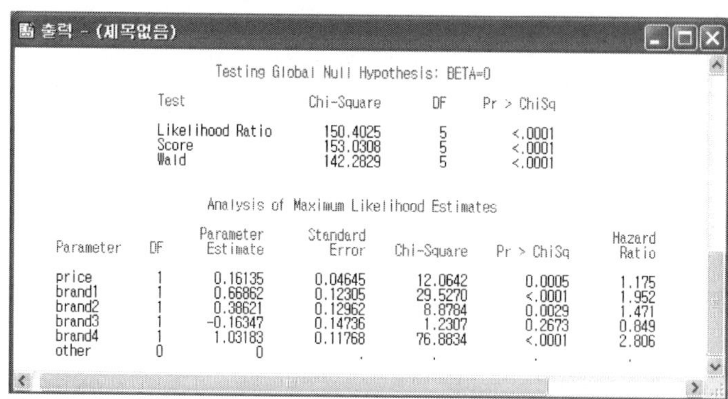
출력 - (제목없음)

Testing Global Null Hypothesis: BETA=0

Test	Chi-Square	DF	Pr > ChiSq
Likelihood Ratio	150.4025	5	<.0001
Score	153.0308	5	<.0001
Wald	142.2829	5	<.0001

Analysis of Maximum Likelihood Estimates

Parameter	DF	Parameter Estimate	Standard Error	Chi-Square	Pr > ChiSq	Hazard Ratio
price	1	0.16135	0.04645	12.0642	0.0005	1.175
brand1	1	0.66862	0.12305	29.5270	<.0001	1.952
brand2	1	0.38621	0.12962	8.8784	0.0029	1.471
brand3	1	-0.16347	0.14736	1.2307	0.2673	0.849
brand4	1	1.03183	0.11768	76.8834	<.0001	2.806
other	0	0	.	.	.	.

각 계수를 통해 예측되는 효용식 및 선택확률식은 다음과 같다.

$$U(c_i) = 0.16price + 0.67brand1 + 0.39brand2 - 0.16brand3 + 1.03brand4$$

$$p(c_i \mid C) = \frac{\exp(x_i\beta)}{\sum_{j=1}^{m}\exp(x_j\beta)}$$

[시장 조사 화면]

시장 조사 화면의 결과에서는 선택 확률에 대한 결과를 살펴볼 수 있다. 다음 화면에서 **결과 → 선택 확률**을 클릭한다.

선택 확률에 대한 결과는 [결과3]처럼 제시된다. 각 선택 대안 집합별로 선택확률에 대한 결과가 제시되어 있다.

[결과3]

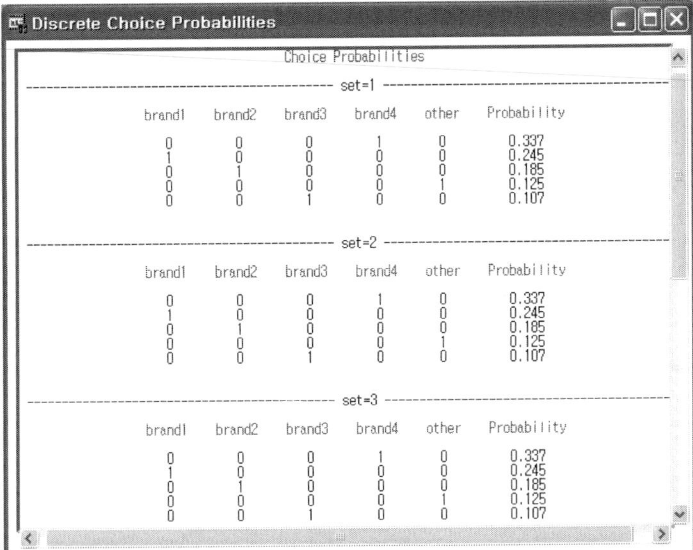

Discrete Choice Probabilities

Choice Probabilities

set=1

brand1	brand2	brand3	brand4	other	Probability
0	0	0	1	0	0.337
1	0	0	0	0	0.245
0	1	0	0	0	0.185
0	0	0	0	1	0.125
0	0	1	0	0	0.107

set=2

brand1	brand2	brand3	brand4	other	Probability
0	0	0	1	0	0.337
1	0	0	0	0	0.245
0	1	0	0	0	0.185
0	0	0	0	1	0.125
0	0	1	0	0	0.107

set=3

brand1	brand2	brand3	brand4	other	Probability
0	0	0	1	0	0.337
1	0	0	0	0	0.245
0	1	0	0	0	0.185
0	0	0	0	1	0.125
0	0	1	0	0	0.107

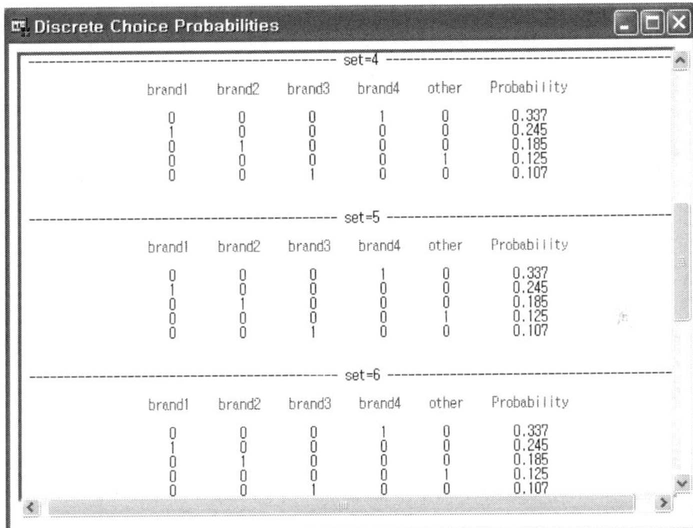

Discrete Choice Probabilities

set=4

brand1	brand2	brand3	brand4	other	Probability
0	0	0	1	0	0.337
1	0	0	0	0	0.245
0	1	0	0	0	0.185
0	0	0	0	1	0.125
0	0	1	0	0	0.107

set=5

brand1	brand2	brand3	brand4	other	Probability
0	0	0	1	0	0.337
1	0	0	0	0	0.245
0	1	0	0	0	0.185
0	0	0	0	1	0.125
0	0	1	0	0	0.107

set=6

brand1	brand2	brand3	brand4	other	Probability
0	0	0	1	0	0.337
1	0	0	0	0	0.245
0	1	0	0	0	0.185
0	0	0	0	1	0.125
0	0	1	0	0	0.107

Discrete Choice Probabilities

set=7

brand1	brand2	brand3	brand4	other	Probability
0	0	0	1	0	0.337
1	0	0	0	0	0.245
0	1	0	0	0	0.185
0	0	0	0	1	0.125
0	0	1	0	0	0.107

set=8

brand1	brand2	brand3	brand4	other	Probability
0	0	0	1	0	0.337
1	0	0	0	0	0.245
0	1	0	0	0	0.185
0	0	0	0	1	0.125
0	0	1	0	0	0.107

3. 프로시저 설명

3.1 PROC PHREG

(1) PROC PHREG의 기본형

```
PROC PHREG 옵션;
       STRATA 변수들;
       MODEL 종속변수 표현 = 독립변수들 /TIES=BRESLOW;
```

(2) PROC PHREG 옵션;

[옵션]
- DATA=데이터셋 : 분석할 데이터가 있는 데이터셋을 지정한다.
- NOSUMMARY : 데이터에 대한 이벤트 및 빈도 데이터를 출력하지 않는다.
- OUTEST=데이터셋 : 회귀계산 결과를 저장할 데이터셋을 지정한다.
- SIMPLE : 기초통계량을 출력한다.

(3) MODEL 종속변수 표현=독립변수들/옵션;

종속변수표현은 다음과 같이 선택과 비선택의 경우에 대한 값을 지정한다.

```
MODEL 선택변수*선택변수(비선택값)=독립변수들/옵션;
```

여기서 선택변수값은 일반적으로 1로 지정하며 비선택값은 2로 한다.

옵션은 TIES=BRESLOW 한 가지 경우만 사용할 수 있다.

(4) STRATA 변수들;

응답자 및 선택대안 집합 정보가 있는 변수들을 지정한다.

다차원척도법

15
CHAPTER

1. 다차원척도법의 개요

1.1 다차원척도법이란

다차원척도법(multidimensional scaling : MDS)은 Richardson(1938)에 의해 처음으로 응용 사례에 대한 소개가 된 이래, 사회과학 분야의 여러 영역에서 다양하게 사용되었다. 1960~70년에는 다차원척도법에 대한 마케팅 분야 응용과 관련된 여러 가지 중요한 내용들이 다루어졌었다(Green 1975). 마케팅 분야에서 다차원척도법은 제품 포지셔닝과 제품 디자인 분야에 많이 사용되고 있다. 다차원척도법은 대상들에 대한 유사성 데이터나 대상을 설명하고자 하는 속성들에 대한 데이터를 통해 대상들의 관계를 하나의 인지도에 나타내는 방법이다. 인지도는 특정 대상에 대하여 사람들이 어떻게 느끼고 있는가를 알 수 있는 데이터를 제공해 준다. 다차원척도법은 두 대상간에 유사성 또는 속성에 대한 값들의 척도가 서열 데이터 또는 등간 데이터 이상이 되어야 한다는 점에서 다음 장에 소개되는 대응분석 방법과 차이가 있다고 할 수 있다. 다차원척도법은 다음과 같은 분야에 적용할 수 있다(Clarke 1978; Green 1975; Wind and Robinson 1972).

- 소비자가 중요하게 생각하는 제품의 특성파악
- 소비자들이 좋아하는 제품개발
- 제품의 시장영역 추출
- 자사제품과 경쟁사제품의 위치파악을 통한 기회/위협의 포착
- 시장세분화 전략
- 광고효과의 측정

1.2 다차원척도법의 기본 개념

(1) 기본 가정 및 특징

다차원척도법은 다음과 같은 가정을 하고 있다.

- 인간은 인지능력의 한계로 인하여 모든 요소를 고려하여 대상을 평가하기 보다는 자신에게 중요한 몇 가지 요인에 의해 대상을 평가한다

• 평가자의 내면적인 사고에 의해 평가된 결과만이 구체적인 형태로 표출될 뿐, 평가과정에서의 기준이나 평가기준의 가중치는 표출되지 않고 평가자의 의식 속에 내재된다.

(2) 인지도

다차원척도법은 총체적인 평가에 의해서 얻어진 데이터를 이용하여 평가 대상간에 내재하고 있는 관계를 다차원적으로 분해해 내는 기법으로서, 대상물을 평가할 수 있는 차원을 가지고 대상물을 다음 그림과 같이 인지도(Perceptual Map)에 나타낸다.

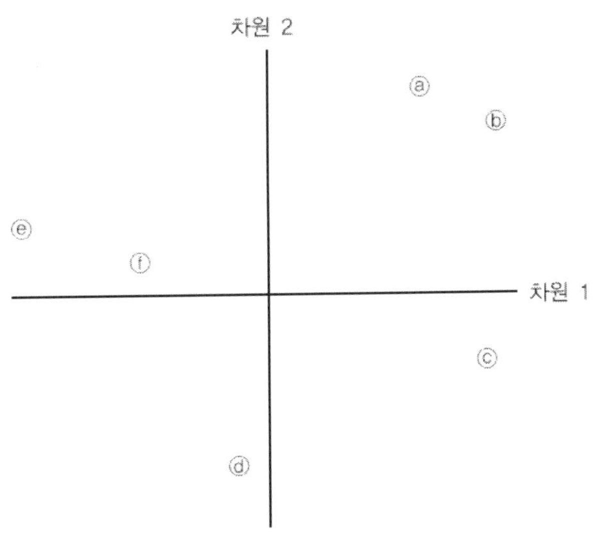

다차원척도법에서 제시하는 인지도 계산에 사용된 축과 관련된 특징들을 살펴보면 다음과 같다(Lehmann 1989).

• 다차원척도법의 축은 항상 정해진 것이 아니다. 설명의 필요성에 따라서 축을 회전시키거나, 축을 뒤집을 수가 있다.
• 항상 같은 축이 계산되지 않는다. 계산하는 방법에 따라 현재 데이터의 순위에 대한 거리를 유지하면서도 다른 축이 만들어 질 수 있다.
• 축의 수를 결정하는 방법이 힘들다. 앞에서도 제시되었지만 축의 수를 정하는 일정한 방법이 없으며, 바람직한 방법 중의 하나는 요인분석에서 스크리 검정을 하는 것과 같이 스트레스가 많이 줄어드는 차원의 수와 그 차원 이후의 스트레스의 감소 정도가 작은 차원의 수 사이에서 결정하는 것이 바람직하다.

분석해야 할 대상물이 많아지는 경우에는 대상물 쌍간에 비교하는 개수가 매우 많아진다. 즉 대상물이 20개인 경우에 190개의 쌍을 비교해야 한다.

인지도는 소비자가 대상을 인지하거나 평가할 때 어떠한 기준에 의해서 인식하게 되는가를 분석한다. 또한 인지도에서 노출된 각 차원에서 평가대상이 어떠한 위치에 포지션되는가를 분석해 준다. 인지도는 주로 초기에 여러 가지 대상물간의 유사성에 대한 차이를 가지고 대상물을 2개에서 3개 정도의 차원에 표시하는 형태가 많이 사용되었다. 이 과정에서 유사성 측정은 두 개의 대상물의 유사성을 7점이나 9점과 같은 리커트 형태로 물어 보던지 아니면 비슷한 정도에 대한 등수를 매기게 하는 방법을 활용하였다.

(3) 다차원척도법의 종류

다차원척도법은 데이터의 형태에 따라서 달라지게 된다. 데이터가 등수에 관한 데이터인 경우에는 넌메트릭 데이터(정성적인 데이터) 다차원척도법과 데이터가 등간 척도 이상의 리커트 타입 형태인 메트릭 데이터(정량적인 데이터) 다차원척도법으로 나뉜다. 넌메트릭 데이터 다차원척도법은 Shepard (1962)에 의해 처음 이용이 된 후, 유사성 또는 선호도 데이터에 대한 넌메트릭 또는 메트릭 데이터를 분석할 수 있는 다차원척도법으로 발전되었다.

또한 데이터에 대한 인지도를 그리는데 있어 단순히 대상물간의 관계만을 그래프로 나타내는 형태와 대상물과 이를 설명하는 속성 또는 응답자들을 하나의 그래프로 나타내는 방법이 있다. KYST, SYSTAT의 MDS는 단순히 대상물만을 그래프에 나타낸다. MDPREF와 같은 형태는 대표적 대상물과 이를 설명하는 속성 또는 응답자들을 하나의 그래프로 나타내는 방법이라고 볼 수 있으며, PREFMAP은 대상물과 이상적인 대상물의 속성들을 하나의 그래프에 나타낸다. 각 다차원척도법의 특징을 보면 다음과 같다.

■ KYST

① 인지도 : 평가대상의 위치만을 표시

② 필요데이터 : 쌍 비교에 의한 유사성 또는 상이성

■ INDSCAL

① 인지도 : 평가대상의 위치 이외에 개인적인 차이를 파악

② 필요데이터 : 쌍 비교에 의한 유사성 또는 상이성 (데이터는 2인 이상)

■ MDPREF

① 인지도 : 평가자(평가속성) 및 평가대상을 동시에 표현

② 필요데이터 : 대상들의 선호도

■ PROFIT

① 인지도 : 평가대상과 속성 위치 파악

② 필요데이터 : KYST에 의한 위치데이터와 속성 평가데이터

■ PREFMAP

① 인지도 : 평가대상, 평가자, 속성위치 파악

② 필요데이터 : KYST에 의한 위치데이터와 속성 평가데이터

1.3 다차원척도법의 분석진행 절차

(1) 단계1 : 대상물 선택

다차원척도법의 대상물은 먼저 비교할 대상을 선정하는 과정에서 시작된다. 대상은 회사간 비교, 제품이나 서비스간 비교, 기타 다른 대상물간 비교 등 비교가 가능한 것들을 선택한다. 이들 대상물은 서로 관련성이 있어야 하는데 이에 대해서는 연구자가 판단해야 하며, 비교 대상이 되는 대상물을 포함하지 않을 경우 분석결과가 큰 영향을 받는 것이 특징이다.

따라서 대상은 다음과 같은 기준을 통해 신중하게 선택한다.

- 비교 가능한 대안을 선택
- 적절한 수의 대안 선택 : 응답자 입장에서 평가의 용이도와 안정적인 다차원 척도 해를 얻기 위해 필요한 대상의 개수와 평가해야 하는 대안의 조합 개수간에 밸런스가 필요
- 보통 분석하고자 하는 차원보다 4배 이상의 대상수가 필요 : 대상수가 작은 경우 적절한 해보다 부풀려진 예측치가 나옴, 따라서 스트레스 값이 상당히 낮게 나오는 경향이 있음

(2) 단계2 : 대상물의 유사성 또는 선호도 측정

다차원척도법 분석을 위해서는 유사성 데이터 또는 선호도 데이터가 필요하다. 다차원척도법은 유사성 데이터를 기초로 개발된 기법이다. 유사성 데이터는 대상물간의 속성간 유사성 계산하는 방법이며, 선호도 데이터는 대상물에 대한 선호 평가, 선호 대안을 반영한 데이터다.

유사성 데이터는 다음과 같은 절차를 통해 측정이 되는데 이를 보면 다음과 같다.

- 비교해야 하는 각 대상간의 모든 조합을 카드에 기록한다.
  예) 6개 제품의 캔디바 (A, B, C, D, E, F)에 대한 데이터 수집의 경우
  아래와 같은 형태의 총 15개의 카드 조합을 구성한다.

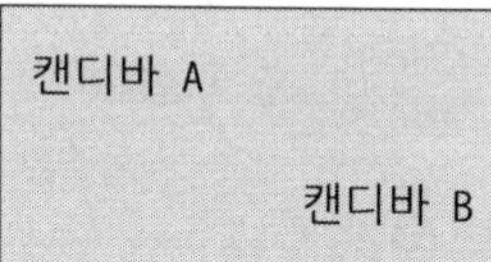

- 카드를 가장 비슷한 것부터 가장 다른 것 순으로 분류한다. 이 과정을 통해 넌메트릭 데이터 산출한다. 카드 중 가장 비슷하다고 생각하는 카드를 1 등으로 가장 비슷하지 않은 카드를 15등으로 점수를 매긴 다음 아래와 같이 데이터를 정리한다.

캔디바	A	B	C	D	E	F
A	–					
B	2		–			
C	13	12	–			
D	4	6	9	–		
E	3	5	10	1	–	
F	8	7	11	14	15	–

만약 카드 개수가 많아 동시에 분류할 수 없다면 이를 먼저 가장 비슷하다고 생각되는 카드들의 집단, 중간 정도 비슷하다고 생각하는 카드들의 집단, 가장 비슷하자 않다고 생각하는 카드들의 집단 등으로 먼저 구분한다.

다음으로 가장 먼저 비슷하다고 생각하는 집단에서부터 위에서 제시된 방법과 같이 카드를 비슷한 정도에 따라 등수를 매기고, 다음으로 비슷하다고 생각하는 집난에 대해 등수를 매기는 식으로 최종 카드까지 등수를 매긴 다음 앞에서와 같이 데이터를 정리한다.

• 또는 아래와 같이 카드의 유사성을 직접 측정한다 이 경우에는 메트릭 데이터 산출된다.

카드가 많은 경우에는 앞에서 제시되었던 정렬 방법과 비슷하게 데이터를 수집한다. 이 때는 위에서 제시된 스케일의 각 숫자에 들어간다고 생각되는 카드를 분류하게 한 후, 각 숫자에 대해서 앞에서와 같이 행렬 형태로 정리한다.

선호도 측정 데이터는 다음과 같은 과정을 통해 만들어 진다. 먼저 넌메트릭 데이터 산출하는 과정은 다음과 같이 만들어 진다.

• 직접등수를 매기는 방법(direct ranking) : 아래의 5개 캔디바에 대해서 가장 선호하는 캔디바 1등에서 가장 싫어하는 캔디바 5등까지 등수를 매긴다.

캔디바 A	______________
캔디바 B	______________
캔디바 C	______________
캔디바 D	______________
캔디바 E	______________

• 쌍비교 방법(paired comparisons) : 아래와 같이 쌍으로 대상을 제시하고 두 캔디바 중 선호하는 것에 체크하게 한다

A	B
A	C
A	D
A	E
B	C
B	D
B	E
C	D
C	E
D	E

여기서 분석된 선호 관계를 통해 각 제품의 선호 관계를 1등에서 5등까지 매긴다. 또는 다음과 같이 카드의 선호도를 직접 측정해 메트릭 데이터를 만들 수도 있다.

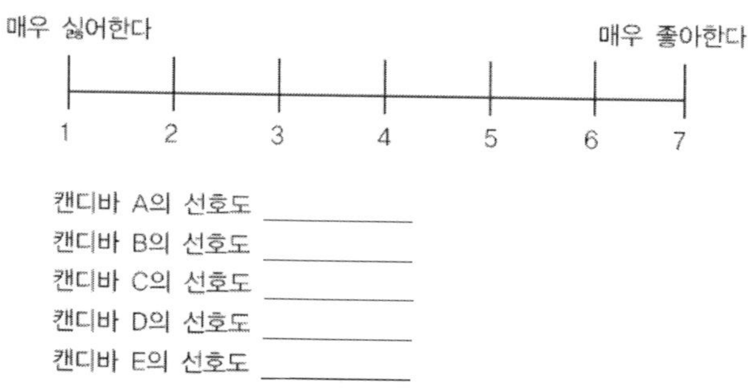

(3) 단계3 : 추정 및 해석

다차원척도법의 모수 추정방법은 실제거리와 예측된 거리간의 차이를 가장 적게 하면서, 데이터가 서열 이상의 값이기 때문에 서열을 유지할 수 있는 형태로 모수를 추정한다.

유사성의 측정은 측정 대상간의 인지적 거리를 측정한다. 가장 일반적인 방법은 유클리디안 거리 측정하는 방법이다(Togerson 1958; Young and Householder 1938; Eckart and Young 1936).

$$d_{ij} = \sqrt{\sum_{k=1}^{n}(X_{ik} - X_{jk})^2}$$

여기서 계산된 유클리디안 거리와 유사성 평가간에 관련 함수를 유도해 추정한다.

$$f(s_{ij}) = d_{ij}$$

추정한 거래의 서열과 실제 서열이 근접하도록 추정한다. 만약 추정한 거리와 실제 서열을 비교해 달라진 경우는 추정이 잘못된 경우라고 볼 수 있다. 이에 대한 통계량으로 스트레스(STRESS) 값을 제공한다. 스트레스 값은 Kruskal(1965)에 의해 개발되었는데 다음과 같이 계산된다.

$$S = \sqrt{\frac{\sum(d_{ij} - \hat{d}_{ij})^2}{\sum(d_{ij} - \bar{d})^2}}$$

Stress값은 다음과 같이 해석된다. 0.2이상이면 아주 나쁘다고 볼 수 있으며, 0.1~0.2사이면 나쁘다고 보며, 0.05~01사이면 보통이며, 0.025~0.05사이면 좋은 편이며, 0.025 이하이면 아주 좋다고 볼 수 있고, 0이면 완벽하다고 볼 수 있다.

다음으로 축의 개수를 선택한다. 축의 개수는 대상물의 개수에 따라 달라진다. 보통 Stress값의 스크리 검정 (scree test) 을 통한 차원을 결정한다. 일반적으로 Shiffman, Reynolds, and Young(1981)은 대상물이 12개인 경우 2개, 18개인 경우 3개 정도의 축이 적절한 것으로 제시하였다. 반면, Kruskal and Wish(1978)는 대상물이 9개인 경우 2개, 13개인 경우는 3개, 17개인 경우 4개의 축이 적절한 것으로 제시하였다.

2. 다차원척도법의 사례

2.1 KYST : 한 명의 유사성 데이터 분석

(1) 분석개요

KYST는 다차원척도법 가운데에서 가장 많이 알려져 있는 방법이다. Kruskal, Young, and Seery (1973)에 의해 소개된 기법으로 가장 유연성이 있는 기법이다. KYST는 평가대상(objects, stimuli)간의 근접성(proximities)를 기준으로 인지도를 도출한다. 근접성은 주로 유사성(similarity)이나 상이성(dissimilarity) 정도로 측정한다. 즉 유사성 또는 상이성 데이터를 활용해 다차원척도법을 통해 인지도 상에 평가대상들의 위치를 표시해 준다.

(2) 분석데이터

다음과 같이 미국에서 판매되고 있는 대표적인 12개 자동차에 대한 유사성 평가 데이터가 있다고 하자. 유사성 데이터는 자동차들간의 쌍비교를 통해 가장 유사한 것을 1등으로 가장 유사하지 않은 것을 55등으로 하는 서열 데이터를 준비했다. 데이터는 삼각형 형태로 입력하면 된다. 마지막 난에 각 줄에 해당되는 자동차 모델 이름을 입력하면 인지도에 현재 표시된 이름이 나타나게 된다.

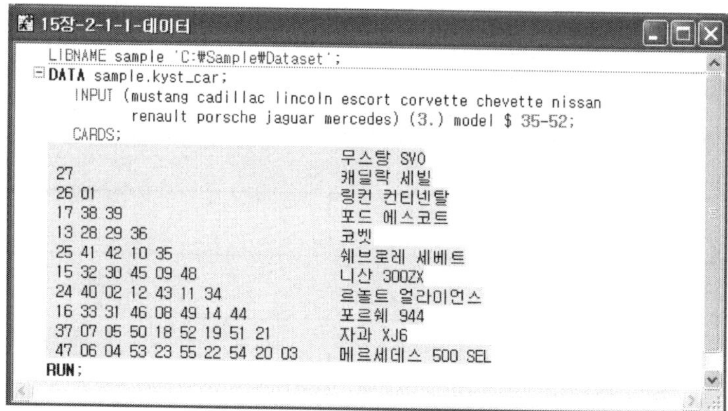

```
15장-2-1-1-데이터
LIBNAME sample 'C:₩Sample₩Dataset';
DATA sample.kyst_car;
   INPUT (mustang cadillac lincoln escort corvette chevette nissan
          renault porsche jaguar mercedes) (3.) model $ 35-52;
   CARDS;
                                         무스탕 SVO
27                                       캐딜락 세빌
26 01                                    링컨 컨티넨탈
17 38 39                                 포드 에스코트
13 28 29 36                              코벳
25 41 42 10 35                           쉐브로레 세베트
15 32 30 45 09 48                        니산 300ZX
24 40 02 12 43 11 34                     르놀트 얼라이언스
16 33 31 46 08 49 14 44                  포르쉐 944
37 07 05 50 18 52 19 51 21               자과 XJ6
47 06 04 53 23 55 22 54 20 03            메르세데스 500 SEL
RUN;
```

(3) **분석과정**

[확장 편집기 화면]

PROC MDS 프로시지에서 VAR 문에 분상대상 변수이름을 지정했고, ID 문에 각 대상물을 표시할 구분 값이 들어 있는 변수 model을 지정했다.

다음으로 PROC PLOT 프로시저에서는 PROC MDS 프로시저에서 계산된 결과를 직접 인지도로 표시하기 위한 프로그램이다.

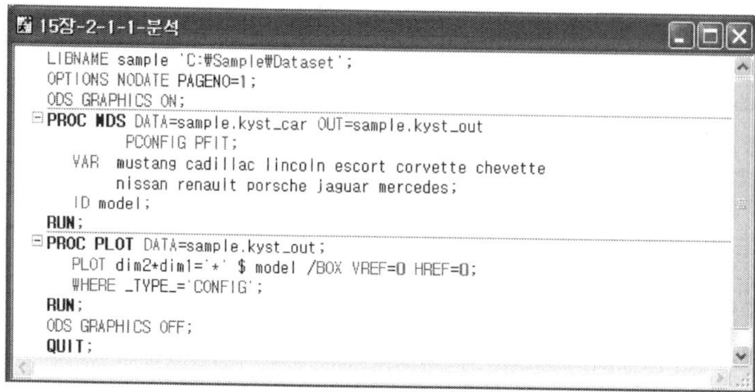

```
15장-2-1-1-분석
LIBNAME sample 'C:₩Sample₩Dataset';
OPTIONS NODATE PAGENO=1;
ODS GRAPHICS ON;
PROC MDS DATA=sample.kyst_car OUT=sample.kyst_out
         PCONFIG PFIT;
   VAR  mustang cadillac lincoln escort corvette chevette
        nissan renault porsche jaguar mercedes;
   ID model;
RUN;
PROC PLOT DATA=sample.kyst_out;
   PLOT dim2*dim1='*' $ model /BOX VREF=0 HREF=0;
   WHERE _TYPE_='CONFIG';
RUN;
ODS GRAPHICS OFF;
QUIT;
```

[시장 조사 화면]

시장 조사 화면에서 분석을 하려면, 데이터 분석 화면을 종료한 후 다음과 같이 시장 조사 화면을 시작한다. 시장 조사 화면을 시작하기 위해서는 다음 메뉴들을 차례로 클릭한다(**솔루션 → 분석 → 시장 조사**).

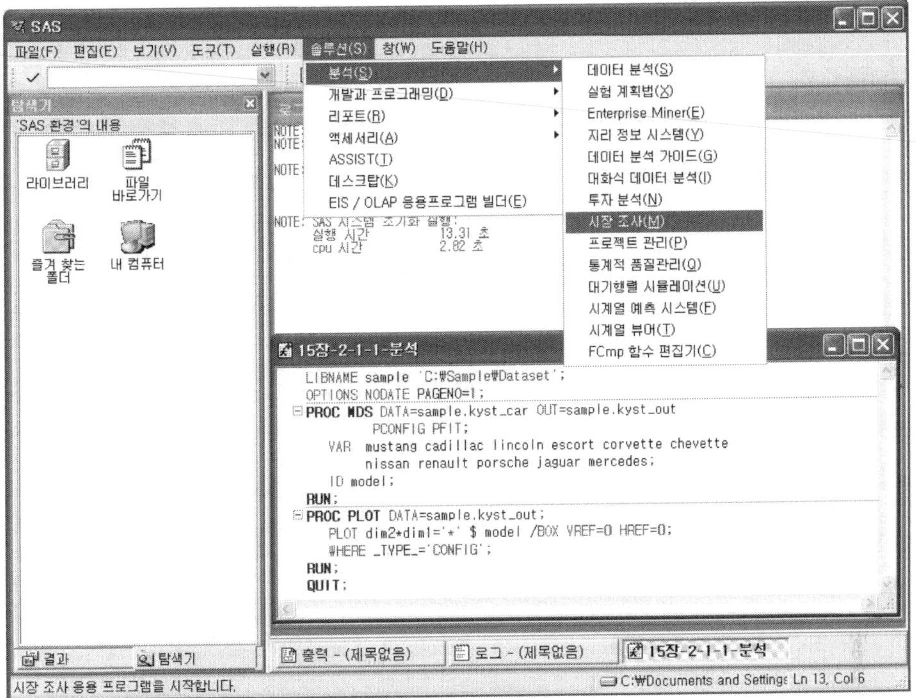

다음으로 시장 조사 화면에서 데이터셋을 지정한다. 데이터셋은 Library에서 sample (C:₩Sample₩Dataset 폴더를 의미)을 지정하며, **Dataset and Last Analysis**에서 데이터셋을 kyst_car(한글이 표시되지 않아 나중에 인지도를 보는 과정에서 조정해 주어야 한다)을 선택한다. 다음으로 **Analysis** 화면에서 분석기법은 **Multidimensional scaling**을 지정해 다차원분석을 할 수 있도록 지정한다. 여기서 **View Data**는 선택한 데이터셋의 내용을 보고자 할 때 사용하며, **Samples**는 시장 조사 관련 예제 데이터셋을 새로 지정할 때 사용한다.

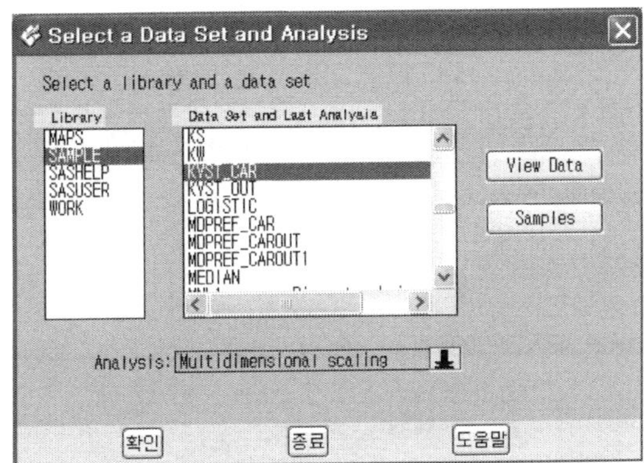

다차원분석법을 선택하면 다음 팝업 창이 뜬다. 즉 다차원분석을 위해서는 거리나 유사성 데이터가 필요하다는 사인이다. 여기서 확인을 클릭한다. 앞의 화면에서 모든 과정이 완료되면 확인을 클릭한다.

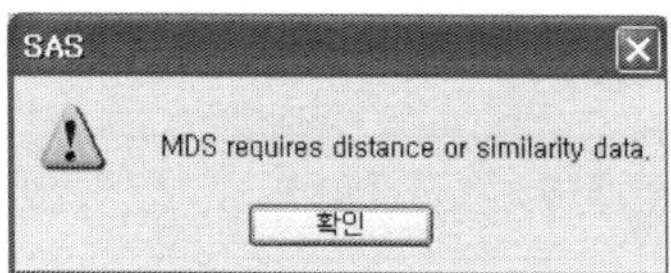

다음 화면에서 **Measurement Level**은 서열 데이터이므로 **Ordinal**로 선택한다. **Objects**에 Mustang에서 Mercedes까지 12개 변수를 지정하기 위해 선택 분석대상이 되는 변수 이름을 선택한 후 **Variable Roles**란에서 Object(분석대상) 버튼을 클릭한다. **Model**은 ID(분상대상 확인) 버튼을 클릭해 대상물을 표시한다.

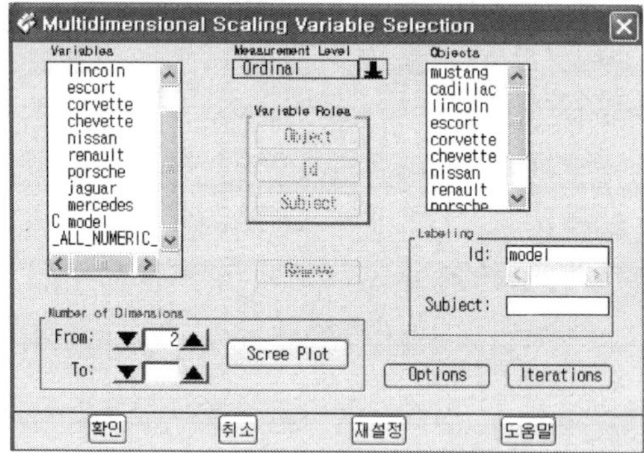

Scree Plot 버튼을 클릭해 적절한 차원수를 확인한다. 본 예제의 경우 양의 고유값으로서 의미 있는 수치를 갖는 것이 3개까지 볼 수 있으나, 여기서는 첫 번째에 비해 두 번째 이상의 차원이 상대적으로 낮은 값을 가지고 있어 2개의 차원을 갖는 인지도를 보기로 한다.

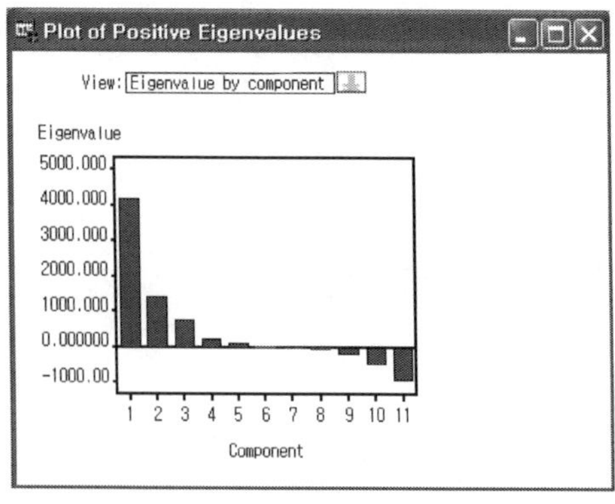

Options 버튼을 클릭해 거리(Distance) 데이터인가, 유사성(Similarity) 데이터인가를 구분해 표시하고, 데이터 입력 형태가 Triangular(삼각형, 현재와 같이 좌하한 또는 우상한 삼각형 형태의 데이터만 입력한 경우) 인가 또는 Square(좌하한과 우상한 데이터가 대칭으로 입력된 경우)를 지정한다. 데이터 분류(Data Partition)은 By Matrix(행렬)로 지정한다. 모든 과정이 완료되면 확인 버튼을 클릭한다.

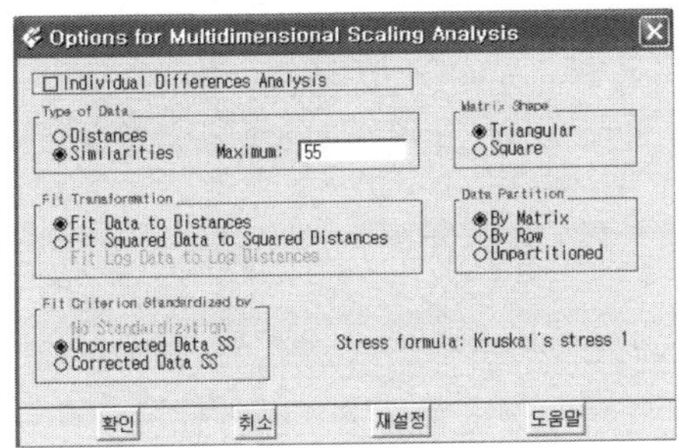

여기서 입력 데이터의 모양을 보면 다음과 같다.

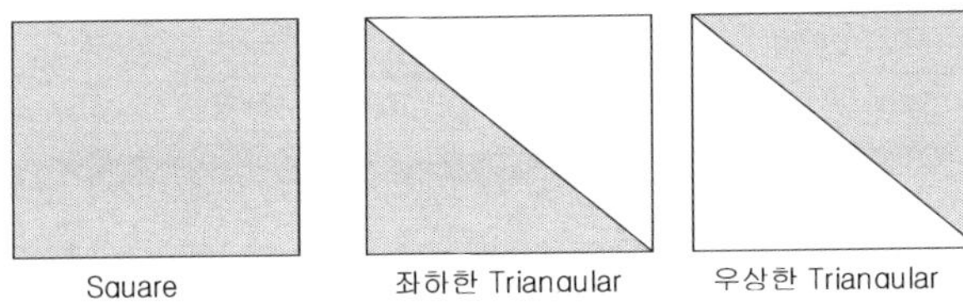

(4) 결과해석

[확장 편집기 화면]

[결과1]

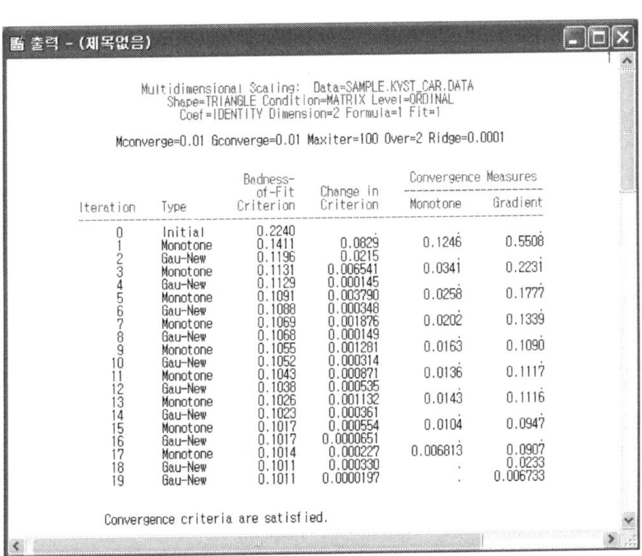

출력 - (제목없음)

Multidimensional Scaling: Data=SAMPLE.KYST_CAR.DATA
Shape=TRIANGLE Condition=MATRIX Level=ORDINAL
Coef=IDENTITY Dimension=2 Formula=1 Fit=1

Mconverge=0.01 Gconverge=0.01 Maxiter=100 Over=2 Ridge=0.0001

Iteration	Type	Badness-of-Fit Criterion	Change in Criterion	Convergence Measures Monotone	Convergence Measures Gradient
0	Initial	0.2240			
1	Monotone	0.1411	0.0829	0.1246	0.5508
2	Gau-New	0.1196	0.0215		
3	Monotone	0.1131	0.006541	0.0341	0.2231
4	Gau-New	0.1129	0.000145		
5	Monotone	0.1091	0.003790	0.0258	0.1777
6	Gau-New	0.1088	0.000348		
7	Monotone	0.1069	0.001876	0.0202	0.1339
8	Gau-New	0.1068	0.000149		
9	Monotone	0.1055	0.001281	0.0163	0.1090
10	Gau-New	0.1052	0.000314		
11	Monotone	0.1043	0.000871	0.0136	0.1117
12	Gau-New	0.1038	0.000535		
13	Monotone	0.1026	0.001132	0.0143	0.1116
14	Gau-New	0.1023	0.000361		
15	Monotone	0.1017	0.000554	0.0104	0.0947
16	Gau-New	0.1017	0.0000651		
17	Monotone	0.1014	0.000227	0.006813	0.0907
18	Gau-New	0.1011	0.000330	.	0.0233
19	Gau-New	0.1011	0.0000197	.	0.006733

Convergence criteria are satisfied.

[결과1]은 모형 예측에 대한 반복 추정 진행과정을 보여 주고 있다. 전체적으로 19번의 반복 추정을 통해 모형이 예측되었음을 보여 주고 있다.

[결과2]

출력 - (제목없음)

Configuration

	Dim1	Dim2
무스탕 SVO	0.37	1.20
캐딜락 세빌	-0.54	-1.02
링컨 컨티넨탈	-0.21	-0.97
포드 에스코트	1.70	0.17
코벳	-0.28	1.05
쉐브로레 세베트	1.86	-0.31
니산 300ZX	-0.71	1.16
르놀트 얼라이언스	1.35	-0.58
포르쉐 944	-1.09	0.93
자과 XJ6	-1.19	-0.59
메르세데스 500 SE	-1.26	-1.04

[결과2]는 모형 예측 후에 각 분석대상 자동차의 각 차원별 축의 값을 보여준다. 이 값을 기준으로 인지도가 그려진다.

[결과3]

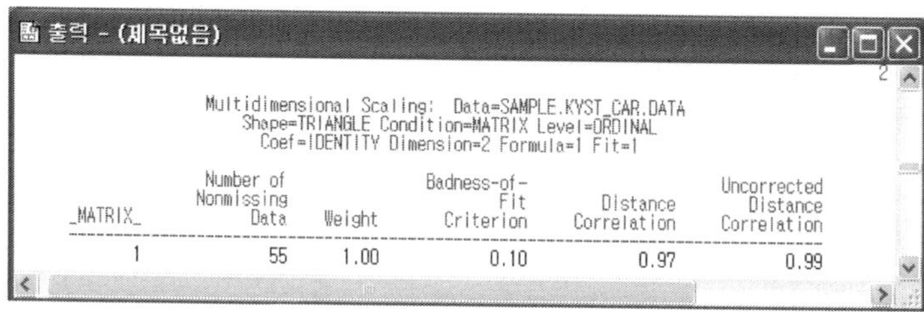
출력 - (제목없음)

Multidimensional Scaling: Data=SAMPLE.KYST_CAR.DATA
Shape=TRIANGLE Condition=MATRIX Level=ORDINAL
Coef=IDENTITY Dimension=2 Formula=1 Fit=1

MATRIX	Number of Nonmissing Data	Weight	Badness-of-Fit Criterion	Distance Correlation	Uncorrected Distance Correlation
1	55	1.00	0.10	0.97	0.99

[결과3]은 모형 예측에 대한 여러 통계량을 보여 주고 있다. 여기서 Badness−of−Fit에서 제시된 값이 Stress 값을 나타내는 것이다. 현재 0.1로서 보통 수준의 예측력을 보여 주고 있음을 알 수 있다.

[결과4]

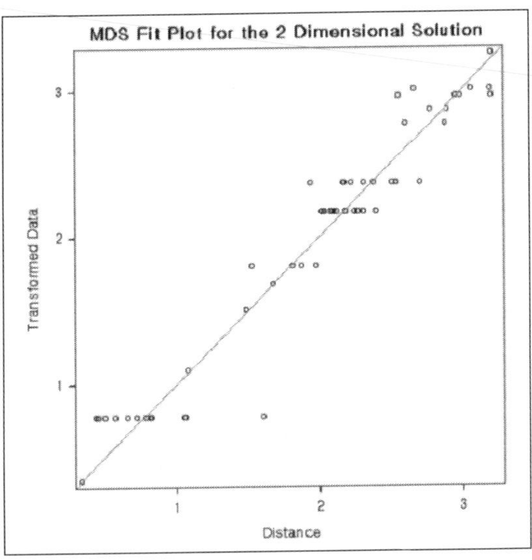

[결과4]는 예측치의 적합도를 그래프로 나타내고 있다. 전체적으로 직선에서 벗어난 데이터들이 꽤 있음을 볼 수 있다. 즉 보통 수준의 적합도를 나타내기 때문에 현재와 같은 그래프가 제시되고 있다.

[결과5]

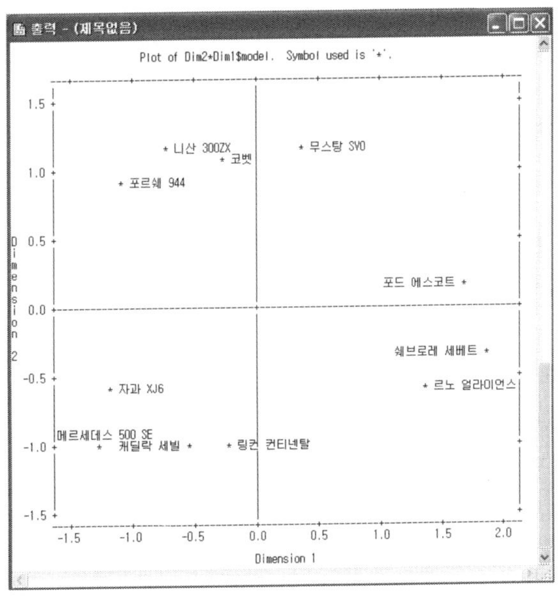

[결과5]는 인지도를 나타낸다. 현재 인지도를 볼 경우 차원 1은 좌측이 외산 자동차들로 구성이 되어 있으며, 우측이 국산 자동차들로 구성이 되어 있다. 따라서 차원1은 국산

과 외산을 구분하는 차원으로 볼 수 있다. 차원 2은 위쪽이 니산, 무스탕, 포스쉐를 설명하는 차원이고, 아래쪽이 링컨, 캐딜락, 메르세데스 등을 설명하는 차원인 것으로 보아 가격으로 볼 수 있다. 즉 위 쪽은 저렴한 자동차들이며, 아래는 고가격의 제품으로 볼 수 있다. 전체 결과를 보아 소비자들은 니산, 코벳, 포르쉐 등을 비슷한 경쟁관계에 있는 제품으로 보고 있으며, 포드, 쉐브로레, 르노 등을 같은 경쟁관계에 있는 제품들, 자과, 메르세데스, 캐딜락, 링컨 등을 경쟁관계에 있는 브랜드들로 인지하고 있다.

[시장 조사 화면]

[결과5]

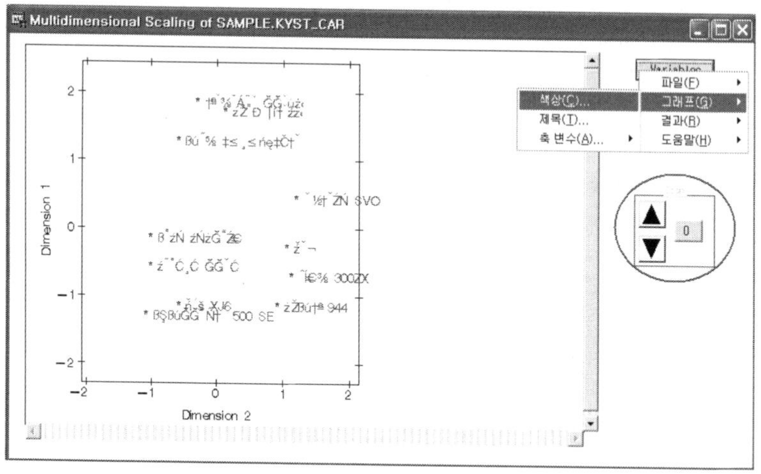

[결과5]의 시장 조사 화면 분석결과는 인지도를 표시하고 있다. 인지도에서 원안의 스크롤 삼각형을 클릭하면 인지도 크기가 커지거나 줄어든다. 다음으로 Variables를 클릭하면 인지도 분석변수와, 기타 옵션들을 변경할 수 있다. 인지도가 한글로 표시되지 않기 때문에 **그래프 → 색상**을 선택해서 한글 폰트를 조정해 준다. 폰트는 아래 원안의 Points 폰트를 NONE으로 선택한다. 확인 버튼을 클릭한 후 인지도는 [결과6]와 같이 표시된다.

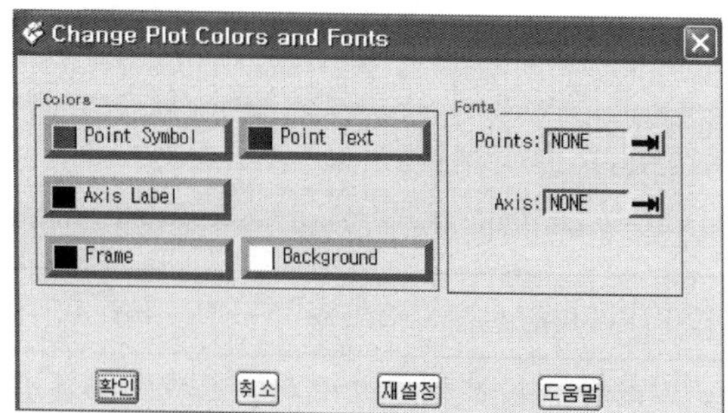

[결과6]

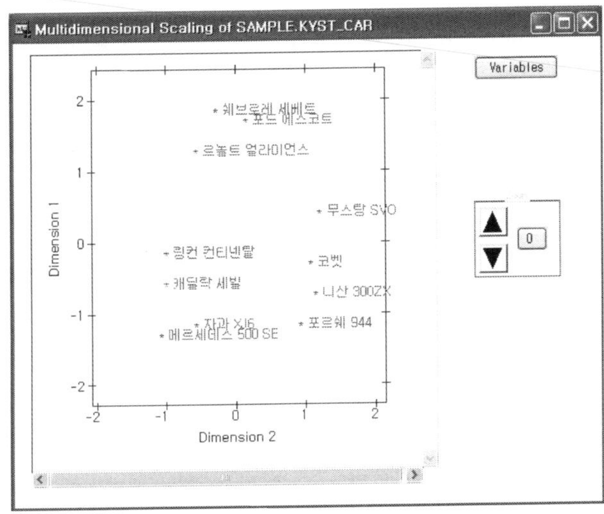

[결과7]

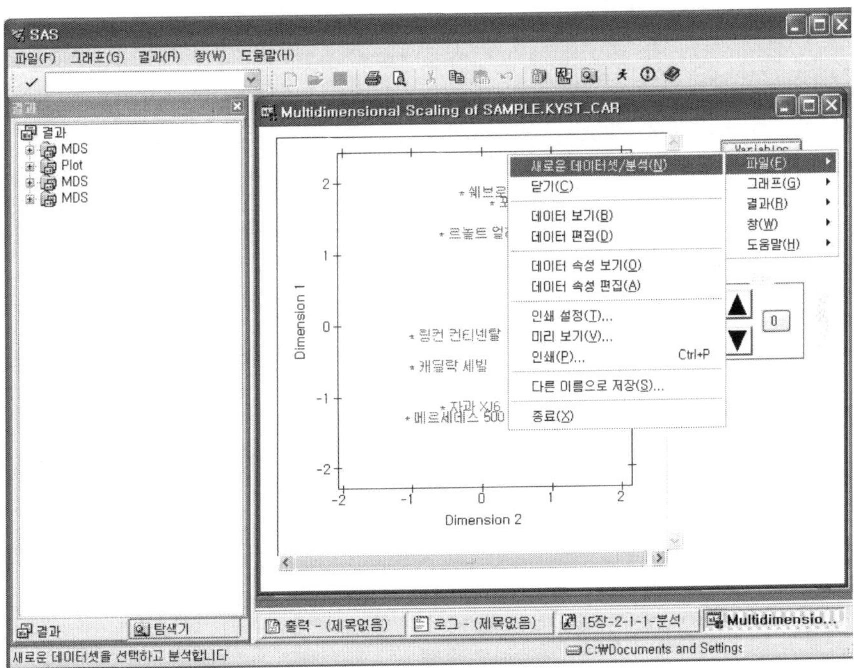

[결과7]에서 오른쪽 마우스 키를 누르면, 서브 메뉴가 나타난다. 먼저 파일 메뉴에서는 새로운 데이터셋/분석, 분석 화면 닫기, 분석에 사용된 데이터 보기, 분석에 사용된 데이터 편집, 분석에 사용된 데이터셋의 데이터 속성 보기, 분석에 사용된 데이터셋의 데이터 속성 편집, 기타 인쇄 및 저장 메뉴가 표시된다.

[결과8]

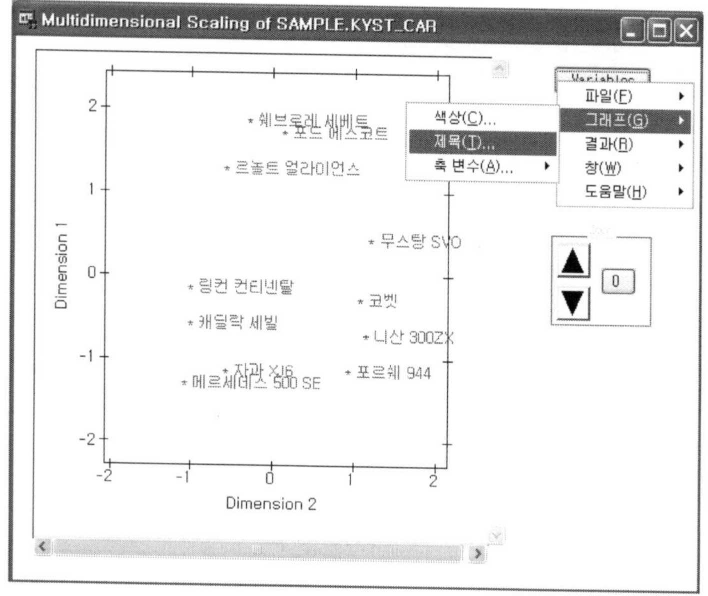

[결과8]에서와 같이 그래프 메뉴에서는 색상을 조절할 수 있는 메뉴와 제목을 지정할 수 있는 메뉴, 그리고 축변수 명과 X축과 Y축의 위치를 바꿀 수 있는 메뉴가 제시된다.

[결과9]에서는 각종 다차원척도법 분석과 관련된 통계량들이 제시된다. 각 통계량들에 대한 메뉴를 선택했을 때 나타나는 결과를 살펴보면 다음과 같이 차례로 제시된다.

[결과9]

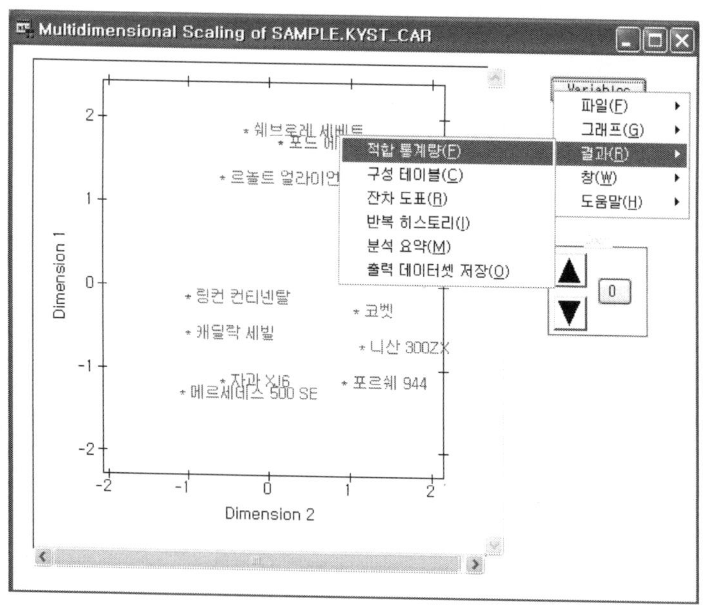

적합통계량은 다차원척도법의 스트레스 값, 실제거리와 변환 거리와의 상관관계(Distance Correlation)과 실제거리와 추정적합거리와의 상관관계(Fit Correlation)을 보여 준다.

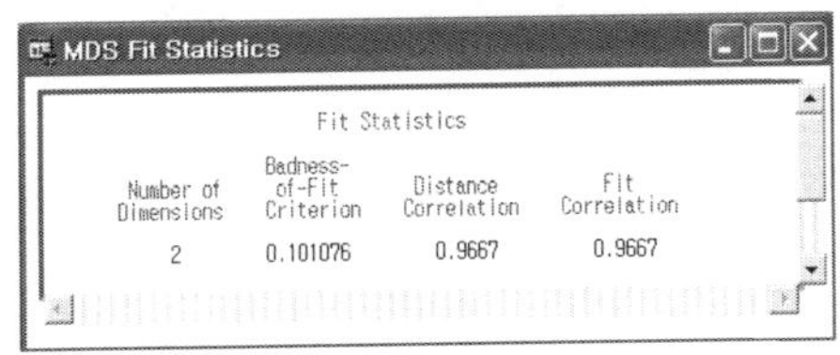

MDS Fit Statistics

Fit Statistics

Number of Dimensions	Badness-of-Fit Criterion	Distance Correlation	Fit Correlation
2	0.101076	0.9667	0.9667

구성테이블은 각 차원의 축의 값을 보여 준다.

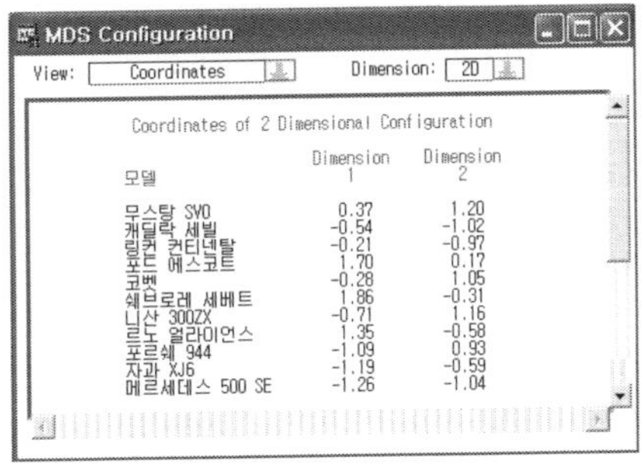

MDS Configuration

View: Coordinates Dimension: 2D

Coordinates of 2 Dimensional Configuration

모델	Dimension 1	Dimension 2
무스탕 SVO	0.37	1.20
캐딜락 세빌	-0.54	-1.02
링컨 컨티넨탈	-0.21	-0.97
포드 에스코트	1.70	0.17
코벳	-0.28	1.05
쉐브로레 세베트	1.86	-0.31
니산 300ZX	-0.71	1.16
르노 얼라이언스	1.35	-0.58
포르쉐 944	-1.09	0.93
자과 XJ6	-1.19	-0.59
메르세데스 500 SE	-1.26	-1.04

오차도표는 다차원척도법에서 계산한 거리와 실제 값간의 차이에 대한 도표를 보여 준다. 여기서는 오른쪽상자 안에 TRANDATA(데이터 변환값)과 실제 거리 간의 차이에 대한 도표를 보기 위해 TRANDATA를 선택한 후 오른쪽 하단의 Y 버튼과 X 버튼을 클릭해 이들간의 도표를 살펴 보았다. 각 관찰치가 실제의 값에서 약간 벗어나 있으나 전체적으로 실제 거리가 1.7인 경우 데이터 변환값이 약간 벗어나 있으나, 대체적으로 직선을 중심으로 분포되어 있어 측정 모델이 적절하다는 것을 알 수 있다.

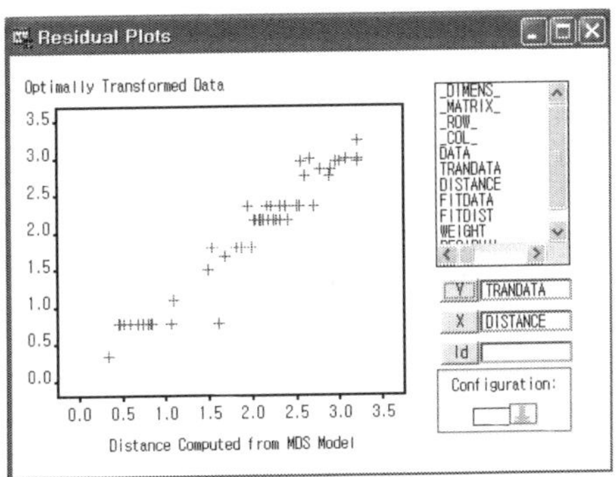

반복 히스토리는 추정 반복 과정의 결과들을 보여 준다.

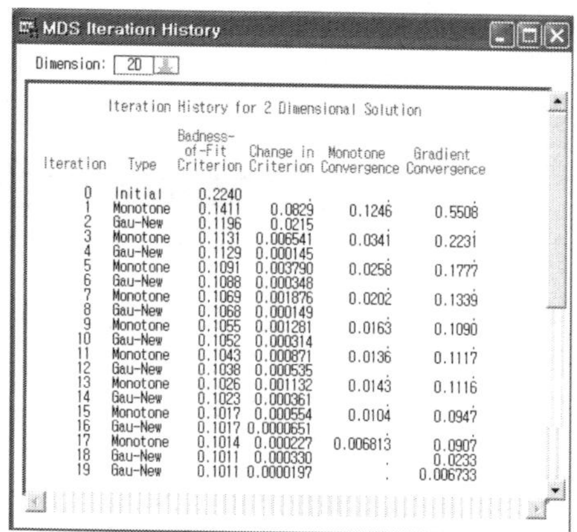

MDS Iteration History

Dimension: 2D

Iteration History for 2 Dimensional Solution

Iteration	Type	Badness-of-Fit Criterion	Change in Criterion	Monotone Convergence	Gradient Convergence
0	Initial	0.2240			
1	Monotone	0.1411	0.0829	0.1246	0.5508
2	Gau-New	0.1196	0.0215		
3	Monotone	0.1131	0.006541	0.0341	0.2231
4	Gau-New	0.1129	0.000145		
5	Monotone	0.1091	0.003790	0.0258	0.1777
6	Gau-New	0.1088	0.000348		
7	Monotone	0.1069	0.001876	0.0202	0.1339
8	Gau-New	0.1068	0.000149		
9	Monotone	0.1055	0.001281	0.0163	0.1090
10	Gau-New	0.1052	0.000314		
11	Monotone	0.1043	0.000871	0.0136	0.1117
12	Gau-New	0.1038	0.000535		
13	Monotone	0.1026	0.001132	0.0143	0.1116
14	Gau-New	0.1023	0.000361		
15	Monotone	0.1017	0.000554	0.0104	0.0947
16	Gau-New	0.1017	0.0000651		
17	Monotone	0.1014	0.000227	0.006813	0.0907
18	Gau-New	0.1011	0.000330	.	0.0233
19	Gau-New	0.1011	0.0000197	.	0.006733

2.2 INDSCAL : 여러 명의 유사성 데이터 분석

(1) 분석개요

INDSCAL(Canonical Decomposition of N−Way Tables and Individual Differences in Multidimensional Scaling)은 Carroll and Chang(1970)에서 개발된 다차원척도법으로서 분석대상물에 대한 응답자들의 지각차이를 반영한 분석방법이다. KYST에서는 한 응답자의 유사성 행렬이나 집단인 경우에는 여러 응답자의 지각이 동일하다고 가정하고 유사성 행렬들을 합산한 한 개의 유사성 행렬을 이용한다. 하지만 INDSCAL은 개인별, 그룹별 유사성 행렬을 입력하여 상표나 자극물의 인지도를 구할 수 있다.

(2) 분석데이터

다음과 같이 미국에서 판매되고 있는 대표적인 10개의 음료수에서 3명이 평가한 유사성 평가 데이터가 있다고 하자. 유사성 데이터는 음료수간 쌍비교를 통해 가장 유사한 것을 1등으로 가장 유사하지 않은 것을 45등으로 하는 서열 데이터를 준비했다. 확장편집기 화면에서 위의 데이터를 입력하려면 다음과 같이 프로그램을 작성해야 한다. 데이터는 삼각형 형태로 3명의 데이터를 연속해서 입력하면 된다.

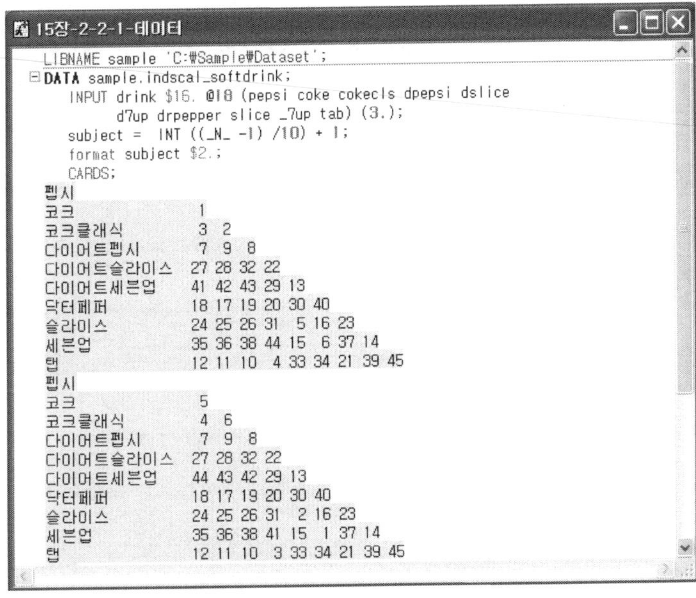

```
15장-2-2-1-데이터
LIBNAME sample 'C:₩Sample₩Dataset';
DATA sample.indscal_softdrink;
   INPUT drink $16. @18 (pepsi coke cokecls dpepsi dslice
        d7up drpepper slice _7up tab) (3.);
   subject =  INT ((_N_ -1) /10) + 1;
   format subject $2.;
   CARDS;
펩시
코크              1
코크클래식         3  2
다이어트펩시        7  9  8
다이어트슬라이스   27 28 32 22
다이어트세븐업     41 42 43 29 13
닥터페퍼          18 17 19 20 30 40
슬라이스          24 25 26 31  5 16 23
세븐업            35 36 38 44 15  6 37 14
탭               12 11 10  4 33 34 21 39 45
펩시
코크              5
코크클래식         4  6
다이어트펩시        7  9  8
다이어트슬라이스   27 28 32 22
다이어트세븐업     44 43 42 29 13
닥터페퍼          18 17 19 20 30 40
슬라이스          24 25 26 31  2 16 23
세븐업            35 36 38 41 15  1 37 14
탭               12 11 10  3 33 34 21 39 45
```

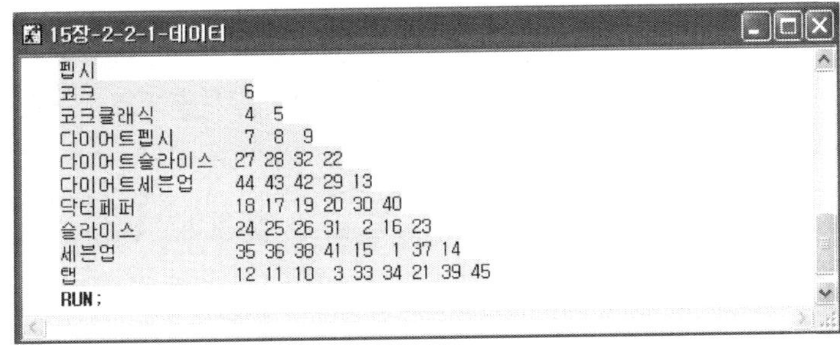

```
15장-2-2-1-데이터
펩시
코크              6
코크클래식         4  5
다이어트펩시        7  8  9
다이어트슬라이스   27 28 32 22
다이어트세븐업     44 43 42 29 13
닥터페퍼          18 17 19 20 30 40
슬라이스          24 25 26 31  2 16 23
세븐업            35 36 38 41 15  1 37 14
탭               12 11 10  3 33 34 21 39 45
RUN;
```

(3) 분석과정

[확장 편집기 화면]

확장 편집기 화면에서 다음과 같이 프로그램을 입력한다. PROC MDS 프로시저에서 VAR 문에 분상대상 변수이름을 지정했고, ID 문에 각 대상물을 표시할 구분 값이 들어 있는 변수 drink를 지정했다. 다음으로 개인별 데이터 구분 값에 대한 변수를 지정하는 SUBJECT문에 subject 변수를 지정했다. 프로그램 분석 결과는 OUT=문을 통해 indscal_softdrinkout 문에 직접 저장을 했다. 다음으로 DATA문에서 개인 번호와 인지도 데이터를 동시에 인지도에 표시하기 위해 IF문과 COMPRESS 함수(개인 번호만 저장)를 통해 데이터를 변환해 주었다. PROC PLOT 프로시저에서는 PROC MDS 프로시저에서 계산된 결과를 직접 인지도로 표시하기 위한 프로그램이다.

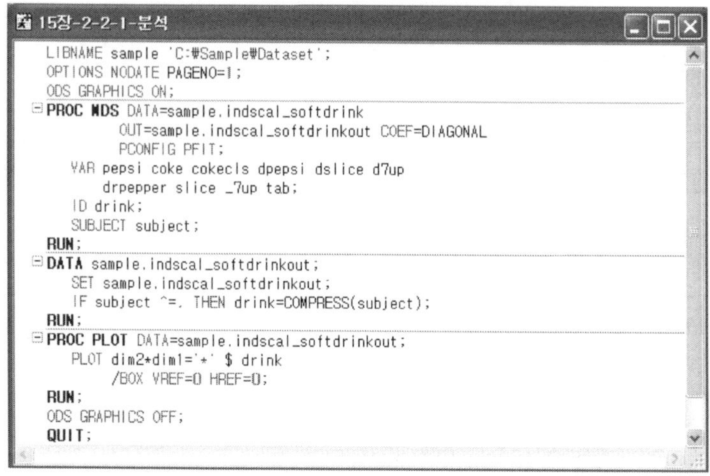

```
LIBNAME sample 'C:\Sample\Dataset';
OPTIONS NODATE PAGENO=1;
ODS GRAPHICS ON;
PROC MDS DATA=sample.indscal_softdrink
         OUT=sample.indscal_softdrinkout COEF=DIAGONAL
         PCONFIG PFIT;
   VAR pepsi coke cokecls dpepsi dslice d7up
       drpepper slice _7up tab;
   ID drink;
   SUBJECT subject;
RUN;
DATA sample.indscal_softdrinkout;
   SET sample.indscal_softdrinkout;
   IF subject ^=. THEN drink=COMPRESS(subject);
RUN;
PROC PLOT DATA=sample.indscal_softdrinkout;
   PLOT dim2*dim1='+' $ drink
        /BOX VREF=0 HREF=0;
RUN;
ODS GRAPHICS OFF;
QUIT;
```

[시장 조사 화면]

시장 조사 화면에서 분석을 하려면, 데이터 분석 화면을 종료한 후 다음과 같이 시장 조사 화면을 시작한다. 시장 조사 화면을 시작하기 위해서는 다음 메뉴들을 차례로 클릭한다(**솔루션 → 분석 → 시장 조사**).

다음으로 시장 조사 화면에서 데이터셋을 지정한다. 데이터셋은 **Library**에서 Sample(C:₩Sample₩Dataset 폴더를 의미)을 지정하며, **Dataset and Last Analysis**에서 데이터셋을 indscal_softdrink를 선택한다. 다음으로 **Analysis** 화면에서 분석기법은 **Multidimensional scaling**을 지정해 다차원분석을 할 수 있도록 지정한다.

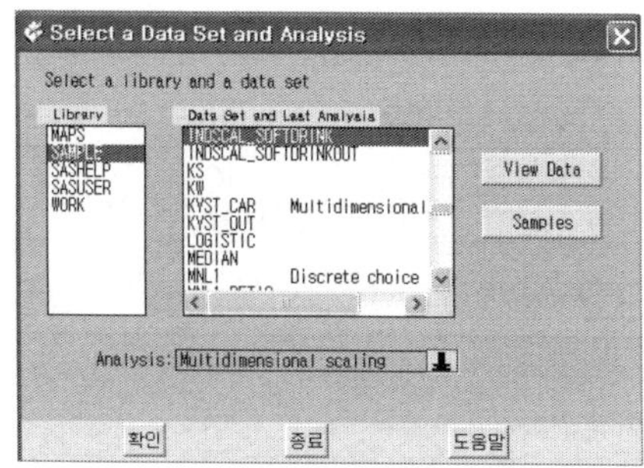

다차원분석법을 선택하면 다음 팝업 창이 뜬다. 즉 다차원분석을 위해서는 거리나 유사성 데이터가 필요하다는 사인이다. 여기서 확인을 클릭한다. 앞의 화면에서 모든 과정이 완료되면 확인을 클릭한다.

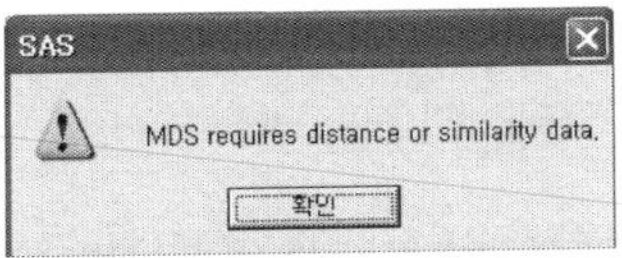

다음 화면에서 Measurement Level은 서열 데이터이므로 Ordinal로 선택하고, *pepsi*에서 *tab*까지 변수를 선택 분석대상이 되는 변수이름을 Variable Roles란에서 Object 버튼을 클릭해 Object(분석대상) 변수로 지정하였다. *drink*은 ID 버튼을 클릭해 ID(분상대상 확인) 변수로 지정하였다. *subject*는 Subject 버튼을 클릭해 Subject(응답자) 변수로 지정하였다.

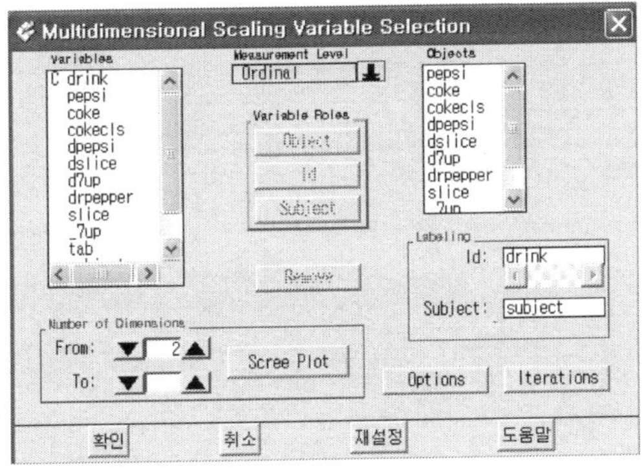

Scree Plot 버튼을 클릭해 적절한 차원수를 확인한다. 본 예제의 경우 양의 고유값으로서 의미 있는 수치를 갖는 것이 5개까지 볼 수 있으나, 여기서는 2개의 차원을 갖는 인지도를 보기로 한다.

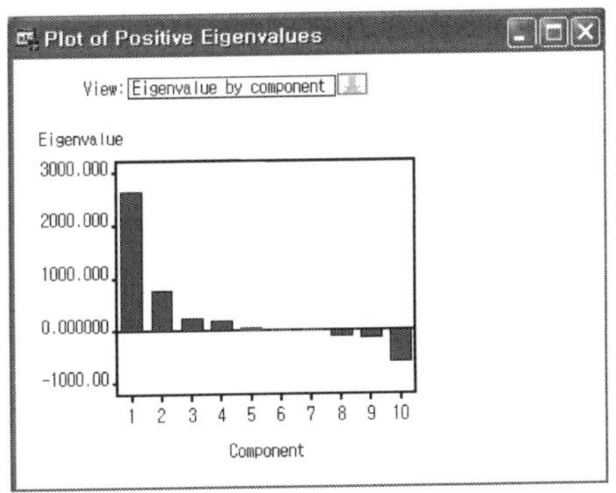

Options 버튼을 클릭해 Individual Difference Analysis를 클릭하고, 거리(Distance) 데이터인가, 유사성(Similarity) 데이터인가를 구분해 표시하고, 데이터 입력 형태가 Triangular(삼각형, 현재와 같이 좌하한 또는 우상한 삼각형 형태의 데이터만 입력한 경우) 인가 또는 Square(좌하한과 우상한 데이터가 대칭으로 입력된 경우)를 지정한다.

데이터 분류(Data Partition)은 By Matrix(행렬)로 지정한다. 모든 과정이 완료되면 확인 버튼을 클릭한다.

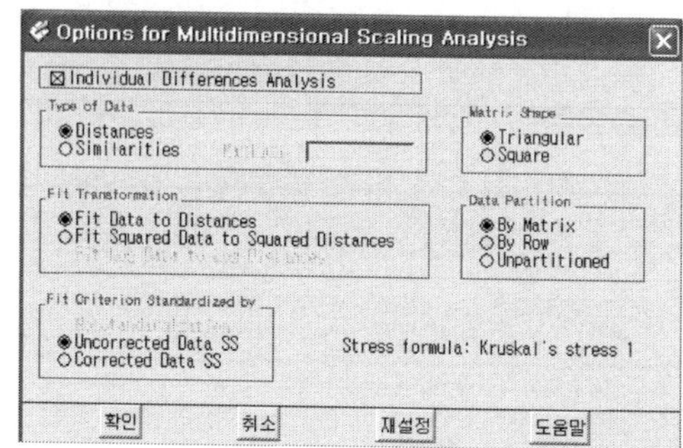

(4) 결과해석

[확장 편집기]

[결과1]

출력 - (제목없음)

SAS 시스템

Multidimensional Scaling: Data=SAMPLE.INDSCAL_SOFTDRINK.DATA
Shape=TRIANGLE Condition=MATRIX Level=ORDINAL
Coef=DIAGONAL Dimension=2 Formula=1 Fit=1

Mconverge=0.01 Gconverge=0.01 Maxiter=100 Over=2 Ridge=0.0001

Iteration	Type	Badness-of-Fit Criterion	Change in Criterion	Convergence Measures Monotone	Convergence Measures Gradient
0	Initial	0.1928	.		
1	Monotone	0.1119	0.0809	0.1294	0.6322
2	Gau-New	0.0843	0.0276		
3	Monotone	0.0746	0.009738	0.0362	0.5494
4	Gau-New	0.0711	0.003490		
5	Monotone	0.0432	0.0279	0.0551	0.4196
6	Gau-New	0.0409	0.002241		
7	Monotone	0.0362	0.004672	0.0186	0.3153
8	Gau-New	0.0352	0.001039		
9	Monotone	0.0318	0.003421	0.0151	0.2765
10	Gau-New	0.0312	0.000592		
11	Monotone	0.0284	0.002823	0.0127	0.2445
12	Gau-New	0.0279	0.000435		
13	Monotone	0.0259	0.002030	0.0105	0.2186
14	Gau-New	0.0257	0.000246		
15	Monotone	0.0239	0.001726	0.009220	0.2050
16	Gau-New	0.0234	0.000520	.	0.0121
17	Gau-New	0.0234	1.9032E-6	.	0.003422

Convergence criteria are satisfied.

[결과1]은 모형 예측에 대한 반복 추정 진행과정을 보여 주고 있다. 전체적으로 17번의 반복 추정을 통해 모형이 예측되었음을 보여 주고 있다.

[결과2]

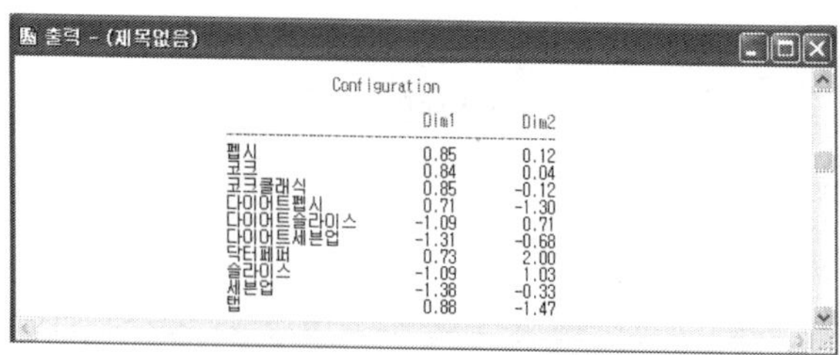

출력 - (제목없음)

Configuration

	Dim1	Dim2
펩시	0.85	0.12
코크	0.84	0.04
코크클래식	0.85	-0.12
다이어트펩시	0.71	-1.30
다이어트슬라이스	-1.09	0.71
다이어트세븐업	-1.31	-0.68
닥터페퍼	0.73	2.00
슬라이스	-1.09	1.03
세븐업	-1.38	-0.33
탭	0.88	-1.47

[결과2]는 모형 예측 후에 각 분석대상 음료수의 각 차원별 축의 값을 보여준다. 이 값을 기준으로 인지도가 그려진다.

[결과3]

출력 - (제목없음)

SAS 시스템 2

Multidimensional Scaling: Data=SAMPLE.INDSCAL_SOFTDRINK.DATA
Shape=TRIANGLE Condition=MATRIX Level=ORDINAL
Coef=DIAGONAL Dimension=2 Formula=1 Fit=1

subject	Number of Nonmissing Data	Weight	Badness-of-Fit Criterion	Distance Correlation	Uncorrected Distance Correlation
1	45	0.33	0.02	1.00	1.00
2	45	0.33	0.02	1.00	1.00
3	45	0.33	0.02	1.00	1.00
- All -	135	1.00	0.02	1.00	1.00

[결과3]은 모형 예측에 대한 여러 통계량을 보여 주고 있다. 여기서 **Badness-of-Fit**(Kruskal and Carmone 1969; Kruskal and Carroll 1969; Percy 1975)에서 제시된 값이 Stress 값을 나타내는 것이다. 현재 0.02로서 좋은 예측력을 보여주고 있다. 그리고 예측에 있어 3명의 응답자가 비슷한 기여(Weight)를 하고 있음을 알 수 있다. [결과4]는 전체적인 오차도표를 보여주고 있다. 직선에 가까운 값들이 많음을 알 수 있다.

[결과4]

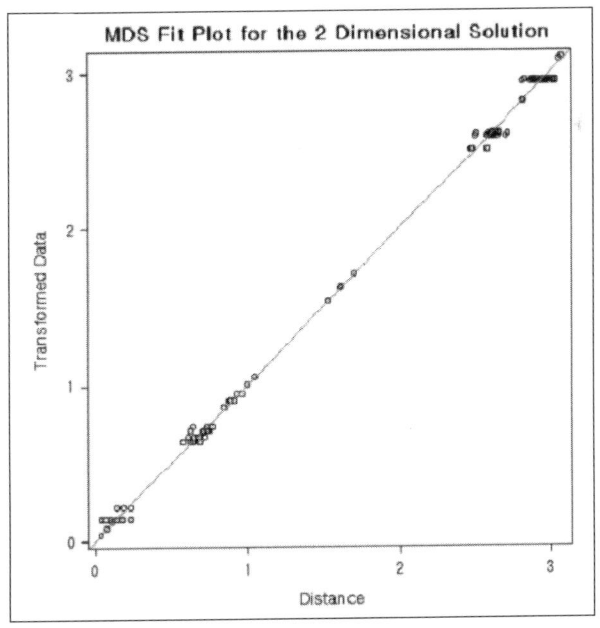

[결과5]

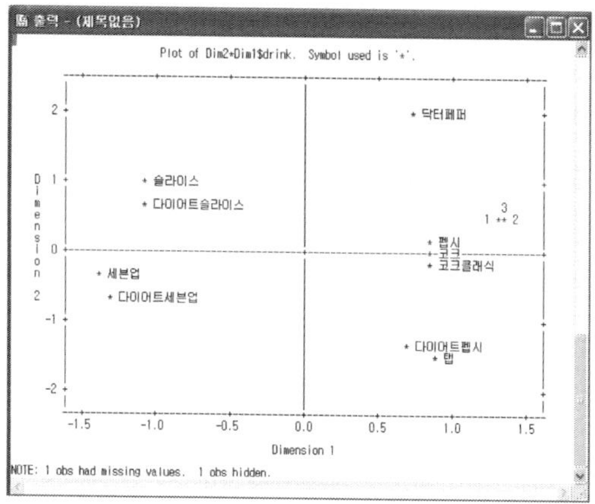

[결과5]는 인지도를 나타낸다. 현재 인지도를 볼 경우 차원 1은 색이 없는 음료이며, 우측이 색이 있는 음료이다. 또한 차원 2는 아래쪽으로는 콜라류, 위쪽으로는 비 콜라류에 해당되는 것으로 보인다. 또한 각 음료수를 보면 경쟁관계를 파악할 수 있다. 다이어트 펩시와 탭, 펩시, 코크와 코크 클래식, 슬라이스와 다이어트 슬라이스, 세분업과 다이어트 세븐업 등이 서로 경쟁관계로 인식되는 제품이라는 것을 알 수 있다. 우측 상한의 1, 2, 3은 응답자를 표시하는데, 응답자별로 큰 차이가 없음을 알 수 있다.

[시장 조사 화면]

시장 조사 화면에서 스트레스에 대한 오차 도표를 보기 위해서 오른쪽 마우스 키를 누르면 하위 메뉴가 나타나는데, 여기서 **결과 → 오차도표**를 클릭한다. 한글 음료수명 표기는 앞의 KYST 예제를 참고하기 바란다.

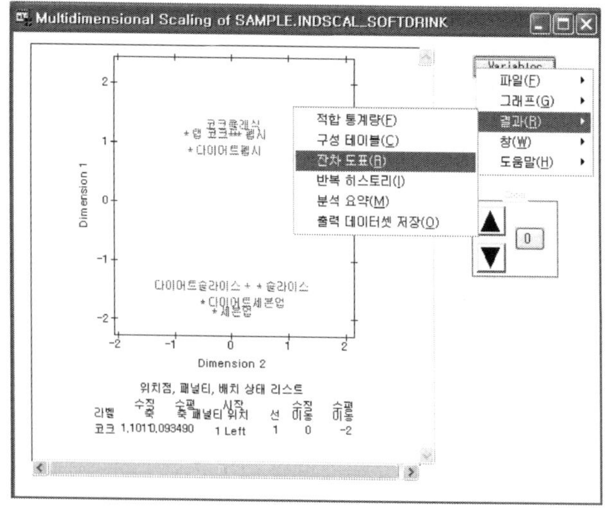

오차 도표를 나타내는 다음 화면에서 오른쪽 박스 안의 TRANDATA(변환 거리 값)을 선택하고 아래 부분에 있는 Y를 클릭하면 다음과 같은 스트레스 도표가 그려진다. 도표의 결과를 보면, 앞의 [결과3]에서 Badness−of−fit 기준에서 보듯이 전반적으로 잘 추정이 되어 있다는 것을 알 수 있다.

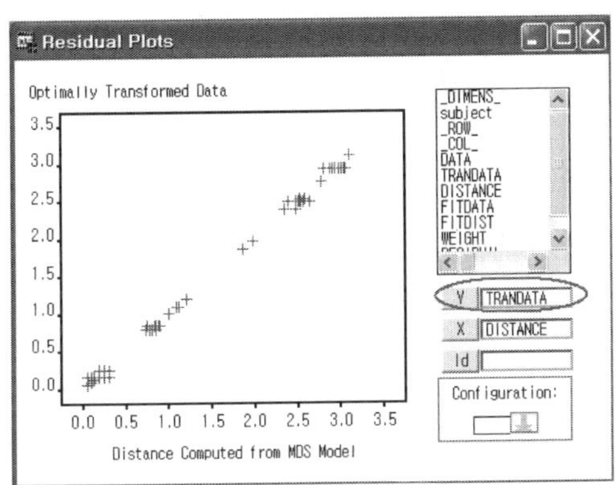

2.3 MDPREF : 선호도 데이터의 다차원척도법

(1) 분석개요

MDPREF(Multidimensional Analysis of Preference Data)는 평가대상들과 응답자의 선호도 벡터를 하나의 공간 위에 나타내 주는 방법이다. 복수의 응답자들의 선호도를 하나의 형태로 결합하여 선호도라는 공간 위에 그림으로 보여주는 선호분석에 대한 프로그램이다. 일반적으로 응답자들의 선호평가에서 얻어진 평균선호평가 수치들의 행렬을 가지고 분석한다.

MDPREF는 벡터모델(Vector Model)로 알려져 있는데, 이 분석법의 목적이 평가자와 대상들을 인지도로 표현하기 때문이다. 벡터모델은 응답자의 벡터 끝이 선호가 최대가 되는 점이며, 벡터의 원점에서 각 응답자의 벡터를 나타내기 위해서 원점으로부터 각 응답자의 점까지 선을 그으면 된다. 다음으로 평가대상에 해당하는 점들이 MDPREF에 의해서 응답자 벡터 위에 찍히게 된다.

(2) 분석데이터

[확장 편집기 화면]

다음 예제는 미국의 주요 자동차에 대한 25명의 선호도 데이터다. 선호도는 0점에서 9점까지 리커트 척도로 측정되었다(선호도를 등수로 측정해도 마찬가지 방법을 사용한다). 데이터를 입력하려면 다음과 같이 프로그램을 작성해야 한다. INPUT문에 @17은 17번째 열부터 *consumer*$_1$의 선호도 입력 데이터가 시작되며, (1.)은 각 한 칼럼씩 데이터가 있다는 의미이다.

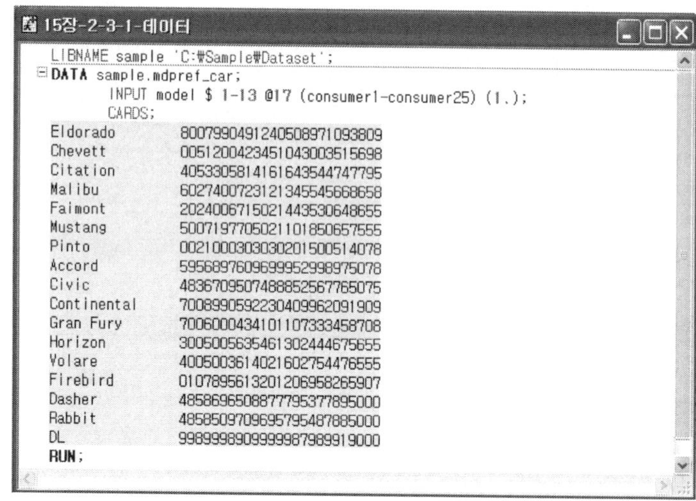

15장-2-3-1-데이터

```
LIBNAME sample 'C:₩Sample₩Dataset';
DATA sample.mdpref_car;
      INPUT model $ 1-13 @17 (consumer1-consumer25) (1.);
      CARDS;
Eldorado          8007990491240508971093809
Chevett           0051200423451043003515698
Citation          4053305814161643544747795
Malibu            6027400723121345545668658
Faimont           2024006715021443530648655
Mustang           5007197705021101850657555
Pinto             0021000303030201500514078
Accord            5956897609699952998975078
Civic             4836709507488852567765075
Continental       7008990592230409962091909
Gran Fury         7006000434101107333458708
Horizon           3005005635461302444675655
Volare            4005003614021602754476555
Firebird          0107895613201206958265907
Dasher            4858696508877795377895000
Rabbit            4858509709695795487885000
DL                9989998909999987989919000
RUN;
```

(3) 분석과정

[확장 편집기 화면]

MDPREF형태의 다차원척도법 분석을 하기 위해서는 PROC PRINQUAL 프로시저를 이용한다. PROC PRINQUAL에서 축의 최대 개수를 지정하기 위해서 N=2라는 옵션을 사용했다. 선호도값은 Kruskal의 거리변환방법에 의해 변환된다. 거리를 계산한 데이터 값으로 원래 데이터를 대치하기 위해서는 REPLACE라는 옵션을 사용한다. 변수 값을 표준화하기 위해서 STANDARD라는 옵션을 사용했으며, SCORES라는 옵션을 통해 축에 대한 값들을 계산했다. 단순히 여러 사람이 인지하고 있는 자동차에 대한 인지도 만을 보고자 하면 CORRELATIONS라는 옵션을 적지 않아도 된다.

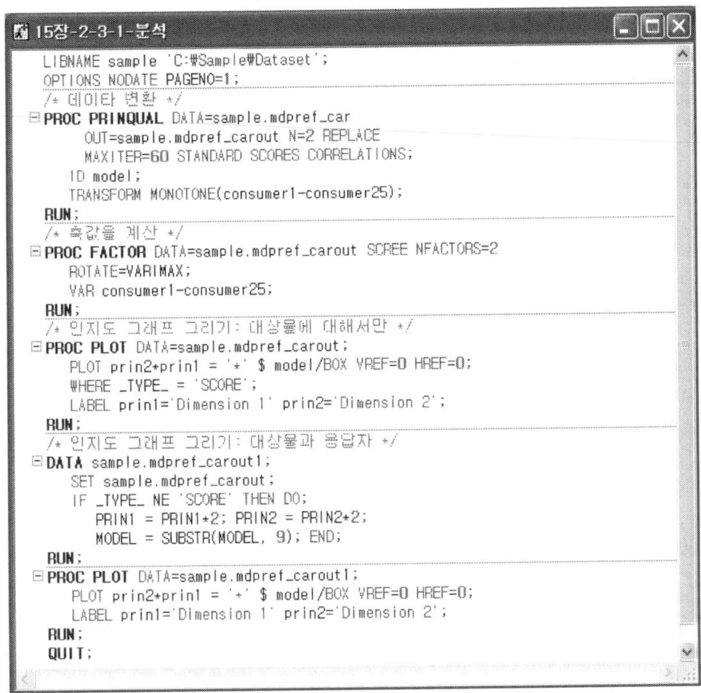

15장-2-3-1-분석

```
LIBNAME sample 'C:\Sample\Dataset';
OPTIONS NODATE PAGENO=1;
/* 데이타 변환 */
PROC PRINQUAL DATA=sample.mdpref_car
      OUT=sample.mdpref_carout N=2 REPLACE
      MAXITER=60 STANDARD SCORES CORRELATIONS;
   ID model;
   TRANSFORM MONOTONE(consumer1-consumer25);
RUN;
/* 축값을 계산 */
PROC FACTOR DATA=sample.mdpref_carout SCREE NFACTORS=2
   ROTATE=VARIMAX;
   VAR consumer1-consumer25;
RUN;
/* 인지도 그래프 그리기: 대상물에 대해서만 */
PROC PLOT DATA=sample.mdpref_carout;
   PLOT prin2*prin1 = '*' $ model/BOX VREF=0 HREF=0;
   WHERE _TYPE_ = 'SCORE';
   LABEL prin1='Dimension 1' prin2='Dimension 2';
RUN;
/* 인지도 그래프 그리기: 대상물과 응답자 */
DATA sample.mdpref_carout1;
   SET sample.mdpref_carout;
   IF _TYPE_ NE 'SCORE' THEN DO;
      PRIN1 = PRIN1+2; PRIN2 = PRIN2+2;
      MODEL = SUBSTR(MODEL, 9); END;
RUN;
PROC PLOT DATA=sample.mdpref_carout1;
   PLOT prin2*prin1 = '+' $ model/BOX VREF=0 HREF=0;
   LABEL prin1='Dimension 1' prin2='Dimension 2';
RUN;
QUIT;
```

자동차와 사람들을 하나의 그래프에 나타내려고 하면 이 옵션을 사용해야 한다. 현재 변환된 데이터를 2차원으로 표현해도 충분한지를 보기 위해서 PROC FACTOR 프로시저를 수행시켰다. 또한 각 차원에 관련된 소비자들이 어떤 사람들인지를 보기 위해 요인을 VARIMAX 회전시켰다. 데이터셋을 만들 때 MODEL=SUBSTR(MODEL, 9)은 소비자들의 번호만을 그래프에 나타내기 위한 것이다. 즉 소비자 번호가 consumer7과 같은 형태여서 앞의 consumer이라는 말을 그래프에 표시하지 않고, 번호만 그래프에 나타내기 위한 함수이다.

[시장 조사 화면]

시장 조사 화면에서 분석을 하려면, 데이터 분석 화면을 종료한 후 다음과 같이 시장 조사 화면을 시작한다. 시장 조사 화면을 시작하기 위해서는 다음 메뉴들을 차례로 클릭한다(**솔루션 → 분석 → 시장 조사**).

데이터셋은 **Library**에서 Sample(C:\Sample\Dataset 폴더를 의미)을 지정한다. Mdpref_car1 데이터셋은 출력 화면의 편의상 소비자의 변수이름을 consumer1에서 c1 형식으로 표현한 것이다.

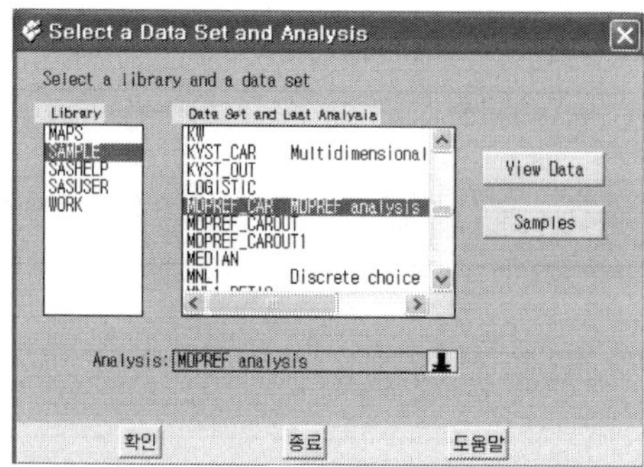

Dataset and Last Analysis에서 데이터셋을 Mdpref_car1를 선택한다. 다음으로 Analysis 화면에서 분석기법은 MDPREF analysis를 지정해 MDPREF 다차원분석을 할 수 있도록 지정한다. MDPREF 다차원분석법을 선택하면 다음 팝업 창이 뜬다. 즉 대상물과 각 응답자별 데이터가 (대상물 응답자1, 응답자2, …, 응답자n) 형식으로 있어야 한다는 의미이다. 여기서 계속을 클릭한다. 앞의 화면에서 모든 과정이 완료되면 확인을 클릭한다.

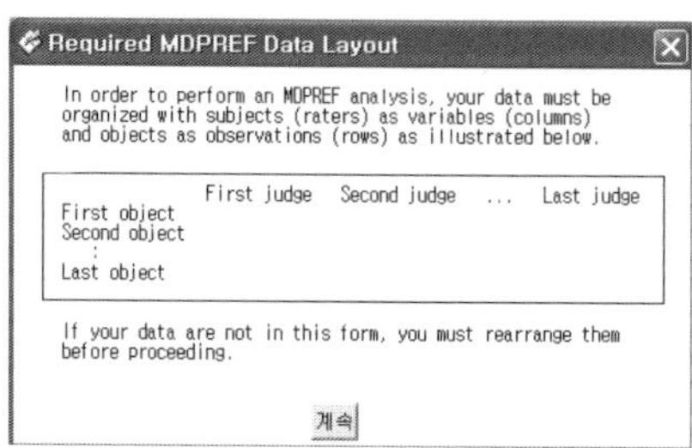

다음 화면에서 Preferences에서 Monotone spline(deg=2)를 선택하고, Preferences 변수에 c_1에서 c_{25}까지 25개의 변수를 Variable Roles란에서 Preference 버튼을 클릭해 지정한다. *model*은 ID 변수를 클릭해 ID(분상대상 확인) 변수로 지정했다. 모든 과정이 완료되면 확인 버튼을 클릭한다.

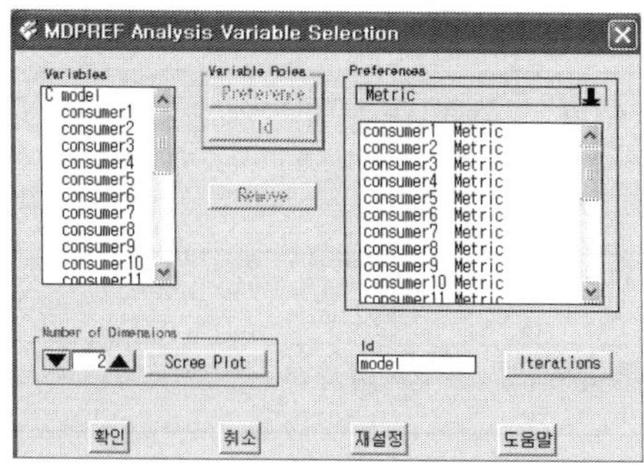

다음으로 Scree Plot을 클릭하면 다음과 같은 고유값 도표가 제시된다. 여기서는 3개나 4개 차원까지도 가능하나, 고유값이 큰 2개의 차원에 대해서만 살펴본다.

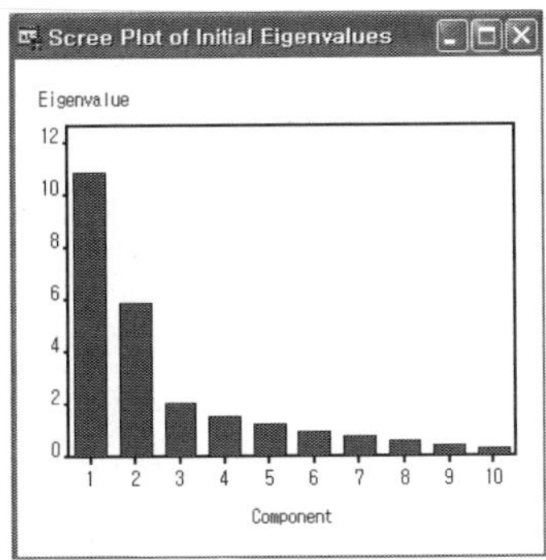

(4) 결과해석

[결과1]

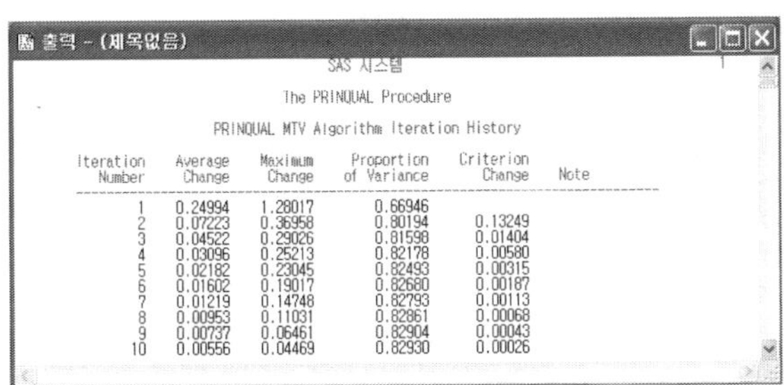

출력 - (제목없음)

SAS 시스템 1

The PRINQUAL Procedure

PRINQUAL MTV Algorithm Iteration History

Iteration Number	Average Change	Maximum Change	Proportion of Variance	Criterion Change	Note
1	0.24994	1.28017	0.66946		
2	0.07223	0.36958	0.80194	0.13249	
3	0.04522	0.29026	0.81598	0.01404	
4	0.03096	0.25213	0.82178	0.00580	
5	0.02182	0.23045	0.82493	0.00315	
6	0.01602	0.19017	0.82680	0.00187	
7	0.01219	0.14748	0.82793	0.00113	
8	0.00953	0.11031	0.82861	0.00068	
9	0.00737	0.06461	0.82904	0.00043	
10	0.00556	0.04469	0.82930	0.00026	

(중간 결과는 생략)

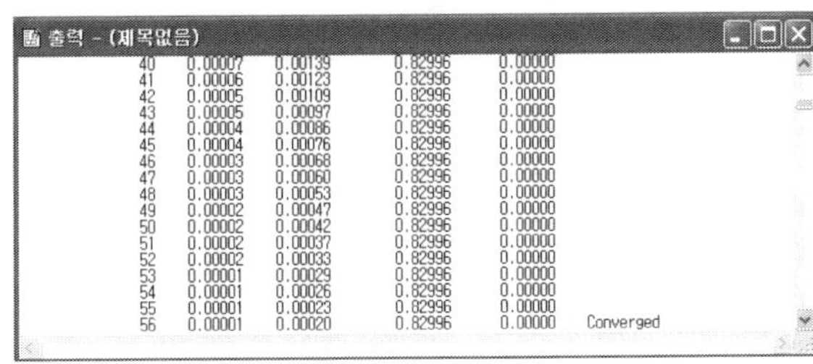

출력 - (제목없음)

40	0.00007	0.00139	0.82996	0.00000	
41	0.00006	0.00123	0.82996	0.00000	
42	0.00005	0.00109	0.82996	0.00000	
43	0.00005	0.00097	0.82996	0.00000	
44	0.00004	0.00086	0.82996	0.00000	
45	0.00004	0.00076	0.82996	0.00000	
46	0.00003	0.00068	0.82996	0.00000	
47	0.00003	0.00060	0.82996	0.00000	
48	0.00003	0.00053	0.82996	0.00000	
49	0.00002	0.00047	0.82996	0.00000	
50	0.00002	0.00042	0.82996	0.00000	
51	0.00002	0.00037	0.82996	0.00000	
52	0.00002	0.00033	0.82996	0.00000	
53	0.00001	0.00029	0.82996	0.00000	
54	0.00001	0.00026	0.82996	0.00000	
55	0.00001	0.00023	0.82996	0.00000	
56	0.00001	0.00020	0.82996	0.00000	Converged

[결과1]을 보면, PROC PRINQUAL 프로시저에 의한 계산결과를 보여 준다. 현재 계산결과는 MTV(Maximun Total Variance : 전체 분산을 최대로 하는 최우법 추정방법) 방법에 의해 추정이 되었다. 다른 추정방법으로는 MGV(Minimum Generalized Varianc e : 분산을 최소로 하는 최우법 추정방법), MAC(Maximum Average Correlation : 평균 상관관계를 최대로 하는 방법) 등이 있다. 추정방법에 대한 지정은 PROC PRINQUAL METHOD=MGV; 형태로 지정한다. 결과를 보면, 전체 분산의 평균 변화량, 최대 분산 변화량, 분산의 설명 정도(이는 요인분석에서 두 번째 요인까지의 설명 량과 일치한

다), 분산의 변화량을 보여 주고 있다. 현재 데이터는 56번의 반복수행을 통해 최적 해를 찾았으며, 전체 설명 정도가 82.996% 정도 된다.

[결과2]

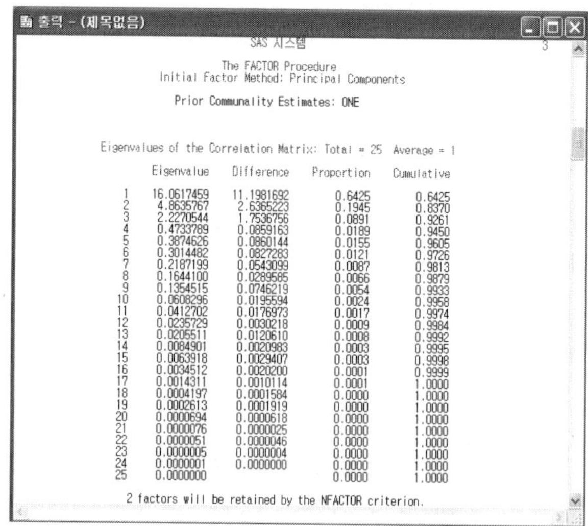

출력 - (제목없음)

SAS 시스템 3

The FACTOR Procedure
Initial Factor Method: Principal Components

Prior Communality Estimates: ONE

Eigenvalues of the Correlation Matrix: Total = 25 Average = 1

	Eigenvalue	Difference	Proportion	Cumulative
1	16.0617459	11.1981692	0.6425	0.6425
2	4.8635767	2.6365223	0.1945	0.8370
3	2.2270544	1.7536756	0.0891	0.9261
4	0.4733789	0.0859163	0.0189	0.9450
5	0.3874626	0.0860144	0.0155	0.9605
6	0.3014482	0.0827283	0.0121	0.9726
7	0.2187199	0.0543099	0.0087	0.9813
8	0.1644100	0.0289585	0.0066	0.9879
9	0.1354515	0.0746219	0.0054	0.9933
10	0.0608296	0.0195594	0.0024	0.9958
11	0.0412702	0.0176973	0.0017	0.9974
12	0.0235729	0.0030218	0.0009	0.9984
13	0.0205511	0.0120610	0.0008	0.9992
14	0.0084901	0.0020983	0.0003	0.9995
15	0.0063918	0.0029407	0.0003	0.9998
16	0.0034512	0.0020200	0.0001	0.9999
17	0.0014311	0.0010114	0.0001	1.0000
18	0.0004197	0.0001584	0.0000	1.0000
19	0.0002613	0.0001919	0.0000	1.0000
20	0.0000694	0.0000618	0.0000	1.0000
21	0.0000076	0.0000025	0.0000	1.0000
22	0.0000051	0.0000046	0.0000	1.0000
23	0.0000005	0.0000004	0.0000	1.0000
24	0.0000001	0.0000000	0.0000	1.0000
25	0.0000000		0.0000	1.0000

2 factors will be retained by the NFACTOR criterion.

[결과2]는 요인분석 결과이다. 요인분석의 결과 요인 2개에 의한 설명 정도가 83.00%로서 앞의 분산의 설명 정도와 일치함을 알 수 있다. 즉 MONOTONE 변환에 의해 계산된 설명 정도는 요인분석의 결과와 비교해 볼 때 서로 같다. 3번째 요인도 중요한 요인인 것 같으나 현재 두 요인에 의한 설명 정도도 높기 때문에 이를 통해 인지도를 그렸다.

[결과3]

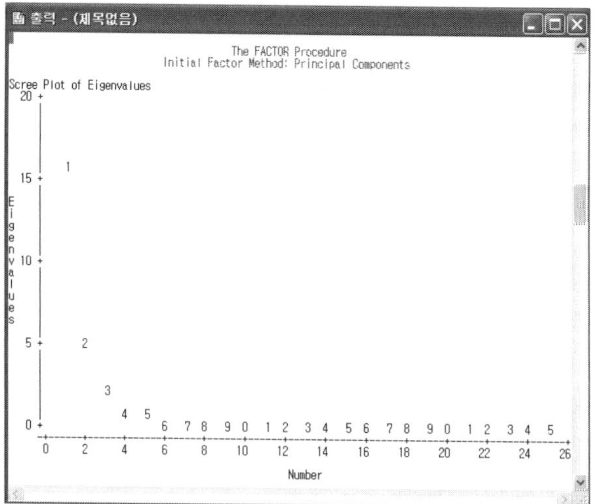

[결과3]은 요인분석에 대한 스크리 도표가 제시되어 있다. 현재의 결과를 볼 경우에 3개 정도 요인이 적절하나 앞의 설명에 따라서 2개의 차원만을 본다.

[결과4]

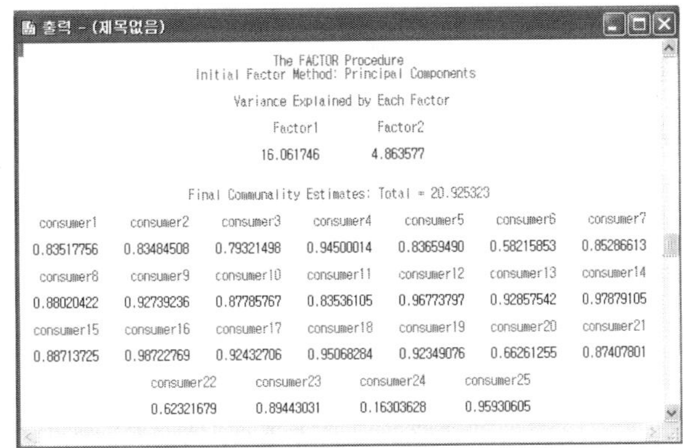
출력 - (제목없음)

The FACTOR Procedure
Initial Factor Method: Principal Components

Variance Explained by Each Factor

Factor1	Factor2
16.061746	4.863577

Final Communality Estimates: Total = 20.925323

consumer1	consumer2	consumer3	consumer4	consumer5	consumer6	consumer7
0.83517756	0.83484508	0.79321498	0.94500014	0.83659490	0.58215853	0.85286613
consumer8	consumer9	consumer10	consumer11	consumer12	consumer13	consumer14
0.88020422	0.92739236	0.87785767	0.83536105	0.96773797	0.92857542	0.97879105
consumer15	consumer16	consumer17	consumer18	consumer19	consumer20	consumer21
0.88713725	0.98722769	0.92432706	0.95068284	0.92349076	0.66261255	0.87407801

consumer22	consumer23	consumer24	consumer25
0.62321679	0.89443031	0.16303628	0.95930605

[결과4]는 VARIMAX 회전 이전에 각 소비자별 설명 정도를 의미한다.

[결과5]

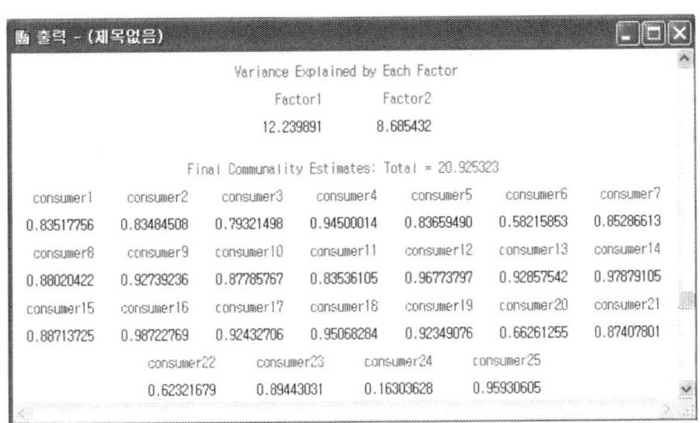
출력 - (제목없음)

Variance Explained by Each Factor

Factor1	Factor2
12.239891	8.685432

Final Communality Estimates: Total = 20.925323

consumer1	consumer2	consumer3	consumer4	consumer5	consumer6	consumer7
0.83517756	0.83484508	0.79321498	0.94500014	0.83659490	0.58215853	0.85286613
consumer8	consumer9	consumer10	consumer11	consumer12	consumer13	consumer14
0.88020422	0.92739236	0.87785767	0.83536105	0.96773797	0.92857542	0.97879105
consumer15	consumer16	consumer17	consumer18	consumer19	consumer20	consumer21
0.88713725	0.98722769	0.92432706	0.95068284	0.92349076	0.66261255	0.87407801

consumer22	consumer23	consumer24	consumer25
0.62321679	0.89443031	0.16303628	0.95930605

[결과5]은 VARIMAX 회전 후 2개의 요인이 설명하는 정도와 각 소비자들이 가지고 있는 생각을 현재의 두 요인이 어느 정도 잘 설명하고 있는가를 나타낸다. 전반적으로 높게 나타났으나, 소비자 6, 20, 22, 24 등의 설명 정도가 낮다. 특히, 소비자 24는 매우 낮다. 소비자 24는 응답을 불성실하게 한 표본인지 아닌지를 의심해 볼 수도 있다.

[결과6]

출력 - (제목없음)

SAS 시스템 6

The FACTOR Procedure
Rotation Method: Varimax

Orthogonal Transformation Matrix

	1	2
1	0.81161	0.58420
2	-0.58420	0.81161

Rotated Factor Pattern

	Factor1	Factor2
consumer1	0.39671	0.82328
consumer2	0.91328	0.02757
consumer3	0.87990	0.13783
consumer4	0.71313	0.66064
consumer5	0.44353	0.79992
consumer6	0.35426	0.67577
consumer7	0.90531	0.18244
consumer8	0.71871	0.60304
consumer9	-0.22899	0.93539
consumer10	0.91704	0.19209
consumer11	0.86924	0.28244
consumer12	0.93893	0.29351
consumer13	0.96324	0.02742
consumer14	0.93290	0.32937
consumer15	0.93443	0.11823
consumer16	0.17721	0.97766
consumer17	0.48717	0.82885
consumer18	0.76937	0.59896
consumer19	0.89742	0.34371
consumer20	0.79614	0.16964
consumer21	0.34357	0.86951
consumer22	0.72314	0.31667
consumer23	-0.00761	0.94571
consumer24	0.36091	0.18106
consumer25	0.18520	0.96177

[결과6]에서 각 요인과 각 소비자들의 관련성의 정도에 대한 VARIMAX 회전결과이다. 요인 1은 소비자 2, 3, 4, 7, 10, 11, 12, 13, 14, 15, 19, 20, 22 등이 관련된 차원들이다. 소비자들에 대한 개인신상 및 사이코그래픽 데이터를 추가적으로 분석함으로써 차원의 이름을 지을 수도 있다. 반면에 요인 2는 나머지 소비자들과 관련이 있는 차원이다.

[결과7]

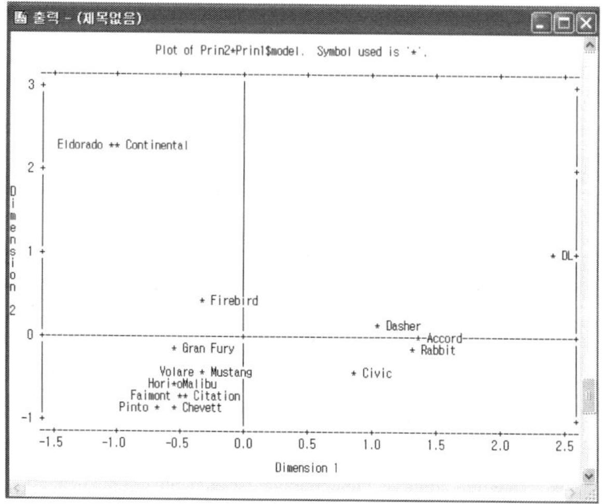

[결과7]은 자동차에 대한 분석한 결과를 인지도로 나타낸 것으로, 미국계 자동차들(Eldorado, Continental, Pinto, Gran Fury, Mustang 등)은 왼쪽에 표시되어 있다. 반면에 일본 및 유럽계 자동차들(DL, Dasher, Accord, Rabbit, Civic)은 오른쪽에 표시되어

있다. 차원 1은 국산(미국에서는 국산으로 인식)/외국산 차원이다. 차원 2는 위쪽에 Eldorado, Continental, DL와 같이 비싼 가격의 차이고, 아래쪽이 Civic, Pinto와 같은 저렴한 가격의 차이기 때문에 가격차원이다. 인지도를 보면 자동차에 대해서 소비자가 생각하는 군집을 세 개 정도 나눌 수 있다. Eldorado와 Continental은 비싼 가격의 미국산 자동차로 인식되는 군집이다. Firebird, Gran Fury, Mustang, Pinto 등은 저렴한 가격의 미국산 자동차로 인식되는 군집이다. Dasher, Accord, Rabbit, DL, Civic 등은 중간 정도 가격의 외국산 자동차로 인식되는 군집이다.

[결과8]

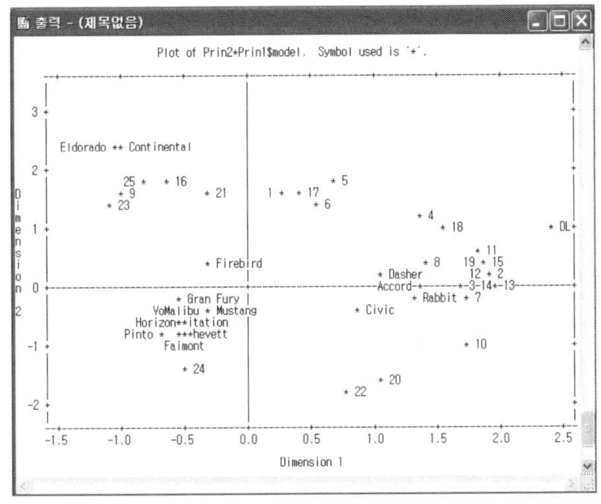

[결과8]은 소비자와 자동차에 관한 인지도가 제시되어 있다. 자동차에 대한 인지도는 앞에서 본 것과 같으며, 본 예제에서는 여기에 소비자에 대한 번호가 추가되어 있다. 앞에서와 같이 자동차에 대한 군집을 생각할 수 있을 뿐만 아니라, 어떠한 소비자들이 특정 자동차 군집을 선호하는가도 알 수 있다. 그리고 각 군집에 가까운 소비자들의 수를 알아본다면, 시장의 크기를 알 수도 있다.

그림을 보면 소비자 9, 16, 21, 23, 25 등이 Eldorado나 Continental과 같은 비싼 가격의 미국산 자동차로 인식되는 자동차를 가장 좋아하는 소비자집단이며, 소비자 5, 6, 7, 11 등은 다음으로 이 차들을 좋아하는 집단으로 볼 수 있다. 전반적으로 보아 소비자들이 1 상한에 많이 있음에도 불구하고 여기에 맞는 차들이 없다. 따라서 이러한 곳이 시장의 틈새라고 생각할 수 있으며, 소비자들은 약간 비싸고 외국산 자동차로 인식되는 여러 가지 특성을 가진 차들을 원하는 것으로 볼 수 있다. 어떠한 사람들이 특정 차를 좋아하는가를 더 보고자 하면 각 군집에 가까운 소비자들을 조사해서 이들의 특성을 살펴보면 된다.

[결과9]

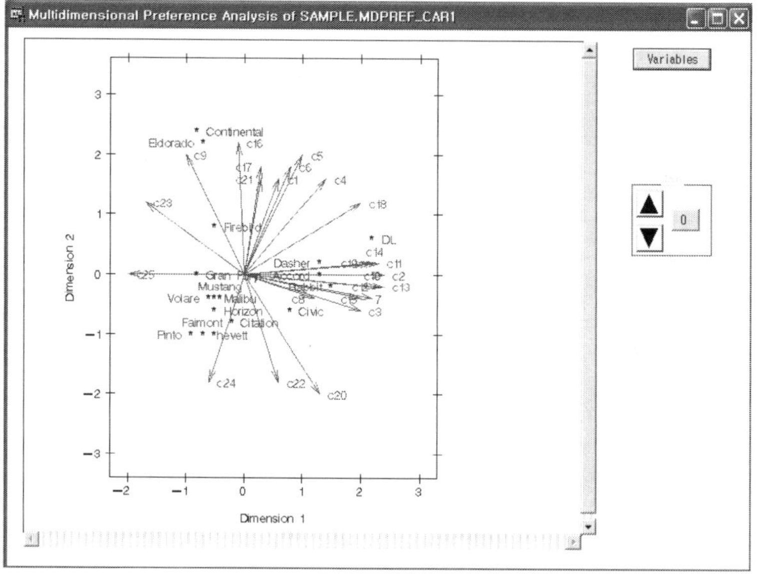

[결과9]은 시장 조사 화면에서 제시되는 인지도 결과이다. 결과는 오른쪽 마우스 커서를 클릭해 그래프 메뉴의 색상과 벡터라벨 표시를 하도록 했다. 결과를 보면 각 소비자별로 인지도의 벡터가 표시되어 있음을 알 수 있다. [결과 10]은 MDPREF 분석 후 고유값의 변화를 보요 주고 있다. 2개의 차원을 가지고 설명할 수 있는 설명력이 더 높아 졌다.

[결과10]

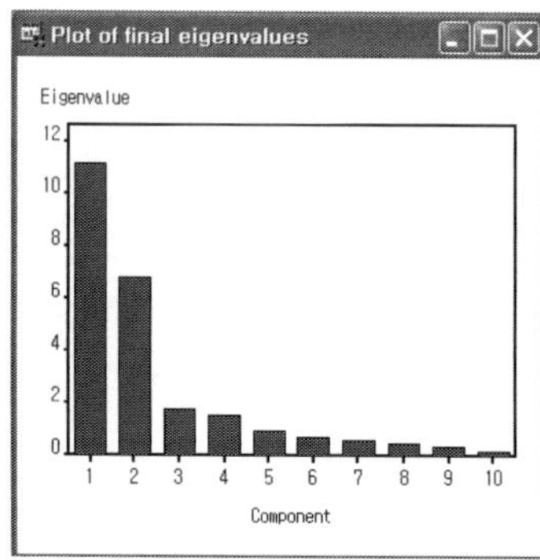

2.4 PREFMAP : 속성에 대한 이상점을 표시하는 선호 다차원척도법

(1) 분석개요

속성에 대한 이상점(ideal point)과 각 대상을 하나의 인지도에 나타내는 그래프를 표현하는 것이 선호 다차원척도법(PREFMAP : Preference Map)이다(Aaker and Day 1980; Green and Carmone 1969). MDPREF에서는 각 표본(소비자)과 대상물(자동차)을 하나의 그래프에 나타내고, 이상점이 무한한 공간에 있다는 점을 가정하나, 선호 다차원척도법은 각 속성에 대해서 소비자들이 이상적으로 생각하는 점이 평가 데이터 내에 존재한다고 가정하고 대상물을 하나의 인지도에 표현한다.

(2) 분석데이터

[확장 편집기 화면]

각 자동차에 대해서 평가한 속성들은 자동차의 연비(mpg), 안정성(reliable), 주행할 때 안락감(ride)이다. 각 변수들은 1점에서 5점까지 측정이 되었다(1점은 나쁨, 5점은 좋음).

앞의 MDPREF 예제에서와 같이 먼저 각 자동차에 대한 인지도를 찾기 위한 것이다. 여기서 ID문에 자동차를 지칭하는 변수와 속성에 관한 변수들을 표기하는 것이 중요하다.

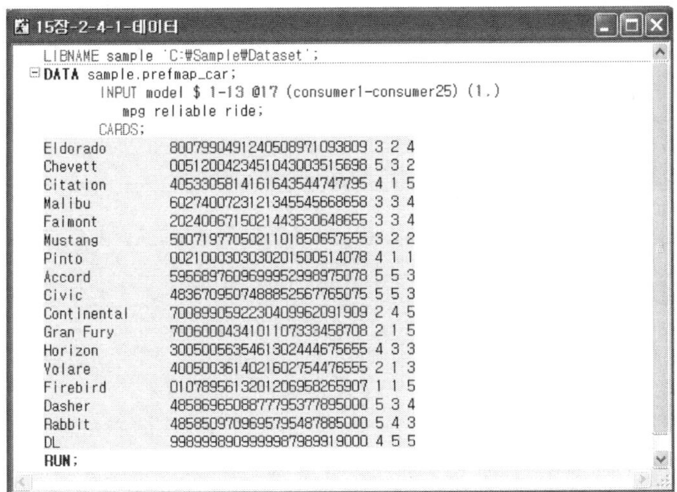

15장-2-4-1-데이터

```
LIBNAME sample 'C:₩Sample₩Dataset';
DATA sample.prefmap_car;
      INPUT model $ 1-13 @17 (consumer1-consumer25) (1.)
        mpg reliable ride;
      CARDS;
Eldorado        8007990491240508971093809 3 2 4
Chevett         0051200423451043003515698 5 3 2
Citation        4053305814161643544747795 4 1 5
Malibu          6027400723121345545668658 3 3 4
Faimont         2024006715021443530648655 3 3 4
Mustang         5007197705021101850657555 3 2 2
Pinto           0021000303030201500514078 4 1 1
Accord          5956897609699952998975078 5 5 3
Civic           4836709507488852567765075 5 5 3
Continental     7008990592230409962091909 2 4 5
Gran Fury       7006000434101107333458708 2 1 5
Horizon         3005005635461302444675655 4 3 3
Volare          4005003614021602754476555 2 1 3
Firebird        0107895613201206958265907 1 1 5
Dasher          4858696508877795377895000 5 3 4
Rabbit          4858509709695795487885000 5 4 3
DL              9989998909999987989919000 4 5 5
RUN;
```

(3) 분석과정

[확장 편집기 화면]

PREFMAP형태의 다차원척도법 분석을 하기 위해서는 PROC PRINQUAL 프로시저를 이용한다. PROC PRINQUAL 프로시저에서 축의 최대 개수를 지정하기 위해서 N=2라는 옵션을 사용했다. 선호도 값은 Kruskal의 거리변환방법에 의해 변환된다. 거리를 계산한 데이터 값으로 원래 데이터를 대치하기 위해서는 REPLACE라는 옵션을 사용한다. 변수 값을 표준화하기 위해서 STANDARD라는 옵션을 사용했으며, SCORES라는 옵션을 통해 축에 대한 값들을 계산했다. 단순히 여러 사람이 인지하고 있는 자동차에 대한 인지도 만을 보고자 하면 CORRELATIONS라는 옵션을 적지 않아도 된다.

다음으로 각 속성에 대한 이상축을 계산해 주어야 하는데 이는 PROC TRANSREG 프로시저를 통해 구할 수 있다. MODEL에서 각 변수의 값에 대한 변화가 작기 때문에 같은 UNTIE문을 사용했다. 그리고 POINT는 이상적인 속성을 구하기 위해서 사용한다. POINT 대신에 EPOINT, QPOINT 등을 사용하는데 변수 값에 대한 변화가 많을수록 EPOINT나 QPOINT를 사용한다.

계산결과를 인지도를 나타내기 위해서는 다음과 같이 프로그램을 작성한다. 여기서 SET문과 IF문을 작성하는 요령을 잘 살펴 보자. SET문에서 데이터셋을 지정하는 형태는 아래와 같이 PROC PRINQUAL에서의 OUT=데이터셋과 PROC TRANSREQ의 OUT=데이터셋을 모두 지정해 준다.

IF문은 아래와 같이 두 가지 경우로 적어 준다. 여기서 MODEL은 자동차를 그래프에 나타내기 위한 것이고, _TYPE_는 속성을 그래프에 나타내기 위한 것이다.

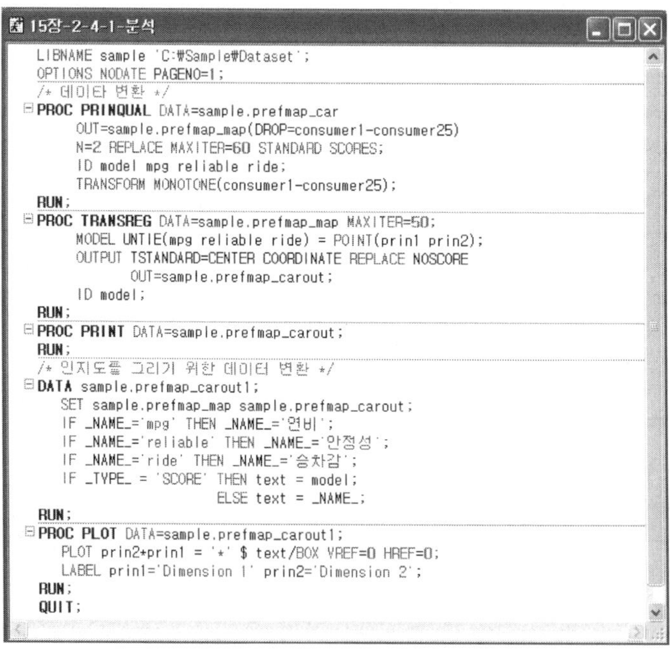
15장-2-4-1-분석

```
LIBNAME sample 'C:₩Sample₩Dataset';
OPTIONS NODATE PAGENO=1;
/* 데이타 변환 */
PROC PRINQUAL DATA=sample.prefmap_car
     OUT=sample.prefmap_map(DROP=consumer1-consumer25)
     N=2 REPLACE MAXITER=60 STANDARD SCORES;
     ID model mpg reliable ride;
     TRANSFORM MONOTONE(consumer1-consumer25);
RUN;
PROC TRANSREG DATA=sample.prefmap_map MAXITER=50;
     MODEL UNTIE(mpg reliable ride) = POINT(prin1 prin2);
     OUTPUT TSTANDARD=CENTER COORDINATE REPLACE NOSCORE
            OUT=sample.prefmap_carout;
     ID model;
RUN;
PROC PRINT DATA=sample.prefmap_carout;
RUN;
/* 인지도를 그리기 위한 데이터 변환 */
DATA sample.prefmap_carout1;
   SET sample.prefmap_map sample.prefmap_carout;
   IF _NAME_='mpg' THEN _NAME_='연비';
   IF _NAME_='reliable' THEN _NAME_='안정성';
   IF _NAME_='ride' THEN _NAME_='승차감';
   IF _TYPE_ = 'SCORE' THEN text = model;
                       ELSE text = _NAME_;
RUN;
PROC PLOT DATA=sample.prefmap_carout1;
   PLOT prin2*prin1 = '*' $ text/BOX VREF=0 HREF=0;
   LABEL prin1='Dimension 1' prin2='Dimension 2';
RUN;
QUIT;
```

(4) 결과분석

[결과1]

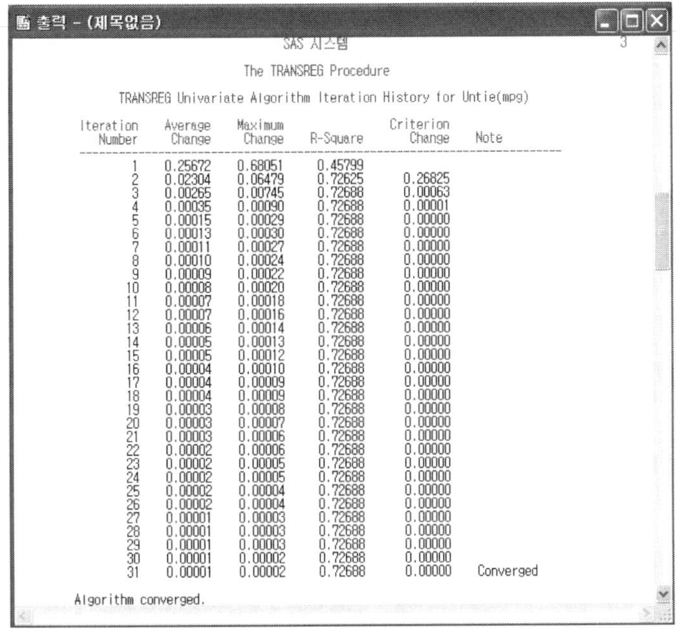

출력 - (제목없음)

SAS 시스템 3

The TRANSREG Procedure

TRANSREG Univariate Algorithm Iteration History for Untie(mpg)

Iteration Number	Average Change	Maximum Change	R-Square	Criterion Change	Note
1	0.25672	0.68051	0.45799		
2	0.02304	0.06479	0.72625	0.26825	
3	0.00265	0.00745	0.72688	0.00063	
4	0.00035	0.00090	0.72688	0.00001	
5	0.00015	0.00029	0.72688	0.00000	
6	0.00013	0.00030	0.72688	0.00000	
7	0.00011	0.00027	0.72688	0.00000	
8	0.00010	0.00024	0.72688	0.00000	
9	0.00009	0.00022	0.72688	0.00000	
10	0.00008	0.00020	0.72688	0.00000	
11	0.00007	0.00018	0.72688	0.00000	
12	0.00007	0.00016	0.72688	0.00000	
13	0.00006	0.00014	0.72688	0.00000	
14	0.00005	0.00013	0.72688	0.00000	
15	0.00005	0.00012	0.72688	0.00000	
16	0.00004	0.00010	0.72688	0.00000	
17	0.00004	0.00009	0.72688	0.00000	
18	0.00004	0.00009	0.72688	0.00000	
19	0.00003	0.00008	0.72688	0.00000	
20	0.00003	0.00007	0.72688	0.00000	
21	0.00003	0.00006	0.72688	0.00000	
22	0.00002	0.00006	0.72688	0.00000	
23	0.00002	0.00005	0.72688	0.00000	
24	0.00002	0.00005	0.72688	0.00000	
25	0.00002	0.00004	0.72688	0.00000	
26	0.00002	0.00004	0.72688	0.00000	
27	0.00001	0.00003	0.72688	0.00000	
28	0.00001	0.00003	0.72688	0.00000	
29	0.00001	0.00003	0.72688	0.00000	
30	0.00001	0.00002	0.72688	0.00000	
31	0.00001	0.00002	0.72688	0.00000	Converged

Algorithm converged.

[결과1]을 보면 연비에 대한 축의 계산 결과가 나와 있다. 전체적으로 보아 현재 축으로 변환한 연비의 설명 정도는 72.688% 정도라고 할 수 있다. 마찬가지로 안정성과 주행 안락감에 대해서도 같은 형태로 결과가 제시된다. 이에 대한 자세한 결과는 생략한다.

[결과2]

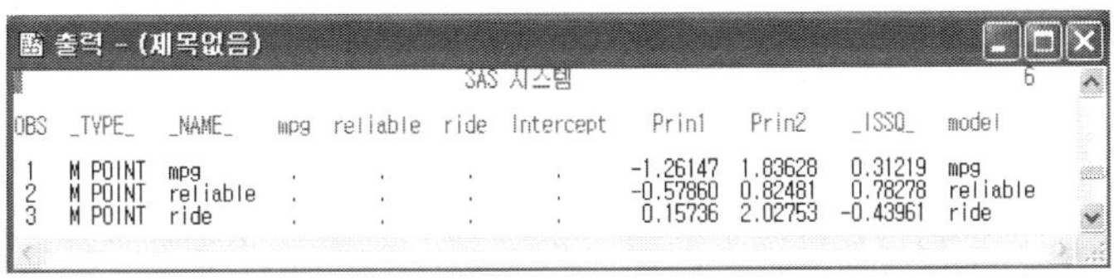

출력 - (제목없음)

SAS 시스템 6

OBS	_TYPE_	_NAME_	mpg	reliable	ride	Intercept	Prin1	Prin2	_ISSQ_	model
1	M POINT	mpg	.	.	.	.	-1.26147	1.83628	0.31219	mpg
2	M POINT	reliable	.	.	.	.	-0.57860	0.82481	0.78278	reliable
3	M POINT	ride	.	.	.	.	0.15736	2.02753	-0.43961	ride

[결과2] 앞의 PROC TRANSREG에 의해 계산된 축의 값들이다.

[결과3]

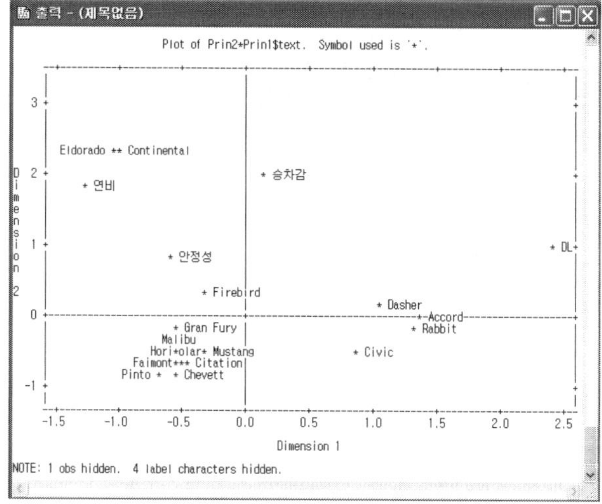

[결과3]은 인지도를 나타낸다. 그림을 보면, 앞의 MDPREF와 같은 형태로 자동차가 인지도에 표시되어 있으며, 이상적인 속성이 표현되어 있음을 알 수 있다. 이상적인 속성들은 비싼 가격의 미국산으로 인식되는 자동차와 저렴한 가격의 미국산으로 인식되는 자동차 사이에 위치하고 있다는 것을 알 수 있다. 이러한 측면에서 보면 1상한은 시장의 틈새가 아닐 수도 있다고 생각할 수 있다.

3. 프로시저 설명

3.1 PROC MDS

(1) PROC MDS의 기본형

```
PROC MDS 옵션;
   VAR 변수들;
   INVAR 변수들;
   ID¦OBJECT 변수;
   MATRIX¦SUBJECT 변수;
   WEIGHT 변수들;
   BY 변수들;
```

(2) PROC MDS 옵션;

[옵션]
- DATA=데이터셋 : 원데이터가 들어 있는 데이터셋의 이름을 지정한다. 이 옵션이 없을 경우 이 프로시저 직전에 만들어진 데이터셋을 사용한다.
- OUT=데이터셋 : DATA=데이터셋과 PROC MDS에서 계산된 통계량들을 저장할 장소를 지정한다.
- COEF= : IDENTITY를 지정하면 유클리디안 거리를 계산하며, DIAGONAL을 지정하면 가중 유클리디안 거리를 계산한다.
- DIMENSION=n : 추출하고자 하는 축의 수를 지정한다. 일반적으로 2를 지정한다.
- FIT= : DISTANCE(Kruskal의 스트레스 1과 2를 이용), SQUARED(Young의 S-스트레스 1과 2를 이용), LOG는 로그치환 거리 지정할 수 있다.
- FORMULA=n : 스트레스 추정 식을 지정한다. 0, 1, 2 중에 하나의 값이 가능하며, 디폴트는 1이다.
- LEVEL= : 데이터가 ABSOLUTE (현재 두 대상간 거리를 유지하는 절대값), RATIO(비율), INTERVAL(등간), LOGINTERVAL(최우도 다차원척도법), ORDINAL(서열) 등을 지정할 수 있다. ORDINAL이 디폴트이다.
- MAXITER=n : 추정할 때 반복 추정수를 지정한다. 디폴트는 100이다.
- OCOEF : 대상물의 축의 계수를 출력한다.
- OCONFIG : 대상물의 형상 좌표 값을 OUT=데이터셋에 출력한다.
- PCOEF : 대상물의 축의 계수를 출력한다.
- PCOFIG : 대상물의 축의 형상 좌표 값을 출력한다.
- PFINAL : 최종 추정 값을 출력한다.
- PFIT : 추정에 대한 Badness of fit 값(부적합도)을 출력한다.
- PFINAL : PFIT과 거의 같은 부적합도 결과를 출력한다.
- SHAPE= : 입력데이터의 형태로서, TRIANGULAR, SQUARE 등이 가능하다.
- SIMILAR : 입력데이터가 유사성 행렬이며, 이를 비 유사성 행렬로 바꾸라는 옵션이다.
- UNTIE : 순서척도 모형에서 등간 데이터라도 다르게 척도화하라는 옵션이다.

(3) VAR 변수들;

분석을 하고 싶은 대상물 평가 정보를 갖고 있는 변수의 집합을 지정한다.

(4) INVAR 변수들;

초기 추정 값을 가지고 있는 변수들을 지정한다.

(5) ID | OBJECT 변수들;

분석 후 대상물 정보를 가지고 있는 변수를 지정한다.

(6) MATRIX | SUBJECT 변수;

분석을 할 때 응답자 정보를 가지고 있는 변수를 지정한다.

(7) 기타 문장들

가. BY 변수들;

지정한 변수들의 값이 변할 때마다 서로 다른 다차원척도 분석을 하고자 할 때 사용한다. 이 변수들은 먼저 PROC SORT 프로시저로 정렬되어 있어야 한다.

나. WEIGHT 변수들;

가중치의 정보를 가지고 있는 변수를 WEIGHT문에 사용한다. 이 때 각 관찰치의 도수는 이 변수의 값에 의존한다.

대응분석

16

CHAPTER

1. 대응분석의 개요

1.1 대응분석이란

대응분석(correspondence analysis)은 프랑스의 언어학자들에 의해 개발되었는데, 다차원척도법(Multidimensional Scaling : MDS)의 일종으로 인지도를 작성하기 위한 새로운 수단으로 등장한 분석방법이다. 이 방법은 다차원 공간상에서 데이터를 기하학적으로 해석하는데 응용되었으며, 최근에는 마케팅뿐만 아니라 사회학, 생태학, 인구학 등의 분야에서 광범하게 응용되고 있다. 정준상관관계분석처럼 두 종류의 변수 집합간에 관련성을 분석하거나 범주형 빈도데이터(categorical frequency data)로 이루어진 교차표 형태의 데이터를 분석해 두 종류의 변수 집합을 하나의 인지도(perceptual map)에 나타낸다(Hoffman and Franke 1986). 이러한 점에서 다차원척도법에서처럼 비슷하게 관찰대상이 되는 종속변수 및 설문대상자를 하나의 인지도에 나타내는 형태와 같은 방법이다. 대응분석은 종속변수 및 독립변수가 일반적으로 명목데이터며, 행과 열 형태의 교차표로 나타낼 수 있는 데이터(예를 들어 브랜드와 속성)을 공동의 공간에 나타낼 수 있다.

대응분석의 기원은 1935년부터 다양한 이름으로 개발되어 활용되었다. 이 분석은 프랑스의 Benzécri (1969)와 그의 동료들에서 유래되었다. 대응분석은 프랑스어의 "analyse factorielle des correspondences"라는 말의 영어식 번역어로 correspondence analysis로 불리게 되었다. 미국에서는 최적척도법(optimal scaling), 캐나다에서는 이중척도법(dual scaling), 네덜란드에서는 동일성분석(homogeneity analysis), 일본에서는 수량화 방법(quantification method) 등으로 불리고 있다. 통계학자나 심리통계학자들간에도 상호평균법(reciprocal averaging), 상황표의 정준상관분석(canonical correlation analysis of contingency table), 범주형 판별분석(categorical discriminant analysis) 등 여러 가지 이름으로 소개되었다(Greenacre 1984; Teenhaus and Young 1985). 대응분석에 대한 역사적 발전 과정에 대해서는 Greenacre (1984), Nishisato (1980) 등의 문헌을 참조할 수 있다.

대응분석은 두 가지 형태의 변수의 집합을 하나의 인지도에 표현하는 기법으로서 가장 흔하게 사용하는 사례는 여러 종류의 음료수집합과 이들을 설명하는 속성들의 집합이 있을 때, 이들을 하나의 인지도에 모두 표현하는 경우이다. 따라서 어느 음료수가 어느 속성에 가까운가를 파악할 수 있을 뿐만 아니라 각 음료수들과 속성들과의 의한 관련성까지도 파악할 수 있다.

이 분석기법을 주로 사용할 수 있는 곳을 보면(Green, Carmone and Smith 1989),

- 시장세분화(market segmentation) : 개인을 설명할 수 있는 여러 가지 속성들과 각 개인들을 하나의 인지도에 표현함으로써 동질적인 개인들의 집단을 파악한다.
- 제품위치화(product positioning) : 제품을 설명할 수 있는 여러 가지 속성들과 각 제품들을 하나의 인지도에 표현함으로써 제품간의 인식(perception)을 통해 특정 제품을 위치화하는 근거로서 사용된다.
- 광고캠페인의 효과 측정 : 광고캠페인을 하기 전의 제품들과 속성들의 인지도와 광고캠페인을 하고 난 후의 제품들과 속성들의 인지도를 가지고 광고캠페인의 효과를 측정한다.
- 신제품개발(new-product development) : 사전에 제품들과 속성들을 이용한 인지도를 가지고 제품들을 세분화한 정보는 신제품 개발에 대한 지침을 줄 수 있을 뿐만 아니라 중요하게 생각하는 속성들을 파악해서 마케팅전략에 응용한다.
- 제품개념검정(product-concept testing) : 제품개발단계에서 여러 가지 제품에 대한 개념들이 있을 때, 속성들을 통한 제품개념들의 인지도를 파악하고, 이들 중에 가장 좋다고 생각되는 개념을 새로운 제품개발에 응용한다.

1.2 대응분석의 기본 개념

대응분석의 기본적인 데이터 형태는 일반적인 직사각형 형태의 데이터행렬(**rectangular data matrix**)이라고 할 수 있다. 일반적으로 이용되는 데이터는 종속변수나 독립변수 모두 데이터의 척도가 범주형(정성적, 넌메트릭) 데이터를 기본으로 한다.

대응분석을 이용하는 주요 상황을 보면 다음과 같다.

- 크로스탭(교차표) 형태의 데이터를 인지도에 표현하여 각 대상과 대상에 대한 설명변수간의 관련성 파악하고자 하는 경우

  예) 응답자의 제품 선호도와 인구통계변수(성별, 소득, 직업 분류) 선호하는 각 제품별과 각 인구통계변수 수준을 봄

• 여러 종류의 제품집합과 이들을 설명하는 속성들의 집합이 있을 때, 이들을 하나의 인지도에 모두 표현하는 경우
• 어느 제품이 어느 속성에 가까운가를 파악할 수 있을 뿐만 아니라 제품들간의 속성에 의한 관련성까지도 파악

가상적으로 아래와 같이 3가지 제품과 이 제품을 설명할 수 있는 6개의 속성을 들 수 있다. 데이터의 특성을 보면, (1) 직사각형 형태의 데이터 행렬(rectangular data matrix)로서, (2) 종속변수나 독립변수 모두 데이터의 척도가 범주형(정성적, 넌메트릭) 데이터인 경우이다.

(단위 : 명)

브랜드 \ 속성	속성 1		속성 2		속성 3		속성 4		속성 5		속성 6	
	있다	없다	있다	없다	있다	없다	있다	없다	있다	없다	있다	없다
A	16	39	11	44	10	45	13	42	11	44	7	48
B	14	41	8	47	14	41	16	39	5	50	19	36
C	14	41	14	41	17	38	11	44	8	47	13	42

이 경우에 브랜드와 속성을 하나의 인지도에 표시하는 것이 대응분석과 다른 분석들과의 차이점이다. 예를 들어 가상적인 데이터를 가지고 두 차원에 대해서 다음과 같이 그래프를 그려 보면 속성과 제품이 하나의 인지도에 나타나 있는 것을 알 수 있다.

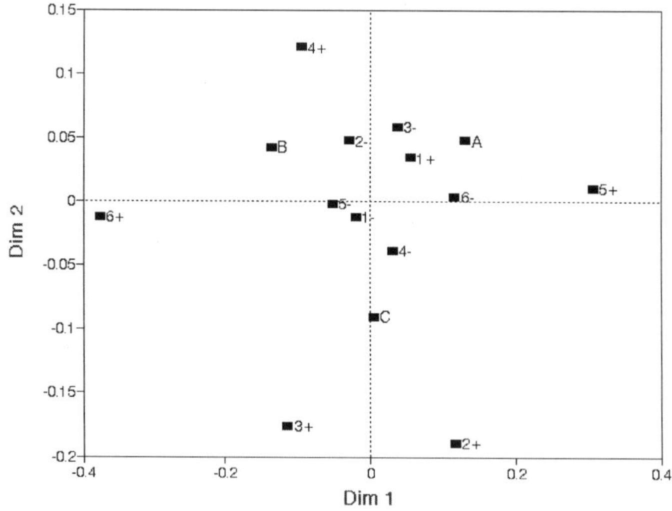

그림을 볼 경우에 제품 A와 B가 차원 2에서 서로 경쟁하는 제품이며, 제품 A는 속성 1이 있고, 속성 3과 6이 없는 제품이라고 사람들이 인식을 하고 있는 사람들이 많다. 반면에 제품 B는 속성 2와 5가 없고, 속성 4가 있다고 인식하고 있는 사람들이 많다. 제품 C는 제품 A, B와는 서로 다른 제품으로 인식된다. 즉 속성 4가 없고, 속성 2와 3이 있는 제품이라고 인식하는 사람들이 많다. 또한 차원 1(그림에서 가로축)의 값이 작을수록 속성 6이 있다고 보는 차원이며, 속성 5가 있는 것을 반대되는 개념으로 생각한다. 차원 2의 값이 작아질수록 속성 2나 3이 있는 경우이다. 반면에 차원 2값이 커질수록 속성 4가 있는 경우이다. 이러한 점에서 대응분석은 인지도에 나타나는 속성들을 통해 차원 이름을 정할 수 있을 뿐만 아니라, 각 제품이 가지고 있는 속성들에 대해서도 파악할 수 있는 방법이다.

1.3 대응분석의 분석절차

(1) 단계1 : 데이터 준비

먼저 대응분석을 하기 위해서는 다음과 같은 데이터를 준비해야 한다. 일반적으로 데이터의 특성은 대상과 대상의 특성을 나타내는 변수들의 결합인 경우이다.

- 음수 값을 갖고 있지 않은 교차표(crosstabulation 또는 cotingency table) 형태의 직사각형 데이터 행렬을 준비
- 넌메트릭 형태로 데이터가 구분됨 (가로 또는 세로 모두 두 변수 이상의 변수수준의 조합을 사용할 수도 있다. 예를 들어 성별과 연령을 조합해 교차표의 칼럼을 다음과 같이 구성할 수도 있다. 남/여/20대/30－40대/50이상)

(2) 단계2 : 분석 및 해석

대응분석의 프로그램은 Lebart, Morineau, and Warwick (1982), Greenacre (1986)가 개발한 전통적 척도법과, Carroll, Green, and Schaffer (1987)가 전통적 척도법의 단점을 보안하여 결합공간(joint space)에서 열과 행의 해석이 가능하도록 한 보안 척도법이 있다. 보통 전자의 전통적인 방법을 프랑스척도법, 후자를 CGS 척도법이라고 한다. 데이터를 입력한 후 다음과 같은 과정을 거쳐 데이터를 분석한다.

- 주변확률에 근거한 특정 셀의 빈도수와 다른 셀의 빈도수간에 관련성 계산, 카이제곱 값에 근사한 조건기대치 계산한다.
- 조건기대치의 평준화를 한다.
- 요인분석 형태로 차원과 각 변수들 수준간에 관련성을 분석한다.

데이터 분석 후 데이터를 해석해야 하는데 주로 보아야 할 변수들은 다음과 같다. 먼저 차원수 계산 및 차원의 중요성 확인해야 한다. 차원수 및 중요성은 각 축의 고유 값, inertia, 카이제곱, 설명 정도를 보고 차원수 결정하고 및 각 차원의 중요성을 확인한다 (Gifi 1981).

다음으로 inertia값을 통해 각 행과 열의 각 수준에 대한 중요도 파악한다. 각 inertia 값들은 다음과 같이 계산된다. 인자 (i,j)에서 p_{ij}가 (i,j)셀의 센트로이드, r_i가 i행의 센트로이드, c_j가 j열의 센트로이드라면, 전체모형과 각 셀에 대한 설명 정도를 나타내는 통계량은 inertia는 다음 식에 의해 구해진다(Hoffman and Franke 1986).

$$\text{이너시아(전체)} = \sum_i \sum_j \frac{(p_{ij} - r_i c_j)^2}{r_i c_j}$$

$$\text{이너시아(행)} = \sum_i r_i \left(\frac{\sum_j 1}{c_j (p_{ij} / r_i - c_j)^2} \right)$$

$$\text{이너시아(열)} = \sum_j c_j \left(\frac{\sum_i 1}{r_i (p_{ij} / c_j - r_i)^2} \right)$$

다음으로 선택된 차원을 이용한 인지도 분석 및 추후 분석을 한다.

2. 대응분석의 사례

2.1 직급별 스트레스에 대한 분석

(1) 분석데이터

다음 데이터는 스트레스를 받는 정도와 직장에서의 직위에 관한 데이터다. 이 데이터를 통해서 각 직위 별로 어느 정도 스트레스를 받는지를 보고자 한다.

직 급	없음	약간	중간	심함
이 사	4	2	3	2
부 장	4	3	7	4
과 장	25	10	12	4
사 원	18	24	33	13
비 서	10	6	7	2

[확장 편집기 화면]

확장 편집기 화면에서 위의 데이터를 입력하려면 다음과 같이 프로그램을 작성해야 한다. 여기서 DO 문을 통해 반복해 데이터를 입력하는 방법을 사용했다. 직급을 *position*, 스트레스를 받는 정도를 *category*, 스트레스를 받는 정도에 따른 사람 수를 wt로 했다.

16장-2-1-1-데이터

```
LIBNAME sample "C:\Sample\Dataset";
DATA sample.stress;
      DO I = 1 TO 5;
         INPUT position $ @@;
            DO  category ='None','Low', 'Middle', 'High';
                INPUT wt @@; OUTPUT;
      END; END;
      CARDS;
Director     4  2  3  2
G.Manager    4  3  7  4
Manger      25 10 12  4
Worker      18 24 33 13
Secretary   10  6  7  2
RUN;
```

(2) 분석과정

[확장 편집기 화면]

확장 편집기 화면에서 다음과 같이 프로그램을 입력한다. PROC CORRESP 프로시저에서 계산된 축의 값을 OUTC=데이타셋 옵션을 사용해 외부로 보냈으며, 지각도는 PROC

PLOT 프로시저를 이용해서 그렸다. 축의 값을 포함하고 있는 변수가 DIM1과 DIM2이기 때문에 이를 직접 지정해 주었다. 특히 PROC PLOT에서 심벌에 대한 레이블을 주기 위해 변수의 값들을 가지고 있는 _NAME_ 변수를 심벌로 사용해서 그림을 그렸다. 그림을 그릴 때는 HAXIS와 VAXIS라는 옵션을 통해 그림의 크기를 조절해 주는 것이 좋다. BOX라는 옵션은 외부박스를 그리라는 옵션이다.

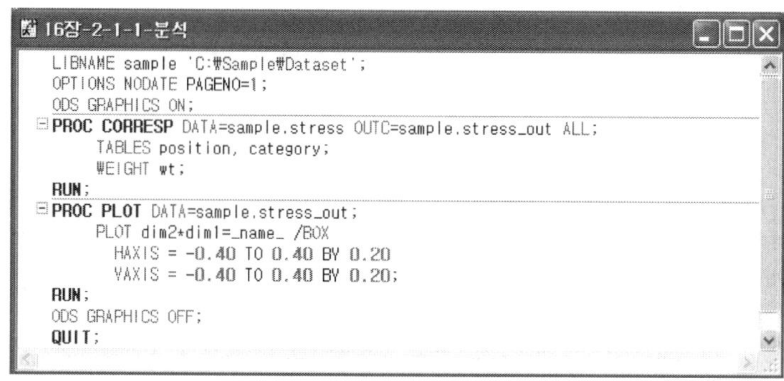

16장-2-1-1-분석
LIBNAME sample 'C:₩Sample₩Dataset';
OPTIONS NODATE PAGENO=1;
ODS GRAPHICS ON;
PROC CORRESP DATA=sample.stress OUTC=sample.stress_out ALL;
TABLES position, category;
WEIGHT wt;
RUN;
PROC PLOT DATA=sample.stress_out;
PLOT dim2*dim1=_name_ /BOX
HAXIS = -0.40 TO 0.40 BY 0.20
VAXIS = -0.40 TO 0.40 BY 0.20;
RUN;
ODS GRAPHICS OFF;
QUIT;

[시장 조사 화면]

다음과 같이 시장 조사 화면을 시작한다. 시장 조사 화면을 시작하기 위해서는 다음 메뉴들을 차례로 클릭한다(솔루션 → 분석 → 시장 조사).

다음으로 시장 조사 화면에서 데이터셋을 지정한다. 데이터셋은 Library에서 Sample (C:₩Sample₩Dataset 폴더를 의미, 지정하는 방법은 1장 참조)을 지정하며, Dataset and Last Analysis에서 데이터셋을 cigar를 선택한다. 다음으로 Analysis 화면에서 분석 기법은 Correspondence analysis로 지정해 대응분석을 할 수 있도록 지정한다. 모든 과정이 완료되면 확인을 클릭한다.

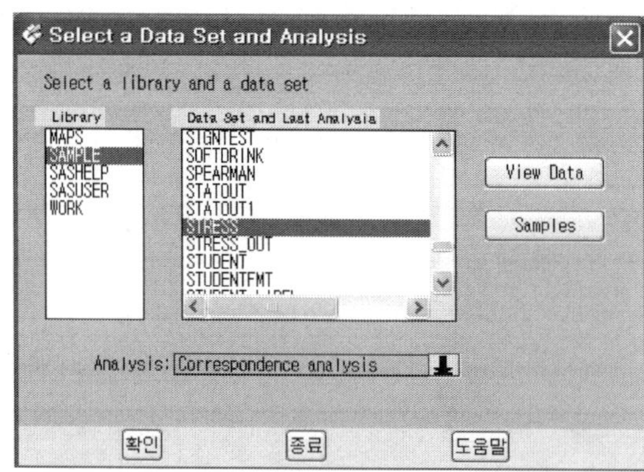

다음 화면에서 *position* 변수를 Variable Roles 난의 Row 버튼을 클릭해 Row(행) 변수로, *category*는 Column 버튼을 클릭해 Column(열) 변수로, 현재는 각 셀 별 빈도수를 입력했으므로 *wt* 변수를 Weight 버튼을 클릭해 각 셀에 대한 빈도를 반영한다. Options 버튼을 클릭해 추출할 차원 수 등을 조절할 수 있다. 모든 과정이 완료되면 확인 버튼을 클릭한다.

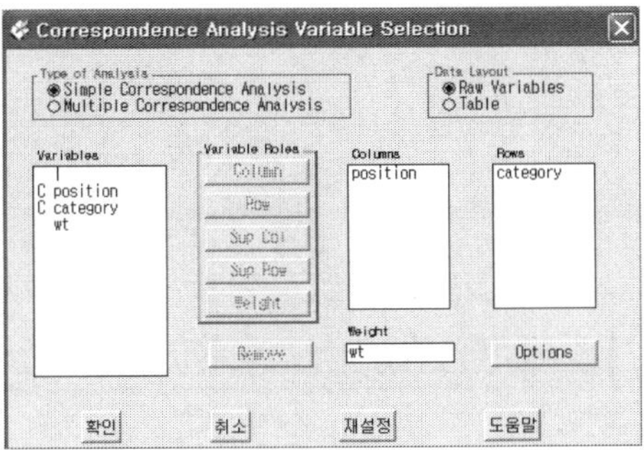

(3) 분석결과

[시장 조사 화면]

좌측 결과 화면의 Corresp를 선택한다.

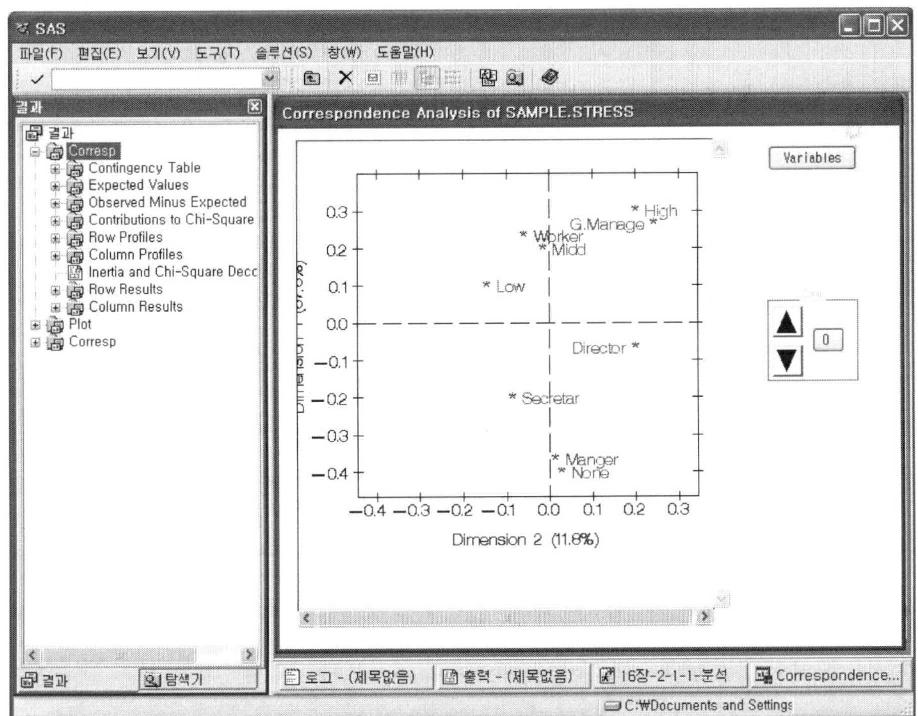

먼저 Contingency Table의 결과를 보면 입력 데이터에 대한 표를 보여주고 있다. Sum은 세로/가로의 합이다. 이를 분할표라고 한다(Contingency Table : CT).

VIEWTABLE: Contingency Table

	Label	High	Low	Midd	None	Sum
1	Director	2	2	3	4	11
2	G,Manage	4	3	7	4	18
3	Manger	4	10	12	25	51
4	Secretar	2	6	7	10	25
5	Worker	13	24	33	18	88
6	Sum	25	45	62	61	193

다음 Expected Values 결과를 보면은 분할표의 각 셀의 기대값을 나타낸다. 기대값은 정상적인 경우에 예상되는 빈도수의 분포를 의미한다.

VIEWTABLE: Expected Values

	Label	High	Low	Midd	None
1	Director	1,4249	2,5648	3,5337	3,4767
2	G,Manage	2,3316	4,1969	5,7824	5,6891
3	Manger	6,6062	11,8912	16,3834	16,1192
4	Secretar	3,2383	5,8290	8,0311	7,9016
5	Worker	11,3990	20,5181	28,2694	27,8135

다음으로 Observed Minus Expected 를 클릭해 보면 셀의 기대값과 관찰값에서 기대값을 뺀 나머지 값을 나타낸다.

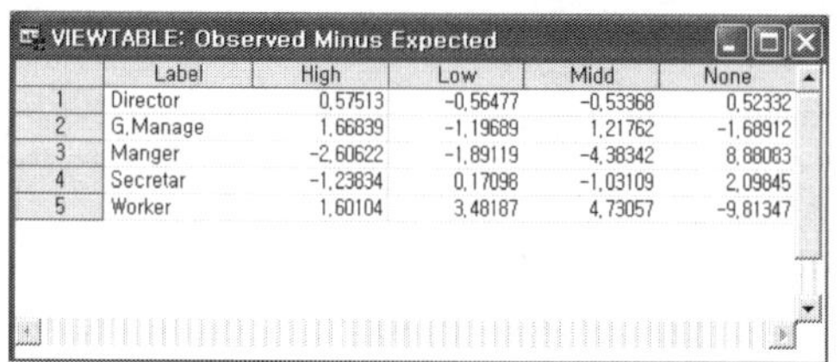

VIEWTABLE: Observed Minus Expected

	Label	High	Low	Midd	None
1	Director	0,57513	-0,56477	-0,53368	0,52332
2	G,Manage	1,66839	-1,19689	1,21762	-1,68912
3	Manger	-2,60622	-1,89119	-4,38342	8,88083
4	Secretar	-1,23834	0,17098	-1,03109	2,09845
5	Worker	1,60104	3,48187	4,73057	-9,81347

다음으로 Contribution to Chi-Square 결과 화면을 클릭하면, 각 셀의 전체 카이제곱 검정 값에 대한 기여도를 나타낸다. 카이제곱 검정값에 대한 기여도는 (관찰값-기대값)^2/기대값 형태로 계산된다. 앞의 결과와 현재의 결과를 통합해 볼 경우 셀 중에 기여도가 큰 곳은 직급이 C나 D인 경우로서 과장이나 사원인 경우 다른 셀보다 기여도가 크다. 사원인 경우에는 다른 직위보다 스트레스를 적게 받는 사람의 비율이 높고, 과장인 경우 스트레스를 많이 받는 사람의 비율이 높다.

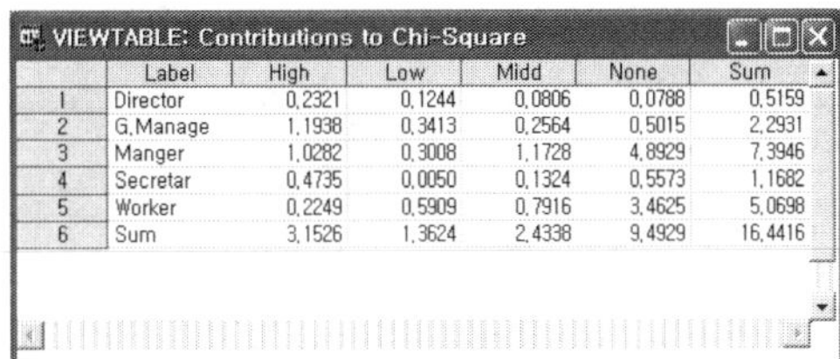

VIEWTABLE: Contributions to Chi-Square

	Label	High	Low	Midd	None	Sum
1	Director	0,2321	0,1244	0,0806	0,0788	0,5159
2	G,Manage	1,1938	0,3413	0,2564	0,5015	2,2931
3	Manger	1,0282	0,3008	1,1728	4,8929	7,3946
4	Secretar	0,4735	0,0050	0,1324	0,5573	1,1682
5	Worker	0,2249	0,5909	0,7916	3,4625	5,0698
6	Sum	3,1526	1,3624	2,4338	9,4929	16,4416

다음으로 Row Profile 결과화면을 클릭해 보면 분할표의 각 행에서 각 cell이 차지하는 비율을 나타낸다. 행 비율(Row Profiles)을 보면 직위가 과장이나 비서인 경우 스트레스를 적게 받는 사람들이 많으며, 부장이나 사원은 스트레스를 적당히 받는 사람이 많다.

VIEWTABLE: Row Profiles

	Label	High	Low	Midd	None
1	Director	0,181818	0,181818	0,272727	0,363636
2	G,Manage	0,222222	0,166667	0,388889	0,222222
3	Manger	0,078431	0,196078	0,235294	0,490196
4	Secretar	0,080000	0,240000	0,280000	0,400000
5	Worker	0,147727	0,272727	0,375000	0,204545

다음 결과에 열에 대한 비율(Column Profiles)도 제시되어 있으나 현재 결과는 직급별 차이에 대한 분포를 보기 때문에 해석에 있어 별 의미가 없다.

VIEWTABLE: Column Profiles

	Label	High	Low	Midd	None
1	Director	0,080000	0,044444	0,048387	0,065574
2	G,Manage	0,160000	0,066667	0,112903	0,065574
3	Manger	0,160000	0,222222	0,193548	0,409836
4	Secretar	0,080000	0,133333	0,112903	0,163934
5	Worker	0,520000	0,533333	0,532258	0,295082

Inertia and Chi－Square Decomposition을 보면 전체 모형에 관한 데이터와 각 행 데이터에 관한 값들이다. 이 값을 볼 경우 축 1(Dim 1)의 이너시아는 0.07476으로서 약 87.76%의 설명력을 가지고 있다. 또한 이 값은 χ^2 값이 14.43으로서 자유도 12에서 $p > 0.20$으로 나타나 큰 의미는 없다고 볼 수 있다. 두 번째 축의 이너시아는 0.01002로서 11.76%정도의 설명력이 있다. 그러나 세 번째 축의 이너시아는 그 값도 매우 작으며 설명력도 낮다. 따라서 축의 이미지를 그리는데 있어 2차원이면 충분할 것으로 생각할 수 있다.

VIEWTABLE: Inertia and Chi-Square Decomposition

	Singular Value	Principal Inertia	Chi-Square	Percent	Cumulative Percent	Bar Chart	Control
1	0.27342	0.07476	14.4285	87.76	87.76	************************	
2	0.10009	0.01002	1.9333	11.76	99.51	***	
3	0.02034	0.00041	0.0798	0.49	100.00		
4	_	0.08519	16.4416	100.00	_		1

다음 결과는 두 가지 데이터를 하나의 인지도로 표시한 결과이다. 인지도를 보면 앞의 데이터로부터 차원 1의 좌측은 스트레스를 받지 않는 사람이며, 우측은 스트레스를 중간 정도 또는 많이 받는 사람들이다. 그리고 차원 2는 설명력이 약하기는 하나 음의 계수를 가질수록 스트레스를 적게 받는 사람들의 비율이 높다. 스트레스를 받지 않는 사람들은 과장이나 비서이며, 스트레스를 가장 많이 받는 사람들은 부장이고 중간 정도 스트레스를 받는 사람들은 사원인 것으로 볼 수 있다. 특히 이사는 스트레스를 많이 받는 사람들의 비율도 높으나 스트레스를 받지 않는 사람의 비율이 부장이나 사원보다 많다고 할 수 있다.

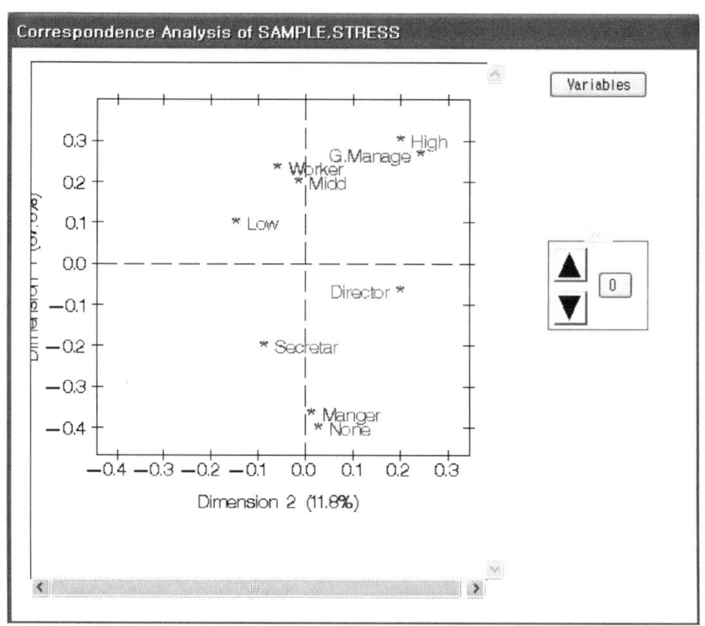

다음 그래프는 출력 화면에 나타난 인지도 분석 결과이다.

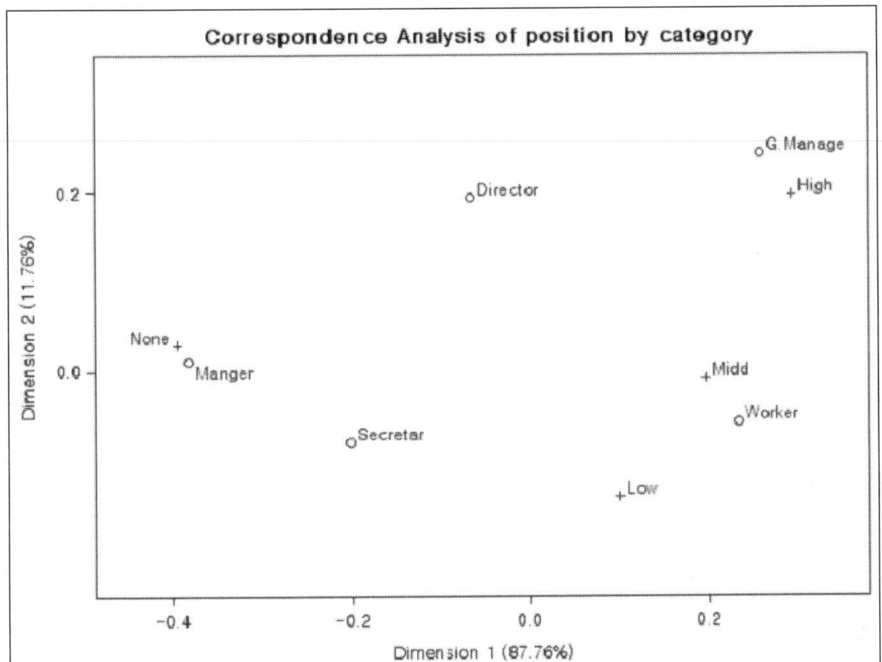

3. 음료수 구매자에 대한 분석

3.1 제1단계 : 음료수 구매자에 대한 기본 분석

(1) 분석데이터

다음 예제는 주요 8개 음료수에 대한 구매경험여부와 주요 음료수에 대해서 구매경험에 의한 음료수의 인지도와 이에 대한 소비자들을 군집화를 하고자 하는 경우이다. 데이터의 형태가 1인 경우 과거에 구매경험이 있으며, 0인 경우 과거에 구매경험이 없다. 음료수는 1(코카콜라), 2(다이어트 코카콜라), 3(다이어트 펩시), 4(다이어트 세븐업), 5(펩시), 6(스프라이트), 7(탭), 8(세븐업)이다.

소비자	1	2	3	4	5	6	7	8	소비자	1	2	3	4	5	6	7	8
1	1	0	0	0	1	1	0	1	18	1	1	0	0	1	0	0	0
2	1	0	0	0	1	0	0	0	19	1	0	0	0	0	0	0	1
3	1	0	0	0	1	0	0	0	20	1	1	1	0	1	0	0	0
4	0	1	0	1	0	0	1	0	21	1	0	0	0	1	0	0	0
5	1	0	0	0	1	0	0	0	22	1	0	0	0	1	0	0	0
6	1	0	0	0	1	1	0	0	23	0	1	0	1	0	0	1	0
7	0	1	1	1	0	0	1	0	24	1	1	0	0	1	0	0	0
8	1	1	0	0	1	1	0	1	25	0	1	1	1	0	0	0	0
9	1	1	0	0	0	1	1	1	26	0	1	0	1	0	0	1	0
10	1	0	0	0	1	0	0	1	27	0	1	0	0	0	0	1	0
11	1	0	0	0	1	1	0	0	28	1	0	0	0	0	1	0	1
12	0	1	0	0	0	0	1	0	29	1	0	0	0	0	0	0	0
13	0	0	1	1	0	1	0	1	30	0	1	1	0	0	0	1	0
14	1	0	0	0	0	1	0	0	31	1	0	0	0	1	0	0	1
15	0	1	0	0	0	0	1	0	32	0	1	1	0	0	0	1	0
16	0	0	0	0	1	1	0	0	33	1	0	0	0	1	0	0	1
17	0	1	1	0	0	1	0	0	34	0	1	1	1	0	0	1	0

[확장 편집기 화면]

확장 편집기 화면에서 위의 데이터를 입력하려면 다음과 같이 프로그램을 작성해야 한다. 여기서 2줄에 걸쳐 데이터가 있어 #2라는 문장을 통해 INPUT문을 지정해 주었다.

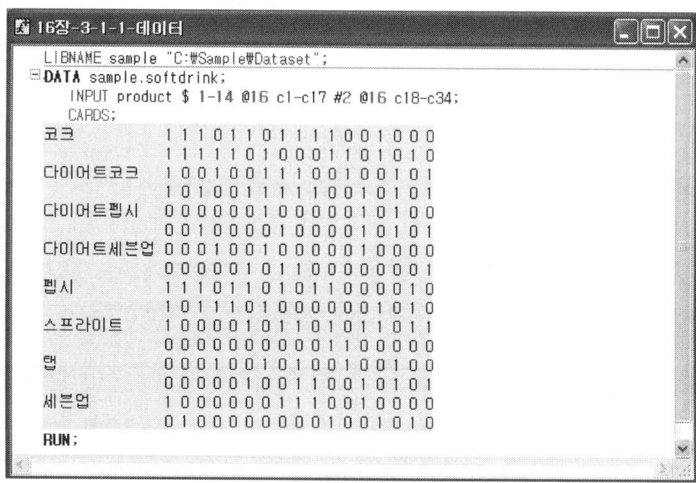

16장-3-1-1-데이터

```
LIBNAME sample "C:₩Sample₩Dataset";
DATA sample.softdrink;
   INPUT product $ 1-14 @16 c1-c17 #2 @16 c18-c34;
   CARDS;
코크           1 1 1 0 1 1 0 1 1 1 1 0 0 1 0 0 0
               1 1 1 1 1 0 1 0 0 0 1 1 0 1 0 1 0
다이어트코크   1 0 0 1 0 0 1 1 1 0 0 1 0 0 1 0 1
               1 0 1 0 0 1 1 1 1 1 0 0 1 0 1 0 1
다이어트펩시   0 0 0 0 0 0 1 0 0 0 0 0 1 0 1 0 0
               0 0 1 0 0 0 0 1 0 0 0 0 1 0 1 0 1
다이어트세븐업 0 0 0 1 0 0 1 0 0 0 0 0 1 0 0 0 0
               0 0 0 0 0 1 0 1 1 0 0 0 0 0 0 0 1
펩시           1 1 1 0 1 1 0 1 0 1 1 0 0 0 0 1 0
               1 0 1 1 1 0 1 0 0 0 0 0 0 1 0 1 0
스프라이트     1 0 0 0 0 1 0 1 1 0 1 0 1 1 0 1 1
               0 0 0 0 0 0 0 0 0 0 1 1 0 0 0 0 0
탭             0 0 0 1 0 0 1 0 1 0 0 1 0 0 1 0 0
               0 0 0 0 0 1 0 0 1 1 0 0 1 0 1 0 1
세븐업         1 0 0 0 0 0 0 1 1 1 0 0 1 0 0 0 0
               0 1 0 0 0 0 0 0 0 0 1 0 0 1 0 1 0
RUN;
```

(2) **분석과정**

[확장 편집기 화면]

PROC CORRESP 프로시저에서 DATA=는 데이터 분석 화면에서 입력 후 저장한 데이터셋을 지정하며, **OUTC=**는 분석결과에 대한 인지도를 그리기 위해 C:₩Sample₩Dataset 폴더 내에 correspout으로 저장한다. VAR 문에 칼럼 변수들을 지정하며, ID에 행으로 들어갈 변수들을 지정한다.

다음으로 인지도를 그리기 위한 데이터셋을 새로 구성했다. **PROC CORRESP** 프로시저에서 출력한 데이터셋 correspout.sas7bdat을 이용하겠다고, **SET** sample.correspout 형태로 지정했다. 다음으로 **IF _TYPE_ = 'INERTIA' THEN DELETE;** 문장을 통해 이너시아 값이 있는 관찰치를 삭제했다. 다음으로 **IF _TYPE_='VAR' THEN DO;**문을 통해 '소비자1'과 같은 형식으로 들어 있는 한글라벨을 '1'로 줄이기 위해 product = **SUBSTR**(product, 7)과 같이 지정했다. product는 변수이름인데, 여기서 **SUBSTR** 다음에 7이라는 숫자를 지정한 것은 '소비자1'과 같은 변수 라벨에서 소비자라는 글자는 표기하지 않고 숫자만 표기하고 싶기 때문에 지정했다. 7을 지정한 이유는 소비자가 한글로서 6byte의 글자이며, 따라서 7번째 칼럼부터 숫자가 있기 때문이다. 다른 문장은 현재대로 사용한다.

다음으로 **PROC PLOT** 프로시저는 인지도를 그리기 위한 문장들이다. 여기서 **WHERE _TYPE_='OBS';**를 지정하면 행으로 지정한 음료수이름 만 인지도로 그려진다.

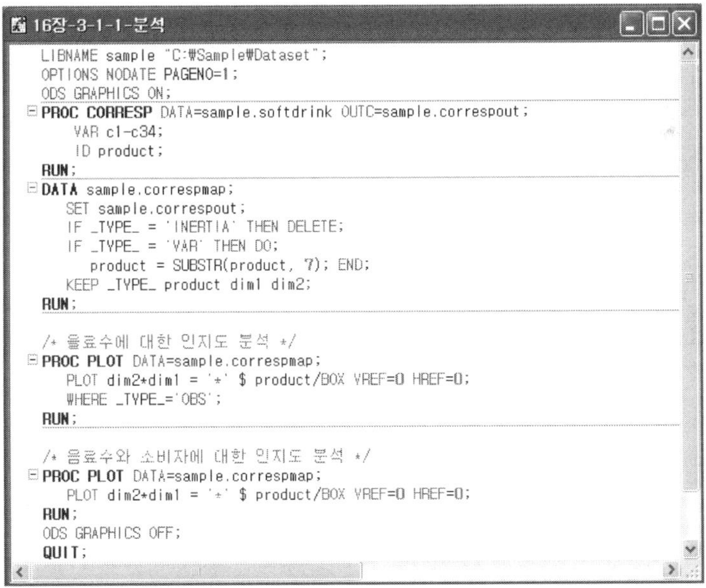

16장-3-1-1-분석

```
LIBNAME sample "C:₩Sample₩Dataset";
OPTIONS NODATE PAGENO=1;
ODS GRAPHICS ON;
PROC CORRESP DATA=sample.softdrink OUTC=sample.correspout;
    VAR c1-c34;
    ID product;
RUN;
DATA sample.correspmap;
   SET sample.correspout;
   IF _TYPE_ = 'INERTIA' THEN DELETE;
   IF _TYPE_ = 'VAR' THEN DO;
     product = SUBSTR(product, 7); END;
   KEEP _TYPE_ product dim1 dim2;
RUN;

/* 음료수에 대한 인지도 분석 */
PROC PLOT DATA=sample.correspmap;
   PLOT dim2*dim1 = '*' $ product/BOX VREF=0 HREF=0;
   WHERE _TYPE_='OBS';
RUN;

/* 음료수와 소비자에 대한 인지도 분석 */
PROC PLOT DATA=sample.correspmap;
   PLOT dim2*dim1 = '*' $ product/BOX VREF=0 HREF=0;
RUN;
ODS GRAPHICS OFF;
QUIT;
```

(3) 분석결과

[결과1]

출력 - (제목없음)

SAS 시스템

The CORRESP Procedure

Inertia and Chi-Square Decomposition

Singular Value	Principal Inertia	Chi-Square	Percent	Cumulative Percent	9 18 27 36 45
0.86917	0.75545	75.545	45.82	45.82	*************************
0.51383	0.26403	26.403	16.02	61.84	*********
0.45330	0.20548	20.548	12.46	74.30	*******
0.41016	0.16823	16.823	10.20	84.51	******
0.38491	0.14815	14.815	8.99	93.49	*****
0.24442	0.05974	5.974	3.62	97.12	**
0.21796	0.04751	4.751	2.88	100.00	**
Total	1.64859	164.859	100.00		

Degrees of Freedom = 231

먼저 [결과1]을 보면 다른 결과는 생략하고, Inertia and Chi−Square Decomposition 난을 보면, 현재 축들 중에 첫 번째 축의 설명력은 약 46.44%정도이다. 두 번째 축 이후의 설명력은 10%보다 약간 큰 정도이다. 전체적으로 보아 두 축의 설명력은 약 62%정도로 높은 편은 아니다.

[결과2]

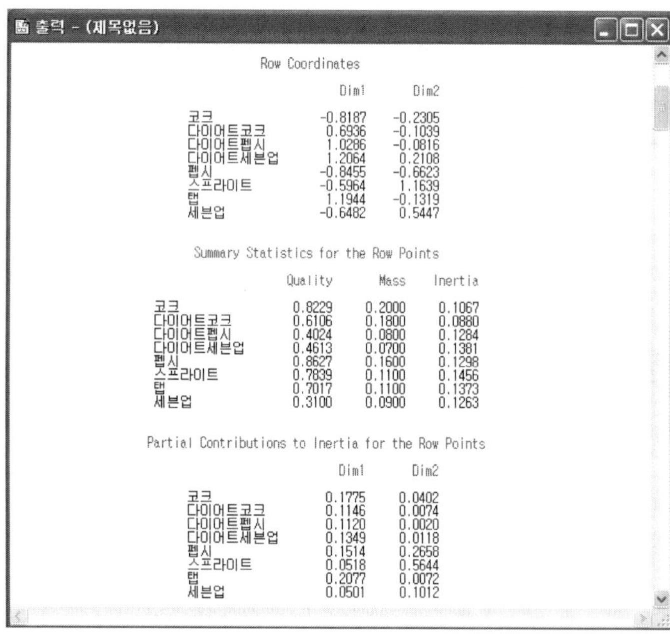

출력 - (제목없음)

Row Coordinates

	Dim1	Dim2
코크	-0.8187	-0.2305
다이어트코크	0.6936	-0.1039
다이어트펩시	1.0286	-0.0816
다이어트세븐업	1.2064	0.2108
펩시	-0.8455	-0.6623
스프라이트	-0.5964	1.1639
탭	1.1944	-0.1319
세븐업	-0.6482	0.5447

Summary Statistics for the Row Points

	Quality	Mass	Inertia
코크	0.8229	0.2000	0.1067
다이어트코크	0.6106	0.1800	0.0880
다이어트펩시	0.4024	0.0800	0.1284
다이어트세븐업	0.4613	0.0700	0.1381
펩시	0.8627	0.1600	0.1298
스프라이트	0.7839	0.1100	0.1456
탭	0.7017	0.1100	0.1373
세븐업	0.3100	0.0900	0.1263

Partial Contributions to Inertia for the Row Points

	Dim1	Dim2
코크	0.1775	0.0402
다이어트코크	0.1146	0.0074
다이어트펩시	0.1120	0.0020
다이어트세븐업	0.1349	0.0118
펩시	0.1514	0.2658
스프라이트	0.0518	0.5644
탭	0.2077	0.0072
세븐업	0.0501	0.1012

[결과2]에는 각 음료수에 대한 차원1과 차원2의 축의 값이 나와 있다. 인지도에서 이 값의 위치에 표시를 한다. 다음으로 Quality 난은 현재 선택한 2개의 축으로 각 음료수들

을 어느 정도 설명할 수 있는가를 의미한다. 현재 2개의 축으로 펩시가 86%, 코크 82% 순이며, 제일 설명력이 낮은 음료수는 세븐업으로 31% 정도이다. 다음으로 Mass는 각 행의 전체 합 중 차지하는 비율을 의미한다. Inertia는 각 행의 중요도를 의미한다. Inertia 값은 대체적으로 음료수간에 비슷한 경향을 보이고 있다.

Partial Contribution은 요인분석의 요인적재량과 비슷한 개념으로서 행 변수의 각 수준과 각 차원의 상관 정도라고 해석해도 무리가 없다. 계속해서 각 음료수들이 Inertia 값을 기준으로 어느 차원 쪽에 가까운지를 보여 주고 있다. 펩시, 스프라이트, 세븐 업 등은 차원 2쪽 설명에 기여를 많이 하고 있으며, 나머지 음료수들은 차원 1쪽 설명에 많은 기여를 하고 있음을 알 수 있다.

[결과3]

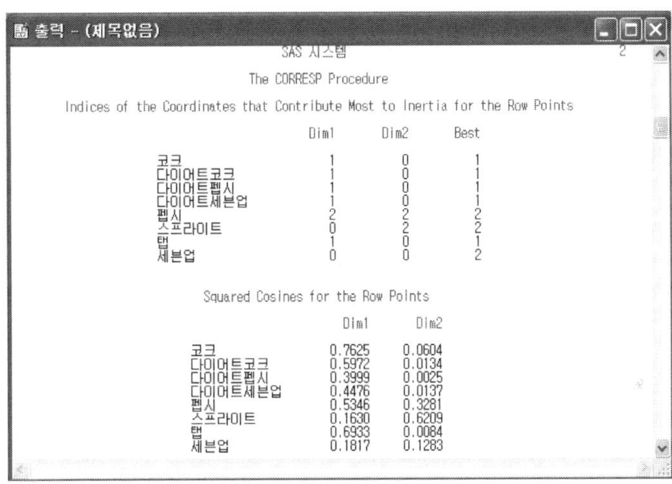

출력 - (제목없음)

SAS 시스템 2

The CORRESP Procedure

Indices of the Coordinates that Contribute Most to Inertia for the Row Points

	Dim1	Dim2	Best
코크	1	0	1
다이어트코크	1	0	1
다이어트펩시	1	0	1
다이어트세븐업	1	0	1
펩시	2	2	2
스프라이트	0	2	2
탭	1	0	1
세븐업	0	0	2

Squared Cosines for the Row Points

	Dim1	Dim2
코크	0.7625	0.0604
다이어트코크	0.5972	0.0134
다이어트펩시	0.3999	0.0025
다이어트세븐업	0.4476	0.0137
펩시	0.5346	0.3281
스프라이트	0.1630	0.6209
탭	0.6933	0.0084
세븐업	0.1817	0.1283

[결과3]의 다음으로 각 축에 기여하는 행 수준과 각 축과 행의 코사인 값의 제곱값이 나와 있다. 코사인 값이 높을수록 그 음료수의 값이 축에 근접해 있음을 알 수 있다.

계속해서 [결과4]에서처럼 각 소비자에 대한 결과도 좌표축 값부터 제시가 되는데 음료수에 대한 해석과 같기 때문에 이는 생략한다.

[결과4]

출력 - (제목없음)

SAS 시스템 3

The CORRESP Procedure

Column Coordinates

	Dim1	Dim2
c1	-0.5097	0.2771
c2	-0.9574	-0.8688
c3	-0.9574	-0.8688
c4	1.1868	-0.0162
c5	-0.9574	-0.8688
c6	-0.8670	0.1758
c7	1.1859	-0.0519
c8	-0.5097	0.2771
c9	-0.0403	0.4836
c10	-0.8869	-0.2258
c11	-0.8670	0.1758
c12	1.0861	-0.2294
c13	0.2849	0.8942
c14	-0.8141	0.9083
c15	1.1186	-0.2059
c16	-0.8295	0.4880
c17	0.0559	1.0314
c18	-0.3723	-0.6466
c19	-0.8439	0.3058
c20	0.0167	-0.5247
c21	-0.9574	-0.8688
c22	-0.9574	-0.8688
c23	1.1868	-0.0162
c24	-0.3723	-0.6466
c25	1.1232	0.0164
c26	1.1868	-0.0162
c27	1.0861	-0.2294
c28	-0.7913	0.9589
c29	-0.8141	0.9083
c30	1.1186	-0.2059
c31	-0.8869	-0.2258
c32	1.1186	-0.2059
c33	-0.8869	-0.2258
c34	1.1859	-0.0519

[결과5]

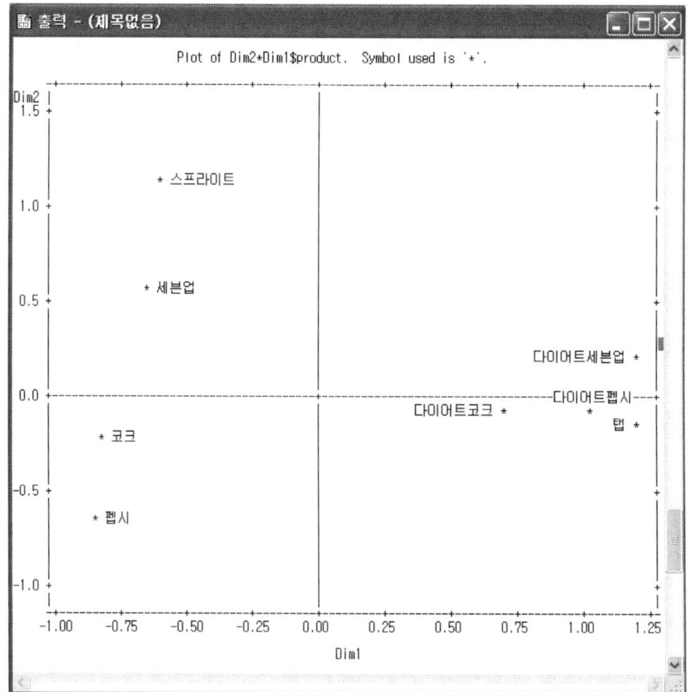

[결과5]의 인지도 그림을 보면, 다이어트류 계통의 음료수가 같은 군집으로 묶여 있으며, 코카콜라와 펩시콜라가 같은 군집으로 묶여 있다. 또한 스프라이트나 세븐업이 같은 군집으로 묶여 있다. 따라서 축 1은 "다이어트 음료수 여부"에 관한 것이며, 축 2는 "음료수의 색"과 관한 것이다. 즉 스프라이트나, 세븐업은 콜라 중에서도 맑은 색을 가지고 있는 콜라류이다.

[결과6]

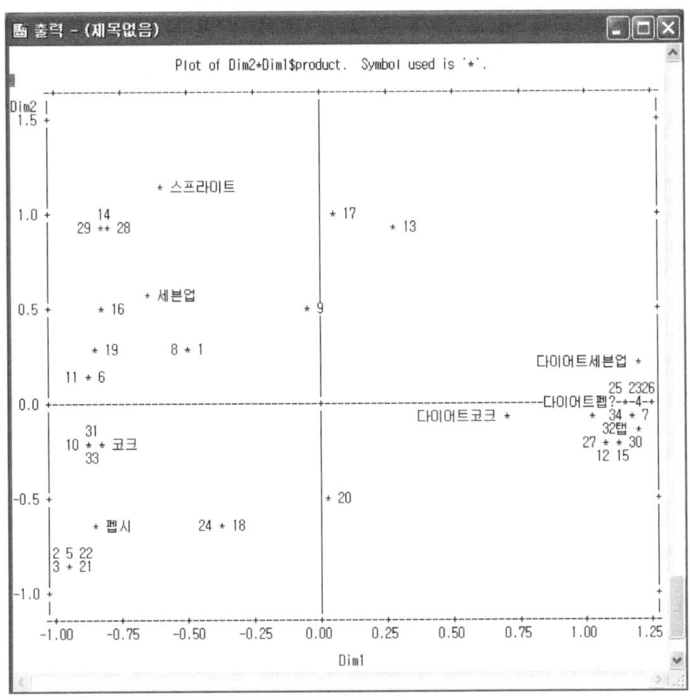

[결과6]에서는 소비자들과 음료수들의 관계에 대한 인지도이다. 소비자번호와 음료수의 연관성을 볼 경우 다음과 같은 관련성을 찾아 낼 수 있다.

- 콜라나 펩시를 선호 소비자들은 2, 3, 5, 10, 18, 21, 22, 24, 31, 33
- 스프라이트나 세븐업을 선호 소비자들은 1, 6, 8, 9, 11, 14, 16, 19, 28, 29
- 다이어트류의 음료수를 선호 소비자들은 7, 12, 15, 23, 24, 25, 26, 32, 34
- 맑은 색의 콜라이면서 다이어트를 선호하는 소비자들은 13, 17.

그림에서 (4)와 같은 소비자들의 욕구를 충족시켜 줄 수 있는 콜라는 없다. 그러나 큰 문제가 되지 않는 이유는 다른 지역은 소비자들이 매우 많으나, 이 지역의 소비자는 2

명 밖에 되지 않는다. 따라서 시장에서 비어 있는 곳이라고 할 지라도 수요가 작은 것으로 생각할 수 있을 것이다.

3.2 제2단계 : 음료수 구매자에 대한 군집 분석

(1) 분석과정

[확장 편집기 화면]

앞에서 제시한 인지도는 음료수에 대한 대략적인 인지로들 보여 주고 있다. 그러나 이들 중에 어떠한 음료수와 소비자들이 서로 연관관계가 있는지를 더 자세히 살펴 보기 위해 소비자들을 몇 개의 시장으로 나누어 보는 군집분석을 할 수 있다. 군집분석은 PROC CLUSTER 프로시저와 PROC TREE 프로시저를 통해 진행할 수 있다. WHERE _TYPE_='VAR'; 문장을 통해 음료수에 대해서는 제외하고 소비자에 대해서만 분석하도록 조건을 지정했다. PROC TREE 프로시저에서는 현재 군집분석 결과에 대해 수평 군집 다이어그램을 그리도록 했다.

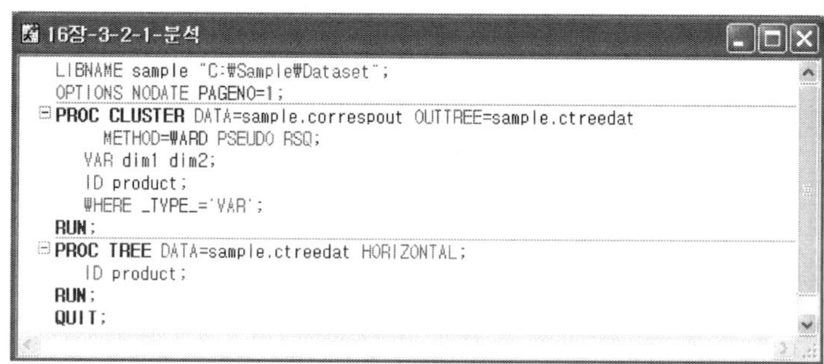


```
LIBNAME sample "C:\Sample\Dataset";
OPTIONS NODATE PAGENO=1;
PROC CLUSTER DATA=sample.correspout OUTTREE=sample.ctreedat
    METHOD=WARD PSEUDO RSQ;
  VAR dim1 dim2;
  ID product;
  WHERE _TYPE_='VAR';
RUN;
PROC TREE DATA=sample.ctreedat HORIZONTAL;
  ID product;
RUN;
QUIT;
```

(2) 분석결과

[결과1]

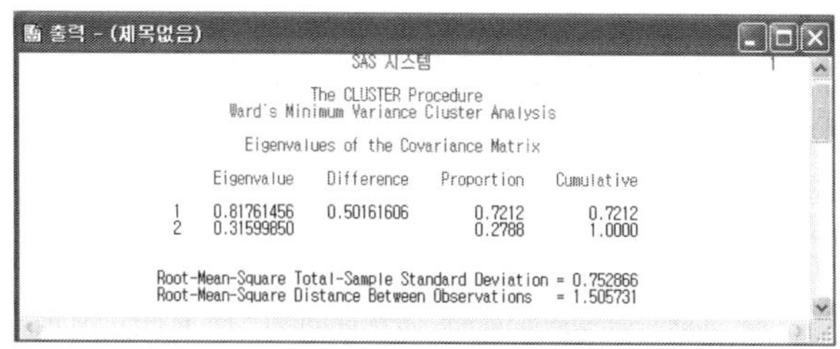

SAS 시스템

The CLUSTER Procedure
Ward's Minimum Variance Cluster Analysis

Eigenvalues of the Covariance Matrix

	Eigenvalue	Difference	Proportion	Cumulative
1	0.81761456	0.50161606	0.7212	0.7212
2	0.31599850		0.2788	1.0000

Root-Mean-Square Total-Sample Standard Deviation = 0.752866
Root-Mean-Square Distance Between Observations = 1.505731

[결과1], [결과2]는 군집분석의 결과를 보여 주고 있다. 군집분석은 각 소비자들에 대한 데이터를 군집분석을 하는 목적으로 사용되었다. 결과를 보면 NCL이 3, 4, 5인 경우(군집이 3, 4, 5개로 묶이는 경우)에 RSQ(설명 정도), 통계량으로 Pseudo F(PSF), Pseudo t^2(PST2)가 높아진다.

[결과2]

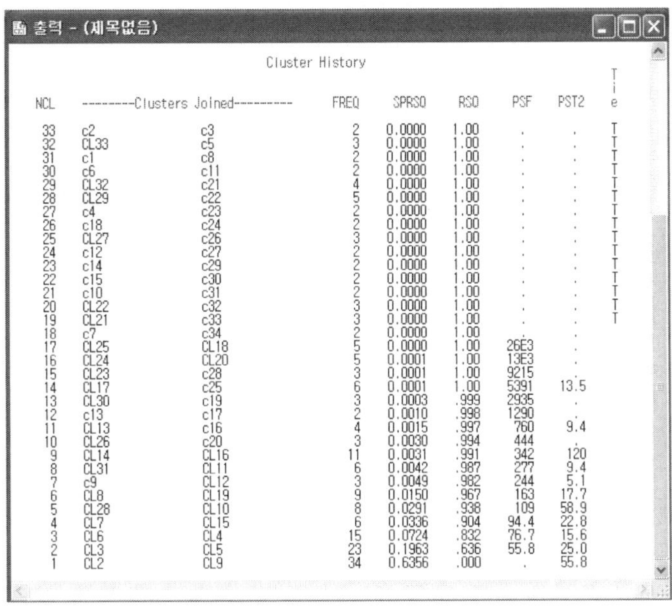

출력 - (제목없음)

Cluster History

NCL	Clusters Joined		FREQ	SPRSQ	RSQ	PSF	PST2	Tie
33	c2	c3	2	0.0000	1.00	.	.	T
32	CL33	c5	3	0.0000	1.00	.	.	T
31	c1	c8	2	0.0000	1.00	.	.	T
30	c6	c11	2	0.0000	1.00	.	.	T
29	CL32	c21	4	0.0000	1.00	.	.	T
28	CL29	c22	5	0.0000	1.00	.	.	T
27	c4	c23	2	0.0000	1.00	.	.	T
26	c18	c24	2	0.0000	1.00	.	.	T
25	CL27	c26	3	0.0000	1.00	.	.	T
24	c12	c27	2	0.0000	1.00	.	.	T
23	c14	c29	2	0.0000	1.00	.	.	T
22	c15	c30	2	0.0000	1.00	.	.	T
21	c10	c31	2	0.0000	1.00	.	.	T
20	CL22	c32	3	0.0000	1.00	.	.	T
19	CL21	c33	3	0.0000	1.00	.	.	T
18	c7	c34	2	0.0000	1.00	.	.	
17	CL25	CL18	5	0.0000	1.00	26E3	.	
16	CL24	CL20	5	0.0001	1.00	13E3	.	
15	CL23	c28	3	0.0001	1.00	9215	.	
14	CL17	c25	6	0.0001	1.00	5391	13.5	
13	CL30	c19	3	0.0003	.999	2935	.	
12	c13	c17	2	0.0010	.998	1290	.	
11	CL13	c16	4	0.0015	.997	760	9.4	
10	CL26	c20	3	0.0030	.994	444	.	
9	CL14	CL16	11	0.0031	.991	342	120	
8	CL31	CL11	6	0.0042	.987	277	9.4	
7	c9	CL12	3	0.0049	.982	244	5.1	
6	CL8	CL19	9	0.0150	.967	163	17.7	
5	CL28	CL10	8	0.0291	.938	109	58.9	
4	CL7	CL15	6	0.0336	.904	94.4	22.8	
3	CL6	CL4	15	0.0724	.832	76.7	15.6	
2	CL3	CL5	23	0.1963	.636	55.8	25.0	
1	CL2	CL9	34	0.6356	.000	.	55.8	

[결과3]

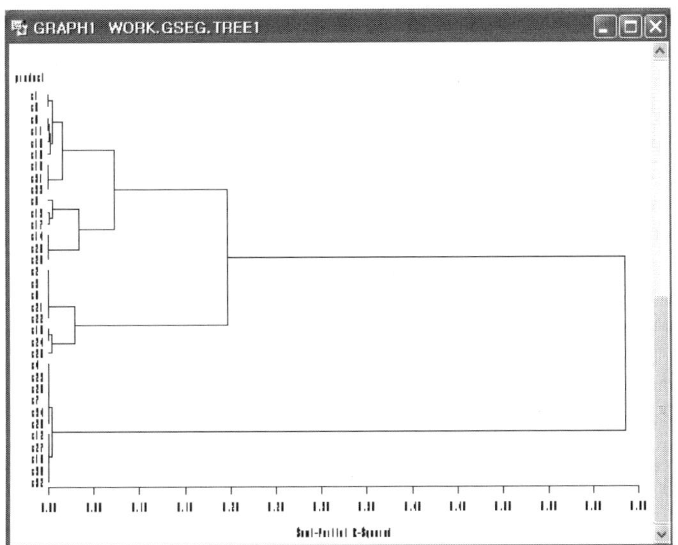

[결과3]를 보면 3개 정도의 군집이 적절할 것으로 보인다. 앞의 통계량과 다이어그램을 볼 경우 군집을 3개로 구분하는 것이 좋을 것으로 보인다. 이를 반영해서 각각 군집에 어떤 소비자들이 포함되는지를 보고자 하면 다음과 같이 군집분석 출력 데이터를 분석할 수 있는 프로그램을 작성해 실행하면 된다.

PROC TREE 프로시저의 OUT=sample.ctreeout을 통해 3개의 군집에 대한 데이터를 ctreeout. sas7bdat 데이터셋에 저장했으며, NOPRINT문은 PROC TREE 프로시저의 분석 결과는 출력하지 않고, 결과만을 데이터셋에 저장하라는 옵션이다. PROC SORT 프로시저에서는 군집별로 데이터를 정렬했으며, 이를 PROC PRINT 프로시저에서 출력했다.

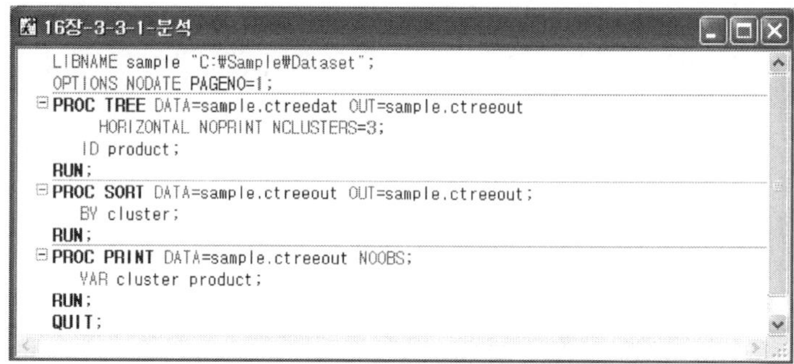

16장-3-3-1-분석

```
LIBNAME sample "C:\Sample\Dataset";
OPTIONS NODATE PAGENO=1;
PROC TREE DATA=sample.ctreedat OUT=sample.ctreeout
    HORIZONTAL NOPRINT NCLUSTERS=3;
  ID product;
RUN;
PROC SORT DATA=sample.ctreeout OUT=sample.ctreeout;
  BY cluster;
RUN;
PROC PRINT DATA=sample.ctreeout NOOBS;
  VAR cluster product;
RUN;
QUIT;
```

프로그램의 수행결과를 보면 다음 [결과4]과 같이 제시된다.

[결과4]

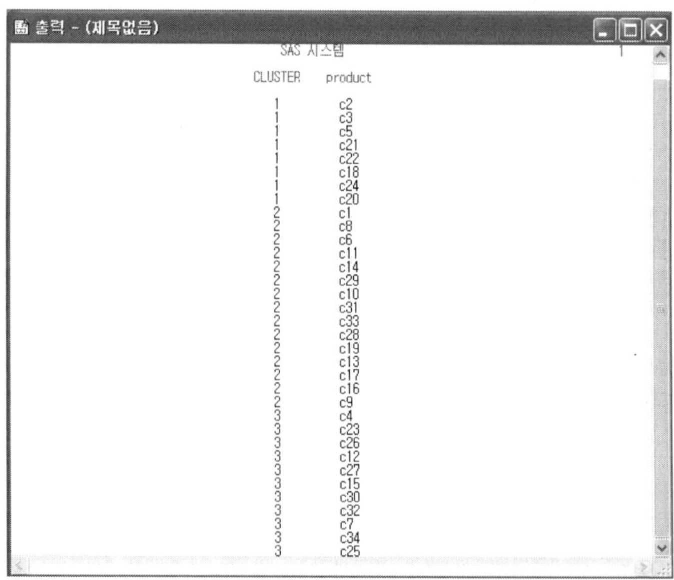

출력 - (제목없음)

SAS 시스템 1

CLUSTER	product
1	c2
1	c3
1	c5
1	c21
1	c22
1	c18
1	c24
1	c20
2	c1
2	c8
2	c6
2	c11
2	c14
2	c29
2	c10
2	c31
2	c33
2	c28
2	c19
2	c13
2	c17
2	c16
2	c9
3	c4
3	c23
3	c26
3	c12
3	c27
3	c15
3	c30
3	c32
3	c7
3	c34
3	c25

4. 프로시저 설명

4.1 PROC CORRESP

(1) PROC CORRESP의 기본형

```
PROC CORRESP 옵션;
   TABLES 행 변수들, 열 변수들;
   VAR 변수들;
   SUPPLEMENTARY 변수들;
   ID 성격지칭변수;
   WEIGHT 변수;
   BY 변수들;
```

(2) PROC CORRESP 옵션;

[옵션]

- DATA=데이터셋 : 원데이터가 들어 있는 데이터셋의 이름을 지정한다.
- OUTC=데이타셋 : PROC CORRESP에서 계산된 통계량 및 좌표축에 관한 데이터들을 저장할 장소를 지정한다.
- OUTF=데이터셋 : 도수에 관한 정보를 저장할 데이터셋을 지정한다.

[출력에 관한 옵션]

- NOPRINT : 계산결과를 출력하지 않는다.
- PRINT= : 데이터를 출력할 형식을 지정한다. FREQ는 도수로 PERCENT는 퍼센트로, BOTH는 두 형식 모두 출력한다. 디폴트는 FREQ.
- OBSERVED : 각 cell의 실제 관찰치를 출력한다.
- RP : 각 행에 대한 열의 상대적인 비율을 출력한다.
- CP : 각 열에 대한 행의 상대적인 비율을 출력한다.
- CELLCHI2 : 각 cell의 카이제곱 통계량에 대한 기여도를 출력한다.
- EXPECTED : 각 cell의 기대 도수를 출력한다.
- DEVIATION : 각 cell의 관찰치와 기대값의 차이를 출력한다.
- SHORT : 대응분석의 통계량을 출력하지 않는다.
- MCA : 행 변수만 지정된 경우 다중대응분석을 수행한다.
- NOROW : 행에 관한 통계량을 출력하지 않는다.
- NOCOLUMN : 열에 대한 통계량을 출력하지 않는다.
- DIMENS= : 추출할 차원의 수를 지정한다. 디폴트는 2.
- MISSING : 미싱 값을 갖는 변수에 대한 관찰치를 계산에 포함시킨다.
- MININERTIA= : 추출할 최소 이너시아 값을 지정한다.
- NVARS= : 분류변수 수를 지정한다.

(3) ID 성격지정변수;

VAR문 변수에 대한 행에 관한 설명(레이블) 정보를 가지고 있는 변수를 지정한다. TABLE문에 있는 변수나, MCA(다중 대응일치분석) 옵션을 사용하는 경우 이 변수를 지정하면, 결과를 출력할 때 이 변수의 레이블이 출력된다.

(4) SUPPLEMENTARY 변수들;

버트(Burt)표를 계산할 때 부수적으로 표를 계산할 변수 지정한다. 이 경우에 TABLE문의 지정은 행 변수만 지정한다.

(5) TABLE 행 변수 지정 [, 열 변수 지정];

행 변수, 열 변수를 지정하는 형태로 지정한다. 만약 행 변수만을 지정하면 MCA옵션을 통해 이 변수들의 조합에 대한 다중대응분석을 수행할 수 있다(Carroll and Green 1988).

/* 단순대응분석 예제*/

```
PROC CORRESP DATA=cars ALL OUTC=coor;
   TABLES marital, origin;
RUN;
```

/* 다중대응분석 예제*/

```
PROC CORRESP DATA=cars MCA OUTC=coor;
   TABLES marital origin size type income home;
RUN;
```

(6) 기타 문장들

가. VAR 변수들;

열에 관한 도수정보를 가지고 있는 변수들을 지정한다.

나. WEIGHT 변수;

가중치의 정보를 가지고 있는 변수를 WEIGHT문에 지정한다. 이 때 각 관찰치의 도수는 이 변수의 값에 의존한다.

결합분석

17

CHAPTER

1. 결합분석의 개요

1.1 결합분석이란

결합분석(conjoint analysis)은 "여러 가지 속성을 가진 제품 또는 서비스에 대한 소비자들의 전체적인 선호를 조사하여 분석함으로써, 개별 속성들이 소비자에게 주는 효용 및 상대적인 중요성을 파악하는 기법"이다(Green and Srinivasan 1978; Green and Wind 1973, 1975; Johnson 1974). 미국, 일본 등지에서 1970년대부터 이미 그 효용성을 인정받아 활용되어 왔으며, 국내에서는 1980년대 중반 이후에 주목을 받은 후 여러 분야에서 활용되어 왔다.

이 분석은 대상들의 선호도 등수데이터(rank data)나 선호점수를 가지고 제품을 선택할 때 소비자들이 가장 중요하게 생각하는 속성이 어떠한 속성이고, 속성값(attribute value) 중에 어떠한 값들을 더 좋아하는지를 알아내고자 할 때 사용한다. 궁극적으로 이를 통해 신제품개발, 가격전략, 시장세분화 전략, 광고전략, 유통전략을 세우는데 그 목적이 있다고 할 수 있다. 결합분석의 이용이 증가하게 된 것은 다수의 속성으로 결합되어 있는 여러 가지 형태의 제품과 서비스 중에서 소비자들이 어느 것을 선택할 것인가를 예측하기 위하여 소비자들에 의해 평가되는 독립변수 값들의 결합들을 만들어 내는 것부터 시작하여 모의실험 선택 장치를 고안하는데 이르기까지 전체 과정을 통합하는 컴퓨터 프로그램이 널리 보급되면서부터 이다.

결합분석을 기본적인 종속모델로 표현한다면 다음과 같다.

$$y \;=\; x_1 + x_2 + x_3 + \cdots + x_n$$

(메트릭 또는 넌메트릭) (넌메트릭)

결합분석은 잠재적 제품이나 서비스를 나타내고 있는 속성의 결합을 사전에 결정해 놓고 이에 대한 소비자들의 반응과 평가를 이해하는데 가장 적합한 방법이다. 결합분석은 고도의 현실성을 유지하면서 소비자의 선호도가 어떻게 구성되어 있는가를 심도 있게 이해할 수 있는 기법이다. 결합분석은 종속변수가 메트릭이든 넌메트릭이든 어떠한 형태도 수용 가능하고, 넌메트릭 독립변수를 이용하여 독립변수와 종속변수의 관계를 산출하는데 있다.

1.2 주요 적용 사례

결합분석에 대한 활용 사례는 다양한 분야로 나뉠 수 있다(Wittink and Cattin 1989). 이 중에서 대표적인 3분야를 소개하면 다음과 같다.

(1) 소비자 욕구의 파악

목표시장에 대한 새로운 제품들이 많이 등장하여 경쟁이 심해지거나 소비자의 선호가 변화한 경우, 시장점유율을 지속적으로 유지하기 위해서는 기존의 제품에 소비자가 원하는 새로운 속성을 추가하거나 제품속성의 조합을 바꾸어 제품의 효용을 증대시키는 제품차별화 전략을 수행하여야 한다. 예를 들어 기존의 운동화 시장이 포화상태에 이르러 경쟁이 치열한 경우 소비자의 욕구가 가벼운 운동화, 원색 운동화라는 방향으로 변화고 있다면, 이를 반영한 제품을 생산함으로써 치열한 경쟁에 적절히 대처하고 지속적인 성장을 도모하는 것이다. 이상의 전략을 성공적으로 수행하기 위해서는 변화하는 소비자 욕구나 자사제품에 대한 소비자의 인식을 계속적으로 파악하고 있어야 한다.

(2) 시장세분화

오늘날 기업에 있어 가장 의미 있는 시장세분화 방법 중의 하나는 제품의 효용에 따른 세분화이다. 이는 전체시장을 세분화할 경우 제품이용에 있어 비슷한 효용을 추구하는 집단을 하나의 세분시장(세그먼트)로 분류하여 이들 중 기업의 목적에 맞는 목표시장을 찾아내도록 하는 것인데, 이를 위해서는 소비자들이 추구하는 효용파악이 선행되어야 한다.

(3) 유통전략

새로운 유통기구를 설립하기 위해서는 취급품목, 매장의 크기, 제품의 전반적인 가격수준과 같은 유통기구의 여러 특성을 고려하여야 한다. 이러한 요소들의 최적 배합을 위해서는 유통기구가 세워질 지역의 상권 내 소비자들이 지닌 특성을 파악해야 하며, 그들의 요구에 의해 재래시장, 슈퍼마켓, 또는 백화점 등의 유통기구형태가 결정되어야 한다.

1.3 결합분석의 기본 원리

결합분석의 기본목적은 2개 이상의 독립변수들이 종속변수의 순위나 가치를 부여하는데 어느 정도의 영향을 미치는가를 분석하는데 있다. 다시 말하자면, 독립변수들이 선호도에 대한 등수(rank)나 7점 척도와 같은 리커트 형태의 척도를 사용하여 측정된 선호점수로 측정한 종속변수에 어느 정도 영향을 미치는지를 살펴보고자 하는데 있다(채서일 1989).

즉 종속변수로 신체적인 아름다움을 주관적으로 평가할 때, 이에 영향을 미치는 독립변수로 키, 허리둘레, 가슴둘레를 선정하였다. 각 독립변수들을 물리적인 척도에 의해 측정하였을 때, 각 측정치가 주관적으로 판단한 신체적인 아름다움에 어떠한 영향을 미치는지 분석하고자 한다.

결합분석의 기본가정을 살펴보면, 각 독립변수가 주관적인 판단인 종속변수에 영향을 미치고 있으며, 이들간에는 일정한 합성법칙이 존재한다고 가정하면, 이들간에 관계식은 다음과 같이 설정할 수 있다.

$$V(x) \quad = \quad H(h)+W(w)+B(b)$$

위의 식은 각 독립변수들이 전체평가에 영향을 미친 정도를 합한 것이 바로 전체적인 평가가치가 되고, 속성별 측정치가 상이한 대상에 대한 아름다움의 순위가 결정된다는 것이다.

결합분석을 위한 대상의 구분 및 데이터의 수집은 다음과 같이 진행된다.

- 만약 각 독립변수를 각각 3개의 수준으로 등급을 부여하였다면 평가대상이 가질 수 있는 모든 상태는 3×3×3=27가지가 될 것이다.
- 가능한 27개 평가대상에 대하여 순위(선호도)를 매기면 서열척도(등간척도)로 종속변수의 데이터를 얻게 된다.

- 종속변수 : 각 대상의 순위 또는 선호도($V(x)$)
- 독립변수 : 각 독립변수별 수준

- 두 가지 변수의 데이터와 합성법칙을 바탕으로 각 변수들에 부여되는 가치, 즉 순위척도(등간척도)로 평가된 종합적인 평가에 각 독립변수가 공헌하는 정도를 측정

예를 들어 자동차를 평가하는 다음과 같은 두 개의 속성으로 구성된 12개의 자동차 대안(profile)을 생각해 보자. 대안이란 연비가 11－15이며 트렁크 크기가 7－10인 자동차와 같은 형태의 조합으로 구성된 자동차 각각을 말한다(Lehmann 1989). 각 cell에는 각 자동차에 대한 등수가 제시되어 있다. 이 경우에 결합분석은 연비라는 속성의 각 수준이 어느 정도 중요한가를 효용(utility)형태로 계산해 준다. 뿐만 아니라 각 속성의 중요성까지 계산해 준다. 예제에서는 연비가 높을수록, 트렁크 크기가 클수록 등수가 높은 것으로 보아 더 선호하는 속성수준임을 알 수 있다.

트렁크 크기	연비(mpg)			
	11－15	16－20	21－25	26－30
7 - 10	12	10	6	3
11 - 14	11	9	5	2
15 - 18	8	7	4	1

앞의 표에서 결합분석은 각 속성 수준을 더미형태로 표현한 후에 각 대안에 대한 등수를 종속변수로 하여 회귀분석을 할 수도 있다. 일반적인 분석방법은 MONANOVA (Kruskal 1965)를 사용한다. 응답자들은 가상의 제품에 대한 판단을 내리는데 있어 하나의 선호도가 형성한다. 선호도를 형성할 때에는 좋은 특성과 나쁜 특성을 모두 고려하기 때문에 결합분석을 보상분석(trade－off analysis)라고도 한다. 여기서 응답자의 선호도를 형성하는 선호구조(preference structure)는 각 속성의 효용을 통해 파악된다. 속성에서 각 수준의 효용으로서 부분가치(part－worth)를 계산한다. 특정 대안의 전체 효용은 각 속성 수준의 효용의 합으로 표현된다. 이러한 의미에서 결합분석이라고 하며, 부가모델(additive model)로 불린다.

$$\text{대안의 효용} = \Sigma\ (\text{대안의 각 속성 수준의 효용})$$

대안의 효용이 높을수록 더 선호되는 대안으로 생각할 수 있다. 속성에서 효용이 가장 큰 수준과 가장 작은 수준간의 차이(속성의 범위)를 구한 값을 각 속성에 대해서 합한 후에 이 총합으로 각 속성의 범위를 나누어 주면 그 속성의 중요도가 구해진다.

1.4 결합분석의 종류

주요 결합분석 모형을 살펴보면 다음과 같다.

(1) 벡터 모형(Vector Model)

특정 속성이 많으면 많을수록, 또는 적으면 적을수록 선호도가 높아진다고 가정한다.

(2) 이상점 모형(Ideal－Point Model)

각 속성에는 이상적인 수준이 있어 그 수준에서 멀어지면 선호도가 감소한다고 가정한다.

(3) 부분가치함수모형(Part－Worth Function Model)

속성수준에 따라 선호도의 증감이 달라진다고 가정한다.

(4) 혼합모형(Mixed Model)

위의 모형을 모두 혼합한 형태이다.

주요 결합분석과 관련된 컴퓨터 프로그램은 다음과 같다.

① 메트릭 데이터 : 다중회귀분석(기본적으로 Vector Model)

② 넌메트릭 데이터 : LINMAP(Part－Worth)
MONANOVA(Part－Worth)
PREMAP(Ideal－Point)

③ 선택확률 이용 : Logit/Probit(기본적으로 Vector Model)

등이다.

1.5 결합분석의 절차

결합분석은 개인간의 선호도나 효용의 평가는 개인간 차이가 크므로 결합분석은 개인 차원에서 분석한다. 여기서 각 속성의 합성법칙은 모든 개인에 대해 동일하다고 가정한다. 따라서 모형을 통해 추정되는 모수(영향 정도)만이 개인마다 다르게 측정한다.

Green and Srinivasan(1978, 1990) 등의 논문을 참고로 결합분석에서 중요한 5단계를 살펴 보면 다음과 같다.

(1) 단계1 : 속성의 선정

대안을 구성하기 위해서는 중요한 속성을 파악해야 한다. 중요한 속성을 파악하는 방법은 소그룹 면접(focus group study), 예비 연구(pilot study), 경영자의 판단, 요인분석 등을 사용할 수 있다. 속성의 수가 너무 많은 경우 평가대상의 수 또한 기하급수적으로 증가하기 때문에 중요한 몇 개의 속성으로 축소하는 것이 바람직하다.

(2) 단계2 : 속성 수준의 선정

속성의 수준이 선형(linear)이라고 생각되면 적절한 속성의 범위에서 2개의 수준을 선정하며, 선형이 아니라고(nonlinear) 생각하면 3개의 수준 또는 그 이상의 수준을 선정한다. 수준간 적정 차이를 고려해야 하는데, 속성의 수와 마찬가지로 너무 많으면 평가대상의 수도 증가하므로 중요한 몇 개의 속성 수준으로 구분하는 것이 좋다.

(3) 단계3 : 대안의 구성

속성과 속성수준을 정한 후에는 대안을 구성해야 한다. 앞의 예제에서 보았듯이 하나의 속성 수준이 3이고, 다른 속성 수준이 4인 경우 총 12개($=3^1X4^1$)의 대안이 구성될 수 있다. 대안들을 설명하고자 하는 속성의 개수가 예제와 같이 적고, 속성 수준의 개수도 많지 않을 때는 가능한 모든 대안에 대해서 조사를 할 수도 있다. 그러나 속성수준이 3개인 속성이 3개이고 속성수준이 2개인 속성이 3개인 경우에는 대안의 개수는 기하급수적으로 늘어난다($216=3^3X2^3$). 대안의 개수가 많은 경우 한 사람이 모든 대안을 평가하는 것은 사실상 불가능하다. 이를 해결하는 방법은 여러 가지가 있으나(Lehmann 1989), 일반적으로 직교디자인(orthogonal design)을 통해 평가해야 할 대상의 수를 줄인다(Addleman 1962; Bose and Bush, 1952; Green 1974; Plackett and Burman 1946).

직교디자인 방법은 Addleman(1962)에 의해 제시된 표가 많이 사용된다. 주로 자주 사용되는 직교디자인으로 **BASIC PLAN 7 : 3^7; 2^7; 18** 대안(속성수준이 2 또는 3개로 조합된 속성이 7개 이하인 경우에 사용)과 **BASIC PLAN 8 : 2^{19}; 20**대안(속성수준이 2인 속성이 19개 미만인 경우)은 다음 표와 같이 구성된다.

BASIC PLAN 7 : 3^7; 2^7; 18대안		BASIC PLAN 8 : 2^{19}; 20대안	
속성수준 3	속성수준 2	속성수준이 모두 2인 경우	
1234567	1234567	1234567890	123456789
0000000	0000000	0000000000	000000000
0112111	0110111	1100111101	010000110
0221222	0001000	0110011110	101000011
1011120	1011100	1011001111	010100001
1120201	1100001	1101100111	101010000
1202012	1000010	0110110011	110101000
2022102	0000100	0011011001	111010100
2101210	0101010	0001101100	111101010
2210021	0010001	0000110110	011110101
0021011	0001011	1000011011	001111010
0100122	0100100	0100001101	100111101
0212200	0010000	1010000110	110011110
1002221	1000001	0101000011	011001111
1111002	1111000	1010100001	101100111
1220110	1000110	1101010000	110110011
2010212	0010010	1110101000	011011001
2122020	0100000	1111010100	001101100
2201101	0001101	0111101010	000110110
		0011110101	000011011
		1001111010	100001101

이 표를 보는 방법은 수준이 3인 속성의 개수가 3개이고 수준이 2인 속성의 개수가 2개라면, BASIC PLAN 7에서 첫 번째 속성수준 3에 관한 열 123과 속성수준 2에 관한 열 45의 조합으로 18개의 대안을 구성한다. 이와는 반대로 속성수준 3에 관한 열 345과 속성수준 2에 관한 열 12의 조합으로 구성해도 되고, 이들을 무작위로 하나씩 선택하는 형식으로 해도 된다.

(4) 단계4 : 제시형태 선정

평가대상의 수가 적은 경우에는 모든 평가대상을 제시하고 이들의 선호를 서열로 측정하는 방법이 일반적이다. 평가대상의 수가 많은 경우 전체대상들을 우선 '가장선호', '중간선호', '가장혐오'로 크게 대상집단을 분류한 후 각 집단 내에서 대상들을 선호 순위를 정하고 각 집단의 경계분분에 있는 대상들을 비교하여 순위를 확정한다. 속성의 수가 많아 평가대상이 많은 경우 두 속성씩 비교한다. 각 자극들의 선호도를 양적 판단법이나 리커트 형태의 척도에 의해 구한 후 이를 다시 서열척도로 변환한다.

가상적인 대안에 대한 설명을 하는 형태로 할 것인가 아니면 실제 대안을 보여주는 형태로 할 것인가를 결정한다. 엔지니어 입장에서 제품을 설명하는 것보다는 소비자 입장에서 제품에 대한 설명이 중요하다.

(5) 단계5 : 추정방법의 결정

SAS에서 결합분석은 아래와 같은 PROC TRANSREG 프로시저에서 진행된다. 이의 일반형을 보면 다음과 같다.

```
PROC TRANSREG DATA=데이터셋 UTILITIES IREPLACE
DAPPROXIMATIONS OUTTEST=데이터셋 옵션;
   MODEL 변수변환방식(종속변수들/REFLECT)=
         CLASS(독립변수들 /ZERO=SUM);
   WEIGHT 변수;
   OUTPUT OUT=데이터셋
RUN;
```

(1) 메트릭 결합분석 예

```
PROC TRANSREG DATA=a UTILITIES DAPPROXIMATIONS IREPLACE;
        MODEL LINEAR(rank/REFLECT)=CLASS(x1 - x5/ZERO=SUM);
        OUPUT OUT=b;
RUN;
```

(2) 넌메트릭 결합분석 예

```
PROC TRANSREG DATA=a UTILITIES DAPPROXIMATIONS IREPLACE;
        MODEL MONOTONE(rank/REFLECT)=CLASS(x1 - x5/ZERO=SUM);
        OUPUT OUT=b;
RUN;
```

(3) 메트릭/넌메트릭 중간 형태 결합분석 예

x4에 대해서는 선형성 가정, x5에 대해서는 단순증가(monotonicity)가정하는 경우이다.

```
PROC TRANSREG DATA=a UTILITIES DAPPROXIMATIONS IREPLACE;
        MODEL LINEAR(rank/REFLECT)=CLASS(x1 - x5/ZERO=SUM);
        OUPUT OUT=b;
RUN;
```

2. 직교디자인 설계

2.1 직교 디자인 설계

(1) 설계데이터

다음 예제는 타이어에 대한 결합분석을 하기 위해 결합분석을 위한 직교 디자인을 하는 프로그램이다. 타이어에 대한 분석결과 중요한 변수로는 타이어의 브랜드(brand), 가격, 수명, 위험가능성 등이 소비자 의사결정 기준으로 판명이 되었다. 조사 결과 소비자들이 의사결정에 있어서 다음과 같은 속성 수준에 대해서 중요하게 생각하고 있는 것으로 나타났다.

속성	속성수준		
브랜드	굿스톤	피로지	마시노
가격($)	69,99	74.99	79.99
수명(Miles)	50,000	60,000	70,000
위험가능성	예	아니오	

이들 데이터를 통해 적절한 직교디자인 프로파일을 구성하고자 한다.

(2) 직교 디자인 설계

먼저 직교디자인에 들어갈 프로파일의 수를 산출한다. 다음과 같은 매크로 문을 통해 적절한 프로파일 수를 산출한다. 여기서 브랜드, 가격, 수명의 속성 수준이 3이고, 위험 가능성이 2므로 '3 3 3 2'로 인자값을 지정한다.

```
OPTIONS NODATE PAGENO=1;
%mktruns(3 3 3 2)
QUIT;
```

먼저 [결과1]에서처럼 디자인과 관련된 요약표가 나타난다. 속성수준이 2인 경우가 1개 변수, 3인 경우가 3개 변수라는 의미이다.

[결과1]

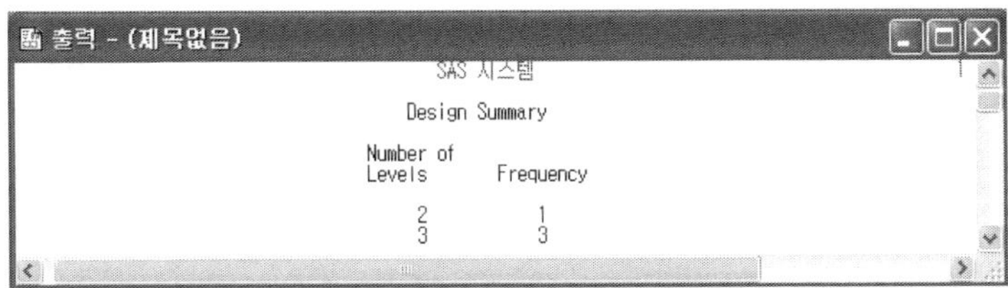

```
SAS 시스템                                    1

           Design Summary

        Number of
        Levels        Frequency

           2              1
           3              3
```

다음으로 [결과2]에서는 최적 직교디자인 수를 나타낸다. 현재 Violations난을 보아 이 값이 0인 18개나 36개가 적절하나, 작은 수인 18개가 적절하다는 것을 알 수 있다.

[결과2]

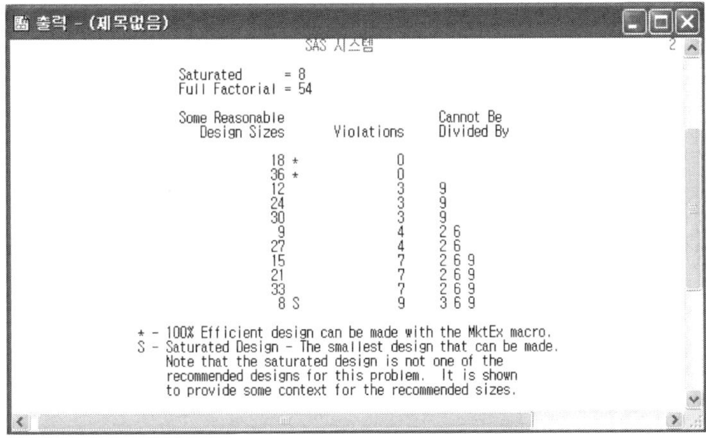

```
SAS 시스템                                    2

Saturated      = 8
Full Factorial = 54

Some Reasonable                 Cannot Be
   Design Sizes     Violations  Divided By

        18 *            0
        36 *            0
        12              3       9
        24              3       9
        30              3       9
         9              4       2 6
        27              4       2 6
        15              7       2 6 9
        21              7       2 6 9
        33              7       2 6 9
         8 S            9       3 6 9

* - 100% Efficient design can be made with the MktEx macro.
S - Saturated Design - The smallest design that can be made.
    Note that the saturated design is not one of the
    recommended designs for this problem.  It is shown
    to provide some context for the recommended sizes.
```

[결과3]

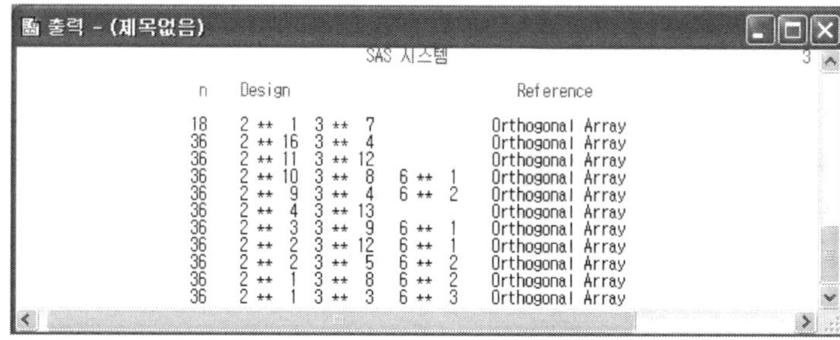

출력 - (제목없음)

SAS 시스템 3

n	Design			Reference
18	2 ** 1	3 ** 7		Orthogonal Array
36	2 ** 16	3 ** 4		Orthogonal Array
36	2 ** 11	3 ** 12		Orthogonal Array
36	2 ** 10	3 ** 8	6 ** 1	Orthogonal Array
36	2 ** 9	3 ** 4	6 ** 2	Orthogonal Array
36	2 ** 4	3 ** 13		Orthogonal Array
36	2 ** 3	3 ** 9	6 ** 1	Orthogonal Array
36	2 ** 2	3 ** 12	6 ** 1	Orthogonal Array
36	2 ** 2	3 ** 5	6 ** 2	Orthogonal Array
36	2 ** 1	3 ** 8	6 ** 2	Orthogonal Array
36	2 ** 1	3 ** 3	6 ** 3	Orthogonal Array

다음으로 프로파일 직교 디자인을 산출하기 위해서는 ***%mktdes*** 매크로 문을 사용한다. 여기서 factors 다음에 변수이름=속성수준 변수이름= 속성수준으로 … 적으며, n=18은 앞에서 계산된 결과를 입력한다. ***%mktdes*** 매크로문의 옵션 중에 PROCOPTS=SEED=초기값이라는 옵션을 추가해 초기 시드 값을 지정해 줄 수도 있다.

```
%mktdes(factors= brand=3 price=3 life=3 hazard=2,
n=18, PROCOPTS=SEED=17)
```

PROC PRINT문을 통해 직교디자인을 출력할 수 있다. 총 프로파일에 디자인이 포함된 데이터셋은 항상 cand1이라는 이름의 데이터셋이며, 직교디자인의 데이터셋은 항상 design이라는 이름의 데이터셋으로 저장되어 있다.

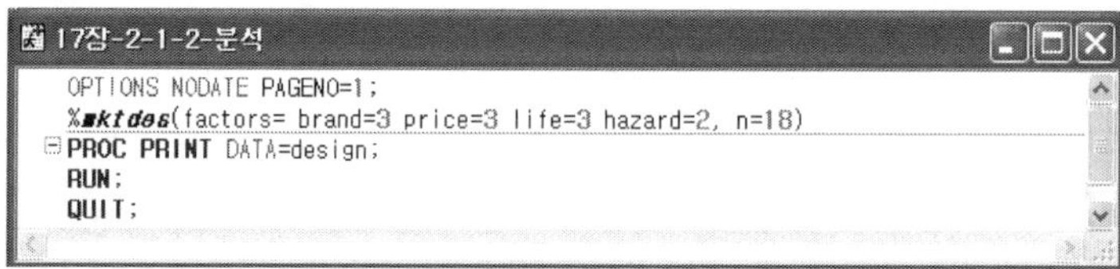

17장-2-1-2-분석

```
OPTIONS NODATE PAGENO=1;
%mktdes(factors= brand=3 price=3 life=3 hazard=2, n=18)
PROC PRINT DATA=design;
RUN;
QUIT;
```

[결과4]에는 각 속성과 속성수준에 대한 정보가 출력된다.

[결과4]

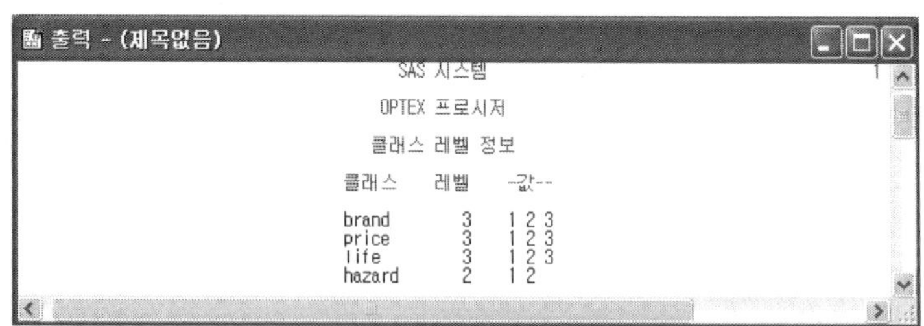

출력 - (제목없음)

SAS 시스템 1

OPTEX 프로시저

클래스 레벨 정보

클래스	레벨	-값--
brand	3	1 2 3
price	3	1 2 3
life	3	1 2 3
hazard	2	1 2

[결과5]

출력 - (제목없음)

SAS 시스템 2

OPTEX 프로시저

설계 번호	D-효율	A-효율	G-효율	평균 예측 표준 오차
1	100.0000	100.0000	100.0000	0.6667
2	100.0000	100.0000	100.0000	0.6667
3	100.0000	100.0000	100.0000	0.6667
4	100.0000	100.0000	100.0000	0.6667
5	100.0000	100.0000	100.0000	0.6667

[결과5]에는 직교디자인에 대한 효율성 정보가 출력된다. 효율성 메저들이 100%로 모두 높으며 표준오차가 낮음을 알 수 있다. 따라서 직교디자인이 잘 되었음을 알 수 있다(Mullet and Karson 1986).

[결과6]

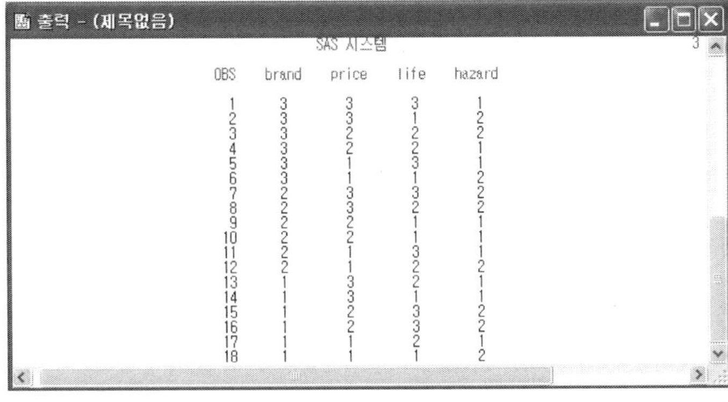

출력 - (제목없음)

SAS 시스템 3

OBS	brand	price	life	hazard
1	3	3	3	1
2	3	3	1	2
3	3	2	2	2
4	3	2	2	1
5	3	1	3	1
6	3	1	1	2
7	2	3	3	2
8	2	3	2	2
9	2	2	1	1
10	2	2	1	1
11	2	1	3	1
12	2	1	2	2
13	1	3	2	1
14	1	3	1	1
15	1	2	3	2
16	1	2	3	2
17	1	1	2	1
18	1	1	1	2

[결과6]에는 18개의 직교디자인 프로파일 속성수준에 대한 내용이 제시되어 있다. BASIC PLAN에서는 속성수준이 0, 1, 2로 변하나 여기서는 1, 2, 3으로 변한다는 점이 다를 뿐 전체적인 내용은 같다.

(3) 프로파일 설명이 있는 직교 디자인 출력

위와 같은 경우 직교디자인을 설계한 후 실험 가능한 프로파일로 만들기 위해서는 먼저 PROC FORMAT 프로시저를 통해 속성에 대한 수준을 갖는 포맷을 만든다. 다음으로 무작위화 과정을 다음과 같은 프로그램을 통해 거쳐야 한다.

무작위 과정을 거치기 위해서는 UNIFORM 분포 값을 산출한 후 PROC SORT 프로시저를 통해 무작위로 프로파일을 배치한다. UNIFORM()안의 7은 초기 시드(Seed)로서 사용자에 원하는 다른 수를 넣어도 된다(예를 들어 35). 다음으로 PROC PRINT문을 통해 프로파일을 출력한다.

```
17장-2-1-3-분석
LIBNAME sample 'C:₩Sample₩Dataset';
OPTIONS NODATE PAGENO=1;
PROC FORMAT;
    VALUE brandf 1='굿스톤' 2='피로지' 3='마시노';
    VALUE pricef 1='$69.99' 2='$74.99' 3='$79.99';
    VALUE lifef 1='50,000' 2='60,000' 3='70,000';
    VALUE hazardf 1='예' 2='아니오';
RUN;
/* 직교디자인 무작위 배치 */
DATA tiredesign;
    SET design;
    r = UNIFORM(7);
    LABEL brand='브랜드' price='가격' life='수명'
        hazard='위험가능성';
    FORMAT brand brandf. price pricef. life lifef.
        hazard hazardf.;
RUN;
PROC SORT DATA=tiredesign OUT=sample.tiredesign(drop=r);
    BY r;
RUN;
PROC PRINT DATA=sample.tiredesign LABEL;
RUN;
```

무작위 배치 출력결과는 다음과 같이 산출된다. 이를 기준으로 각 응답자에게 선호결과를 응답하도록 하면 된다.

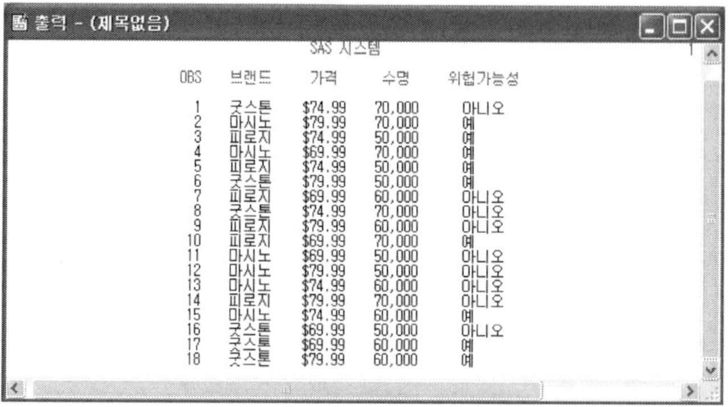

출력 - (제목없음)

SAS 시스템

OBS	브랜드	가격	수명	위험가능성
1	굿스톤	$74.99	70,000	아니오
2	마시노	$79.99	70,000	예
3	피로지	$74.99	50,000	예
4	마시노	$69.99	70,000	예
5	피로지	$74.99	50,000	예
6	굿스톤	$79.99	50,000	예
7	피로지	$69.99	60,000	아니오
8	굿스톤	$74.99	70,000	아니오
9	피로지	$79.99	60,000	아니오
10	피로지	$69.99	70,000	예
11	마시노	$69.99	50,000	아니오
12	마시노	$79.99	50,000	아니오
13	마시노	$74.99	60,000	아니오
14	피로지	$79.99	70,000	아니오
15	마시노	$74.99	60,000	예
16	굿스톤	$69.99	50,000	아니오
17	굿스톤	$69.99	60,000	예
18	굿스톤	$79.99	60,000	예

2.2 유보 프로파일 설계

(1) 유보 프로파일 설계 과정

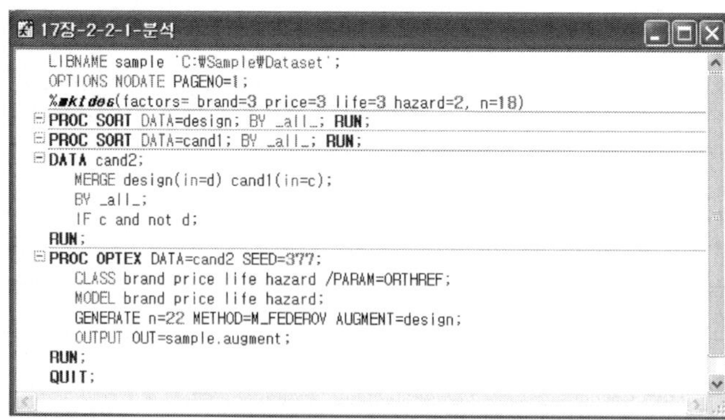

```
17장-2-2-1-분석
LIBNAME sample 'C:₩Sample₩Dataset';
OPTIONS NODATE PAGENO=1;
%mktdes(factors= brand=3 price=3 life=3 hazard=2, n=18)
PROC SORT DATA=design; BY _all_; RUN;
PROC SORT DATA=cand1; BY _all_; RUN;
DATA cand2;
    MERGE design(in=d) cand1(in=c);
    BY _all_;
    IF c and not d;
RUN;
PROC OPTEX DATA=cand2 SEED=377;
    CLASS brand price life hazard /PARAM=ORTHREF;
    MODEL brand price life hazard;
    GENERATE n=22 METHOD=M_FEDEROV AUGMENT=design;
    OUTPUT OUT=sample.augment;
RUN;
QUIT;
```

유보 프로파일을 설계하기 위해서는 다음과 같은 과정을 거쳐야 한다. 먼저 앞에서 %*mktdes* 매크로 문이 이미 수행되어 있어야 한다. 여기에 4개의 유보프로파일을 더 구하고자 하면, PROC OPTEX의 GENERATE문에서 n=22로 입력해야 한다.

[결과1]

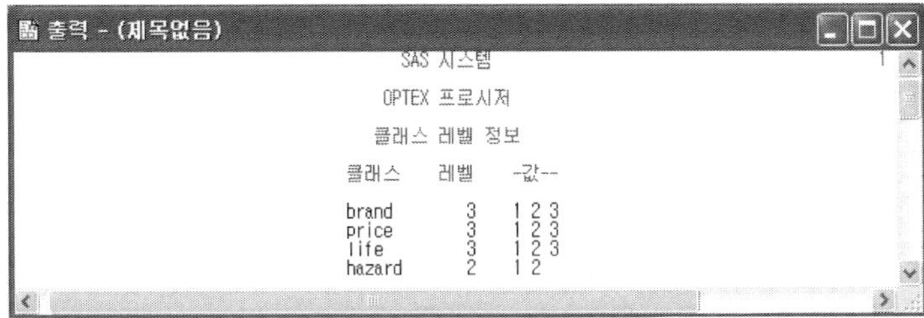

출력 - (제목없음)

SAS 시스템

OPTEX 프로시저

클래스 레벨 정보

클래스	레벨	-값--
brand	3	1 2 3
price	3	1 2 3
life	3	1 2 3
hazard	2	1 2

프로그램 실행 후 [결과1]과 같이 속성과 속성수준 정보가 출력되며, [결과2]와 같이 예측 효율성에 대한 정보가 출력된다. 효율성 정보가 직교디자인에서 본 것보다 낮아졌음을 알 수 있다.

[결과2]

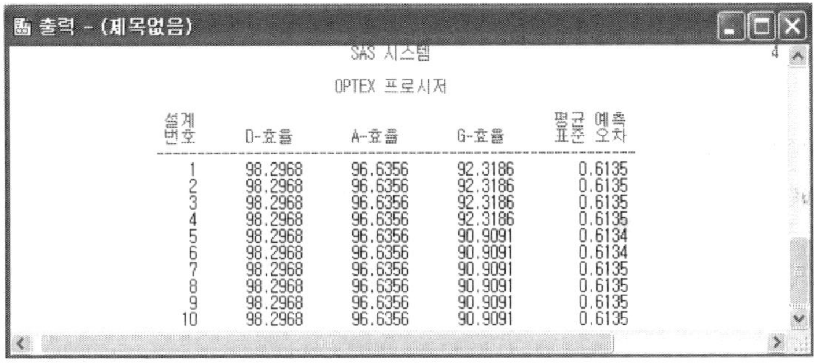

출력 - (제목없음)

SAS 시스템

OPTEX 프로시저

설계 번호	D-효율	A-효율	G-효율	평균 예측 표준 오차
1	98.2968	96.6356	92.3186	0.6135
2	98.2968	96.6356	92.3186	0.6135
3	98.2968	96.6356	92.3186	0.6135
4	98.2968	96.6356	92.3186	0.6135
5	98.2968	96.6356	90.9091	0.6134
6	98.2968	96.6356	90.9091	0.6134
7	98.2968	96.6356	90.9091	0.6135
8	98.2968	96.6356	90.9091	0.6135
9	98.2968	96.6356	90.9091	0.6135
10	98.2968	96.6356	90.9091	0.6135

(2) 유보 프로파일을 포함한 직교 디자인 출력

위와 같은 경우 직교디자인을 설계한 후 실험 가능한 프로파일로 만들기 위해서는 먼저 PROC FORMAT 프로시저를 통해 속성에 대한 수준을 갖는 포맷을 만든다. 다음으로 무작위화 과정을 다음과 같은 프로그램을 통해 거쳐야 한다.

무작위 과정을 거치기 위해서는 UNIFORM 분포 값을 산출한 후 PROC SORT 프로시저를 통해 무작위로 프로파일을 배치한다. UNIFORM()안의 114는 초기 시드(Seed)로서 사용자에 원하는 다른 수를 넣어도 된다(예를 들어 35). 다음으로 PROC PRINT 프로시저를 통해 프로파일을 출력한다.

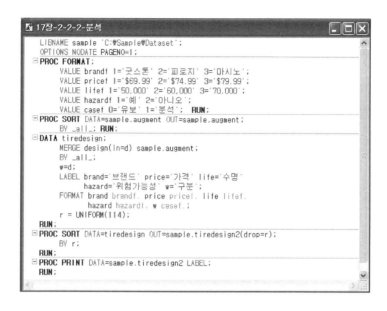

```
17장-2-2-2-분석

LIBNAME sample 'C:\Sample\Dataset';
OPTIONS NODATE PAGENO=1;
PROC FORMAT;
     VALUE brandf 1='굿스톤' 2='피로지' 3='마시노';
     VALUE pricef 1='$69.99' 2='$74.99' 3='$79.99';
     VALUE lifef 1='50,000' 2='60,000' 3='70,000';
     VALUE hazardf 1='예' 2='아니오';
     VALUE casef 0='유보' 1='분석';  RUN;
PROC SORT DATA=sample.augment OUT=sample.augment;
     BY _all_; RUN;
DATA tiredesign;
     MERGE design(in=d) sample.augment;
     BY _all_;
     w=d;
     LABEL brand='브랜드' price='가격' life='수명'
           hazard='위험가능성' w='구분';
     FORMAT brand brandf. price pricef. life lifef.
            hazard hazardf. w casef.;
     r = UNIFORM(114);
RUN;
PROC SORT DATA=tiredesign OUT=sample.tiredesign2(drop=r);
     BY r;
RUN;
PROC PRINT DATA=sample.tiredesign2 LABEL;
RUN;
```

22개의 무작위 배치 출력결과는 다음과 같이 산출된다. 이를 기준으로 각 응답자에게 선호결과를 응답하도록 하면 된다.

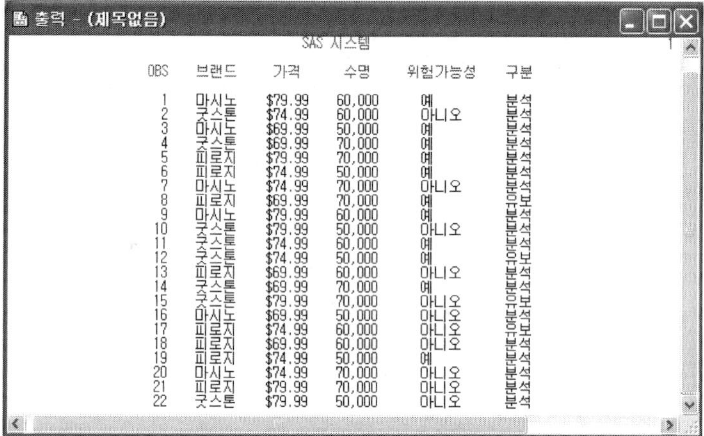

출력 - (제목없음)

SAS 시스템 1

OBS	브랜드	가격	수명	위험가능성	구분
1	마시노	$79.99	60,000	예	분석
2	굿스톤	$74.99	60,000	아니오	분석
3	마시노	$69.99	50,000	예	분석
4	굿스톤	$69.99	70,000	예	분석
5	피로지	$79.99	70,000	예	분석
6	피로지	$74.99	50,000	예	분석
7	마시노	$74.99	70,000	아니오	분석
8	피로지	$69.99	70,000	예	유보
9	마시노	$79.99	60,000	예	분석
10	굿스톤	$79.99	50,000	아니오	분석
11	굿스톤	$74.99	60,000	예	분석
12	굿스톤	$74.99	50,000	예	유보
13	피로지	$69.99	60,000	아니오	분석
14	굿스톤	$69.99	70,000	예	분석
15	굿스톤	$79.99	70,000	아니오	유보
16	마시노	$69.99	50,000	아니오	분석
17	피로지	$74.99	60,000	아니오	유보
18	피로지	$69.99	60,000	아니오	분석
19	피로지	$74.99	50,000	예	분석
20	마시노	$74.99	70,000	아니오	분석
21	피로지	$79.99	70,000	아니오	분석
22	굿스톤	$79.99	50,000	아니오	분석

3. 한 명에 대한 결합분석

3.1 넌메트릭 데이터 사례

(1) 분석데이터 및 준비

다음 예제는 Green and Wind(1975)에 나오는 예제이다. 여기서는 포장디자인형태(가, 나, 다), 브랜드 이름(케이알, 글로리, 비셀), 가격($1.19, $1.39, $1.59), 포장상태(잘안됨, 잘됨), 반품여부(반품안됨, 반품됨)로 구성된 가상적인 대안들에 대해서 결합분석을 한 경우이다. 여기서 프로파일 대안의 구성은 앞의 BASIC PLAN 7에서 속성수준 3에 대한 123열과 속성수준 2에 대한 45열로 구성된 직교디자인을 이용했다.

[확장 편집기 화면]

데이터는 **PROC FORMAT** 프로시저와 데이터스텝을 통해 다음과 같이 입력을 했다. 본 예제에서는 속성수준에 대한 설명을 하기 위해서 **PROC FORMAT** 프로시저를 사용했으며, 이를 데이터스텝에서 **FORMAT**문으로 지정했다. **LABEL**문으로 변수에 대한 라벨 설명을 입력했다.

17장-3-1-1-데이터

```
LIBNAME sample 'C:\Sample\Dataset';
PROC FORMAT;
     VALUE designf 0 = '가' 1 = '나' 2 = '다';
     VALUE brandf 0 = '케이알' 1 = '글로리' 2 = '비셀';
     VALUE pricef 0 = '$1.19' 1 = '$1.39' 2 = '$1.59';
     VALUE sealf 0 = '잘안됨' 1 = '잘됨';
     VALUE guaranf 0 = '반품안됨' 1 = '반품됨';
DATA sample.cjoint1;
     INPUT (design brand price seal guaranty) (1.) rank;
     LABEL design='포장디자인' brand='브랜드' price='가격'
      seal='포장상태' guaranty='반품여부' rank='선호등수';
     FORMAT design designf. brand brandf. price pricef.
            seal sealf. guaranty guaranf.;
     CARDS;
00000 13
01101 11
02210 17
10111  2
11200 14
12000  3
20201 12
21010  7
22100  9
00210 18
01001  8
02100 15
10000  4
11110  6
12201  5
20100 10
21200 16
22011  1
RUN;
```

(2) 분석과정

[확장 편집기 화면]

순위데이터를 MONANOVA 형태의 효용으로 바꾸어주기 위해서는 PROC TRANSREG 프로시저를 사용하며, MODEL MONOTONE(**종속변수**/ REFLECT) = CLASS (**독립변수들**/ZERO=SUM) 형식으로 입력했다.

REFLECT는 선호순위 데이터가 1등을 1로 표시하고 18등을 18등으로 표시했을 때 지정하며, ZERO=SUM은 속성 수준의 유틸리티 합을 0으로 하는 경우이다. UTILITIES 옵션은 결합분석 부분가치 효용 출력, SHORT는 반복 추정 과정을 출력하지 않음, IREPLACE는 독립변수 값 대체, MAXITER=50은 최대 반복 추정 횟수를 50회로 지정, DAPPROXIMATIONS는 변환된 종속변수 값 근사 추정에 대한 옵션이다.

다음으로 데이터스텝에서 이해를 쉽게 하기 위해 trank와 arank에서 계산된 순위를 역으로 바꾸어 주었다. 현재는 18개의 대상물에 대한 평가이기 때문이 19를 지정했다. 구해진 효용들을 보기 위해 PROC PRINT 프로시저를 다시 사용했다.

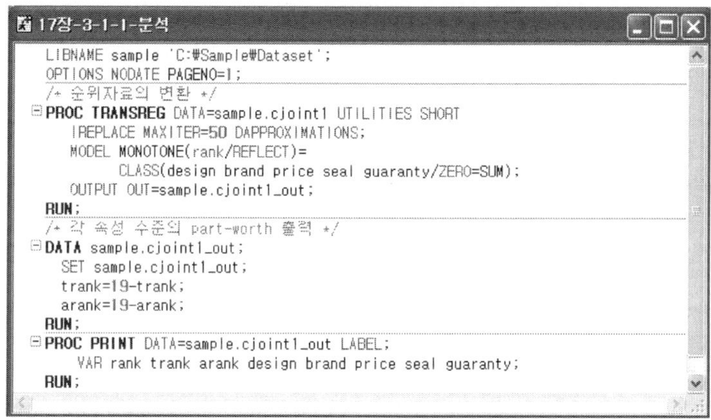


```
LIBNAME sample 'C:₩Sample₩Dataset';
OPTIONS NODATE PAGENO=1;
/* 순위자료의 변환 */
PROC TRANSREG DATA=sample.cjoint1 UTILITIES SHORT
   IREPLACE MAXITER=50 DAPPROXIMATIONS;
   MODEL MONOTONE(rank/REFLECT)=
         CLASS(design brand price seal guaranty/ZERO=SUM);
   OUTPUT OUT=sample.cjoint1_out;
RUN;
/* 각 속성 수준의 part-worth 출력 */
DATA sample.cjoint1_out;
  SET sample.cjoint1_out;
  trank=19-trank;
  arank=19-arank;
RUN;
PROC PRINT DATA=sample.cjoint1_out LABEL;
    VAR rank trank arank design brand price seal guaranty;
RUN;
```

[시장 조사 화면]

시장 조사 화면에서 분석을 하려면, 데이터 분석 화면을 종료한 후 다음과 같이 시장 조사 화면을 시작한다. 시장 조사 화면을 시작하기 위해서는 다음 메뉴들을 차례로 클릭한다(**솔루션** → **분석** → **시장 조사**).

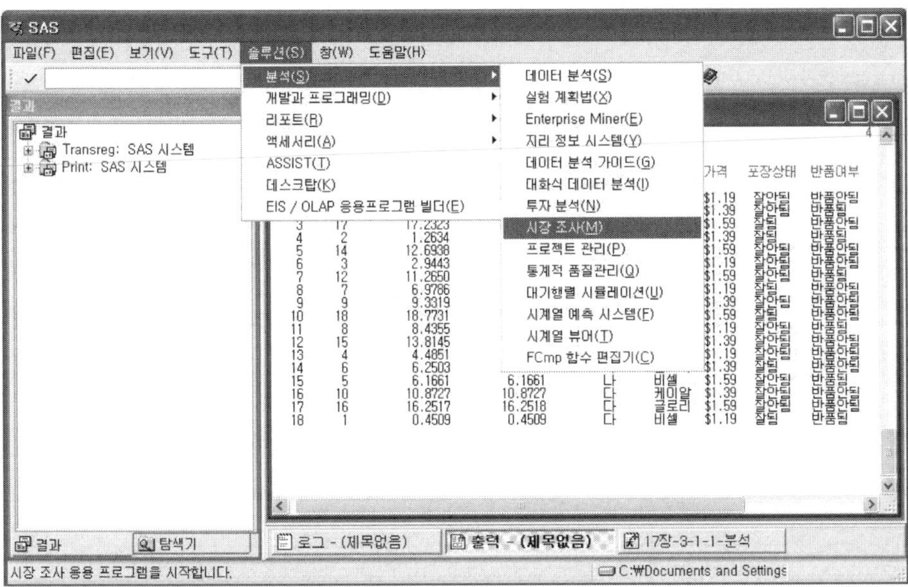

다음으로 시장 조사 화면에서 데이터셋을 지정한다. 데이터셋은 **Library**에서 Sample (C:₩Sample₩Dataset 폴더를 의미, 지정하는 방법은 1장 참조)을 지정하며, **Dataset and Last Analysis**에서 데이터셋 cjoint1을 선택한다. 다음으로 **Analysis** 화면에서 분석 기법은 **Conjoint analysis**를 지정해 결합분석을 할 수 있도록 지정한다.

변수별 속성에 대해 **PROC FORMAT** 프로시저를 통해 지정한 경우에는 **PROC FORMAT** 프로시저를 지정하는 Market6_cjoint2_data.sas와 같은 파일을 다시 한번 더 수행한다. 만약 지정하지 않으면 다음화면에서 변수별 포맷(format)이 지정되어 있지 않다고 하는 표시가 나타난다.

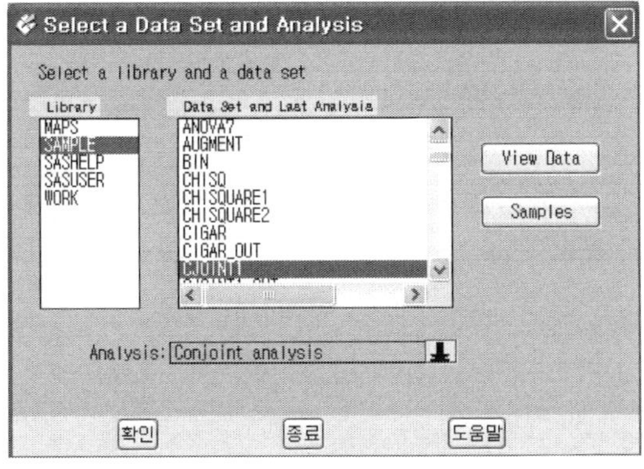

다음 화면에서 Preference난에 *rank* 변수를 선택해 **Preference** 버튼을 클릭해 지정하고, 넌메트릭 데이터이므로 **Nonmetric(reflected)**를 선택했다. 여기서 변수를 선택할

수 있는 방법은 Metric 또는 Nonmetric, 사용자 지정(Other) 등이 있다.

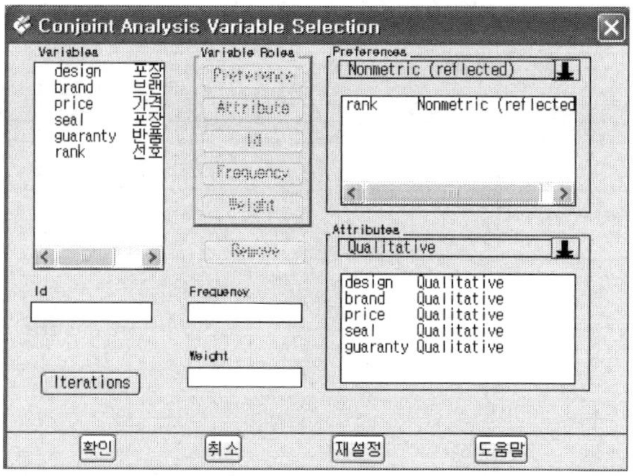
Conjoint Analysis Variable Selection
Variables
design 포장
brand 브랜
price 가격
seal 포장
guaranty 반품
rank 선호
Variable Roles
Preference
Attribute
Id
Frequency
Weight
Remove
Preferences
Nonmetric (reflected)
rank Nonmetric (reflected
Attributes
Qualitative
design Qualitative
brand Qualitative
price Qualitative
seal Qualitative
guaranty Qualitative
Id
Frequency
Weight
Iterations
확인
취소
재설정
도움말

다음으로 Attribute난에 *design, brand, seal, price, guaranty* 변수들을 선택해 Attribute 버튼을 클릭해 지정하고, 정성적 변수이므로 Qualitative로 선택했다. 변수지정 방법은 Qualitative, Quantitative 방법이 있다. 분석이 완료되면 확인 버튼을 클릭한다.

(3) **분석결과**

[결과1]

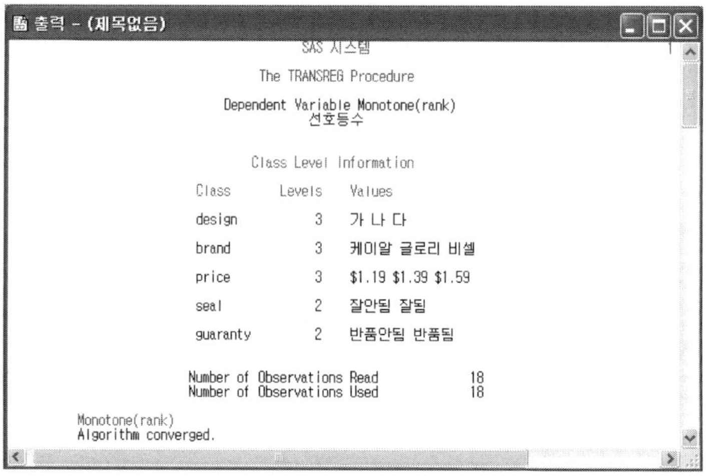
출력 - (제목없음)
SAS 시스템
The TRANSREG Procedure
Dependent Variable Monotone(rank)
선호등수
Class Level Information
Class Levels Values
design 3 가 나 다
brand 3 케이알 글로리 비셀
price 3 $1.19 $1.39 $1.59
seal 2 잘안됨 잘됨
guaranty 2 반품안됨 반품됨
Number of Observations Read 18
Number of Observations Used 18
Monotone(rank)
Algorithm converged.

[결과1]은 입력된 데이터의 정보에 대해서 설명하고 있다. 각 속성별 수준과 전체 프로파일의 개수에 관한 정보가 제시되어 있다.

[결과2]

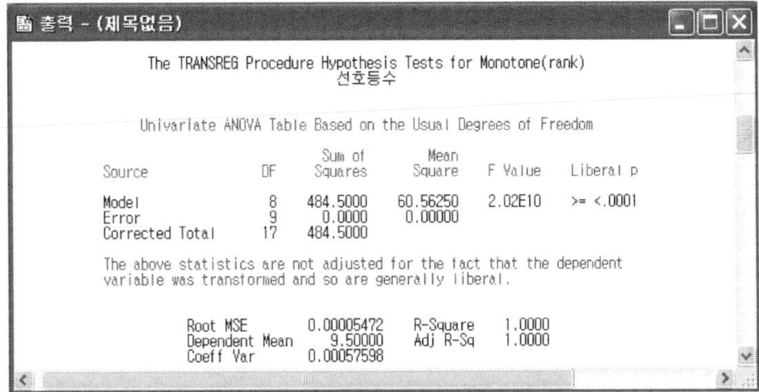

출력 - (제목없음)

The TRANSREG Procedure Hypothesis Tests for Monotone(rank)
선호등수

Univariate ANOVA Table Based on the Usual Degrees of Freedom

Source	DF	Sum of Squares	Mean Square	F Value	Liberal p
Model	8	484.5000	60.56250	2.02E10	>= <.0001
Error	9	0.0000	0.00000		
Corrected Total	17	484.5000			

The above statistics are not adjusted for the fact that the dependent variable was transformed and so are generally liberal.

Root MSE	0.00005472	R-Square	1.0000
Dependent Mean	9.50000	Adj R-Sq	1.0000
Coeff Var	0.00057598		

[결과2]는 PROC TRANSREG 프로시저에 의해 데이터가 변환시 변환 적합도와 관련된 통계이다. 변환된 데이터는 설명력을 나타내는 R^2값이 1로 정확히 예측되었음을 보여준다. 전체적인 다변량 통계량을 나타내는 Wilks' Lambda 등은 의미가 없어 여기서는 검토하지 않았다.

[결과3]

출력 - (제목없음)

SAS 시스템 3

The TRANSREG Procedure

Utilities Table Based on the Usual Degrees of Freedom

Label	Utility	Standard Error	Importance (% Utility Range)	Variable
Intercept	10.5086	0.00001		Intercept
포장디자인 가	-4.1744	0.00002	33.725	Class.design__
포장디자인 나	3.8662	0.00002		Class.design__
포장디자인 다	0.3082	0.00002		Class.design__
브랜드 케이알	-0.3642	0.00002	8.343	Class.brand______
브랜드 글로리	-0.8125	0.00002		Class.brand______
브랜드 비셀	1.1767	0.00002		Class.brand____
가격 $1.19	3.5300	0.00002	32.550	Class.price_1_19
가격 $1.39	0.7004	0.00002		Class.price_1_39
가격 $1.59	-4.2303	0.00002		Class.price_1_59
포장상태 잘안됨	-0.7564	0.00001	6.345	Class.seal______
포장상태 잘됨	0.7564	0.00001		Class.seal____
반품여부 반품안됨	-2.2693	0.00001	19.036	Class.guaranty________
반품여부 반품됨	2.2693	0.00001		Class.guaranty______

The standard errors are not adjusted for the fact that the dependent variable was transformed and so are generally liberal (too small).

[결과3]을 보면 결합분석 결과로 각 속성별 부분가치(part-worth)가 출력되어 있다. 결과로부터 각 속성 수준에 대한 효용을 살펴보면 다음과 같다. 이들 속성들의 중요도가 Importance난에 표시되어 있다.

```
1. 포장디자인(DESIGN)
                    U(가) = -4.17  U(나) = 3.87  U(다) = 0.31

2. 브랜드 이름(BRAND)
              U(케이알) = -0.36 U(글로리) = -0.81 U(비셀) = 1.18

3. 가격(PRICE)
              U($1.19) = 3.53  U($1.39) = 0.70 U($1.59) = -4.23

4. 포장상태(SEAL)
                    U(잘안됨) = -0.76  U(잘됨) = 0.76

5. 반품여부(GUARANTY)
                   U(반품안됨) = -2.27 U(반품됨) = 2.27
```

예를 들어 포장디자인은 "나"를 선호하며 브랜드 이름은 "비셀"을 선호하며, 가격은 "$1.19" 를 선호하며 포장상태는 "잘됨"을 선호하며, 반품여부는 "반품됨"을 선호한다는 것을 알 수 있다. 따라서 이들 데이터로부터 가상적인 제품(가, 글로리, $1.19, 잘안됨, 반품됨)을 구성해서 그 전체 효용을 구해보면 다음과 같다.

```
22.12  = 10.51 + 3.87 + 1.18 + 3.53 + 0.76 + 2.27
```

로서 매우 높은 선호도를 가지고 있다고 할 수 있다.

이들 결과들은 시장조사 분석 화면에서 분석 결과 메뉴들을 살펴봄으로써 다음과 같은 그래프를 도출할 수 있다.

시장조사 분석 초기 화면의 각 변수별 중요도 그래프

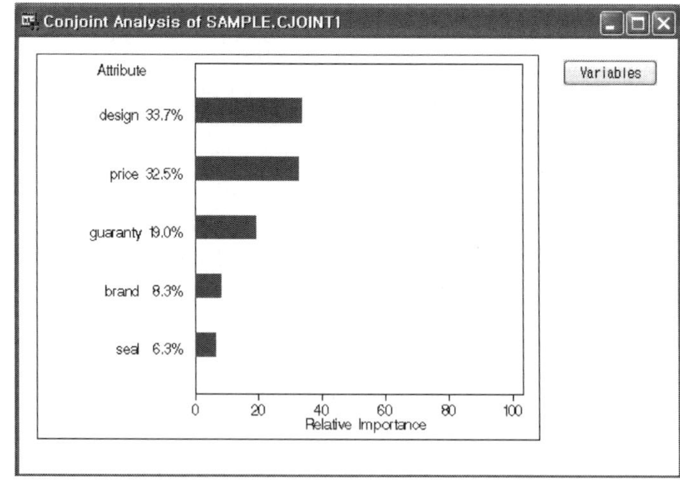

오른쪽 마우스 키를 눌러 나타나는 메뉴의 [결과−유틸리티 도표]의 각 속성별 도표

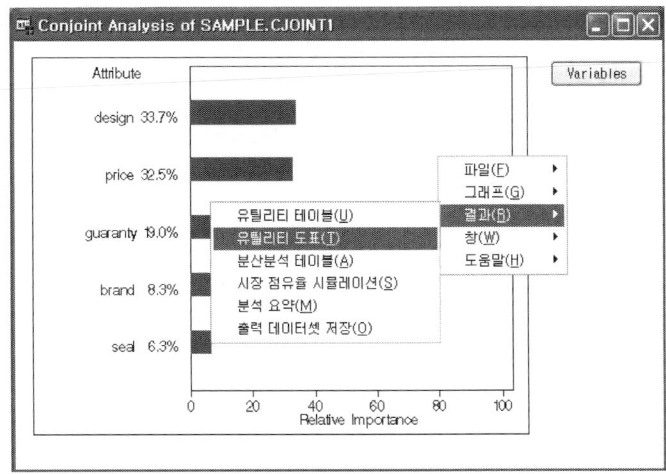

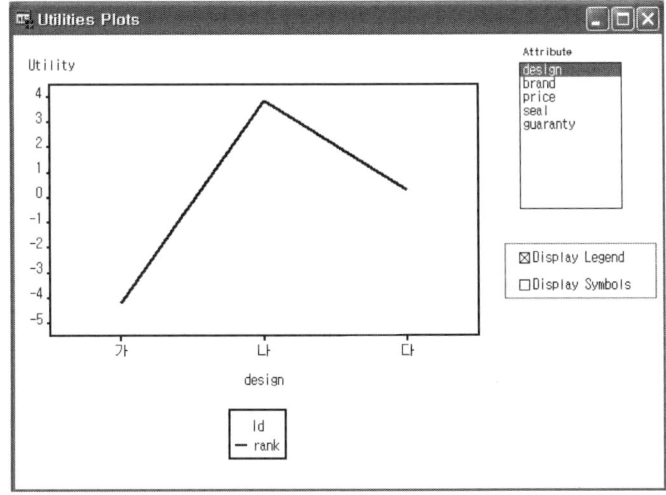

[결과4]

출력 - (제목없음)

SAS 시스템 4

OBS	선호등수	선호등수 Transformation	선호등수 Approximation	포장디자인	브랜드	가격	포장상태	반품여부
1	13	12.5257	12.5257	가	케이알	$1.19	잘안됨	반품안됨
2	11	11.2650	11.2651	가	글로리	$1.39	잘안됨	반품됨
3	17	17.2323	17.2323	가	비셀	$1.59	잘됨	반품안됨
4	2	1.2634	1.2634	나	케이알	$1.39	잘됨	반품됨
5	14	12.6938	12.6938	나	글로리	$1.59	잘안됨	반품안됨
6	3	2.9443	2.9443	나	비셀	$1.19	잘안됨	반품안됨
7	12	11.2650	11.2649	다	케이알	$1.59	잘안됨	반품됨
8	7	6.9786	6.9786	다	글로리	$1.19	잘됨	반품안됨
9	9	9.3319	9.3319	다	비셀	$1.39	잘안됨	반품안됨
10	18	18.7731	18.7732	가	케이알	$1.59	잘됨	반품안됨
11	8	8.4355	8.4355	가	글로리	$1.19	잘안됨	반품됨
12	15	13.8145	13.8145	가	비셀	$1.39	잘안됨	반품안됨
13	4	4.4851	4.4852	나	케이알	$1.19	잘안됨	반품안됨
14	6	6.2503	6.2502	나	글로리	$1.39	잘됨	반품안됨
15	5	6.1661	6.1661	나	비셀	$1.59	잘안됨	반품됨
16	10	10.8727	10.8727	다	케이알	$1.39	잘안됨	반품안됨
17	16	16.2517	16.2518	다	글로리	$1.59	잘안됨	반품안됨
18	1	0.4509	0.4509	다	비셀	$1.19	잘됨	반품됨

[결과4]는 각 대상물의 실제 평가 등수와 변환 및 근사추정간의 관련성을 보여 주고 있다. 전체적으로 보아 값이 거의 일치 하고 있음을 알 수 있다. 이들 결과로부터 현재의 결합분석 결과가 매우 안정적임을 알 수 있다.

3.2 메트릭 데이터 사례

(1) 분석데이터 및 준비

다음 예제는 초콜렛 선택에 대한 데이터이다. 직교디자인이 아닌 총 8개 프로파일의 모든 대상에 대한 평가를 했으며, 9점 리커트 척도로 선호도를 측정했다.

[확장 편집기 화면]

데이터는 데이터스텝을 통해 다음과 같이 입력을 했다. LABEL문으로 변수에 대한 라벨 설명을 입력했다.

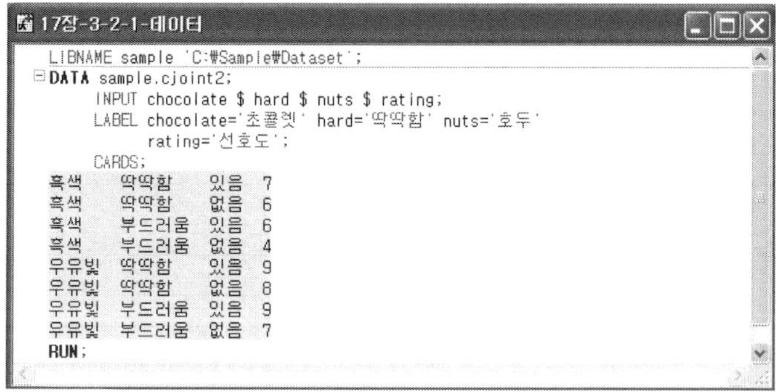
17장-3-2-1-데이터

```
LIBNAME sample 'C:₩Sample₩Dataset';
DATA sample.cjoint2;
     INPUT chocolate $ hard $ nuts $ rating;
     LABEL chocolate='초콜렛' hard='딱딱함' nuts='호두'
          rating='선호도';
     CARDS;
흑색    딱딱함    있음  7
흑색    딱딱함    없음  6
흑색    부드러움  있음  6
흑색    부드러움  없음  4
우유빛  딱딱함    있음  9
우유빛  딱딱함    없음  8
우유빛  부드러움  있음  9
우유빛  부드러움  없음  7
RUN;
```

(2) 분석과정

[확장 편집기 화면]

선호데이터를 메트릭 데이터에 대한 결합분석은 IDENTITY 형태의 효용으로 바꾸어주기 위해서는 PROC TRANSREG 프로시저를 사용하며, MODEL IDENTITY(**종속변수**) = CLASS (**독립변수들**/ZERO=SUM) 형식으로 입력했다.

ZERO=SUM은 속성 수준의 유틸리티 합을 0으로 하는 경우이다. UTILITIES 옵션은 결합분석 부분가치 효용 출력, SHORT는 반복 추정 과정을 출력하지 않음, IREPLACE는 독립변수 값 대체, MAXITER=50은 최대 반복 추정 횟수를 50회로 지정, DAPPROXIMATIONS는 변환된 종속변수 값 근사 추정에 대한 옵션이다.

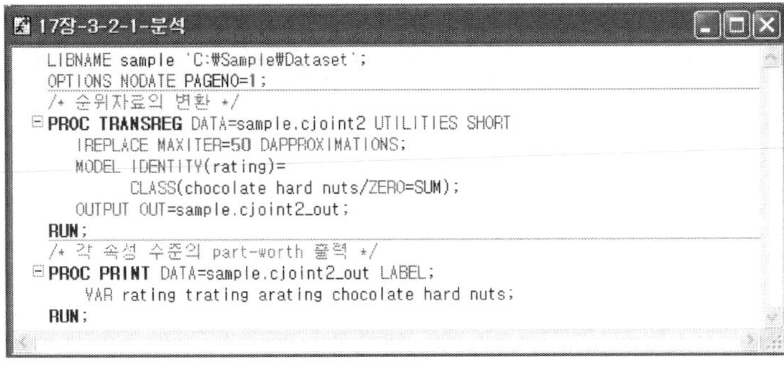

17장-3-2-1-분석

```
LIBNAME sample 'C:\Sample\Dataset';
OPTIONS NODATE PAGENO=1;
/* 순위자료의 변환 */
PROC TRANSREG DATA=sample.cjoint2 UTILITIES SHORT
   IREPLACE MAXITER=50 DAPPROXIMATIONS;
   MODEL IDENTITY(rating)=
         CLASS(chocolate hard nuts/ZERO=SUM);
   OUTPUT OUT=sample.cjoint2_out;
RUN;
/* 각 속성 수준의 part-worth 출력 */
PROC PRINT DATA=sample.cjoint2_out LABEL;
    VAR rating trating arating chocolate hard nuts;
RUN;
```

(3) 분석결과

[결과1]

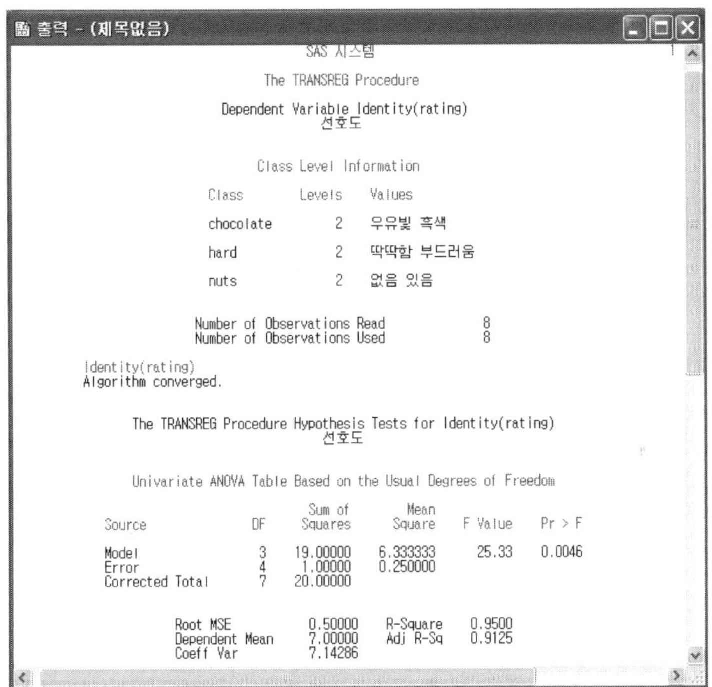

출력 - (제목없음)

```
                              SAS 시스템                                1

                        The TRANSREG Procedure

               Dependent Variable Identity(rating)
                              선호도

                        Class Level Information

                  Class        Levels    Values

                  chocolate         2    우유빛 흑색

                  hard              2    딱딱함 부드러움

                  nuts              2    없음 있음

                 Number of Observations Read          8
                 Number of Observations Used          8

     Identity(rating)
     Algorithm converged.

           The TRANSREG Procedure Hypothesis Tests for Identity(rating)
                              선호도

           Univariate ANOVA Table Based on the Usual Degrees of Freedom

                                   Sum of        Mean
      Source              DF      Squares      Square    F Value    Pr > F

      Model                3     19.00000    6.333333      25.33    0.0046
      Error                4      1.00000    0.250000
      Corrected Total      7     20.00000

              Root MSE          0.50000    R-Square    0.9500
              Dependent Mean    7.00000    Adj R-Sq    0.9125
              Coeff Var         7.14286
```

[결과1]은 PROC TRANSREG 프로시저에 의해 데이터가 변환할 때 변환 적합도와 관련된 통계이다. 상단의 분산분석표를 보면 F 값이 25.33으로 p 〈 0.0046로 매우 의미가 있다. 또한 변환된 데이터는 설명력을 나타내는 R^2 값이 0.95로 정확히 예측되었음을 보여 준다.

[결과2]

SAS 시스템 2

The TRANSREG Procedure

Utilities Table Based on the Usual Degrees of Freedom

Label	Utility	Standard Error	Importance (% Utility Range)	Variable
Intercept	7.0000	0.17678		Intercept
초콜렛 우유빛	1.2500	0.17678	50.000	Class.chocolate______
초콜렛 흑색	-1.2500	0.17678		Class.chocolate____
딱딱함 딱딱함	0.5000	0.17678	20.000	Class.hard______
딱딱함 부드러움	-0.5000	0.17678		Class.hard________
호두 없음	-0.7500	0.17678	30.000	Class.nuts____
호두 있음	0.7500	0.17678		Class.nuts____

[결과2]를 보면 결합분석 결과로 각 속성별 부분가치(part－worth)가 출력되어 있다. 결과로부터 각 속성 수준에 대한 효용을 살펴보면 다음과 같다. 이들 속성들의 중요도가 Importance난에 표시되어 있다.

[결과3]

SAS 시스템 3

OBS	선호도	선호도 Transformation	선호도 Approximation	초콜렛	딱딱함	호두
1	7	7	7.0	흑색	딱딱함	있음
2	6	6	5.5	흑색	딱딱함	없음
3	6	6	6.0	흑색	부드러움	있음
4	4	4	4.5	흑색	부드러움	없음
5	9	9	9.5	우유빛	딱딱함	있음
6	8	8	8.0	우유빛	딱딱함	없음
7	9	9	8.5	우유빛	부드러움	있음
8	7	7	7.0	우유빛	부드러움	없음

[결과3]은 각 대상물의 실제 평가 값과 변환 및 근사추정간의 관련성을 보여 주고 있다. 전체적으로 보아 값이 거의 일치 하고 있음을 알 수 있다. 이들 결과로부터 현재의 결합분석 결과가 매우 안정적임을 알 수 있다.

4. 두 명 이상에 대한 결합분석

4.1 넌메트릭 데이터 사례

(1) 분석데이터

다음 데이터는 Carroll(1972)의 연구에 의한 차의 맛에 대한 6명의 결합분석 데이터다. 주요 속성을 보면 온도(뜨겁다, 미지근, 차다), 설탕여부(없음, 1스푼, 2스푼), 진한정도(매우 진함, 중간, 약함), 레몬(있음, 없음)에 대해 18개의 대안에 대해 등수를 매기게 했다.

먼저 프로파일과 관련된 데이터는 PROC FORMAT 프로시저와 데이터스텝을 통해 다음과 같이 입력을 했다. 속성에 대한 설명을 하기 위해서 PROC FORMAT 프로시저를 사용했으며, 각 개인에 대한 데이터는 칼럼으로 표기했다. 데이터 스텝에서 앞의 4자리는 직교디자인 프로파일이다.

17장-4-1-1-데이터

```
LIBNAME sample 'C:\Sample\Dataset';
PROC FORMAT;
        VALUE tempf 1='뜨겁다' 2='미지근' 3='차다';
        VALUE sugarf 1='없음' 2='1스푼' 3='2스푼';
        VALUE strongf 1='매우진함' 2='중간' 3='약함';
        VALUE lemonf 1='있음' 2='없음';
DATA sample.cjoint3;
      INPUT (temp sugar strong lemon) (1.) subj1-subj6;
      FORMAT temp tempf. sugar sugarf. strong strongf.
             lemon lemonf.;
      LABEL temp='온도' sugar='설탕' strong='진한정도'
            lemon='레몬';
      CARDS;
1111  4  2  4  3 13  5
1221  2  8  1  9 10  8
1332  6 10 13 18  5  6
2122 13 13 10  5  2 12
2231 14 16 17 12 16  9
2311 15 18 12 15  8 16
3131  7  3 14  2 18  2
3212 11  6  5  7  3 17
3321 10 11  6 13 12  7
1132  3  1 11  4  6  4
1211  1  7  2 10  7 14
1321  5 12  3 17  9 13
2111 17 14 16  6 11 18
2222 18 15  9 11  1 11
2331 16 17 18 16 15 10
3121  8  4  8  1 14  1
3231  9  5 15  8 17  3
3312 12  9  7 14  4 15
RUN;
```

(2) 단계1 : 개별 응답자 분석

확장 편집기 화면에서 분석 프로그램을 다음과 같이 작성한다. 여러 명에 관한 데이터를 통해 결합분석을 할 때는 PROC TRANSREG 프로시저에서 OUTTEST=데이터셋에서 통계분석 결과를 저장할 데이터셋을 METHOD= MORALS IREPLACE로 지정해 주며, MODEL MONANOVA (응답자들/REFLECT)=CLASS(속성들/ZERO=SUM) 형태로 지정한다. 또한 OUTPUT문에서는 COEFFICIENTS라는 옵션을 사용한다.

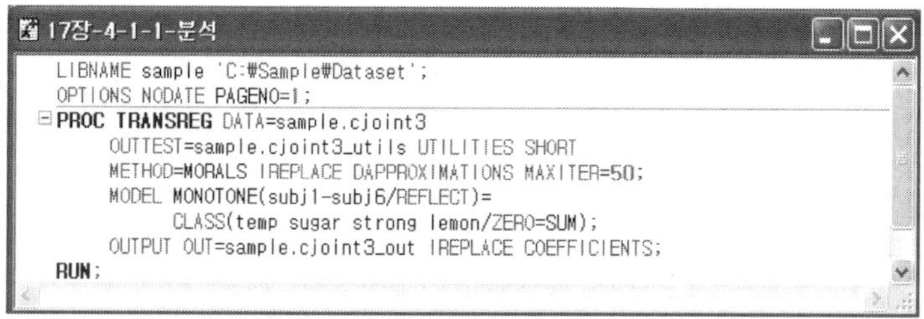

[결과1]

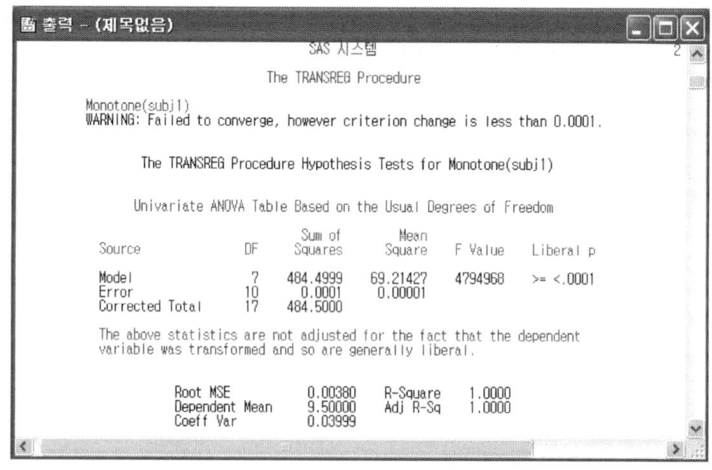

[결과1]은 응답자1(subj1)에 대한 전체 분석 결과이다. 응답자 1에 대해서는 R^2값을 볼 경우 1로 완벽한 설명력을 가지고 있음을 알 수 있다.

[결과2]

출력 - (제목없음)

Utilities Table Based on the Usual Degrees of Freedom

Label	Utility	Standard Error	Importance (% Utility Range)	Variable
Intercept	9.4976	0.00095		Intercept
온도 뜨겁다	6.3541	0.00127	99.746	Class.temp______
온도 미지근	-6.3541	0.00127		Class.temp______
온도 차다	-0.0000	0.00127		Class.temp____
설탕 없음	0.0067	0.00127	0.079	Class.sugar____
설탕 1스푼	-0.0034	0.00127		Class.sugar1____
설탕 2스푼	-0.0034	0.00127		Class.sugar2____
진한정도 매우진함	-0.0051	0.00127	0.060	Class.strong________
진한정도 중간	0.0026	0.00127		Class.strong____
진한정도 약함	0.0026	0.00127		Class.strong____
레몬 있음	0.0073	0.00095	0.115	Class.lemon____
레몬 없음	-0.0073	0.00095		Class.lemon____

The standard errors are not adjusted for the fact that the dependent variable was transformed and so are generally liberal (too small).

[결과2]는 응답자1에 대한 효용 출력 결과이다. 이 결과를 통해 응답자 1의 각 속성과 속성수준별 결과를 알 수 있다. 응답자1의 경우 온도가 가장 중요한 요소로 볼 수 있다. 전체 변수 설명력의 99.75%를 차지하고 있다.

[결과3]

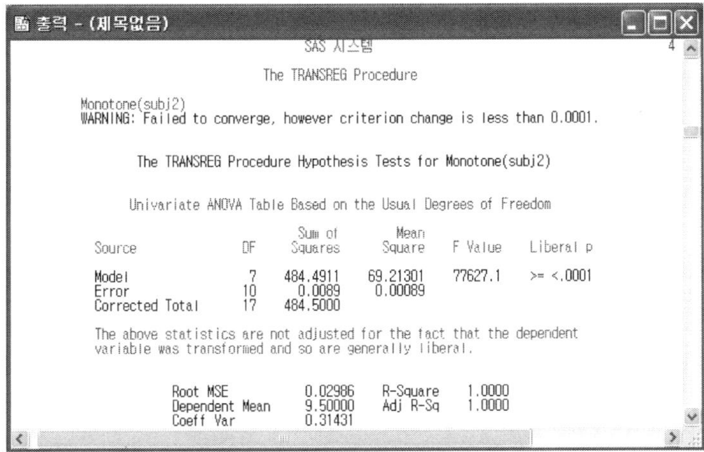

출력 - (제목없음)

SAS 시스템 4

The TRANSREG Procedure

Monotone(subj2)
WARNING: Failed to converge, however criterion change is less than 0.0001.

The TRANSREG Procedure Hypothesis Tests for Monotone(subj2)

Univariate ANOVA Table Based on the Usual Degrees of Freedom

Source	DF	Sum of Squares	Mean Square	F Value	Liberal p
Model	7	484.4911	69.21301	77627.1	>= <.0001
Error	10	0.0089	0.00089		
Corrected Total	17	484.5000			

The above statistics are not adjusted for the fact that the dependent variable was transformed and so are generally liberal.

Root MSE	0.02986	R-Square	1.0000
Dependent Mean	9.50000	Adj R-Sq	1.0000
Coeff Var	0.31431		

[결과3]은 응답자2(subj2)에 대한 전체 분석 결과이다. 응답자 2 또한 대해서는 R^2 값을 볼 경우 1로 완벽한 설명력을 가지고 있음을 알 수 있다.

[결과4]

```
출력 - (제목없음)

            Utilities Table Based on the Usual Degrees of Freedom

                                                Importance
                                    Standard    (% Utility
Label                    Utility       Error        Range)    Variable

Intercept                 9.5246     0.00746                  Intercept

온도 뜨겁다                3.0871     0.00995        56.242    Class.temp______
온도 미지근               -6.1742     0.00995                  Class.temp______
온도 차다                  3.0871     0.00995                  Class.temp____

설탕 없음                  3.4301     0.00995        41.660    Class.sugar____
설탕 1스푼                 0.0000     0.00995                  Class.sugar1____
설탕 2스푼                -3.4301     0.00995                  Class.sugar2____

진한정도 매우진함          0.0358     0.00995         1.202    Class.strong________
진한정도 중간             -0.1169     0.00995                  Class.strong____
진한정도 약함              0.0811     0.00995                  Class.strong____

레몬 있음                 -0.0738     0.00746         0.896    Class.lemon____
레몬 없음                  0.0738     0.00746                  Class.lemon____

The standard errors are not adjusted for the fact that the dependent variable
was transformed and so are generally liberal (too small).
```

[결과4]는 응답자2에 대한 효용 출력 결과이다. 이 결과를 통해 응답자 2의 각 속성과 속성수준별 결과를 알 수 있다. 응답자2의 경우 온도와 설탕 첨가 여부가 가장 중요한 두 개의 요소로 볼 수 있다. 각각 56.2% 41.7%의 설명력을 차지하고 있다.

계속해서 결과를 보면 응답자 3, 4, 5, 6에 대한 결과가 같은 형태로 출력된다. 각 개별 응답자에 대한 결과에 대한 해석은 마찬가지로 할 수 있다. 응답자 3, 4의 경우는 설명력이 1이며, 전체 중요도가 90% 이상인 중요한 속성으로 생각하는 변수로 온도와 진한 정도와 온도와 설탕을 각각 중요하게 생각하고 있다. 반면에 응답자 5의 경우는 레몬과 진한 정도, 응답자 6의 경우는 진한 정도, 설탕, 온도를 중요하게 생각하고 있다.

(3) 단계2 : 전체 응답자 분석

다음으로 전체 응답자에 대한 분석을 하기 위해 다음과 같은 프로그램을 작성한다. 데이터 스텝에서 각 프로파일별 선호등수와 효용 예측치만을 보기 위해 cjoint3_out1의 데이터셋의 KEEP문을 통해 선호등수, 효용 예측치 및 프로파일 속성 변수이름 만을 남겨 놓았다. IF문을 통해 일부 필요가 없는 데이터 또한 제거하였다.

여기서 첫째 PROC PRINT 프로시저는 각 응답자별 효용 예측치를 나타내며, 다음 PROC PRINT 프로시저는 각 응답자별 예측치 설명 정도를 의미한다.

계속해서 응답자별 속성 중요도를 계산하기 위한 프로그램이 제시되어 있다. 먼저 첫째 데이터 스텝에서 속성 중요도 변수 만을 골라 냈다. 다음으로 이 데이터셋을 전치한 후에 다음 번 데이터셋에서 변수에 대한 라벨과 변수이름을 바꾸어 주었다. PROC PRINT 프로시저에서는 각 개별 응답자의 중요도를 산출하고, PROC MEANS 프로시저에서는 전체 응답자의 중요도 평균을 산출했다.

```
17장-4-1-2-분석
LIBNAME sample 'C:\Sample\Dataset';
OPTIONS NODATE PAGENO=1;
DATA sample.cjoint3_out1(KEEP=_depend_ a_depend_ _depvar_
     temp sugar strong lemon);
     SET sample.cjoint3_out;
     IF _TYPE_ ='M COEFFI'OR _TYPE_='MEAN' THEN DELETE;
RUN;
PROC PRINT DATA=sample.cjoint3_out1 LABEL;
     BY NOTSORTED _depvar_;
     LABEL _depend_='선호등수' a_depend_ ='효용 예측치';
RUN;
PROC PRINT DATA=sample.cjoint3_utils LABEL;
     ID _depvar_;
     VAR value;
     WHERE statistic='R-Square';
     LABEL _depvar_='응답자' value='R-Square';
RUN;
DATA sample.cjoint3_imp;
   SET sample.cjoint3_utils;
   IF n(importance);
    _depvar_=scan(_depvar_,2);
   KEEP importance _depvar_ label name;
RUN;
PROC TRANSPOSE DATA=sample.cjoint3_imp
     OUT=sample.cjoint3_imp(DROP= _name_ _label_);
   BY NOTSORTED _depvar_;
   VAR importance;
RUN;
DATA sample.cjoint3_imp;
   SET sample.cjoint3_imp;
   LABEL _depvar_='응답자' col1='온도' col2='설탕'
         col3='진한정도' col4='레몬';
   RENAME _depvar_=subject col1=temp col2=sugar
         col3=strong col4=lemon;
  RUN;
PROC PRINT DATA=sample.cjoint3_imp LABEL; RUN;
PROC MEANS DATA=sample.cjoint3_imp MEAN; RUN;
```

[결과1]

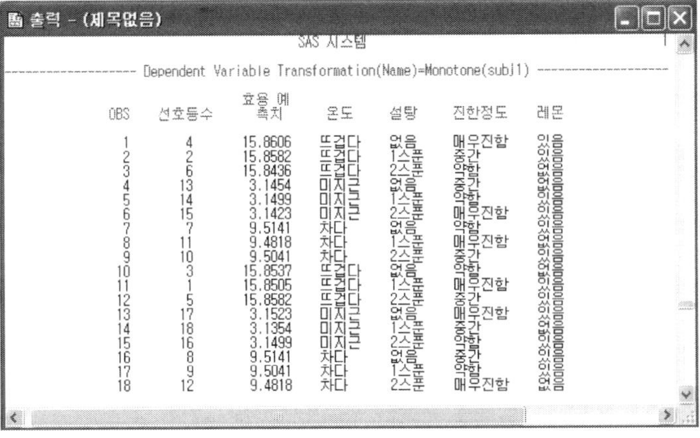

출력 - (제목없음)

SAS 시스템

------------------ Dependent Variable Transformation(Name)=Monotone(subj1) ------------------

OBS	선호등수	효용 예측치	온도	설탕	진한정도	레몬
1	4	15.8606	뜨겁다	없음	매우진합	있음
2	2	15.8582	뜨겁다	1스푼	중간	있음
3	6	15.8436	뜨겁다	2스푼	약함	없음
4	13	3.1454	미지근	없음	중간	없음
5	14	3.1499	미지근	1스푼	약함	있음
6	15	3.1423	미지근	2스푼	매우진합	있음
7	7	9.5141	차다	없음	약함	없음
8	11	9.4818	차다	1스푼	매우진합	있음
9	10	9.5041	차다	2스푼	중간	있음
10	3	15.8537	뜨겁다	없음	약함	없음
11	1	15.8505	뜨겁다	1스푼	매우진합	있음
12	5	15.8582	뜨겁다	2스푼	중간	있음
13	17	3.1523	미지근	없음	매우진합	없음
14	18	3.1354	미지근	1스푼	중간	있음
15	16	3.1499	미지근	2스푼	약함	있음
16	8	9.5141	차다	없음	중간	없음
17	9	9.5041	차다	1스푼	약함	있음
18	12	9.4818	차다	2스푼	매우진합	없음

[결과1]는 응답자 1의 각 프로파일 별 예측 효용치를 보여주고 있다. 응답자 1의 경우에는 실제 선호등수와 예측 효용치 간에는 차이가 있어 일관성이 없는 응답을 했을 가능성이 높다. 계속해다 다음 응답자에 관한 같은 데이터가 있으나 여기서는 생략한다.

[결과2]

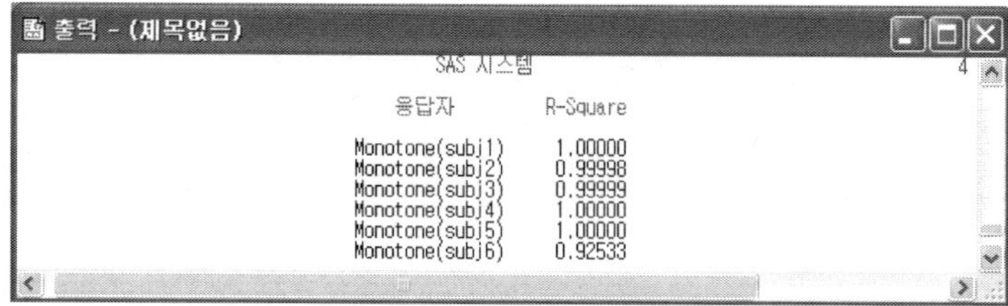

출력 - (제목없음)

SAS 시스템 4

응답자	R-Square
Monotone(subj1)	1.00000
Monotone(subj2)	0.99998
Monotone(subj3)	0.99999
Monotone(subj4)	1.00000
Monotone(subj5)	1.00000
Monotone(subj6)	0.92533

[결과2]는 응답자별 설명 정도를 표시하였다.

[결과3]

출력 - (제목없음)

SAS 시스템 5

OBS	응답자	온도	설탕	진한정도	레몬
1	subj1	99.7464	0.0789	0.0602	0.1145
2	subj2	56.2416	41.6604	1.2020	0.8960
3	subj3	49.7952	0.3945	49.7491	0.0612
4	subj4	19.9999	79.9976	0.0011	0.0015
5	subj5	12.1645	12.1601	27.0275	48.6479
6	subj6	19.6775	23.9628	46.6005	9.7592

[결과3]은 개별 응답자 별 중요도 차이에 대한 값들을 표시하고 있다. 결과를 보면 응답자 1은 온도를, 응답자 2는 온도와 설탕을, 응답자 3은 온도와 진한 정도 등을 중요하게 생각하는 것으로 나타났다.

[결과4]

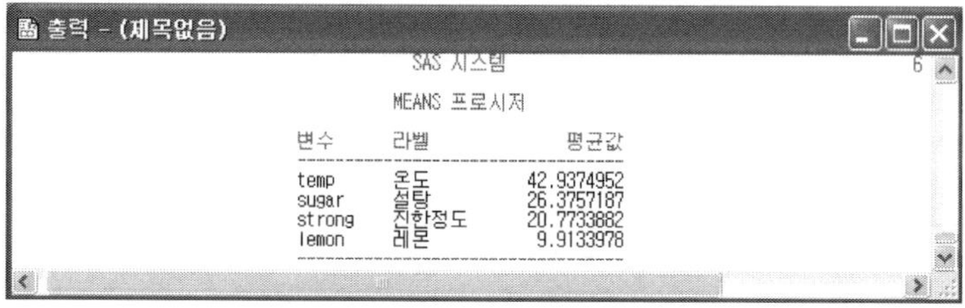

출력 - (제목없음)

SAS 시스템 6

MEANS 프로시저

변수	라벨	평균값
temp	온도	42.9374952
sugar	설탕	26.3757187
strong	진한정도	20.7733882
lemon	레몬	9.9133978

[결과4]는 6명의 평가에 대한 각 속성별 중요도의 평균값을 나타낸다.

(4) 단계3 : 응답자의 군집분석

다음으로 응답자가 많아 질 경우에는 각 개인에 대해서 구한 데이터를 분석한다는 것은 매우 힘들다. 따라서 비슷한 응답자들간에 군집을 만든 후에 분석하는 것이 편리하다. 응답자를 군집분석을 하는 기준은 여러 가지가 있으나 여기서는 각 응답자별 속성 중요도를 기준으로 한다.

먼저 PROC CLUSTER 프로시저에서 Ward 방법에 의한 군집분석을 했으며, 이를 PROC TREE 프로시저에서 덴드로그램을 그리도록 했다. 다음으로 PROC SORT 프로시저에서 군집별로 데이터를 정렬한 후, PROC PRINT 프로시저에서는 군집별 응답자 리스트, PROC MEANS 프로시저에서는 군집별 중요도에 대한 평균을 계산했다.

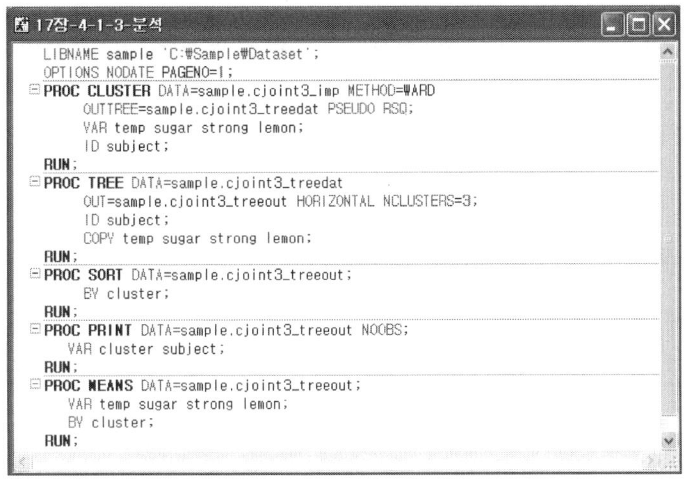

```
17장-4-1-3-분석
LIBNAME sample 'C:\Sample\Dataset';
OPTIONS NODATE PAGENO=1;
PROC CLUSTER DATA=sample.cjoint3_imp METHOD=WARD
     OUTTREE=sample.cjoint3_treedat PSEUDO RSQ;
     VAR temp sugar strong lemon;
     ID subject;
RUN;
PROC TREE DATA=sample.cjoint3_treedat
     OUT=sample.cjoint3_treeout HORIZONTAL NCLUSTERS=3;
     ID subject;
     COPY temp sugar strong lemon;
RUN;
PROC SORT DATA=sample.cjoint3_treeout;
     BY cluster;
RUN;
PROC PRINT DATA=sample.cjoint3_treeout NOOBS;
   VAR cluster subject;
RUN;
PROC MEANS DATA=sample.cjoint3_treeout;
   VAR temp sugar strong lemon;
   BY cluster;
RUN;
```

[결과1]

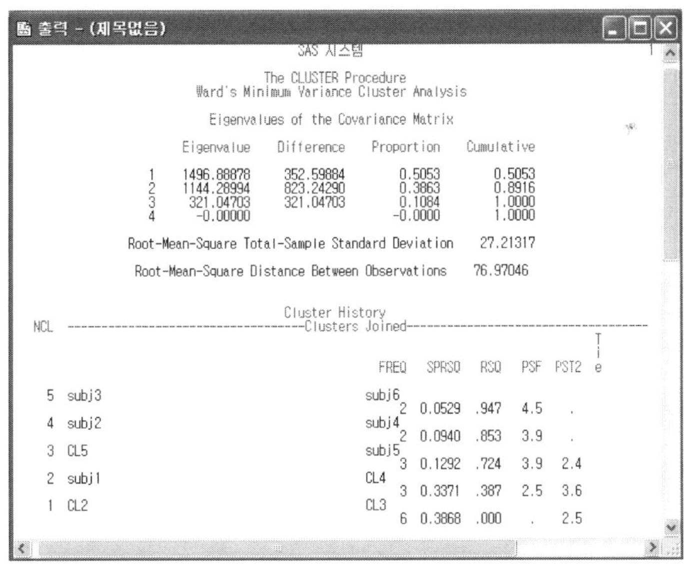

```
출력 - (제목없음)
                              SAS 시스템                                  1

                         The CLUSTER Procedure
                 Ward's Minimum Variance Cluster Analysis

                  Eigenvalues of the Covariance Matrix

              Eigenvalue    Difference    Proportion    Cumulative

         1    1496.88878    352.59884       0.5053        0.5053
         2    1144.28994    823.24290       0.3863        0.8916
         3     321.04703    321.04703       0.1084        1.0000
         4      -0.00000                   -0.0000        1.0000

        Root-Mean-Square Total-Sample Standard Deviation    27.21317

         Root-Mean-Square Distance Between Observations    76.97046

                              Cluster History
NCL  ----------------------------------Clusters Joined----------------------------------
                                                                        T
                                                                        i
                                          FREQ  SPRSQ   RSQ  PSF  PST2  e

  5  subj3                              subj6
                                            2  0.0529  .947  4.5    .
  4  subj2                              subj4
                                            2  0.0940  .853  3.9    .
  3  CL5                                subj5
                                            3  0.1292  .724  3.9  2.4
  2  subj1                              CL4
                                            3  0.3371  .387  2.5  3.6
  1  CL2                                CL3
                                            6  0.3868  .000    .  2.5
```

[결과1]을 보면 WARD방법에 의한 군집분석결과가 나와 있다. 수도(psudo) t^2 값이나 F 값을 볼 경우 3개나 4개의 군집이 적절할 것으로 보인다. 본 예제에서는 3개의 군집(NCLUSTERS=3)으로 나누어서 분석하고 있으며, 설명 정도는 약 72%이다.

[결과2]

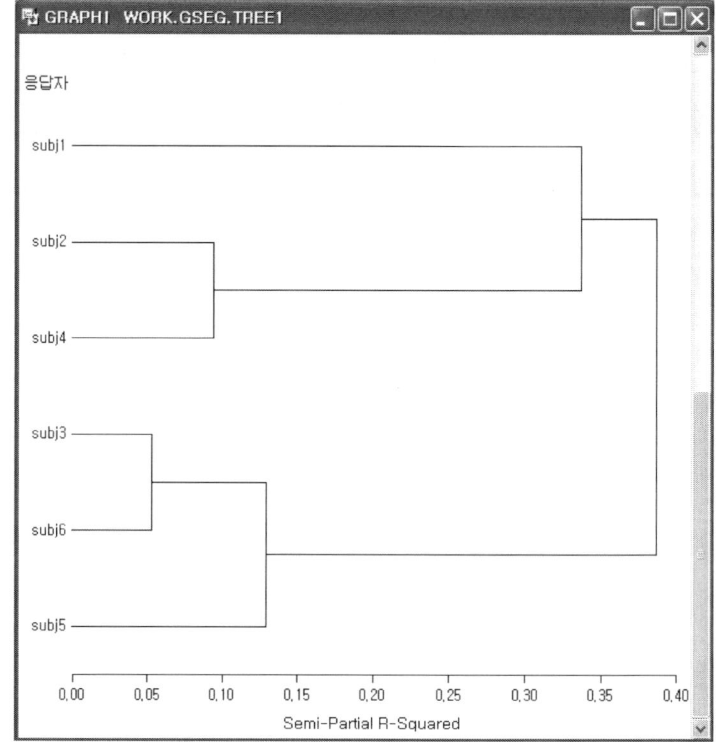

[결과2]에 덴드로그램이 제시되어 있다. 그림을 볼 경우 응답자 1이 하나의 군집으로 응답자 2, 4가 다른 하나의 군집으로 마지막으로 등답자 3, 5, 6이 군집 3로 묶인다.

[결과3]

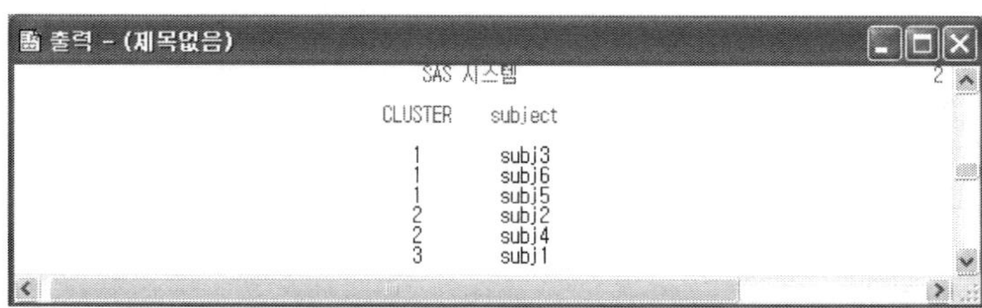
출력 - (제목없음)

SAS 시스템 2

CLUSTER	subject
1	subj3
1	subj6
1	subj5
2	subj2
2	subj4
3	subj1

[결과3]을 볼 경우 앞의 군집분석에서 한 군집으로 묶인 분류가 리스트로 출력되어 있다.

[결과4]

출력 - (제목없음)

CLUSTER=1

MEANS 프로시저

변수	라벨	N	평균값	표준편차	최소값	최대값
temp	온도	3	27.2123897	19.9147891	12.1644568	49.7951945
sugar	설탕	3	12.1724704	11.7841530	0.3944911	23.9627874
strong	진한정도	3	41.1256759	12.3104821	27.0274727	49.7490925
lemon	레몬	3	19.4894640	25.7133293	0.0612219	48.6479379

CLUSTER=2

변수	라벨	N	평균값	표준편차	최소값	최대값
temp	온도	2	38.1207207	25.6267464	19.9998746	56.2415669
sugar	설탕	2	60.8289961	27.1084604	41.6604199	79.9975723
strong	진한정도	2	0.6015582	0.8491807	0.0010968	1.2020196
lemon	레몬	2	0.4487250	0.6325333	0.0014564	0.8959936

CLUSTER=3

변수	라벨	N	평균값	표준편차	최소값	최대값
temp	온도	1	99.7463606	.	99.7463606	99.7463606
sugar	설탕	1	0.0789092	.	0.0789092	0.0789092
strong	진한정도	1	0.0601851	.	0.0601851	0.0601851
lemon	레몬	1	0.1145450	.	0.1145450	0.1145450

[결과4]는 각 군집별 중요도에 대한 평균 값이 출력되어 있다. 군집 1은 진한 정도 온도, 설탕 순으로 중요하게 생각하는 경우이며, 군집 2는 설탕과 온도를 중요하게 생각하는 경우이며, 마지막으로 군집 3은 온도를 중요하게 생각하는 군집이다.

이렇게 분석한 결과를 기준으로 추후에 각 군집별로 추가적인 결합분석을 실시한다면 더욱 해석하기가 쉬울 것이다. 즉 선호 등수를 평균 값을 구해 그 군집의 등수로 평가해서 분석할 수도 있다.

4.2 메트릭 데이터 사례

(1) 분석데이터 및 준비

다음 데이터는 Hair, et. al. (2001)에서 산업재 구매자에 대한 결합분석 사례이다. 100명의 산업재 구매자를 대상으로 데이터를 수집했다. 먼저 실험에 사용된 속성과 속성수준을 보면 다음과 같다.

속성	속성수준
제품형태	1. 사전혼합액, 2. 농축혼합액, 3. 파우더
컨테이너당 적용가능가짓수	1. 50, 2. 100, 3. 200
크리너에 살충제첨가여부	1. 첨가, 2. 미첨가
미생물분해형태 가능 여부	1. 불가능, 2. 가능
전형적인 적용당 가격	1. 35원, 2. 49원, 3, 79원

다음으로 직교디자인에 의한 18개의 프로파일과 테스트를 위해 4개의 유보 프로파일 구성하였다.

카드번호	제품형태	적용가지수	살충제	미생물분해	적용가격
분석프로파일					
1	농축	200	첨가	불가능	35
2	파우더	200	첨가	불가능	35
3	사전혼합	100	첨가	가능	49
4	파우더	200	첨가	가능	49
5	파우더	50	첨가	불가능	79
6	농축	200	미첨가	가능	79
7	사전혼합	100	첨가	불가능	79
8	사전혼합	200	첨가	불가능	49
9	파우더	100	미첨가	불가능	49
10	농축	50	첨가	불가능	49
11	파우더	100	미첨가	불가능	35
12	농축	100	첨가	불가능	79
13	사전혼합	200	미첨가	불가능	79
14	사전혼합	50	첨가	불가능	35
15	농축	100	첨가	가능	35
16	사전혼합	50	미첨가	가능	35
17	농축	50	미첨가	불가능	49
18	파우더	50	첨가	가능	79
유보프로파일					
19	농축	100	첨가	불가능	49
20	파우더	100	미첨가	가능	35
21	파우더	200	첨가	가능	79
22	농축	50	미첨가	가능	35

먼저 프로파일과 관련된 데이터는 PROC FORMAT 프로시저와 데이터스텝을 통해 다음과 같이 입력을 했다. 속성에 대한 설명을 하기 위해서 PROC FORMAT 프로시저를 사용했으며, 각 개인에 대한 데이터는 칼럼으로 표기했다. 데이터스텝에서 IF문을 통해 각 프로파일을 weight가 1인 경우 분석, 0인 경우 유보, −1인 경우 모의실험 형태로 구분했다.

```
17장-4-2-1-데이터
LIBNAME sample 'C:₩Sample₩Dataset';
PROC FORMAT;
   VALUE weigf 1='분석' 0='유보' -1='모의실험';
   VALUE mixtf 1='사전혼합' 2='농축' 3='파우더';
   VALUE numaf 1='50' 2='100' 3='200';
   VALUE germf 1='첨가' 2='미첨가';
   VALUE biopf 1='불가능' 2='가능';
   VALUE pricf 1='35' 2='49' 3='79';
DATA sample.profile;
   INPUT card mixture numapp  germfree bioprot price @@;
   IF card <= 18 THEN weight=1;
     ELSE IF 19 <= card <=22 THEN weight=0;
         ELSE weight=-1;
   FORMAT weight weigf. mixture mixtf. numapp numaf.
        germfree germf. bioprot biopf. price pricf.;
   LABEL mixture='제품형태' numapp='적용가짓수'
        germfree='살충제첨가' bioprot='미생물분해'
        price='가격' weight='프로파일구분';
   KEEP weight mixture numapp germfree bioprot price;
   CARDS;
 1 2 3 1 1 1  2 3 3 1 1 1
 3 1 2 1 2 2  4 3 3 1 2 2
 5 3 1 1 1 3  6 2 3 2 2 3
 7 1 2 1 1 3  8 1 3 1 1 2
 9 3 2 2 1 2 10 2 1 1 1 2
11 3 2 2 1 1 12 2 2 1 1 3
13 1 3 2 1 3 14 1 1 1 1 1
15 2 2 1 2 1 16 1 1 2 2 1
17 2 1 2 1 2 18 3 1 1 2 3
19 2 2 1 1 2 20 3 2 2 2 1
21 3 3 1 2 3 22 2 1 2 2 1
23 1 1 1 2 3 24 1 3 1 2 2
25 3 3 2 1 1
RUN;
```

다음으로 각 산업재 구매자의 선호도 데이터를 다음과 같이 수집해 입력했다. 데이터는 개인별 선호도 입력데이터이므로

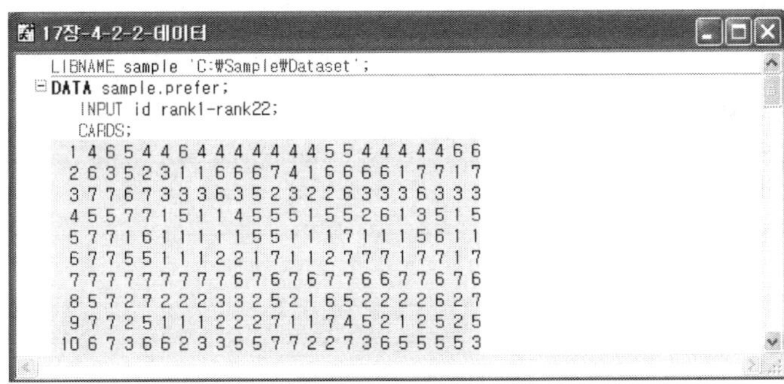

```
17장-4-2-2-데이터
LIBNAME sample 'C:₩Sample₩Dataset';
DATA sample.prefer;
   INPUT id rank1-rank22;
   CARDS;
 1 4 6 5 4 4 6 4 4 4 4 4 4 4 5 5 4 4 4 4 4 6 6
 2 6 3 5 2 3 1 1 6 6 6 7 4 1 6 6 6 1 7 7 1 7
 3 7 7 6 7 3 3 3 6 3 5 2 3 2 2 6 3 3 3 6 3 3 3
 4 5 5 7 7 1 5 1 1 4 5 5 5 1 5 5 2 6 1 3 5 1 5
 5 7 7 1 6 1 1 1 1 1 5 5 1 1 1 7 1 1 1 5 6 1 1
 6 7 7 5 5 1 1 1 2 2 1 7 1 1 2 7 7 7 1 7 7 1 7
 7 7 7 7 7 7 7 7 7 6 7 6 7 6 7 7 6 6 7 7 6 7 6
 8 5 7 2 7 2 2 2 3 3 2 5 2 1 6 5 2 2 2 2 6 2 7
 9 7 7 2 5 1 1 1 2 2 2 7 1 1 7 4 5 2 1 2 5 2 5
10 6 7 3 6 6 2 3 3 5 5 7 7 2 2 7 3 6 5 5 5 5 3
```

(중간 생략)

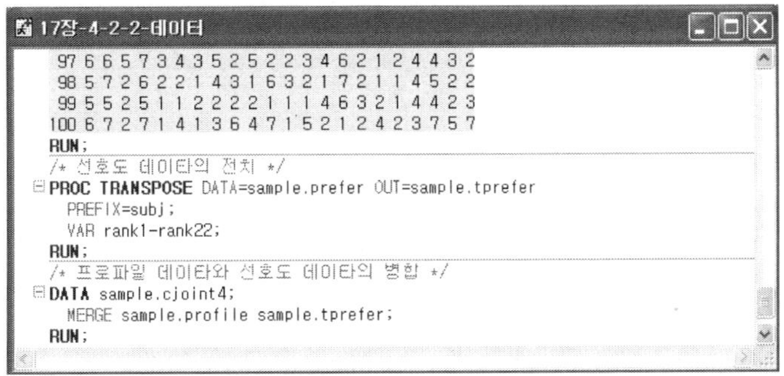

```
17장-4-2-2-데이터
 97 6 6 5 7 3 4 3 5 2 5 2 2 3 4 6 2 1 2 4 4 3 2
 98 5 7 2 6 2 2 1 4 3 1 6 3 2 1 7 2 1 1 4 5 2 2
 99 5 5 2 5 1 1 2 2 2 2 1 1 1 4 6 3 2 1 4 4 2 3
100 6 7 2 7 1 4 1 3 6 4 7 1 5 2 1 2 4 2 3 7 5 7
RUN;
/* 선호도 데이타의 전치 */
PROC TRANSPOSE DATA=sample.prefer OUT=sample.tprefer
  PREFIX=subj;
  VAR rank1-rank22;
RUN;
/* 프로파일 데이타와 선호도 데이타의 병합 */
DATA sample.cjoint4;
  MERGE sample.profile sample.tprefer;
RUN;
```

(2) 단계1 : 분석 표본 개별 응답자 분석

확장 편집기 화면에서 분석 프로그램을 다음과 같이 작성한다. 여러 명에 관한 데이터를 통해 결합분석을 할 때는 PROC TRANSREG 프로시저에서 OUTTEST=데이터셋에서 통계분석 결과를 저장할 데이터셋을 METHOD=MORALS IREPLACE로 지정해 주며, MODEL MSLINE (응답자들/REFLECT)=CLASS(속성들/ZERO= SUM) 형태로 지정한다. 또한 OUTPUT문에서는 COEFFICIENTS라는 옵션을 사용한다.

다음으로 데이터스텝에서 각 개인별 효용 예측치를 보기 위해 필요한 변수와 관찰치만을 선정해 cjoint4_out1에 저장했다. 개인별 효용 예측치를 보기 위해 PROC PRINT 프로시저에서 출력했다.

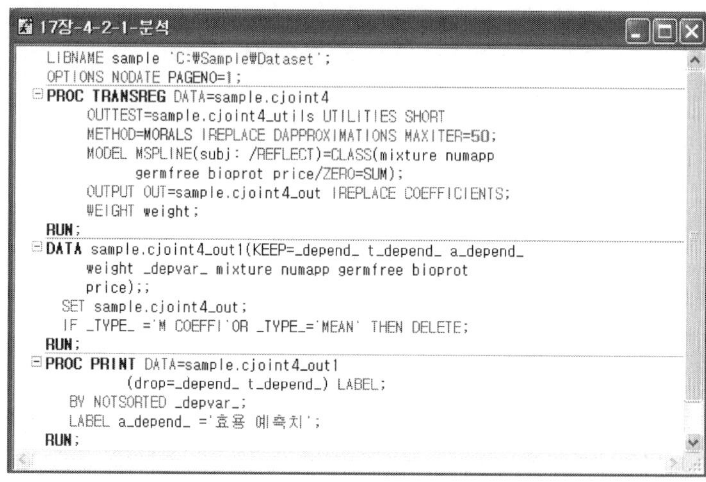

```
17장-4-2-1-분석
LIBNAME sample 'C:\Sample\Dataset';
OPTIONS NODATE PAGENO=1;
PROC TRANSREG DATA=sample.cjoint4
     OUTTEST=sample.cjoint4_utils UTILITIES SHORT
     METHOD=MORALS IREPLACE DAPPROXIMATIONS MAXITER=50;
     MODEL MSPLINE(subj: /REFLECT)=CLASS(mixture numapp
           germfree bioprot price/ZERO=SUM);
     OUTPUT OUT=sample.cjoint4_out IREPLACE COEFFICIENTS;
     WEIGHT weight;
RUN;
DATA sample.cjoint4_out1(KEEP=_depend_ t_depend_ a_depend_
     weight _depvar_ mixture numapp germfree bioprot
     price);;
  SET sample.cjoint4_out;
  IF _TYPE_ ='M COEFFI'OR _TYPE_='MEAN' THEN DELETE;
RUN;
PROC PRINT DATA=sample.cjoint4_out1
        (drop=_depend_ t_depend_) LABEL;
  BY NOTSORTED _depvar_;
  LABEL a_depend_ ='효용 예측치';
RUN;
```

[결과1]

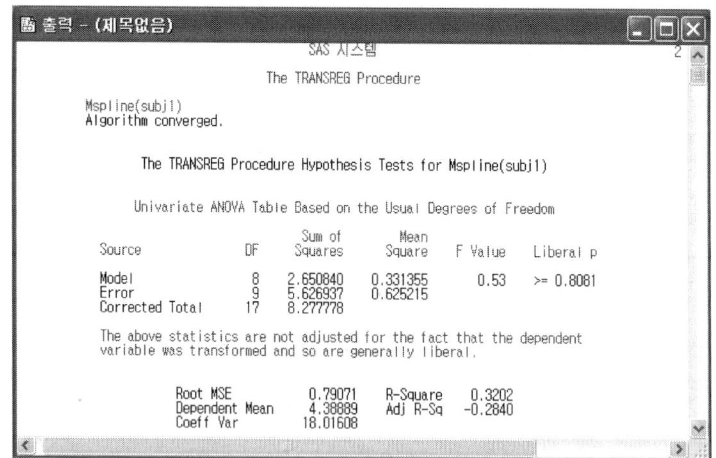

```
출력 - (제목없음)
                              SAS 시스템                                2
                        The TRANSREG Procedure

     Mspline(subj1)
     Algorithm converged.

          The TRANSREG Procedure Hypothesis Tests for Mspline(subj1)

           Univariate ANOVA Table Based on the Usual Degrees of Freedom

                                 Sum of        Mean
     Source             DF      Squares      Square    F Value    Liberal p

     Model               8     2.650840    0.331355       0.53    >= 0.8081
     Error               9     5.626937    0.625215
     Corrected Total    17     8.277778

     The above statistics are not adjusted for the fact that the dependent
     variable was transformed and so are generally liberal.

               Root MSE            0.79071    R-Square    0.3202
               Dependent Mean      4.38889    Adj R-Sq   -0.2840
               Coeff Var          18.01608
```

[결과1]은 응답자1(subj1)에 대한 전체 분석 결과이다. 응답자 1에 대해서는 R^2값을 볼 경우 0.32 정도의 낮은 설명력을 가지고 있음을 알 수 있다.

[결과2]

출력 - (제목없음)

Utilities Table Based on the Usual Degrees of Freedom

Label	Utility	Standard Error	Importance (% Utility Range)	Variable
Intercept	4.3288	0.20837		Intercept
제품형태 사전혼합	0.1503	0.26357	15.789	Class.mixture________
제품형태 농축	-0.1202	0.26357		Class.mixture____
제품형태 파우더	-0.0301	0.26357		Class.mixture______
적용가짓수 50	0.2405	0.26357	36.842	Class.numapp50
적용가짓수 100	0.1503	0.26357		Class.numapp100
적용가짓수 200	-0.3908	0.26357		Class.numapp200
살충제첨가 첨가	0.0225	0.19768	2.632	Class.germfree____
살충제첨가 미첨가	-0.0225	0.19768		Class.germfree______
미생물분해 불가능	0.1578	0.19768	18.421	Class.bioprot______
미생물분해 가능	-0.1578	0.19768		Class.bioprot____
가격 35	-0.2104	0.26357	26.316	Class.price35
가격 49	0.2405	0.26357		Class.price49
가격 79	-0.0301	0.26357		Class.price79

The standard errors are not adjusted for the fact that the dependent variable was transformed and so are generally liberal (too small).

[결과2]는 응답자1에 대한 효용 출력 결과이다. 이 결과를 통해 응답자 1의 각 속성과 속성수준별 결과를 알 수 있다. 응답자1의 경우 적용가짓수, 가격, 미생물 분해, 제품형태, 살충제 첨가 순으로 중요하게 생각하고 있는 것으로 볼 수 있다.

[결과3]

출력 - (제목없음)

SAS 시스템 202

Dependent Variable Transformation(Name)=Mspline(subj1)

OBS	프로파일구분	효용 예측치	제품형태	적용가짓수	살충제첨가	미생물분해	가격
1	분석	3.78773	농축	200	첨가	불가능	35
2	분석	3.87790	파우더	200	첨가	불가능	35
3	분석	4.73456	사전혼합	100	첨가	가능	49
4	분석	4.01316	파우더	200	첨가	가능	49
5	분석	4.68947	파우더	50	첨가	불가능	79
6	분석	3.60738	농축	200	미첨가	가능	79
7	분석	4.77964	사전혼합	100	첨가	불가능	79
8	분석	4.50912	사전혼합	200	첨가	불가능	49
9	분석	4.82473	파우더	100	미첨가	불가능	49
10	분석	4.86982	농축	50	첨가	불가능	49
11	분석	4.37386	파우더	100	미첨가	불가능	35
12	분석	4.50912	농축	100	첨가	불가능	79
13	분석	4.19351	사전혼합	200	미첨가	불가능	79
14	분석	4.68947	사전혼합	50	첨가	불가능	35
15	분석	4.01316	농축	100	첨가	가능	35
16	분석	4.32877	사전혼합	50	미첨가	가능	35
17	분석	4.82473	농축	50	미첨가	불가능	49
18	분석	4.37386	파우더	50	첨가	가능	79
19	유보	4.77964	농축	100	첨가	불가능	49
20	유보	4.05825	파우더	100	미첨가	가능	35
21	유보	3.74264	파우더	200	첨가	가능	79
22	유보	4.05825	농축	50	미첨가	가능	35
23	모의실험	4.55421	사전혼합	50	첨가	가능	79
24	모의실험	4.19351	사전혼합	200	첨가	가능	49
25	모의실험	3.83281	파우더	200	미첨가	불가능	35

[결과3]은 결합분석 결과에서 제시되는 각 프로파일별 효용 예측치 결과가 제시되어 있다. 계속해서 다른 응답자(응답자2에서 응답자100)의 경우에도 같은 방식으로 분석할 수 있을 것이다.

(3) 단계2 : 유보 표본을 활용한 타당성 분석

다음으로 분석표본과 유보표본간의 관련성을 보기 위해 다음과 같이 상관관계분석을 실시한다.

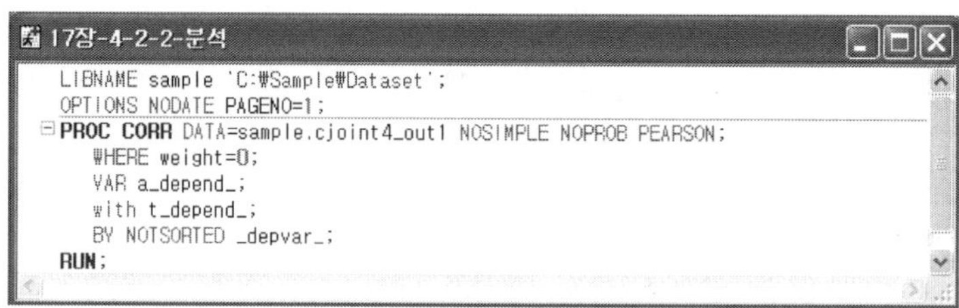

```
LIBNAME sample 'C:\Sample\Dataset';
OPTIONS NODATE PAGENO=1;
PROC CORR DATA=sample.cjoint4_out1 NOSIMPLE NOPROB PEARSON;
   WHERE weight=0;
   VAR a_depend_;
   with t_depend_;
   BY NOTSORTED _depvar_;
RUN;
```

다음 결과는 응답자 1의 타당성에 대한 분석이다. 상관계수가 높아 어느 정도 타당성이 있음을 알 수 있다. 계속해서 다른 응답자들에 대해서도 분석을 실시한다. 응답자에 따라서 낮은 상관계수를 보이는 것도 있고, 높은 상관계수를 보이는 것도 있으며, 전체적으로 보아 상관계수가 0.5 이상으로 높게 나타나는 경우가 많아 어느 정도 타당성이 있는 것으로 보인다.

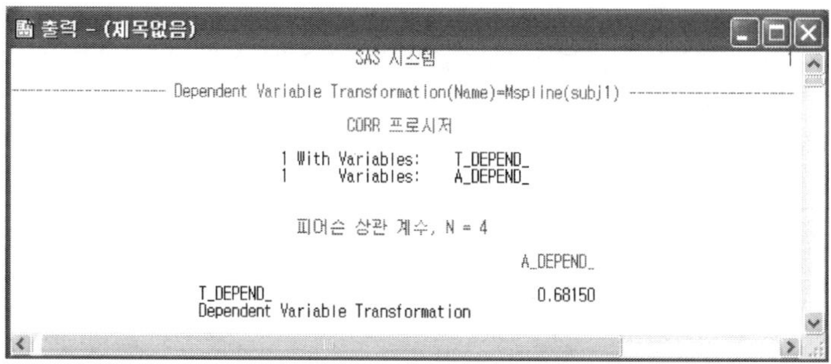

```
SAS 시스템                                                    1
------------ Dependent Variable Transformation(Name)=Mspline(subj1) ------------
                         CORR 프로시저
               1 With Variables:    T_DEPEND_
               1      Variables:    A_DEPEND_

                   피어슨 상관 계수, N = 4
                                              A_DEPEND_
          T_DEPEND_                             0.68150
          Dependent Variable Transformation
```

(4) 단계3 : 모의 표본에 대한 분석

다음으로 모의 표본에 대한 효용 예측치를 분석하기 위해 다음과 같이 프로그램을 작성 수행한다.

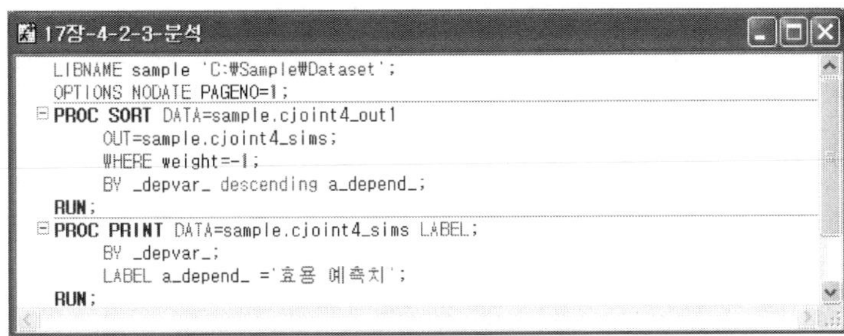

17장-4-2-3-분석

```
LIBNAME sample 'C:₩Sample₩Dataset';
OPTIONS NODATE PAGENO=1;
PROC SORT DATA=sample.cjoint4_out1
     OUT=sample.cjoint4_sims;
     WHERE weight=-1;
     BY _depvar_ descending a_depend_;
RUN;
PROC PRINT DATA=sample.cjoint4_sims LABEL;
     BY _depvar_;
     LABEL a_depend_ ='효용 예측치';
RUN;
```

다음 결과는 응답자 1, 10의 모의 표본에 대한 효용 예측치 분석이다. 각 응답자별로 각 프로파일에 대한 다른 효용 예측치를 보여 주고 있다.

출력 - (제목없음)

SAS 시스템 1

---------- Dependent Variable Transformation(Name)=Mspline(subj1) ----------

OBS	프로파일구분	Dependent Variable	Dependent Variable Transformation	효용 예측치
1	모의실험	.	4.90513	4.55421
2	모의실험	.	3.77878	4.19351
3	모의실험	.	2.65243	3.83281

OBS	제품형태	적용가짓수	살충제첨가	미생물분해	가격
1	사전혼합	50	첨가	가능	79
2	사전혼합	200	첨가	가능	49
3	파우더	200	미첨가	불가능	35

---------- Dependent Variable Transformation(Name)=Mspline(subj10) ----------

OBS	프로파일구분	Dependent Variable	Dependent Variable Transformation	효용 예측치
4	모의실험	.	8.27054	7.63062
5	모의실험	.	7.85027	7.28615
6	모의실험	.	3.42225	3.65670

OBS	제품형태	적용가짓수	살충제첨가	미생물분해	가격
4	사전혼합	50	첨가	가능	79
5	사전혼합	200	첨가	가능	49
6	파우더	200	미첨가	불가능	35

(5) 단계4 : 전체 응답자 분석

다음으로 전체 응답자에 대한 분석을 하기 위해 다음과 같은 프로그램을 작성한다. 다음 화면은 개별 응답자별 속성 중요도를 계산하기 위한 프로그램이다. 먼저 첫째 데이터 스텝에서 속성 중요도 변수 만을 골라 냈다. 다음으로 이 데이터셋을 전치한 후에 다음 번 데이터셋에서 변수에 대한 라벨과 변수이름을 바꾸어 주었다. PROC PRINT 프로시저에서는 각 개별 응답자의 중요도를 산출하고, PROC MEANS 프로시저에서는 전체 응답자의 중요도 평균을 산출했다.

```
17장-4-2-4-분석

LIBNAME sample 'C:\Sample\Dataset';
OPTIONS NODATE PAGENO=1;
PROC PRINT DATA=sample.cjoint4_utils LABEL;
      ID _depvar_;
      VAR value;
      WHERE statistic='R-Square';
      LABEL _depvar_='산업재 구매자' value='R-Square';
RUN;
DATA sample.cjoint4_imp;
      SET sample.cjoint4_utils;
      IF n(importance);
      _depvar_=scan(_depvar_,2);
      KEEP importance _depvar_ label name;
RUN;
PROC TRANSPOSE DATA=sample.cjoint4_imp
      OUT=sample.cjoint4_imp(DROP= _name_ _label_);
      BY NOTSORTED _depvar_;
      VAR importance;
RUN;
DATA sample.cjoint4_imp;
   SET sample.cjoint4_imp;
   LABEL _depvar_='산업재 구매자' col1='제품형태'
         col2='적용가짓수' col3='살충제첨가'
         col4='미생물분해' col5='가격';
   RENAME _depvar_=subject col1=mixture col2=numapp
          col3=germfree col4=bioprot col5=price;
RUN;
PROC PRINT DATA=sample.cjoint4_imp LABEL;
RUN;
PROC MEANS DATA=sample.cjoint4_imp;
RUN;
```

[결과1]

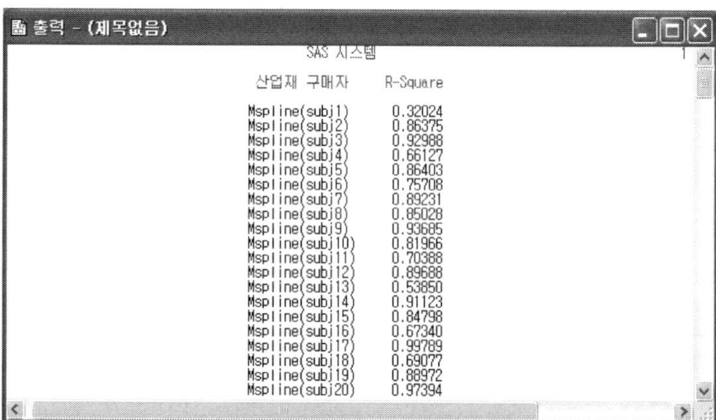

출력 - (제목없음)

SAS 시스템 1

산업재 구매자	R-Square
Mspline(subj1)	0.32024
Mspline(subj2)	0.86375
Mspline(subj3)	0.92988
Mspline(subj4)	0.66127
Mspline(subj5)	0.86403
Mspline(subj6)	0.75708
Mspline(subj7)	0.89231
Mspline(subj8)	0.85028
Mspline(subj9)	0.93685
Mspline(subj10)	0.81966
Mspline(subj11)	0.70388
Mspline(subj12)	0.89688
Mspline(subj13)	0.53850
Mspline(subj14)	0.91123
Mspline(subj15)	0.84798
Mspline(subj16)	0.67340
Mspline(subj17)	0.99789
Mspline(subj18)	0.69077
Mspline(subj19)	0.88972
Mspline(subj20)	0.97394

[결과1]는 응답자별 설명 정도를 표시하였다. 전반적으로 몇몇 응답자를 제외하고는 설명 정도가 높다.

[결과2]

출력 - (제목없음)

SAS 시스템 3

OBS	산업재 구매자	제품형태	적용가짓수	살충제첨가	미생물분해	가격
1	subj1	15.7895	36.8421	2.6316	18.4211	26.3158
2	subj2	14.1593	20.2445	6.0932	13.0468	46.4561
3	subj3	7.7551	32.2449	26.1224	8.1633	25.7143
4	subj4	39.0572	16.4983	1.6835	6.7340	36.0269
5	subj5	24.4105	22.4688	16.2275	2.4965	34.3967
6	subj6	7.8740	10.0787	6.9291	14.9606	60.1575
7	subj7	11.1111	11.1111	55.5556	11.1111	11.1111
8	subj8	21.3054	16.6124	15.9790	1.0677	45.0355
9	subj9	10.6762	10.6762	3.5587	2.8470	72.2420
10	subj10	48.4349	14.5943	12.3480	8.2608	16.3621
11	subj11	4.5161	20.6452	17.7419	10.0000	47.0968
12	subj12	17.6318	26.8683	27.8349	1.3851	26.2799
13	subj13	15.1111	15.1111	3.1111	1.7778	64.8889
14	subj14	4.4248	11.2094	25.0737	9.4395	49.8525
15	subj15	20.2299	31.2644	15.1724	2.0690	31.2644
16	subj16	39.3305	19.2469	12.5523	11.2971	17.5732
17	subj17	2.1882	3.5011	0.2188	0.8753	93.2166
18	subj18	34.3580	15.9132	4.3400	5.9675	39.4213
19	subj19	4.5249	17.1946	5.8824	9.9548	62.4434
20	subj20	5.0980	5.4902	77.8431	3.3333	8.2353

[결과2]은 개별 응답자 별 중요도 차이에 대한 값들을 표시하고 있다. 결과를 보면 응답자 1은 온도를, 응답자 2는 온도와 설탕을, 응답자 3은 온도와 진한 정도 등을 중요하게 생각하는 것으로 나타났다.

[결과3]

출력 - (제목없음)

SAS 시스템 5

MEANS 프로시저

변수	라벨	N	평균값	표준편차	최소값	최대값
mixture	제품형태	100	16.7119714	10.4769227	2.258755E-18	49.0291262
numapp	적용가짓수	100	19.1641970	8.9551666	3.614007E-18	42.0024528
germfree	살충제첨가	100	18.6635133	17.4467549	2.823443E-18	77.8431373
bioprot	미생물분해	100	10.1793162	10.1736385	1.919941E-18	70.1747179
price	가격	100	35.2810021	21.0617192	1.8575851	100.0000000

[결과3]은 전체 응답자의 각 속성별 중요도가 산출되어 있다. 가격을 다른 변수들의 1.5배에서 3배 정도 중요하게 생각하고 있는 것으로 보인다. 하지만 이 결과는 각 응답자별 차이가 심하기 때문에 전체적인 평균일 뿐 그대로 받아들이기에는 문제가 많다.

(6) 단계5 : 응답자의 군집분석

본 예제처럼 응답자가 많아 질 경우에는 각 개인에 대해서 구한 데이터를 분석한다는 것은 매우 힘들다. 따라서 비슷한 응답자들간에 군집을 만든 후에 분석하는 것이 편리하다. 응답자를 군집분석하는 기준은 여러 가지가 있으나 여기서는 각 응답자별 속성 중요도를 기준으로 한다. 먼저 PROC CLUSTER 프로시저에서 Ward 방법에 의한 군집분석을 했으며, 이를 PROC TREE 프로시저에서 덴드로그램을 그리도록 했다. 다음으로 PROC SORT 프로시저에서 군집별로 데이터를 정렬한 후, PROC PRINT 프로시저에서는 군집별 응답자 리스트, PROC MEANS 프로시저에서는 군집별 중요도에 대한 평균을 계산했다.

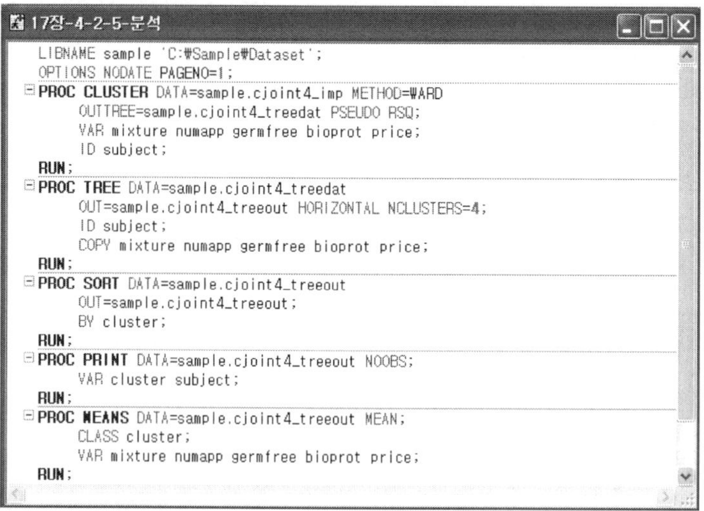

17장-4-2-5-분석

```
LIBNAME sample 'C:₩Sample₩Dataset';
OPTIONS NODATE PAGENO=1;
PROC CLUSTER DATA=sample.cjoint4_imp METHOD=WARD
     OUTTREE=sample.cjoint4_treedat PSEUDO RSQ;
     VAR mixture numapp germfree bioprot price;
     ID subject;
RUN;
PROC TREE DATA=sample.cjoint4_treedat
     OUT=sample.cjoint4_treeout HORIZONTAL NCLUSTERS=4;
     ID subject;
     COPY mixture numapp germfree bioprot price;
RUN;
PROC SORT DATA=sample.cjoint4_treeout
     OUT=sample.cjoint4_treeout;
     BY cluster;
RUN;
PROC PRINT DATA=sample.cjoint4_treeout NOOBS;
     VAR cluster subject;
RUN;
PROC MEANS DATA=sample.cjoint4_treeout MEAN;
     CLASS cluster;
     VAR mixture numapp germfree bioprot price;
RUN;
```

[결과1]

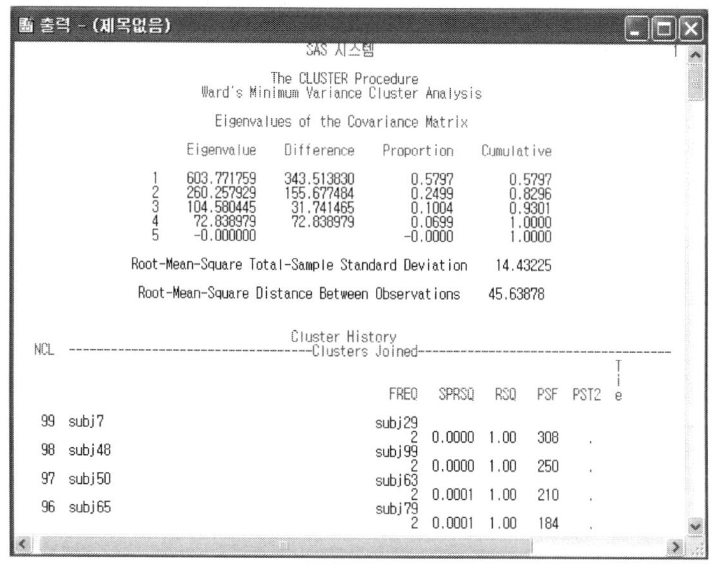

출력 - (제목없음)

SAS 시스템 1

The CLUSTER Procedure
Ward's Minimum Variance Cluster Analysis

Eigenvalues of the Covariance Matrix

	Eigenvalue	Difference	Proportion	Cumulative
1	603.771759	343.513830	0.5797	0.5797
2	260.257929	155.677484	0.2499	0.8296
3	104.580445	31.741465	0.1004	0.9301
4	72.838979	72.838979	0.0699	1.0000
5	-0.000000		-0.0000	1.0000

Root-Mean-Square Total-Sample Standard Deviation 14.43225

Root-Mean-Square Distance Between Observations 45.63878

Cluster History

NCL	Clusters Joined		FREQ	SPRSQ	RSQ	PSF	PST2	Tie
99	subj7	subj29	2	0.0000	1.00	308	.	
98	subj48	subj99	2	0.0000	1.00	250	.	
97	subj50	subj63	2	0.0001	1.00	210	.	
96	subj65	subj79	2	0.0001	1.00	184	.	

(중간결과 생략)

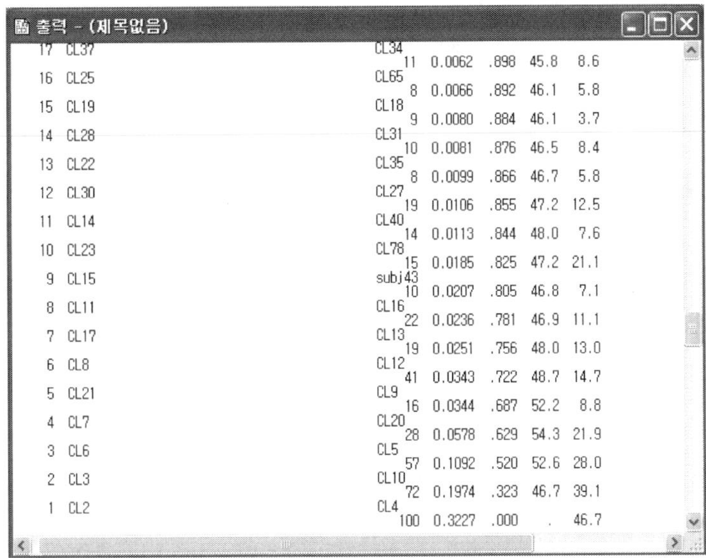

17	CL37	CL34	11	0.0062	.898	45.8	8.6
16	CL25	CL65	8	0.0066	.892	46.1	5.8
15	CL19	CL18	9	0.0080	.884	46.1	3.7
14	CL28	CL31	10	0.0081	.876	46.5	8.4
13	CL22	CL35	8	0.0099	.866	46.7	5.8
12	CL30	CL27	19	0.0106	.855	47.2	12.5
11	CL14	CL40	14	0.0113	.844	48.0	7.6
10	CL23	CL78	15	0.0185	.825	47.2	21.1
9	CL15	subj43	10	0.0207	.805	46.8	7.1
8	CL11	CL16	22	0.0236	.781	46.9	11.1
7	CL17	CL13	19	0.0251	.756	48.0	13.0
6	CL8	CL12	41	0.0343	.722	48.7	14.7
5	CL21	CL9	16	0.0344	.687	52.2	8.8
4	CL7	CL20	28	0.0578	.629	54.3	21.9
3	CL6	CL5	57	0.1092	.520	52.6	28.0
2	CL3	CL10	72	0.1974	.323	46.7	39.1
1	CL2	CL4	100	0.3227	.000	.	46.7

[결과1]을 보면 WARD방법에 의한 군집분석결과가 나와 있다. 수도(psudo) t^2 값이나 F 값을 볼 경우 4개의 군집이 적절할 것으로 보인다. 본 예제에서는 4개의 군집(NCLUSTERS=4)으로 나누어서 분석하고 있으며, 설명 정도는 약 63%이다.

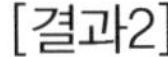
[결과2]

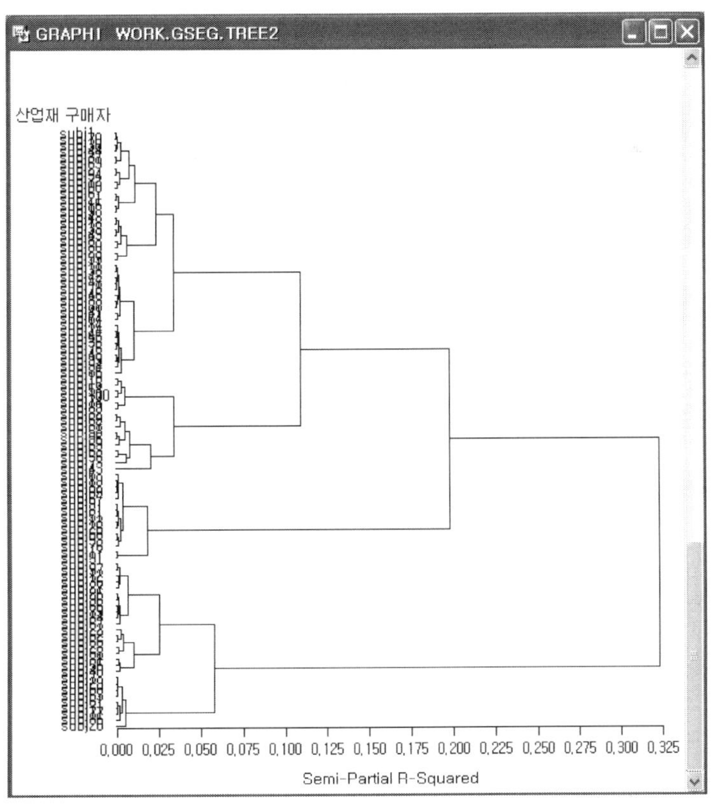

[결과2]에 덴드로그램이 제시되어 있다. [결과3]을 볼 경우 덴드로그램에 대한 군집리스트가 출력되어 있다.

[결과3]

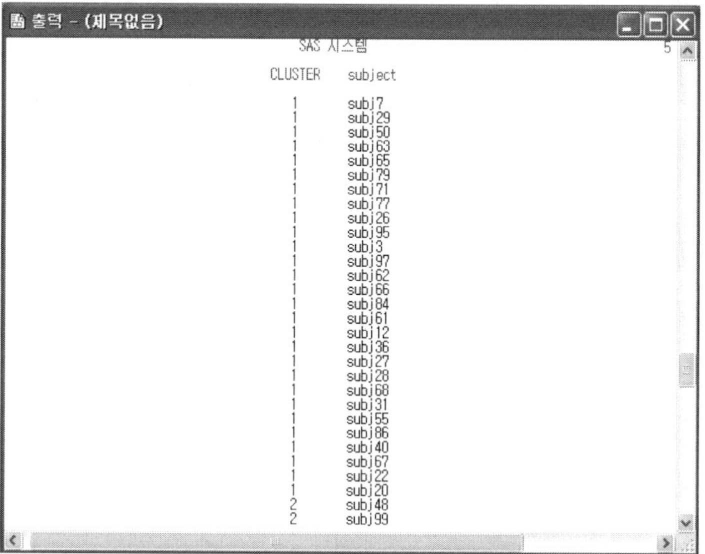

출력 - (제목없음)

SAS 시스템 5

CLUSTER	subject
1	subj7
1	subj29
1	subj50
1	subj63
1	subj65
1	subj79
1	subj71
1	subj77
1	subj26
1	subj95
1	subj3
1	subj97
1	subj62
1	subj66
1	subj84
1	subj61
1	subj12
1	subj36
1	subj27
1	subj28
1	subj68
1	subj31
1	subj55
1	subj86
1	subj40
1	subj67
1	subj22
1	subj20
2	subj48
2	subj99

[결과4]

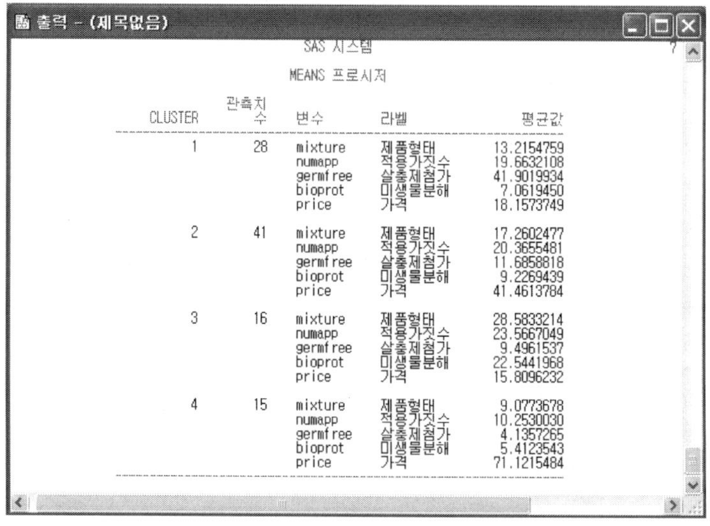

출력 - (제목없음)

SAS 시스템 7

MEANS 프로시저

CLUSTER	관측치 수	변수	라벨	평균값
1	28	mixture	제품형태	13.2154759
		numapp	적용가짓수	19.6632108
		germfree	살충제첨가	41.9019934
		bioprot	미생물분해	7.0619450
		price	가격	18.1573749
2	41	mixture	제품형태	17.2602477
		numapp	적용가짓수	20.3655481
		germfree	살충제첨가	11.6858818
		bioprot	미생물분해	9.2269439
		price	가격	41.4613784
3	16	mixture	제품형태	28.5833214
		numapp	적용가짓수	23.5667049
		germfree	살충제첨가	9.4961537
		bioprot	미생물분해	22.5441968
		price	가격	15.8096232
4	15	mixture	제품형태	9.0773678
		numapp	적용가짓수	10.2530030
		germfree	살충제첨가	4.1357265
		bioprot	미생물분해	5.4123543
		price	가격	71.1215484

[결과4]는 각 군집별 중요도에 대한 평균 값이 출력되어 있다. 군집 1은 살충제첨가, 적용가짓수, 가격, 제품형태, 미생물 분해 순으로 중요하게 생각하고 있다. 군집 2는 가격, 적용가짓수, 제품형태, 살충제첨가, 미생물 분해 순으로 중요하게 생각하고 있다.

특히 군집4의 경우는 가격을 매우 중시하는 표본으로 보인다.

이렇게 분석한 결과를 기준으로 추후에 각 군집별로 추가적인 결합분석을 실시한다면 더욱 해석하기가 쉬울 것이다. 즉 선호 등수를 평균 값을 구해 그 군집의 등수로 평가해서 분석할 수도 있다.

5. 프로시저 설명

5.1 PROC TRANSREG

(1) PROC TRANSREG의 기본형

```
PROC TRANSREG DATA=데이터셋 옵션;
  MODEL 변수변환방식(종속변수들/옵션)=
         변수변환방식(독립변수들 /옵션);
  OUTPUT OUT=데이터셋 옵션;
ID 변수들;
  FREQ 변수;
  WEIGHT 변수;
RUN;
```

(2) PROC TRANSREG 옵션;

[옵션]
- DATA=데이터셋 : 원데이터가 들어 있는 데이터셋의 이름을 지정한다. 이 옵션이 없을 경우 이 프로시저 직전에 만들어진 데이터셋을 사용한다.
- OUTTEST=데이터셋 : PROC TRANSREG에서 계산된 통계량들을 저장할 장소를 지정한다.
- SHORT : 반복추정결과를 산출하지 않는다.
- UTILITIES : 속성수준에 대한 부분가치(part - worth) 효용을 출력한다.

(3) MODEL 변수변환방식 옵션;

변수변환방식은 다음과 같은 형태를 지정할 수 있다.

[옵션]
- LINEAR : 선형변환을 수행한다.
- MONOTONE : MONANOVA 형태의 변환을 수행한다.
- MSPLINE : B - spline 방식의 모노톤 변환을 수행한다.
- OPSCORE : 최적 스코어링 변환을 수행한다.

- UNTIE : 동등한 값을 갖는 관찰치를 다르게 처리하면서 모노톤 변환을 수행한다.
- IDENTITY : 변환을 하지 않는다.
- CLASS : 넌메트릭 척도로 측정된 변수들에 대한 변환을 수행한다.
- ZERO= : 기준 속성 수준을 통제하는 값을 지정한다. FIRST, LAST, NONE, SUM 등을 지정할 수 있다.
- REFLECT : 평균을 중심으로 변수를 역으로 변환한다.

(4) OUTPUT OUT=데이터셋 옵션;

계수, 평균, 원래 데이터와 변환된 데이터를 저장할 데이터셋을 지정한다.

[옵션]
- DREPLACE : 종속변수를 대체한다.
- IREPLACE : 독립변수를 대체한다.
- REPLACE : 모든 변수를 대체한다.
- COEFFICIENTS : 계수를 출력한다.
- APPROXIMATIONS : 독립변수와 종속변수의 근사추정값을 출력한다.
- DAPPROXIMATIONS : 변환된 종속변수의 근사추정값을 출력한다.
- IAPPROXIMATIONS : 변환된 독립변수의 근사추정값을 출력한다.

(5) ID 변수들;

분석 후 대상물 정보를 표시할 변수들을 지정한다.

(6) 기타 문장들

가. BY 변수들;

지정한 변수들의 값이 변할 때마다 서로 다른 다차원척도 분석을 하고자 할 때 사용한다. 이 변수들은 먼저 PROC SORT 프로시저로 정렬되어 있어야 한다.

나. WEIGHT 변수들;

가중치의 정보를 가지고 있는 변수를 WEIGHT문에 사용한다. 이 때 각 관찰치의 도수는 이 변수의 값에 의존한다.

참고문헌

■ 주요 참고 SAS 매뉴얼

김영민 편역 (1991), SAS에 의한 실험데이터의 해석, 서울 : 웅진출판사.

김충련 (1997), SAS라는 통계상자, 서울 : 데이터플러스

______ (2003), SAS를 활용한 다차원척도법과 결합분석, 서울 : 자유아카데미

______ (2008), SAS 데이터분석, 서울 : 21세기사

성내경 (1991), PC/SAS 해설 씨리즈 제 3 권, SAS/STAT－ 회귀분석, 서울 : 자유아카데미.

송문섭, 이영조, 조신섭, 김병천 (1989), SAS를 이용한 통계자료분석, 서울 : 자유아카데미.

이순묵(1995), 요인분석I, 서울 : 학지사

차석빈, 김홍범, 김우곤, 윤지환, 오홍철 (2001), 다변량 분석의 이론과 실제, 서울 : 학현사.

채서일 (1989), 마케팅 조사론, 서울 : 무역경영사.

홍종선 (1990), 통계자료분석－SAS의 결과를 중심으로, 서울 : 탐진.

■ 주요 참고 문헌

김우철 외 7 인 (1986), 현대통계학, 재개정판, 서울 : 영지출판사.

김충련 (1992), "비모수 통계학의 체계적 이용 : PROC NPAR1WAY 와 기타 관련 프로시져 및 함수의 사용예를 중심으로," 제 3 회 한국 쌔스 사용자 논문집, 서울 : (주) 쌔스코리아.

차석빈, 김홍범, 김우곤, 윤지환, 오홍철 (2001), 다변량 분석의 이론과 실제, 서울 : 학현사.

채서일 (1989), 마케팅 조사론, 서울 : 무역경영사.

Aaker, David A. and George S. Day (1980), *Marketing Research*, New York : John Wiley & Sons.

Addleman, Sidney (1962), "Orthognal Main—Effect Plans for Asymmetrical Factorial Experiments," *Technometrics*, 4 (February), 21—46.

Afifi, A.A. and V. Clark (1990), *Computer—Aided Multivariate Analysis*, 2nd Ed., NY : Van Nostrand Reinhold Co.

Bearden, William O., Richard G. Netmeyer, and Mary F. Mobley (1993), *Handbook of Marketing Scales, Multi—Item Measures for Marketing and Consumer Behavior*, Newbury Park, Calif. : Sage.

Ben—Akiva, Moshe and Steven R. Lerman (1989), *Discrete Choice Analysis : Theory and Application to Travel Demand*, Cambridge, Massachussetts : The MIT Press.

Benzécri, J. P. (1969), "Statistical Analysis as a Tool to Make Patterns Emerge from Data," in S. Watanabe, ed., *Methodologies of Pattern Recognition*, New York : Academic Press, Inc., 35—74.

Bose, R. C. and K. A. Bush (1952), "Orthogonal Arrays of Strength Two and Threes," *Annals of Mathematical Statistics*, 23, 508—524.

Box, G.E.P., and D.R. Cox(1964), "An Analysis of Transformations," *Journal of the Royal Statistical Society*, B (26), 211—243.

Byrkit, Donald R. (1987), *Statistics Today : A Comprehensive Introduction*, Menlo Park, CA : The Benjamin/Cummings Publishing Company Inc.

Campbell, D. T., and D. W. Fiske(1959), "Convergent and Discriminant Validity by the Mutitrait—Multimethod Matrix," *Psychological Bulletin*, 56 (March), 81—105.

Carroll, J. Douglas (1972), "Individual Differences and Multidimensional Scaling," in R.N. Shpard, A.K. Romney, and S.B. Nerlove (eds.), *Multidimensional Scaling : Theory and Applications in the Behavioral Sciences*, Vol. 1, NY : Seminar Press.

________ and J. J. Chang (1970), "Analysis of Individual Differences in Multidimensional Scaling Via and *n*—way Generalization of Eckart—Young Decomposition," *Psychometrika*, 35, 283—319.

________ and Paul E. Green (1988), "An INDSCAL−Based Approach to Multiple Correspondence Analysis," *Journal of Marketing Research*, 25 (May), 193−203.

________, ________, and Catherine M. Schaffer (1987), "Interpoint Distance Comparison in Correspondence Analysis : A Clarification," *Journal of Marketing Research*, 24 (November), 445−450.

Carson, R. T., J. J. Louviere, D. A. Anderson, P. Arabie, D. Bunch, D.A. Hensher, R. M. Johnson, W. F. Kuhfeld, D. Steinberg, J. Swait, H. Timmermans, and J.B. Wiley (1994), "Experimental Analysis of Choice," *Marketing Letters*, 5 (4), 351−368.

Cattel, R. B. (1966), "The Scree Test for the Number of Factors," *Multivariate Behavioral Research,* 1 (April), 245−276.

Clarke, Darral G. (1978), "Strategic Advertising Planning : Merging Multidimensional Scaling and Econometric Analysis," *Management Science*, 24, 16, 1687−1699.

Cohen, J. (1977), *Statistical Power Analysis for Behavioral Sciences*, New York : Academic Press.

Conover, W. J. (1980), *Practical Nonparametric Statistics*, 2nd Ed., New York : John Wiley & Sons, Inc.

Cronbach, L. J. (1951), "Coefficient Alpha and the Internal Structure of Tests," *Psychometrika*, 31, 93−96.

Daniel Wayne W. (1990), *Applied Nonparametric Statistics*, 2nd Ed., Boston, MA : PWS−KENT Publishing Company.

Dillon, William R. and Matthew Goldstein (1984), *Multivariate Analysis*, NY : John Wiley & Sons.

Eckart, Charles and Gale Young (1936), "The Approximation of One Matrix by Another of Lower Rank," *Psychometrika*, 1, 335−352.

Feinberg, Stephen (1979), "Graphical Methods in Statistics," *American Statistician*, 33 (November), 165−178.

Gifi, A. (1981), *Non–Linear Multivariate Analysis*, Leiden, The Netherlands : Department of Data Theory, University of Leiden.

Green, Paul E. (1975), "Marketing Applications of MDS : Assessment and Outlook," *Journal of Marketing*, 39 (January), 24–31.

_______ and Frank J. Carmone (1969), "Multidimensional Scaling : An Introduction and Comparison of Nonmetric Unfolding Techniques," *Journal of Marketing Research*, 6 (August), 332.

_______ (1974), "On the Design of Choice Experiments Involving Multifactor Alternatives," Journal of Consumer Research, 1 (September), 61–68.

_______ (1978), *Analyzing Multivariate Data*, Hisdale Illinoise : The Dryden Press.

_______ and V. Srinivasan (1978), "Conjoint Analysis in Consumer Research : Issues and Outlook," *Journal of Consumer Research*, 5 (September), 103–123.

_______ and _______ (1990), "Conjoint Analysis in Marketing : New Developments With Implications for Research and Practice," *Journal of Marketing*, 57 (October), 3–19.

________ and Yoram Wind (1973), *Multiattribute Decisions in Marketing : A Measurement Approach*, Hinsdale, Ill. : Dryden Press.

_______ and ______ (1975) "New Way to Measure Consumers' Judgments," *Harvard Business Review*, 53 (July–August), 107–117.

_______, Frank J. Carmone, Jr., and Scott M. Smith (1989), *Multidimensional Scalin g : Concepts and Applications*, Needham Heights, MA : Allyn and Bacon, Inc.

Greenacre, Michael J. (1984), *Theory and Application of Correspondence Analysis*, London : Academic Press, Inc.

_______ (1986), "SIMCA : A Program to Perform Simple Correspondence Analysis," *Psychometrika*, 51(March), 172–173.

Hair, Joseph F., Jr., Rolph E. Anderson, Ronald L. Tatham, and William C. Black (1998), *Multivariate Data Analysis*, Fifth Edition, Prentice Hall.

Hoffman, Donna, L. and George R. Franke (1986), "Correspondence Analysis : Graphical Representation of Categorical Data in Marketing Research," *Journal of Marketing Research*, 23 (August), 213−227.

Johnson, Richard M. (1974), "Trade−Off Analysis of Consumer Values," *Journal of Marketing Research*, 11 (May), 121−127.

Kruskal, J.B. (1965), "Analysis of Factorial Experiments by Estimating Monotone Transformation of Data," *Journal of the Royal Statistical Society*, series B, 27, 251−263.

_______ (1965), "Analysis of Factorial Experiments by Estimating Monotone Transformation of Data," *Journal of the Royal Statistical Society*, series B, 27, 251−263.

_______ and Frank J. Carmone (1969), "How to Use M−D−SCAL, A Program to Do Multidimensional Scaling and Multidimensional Unfolding," (Version 5M of MDSCAL, all in Fortran IV), Murray Hill, N.J. : mimeo, Bell Telephone Laboratories.

_______ and J. Douglas Carroll (1969), "Geometrical Models and Badness−of−Fit Functions," in P. R. Krishnaiah, ed., *Multivariate Analysis II*, New York : Academic Press, 639−670.

______ and M. Wish (1978), *Multidimensional Scaling*, Murry Hill, NJ : Bell Laboratories.

______, Forrest W. Young, and Judith B. Sheery (1973), "How to Use Kyst, a Very Flexible Program to Do Multidimensional Scaling and Unfolding," multilithed, Murray Hill, N.J. : Bell Laboratories, April.

Kuhfeld, W.F., R.D. Tobias, and M. Garratt (1994), "Efficient Experimental Design with Marketing Research Applications," *Journal of Marketing Research*, 31, 545−557.

Lazari, A.G. and D.A. Anderson (1994), "Designs of Discrete Choice Set Experiments for Estimating Both Attribute and Availability Cross Effects," *Journal of Marketing Research*, 31, 375−383.

Lebart, Ludovic, Alain Morineau, and Kenneth M. Warwick (1984), ***Multivariate Descriptive Statistics and Related Techniques for Large Matrices***, New York : John Wiley & Sons, Inc.

Lehmann, Donald R. (1989), ***Market Research and Analysis***, 3rd Ed., Boston, MA : Irwin.

Louviere, J.J. (1991), "Consumer Choice Models and the Design and Analysis of Choice Experiments," Tutorial presented to the American Marketing Association Advanced Research Techniques Forum, Beaver Creek, Colorado.

_______ and G. Woodworth (1983), "Design and Analysis of Simulated Consumer Choice of Allocation Experiments : A Method Based on Aggregate Data," *Journal of Marketing Research,* 20 (November), 350−367.

Maddala, G. S. (1983), ***Limited−dependent and Qualitative Variables in Econometrics***, Cambrige, London : Cambrige University Press.

Manski, C.F., and D. McFadden (1981), ***Structural Analysis of Discrete Data with Econometric Applications,*** Cambridge : MIT Press.

Mullet, Gary M. and Marvin J. Karson (1986), "Percentiles of LINMAP Conjoint Indices of Fit for Various Orthogonal Arrays : A Simulation Study," ***Journal of Marketing Research***, 23 (August), 286−290.

Nachmias, Charva and David Nachmias (1981), ***Research Methods in the Social Sciences***, 2nd Ed., NY : St. Martin's Press.

Nishisato, Shizuhiko (1980), ***An Introduction to Dual Scaling***, 1st ed., Islington, Ontario : MicroStats.

Percy, Larry, H. (1975), "Multidimensional Unfolding of Profile Data : A Discussion and Illustration with Attention to Badness−of−Fit," ***Journal of Marketing Research***, 12 (February), 93−99.

Peter, J. P. (1979), "Reliability : A Review of Psychometric Basics and Recent Marketing Practices," ***Journal of Marketing Research***, 18 (May), 133−145.

Plackett, R. L. and J. P. Burman (1946), "The Design of Optimum Multi-factorial Experiments," *Journal of the Royal Statistical Society*, Series B., 28, 251-263.

Richardson, M. W. (1938), "Multidimensional Psychographics," *Psychological Bulletin*, 35, 659-660.

Schiffman, S.S., M.L. Reynolds, and F.W. Young (1981), *Introduction to Multidimensional Scaling*, NY : Academinc Press.

Shavelson, Richard J. (1988), *Statistical Reasoning for the Behavioral Sciences*, 2nd Ed., Needham Heights, MA : Allyn and Bacon Inc.

Shepard, Roger N. (1962), "The Analysis of Proximities : Multidimensional Scaling with an Unkown Distance Function, Part One," *Psychometrika*, 27, 125-139.

Siegel, Sidney and N. John Catellan, Jr. (1988), *Nonparametric Statistics for the Behavioral Sciences*, 2nd Ed., Singapore : McGraw-Hill Book Co.

Snook, S. C. and R. L. Gorsuch (1989), "Principal Component Analysis versus Common Factor Analysis : A Monte Carlo Study," *Psychological Bulletin*, 106, 148-154.

Stewart, D. W. (1981), "The Application and Misapplication of Factor Analysis in Marketing Research," *Journal of Marketing Research*, 18 (February), 51-62.

Teenhaus, Michael and Forrest W. Young (1985), "An Analysis and Synthesis of Multiple Correspondence, Optimal Scaling, Dual Scaling, Homogeneity Analysis, and Other Methods for Quantifying Categorical Multivariate Data," *Psychometrika*, 50(December), 429-447.

Togerson, Warren S. (1958), *Theory and Methods of Multidimensional Scaling*, New York : John Wiley & Sons.

Velicer, W. F. and D. N. Jackson (1990), "Component Analysis versus Common Factor Analysis : Some Issues in Selecting an Appropriate Procedure," *Multivariate Behavioral Research*, 25, 1-28.

Wang, Peter C. C., ed. (1978), *Graphical Representation of Multivariate Data*, New York : Academic Press.

Wind, Yoram and Patrick J. Robinson (1972), "Product Positioning : An Application of Multidimensional Scaling," in Russell I. Haley ed., *Attitude Research in Transition*, 155−175.

Winer, B. J. (1971), *Statistical Principles in Experimental Design*, 2nd Ed. NY : McGraw−Hill Book Co.

Wittink, Dick R. and Philippe Cattin (1986), "Commercial Use of Conjoint Analysis : An Update," *Journal of Marketing*, 53 (July), 91−96.

Young, Gale and A. S. Householder (1938), "Discussion of a Set of Points in Terms of Their Mutual Distances," *Psychometrika*, 3, 19−22.

INDEX

김충련(金忠鍊)

- 고려대학교 경영학과(B.S.)
- KAIST 경영과학과 마케팅(M.S, Ph.D.) 전공
- 삼성물산 마케팅 및 경영기획 담당 과장
- (주) 데이터리서치 고문
- 現) 우석대학교 호텔항공관광학과 교수

〈저서 및 논문〉

- 「SAS라는 통계상자」
- 「SAS를 활용한 다차원 척도법과 결합분석」
- SPSS 데이터분석
- 관광마케팅
- 호텔마케팅
- Journal of Advertising Research, Behaviour & Information Technology, Journal of Marketing Channels, International Journal of Management, 마케팅연구, 소비자학연구, 경영정보학 연구, 로고스경영연구 등에 다수 논문 수록
- 연락처: E-mail: josephckim@hanmail.net

〈개정판〉 SAS 데이터분석

개정1판 1쇄 발행 2011년 9월 10일
개정1판 9쇄 발행 2021년 09월 30일
저　　자 김충련
발 행 인 이범만
발 행 처 **21세기사** (제406-00015호)
경기도 파주시 산남로 72-16 (10882)
Tel. 031-942-7861　　Fax. 031-942-7864
E-mail : 21cbook@naver.com
Home-page : www.21cbook.co.kr
ISBN 978-89-8468-410-2

정가 33,000원